U0358859

植物名實圖攷長編

上册

〔清〕吴其濬 著

中華書局

圖書在版編目(CIP)數據

植物名實圖考長編/(清)吴其濬著. —北京:中華書局,2018.7(2023.12 重印)
ISBN 978-7-101-13213-7

Ⅰ.植… Ⅱ.吴… Ⅲ.植物-圖譜 Ⅳ.Q949-64

中國版本圖書館 CIP 數據核字(2018)第 087469 號

責任編輯:朱兆虎
責任印製:陳麗娜

植物名實圖考長編
(全三册)
〔清〕吴其濬 著
*
中華書局出版發行
(北京市豐臺區太平橋西里 38 號 100073)
http://www.zhbc.com.cn
E-mail:zhbc@zhbc.com.cn
北京建宏印刷有限公司印刷
*
850×1168 毫米 1/32 · 39⅝印張 · 6 插頁 · 940 千字
2018 年 7 月第 1 版 2023 年 12 月第 3 次印刷
印數:2801-3200 册 定價:138.00 元

ISBN 978-7-101-13213-7

出版説明

植物名實圖考長編二十二卷，清代吴其濬著，是吴氏植物名實圖考的初稿，共收植物七百八十八種。以品種數目來説，比圖考的一千七百十四種少了一半以上。但長編大量輯集了前人有關的材料，按條羅列，均注明原文出處，具有較高的文獻價值，不僅對植物學研究工作者有很大幫助，同時對文學、訓詁學等文史研究者也裨益甚大。凡讀圖考的時候，用此書作參考，更能推究根源，深入瞭解，並可藉以考究圖考的撰著過程和熔裁之力。

此次出版，乃據我局一九六三年版重印，均係商務印書館舊型。

中華書局編輯部

二〇一八年五月

植物名實圖考長編總目

第一卷　穀類十五種

第二卷　穀類三十三種

第三卷　蔬類二十三種

第四卷　蔬類十五種

第五卷　蔬類三十四種

第六卷　山草五十四種

第七卷　隰草三十七種

第八卷　隰草四十三種

第九卷　隰草三十六種

第十卷　蔓草六十八種

第十五卷　果類三十五種

第十六卷　果類五十六種

第十七卷　果類二十六種

植物名實圖考長編卷之一

穀類

胡麻

本草經：胡麻，味甘平。主傷中，虛羸；補五內，益氣力，長肌肉，塡髓腦。久服輕身不老。一名巨勝，葉名靑蘘。

別錄：無毒。主堅筋骨，療金瘡止痛，及傷寒溫瘧、大吐後虛熱羸困。明耳目，耐飢渴，延年。以作油，微寒，利大腸、胞衣不落；生者摩瘡腫，生禿髮。一名狗蝨，一名方莖，一名鴻藏，生上黨川澤。陶隱居云：八穀之中，惟此爲良，淳黑者名巨勝。巨者，大也，是爲大勝。本生大宛，故名胡麻。又莖方名巨勝，莖圓名胡麻。服食家當九蒸、九暴，熬、搗，餌之斷穀，長生充飢。雖易得，俗中學者猶不能常服，而況餘藥耶！蒸不熟，令人髮落，其性與茯苓相宜。俗方用之甚少，時以合湯丸爾。

廣雅云：狗蝨，巨勝；藤弦，胡麻也。

抱朴子云：巨勝一名胡麻。餌服之，不老，耐風濕。

唐本草注：此麻以角作八稜者爲巨勝，四稜者名胡麻。都以烏者良，白者劣爾。生嚼塗小兒頭瘡及浸淫惡瘡，大效。

本草拾遺：花陰乾，漬取汁溲麵，至韌易滑。

圖經：胡麻，巨勝也，生上黨川澤；青蘘，巨勝苗也，生中原川谷。今並處處有之，皆園圃所種，稀復野生。苗梗如麻，而葉圓銳光澤，嫩時可作蔬，道家多食之。謹按廣雅云：狗蝨，巨勝也；藤弦，胡麻也。陶隱居云：其莖方者名巨勝，圓者名胡麻。蘇恭〔按蘇敬，宋人諱敬作恭，下同。〕云：其實作角八稜者名巨勝，六稜、四稜者名胡麻。如此，巨勝、胡麻爲二物矣。或云：本生胡中，形體類麻，故名胡麻；又八穀之中，最爲大勝，故名巨勝。如此，似一物二名也。然則仙方乃有服食胡麻、巨勝二法，功用小別，疑本一物而種有二，如天雄、附子之類。故葛稚川亦云：胡麻中有一葉兩莢者爲巨勝是也。食其實，當九蒸、九暴，熬、擣之，可以斷穀。又以白蜜合丸，曰靜神丸，服之益肺，潤五藏。壓取油，主天行熱祕腸結，服一合則快利。花陰乾，漬汁溲麵，至韌而滑。葉可沐頭，令髮長。一說：今人用胡麻，葉如荏而狹尖，莖方，高四五尺，黄花，生子成房，如胡麻角而小。嫩葉可食，甚甘滑，利大腸。皮亦可作布，類大麻，色黄而脆，俗亦謂之黄麻。其實黑色如韭子而粒細，味苦如膽，杵末略無膏油。又世人或以爲胡麻乃是今之油麻，以其本出大宛，而謂之胡麻也。皆以烏者良，白者劣。本草注：服胡麻油須生笮者，其蒸炒作者，止可供食及然燈爾，不入藥用。又序例謂：細麻卽胡麻也，形扁扁爾，其方莖者名巨勝。其說各異。然胡麻今服食家最爲要藥，乃爾差誤，豈復得效也！

本草衍義：胡麻，諸家之說，參差不一，止是今脂麻，更無他義。蓋其種出於大宛，故言胡麻。今胡地所出者皆肥大，其紋鵲，其色紫黑，故如此區別，取油亦多。故詩云：「松下飯胡麻」。此乃是所食之穀無疑，與白油麻爲一等，如川大黃、川當歸、川升麻、上黨人參、齊州半夏之類，不可與他土者更爲二物，蓋特以其地之所宜立名也。是知胡麻與白油麻爲一物。嘗官於順安軍雄霸州之間，備見之。又二條皆言無毒，治療大同。今之用白油麻，世不可一日闕也，然亦不至於大寒，宜兩審之。

青蘘

本草經：青蘘，味甘寒。主五藏邪氣，風寒濕痹。益氣，補腦髓，堅筋骨。久服耳目聰明，不飢，不老，增壽。巨勝苗也。

別錄：無毒，生中原川谷。陶隱居云：胡麻葉也。甚肥滑，亦可以沐頭，但不知云何服之。仙方並無用此法，正當陰乾，搗爲丸散爾。既服其實，故不復假苗。五符巨勝丸方亦云葉名青蘘，本生大宛，度來千年爾。

本草衍義：青蘘卽油麻葉也。陶隱居注亦曰：胡麻葉也。胡地脂麻鵲色，子頗大。日華子云：葉作湯沐，潤毛髮，乃是。今人所取胡麻葉，以湯浸之，良久涎出，湯遂稠，黃色，婦人用之梳髮。由是言之，胡麻與白油麻，今之所謂脂麻者是矣。青蘘卽其葉無疑。

齊民要術：胡麻宜白地種，二、三月爲上時，四月上旬爲中時，五月上旬爲下時。月半前種者，實多而成；月半後種者，少子而多秕也。種欲截雨脚，若不緣濕，融而不生。一畝用子二升。漫種者先以耬耩，然後散子。空曳勞。勞上加人則土厚不生。耬耩者，炒沙令燥，中半和之，不和沙，下不均。壠壠若荒，得用鋒耩。鋤不過三遍。刈束欲小，束大則難燥打，手復不勝。以五六束爲一叢，斜倚之；不爾則風吹倒，損收也。候口開，乘車詣田抖擻，倒豎，以小杖微打之。還叢之；三日一打，四五遍乃盡耳。若乘濕橫積，蒸熱速乾，雖曰鬱裛，無風吹虧損之慮。浥者不中爲種子，然於油無損也。崔寔曰：二月、三月、四月、五月時雨降，可種之。

麻

本草經：麻蕡味辛平。主五勞七傷，利五藏，下血，寒氣。多食，人見鬼，狂走。久服，通神明，輕身。一名麻勃。麻子味甘平，主補中益氣。久服肥健，不老，神仙。

爾雅：枲，麻。注：別二名。黂，枲實。注：禮記：苴，麻之有黂。茡，麻母。注：苴麻盛子者也。

別錄：麻蕡有毒，破積，止痹，散膿。此麻花上勃勃者，七月七日採，良。麻子無毒，主中風汗出，逐水，利小便，破積血，復血脈，乳婦產後餘疾。長髮，可爲沐藥。九月採。入土者損人。生泰山川谷。陶隱居云：麻蕡卽牡麻，牡麻則無實。今人作布及履用之。麻勃，方藥亦少用。術家合人參服，令逆知未來事。其子中仁，合丸藥幷釀酒，大善，然而其性滑利。麻根汁及煮服之，亦主瘀血、石淋。

唐本草注：蕡卽麻實，非花也。爾雅云：蕡，枲實。禮云：苴，麻之有蕡者。注云：有子之麻爲苴。皆謂子爾。陶以一名麻勃，謂勃勃然如花者，卽以爲花，重出子條，誤矣。既以麻蕡爲米之上品，今用花爲之，花豈堪食乎？根主產難衣不出，破血，壅脹，帶下，崩中不止者，以水煮服之，效。漚麻汁，主消渴。搗葉水絞取汁，服五合，主蚘蟲。搗傅蠍毒，效。

藥性論云：麻花，白花是也。味苦，微熱，無毒。方用能治一百二十種惡風，黑色遍身苦痒，逐諸風惡血。主女人經候不通，䗪蟲爲使。又葉沐髮，長潤。青麻湯淋瘀血，又主下血不止。麻青根二十七枚，洗去土，以水五升煮取三升，冷、分六服。又云：大麻仁使治大腸風熱、結澀及熱淋。又麻子二升，大豆一升，熬令香，搗末蜜丸，日二服，令不飢，耐老益氣。子五升研，同葉一握搗，相和浸三日，去滓，沐髮，令白髮不生。補下焦，主治渴。又子一升，水二升，煮四五沸，去滓，冷服半升，日二服，差。

本草拾遺：麻子下氣，利小便，去風痹皮頑。炒令香，搗碎，小便浸取汁服。婦人倒産，呑三、九枚卽正。麻子去風，令人心歡。壓爲油，可以油物。早春種爲春麻子，小而有毒；晚春種爲秋麻子，入藥佳。

圖經：麻黂、麻子生泰山川谷。今處處有，皆田圃所蒔，績其皮以爲布者。麻蕡一名麻勃，麻上花勃勃者，七月七日採；麻子九月採，入土者不用。陶隱居以麻蕡爲牡麻，牡麻則無實。蘇恭以爲蕡卽實，非花也。又引爾雅：蕡，枲實；及禮云：苴，麻之有蕡者，皆謂蕡爲子也。謂陶重出子條爲誤。按本經：麻蕡主七傷，利五藏，多食令人狂走。觀古今方書，用麻子所治亦爾。又麻花非所食之物，如蘇之論似當矣，然朱字云：麻蕡味辛，麻子味甘，此又似二物。疑本草與爾雅、禮記有稱謂不同者耳。又古方亦有用麻花者，云味苦，主諸風及女經不利，以䗪蟲爲使。然則蕡也，子也，花也，其三物乎？其葉與桐葉合搗浸水，沐髮令長潤；皮青淋湯，濯瘀血；根煮汁冷服，主下血不止。今用麻仁，極難去殼，醫家多以水浸，經三兩日令殼破，暴乾新瓦上，擂取白用。農家種麻法，擇其子之有斑文者，謂之雌麻，云用此則結實繁，它子則不然。葛洪主消渴，以秋麻子一升，水三升，煮三四沸，飲汁，不過五升便差。唐韋宙獨行方：主腕折骨痛不可忍，用大麻根及葉，搗取汁一升飲之；非時，卽煮乾麻汁服，亦同。亦主撲打瘀血，心腹滿，氣短，皆效。篋中方：單服大麻仁酒，治骨髓風毒疼痛不可運動者，取大麻仁水中浸，取沉者一大升，漉出暴乾，於銀器中旋旋炒，直須慢火，待香熟，調勻，卽入木臼中，令三、兩人更互搗，一、二數，令及萬杵，看極細如白粉卽止。平分爲十帖，每用一帖，取家釀無灰酒一大瓷湯碗，以砂盆柳木槌子點酒，研麻粉，旋濾取白酒，直令麻粉盡，餘殼卽去之。都合酒一處，煎取一半，待冷熱得所，空腹頓服，日服一帖，藥盡全差。輕者止於四五帖則見效，大抵甚者不出十帖，必失所苦耳，其效不可勝紀。雜它物而用者，張仲景治脾約大便祕小便數麻子丸。麻子二升，芍藥半斤，厚樸一尺，大黃、枳實各一斤，杏仁一升；六物熬搗篩，蜜丸大如梧桐子；以漿水飲下十丸，食後服之，日三。不知，益加之。唐方七宣麻仁丸，亦此類也。

齊民要術：爾雅曰：𪏝，枲實。枲，麻。注：別二名。莩，麻母。孫炎注曰：𪏝，麻子；莩，苴麻盛子者。崔寔曰：牡麻無實，好肥理，一名爲枲也。凡種麻，用白麻子；白麻子爲雄麻，顏色雖白，齧破枯燥無膏潤者，秕子也，亦不中種。市糴者口含令少時，顏色如舊者佳，如變黑者衰。崔寔曰：牡麻青白無實，兩頭銳而輕浮。麻欲得良田，不用故墟。故墟有顆葉夭折之患，不任作布也。顆，丁破反，草葉壞也。地薄者糞之，糞宜熟，無熟糞者，用小豆底亦得。崔寔曰：正月糞疇。疇，麻田也。耕不厭熟，縱橫七徧以上，則麻無葉也。田欲歲易。抛子種則節高。良田一畝，用子三升，薄田二升。穊則細而不長，稀則粗而皮惡。夏至前十日爲上時，至日爲中時，至後十日爲下時。麥黃種麻，麻黃種麥，亦良候也。諺曰：夏至後，不沒狗。或答曰：但雨多，沒橐駝。又諺曰：五月及澤，父子不相借。言及澤，急也。夏至後者，匪惟淺短，皮亦輕薄，此亦趨時，不可失也。父子之間，尚不相假借，而況他人乎？澤多者先漬麻子，令芽生，取雨水浸之，生芽疾，用井水則生遲。浸法：著水中如炊，兩百步頃漉出著席上，布令厚三四寸，數攪之令均，得地氣，一宿則芽出。水若滂沛，十日亦不生。待地白背耩，漫擲子，空曳勞。截雨脚卽種者，地濕，麻生瘦。待白背者，麻生肥。澤少者暫浸卽出，不得待芽生，耬頭中下之。不勞曳撻。麻生數日中常驅雀，葉青乃止。布葉而鋤。頻翻再徧止，高而鋤者，乃傷麻。稠弱不堪者拔去。勃如灰便刈。刈拔各隨鄉法，未勃者收皮不成，放勃不收卽嘆。稾古典反，小束也。欲小，稕普胡反。欲薄，爲其易乾。一宿輒翻之。

得霜露則皮黃也。穫欲淨，有葉者易爛。漚欲清水，生熟合宜。濁水則麻黑，水少則麻脆，生則難剝，大爛則不任挽。暖泉不冰凍，冬日漚者，即爲柔韌也。衛詩曰：蓺麻如之何？衡從其畝。氾勝之書曰：種枲太早，則剛堅皮厚多節；晚則不堅。寧失於早，不失於晚。穫麻之法：穗勃勃如灰，拔之。夏至後二十日漚枲，枲和如絲。崔寔曰：夏至先後各五日，可種牡麻。牡麻有花無實。又種麻子，崔寔曰：苴麻，麻之有藴者。莩麻是也，一名黂。止取實者，種斑黑麻子。斑黑者饒實。崔寔曰：苴麻子黑又實而重，擣治作燭，不作麻。耕須再遍，一畝用子二升，種法與麻同。三月種者爲上時，四月爲中時，五月初爲下時。大率二尺留一科，穊則不成。鋤常令淨；荒則少實。既放勃；拔去雄。若未放勃去雄者，則不成子實。凡五穀地畔近道者，多爲六畜所犯，宜種胡麻、麻子以遮之，胡麻，六畜不食。麻子齧頭則科大，收此二實，足供美燭之費也。慎勿於大豆地中雜種麻子。扇地兩損，而收並薄。

月中可於麻子地間散蕪菁子，而鋤之擬收其根。雜陰陽書曰：麻生於楊或桃前，七十日花，後六十日熟，種忌四季辰、戌、丑、未、戊、己。氾勝之書曰：種麻預調和田，二月下旬，三月上旬，傍雨種之。麻生布葉，鋤之，率九尺一樹。樹高一尺，以蠶矢糞之，樹三升。無蠶矢，以溷中熟糞糞之，亦善，樹一升。天旱以流水澆之，樹五升。無流水，曝井水殺其寒氣以澆之。雨澤適時勿澆，澆不欲數。養麻如此，美田則畝五十石及百石，薄田尚三十石。穫麻之法：霜下實成速斫之，其樹大者以鋸鋸之。崔寔曰：二、三月可種苴麻。麻之有實者爲苴。

爾雅翼：麻實既可以養人，而其縷又可以爲布，其利最廣。然麻之屬總名麻，別而言之，則有實者別名苴，而無實者別名枲。子夏喪服傳曰：苴經者，麻之有蕡者也；牡麻者，枲麻也。蕡即實也，牡即無實之名也。然此類亦通名麻枲，故或以蕡爲枲實，蓋假借言之爾。麻實有文理，故屬金，爲西方之穀。明堂月令：秋則食麻與犬。秋氣既涼，又向寒無害，故食當方之穀牲。而至仲秋，則又以犬嘗麻，先薦寢廟也。若豳風則九月叔苴，蓋食農夫者，不嫌於晚耳。麻實既謂之蕡，故古者朝事之籩，熬麻麥以實之，謂之麷蕡。又麻於植物中最爲多子，故詩稱：桃之夭夭，有蕡其實。言桃花色既盛，又結子之多如麻子然，以况室家之相宜，而其繼嗣繁衍者如此。說文亦云：萉，枲實，或作𪎊。則音雖異而意同。後世說本草者，或以蕡爲牡麻之華，則與詩雅所說大異。麻華亦自古人所貴，故九歌云：折疏麻兮瑤華，將以遺兮離居。說者曰：麻華色白，故比於瑤。此華香，服食可致長年，故以爲美，將以贈遠。則是華亦可用，特不可爲蕡耳。又有檾者，亦麻類，有實，音如頃畝之頃。說文引詩衣錦檾衣，蓋禮所謂衣錦尚絅，考惡其文之著者。字或作頃、作苘，又作犬迥切。則通於褧穎，要皆此布之衣也。又胡麻亦有實，本生大宛，一名油麻，一名狗蝨，一名方莖。淳黑者名巨勝，亦曰一葉兩莢爲巨勝。或曰莖圓名胡麻，莖方名巨勝。又說角作四稜者名胡麻，八角者爲巨勝。俗云：必夫婦同種，即生而茂盛，道家以爲飯。陶隱居言：八穀之中，胡麻最爲良，以詩黍、稷、稻、粱、禾、麻、菽、麥爲八穀，而引董仲舒云：禾是粟苗，麻是胡麻。按胡麻大宛之種，張騫得之以歸，詩人所稱，豈應近捨中國之苴，而遠述大宛之巨勝？此說非是。又以其胡物而細，故別謂中國之麻爲漢麻，亦曰大麻。

救荒本草山絲苗：本草有麻蕡，一名麻勃，一名苧，一名麻母，生泰山川谷，今皆處處有之。採嫩葉煠熟，換水浸去惡氣味，卻再以水淘洗淨，油鹽調食。不可多食，不可久食，恐動風。子可炒食，亦可打油用。

九穀考：說文𣏟與林同，人所治在屋下。林，萉各本譌作葩，今正之。之總名也。林之爲言微也，微纖爲功，象形枲麻也。䌤籀文枲芓，麻母也。一曰芓，卽枲也。萁，芓也；萉，枲實也；𪎊萉重文。蕉，生枲也。檾，枲屬。詩曰：衣錦檾衣，褧檾也。詩曰：衣錦褧衣，示反古。檾，檾屬；紵，檾屬。細者爲絟，粗者爲紵。綒紵重文。絟，細布也。朩，分枲莖。皮也，从屮几，象枲之皮莖也，讀若髕。蒸，折麻中榦也；菍蒸重文。菆，麻蒸也，一曰蓐也。䕸，麻藍也。案喪服傳：苴經者，麻之有蕡者也；牡麻者，枲麻也。然則麻大名也，無實者枲，有實者苴，有實則有蕡矣。生枲曰蕉。廣韻：䕸，生麻；又蘱，生枲也。余居北方，習聞其藝麻事。三月下種，夏至前後，牡麻開細碎花，色白而微青。屈原賦：折疏麻兮瑤華。洪興祖云：麻花色白，故比於瑤是也。爾雅所謂榮而不實謂之英者也。苴麻不作花而放勃，勃與花初胎時相似，名之曰蕡，卽麻實之稱者。爾雅所謂不榮而實謂之秀者也。牡麻，其俗呼花麻，牡麻、苴麻同畝布種，其子皆苴麻所結者。而中有牡麻殼無斑黑文者，牡麻子也。花落後卽先拔而漚之，剝取其皮，是爲夏麻。夏麻之色白，詩言八月載績，夏刈之，則八月可績也。春秋宣公八年十月，葬我小君敬嬴。左傳云：旱無麻，始用葛茀。周十月，夏正之八月也。苴麻，其俗呼子麻，八、九月間子熟則落，一莖中熟有先後，農人以數次搖其莖而拾取之。詩言九月叔苴，叔，拾也，拾取子盡，乃刈漚其皮而剝之。是爲秋麻，色青而黯不潔白也。色不潔白之謂苴，故間傳曰：苴，惡貌也，斬衰貌若苴，注：有大憂者，色必深黑。齊衰貌若枲。案說文：苴，履中草。賈誼書：冠雖敝，不以苴履。曲禮：凡以弓劍苞苴，簞笥問人者。注云：苞苴裹魚肉。內則：炮豚若將，編萑以苴之，塗之以謹塗。管子書：天地苴萬物。注云：苴裹萬物，在天地之中。然則苴有薦藉包裹之義，故字从且。說文：且，薦也。叔苴傳：苴，麻子也。莊周書：苴布之衣。注云：苴，有子麻也。說文別出芓，麻母。爾雅作茡，麻母。注云：苴麻盛子者。釋文：盛，音成。廣雅引之作成子者，聲之譌也。余考麻子有秄，包裹而盛之，謂之曰苴，義或如此，因而謂其麻曰苴，因而謂其麻之色曰苴也。苴、芓聲相邇，或者其字同，抑或苴之本義爲履中薦，後假借通稱之，故其義寬，而芓則爲麻母之專名，亦遂可通之於苴。然則郭璞注芓曰苴麻盛子，稱子麻曰苴麻，稱盛子之秄曰芓，蓋承襲相因之名，非芓與苴義有別也。吾徽人藝麻，與北方小異，立春前下種。諺云：五九種麻是也。遲者正、二月皆可種。然麻有二種，一種短小者，五月牡麻開花，苴麻放勃結實，而於是月刈之，其麻可績。一種肥大，牡麻有六月花者，有七月花者，苴麻放勃結實，則必於七月，農人先於六月刈之，不俟其開花結實也。諺云：中伏刈麻是也。所以必早刈者，麻嫩則皮色鮮潔，若待叔苴乃刈，色且黝黑。夏月漚麻帀一日可剝。如刈時不卽漚而剝之，則曝乾藏避濕處。至冬月漚之，必周三日乃可剝也。吾徽刈麻同時，故麻惟一色，不聞苴麻之色惡於牡麻也。以專取其皮，不收其穀，故並早刈也。向使牡麻亦刈於叔苴時，則其色必不能鮮潔矣。取種者，刈時留苴麻數十本，牡麻枝疏葉少，形尖瘦，苴麻葉密而形肥。七月放勃結實，九月穀熟，重陽節捋取其實收之。神農本草經：麻蕡一名麻勃，麻花上勃勃者，七月七日采之良。麻子九月采。余案此謂蕡爲麻花者，如詩云黍稷方華，亦稱秀爲華，蓋散文通稱，非有誤也。肥大者其皮中爲米囊，以其長也，長則不便於績，故女紅多用短小者。肥大種中亦有短小者，刈麻別而束之，其皮亦中績。麻花五出，色青白，薄而尖，大如桂花。中有五鬚，鬚末蘂五點，蘂有淡黃粉。花初開時，五蘂合而爲圓形，後亦開爲五出，每出中生稜，與外五出者形小異也。蕡之爲言蓬也，蓬蓬勃勃然，攢蔟生莖葉間，一葉或九出，或七出，或五出，或三出。至莖末，亦有獨葉無歧出者。李時珍云：葉似益母草，不然也。麻蕡枝生節間，必以一大葉承之，每一枝上結子數十，而每一子又必有一碎葉承之。非若他穀之結實卣卣也。余以爲蕡以實言，幷其稃殼碎葉而名之。苴以盛實之稃言，而因以名其皮與其皮之色，又遂因以名其實。故詩稱拾麻子曰叔苴，究之苴，乃麻之有蕡者，非麻蕡卽苴也。甄權藥性論云：麻花味苦。余嚼而辨之，味微苦而辛。本草朱字云：麻蕡味辛，有稃以含其實，是爲麻蕡。余辨其味辛中帶苦，與花味不甚異。麻子味甘，麻子味甘者，謂實中之仁也。三者之味各别。藥貴辨性，蕡與子不容混也。然未成子已得稱蕡，及其子熟，亦猶是其蕡也。牡麻有花無蕡，言蕡則子見，故禮經數穀，但曰蕡，注者並曰枲實，而孫炎直以麻子釋蕡也。蕡，說文作萉，或作䕎，故曰𣏟，萉之總名也。今說文作葩之總名，萉、葩二文相邇，故致譌也。麻之一事，余居北方久，又嘗所留心，故能詳之。及自北南歸，因以余所目驗者證之南方藝麻人，雖或有小異，然種必於春及五月，有牡麻開花旋卽刈之者，則南北無不同也。故於呂氏春秋日至樹麻與菽，證以伏生、淮南子、劉向諸書之大火中種黍菽，意其所謂麻者，爲黍穄之穄，兩相互訂，以定其說，蓋愼之又愼也。乃農桑輯要載齊民要術分麻子與麻爲二條。麻子者，苴麻也；麻者，牡麻也。言麻子以三月種者爲上時，四月爲中時，五月初爲下時。言麻以夏至前十日爲上時，至日爲中時，至後十日爲下時。又言麥黄種麻，麻黄種麥。諺曰：夏至後，不沒狗。或答曰：但雨多，沒橐駝。又諺曰：五月及澤，父子不相借。又言夏至後者，匪惟淺短，皮亦輕薄。凡皆言五月種麻，則與呂氏春秋所謂日至樹麻者，說正同。然與余所目驗於南北方者，迥不相符矣。又其載氾勝之書曰：種枲太早，則剛堅厚皮多節；晚則皮不堅；寧失於早，不失於晚。夏至後二十日漚枲，枲和如絲，是又言夏至刈枲，故後二十日得漚之，與余所目驗者同也。余非敢謂氾勝之書足信於齊民要術也，然以之證余所目驗者，則不誣矣。檾麻大葉，徑六、七寸，余在京東見白露時猶開黄花，五出大如錢。結實有房如蓮房，大不及一寸，房有稜。每稜中，密布細子，扁而黑，亦可食。本草作商麻。李時珍曰：一作䔛，種必連頃，故謂之䔛也。其皮不及枲麻之堅韌，今俗爲麤繩索多用之。國風兩言褧衣，鄭氏据玉藻以禪衣釋之。於丰之詩，又申之以禪縠。案釋名狀縠如粟，如沙，謂其形蹴蹴然也。余意古人縠或織檾麻爲之。説文一作檾衣，一作褧衣，而以檾釋褧，云示反古，蓋中庸尙絅之義。尙書大傳作尙薾。士昬禮婦乘以几姆加景，乃代御。注：景之制，蓋如明衣，加之以爲行道禦塵，令衣鮮明也。景亦明也。疏引詩衣錦褧衣以證之，宋玉諷賦：主人之女，翳承日之華，披翠雲之裘，更被白縠之單衫。其衣錦褧衣之謂乎？然則褧衣者，禪衣而織麻爲之者也，與子産所獻紵衣略同，與紵亦麻類也。詩曰：東門之池，可以漚紵。疏云：陸璣云：紵，科生數十莖，宿根在地中，至春自生，吾徽藝紵者云：每歲鋤去老根，則來春發生益茂。不歲種也。李時珍曰：其子褐色，九月收之，二月可種。荆揚之間，一歲三收。農桑輯要載栽種紵麻法云：每割時須根旁小芽出土高五分，其大麻即可割。大麻既割，小麻榮長，即是下次再割麻也。大麻不割，不惟小芽不旺，又害已成之麻。大約五月初一鐮，六月半一鐮，八月一鐮。吾徽初收以五月，再收以七月，三收以九月。初收不結子，再收、三收者，皆有子。宿根不鋤治，不如布種生者之茂盛也。呂氏春秋云：得時之麻，日夜分復生，豈謂是與？若苴枲之麻，不聞有復生者。然呂氏與禾、黍、稻、菽、麥同數，則其所謂麻，宜指穀言也。豈紵之子亦可食邪？又豈苴枲之麻有復生者，而今之農弗習耶？今官園種之，一歲再刈，刈便生，剝之以鐵，若竹挾之，表厚皮自脱，但得其裏韌如筋者，謂之徽紵。今南越紵布，皆用此麻。王禎農書：紵麻有二種：一種紫麻，一種白麻。余曾見涇縣霧紵者，云是白麻，謂苴枲之麻爲黄麻，而李時珍曰大麻，即今火麻，一曰黄麻。謂苴枲之麻也。檾麻，今之白麻也，所謂黄麻者，同所謂白麻者，則人自爲説也。然則苴枲之麻，今南方無晚刈之黑色者，又不及檾紵之白，故統稱之曰黄。北人刈麻異時，故黑白異色，今爲類舉而互證之，可以得古人以苴枲譬況斬齊之貌矣。説文云：細者爲絟，粗者爲紵。絟，細布也，以絟爲細布，則是以紵爲粗布矣。周官：典枲，職掌布緦縷紵之麻草之物，以待時頒功而授齎。注云：緦十五升，抽其半者，白而細。疏曰：紵。蓋亦以紵爲布矣。而詩漚紵與漚麻並言，紵實麻類，今乃以爲布名，或者即以其物之名而名其布與？抑檾紵與麻亦自有別，典枲麻草分舉？注云：草，葛蕢之屬，是蕢紵爲草，而別於麻矣。又掌葛，職掌以時，徵絺綌之材於山農，徵草貢之材於澤農。注云：草貢出澤，蕢紵之屬可緝績者。疏云：葛出於山，蕢紵出於澤也。夫出於山澤，則與麻有不得不別者矣。麻蓺於生九穀之三農，而非山澤之農之所出，故蕢葛之徵，雖有山農、澤農之異，而在典枲之職，二物可同呼爲草，以別於麻。蓋麻，穀類也，故大宰職之三農。先鄭以爲平地山澤，後鄭不從，易以原隰平地，亦謂山澤不生九穀，不得與於生九穀者之數。況山澤之材，虞衡作之；九穀，三農生之，在九職中，固已區別其任矣。爾雅云：薜，山麻；注云：似人家麻生山中。然則麻亦有出於山者。雜記：如三年之喪，則既顈其練，祥皆行。鄭注：顈，草名。無葛之鄉，去麻則用顈。案顈、檾同音，顈、蕢同从頃，而顈字从糸，又與絅同義。則顈之與檾，或一物而異其文；又或即爾雅之山麻。山麻或亦檾之類，而但有出於山、出於澤之別與？甖、蒸二字，見東方朔七諫曰：菎蕗雜於爨蒸。王逸注：枲翮曰爨，煏竹曰蒸。言持苣蕗香直之草，雜於爨蒸燒而然之。爨一作菆，一云苣蔬雜於爨蔠。洪興祖補注：爨，麻藍也；菆，麻蒸也；蒸，折麻中幹也；蔠，竹炬也。然則蒸、蔠二字自別，王逸所注者，當從竹。潘岳西征賦：感市閭之菆井。注云：菆井，卽長安賣麻蒸市也。今之市木者，交午積之如井字形，所謂菆井，殆是與？周官司烜氏，凡邦之大事，共墳燭庭燎。注云：墳，大也，故書墳爲蕡。鄭司農云：蕡燭，麻燭也。後鄭不從麻燭之說。然淮南子說林訓麠燭㸡膏，燭澤是麻燭之說，蓋有所受，今世猶以麻蒸爲夜行燎也。

說文解字注：朩、分枲莖皮也，謂分擘枲莖之皮也。从屮，象枲莖；八，象枲皮；兩旁者，其皮分離之象也。此字與讀若輩之𣎵別。凡朩之屬，皆从朩，讀髕，匹刃切，十二部。枲，麻也。錯本作麻子也，非。玉篇云：有子曰苴，無子曰枲。

廣韻互易之，誤也。喪服傳曰：苴，麻之有蕡者也；牡麻者，枲麻也。艸部曰萉，枲實也。萉者，蕡之本字。枲既無實之牡麻，何以言枲實也？枲亦爲母麻、牡麻之大名，猶麻之爲大名也。茡者，母麻。一曰茡，卽枲也，是苴可呼枲之證也。周禮但言枲以晐麻草之物。九穀攷曰：閒傳曰，苴，惡貌也。斬衰貌若苴，齊衰貌若枲。以今日北方種麻事目驗之，牡麻俗呼花麻，夏至開花，所謂榮而不實謂之英者。花落既拔而漚之，剝取其皮，是謂夏麻，夏麻之色白。苴麻俗呼子麻，夏至不作花而放勃，勃卽麻實，所謂不榮而實謂之秀者。八、九月間，子熟則落，搖而取之。子盡乃刈，漚其皮而剝之，是謂秋麻，色青而黯，不潔白。閒傳所云若苴、若枲，殆以是與？从朩，台聲；錯作辝，省聲，非也。胥里切，一部。𦯇，籒文枲，从𣏟、从辝，辝聲也。

又𣏟，萉之總名也；各本萉作葩，字之誤也，與呂覽季冬紀注誤同，今正。艸部曰：葩，枲實也。贖或葩字也，葩本謂麻實，因以爲苴麻之名。此句疑尙有奪字，當云：治葩枲之總名，下文云：𣏟，人所治也，可證葩枲則合有實無實言之也。趙岐、劉熙注孟子妻辟纑，皆云緝績其麻曰辟。按辟音劈，今俗語緝麻析其絲曰劈，卽𣏟也。𣏟之爲言，微也，𣏟微音相近。春秋說題辭曰：麻之爲言微也，𣏟、麻古蓋同字，微纖爲功，絲起於糸，麻縷起於𣏟，象形。按此二字，當作从二朩三字。朩謂析其皮於莖，𣏟謂取其皮而細析之也，匹卦切，十六部。凡𣏟之屬，皆从𣏟。䌌，枲屬，類枲而非枲，言屬而別見也。䌌者，草名也，周禮典枲掌布緦縷紵之麻草之物。注云：草，葛蘔之屬，掌葛徵草貢之材於澤農。注云：草貢出澤，蘔紵之屬可緝績者，蘔卽䌌字之異者，蘔紵出於澤，與葛出於山不同，又作潁。雜記如三年之喪，則既潁其練祥皆行。鄭云：潁，草名，無葛之鄉，去麻則用潁。詩兩言褧衣，許於此稱䌌衣，於衣部稱褧衣，而云褧，䌌也，示反古。然則褧衣者，以䌌所績爲之，蓋士昏禮所謂景也。今之䌌麻，本草作䔛麻，其皮不及枲麻之堅韌，今俗爲麤繩索多用之。从𣏟，熒省聲，去潁切，十一部。詩曰衣錦䌌衣，衞碩人鄭丰文今皆作褧。𢻎，分離也，㪔，潸字以爲聲，㪔行而𢻎廢矣。从𣏟、从攴，會意，穌旰切，十四部，𣏟分𢻎之意也。說从𣏟之意。

又麻，枲也。麻與枲互訓，皆兼苴麻、牡麻言之。从𣏟、从广，會意，莫遐切，古音在十七部。𣏟，人所治也，在屋下，說从广之意，𣏟必於屋下績之，故从广。然則未治謂之枲，治之謂之麻，以已治之稱加諸未治，則統謂之麻。此條今各本皆奪誤，惟韻會所據小徐本不誤，今從之。凡麻之屬，皆从麻。𪎊，未練治纑也。糸部曰纑，布縷也。劉熙孟子注曰：緝績其麻曰辟，練絲曰纑。練絲謂取所緝之縷，湅治之也。練者，湅也；湅者，𤄊也，汏諸水漂澈之也。已湅曰纑，未湅曰䌌。廣雅曰：䌌，綃也。綃是生絲，未湅之縷如生絲然，故曰綃也。如成國謂已湅曰練絲，从麻後聲，空谷切，三部。按後之入聲如斛，如大雅垢與谷韻是也。𪎊，麻䕸也，从麻取聲。東方朔七諫曰：菎蕗雜於𪎊蒸。王注云：枲翮曰𪎊，煏竹曰蒸。按䕸卽稭字之俗，𪎊，麻䕸，卽草部之菆，麻蒸。此部此篆，蓋淺人所增。側鳩切，四部。䵋，檾屬，檾為枲類，䵋又檾類也。廣韻引字書云：䵋麻，一絜也，从麻，俞聲，度侯切，四部。

薏苡仁

本草經：薏苡仁味甘，微寒。主筋急拘攣，不可屈伸，久風濕痹下氣。久服輕身益氣。其根，下三蟲，一名解蠡。

別錄：無毒。除筋骨邪氣不仁，利腸胃，消水腫，令人能食。一名屋菼，一名芑實，一名䕡。生眞定平澤及田野。八月採實，採根無時。

圖經：薏苡仁生眞定平澤及田野，今所在有之。春生苗，莖高三四尺，葉如黍，開紅白花作穗子。五月、六月結實，青白色，形如珠子而稍長，故呼薏珠子，小兒多以線穿如貫珠為戲。八月採實，採根無時，今人遂以九月、十月採其實中仁。古方大抵心肺藥多用之。韋丹治肺癰心胸甲錯，著淳苦酒煮薏苡仁令濃，微溫頓服之，肺有血當吐，愈。廣濟方治冷氣，薏苡仁飯粥法：細舂其仁炊為飯，氣味欲勻，如麥飯乃佳，或煮粥亦好，自任無忌。根之入藥者，治卒心腹煩滿及胸脇痛者，剉根濃煮汁，服三升乃定。今人多取葉為飲，氣香益中、空膈甚勝。其雜多藥用者，張仲景治風濕身煩疼日晡劇者，與麻黃、杏仁、薏苡仁湯。麻黃三兩，杏仁三十枚，甘草、薏苡仁各一兩。四物以水四升煮取二升，分再服。又治胸痹偏緩急者，薏苡仁附子散方：薏苡仁十五兩，大附子十枚，炮二物杵末，每服方寸匕，日三。

雷斅炮炙論：凡使勿用穤米，顆大無味。其穤米，時人呼爲粳穤是也。若薏苡仁顆小色青味甘，咬著粘人齒。

游宦紀聞：薏仁。辛稼軒初自北方還朝官建康，忽得癩疝之疾，重墜大如杯。有道人教以取葉珠，即薏苡仁也。用東方壁土炒黃色，然後水煮爛，入砂盆內研成膏。每用無灰酒調下二錢，即消。沙隨先生晚年亦得此疾，辛親授此方，服之亦消。然城郭人患不能得葉珠，只於生藥鋪買薏苡仁亦佳。

續博物志：薏苡一名簳珠，收子蒸令氣餾暴乾，挼取之作飯麵，主不飢。

說文解字注：蘏，艸也，从艸，贛聲，古送切，又古禫切。古音在七、八部，轉八、九部。一曰薏苢。本草曰：一名蘏，音感，即此字。陶隱居云：交阯實大者名薢珠。薢與蘏，雙聲字也。

大豆

本草經：生大豆，味甘平。塗癰腫，煮汁飲，殺鬼毒，止痛。

爾雅戎叔，謂之荏菽，注：即胡豆也。疏孫炎云：大豆也。詩大雅生民：蓺之荏菽，荏菽旆旆。鄭箋亦以爲大豆。樊光舍人、李巡、郭氏皆云：今以爲胡豆。郭又云：春秋齊侯來獻戎捷，穀梁傳曰：戎，菽也。管子亦云：北伐山戎，出冬葱及戎菽，布之天下，今胡豆是也。案此戎菽皆爲大豆，注穀梁者，亦以爲大豆也。郭氏等以戎、胡俱是美名，故以戎菽爲胡豆也。

別錄：生大豆逐水脹，除胃中熱痹，傷中，淋露；下瘀血，散五藏結積、內寒。殺烏頭毒。久服令人身重。炒爲屑，味甘，主胃中熱；去腫，除痹，消穀，止腹脹。生泰山平澤，九月採。

食療本草：大豆寒。和飯搗塗一切腫毒，療男女陰腫，以綿裹內之，殺諸藥毒。謹按：煮飲服之，去一切毒氣，除胃中熱痹，傷中，淋露；下瘀血，散五藏結積、內寒。和桑柴灰汁煮之，下水鼓腹脹。其豆黄，主濕痹、膝痛、五臟不足，又胃氣結積。益氣，潤肌膚。末之，收成煉猪膏爲丸，服之，能肥健人。又卒失音，生大豆一升，青竹算子四十九枚，長四寸，闊一分，和水煮熟，日夜二服，差。又每食後淨磨拭，吞雞子大，令人長生。初服時似身重，一年已後，便覺身輕，又益陽道。

圖經：大豆，黄卷及生大豆，生泰山平澤，今處處有之。黄卷是以生豆爲蘖，待其芽出，便暴乾取用，方書名黄卷皮，今蓐婦藥中用之。大豆有黑、白二種，黑者入藥，白者不用。其緊小者爲雄豆，入藥尤佳。豆性本平，而修治之，便有數等之效者。其汁甚涼，可以壓丹石毒及解諸藥毒。作腐則寒而動氣，炒食則熱，投酒主風，作豉極冷。黄卷及醬皆平，牛食之溫，馬食之涼。一體而用別，大抵宜作藥使耳。殺烏頭毒尤勝。仙方修製黄末，可以辟穀度飢歲，然多食令人體重，久則如故矣。古方有紫湯，破血、去風、除氣，防熱。產後兩日，尤宜服之。烏豆五升，選擇令淨，漬酒一斗半，炒豆令煙絕，投於酒中，看酒赤紫色，乃去豆。量性服之，可日夜三盞。如中風口噤，即加雞屎白二升和熬投酒中，神驗。江南人作豆豉，自有一種刀豆，甚佳。古今方書，用豉治病最多。葛洪肘後方云：療傷寒有數種，庸人不能分別，今取一藥兼療。若初覺頭痛，肉熱，脈洪起，一、二日，便作此加減葱豉湯。葱白一虎口，豉一升，綿裹，以水三升煮取一升，頓服取汗。若不汗，更作，加葛根三兩，水五升，煮取二升，分再服，必得汗即差。不汗更作，加麻黄三兩，去節。諸名醫方皆用此，更有加減法甚多。今江南人凡得時氣，必先用此湯服之，往往便差。

本草經：大豆、黄卷味甘平，主濕痹，筋攣，膝痛。

別錄：無毒。主五藏胃氣結積，益氣，止毒，去黑皯，潤澤皮毛。

唐本草注：以大豆爲芽，蘖生便乾之，名爲黃卷，用以服食。

食療本草：卷蘖長五分者，破婦人惡血良。

隨手雜錄：江淹言馮悅御藥服伏火藥多，腦後生瘡，熱氣冉冉而上，幾不濟矣。一道人敎灸風市穴十數壯，雖愈，時時復作。又敎馮以陰煉秋石，以大豆卷濃煎湯下，遂悉平。和其陰陽也。陰煉秋石法，余昔有之，沈暘所傳是也。大豆卷法，大豆於壬、癸日浸井華水，候豆生芽，取皮作湯使之。

齊民要術：春大豆次植穀之後二月中旬爲上時，一畝用子八升。三月上旬爲中時，用子一斗。四月上旬爲下時。用子一斗二升。歲宜晚者，五、六月亦得，然稍晚稍加種子。地不求熟，秋鋒之地卽擿種地。過熟者，苗茂而實少。收刈欲晚，此不零落，刈早損實。必須耬下，種欲深，故豆性强，苗深則及澤。鋒耩各一鋤不過再，葉落盡然後刈。葉不盡則難治。刈訖，則速耕。大豆性溫，秋不耕則無澤。種茭者，用麥底，一畝用子三升，先漫散訖，犂細淺畤良輟反。而勞之。旱則箕堅葉落，稀則苗莖不高，深則土厚不生。若澤多者，先深耕訖，逆堡擲豆，然後勞之。澤少則否，爲其浥鬱不生。九月中候，近地葉有黃落者，速刈之。葉少不黃，必浥鬱，刈不速，逢風則葉落盡，遇雨澤爛不成。雜陰陽書曰：大豆生於槐，九十日秀，秀後七十日熟。豆生於申，壯於子，長於壬，老於丑，死於寅，惡於甲乙，忌於卯、午、丙、丁。孝經援神契曰：赤土宜菽也。氾勝之書曰：大豆保歲，易爲宜，古之所以備凶年也。謹計家口數種大豆，率人五畝，此田之本也。三月榆莢時有雨，高田可種大豆。土和無塊，畝五升；土不和，則益之。種大豆，夏至後二十日，尚可種，戴甲而生，不用深耕。大豆須均而稀，豆花憎見日，見日則黃爛而根焦也。穫豆之法，莢黑而莖蒼，輒收無疑，其實將落，反失之。故曰：豆熟於場，於場穫豆。卽青莢在上，黑莢在下。氾勝之區種大豆法：坎方深各六寸，相去二尺，一畝得千六百八十坎。其坎成，取美糞一升，合坎中土攪和以內坎中。臨種沃之，坎三升水。坎內豆三粒。覆上土勿厚，以掌抑之，令種與土相親。一畝用種一升，用糞十六石八斗。豆生五、六葉鋤之。旱者溉之，坎三升水。丁夫一人，可治五畝。至秋收，一畝中十六石。種之上、土纔令蔽豆耳。崔寔曰：正月可種豍豆，二月可種大豆。又曰：二月昏參夕，杏花盛，桑椹赤，可種大豆，謂之上時。四月時雨降，可種大、小豆。美田欲稀，薄田欲稠。

爾雅正義：戎叔謂之荏菽。註：卽胡豆也。正義：大雅生民云：蓺之荏菽，此釋之也。菽，陸本作尗，說文云：尗，豆也，象尗，豆生之形也。今經、傳通作菽。生民毛傳云：荏菽，戎菽也。鄭箋：戎菽，大豆也。疏引孫炎云：大豆也。戎叔謂之荏菽者，釋詁云：戎、壬，大也，壬通作任，又通作荏，是戎荏皆言大也。先後鄭釋周官九穀，皆分大豆、小豆爲二種。農桑輯要引氾勝之書云：大豆保歲，易爲宜，古之所以備凶年也。王禎農書云：大豆有白黑黃三種，白者粥飮，皆可拌食是也。夏小正云：五月初昏大火中。大火者，心也，心中種黍、菽、糜時也。淮南主術訓亦云：大火中則種黍、菽。今南方種大豆者，多於二月。氾勝之書云：三月榆莢時有雨，高田可種大豆，夏至後二十日尙可種。是種菽有蚤晚，晚者以五月爲期也。菽之穫在後，小雅小明云：歲聿云暮，采蕭穫菽。而豳風又云：七月亨葵及菽。蓋種有早晚，故穫有先後矣。春秋：定元年十月，隕霜殺菽。顏師古漢書注以爲菽，大豆。周之十月，於夏爲八月，菽尙未穫，霜早則爲災也。註：卽胡豆也。正義詩疏引舍人樊光、李巡皆云：今以爲胡豆，是郭注所本也。又引郭氏云：春秋齊侯來獻戎捷。穀梁傳曰：戎菽也。管子亦云：北伐山戎，出冬蔥及戎菽，布之天下，今之胡豆是也。案詩疏所引郭說，蓋郭氏音義之文；郭所引，春秋莊三十一年文也。逸周書王會篇云：山戎菽。徐邈穀梁注亦云：今之胡豆，與郭注同。然荏菽爲后稷所樹，不應至桓公始布天下。孫炎原本鄭箋，以爲大豆者是也。

九穀考：說文尗，豆也，象尗，豆生之形也。荅，小豆也。繫傳作小尗也。藿，尗之少也。萁，豆莖也。枝配鹽幽尗也。枝，俗豉，薇菜也，似藿蔗、鹿藿也，讀若剽，一曰蔽屬蕻，鹿藿之實名也。案豆有大豆、小豆。小豆曰荅；菽，其大名也。廣雅大豆，菽也，小豆，荅也。高誘淮南子注：菽，豆連皮也。先、後鄭皆分爲九穀中之二種。素問藏氣發時論：心色赤，宜食酸，小豆酸；脾色黃，宜食鹹，大豆鹹。性味迥異，宜其爲二穀也。農桑輯要載氾勝之書曰：大豆保歲，易爲宜，古之所以備凶年也。小豆不保歲，難得。大豆、小豆不可盡治也。豆生布葉，豆有膏，盡治之則傷膏，傷則不成，其收耗折也。王禎農書：大豆有白、黑、黃三種，白者粥飯皆可，拌食有小豆、菉豆、赤豆、白豆、江豆、豋豆，皆小豆類也。李時珍曰：大豆有黑、白、黃、褐、青、斑數色，小豆有三、四種。飯豆亦曰白豆，小豆之白者也，亦有土黃色者。今在北方見小豆有白、黃、黑、赤、綠數種。穭豆野生，今人亦種之下地，卽黑小豆也。余案廣韻：豋，野豆，又作蹽。蹽、穭豈一聲之轉邪？聞之山西人云：小豆如腰鼓，略似菉豆而較大；色不一種；莖高不過尺；葉小而薄，淡綠色，無毛；花大而黃。大豆色亦不一種，莖高三、四尺；葉大而厚，深綠色，有毛；花小而微紫。李時珍曰：大豆苗高三、四尺，葉圓有尖，秋開小白花成叢，結莢長寸餘，經霜乃枯。小豆烹熟則糜爛，大豆雖熟猶脆矣。小豆用處多，彼地䃺之爲末，和水爲餅，切而烹之以爲湯餅，亦小豆也。夏小正五月初昬，大火中種黍、菽。尙書大傳：主夏者，火昬中可以種黍、菽。尙書：帝命期夏火星昬中以種黍菽。淮南子：大火中則種黍菽。說苑：主夏者，大火昬而中，可以種黍菽。凡此皆言五月種菽也。而農桑輯要載齊民要術曰：春大豆次植穀之後，歲宜晚者，五六月亦得。然稍晚稍加種子。小豆大率用麥底，然恐小晚，有地者，常須兼留去歲穀下以擬之。崔寔曰：二月可種大豆。南方大豆有在春社前後下種，夏至時結莢。六月穫者，吾徽人呼爲六月黃；其八月穫者，爲八月白，冬月穫者，爲冬豆。又曰：杏花盛，桑椹赤，可種大豆；四月時雨降，可種大、小豆。氾勝之書曰：三月榆莢時有雨，高田可種大豆；夏至後二十日尙可種。李時珍曰：大豆皆以夏至前後種。據此，則種菽有早晚，然亦皆以五月爲可種也。生民之詩：藝之荏菽。傳云：荏菽，戎菽也。箋云：荏菽，大豆也。釋文及閟宮詩釋文並云：菽，大豆也。檀弓釋文：菽，大豆也。爾雅，戎菽謂之荏菽。孫炎云：大豆也。郭璞因管子北伐山戎，出戎菽，布之天下之云，遂以戎菽之戎，爲山戎之戎，謂卽今之胡豆，蓋言豌豆也，是不以戎菽爲大豆矣。不知爾雅釋詁，戎、壬皆訓爲大，壬與荏，字相通，荏菽、戎菽，並爲大豆之稱。郭璞不據周公之詩與爾雅之本訓，而傅會管子以爲豌豆，異矣！況山戎之戎菽，列子張湛注引之，言鄭氏云：卽大豆也。晉孔晁注汲冢周書王會篇，亦但以巨豆釋之，皆不云是豌豆也。然卽令其實非大豆，漢書天文志：正月旦，決八風，風從西北，戎菽爲注。孟康曰：戎菽，胡豆也。則是其地別有一種戎菽，或卽今之豌豆，與后稷之所殖大異也。豈得緣此而遂欲上改生民之詩與爾雅邪？呂氏春秋云：大菽則圓，小菽則摶以芳。大豆亦非正圓，視小豆爲圓耳。正圓者，豌豆也。陶氏論合藥節度云：如胡豆者，以二大麻準之；如小豆者，以三大麻準之。胡豆比小豆更小者，野豌豆也。野豌豆者，其苗曰薇。陸璣毛詩草木疏云：薇，山菜也。莖葉皆似小豆，蔓生，其味亦如小豆。藿可作羹，亦可生食也。蜀人謂之巢菜，小於小豆。而乃欲以之易漢世經師大豆之解乎？淮南子云：菽，夏生冬死，是九穀中穫最後者。故小明之詩云：歲聿云莫，采蕭穫菽。春秋定公元年冬十月，隕霜殺菽。漢書引之，師古注云：菽，大豆。蓋夏正之八月，非穫菽時，而殺之爲災也。霜降九月中氣，則穫菽其在十月之交乎？而豳風言七月烹葵及菽，蓋烹其少者，所謂藿也。釋文：菽，藿也。小宛之詩：中原有菽，庶民采之。傳云：菽，藿也。箋云：藿生原中，非有主也。余案：非無主者，聞之山西人云：秋間采豆葉以爲禦冬之菜，蓋任人采之，其主不與聞也。以小豆葉爲佳，小者先采；大豆葉社後乃許采，官有早采之禁，恐早采傷豆也。戰國策，張儀所謂韓地五穀所生，非麥而豆，民之所食，大抵豆飯藿羹。今時猶然也。史記作飯菽藿羹。公食大夫禮：鉶芼牛藿羊苦豕薇。注云：藿，豆葉也。采菽之詩箋云：菽，大豆也；采之者，采其葉以爲藿是也。若豌豆種與大麥同時，來歲三、四月則熟。務本直言所謂：莊農獻送，以爲嘗新，貴其早者也，王禎農書云。烏得以冒荏菽乎？豆莖曰萁，曹植詩所謂煮豆燃豆萁，本是同根生者也。豉，煮豆配鹽作之。廣韻引廣雅云：苦李作豉，今廣雅無此語。釋名云豉，嗜也，五味調和，須之而成，乃可甘嗜，故齊人謂豉聲同嗜也。史記貨殖傳言通邑大都，一歲所市者，曰糵麴鹽豉千答。漢書作千合。又漢書言自元成訖王莽，京師富人長安豉樊少翁王孫大卿爲天下高訾，皆鉅萬。束皙餅賦言牢丸之製，曰和鹽漉豉。梁吳均餅說言豉之良者曰張掖北門之豉。說文：藨，鹿藿；莥，鹿藿實名。爾雅藨，麃。注云：即莓也，與鹿豆相近。蔨，鹿蘿，其實莥。注云：今鹿豆也。元人王磐野菜譜有野綠豆。據爾雅，則藨非鹿藿。故徐鍇繫傳以說文爲誤讀爾雅也。說文解字注：豋，豆屬。此本草經之大豆、黃卷也。味甘平，主濕痹，筋攣，膝痛。唐本草注云：以大豆爲芽，蘖生便乾之，名爲黃卷。靈樞曰：腎病者宜食。廣韻阮韻云：䜳，黃豆也，从豆。許言尗，豆也，象豆生之形也。荅，小豆也。萁，豆莖也。藿，尗之少也。豉，配鹽幽尗也。然則尗與古食肉器同名，故䜳、豋二字入豆部。按豆卽尗一語之轉，周人之文，皆言尗，少言豆者。惟戰國策張儀云：韓地五穀所生，非麥而豆。史記作菽。吳氏師道云：古語祇稱菽，漢以後方呼豆。若然，則䜳、豋字蓋出漢製乎？𢍏聲，居願切。廣韻：求晚切，十四部。

又豋，豆飴也。飴，米糵煎也。糵，芽米也。然則豆飴者，芽豆煎爲飴也。黑部黲下曰：讀若飴豋之豋。方言，飴謂之餃，䬴謂之餹。郭注以豆屑雜餳也。䬴卽豋字，从豆，夗聲，一丸切。按篇、韻皆於月切，一丸非也，十四部。

附直省志書

宛平縣物產：豆有青、白、黃、黑、赤、綠、紅、黎、菀菜扁、龍爪刀、羊角蠶等種。

香河縣物產：猪食豆、羅裙帶豆。

昌平州物產：菉豆有官綠、油綠、摘綠、拔綠四種。黑豆有雌有雄，雌者長大而暗，雄者小圓而明。白扁豆凡十餘種，或長，或團，或如龍爪、虎爪，或如猪耳、刀鐮。大豆有綠、褐、烏三種。小豆有赤、白二種。

清苑縣土產：菽有秕虱，有猫眼。

歷城縣方產：菉豆、紅豆、豇豆、黑豆、豌豆。初成可爲果，稔熟可爲飯，物甚名貴，人不常食。大豆有青、黑，作豉用。黃豆人所習用，佐穀之歉。小豆赤、白、黎、黑四種。扁豆俗名眉豆，二種，或青而長，或白而肥。蠶豆形似蠶，蠶月生。金豆、長豆角、刀豆。

鄒平縣物產：豆，黃、黑、菉、赤、白。蠶豆數種。扁豆、豇豆連莢可食，刀豆僅可醬食。

臨邑縣物產有菽、江南豆、月豆。

萊蕪縣物產：豆有黑、黃、菉、扁、漿、青、豇、赤八種。秋熟豌一種，夏熟又有赤小豆、白小豆、黎小豆、扒山豆之類。眉豆有數種，刀豆形如刀，蠶豆、長豆角有數種。

陽信縣物產：菽，紅、白、黃、黑，爲用各異，而綠豆最佳。豆角有長、扁各數種，可熟食。

霑化縣物產：豆之品，大黃豆、青黃豆、天鵝蛋、大黑豆、小黑豆、牛腰齊、皮狐腿、老鼠眼、蘆花白、明菉豆、毛菉豆、東北風、紅摘豆、茶豆、小豆、扁豆。

曹縣物產：豆夏熟者，曰豌豆、扁豆；秋熟者，曰豇豆、黃豆，而黃亦有數種。曰青豆，青亦有數種。曰黑豆，黑亦有數種。又曰金豆、玉豆、黎豆、菉豆，又有赤小豆、白小豆、綠小豆，又有扒山豆、管豆，又有一種大黑豆。

鉅野縣物產豆：黃豆、黑豆、青豆、茶豆；豇豆，紅、白、黑三種；菜豆，蠶豆；小豆，紅、白、黑三種；菉豆，扁豆，豌豆，管豆，眉豆。凡十八種。

汶上縣物產豆：黃豆，青豆；黑豆，大、小二種；茶豆，豇豆，紅、白、黑三種；小豆，紅、白、黑三種；菉豆，扁豆，豌豆，管豆。凡十八種。

陽穀縣物產：黃豆、黑豆、綠豆、白薑豆、紅薑豆、黑薑豆、白小豆、紅小豆、黑小豆、彎豆、梅豆、茶豆、扁豆、刀豆、蠶豆、豆角。

濮州土產：豆有菉、黃、赤、白、青、茶、眉、刀、裙帶、龍爪、羊角之屬。

范縣物產：豆有十二，菉豆、黃豆、黑豆、茶豆、紅豇豆、白豇豆、豌豆、扁豆、勞豆、青豆、紅小豆、白小豆。菜豆有八，眉豆、蠶豆、龍爪豆、羊角豆、白不老、羅裙帶、仙鶴頂、刀豆。

觀城縣物產：豆，花、黑、黃三種。

日照縣物產：豆，其種不一。大者，青、黃、黑三色；小者，赤、綠二色。又有豌豆、龍爪、刀鞘、裙帶、白扁豆。

黃縣物產：豆有纏絲豆、紅黃豆、紫羅帶豆。

福山縣物產：白黃豆、青黃豆、纏絲豆、鐵黑豆、小黑豆、香豆——俗名雀卵、綠豆、白小豆、赤小豆、花小豆、玉小豆、兔脚豆。

招遠縣物產：大豆有黑、青、黃、白、綠、斑數色，而黃者爲多。綠豆有明綠、黑綠、東北風之類。豆以風名，遇東北風則易壞，故名之。豇豆有紅、白、花三種。

定襄縣物產：豆，黃、黑、菉、豌、扁、蕓、小連刀、梅箸、纏絲。

太平縣物產：豆多種，其形色、大小，間雜不等。菜豆角有龍爪、羅裙帶、葉裏藏數種。

臨晉縣物產：黑豆，大小二種。緊黑者爲雄豆，入藥良。黃豆亦有大小二種。綠豆有二種；粒粗而色鮮者，爲官綠，皮薄粉多；粒小而色暗者，爲油綠，皮厚粉少。早種者，名摘角綠，可頻摘也；遲種者，名拔角綠，一拔而已。豌豆、扁豆，一名沿籬豆，一名蛾眉豆，又名茶豆。花有紅、白二色，子有黑、白、赤、斑四色。豇豆有二種：一種蔓長丈餘，須懸架則蕃；一種蔓短鋪地，結莢，莢有白、紅、紫、赤、斑駁數色，嫩時充菜，土人呼爲菜角。又大赤豆，土人亦呼豇豆。

平陸縣土產：菽之名色不一，惟黃豆、黑豆之大者可以爲豉，豇豆、扁豆則可爲菜。他如菉、黃、青、紅、黑、白、豌、茶、龍眼、羊眼、龍爪、虎爪、麥蘆、小豆，皆可日用。

絳州物產：菽之屬，纏絲豆、人面豆、龍爪豆、紫羅帶、白不老。

祥符縣物產：紅豇豆、白豇豆、菉豆、黑豇豆、花豇豆、扁豆、青豆、黑豆、銅皮豆、紅小豆、豌豆、黑小豆、黃豆、花豆、白小豆、蠻小豆、綠豆。

鄢陵縣土產：豆，有青、白、黃、紅、黑、茶、褐等色，天鵝彈、老鴉眼、花斑、雞虱、羊眼等名。然大青豆及羊眼、黑豆堪作豉。江豆曰羅裙帶、白不老者，堪爲菜；紅小豆，堪入藥。餘皆尋常。

延津縣物產：菽有大黃、大青、大紫、大黑、扁黑、扁白、菉豆、青豌、白豌、白眼、紫眼、羊眼等種。淮南王以豆爲乳脂，今豆膏、豆粉、豆腐，較他處尤佳，得淮南遺法。

禹州土產：花斑石豆、雞虱豆、春不老、虎爪豆。

葉縣土產：紫豆、紅滚豆、龍爪豆、瑪瑙豆。

遂平縣土產：豆屬，豌豆、紅豆、羊眼豆、雞虱豆、龍爪豆、紫羅帶、香子豆、蛾眉豆、紅米豆、猪腦豆、朴姜豆。

西鄉縣土產：黃豆、黑豆、冰豆、青豆、茶褐豆、羊眼豆、赤豆、菉豆、麻小豆、白小豆、臨秋豆、白扁豆。

六合縣物產：菽之屬，黑大豆、青大豆，有透骨青者，用同黃豆。黃大豆、赤小豆、黑小豆、綠豆，圓小者佳。白豆一名飯豆。豌豆、香珠豆，色紫小者尤香。佛手豆、白果豆，粒大而香同白果。羊眼豆、蠶豆，一名胡豆。豇豆、扁豆，一名沿籬豆，黑白二種。刀豆，一名挾劍豆。

貴池縣土宜：豆有麪條豆、蛾眉豆、魴魮豆、富郎豆、冲天角豆、茶豆、案豆。

鹽城縣物產：菽有茶豆、荸薺豆，有青、黃、紫、赤、黑、白、綠、紅數色。最早熟者有六十日，有鴈來枯之類。

揚州府物產：菽有大黃、大青、大紫、大黑、大褐、鴨卵青、白扁、黑扁、白小、赤小、小紅菉豆、樓子菉、摘角綠、鵪鶉斑、赤江、白江、摘角江、青豌、白豌、白眼、紫眼、羊眼、鴈來枯、杪祉黃、半夏黃、佛指。

通州物產：豆粒有大小，色有青、黃、紫、黑、白之別，名有茶青、扁蒲、麻皮、雞趾、牛莊、僧衣、香珠、蓮心、烏眼、沈香、白果之不同。

吳縣物產：菽之屬，緇豆又名僧衣豆。斑豆、蟹眼豆、羊眼豆、香珠豆，色紫，小而香。賊懊惱極小。雲南豆似白扁豆，大而長。

崑山縣土產：中秋豆、雁來紅、佛手豆、瑪瑙豆。

常熟縣物產：紫羅豆有青黑花紋。河陽青早熟，西鄉高田種之。豇，青黑色，長角。十八豇蔓生，俗名裙帶豆。

嘉定縣物產：大黑豆，凡豆之屬，皆出嘉定者佳，而黑豆爲之魁，他邑爭購作種。今佃戶雜種諸豆於棉花兩溝之旁，冀棉花或敗，猶得取豆以抵租也。豌豆有大小二種，四鄉俱有之。大有如指頂者，其味絕美。他邑所出甚稀，形小性硬，迥不如也。土人或種之花田中，冬天不拔。花萁用以拒霜，至清明後始拔，豆隨熟。

太倉州物產：豆有黃、青、黑三種。黃曰蘇州黃、員珠黃、烏眼黃、水白豆、扇子黃、高脚黃。青曰大青、小青、茨菰青、肉裏青。黑曰大黑、小黑、六月烏。雜色者曰僧衣豆、香珠豆、羊眼豆。最大者曰嚇殺人，小曰賊嘆氣。州岡身種豆，收亦薄，惟東土所出獨壯美，絕勝他邑。蠶豆出雙鳳法輪寺前者尤佳，自雙鳳至南門亦據勝，大有如指頂者。他邑僅三之一，性亦粗硬。

上海縣物產：豆有南京黃，以種自秣陵，故名。隨稻黃，九月中方香綻，可食。六月豆種最早，六月卽可採食。砂仁豆，色紫，味香，豆中上品。黑豆、赤豆，有大小二種。米赤豆較赤豆略小，可和米炊飯。菉豆、水白豆、青豆色青，七月卽熟。白香圓、白豆之最大者，以色味形得名。茅柴赤、凡豆不宜肥土，肥則莢稀；此種不用耘，茅草之地叢生尤盛，故名。紫羅豆，色紫，粒小，俗謂紫香圓。又一種，青黑花紋，名僧衣豆。龍爪豆、江豆、刀豆、豌豆、蠶豆、白扁豆。

江陰縣物產：黄豆名珍珠黄、烏眼黄者爲上，青豆名白果青者最佳。

靖江縣食貨：菽之屬，其產於邑者，粒有大小，色有青、黄、紫、黑、白之别。青色者粒大味美，曰扁莆，曰膠州青、骨裹青、豹腰青。粒圓多實，曰圓珠、翠碧；粒小曰茶青；其淡碧而味色絶美者，曰白果。六月拔，八月枯。烏眼黄，粒有黑眼；水面白，粒大品佳。麻皮黄、牛犂莊、兔子圓、雞趾黄、獐皮黄，皆黄色之屬也。六月白、搶場白、白果豆，皆白色之屬也。色紫者，僧衣、香珠、蓮心三種，並妙。烏香珠、大黑子，黑之屬外，有五色雜而宜飯者，俗呼赤豆，其粒細而長。蔓生者，曰蟹眼；早收者，曰麻熟。

丹徒縣物產：豆有大小。大豆色有青、黑、黄、紫、褐，名有鴈來青、鴈來枯、癡黄、半夏黄、鐵殼黄、香珠、茶褐、荸薺、白果、牛啃莊、早綿青、烏豆、水白豆、馬鞍豆。小豆亦有赤豆，綠豆，小黑豆，白豆，龍爪豆，飯豆，紅、黑豇豆，佛指豆，十六粒豆，蠶豆，黑、白扁豆，刀豆。

丹陽縣物產：豆，黄豆以東鄉沿漕渠者爲佳。

石門縣物產：菽有梅豆、含豆、香珠豆、棋花豆、裙帶豆、一茶匙、眉莢豆、僧衣豆。

桐鄉縣物產：有舜隆豆。

瑞安縣物產：豆，有六月烏、六月白、八月白、雲豆、三收豆、珍珠豆、苜蓿豆。

寧州土產：輭莢豆、錢豆、米豆、道士冠、脚魚卵。

東鄉縣物產：豆，有六月爆、泥豆、花豆、虎爪豆。

瀘溪縣物產：菽之屬，有沈香豆，秋後種諸田間。羊眼豆、虎爪豆、羊鬚豆，俱以形似。六月爆，豆之最早者。

龍南縣物產：菽，有六月黄、八月黄。

蒲圻縣物產：菽之類，有兔兒圓、羅裙帶，道人冠。

咸寧縣物產：伴栗豆、青皮豆、鴈來紅、龍爪豆、猪牙豆、元修豆。

羅田縣物產：菽類有羅裙帶、鴈來紅、羊眼豆、蛾眉豆、巴山豆、西山豆、六月報、猪牙豆、蜜蜂豆、龍爪豆、茶柯豆、青皮豆、高脚黄、兔兒丸、雞婆豆、飯豆、白殼豆、泥豆、鴉鵲豆。

德安府物產：菉豆，曰摘菉、曰藤菉、曰一朵雲、曰蔓草菉、曰穀椿菉。黄豆有黄色、青色、黑色、茶花色數種。更有名纏絲者、骨裏青者、六月爆者、楊雀卵者，統謂之黄豆。

寧鄉縣物產：豆種十。有一曰豆角，即上笆豆，一名紅豆，又曰羅裙帶、刀豆。蟧皮豆一名蠶豆，又名白扁豆、八月白。以上皆藤生。摘岡菉豆、懶人豆，一名爛蒿薦、秋紅豆、黄豆、黑豆、飯豆，以上皆枝實。

邵陽縣食貨：菽之屬，黄豆、菉豆、六月黄、八月白、水白豆、皂角豆、羊眼豆、茶豆、粟稿豆、飯豆、江豆、裦豆、冬豆、蠶豆、硃砂豆、青皮豆、刀靶豆、蛾眉豆、龍爪豆、裙帶豆、泥豆、線豆、扁豆、烏豆、粽豆。

永明縣土產：菽之品，硃砂豆、羊眼豆、大松豆、小黄豆、紅豆、雪豆、韶豆、大青豆、黑茶豆、黑冷豆。

泉州府物產：菽之屬，有紅豆、春豆、九月豆、騎草豆、畬豆、白卯豆、六月綱豆。

建寧縣物產：花羅豆、大烏豆、寒露豆、虎爪豆、六月黄、上樹豆、田豆、岡豆、

惠來縣物產：豆之屬，有蕉子、虎爪、九月黄、九月白、六月黄、六月烏、十八粒、壓早。

高明縣土產：豆有樹豆，生數尺高，四季熟；猪牙豆、靴嘴豆。有刀鞘豆、花眉豆，又五月收豆。

廣西府物產：豆之屬，南豆、彎豆、架豆、靴豆、

老鼠豆、黃花豆、白早豆、羊眼豆、寸金豆。

豉

附 別錄：豉，味苦，寒，無毒。主傷寒，頭痛寒熱，瘴氣惡毒，煩躁滿悶，虛勞喘吸，兩脚疼冷。又殺六畜胎子諸毒。陶隱居云：豉，食中之常用。春夏天氣不和，蒸炒以酒漬服之，至佳。依康伯法，先以醋酒溲蒸暴燥，以麻油和，又蒸暴之，凡三過，乃末椒、乾薑屑，合和以進食，勝今作油豉也，患脚人常將其酒浸以滓傅脚，皆差。好者出襄陽、錢塘，香美而濃，取中心者彌善。

藥性論云：豆豉得醯良，殺六畜毒。味苦甘。主下血痢如刺者，豉一升，水漬纔令相淹，煎一兩沸，絞汁頓服。不差，可再服。又傷寒暴痢腹痛者，豉一升，薤白一握，切，以水三升先煮薤，內豉更煮，湯色黑，去豉，分爲二服。不差，再服。熬末能止汗，主除煩躁，治時疾熱病，發汗。又治陰莖上瘡痛，爛豉一分，蚯蚓濕泥二分，水研和塗上，乾易，禁熱食、酒、芥、蒜。又寒熱風胸中瘡生者，可擣爲丸服，良。

本草拾遺：蒲州豉味鹹，無毒。主解煩熱熱毒，寒熱虛勞，調中，發汗，通關節，殺腥氣，傷寒鼻塞。作法與諸豉不同，其味烈。陝州又有豉汁，經年不敗，大除煩熱，入藥並不如今之豉心，爲其無鹽故也。

食療本草：陝府豉汁甚勝於常豉，以大豆爲黃蒸，每一㪷加鹽四升，椒四兩，春三日，夏兩日，冬五日，卽成。半熟加生薑五兩，既潔且精，勝埋於馬糞中。無黃蒸以好豉心代之。

齊東野語：昔傳江西一士求見楊誠齋，頗以該洽自負。越數日，誠齋簡之云：聞公自江西來，配鹽幽菽，欲求少許。士人茫然莫曉，亟往謝曰：某讀書不多，實不知爲何物。誠齋徐檢禮部韻略豉字示之。注云：配鹽幽菽也，然其義亦未可深曉。楚詞曰：大苦、鹹、酸、辛、甘行。說者曰：

大苦，豉也，言取豆汁調以鹹酢椒薑飴蜜，則辛甘之味皆發而行。然古無豆豉，史急就篇乃有蕪荑鹽豉，史記貨殖傳有蘖麴鹽豉千荅。三輔決錄曰：前對大夫范仲公鹽豉、蒜果共一筩。蓋秦漢以來始有之。

豆腐 附　本草綱目李時珍曰：豆腐之法，始於漢淮南王劉安。凡黑豆、黄豆及白豆、泥豆、豌豆、緑豆之類，皆可爲之。造法，水浸磑碎，濾去滓，煎成，以鹽鹵汁或山礬葉、或酸漿醋澱，就釜收之。又有入缸內以石膏末收者。大抵得鹹、苦、酸、辛之物，皆可收斂爾。其面上凝結者，揭取晾乾，名豆腐皮，入饌甚佳也。按延壽書云：有人好食豆腐，中毒，醫不能治。作腐家言，萊菔入湯中則腐不成，遂以萊菔湯下藥而愈。大抵暑月，恐有人汗，尤宜慎之。又休息久痢，白豆腐醋煎食之卽愈。杖瘡青腫，豆腐切片貼之，頻易。一法以燒酒煮貼之，色紅卽易，不紅乃已。燒酒醉死，心頭熱者，用熱豆腐細切片，遍身貼之，貼冷卽換之，甦省乃止。

醬 附　别錄：醬味鹹酸冷利。主除熱，止煩滿，殺百藥熱湯及火毒。陶隱居云：醬多以豆作，純麥者少。今此當是豆者，亦以久久者彌好。又有肉醬，魚醬，皆呼爲醢，不入藥用。

日華子云：醬無毒，殺一切魚、肉、菜蔬、蕈毒，並治蛀蟲蜂蠆等毒。

赤小豆　本草經：赤小豆主下水，排癰腫膿血。

别錄：味甘酸，平，無毒。主寒熱，熱中消渴；止洩，利小便，吐逆卒澼，下腹脹滿。陶隱居云：赤小豆共條，猶如葱薤義也。以大豆爲蘖，芽生便乾之，名爲黄卷，用之以熬服食所須。煮大豆，主溫毒、水腫殊效。復有白大豆，不入藥。小豆性逐津液，久服令人枯燥矣。

圖經：赤小豆舊與大豆同條，蘇恭分之，今江淮間尤多種蒔。主水氣，脚氣方最爲急用。其法用此豆五合，葫一頭，生薑一分，並碎破。商陸根一條，切，同水煮豆爛，湯成，適寒溫，去葫等，細嚼豆，空腹食之，旋旋啜汁，令盡，腫立消便止。韋宙獨行方：療水腫，從脚起入腹則殺人。亦用赤小豆一斗，煮令極爛，取汁四、五升，溫漬膝以下。若已入腹，但服小豆，勿雜食，亦愈。李絳兵部手集方亦著此法。方云：曾得效，昔有人患脚氣，用此豆作袋，置足下，朝夕展轉踐踏之，其疾遂愈。亦主丹毒小品，方以赤小豆末和雞子白如泥，塗之，塗之不已，逐手卽消也。其遍體者，亦遍塗如上法。又諸腫毒欲作癰疽者，以水和塗，便可消散毒氣。今人往往用之有效。

食療本草：和鯉魚爛煮食之，甚治脚氣及大腹水腫，別有諸治具在魚條中。散氣，去關節煩熱，令人心孔開，止小便數。菉赤者，並可食。暴痢後氣滿不能食，煮一頓服之卽愈。

齊民要術：小豆大率用麥底，然恐小晚，有地者常須兼留去歲穀下以擬之。夏至後十日種者爲上時，一畝用子一斗。初伏斷手爲中時，一畝用子八升。中伏斷手爲下時，一畝用子一斗二升。中伏以後則晚矣。諺曰：立秋葉如荷錢，猶得豆者，指謂宜晚之歲耳，不可爲常矣。熟耕耬下以爲良，澤多者耬耩漫擲而勞之，如種麻法。未生白背，勞之極佳。漫擲犂畤次之，稿上歷反。種爲下。鋒而不耩，鋤不過再，葉落盡則刈之。葉未盡者，難治而易濕也。豆角三青兩黃，拔而倒豎，籠叢之。生者均熟，不畏嚴霜，從本至末，全無秕減，乃勝刈者。牛力若少，得待春耕，亦得稿種。凡大、小豆生，既布葉，皆得用鐵齒鍽楱，俎耩切。從橫杷而勞之。雜陰陽書曰：小豆生於李，六十日秀，秀後六十日成，成後忌與大豆同。氾勝之書曰：小豆不保歲，難得，椹黑時注雨種，畝一升。豆生布葉鋤之，生五、六葉又鋤之。大豆、小豆不可盡治也。古所以不盡治者，豆生布葉，豆有膏，盡治之則傷膏，傷則不成，而民盡治，故其收耗折也，故曰豆不可盡治。養美田，畝可十石；以薄田，尚可畝取五石。諺曰：與他作豆田，斯言良美，可惜也。龍魚河圖曰：歲暮夕四更中，取二七豆子，二七麻子，家人頭髮少許，合麻豆著井中，咒勑，使其家竟年不遭傷寒，辟五方疫鬼。雜五行書曰：常以正月旦，亦用月半，以麻子二七顆，赤小豆七枚，置井中，辟疫病甚神驗。又曰：正月七日、七月七日，男呑赤小豆七顆，女呑十四枚，竟年無病，令疫病不相染。江鄰幾雜志：上在東宮苦腮腫，用赤小豆爲末傅之，立愈。

腐婢 本草經：腐婢味辛，平。主痎瘧寒熱，邪氣洩痢，陰不起，病酒頭痛。別錄：無毒，止消渴，生漢中，即小豆花也。七月採陰乾。陶隱居云：花用異實，故其類不得同品，方家都不用之，今自可依其所主以爲療也。但未解何故有腐婢之名。本經不云是小豆花，後醫顯之爾，未知審是否。今海邊有小樹，狀似梔子，莖條多曲，氣作腐臭，土人呼爲腐婢，用療瘧有效，亦酒漬皮療心腹，恐此當是眞。若爾，此條應在木部下品卷中。

唐本草注：腐婢，山南相承以爲葛花。本經云小豆花，陶復稱海邊小樹，未知孰是。然葛花消酒大勝豆花，葛根亦能消酒，小豆全無此效。校量葛、豆二花，葛爲眞也。

開寶本草別本云：小豆花亦有腐氣，經云：病酒頭痛，即明其療同矣。葛根條中，見其花幷小豆花乾末，服方寸匕，飲酒不知醉。唐注證葛花是腐婢，非也。陶云：海邊有小樹，土人呼爲腐婢，其如經稱小豆花是腐婢，二家所說，證據並非。

藥性論云：赤小豆花名腐婢，能消酒毒，明目，散氣滿。不能食，煮一頓服之。又下水氣，幷治小兒丹毒熱腫。

圖經：腐婢，小豆花也，生漢中，今處處有之。

陶隱居以爲海邊有小木，狀似梔子，氣作臭腐，土人呼爲腐婢，疑是此。蘇恭云：山南相承呼爲葛花，是也。今注云：小豆花亦有腐氣。按本經云：主病酒頭痛。海邊小木，自主瘧及心腹痛，葛花不言主酒病。注云：幷小豆花末，服方寸匕，飲酒不知醉。然則三物皆有腐婢名，是異類同名耳，本經此比甚多也。一說赤小豆花亦主酒病。

小麥

別錄：小麥味甘，微寒，無毒。主除熱，止燥渴咽乾，利小便，養肝氣，止漏血、唾血。以作麴，溫，消穀止痢；以作麪，溫，不能消熱止煩。陶隱居云：小麥合湯皆完用之，熱家療也，作麪則溫明，穬麥亦當如此。今服食家噉麪不及大穬麥，猶勝於米爾。

唐本草註：小麥湯用，不許皮坼，云坼則溫明，麪不能消熱止煩也。小麥麪止痢、平胃，主小兒癇，消食痔。又有女麴、黃蒸。女麴，完小麥爲之，一名䴷子。黃蒸，磨小麥爲之，一名黃衣。並消食，止洩痢，下胎，破冷血也。

本草拾遺：麩味甘，寒，無毒。和麪作䴵，止洩痢，調中去熱健人，蒸熱袋盛熨。人馬冷失腰脚，和醋蒸包所傷折處，止痛，散血。人作麨，第二磨者涼，爲近麩也。小麥皮寒肉熱。又云：麥苗味辛寒，無毒。主酒疸目黃，消酒毒暴熱。麥苗上黑黴名麥奴，主熱煩，解丹石天行熱毒。又云：麪味甘溫，補虛，實人膚體，厚腸胃，強氣力，性壅熱，小動風氣。又云：女麴一名䴷子。按䴷子與黃蒸不殊，黃蒸溫補，消諸生物。北人以小麥，南人以秔米，皆六、七月作之。蘇又云：磨破之，謂當完作之，亦呼爲黃衣，綠塵者佳。

圖經：麥有大麥、小麥、穬麥、蕎麥，舊不著所出州土。蘇云：大麥出關中，今南北之人，皆能種蒔。屑之作麨，平胃止渴，消食。水漬之生芽爲櫱，化宿食，破冷氣，止心腹脹滿，今醫方用之最多。穬麥有二種：一種類小麥，一種類大麥，皆比大、小麥差大。凡麥，秋種、冬長、春秀、夏實，具四時中和之氣，故爲五穀之貴。大、小麥，地暖處亦可春種之，至夏便收，然比秋種者四氣不足，故有毒。小麥性寒，作麪則溫而有毒，作麴則平胃止痢。其皮爲麩，性復寒，調中去熱，亦猶大豆作醬豉，性便不同也。蕎麥實腸胃，益氣力，然不宜多食，亦能動風，令人昏眩也。藥品不甚用之。

食療本草：平養肝氣，煮飲服之良。又云：麪有熱毒者，爲多是陳黦之色，又爲磨中石末在內，所以有毒，但杵食之卽良。又宜作粉，食之補中益氣，和五藏，調經絡，續氣脉。

鬼遺方：治金瘡腹腸出不能內之，小麥五升，水九升，煮取四升，去滓綿濾，使極冷，令人含噀之，瘡腸漸漸入。冷噀其背，不宜多人見，不欲傍人語，又不須令病人知。腸不卽入，取病人臥席，四角合病人舉搖，稍須臾便腸自入。十日中食不飽，數食須使少，勿使驚，卽殺人。

別說：謹按小麥，卽今人所磨爲麪日常食者。八、九月種，夏至前熟。一種春種，作麪不及經年者良。大麥今以粒皮似稻者爲之，作飯滑，飼馬良。穬麥今以似小麥而大粒，色青黃，作麪脆硬，食多脹人。京東、西，河北近京，又呼爲黃顆。關中又有一種青顆，比近道者粒微小，色微青，專以飼馬，未見入藥用。然大麥、穬麥二種，其名差互，今之穬麥與小麥相似而差大，宜謂之大麥。今之大麥不與小麥相似，而其皮礦脆，宜謂之穬麥。用此恐傳記因俗而差之爾，不可不審也。

齊民要術：大、小麥皆須五月、六月暵地。不暵地而種者，其收倍薄。崔寔曰：五月、六月菑麥田也。種大小麥，先畤逐犁𥢿種者佳。再倍省種子而科大，逐犁埆之亦得，然不如作𥢿耐旱。其山田及剛強之地則耬下之。其種子宜加五省於下田。凡耬種者，匪直土淺易生，然於鋒鋤亦便。穬麥非良地則不須種。薄地徒勞種而必不收。凡種穬麥，高下田皆得用，但必須良熟耳。高田借擬禾豆，自可專用下田也。八月中戊社前種者爲上時，擲者，畝用子二升半。下戊前爲中時，用子三升。八月末九月初爲下時。用子三升半或四升。小麥宜下種，歌曰：高田種小麥，穇穇不成穗。男兒在他鄉，那得不憔悴。八月上戊社前爲上時，擲者用子一升半。中戊前爲中時，用子二升。下戊前爲下時。用子二升半。正月、二月勞而鋤之，三月、四月鋒而更鋤，鋤麥倍收，皮薄麵多，而鋒勞各得再遍爲良也。令立秋前治訖，立秋後則蟲生。蒿艾簞盛之良。以蒿艾閉窖埋之亦佳。窖麥法，必須日曝令乾，及熱埋之。多種久居供食者，宜作劁。才凋切。麥倒刈薄布，順風放火，火既著，卽以掃箒撲滅，仍打之。如此者夏蟲不生，然唯中作麥飯及麵用耳。禮記月令曰：仲秋之月，乃勸人種麥，無或失時。其有失時，行罪無疑。鄭玄注曰：麥者接絕續乏之穀，尤宜重之。孟子曰：今夫麰麥，播種而耰之，其地同，樹之時又同，浡然而生，至於日至之時，皆熟矣。雖有不同，則地有肥磽，雨露之所養，人事之不齊也。雜陰陽書曰：大麥生於杏，二百日秀，秀後五十日成。麥生於亥，壯於卯，長於辰，老於巳，死於午，惡於戌，忌於子、丑。小麥生於桃，二百一十日秀，秀後六十日成，忌與大麥同，蟲食杏者麥貴。種瞿麥法，以伏爲時。一名地麵。良地一畝用子五升，薄田三四升。畝收十石。渾蒸曝乾，舂去皮，米全不碎，炊作飧甚滑；細磨下絹簁作餅，亦滑美。然爲性多穢，一種此物，數年不絕，耘鋤之功，更益劬勞。尙書大傳曰：秋昏虛星中，可以種麥。虛北方玄武之宿，八月昏中見於南方。說文曰：麥，芒穀。秋種厚埋，故謂之麥；麥，金王而生，火王而死。氾勝之書曰：凡田有六道，麥爲首種，種麥得時，無不善。夏至後七十日可種宿麥，早種則蟲而有節，晚種則穗小而少實。常種麥若天旱無雨澤，則薄漬麥種以酢且故反。漿幷蠶矢，夜半漬，向晨速投之，令與白露俱下。酢漿令麥耐旱，蠶矢令麥忍寒。麥生黃色，傷於太稠，稠者鋤而稀之。秋鋤以棘柴耬之，以壅麥根。故諺曰：子欲富，黃金覆。黃金覆者，謂秋鋤麥曳柴，壅麥根也。至春凍解，棘柴曳之，突絕其乾葉，須麥生復鋤之。到榆莢時，注雨止，候土白背復鋤，如此則收必倍。冬雨雪止，以物輒藺麥根，掩其雪，勿令從風飛去。後雪復如此，則麥耐旱多實。春凍解，耕如土，種旋麥，麥生根茂盛，莽鋤如宿麥。氾勝之區麥種，區大小如中農夫區。禾收區種，凡種一畝用子二升，覆土厚二寸，以足踐之，令種土相親。麥生根成，鋤區間秋草，緣以棘柴，律土壅麥根。秋旱則以桑落曉澆之，秋雨澤適勿澆之。春凍解，棘柴律之，突絕去其枯葉，區間草生鋤之。大男、大女治十畝，至五月收。區一畝得百石以上，十畝得千石以上。小麥忌戌，大麥忌子，除日不中種。崔寔曰：凡種大小麥，得白露節可種薄田，秋分種中田，後十日種美田，唯䵃古猛反，大麥類。早晚無常。正月可種春麥、豍豆，盡二月止。青顆古禾反，麥名。麥，治打時稍難，唯映日用碌碡碾。右每十畝用種八斗，與大麥同時熟，好、收四十石，石八、九斗。麫甚作麨及餺飥甚美，磨總盡無麩。鋤一遍佳，不鋤亦得。

本草拾遺：麥苗味辛寒，無毒。主蠱，煮取汁，細絹濾服之。隱與本反。即芒粃也。按此麥芒，今俗亦呼爲隱。農家用以和土、打場及調泥，作笆、覆屋，以代席。皆以無用爲有用也。

韓氏直說：五、六月麥熟帶青，收一半；合熟收一半；若過熟，則拋費。每日至晚，即便載麥上場堆積，用苫繳覆，以防雨作。苫須於雨前農隙時備下。如般載不及，即於地內苫積，天晴乘夜載上場，即攤一二車，薄則易乾。碾過一遍，翻過又一遍，起稭下場，揚子收起。雖未淨，直待所收麥都碾盡，然後將未淨稭稈再碾。如此可一日一場，比至麥收盡，已碾訖三之二。農家忙併無似蠶麥，古語云：收麥如救火。梅天雨更多故。若少遲慢，一値陰雨，即爲災傷。遷延過時，秋苗亦誤鋤治。

種樹書曰：麥苗盛時，須使人縱牧於其間，令稍實，則其收倍多。麥屬陽，故宜乾原；稻屬陰，故宜水澤。諺云：冬無雪，麥不結。徐元扈曰：雪可必乎，秋冬宜灌水令保澤可也。小麥不過冬，大麥不過年。種麥之法：土欲細，溝欲深，耙欲輕，撒欲匀。

農書曰：麥種初收時，旋打旋揚，與蠶沙相和，辟蟲傷，省地力，苗又耐旱。凡種須用耬犂下之，又用砘車碾過，日種數畝，蓋成隴易於鋤治。又有漫種一法，農人左手挾器成種，右手握而匀擲於地。既遍，則用耙勞覆之，又頗省力，此北方種麥之法。南方惟用撮種，故用種不多，然糞而鋤之，人工既到，所收亦厚。北方芟麥用釤綽腰籠，一人日可收麥數畝。南方收麥鐮割手秉，所種麥少故也。若力省而功倍，當以北方爲法。

按麥稭織草帽利甚大，故平地多不肯用釤綽，惜其稭也。惟河瀕懼水驟至，併日刈割，棄穗狼戾。淮北有專以拾麥爲生者，未可一概論也。

爾雅翼：麥者接絶續乏之穀。夏之時舊穀已絶，新穀未登，民於此時乏食，而麥最先熟，故以爲重。董仲舒曰：春秋於他穀不書，至無麥禾則書之，以此見聖人於五穀最重麥與禾也。因說武帝勸關中種麥。而明堂月令亦有仲秋勸種麥之文，其有失時，行罪無疑。凡以接續所賴，懼民不以爲意耳。又禾下即種爲稍勞，故鄭司農注稻人稱：今時謂禾下麥爲荑下麥，言芟荑其禾，於下種麥。又注薙氏云：俗間謂麥下爲荑，言芟荑其麥，以其下種禾豆。則是卒歲之間，無曠土閑民，此惰農所難，故勸之。麥比他穀獨隔歲種，故號宿麥。說者亦或以爲首種。傳曰：秋昏虛星中，可以種麥。說文曰：麥，芒穀。秋種厚薶，故謂之麥。麥，金也，金王而生，火王而死。小麥生于桃，二百四十日秀，秀後六十日成。蓋秋種、冬長、春秀、夏實，具四時之氣，自然兼有寒、溫、熱、冷。故小麥微寒，以爲麴則溫，麪熱而麩冷。其地暖處，亦可春種，至夏便收，然比秋種者四氣不足，故有毒。河渭以西，白麥麪涼，以其春種，缺二時氣使然也。麥既備有四時之氣，而說文以麥爲金者，特以其金王而生，又遇火而死。鄭注月令則云：麥實有孚甲屬木，黍秀舒散屬火，麻實有文理屬金，菽實孚甲堅合屬水，稷五穀之長屬土。此據明堂月令四時與中央所食爲說。養生家則以爲麥，心之穀，養心氣，心病宜食，是又以爲南方之穀，皆各自爲義。然麥性微寒，以爲金，則許氏之說優矣。古稱：高田宜黍稷，下田宜稻麥。今小麥例須下田，故古歌有曰：高田種小麥，終久不成穗。若大麥則不然。詩所謂青青之麥，生于陵陂者，謂大麥也，已別具于麰中。古者朝事之豆有麷蕡，先儒以麷爲熬麥，許叔重以爲煮麥。又小麥屑皮謂之麩；小麥屑之覈謂之䴬；麥覈屑十觔爲三斗者謂之䴭；麥末謂之麪；麥甘鬻謂之麮；餅麴謂之𪍡；若䴺麧䃺麥，若擣，謂之䴬；堅麥謂之麧。又相謁食麥謂之䬯，陳楚之間謂之餥；楚人謂之飵；秦人謂之𩟗䭓。麮音去，麴音鞠，𪍡音哭，䴺音才，麧音滑，䃺音磨，䬯音拈，餥音匪，飵音昨，𩟗恩去聲。䭓音顐。

九穀考：說文：麥，芒穀。秋種厚薶，故謂之麥。麥，金也，金王而生，火王而死。从來，有穗者从夊。來，周所受瑞麥來麰，一來二縫，象芒朿之形，天所來也，故爲行來之來。詩曰：詒我來麰。麰，麰，來麰麥也。䒞麰重文。穧，齊謂麥穧也；稍，麥莖也；麪，麥末也；穬，麩也；繫傳作穬，麰也。麧，堅麥也；䵂，麥覈屑也，十斤爲三斗；䴬，小麥屑之覈；麩，小麥屑皮也；麱，麩重文。麷，煮麥也，讀若馮；麮，麥甘鬻也；餅，麪餈也；䵑，爵麥也；蘧，蘧麥也；蘜，大蘜，蘧麥。案：

來，小麥也；說文：一來二縫。困學紀聞載董彦遠除正字謝啓，作一朿二縫。周頌孔疏引作一麥二夆。麰，大麥也。廣雅、大麥、麰也；小麥，麳也。周頌釋文云：牟字或作麰。王禎農書載雜陰陽書曰：大麥生於杏，二百日秀，秀後五十日成。小麥生於桃，二百一十日秀，秀後六十日成。案生於杏、生於桃，並指秀時也。農桑輯要載崔寔曰：凡種大、小麥，得白露節可種薄田，秋分種中田，後十日種美田。二書言大、小麥，皆宿麥也。漢書武帝紀注師古曰：秋冬種之，經歲乃成，故云宿麥。呂氏春秋：孟夏之昔，殺三葉而穫大麥。高誘注：大麥，旋麥也。余案：旋之言疾也，與宿麥對言，是謂大麥爲春麥。玉篇云：麰，春麥也，蓋同之矣。余居北方，見種春麥者多矣，然皆小麥也。崔寔曰：正月可種春麥，盡二月止，亦不分大、小麥也。廣志：旋麥三月種，八月熟，出西方，似亦言小麥，而非高氏注之旋麥矣。玉篇云：𪎊麥，早晚無常，是大、小麥之外，復有𪎊麥。說者以𪎊爲大麥類，然則𪎊乃大麥之別種，非謂大麥盡名𪎊也。釋名云：煮麥曰麰，麰亦齲也，煮熟亦齲壞也。此又異說之不必從者也。思文之詩：貽我來牟，帝命率育。臣工之詩：於皇來牟，將受厥明。來牟之於民食也，豈不重哉！鄭氏詩箋於思文云：武王渡孟津，火流爲烏五至，以穀俱來。於臣工云：赤烏以牟麥俱來。二箋蓋用古文尚書大誓文解來字爲去來之來，是不以來爲小麥也。說文來、麰二字合言，亦不分大、小麥。孟子於麰麥，自播種而耰之，以至於熟，言之綦詳，故先鄭大、小麥並列九穀矣。而後鄭逸大麥，至大、小豆，則從先鄭並錄之。余求其故不可得。說者謂：戎菽，后稷之所殖，而大麥用處甚少也。然乎哉？月令：仲秋之月，乃勸種麥。尚書大傳：主秋者，虛昏中可以種麥。鄭氏注：虛北方玄武之宿，八月昏中見於南方。淮南子：虛中則種宿麥。說苑：主秋者，虛昏而中，可以種麥。毋或失時，其有失時，行罪無疑。鄭氏注：麥者，接絕續乏之穀，尤重之。蘇頌曰：大、小麥，秋種冬長、春秀、夏實，具四時中和之氣。地暖處，春種夏收，四時不足，故有毒。案春麥乃種之別者，不因地暖而然。素問云：升明之紀，其類火，其藏心，其穀麥。鄭氏月令注：麥實有孚甲屬木。汲冢周書：麥居東方。說文：麥，金也。高誘呂氏春秋及淮南子注皆言麥屬金。李時珍曰：三說各異。而別錄云：麥養肝氣，與鄭說合。孫思邈云：麥養心氣，與素問合。夷考其功，除煩，止渴，收汗，利溲，止血，皆心病也。當以素問爲準。蓋許以時，鄭以形，而素問以功性，故立論不同耳。余案：陶氏別錄言小麥微寒，以作麪溫。陳藏器云：小麥受四時氣足，自然兼有寒溫，麪熱麩冷。言宿麥之性，斯爲備矣。麥微寒者，得金氣而生，成於夏，宜其屬火也。然余考素問，亦不專言麥屬火。金匱眞言論：東方青色，其味酸，其類草木，其穀麥，是以麥爲屬木也。至藏氣發時論，則謂肺色白，宜食苦麥，羊肉、杏、䪥皆苦。以味苦言，則是麥火也。然則論物之所屬，有以形言者，有以色言者，有以質言者，有以味言者。如金匱眞言論：南方赤色，其穀黍。注云：黍赤色，西方白色，其穀稻。注云：稻堅白。而藏氣發時論又謂黃黍辛，粳米甘。以色言則黍屬火，稻屬金；以味言則黍屬金，稻屬土。用是穀者，神而明之，斯投無不當，蓋醫者意也。執中執一，非所語於通材也。麥簠簋實，熬之爲麷，則籩實也。考之禮經九穀之爲簠簋實也，黍稷稻尚矣。士昏禮：黍稷四敦。聘禮：黍稷堂上八簋，西夾六簋，東方如之。其稻、粱各二簠，則加饌也。公食大夫禮：黍稷六簋，亦有稻粱之加。注云：進稻粱者以簠。士虞禮：饌黍稷二敦。特牲饋食：設黍稷兩敦。是經後言佐食分簋。鄭氏注云：分簋者，分敦黍於會。敦，有虞氏之器，周制士用之。變敦言簋，容同姓之士得從周制耳。少牢饋食：設黍稷四敦。疏云：用敦者，異姓大夫士。稻粱美，故以爲加饌。荀子禮論篇：饗尚元尊而用酒醴，先黍稷而飯稻粱，祭齊大羹而飽庶羞，貴本而輕用也。大戴禮，酒醴作酒食，祭齊作祭嚌。曲禮：年穀不登，大夫不食粱。不食其加，爲歲凶貶也。玉藻：沐稷而靧粱。疏云：此大夫禮，人君沐靧皆粱。鄭氏注：玉藻諸侯日食粱稻各一簋。甫田之詩：黍稷稻粱，農夫之慶。箋云：年豐勞賜農夫益厚，既有黍稷，加以稻粱。則是稻粱貴矣。黍稷二者，又以黍爲貴。黍者，食之主，鄭注云。故特牲、少牢饋食之禮，皆摶黍以嘏主人。尸三飯，注云：食以黍。士昏禮：婦饋舅姑，專用黍。士虞禮：贊設二敦於俎南，黍其東稷。注云：簋實尊黍。良耜之詩：其饟伊黍，箋云：豐年賤者猶食黍。然則黍貴也。黍、稷、稻、粱而外，麥與苽皆簠簋實。玉藻：諸侯朔月四簋。皇氏作簠。疏云：以此而推，天子朔月大牢，當黍、稷、稻、粱、麥、苽各一簋。食醫職，凡會膳食之宜，牛宜稌，羊宜黍，豕宜稷，犬宜粱，雁宜麥，魚宜苽。故膳夫職王之饋食，用六穀。鄭司農說，以食醫之六物當之。是麥，苽爲簠簋實矣。鄭氏小宗伯注：六齍謂黍、稷、稻、粱、麥、苽。舂人注：齍盛謂黍、稷、稻、粱之屬，可盛以爲簠簋實。疏云：屬中兼有麥、苽。內則：苽食、麥食，析稌並配之以羹。其上以食目之注云：人君燕食所用。案此記其饌則亂，而與上黍、稷、稻、粱、白黍、黄粱之爲飯者，別之曰食，故鄭氏以爲燕食所用。然既配之以羹，則三者亦皆是飯也。公食大夫禮：賓三飯以湆醬。注云：每飯歠湆。湆蓋大羹，湆是飯必歠羹矣。抑余於是記，竊有疑焉。鄭氏於上言羞，以爲似脫，則此食字，亦恐非目下也。觀食下接蝸醢而三字，似不辭，或亦有所脫爛與？簠簋實外，其在醢人之職，則羞豆之實。酏食、鄭氏注酏，饘，也。糝食，見於內則者，皆用稻米。其在籩人之職，則朝事之籩，其實麷、蕡、白、黑。鄭司農說：熬麥曰麷，麻曰蕡，稻曰白，黍曰黑。白爲白稷，說見前。羞籩之實，糗餌、粉餈。

注云：二物皆粉稻米、黍米所爲，合蒸曰餌，餅之曰餈。鄭司農云：餈謂乾餌餅之也。說文：餌，粉餅也，餈，稻餅也。方言：餌謂之糕，或謂之粢，或謂之餎，或謂之餣，或謂之䬽。今吾歙猶呼社餈爲社餣。糗者，擣粉熬大豆，句爲餌餈之，黏著以粉之耳。餌言糗，餈言粉，互相足。鄭司農云：糗，熬大豆與米也，粉豆屑也。初學記載干寶注云：糗餌者，豆末屑米而蒸之以棗豆之味，今餌餻也。玉篇：蜀人呼蒸餅爲䭔。集韻：䭔，丸餅也。儀禮既夕注：糗以豆糗粉餌。內則注：糗，擣熬穀也。說文：糗，熬米麥也。在膳夫之職，凡王之饋，珍用八物。見於內則者，淳熬用陸稻，淳母用黍食，炮豚若將，用稻粉糔溲爲酏以付之。此三珍，有膏、醯、醢，則並豆實也。然則九穀之爲豆實，見於禮經者，有稻、有黍。其爲籩實，則麥、麻、黍、稷、稻、菽也。麥末曰麪，一曰𥼶。廣雅𥼶謂之麪，玉篇𥼶、麩並訓麪也。又曰：𥼶或作麩。然則繫傳訓𥼶爲麩者是，而鉉本訓数誤矣。水和麪作之如餈，曰餅。餅，

麪餈也。釋名：餅，幷也，溲麪使合幷也。胡餅作之，大漫沍也，亦言以胡麻著上也。蒸餅、湯餅、蝎餅、髓餅、金餅、索餅之屬，皆隨形而名之也。餈，籩實，則餅亦籩實。酏人職酏食。鄭司農云：以酒酏爲餅。賈疏云：若今起膠餅，文無所出，故後鄭不從。余案：起膠餅卽齊書永明閒詔太廟四時祭薦宣皇帝起麪餅。注云：今發酵也。又韋巨源食單有婆羅門輕高麪，亦卽此也。蓋蒸餅、饅頭之類，可充籩實而以爲豆實，宜後鄭不從也。餅置湯鑊中烹熟之，曰湯餅，青箱雜記：湯餅，濕麪也。凡以麪爲食煮之，皆謂之湯餅。湯餅則實諸豆者也。束皙、庾闡，皆嘗賦之。卽今之素麪，西北人之扯麪，釋名之索餅，齊太祖所好之水引餅是。束皙餅賦言春宜饅頭，夏宜薄壯，秋宜起溲，冬宜湯餅。四時無所不宜，惟牢丸。案：束皙所賦凡五事，演繁露以湯餅、牢丸爲一物，遂以其狀牢丸者爲形容湯餅之辭，誤矣。蘇詩用牢丸作牢九，自注引束賦，亦逸去湯餅。古今合璧事類作薄壯。以韻求之，與暢，涼字協，當爲壯字。而徐堅初學記引之，則作薄夜，又以玄日對薄夜，引荀氏四時列饌傳曰：春祠有曼頭餅，夏祠以薄夜代

曼頭，則薄夜之名，其來久矣。或又作薄持，蘇詩自注亦然。歸田錄云：薄持，疑卽今煎夾子，然持與暢、涼韻更遠矣。或又作薄衍，一作薄扞。起溲，徐暢祭記作起潄，白餅。余謂起溲，或卽今之酥油千重餅。饅頭則發酵蒸餅也。酉陽雜俎有籠上牢丸，湯中牢丸。束所賦者蓋籠上牢丸，與演繁露載庾闡之賦曰：當用輕羽，拂取飛麪，剛柔適中，然後水引，細如委綖，白如秋練。據此所賦，宜爲西北人之扯麪矣。演繁露又云：水引，俚俗名蝴蝶麪也。初學記載庾闡惡餅賦，其序云：范子常者，常造予宿，臛鷄爲餅，遍食之，情甚虛，奇嘉之，味不實，聊作惡餅賦以釋之。言臛鷄爲餅，蓋亦謂湯餅也。齊書、太祖爲領軍，與長史何戢來往，數置歡宴。上好水引餅，戢令婦女躬自執事，以設上焉。而釋名之髓餅，今之切麪，亦其類也。蘇詩過土山寨絕句：湯餅一杯銀綫亂，蔞蒿如筯玉簪橫。程氏大昌演繁露：湯餅一名餺飥。余以爲蓋餺飥之類，非卽餺飥也。餺飥者，以水和麪而成餅，餺飥然也。故方言云：餅謂之飥，而不托、餺飥則字之轉寫異文也。李正文謂舊未就刀鉆時，皆掌托烹之。刀鉆既具，乃云不托，言不以掌托也。說載演繁露。是以不字爲不然之不，而以不托之名專屬之切麪，不然也。五代史李茂貞傳：唐昭宗幸鳳翔，梁軍圍之。昭宗謂茂貞曰：朕與六宮，一日食粥，一日食不托，安能不與梁和乎？范堯夫謫居永州，以書寄人云：此中羊麪，無異北方，每日閉門食餺飥，不知身之在遠。此似皆以切麪爲不托也。玉篇：餺飥，餅屬。廣雅亦載餺飥，又皆有𪍑𪌬上，蒲口，蒲沒二切。下，他口切，亦作𪎊。餅也之云。齊民要術有餢飳，蓋皆餺飥字之轉聲。余以爲餺飥者，疊韻字也。雙聲、疊韻類，皆就物之形聲、事意形容之，而因以名其物。字隨音立，而不必有其專文，此文字之滋益，六書之妙用也。周禮春官：弁師玉璂。鄭注：璂，讀如薄借綦之綦。說文作不借，綥以綦爲綥之或文也。方言儀禮注、廣雅古今注皆有不借，而釋名謂不借，齊人云搏腊。由是言之，不與薄、搏，古皆互通，則不托乃餺飥之通字，安能以不然之不解之邪？抑余更有疑者。束晳餅賦：夏宜薄壯，恐卽薄托字，與暘、涼爲韻。陽、唐、漾、宕之韻，以四聲通之，鐸爲宕之入聲，則托字於韻協矣。蓋此一字或爲壯，或爲夜，或爲持，或爲衍，或爲扞，字凡數易，而皆無義可通。夜、持、衍、扞，韻並不協，其爲譌誤無疑。而壯、扞字形，尤與托字相似。以爲薄托，雖不敢知其必然，然亦可存之以俟考也。若然，則餺飥、湯餅，或未可以強同與？菽之麪，亦有和水條切之而烹食者，今山西人多喜食之。後漢書光武至無蔞亭，馮異上豆粥。粥與鬻同，古今字也。說文鬻、䰞互釋。䰞爲豆實，則鬻亦以豆盛之。內則：黍酏，注云：酏，粥。詩叔苴箋云：麻食之糝。糝，以米和羹之名，亦豆實也。月令：春食麥與羊，夏食菽與雞，中央土食稷與牛，秋食麻與犬，冬食黍與彘。而孟夏則以彘嘗麥，仲夏則以雛嘗黍，仲秋則以犬嘗麻，季秋則以犬嘗稻。與食醫所舉者異。彼因物制宜，主於味之相成，

此因時制宜，主於食之以安其性。獨是麻宜熬之爲籩實之蕡，或爲豆實之糝，豈宜作飯爲簠簋實邪？民家飯菽，每合諸米共爲之，說文所謂𩚵雜飯是也。漢書項羽曰：歲飢民貧，卒食半菽。徐廣以半爲五升，王劭以半爲容半升之器。史記作芋菽。臣瓚謂士卒食蔬菜，以菽半雜之。若簠簋中所容之食音嗣。見於禮經者，則固粹不雜者也。然則月令所陳，蓋不可考矣。鄭氏舍人職注：九穀、六米別爲書。賈疏云：黍、稷、稻、粱、苽、大豆皆有米，麻與小豆、小麥三者無米，故云九穀、六米。然余考小宗伯及舂人職注：並以麥爲簠簋實，是麥有米明矣。光武自無蔞亭至南宮，馮異復進麥飯、菟肩飯，則米爲之也。說文獨詳記食麥飯之名，陳楚之間相謁食麥飯曰餥，楚人相謁食麥曰飵，秦人謂相謁而食麥曰饐䭓。䬯，相謁食麥也。方言亦詳記之曰：陳楚之內相謁而食麥饘謂之餥，楚曰飵。凡陳楚之郊，南楚之外，

相謁而飧，或曰飵，或曰鲇。秦晉之際，河陰之間，曰𩜾饐。說文言麥飯，方言言麥饘，蓋皆言麥有米也。但今世麥皆礳之爲麪，其舂米炊飯，則久失其節度矣。若豆大小雖異，其無米則一。余以爲穀中無米者，或指麻與大、小豆耳。六米，斷指食醫之六穀，賈氏所釋鄭義，恐未得其審與？案麳大麥以爲寒具口實，今俗尚有米稱。北方爲粥若飯，於米中雜以大麥，謂之麥仁。仁，卽其米也。農書言大麥可作粥飯，亦言大麥有米也。余疑簠簋實中之麥，蓋大麥。食醫六穀之麥，包有大麥，以爲簠簋實也。又疑九穀中亦當有大麥，而無苽，蓋苽在六穀中，六穀不必盡生於三農。故苽取之澤中者，亦得入焉。若九穀生於三農，三農者，據後鄭以爲原隰平地之農也。苽出於澤，不種於三農，後鄭入於九穀，蓋從六穀而推之。余之考九穀，主後鄭說。以其入粱一事有功禮經不小，獨於逸大麥而入苽，不能無疑，附記於此。說文：麳，乾煎也，煮㐭也。後鄭從司農說麳麥曰𪍿，又曰：今河間以北，煮穜麥案穬疑或爲種稑之種，宿麥也。又或爲黐麥之譌。賣之，名曰逢，與說文所謂「𪍿，煮麥，讀若馮」者，蓋同。荀子富國篇：午其軍，取其將，若撥𪍿。蓋麥乾煎則質輕，撥去之甚易，故以爲易之況。然則麳、煮通也。今南方蒸稉米爲飯，曝乾鬻之，呼爲米蓬，殆逢音之轉。與鄭氏舉漢法之逢，以況籩實，知其所謂煮者，非麥粥也。今人通呼乾煎爲鬻。說文：鬻，麳也。徐鉉云：俗作㷅，別作炒。方言云：麳聚煎備鞏火乾也。凡以火乾五穀之類，自山而東，齊楚以往，謂之麳；關西隴冀以往，謂之備；秦晉之間，或謂之聚，凡有汁而乾，謂之煎；後漢書邊讓傳：函牛之鼎以亨鷄，多汁則淡而不可食，少汁則熬而不可熟。東齊謂之鞏。郭璞注聚，卽鬻字也。鬻同鬻。玉篇、廣韻：𪌉，麨糗也。集韻：𪌉，麨糗，一字三文，在小韻，聲近巧韻之鬻字。鬻之然後爲糗，故糗聲，又轉，同鬻也。陳藏器曰：糗，一名𪌉，和水服之。河東人以麥爲之，麤者爲乾糗糧。東人以稉米爲之，炒乾磨成也。釋名曰：糗，齲也，飯而磨之，使齯碎是也。然則糗有擣粉者，有未擣粉者。籩實之麷、蕡、白、黑，國語設糗一筐，以羞子文，其糗之未擣粉者與？徐鍇云：麷，糗類也。糗，磨之；麷，不磨也。余謂麷爲米麥。說文釋糗曰熬米麥，則麷正糗也。但糗不止於麷耳。既夕篇之四籩：棗、糗、㮚、脯，直呼糗餌爲糗，則已擣之，糗粉於餌者也。既夕記凡糗不煎。注：以膏煎之，則褻，非敬。然則煎有用膏者。左傳：陳轅頗出奔鄭，道渴，其族轅咺進稻醴、粱糗、腶脩焉。杜氏注：糗，乾飯也。公羊傳：魯昭公走之齊，高子執簞食與四脡脯，國子執壺漿曰：吾寡君聞君在外，餕饔未就，敢致糗於從者。何休注：糗，糒也。疏云：若今之糒米。余案左傳之粱糗，公羊之簞食，曰致糗，蓋皆謂飯爲糗也。今人炊飯令汁乾，亦謂之乾飯，然則糗之義本寬也。屈原賦：播江離與滋菊兮，願春日以爲糗芳。王逸注：糗，糒也。洪興祖曰：乾飯屑也。說文：糒，乾也。蓋即方言火乾之焦也。周官廩人職，凡邦有會同師役之事，則治其糧與其食。注云：行道曰糧，謂糒也；止居曰食，謂米也。然則公劉之詩所云：迺裹餱糧者，糗糒之謂也。釋名：餱，候也，候人飢者，以食之也。其已擣粉之糗，可和水而服之者，若今北方之麪茶，南方之麪⿺廴麥，廣韻有麪⿺廴麥。集韻：⿺廴麥，屑麥也。皆其類也。其未擣粉而亦可和水者，則鄭氏注六飲之涼云：今寒粥，若糗飯雜水是也。其已擣粉亦可餅而食之，若玉篇以麱䴸爲麷，廣韻以爲餅是也。案麪⿺廴麥稠調之，亦可稱餅。釋名所謂溲麪使合并也。合諸言糗者而觀之，糗之爲言氣也，米麥火乾之，乃有香氣，故謂之糗。說文熬米麥之訓，最爲得解，無論擣與未擣也。由是而假借通稱之，凡以火乾物，皆得謂之糗。鄭氏籩人注：鮑者於楅室中糗乾之是也。故曰糗，糒也；糒，乾也。今吾歙南鄉高山藝粟，豐年穫之，積如坻京，不得日曝，則爲竈火乾之，俚諺呼火焦也。麧與覈通。漢書或謂陳平肥，嫂曰：食糠覈耳。注孟康曰・覈，麥糠中不破者也。晉灼曰：覈音紇，京師人謂麤屑爲紇頭。廣韻引漢書作食糠麧。玉篇亦曰：麧，堅麥也，引孟康說以證之。說文釋䴭爲麥覈屑，釋麶爲小麥屑之覈，並是物也。以覈之屑言之，謂之䴭，即麩也。故廣韻云：麩，䴭也。以屑之覈言之，謂之麶，故玉篇云：麶，麤麥屑也。麮，煮麥飯多汁者也。荀卿書：冬日則爲之饘粥，夏日則與之瓜麮。麮與瓜連文，而與饘粥爲反對，則充虛解顫，饘粥爲宜；救暍已炎，瓜麮是賴，此可以得麮字之義。玉篇：麮，煮麥也。廣韻：麮，麥粥汁。而麥之有米，亦從可知矣。案麮亦大麥爲之，今莊農家或有食者。言惟大麥舂去皮，可作粥飯，小麥作之，則齣而不可食。爵麥，爾雅作雀麥，注云：即燕麥也。今江南野地中生似麥者有二種：一種俗呼雀麥，一種俗呼野大麥。寇宗奭曰：苗與麥同，但穗細長而疏，劉夢得所謂菟葵燕麥動搖春風者也。劉氏再遊玄都觀詩序之語。枚乘七發云：穱麥服處，躁中煩外。李善注：以穱麥分劑而食馬，馬肥，故中躁而外煩也。余案：馬餼，稂莠；穱麥，稂莠類。以穱麥爲馬[illegible]，意穱、爵字同也。左太沖吳都賦：穱秀菰穗，於是乎在。與菰並舉，宜非農民所播殖者。然王逸注宋玉招魂云：穱，擇也，擇麥中先熟者。廣韻：穱，稻處種麥。集韻、類篇亦皆云：稻下種麥。蓋所聞異辭矣。蘧麥，爾雅注：一名麥句薑，即瞿麥。陳藏器云：郭氏以蘧麥爲麥句薑，非也。案麥句薑，說者以爲即爾雅所謂茢薽，豕首也。郭氏注本草曰：彘盧一名蟾蠩蘭，今江東呼豨首，可以煼蠶蛹。呂氏春秋任地篇：豨首生而麥無葉，而從事於蓄藏，此告民究者也。高誘注：豨首生時麥無葉，皆成熟也。究，畢也，刈麥畢也。余謂麥熟不得謂之無葉，刈麥畢不得謂之告民究，蓄藏者，即仲冬紀所謂收藏積聚也。然則豨首生於冬矣。神農本草經言，蠡實一名豕首，以豕首爲荔挺生之荔，雖未必然，然其生必同在冬時。宿麥苗生，至是而葉又萎矣。余据呂氏春秋文義而知之如此。

說文解字注：䅌，麥莖也，麥莖光澤娟好，故曰䅌，一作䕑。潘岳射雉賦曰：闕閭䕑葉。是从禾，肙聲，古元切，十四部。

又秾，齊謂麥秾也，來之本義訓麥。然則加禾旁作秾，俗字而已，蓋齊字也。據廣韻，則埤蒼來麰字作秾，从禾，來聲，洛哀切，一部。按上下文，皆言禾中間以麥，疑皆非舊次。

又來，周所受瑞麥來麰也，也字今補。詩正義，此句作「周受來牟也」五字。周頌：貽我來麰。箋云：武王渡孟津，白魚躍入王舟，出涘以燎，後五日火流爲烏五至，以穀俱來。此謂遺我來牟。書說以穀俱來云：穀紀后稷之德。案鄭箋見尚書大誓，尚書旋機鈐合符后。詩云來牟，書云穀，其實一也。下文云：來麰，麥也。此云瑞麥來麰，然則來麰者，以二字爲名。毛詩傳曰：牟，麥也，當是本作「來牟，麥也。」爲許麰下所本，後人刪來字耳。古無謂來，小麥，麰，大麥者。至廣雅乃云：麳，小麥；麰，大麥，非許說也。劉向傳作釐麰。文選典引注引韓詩內傳「貽我嘉麰」，辥君曰：麰，大麥也，與趙岐孟子注同。然韓傳未嘗云來，小麥。二麥一夆，象其芒束之形。二麥一夆，各本作一來二縫，不可通。惟思文正義作一麥二夆，今定爲二麥一夆。夆卽縫字之省，許書無峯，則山峀字可作夆，凡物之標末，皆可稱夆。夆者，束也，二麥一夆爲瑞麥，如二米一稃爲瑞黍，蓋同夆則亦同稃矣。廣韻十六咍引埤蒼曰：秾麰之麥，一麥二稃，周受此瑞麥。此一、二兩字，亦是互譌。二麥一稃，亦猶異畝同穎、雙觡共柢之類。其字以从象二麥，以夵象一芒，故云象其芒束之形，洛哀切，古音在一部。天所來也，故爲行來之來。自天而降之麥，謂之來麰，亦單謂之來。因而凡物之至者，皆謂之來。許意如是，猶之相背韋之爲皮韋，朋鳥之爲朋攩鳥，西之爲東西之西，子月之爲人稱，烏之爲烏呼之烏，皆引伸之義行，而本義廢矣。如許說，是至周初，始有來字，未詳其恉。詩曰：詒我來麰。今毛詩詒作貽，俗字也；麰作牟，古文假借字也。凡來之屬，皆从來。䅘，詩曰：不䅘不來，毛詩無此語。釋訓曰：不䅘，不來也。爾雅多釋詩書，蓋江有汜之詩：不我以古作不我䅘，䅘者，來之也，不我䅘者，不來我也，許蓋兼稱。詩爾雅當云：詩曰不我䅘，不䅘，不來也，轉寫譌奪，不可讀耳。䅘與以不同者，蓋許兼稱三家詩也，从來，矣聲，牀史切，一部。徠、䅘或从彳。今韻書、字書，以䅘、徠同竢訓待，非也。

又麥，芒穀，有芒束之穀也。稻亦有芒，不稱芒穀者，麥以周初二麥一縫著也。鄭注大誓引禮說曰：武王赤烏芒穀應，許本禮說。秋種厚薶，故謂之麥。薶麥、疊韻。夏小正：九月樹麥。月令：仲秋之月，乃勸種麥，毋或失時。麥以秋種。尚書大傳、淮南子、說苑皆曰：虛昏中可以種麥。漢書武帝紀謂之宿麥。麥，金也，金王而生，火王而死。程氏瑤田曰：素問云：升明之紀，其類火，其藏心，其穀麥。鄭注月令云：麥實有孚甲屬木。許以時，鄭以形，而素問以功性，故不同耳。从來有穗者也，也字今補。有穗猶有芒也，有芒，故从來，來象芒束也。从夂，夂，思佳切，行遲曳夂夂也。从夂者，象其行來之狀，莫獲切，古音在一部。凡麥之屬，皆从麥。麰，來麰，逗麥也，見毛傳。从麥，牟聲，莫浮切，三部。䴸，麰或从艸。麧，堅麥也，謂麥之堅者也。史漢皆云：亦食糠覈耳。孟康曰：覈，麥糠中不破者也。晉灼曰：覈，音紇，京師人謂麤屑爲紇頭。案廣韻引漢書食糠麧爲是。孟注晉音皆是麧字，後人妄改漢書耳。麧在沒韻，覈在麥韻，音不同也。孟注與許說合。从麥，气聲，乎沒切，十五部。麷，小麥屑之覈，此晉灼所云，京師人謂麤屑爲紇頭也。上文堅麥，兼大、小麥言，此單謂小麥。又堅麥謂㮝者，此謂屑之而仍有核，覈同果中核之核，今所謂粗麪也。䴹與紇皆謂堅者，故類言之。从麥，貟聲，穌果切，十七部。𪌂，䃺麥也，謂以石䃺䃺之，是曰𪌂也。从麥，㘸聲，咋何切，十七部。一曰擣也，别一義。麩，小麥屑皮也，麩之言膚也，屑，小麥，則其皮可飤畜。大麥之皮不可食用，故無名。从麥，夫聲，甫無切，五部。麱，麩或从甫，麪，麥屑末也。屑字依類篇補，末者屑之尤細者。齊民要術謂之勃。今人俗語亦云：麪勃勃，取蓬勃之意，非白字也。廣雅䴬謂之麪，篇韻皆云：䴲，麪也，䴲卽末也。末與麪爲雙聲，䴬與麪爲疊韻。从麥，丏聲，彌箭切，十二部。䴹，麥覈屑也。上文云麥屑之覈，謂其堅；此云帶覈之屑，謂其糠。碎糠之尚未成末，麩與麪未分，是爲䴹。廣韻云：麩，䴹。又云：

䴹、麩皆謂麩末離析。九章算術曰：小䴹之率，十三半；大䴹之率，五十四。麥八斗六升七分升之三，得小䴹二斗五升一十四分升之一十三。麥一斗，得大䴹一斗二升。李籍音義曰：細曰小䴹，粗曰大䴹。然則九章之小䴹，許所謂麪也；九章之大䴹，許所謂麩及䴹也。十斤爲三斗，然則一秳爲三斛也，蓋出古算經。从麥，啻聲，直隻切，又音敵，十六部。麷，鬻麥也。周禮：籩實有麷。大鄭云：煮麥曰麷。後鄭云：今河間以北，煮穜麥賣之，名曰逢。後鄭謂逢卽麷之遺語也。穜，釋文直龍反，是穜稑之穜。程氏瑤田曰：熬、煮蓋通稱，熬，乾煎也。荀卿子午其軍，取其將若撥麷。蓋麥乾煎則質輕，撥去之甚易，故以爲易之。況今南方蒸稉米爲飯，曝乾熓之，呼爲米蓬，與鄭云逢者合。籩食皆乾物，餌餈亦必以粉坌之。然則煮麥非麥粥也。今人通呼乾煎爲熓，說文：鬻，熬也，从麥，豐聲，讀若馮。馮从馬，仌聲，漢時馮姓之馮，蓋已讀如今音矣。敷戎切，九部。麷，麥甘鬻也，荀卿書：冬日則爲之饘粥，夏日則與之瓜麷。釋名曰：煮麥曰麷，麷亦齲也，煮熟亦齲壞也。案麥甘鬻者，以麥爲粥，其味甜也。急就篇云：甘麷殊美奏諸君是也。其法當用大麥爲之，或去皮，或粉之，皆可爲粥。其性清虛，於夏日宜。大麥甘，故今煎飴餹亦用大麥。从麥，去聲，丘據切，五部。麮，餅鞠也。餅鞠者，堅築之成餅也。方言：麮，𪌂、麯、𪍿、𪎈、麴也。自關而西，秦豳之間，曰麮；晉之舊都，曰𪌂；齊右河泲，曰麯，或曰𪍿；北鄙曰𪎈。麴，其通語也。从麥，㱿聲，讀若庫。許音庫，合音也。今音空谷切，依㱿聲也。麯，餅鞠也，从麥，穴聲，戶入切，十五部。𪌂，餅鞠也，从麥，才聲，昨哉切，一部。又餅，麪餈也，麥部。曰麪，麥末也。麪餈者，餅之本義也。方言曰：餅謂之飥，或謂之餦，或謂之餛，是也。从食，并聲，必郢切，十一部。

又餥，餱也。釋言曰：餥，餱食也，从食，非聲，非尾切，十五部。陳楚之間，相謁而食麥飯曰餥。方言曰：餥，食也，陳楚之內，相謁而食麥饘，謂之餥。郭曰音非。

又䬯，相謁食麥也。从食，占聲，奴兼切，七部。𩞄，秦人謂相謁而食麥曰𩞄餖。从食，㥯聲，烏困切，十三部。

焦循毛詩補疏：「貽我來牟」，傳：牟，麥。循按來牟者，麥之緩聲也。說文：麥，芒穀，秋種厚薶，故謂之麥。麥取義於薶，而聲卽出於薶。漢書劉向封事引詩云：貽我釐牟。釐牟，麥也，釐讀同薶，與來聲轉，麥爲牟來之合聲，猶終葵之爲椎也。牟來倒爲來牟，猶螽斯、斯螽方音相轉，往往倒稱耳。泰誓「以穀俱來」，言穀不言麥，來不必是來牟。緯家傅會於牟麥，而鄭氏據以箋詩，似牟爲麥名，來爲俱來，於是說文亦有周所受瑞麥之訓。又云：天所來也，故以爲行來之來。此則先有來牟之名，而後有行來之字，因天來以稱來，覩鄭氏不以來爲麥名又異。因別出䅘字，在禾部，云齊人謂麥䅘也，乃䅘卽是來。齊人呼麥爲䅘，正麥稱來之證。來之爲麥，猶誺之爲訔，斄之爲旄牛，猍之爲貍貓，萊之爲蔓華。訔、旄、貓、蔓與麥，皆雙聲字也。正義引說文「一麥二夆」，今說文作「一來二夆」。困學記聞載董彥遠除正字謝啓所引作「一朿二縫」，推之當作「一朿二夆」。說文云：象芒朿之形。所謂一朿二夆者，謂制字之義也。說文解朿字云：朿，木芒也，象形。朿從一冂，來從二人，來之人，卽朿之冂也。以朿而從二冂成來，故云一朿二夆。說文：夆，啎也，讀若縫，以其刺人爲啎，故云夆。冂一夆也，从二夆也。一夆在木爲朿，爲木芒。麥之芒刺衆多，從二夆以象之，故曰：「一朿二夆」，象芒刺之形也。

附天工開物

凡麥有數種：小麥曰來，麥之長也。大麥曰牟曰穬。雜麥曰雀、曰蕎。皆以播種同時，花形相似，粉食同功，而得麥名也。四海之內，燕秦晉豫齊魯諸道，烝民粒食，小麥居半，而黍、稷、稻、粱僅居半。西極川雲，東至閩浙吳楚腹焉，方長六千里中，種小麥者二十分而一。磨麪以爲捻頭、環餌、饅首、湯料之需，而饔飧不及焉。種餘麥者五十分而一，閭閻作苦，以充朝膳，而貴介不與焉。穬麥獨產陝西，一名青稞，卽大麥，隨土而變。而皮成青黑色者，秦人專以飼馬，饑荒人乃食之。大麥亦有粘者，河洛用以釀酒。雀麥細穗，穗中又分十數細子，間亦野生。蕎麥實非麥類，然以其爲粉療饑，傳名爲麥，則麥之而已。凡北方小麥，歷四時之氣，自秋播種，明年初夏方收。南方者，種與收期，時日差短。江南麥花夜發，江北麥花晝發，亦一異也。大麥種穫期與小麥相同。蕎麥則秋半下種，不兩月而即收，其苗遇霜即殺。邀天降霜遲遲，則有收矣。

凡麥與稻初耕，墾土則同。播種以後，則耘耔諸勤苦，皆屬稻，麥惟施耨而已。凡北方厥土墳壚易解釋者，種麥之法，耕具差異，耕即兼種。其服牛起土者，耒不用耜，並列兩鐵於橫木之上，其具方語曰鏹。鏹中間盛一小斗，貯麥種於內，其斗底空梅花眼。牛行搖動，種子即從眼中撒下。欲密而多，則鞭牛疾走，子撒必多；欲稀而少，則緩其牛，撒種即少。既撒種後，用驢駕兩小石團，壓土埋麥，凡麥種緊壓方生。南地不與北同者，多耕多耙之後，然後以灰拌種，手指拈而種之。種過之後，隨以脚根壓土使緊，以代北方驢石也。耕種之後，勤議耨鋤。凡耨草用闊面大鎛，麥苗生後，耨不厭勤，有三過四過者。餘草生機，盡誅鋤下，則竟畝精華，盡聚嘉實矣。功勤易耨，南與北同也。凡糞麥田，既種以後，糞無可施，爲計在先也。陝洛之間，憂蟲蝕者，或以砒霜拌種子，南方所用惟炊爐也。俗名地灰。南方稻田，有種肥田麥者，不糞麥實。當春，小麥、大麥青青之時，耕殺田中蒸罨土性，秋收稻、穀必加倍也。凡麥收空隙，可再種他物，自初夏至季秋，時日亦半載，擇土宜而爲之，惟人所取也。南方大麥，有既刈之後，乃種遲生粳稻者，勤農作苦，明賜無不及也。凡蕎麥，南方必刈稻、北方必刈菽稷而後種，其性稍吸肥腴，能使土瘦。然計其穫入，業償半穀有餘，勤農之家，何妨再糞也。

凡麥妨患，抵稻三分之一。播種以後，雪霜晴潦，皆非所計。麥性食水甚少，北土中春再沐雨水一升，則秀華成嘉粒矣。荆揚以南，唯患黴雨，倘成熟之時，晴乾旬日，則倉廩皆盈，不可勝食。揚州諺云：「寸麥不怕尺水」，謂麥初長時，任水滅頂無傷。「尺麥只怕寸水」，謂成熟時，寸水輭根倒莖沾泥，則麥粒盡爛於地面也。江南有雀一種，有肉無骨，飛食麥田，數盈千萬，然不廣及，罹害者數十里而止。江北蝗生，則大祲之歲也。

凡小麥，其質爲麪，蓋精之至者。稻中再舂之米，粹之至者，麥中重羅之麪也。小麥收穫時，束藁擊取如擊稻法。其去秕法，北土用颺，蓋風扇流傳，未遍率土也。凡颺不在宇下，必待風至而後爲之；風不至、雨不收，皆不可爲也。凡小麥既颺之後，以水淘洗，塵垢淨盡，又復曬乾，然後入磨。凡小麥有紫、黄二種，紫勝於黄。凡佳者，每石得麪一百二十斤，劣者損三分之一也。凡磨大小無定形，大者用肥健力牛曳轉，其牛曳磨時，用桐殼掩眸，不然則眩暈；其腹繫桶以盛遺，不然則穢也。次者用驢磨，斤兩稍輕。又次小磨，則止用人推挨者。凡力牛一日攻麥二石，驢半之，人則強者攻三斗，弱者半之。若水磨之法，其詳已載攻稻水碓中，制度相同，其便利又三倍於牛犢也。凡牛、馬與水磨，皆懸袋磨上，上寬下窄，貯麥數斗於中，溜入磨眼；人力所挨，則不必也。凡磨石有兩種，麪品由石而分。江南少粹白上麪者，以石懷沙滓，相磨發燒，則其麩併破，故黑纇參和麪中，無從羅去也。江北石性冷膩，而產於池郡之九華山者美更甚，以此石製磨，石不發燒，其麩壓至扁秕之極，不破，則黑疵一毫不入，而麪成至白也。凡江南磨，二十日卽斷齒；江北者，經半載方斷。南磨破麩得麪百斤，北磨只得八十斤，故上麪之值增十之二。然麪觔小粉皆從彼磨出，則衡數已足，得值更多焉。凡麥經磨之後，幾番入羅，勤者不厭重復。羅匡之底，用絲織羅地絹爲之，湖絲所織者，羅麪千石不損，若他方黄絲所爲，經百石而已朽也。凡麪既成後，寒天可經三月，春、夏不出二十日則鬱壞。爲食適口，貴及時也。凡大麥，則就舂去膜，炊飯而食，爲粉者十無一焉。蕎麥則微加舂杵去衣，然後或春、或磨以成粉，而後食之。蓋此類之視小麥，精粗、貴賤大徑庭也。

附直省志書

宛平縣物産：麥有三種，大、小、蕎。

良鄉縣物産：大麥、小麥、春麥、膈麥、蕎麥。

固安縣土産：麥，大、小、穬、無芒、蕎。

清苑縣土産：麥有大，有小，有蕎，有春，有秋，有米，有玉。

柏鄉縣物産：米、大麥、芒大麥、小麥、火麥、紅麥、白麥、蕎麥。

邢臺縣物産：麥有五種。大麥冬種者，春種者，皮粗而粒大成米，謂之大麥仁，止可炊飯，食之佳。小麥有黃皮麥，有紅麥，白麥，光頭麥，紫庭白籽。麥實縣西北先熟，東南次之，西山中又次之，上下熟差十日。

歷城縣方産：小麥有白，有紫。白者粒肥而佳。大麥種有六稜者，爲六稜麥；露仁者爲青顆麥，宜飯，醋麴宜餳，有春秋兩名。種宜畦中濕地。玉麥、蕎麥入伏種，霜前收，可佐二麥之歉。

新城縣物産：大麥、小麥、時麥三種，蕎麥。

齊東縣物産：大麥、小麥、蕎麥、春麥。

泰安州物産：麥有麳、麰、蕎三種。

萊蕪縣物産：麥有大、小二種，白、紅二色。春種者，曰春麥、麰麥。又有蕎麥，夏三伏內種。

濱州物産：麥有大麥、小麥、蕎麥，新增一種曰轉蔓。

城武縣物産：麥有紅、白二種。

曹州物産：大麥、小麥。小麥有紅、白二種，蕎麥有白色一種。

昌邑縣物産：麥有大、小、春、玉、蕎五種。

定襄縣物産：大麥、小麥、蕎麥、油麥、燕麥。

翼城縣物産：麥有大、小、赤、白數種。

平陸縣土産：麥有大小二種。大麥則曰露仁，曰草大麥；小麥則曰火麥，曰白麥。

絳州物產：麥之屬，大麥有芒芽，可爲飴糖；小麥有芒、無芒，種甚多，州人日夕饔飧胥用之，餅餌蒸食，治造頗爲得宜。其法：篩簸除去皮殼，淘淨貯器，幽滋過夕，向日曬八、九分乾，磨成麪，重羅，細白如霜雪，酵發手揉，益以乾麪，使虛實得宜，作爲諸品樣式。入甑箄蒸出，潔白豐腴，甘美可食，諸都邑所罕有。至於祀神，餽女剪刻花鳥，著棗懷肥，傅色染綵，爭鬭奇巧，其大盈盤逾尺，規可至仞。城內無問大小人家，各具甑籠，皆能手自揑造，婦女造作甚勞，相習不以爲苦。本地所出不足，資於鄰邑。關西水陸運販，日相絡繹，蓋俗使然也。蕎麥、燕麥，炒以爲餱，可食。

和順縣土產：春麥、雪麥。大麥，地寒不多種。油麥性寒，多種，當五穀之半。

馬邑縣土產：麥有大小二種，俱春分前種之。去秋無雨，則地燥而不能下種。春無雨，則不苗；夏無雨，則不秀。大麥刈於小暑，小麥刈於大暑，與鴈門以南迥不同焉。外有蕎麥一種，初伏乃種，霜早則盡萎。又有油麥一種，亦秋熟，而種之者少。

祥符縣物產：芒大麥、紅小麥、蕎麥、米大麥、白小麥。

太康縣物產：小麥、大麥、米大麥、山大麥。

洧川縣物產：麥有大麥、小麥、裕麥數種。

鄢陵縣土產：麥秋種，亦有春種者。大麥三月黃佳。小麥自黃皮蝤子之外，有白麥、御麥爲最嘉。其他曰紅稈，曰鐵稈，曰光頭，曰條兒之類，類難悉舉。

延津縣物產：麥，麳麥、晚麥、短稈、春麥、赤鬚、盧麥、北麥。

襄城縣土產：芒大麥，後種先熟。米大麥亦可釀酒。芋麥煮仁作飯最佳，今多釀酒。小麥，襄土第一奇種，耐旱多收，八、九月種者爲上。蕎麥俗名陪麥。

永寧縣物產：麥有大、小、腴、鴈四種。

咸陽縣物產：小麥有芒麥，有無芒者爲和尚麥，色白者爲白麥，色紫者爲紫麥，早熟者爲三月黃，生畢原者上品。大麥穗有六稜者爲六稜麥，有露仁者爲青稞，俱可釀酒。

渭南縣物產：麥有三種。小麥出渭河北者粒小，食之易化；河以南者粒差大，而色不光鮮。然一種名三月黃者，先諸麥熟，細膩潔白，河北弗如也。大麥皮粗粒大，煮食之佳，謂之大麥仁。蕎麥作麪不甚佳，可備諸穀之不熟。

乾州物產：小麥皮薄麪多，佳於他處，每斗更重二斤。

平涼縣物產：番麥一曰西天麥，苗葉如蜀秫而肥短，末有穗如稻而非，實如塔，如桐子大，生節間，花垂紅絨，在塔末，長五六寸。三月種，八月收。

西涼縣土產：大麥、黑大麥、番麥、燕麥、冷山麥、換香頭、班鳩早、大粰麥、裹周全、紅花麥、芝麻麥、西番麥、白麥、甜莜麥、苦莜麥、青顆麥、竹根、早紅麥。

六合縣物產：麥之屬，大麥有糯者，可以釀酒、磨麪，作醬亦甘美。管麥，大麥之無芒者，麪與小麥同造醬，甘美。

歙縣物產：大麥有高麗麥，有糯麥，爲飯亦宜。小麥有長穬麥，麩厚而麪少；有白麥，麪亦少；有赤穀麥，麩少而麪多。

太平府物產：大麥五種。白大麥一名牟麥，長粒長芒，白稃粘於粒。管麥即無芒大麥，落秸稃自退，六稜中，早、紅、粘三種，舊志所載，今無。小麥七種。白小麥，稃白芒短；長關小麥，黃白稃，芒長；排子小麥，黃白稃，芒短；和尚小麥，一名火燒麥，黃白稃，無芒。早白、松蒲、娜麥三種，舊志所載，今無。

清河縣物產：有麰，有麥，皆芒穀。玉麥無芒，火麥色赤而早熟，猶嶺南有火米也。又有穬麥，麥之似麰者，亦早熟。

高郵州物產：大麥有數種，麵麥、晚麥、淮麥、短稈。小麥有數種，春麥、蘆麥、北麥、短管、赤穀、白穀。蕎麥有甜、苦二種。

通州物產：麥有大、小並早、晚二色。元麥俗呼爲穩，三月熟者糯，帶青炒食。似新蠶豆梗者曰舜麥，色稍赤。

吳縣物產：麥之屬，大麥、小麥、穩麥、蕎麥、舜哥麥、紫稈麥。西番麥形似稷而枝葉大，結子纍纍如芡實。

常熟縣物產：小麥有紫稗、長萁、舜哥、火燒頭數種。

太倉州物產：麥有三。一曰大麥，其早者皮厚有芒，其晚收皮薄無芒者，曰老脫鬚。一曰小麥，早者曰抄梅，言抄在黃梅前也；中曰火燒頭；晚收，長穗白殼有芒者，曰百脚麥，一曰稞麥。俗呼穩麥，微分粳糯，紅曰紅穩，紫曰紫穩，性輭宜食，但磨粉較少。青曰青穩，白曰白穩，性硬磨多粉。又有一種曰綠樹青。大約大麥、小麥遍處皆有，穩麥惟吳中盛，州地高，比他邑獨墾。然小麥總不及北地。

上海縣物產：大麥、小麥。赤麥有早、晚二種，白麥亦有二種。白穩麥俗名圓麥，有赤、白二種。蕎麥立秋前後下種，八、九月收刈。舜哥麥，俗名火燒頭。火燒麥無芒。雀麥一名燕麥。

靖江縣食貨：麥之屬，大麥有早、晚二色，有四稜，有六稜。小麥亦早、晚二色，有舜哥，有紫稈，有梅前黃，有盧皆頭，有火燒頭諸名。圓麥俗呼曰穩，又梗者曰舜麥。

丹徒縣物產：麥有大小。大麥之種二，曰春，曰黃稈；小麥之種三，曰赤殼，曰白殼，曰宣州。

平湖縣物產：麥有赤剝麥，無芒麥。

天台縣物產：小麥、大麥。矮赤、長稈、赤麥、光頭皆小麥類。稞麥、穬麥皆大麥類。

上高縣物產：米大麥、穀大麥、紫色麥、白色麥。

新寧縣物產：麪麥、穀麥、晚姑娘麥、甜蕎麥、苦蕎麥。

泉州府物產：麥之屬，大麥有一種名曰早黃大麥。一種名烏肚麥。米肚青色，名青大麥。鬱麥殼薄易脫，故名。五葉麥。

同安縣物產：麥芒粒稀鬆早熟者曰早黃，白者曰秫麥，穗大顆稠密者曰松蕾。麥初熟時，人多炒而食之，有火能生熱病。番麥狀如薏苡。

麴

即神麴。嘉祐本草：麴，味甘，大暖。療藏腑中風氣，調中下氣，開胃消宿食。主霍亂，心膈氣痰逆，除煩，破癥結，及補虛去冷氣。除腸胃中塞，不下食，令人有顏色。六月作者良。陳久者入藥用之，當炒令香，六畜食米脹欲死者，煮麴汁灌之立消。落胎，并下鬼胎。又神麴使無毒，能化水穀宿食，癥氣，健脾、暖胃。

大麥

別錄：大麥味鹹，溫、微寒，無毒。主消渴，除熱、益氣、調中。又云：令人多熱，爲五穀長。

陶隱居云：今稞麥一名麰麥，似穬麥，惟皮薄爾。

唐本草註：大麥出關中，卽青稞麥。是形似小麥而大，皮厚，故謂大麥，殊不似穬麥也。大麥麪，平胃、止渴、消食、療脹。

食療本草：大麥久食之頭髮不白，和鍼、沙沒石子等，染髮黑色。暴食之亦稍似脚弱，爲下氣及腰腎，故久服甚宜人。熟、卽益人，帶生卽冷、損人。

本草拾遺：大麥不動風氣，調中、止泄，令人肥健。大麥、穬麥，本經前後兩出。蘇云：青稞麥是大麥，本經有條，粳一稻二，米亦如大、穬兩麥。蘇云：稻是穀之通名，則穬是麥之皮，號麥之穬，猶米之與稻。本經於米麥條中，重出皮殼兩件者，但爲有殼之與無殼也。蘇云：大麥是青稞，穬麥是大麥。如此則與米註不同，自相矛楯。愚謂大麥是麥米，穬麥是麥殼，與青稞種子不同。青稞似大麥，天生皮肉相離，秦隴巴西種之。今人將當大麥米糶之，不能分也。

本草拾遺：寒食麥入粥，有小毒。主咳嗽，下熱氣，調中。和杏仁作之，佳也。

千金方：治蛟龍病，寒食強餳。開皇六年，有人正月食芹得之，其病發似癇，面色青黃。服寒食強餳二年，日三。吐出蛟龍，有兩頭可驗。

爾雅翼：麰者，周所受瑞麥來麰也，一作牟，又作𪍿，即今之大麥。說文云：牟，大也，蓋生於杏二百日而秀，秀後五十日而成。孟子曰：麰麥播種而櫌之，其地同，樹之時又同，勃然而生。至於日至之時，皆熟矣。此麰之候也。呂氏春秋曰：孟夏之時，穀三葉而穫大麥，其始蓋后稷之受於天。故詩曰：貽我來牟，又曰：於皇來牟。劉向以爲釐麰麥也，始自天降，此皆以和致和獲天助也。然則來麰一物。唯廣雅以麰爲大麥，來爲小麥。按說文云：來，周所受瑞麥來麰。一來二縫，象芒朿之形。天所來也，故謂行來之來。說文以此解來，則來、麰不應爲二物。然則來麰爲大麥明矣。后稷憂勤萬民，天賜之麥，蓋使其麥豐稔，則謂之貽我來牟爾，不必雨之種也。然古今雨粟事亦甚多，安知其始不如此乎？雖然，后稷所植多矣，而獨言此者，以其至艱。書曰：暨稷播，奏庶艱食鮮食。今麥，早種則蟲而有節，晚種則穗小而少實，又爲性多穢，一種之，終歲不絕耘耡之功，此所以爲艱食歟？方言曰：𪍗，䴭、麰、𪎊、䴴、麴也。自關而西，秦豳之間曰𪍗；晉之舊都曰䴭；齊右河濟曰麰，或曰麰；北鄙曰䴴。麴，其通語也。蓋大麥以爲麴，還得麰之本名。䴴是小麥爲之。𪎊，細餅麴也；𪍗，有衣麴也。大麥宜爲飯，又可爲酢，其櫱可爲餳。

又曰：釋草曰：秬，黑黍；秠，一稃二米。是秬與秠之所以異者在此。然則秠必不黑，秬必不一稃二米也。而鄭氏釋春官鬯人，既云秬如黑黍，一稃二米，則是以秠之狀，雜之於秬。鄭氏解釋草又云：秠亦黑黍。則是又以秬之色雜之於秠。秬既欲兼秠之狀，秠又欲兼秬之色，凡物之所以紊亂不復可推究者，由此故也。郭氏又引漢和帝時，任城生黑黍，或三、四實，實二米，得黍三斛八斗，以顯二米者爲黑黍。且任城所生，漢之異事，歷世所未有。詩歌后稷降播，乃民事之常，如必待任城所生而後降之，則沒世不可待矣。至唐，說者又言，今上黨民間黑黍，或値豐歲，往往得二米者，但稀闊而得之，不以充貢耳。以此附成郭氏之說。且后稷所降，既謂之種，何得以豐歲偶有一、二爲說？若皆以豐歲言之，則禾有同穎，麥有兩岐，又可待以爲種耶？按今百穀之中，一稃二米者，唯麥爲然，捨麥未有二米者。說文解秠亦云：一稃二米。詩曰：誕降嘉種，維秬維秠。天賜后稷之嘉穀也。而解來字云：周所受瑞麥來麰，一來二縫。秠與來麰皆后稷所受於天，皆一稃二米，則是秠者，正此來麰爾。但生民臣工所稱不同，來麰，又爲麰麰，古者來、麰、秠三字相通。故方言貔陳楚江淮之間謂之貅，北燕朝鮮之間謂之貊，關西謂之貍。彼雖說獸，亦以一名通三音，然則此禾亦然。來猶貅也，秠猶貊也，麰猶貍也，要是一物。鄭志自以所解鬯人不合釋草之文，故答張逸併以秠稃皆解爲皮。且云：爾雅重言以曉人。然則不唯二物相混，而秠但得爲秬之皮，轉失實矣。予詳而論之。按此說頗新，尙非鑿空，故併錄之。

穬麥

別錄：穬麥味甘，微寒，無毒。主輕身，除熱；久服令人多力健行；以作蘗，溫，消食和中。陶隱居云：此是今馬所食者，性乃熱而云微寒，恐是作屑，與合穀異也。服食家並食大、穬二麥，令人輕健。

唐本草註：穬麥性寒，陶云性熱，非也。復云：作屑與合穀異。此皆江東少有，故斟酌言之。

黍　爾雅：秬，黑黍。註：詩曰：維秬維秠。秠，一稃二米。註：此亦黑黍，但中米異耳。漢和帝時，任城生黑黍，或三、四實，實二米，得黍三斛八斗是。疏李巡曰：黑黍一名秬黍，秬卽黑黍之大名也。秠是黑黍之中，一稃有二米者，別名之爲秠。若然，秬、秠皆黑黍矣。而春官鬯人註云：釀秬爲酒，秬如黑黍，一稃二米。言如者，似黑黍，一米者多，秬爲正稱，二米則秬中之異，故言如，以明秬有二等也。秬有二等，則二米亦可爲酒。鬯人之註必言二米者，以宗廟之祭，惟祼爲重。二米，嘉異之物，鬯酒宜當用之，故以二米解鬯。其實秬是大名，故云釀秬爲酒。此云秠，一稃二米，鬯人註云：一秠二米，文不同者，鄭志答張逸云：秠卽皮，其稃亦皮也，爾雅重言以曉人。然則秠、稃古今語之異，故鄭引此文，得以稃爲秠也。漢和帝時，任城縣生黑黍，或三、四實，實二米，得黍三斛八斗，是也。

別錄：黍米味甘溫，無毒。主益氣補中，多食令人煩熱。陶隱居云：荆郢州及江北皆種此，其苗如蘆而異於粟，粒亦大。粟而多是秫，今人又呼秫粟爲黍，非也。北人作黍飯，方藥釀黍米酒，則皆用秫黍也。又有穄米與黍米相似而粒殊大，食不宜人，言發宿病。唐本草註：黍有數種，已備註前條，今此通論丹、黑黍米爾。亦不似蘆，雖似粟而非粟也。穄卽稷也，具釋後條。

食療本草：黍米性寒，患鼈瘕者，以新熟赤黍米淘，取泔汁，生服一升，不過三、兩度，愈。謹按：性寒，有少毒，不堪久服，昏五藏，令人好睡。仙家重此，作酒最勝。餘糧又燒爲灰，和油塗杖瘡，不作瘢，止痛。不得與小兒食之，令不能行。若與小猫、犬食之，其腳便踻曲，行不正，緩人筋骨，絶血脈。

別錄：丹黍米味苦，微溫，無毒。主欬逆霍亂，止洩、除熱、止煩渴。陶隱居云：此卽赤黍米也，亦出北間，江東時有種，而非土所宜，多入神藥方。又黑黍名秬，共釀酒，祭祀用之。

圖經：丹黍米，舊不載所出州土。陶隱居云出北間，江東亦時有種，而非土所宜。今江東、西，河、陝間皆種之，然有二種。米粘者爲秫，可以釀酒；不粘者爲黍，可食，如稻之有粳、糯耳。古之定律，以上黨黑牡秬黍之中者，累之，以生律、度、量、衡，後之人取此黍定之，終不能協律。一說秬黍之中者，乃一稃二米之黍也。此黍得天地中和之氣乃生，蓋不常有。有則一穗皆同二米，米粒皆勻，無大小，得此然後可以定鍾律。古今所以不能協聲律者，以無此黍也。他黍則不然，地有腴、瘠，歲有凶稔，則米之大、小不常，何由知其中者？此說爲信然矣。今上黨民間，或值豐歲，往往得二米者，皆如此說，但稀闊而得之，故不以充貢耳。北人謂秫爲黃米，亦謂之黃糯，釀酒比糯稻差劣也。

齊民要術：凡黍穄田，新開荒爲上，大豆底爲次，穀底爲下，地必欲熟。再轉乃佳。若春夏耕者，下種後再勞爲良。一畝用子四升。三月上旬種者爲上時，四月上旬爲中時，五月上旬爲下時。夏種黍穄，與植穀同時；非夏者，大率以椹赤爲候。諺曰：椹釐，種黍時。燥濕候黃場，始章切。種訖不曳撻，令時屯子也。常記十月、十一月、十二月凍樹日種之，萬不失一。凍樹者，凝霜封著木條也。假令月三日凍樹，還以月三日種黍，他皆倣此。十月凍樹，宜早黍。十一月凍樹，宜中黍。十二月凍樹，宜晚黍。若從十月至正月皆凍樹者，早晚黍悉宜也。苗生隴平，卽宜杷勞，鋤三遍乃止，鋒而不耩。苗晚耩卽多折也。刈穄欲早，刈黍欲晚，穄晚多零落，黍早米不成。諺曰：穄青喉，黍折頭。皆卽濕踐之。久積則浥鬱，燥踐多兜牟。穄踐訖卽蒸而裛於劫切。之，不蒸者，難舂米碎，至春又土臭。燕則易舂米堅，香氣經夏不歇。黍宜曬之令燥。濕聚則鬱。凡黍粘者收薄，穄味美者，亦收薄難舂。雜陰陽書曰：黍生於榆六十日秀，秀後四十日成。黍生於巳，壯於酉，長於戌，老於亥，死於丑，惡於丙午，忌於丑、寅、卯。穄忌於未、寅。孝經援神契云：黑墳宜黍麥。尚書考靈曜云：夏火星昏中，可以種黍菽。火，東方蒼龍之宿，四月昏中在南方。菽，大豆也。氾勝之書曰：黍者暑也，種者必待暑先夏至二十日，此時有雨，彊土可種黍一畝三升。黍心未生，雨灌其心，心傷無實。黍心初生，畏天露，令兩人對持長索，概去其露，日出乃止。凡種黍，覆土鋤治，皆如禾法，欲疎於禾。疏黍雖科，而米黃，又多減及空。令概雖不科，而米白，且均熟不減，更勝疎者。氾氏云：欲疎於禾，其義未聞。崔寔曰：四月蠶入簇，時雨降，可種黍禾，謂之上時。夏至先後各二日，可種黍，蟲食李者，黍貴也。

本草綱目李時珍曰：黍乃稷之粘者，亦有赤、白、黃、黑數種，其苗色亦然。郭義恭廣志有赤黍、白黍、黃黍、大黑黍、牛黍、燕頷、馬革、驢皮、稻尾諸名，俱以三月種者爲上時，五月即熟。四月種者爲中時，七月即熟。五月種者爲下時，八月乃熟。詩云：秬鬯一卣。則黍之爲酒尚也。白者亞於糯，赤者最粘，可蒸食，俱可作餳。古人以黍粘履，以黍雪桃，皆取其粘也。菰葉裹成稷食，謂之角黍。淮南萬畢術云：穫黍置溝，即生蠐螬。

爾雅翼：禾屬而黏者也，以大暑而種，故謂之黍，從禾，雨省聲。孔子曰：黍可爲酒，禾入水也。然則又以禾入水三字合而爲黍，不但從雨而已。黍以大暑而種，故農家以三月上旬爲上時，四月上旬爲中時，五月上旬爲下時。然月令：仲夏之月，農既登黍矣，天子以雛嘗黍，羞以含桃，先薦寢廟。爲鄭說者，以爲黍非新成，直是舊黍，蓋以鄭解孟秋所登之穀爲黍、稷，故以仲夏爲未熟，若其未熟，何得言登？且所謂舊黍者，自去歲孟冬與彘併食，數月於此矣，豈待今而後嘗耶？黍固有早晚，其晚者不妨至孟秋始熟，故庶人秋乃薦黍。此天子之禮，自重其先熟者而嘗薦之耳。故蔡邕以爲今之蟬鳴黍，亦猶十月穫稻，而天子所嘗，乃九月熟者，謂之半夏稻，亦其類也。黍之秀特舒散，故說者以其象火，爲南方之穀。詩亦云：芃芃黍苗，以此也。又云：彼黍離離，彼稷之苗者，黍大體似稷，故古人併言黍、稷，今人謂黍爲黍穄。行役之人，有憂於內，則有不察於外，故於此或不能辨也。黍有赤黍、黑黍，黑黍已別見；虋稱赤苗，恐是赤者。其類有黏、不黏，如稻之有粳、糯。其不黏者以爲飯，黏者別名秫，以爲酒。說文：秫，稷之黏者，卽謂此也。月令：造酒命大酋，秫稻必齊。蓋以此秫與稻之糯爲酒。北人謂秫爲黃米，亦謂之黃糯，釀酒比糯稻差劣。黍之爲物黏而香，故凡香之馨馥，黏之黏𥝩，皆從之。又古人作履，黏以黍米，謂之黎；其雪桃，亦用黍，以黍黏去桃毛也。孔子先食黍，以黍爲五穀之先。考桃爲五果之下，故捨不用耳。黍又擣以爲餳，謂之餦餭。楚辭曰：粔籹蜜餌有餦餭。言以蜜和米麪煎熬作粔籹，又有美餳衆味甘具也。及屈原死，楚人以菰葉裹黍祠之，謂之角黍。

九穀考：說文：黍，禾屬而黏者也。以大暑而穜，故謂之黍。孔子曰：黍可爲酒，禾入水也。𪏽，黑黍，一稃二米以釀也。秬、𪏽重文。秠，一秠二米。詩曰：誕降嘉穀，惟秬惟秠。天賜后稷之嘉穀也。穈，穄也；穄，穈也。䵗，黍屬；𥝩，黍穰也；穰，黍𥝩，已治者。案說文以禾況黍，謂黍爲禾屬而黏者，非謂禾爲黍屬而不黏者也。禾自有黏、不黏二種。古今注：禾之黏者爲黍，亦謂之穄，亦曰黃黍。是謂黍爲禾之黏者，其不黏者卽禾矣，大繆。是故禾屬而黏者黍，則禾屬而不黏者穈。對文異，散文則通稱黍，謂之禾屬。要之，皆非禾也。爾雅：秬，黑黍。内則飯黍、稷、稻、粱、白黍、黄粱。鄭氏注：黍，黄黍也。韓非子：吴起欲攻秦小亭，置一石赤黍東門外。韓非子内儲説作赤菽，言赤黍者，困學記所載。經傳中見黑黍、白黍、黄黍、赤黍，不見黑穈、白穈、黄穈、赤穈，是以知散文通稱黍也。穈，一曰穄，飯用米之不黏者。食醫職，牛宜稌。先鄭以粳釋稌，明飯用不黏者。黏者釀酒及爲餌餈、酏粥之屬，故簠簋實，穈爲之，以供祭祀，故又異其名曰穄。黍之不黏者，獨有異名，祭尚黍也。不黏者有穈與穄之名，於是黏者得專稱黍矣。閗之農人云：黍、穈二穀，其色皆有黑、白、黄、赤之異。及與人索取其種，凡持以至者，有黑黍、白黍，又有赤黍雜黑黍中者，黑黍中更有青黍。而獨無黄黍。惟穈則類多黄者。亦有黑穈。隋書禮儀志：北齊藉於帝城東南千畝内種赤黍、黑穄。三國志注：烏丸宜青穄。

余因以所目驗難農人，農人無以應。然則黄黍者，穈也、穄也。黄色即有黏者，而余未之見，可見不黏者多。則不得不以黄黍之名，歸於穄矣。内則直呼曰黍，而今之人乃以爲稷，豈不繆哉！赤黍、白黍，宋之蘇頌以冒虋芑，是不以虋芑之爲禾之赤白苗也。今山西人無論黏與不黏，統呼之曰穈黍；又冒黄粱之名，呼黏者曰軟黄粱，不黏者曰硬黄粱。太原以東，則呼黏者爲黍子，不黏者爲穈子。余居武邑，武邑人亦呼之曰黍子、穈子，而呼黍之米曰黄米，穈之米曰稷米。豐潤人呼穈子米。北方稷、穄音相邇，曲阜孔漢谷繼涵語余云：彼地稷、穄二字迥別，民間呼穈子爲穄，無誤呼稷者。穄奪稷名，承譌日久，論者因謂稷、穄一物，而以黏、不黏分黍、稷，失之矣。説文穈、穄互釋，稷、齋互釋，其爲二物甚明。呂氏春秋：飯之美者，陽山之穄。高誘注云：關西謂之穈，冀州謂之𪎈。廣雅：𪎈、䵆、䅭、䅣，穄也。玉篇：𪎈，穈也。穈，穄也。穄，關西穈。似黍不黏者，䅭、䅣、穄。廣韻：𪎈、穄別名也。説文：

䅭、𥟇、穀名。以穄冒稷，稷旣非稷矣。以釀酒之黏黍充黍之簠簋實，其性黏著，幾與籩實之餌餈無以異。且少牢特牲饋食之禮，尸嘏主人，本爲炊𪎭爲飯，不相黏著，故有摶黍之義。若用黏黍爲之，胡爲乎必令佑食者摶之而後授尸哉？且𪎭之爲黍，不但內則黍，黃黍之注可爲左證，周官土訓，掌道地圖以詔地事，注云：說九州所宜，若云荆揚地宜稻，幽并地宜麻。釋文云：麻，一本作穈。余案此穈字必𪎭字之譌，蓋鄭注所謂若云者，實據職方氏，職方荆揚但云宜稻，與此注合。而幽州宜三種，并州宜五種，注皆有黍無麻，是麻當作𪎭，𪎭即謂黍，二字可互通也。然𪎭之譌麻，𪎭、黍二字之可互通，余亦非以臆見斷之也。伏生尚書大傳，淮南子，劉向說苑皆云：大火中種黍菽，而呂氏春秋則云：日至樹麻與菽。麻生於二、三月，夏至後則刈牡麻矣。今云日至樹麻，其爲樹𪎭之譌無疑。伏生、淮南子、劉向並言黍菽，呂氏言𪎭菽，是𪎭、黍互通之確證也。又夏小正：五月初昏，大火中種黍菽穈。以伏生、淮南子、劉向書證之，穈字爲衍文，因下有菽穈之文而衍也。菽穈者，豆鬻也。小正傳云：已在經中，又言之是何也？時食豆鬻而記之。刻本譌作食矩關，或又譌作食短閔。言菽字又言之者，特著其時食豆鬻耳，與上種黍菽文不相複。而轉寫者不明傳意，謂傳已在經中之云，連穈字言之，遂於上經妄增一字也。近日刻本，不知穈爲衍字，謂是穈字之譌，改穈爲穈，失之愈遠矣。穈音門，乃赤苗嘉穀，春時下種者。改者之意，本欲改爲𪎭穄之𪎭，而又譌爲穈芑之穈，是又不知𪎭、穈之爲二物，其音又復不同也。諸書言種黍，皆云大火中，是以夏至而種也。說文獨言以大暑而種，蓋言種黍之極時，其正時實夏至也。氾勝之種殖書：黍，暑也，種者必待暑。說與說文同，亦以極時言之矣。生民之詩：維秬維秠，爾雅釋草云：秬，黑黍；秠，一稃二米。毛傳因之。

鄭氏鬯人注則曰：釀黍爲酒，秬如黑黍，一稃二米。賈氏疏云：秬如黑黍，據爾雅下文二米之秬，其狀如上文黑黍者。爾雅秠，不言黑黍，主於釋詩秬，黑黍，是卽維秬者；秠，一稃二米，是卽維秠者。秠卽黑黍之皮，以皮而見秬。是以鄭志張逸問云：鬯人注秬如黑黍，一稃二米，爾雅秠，一稃二米，未知二者同異？鄭荅云：秠卽其皮，稃亦皮，爾雅重言以曉人，更無異稱也。案賈所疏及引鄭志問荅之意，未見分曉，因檢生民詩孔氏疏閱之，乃知孔所見鄭氏鬯人注作秬，如黑黍，一秠二米，以秠字易爾雅之稃字也。其言曰：鬯人注言如者，以黑黍一米者多，秬爲正稱，二米則秬中之異，故言如，以明秬有二等也。秬有二等，則一米亦可爲酒。注必言二米者，以宗廟之祭，惟祼爲重，二米嘉異之物，鬯酒宜當用之，故以二米解鬯。其實秬是大名，故云釀秬爲酒。爾雅：秠，一稃二米，鬯人注：一秠二米，文不同者。鄭荅張逸云：秠卽皮，其稃亦皮也，爾雅重言以曉人。然則秠、稃古今語之異，故鄭引爾雅得以稃爲秠也。據此則是秬原包一稃二米者，而秠卽秬之皮耳。但一稃二米不能不異其名，故義取諸皮之含米者，異而名之爲秠也。然鄭氏釋鬯用一稃二米者，若但云釀秠爲酒，則其義不顯，故必須見秬字，而又解之云如黑黍，一秠二米者。言如一米之秬，而一秠二米也。是爾雅釋詩之意，欲見秠爲稃，故以稃解秠，既上承秬字，可不復更見秬字。鄭氏之意欲見秠亦秬，既直見秬字，而秠、稃皆皮，則不妨易稃爲秠也。此屬文之法，孔氏得其義矣。秬爲黑色之黍，故素問言穀色黑者，或卽目之爲秬。六元正紀大論曰：其穀黅玄。而五常政大論則曰：其穀黅秬。氣交變大論亦曰：其穀秬。並以秬字作黑色字也。郭璞爾雅注云：漢和帝時，任城生黑黍，或三四實，實二米，得黍三斛八斗。穈之米正黃色，黍之米淡黃色，色愈淡則其米愈黏。務本新書云：有與糯米相類者，白黃米是也。舊呼糯不換，造酒爲佳。故山西靈石人呼不黏者爲黃米，對黏者色淡言之也。武邑人呼黏者爲黃米，對不黏者冒稷米之名而別之也。䵆音卑，今穀名中無卑音者。余以意斷之曰：禾別曰稗，黍別曰䵆，而未敢信也。丙申歲居京師，庭中芭種後，生一本，數十莖貼地橫出，至生節處乃屈而上聳，節如鶴膝。莖淡紫色，葉色深綠。每一莖又節節抽莖成數穗，穗疏散。至大暑後而穀熟，光澤如黍。余以爲此必䵆也。見農人問之，則曰稗也。余曰：農家所種稗似粟，與此殊不類。則對曰：此野稗也，亦曰水稗。余乃檢玉篇廣韻中䵆，皆有稗音，䵆爲黍別，無疑也。稗、䵆並宜卑濕地，又視禾黍爲卑賤，故字皆從卑。梁太清三年，鄱陽王範屯濡須，糧乏，采菰稗菱藕以自給。其所謂稗，卽野稗也。曹植七啓云：芳菰、精稗，亦指野稗，謂之精者，脩辭家之美稱，與召旻詩毛氏傳所云：彼宜食疏，今反食精粺者異義。䵖，黍穰也。芀謂之葤，宜爲埽篲，黍穰亦宜爲埽篲。穄穗其末，自然句曲，尤宜之。今北方埽篲，小者皆用穄，此䵖之所由名與。檀弓：君臨臣喪，以巫祝桃葤執戈，鄭氏注：葤，萑苕，可埽不祥。玉藻：膳於君有葷桃葤，於大夫去葤，於士去葷，鄭氏注：葤，菼帚也。左傳楚子昭卒，襄公在楚，楚人使公親襚，乃使巫以桃葤先祓殯，杜氏注：葤，黍穰。周官喪祝職，王弔則與巫前，鄭司農說：喪祝與巫以桃厲執戈在王前。又引檀弓及左傳言桃葤者以證之。陸氏釋文云：厲音例，記作葤，黍苕穰也。黍苕穰，或作黍苞穰。鄭氏以葤爲萑菼之苕，杜氏以爲黍穰，陸氏則黍苕並釋。據杜陸說，是葤、䵖通矣。然余案說文以黍穰釋䵖，以芀釋葤。芀，葦華也，从禾，从艸。固宜有別與？左傳孔疏云：葤是帚，蓋桃爲棒也，以桃爲帚棒，非是。玉藻言大夫去葤則不去桃，是桃葤異用矣。眞珠船：說文、爾雅翼皆謂黍爲黏，余按詩緝云：

黍有二種，黏者爲秫，可以釀酒；不黏者黍，今關西總謂之糜子。黏者曰黏糜子，不黏者曰飯糜子，謂只堪作飯也。

說文解字注：穄，䵚也，此謂黍之不黏者也。黍部曰䵚者，穄也。呂氏春秋：飯之美者，陽山之穄。高注云：關西謂之䵚，冀州謂之𪏮。廣雅：𪏻、䵚，穄也。九穀考曰：據說文禾屬而粘者黍，則禾屬而不粘者䵚。對文異，散文則通稱黍。內則：飯黍、稷、稻、粱，白黍、黃粱，鄭注：黍，黃黍也。黃黍者，䵚也，穄也，飯用之。粘者釀酒，及爲餌餈、酏粥之屬。不粘者呼䵚，呼穄，而粘者乃專得黍名矣。今北方皆呼黍子、䵚子、穄子，穄與稷雙聲，故俗誤認爲稷。其誤自唐之蘇恭始。从禾，祭聲，子例切，十五部。九穀攷曰：簠簋實，䵚爲之，以供祭祀，故又異其名曰穄。

又梨，黍穰也。廣雅：黍穰謂之梨。左傳：使巫以桃茢先祓殯，杜注云：茢，黍穰。檀弓以巫祝桃茢執戈，鄭注云：茢，萑苕。按二物皆可爲篲，二字可通用，故注不同，許說其本義也。詩生民：禾役穟穟，毛傳：役，列也，列蓋梨之叚借，禾穰亦得謂之梨也。从禾，列聲，良薛切，十五部。穰，黍梨已治者，已治謂已治去其若皮也。謂之穰者，莖在皮中如瓜瓤在瓜皮中也。周頌傳曰：穰穰，衆也。此叚借也，从禾，襄聲，汝羊切，十部。

又黍，許云：雨省聲。則篆體當如是。引孔子曰者，其別說也，禾屬而黏者也。九穀攷曰：以禾況黍，謂黍爲禾屬而黏者，非謂禾爲黍屬而不黏者也。禾屬而黏者黍，禾屬而不黏者䵚。對文異，散文則通稱黍，謂之禾屬。要之，皆非禾也。今山西人無論黏與不黏，統呼之曰䵚黍。太原以東，則呼黏者爲黍子，不黏者爲䵚子。黍宜爲酒，爲羞籩之餌，餈爲酏粥，䵚宜爲飯。禾、黍、稻、稷，各有黏、不黏二種。按黍爲禾屬者，其米之大、小相等也。其采異，禾穗下垂如椎而粒聚；黍采略如稻而舒散，以大暑而種，故謂之黍，大，衍字也。九穀攷曰：伏生尙書大傳，淮南，劉向說苑皆云：大火中種黍菽，而呂氏春秋則云：日至樹麻與菽，麻正䵝之誤。又夏小正：五月初昏，大火中種黍菽糜。糜字，因下文誤衍。諸書皆言種黍以夏至，說文獨言以大暑，蓋言種黍之極時，其正時實夏至也。玉裁謂種植有定時，古今所同，非可假借。許書經轉寫，妄增一字耳。以暑種故謂之黍，猶二月生，八月熟，得中和，故謂之禾，皆以疊韻訓釋。从禾，雨省聲，舒呂切，五部。孔子曰：黍可爲酒。如稉與秫，皆宜酒，故从禾入水也。依廣韻補，故从二字，此說字形之異說也。凡云孔子曰者，通人所傳，以禾入水，不見其必爲酒，故先雨省聲之說，而禾入水會意之說次之。今之隸書，則从禾入水，不从雨省。凡黍之屬，皆从黍。䵝，穄也，穄見禾部。䵝，黍之不黏者，如穲爲稻之不黏者，稷爲秫之不黏者也。高注呂氏春秋曰：穄，關西謂之䵝，冀州謂之𪏰。九穀攷曰：特牲饋食禮，尸嘏主人有摶黍之儀，必是炊䵝爲飯，不相黏著，故令佐食者摶之，而後授尸。按周禮土訓注云：荊揚地宜稻，幽幷地宜麻。依李氏聶氏皆忙皮反，則麻本作䵝。九穀攷云：鄭據職方氏爲說也。幽州宜三種，幷州宜五種，內皆有黍。从黍，麻聲，靡爲切，古音在十七部。䵗，黍屬也，禾之別爲稗，黍之屬爲䵗，言別而屬見，言屬而別亦見，䵗之於黍，猶稗之於禾也。九穀攷曰：余目驗之，采與穀皆如黍，農人謂之野稗，亦曰水稗。从黍，卑聲，幷弭切，十六部。篇韻又皆平懈切。黏，相著也，有假溓爲黏者，如攷工記：雖有深泥，亦弗之溓也。是从黍，占聲，汝廉切，七部。黏，黏也，从黍，古聲，戶吳切，五部，俗作糊粘。黏或从米，作粘。䵑，黏也，从黍，日聲，尼，質切，十二部。春秋傳曰：不義不䵑，隱元年左傳文。今左傳作暱、昵或暱字，曰近也。攷工記：弓人凡昵之類不能方，故書昵。或作樴，杜子春云：樴讀爲不義、不昵之昵。或爲䵒，䵒，黏也。按許所據左傳作䵑，爲長䵑，與昵音義皆相近。䵒䵑或从刃，刃聲也。據杜子春說，攷工記弓人昵或爲䵒。方言曰：䵒，黏也，齊魯青徐，自關而東，或曰䵒，或曰𪏰。𪏰，黏也，黎履黏也。釋詁曰：黎，衆也。衆之義行，而履黏之義廢矣。古亦以爲黧黑字，从黍，𥝢省聲。𥝢省者，不欲重禾也。郎奚切，十五部。𥝢此依刀部作，古文利作𥝢，黏以黍米也，說从黍之意。䵚，治黍禾豆下潰葉也。潰葉菸痿，恐其傷穀，故必治之。治之者，當以杷以鉏，此今農人所當知也。从黍，畐聲，蒲北切，一部。香，芳也。艸部曰：芳，艸香也。芳謂艸香，則汎言之。大雅曰：其香始升。从黍，从甘，會意，許良切，十部。春秋傳曰：黍稷馨香，約舉左傳僖五年文。此非爲香證說香必从黍之意也。凡香之屬，皆从香，馨香之遠聞也，同大雅鳧鷖傳。按唐風椒聊一章曰：椒聊且遠脩且。傳曰：脩，長也。二章：椒聊且遠條且。傳曰：條言馨之遠聞也。今本前後章皆作條，則毛不應別爲傳矣。而足利古本，尚可證經言脩者，枝條之長條者，芬香條鬯之謂。傳馨字，今譌聲从香，殸聲，，呼形切，十一部。殸，籒文磬。

又秠，一稃二米，从禾，丕聲。詩曰：誕降嘉穀，惟秬惟秠。天賜后稷之嘉穀也。按此解當云稃也，从禾，丕聲。詩曰：誕降嘉穀，惟秬惟秠。黑黍，一稃二米，天賜后稷之嘉穀也，爲淺人改竄之耳。詩生民：惟秬惟秠。釋草曰：秬，黑黍；秠，一稃二米。毛傳正同。蓋黑黍，一稃二米曰秠，言秬而一稃二米，已見經文「以惟秠足」句，見黑黍之稃有異，不比下文「惟虋惟芑」，畫然二物。

故釋訓者，以黑黍系秬，以一稃二米系秠，分屬之。鄭志張逸問云：鬯人職注，秬如黑黍，一秠二米。按爾雅秠，一稃二米，未知二者同異？答曰：秠即其皮，稃亦皮也，爾雅重言以曉人，更無異稱也。據此知秠即稃。凡稃皆曰秠，非必二米一稃也。許於鬯部𩰪下云：黑黍也，一稃二米。是可見一稃二米者，謂秬，非謂凡秠也。此必稱經文「惟秬惟秠」，而後總釋之曰黑黍一稃二米，則爾雅毛傳訓詁之意明矣。秠之本義與稃同，故必先之曰稃也，从禾，丕聲；而後引詩，則知經義與字義無不合矣。小徐本，秠、稃二篆相屬，此必古本秠、稃、穭、穅四篆同義，淺人墨守爾雅、毛傳，而不心知其意，乃妄改許書，致文理不通而不可讀。敷悲切，字林匹尤、匹九、夫九三反，匹九、夫九二反，則當从不聲。玉篇作秠，是也，古音在一部。今鬯人注，如黑黍一稃二米，詩正義引作一秠二米，蓋正義所引是。鄭作一秠，爾雅作一稃，鄭意秠即稃，故答問云爾。稃，穭也，小徐本此篆與秠篆相屬，古本也。玉篇次第正同。自淺人不知秠解，而改竄之，乃又移易篆之次第矣。甫田箋曰：方，房也，謂孚甲始生而未合時也。古借孚爲稃，从禾，孚聲，芳無切，古音在三部。粰、稃，或从米，付聲。穭，穅也，从禾，會聲，讀若裹，苦會切，十五部。玉篇公卧、公外二切。公卧即讀若裹之云會聲而讀若裹者，合音也。穅，穀之皮也。云穀者，晐黍、稷、稻、粱、麥而言。穀猶粟也，今人謂已脫於米者爲穅，古人不爾。穅之言空也，空其中以含米也。凡康寧、康樂皆本義空中之引伸。今字分別，乃以本義从禾，引伸義不从禾。

焦循毛詩補疏：「維秬維秠」，傳：秬，黑黍也；秠，一稃二米。循按說文，訓稃云穭也，訓穭云穅也，訓穅云穀皮也，釋秠云一稃二米，蓋一穀皮之中有二米，其名爲秠、秬，爲黑黍之通名，無論一米、二米，皆得名秬。說文作𪏰，云黑黍也，一稃二米，以釀也，是也。秠則爲秬之一稃二米者之專名。鄭氏圉人注，改一稃二米爲一秠二米，鄭志答張逸問，以爲秠、稃皆皮之名，乃皮名則不爲米名矣。亘、丕義皆大，而丕兼有衆義。廣雅：伾伾，衆也。說文：坯，邱再成者也，丕通於平。漢書食貨志云：二登曰平，三登曰泰。然則秠之取義，正以二米，猶邱之再成者爲坯也。謂秠爲皮，是以一稃名，不以二米名矣。

植物名實圖考長編卷之二

穀類

粱

粱 爾雅：虋，赤苗。註：今之赤粱粟。芑，白苗。註：今之白粱粟，皆好穀。疏：按大雅生民云：誕降嘉種，維秬維秠，維穈維芑，故此釋之也。虋與穈音義同，虋卽嘉穀赤苗者。郭云：今之赤粱、粟、芑，卽嘉穀白苗者。郭云：今之白粱粟，皆好穀也。

別錄：青粱米味甘，微寒，無毒。主胃痹，熱中，消渴，止洩痢，利小便。益氣補中，輕身長年。

陶隱居云：凡云粱米，皆是粟類，惟其牙頭色異爲分別耳。青粱出北，今江東少有。氾勝之書云：粱是秫粟，今俗用則不爾。

唐本草注：青粱殼穗有毛，粒青，米亦微青，而細於黃、白粱也。殼粒似青稞而少麤。夏月食之，極爲清涼，但以味短，色惡，不如黃、白粱，故人少種之。此穀早熟而收少，堪作餳，清白勝餘米。

食療本草：青粱米以純苦酒一斗漬之，三日出，百蒸百暴，好裹藏之。遠行一湌，十日不飢；重湌，四百九十日不飢。又方，以米一斗，赤石脂二斤，合以水漬之，令足相淹，置於暖處。二、三日上淸白衣搗爲丸，如李大，日服三丸不飢。謹按靈寶五符經中，白鮮米九蒸九暴，作辟穀糧。此又用青粱米，未見有別出處。其米微寒，常作飯食之，澁於黃白米，體性相似。

圖經：粱米有青粱、黃粱、白粱，皆粟類也。舊不著所出州土。陶隱居云：青粱出北方，黃粱出青、冀州，白粱處處皆有。蘇恭云：黃粱出蜀漢，商浙間亦種之，今惟京東、西，河陝間種蒔，皆白粱耳，青黃乃稀。有青粱，殼穗有毛，粒青，米亦微青，而細於黃、白米也。黃粱穗大毛長，殼米俱麤於白粱，而收子少，不耐水旱。襄陽有竹根者是也。白粱穗亦大，毛多而長，殼麤扁長，不似粟圓也。大抵人多種粟而少種粱，以其損地力而收穫少耳。諸粱食之比他穀最益脾胃，性亦相似耳。粟米比粱乃細而圓，種類亦多，功用則無別矣。其泔汁及米粉皆入藥。近世作英粉，乃用粟米浸累日令敗，研，澄取之。今人用去痱瘡尤佳。

本草衍義：青、黃、白粱米，此三種食之，不及黃粱。青、白二種，性皆微涼，獨黃粱性甘平，豈非得土之中和氣多邪？今黃、白二種，西洛間農家多種，爲飯尤佳，餘用則不相宜。然其粒尖小於他穀，收實少，故能種者亦稀。白色者味淡。

別錄：白粱米味甘，微寒，無毒。主除熱，益氣。

陶隱居云：今處處有，襄陽竹根者最佳。所以夏月作粟飡，亦以除熱。

唐本草注：白粱穗大，多毛且長。諸粱都相似，而白粱殼麄扁長，不似粟圓也。米亦白而大，食之香美，爲黃粱之亞矣。陶云竹根，竹根乃黃粱，非白粱也。然粱雖粟類，細論則別，謂作粟飡，殊乖的稱也。

食療本草：白粱米，患胃虚幷嘔吐食及水者，用米汁二合，生薑汁一合，服之。性微寒，除胸膈中客熱，移五藏氣，緩筋骨。此北人長食者，是亦甚作粉。

別錄：黃粱米味甘平，無毒。主益氣，和中，止洩。陶隱居云：黃粱出青、冀州，此間不見有爾。

唐本草注：黃粱出蜀漢，商淅間亦種之。穗大毛長，殼米俱麄於白粱，而收子少，不耐水旱，食之香美，逾於諸粱，人號爲竹根黃。而陶註白粱云：襄陽竹根者是。此乃黃粱，非白粱也。

齊民要術：粱、秫並欲薄地而稀，一畝用子三升半，地良多雉尾，苗穊穗不成。種與植穀同時，晚者全不收也。燥濕之宜，杷勞之法，一同穀。苗收刈欲晚。性不零落，早刈損實。

本草綱目李時珍曰：粱者，良也，穀之良者也。或云種出自粱州，或云粱米性涼，故得粱名，皆各執己見也。粱卽粟也，考之周禮，九穀、六穀之名，有粱無粟，可知矣。自漢以後，始以大而毛長者爲粱，細而毛短者爲粟，今則通呼爲粟，而粱之名反隱矣。今世俗稱粟中之大穗長芒，粗粒而有紅毛、白毛、黃毛之品者，卽粱也。黃、白、青、赤，亦隨色命名耳。郭義恭廣志有解粱、具粱、遼東赤粱之名，乃因地命名也。

爾雅翼：粱，今之粟類。古不以粟爲穀之名，但米之有稃殼者，皆稱粟。今人以穀之最細而圓者爲粟，則粱是其類。內則曰：飯黍、稷、稻、粱、白黍、黃粱、稰、穛。說者曰：下言白黍，則上是黃黍；下言黃粱，則上是白粱。今粱有三種，青粱殼穗有毛，粒青，米亦微青，而細於黃、白米也。夏月食之，極爲清涼，但以味短、色惡，不如黃、白粱，故人少種之。亦早熟而收少，作餳清白，勝餘米。黃粱穗大毛長，殼米俱麄於白粱，而收子少，不耐水旱。食之香味逾於諸粱，人號爲竹根黃，白粱穗亦大，毛多而長，殼麄扁長，不似粟圓。米亦白而大，其香美爲黃粱之亞。古天子之飯，所以有白粱、黃粱者，明取黃、白二種耳。今人大抵多種粟，而少種粱，以其損地力而收穫少耳。然古無粟名，則是以粱充粟。今粟與粱功用亦無別，明非二物也。粱比它穀最益胃，但性微寒，其聲爲凉，蓋是亦借凉音。如許叔重說，黍大暑而種，則以黍從暑，粱從凉，其義一也。古食醫會膳食之宜，則犬與粱相副。先儒以爲犬味酸而溫，粱甘而微寒，亦氣味相成也。粱食之美者，故稱膏粱之性難正，以其養厚而易驕。若歲凶，則大夫無故不食粱。

九穀考：說文：禾，嘉穀也。二月始生，八月而熟，得時之中，故謂之禾。徐鍇說文繫傳作：得時之中和，故謂之禾也。禾，木也，木王而生，金王而死。粟，嘉穀實也。孔子曰：粟之爲言，續也，米粟實也，象禾實之形。繫傳作：米穬實也，象禾黍之形。粱，米名也；虋，赤苗，嘉穀也。芑，白苗，嘉穀。穬，芒粟也。秀，無說。𥝩禾成秀也，人所以收，从爪，禾繫傳作從禾爪聲。穗。𥝩，重文，繫傳作采，俗。穖，禾穖也。穎，禾末也。詩曰：禾穎穟穟，禾𥝩之皃。𦶫穟重文。𥝌，禾危穗也。𥠚禾垂而秒，禾芒也。秧禾若秧，穰也。稈，禾莖也。春秋傳曰：或投一秉稈，秆，稈，重文。稾稈也。稭，禾稾，去其皮，祭天以爲席。糕，禾皮也，稃，稽也。粰，稃重文。穭穅也，穅穀皮也。康穅，重文。䕭，禾粟之𥝩，生而不成者，謂之𦽏䕭。稂，䕭，重文。秕不成粟也。秀，禾粟下生，秀讀若酉。繫傳作禾粟下揚生莠。稗，禾別也。案禾粟之有稾者也，其實粟也，其米粱也。聘禮及周官掌客之職，禾皆言若干車，車三秅，薪芻倍禾。以薪芻例禾，是禾爲有稾者矣。又聘禮記云：四百秉爲一秅。鄭氏注：此秉爲刈禾盈手。然則秉秅者，束稾之名；禾爲粟之有稾者，故以秉秅數之也。聘禮，米禾皆兼黍、稷、稻、粱言之，以他穀連稾者，不別立名；卽穀中之實，亦無異號。惟粟有之，遂假借通稱，抑以事難件繫，有足相包者，屬文之法耳，非謂禾爲諸穀苗、幹大名也。說文：稻一秅，爲粟二十升，禾黍一秅，爲粟十六升大半升。此稻、黍之實亦曰粟，所謂假借通稱者也。淮南子：夫子見禾之三變也，呂氏春秋引莊子，一上一下，以禾爲量。高誘注：禾有三變，故以爲法也。滔滔然曰：狐鄉邱而死，我其首禾乎，故君子見善而痛其身焉。注云：三變始於粟，粟生於苗，苗成於穗也。禾穗垂而向根，君子不忘本也。春秋說題辭曰：粟五變，一變而以陽生爲苗；二變而秀爲禾；三變而粲然爲粟，四變入臼米出甲；五變而蒸飯可食。

張衡思玄賦：滋令德於正中兮，含嘉禾以爲敷；旣垂穎而顧本兮，爾要思乎故居。今諸穀，惟粟穗向根顧本，可驗也。管子書：桓公觀於野曰：何物可比於君子之德乎？隰朋曰：夫粟內甲以處，中有卷城，外有兵刃，未敢自恃，自命曰粟，此其可比於君子之德乎。管仲曰：苗始其少也，眴眴乎，何其孺子也；至其壯也，莊莊乎，何其士也；至其成也，由由乎茲免，何其君子也。天下得之則安，不得則危，故命之曰禾，此其可比於君子之德矣。余案茲免云者：免，俯也；茲，益也，謂其穗益俯而向根也。管仲之言，殆卽三變之謂乎？隰朋內甲之云，謂米處殼內；卷城謂稃周於甲，藏於芒中；兵刃者，芒在其外也。是故管仲言命之曰禾，隰朋言自命曰粟，一指謂嘉穀之連稾者，一指謂嘉穀實也。七月之詩云：黍稷重穋，禾麻菽麥，嗟我農夫，我稼旣同。禾爲諸穀中之一物，明矣。周官：草人職，相其宜而爲之種。注云：黃白宜以種禾之屬。管子書云：古之封禪者，鄗上之黍，北里之禾。呂氏春秋云：今茲美禾，來茲美麥；又言禾、黍、稻、麻、菽、麥，六者之貴得時。淮南子言麥、稻、黍、菽、禾，五者之各有所宜地。初學記載范計然之言穀曰：麥、稻、麻、菽、禾。漢書食貨志董仲舒曰：春秋他穀不書，至於麥禾不成則書之。以此見聖人於五穀，最重麥禾也。氾勝之書曰：凡種黍皆如禾，欲疏於禾。說文曰：秦地宜禾。納稼專言禾者，稼以禾爲主，故重見於上以目之也。疏言麻與菽、麥無禾稱，似也。言於麻麥之上更言禾，以總諸禾，因以禾爲諸穀苗幹之大名，不然也。黍稷亦有禾，胡獨不在所總耶，且上既以禾目之，復於黍稷外偏出禾，以總諸禾，凌亂錯互，古人屬文，當不如是也。禾，南方人呼其實曰粟穀，米曰粟米；北方人但呼穀呼米。北人食以粟爲主，猶南人食以秔爲主。南人呼秔亦但呼穀米，不加秔字也。禾有赤苗、白苗之異，謂之虋芑。詩曰：「維糜維芑」是也。集韻：虋或作蘴，糜、穈。余細詢農人，又以目驗知之。余見禾之赤苗初生一、二葉，純赤色；三、四葉後，赤與青相間；七、八葉後，則純青矣。今直隸、山西人，猶別而呼之曰紅苗穀、白苗穀。赤，白穀之外，又有黃苗者。黃苗穀，殼有黃色、白色二種，米皆不黏。白苗之穀，殼黑米白者黏，殼黑而米亦帶緇色者不黏。黑穀俗謂之拖泥穀，白苗者即青苗也。初出時色微白，故農人通呼白苗以別於紅苗也。穀之種類甚多，大致皆白苗，米之大致皆黃色，亦有白米。白米亦有黏者，然大致米白者多不黏。赤苗之穀，其黃者有黏、不黏二種。苗赤穀亦赤者，則其最黏者也。是故黍亦禾屬，稱嘉穀而知嘉穀之虋芑必非黍者，以黍之苗惟一色，而無赤、白之異。又說文解穈字云：以毳爲罽色如虋，故謂之穈。虋，禾之赤苗也。解璊字云：禾之赤苗謂之虋，言璊玉色如之。以說文證說文，益知虋芑爲禾，而非黍矣。爾雅之釋詩也，曰：虋，赤苗；芑，白苗。毛氏据之以爲傳，而郭璞注爾雅則曰：赤粱粟、白粱粟，是不知赤、白在苗而不在粟，彼粟之赤、白者，苗又或不赤、白也。許氏解苗爲草生田中者，故益嘉穀字於苗下，是又不知苗卽嘉穀初生之名，言苗而嘉穀已見也。碩鼠之詩：無食我苗，毛傳云：苗，嘉穀也。春秋：無麥苗，何休注公羊傳云：苗者，禾也；生曰苗，秀曰禾。管子言禾，以苗字建首；孔子惡莠亂苗，亦呼禾爲苗。大田之詩，毛傳云：莠似苗也。趙岐孟子注云：莠之莖、葉似苗。然則此一穀也，始生曰苗，成秀曰禾，禾實曰粟，廣韻：粟，禾子也。粟實曰米，氾勝之書以稻、米、黍、麻、秫、小麥、大麥、小豆、大豆爲九穀；所謂米者，指粟實也。米名曰粱。其大名則曰嘉穀，言其色則曰黃茂。生民詩：種之黃茂，毛傳云：黃，嘉穀也。而禾、粟、米、粱之次第載說文中，又如物之在貫焉。以雜廁部居，讀者不能察耳。今特建類相受，俾散見之字，歸於一條，然後粟之一穀爲他穀久假者，乃得反於其所矣。周官：倉人職掌粟入之藏，注：九穀盡藏焉，以粟爲主。鄭氏注大宰職，九穀中無粟，此言九穀以粟爲主，則是粱卽粟矣。史記索隱載三蒼云：粱，好粟，其證也。隋書經籍志：三蒼三卷，郭璞注。秦相李斯作蒼頡篇，漢揚雄作訓纂篇，後漢郎中賈魴作滂喜篇，故曰三蒼。張懷瓘書斷云：和帝時，賈魴撰滂喜篇，以蒼頡爲上篇，訓纂爲中篇，滂喜爲下篇，所謂三蒼也，皆用隸法寫之。余案班氏云：漢興，閭里書師合蒼頡、爰歷、博學三篇幷爲蒼頡篇。則三蒼之上篇，恐卽所幷之蒼頡篇也。內則言飯有粱，又有黃粱，是粱者白粱也，今北方猶呼粟米之純白者曰粱米。禮設簠簋，不稱黍、稷、稻、粟，而云粱飯，必炊米爲之，故舉米名耳。無米名者，乃稱穀名，黍、稷、稻是也。是故言簠簋實而稱粱宜，言九穀則稱粟宜，言稼穡則稱禾宜。豳風七月之詩所數者，言稼穡之例也；倉人職之云，言穀之例也。凡諸經傳云粱者，皆言其米也。詩中有互借以爲韻者，則不爲典要。舍人職掌粟米之出入，辨其物，注云：九穀六米，別爲書，是以粟主九穀，因爲諸穀之總名，義與倉人職同。賈公彥不知，乃云正言粟卽粢也。夫粢，稷也，以粢爲粢，是以粟爲稷，此說蓋据郭璞爾雅注，郭云：江東呼粟爲稷。孫炎注亦如此，孫云：稷卽粟也。乃漢世訓詁相承之語。古今注：武帝建元四年，天雨粟，宣帝地節三年，長安雨黑粟，元帝竟寧元年，南陽山都縣雨粟色青黑，據此則前後漢書所謂嘉穀，元稷降者，皆是以粟爲稷也。故服虔亦以黑粟釋漢書之元稷。孔穎達於曲禮稷曰明粢，亦釋之曰稷，粟也，蓋承其誤矣。蔡邕獨斷無稷曰明粢句。陸德明釋文，明粢一本作明粱，古本無此句。余案隋王劭勘晉宋古本，皆無稷曰明粢句，立八疑、十二證，孔穎達非之，引鄭氏士虞禮注以斥其妄。然余考鄭氏注曲禮，於稷曰明粢句無解說；其注士虞禮曰：明齊新水也，又曰：或曰當爲明視，謂兔腊也，今文曰明粢、粢，稷也，皆非其次。尋其語氣，鄭於明視，意中有曲禮兔曰明視之說，故直斥之曰：謂兔腊也。於明粢，意中無曲禮稷曰明粢之說，故必申言粢字，據爾雅粢稷之云，以斥今文之非。由是言之，鄭注曲禮時，或實無稷曰明粢句，而晉宋以後人，誤讀士虞禮注，而加之，亦未可知耳。王劭所見古本，恐未可遽斷其非漢代流傳眞本。劭在開皇大業間，言符命，工容悅，其人不足稱，然隋書本傳言其採擿經史謬誤，爲讀書記三十卷，時人服其精博，自志學至暮齒，篤好經史，遺落世事，其於漢人之學，必能涉其藩籬，所立八疑、十二證，或亦不信粱外有稷，惜其讀書記今不可得而見也。又案：鄭氏禮運作其祝號注，引周禮祝號有六，五曰齍號，孔氏疏之，又引齍號注曰：若稷曰明粢。今考齍號原注，乃云鄭司農曰齍號，謂黍稷皆有名號也。曲禮曰：黍曰薌合，粱曰薌萁，稻曰嘉蔬，其所引者，獨無稷曰明粢句。孔以鄭注連引曲禮，遂誤以爲亦有此句，故舉以言之，而原注不然，亦足證先、後二鄭所見曲禮，本無稷曰明粢句也。且秋官司烜氏以鑒取明水於月以供祭祀之明齍，鄭氏用司農說，明齍謂以明水滫滌粢盛黍稷。鄭於小宗伯六齍注云：齍讀爲粢，六粢謂六穀。於舂人注云：齍盛謂黍、稷、稻、粱之屬。以肆師表齍盛注云：粢，六穀也，在器曰盛。於甸師注云：齍盛祭祀所用穀也，粢、稷也，穀者稷爲長，是以名云。然則六穀通曰粢盛，則解明齍謂以明水滫滌粢盛，亦是兼滌六穀之名。合而論之，鄭氏通謂祭穀爲粢盛，則已不得以明粢爲祭穀用稷之專名矣。況司烜於滫滌粢盛，特著明齍之號，又安得復襲其名以命稷乎？又甫田之詩：以我齊明，釋文，齊又作齍。毛傳云，器實曰齊，在器曰盛。鄭箋以爲潔齊豐盛也。余謂潔之云者，瀡滫之云也。則甫田之齊明，卽司烜之明齍。就明水滫瀡言曰明齍，就瀡受滫於明水言曰齊明，顚倒言之，義實一也。至作齍號，卽作此明齍之號，而反以明粢號六穀之一，必不然矣。氾勝之種殖書不見稷，而云粱是秫粟。孫炎云：秫爲黏粟。先鄭注鍾氏丹秫爲赤粟。其注九穀，亦有稷無粱，然於六穀，則又稷粱並錄。韋昭注國語，直曰稷，粱也，顯然與禮經相畔矣。及其注百穀之屬，於稷之外又復舉粱。其注云：百穀，黍、稷、稻、粱、麻、麥、荏、菽、雕胡之屬，蓋用後鄭所定之九穀也。孔穎達豈不知稷、粱爲二物，而用相承之說陸德明爾雅釋文曰：相承云稷，粟也。又曰：本草，稷米在下品，別有粟米在中品，又似二物。蓋陸氏已疑之矣。曰稷粟也者，粱既不可以同稷，而舍粟別無粱，不知欲以何穀當之。陶氏云：粱米皆是粟類。又云：粟粒細於粱米。蘇恭云：粱穗大，多毛而長，殼麄扁長，不似粟圓。李時珍云：自漢以後，始以大而毛長者爲粱，細而毛短者爲粟。余案漢人以粟爲稷，不得不强分粱與粟爲二穀。又案後漢書禮儀志，載明器筲八、黍、稷、麥、粱、稻、麻、菽、小豆，於後鄭九穀，但少苽耳。當時所用，稷粱兼有，殆已分粟爲二穀。與近世陸稼書修靈壽縣志以粟爲稷，而以粟中穗如狗尾草者爲粱，蓋承襲昔人强分之誤矣。況稷、粱二穀，見於經者，判然兩事，聘禮歸饔餼，堂上八簋，黍其南，稷兩簋，粱在北，西夾六簋；黍其東，稷兩簠，粱在西。饌於東方亦如之，米百筥、黍、粱、稻皆二行，稷四行。公食大夫禮：宰夫設黍稷六簋，授公飯黍，膳稻于粱西。周官食醫職，豕宜稷，犬宜粱。禮記內則：粱秫惟所欲，飯黍、稷、稻、粱、白黍、黃粱。玉藻：沐稷而靧粱。喪大記：君沐粱，大夫沐稷，士沐粱。鴇羽之詩：不能蓺黍稷，不能蓺稻粱。甫田之詩：黍稷稻粱，農夫之慶。不知秦漢以後，何以溷二穀而一之。舉粱者，輒逸稷；舉稷者，又逸粱。如呂氏春秋審時篇，舉粱而逸稷者也。審時篇云：得時之禾，得時之黍，得時之稻，得時之麻，得時之麥。至其十二紀中所載，又舉稷而逸粱者也。十二紀中，載：春食麥，夏食菽，中央土食稷，秋食麻，冬食黍；而又有孟夏嘗麥，仲夏嘗黍，仲秋嘗麻，季秋嘗稻之文。月令及淮南子皆因於呂紀，文亦同之。淮南子天文、地形、主術三訓，凡四見諸穀之名，皆不見稷字；天文訓載稻、菽、麥、禾。地形訓載汾水宜麻，濟水宜麥，河水宜菽，雒水宜禾，渭水宜黍，江水宜稻；又載東方宜麥，南方宜稻，西方宜黍，北方宜菽，中央宜禾。主術訓載昏張中則務種穀，大火中則種黍、菽，虛中則種宿麥，案穀卽禾也。而人間訓則又云：樹黍者不穫稷。是可知舉粱者非不知有稷，直謂稷卽粱也；舉稷者非不知有粱，直謂粱卽稷也。內經素問金匱眞言論：東方青色，其穀麥；王砅注：五穀之長曰麥，故東方用之，本草曰，麥爲五穀之長。南方赤色，其穀黍；注：黍赤色。中央黃色，其穀稷；注：色黃而味甘也。西方白色，其穀稻；注：稻堅白。北方黑色，其穀豆。注：豆黑色。五常政大論：五運平氣，木曰敷和，其穀麻；注：色蒼也。火曰升明，其穀麥；注：色赤也。土曰備化，其穀稷；注：色黃也。金曰審平，其穀稻；注：色白也。水曰靜順，其穀豆。注：色黑也。其不及，木曰委和，其穀稷稻；注：金土穀也。火曰伏明，其穀豆稻；注：豆，水稻，金穀也。土曰卑監，其穀豆麻；注：豆，水麻，木穀也。金曰從革，其穀麻麥；注：麻，木麥，火穀也，麥色赤也。水曰涸流，其穀黍稷。注：黍，火稷，土穀也。林億新校正云：案本論上文麥爲火之穀，今言黍者，疑麥字誤爲黍也。余案金曰從革，其穀麻麥，注云麥火穀，麥色赤，三麥字，本皆黍字，後人妄改之也。彼見上火曰升明，其穀麥，注云麥色赤，遂疑此注火穀色赤者，亦當爲麥字也。既妄改注，因妄改經，不知麥之色赤已見上注，此注不應重見。王砅以從革當有火穀，又見黍有赤色，故注之曰：黍火穀，黍色赤也。且以黍字初見於此，亦當如他穀初見者，須顯其色也。下涸流之黍稷，堅成之稻黍，注並承此而以火言黍也。然則從革條三麥字誤，而涸流、堅成兩條黍字不誤，林氏校正考之未審矣。經以二穀赤色，可互取之。且於火木令中，火穀取麥，金水令中，火穀取黍，此古人之神明，後人所弗能及者。是故升明之火，赫曦之火，皆取麥；從革之金，涸流之水，堅成之金，皆取黍。火穀互取，其例畫一，故惟從革。

知爲黍誤麥者，既以互取之例斷之，又以重見色赤之注斷之。涸流、堅成之黍，知其必不誤者，既以互取之例斷之，又以兩黍字不應並誤斷之。且茍兩處並誤，何以赫曦之當取麥者，不三處並誤爲黍也？是亦足以斷其不誤矣。太過，木曰發生，其穀麻稻；注：木化齊金。火曰赫曦，其穀麥豆；注：火齊水化也。土曰敦阜，其穀稷麻；注土木齊化。金曰堅成，其穀稻黍；注：金火齊化也。新校正云：案本論上文麥爲火之穀，當爲其穀稻麥。余案黍字不誤，林氏考之未審。水曰流衍，其穀豆稷。注：水齊土化。案宋林億等校正內經素問，言素問之名，張仲景以前，無文可見，据今世所存之書，則素問之名，起漢世也。史記倉公傳言師陽慶傳皇帝扁鵲之脈書，漢書藝文志有黃帝內經十八卷，此見於兩漢人所稱述者。今觀其所舉諸穀，皆見稷而不見粱，與秦漢以後諸書脗合，疑素問爲周秦間人之所著論與？伊川先生亦謂素問出於戰國之末。後鄭知稷粱之不可以相無也，而毅然改司農九穀之說，吾於是服康成氏之識之卓也。然其注疾醫職之五穀，曰麻、黍、稷、麥、豆，蓋据月令之文，鄭氏諸所注，必有所本，無不根之言。膳夫王之饋食，用六穀，从司農說稌、黍、稷、粱、麥、苽，蓋据食醫會膳食之宜而知之，於九穀必入粱者，据食醫六穀有粱而入之也。五穀於六穀中缺其一，不知宜缺何穀，不能据六穀而意爲增損。且五穀養疾，宜與藏氣相應，故直据月令，配五行者爲之注。素問藏氣發時論：粳米甘，小豆酸，麥苦，大豆鹹，黃黍辛。靈樞五味篇：秫米甘，麻酸，大豆鹹，麥苦，黃黍辛。五音五味篇：麥苦，大豆鹹，稷甘，黍辛，麻酸。五音篇與月令同合觀之，粳、稷可互取，小豆、麻可互取也。甲乙經亦小豆作麻。其注職方氏宜五種曰：稻、黍、稷、麥、菽。不据月令者，以本經他州所見有稻、黍、稷、麥四種，四種有稻，而月令五穀無稻，不得易本經而就月令，故据所已見之四種而益之以菽。必以菽者，或如疏所云：當時目驗而知也。臣工詩疏論鄭注食醫職方，言五穀不同處，余說與之合。綜計諸家言五穀者，月令曰麻、黍、稷、麥、豆，鄭氏据之以注疾醫。史記天官書：歲正月旦，旦至食爲麥，食至日昳爲稷，漢書天文志作疾。昳至餔爲黍，餔至下餔爲菽，天文志作叔。下餔至日入爲麻，各以其時雲色占種所宜。其所數者，蓋與月令同物。顔師古注漢書食貨志之五種，盧辯大戴禮注，亦皆同之。素問金匱眞言論：五方之穀，曰麥、黍、稷、稻、豆。鄭氏注職方氏之五種，曰黍、稷、菽、麥、稻。漢書地理志引職方氏，師古注之，全同後鄭。管子書多周秦間人所傳益，其地員篇載五土所宜之種曰黍、秫、菽、麥、稻。淮南子五穀注：菽、麥、黍、稷、稻。案淮南子修務訓言神農播五穀，相土地宜燥、濕、肥、磽、高、下，故高誘本職方鄭氏所注以爲之注。荀子儒效篇亦言相高下，視磽肥，序五種，而楊倞乃据月令注之，不及高誘之精審矣。漢書音義韋昭曰：五穀，黍、稷、菽、麥、稻也。自金匱眞言以下，說並不異，而五常政大論則又進麻爲木穀，至火穀則麥、黍互用。以上言五穀者，凡十二事，雖不能齊一，然皆有稷無粱。楚辭大招：五穀、六仞設菰粱，只王逸注五穀，稻、稷、麥、豆、麻也。菰粱，蔣實，謂雕葫也。大招於五穀之外，明言有菰、有粱，而王逸則以粱爲菰米之美稱，是逸之說亦爲有稷無粱。汲冢周書言五方之穀曰：麥、黍、稻、粟、菽。粟，粱也，是爲有粱無稷。凡此皆秦漢後稷粱溷一之證也。漢書平當傳注如淳曰：律稻米一斗，得酒一斗爲上尊；稷米一斗，得酒一斗爲中尊；粟米一斗，得酒一斗爲下尊。案周制，尊有上、中、下三品。彝，上尊也，小宗伯職，辨六彝之名物，以待祼將。鬯人職，凡祭祀賓客之祼事，和鬱鬯以實彝而陳之是也。卣，中尊也，小宗伯職，辨六尊之名物，以待祭祀賓客。酒正職，凡祭祀以法，共五齊三酒以實八尊是也。罍，下尊也，諸臣在廟爲賓，備卒食三獻，酌罍以自酢，不敢與王之神靈共尊。司尊彝職所謂皆有罍，諸臣之所酢是也。祼用秬黍爲酒，鬯人釀而共之，謂之秬鬯。鬱人煮鬱金以和之，謂之鬱鬯。則實上尊者，秬黍之酒也。周書洛誥乃命寧予以秬鬯二卣，文侯之命，用賚爾秬鬯一卣。江漢之詩，賜召穆公，左傳賜晉侯，皆云秬鬯一卣。李巡据之以注爾雅云：卣，鬯之尊也。則秬鬯之酒，實於中尊。抑余考鬯人職所用之器，有大罍、瓢齎、脩、蜃、概、散，是六者皆尊名也，皆所以實秬鬯者也。鄭氏注廟用脩，脩讀曰卣，可知秬鬯惟和鬱者，乃實於彝，其未和鬱者，則實於卣明矣。而孔穎達疏江漢之詩則云：案鬱人，鬯當在彝，而云卣者，當祭之時，乃在彝賜時，未祭則以卣盛之。是偏据鬱人，以決秬鬯之酒專實於上尊者也。孔穎達又於表記秬鬯事上帝疏之云：五齊之酒，以秬黍爲之，芬芳調暢，故言秬鬯。斯不然矣。案五齊，祭乃作之，自必用黍，然醴爲五齊之一，見於內則，則兼用稻、黍、粱三米，五齊豈秬鬯耶？賈公彥疏酒正職則云：五齊三酒，俱用黍、稻、麴蘖，蓋以月令仲冬命大酋，秫稻必齊，麴蘖必時。鄭氏以大酋於周爲酒人，而周官酒人職則掌爲五齊三酒，故互通而知之。其實醴齊之兼用黍粱，內則已有明文矣。三酒用秫稻，固不待言，然聘禮夫人使下大夫歸禮，醙黍清皆兩壺，是三酒亦有黍矣。然則實中尊者，兼有黍、粱、秫、稻之酒，而實下尊者，亦必不一其酒，第未聞其審也。三尊之說，見於爾雅釋器曰：彝、卣、罍，器也。又曰：卣，中尊也。舉中而上、下可知。故鄭氏注鬯人職曰：卣，中尊也，尊者彝爲上，罍爲下。然禮記少儀則曰：尊者以酌者之左爲上尊，此上尊不爲彝也。謂設兩尊者，以一尊爲上也。在儀禮其尊於室北墉下及房戶間者，則以在西者爲上尊；其尊於東楹西者，則以在南者爲上尊；其饌於東堂下者，則又以在北者爲上尊。有元酒者上元酒，無元酒者以醴配酒，則上醴也。郊特牲：黃目鬱氣之上尊也，此謂彝爲上尊矣。然鄭注云：於諸侯爲上，疏云：天于則黃彝之上有雞彝、鳥彝。推鄭氏之意，是天子不以黃彝爲上尊也。案司尊彝職，春祠，夏禴，祼用雞彝、鳥彝，秋嘗，冬烝，祼用斝彝、黃彝。疏云：依鄭志雞彝盛明水，鳥彝盛鬱鬯，推之秋冬所用，則禮運所云：斝彝盛明水，黃彝盛鬱鬯也。準以祭尙明水之義，則祠禴以雞彝爲上尊，嘗烝以斝彝爲上尊，是亦不謂彝皆上尊也。又文王世子：取爵於上尊，謂堂上之尊爲上尊，亦不謂彝也。鄭氏注特牲饋食尊兩壺，於阼階東及西方者，謂不酌上尊爲卑異之，是亦以堂上之尊爲上尊也。禮運澄酒在下，注以澄爲沈齊，沈齊實中尊者，而亦在堂下。郊特牲廟堂之上，罍尊在阼，犧尊在西，罍爲下尊，而亦在堂上。大射儀：尊於大侯之乏東北，兩壺獻酒；尊侯於服不之東北，兩獻酒。此皆在堂下而用鬱鬯之酒者也。由是言之：尊之命爲上、中、下者，或以酒，或不以酒，或以器，或不以器，或以其所設之地，或不以其地，亦惟變所適而已。漢以上尊酒十石賜平當，其所謂尊之上、中、下者，又不必如禮經之所云，上尊當是醇酒之名，故以稻米一斗得酒一斗者當之。假使稻米一斗得酒過乎一斗，是不爲上尊矣。若稷粟之米一斗，得酒不及一斗，準中，下尊之法減其量，以通於上尊，或亦可以得上尊之酒。然則稻米之汁，其醲厚殆過於稷、粟之汁與？漢律所載，稷、粟二穀兩不相冒，亦可以爲諸經之左證矣。而顔師古乃以爲稷卽粟，中尊當爲黍米。以稻、黍、粟分上、中、下，與內則稻醴、黍醴、粱醴適相合。然以粟爲稷，不以爲粱，則亦不相合矣。况內則乃言飲，非言酒，其在五齊，醴但居一。鄭氏注聘禮之酸黍清，本內則之言醴者以名其酒之次第，未必然也。余謂酸黍清卽酒正職之三酒，鄭注酒正云：齊者，每有祭祀，以度量節作之；祭祀必用五齊者，至敬不尙味而貴多品。

鄭以度量節作解齊字，名義可見。非祭祀則不作之，而以飲人者，必三酒也。三酒有以黍爲之者，此歸禮於聘臣專用黍酒酸。蓋白酒卽三酒中之昔酒也。三酒事昔清，今見昔清於首尾，而於事酒則以黍互之，亦因以見三酒之皆用黍。此所謂屬文之法也。夫以稷冒粟，是承襲漢魏六朝人之謁；改稷爲黍，又啓後人黍中求稷之繆。師古斯說，其誤非一。師古又注急就篇云：黍似穄而黏，用說文黍禾屬而黏之語，而改禾字爲穄字者，意蓋以粟爲稷耳。然誤解其註者，必曰黍似穄而黏，則是黍之不黏者爲穄矣。此亦猶陶氏稷與黍相似之云，本謂粟似黍也。孔穎達生民詩疏，以穈芑爲稷，本呼粟爲穈芑也，而後世以穄爲稷者，輒据其說而爲之辭。故諸君之論，誤稷也而兼誤粱，其究且詒誤於黍，辨之烏容已哉！俗呼黍曰黃粱，呼稷曰高粱，皆不可爲典要。至晉楊泉物理論謂黍稷之總名曰粱，合稻、菽稱爲三穀，不然也。難之者曰：粟爲粱而非稷，稷誠不可冒粟之名矣；稻曰嘉疏，亦不足任嘉穀之名乎？禾粟往往爲諸穀所假借，而楊倞注荀子禮論篇，則直曰稻，禾也，庸詎知禾粟之非稻名乎？余曰：不然也。公羊傳曰：上平曰原，下平曰隰。何休注云：原宜粟，隰宜麥。周官稻人掌稼，下地種之芒種。注云：芒種，稻麥也。稻與麥同宜於隰。今曰原宜粟，固非稻之所能冒者。又說苑淳于髡曰：蟹螺者宜禾。楊倞引以注荀子云：蟹螺，蓋高地也。高地宜禾，明其不宜稻矣，而顧又以禾釋稻耶？況呂氏春秋云：得時之禾，得時之稻。淮南子云：雒水宜禾，江水宜稻。又云：南方宜稻，中央宜禾。賈讓治河策云：故種禾麥，更爲秔稻。稻、禾二穀，秦漢以前無相冒者，是故禾粟苗之名，果專屬於粱也。抑余謂采之名，始亦專屬禾，後乃假借通稱之於他穀耳。說文：穀，續也，百穀之總名。又云：粟之爲言續也。是粟可通百穀。然云九穀，不云九粟，故諸經記中，多以菽粟對舉，是別菽而言粟矣。管子書，一則曰五穀菽粟，再則曰菽粟五穀，是又別五穀而言菽粟矣。由是言之，穀粟安可互通也，而況粟有專稱乎？韋昭國語注：穀地爲田，麻地爲疇。漢書注如淳曰：蔡邕云：麻田爲疇。杜氏左傳注則云：並畔爲疇。漢書注又云：美田爲疇。是又別麻言穀矣。余觀伏生、淮南子、劉向所著書，皆言張昬中種穀，則是呼粟爲穀。豈穀之始也，固有專稱乎？考古者所當心知其意也。秀禾作采也，大戴禮少閒篇：苟本正則華英，必得其節以秀孚矣。秀孚連文，古義斯在，孚蓋穀皮，後人加禾作稃。孚中所含者米也，米之先見者秀也，是故含秀者采，含米者孚。采孚一物，而先後異名，字並从爪，蓋象形。采从禾，从爪；孚則从采省，从子。从子者，以其秀成米矣。采但禾上爪，象初秀時采采然開。故今北方人猶稱禾作采曰秀采，蓋故老相傳語也。說文曰：采禾成秀，得其義。又曰：人所以收，从爪禾。以爪爲手，爪字則失其義矣；秀時安得便言收邪？此蓋經徐鉉改之矣。余考徐鍇繫傳，作从禾爪聲，與鉉本不同。曰爪聲者，必非手爪，爪字之聲，豈本有禾？采，象形之字爲爪者，而說文轉寫脫漏邪？鍇雖亦意以爲手爪，而致疑於「爪聲」二字，然不徑改爲从爪禾，而但於爪聲下爲之說曰：爪禾爲采會意也。鍇之敬慎，實勝於鉉，於斯見之矣。爾雅云：不榮而實者，謂之秀；榮而不實者，謂之英，郭璞山海經注引爾雅：榮而不實謂之蕾，音骨。榮卽華也。說文云華榮也。爾雅又云：木謂之華，草謂之榮。秀非榮也，故曰不榮而實。然秀時猶未實也，故論語云：苗而不秀，秀而不實，明秀後乃始結實也。余以所目驗者論之，禾之初生采也，先作稃殼，其形與已成穀者無異；已而稃殼稍開，中有鬚數根戴蘂吐出；鬚末之點曰蘂。既開復合，鬚蘂在外；後乃結實，充滿稃殼中。而秝之作采也，先有稃一片；旋而包之，中含二鬚，鬚末無蘂點；已而結實，實有殼戴鬚；漸大，實包稃中，鬚出稃外，名之曰蕡。蕡亦其秀，要皆不榮而實者也。九穀，惟菽類作華，餘皆不華而秀。所異者，禾、稻、黍、稷、麥、苽之秀，其稃皆二出，秝秀之稃一而已。他如蓬藜亦穀類，其稃則五出，然皆無英可落，合之卽其穀之皮。初開時，鬚蘂葳蕤，是則同也。出車之詩：黍稷方華，宜言方秀；月令：苦菜秀，宜言英。高誘呂氏春秋注：苦菜當言英。蓋散文通也。故屈原賦稱芝爲三秀，洪興祖注云：一歲三華，瑞草也。禾采成實，離離若聚珠相聯貫者，謂之穖，與珠璣之璣同意。呂氏春秋：得時之禾，疏穖而穗大；得時之稻，長稠疏穖。高誘注云：穖，禾穗果蠃，是也。而徐鍇以爲禾莖，失之矣。禾采成而下垂曰穎，字從頃，頃，頭不正也。說文曰：穎，禾末也。引詩曰：禾穎穟穟。案詩作禾役穟穟，毛傳云：役，列也，穟穟，苗好美也。据傳所訓，是列爲穰。粲，省去禾也。粲蓋黍穰，言其莖末多岐，如芀莿，故謂之粱。今以訓禾苗，所謂散文通也。而孔穎達以行列疏之，失其義矣。若以爲行列，則是穟穟當是形容行列之整齊，今曰苗好美，承用爾雅「穟穟，苗也」之釋，則役爲苗之名明矣。禹貢：三百里納秸服。孔氏傳：秸，稾也，服，稾役，言服爲稾之役。是詩禾役爲苗之一證矣。呂氏春秋：得時之麥，服薄穛而赤色。穛爲禾皮，而謂之服，是又孔傳服稾役之一確證矣。而孔穎達之疏孔傳也，則以爲有所納之役，失彌遠矣。蓋凡附於外者謂之服，如王城在中，五服皆附於外；戍邊謂之役，亦衞外之義。苗長生稾，則衞稾外而附於稾者，遂謂之服，亦謂之役，蓋稾之衣也。穰從襄，亦有相輔、相包之義。觀詩言兩服上襄，可知襄服義自通也。說文引詩，不曰禾役，而曰禾穎，穎是采之成而下垂者，故穟穟亦不指苗，而以爲禾采之皃，此與毛氏異者也。然余以爲毛傳得之。穎之義，余初以謂毛遂言錐之出囊曰穎脫，疑取諸禾苗之脫者。及涵泳其文，乃知其所謂穎者，言錐之柎，非言錐之末；蓋謂錐之出於囊也，脫離其柎，而盡見於外，卽柎亦不能持之。彼有柎持之者，但能見其末，故曰穎脫而出，非特其末見而已。又少儀云：枕几穎杖，執之尙左手。鄭氏注：穎，警枕也，刀卻刃授穎。鄭氏注：穎，鐶也。案警枕形圜，刀鐶在柎，皆謂象禾采之成而下垂者爲穎也。生民之詩又曰：種之黃茂，黃茂謂嘉穀。墨子明鬼篇：擇五穀之芳黃，以爲酒醴粢盛。則凡穀皆得謂之黃也。實方實苞，實種實襃，實發實秀，實堅實好，實穎實栗。穎次堅好後，蓋指采之成而下垂者言之。故毛氏傳云：穎，垂穎也。陸氏釋文云：穎，穗也。穎成於穗，故穗、穎互通。司馬相如云：導一莖六穗。蓋六穎也。此詩言苗生次第甚詳備，而毛鄭說有互異。如毛氏以方爲極畝，種爲雍腫；鄭氏以方爲齊等，種爲生不雜。余考其字義，而以生長之節次比附而疏之。竊謂方之言分也，穀種得氣，始分開也。苞穀始生，苗苞而未舒也。種苗出地短，若左傳言髮種種也。襃苗漸長，若董仲舒傳言襃然，爲舉首也。發苗盛莖生也，秀作采成孚也。堅則秀而實矣，好則實而不秕矣。穎采垂末也，栗嘉穀成也。大田之詩，先言種，後言方，鄭氏以種爲先擇其地，方爲孚甲始生而未合時，於此可悟古人異實同名，惟變所適，而皆有其確不可易者也。而孔穎達疏毛傳垂穎之義，乃云：禹貢鄭注秸又云穎，則穎是禾穗之挺。書序云：唐叔得禾，異畝同穎，謂挺上合也。美其禾之成就，不當言其有穎而已；故云垂穎，言其穗重而穎垂也。此蓋以穎爲挺，不以爲采，則所聞異辭者也。穎之不垂者謂之杓，說文曰：杓，禾危穗也；徐鍇曰：危謂獨出之穗，今言了杓也。蓋禾采之成穎也，未有不垂而向根者也；其不垂者，故必異其名焉。是故穎之名，亦惟禾有之也。黍、稷、稻、菰，秀皆舒散，麥雖有惟，而不下垂；麻蕡、豆莢，皆不得以穎命之。吾前言采之名始於禾，今與穎互證之，而益信矣。穖，穎之端也，故說文亦以爲禾垂皃也。禾之作采而成粟也，其粟不稞見，有芒尨茸焉以含之，是之謂秒，隰朋所謂「外有兵刃」是也。秧，禾苗之皃，說文云：禾若秧，穰也，若蓋。禾，草之名，說文解穌字云：把取禾若，其證也。禾莖曰稾，又曰稈，去皮曰稭，以爲祭天之席。禮器及郊特牲之言祭天席也，皆不用莞簟而用稾鞂。鄭氏注：穗去實曰鞂，引禹貢三百里納鞂服，則鞂、稭同也。禹貢作納秸服，則秸、鞂同也。一作藍，說文：黀，麻藍也。以飼牛馬謂之穖。玉篇、廣韻皆云：穖，稷穰者，蓋禾穰也。今北方之穖以禾穰，南方以稻穰。禾皮曰穅，經記中不概見，惟呂氏春秋一見之，言得時之麥薄穅也。穀皮曰稃，余言之詳矣，然稃在米外者卽殼也；而又有穀外之稃，若稷，若麥，蓋穀之稞者，說文：稞，穀之善者，一曰無皮穀。然亦有皮。稷無名，麥謂之麩也，外又自有稃矣。稃一曰稽，又曰穅，生民詩釋文云：稃，麤穅也。呂氏春秋言得時之禾、黍、稻，或曰粟圓而薄穅，或曰搏米而薄穅。其言先時及後時者，則曰厚穅也。今人必穀舂後碎皮，始命曰穅。毛氏生民詩傳云：或簸穅者，鄭氏注大師職擊拊之拊。謂形如鼓，以葦爲之，著之以穮芷也。藋蓈蓈之重文作稂，說文以爲禾粟之𥝩生而不成者，謂之藋蓈，其論語所謂秀而不實者乎？秕，粟中之不實者，古文尚書曰：若粟之有秕；呂氏春秋云：凡禾之患，不俱生而俱死。是以先生者美米，後生者多秕，是故其耨也，長其兄而去其弟；不知稼者，其耨也，去其兄而養其弟，不收其粟而收其粗是也。粗疑粃之譌，粃從米，似粗而譌。莠，亂苗粟之草，一本或數莖，多至五六穗。禾一本惟一莖、一穗，故以多粟爲瑞也。司馬相如封禪文：嘉禾六穗。後漢書：生光武之歲，有嘉禾一莖九穗。安帝延光二年，九眞言嘉禾生，注云：東觀記曰：禾百五十六本，七百六十八穗。蔡茂傳：夢有三穗禾。梁書武帝紀：大同六年，始平太守崔碩表獻嘉禾，一莖十二穗。凡皆紀其異也。穗多芒，類狗尾，俗呼狗尾草。實小於粟，而形長。初生時，草全似禾，戰國策：夫物多相類而非也，幽莠之幼也似禾。裴松之三國志魏文帝紀注，引獻帝傳載禪代衆事，王令曰：莠之幼似禾，事有似是而非者。故聖人惡之。北方人云，惟禾中有之，黍地則無。余叩之老農，非黍地本無也。與黍異，見卽鋤去，不爲所亂；生於禾中，必成穗乃可辨耳。余至河間府，農民語余曰：初年種穀田，北人呼禾爲穀。其明年易高粱種之。蓋穀中有莠，莠實熟卽落田中，若明年仍種穀，則初年所落之莠與穀並生，不能鋤去，故穀中多莠，莠生高粱中，不能相亂，故明年種高粱也。說文：禾粟下生莠；繫傳作禾粟下揚生莠。徐鍇云：謂禾粟實下播揚而生，出於粟秕；農桑輯要亦言：穀種浮秕去則無莠，二說皆不然也。秕無實，安得復有所生？然則說文所謂揚者，莠生挺出直上，非若禾粟向根下垂，金壇段若膺玉裁說如此，今据改之。故謂之揚生。以其能亂禾粟，故常於禾粟下揚生也。其實莠非禾類，不耕之地，處處有之。月令：藜、莠、蓬、蒿並興。余居北方，戶牖外方丈地耳，四物蒙茸而生。冬月適野，空田中多枯莠草，左傳：門上生莠，今時猶然也。

近人有謂國策之幽莠，卽夏小正之四月秀幽。小正之秀幽，卽詩七月篇之秀葽，以爲幽，葽、莠乃一聲之轉，蓋本之廣雅「葽，莠也」之云。余目驗之，不然也。莠於夏至前後始作采，小暑、大暑之間，乃其正秀之時，是秀於六月，非秀於四月也。卽以他物驗之，月令：四月苦菜秀，今北方三月卽有作華者，然至四月，黄英徧野，偶郊行，數十里無地無之。夏小正：七月荓秀，傳云：馬帚也，余定爲轉蓬、飛蓬之蓬。北人今呼埽帚菜，又呼爲刺蓬，蓋蓬、荓一聲之轉，大暑時已有先作采者，餘並秀於七月。是皆與經傳不爽其時，不應莠獨遲兩月始成秀也。音語相轉，是考字要義，然必旁舉數事，證之使確，乃可定其說。不然，何字無音，何音無轉，舉可比而同之也哉！且說文云詩四月秀葽，劉向說此味苦，苦葽也。今莠，余試嘗之，甘。又鄭氏詩箋云：夏小正，四月王萯秀，葽其是乎？又注月令云：王瓜，萆挈也。今月令王萯生，夏小正云王萯秀，未聞孰是。是鄭氏疑葽爲王萯，又疑王萯、王瓜蓋一物，亦不以爲莠也。莠、葽相轉，殆未可以聲定之。

國語云：馬餼不過稂莠，韋昭注：莠似稷而無實。非無實，熟則易落耳。左傳子羽曰：其莠猶在乎。注：伯有侈知其不能久存。余謂言其易落，爲不能久也。昭誤以粱爲稷，曰似稷，蓋言似粱云爾。大田之詩：不稂不莠，爾雅釋之曰：稂，童粱。毛傳因之。所謂童粱者，豈卽說文「禾粟之采生而不成」者乎？余謂詩上言既堅既好，既，盡也，盡、堅、好，則已無采生而不成者矣。而又繼之曰不稂不莠者，謂不生狼尾草與狗尾草也。然爾雅既以童粱釋稂，而又別出孟狼尾，則是不以狼尾爲童粱矣。蕫蓈在說文，以禾采之不成者當之，而不稂、不莠之稂，又斷乎不可以爲禾采之不成者。則爾雅之所謂童粱，亦安能以說文之解解之邪？下泉之詩：浸彼苞稂，毛傳亦作童粱。鄭箋：稂，當作涼。涼草，蕭、蓍之屬。夫果童粱爲采生而不成者，則是以禾粟中間一見之，不得連頃皆童粱，而爲水所浸。且生於禾粟中，禾粟宜高地，下泉亦安得而浸之也？與苞蕭、苞蓍同舉，亦宜爲狼尾草矣。蓋狼尾與狗尾二草相雜生野地，秋月適野，彌望皆是，亦如蕭、蓍之必以族生，故得云浸也。余嘗目驗，草似莠，秀於八月，疑卽狼尾草，因求狼之尾辨識之。蓋黃、白毛而黑末，而是草之芒，老則轉赤而黑，與狼尾不異。又狼尾毛疏，是草之芒亦疏，不似狗尾草之密，因遂定之以爲狼尾草。說文別出萇草者，殆是與？案司馬相如子虛賦：其卑濕則生藏萇、蒹葭。史記注載駰案漢書音義曰：萇，萇尾草也。漢書注郭璞曰：藏萇草中牛馬芻。夫萇尾，卽余所目驗之狼尾草也；萇草中牛馬芻，余所目驗者亦中牛馬芻也。余於京師，夏秋間見鄉民擔狼尾草與狗尾草以爲牛馬芻者滿街。以中牛馬芻之云，證國語之馬餼不過稂莠；以國語之稂莠，證詩之不稂不莠，於是稂莠之稂，與說文所謂禾粟采生而不成之蕫蓈，實爲二物，確然無疑。或以蓈之重文卽稂莠之稂爲疑。余謂字之通者，兩義不相妨也。如稻粱之粱，亦可與稂通，稂又或從米，作粮。東漢光和間白石神君碑「黍稷稻粮」是也。藏萇生於卑濕，亦與下泉之浸足相證矣。稗似禾而別於禾之穀，余見京東州縣，農家種之，莖勁采不下垂，略似粟，但穀色近黑耳。宋靖康之亂，沒爲奴婢者，使供作務，人月支稗子五斗，舂得米斗八升。由是言之，稗斗才得米三升六合耳，而農人種之者，所以備凶年。氾勝之云：稗堪水旱，種無不熟，是也。

粟

別錄：粟米味鹹，微寒，無毒。主養腎氣，去胃脾中熱，益氣。陳者味苦，主胃熱，消渴，利小便。陶隱居云：江東所種及西間皆是，其粒細於粱米，熟舂令白，亦以當白粱，呼爲白粱粟。陳者謂經三五年者，或呼爲粢米，以作粉，尤解煩悶，服食家亦將食之。

唐本草注：粟類多種，而並細於諸粱，北土常食，與粱有別。陶云：當白粱，又云：或呼爲粢，粢則是稷，稷乃穄之異名也。其米泔汁主霍亂，卒熱、心煩渴，飲數升立差。臭泔止消渴尤良。米麥麨味甘，苦寒，無毒。主寒中，除熱渴，解煩，消石氣。蒸米麥熬磨作之，一名糗也。

食療本草：粟米陳者，止痢甚效。壓丹石熱，顆粒小者是，今人間多不識耳。其粱米粒麄大，隨色別之。南方多畲田，種之極易。春粒細香美，少虛怯，祇爲灰中種之，又不鋤治故也。特北田種之，若不鋤之，卽草翳死；若鋤之，卽難舂，都由土地使然耳。但取好地，肥瘦得所，由熟犂又細鋤之，卽得骨實。

本草綱目李時珍曰：粟卽粱也，穗大而毛長、粒粗者爲粱，穗小而毛短、粒細者爲粟。苗俱似茅，種類凡數十，有青、赤、黃、白、黑諸色。或因姓氏、地名，或因形似、時令，隨義賦名，故早則有趕麥黃、百日糧之類，中則有八月黃、老軍頭之類，晚則有鴈頭青、寒露粟之類。按賈思勰齊民要術云：粟之成熟有早晚，苗稈有高下，收實有息耗，質性有強弱，米味有美惡，山澤有異宜。順天時，量地利，則用力少而成功多；任性反道，勞而無穫。大抵早粟皮薄、米實，晚粟皮厚、米少。

說文解字注：禾，嘉穀也，嘉、禾疊韻。生民詩曰：天降嘉穀，維虋維芑。虋、芑，爾雅謂之赤苗、白苗；許草部，皆謂之嘉穀，皆謂禾也。公羊何注曰：未秀爲苗，已秀爲禾。魏風：「無食我黍，無食我麥，無食我苗。」毛曰：苗，嘉穀也，嘉穀謂禾也。生民傳曰：黃，嘉穀也，嘉穀亦謂禾。民食莫重於禾，故謂之嘉穀。嘉穀之連稿者曰禾，實曰粟，粟之人曰米，米曰粱，今俗云小米是也。以二月始生，八月而熟，得之中和，故謂之禾。依思玄賦注，齊民要術訂和、禾疊韻。

禾，木也，木王而生，金王而死，謂二月生，八月熟也。伏生、淮南子、劉向所著書，皆言張昬中種穀，呼禾爲穀。思玄賦注引此，下有「故曰木禾」四字。从木，禾木也，故从木，象其穗。各本作「从木，从𠂹省，𠂹象其穗」九字，淺人增四字，不通，今正。下从木，上筆𠂹者，象其穗，是爲从木而象其穗，禾穗必下垂。淮南子曰：夫子見禾之三變也，滔滔然曰：狐向丘而死，我其首禾乎？高注云：禾穗垂而向根，君子不忘本也。張衡思玄賦曰：嘉禾垂穎，而顧本王氏念孫說，莠與禾絕相似，雖老農不辨。及其吐穗，則禾穗必屈而倒垂；莠穗不垂，可以識別。草部謂莠揚生。古者造禾字，屈筆下垂以象之，戶戈切，十七部。凡禾之屬，皆从禾，秀上諱。「上諱」二字，許書原文，秀篆許本無，後人沾之；云上諱，則不書其字宜矣。不書，故義、形、聲皆不言，說詳一篇示部。伏侯古今注曰：諱秀之字曰茂。蓋許空其篆，而釋之曰上諱，下文禾之秀實爲稼，則本作茂實也。許既不言，當補之曰：不榮而實曰秀，从禾人。不榮而實曰秀者，釋草毛詩文。按釋草云：木謂之榮，草謂之華，榮、華散文則一耳。榮而實謂之實，桃、李是也；不榮而實謂之秀，禾、黍是也；榮而不實謂之英，牡丹、芍藥是也。凡禾、黍之實皆有華，華瓣收即爲稃而成實，不比華落而成實者，故謂之榮，可如黍稷方華是也。謂之不榮亦可實，發實秀是也。論語曰：苗而不秀，秀而不實。秀則已實矣，又云實者，此實即生民之堅好也。秀與采，義相成，采下曰：禾成秀也。禾自其𠂹言之，秀自其挺言之；而非實不謂之秀，非秀不謂之采。夏小正：秀然後爲萑葦；周禮注：荼，茅秀也，皆謂其采而實。引伸之爲俊秀、秀傑。从禾人者，人者，米也，出於稃謂之米，結於稃內謂之人。凡果實中有人，本草本皆作人，明刻皆改作仁，殊繆。禾稃內有人，是曰秀，玉篇、集韻、類篇皆有秂字，欲結米也，而鄰切，本秀字也。隸書秀从乃，而秂別讀矣，息救切，三部。稼，禾之秀實爲稼，旣言秀，又言實者，論語說也，謂禾采之成曰稼也。甫田「曾孫之稼」，箋云：稼，禾也，謂有稿者也。莖節爲禾，全體爲禾，渾言之也。聘禮：禾三十車，是也，禹貢所謂總也。莖節爲禾，別於采而言，析言之也。下文之稭，稈也，从禾，家聲，古訝切，古音在五部。一曰稼，家事也，此取从家爲義。史記曰：五穀蕃熟，穰穰滿家。邠風八月其穫，謂禾可穫也；九月築場圃，十月納禾稼，謂治於場而納之囷倉也。此說與穡義略同。一曰在野曰稼，稼之言嫁也。毛傳曰：種之曰稼；周禮司稼注曰：種穀曰稼，如嫁女，以有所生。此說與穡義別。呂覽君守篇曰：后稷作稼穡，穀可收曰穡。毛傳曰：斂之曰穡。許不云斂之，云可收者，許主謂在野成孰；不言禾言穀者，

晐百穀言之，不獨謂禾也。古多叚嗇爲穡，从禾嗇聲，此舉形聲包會意，所力切，一部。穜，埶也。丮部曰：埶，穜也。小篆埶爲穜，之用切。種爲先種後孰，直容切；而隸書互易之，詳張氏五經文字。種者，以穀播於土，因之名穀可種者曰種。凡物可種者，皆曰種，別其音，之隴切。生民曰：種之黃茂，又曰：實種實褎。箋云：種生不雜也，从禾，童聲，之用切，九部。稙，早種也，此謂凡穀皆有早種者。魯頌傳曰：先種曰稙，謂先種先孰也。釋名曰：青徐人謂長婦曰稙長，禾苗先生者曰稙，取名於此也，从禾。凡氾言諸穀而字从禾者，依嘉穀爲言也。直聲，常職切，一部。詩曰：稙稚尗麥，魯頌閟宮文。按稚當作稺。郭景純注方言曰：稺古稚字。是則晉人皆作稚，故稺稚爲古今字。寫說文者用今字，因襲之耳。種，先種後孰也，此謂凡穀有如此者。邠風傳曰：後孰曰重；周禮內宰注鄭司農云：先

種後埶，謂之種。按毛詩作重，叚借字也；周禮作穜，轉寫以今字易之也。从禾，重聲，直容切，九部。稑，疾埶也，謂凡穀有如此者。邠風傳曰：先埶曰稑；周禮內宰注鄭司農云：後種先埶謂之稑。按土宜物性，卽同一種而有不同，故大司徒必辨十有二壤之物，而知其種，司稼掌巡邦野之稼，而辨穜稑之種也，从禾，坴聲，力竹切，三部。詩曰：黍稷種稑，邠風七月文。按七月及閟宮皆作重，許種下不偁，而偁於稑下，蓋本作重，轉寫易之也。穋稑或从翏，翏聲也。今周禮作稑，毛詩作穋，稺幼禾也。魯頌毛傳曰：後種曰稺，許不言後種者，後種固小於先種；卽先種者，當其未長，亦稺也。先種而中有遲長者，亦稺也，故惟魯頌稙稺對言，毛釋之；小雅無害我田稺，彼有不穫稺，毛不釋者，亦謂概言幼禾，引仲爲凡幼之偁。今字作稚，从禾，屖聲；屖者，遟也；直利切，十五部。稹，穜概也，此與鬒爲稠髮同也，引仲爲凡密緻之偁。从禾，眞聲，之忍切，十二部。周禮曰：稹理而堅；考工記輪人文，鄭云：稹，致也。致今之緻字，稠多也，本謂禾也，引仲爲凡多之偁。小雅：綢直如髮，叚綢爲稠也。从禾，周聲，直由切，三部。穊，稠也。漢書劉章言耕田曰：深耕穊種，立苗欲疏，非其種者，鉏而去之。引仲爲凡稠之偁。从禾，既聲，已利切，十五部。稀，疏也，𠫓部曰：疏通也。稀與穊爲反對之辭，所謂立苗欲疏也，引仲爲凡疏之偁。从禾，希聲。詩書無希字，而希聲字多有，與由聲字正同，不得云無希字、由字也。許時奪之，今不得其說解耳。香衣切，十五部。穖，禾也，蓋禾有名穖者也。廣韻曰：莊子謂之禾也，从禾，穖聲，莫結切，十二部。穆，禾也，蓋禾有名穆者也。凡經傳所用穆字，皆叚穆爲㣎。㣎者，細文也，从彡㐭省。彡言文，㐭言細。凡言穆穆、於穆、昭穆，皆取幽微之意。釋訓曰：穆穆，敬也。大雅文王傳曰：穆穆，美也，从禾，㣎聲，莫卜切，三部。私，禾也，蓋禾有名私者也，今則叚私爲公厶。倉頡作字，自營爲厶，背厶爲公。然則古祗作厶，不作私，从禾，厶聲，息夷切，十五部。北道名禾主人曰私主人。北道蓋許時語，立乎南以言北之辭。周頌駿發爾私，毛曰：私，民田也。

又移禾相倚移也，相倚移者，猶言虛而與之委蛇也。呂氏春秋曰：苗其弱也，欲孤；其長也，欲相與俱；其孰也，欲相扶。倚移連綿字，疊韻，讀若阿那。考工記鄭司農注兩引倚移從風，今上林賦作旖旎從風，說文於禾曰倚移，於旗曰旖施，於木曰檹施，皆謂阿那也。毛傳曰：猗儺，柔順也，猗儺卽阿那。表記：衣服以移之，注：移，讀如禾氾移之移，移猶廣大也，禾氾移，蓋謂禾蕃多。郊特牲：其蜡乃通，以移民也。鄭曰：移之言羡也，古叚移爲侈，如考工記飾車欲侈，故書侈爲移；少牢饋食禮移袂，皆是，今人但讀爲遷移。据說文，則自此之彼，字當作迻，从禾，多聲，弋支切，古音在十六部。一曰禾名，別一義。穎，禾末也，穎之言莖也，頸也，近於采及貫於采者皆是也。大雅：實穎實栗，毛曰：垂穎也。禹貢鄭注曰：百里賦入總，謂入刈禾也；二百里銍銍，斷去稿也；三百里秸秸，又去穎也；四百里入粟、五百里入米者，遠彌輕也。禮器稾鞂之設，鄭注：穗去實曰鞂，鞂與秸同物。鄭注尙書曰：去穎，謂用其采也；注禮器曰：去實，謂用其穎也。史記曰：錐處囊中，穎脫而出，非特其末見而已。少儀：刀卻刃授穎，是則穎在錐則卻於末，在刀則卻於刃，在禾則卻於采也。渾言之，則穎爲禾末；析言之，則禾芒乃爲秒。从禾，頃聲，余頃切，十一部。詩曰：禾穎穟穟，大雅生民文。今詩作禾役，毛曰：役，列也。玉裁按：役者，穎之叚借字，古支耕合韻之理也；

列者，梨之叚借，禾穟也。此穎通穟言之，下章之穎，則專謂垂者，采禾成秀，人所收者也。依爾雅音義及玄應書，訂采與秀古互訓，如月令注黍秀舒散，即謂黍采也。人所收，故从爪；从爪禾，會意。小徐作爪聲非，此與采同意。徐醉切，十五部。**穗**，俗从禾，惠聲。**䄪**禾，危采也，危采謂穎欲斷落。齊民要術云：刈晚則穗折，遇風則收減。玉篇云：䄪亦懸物也，則䄪同方言之𠄏。方言曰：𠄏，懸也，趙魏之間曰𠄏，燕趙之郊，懸物於臺之上，謂之𠄏。郭璞曰：了𠄏，縣物皃，丁小反。按玄應書及集韻所引方言皆如是，今本方言作佻，妄人所改耳。王延壽王孫賦：𠄏瓜懸而瓠垂。𠄏者象形字；䄪者諧聲字，从禾，勺聲，都了切，二部。**穟**，禾采之皃。大雅生民曰：禾役穟穟，釋訓曰：穟穟，苗也；毛傳曰：穟穟，苗好美也。按公羊傳注：生曰苗，秀曰禾。苗、禾一也，釋訓、毛傳與許說一也。許以經言禾穎，則穟穟指采，言成就之皃，从禾，遂聲，徐醉切，十五部。詩曰：禾穎穟穟，按古音，支清三部互轉，役在支部，即穎之入聲，蓋即穎之叚借字。許此句，蓋用三家詩如如鳥斯翻爲正字；毛詩作革，爲叚借字也。**䔹**穟或从艸；**䅌**，禾垂皃禾，垂必垂采，重則秆垂。从禾，耑聲，讀若端，十四部；今音，丁果切，取朵字之意。**䅬**，禾舉出苗也。何休曰：生曰苗，秀曰禾，禾采初挺出於苗，是曰䅬，既成則屈而下垂矣。周頌曰：驛驛其達，有厭其傑。毛曰：達，射也，有厭其傑，言傑苗厭然，特美也。毛鄭釋詩，皆謂苗；許云禾舉出苗，則謂采。手部揭者，高舉也，音義略同。从禾，曷聲，居謁切，十五部；廣韻入曷、薛二韻。**秒**，禾芒也。下文云禾有秒，秋分而秒定。淮南書，秒作蔈，亦作穮。按艸部云：蔈，末也，禾芒曰秒，猶木末曰杪。九穀攷曰：粟之孚甲無芒，芒生於粟采之莖，从禾，少聲，亡沼切，二部。機，禾機也。九穀攷曰：禾采成實，離離若聚珠相聯貫者，謂之機，與珠璣之璣同意。呂氏春秋：得時之禾，疏機而穗大；得時之稻，長稠疏機。高注云：機，禾穗，果贏是也。玉裁謂機貴疏者，禾采緊密，每顆皆綻而後能疏也，機疏而穗乃大。从禾，幾聲，居豨切，十五部。

附直省志書

遵化州物產：粟，早熟有趕麥黃，中熟有四指紅，晚熟有老來白，土人總名曰穀。

柏鄉縣物產：粟有黃穀、黑穀、白穀、紅穀、一薄籃、山藥穀，一把箭、芝麻穀，兒啼穀、龍爪穀、籆底簉。

邢臺縣物產：粟種類頗多，其佳者名十里香、大黃穀、小黃穀、一把箭、龍爪穀，有一二十名。

鄗平縣物產：粟，黃、白、秈、糯，凡數十種。

淄川縣物產：粟，其種甚多，或紫莖，或青莖。舂爲米，有黃、白二色。粟之類，又有粱穀、黍穀。

泰安州物產：粟百餘種，曰九里香、花裏黃，其最佳者。

萊蕪縣物產：粟有黃、白二種，白米者名曰粱穀，並黍穀米皆可釀酒。

滋陽縣物產：粟，白、赤二色。

鄒縣物產：粟有紅、白二種。

曹州物產：粟有黃、黑、紅、白四色。

沂州物產：粟有黃、白、赤三色。

高唐州物產：粟，其品三：黃、白、紅。

觀城縣物產：粟，黃、白、赤三種。

黃縣物產：粟，其名數十種，大約分黃、白、晚三種。

招遠縣物產：粟，其類凡數十，大約分黃、白、烏、晚四種。

萊陽縣物產：粟，黃、白、晚三種。

定襄縣物產，粟，黃白、硬輭二種，紅、黑二色。

翼城縣物產：粟有黃、白二種。

鄢陵縣土產：粟類最夥，其色青、白、紅、黃，其名有六月先、七里香、八百光、鐵壩齒者，皆嘉。他如雞腸、兔蹄、龍爪、猴尾，隨象立名，動以百計焉。

延津縣物產：粟有二種。一種如狗尾，南方謂之狗尾粟，北方謂之小米；一種五叉如爪，南方謂之狗爪粟。

渭南縣物產：粟種類頗多，其佳者名狼尾，又名紫羅帶。又有名金裹銀、銀裹金者；又有名疾穀者，晚種早熟，其穗堅硬如鐵，故又名鐵軸。

西鄉縣土產：飯粟、酒椒粟、草粟、薄地襯、狗尾粟、柳眼青、猫爪粟、棕蓑粟。

宿松縣物產：粟，爲青管、爲大黃、爲趕麥黃、爲兔腳紅、爲硃砂、爲蠟燭條、爲婆莫來。有秈，有糯。

歙縣物產：粟有早粟、寒毛粟，皆晚成。有赤稈、白稈，有望秔青，有糯粟，山中人以爲酒。有罌子粟，細美異他粟，有山粟，皆古之粱也。

祁門縣土產：山粟、圓粟。

涇縣物產：黴粟、寒粟，有紅、白二種。穇子粟，稗子粟。

揚州府物產：秔粟、糯粟、金釵、婆不來、鐵落索、狗尾。

上海縣物產：粟，高鄉所種。有蘆粟，似薏苡而高，有二種：秔者穗挺而疎；糯者穗垂而密；雞頭粟節間有赤鬚，結實纍纍如珠，一名珍珠粟，又名天方粟，又名玉麥。又一種，初秋卽熟，其莖較短，四月種，八月熟。

仁和縣物產：有秔粟、糯粟、狗尾、金罌。

山陰縣物產：粳粟、糯粟。禾粟稈尖幾徑寸，苗如蘆，高丈餘，粒比粟殊大，皮黑性黏。乳粟粒大如雞頭，色白，味甘。俗曰遇粟、狗尾粟、穇粟。

新建縣食貨：粟之屬，禾粟、早粟。
奉新縣土產：粟種類凡數十。早則有趕麥黃、百日糧之類；中則有八月黃、老軍頭之類；晚則有雁頭青、寒露粟之類。
靖安縣物產：禾粟、紅糯粟、蘆粟、黍子粟、毛粟、牛尾粟。
武寧縣土產：禾粟、牛繩粟、毛粟、紅糯粟、青稈粟、寒粟、承州粟、觀音粟、狗尾粟。
寧州土產：早粟、紅粟、鹿角粟、馬口粟、烏糯粟。
建昌縣物產：粟種類甚繁。早則有大紅毛、馬口、齊頭白之類；遲則有北粟、毛蟲、窠盧、山白之類。早者夏熟，遲者冬熟。
德化縣物產：粟有早粟、大粟、草粟。
東鄉縣物產：禾粟、繩粟、秥粟、糯粟、蘆粟。
宜黃縣物產：粟有占粟、糯粟、黍子粟、草子粟等名。

萍鄉縣物產：大粟、鬚粟、高粱粟。
蒲圻縣物產：早粟、寒粟、粘粟、糯粟、觀音粟。
咸寧縣物產：鐵駝粟、猴椿尾、鹿角、早寒粟、觀音粟。
羅田縣物產：粟類，早粟、大寒粟、小寒粟、青管粟、矮腳紅、穀子粟、有穀粟、苧麻粟、濫雜丸、五龍爪、下馬看、料田槌、趕麥黃、九月寒、硃砂、糯粟、毛穀粟、婆莫來、銅鑼槌、紅毛老軍頭、白毛老軍頭。
寧鄉縣物產：粟類三，曰寒粟、早粟、糯粟。
邵陽縣食貨：秔粟、糯粟、米粟、木粟、火粟。
永明縣土產：白芒粟、赤尾粟、羊粟、藍米粟、木粟、火粟。
嘉定州物產：粟有白沙、黃沙。黃者佳，可以煮粥。亦有酒粟，其殼黑。
建寧縣物產：金釵粟、狗尾粟。
福寧州物產：粟有牛尾粟、鵝掌粟、狗尾粟。

龍川縣物產：粟有魚脊、牛尾、老鴉膽、大米、珍珠、小黃。

穀

附齊民要術：穀，粟也。名穀者，五穀之總名，非止謂粟也。然今人專以稷爲穀，望俗名之耳。爾雅曰：粢，稷也。說文曰：粟，嘉穀實也，從鹵，從米。廣志曰：有赤粟白莖，有黑格雀粟，有張公斑，有含黃，有蒼背稷，有雪白粟，亦名白粟。又有白藍下，竹頭青、白逯、麥擢、石精、狗蹯之名種云。郭璞注爾雅曰：今江東呼粟爲粢。孫炎曰：稷，粟也。按今世粟名，多以人姓字爲名目；亦有觀形立名，亦有會意爲名，聊復載之云耳。朱穀、高居黃、劉猪獬、道愍黃、聒穀黃、雀懊黃、續命黃、百日糧。有起婦黃、辱稻糧、奴子墕（音加）、支穀、焦金黃、鶴鴆合履、——今一名麥爭場。此十四種，早熟，耐旱，免蟲。聒穀黃、辱稻糧二種，味美。今墮車下馬、看白羣羊、懸蛇赤尾、龍虎黃雀、民泰、馬泃韁、劉猪赤、李穀黃、河摩糧、東海黃、石䮍、歲青、莖青、黑好黃、陌南木、隈隄黃、宋冀癡、指張黃、兎肽青、惠日黃、寫風赤、一睍黃、山鹺、頓黨黃、此二十四種粟，皆有毛耐風免雀暴，一睍黃一種易舂。寶珠黃、俗得白、張鄰黃、白鹺穀、鉤於黃、張蟻白、耿虎黃、都奴赤、茄蘆黃、薰猪赤、魏爽黃、白莖青、竹根黃、調母粱、磊碨黃、劉沙白、僧延黃、赤粱穀、靈忽黃、獺尾青、續得黃、得容青、孫延黃、猪矢青、煙薰黃、樂婢青、平壽黃、鹿橛白、鹺折作、黃稗穇、阿居黃、赤巴粱、鹿蹄黃、鉞狗倉、可憐黃、米穀、鹿橛青、阿返、此三十八種中，粗大穀、白鹺穀、調母粱、二種味美。擇穀青、阿居黃、猪矢青、有二種味惡。黃稗穇、樂婢青、二種易舂。竹葉青、石柳閱、竹葉青、一名胡穀水黑穀、忽泥青、衝天棒、雉子青、鴟脚穀、鴈頭青、攢堆黃、青子規、此十種晚熟，耐蟲災，則盡矣。䮍、艮臥反，睍、奴見反，鹺、粗左反，閱、創怪反。

凡穀，成熟有早晚，苗稈有高下，收實有多少，質性有强弱，米味有美惡，粒實有息耗，早熟者苗短而收多，晚熟者苗長而收少。强苗者短，黃穀之屬是也；弱苗者長，青、白、黑者是也。收少者美而耗，收多者惡而息也。地勢有良薄，良田宜種晚，薄田宜種早。良地非獨宜晚，早亦無害；薄地宜早，晚必不成實也。山澤有異宜。山田種强苗以避風霜，澤田種弱苗以求華實也。順天時，量地利，則用力少而成功多；任情反道，勞而無獲。入泉伐木，登山求魚，手必虛；迎風散水，逆坂走丸，其勢難。凡穀田，菉豆、小豆底爲上；麻、黍、胡麻次之；蕪菁、大豆爲下。常見瓜底不減菉豆，本既不論，聊復寄之。良地一畝，用子五升，薄地三升。此爲植穀，晚田加種也。穀田必須歲易。䬒子則秀多而收薄矣。䬒，尸絹反。二月、三月種者爲稙禾，四月、五月種者爲穉禾。二月上旬及麻菩音倍，音勃。楊生種者爲上時，三月上旬及清明節桃始花爲中時，四月上旬及棗葉生、桑花落爲下時。歲道宜晚者，五月、六月初亦得。凡春種欲深，宜曳重撻；夏種欲淺，直置自生。春風冷，生遲，不曳撻則根虛，雖生輒死。夏氣熱而生速，曳撻過雨必堅垎。其雨澤多者，或亦不須撻；必欲撻者，宜須待白背濕撻，令地堅硬故也。凡種穀，雨後爲佳。遇小雨，宜接濕種；遇大雨，待薉生。小雨不接濕，無以生。禾苗大雨不待白背濕轆，則令苗瘦。薉若盛者，先鋤一遍，然後納種，乃佳也。春若遇旱，秋耕之地，得仰壟待雨。春耕者不中也。夏若仰壟，匪直盪汰不生，兼與草薉俱出。凡田欲早晚相雜，防歲道有所宜。有閏之歲，節氣近後，宜晚田；然大率欲早，早田倍多於晚。早田淨而易治，晚者蕪薉難治。其收之多少，從歲所宜，非關早晚。然早穀皮薄，米實而多；晚穀皮厚，米少而虛也。苗生如馬耳則鏃鋤，諺曰：欲得穀，馬耳鏃。初角切。稀豁之處，鋤而補之。用功蓋不足信，利蓋動能百倍。凡五穀，唯小鋤爲良。小鋤者，非直省功，穀亦倍勝；大鋤者，草根繁茂，則功多而收益少。良田率一尺留一科，劉章耕田歌曰：深耕穊種，立苗欲疏，非其類者，鋤而去之。諺云：迴車倒馬，擲衣不下，皆十石而收。言大稀大概之收，皆均平也。薄地尋壠躡之，不耕故。苗出壠則深鋤，鋤不厭數，周而復始，勿以無草而暫停。鋤者非止除草，乃地熟而實多。糠薄米息，鋤得十徧，便得八米也。春鋤起地，夏爲除草，故春鋤不用觸濕，六月以後，雖濕亦無嫌。春苗既淺，陰未覆地，濕鋤則地堅；夏苗陰厚，地不見日，故雖濕亦無害矣。管子曰：爲國者，使農寒耕而熱芸。芸，除草也。苗既出壠，每一經雨白背時，輒以鐵齒鍽榛縱橫杷而勞之。杷而令人坐上，數以手斷去草。草塞細則傷苗，如此令地軟，易鋤省力，中鋒止。苗高一尺鋒之，三徧者皆佳。耩故項反。者非不壅本，苗深穀草益實，然令地堅硬，乏澤難耕。鋤得五徧已上，不須耩。必欲耩者，刈穀之後，即鋒鋤下令突起，則潤澤易耕。凡種，欲牛遲緩行，種人令促步以足躡壠底，牛遲則子勻，足躡則苗茂。足跡相接者，亦可不煩撻也。熟速刈，乾速積。刈早則鐮傷，刈晚則穗折，遇風則收減，濕積則藁爛，積晚則損耗，連雨則生耳。凡五穀大判，上旬種者全收，中旬中收，下旬下收。雜陰陽書曰：禾生於棗或楊，九十日秀，秀後六十日成。禾生於寅，壯於丁、午，長於丙，老於戊，死於申，惡於壬、癸，忌於乙、丑。凡種五穀，以生長壯日種者多實，老惡死日種者收薄，以忌日種者敗傷。又用成、收、滿、平、定日爲佳。氾勝之書曰：小豆忌卯，稻、麻忌辰，禾忌丙，黍忌丑，秫忌寅、未，小麥忌戌，大麥忌子，大豆忌申、卯。凡九穀有忌日，種之不避其忌，則多傷敗，此非虛語也，其自然者。燒黍稷則害瓠。史記曰：陰陽之家，拘而多忌，止可知其梗概，不可委曲從之。諺曰：以時及澤爲上策也。禮記月令曰：孟秋之月，修宮室，坏垣牆。仲秋之月，可以築城郭，穿竇窖，修囷倉。鄭玄曰：爲民當入物蓄藏也，橢曰竇，方曰窖。按諺曰：家貧無所有，收墻三五堵。蓋言秋墻堅實，土功之勞，一時求逸，亦貧家之寶也。乃命有司，趣民收斂，務蓄菜，多積聚，始爲禦冬之備。季秋之月，農事備收。備猶盡也。孟冬之月，謹蓋藏，循行積聚，無有不斂。謂芻米、薪蒸之屬也。仲冬之月，農有不收藏積聚者。取之不詰。此收斂尤急之時，有人取者不罪。所以警其主也。尚書考靈曜曰：春鳥星昏中以種稷，鳥，朱鳥，鶉火也。秋虛星昏中以收斂。虛，元枵也。莊子長梧封人曰：昔予爲禾，耕而鹵莽忙輔反。之，則其實亦鹵莽而報予；芸而滅裂之，其實亦滅裂而報予。郭象曰：鹵莽滅裂，輕脫末略，不盡其力。予來年變齊，在細反。深其耕而熟櫌之，其禾繁以滋，予終年厭飧。孟子曰：不違農時，穀不可勝食。趙岐注曰：使民得務農，不違奪其時，則五穀饒足，不可勝食也。諺曰：雖有智慧，不如乘勢；雖有鎡錤，上茲下其。不如待時。趙岐曰：乘勢居富貴之勢。鎡錤，田器，耒耜之屬。待時，謂農之三時。又曰：五穀，種之美者也，苟爲不熟，不如荑稗。夫仁，亦在乎熟之而已矣。趙岐曰：熟，成也，五穀雖美，種之不成，不如荑稗之草，其實可食。爲仁不熟，亦猶是。淮南子曰：夫地勢水東流，人必事焉，然後水潦得谷行。水勢雖東流，人必事而通之，使得循谷而行也。禾稼春生，人必加功焉，故五穀遂長。高誘曰：加功謂芸耕之也，遂成也。聽其自流，待其自生，大禹之功不立，而后稷之智不用。禹決江疏河，以爲天下興利，不能使水西流；后稷闢土墾草，以爲百姓農力，然而不能使禾冬生。豈其人事不至哉，其勢不可也。春生夏長，秋收冬藏，四時不可易也。食者民之本，民者國之本，國者君之本。是故人君，上因天時，下盡地利，中用人力，是以羣生遂長，五穀蕃殖。教民養育六畜，以時種樹，務修田疇，滋殖桑麻，肥磽高下，各因其宜。邱陵阪險，不生五穀者，以樹竹木。春伐枯槁，夏取果蓏，秋蓄蔬食，菜食曰蔬，穀食曰食。冬伐薪蒸，大曰薪，小曰蒸。以爲民資。是故生無乏用，死無轉屍。轉，棄也。故先王之政，四海之雲至而修封疆，四海雲至，一月也。蝦蟇鳴、燕降而通路除道矣。燕降二月。陰降百泉則修橋梁，陰降百泉，十月。昏張中則務種穀，三月昏張星中，於南方朱鳥之宿。大火中則種黍、菽，大火昏中，六月。虚中卽種宿麥，虚昏中，九月。昴星中則收斂蓄積、伐薪木。昴星，西方白虎之宿，季秋之月，收斂蓄積。所以應時修備，富國利民。霜降而樹穀，水泮而求穫，欲得食則難矣。又曰：爲治之本，務在安民；安民之本，在於足用；足用之本，在於勿奪時；言不奪民之農要時。勿奪時之本，在於省事；省事之本，在於節欲；節止欲貪。節欲之本，在於反性。反其所受於天之所性也。未有能搖其本而靜其末，濁其源而清其流者也。夫日回而月周，時不與人遊，故聖人不貴尺璧而重寸陰，難得而易失也。故禹之趨時也，履遺而不納，冠挂而不顧，非其爭先也，而爭其得時也。呂氏春秋曰：苗，其弱也欲孤，弱，小也。苗始生小時，欲得孤，特疏數則茂好也。其長也欲相與俱，言相依植不偃仆。其熟也欲相扶。相扶持，不傷折。是故三以爲族，乃多粟；族，聚也。吾苗有行，故速長；弱不相害，故速大。橫行必得，從行必術，正其行，通其風。行，行列也。鹽鐵論曰：惜草芳者耗禾稼，惠盜賊者傷良人。氾勝之書曰：種無期，因地爲時。三月榆莢時，雨膏地强，可種禾。薄田不能糞者，以原蠶矢雜禾種種之，則禾不蟲，又取馬骨剉一石，以水三石煮之，三沸，漉去滓，以汁漬附子五枚，三四日去附子，以汁和蠶矢、羊矢各等分，撓呼老反，攪也。令洞洞如稠粥。先種二十日時，以溲種如麥飯狀，當天旱燥時，溲之立乾，薄布數撓令易乾，明日復溲。天陰雨則勿溲，六七溲而止，輒曝謹藏，勿令復濕。至可種時，以餘汁溲而種之，則禾稼不蝗蟲。無馬骨，亦可用雪汁。雪汁者，五穀之精也，使稼耐旱。常以冬藏雪汁，器盛埋於地中，治種如此，則收常倍。氾勝之書區種法曰：湯有旱災，伊尹作爲區田，敎民糞種，負水澆稼。區田以糞氣爲美，非必須良田也。諸山陵近邑，高危傾坂及邱城上，皆可爲區田。區田不耕旁地，庶盡地力。凡區種不先治地，便荒地爲之，以畝爲率。令一畝之地，長十八丈，廣四丈八尺，當橫分十八丈作十五町。町間分爲十四道，以通人行。道廣一尺五寸，町皆廣一尺五寸，長四丈八尺。尺直橫，鑿町作溝，溝一尺，深亦一尺，積穰於溝間，相去亦一尺。嘗悉以一尺地積穰，不相受，令宏作二尺地以積穰。種禾黍於溝間，夾溝爲兩行，去溝兩邊各二寸半，中央相去五寸，旁行相去亦五寸。一溝容四十四株，一畝合萬五千七百五十株。種禾、黍，令上有一寸土，不可令過一寸，亦不可令減一寸。凡區種麥，令相去二寸，一行、一溝容五十二株，一畝凡四萬五千五百五十株，麥上土令厚二寸。凡區種大豆，令相去一尺二寸，一溝容九株，一畝凡六千四百八十株。禾一斗有五萬一千餘粒，黍亦少此少許。大豆一斗，一萬五千餘粒。區種荏，令相去三尺。胡麻相去一尺。區種，天旱常溉之，一畝常收百斛。上農夫，區方深各六寸間，相去九寸，一畝三千七百區，一日作千區。區種粟，二十粒，美糞一升，合土和之，畝用種二升。秋收，區則三升粟，畝收百斛。丁男、長女治十畝，十畝收千石，歲食三十六石，支二十六年。中農夫，區方九寸，深六寸，相去二尺。一畝千二十七區，用種一升，收粟五十一石，一日作三百區。下農夫，區方九寸，深六寸，相去二尺。一畝五百六十七區，用種六升，收二十八石，一日作二百區。諺曰：頃不比畝善，謂多惡不如少善也。昔兗州刺史劉仁之老成懿德，謂予言曰：昔在洛陽，於宅田以七十步之地域爲區田，收粟三十六石。然則一畝之收，有過百石矣。少地之家，所宜遵用也。區中草生，茇之；區間草，以劃劃之。若以鋤鋤，苗長；不能芸之者，以劬鐮比地刈其草矣。氾勝之曰：驗美田至十九石，中田十三石，薄田一十石。尹澤取減法，神農復加之。骨汁、糞汁種種，剉馬骨，牛、羊、猪、麋鹿骨，一斗以雪汁三斗煮之，三沸，取汁以漬附子。率汁一斗，附子五枚漬之，五日去附子，擣麋鹿、羊矢，等分置汁中，熟撓和之，候晏溫又溲曝，狀如后稷法。皆溲汁，乾乃止。若無骨，煮繰蛹汁和溲，如此則以區種之，大旱澆之，其收至畝百石以上，十倍於后稷。此言馬蠶皆蟲之先也。及附子令稼耐旱，終歲不失於穫。穫不可不速，常以急疾爲務。芒張蘘黃捷，穫之無疑。

穫禾之法，熟過半斷之。孝經援神契曰：黃白土宜禾。說文曰：禾，嘉穀也，以二月始生，八月而熟，得之中和，故謂之禾。禾，木也，土王而生，金王而死。崔寔曰：二月、三月可種植禾，美田欲稠，薄田欲稀。氾勝之書曰：植禾，夏至後八十、九十日，常夜半候之。天有霜若白露下，以平明時，令兩人持長索，相對各持一端，以概禾中，去霜露，日出乃止。如此，禾稼五穀不傷矣。蟲食桃者粟貴。楊泉物理論曰：種作曰稼，稼猶種也；收斂曰穡，穡猶收也，古今之言云耳。稼，農之本；穡，農之末。本輕而末重，前緩而後急。稼欲熟，收欲速，此良農之務也。漢書食貨志曰：種穀必雜五種，以備災害。師古曰：歲田有宜，及水旱之利也。種卽五穀，謂黍、稷、麻、麥、豆也。田中不得有樹，用妨五穀。五穀之田，不宜樹果。諺曰：桃李不言，下自成蹊。匪直妨耕種、損禾苗，抑亦惰夫之所休息，豎子之所嬉遊。故齊桓公問於管子曰：飢寒室屋漏而不治，垣牆壞而不築，爲之柰何？管子對曰：沐塗樹之枝。公令左右沐塗樹之枝，其年民被布帛，治屋築垣。公問此何故？管子對曰：齊，夷萊之國也，一樹而百乘息其下，以其不稍也。衆鳥居其上，丁壯者挾丸操彈居其下，終日不歸；父老拊枝而論，終日不去。今吾沐塗樹之枝，日方中，無尺陰，行者疾走，父老歸而治產，丁壯歸而有業。力耕數耘，收穫如寇盜之至。師古曰：力謂勤作之也，如寇盜之至，謂促遽之甚，恐爲風雨所損也。還廬樹桑，菜茹有畦；爾雅曰：菜謂之蔬，不熟曰饉。菜總名也，凡草菜可食，通名曰蔬。案師古曰：還，繞也。菜熟曰茹，猶生曰草，死曰芻。瓜瓠果蓏，郎果反。應劭曰：木實曰果，草實曰蓏。張晏曰：有核曰果，無核曰蓏。臣瓚案：木上曰果，地上曰蓏。說文曰：在木曰果，在草曰蓏。許愼注淮南子曰：在樹曰果，在地曰蓏。鄭玄注周官曰：果，桃李屬；蓏，瓜瓠屬。郭璞爾雅曰：果，木子也。高誘注呂氏春秋曰：有實曰果，無實曰蓏，宋沈約注春秋元命苞曰：木實曰果；蓏，瓜瓠之屬。韓康伯注易傳曰：果蓏者，物之實。殖於疆場；張晏曰：至此易主，故曰場。師古曰：詩小雅信南山云：中田有廬，疆場有瓜，卽此謂也。雞豚狗彘，毋失其時。女修蠶織，則五十可以衣帛，七十可以食肉。入者必持薪樵，輕重相分，班白不提攜。師古曰：班白者，謂髮雜色也；不提攜者，所以優老人也。冬民既入，婦人同巷，相從夜績，女工一月，得四十五日；服虔曰：一月之中，又得夜半爲十五日，凡四十五日也。必相從者，所以省費燎火，同巧拙而合習俗。師古曰：省費，燎火之費也。燎所以爲明，火所以爲溫也。燎，力召反。董仲舒曰：春秋他穀不書，至於麥、禾不成則書之，以此見聖人於五穀最重麥、禾也。趙過爲搜粟都尉，過能爲代田，一畝三甽。師古曰：甽，壟也，音古犬反，或作畎。歲代處，故曰代田，師古曰：代易也。古法也。后稷始甽田，以二耜爲耦。師古曰：併兩耜而耕。廣尺深尺曰甽，長終畝，一畝三甽，一夫三百甽，而播種於甽中。師古曰：播，布也；種，謂穀子也。苗生葉以上，稍耨隴草，師古曰：耨，鉏也。因隤其土以附苗根。師古曰：隤謂下之也，音頹。故其詩曰：或芸或

芓，黍稷儗儗。師古：小雅甫田之詩。儗儗，盛貌。芸音云。芓音子，儗音擬。芸，除草也；耔，附根也。言苗稍壯，每耨輒附根，比盛暑隴盡而根深，師古曰：比，必寐反。能風與旱，師古曰：能讀曰耐。故儗儗而盛也。其耕耘下種田器，皆有便巧，率十二夫，爲田一井、一屋。故畝五頃，鄧展曰：九夫爲井，三夫爲屋。夫百畮於古爲十二頃，故百步爲畝。漢時二百四十步爲畝，古千二百畝，則得今五頃。用耦犂二，牛三，人一。歲之收，常過縵田。畝一斛以上，師古曰：縵田謂不爲甽者也。縵，莫幹反。善者倍之。師古曰：善爲甽者，又過縵田二斛已上。過使教田，太常三輔，蘇林曰：太常主諸陵，有民，故亦課田種。大農置功巧奴與從事，爲作田器。二千石遣令長、三老、力田及里父老善田者，受田器，學耕種，養苗狀，蘇林曰：爲法意狀也。民或苦少，牛亡以趨澤。師古曰：趨，讀曰趣，趣及也。澤，雨之潤澤也。故平都令光教過以人輓犂，師古曰：輓，引也，音晚。過奏光以爲丞，教民相與庸輓犂，

師古曰：庸，功也，言按功共作也。義亦與庸賃同。率多人者，田日三十畝；少者，十三畝。以故田多墾闢。過試以離宮卒田其宮壖地，師古曰：離宮別處之宮，非天子所常居也。壖，餘也；宮壖地，謂外垣之內，內垣之外也。諸緣河壖地，廟垣壖地，其義皆同。守離宮卒閒而無事，因令壖地爲田也。壖，而緣反。課得穀皆多。其旁田，畝一斛以上。令命家田三輔公田，李奇曰：令，使也；命者，教也。令離宮卒教其家田公田也。韋昭曰：命，謂爵命者；命家，謂受爵命，一爵爲公。士以上，令得田，以田優之也。師古曰：令，力成反。又教邊郡及居延城。韋昭曰：居延，張掖縣也，時有田卒也。是後邊城、河東、宏農、三輔、太常民，皆便代田，用力少而得穀多。

說文解字注：糩，糠也，从禾，會聲，讀若裹，苦會切，十五部。王篇，公臥、公外二切。公臥，卽讀若裹之云會聲，而讀若裹者，合音也。糠，穀之皮也，云穀者，晐黍、稷、稻、粱、麥而言，穀猶粟也。今人謂已脫於米者爲糠，古人不爾。糠之言空也，空其中以含米也。凡康寧、康樂，皆本義空中之引伸。今字分別，乃以本義从禾，引伸義不从禾。从禾米，庚聲，庚，毛刻作康，誤，今正，苦岡切，十部。康糠，或省作。稃糩糠康四篆，大徐在稻秠二篆之下；今以類移此。秨，禾繇皃。繇，今搖字，今俗語說動搖之皃曰秨，卽此字也。从禾，乍聲，讀若昨，在各切，五部。穮，槈鉏田也，各本作耕，禾間也，今正。周頌釋文引說文穮，槈鉏田也。表嬌反。字林：穮，耕禾間也，方遙反。然則今本說文，淺人用字林改之。穮者，耘也，非耕也。周頌「綿綿其穮」，毛傳曰：穮，耘也。釋訓曰：綿綿，穮也。孫炎云：綿綿，言詳密也。郭璞云：芸不息也。左傳「是穮是蔉」，杜云：穮，耘也。許云：槈鉏田者，槈薅器也；鉏，立薅斫也；薅者，拔田草也。或槈其田，或鉏其田，皆曰穮。今吳下俗語，說用鉏曰暴，卽此字也。从禾，麃聲，甫嬌切，二部。周頌「叚麃爲之」；春秋傳曰：「是穮是蓘」，左傳昭元年文。蓘之言畎也，謂壅禾本也。案，櫟禾也，櫟者，車所踐也，此櫟讀如勞，卽齊民要術所謂勞也。郎到切。賈思勰曰：古曰耰，今曰勞。說文：耰，摩田器，今人鄙語曰摩勞。種穀之法，苗既出壟，每一經雨白背時，輒以鐵齒鍋楱，縱橫杷而勞之。杷法，令人坐上，數以手斷去艸，如此令地輭，以鉏省力，中鋒止。苗高一尺，鋒之。按賈云鋒之，謂鉏之也；勞之而後鋒之，然則案之而後穮之矣。从禾，安聲。櫟禾者，所以安禾也。形聲，包會意，烏旰切，十四部。秄，雝禾本，雝俗作壅。小雅「或耘或秄」，毛曰：耘，除艸也；秄，雝本也。食貨志：后稷始甽田，以二耜爲耦。廣尺深尺曰甽，長終畝，一畝三甽，一夫三百甽，而播種於甽中。苗生三葉以上，稍耨隴艸，因隤其土，以附苗根。故其詩曰：或芸或芓，黍稷儗儗。芸，除艸也；秄，附根也。言苗稍壯，每耨輒附根，比盛暑，隴盡而根深，能風與旱，故儗儗而盛也。按班所據詩作芓。古文叚借字。說詩作秄，小篆字詩言耘秄，左傳言穮蓘。蓘者，畎也，隤壟艸壅於畎中也。秄、蓘皆俗字。从禾，子聲，卽里切，一部。穧，穫刈也，穫刈謂穫而芟之也。刈同乂，芟艸也；刈之必齊，故从齊。小雅曰：此有不斂穧，謂已刈而遺於田，未斂者也。上文不穫穉，謂幼禾留於田，未刈者也。釋詁曰：馘穧，穫也。鄭注周禮云：四秉曰筥，謂一穧也。一曰撮也，撮者四圭也。一曰兩，指撮也。然則穧之別義，謂少也。从禾，齊聲。上文既有𪗉字，以禾在上、禾在旁別其義。在詣切，十五部。穫，刈穀也，穫之，言獲也。刈穀者，以銍以鎌。从禾，蒦聲，胡郭切，五部。積，積禾也，積積雙聲。廣雅曰：積，積也，从禾，資聲，卽夷切，十五部。詩曰：積之秩秩，周頌文，今作積之栗栗。毛曰：栗栗，衆多也，無「稽，積也」之文。蓋許偁三家詩也。積，聚也，禾與粟皆得偁積，引伸爲凡聚之偁。淇奧詩叚簀爲積，从禾，責聲，則歷切，十六部。秩，積皃；皃，各本作也，今正。積之必有次敍成文理，是曰秩。詩叚樂，傳曰：秩秩，有常也。斯干，傳曰：秩秩，流行也。巧言，傳曰：秩秩，進知也。賓之初筵，傳曰：秩秩然，肅敬也。釋訓曰：條條秩秩，智也。又曰：秩秩，清也。皆引伸之義也。从禾，失聲，直質切，十二部。古叚𢧜爲秩，如「秩秩大猷」，大部作「𢧜𢧜大猷」。儀禮注云：秩或爲𢧜，皆是也。詩曰：稽之秩秩。稛，絭束也，絭束謂以繩束之。國語：垂櫜而入，稛載而歸，韋注：稛，絭也，古亦叚麇爲之。如左傳：羅無勇麇之，及潞麇之，是也。方言：稛，就也，注：稛稛，成就皃。廣韻作成熟，蓋禾熟而刈之，而絭束之，其義相因也。从禾，困聲，苦本切，十三部。按本从困聲，𠄌吻反，轉入魂韻，爲苦本切，非从囷聲也。稞，穀之善者，謂凡穀顆粒俱佳者。廣韻云：淨穀，从禾，果聲，胡瓦切，古音讀如顆，十七部。一曰：無皮穀，謂穀中有去稃者也。此義當讀如祼。稓，舂粟不潰也。水部曰：潰，漏也。舂粟不潰者，謂無散於臼外者也。蓋舂之用力重，則或潰；用力輕，則不，是曰稓。今俗謂輕舂曰桃，古曠切，即稓之轉語也。从禾，昏聲，戶括切。按當古滑切，十五部。稅，稓也，从禾，气聲，居气切，十五部。篇、韻皆下沒切。穮，禾皮也。禾皮者，禾稿之皮也。呂氏春秋曰：得時之麥，薄穮而赤色。本謂稿皮，因以呼稍皮。羔聲，勺聲，古音同在二部，故穮音灼。下文曰禾若秧穰，曰把取禾若，若，卽穮，今音相近，又改其字耳。从禾，美聲，之若切，古音在二部，平聲。按春秋經有䅯字，齊地名，今釋文、五經文字皆作䅯，从示；惟玉篇禾部穮下曰：又齊地名，而示部䅯字在部末，孫強等所沾。然則希馮所據春秋字从禾。稭，禾稾去其皮，祭天以爲席也。禮器曰：莞簟之安，而稾鞂之設。鄭注：穗去實曰鞂，引禹貢三百納鞂服。禹貢釋文，秸本或作稭，然則稭、秸、鞂三形同。又或作䕡，亦同謂禾莖既刈之，上去其穗，外去其皮，存其淨莖，是曰稭。鄭云穗去實，猶云穎去穗也。穎謂莖之近穗者。鄭注禹貢云：銍謂刈穗斷去稾也，稭又去其穎也。是謂下截爲稾，近穗爲穎；故三百里納秸者，不惟去稾，又去穎而納穗。其注禮器云：穗去實者，正謂去穗，用近穗之穎；與許云稾去皮者少異。許云稾者，兼穎而言；言稾得兼穎，言穎不兼稾也。从禾，皆聲，古黠切，十五部。稈，禾莖也，謂自根之上，至貫於穗者是也。从禾，旱聲，古旱切，十四部。春秋傳曰：或投一秉稈。昭公廿七年，左傳曰：或取一編菅焉，或取一秉秆焉，國人投之。此以二句合爲一句耳。秆稈，或从干，作干聲，稾稈也。廣雅、左傳注皆云：秆，稾也，叚借爲矢榦之稾，屈平屬艸稾之稾。从禾，高聲，古老切，二部。秕，不成粟也。按不成粟之字从禾，惡米之字从米，而皆比聲，此其別也。左傳：若其不具，用秕粺也。杜云：秕，穀不成者。僞古文云：若粟之有秕。呂覽云：凡禾之患，不俱生而俱死。是以先生者美米，後生者多秕。是故其耨也，長其兄而去其弟。按今俗謂穀之不充者曰癟，補結切，卽秕之俗音、俗字也。引伸之，凡敗者曰秕。漢書曰：秕我王度，从禾，比聲，卑履切，十五部。秧禾若秧穰也，若卽上文之䅵也。若者，擇菜也；擇菜者，必去其邊皮。因之，凡可去之皮曰若，竹皮亦曰箬。漢書：印絫絫，綬若若。絫絫，重積也；若若，如蘀若之多也。秧穰，疊韻字，集韻曰：禾下葉多也。今俗謂稻之初生者曰秧，凡草木之幼可移栽者，皆曰秧，此與古義別。从禾，央聲，於良切，十部。䅋，䅋稏，穀名。廣雅曰：稉稈，穄也。按許但云穀名，不與穄篆爲伍，則與張說異。从禾，旁聲，薄庚切，古音在十部。稈，稉稈也，二字疊韻，从禾，皇聲，戶光切，十部。秊，穀熟也。爾雅曰：夏曰歲，商曰祀，周曰年，唐虞曰載。年者，取禾一熟也，从禾，千聲，奴顛切，古音在十二部。春秋傳曰：大有年，宣十六年經文。穀梁傳曰：五穀皆熟爲有年，五穀皆大熟爲大有年。穀，此篆體，依五經文字木部，正續也。穀與粟同義，引伸爲善也。釋詁、毛傳皆曰穀善也；又大雅傳曰：穀祿也，百穀之總名也。周禮太宰言九穀，鄭云：黍，稷，稻，粱，麻，大、小豆，小麥，苽也。膳夫食用六穀，先鄭云：稌、黍、稷、粱、麥、苽也。疾醫言五穀，鄭曰：麻、黍、稷、麥、豆也。詩書言百穀，種類繁多，約舉兼晐之詞也，惟禾黍爲嘉穀。李善引薛君韓詩章句曰：穀類非一，故言百也。从禾，㱿聲。㱿者，今之殼字，穀必有稃甲，此以形聲包會意也。古祿切，三部。稔，穀熟也；稔之言，飪也。从禾，念聲，而甚切，七部。春秋傳曰：不五稔，是昭元年左傳文。租，田賦也，从禾，且聲，則吾切，五部。稅，租也，从禾，兌聲，輸芮切，十五部。䆃，䆃米也。三字句，各本删䆃字，改米爲禾。自呂氏字林、顏氏家訓時已然，今正。䆃，擇也，擇米曰䆃米，漢人語如此，雅俗共知者。漢書百官表、後書殤帝和帝紀皆有䆃官，注皆云：䆃官主擇米。鄧后詔曰：減大官䆃官。自非共陵廟稻粱米，不得䆃擇。光武詔曰：郡國異味，有預養䆃擇之勞。凡作導者，譌字也。䆃米是常語，故以䆃米釋䆃，篆如河。下云河水㶏下，云㶏周之比，淺人概謂複字而删之；又改米爲禾。呂忱、徐廣、顏之推、司馬貞皆知誤本說文，謂䆃是禾名，豈知䆃果禾名，則許之例，當與穖、穆、私三篆爲伍，而不廁於此。从禾，道聲，徒到切，古音在三部。司馬相如：䆃，一莖六穗也。史漢司馬相如傳封禪文曰：囿騶虞之珍羣，徼麋鹿之怪獸；䆃一莖六穗於庖，犧雙觡共抵之獸；獲周餘珍，收龜於岐；招翠黃，乘龍於沼。鄭德曰：䆃，擇也，一莖六穗，謂嘉禾之米。鄭語最明憭，言於庖者，擇米作飯，必於庖也。呂忱乃云：禾，一莖六穗謂之䆃，蓋不讀封禪文，而誤斷許書之句度矣。𥟍，虛無食也。爾雅：果不孰爲荒。周禮疏曰：疏穀皆不孰爲大荒。按荒年，字當作𥟍，荒行而𥟍廢矣。从禾，荒聲，呼光切，十部。穌，杷取禾若也。杷，各本作把，今正。禾若散亂，杷而取之，不當言把也。離騷：蘇糞壤以充幃兮，謂申椒其不芳。王逸曰：蘇，取也。韓信傳曰：樵蘇後爨，師不宿飽。漢書音義曰：樵，取薪也；蘇，取草也。此皆假蘇爲穌也。蘇，桂荏也，蘇行而穌廢矣。樂記：蟄蟲昭蘇，注云：更息曰蘇。據玉篇云：穌，息也，死而更生也。然則希馮所據樂記作穌。从禾，魚聲，素孤切，五部。稍，出物有漸也。漸，依許當作𧼛，漸行而𧼛廢矣。稍之言，小也，少也，凡古言稍稍者，皆漸進之謂。周禮：稍食祿稟也，云稍者，謂祿之小者也。从禾，肖聲，所教切，二部。秋，禾穀孰也，其時萬物皆老，而莫貴於禾穀，故从禾；言禾復言穀者，晐百穀也。禮記曰：西方者秋。秋之爲言，揫也。从禾，𤈦省聲，七由切，三部。𪚼，籒文不省，

秦伯益之後所封國。鄭詩譜曰：秦者，隴西谷名。於禹貢，近雍州鳥鼠之山。堯時有伯翳者，實皋陶之子，佐禹治水；水土既平，舜命作虞官，掌上下草木鳥獸，賜姓曰嬴。歷夏商興衰，亦世有人焉。周孝王使其末孫非子養馬於汧渭之間，孝王封非子爲附庸邑之於秦谷。至曾孫秦仲宣王，又命作大夫，始有車馬禮樂侍御之好。周人美之，秦之變風始作。按伯益伯翳實一人，皋陶之子也。今甘肅秦州清水縣有故秦城，漢地理志之隴西秦

亭秦谷也，地宜禾。从禾舂省。地宜禾者，說字形所以从禾、从舂也。職方氏曰：雍州穀宜黍、稷，豈秦穀獨宜禾與？匠鄰切，十二部。按此字不以舂禾會意爲本義，以地名爲本義者，通人所傳如是也。一曰：秦，禾名，此別一義。𥝩，籀文秦，从秝，稱銓也。銓者，衡也。聲類曰：銓所以稱物也。稱，俗作秤；按爯，并舉也；偁，揚也。今皆用稱，稱行而爯、偁廢矣。从禾，爯聲，處陵切，六部。廣韻及昌孕切，是也，等也，銓義之引伸。春分而禾生，上文云：以二月生，日夏至，晷景可度，禾有秒，謂其時禾乃有芒也。秋分而秒定，上文云：以八月孰，孰時芒乃定。律數十二句，十二謂六律、六呂也。十二秒而當一分。「十二」兩字舊奪，今補。下文云：十髮爲程，一程爲分，十分爲寸，然則十二禾秒而當十髮。淮南天文訓作十二蔈而當一粟，十分爲寸；天文訓作十二粟而當一寸，其目爲重以衡輕重也。

十二粟爲一分，此粟謂禾粟，十二分爲一銖，百四十四粟也。天文訓曰：十二粟而當一分，十二分而當一銖，十二銖而當半兩，衡有左右，因倍之，故二十四銖爲一兩。按金部銖下曰權，十分黍之重也。十分黍有譌，依此則當云十二分粟之重也。許用淮南說，與說苑、律歷志說異，故諸程品皆从禾。度起於十二秒，權起於十二粟。諸程品之字謂，稱以下七篆也。此釋稱从禾之意，併釋科以下六字从禾之意也。科，程也。廣韻曰：程也，條也，本也，品也，又科斷也，按實一義之引伸耳。論語曰：爲力不同科。孟子曰：盈科而後進，趙岐曰：科，坎也。按盈科爲盈等也，从禾斗，依韻會所據小徐本，苦禾切，十七部。斗者，量也，說从斗之意。程，程品也，大徐無程字。按此三字爲句，與蘽米也一例，淺人概謂複字而刪之。品者，衆庶也，因衆庶而立之法，則斯謂之程品，上文言諸程品可證矣。荀卿曰：

程者，物之準也。月令：陳祭器，按度程，注：程謂器所容也。漢書張蒼定章程，如淳云：章，厤數之章術也；程者，權衡丈尺斗斛之平法也。十髮爲程，一程爲分。一，俗本作十，誤。大、小徐舊本、漢制考、小學紺珠皆不誤。百髮爲分，斷無是理。十分爲寸，十髮爲程，度起於此。十髮當禾秒十二，故字从禾。从禾，程聲，直貞切，十二部。稯，布之八十縷爲稯，按此當有奪文。聘禮記曰：禾，四秉曰筥，十筥曰稯，十稯曰秅。許下文，五稯爲秭，二秭爲秅。正本記文，若先之曰布，八十縷爲稯，則下文不爲四百縷爲秭，八百縷爲秅乎？知其斷不然矣。蓋必云禾四十秉爲稯。从禾，嵏聲。一曰布之八十縷爲稯，轉寫奪漏而亂之耳。秉見又部，云禾把也，从又，持禾。云四十秉爲稯，則上下相屬成文。鄭注周禮云：禾，稾實幷刈者也；秉，手把也；稯猶束也。國語：其歲收，田一井，出稯禾、秉芻、缶米不

是過也。稯禾，謂禾四十秉；秉芻，謂芻一把，韋注殊誤。布八十縷爲稯者，史記孝景本紀：令徒隸衣七稯布，索隱、正義皆云，蓋七升布，用五百六十縷。漢書王莽傳：一月之祿，十緵布二匹。孟康云：緵，八十縷也。考鄭注喪服曰：八十縷爲升。升當爲登，登，成也，今之禮皆登爲升，俗誤已行久。賈公彥云：今亦云布八十縷謂之宗，宗卽古之升也。則是宗、緵、登、升，一語之轉。聘禮：今文作稯，古文作緵。許从今文，故糸部無緵。布縷與禾把皆數也，故同名。糸部緦下云：十五升布，謂十五緵布也，从禾，嵏聲，子紅切，九部。䅨，籀文稯省，嵏亦兇聲也。秭，五稯爲秭，禾二百秉也。周禮掌客注有秅秭麻荅之文，秅秭連文，則非詩之秭也，謂五稯也。从禾，𠂔聲，將几切，十五部。一曰數意至萬曰秭，意各本作億，今依心部正。周頌兩言萬億及秭，毛曰：數萬至萬曰億，數億至萬曰秭。定本集注

釋文皆作數億至萬，釋文所記別本及正義，及前此甄鸞五經算術，皆作數億至億。許書多襲毛傳，此云數意至萬曰秭，似當出於毛。然心部云十萬曰意，不從毛之萬萬曰億，而從古數，則說秭亦不必同毛。蓋毛作數億，至億曰秭，許別有所受，作數億至萬與？秭不見他經，惟見周頌。鄭內則注，萬億曰兆，依許說，則秭即他經之兆與？五經算術曰：黃帝爲法，數有十等，億、兆、京、垓、秭、壤、溝、澗、正、載是也。及其用也，乃有上、中、下三等。下數十，十變之中數萬，萬變之上數數窮，則變以中數言之。毛傳應云數垓至億曰秭，而言數億至億曰秭，有所未詳。玉裁按，十等之說，起於漢末，取周頌云秭、國語云經姟者演之；三等之說，取鄭云今數古數者演之；許鄭所不言，未可盡信。數億至萬，亦不爲不多矣，不必從毛之數億至億也。秭之言，積也，韓詩云：陳穀曰秭，亦取積義，如第、簀之爲一物，其例也。釋詁云：歷秭算數也。郭云：今以十億爲秭；秅，二秭爲秅，禾四百秉也。周禮掌客曰：上公車禾，眡死牢，牢十車，車三秅。注云：禾，稾實幷刈者也。聘禮：四秉曰筥，十筥曰稯，十稯曰秅，每車三秅，則三十稯也。聘禮注云：一車之禾三秅，爲千二百秉，三百筥，三十稯也。按小徐本作秭也，廣韻從之，是則秅即秭，爲今數，二秭爲秅，爲古數也。小徐本非奪字，仍記於此。从禾，乇聲，宅加切，古音在五部，丁故反。周禮曰周禮，當是本作禮記，淺人所改也。許書之例，謂周官經曰周禮，謂十七篇曰禮，十七篇之說，謂之禮記，如稱鉶毛牛藿羊苄豕薇，系之禮記是也。四秉曰筥以下，聘禮記文，二百四十斤爲秉，此七字妄人所增，當删。聘禮記曰：十斗曰斛；十六斗曰籔；十籔曰秉，二百四十斗。云二百四十斗者，經致饔米二十車，每車秉有五籔計之，得二十四斛，爲二百四十斗也。此說米之數，與禾無涉，鄭君所謂米禾之秉筥，字同數異，妄人乃益之曰爲秉，與下文言禾之「四秉曰筥」相屬而轉寫。又斗譌斤，曾謂許君而有此乎？國語稯禾、秉芻、缶米，韋注當本云稯禾四十秉也。秉，把也；缶，庾也；庾，米十六斗也。聘禮曰：十六斗曰庾，四秉曰筥，十筥曰稯。今本亦不知何人妄改，致不可讀。要之，許韋不可誣也。若廣韻之謬誣，又無論矣。四秉曰筥，秉見又部，曰禾秉也，从又，持禾。秝部云：持一爲秉，持二爲兼。詩毛傳云：秉，把也，四秉冡，又部。言之謂禾四把也。禾者，稾實兼刈者也。鄭注禮云：筥，穧名也。若今萊陽之間，刈稻聚把，有名爲筥者。詩云：彼有遺秉，又云：此有不斂穧。按鄭意，筥卽穧，刈禾盈手曰秉。盈手者，四聚於一處爲一穧，穧十而總束之，則爲稯，故曰稯猶束也。周禮注云：筥，讀如棟梠之梠，謂一穧也。疑今禮注奪去一字。十筥曰稯，

十稯曰秅，四百秉爲一秅。䄷，百二十斤也。律厤志曰：五權之制銖者，物繇忽微，至於成著，可殊異也。本起於黃鐘之重，一龠容千二百黍，重十二銖。兩者，兩黃鐘律之重也。二十四銖而成兩斤者，明也。十六兩成斤。鈞者，均也，三十斤成鈞。石者，大也，權之大者也。四鈞爲石，古多叚石爲䄷，月令鈞衡、石是也。有假䄷爲山石者，楚辭「悲任䄷之可益」是也。稻一䄷爲粟二十斗，禾黍一䄷爲粟十六斗大半斗。斗，宋刻皆譌升，毛本又誤改斤，今正。稻亦可偁粟，猶凡穀皆可稱米也。䄷不專用諸穀而从禾，故舉稻與禾黍之粟各一䄷合於量者言之。从禾，石聲，常隻切，古音在五部。稘，復其時也，言帀也。十二月帀爲期年，中庸一月帀爲期月，左傳旦至旦亦爲期。今皆假期爲之，期行而稘廢矣。从禾。从禾者，取舊穀沒，新穀升也。其聲，居之切，一部。唐書曰：稘三百有六旬，又米粟實也。卣部

曰：粟，嘉穀實也；嘉穀者，禾黍也；實當作人。粟舉連秠者言之，米則秠中之人，如果實之有人也。果人之字，古書皆作人，金刻本草，尚無作仁者；至明刻，乃盡改爲仁。鄭注冢宰職，九穀不言粟，注倉人掌粟入之藏，云九穀盡藏焉。以粟爲主粟，正謂禾黍也。禾者，民食之大同；黍者，食之所貴，故皆曰嘉穀。其去秠存人曰米，因以爲凡穀人之名。是故禾黍曰米，稻、稷、麥、苽亦曰米，舍人注所謂六米也。六米卽膳夫、食醫之食用六穀也。賓客之車米、筥米，喪記之飯米，不外黍、粱、稻、稷四者。凡穀必中有人而後謂之秀，故秀从禾人，象禾黍之形。大徐作禾實，非是。米謂禾黍，故字象二者之形。四點者，聚米也；十其閒者，四米之分也。篆當作四圜點以象形，今作長點，誤矣。莫禮切，十五部。凡米之屬，皆从米。粱，禾米也，各本作米名也。今正。古訓詁，多不言某名，如毛傳但言水也、山也、艸也、木也，皆是上文粟與？米皆兼禾黍言，粱則專爲禾米，故別言之，淺人不得其解，乃刪禾字矣。生曰苗，秀曰禾，稾實幷刈曰禾，其實曰粟，粟中人曰米，米可食曰粱。禮經：簠陳稻粱，簋陳黍稷。聘禮：米百筥設於中庭，十以爲列，黍、粱、稻皆二行，稷四行。內則：飯黍、稷、稻、粱、白黍、黃粱。食醫：六食犬宜粱。喪大記：君用粱，大夫用稷，士用粱。凡黍、稷、稻之米，無別名；禾之米，則曰粱。自糲以至於侍御，皆粱也。小雅黃鳥：無啄我粟，兼禾、黍言之。二章言粱，三章言黍，其目也粟與連秠粱，黍言米，又其別也。从米，梁省聲，呂張切，十部。穛，早取穀也。內則稰穛注云：孰穫曰稰，生穫曰穛。正義曰：穛是斂縮之名，明其以生穫，故其物縮斂也。按穛卽糕字，亦作穱，古爵與焦同音通用也。大招、七發，皆云穱麥，王逸云：擇麥中先孰者也。大招以爲飯，七發以飤馬。吳都賦云：穧秀芃穗。廣韻云：穧者，稻處種麥，皆與早取之義合。凡早取穀，皆得名穧，不獨麥也。从米，焦聲，側角切，二部。一曰小，謂麥之小者也，取揫斂之意。粲稻重一秙，爲粟二十斗，見禾部。爲米十斗曰毇，此當有奪文，當以爲米十斗句絕，下云爲米九斗曰毇，稻粟二十斗爲米十斗者，九章算術所謂稻率六十糲，米率三十也。稻、粟二十斗，爲米十斗，今目驗猶然。其米甚粗，不得曰毇明矣。爲米九斗曰毇者，下文云「米一斛，舂爲九斗曰毇」是也。毇卽粺，禾、黍言粺，稻言毇，稻米九斗而舂爲八斗，則亦曰糳。八斗而舂爲六斗大半斗，則曰粲，猶之禾黍糳米爲七斗，則曰侍御也。禾、黍米至於侍御，稻米至於粲，皆精之至矣。不言亦曰糲，不言爲米八斗亦曰糳者，名各有所系，欲讀者參伍而得之。爲米六斗大半斗曰粲，謂以八斗舂爲六斗大半斗也。以今目驗言之，稻米十斗，舂之爲六斗大半斗，精無過此者矣。漢刑法有鬼薪、白粲，白粲謂舂也。粲米最白，故爲鮮好之偁。穀梁「粲然皆笑」，謂見齒也。鄭風傳曰：粲，餐也，此謂粲爲餐之叚借也。从米，𣦼聲。舂之義亦與𣦼相近，倉案切，十四部。糲粟重一秙，爲十六斗大半斗，見禾部。不言禾黍者，粟本禾黍實之名稻，呼粟則借辭也。舂爲米，十斗曰糲，粟十六斗大半斗爲米十斗，卽九章算術粟米之法：粟率五十糲，米三十也。張晏曰：一斛粟七斗米爲糲，與九章算術率異。从米，萬聲；今皆作糲，从厲；古从萬聲，與牡蠣字正同。漢書司馬遷傳「糲粱之食」，與許篆體合。洛帶切，十五部。精，擇米也。米字各本奪，今補。擇米，謂䉿擇之米也。莊子人間世曰：鼓筴播精。司馬云：簡米曰精。簡卽柬，俗作揀者是也，引伸爲凡最好之偁。撥雲霧而見青天亦曰精。韓詩於定之方中云：星精也，从米，青聲，子盈切，十一部。粺，毇也。

粺者，糲米一斛，舂爲九斗也。大雅：「彼疏斯粺」，傳云：彼宜食疏，今反食精粺。箋云：米之率，糲十、粺九、鑿八、侍御七。按漢九章算術云：糲米三十，粺米二十七，鑿米二十四，御米二十一。卽鄭說所本。粺謂禾、黍米，穀謂稻米，而可互偁，故以穀釋粺。从禾，卑聲，旁卦切，十六部。粗，疏也。大雅「彼疏斯粺」，箋云：疏，麤也，謂糲米也。麤卽粗，正與許書互相證。疏者，通也，引伸之猶大也，故粗米曰疏。糲米與粺米校，則糲爲粗；稷與黍、稻、粱校，則稷爲粗。九穀攷云：凡經言疏食者，稷食也。論語「疏食菜羹」，卽玉藻之「稷食菜羹」。左傳：「粱則無矣，麤則有之。」麤對粱而言，稷之謂也。儀禮昏禮：婦饋舅姑，有黍無稷，特著其文，蓋婦道成以孝養，不進疏食也。按引伸叚借之，凡物不精者，皆謂之粗。从米，且聲，徂古切，五部。今皆讀平聲。粊，惡米也。粟之不成者曰秕，米之惡者曰粊，其音同也。莊子：「塵垢粃康」，粃卽粊字，从米，比聲，各本篆作粊。解云：北聲。今正粊，在古音十五部，不當用一部之北諧聲也。經典釋文、五經文字皆不誤。若廣韻作粊，注云：說文作粊，蓋由說文之誤已久。玉篇作粊、作粃、作粊，皆云惡米，而皆粊之誤。兵媚切，十五部。周書有「粊誓」，卽今所用衞包妄改本之費誓也。周禮、禮記曾子問，鄭注皆云粊誓，裴駰、司馬貞注史記，皆云尚書作粊，司馬貞當開元時，衞包本猶未行，至包乃改作費。至宋開寶，陳諤乃將尚書音義之粊改費，學者莫知古本矣。包之改粊爲費也，直謂粊卽季氏費邑，不知漢費縣故城，在今兗州府費縣西北二十里，去曲阜且三百里。粊誓全篇，乃初出師時語，未必遠在今費縣。史記作肹誓，徐廣曰：一作鮮，一作獮。蓋伏生作肹，作鮮，作獮，古文作粊，音正相近，不當从一部北聲可知。糵，牙米也。牙同芽，芽米者，生芽之米也。凡黍、稷、稻、粱，米已出於穅者不牙，麥豆亦得云米，本無穅，故能芽。芽米謂之櫱，猶伐木餘謂之蘖，庶子謂之孼也。按許云芽米，蓋容穀言之，散文則粟得偁米。月令：乃命大酋，秫稻必齊，麴櫱必時。注云：古者穫稻而漬米麴，至春而爲酒。按漬米、漬麴是二事，漬米卽大酋之櫱也，此櫱不必有芽，以凡穀漬之則有芽，故名漬米曰櫱。从米，辥聲，魚列切，十五部。粒，糂也，按此當作米粒也。米粒是常語，故訓釋之例如此，與䆃篆下云「䆃米也」正同。玉篇、廣韻粒下皆云米粒，可證。淺人不得其解，乃妄改之，以與糂下一曰粒也相合。不知粒乃糂之別義，正謂米粒，如妄改之文，則粒爲以米和羹矣，而一曰粒也何解乎？今俗語，謂米一顆曰一粒。孟子：樂歲粒米狼戾，趙注云：粒米，粟米之粒也。皐陶謨：烝民乃粒。周頌：立我烝民，鄭箋：立當作粒。詩書之粒，皆王制所謂粒食、始食、艱食、鮮食，至此乃粒食也。从米，立聲，力入切，七部。按此篆不與糂篆相屬，亦可證其解斷不作糂也。𩚚，古文从食，釋漬米也。大雅曰：釋之叜叜，傳曰：釋，淅米也；叜叜，聲也。按漬米，淅米也，漬者初湛諸水，淅則淘汏之。大雅作釋，釋之叚借字也，从米，釋聲，施隻切，古音在五部。糂，㠯米和羹也，古之羹，必和以米。墨子「藜羹不粒十日」，呂覽作「藜羹不斟七日」。不粒、不斟，正不糂之誤。內則注曰：凡羹齊，宜五味之和，米屑之糝。从米，甚聲，桑感切，七部。一曰粒也。今南人俗語曰米糝飯，糝謂孰者也。釋名曰：糝，黏也，相黏𪏽也。按廣韻、集韻、類篇、干祿字書皆有粖字，云蜜漬瓜食也，桑感切。蓋糝有零星之義，故今之小菜，古謂之糝，別製其字作粖。通鑑，盧循遺劉裕益智粖，宋廢帝殺江夏王義恭以蜜漬目睛，謂之鬼目粖。廣韻，二仙枸櫞樹皮可作粖。

南方草木狀，建安八年交州刺史張津以益智子粽餉魏武帝，俗多改粽字。胡三省注通鑑曰：角黍也，蓋誤認爲送饋之粽字。齊民要術引廣州記，益智子取外皮蜜煮爲糝，味辛，徑作糝字。糣，籀文糂，从朁，朁聲，甚聲，同在七部。糝，古文糂，从參，參聲，亦在七部。周禮醢人、內則皆如此作。周頌：「潛有多魚」，傳曰：潛，糝也，古本如此。爾雅，糝謂之涔，涔卽詩之潛也。小爾雅及郭景純改糝爲木旁，謂積柴水中，令魚依之止息，字當从木也。而舍人李巡皆云以米投水中養魚曰涔。以其說各異。不知積柴而投米焉，非有二事，以其用米，故曰糝，以其用柴，故或製字作罧。罧見淮南書，槮、槮皆魏晉間妄作也。

糪炊，句米者謂之糪炊，謂飯與鬻也。下言炊爨之失，故先之曰炊。釋之曰米者，謂之糪米者，謂飯之米性未孰者也。李巡曰：飯米半腥半孰曰糪。腥，先定反。廣韻引新字林云：豍豆中小硬者，義相近。从米，辟聲，博厄切，十六部。糜，糝糜也，各本無糜字，淺人所刪，今補。以米和羹，謂之糝；專用米粒爲之，謂之糝糜，亦謂之鬻，亦謂之饘。食部曰：饘，糜也。釋名曰：糜，煮米使糜爛也。粥淖於糜，粥粥然也。引伸爲糜爛字。从米，麻聲，靡爲切，古音在十七部。「黃帝初教作糜」，各本無此六字，今依韻會所據鍇本補。初學記、藝文類聚、北堂書鈔皆引周書，黃帝始亨穀爲粥，此記化益作井，揮作弓，奚仲造車之例。䊢，糜和也。糜和謂粊屬也。凡羹以米和之曰糝糜；或以粊和之曰䊢，从米，䵎聲，讀若譚。大徐譚作鄿，鄿、譚古今字也。徒感切，古音在七部。𥻦，潰米也。潰，漏也，謂米之棄於地者也。禾部曰：秵，舂粟不潰也，不拋散謂之不潰，从米，尼聲，武夷切，十五部。交止有𥻦泠縣，止，俗作阯，誤，今正。地理志交止郡麊泠。後郡國志同麊者，𥻦之誤。應劭曰：麊音彌。孟康曰：冷音螟蛉之蛉。䊮，酒母也，从米，䈝省聲。䊮或作𥳓，則亦可云𥳓聲也。駈六切，三部。麴、𥳓，或从麥，鞠省聲，作䴵。或以米，或以麥，故其字或从米，或从麥。糟，酒滓也。內則曰：重醴，稻醴，清糟黍醴，清糟粱醴。清糟注云：重，陪也。糟，醇也。清，泲也。致飲有醇者，有泲者，陪飲之也。周禮：酒正共后之致飲於賓客之禮，醫酏糟。注云：糟，醫酏不泲者。泲曰清，不泲曰糟。按今之酒，但用泲者，直謂已漉之粕爲糟，古則未泲帶滓之酒謂之糟。泛齊、醴齊，滓浮尤濁；盎齊、緹齊、沈齊，差清。莊子音義、玄應書皆引許君淮南注曰：粕，已漉粗糟也。然則糟謂未漉者。从米，曹聲，作曹切，古音在三部。大鄭周禮注引內則清糟字，皆作醩，云糟音聲與醩相似，記之者各異耳。按醩，蓋从酒，艸聲，亦糟字也。醩，籀文从酉，大徐本作醩，集韻從之。小徐本作醩，韻會從之。汲古閣以小徐改大徐，非也。糒，乾飯也。飯字各本奪，今依李賢明帝紀注、隗囂傳注、李善文選注、玄應書補。乾音干，釋名曰：干飯，飯而暴乾之也。周禮廩人注曰：行道曰糧，謂糒也；止居曰食，謂米也。按干飯，今多爲之者。从米，葡聲，平祕切，古音在一部。糗，熬米麥也。周禮：羞籩之實，糗餌粉餈。鄭司農云：糗，熬大豆與米也，粉豆屑也。元謂糗者，擣粉熬大豆爲餌，餈之黏著，以坋之耳。按先鄭云熬大豆及米；後鄭但云熬大豆，注內則又云擣熬穀不同者。黍、粱、朮、麥皆可爲糗，故或言大豆以包米，或言穀以包米豆。而許云熬米麥，又非不可包大豆也。熬者，乾煎也；乾煎者，鬻也。鬻米豆舂爲粉，以坋餌餈之上，故曰糗餌粉餈。鄭云擣粉之，許但云熬，不云擣粉者，鄭釋經，故釋粉字之義；許解字，則糗但爲熬米麥，必待臬之而後成粉也。粊誓：峙乃糗糧。某氏云：糗糒之糧。孟子曰：舜之飯糗茹草，趙云：糗飯，乾糒也。左傳：爲稻醴粱糗。廣韻曰：糗，乾飯屑也。此皆謂熬穀米粉者也。从米，臭聲，去九切，三部。臬，舂糗也。米麥已熬，乃舂之而簁之成勃，鄭所謂擣粉也，而後可以施諸餌餈。从米臼，臼亦聲，此舉會意包形聲也。其九切，三部。糈，糧也，凡糧皆曰糈。離騷王注曰：糈，精米，所以享神，其一耑耳。从米，胥聲，私呂切，五部。糧，穀食也。周禮：廩人凡邦有會同師役之事，則治其糧，與其食。鄭云：行道曰糧。按詩云：乃裹餱糧；莊子云：適百里者，宿舂糧，適千里者，三月聚糧，皆謂行道也。許云穀食，則兼居者、行者言，糧本是統名，故不爲分析也。从米，量聲，呂張切，十部，亦作粮。粈，襍飯也。食部曰：𩚏，襍飯也。廣韻曰：𩚏亦作粈，然則𩚏、粈一字，今之糅襍字也。从米，丑聲，女久切，三部。䊮，穀也。䊮者，穀也，故糴字从入䊮，會意。揚雄蜀賦：「䊮米肥腯」，言食穀米之肥腯也。轉寫作糴米，誤矣。从米，翟聲，他弔切，二部。按當依玉篇徒的、徒弔二切。⿰米蔑，末也；末，小徐本作䴿。據玉篇云：⿰米蔑或作䴿，則⿰米蔑、䴿一字。大徐作麩，麩乃䴿之誤。汲古後人，又依小徐改作䴿矣。今正作末，凡⿰米蔑而粉之曰末。麥部曰：「麪，麥末也」是也。麪專謂麥末，⿰米蔑則統謂凡米之末。廣雅，⿰米蔑謂之麪，此謂麪亦⿰米蔑之一耳。⿰米蔑者，自其細蔑言之，今之米粉、麪勃皆是。从米，蔑聲，莫撥切，古在十二部。粹，不襍也。劉逵引班固云：不變曰醇，不襍曰粹。按粹本是精米之偁，引伸爲凡純美之偁。从米，卒聲，雖遂切，十五部。氣，饋客之芻米也。聘禮：殺曰饔，生曰餼。餼有牛、羊、豕、黍、粱、稻、稷、禾、薪芻等。不言牛、羊、豕者，以其字从米也。言芻米不言禾者，舉芻米可以該禾也。經典謂生物曰餼，論語「告朔之餼羊」。从米，气聲，許既切，十五部。今字叚氣爲雲氣字，而饔餼乃無作氣者。春秋傳曰：齊人來氣諸侯，事見左傳桓六年、十年。十年傳曰：「齊人餼諸侯」。許所據作氣，左丘明述春秋傳以古文，於此可見。⿱既米、氣，或从既，既聲也。聘禮記曰：日如其饔既之數，注云：古文既爲餼。中庸篇曰：既稟稱事，注云：既讀爲餼。大戴朝事篇：私覿致饔既，戴先生曰：既卽餼字。按三既皆⿱既米之省，餼氣或从食，按从食而氣爲聲，蓋晚出俗字，在假氣爲气之後。⿰米工，陳臭米。賈捐之傳：太倉之粟，紅腐而不可食。師古曰：粟久腐壞則色紅赤也。按紅卽⿰米工之叚借字，从米，工聲，戶光切，九部。粉，所以傅面者也。「所以」字舊奪，今補。小徐曰：古傅面亦用米粉，故齊民要術有「傅面粉英」。按據賈氏說，粉英僅堪妝摩身體耳；傅人面者，固胡粉也，許所云傅面者。凡外曰面，周禮傅於餌餈之上者是也。引伸爲凡細末之偁。从米、分聲，方吻切，十三部。⿰米卷，粉也，从米、卷聲，去阮切，十四部。玉篇曰：粽同⿰米悉，⿰米悉𢇛也。⿰米悉𢇛，雙聲字，今俗語尚如此言之。斂曰⿰米悉，言之侈曰𢇛，皆單呼也。絫呼之曰⿰米悉𢇛，从米、悉聲，私列切，十二部。𢇛，⿰米悉𢇛，散之也。𢇛者，複舉字；⿰米悉者，衍字。左傳正義兩引說文「𢇛，散之也」可證。左傳昭元年曰：周公殺管叔，而蔡蔡叔。釋文曰：上蔡字音素葛反。說文作𢇛。正義曰：說文𢇛爲放散之義，故訓爲放。隸書改作，已失字體，𢇛字不可復識。寫者全類蔡字，至有爲一蔡字，重點以讀之者。定四年，正義同是𢇛，本謂散米，引伸之，凡放散皆曰𢇛，字譌作蔡耳，亦省作殺。齊民要術凡云殺米者，皆𢇛米也。孟子曰：殺三苗於三危，卽𢇛三苗也。从米、殺聲，桑割切，十五部。䊳，碎也。石部云：碎，䊳也。二字互訓。王逸注離騷瓊爢曰：爢，屑也。爢卽䊳字。廣雅糜字二見，曰「糜，饘也」，與說文同；曰

「糜，糈也」，卽說文之「䊳，碎也。」糜與䊳，音同義少別。凡言粉碎之義，當作䊳。从米、靡聲。此字，玉篇、廣韻、集韻皆忙皮切。徐鼎臣乃云莫臥切，而類篇從之，蓋誤認爲䃺字耳。鼎臣所說，不必皆唐韻也。䊳，古音在十七部。竊，盜自中出曰竊，小徐曰：所謂亂在內爲宄也。按春秋曰：盜竊寶玉大弓，盜自中出也。虎部曰：竊，淺也。此於雙聲疊韻得之。从穴米，米自穴出，此盜自中出之象也。會意，禼廿皆聲也。一字有以二字形聲者。千結切，十五部。廿，古文疾。童下亦曰：廿，古文以爲疾云。以爲，則本訓二十，幷古文叚借以爲疾字也。疒部疾下列古文，仍與小篆不別，蓋轉寫之誤。禼，偰字也，大徐作古文偰。按内部，禼，蟲也，讀與偰同。是則音同而義異也。此云偰字者，蓋古文叚借以禼爲偰，猶見於漢書。又毇，糲米一斛，舂爲九斗也。九斗，各本譌八斗；糳下八斗，各本譌九斗，今皆正。九章算術曰：糲米率三十，粺米二十七，糳米二十四，御米二十一。毛詩鄭箋：米之率，糲十、粺九、糳八、侍御七。米部曰：粺，毇也，是則毇與粺皆一斛舂爲九斗明甚。毇見粲下，謂稻米也。稻米之始，亦得云糲，此云糲米者，兼稻米、粟米言也。从臼米。依韻會本从殳。从臼米者，謂舂也；从殳者，殳猶杵也。許委切，十五部。鉉本从臼米，作从臯。凡毇之屬，皆从毇，糳，糲米一斛，舂爲八斗，曰糳，此糲米亦兼粟米、稻米言也。詩生民、召旻音義，左傳桓二年音義，皆引字林「糳，子沃反」，糲米一斛，舂爲八斗也，與九章算術、毛詩鄭箋皆合。然則許在張蒼之後，鄭、呂之前，斷無乖異。各本八斗譌九斗，繆誤顯然。經傳多叚鑿爲糳，从毇，丵省聲。鍇有省字，今依之。篆體減一畫，則各切，古音在二部。

秫

爾雅：衆，秫。註：謂黏粟也。疏衆一名秫，謂黏粟也。說文云：稷之黏者也，與穀相似，米黏。北人用之釀酒，其莖稈似禾而粗大者是也。

別錄：秫米味甘，微寒。止寒熱，利大腸，療漆瘡。陶隱居云：北人以作酒及煮糖者，肥軟易消；方藥不正用，惟嚼以塗漆瘡，及釀諸藥醪。

唐本草注：此米功用是稻秫也。今大都呼粟糯爲秫稻，秫爲糯矣。北土亦多，以粟秫釀酒，而汁少於黍米。粟秫應有別功，但本草不載。凡黍稷、粟秫、秔稻，此三穀之秈稉也。

食療本草：秫米其性平，能殺瘡疥毒熱，擁五臟氣。動風，不可常食。北人往往有種者，代米作酒耳。又生搗和雞子白，傅毒腫良；根煮作湯，洗風。又米一石，麴三升，和地黃一斤，茵陳蒿一斤，炙令黃，一依釀酒法；服之治筋骨攣急。

顏師古匡謬正俗云：今之所謂秫米者，似黍米而粒小者耳，亦堪作酒。

本草衍義：秫米初搗出，淡黃白色；經久，色如糯，用作酒者是此。米亦不堪爲飯，最黏，故宜酒。

本草綱目李時珍曰：秫卽粱米、粟米之粘者，有赤、白、黃三色，皆可釀酒，熬糖作餈糕食之。蘇頌圖經謂秫爲黍之粘者，許愼說文謂秫爲稷之粘者，崔豹古今注謂秫爲稻之粘者，皆誤也。惟蘇恭以粟秫分秈糯。孫炎注爾雅，謂秫爲粘粟者，得之。

齊民要術種粱秫法：種秫欲薄地而稀，一畝用子三升半，地良多雉尾，苗概穗不成。種與植稷同。時晚者，全不收也。燥濕之宜，杷勞之法，一同穀苗，收刈晚也。

爾雅正義：衆，秫。衆一名秫。說文云：秫，稷之黏者，卽今北方所謂黃米也。與稷米相似，而垂穗較疎，可以釀酒，故月令仲冬，乃命大酋，秫稻必齊，麴櫱必時，以秫與稻皆可爲酒也。又可爲餌餈、酏粥之屬，故內則云：菽、麥、蕡、稻、黍、粱、秫惟所欲。蓋老者不使稷食，而稷之黏者，則可以養老也。鄭司農釋九穀之名，蓋舉稷秫，後鄭不從者，以秫卽是粘稷，不可分爲二也。後世於他穀之粘者，通稱爲秫。廣韻云：秫，糯也，此假借以爲名耳。又注謂粘粟也。正義、齊民要術引孫炎云粘粟也。郭注本孫炎釋文云：江東人皆呼稻米爲秫米，此卽晉人所謂公田種秫也。以稻之糯者爲秫，至今俗語猶然，要皆假借之名耳。釋文又云：北間自有秫穀，全與粟相似；米粘，北人用之釀酒，其莖稈似禾而粗大也。案今北方釀酒以黃米。

胡侍眞珠船：爾雅「衆，秫。」注云：謂黏粟也。說文云：秫稷之黏者也。氾勝之書云：粱是秫粟。本草圖經云：丹黍米黏者爲秫，北人謂秫爲黃米，亦謂之黃糯，釀酒。觀此則黍、稷、稻、粱之黏者，皆謂之秫，而本草別出秫米一條。注謂似黍而粒小，誤也。

藊豆

別錄：藊豆味甘，微溫，主和中下氣。葉主霍亂，吐下不止。陶隱居云：人家種之於籬垣，其莢蒸食甚美，無正用。取其豆者，葉乃單行用之。患寒熱病者，不可食。

唐本草註：此北人名鵲豆，以其黑而白間故也。

圖經：藊豆舊不著所出州土，今處處有之。人家多種於籬垣間，蔓延而上。大葉細花，花有紫、白二色，莢生花下。其實亦有黑、白二種：白者溫，而黑者小冷。入藥當用白者。主行風氣，女子帶下，兼殺一切草木及酒毒，亦解河豘毒。花亦主女子赤白下，乾末米飲和服。葉主吐痢後轉筋，生擣研以少酢，浸取汁，飲之立止。黑色者亦名鵲豆，以其黑間而有白道，如鵲羽耳。

食療本草：微寒，主嘔逆。久食頭不白，患冷氣人勿食。其葉治瘕，和醋煮；理轉筋，葉汁醋服效。

本草衍義：藊豆有黑、白、鵲豆等，皆於豆脊有白路。白者治霍亂、轉筋。

粳

別錄：粳米味甘苦，平，無毒。主益氣，止煩，止洩。陶隱居云：此卽人常所食米，但有白、赤、小、大異族四五種，猶同一類也。前陳廩米，亦是此種；以廩軍人，故曰廩爾。

食療本草：粳米平，主益氣，止煩洩。其赤則粒大而香，不禁水停，其黃綠卽實中。又水漬有味，益人。大都新熟者動氣，經再年者，亦發病。江南貯倉，人皆多收火稻，其火稻宜人，溫中，益氣，補下元。燒之去芒，春舂米食之，卽不發病耳。又云，倉粳米炊作乾飯食之，止痢；又補中，益氣，堅筋，通血脈，起陽道。北人炊之，甕中水浸，令酸，食之煖五臟、六腑氣。久陳者蒸作飯，和醋封，毒腫立差。又研服之，去卒心痛。白粳米汁主心痛，止渴，斷熱毒痢。若常食乾飯，令人熱中，脣口乾。不可和蒼耳食之，令人卒心痛；卽急燒倉米灰和蜜漿服之，不爾卽死。不可與馬肉同食之，發痼疾。

本草衍義：粳米、白晚米爲第一，早熟米不及也。平和五臟，補益胃氣，其功莫逮；然稍生則復不益脾，過熟則佳。

稻

爾雅：稌，稻。注：今沛國呼稌，別二名也。

郭云：今沛國呼稌。詩周頌云：豐年多黍多稌。禮記內則云：牛宜稌。豳風七月云：十月穫稻。是一物也。案說文云：沛國謂稻爲糯秔，稌屬也。字林云：糯，粘稻也；秔，稻不黏者。本草以粳米、稻米爲二物。秔與粳，古今字，然秔糯甚相類，黏不黏異耳。依說文稌稻卽糯也，江東呼稉。

別錄：稻米味苦，主溫中，令人多熱，大便堅。

陶隱居云：道家方藥，有俱用稻米、粳米，此則是兩物矣。云稻米白如霜，又江東無此，皆通呼粳爲稻爾。不知其色類，復云何也！

唐本草注：稻者，穬穀通名。爾雅云：稌，稻也；秔者不糯之稱，亦曰秈。氾勝之云秔稻、秫稻，三月種秔稻，四月種秫稻，卽並稻也。今陶爲二事，深不可解也。

開寶本草李含光音義云：按字書解粳字云：稻也；解秔字云：稻屬也，不粘；解粢字云：稻餅也。明稻米作粢，蓋糯米爾。其細糠白如雪，粒大小似秔米，但體性粘滯爲異。然今通呼秔糯穀爲稻，所以惑之，新舊註殆是臆說。今此稻米，卽糯米也。又撿秔、粳二字同音，蓋古人當分別二米爲殊爾。

顏師古匡謬正俗云：本草所謂稻米者，今之稉米耳。陶以稉爲秫，不知稻是稉，故說之不曉。許氏說文解字曰：秫，稷之粘者，稻稌也，沛國謂稻爲糯。又急就篇云：稻黍秫稷。左太沖蜀都賦云：粳稻漠漠。益知稻卽粳，共粳並出矣，然後以稻是有芒之穀，故於後或通呼粳稉，總謂之稻。孔子曰：食夫稻，周官有稻人之職，漢置稻田使者，此並非指屬稻粳之一色，所以後人混稉，不知稻本是稉耳。

圖經：稻米有秔稻，有糯稻，舊不載所出州土。今有水田處，皆能種之。秔、糯既通爲稻，而本經以秔爲粳米，糯爲稻米者。謹按爾雅云：稌，稻；釋曰：別二名也；郭璞云：沛國呼稌；詩頌云：多黍多稌；禮記內則云：牛宜稌；豳詩云：十月穫稻，是一物也。說文解字云：沛國謂稻爲糯秔，稌屬也。字林云：糯，黏稻也。秔稻不粘者，今人呼之者如字林所說也。本經稱號者，如說文所說也。前條有陳廩米，卽秔米以廩軍人者是也。入藥最多。稻稈灰亦主病，見劉禹錫傳信方，云：湖南李從事治墜馬撲損，用稻稈燒灰，用新熟酒未壓者，和糟入鹽和合，淋前灰取汁，以淋痛處，立差。有至背損，亦可淋。用好糟淋灰亦得，不必新壓酒也。糯米性寒，作酒則熱，糟乃溫平。亦如大豆與豉醬，不同之類耳。

本草拾遺：糯米性微寒，姙身與雜肉食之不利。

子作糜，食一斗，主消渴；久食之，令人身軟。黍米及糯飼小猫、犬，令脚屈不能行，緩人筋故也。又云：稻穰主黄病，身作金色，煮汁浸之。又稻穀芒，炒令黄，細研作末，酒服之。

曲洧舊聞：洛下一作中。稻田亦多，土人以稻之無芒者爲和尙稻，亦猶浙中人呼師婆粳，其實一也。

齊民要術：稻無所緣，唯歲易爲良，選地欲近上流。地無良薄，水清者稻美。二月種者爲上時，四月上旬爲中時，中旬爲下時。先放水十日，復曳陸軸十遍。遍數唯多爲良。地既熟淨，淘種子，浮者不去，秋則生稗。漬經三宿，漉出內草篅市專反，判竹圜以盛穀。裛之。復經三宿，芽生長二分。一畝三升，擲三。日之中，令人驅鳥。稻苗長七八寸，陳草復起，以鎌侵水芟之，草悉膿死。稻苗漸長，復須薅，拔草曰薅，虎高切。薅訖，決去水，曝根令堅，量時水旱而溉之。將熟，又去水，霜降穫之。早刈米青而不堅，晚刈零落而損收。北土高原，本無陂澤，隨逐隈曲而田者，二月冰解地乾，燒而耕之，仍卽下水。十日塊既散液，持木斫平之，納種如前法。既生七八寸，拔而栽之，既非歲易，草稗俱生，芟亦不死，故須用栽而薅之。灌溉收刈，一如前法。畦畤音劣，堤堰也。大小無定，須量地宜，取水均而已。藏稻必須用箪，此既水穀，窖埋得地氣，則爛敗也。若於久居者，亦如劁麥法。舂稻必須冬時，積日燥曝，一夜置霜露中卽舂。若冬舂不乾，卽米青赤脈起；不經霜，不燥曝則米碎矣。秫稻法一切同。雜陰陽書曰：稻生於柳或楊八十日秀，秀後七十日成，戊、己四季日爲良，忌寅、卯、辰，惡甲、乙。周官曰：稻人掌稼下地。鄭注：以水澤之地種穀也，謂之稼者，有似嫁女相生。以瀦畜水，以防止水，以溝蕩水，以遂均水，以列舍水，以澮寫水，以涉揚其芟作田。鄭司農說，瀦防以春秋傳曰，町原防規偃瀦，以列舍水。列者，非一道以去水也，以涉揚其芟，以其水寫，故得行其田中，舉其芟鉤也。杜子春讀蕩爲和，蕩謂以溝行水也。玄謂偃瀦者，畜流水之陂也。防，瀦旁隄也。遂，田首受水小溝也。列，田之畦畤也。澮，田尾去水大溝。作猶治也。開遂舍水於列中，因涉之，揚去前年所芟之草，而治田種稻。凡稼澤，夏以水殄草而芟夷之，鄭注：殄、病也絕也。鄭司農說芟夷，以春秋傳曰，芟夷蘊崇之。今時謂禾下麥爲夷下麥，言芟刈其禾，於下種麥也。玄謂將以澤地爲嫁者，必於夏六月之時。大雨時行，以水病絕草之後生者。至秋水涸芟之，明年乃嫁。澤草所生，種之芒種。鄭注鄭司農云：澤草之所生，其地可種芒種。芒種，稻麥也。禮記月令云：季夏大雨時行，乃燒薙行水利，以殺草，如以熱湯。鄭玄注曰：薙謂迫地芟草，此謂欲嫁雨。流潦畜於芟中，則草不復生，地美可嫁也。薙氏掌殺草，春始生而萌之，夏日至而夷之，秋繩而芟之，冬日至而耜之。若欲其化也，則以水火變之。可以糞田疇，可以美土疆。注曰：土潤，溽暑膏澤易行也。糞、美互文。土疆，强檃之地。孝經援神契曰：汙泉宜稻。淮南子曰：離先稻熟，而農夫薅之者，不以小利害大穫。高誘曰：離，水稗。氾勝之書曰：種稻，春凍解，耕反其土。種稻區不欲大，大則水深淺不適。冬至後一百一十日可種稻，稻地美，用種畝四升。始種稻欲濕，濕者缺其塍，食陵反，畦畔也。令水道相直。夏至後大熱，令水道錯。崔寔曰：三月可種稉稻。稻，美田欲稀，薄田欲稠。五月可別種。及藍盡，夏至後二十日止。

又：旱稻用下田，白土勝黑土。非言下田勝高原，但夏停水者，亦得禾、豆、麥、稻四種，雖澇亦收，所謂彼此俱獲，不失地利故也。下田種者，用功多，高原種者，與禾同等也。凡下田停水處，燥則堅垎，濕則汙泥，難治而易荒，墝埆而殺種。其春耕者，殺種尤甚，故宜五六月暵之，以擬穬麥。麥時水澇不得納種者，九月中復一轉，至春種稻，萬不失一。春耕者十不收五，蓋誤人耳。凡種下田，不問秋夏，候水盡地白背時，速耕耙勞，頻翻令熟。過燥則堅，過雨則泥，所以宜速耕。二月半種稻爲上時，三月爲中時，四月初及半爲下時。漬種如法。裛令開口，耬耩稀種之，耩，故項反。稴，烏感反。稴種者，省耕，而生科叉、勝擲者。即再遍勞。若歲寒旱種，慮時晚即不漬種，即恐芽焦也。其土黑堅彊之地，種未生前遇旱者，欲得牛羊及人履踐之，濕則不用一跡入也。稻既生，猶欲令人踐壠背。踐者，茂而多實也。苗長三寸，杷勞而鋤之，鋤惟欲速。稻苗性弱，不能扇草，故宜數鋤之。每經一雨，輒欲杷勞。苗高尺許則鋒。古農器。天雨無所作，宜冒雨薅之。科大如概者，五、六月中霖雨時，拔而栽之，栽法欲淺，令其根鬚四散則滋茂。深而直下者，聚而不科。其苗長者，亦可拔去葉端數寸，勿傷其心也。入七月不復任栽。七月百草成，時晚故也。其高田種者，不求極良，唯須廢地，過良則苗折，廢地則無草。亦秋耕杷勞令熟，至春黃場納種，不宜濕下。餘法悉與下田同矣。

大學衍義補：地土高下、燥濕不同，而同於生物；生物之性雖同，而所生之物則有宜有不宜焉。土性雖有宜否，人力亦有至、不至。人力之至，亦或可以回天，況地乎？宋太宗詔江南之民種諸穀，江北之民種秔稻。眞宗取占城稻種，散諸民間，是亦大易，財成輔相，以左右民之一事。今世江南之民，皆雜蒔諸穀；江北人，亦兼種秔稻。昔之秔稻，惟秋一收，今又有旱禾焉。二帝之功，利及民遠矣。後之有志勤民者，自宜倣宋主此意，通行南北，俾民兼種諸穀。有司考課，書其勸相之數，其地昔無而今有，有成效者，加以官賞。

農政全書：往時宋眞宗因兩浙旱荒，命於福建取占城稻三萬斛散之，仍以種法下轉運司示民，即今之旱稻也。初止散於兩浙，今北方高仰處，類有之。因宋時有江翺者，建安人，爲汝州魯山邑令，邑多苦旱，乃從建安取旱稻種，耐旱而繁實，且可久蓄，高原種之，歲歲足食。種法大率如種麥，治地畢，豫浸一宿，然後打潭下子，用稻草灰和水澆之。每鋤草一次，澆糞水一次，至於三即秀矣。

九穀考：說文：稻，稌也；稌，稻也。周禮曰：牛宜稌稉，沛國謂稻曰稉。稴，稻不黏者，讀若風廉之廉。䆉，稻紫莖不黏也，謂若靡。秔，稻屬；稉秔重文。秏，稻屬。伊尹曰：飯之美者，元山之禾，南海之秏。秜稻今年落，來年自生，謂之秜。餈，稻餅也，粢䬣，並餈重文。案稻稌，大名也；稬，糯也，其黏者也。字林：糯，黏稻也。稉之爲言，硬也，不黏者也，字林：稉稻，不黏者。南方謂之秈。廣韻：秈，稉也。玉篇：秈，稉稻也。七月之詩：十月穫稻，月令：季秋嘗稻，注云：稻始熟也。爲此春酒，以介眉壽。月令：仲冬乃命大酋，秫稻必齊。內則、雜記並有稻醴。左傳：進稻醴粱糗。內經：黃帝問爲五穀湯液及醪醴，岐伯對曰：必以稻米，炊之稻薪。皆言釀稻爲酒醴，是以稻爲黏者之名，黏者以釀也。穈黏。句 黍稷黏。句 秫皆可以釀者也。內則：糝酏餈同。用稻米，籩人職之。餌餈注，亦以爲用稻米，皆取其黏耳。而食醫之職，牛宜稌，鄭司農說：稌，稉也。又引爾雅曰：稌稻，是又以稉釋稻。稉，其不黏者也，孔子曰：食夫稻，亦不必專指黏者言。職方氏，揚荊諸州，亦但云其穀宜稻，吾是以知稌稻之爲大名也。顏師古漢書注：稻，有芒之穀總稱也。秔，其不黏者也。周官：稻人掌稼，下地澤草所生，種之芒種。芒種，稻麥也，於水澤之地種之。白華之云：滮池北流，浸彼稻田，由是言之，稻宜水也。淮南子：稻生於水，而不生於湍瀨之流。楊泉物理論：稻者，溉種之總名。稻人又於旱暵，共其雩斂。雩，祈甘雨之祭也，稻人共其事之發斂，蓋稻急水者也。漢書溝洫志賈讓治河策云：若有渠溉，故種禾麥，更爲秔稻，是稻之於水，視麥尤急矣。後漢書，張堪拜漁陽太守，於狐奴開稻田八千餘頃，勸民耕種，以致殷富。京之東，玉田豐潤之間，多稻米。二縣，漢屬右北平，西接漁陽，今稱沃土，蓋堪之遺澤遠矣。余嘗再至豐潤，問樹藝之法，言種於水田者爲稻子，其非水田所種者，別之曰稉。稉早熟，稻晚熟；稉米硬，稻米軟。稻卽稉類，軟非如稬之黏也。彼地稉，亦旱田所種。此以田之燥濕分稉稻之種，雖間有異施，而大致然矣。內則：淳熬用陸稻，管子謂之陵稻。則不必水田種者，亦稱稻。左太沖魏都賦：水澍稉稌，陸蒔黍稷，則不必陸地種者，亦稱稉。蓋稻爲大名，而稉稻二字，散文則通，抑一隅偏稱，又不可爲典要也。農桑輯要之言水、旱稻也，引齊民要術之說詳矣。水稻選地，欲近上流，旱稻宜用下田。以爲上流水清，則稻美，而於下田，則極言其難治，著耕耙勞鋤鋒薅之法，然未言其所以宜旱稻之故。余則以謂，旱稻不生水中而貴潤，下田滋潤，稻乃得其養。故苟水稻而殖於濁水之中，稻雖急水，亦忌爲水所傷。旱稻而殖於高原之上，是急水者而偏燥之，豈能遂其生哉，此之謂盡物之性矣。至其言水稻，有生七八寸，拔而更蒔者。有不更蒔者。言旱稻，則但言更蒔，與余在豐潤所目驗者不同。豐潤水田更蒔，旱田直播種而生之。吾徽播種生秧，有水、旱二法，然皆必拔而更蒔。及其更蒔也，則皆在水田中。蓋土地所宜，每多殊致，固有未可以一說概之者矣。東南方地氣暖，稻之熟也恆疾，交趾稻，冬又熟，一歲再種，初學記載後漢楊孚異物志云。吳都賦所謂國稅再熟之稻是也。余至安慶府桐城縣之樅陽鎮，士人云：其地有山田，有圍田。圍田稻，歲一收；山田地氣暖，歲再熟也。三月下種，六月穫者，爲早稻。五月於別田下種生秧，至六月，早稻穫後，犂其田而蒔之，九月乃收，是爲穫而再熟者也。江寧翁兆溱夢旂云：曾至臺灣，其稻穫而再熟，至鳳山縣，則三月穫早稻，春秋再收。蓋其縣居臺灣之極南，地氣更暖，無嚴寒之時，冬月卽可布種也。一統志言，雷州界，稻十月種，次年四月熟。雷州遠在臺灣之西，然則極南之地，風土蓋略同矣。隋書西域傳：高昌國氣候溫暖，穀麥再熟。荀子富國篇云：今是士之生五穀也，人善治之，則畝數盆，一歲而再獲。再獲猶再穫也。是以歲再熟，歸之人力矣。

水經注云：九眞太守任延始教耕犂，俗化交土，風行象林，知耕以來，六百餘年，火耨耕藝，法與華同。名白田，種白穀，七月火作，十月登熟；名赤田，種赤穀，余過德州河間諸屬縣，有白地，即沙地瘠土也。黑地，腴田也。又有赤地，皆非以穀色別也。十二月作，四月登熟，所謂兩熟之稻也。然則此言歲再熟，異畝異時，非穫而再種者也。農田餘話云：閩廣之地，稻收再熟，人以爲穫而再種，非也。其鄉以清明前下種，芒種蒔苗，一壠之間，稀行密蒔。先種其早者，旬日後，復蒔晚苗於行間。俟立秋成熟，刈去早禾，乃鉏理培壅其晚者，盛茂秀實，然後收，其再熟也。此又以同畝異蒔爲再熟，蓋所聞異辭。余至饒州，其地有圍田、湖田。圍田高，湖田低；高田種早稻；低田種晚稻；早稻硬，晚稻軟；早稻清明浸種，立夏蒔秧，大暑盡穫矣；晚稻四五月浸種，其蒔也以處暑爲限。諺云：禾逢處暑絕根苗，言處暑後蒔之不成熟也，九月則盡穫矣。湖田六七月水始涸，涸乃可蒔秧，故專種晚稻。此地稻亦歲再熟，然皆異畝而種，亦非穫後更蒔之也。徐堅初學記載郭義恭廣志曰：稻有蓋下白，正月種，五月穫，穫其莖，根復生，九月復熟。此其再熟，爲一本兩刈，抑又異矣。水經注又云：更於草甲萌芽，穀月代種，種穉早晚，無月不秀，耕耘功重，收穫利輕，熟速故也。此所謂月熟之稻者，隋書：婆登國有月熟之稻。其種蒔之法，所未聞矣。王嘉拾遺記：漢宣帝時，背陰之國，來貢方物，言其鄉在扶桑之東。有浹日稻，十日而熟。抱朴子：南海晉安有九熟之稻。唐書西域傳：天竺土溽稻，歲四熟。顧岕海槎餘錄：儋耳種早稻曰山禾，粒大而香，連收三四熟。曲禮：稻曰嘉疏，所謂齍號也。周官大祝辨六號，五曰齍號，注云：尊其名，更爲美稱。司農說，引曲禮黍曰薌合，粱曰薌萁，稻曰嘉疏是也。鄭注曲禮云：稻，菰疏之屬也。余謂疏爲疏大之義，前於論疏食，已詳言之矣。釋文云：疏本又作蔬，蓋後人加艸耳。高郵王懷祖念孫語余云：說文穬，讀若靡，靡爲⿱麻貝字之譌。穬，扶沸切；⿱麻貝，房未切，故穬得讀若⿱麻貝。以形相邇，而譌爲靡。諒哉斯言也！余檢廣韻，二字同切，足以證之矣。秏，据說文，南海之美稻也。而呂氏春秋引伊尹之言，則曰飯之美者，元山之禾，不周之粟，陽山之穄，南海之秬。淮南子離先稻熟，而農夫耨之，不以小利傷大穫也。注云：離與稻相似，耨之爲其少實。而他書引淮南注則曰：蘺，水稗。此非高誘注也。水稗，南方稻田中多生之，不得先稻而熟。或疑離、秜同聲，秜爲今年落、來年自生之稻，或能先稻而熟與？然非余之所敢知矣。稻餅曰餈，糒餈、黍餈亦得稱餈者，則散文通也。

說文解字注：稻，稌也。今俗概謂黏者。不黏者，未去穅曰稻，稬稻、秈稻、秔稻皆未去穅之偁也；既去穅則曰稬米、曰秈米、曰秔米。古謂黏者爲稻，謂黏米爲稻。九穀攷曰：七月詩：十月穫稻，爲此春酒。月令：乃命大酋，秫稻必齊。內則、雜記並有稻醴。左傳：進稻醴粱糗。是以稻爲黏者之名，黏者以釀也。內則：糝酏用稻米，籩人職之餌餈，注亦以爲用稻米，皆取其黏耳。而食醫之職，牛宜稌，鄭司農說，稌，稉也，是又以稉釋稻。稉，其不黏者也。孔子曰：食夫稻，亦不必專指黏者言。職方氏：揚荆諸州，亦但云其穀宜稻，吾是以知稌稻之爲大名也。玉裁謂稻，其渾言之偁，秔與稻對，爲析言之偁。稻宜水，故周禮稻人掌稼下地。从禾、舀聲，徒晧切，古音在三部。稌，稻也，釋艸曰：稌，稻。周頌、毛傳同。許曰：沛國呼稬，而郭璞曰，今沛國呼稌，然則稌、稬本一語，而稍分輕重耳。从禾，余聲，徒古切，五部。周禮曰：牛宜稌，食醫文稬，沛國謂稻曰稬。襄五年，穀粱傳：仲孫蔑衞孫林父會吳於善稻。吳謂善伊，謂稻緩。按謂善爲伊者，古合韻也，謂稻爲緩者，即沛國謂稻曰稬之理也。緩古亦讀如暖。昭五年，狄人謂賁泉矢胎。謂賁爲矢者，即今俗語謂糞爲矢也。今矢胎作失台者，誤。从禾，耎聲，奴亂切，十四部，今語奴臥切。穛，稻不黏者。凡穀皆有黏者，有不黏者，秫則稷之黏者也；穄則黍之不黏者也。稻有不黏者，則穛是也。今俗通謂不黏者爲秈米。集韻、類篇皆云：方言，江南呼粳爲秈，亦作籼、作粞。按說文、玉篇皆有穛無秈，蓋秈卽穛字，音變而字異耳。廣雅曰：秈，粳也，渾言不別也。从禾，兼聲，讀若風廉之廉。風廉之廉，疑當同食部，作風溓。溓，力兼切，亦胡兼切，七部。秔，稻屬，凡言屬者，以屬見別也。言別者，以別見屬也。重其同，則言屬，秔爲稻屬是也；重其異，則言別，稗爲禾別是也。周禮注曰：州黨族閭比鄉之屬，別介次市亭之屬。別，小者，屬、別並言，分合並見也。稻有至黏者，稬是也；有次黏者，粳是也；有不黏者，穛是也。粳比於稬，則爲不黏；比於穛，則尚爲黏。粳與穛爲飯，稬以釀酒，爲餌餈，今與古同矣。散文粳亦偁稻，對文則別。魏都賦：水澍稉稌，陸蒔稷黍。蜀都賦：黍稷油油，粳稻莫莫。皆粳稻並舉。本草經，秔米、稻米殊用，陶貞白乃不能分別，其亦異矣。从禾，亢聲，古行切，古音在十部。稉，俗秔，更聲也。陸德明曰：粳與稉，皆俗秔字；秏，稻屬。漢書曰：訖於孝武後元之年，靡有孑遺秏矣。孟康曰：秏音毛，無有秏米在者也。秏米，米名，卽所謂稻屬也。今本作毛米，誤。孟意，若今言無有一粒存者。水經注曰：燕人謂無爲毛，故有用毛爲無者，又有用秏者。初讀，莫報切；既又讀，呼到切；改禾旁爲耒旁，罕知其本音、本義、本形矣。大雅：秏斁下土。秏者，乏無之謂，故韓詩云惡也。从禾，毛聲，呼到切，二部。按當音毛，音耄。伊尹曰：飯之美者，元山之禾，南海之秏。呂氏春秋本味篇，伊尹曰：南海之秬，高注：南海，南方之海；秬，黑黍也。許所據伊尹書不同，伊尹書見漢藝文志。穬，芒粟也。周禮稻人：澤草所生，種之芒種。鄭司農云：芒種，稻麥也。按凡穀之芒，稻麥爲大芒，粟次於此，麥下曰芒穀。然則許意同先鄭也。稻、麥得呼粟者，從嘉穀之名也。从禾，廣聲，古猛切，古音在十部。秜，稻今年落，來年自生，謂之秜。淮南書：離先稻孰，而農夫耨之，不以小利傷大穫也。注云：離與稻相似，耨之爲其少實，疑離卽秜。玉篇、廣韻，秜皆力脂切，則音同也。他書皆作穭，力與切。埤蒼：穭，自生也，亦作稆。後漢書獻帝紀：尙書郎以下，自出采稆。古作旅。史漢皆云觜觿，主葆旅事。晉灼曰：葆，采也，野生曰旅。今之飢民，采旅生。按離、秜、旅，一聲之轉，皆謂不種而自生者也。从禾，尼聲，里之切。按之，當依廣韻作脂，十五部。又穳，稻紫莖不粘者也。者字今補。从禾，糞聲，讀若靡。王氏念孫曰：靡當作釀字之誤也，扶沸切，古音在十三部、十五部之間。又按此爲稻屬，則當廁於下文稻、稌、穬、秔、秏之類，蓋轉寫者亂之。又飲，稻餅也。方言曰：餌謂之餻，或謂之粢，或謂之鈴，或謂之餣，或謂之飥，謂米餅也。周禮：糗餌粉餈，注曰：餌餈皆粉稻米、黍米所爲也。合蒸曰餌，餅之曰餈，糗者，擣粉熬大豆爲餌餈之，黏著以粉之耳。餌言糗，餈言粉，互相足。案許說與鄭不同，謂以稬米蒸孰，餅之如麪餅曰餈，今江蘇之餈飯也。粉稬米而餅之，而蒸之，則曰餌。鬻部云：鬻，粉餅也，是也。今江蘇之米粉餅、米粉團也。粉餅，則傅之以熬米麥之乾者，故曰糗餌。米部云：糗，熬米麥也，可證。餈則傅之以大豆之粉，米部曰：粉，傅面者也，可證也。許不言何粉，大鄭云豆屑是也。从食，次聲，疾資切，十五部。周禮故書作茨，假借字也。饝、餈，或从齊，齊聲；粢、餈或从米，猶从食也。內則音義曰：餈本或作粢。案粢與禾部秶各義。

蘖米 附

別錄：蘖米味苦，無毒。主寒中，下氣，

除熱。陶隱居云：此是以米爲糵爾，非別米名也。末其米，脂和傅面，亦使皮膚悅澤，爲熱不及麥糵也。

唐本草注：糵者，生不以理之名也，皆當以可生之物爲之。陶稱以米爲糵，其米豈更能生乎？止當取糵中之米爾。按食經稱用稻糵，稻卽穬穀之名，明非米作。

本草衍義：糵米，此則粟糵也，今穀神散中用之，性溫於大麥糵。

春杵頭細糠 附

別錄：春杵頭細糠，主卒噎。陶隱居云：食卒噎不下，刮取含之，卽去。亦是春搗義爾，天下事理，多有相影響如此也。

醋 附

別錄：醋味酸，溫無毒。主消癰腫，散水氣，殺邪毒。陶隱居云：醋酒爲用，無所不入，逾久逾良，亦謂之醯。以有苦味，俗呼爲苦酒。丹家又加餘物，謂爲華池左味，但不可多食之，損人肌臟。

唐本草注：醋有數種，此言米醋。若蜜醋，麥醋，麴醋，桃醋，葡萄、大棗、蘡薁等諸雜果醋，及糠糟等醋會意者，亦極酸烈，止可噉之，不可入藥也。

本草拾遺：醋破血運，除癥塊堅積，消食，殺惡毒，破結氣，心中酸水，痰飲，多食損筋骨。然藥中用之，當取二、三年米酢良。蘇云：葡萄、大棗，皆堪作酢。緣渠是荊楚人，土地儉嗇，果敗猶取以釀醋，糟醋猶不入藥，况於果乎？

食療本草：醋多食損人胃。消諸毒氣，能治婦人產後血氣運，取美清醋，熱煎，稍稍含之，卽愈。又人口有瘡，以黃糵皮醋漬含之，卽愈。又牛馬疫病，和灌之服諸藥。不可多食，不可與蛤肉同食，相反。又江南人多爲米醋，北人多爲糟醋，發諸藥，不可同食。研青木香服之，止卒心痛，血氣等。調大黃，塗腫毒，米醋、飛丹用之。

日華子：醋治產後婦人，幷傷損及金瘡、血運，下氣，除煩，破癥結，治婦人心痛。助諸藥力，殺一切魚肉菜毒。又云：米醋功用同。醋多食，不益男子，損人顔色。

北夢瑣言云：有少年眼中常見一鏡子，趙卿診之曰：來晨以魚鱠奉候。及期，延於閫內，從容久飢，候客退，方得攀接。俄而臺上施一甌芥醋，更無他味。少年飢甚，聞芥醋香，輒啜之；逡巡再啜，遂覺胸中豁然，眼花不見。卿云：君喫魚膾太多，魚畏芥醋，故權誑而愈其疾也。

又云：孫光憲家婢，抱小兒，不覺落炭火上，便以醋泥傅之，無痕。

酒 附

別錄：酒味苦，甘辛，大熱，有毒。主行藥勢，殺百邪惡毒氣。陶隱居云：大寒凝海，惟酒不冰，明其性熱，獨冠羣物。藥家多須，以行其勢。人飲之，使體弊神惛，是其有毒故也。昔三人晨行觸霧，一人健，一人病，一人死。健者飲酒，病者食粥，死者空腹。此酒勢辟惡，勝於他食。

本草拾遺：酒本功外，殺百邪，去惡氣，通血脉，厚腸胃，潤皮膚，散冷氣，消憂發怒，宣言暢意。書曰：若作酒醴，爾惟麴蘖。蘇恭乃廣引葡萄蜜等爲之，此乃以僞亂眞，殊非酒本稱。至於入藥，更亦不堪。凡好酒欲熟，皆能候風潮而轉，此是合陰陽矣。又云：諸米酒有毒，酒漿照人無影，不可飲。酒不可合乳飲之，令人氣結。白酒食牛肉，令腹內生蟲。酒後不得臥。黍穰食豬肉，令人患大風。凡酒忌諸甜物。又云：甜糟味鹹溫，無毒。主溫中冷氣，消食，殺腥，去草菜毒藏物，不敗揉物，能軟潤皮膚，調五臟。三歲已下有酒，以物承之，堪磨風瘙，止嘔噦，及煎煑魚菜。取臘月酒糟，以黃衣和粥成之。

食療本草：酒味苦，主百邪毒，行百藥。當酒臥以扇扇，或中惡風，久飲傷神，損壽。謹按：中惡疰忤，熱煖薑酒一椀，服即止。又通脉，養脾氣，扶肝。陶隱居云：大寒凝海，惟酒不冰，量其熱性故也。久服之，厚腸胃，化筋。初服之時，甚動氣痢，與百藥相宜。祇服丹砂人飲之，即頭痛吐熱。又服丹石人，胸背急悶熱者，可以大豆一升，熬令汗出，簸去灰塵，投二升酒中，久時，頓服之，少頃即汗出，差。朝朝服之，甚去一切風。婦人產後諸風，亦可服之。又熬雞屎，如豆淋酒法作，名曰紫酒，卒不語、口偏者，服之甚效。昔有人常服春酒，令人肥白矣。

日華子云：酒通血脉，厚腸胃，除風及下氣。又云：社壇餘酢酒，治孩兒語遲。以少許喫，吐酒噴屋四角，辟蚊子。又云：糟署撲損瘀血，浸洗凍瘡，及傅蛇蜂叮毒。又云：糟下酒暖，開胃下食。暖水藏，溫腸胃，消宿食，禦風寒，殺一切蔬菜毒。多食微毒。

本草衍義曰：酒，呂氏春秋曰：儀狄造酒，戰國策曰：帝女儀狄造酒，進之於禹。然本草中已著酒名，信非儀狄明矣。又讀素問，首言以妄爲常，以酒爲漿，如此，則酒自黃帝始，非儀狄也。古方用酒，有醇酒、春酒、社壇餘酢酒、糟下酒、白酒、清酒、好酒、美酒、葡萄酒、秫黍酒、秔酒、蜜酒、有灰酒、新熟無灰酒、地黃酒。今有糯酒、煮酒、小豆麴酒、香藥麴酒、鹿頭酒、羔兒等酒。今江、浙、湖南、北，又以糯米粉入衆藥，和合爲麴，曰餅子酒。至於官務中，亦用四夷酒，更別中國，不可取以爲法。今醫家所用酒，正宜斟酌，但飲家惟取其味，不顧入藥如何爾。然久之未見不作疾者。蓋此物損益兼行，可不謹歟！漢賜丞相上樽酒，糯爲上，稷爲中，粟爲下者。今入藥佐使，專以糯米，用清水白麪麴所造爲正。古人造麴，未見入諸藥合和者，如此則功力和厚，皆勝餘酒。今人又以麥蘖造者，蓋止是醴爾，非酒也。書曰：若作酒醴，爾爲麴蘖。酒則須用麴，醴故用蘖。蓋酒與醴，其氣味甚相遠，治療豈不殊也。

飴餹 別錄：飴餹味甘，微溫。主補虛乏，止渴，去血。陶隱居云：方家用飴餹，乃云膠飴，皆是沙糖如厚蜜者，建中湯多用之。其凝結及牽白者，不入藥。今酒用麴，糖用糵，猶同是米麥，而爲中上之異。糖當以和潤爲優，酒以醺亂爲劣也。

蜀本圖經云：飴卽軟糖也，北人謂之餳。粳米、粟米、大麻、白朮、黃精、枳椇子等，並堪作之，惟以糯米作者入藥。

食療本草：飴糖主吐血、健脾，凝強者爲良。主打損瘀血，熬令焦黃，酒服之，能下惡血。又傷寒大毒嗽，於蔓菁薤汁中煮一沸，頓服之。

本草衍義：飴糖卽餳是也，多食動脾風，今醫家用以和藥。糯與粟米作者佳，餘不堪用，蜀黍米亦可造。不思食人少食之，亦使脾胃氣和。唐白樂天詩：「一楪較牙餳」者，是此。

集異記云：邢曹進，河朔健將也。爲飛矢中目，拔矢而鏃留於中，鉗之不動，痛困俟死。忽夢胡僧，令以米汁注之必愈。廣詢于人，無悟者。一日，一僧丐食，肖所夢者，叩之，僧云：但以寒食餳點之如法。用之淸涼，頓減酸楚。至夜瘡痒，用力一鉗而出，旬日而瘥。

齊民要術：史游急就篇云：銕殃飴餳。楚辭曰：粔籹蜜餌有餦餭，餦餭亦餳也。柳下惠見飴曰：可以養老，然則餳餔可以養老育幼，故錄之也。煮白餳法，用白牙散糵佳。其成餅者，則不中用。用不渝，則餳黑。釜必磨治令白淨，勿使有膩氣，釜上加甑，以防沸溢。乾糵末五升，殺米一石，米必細師數十徧，淨淘炊爲飯，攤去熱氣，及暖，於盆中以糵末和之使均調，臥於酳甕中，勿以手按，撥平而已，以被覆盆甕令暖，冬則穰茹。冬須竟日，夏卽半日許。看米消減離甕，作魚眼沸湯以淋之。令糟上水深一尺許乃止。下水冷訖，向一食頃，使拔酳取汁。取汁煮之，每沸輒益兩杓，尤緩火，火急則焦氣。盆中汁盡，量不復溢，便下甑，一人專以杓揚之，勿令住手，手住則餳黑，量熟止。火良久向冷，然後出之。用粱米者，餳如水精色。黑餳法，用青牙成餅。蘗末一斗，殺米一石，餘法同前。琥珀餳法，小餅如碁石，內外明徹，色如琥珀。用大麥蘗末一斗，殺米一石，餘並同前法。煮餔法，用黑餳，蘗末一斗六升，殺米一石，臥煮如法，但以蓬子押取汁，以匕匙紇紇攪之，不須揚。食經作飴法，取黍米一石，炊作飯，著盆中；蘗末一斗，攪和一宿，則得一斛五斗，煎成飴。崔寔曰：十月先冰凍，作京餳煮暴飴食。次曰：白繭糖法，熟炊秫稻米飯，及熱于杵臼，淨者舂之爲糌，須令極熟，勿令有米粒榦。爲餅法，厚二分許，日曝小燥，刀直爲長條，廣二分，乃斜裁之，大如棗核，兩頭尖，更曝令極燥，膏油煮之。熟出，糖聚圓之，一圓不過五六枚。又云：手索糌，粗細如箭簳，日曝，小曝燥，刀斜截如棗核煮，圓如上法。圓大如桃核，半奠不滿之。黃繭糖，白秫米精舂不簸，淅以梔子，漬米取色炊，舂爲糌糖，加蜜。餘一如白糌作繭煮，及奠如前。

說文解字注：飴，米蘗煎者也，者字今補。米部曰：蘗，芽米也。火部曰：煎，熬也，以芽米熬之爲飴，今俗用大麥。釋名曰：餳，洋也，煮米消爛，洋洋然也；飴小弱於餳，形怡怡也。內則曰：飴，蜜以甘之，从食，台聲，與之切，一部。𩛎，籒文飴，从異省，異省聲，餳飴和饊者也。不和饊謂之飴，和饊謂之餳。故成國云：飴弱於餳也。方言曰：凡飴謂之餳，自關而東，陳楚宋衞之間通語也。楊子渾言之，許析言之。周禮小師注：管如今賣飴餳所吹者。周頌箋亦云：从食，昜聲。各本篆作餳，云易聲。今正。案餳，从昜聲，故音陽，亦音唐，在十部。釋名曰：餳，洋也，李軌周禮音唐是也。其陸氏音義周禮，辭盈反，毛詩夕清反，因之唐韻徐盈切。此十部，音轉入於十一部，如行庚觥等字之入庚韻。郭璞三蒼解詁曰：楊音盈，協韻。晉灼漢書音義反楊惲爲由嬰，其理正同耳，淺人乃易其諧聲之偏旁。玉篇、廣韻皆誤从易。然玉篇曰：餳，徒當切。廣韻十一唐曰：糖飴也，十四淸曰：餳飴也，皆可使學者知餳、糖一字，不當从易。至於集韻，始以餳入唐韻，餳入淸韻，畫分二字，使人眞贋不分，其誤更甚，猶賴類篇正之。餳，古音如洋，語之轉如唐，故方言曰：餳謂之餹。郭云：江東皆言餹音唐，䬪熬稻粻餭也。餭依韻會从食，各本作程，蓋因許書無餭改之耳。楚辭、方言皆作餦餭，古字蓋當作張皇。招魂「有餦餭些」，王曰：餦餭，餳也。方言曰：餳謂之餦餭。郭云：卽乾飴也。諸家渾言之，許析言之。熬，乾煎也。稻，稌也，稌者今之稉米，米之黏者，鬻稉米爲張皇。張皇者，肥美之意也。既又乾煎之，若今煎粢飯然。

是曰䬪飴者，熬米成液爲之。米，謂禾黍之米也；䬪者，謂乾熬稻米之張皇爲之；兩者，一濡一小乾相盇合，則曰餳，此許意也。楊王郭以餳飴釋餭餦，渾言之也。豆飴謂之登，見豆部，从食，㪔聲，穌旱切，十四部。

稷 爾雅：粢，稷。註：今江東人呼粟爲粢。疏：左傳云，粢食不鑿，粢者，稷也。曲禮云，稷曰明粢，是也。郭云，今江東人呼粟爲粢，然則粢也，稷也，粟也，正是一物。而本草稷米在下品，別有粟米在中品，又似二物，故先儒甚疑焉。

別錄：稷米味甘，無毒。主益氣，補不足。陶隱居云：稷米亦不識，書多云黍與稷相似，又有穄，亦不知是何米。詩云黍、稷、稻、粱，禾、麻、菽、麥，此卽八穀也，俗人莫能證辨。如此穀稼尚弗能明，而況芝英乎？按氾勝之種植書有黍，卽如前說，無稷有稻，猶是粳穀。粱是秫，禾卽是粟。董仲舒云：禾是粟苗，麻是胡麻，枲是大麻，菽是大豆。大豆有兩種；小豆一名荅，有三四種；麥有大、小穬。穬卽宿麥，亦謂種麥。如此諸穀之限也。菰米一名彫胡，可作餠。又漢中有一種名梟粱，粒如粟而皮黑，亦可食；釀爲酒，甚淸美。又有烏禾，生野中如稗，荒年代糧而殺蟲，煮以沃地，螻蚓皆死。稗亦可食。凡此之類，復有數種爾。

唐本草註呂氏春秋云：飯之美者，有陽山之穄。高誘曰：關西謂之糜，冀州謂之䵖。廣雅云：䵖，穄也。禮記云：祭宗廟，稷曰明粢。穆天子傳云：赤烏之人，獻穄百載。說文云：稷，五穀長，田正也，自商以來，周弃主之。此官名，非穀號也。又按先儒以爲粟類，或言粟之上者。爾雅云：粢，稷也，傳云：粢盛，解云：黍稷爲粢，氾勝之種植書又不言稷。陶云：八穀者，黍、稷、稻、粱、禾、麻、菽、麥，俗人尚不能辨，況芝英乎？旣有稷禾，明非粟也。本草有稷，不載穄。稷卽穄也，今楚人謂之稷，關中謂之糜，呼其米爲黃米，與黍爲秈秫，故其苗與黍同類。陶引詩云稷，恐與黍相似，斯並得之矣。儒家但說其義，而不知其實也。尋鄭註禮王瓜云：是菝葜，謂樝爲梨之不臧者。周官瘍人主祝藥，云祝當爲注，義如附著。此尺有所短爾。

圖經：稷米，今所謂穄米也，舊不著所出州土。今出粟米處，皆能種之。書傳皆稱稷爲五穀之長，五穀不可偏祭，故祀其長以配社。呂氏春秋云：飯之美者，有陽山之穄，高誘曰：關西謂之糜，冀州謂之䵖，皆一物也。廣雅解云：如黍黑色，稷有二種，一黃白，一紫黑。其紫黑者名芑，有毛，北人呼爲烏禾是也。今人不甚珍此，惟祠事則用之。農家種之，以備他穀之不熟，則爲糧耳。

本草綱目李時珍曰：稷與黍，一類二種也。黏者爲黍，不黏者爲稷；稷可作飯，黍可釀酒，猶稻之有粳與糯也。陳藏器獨指黑黍爲稷，亦偏矣。

稷黍之苗，似粟而低小，有毛，結子成枝而殊散，其粒如粟而光滑。三月下種，五六月可收，亦有七八月收者。其色有赤、白、黄、黑數種，黑者禾稍高，今俗通呼爲黍子，不復呼稷矣。北邊地寒，種之有補，河西出者，顆粒尤硬。稷熟最早，作飯疎爽香美，爲五穀之長，而屬土，故祀穀神者以稷配社。五穀不可遍祭，祭其長以該之也。上古以厲山氏之子爲稷主，至成湯始易以后稷，皆有功於農事者云。

爾雅翼：稷者五穀之長，故陶唐之世，名農官爲后稷。其祀五穀之神，與社相配，亦以稷爲名；以爲五穀不可偏祭，祭其長以該之。稷所以爲五穀長者，以其中央之穀。月令：中央土，食稷與牛，五行土爲尊，故五穀稷爲長。又古者號稷爲首種，孟春行冬令，則雪霜大摯，首種不入。蔡邕以首種爲麥，以麥常隔歲而種，故以爲首。而鄭康成以爲稷者，蓋以考靈耀云：日中星鳥，可以種稷。是一歲之初，所先種者唯稷，況又孟春，正種稷之時；而云首種不入，卽是極寒，種不入土，不待歲收，然後爲入也。稷又名齊，或爲粢，故祭祀之號，稷曰明粢，而言粢盛者本之，故諸穀因皆有粢名。小宗伯所謂辨六齍之名物與其用是也。杜子春又欲讀酒正五齊皆爲粢，以禮運有粢醍在堂，意以粢穀爲醍，則餘四齊亦皆以粢穀爲之。然破五齊，從一粢，於義不可。故後鄭但以爲齊者，以度量節作之，更讀禮運粢醍爲齊，此說之不同者也。稷又名爲穄，呂氏春秋曰：飯之美者，有陽山之穄，高誘曰：關西謂之䵉，冀州謂之䵚。說文：䵉，穄也。廣雅曰：䵚，穄也。穆天子傳曰：赤烏之人，獻穄百載。見今人皆謂之穄，然則稷也，粢也，穄也，特語音有輕重耳。大抵塞北最多，如黍黑色。稷有二種，一黄白，一紫黑。紫黑者芑，有毛，北人呼爲烏禾。今人不甚珍此，惟祠事用之。農家種之，以備它穀不熟爲糧耳。

曲洧舊聞：穄，西北人呼爲糜子。有兩種：早熟者與麥相先後；五月間熟者，鄭人號爲麥爭場。

爾雅正義：粢，稷。說文云：稷，齋也，五穀之長。齋，稷也，或作粢。案前人釋稷多異說，以今驗之，即北方所謂稷米也。月令：孟春行冬令，則首種不入。鄭註云：舊說首種謂稷。淮南時則訓作首稼不入，高誘註云：百穀惟稷先種，故曰首稼。孔疏引考靈曜云：日中星鳥，可以種稷。則百穀之內，稷最先種，故云首種，首即先也，種在百穀之先也。今北方種稷者，正月土膏脈發，即可布種。說文所謂五穀之長，以先種爲長也。月令又云：中央土，食稷與牛，鄭註亦以稷爲五穀之長。白虎通義社稷篇云：稷，五穀之長，故立稷而祭之也。稷者，得陰陽中和之氣，而用尤多，故爲長也。蓋稷具中和之氣，協以土德，利以養人。故盧辨大戴禮註云：庶人無常牲，以稷爲主。良耜，疏：謂豐年之時，賤者猶食稷，是稷爲庶民所恆食，厥利孔溥。古者重民食所由，以稷名官，又奉稷而祀之也。稷既爲庶民所恆食，則不以爲珍重。玉藻云：朔月四簋，子卯稷食。四簋謂備稻、粱、黍、稷，忌日則無稻、粱、黍，而下同於庶民之食也。今北方恆食以稷，而餉客以稻，亦猶行古之道與？稷謂之粢者，左氏桓二年傳云：粢食不鑿。又曲禮云：稷曰明粢。王劭勘晉宋古本，俱無此句，然明粢之文，合於爾雅，亦可無致疑矣。

九穀考：說文：稷，齋也，五穀之長；齋，稷也，粢齋重文。秫稷之黏者朮。秫重文。案稷、齋大名也，黏者爲秫，北方謂之高粱，或謂之紅粱，通謂之秫。秫又謂之蜀黍，蓋穄之類，而高大似蘆。故元人吳瑞曰：稷苗似蘆，粒亦大，南人呼爲蘆穄也。月令：孟春行冬令，首種不入。鄭氏注：舊說首種爲稷。疏云：案考靈耀云，日中星鳥，可以種稷。則百穀之內，稷先種，故云首種。淮南子作首稼不入，高誘曰，百穀惟稷先種，故曰首稼。余案考靈耀之文，載史記正義中，蓋云主春者，張昬中可以種稷。而伏生尙書大傳則云，主春者，張昬中可以種穀。淮南子亦云，張昬中則務種穀。劉向說苑亦云，主春者，張昬而中，可以種穀。夫穀者，北方呼粱之名，秦漢人稷、粱溷一，然則考靈耀之種稷，高誘注之惟稷先種，恐卽伏生淮南子劉向之種穀。疏雖引考靈耀之文，以證舊說，然終恐其所指，猶是謂粱，說介疑似，余所不憑。今以北方諸穀播種先後考之，高粱最先，粟次之，黍穄又次之。然則首種者，高粱也。管子書：日至七十日，陰凍釋而藝稷，百日不藝稷。余聞之鳳陽人云，彼地種高粱最早，諺云：「九裏種，伏裏收。」及余至豐潤，其俚諺亦有九裏種高粱之說，管子之書，適符諺語，高粱爲稷，而首種無疑矣。農桑輯要載務本新書云：蜀黍春月早種，省工多收，耐用。秦漢以來諸書，並冒粱爲稷，無論稷粱二穀，缺一不可，卽以管子書日至七十日藝稷之說言之，日至七十日乃八九之末，今之正月也。余足跡所至，旁行南北，氣候亦至不齊矣，所見五方之士，不及農末，輒相諮詢，曾未聞有正月藝粱粟者。至吾徽藝粟，遲至五六月，烏在其爲日至百日不藝也。而高粱早種於正月者，則南北並有之，故曰稷爲首種；首種者，高粱也。月令首種，釋文乃引蔡云宿麥，杜氏通典載唐武后時王方慶疏言，月令孟春行冬令，首種不入。案蔡邕章句云：太陰干時，雨雪而霜，故傷首種。今孟春講武，是行冬令以陰，故犯陽氣，害發生之德，臣恐雪霜損稼，宿麥不登，無所收入也。宿麥於仲秋勸種，安得爲首種？且月令孟春行冬令，首種不入；仲春行冬令，麥乃不熟，兩令異月，不得同一災也。諸穀惟高粱最高大而又先種，謂之五穀之長，不亦宜乎？月令注：稷，五穀之長。班固白虎通曰：稷，五穀之長，故封稷而祭之也。又曰：稷者，陰陽中和之氣，而用尤多，故爲長也。余案班氏所謂稷，亦指粟言，蓋漢人已不識稷矣。內經金匱眞言論岐伯曰：東方青色，其穀麥。王砯注云：五穀之長者麥，故東方用之。引本草云：麥爲五穀之長。後漢書祭祀志引孝經援神契曰：稷者，五穀之長也。注引月令章句曰：稷秋夏乃熟，歷四時，備陰陽，穀之貴者。案月令章句乃蔡邕書，卽釋文所謂蔡云宿麥者，以麥爲首種，以麥爲稷，此皆異聞之當存而不論者也。家語孔子曰：黍者，五穀之長，祭先王以爲上盛。此蓋長其所貴，義不相妨也。周官食醫職：宜稌宜黍，宜稷宜粱，宜麥宜苽，見稷而不見秫。內則：菽、麥、蕡、稻、黍、粱、秫惟所欲，見秫則不見稷。故鄭司農說，九穀稷秫並見。鄭司農注大宰職，九穀曰黍，稷，秫，稻，麻，大、小豆，大、小麥。後鄭不從，入粱去秫，以其闕粱而秫重稷也。故自漢唐以來，言稷之穀者屢異，而秫爲黏稷則不能異。綴文之士，其講說秫之義者雖異，而天下之人呼高粱爲秫秫，呼其稭爲秫稭者，卒未有異也。舊名之在人口，世世相受，雖經兵燹喪亂，不能一日不舉其名，欲其異也得乎？此所謂禮失求諸野者乎！而李時珍乃謂秫卽粱米，用孫炎秫爲黏粟之說。孫蓋云稷卽粟也，故以秫爲黏粟，今人口中呼粟，絕無秫秫之稱，亦可以斷其說之大繆。時珍不主其論稷，時珍云：孫氏謂稷爲粟，誤矣。而乃主其言秫，毋亦鼠腊爲璞之見乎？鍾氏染羽以朱湛丹秫，鄭司農云：丹秫，赤粟。後鄭無說，疑從之矣。然於九穀，毅然入粱去秫，則必不以秫爲粟矣。或注是經時，偶未送難也。時珍又謂今人祭祀用高粱以代稷者，誤，彼自考之未審；今人以爲稷，乃故老相沿之舊名，不誤也。良耜之詩，箋云：豐年之時，雖賤者猶食黍。疏云：賤者食稷耳。金輔之榜云，大戴禮無祿者稷饋。稷饋者，無尸注云：庶人無常牲，故以稷爲主，無牲宜饋黍。黍者食之主也，不饋黍而饋稷，正賤者食稷之一證。今北方富室食，以粟爲主；賤者食，以高粱爲主；是賤者食稷，而不可以冒粟爲稷也。若穈之爲穄，今賤者亦不常食，且爲穀中最後種而疾熟者，不得云首種。土地之所生，民俗之所安，以今證古，穄萬不能冒稷。而唐宋以後人之著錄，其言稷者，恆主於穄，此又不足深辨者也。國語：農祥晨正，上乃脈發，先時九日。太史告稷曰：自今至於初吉，陽氣俱蒸，土膏其動。稷以告王曰：史帥陽官，以命我司事，曰距今九日，土其俱動，王其祗祓，監農不易。先時五日，瞽告有協風至，王卽齋宮。及期，王行，及藉，后稷監之。王耕一墢，班三之，庶人終于千畝。是日也，廩於藉東南，鍾而藏之，而時布之于農。案先時九日、先時五日者，先初吉之日也。初吉者，始耕之期，卽月令所謂乃擇元辰也。鄭氏注元辰，蓋郊後吉亥；孔疏引皇氏云，耕用亥也。然則立春後郊以上辛，乃擇郊後之亥日而耕。左傳所謂啓蟄而郊，郊而後耕是也。呂氏春秋云：冬至後五旬、七日，菖始生，於是始耕。案冬至後數至立春，四十五日，如立春後浹辰逢亥，以爲王始耕之期，則自冬至數至是，爲五旬七日也。是時王耕猶未播種，故曰廩于藉東南，鍾而藏之。鍾，量名，以鍾受穀，種而藏之于廩。蓋內宰職：上春，詔王后帥六宮之人，所生穜稑之種，以献于王者。是日藏之，至可播時，乃以次布於農也。王耕後又浹旬，可以播首種矣。於是出種以布于農，而使播之。蓋自冬至後至是爲七旬，卽管子書所謂日至七十日而藝稷也。然則首種爲稷，稷爲五穀長，故司農之官曰后稷，左傳：稷，田正也。有烈山氏之子曰柱，爲稷，自夏以上祀之。周弃亦爲稷，自商以來祀之。因之爲五穀之總名，廣韻：稷，五穀總名。演繁露云：職方氏，并州宜五稷，后稷、社稷皆取此。据此則今周禮作宜五種者，宋本或亦作爲五稷。因之爲祭穀之總名也。鄭氏注甸師職粢盛，祭祀所用穀也。粢，稷也，穀者稷爲長，是以名云。其黏者，黃、白二種，所謂秫也。以秫爲黏稷，於是他穀之黏者，亦假借通稱之曰秫。陶淵明使公田二頃五十畝種秫者，稻之黏者也；崔豹古今注所謂秫爲黏稻是也。廣韻：秈，稉也。秫，糯也。然則孫炎注爾雅，謂黏粟爲秫，烏在其不可也，而余必辨之何也？惡夫以秫爲黏粟，恐其亂稷而已。管子臣乘馬篇，日至百日不種稷，秫稷之黏者也。是秫而輕重丙篇則云，日至百日，黍秫之始也。是秫不謂稷矣，豈亦以爲粟邪？然唐之蘇恭，誤解陶氏稷黍相似之說，而謂稷與黍爲秈秫，未必非陰据管子「黍秫之始」一言爲左證。而宋蘇頌圖經，則更牽合說文「秫，稷之黏者」之文，而以黏者爲秫，不黏者爲黍。雖管子之秫，與其所謂稷者，或人自爲義，恭頌未之深考，然其誤，實由管子滋之惑也。日至百日，爲仲春之月，豈種黍之時乎？管子書非出一人手，傅元、孔穎達、葉水心皆言輕重篇爲後人所加，或不誣矣。不黏者，赤、白二種，白者膚色如粉矣。民俗多種赤者，故得專紅粱之名也。周官籩人職，朝事籩實有白、黑，鄭司農說，稻曰白，黍曰黑。余以爲黑者，黑黍；白者，白稷，皆指其穀色言。若稻必春後乃見白耳。況粱米純白者，與稻米無異，如以米之色言，安見其非指粱而必爲稻也，又何以處夫黑者之米不黑邪？且白稷，今北方見熬之，說文：熬，乾煎也。以爲寒具口實，熬後之色，其白無比，固宜其爲朝事之籩實與？穀譜：蜀黍一名高粱，一名蜀秫，一名蘆穄，一名蘆粟，一名木稷，一名荻粱。廣雅：藋粱，木稷也。類篇、集韻皆云關西呼蜀黍曰𧳜黍，今山西平陽汾州諸郡人，余見其亦通呼𧳜黍也。以種來自蜀，形類黍稷，故有諸名。余每遇蜀人，輒叩之，則云彼土最宜稻，高粱惟高岡種之，專用以造酒，謂其味澀，民俗不食。夫苟爲彼地之種，其民安得不食？今乃苦其味澀，而不以作飯，而直隸、山東、山西、河南、陝西爲種之來自彼地者，反爲賤者之常食，此事之必不然者也。且種來自蜀之說，考之傳記，未有確證，知其爲臆說，不足憑矣。至蜀黍之名，則其來已久。博物志：地節三年種蜀黍；陸德明爾雅釋文云：秬，黑黍，或曰今蜀黍，米白穀黑。此又以白高粱之黑稃者爲秬黍，與陳藏器之以黑穄爲稷，其繆顯然，皆不足辨矣。

白米黑稃，蓋高粱之不黏者。余意，蜀黍爲秫之緩聲，秫爲蜀黍之合聲。黍類之大者名蜀黍，猶葵類之大者名蜀葵。俗呼一丈紅。方言云一蜀也，南楚謂之獨。蜀有獨義，故爾雅釋山曰：獨者，蜀物之獨者；或且大，故因之有大義。釋獸曰：雞大者蜀。釋草呼蜀葵爲戎葵，釋詁：戎，大也。又嘗考之，凡經言疏食者，稷食也。稷形大，故得疏稱。論語疏食菜羹，玉藻稷食菜羹，二經皆與菜羹並舉，則疏、稷一物可知。疏言其形，稷舉其名也。故玉藻曰：朔月四簋，子卯稷食。四簋者，黍、稷、稻、粱也；稷食者，不食稻、粱、黍也。諸侯日食粱稻各一簋，鄭注云。食其美者也。朔月四簋，增以黍稷，豐之也；忌日食稷者，貶之，飯疏食也。是故居喪者疏食，蓋不食稻、粱、黍。論語曰：食夫稻，於女安乎？是居喪者不食稻也。喪大記曰：君食之，大夫父之友食之，不辟粱肉。是居喪者不食粱也。檀弓：知悼子在堂，斯其爲子卯也大矣。子卯稷食，是居喪者黍亦不食也。竹林七賢論：阮籍居父喪，浚儀令爲他賓設黍，籍食之，以致清議，廢頓幾二十年。不食稻、粱、黍，則所食者稷而已，故曰疏食者，稷食也。又儀禮設敦、設簋，必黍稷並陳，惟昏禮婦饋舅姑，有黍無稷，且必特著無稷之文。蓋婦道成以孝養，不進疏食，故無稷也。左傳曰：粱則無矣，麤則有之，麤猶大也，鄭氏月令注云。即所謂疏食也，喪服傳食疏食注云：疏猶麤也。稷之謂也。或曰，召旻之詩，彼疏斯粺，毛傳云，彼宜食疏，今反食精。粺，箋云：疏麤也，謂糲米也。米之率，糲十粺九，据此則左傳所謂粱，庸詎知其非謂米之粺者，以對麤爲糲米，安見麤之必爲稷乎？余曰：粱自有糲有粺，不得專粺之名。且國語云：季文子無衣帛之妾，無食粟之馬，曰吾觀國人，其父兄之食麤而衣惡者，猶多矣，吾是以不敢。此以粟與麤對文。然則謂之粟者，亦可以爲粺之謂乎？粟粱不可爲粺，故麤定主於稷。夫一家之中，父兄尊老，子弟卑賤，賤者食稷，宜飯麤食耳，老者則當食粱肉。今國人之父兄食麤者多，則是食粱者少矣，倘敢以粟飼馬乎？粟爲粱之穀明矣，則食麤非食稷而何哉？季文子事，在國語則仲孫它諫之；在左傳則范文子稱其忠，然則卿大夫家馬，固有食粟者矣。據曲禮，君馬年豐則食穀。它，獻子之子，獻子過其言而囚之，自是馬餼不過稂莠，前此則固食粟矣。稂莠，似粟之草，粟非粱之穀而何哉？召旻之詩，疏粺對言，鄭氏隨經釋義，故得訓疏爲糲。疏字義寬，言各有當，是故玉藻客飧主人，辭以疏，雜記孔子食於少施氏，祭及飧，並辭曰疏食，此脩辭之法，雖稻粱可云疏也，烏得據之以相難邪？淮南子載陳駢子對孟嘗君曰：臣之處於齊也，糲粢之飯，藜藿之羹，以身歸君，食芻豢，飯黍粢。按粢卽籩人職糗餌粉餈之餈，說文餈或从米，方言餌或謂之粢，蓋粉米餅之曰粢，卽韓非子所謂糲餅菜羹者也。糲粢與黍粢對文，糲誠疏矣，黍果得專粺之名乎？黍而不得專粺之名，亦猶粟粱不得專粺之名也。然卽以爲得專粺之名，而以粺與疏對也，則稻既與疏對，而爲粺矣；粟粱又與疏對，而爲粺矣；黍又與疏對，而爲粺矣；夫如是而疏將安歸乎？未有不歸於稷者也。以大訓疏，疏，稷也；以不精訓疏，疏亦稷也。然則糲粢之云，卽稷粢之云，不但疏爲稷，糲亦爲稷矣。疏謂其形大，糲謂其質硬。淮南子之糲黍對文，與左傳之麤粱對文，無二義也。其以糲爲凡米不精之稱，蓋推廣之義，非本旨也。鄭氏言米之率，糲十粺九，其術在九章。九章蓋出張蒼、耿壽昌之手，故首章言畝，卽用漢法，二百四十步也。至以粱爲凡食精者之稱，國語膏粱之性，注：粱，食之精者。則是粱本精也，故得假借其名。豈因是而遂謂脫粟之粱，反不得號之曰粱，而必號之曰麤，以與米之粺者假借粱名成對文也哉？抑疏食之義奚昉乎？爾雅穀不熟曰饑，疏不熟曰饉。據周禮注，則疏上有艸者，爲後人所加。周官大宰之職，以九職任萬民，八曰臣妾聚斂疏材。注云：疏材，百草根實可食者，引爾雅疏不熟曰饉以證之。案百草之根，如蘆菔、蕪菁、葍蒜之屬；百草之實，如瓜壺、蔆芡之屬，有自園圃出者，有自山澤出者，非其所自殖，故曰聚斂。其形類皆麤大。據爾雅疏穀對言，穀其細小者矣。蒙疏之義而廣之，則諸穀亦有其麤大者，亦別之曰疏。黍、稷、稻、粱四者，稷爲最大，故謂稷食爲疏，食稻其次。大者味又美，故曲禮於祭宗廟，命之曰嘉疏。說文：既，小食也，引論語不使勝食既。然則小食謂之既，大食謂之疏，食則疏既之大名與？又說文：食，一米也，或說亼，皀也。皀，或說一粒也。然則一米有二義：粹不雜之謂一，不折碎之謂一也。內則有折稌，蓋亦小食之類與？然此皆展轉相因，隨時生義以命名也。請循其本，凡草實之有孚甲而堅實者，謂之穀，故其字从㱿。廣韻：㱿，皮甲。从禾者，穀之命名，或始於禾也。凡草根之塊然成物者，謂之疏，故其字从疋，从倒子。疋言下體，从倒子者，言首在下也。淮南子原道訓：秋風下霜，倒生挫傷。注云：草木首地而生，故曰倒生。是故苽爲穀，其苽首，爾雅謂之蘧疏矣。疏字本無大義，因疏形多麤大，故通其義而假借之，於是凡物之大者，皆謂之疏。又因而推廣之，則有分疏、疏通、疏遠、疏長、疏遲之義焉。高誘淮南子注：疏，分也；疏，長也；疏猶遲也。說文：疏，通也。王逸九歌注：疏，遠也。國語曰：烈山氏之子曰柱，能殖百穀百疏。祭法作厲山氏，其子曰農。又曰：棄能播殖百穀。疏詩、書、易及春秋傳，皆著百穀之名。荀卿書亦云，葷菜百疎以澤量。楊倞注疎與疏同。蓋穀之類甚多，疏之類亦多假成數，故號之曰百穀、百疏也。李善兩都賦注，引薛君韓詩章句曰：穀類非一，故言百也。楊泉物理論：粱、稻、菽三，穀，各二十種，爲六十，疏果之實助穀各二十，凡爲百穀，其說非是。然穀疏雖異，疏不能冒穀名，穀恆得冒疏名。故自五穀、六穀、九穀之外，數穀者又曰八穀。晉書天文志：八星主候歲八穀。吳越春秋及越絕書皆有八穀之號。星經：八穀八星，在五車北，主黍、稷、稻、粱、麻、菽、麥、烏麻。凡草實之穀，亦多有稱之曰蔬者。蔬之名，不專屬於根矣。於是又推廣之，木實亦得謂之蔬；百草莖葉可茹者，通謂之蔬。莖葉叢生，分疏之義所有昉也。韋昭國語注云：疏，草菜之可食者。淮南子：秋畜疏食，高誘注云：菜疏曰疏，穀食曰食。委人職，掌斂野之賦斂、薪芻，凡疏材木材。注云：疏材，草木有實者。月令：仲冬之月，山林藪澤，有能取蔬食者，呂氏春秋、淮南子並作疏。野虞教道之。注云：草木之實爲蔬食。高誘呂氏春秋注云：草實曰疏食。夫名者，人之所命者也，有以形命者，有以事命者，至於因形及形，因事及事，不可爲典要，惟變所適而已。今有名子者，白者曰白，黑者曰黑，及其弟之生也，非必白黑之皆如乎其兄，乃亦從而白之、黑之，蓋相因以命名，自然之勢也。明乎此，而後疏之本義明；疏之本義明，而後穀中名疏之義乃明。明其義，而後曉然於稷食之爲疏食，高粱之爲稷矣。余既考定高粱爲稷，又以疏食即爲稷食，左氏、內外傳之麤，即疏食之疏。一日有冀州人在武邑，坐言其鄉俗，食以粟爲主，輔之以麥，其賤者，則輔之以高粱；去是而又北，則家家炊高粱爲飯，又以高粱爲主矣。余曰：高粱賤乎？曰：此吾北方之麤糧也，諸穀去皮，皆得云細，至高粱，雖舂之、揚之，止謂之麤糧耳。余聞其言，以爲麤糧二字，又其舊名之相沿未失者，足以證余考定之不繆，因并記之。

七脩類稾：稷乃一歲中最先種者，關西呼糜，冀州呼[illegible]，不甚珍貴，農家種之，以備他穀之不熟也。即南方所謂烏山稻類。

眞珠船徐鉉云：楚人謂之稷，關東謂之穈，其米爲黃米。高誘云：關西謂之穈。通志云：苗穗似蘆，而米可食。是皆誤認黍爲稷也，余謂稷即粟米。

說文解字注：稷，齋也。程氏瑤田九穀攷曰：稷齋大名也，黏者爲秫，北方謂之高粱，通謂之秫秫，又謂之蜀黍，高大似蘆。月令首種不入，鄭云首種謂稷。今以北方諸穀播種先後攷之，高粱最先，管子書：日至七十日陰凍釋而蓺稷，百日不蓺稷。日至七十日，今之正月也，今南北皆以正月蓺高粱是也。凡經言疏食者，稷食也，稷形大，故得疏偁。按程氏九穀攷至爲精析，學者必讀此而後能正名。其言漢人皆冒粱爲稷，而稷爲秫秫，鄙人能通其語者，士大夫不能舉其字，眞可謂撥雲霧而覩青天矣。五穀之長，謂首種也，月令注：稷，五穀之長。按稷長五穀，故田正之官曰稷，五經異義：今孝經說稷者，五穀之長，穀衆多不可徧敬，故立稷而祭之。古左氏說列山氏之子曰柱，死祀以爲稷，稷是田正；周棄亦爲稷，自商以來祀之。許君曰：謹按禮緣生及死，故社稷人事之既祭稷穀，不得但以稷米祭稷，反自食，同左氏義。鄭君駁之曰：宗伯以血祭，祭社稷五祀，五嶽社稷之神，若是句龍，柱棄不得先五嶽而食。大司徒，五地：一曰山林，二曰川澤，三曰丘陵，四曰墳衍，五曰原隰。大司樂，五變而致介物及土示，土示者，五土之總神，卽謂社也。六樂於五地無原隰，而有土祇，則土祇與原隰同用樂也。是以變原隰言土示。詩信南山云：畇畇原隰，下云：黍稷彧彧。原隰生百穀，稷爲之長，然則稷者原隰之神；若達此義，不得以稷米祭稷爲難。社者五土總神，稷者原隰之神，皆能生萬物者，以古之有大功者配之。句龍以有平水土之功，配社祀之；稷有播種之功，配稷祀之。按許造說文，但引今孝經說，則其說社稷，當與鄭意同。玉裁謂異義早成，說文晚出爲定說，此亦一耑也。从禾，畟聲，子力切，一部。古叚稷爲卽，小雅既齊既卽，毛云稷，疾是也，亦叚爲昃字，如穀梁日昃作日稷是也。䅿，古文稷，按鬼蓋即古文畟字。𪗋，稷也，釋艸曰：粢，稷也。周禮甸師齍盛，注云：粢者，稷也，穀者稷爲長。按經作齍，注作粢，此經用古字，注用今字之例。周禮齍盛字，鄭易爲粢者三，甸師、肆師、大祝也。小宗伯六齍，注云：齍讀爲粢，六粢謂六穀，黍、稷、稻、粱、麥、苽云。齍讀爲粢，此易齍爲粢之證也。粢本謂稷，何以六穀統名粢？則以稷爲穀之長，故得概之，甸師注是其恆也。米本謂禾，凡穀皆得名米，粢盛之粢，猶是矣。甫田作齊，亦作齍，毛曰器實曰齍，而左傳、禮記皆作粢盛，是可證齍粢之同字。穀名曰粢，用以祭祀則曰齍，別之者，貴之也。今經典，粢皆譌秶，而𪗋字且不見於經典矣。廣韻曰：𪗋，祭飯也；玉篇曰：黍稷在器曰𪗋，知舊本經典，故作𪗋盛。从禾，𠫝聲，即夷切，十五部。秶、𪗋或从次作，鄭注周禮曰：𪗋資字同，其字以𠫝次爲聲，从貝變易。此亦以𠫝次爲聲，从禾變易，而今日經典，粢盛皆从米作，則又粉餈之或字，而誤叚之黍稷之黏者。九穀攷曰：稷，北方謂之高粱，或謂之紅粱，其黏者黃、白二種，所謂秫也。秫爲黏稷，而不黏者亦通呼爲秫秫，而他穀之黏者，亦叚借通偁之曰秫。陶淵明使公田二頃五十畝種秫，稻之黏者也。崔豹古今注所謂秫爲黏稻是也。从禾朮，象形，下象其莖葉，上象其采。食聿切，十五部。鍇本作朮聲，朮秫或省禾。

胡豆子

本草拾遺：胡豆子味甘，無毒，主消渴。勿與鹽煮食之。苗似豆，生野田間，米中往往有之。

黎豆

本草拾遺：黎豆生江南，蔓如葛，子如皂莢子，作貍首文，人炒食之，別無功用。陶氏註蚺蛇膽，云如黎豆者，即此也。爾雅云諸慮一名虎涉，又註櫐根云苗如豆。爾雅：欇，虎櫐。郭璞註云：江東呼櫐爲藤，似葛而粗大，纏蔓林樹，莢有毛刺，一名豆蔻。今虎豆也，千歲虆是矣。本草綱目李時珍曰：爾雅虎虆，即貍豆也；古人謂藤爲虆，后人訛虆爲貍也。爾雅山虆、虎虆，原是二種，陳氏合而爲一，謂諸慮一名虎涉，又以爲千歲虆，並誤矣。千歲虆見草部，貍豆野生，山人亦有種之者。三月下種生蔓，其葉如豇豆葉，但文理偏斜。六七月開花成簇，紫色，狀如扁豆花。一枝結莢十餘，長三四寸，大如拇指，有白茸毛；老則黑而露筋，宛如乾熊指爪之狀。其子大如刀豆子，淡紫色，有斑點如貍文。煮去黑汁，同猪、雞肉再煮食，味乃佳。

東廧 本草拾遺：東廧味甘平，無毒，益氣輕身，久服不飢，堅筋骨，能步行。生河西，苗似蓬，子似葵，可爲飯。魏書曰：東廧生焉，九月十月熟。廣志曰：東廧之子似葵，青色，幷涼間有之。河西人語：貸我東廧，償爾田粱。

天祿識餘：瀚海在火州柳城東北，沙深五尺，大風則行者人馬相失。沙中生草名登相，可食。按遼史，西夏出登廂。一統志：韃靼產東廧，似蓬草，實如穄子，十一月始熟。子虛賦：雕胡東廧。色青黑，粒如葵子，似蓬草，十一月熟，出幽、涼並烏丸地。魏書：烏丸地宜東廧。今甘涼銀夏之野，沙中生草子，細如罌粟，堪作飯，俗名登粟，一名沙米。按登粟、登廂、東廧，皆登相之誤，不必瀚海始有之也。

師草實 本草拾遺：師草實味甘平，無毒，主不飢，輕身。出東海洲島，似大麥，秋熟；一名禹餘糧，非石之餘糧也。

海藥本草：其實如毬子，八月收之，彼常食之物。主補虛羸乏損，溫腸胃，止嘔逆，久食健人，一名自然穀。中國人未曾見也。

茼米 爾雅：皇，守田。郭注：似燕麥，子如雕胡，米可食，生廢田中，一名守氣。

本草拾遺：茼米甘寒，無毒。主利腸胃，益氣力，久食不飢，去熱益人，可爲飯，生水田中。苗子似小麥而小，四月熟。

狼尾草

爾雅：孟，狼尾。郭注：似茅，今人亦以覆屋。

本草拾遺：狼尾草子作黍食之，令人不飢，似茅作穗，生澤地。廣志云：可作黍。孟，狼尾，今人呼爲狼茅子，蒯草，子亦堪食，如杭米，苗似茅。

爾雅翼：稂，惡草也，與禾相雜，故詩人惡之，古者以飼馬。魯仲孫它馬餼不過稂莠，謂此也。釋草：稂，童粱，郭璞以爲莠類。說文云：禾粟之采，生而不成者，謂之蕫蓈，或從禾從良。而陸璣亦云，禾秀爲穗而不成，崱嶷然謂之童粱；今人謂之宿田翁，或謂之守田也。按詩稱稼之茂美，繼之以不稂不莠，去其螟螣，及其蟊賊，則稂莠以下，皆是害稼者。孔氏正義云：稂，莠苗，既似禾實，亦類粟。鋤禾，除非類。莠既别是一物，則稂亦當是一物。故郭璞云莠類，蓋未能的知其物，故稱其類耳。而許叔重、陸璣以爲禾之不成者，則是亦禾而已，何至與莠並稱乎？按本草有狼尾草，子作黍食之，令人不飢，似茅作穗，生澤地。廣志曰可作黍，引爾雅「孟，狼尾」，今人呼爲狼茅子。然則此物似是稂爾。稂既有實如黍，故能亂苗。又莠，今謂之狗尾草，稂名狼尾，則以相類。爾雅疏解「孟，狼尾」，亦云草似茅者，今人亦以覆屋。而鄭解下泉浸彼苞稂，云稂當作涼。涼草，蕭蓍之類，蓋特取下章浸蕭蓍爲言，去之益遠。

按孟，狼尾；稂，童粱。爾雅分釋，本是兩種。郭注，狼尾可以覆屋；童粱，莠類，亦未合爲一，惟云稂莠類，無確詁耳。陸疏苞稂云：禾秀爲穗而不成，崱嶷然謂之童粱；今人謂之宿田翁，或謂之守田，則又合皇、守田爲一，與郭注「皇，守田，似燕麥」殊解。本草拾遺云：狼尾子作黍食之不飢。爾雅翼卽以狼尾爲似是稂。考莠爲狗尾草，今北人尙呼爲莠草子，而狼尾之名，南北皆無知者。拾遺：狼尾草似茅，所述形狀，雖不甚晰，然以固始所呼蒨草子形狀比附旣肖，而農家刈以覆屋，適用亦同。至其子粒極微，未敢信其必能救飢。且生於山岡，與茅爲類，似鋤田所不及；若稂則爲禾之未成，與黍不爲黍、稷不爲稷，皆穀種之不結實者。今田中多有之，其肥者俗呼爲努，以其精華皆聚於稈葉，無力成實；其瘦者俗呼爲鱉子，粒扁如鱉，不能成粒。此皆人力、土宜不均所致，非別有種也。古人以稂莠飼馬，稂爲粱之未成，故曰童粱。今北地飼馬，皆用穀稈，穀卽粱也。鋤田者去之則禾茂，養馬者秣之則牲肥，物無不爲人用如此。稂爲禾未成，莠與禾相似，均能害田，故郭注云莠類，羅願謂稂亦禾而已，何至與莠並稱？不知草木中相似者多種，而不成者亦多，留之則有損地利，呂氏春秋「鋤其弟而長其兄」，正是此義。播嘉種者，豈眞能一粒入土，無不萬利歸倉乎？羅氏說近迂，故附錄而論之。

爾雅正義詩疏引舍人云：稂一名童粱。說文云：蓈，禾粟之采，生而不成者，謂之童蓈，蓈或作稂。曹風下泉云：浸彼苞稂。毛傳云：稂，童粱。疏引陸璣疏云：禾秀爲穗而不成，崱嶷然謂之童粱；今人謂之宿田翁，或謂之守田也。大田云不稂不莠，外傳云馬餼不過稂莠，皆是也。案陸璣所說，與許叔重同。稂爲穀之有稃而無米者，南方農諺，謂之扁子，磽瘠之地，與夫雨暘之不時，人事之不齊，禾不能成實，則爲稂，豐年則無之。大田之詩所以言不稂也。農家穫稻，則簸而揚之，以去其稂。然稂雖無米，亦稍有米皮，今南方用以飼鶩，又以飼馬，魯語所謂馬餼不過稂莠也。至於下泉之詩，則擧童粱之得水而病，以見嘉禾之不殖；幷及蕭蓍，以見庶草之盡。卒章言黍苗之盛，陰雨之膏，嘉穀自無稂莠，此詩人追思盛治所由，寤歎而不能忘也。陸疏謂稂，或謂之守田，此與上文皇、守田同名而異實。註：稂，莠類也。正義說文繫傳引郭註云，莠類也。今本註中稂字，疑衍文。莠者，說文云：禾粟下揚生莠，詩疏引鄭志韋曜問云：甫田維莠，今何草？答曰：今之狗尾也。韋昭魯語註云：莠草似稷而無實。今狗尾草，所在有之，狀誠似稷而不結實，與稂之不實者同；其稃內有米皮，亦與稂同，故郭氏以稂爲莠類，不言其似稂也。羅願誤以爲其形相似，遂以爲即上文之孟狼尾。然狼尾草有子可作黍食，則與童粱之不實者殊類，即與莠之不實者殊類，不得求其形似，牽合爲一也。

說文解字注：莨，艸也。子虛賦：卑溼則生藏莨。漢書音義曰：莨，莨尾草也。按釋艸曰：孟，狼尾，與莨同音。狼尾，似狗尾而麤壯者也，孟作孟者，譌。从艸，良聲，魯當切，十部。

焦循毛詩補疏不稂不莠，傳：稂，童粱也；莠，似苗也。循按說文云：蓈，禾粟之采，生而不成者，謂之蕫蓈。重文。稂莠，禾粟下生，莠讀若酉，采即穗字，爲禾成秀之名，童之猶言獨也。禾病則秀而不實，實者下垂，不實者直立而獨露於外，故名童稂。曹風浸彼苞稂，毛亦訓童粱。箋易云稂當作涼。涼草，蕭、蓍之屬，以童粱乃禾粟秀而不實之名，與蕭、蓍不類，故破字爲涼草也。說文又云：秕，不成粟也。粟不成爲秕，采不成爲稂，是可推矣。說文禾粟下生莠，繫傳作下揚生莠。揚者，簸揚之謂，粟之不堅好者，簸之必在下。農桑輯要云：穀種浮秕去則無莠，徐鍇亦謂莠出於粟秕。今俗稱粟之不成者，尚曰下揚，說文正以此訓莠之所由生也。韋昭問答云：甫田維莠，今何草？答曰：今之狗尾也。太平御覽九百九十九夏小正：四月莠幽，徐巨源云：莠者，秀之譌也；幽者，葽之譌也。莠幽，即詩四月秀要，此說是也。爾雅釋地云：燕曰幽州。李巡云：燕，其氣深要，厥性剽疾，故曰幽。幽，要也，釋文要、幽古音相轉，以要譌爲幽，倘失聲音通借之義。戰國策魏西門豹云：幽莠之幼也似禾。廣韻云：莠萋也。說文繫傳引字書云：萋，狗尾草也。上林賦云：其卑溼則生藏莨、蒹葭。裴駰史記集解引漢書音義云：莨，莨尾草也。說文莨、萋二字相次，皆訓草，竊謂莨爲狼尾草，萋爲狗尾草，莨或假借爲狼，萋或假借爲莠。稂自禾粟采不成之名，莠自禾粟下揚所生。毛以莠似苗，本惡莠亂苗言之。箋云擇種之善，民力之專，時氣之和。時氣和，則無稂；擇種善，則無莠，義與說文相表裏，箋爲精矣。

菉豆　開寶本草：菉豆味甘寒，無毒。主丹毒、煩熱、風疹，藥石發動，熱氣奔㹠。生研絞汁服，亦煑食。消腫，下氣，壓熱，解毒。用之勿去皮，令人小壅，當是皮寒。肉平圓小，綠者佳。又有稙豆，苗子相似，主霍亂吐下。取葉搗絞汁，和少醋溫服，子亦下氣。

食療本草：菉豆平，諸食法，作餅炙食之佳。謹按：補益和五藏，安精神，行十二經脈，此最爲良。今人食皆搗去皮，卽有少許氣。若愈病，須和皮，故不可去。又研汁煮飲服之，治消渴；又去浮風，益氣力，潤皮肉，可常食之。

農桑通訣：北方惟用菉豆最多，農家種之亦廣。人俱作豆粥、豆飯，或作餌爲炙，或磨而爲粉，或作麪材。其味甘而不熱，頗解藥毒，乃濟世之良穀也。南方亦間種之。

種樹書：種菉豆，地宜瘦。四月種，六月收；子再種，八月又收，中作粉。豆芽菜，揀菉豆水浸二宿，候漲，以新水淘，控乾，用蘆席灑濕襯地，摻豆於上，以濕草薦覆之，其芽自長大，豆芽同此。

孫公談圃：張文定嘗苦腳疾，無藥可療。一日遊相國寺，有賣藥者，得蓑豆兩粒，服之遂愈。

白豆 嘉祐本草：白豆平無毒，補五藏，益中，助十二經脉，調中，煖腸胃。葉利五藏，下氣。嫩者可作菜食，生食之亦佳，可常食。

蕎麥 嘉祐本草：蕎麥味甘平，寒，無毒。實腸胃，益氣力，久食動風，令人頭眩。和猪肉食之，患熱風，脱人眉鬚。雖動諸風，猶挫丹石，能鍊五藏滓穢，續精神。作飯與丹石人食之良。其飯法，可蒸使氣餾，於烈日中暴，令口開便舂，取人作飯，葉作茹食之。下氣，利耳目，多食即微洩。燒其穰作灰淋洗六畜瘡，並驢馬躁蹄。

曲洧舊聞：麥秋種夏熟，備四時之氣。蕎麥，葉青花白，莖赤子黑，根黄，亦具五方之色。然方結實時最畏霜，此時得雨，則於結實尤宜，且不成霜。農家呼爲解霜雨。

齊民要術：種蕎麥五月耕，經二十五日草爛，得轉，并耕種三遍。立秋前後，皆十日内種之；假如耕種三遍，即三重著子。下兩重子黑，上一重子白，皆是白汁，滿中如濃，即須收刈之。但對梢答鋪之，其白者日漸盡變爲黑，如此乃爲得所。若待上頭總黑，半已下黑子盡落矣。

農書：蕎麥立秋前後漫撒種，即以灰糞蓋之。稠密則結實多，稀則結實少，若種遲，恐花經霜，不結子。蕎麥赤莖烏粒，種之則易爲工力，收之則不妨農時，晚熟故也。霜降收，則恐其子粒焦落，乃用推鐮穫之。北方山後諸郡多種治。去皮殼，磨而爲麪；焦作煎餅，配蒜而食；或作湯餅，謂之河漏，滑細如粉，亞於麥麪。風俗所尚，供爲常食。然中土、南方農家亦種，但晚收，磨食、搜作餅餌，以補麪食，飽而有力，實農家居冬之日饌也。

後山叢談：中秋陰晴，天下如一。蕎麥得月而秀，中秋無月，則蕎麥不實穎，諺曰：黄鵠口噤蕎麥斗。夏中候，黄鵠不鳴，則蕎麥可廣種也。

師宗州志：蕎有甜、苦二種，苦者較多；產師宗者良，土宜也。種以立夏後，全用糞壅，無則不生。土人出糞者，與種蕎者分其所入；出糞者坐而得之，種蕎者勞而得之，其利均也。初種宜少雨，七月可收。土人粉以爲餌，若享客，則黏飯於餅餌上，爲特敬。

稗子

救荒本草：稗子有二種，水稗生水田邊，旱稗生田野中，今皆處處有之。苗葉似䅟子，葉色深綠，脚葉頗帶紫色。梢頭出扁穗，結子如黍粒大，茶褐色，味微苦，性微溫。採子搗米煮粥食，蒸食尤佳，或磨作麪食，皆可。

本草綱目李時珍曰：稗處處野生，最能亂苗。其莖、葉、穗、粒，並如黍稷，一斗可得米三升，故曰：五穀不熟，不如稊稗。稊苗似稗，而穗如粟，有紫毛，卽烏禾也，爾雅謂之荑稗。米氣味辛，甘苦微寒，無毒。主治作飯食，益氣宜脾，故曹植有芳菰精稗之稱。苗根主治金瘡及傷損，血出不已，搗傅或研末摻之卽止，甚驗。

齊民要術曰：稗旣堪水旱，種無不熟之時，又特滋茂盛，易生蕪穢，良田畝得二、三十斛，宜種之備凶年。稗中有米，熟搗取米炊食之，不減粱米。又可釀作酒，酒甚美醲，尤踰黍秫。魏武使典農種之，頃收二千斛，斛得米三、四斗。大儉可磨食之；若值豐年，可以飯牛、馬、猪、羊。

爾雅翼孟子曰：五穀者，種之美者也；苟爲不熟，不如稊稗。稊與稗，二物也，皆有米而細小，故莊子曰：道在稊稗，言比於穀則微細而不精，道亦在焉。又曰：若稊米之在太倉，亦言小也。爾雅：稊，苵。釋曰：稊一名苵，似稗之穢草，布生於地，而稗則生下澤中。故古詩曰：蒲稗相因依。

農政全書：稗多收，能水旱，可救儉。孟子言五穀不熟，不如荑稗；淮南所謂小利者，皆以此。且稗稈一畝，可當稻稈二畝，其價亦當一石，宜擇嘉種，于下田藝之，歲歲無絕。倘遇災年，便得廣植，勝於流移，捃拾不其遠矣。又曰：北土最下地，極苦澇，土人多種薥秫，數歲而一收，因之困敝。余教之多蒔麥，當不懼澇，澇必於伏秋間，弗及麥也。澇後能疏水，及秋而涸，則蒔秋麥；不能疏水，及冬而涸，則蒔春麥。近河近海，可引潮者，卽旱後又引秋潮灌之。令沙淤地澤，亦隨時蒔春、秋麥，此法可令十歲九稔。若收麥後，隨意種雜糧，則聽命於水旱可也。凡春麥，皆宜雜旱稗耩之，刈麥後長稗，卽歲再熟矣。稗既能水旱，又下地不遇異常，客水必收，亦十歲可致七八稔也。又曰：下田種稗，遇水澇不滅頂不壞，滅頂不踰時不壞。春種者，先秋而熟，可不及於澇。或夏澇，及秋而水退；或夏旱，秋初得雨，速種之，秋末亦收。故宜歲歲留種待焉。

爾雅正義：蕛一名苵，孟子云：五穀種之美者也，苟爲不熟，不如荑稗。荑卽蕛也。莊子知北遊云：道在蕛稗，李頤以爲二草名。蕛有米而細，故別於秕。秋水篇云：似蕛米之在太倉，司馬彪云：稊米，小米也，註：蕛似至穢草。正義衆經音義引爾雅註云：荑似稗，布地穢草也，今之稗子是也。案蕛似稗耳，非卽稗也。左氏定十年傳云：用秕稗也，杜註：草之似穀者也，說文云：秕不成粟也。稗禾別也，蕛與稗，倶堪水旱，種無不熟，北方農家，種之以備凶年。

思州府志：稗有紅、綠二種，雞爪、鵝掌等名，亦曰穇子。米實紅，居人團餅以食，或研麪和飯。思屬下五里等地，多種之。

說文解字注：蕛，蕛苵也，見釋艸。郭云：蕛似稗，布地生。邵氏晉涵云：孟子之荑稗，莊子之蕛稗，皆是也。从艸，梯聲。按今本篆作蕛，稊聲，从禾。考禾部無稊字，則稊聲乃梯聲之誤，蕛乃蕛之誤。大兮切，十五部。苵，蕛苵也，郭於蕛字逗，以苵釋蕛；許合蕛、苵二字爲艸名。

凡爾雅固有舉其名而無訓釋者，不當強爲句絕也。从艸，失聲，徒結切，十二部。又稗禾別也，謂禾類而別於禾也。孟子曰：苟爲不熟，不如荑稗。左傳云：用秕稗也。杜云：稗，草之似穀者，稗有米，似禾可食，故亦種之。如淳曰：細米爲稗，故小說謂之稗官，小販謂之稗販。从禾，卑聲，旁卦切，十六部。琅邪有稗縣，地理志琅邪郡稗縣，郡國志無，後漢省也。稗當是本作椑，莽曰識命，蓋惡其名而改之。今山東沂州府莒州州南有椑縣故城，或曰本春秋時向國，隱公二年，莒人入向是也。

穇子 救荒本草：穇子生水田中，及濕地內。苗葉似稻但差短；梢頭結穗，彷彿稗子穗；其子如黍粒大，茶褐色，味甘。採子搗米煮粥，或磨作麪蒸食亦可。

本草綱目李時珍曰：穇子，山東、河南亦五月種之，苗如茭黍，八、九月抽莖，有三稜，如水中藨草之莖。開細花簇簇，結穗如粟穗而分數歧，如鷹爪之狀。內有細子如黍粒而細，赤色。其稃甚薄，其味粗澀。氣味甘濇，無毒，主治補中益氣，厚腸胃，濟飢。

蠶豆 救荒本草：蠶豆今處處有之，生田園中。科苗高二尺許，莖方，其葉狀類黑豆葉，而團長光澤，紋脉豎直，色似豌豆，頗白。莖葉梢間開白花，結短角，其豆如豇豆而小，色赤。味甜，採豆煮食，炒食亦可。

王禎農書曰：蠶豆，百穀之中，最爲先登，蒸煮皆可，便食是用，接新代飯充飽。今山西人用豆多麥少，磨麪可作餅餌而食。

食物本草：氣味甘，微辛，平，無毒。主治快胃，和臟腑，苗，氣味苦，微甘溫，主治酒醉不醒，油、鹽炒熟，煮湯灌之效。

本草綱目李時珍曰：蠶豆南土種之，蜀中尤多。八月下種，冬生嫩苗，可茹。方莖中空，葉狀如匙頭，本圓末尖，面綠背白、柔厚，一枝三葉。二月開花如蛾狀，紫白色，又如豇豆花。結角連綴如大豆，似蠶形。蜀人收其子，以備荒歉。又曰：蠶豆，本草失載。萬表積善堂方言：一女子誤吞針入腹，諸醫不能治，一人教令煮蠶豆，同韮菜食之，針自大便同出。此亦可驗其性之利臟腑也。

王世懋學圃雜疏：蠶豆初熟甘香，種自雲南來者，絕大而佳。

檀萃滇海虞衡志：滇以豆爲重，始則連莢而烹以爲菜，繼則雜米爲炊以當飯，乾則洗之以爲粉。故蠶豆粉條，明徹輕縮，雜之燕窩湯中，幾不復辨。豌豆，亦蠶豆之類，可洗粉，滇人兼食其蔓，名豌豆菜。

舊雲南通志：佛豆卽蠶豆也。豆有黃豆、白豆、紅豆、蕓豆、飯豆、豌豆、羊眼、茶褐、青皮、大黑、小黑、蠶豆數種。

蒙化府志：蠶豆類蠶，又名南豆，花開面向南也。

豇豆

救荒本草：豇豆苗今處處有之，人家田園多種。就地拖秧而生，亦延籬落。葉似赤小豆葉而極長，艄開淡紫粉花，結角長五六寸。其豆味甘，採葉煠熟，水浸淘淨，油鹽調食；及採取嫩角煠熟食亦可。其豆成熟時，打取豆食。又紫豇豆，苗人家園圃中種之。莖葉與豇豆同，但結角色紫，長尺許，味微甜。採嫩苗葉煠熟，油鹽調食；角嫩時，採角煑食，亦可做菜食。豆熟時，打豆食之。

本草綱目李時珍曰：豇豆味甘鹹，平，無毒。主理中益氣，補腎健脾，和五臟，調營衛，生精髓，止消渴，吐逆泄痢，小便頻數，解鼠莽毒。今處處三四月種之。一種蔓長丈餘，一種蔓短，其葉俱本大末尖，嫩時可茹。其花有紅、白二色，莢有白、紅、紫、赤、斑駮數色，長者至二尺。嫩時充菜，老則收子。此豆可菜、可果、可穀，備用最多，乃豆中之上品，而本草失收何哉！又曰：豇豆開花結莢，必兩兩並垂，有習坎之義。豆子微曲，如人腎形，所謂豆爲腎穀者，宜以此當之。昔盧廉夫敎人補腎氣，每日空心煮豇豆，入少鹽食之，蓋得此理。與諸疾無禁，但水腫忌，補腎不宜多食耳。又袖珍方云：中鼠莽毒者，以豇豆煮汁飲卽解。欲試者，先刈鼠莽苗，以汁潑之，便根爛不生，此則物理然也。

刀豆 救荒本草：刀豆處處有之，人家園籬邊多種之。苗葉似豇豆，葉肥大，開淡粉紅花，結角如皂角狀而長，其形似屠刀樣，故以名之。味甜，微淡，採嫩苗葉煠熟，水浸淘淨，油鹽調食。豆角嫩時煮食。豆熟之時，收豆煮食，或磨麪食亦可。

本草綱目李時珍曰：刀豆味甘平，無毒。主溫中下氣，利腸胃，止呃逆，益腎補元，以莢形命名也。案段成式酉陽雜俎云：樂浪有挾劒豆，莢生橫斜，如人挾劒，卽此豆也。人多種之，三月下種，蔓生引一二丈，葉如豇豆葉而稍長大，五六月開花紫色如蛾形，結莢長者近尺，微似皂莢，扁面劒脊，三稜宛然。嫩時，煮食、醬食、蜜煎皆佳；老則收子。子大如拇指頭，淡紅色，同豬肉、雞肉煮食尤美。又曰：刀豆，本草失載，惟近時小書載其暖而補元陽也。又有人病後，呃逆不止，聲聞鄰家，或令取刀豆子燒存性，白湯調服二錢，卽止。此亦取其下氣歸元，而逆自止也。

蜀黍 食物本草：蜀黍北地種之，以備缺糧，餘及牛馬，穀之最長者。南人呼有蘆穄。

本草綱目李時珍曰：蜀黍不甚經見，而今北方最多。按廣雅荻粱，木稷也，蓋此亦黍稷之類，而高大如蘆荻者，故俗有諸名。種始自蜀，故謂之蜀黍。宜下地，春月布種，秋月收之。莖高丈許，狀似蘆荻而內實，葉亦似蘆，穗大如帚，粒大如椒，紅黑色。米性堅實，黃赤色，有二種：粘者可和糯秫，釀酒作餌；不粘者可以作糕、煮粥，可以濟荒，可以養畜，可以作箒。莖可織箔席，編籬，供爨，最有利於民者。今人祭祀用以代稷者，誤矣。其穀殼浸水色紅，可以紅酒。博物志云：地種蜀黍，年久多蛇米。氣味甘澀，溫，無毒。主治溫中，澀腸胃，止霍亂。粘者與黍米功同。根主治煮汁服，利小便，止喘滿。燒灰酒服，治產難有效。

農政全書：春月種薥秫，宜用下土。莖高丈餘，穗大如帚，其粒黑如漆，如蛤眼。熟時收刈成束，攢而立之。其子作米可食，餘及牛馬，又可救荒。其莖可作洗帚，稭桿可織箔，編蓆，夾籬，供爨，無有棄者，亦濟世之一良穀，農家不可闕也。北方地不宜麥禾者，乃種此，尤宜下地。立秋後五日，雖水潦至一丈深，不能壞之；但立秋前水至即壞。故北土築堤二、三尺，以禦暴水，但求隄防數日，即客水大至，亦無害也。又曰：秦中鹼地，則種薥秫。下地種薥秫，特宜早，須淸明前後種。

穀譜：蜀黍一名高粱，一名蜀秫，一名蘆穄，一名蘆粟，一名木稷，一名荻粱。以種來自蜀，形類黍稷，故有諸名。種不宜卑下地。

閩書稷，說文曰：五穀之長也。閩中種稷殊少，惟明祀用之。甌冶遺事：穄米與黍相似而粒大，按此說是薥黍也。北人曰高粱，泉曰番黍，浙人曰蘆穄。閩中山畬磽地，尚有一種，穗如鴨脚，粒與黍相類，磨之可以麪，其稃可以酒。

歙縣物產：穄有黑穄者，秈穄也；赤穄者，糯穄也。長如蘆葦，號蘆穄、黃穄，皆古之穄也。

玉蜀黍

本草綱目李時珍曰：玉蜀黍種出西土，種者亦罕。其苗葉俱似蜀黍而肥矮，亦似薏苡。苗高三四尺，六七月開花成穗，如秕麥狀，苗心別出一苞，如椶魚形，苞上出白鬚垂垂，久則苞坼子出，顆顆攢簇。子亦大如椶子，黃白色，可煠炒食之。炒坼白花，如炒坼糯穀之狀。米氣味甘平，無毒，主治調中開胃。根葉氣味，主治小便淋，瀝沙石，痛不可忍，煎湯頻飲。

王世懋學圃雜疏：西番麥形似稷，而枝葉奇大，結子纍纍。煮食之，味亞芡實。

田藝衡留青日札：御麥出於西番，舊名番麥；以其曾經進御，故名御麥。幹葉類稷，花類稻穗，其苞如拳而長，其鬚如紅絨，其粒如芡實，大而瑩白。花開於頂，實結於節。

蒙化府志：紅鬚麥有五色，鬚長，花開於頂，子結於幹，五六月方熟。

南寧縣志：大麥、小麥、燕麥，又名雀麥，三種植於陸地。玉麥植於園中，類蘆而矮，節間生包，有絮有衣，實如黃豆大，其色黃、黑、紅不一，一株二三包不等。

思州府志：玉蜀黍，居人謂之包穀，有紅、白、黃三色。花開於頂，實綴於身，護以層殼，綴鬚茸茸。春種夏收，夏種秋收，高山沍寒處，有入冬始收者。山農種以佐穀，可支半年。

豌豆 本草綱目李時珍曰：豌豆味甘平，無毒，主消渴。淡煮食之良。治寒熱，熱中，除吐逆，止泄痢澼下，利小便，腹脹滿，調營衛，益中平氣，煮食下乳汁，可作醬用，殺鬼毒心病，解乳石毒發，研末，塗癰腫，痘瘡，作澡豆，去䵟黵，令人面光澤。種出西胡，今北土甚多，八、九月下種，苗生柔弱如蔓，有鬚，葉似蒺藜，葉兩兩對生，嫩時可食，三、四月開小花如蛾形，淡紫色，結莢長寸許，子圓如藥丸，亦似甘草子，出胡地者，大如杏仁，煮炒皆佳，磨粉麪甚白細膩，百穀之中最爲先登。又有野豌豆，磨粒小不堪，惟苗可茹，名翹搖，見菜部。

又曰：豌豆屬土，故其所主病，多係脾胃。元時飲膳，每用此豆，搗去皮，同羊肉治食，云補中益氣，今爲日用之物，而唐宋本草見遺，可謂缺典矣。千金外臺：洗面澡豆方，盛用畢豆麪，亦取其白膩耳。又曰：四聖丹，治小兒痘中有疔，或紫黑而大；或黑壞而臭；或中有黑線，此症十死八九。惟牛都御史，得祕傳此方，點之最妙，用豌豆四十九粒，燒存性，頭髮灰三分，眞珠十四粒，炒研爲末，以油燕脂同杵成膏，先以簪挑疔破，咂去惡血，以少許點之，卽時變紅活色。

務本新書曰：豌豆二、三月種，諸豆之中，豌豆最爲耐久，又收多熟早。如近城郭，摘豆角賣，可先變物，舊時莊農，往往獻送此豆，以爲嘗新，蓋一歲之中，貴其先也。又熟時少有人馬傷踐，以此校之，甚宜多種。

按豌豆苗作蔬極美，蜀中謂之豌豆顚顚，不獨野豌豆呼爲巢菜也。固始有患疥者，每摘食之，以爲能去溼解毒，試之良驗。其豆嫩時作蔬，老則炒食，南方無黑豆。取以飼馬，亦以其性不熱故也。李時珍以拾遺之胡豆子爲卽豌豆，不知別有胡豆，與豌豆殊不類，其所引治症，未可一例。

雀麥 與燕麥異。

爾雅：蘥，雀麥。註：卽燕麥也。

正義：蘥一名雀麥，說文作爵麥。今雀麥自生田野間，農家多棄而不刈。枚乘七發云：穱麥服處，躁中煩外。李善註：以穱麥分劑而食馬，馬肥，故中躁而外煩也。是古者嘗以飼馬矣，註卽燕麥也。正義本草蘇恭註云：所在有之，生故墟野林下。苗葉似小麥而弱，其實似穬麥而細。太平御覽引古歌云：道旁燕麥，何嘗可穫。蓋苗雖似麥，而與麥異類。吳都賦云：穱秀菰穗，於是乎在，則與菰同爲原隰間草也。

說文解字註：蘥，爵麥也，見釋艸。爵當依今釋艸作雀，許君從所據耳。郭云：卽燕麥也，生故墟野林下，苗實俱似麥。或云爵麥卽穱麥，誤也。招魂、七發皆云穱麥，穱卽穛字之異者。古爵，焦聲，仝在第二部。許云：穛，早取穀也。招魂王注云：擇麥中先熟者也，義正同。从艸，龠聲，以勺切，二部。

唐本草：雀麥味甘平，無毒，主女人產不出，煮汁飲之。一名蘥，一名鷰麥，生故墟野林下，葉似麥。

外臺祕要：治齒䘌并蟲、積年不差、從少至老方：雀麥一名牡枨草，俗名牛星草一味，苦瓠葉三十枚，淨洗，取草剪長二寸，廣一寸，厚五分，以瓠葉作五裹子，以三年酢漬之。至日中，以兩裹，火中炮令熱，內口中，齒外邊熨之。冷更易。取銅器貯水，水中解裹洗之，即有蟲長三分。老者黃色，少者白色；多即三二十枚，少即一二十枚，此一方甚妙。

子母祕錄：姙娠胎死腹中，若胞衣不下，上搶心，雀麥一把，水五升，煮二升汁服。

救荒本草：雀麥今處處有之。苗似鷰麥，而又細弱，結穗像麥穗，而極細小，每穗又分作小叉穗十數個。子甚細小，味甘，性平，無毒。採子舂去皮，搗作麪蒸食，作餅食亦可。

燕麥

本草衍義：雀麥，今謂之燕麥，其苗與麥同，但穗細長而疎。唐劉夢得所謂「菟葵燕麥動搖春風」者也。

救荒本草：燕麥，田野處處有之，其苗似麥攛葶，但細弱。葉亦瘦細，抪莖而生，結細長穗，其麥粒極細小，味甘。採子，舂去皮，搗磨爲麪食。

升菴外集古樂府云：田中燕麥，何嘗可穫，言虛名無用也。然燕麥滇南霑益一路有之，土人以爲朝夕常食，非虛名也。按雲南燕麥，即青稞麥，其形似燕麥，而大寒地種之。

青稞麥

別說關中又有一種青稞，比近道者粒微小，色微青，專以飼馬，未見入藥用。

本草拾遺：青稞似大麥，天生皮肉相離，秦隴巴西種之。今人將當本麥米糶之，不能分也。

齊民要術：青稞古禾反，麥名。麥，治打時稍難，唯映日用碌碡碾。右每十畝用種八斗，與大麥同時熟，好收四十石，石八九斗。麪堪作麨，又餺飥甚美，磨總盡無麩。鋤一遍佳，不鋤亦得。

余慶遠維西聞見錄：青稞麥，質類麰麥，莖葉類黍，耐霜雪，阿墩子及高寒之地皆種之。經年一熟，七月種，六月穫。夷人炒而舂麪，入酥爲糌粑。

山西通志：麥之別種曰燕麥，俗稱莜麥，夏秋種。性寒，宜邊地。太原大同朔平寧武及吉隰澤、汾近山諸屬，胥有之。

師宗州志：燕麥狀如鵲麥，夏種秋熟，劉禹錫所謂菟葵燕麥者是也。土人粉爲乾餱，水調充服。彌勒縣採訪：燕麥又名雀麥。玉麥有飯、糯二種，近來徧種以濟荒。按燕麥即青稞，玉麥即蕎麥。

四川志：松潘廳青稞，春種秋收，似麥而瘠長，日用所食。明統志：衛産。

植物名實圖考長編卷之三

蔬類

芝

本草經：赤芝味苦，平。主胸中結，益心氣，補中，增慧智不忘，久食輕身，不老延年神仙。一名丹芝。

別録：生霍山。陶隱居云：南嶽本是衡山，漢武帝始以小霍山代之，非正也。此則應生衡山也。

本草經：黑芝味鹹，平。主癃，利水道，益腎氣，通九竅聰察，久食輕身，不老延年神仙。一名玄芝。

別錄：生常山。

本草經：青芝味酸，平。主明目，補肝氣，安精魂，仁恕，久食輕身，不老延年神仙。一名龍芝。

別錄：生泰山。

本草經：白芝味辛，平。主欬逆上氣，益肺氣，通利口鼻，強志意勇悍，安魄。久食輕身，不老延年神仙。一名玉芝。

別錄：生華山。

本草經：黃芝味甘，平。主心腹五邪，益脾氣，安神，忠信和樂，久食輕身，不老延年神仙。一名金芝。

別錄：生嵩山。

本草經：紫芝味甘，溫。主耳聾，利關節，保神，益精氣，堅筋骨，好顏色，久服輕身，不老延年。一名木芝。

別錄：生高夏山谷，六芝皆無毒，六月、八月採。

陶隱居云：按郡縣無高夏名，恐是山名爾。此六芝皆仙草之類，俗所稀見，族種甚多，形色瓌異，並載芝草圖中。今俗所用紫芝，此是朽樹木株上所生，狀如木檽，名爲紫芝，蓋止療痔，而不宜以合諸補丸藥也。凡得芝草便正爾食之，無餘節度，故皆不云服法也。

內則芝栭疏庾蔚云：無華葉而生者，曰芝栭。盧氏云：芝，木芝也。王肅云：無華而實者名栭，皆芝屬也。庾又云：自牛修至薑桂，凡三十一物，則芝栭應是一物也。今春夏生於木，可用爲菹；其有白者，不堪食也。賀氏云：栭，輭棗；亦云：芝，木椹也。以芝、栭爲二物。鄭下注云：三十一物，則數芝栭爲一物也。陳注：芝如今木耳之類。

爾雅：茵，芝。注：芝，一歲三華，瑞草。疏：瑞草名也，一歲三華，一名茵，一名芝。論衡云：芝生於土，土氣和，故芝草生。瑞命禮曰：王者仁慈，則芝草生是也。

爾雅翼：芝，瑞草，一歲三華，故楚辭謂之三秀。無根而生，故其字從之。說文之字曰：出也，象草枝莖益大，有所之。一者，地也，芝生於土，故宜從焉。言芝者，多異說，唯論衡云：芝生於土，土氣和，故芝草生，最爲簡要。古以爲香草，大夫之摯芝蘭。又曰：與善人居，如入芝蘭之室，久而不聞其香，則與之化矣。今芝不香，未知何故。芝乃多種，故方術家有六芝，其五芝，備五色、五味，分生五嶽，惟紫芝最多。昔四老避秦入商洛山，采芝食之，作歌曰：煜煜紫芝，可以療饑是也。古稱上藥養命，中藥養性，下藥治病。養命則五石之鍊形，六芝之延年；養性則合歡蠲忿，萱草忘憂；治病則大黃除實，當歸止痛。芝之品，其略有六，至葛稚川則云：芝有石芝，有木芝，有草芝，有肉芝，有菌芝，各百許種，則芝類非特六矣。孝經援神契曰：威喜辟兵，威喜、亦木芝之一也。松柏之脂，入地千歲化茯苓；茯苓萬歲，上生小木如蓮華，名曰木威喜芝，夜視有光，持之甚滑，燒之不然，帶之辟兵。又建木實生都廣，皮如纓蛇，實如鸞鳥者，亦謂之芝，則無所不備。然大抵紫芝最多，陶隱居獨怪今俗所用紫芝，乃是朽木株上所生，狀如木檽者，然古人言芝，蓋只如此。內則：人君燕食，所加庶羞，有芝栭蔆椇之屬。庾蔚云：無華葉而生者，曰芝栭；盧氏云：芝，木芝也；王肅云：無華而實者名栭，皆芝屬；芝栭春夏生于木，可用爲菹，其有白者不堪食。賀氏亦云：芝，木椹，獨別謂栭爲輭棗，則多一物，不合鄭氏三十一物之數。然則檽椹類總名芝矣。莊子朝菌，司馬亦云：大芝也，天陰生糞上，見日則死。崔云：糞上芝，朝生暮死。簡文云：歘生之芝也。是菌皆得芝名。太玄曰：黄菌不誕，俟于慶雲靈芝也。漢藝文志有黄帝雜子芝菌十八卷。

冬葵 本草經：冬葵子味甘，寒。主五臟六腑，寒熱羸瘦，五癃，利小便，久服堅骨，長肌肉，輕身延年。

別錄：無毒，療婦人乳難內閉。生少室山，十二月採之。葵根味甘，寒，無毒。主惡瘡，療淋，利小便，解蜀椒毒。葉爲百菜主，其心傷人。陶隱居云：以秋種葵，覆養經冬，至春作子，謂之冬葵子。入藥用，至滑利，能下石。春葵子亦滑，不堪於藥用。根故是常葵爾，葉尤冷利，不可多食。術家取此葵子，微炒令熚灹，散著濕地，遍踏之，朝種暮生，遠不過宿。又云：取羊角、馬蹄燒作灰，散著於濕地，遍踏之，卽生羅勒，俗呼爲西王母菜，食之益人。生菜中，又有胡荽、芸薹、白苣、邪蒿，並不可多食，大都服藥，通忌生菜爾。佛家齋，忌食薰渠，不的知是何菜；多言今芸薹，憎其臭矣。

藥性論云：冬葵子性滑，平，能治五淋，主嬭腫，能下乳汁。根治惡瘡，小兒呑錢不出，煮飲之卽出，神效。若患天行病後食之，頓失明。又葉燒灰，及擣乾葉末，治金瘡；煮汁能滑小腸；單煮汁，主治時行黄病。

圖經：冬葵子生少室山，今處處有之。其子是秋種葵；覆養經冬，至春作子者，謂之冬葵子，古方入藥用最多。苗葉作菜茹，更甘美。大抵性滑利，能宣導積壅，服丹石人尤相宜。煮汁單飲亦佳，仍利小腸。孕婦臨產，煮葉食之，則胎滑易產。暴乾葉，及燒灰同作末，主金瘡。根主惡瘡，小兒呑錢，煮汁飲之立出。凡葵有數種，有蜀葵，爾雅所謂「菺，戎葵」者是也。郭璞云：似葵，華如槿華。戎、蜀，蓋其所自出，因以名之。花有五色，白者主痎瘧及邪熱，陰乾末服之，午日取花挼手，亦去瘧。黄者主瘡癧，乾末水調塗之，立愈。小花者名錦葵，功用更強黄葵，子主淋澀，又令婦人易産。又有終葵，大莖小葉，紫黄色，吳人呼爲繁露，卽下品落葵，爾雅所謂「終葵，繁露」者是也。一名承露，俗呼曰胡燕脂，子可婦人塗面，及作口脂。又有菟葵，似葵而葉小，狀若藜，有毛，汋而啖之，甚滑；爾雅所謂「莃，菟葵」是也，亦名天葵；葉主淋瀝熱結，皆有功效，故幷載之。

外臺祕要：天行斑瘡，須臾遍身，皆戴白漿，此惡毒氣。永徽四年，此瘡自西域東流於海內，頻煮葵菜葉，以蒜虀啖之，則止。

寧都州志：葵菜土名蘄菜，性冷，味柔滑，經霜益滑，吳人謂之滑腸菜，棄而不采。州俗、圃間多種，以備冬蔬，清明後乃老，葉生細毛，澀而不可食矣。

按江西志載葵菜甚詳，不知李時珍何以失考。

齊民要術：廣雅曰：蘬，邱葵也。廣志曰：胡葵，其花紫赤。博物志曰：人食落葵，爲狗所齧，作瘡則不差，或至死。案今世葵，有紫莖、白莖二種，種別復有大、小之殊，又有鴨脚葵也。臨種時，必燥曝葵子，葵子雖經歲不浥，然濕種者，疥而不肥也。地不厭良，故墟彌善，薄卽糞之，不宜妄種。春必畦種水澆，春多風旱，非畦不得，且畦者，省地而菜多，一畦供一口。畦長兩步，廣一步，大則水難均，又不用人足入。深掘，以熟糞對半和土覆其上，令厚一寸。鐵齒杷樓之令熟，足踏使堅平，下水令徹澤，水盡，下葵子。又以熟糞和土覆其上，令厚一寸餘，葵生三葉，然後澆之。澆用晨夕，日中便止。每一掐，輒杷樓地令起，下水加糞，三掐更種。一歲之中，凡得三輩。凡畦種之物，治畦皆如種葵法，不復條列煩文。早種者必秋耕，十月末，地將凍，散子勞之，一畝一升。五月末散子，亦得人足踐踏之乃佳。踐者菜肥，地釋卽生，鋤不厭數，五月初更種之。春者既老，秋葉落未生，故種此相接。六月一日種白莖秋葵，白莖者宜乾，紫莖者乾卽黑而澀。秋葵堪食，仍留五月種者取子。春葵子熟不均，故須留中輩。於此時，附地剪却春葵，令根上栟生者，柔輭至好，仍供常食，美於秋菜。掐秋菜，必留五、六葉不掐；掐則莖孤，留葉多則科大。凡掐必待露解，諺曰：觸露不掐葵，日中不翦韭。八月半翦去，留其歧多者則去地一、二寸，獨莖者亦可去地四、五寸。栟生肥嫩，比至收時，高與人膝等，莖葉皆美，科雖不高，菜實倍多。其不翦早生者，雖高數尺，柯葉堅硬，全不中食。所可用者，唯有菜心，附葉黃澀至惡，煮亦不美，看雖似多，其實倍少。收待霜降，傷早黃爛，傷晚黑澀。榜簇皆須陰中，見日亦澀。其碎者割訖，卽地中尋手糺之。待萎而糺者必爛。又種冬葵法，近州郡都邑有市之處，負郭良田三十畝，九月收菜後卽耕。至十月半，令得三徧，每耕卽勞，以鐵齒耙耬去陳根，使地極熟，令如麻地，於中逐長。穿井十口，井必相當，邪角則妨地，地形狹長者，井必作一行；地形正方者，作兩三行，亦不嫌也。井別作桔槔轆轤，井深用轆轤，井淺用桔槔。柳鑵令受一石。鑵小用則功費。十月末，地將凍，漫散子，唯穊爲佳。每畝用子六升。散訖卽勞，有雪缺字勿令從風飛去，勞雪令地保澤，葉又不蟲。每雪輒一勞之。若冬無雪，臘月中汲井水普勞澆悉令徹澤。有雪則不荒。正月地釋，驅踏破地皮。不踏卽枯涸，皮破卽膏潤。春暖草生，葵亦俱生，三月初葉大如錢，逐穊處拔大者賣之。十手拔，乃禁取，兒女子七歲已上，皆得充事也。一升葵還得一升米，日日常拔，看稀稠得所乃止。有草拔却，不得用鋤。一畝得葵三載，合收米九十車，車准二十斛，爲米一千八百石。自四月八日以後，日日翦賣，其翦處尋以手拌研劚地，令其起水，澆糞覆之。四月亢旱，不澆則不長，有雨則不須澆。四月以前雖旱，亦不須澆，地實飽澤，雪勢未盡故也。比及翦徧，初者還復，周而復始，日日無窮，至八月社日止，留作秋菜。九月指地賣，兩畝得絹一疋，收訖卽急耕，依去年法，勝作十頃穀田。止須一乘車牛，專供此園。耕勞、輦糞、賣菜，終歲不間。若糞不可得者，五、六月中，穊種菜豆；至七月、八月，犂掩殺之。如以糞糞田，則良美與糞不殊，又省功力。其井間之田，犂不及者，可作畦，以種諸菜。

崔寔曰：正月可作種瓜，瓠，葵，芥，薤，大、小葱蒜，苜蓿及雜蒜亦種，此二物皆不如秋。六月六日可種葵，中伏後可種冬葵，九月作葵菹、乾葵。

家政法曰：正月種葵。

作葵菹法：擇燥葵五斛，鹽二斗，水五斗，大麥乾飯四升合瀨。案葵一行，鹽飯一行，淸水澆滿，七日黃便成矣。

爾雅翼：葵爲百菜之主，味尤甘滑。魯漆室之女葵爲馬踐，知憂及國。公儀休相魯，食於舍而茹葵，愠而拔之，不欲奪園夫之利。葵有赤莖、白莖，復有大、小之異，又有鴨脚葵。葵子雖經歲不浥，微炒令燁炸，散著濕地，遍踏之，朝種暮生，遠不過宿。早種者，十月末，地將凍，散子勞之，正月末亦可。五月初更種之，以春者既老，秋菜未生，種此相接。六月一日種白莖秋葵，白莖者宜乾。九月作葵菹、乾葵，蓋一歲凡得三輩。士虞禮：夏秋用生葵，冬春用乾豆，皆滑物。道家之法，十日一食葵菜，所以調和五臟。古者葵稱露葵，又葵性向日，孔子以比鮑莊子，智不如葵，葵猶能衞其足。曹植曰：若葵藿之傾葉，太陽雖不爲回光，然向之者誠也。淮南曰：聖人之於道，猶葵之與日也，雖不能以終始哉，其鄉之誠也。夫天有十日，葵與之終始，故葵從癸。說文云：揆，葵也，卽所謂揆之以日者。

農桑通訣：葵爲百菜之主，備四時之饌，本豐而耐旱，味甘而無毒，供食之餘，可爲菹腊，枯枿之遺，可爲榜簇，咸無棄材，誠蔬茹之上品也。

春宜畦種，種宜散種，然夏秋皆可種也。詩曰：七月烹葵，此種之早者，俗呼爲秋葵。遲者爲冬葵。六月六日種葵，中伏以後，可種冬葵，時有先後，爲之在人。宿根在地，春生嫩葉，亦可採食。前金人以韭蓼汁併雞肉和食，謂之冷羹，最上饌。莖葉叢茂時，方可刈，嫩、惟採擷之耳。杜詩云：刈葵莫放手，放手傷葵根。蓋傷根則不生。葵花乾入炭墼內，引火耐燒。葵葉可染紙，所謂葵箋也。

山家清事：白樂天與元微之，常以竹筒貯詩，往來賡唱，每謂既有詩筒，可毋吟咏，以助清灑。一日許判司執中遠以葵牋分惠，綠色而澤，入墨覺有精采。詢其法，乃得之北司劉廉靖。采帶露葵葉研汁，用布擦竹紙上，候少乾，用溫火熨之。許嘗有詩云：不取傾陽色，那知戀主心。此法不獨便於山家，且知二公俱有葵藿向陽之意，又豈不愈於題芭蕉、書柹葉？

獨醒雜志：毛公弼守泗州，病泄痢，久不愈，謁龐安常求醫。安常診之曰：此丹石毒作，非痢也。乃煮葵菜一釜，命公弼食之，且云：當有所下。明日安常視之，曰：毒未去。問食幾何，才進兩盂。安常曰：某煮此藥，升合銖兩，自有制度，不盡不可。於是再煮，强令進之。已乃洞泄，斕斑五色，安常視之曰：此丹毒也，疾去矣。但年高人久痢，又乍去丹毒，脚當弱，不可復餌他藥。因贈牛膝酒兩缾，飲盡，遂强如初。

蜀葵

嘉祐本草：蜀葵味甘，寒，無毒，久食鈍人性靈。根及莖並主客熱，利小便，散膿血惡汁。葉燒爲末，傅金瘡；煮食主丹石，發熱結；擣碎傅火瘡。又葉炙煮，與小兒食，治熱毒下痢，及大人丹痢；擣汁服亦可，恐腹痛卽煖飲之。花冷無毒，治小兒風瘮。子冷，無毒，治淋澀，通小腸，催生落胎，療水腫，治一切瘡疥，並瘢疵赤靨。花有五色，白者療痎瘧，去邪氣，陰乾末食之。小花者名錦葵，一名茙葵，功用更強。爾雅云：菺，戎葵。釋曰：菺一名戎葵。郭曰：蜀葵也，似葵，華如槿華，戎蜀蓋其所自也，因以名之。

陸璣詩疏：視爾如荍，荍一名芘芣，一名荆葵，似蕪菁，華紫綠色，可食，微苦。廣要爾雅云：荍，蚍衃。郭註云：今荆葵也，似葵紫色。謝氏云：小草多華少葉，葉又翹起。舍人云：荍一名蚍衃。陳風云：視爾如荍，毛傳云：芘芣也；鄭註云：荍，蜀葵也；爾雅翼：荍，荆葵也。蓋戎葵之類，比戎葵葉俱小，故謝氏曰荍，小草，多花少葉，葉又翹起也。花似五銖錢大，色粉紅，有紫紋縷之，一名錦葵。大抵似蘆菔華，故陸氏云：似蕪菁，花紫綠色，可食、微苦是也。亦其文采相錯，故陳風男子悅女，比之曰視爾如荍，言如戎葵之花，小而可愛也。此與戎葵異類，故釋草云：菺，戎葵。郭氏曰：今蜀葵也，似葵，華如木槿。又曰：荍，芘芣。郭氏曰：今荆葵也，似葵紫色。則戎葵與蜀葵，荍與荆葵，其所來各不同。本草蜀葵中云：小花者名錦葵，一名戎葵，功用更強。則是以此雜之蜀葵中，而又反得戎葵之名矣。崔豹古今註又云：荆葵一名戎葵，一名芘芣，似木槿而光色奪目，有紅，有紫，有青，有白，有黄，莖葉不殊，但色有異耳，一曰蜀葵。其說戎葵、蜀葵之狀可也，混荆葵、芘芣之名于内者，非也。然今人亦通呼此爲錦蜀葵，則從其類比附之爾。又今有一種葉纖長而多缺如鋸，花如錦葵而極紅，每一夜半開，至午則連房脱落，謂之川蜀葵，亦云朝開暮落花。濮氏曰：芘芣紫荆，春時開花，葉未生；花紫色，自根及幹而上，連接甚密，有類蟣窠，故爾雅名蚍衃，俗曰火蟣。按荍爲荆葵，菺爲蜀葵，郭景純別之甚明；鄭漁仲註荍，亦曰蜀葵，誤矣。濮氏直以爲紫荆，不知何見？

菟葵

爾雅：莃，菟葵。註：頗似葵而小，葉狀如藜，有毛，汋啖之滑。

唐本草：菟葵味甘，寒，無毒。主下諸五淋，止虎蛇毒。注：苗如石龍芮，葉光澤，花白似梅，莖紫色。煮汁極滑，堪噉。爾雅釋草一名莃，所在平澤皆有，田間人多識之。別本注云：蛇虎毒諸瘡，擣汁飲之，及塗瘡能解毒止痛。六月、七月，採莖、葉暴乾。

本草衍義：菟葵，綠葉如黃蜀葵；花似拗霜，甚雅，形至小，如初開單葉蜀葵；有檀心，色如牡丹姚黃蘂，則蜀葵也。唐劉夢得還京云：唯菟葵燕麥動搖春風者，是也。

本草綱目李時珍曰：按鄭樵通志云：菟葵，天葵也，狀如葵菜，葉大如錢而厚，面青背微紫，生於崖石。凡丹石之類，得此而後能神，所以雷公炮炙論云：如要形堅，豈忘紫背，謂其能堅鉛也，此說得於天台一僧。又按南宮從岣嶁神書云：紫背天葵出蜀中，靈草也。生於水際，取自然汁煮汞則堅，亦能煮諸石拒火也。又按初虞世古今錄驗云：五月五前齋戒，看桑下有菟葵者，至五日午時，至桑下呪曰：繫黎乎俱當蘊婆訶。呪畢，乃以手摩桑陰一遍，口齧菟葵及五葉草，嚼熟，以唾塗手，熟揩令遍再齋。七日不得洗手，後有蛇蟲蠍蠆咬傷者，以此手摩之卽愈也。時珍竊謂，古有呪由一科，此亦其類，但不知必用菟葵取何義也？若謂其相制，則治毒蟲之草亦多矣。

按菟葵自是野葵，李時珍據通志以爲天葵，生於厓石，則非能動搖春風者矣。務奇炫博，注書一病，道士謊言，尤難盡信。

莧

本草經：莧實味甘，寒，主青盲明目，除邪，利大小便，去寒熱。久服益氣力，不饑，輕身。一名馬莧。

別錄：大寒，無毒，主白翳，殺蚘蟲。一名莫實，細莧亦同，生淮陽川澤及田中，葉如藍，十一月採。陶隱居云：李云莧實，卽莧菜也。今馬莧別一種，布地生，實至微細，俗呼爲馬齒莧，亦可食，小酸，恐非今莧實。其莧實當是白莧，所以云細莧，亦同葉如藍也。細莧卽是糠莧，食之乃勝，而並冷利，被霜乃熟，故云十一月採。又有赤莧，莖純紫，亦療赤下，而不堪食。藥方用莧菜甚稀，斷穀方中皆用之。本草拾遺忌與鼈同食。今以鼈細剉和莧，於近水濕處置之，則變爲生鼈。紫莧殺蟲毒。

圖經：莧實生淮陽川澤及田中，今處處有之，卽人莧也。經云細莧亦同，葉如藍是也。謹按莧有六種：有人莧、赤莧、白莧、紫莧、馬莧、五色莧；馬莧卽馬齒莧也，自見後條。入藥者，人、白二莧，俱大寒，亦謂之糠莧，亦謂之胡莧，亦謂之細莧，其實一也。但人莧小而白莧大耳。其子霜後方熟，實細而黑，主翳目，黑花，肝風，客熱等。紫莧莖葉通紫，吳人用染菜瓜者，諸莧中此無毒，不寒。兼主氣痢。赤莧亦謂之花莧，莖葉深赤，爾雅所謂「蕢，赤莧」是也。根莖亦可糟藏，食之甚美，然性微寒，故主血痢。五色莧今亦稀有。細莧俗謂之野莧，猪好食之，又名猪莧。集驗方治衆蛇螫人，取紫莧搗絞汁，飲一升；滓以水和，塗瘡上。又射工毒中人，令寒熱發瘡，偏在一處，有異於常者，取赤莧合莖葉擣絞汁，飲一升，日再服瘥。

馬齒莧

蜀本草：馬齒莧味酸，寒，無毒。主諸腫瘻疣自屍脚，陰腫，反胃諸淋，金瘡血流，破血癖癥瘕。汁洗，去緊脣面皰，解射工馬汗毒，宜小兒食之。此有二種，葉大者不堪用；葉小者節葉間有水銀，每十斤有八兩至十兩已來。至難燥，當以槐木槌碎之，向日東作架曬之，三、兩日卽乾矣。莖不入藥用。

嘉祐本草：馬齒莧主目盲白翳，利大、小便，去寒熱，殺諸蟲，止渴，破癥結癰瘡，服之長年不白。和梳垢，封丁腫；又燒爲灰，和多年醋滓，先灸丁腫以封之，即根出。生擣絞汁服，當利下惡物，去白蟲。煎爲膏，塗白秃。又主三十六種風結瘡，以一釜煮，澄清，內蠟三兩，重煎成膏，塗瘡上，亦服之。子明目，仙經用之。

圖經：馬齒莧舊不著州土，今處處有之；雖名莧類，而苗葉與人莧輩都不相似。又名五行草，以其葉青、梗赤、花黄、根白、子黑色。此有二種，葉大者不堪用；葉小者爲勝。云其節葉間有水銀，每乾之，十斤中得水銀八兩至十兩者。然至難燥，當以槐木槌碎，向日東作架曝之，三、兩日即乾如經年矣。入藥則去莖節，大抵能肥腸，令人不思食耳。古方治赤白痢多用之。崔元亮海上方著其法云：不問老、稚、孕婦，悉可服。取馬齒莧擣絞汁三大合，和雞子白二枚，先溫令熱，乃下莧汁。微溫，取頓飲之；不過，再作則愈。又治溪毒，絞汁一升，漸以傅瘡上佳。又療多年惡瘡，百方不差，或痛焮不已者，並爛擣馬齒傅上，不過三兩遍。此方出於武元衡相國，武在西川，自苦脛瘡，焮痒不可堪，百醫無效。及到京城，呼供奉名家等數人，療治無益，有廳吏上此方，用之便差，李絳紀其事於兵部手集。

聖惠方：治馬咬人，毒入心，馬齒莧湯食之，差。

食療本草：濕癬白秃，取馬齒膏塗之；若燒灰傅之亦良。作膏主三十六種風結瘡，可取馬齒一碩，水可二碩，蜜蠟三兩，煎之成膏；亦治疳痢，一切風。又可細切煮粥，止痢，治腹痛。

菥蓂子

本草經：菥蓂子味辛，微溫，主明目，目痛淚出，除痹，補五藏，益精光，久服輕身不老。一名蔑菥，一名大蕺，一名馬辛。

別錄：無毒，療心腹腰痛。一名大薺，生咸陽山澤及道傍。四月、五月採暴乾。陶隱居云：今處處有之，人乃言是大薺子，方用甚稀。圖經：菥蓂子生咸陽山澤及道傍，今處處有之。爾雅云：

菥蓂，大薺。郭璞云：似薺細葉，俗呼曰老薺。蘇恭亦云是大薺，又云：然菥蓂味辛，大薺味甘。陳藏器云：大薺當是葶藶，非菥蓂；菥蓂大而扁，葶藶細而圓，二物殊也。而爾雅自有葶藶，謂之蕇，注云：實葉皆似芥，一名狗薺。大抵二物皆薺類，故人多不能細分，乃爾致疑也。四月、五月採暴乾，古今眼目方中多用之。崔元亮海上方：療眼熱痛，淚不止，以菥蓂子一物，搗篩爲末，欲卧以銅筋點眼中，當有熱淚及惡物出，幷去努肉，可三、四十夜點之，甚佳。

廣雅疏證：菥蓂，馬辛也。呂氏春秋任地篇：孟夏之昔，殺三葉而穫大麥。高誘注云：昔，終也；三葉，薺、亭歷、菥蓂也。是月之季枯死，大麥熟而可穫，月令謂之靡草，孟夏之月靡草死，麥秋至，即所謂殺三葉而穫大麥也。鄭注引舊說云：靡草，薺、亭歷之屬。正義云：以其枝葉靡細，故云靡草。依爾雅注，則菥蓂之葉，又細于薺也。

張衡南都賦云：其園圃則有菥蓂、芋瓜。

說文解字注：蓂，析蓂，二字逗，大薺也。此薺當作齊，許君薺爲蒺黎字，則薺菜必當作齊。如洛爲歸德水名，則知豫州水名必作雒也。說文字多與爾雅異，後人依爾雅改之。釋艸曰：菥蓂，大薺。郭云：似薺葉細。按此齊菜中之一種也。从艸，冥聲，莫歷切，古音在十一部。

苦菜

本草經：苦菜味苦，寒，主五臟邪氣，厭穀胃痹，久服安心、益氣、聰察、少卧、輕身、耐老。一名荼草，一名選。

別錄：無毒，主腸澼渴，熱中疾，惡瘡；耐饑寒，豪氣不老。一名游冬，生益州川谷、山陵、道傍，凌冬不死，三月三日採，陰乾。陶隱居云：疑此即是今茗。茗一名荼，又令人不眠，亦凌冬不凋，而嫌其止生益州。益州乃有苦菜，正是苦藘爾。上卷上品白英下，已注之。桐君錄云：苦菜三月生、扶疎，六月、華從葉出，莖直花黃，八月實黑；

實落根復生，冬不枯。今茗極似此，酉陽武昌，又廬江晉陵皆好，東人正作青茗。茗皆有浡，飲之宜人，凡所飲物，有茗及木葉天門冬苗，幷菝葜，皆益人，餘物並冷利。又巴東間別有眞茶，火煏作卷結，爲飲亦令人不眠，恐或是此。俗中多煮檀葉及大皂李作茶飲，並冷。又南方有瓜蘆木，亦似茗，苦澀，取其葉作屑，煮飲汁，即通夜不睡。煮鹽人惟資此飲，而交廣最所重，客來先設，乃加以香芼輩。

唐本草注：苦菜詩云：誰謂荼苦，又云：堇荼如飴，皆苦菜異名也。陶謂之茗，茗乃木類，殊非菜流。茗，春採，爲苦荼，音遲遐反，非途音也。按爾雅釋草云：荼，苦菜。釋木云：檟，苦荼。二物全別，不得比例。又顏氏家訓按易統通卦驗玄圖曰：苦菜生於寒秋，更冬歷春，得夏乃成。一名游冬，葉似苦苣而細，斷之有白汁，花黃似菊。其說與桐君略同，今所在有之。苦蘵乃龍葵爾，俗亦名苦菜，非荼也。

本草衍義：苦菜四方皆有，在北道則冬方彫斃，生南方則冬夏常青，此月令小滿節後，所謂苦菜秀者。葉如苦苣更狹，其綠色差淡，折之白乳汁出，常常點瘊子自落。味苦，花與野菊似，春、夏、秋皆旋開花，去中熱，安心神。

嘉祐本草：苦苣味苦，平。一云寒。主面目及舌下黃，強力不睡。折取莖中白汁，傅丁腫出根；又取汁滴癰上，立潰碎；莖、葉傅蛇咬；根主赤白痢及骨蒸，並煮服之。今人種爲菜，生食之，久食輕身、少睡，調十二經脈，利五藏，霍亂後胃氣逆煩。生擣汁飲之，雖冷，甚益人，不可同血食，一本作蜜。食作痔疾。苦苣即野苣也，野生者又名褊苣，今人家常食爲白苣。江外、嶺南、吳人無白苣，嘗植野苣，以供廚饌。

嘉祐本草：苦藚冷，無毒。治面目黃，強力止困，傅蛇、蟲咬。又汁傅丁腫，即根出。蠶蛾出時，切不可取，拗取蛾子青爛，蠶婦亦忌食。野苦蕒五、六回拗後，味甘滑於家苦蕒。

陸璣詩疏：「誰謂荼苦」，荼，苦菜，生山田及澤中，得霜甜脆而美，所謂菫荼如飴。內則云：濡豚包苦用苦菜，是也。廣要爾雅：荼，苦菜。郭註云：詩曰誰謂荼苦，菜可食。鄭註云：生山谷，味苦，今人呼苦苣。邢疏云：此味苦可食之菜，一名荼，一名苦菜，本草一名荼草，一名選，一名游冬。按易緯通卦驗云：苦草生于寒秋，經冬歷春乃成，月令「孟夏苦菜秀」是也。葉似苦苣而細，斷之有白汁，花黃似菊堪食，但苦耳。時訓解云：小滿之日苦菜秀，苦菜不秀，賢人潛伏。儀禮云：鉶芼羊苦。詩緝云：經有三荼：一曰苦菜，二曰委葉，三曰英荼。此詩「誰謂荼苦」、及唐采苓云「采苦采苦」、緜「菫荼如飴」之荼，皆苦菜也；良耜「以薅荼蓼」之荼，委葉也；鄭「出其東門，有女如荼」，英荼也。鴟鴞予所捋荼，傳云：萑苕，疏云：亂之秀穗，亦英荼之類。按朱傳云：蓼屬，謂此荼與良耜以薅荼蓼之荼同，似不可從，嚴華谷辨之甚詳。但以捋荼為英荼之類，恐未必然。

按荼訓白，苦苣老時，絮飛如雪；蘆葦之花，亦白如雪，故皆有英荼之訓。

陸璣詩疏：薄言采芑，芑菜似苦菜也。莖青白色，摘其葉，有白汁出，脆，可生食，亦可蒸為茹。青州謂之芑，西河、鴈門尤美，胡人戀之，不出塞。毛晉廣要朱傳云：卽今苦蕒菜，宜馬食，軍行采之，人馬皆可食也。本草云：野苦蕒五、六回拗後，味甘滑于家苦蕒。按朱註，苦菜也。陸元恪云，似苦菜，則又一種矣。顏氏家訓云：江南別有苦菜，葉似酸漿，其花或紫或白，爾雅云此乃蘵黃蒢也。今河北謂之龍葵，梁世講禮者，以此當苦菜，旣無宿根，至春子方生耳，亦大誤也。据云此菜可以釋勞，宜乎人馬皆食；又云至春方生，似合軍行之時。或青州、鴈門以爲芑，江南無其名耳。

齊民要術詩義疏曰：藘，苦葵，青州謂之芑。芹藘並收根，畦種之，常令足水，尤忌潘泔及鹹水，澆之則死。性並易繁茂，而甜脆勝野生者。白藘尤宜糞，歲常可收。

救荒本草：苦苣，本草云卽野苣也。又名褊苣，俗名天精菜，舊不著所出州土，今處處有之。苗塌地生，其葉光者似黃花苗葉，葉花者似山苦蕒葉。莖中皆有白汁，味苦，性平，一云性寒。採苗葉煠熟，用水浸去苦味，淘洗淨，油鹽調食，生亦可食。雖性冷，甚益人。久食輕身少睡，調十二經脈，利五臟，不可與血同食，作痔疾。一云不與蜜同食。

廣雅疏證：蕒，藘也，此苦菜之一種也。藘或作藘，或作苣。說文云藘，菜也似蘇者。玉篇云：藘，今之苦藘，江東呼爲苦蕒；蕒，苦蕒菜也。廣韻云：蕒，吳人呼苦藘。顏氏家訓云：苦菜葉似苦苣而細，是苦苣卽苦菜之屬也。藘、芑聲之轉，故藘又謂之芑。小雅采芑傳云：芑菜也。齊民要術引詩義疏云：藘似苦菜，莖青，摘去葉，白汁出，甘脆可食，亦可爲茹，青州謂之芑，西河、鴈門藘尤美，時人戀戀，不能出塞。又云：藘收根，畦種，常令足水，性易繁茂，而甜脆勝野生者。白藘尤宜糞，歲常可收。嘉祐本草云：苦苣卽野苣也，野生者又名褊苣，今人家常食爲白苣，江外、嶺南、吳人無白苣，嘗植野苣以供廚饌。又云：苦蕒蠶蛾出時，切不可折取，令蛾子青爛。野苦蕒五、六回拗後，味甘滑于家苦蕒。據此則苦藘與苦蕒不同，而玉篇、廣韻則皆以苦藘、苦蕒爲一物，蓋苦藘亦苦蕒之一種，故或卽謂之苦蕒，又或否耳。今北方處處原野生之，家中種者，莖葉闊大，北方人皆謂之藘蕒菜，此苦藘卽苦蕒之明證也。曹憲音義云：張揖云，蕒，藚也。案白藚與苦蕒大異，恐非。引之案本草拾遺云：白苣如萵苣，葉有白毛，自別是一種。但廣雅之蕒藚，謂苦藧，非謂白藧也。嘉祐本草謂吳人無白苣，廣韻謂吳人呼苦藧爲蕒，然則名苦蕒者，惟苦藧耳。苦藧亦可單名爲藧，故云蕒藚也。曹氏執白藚以疑廣雅，失之矣。

釋草小記：苦菜有二種，一種爲苦蕒，一種北方人呼爲苣蕒菜也。苦蕒余見八九月生者，先生數葉，肆出貼地中，後漸生嫩葉，多至二十以外，葉皆從根出，不生莖也。斷之有白汁，其味初䑛之微甘，旋轉苦，苦甚著舌，良久不解。聞之野人云：苦蕒春生者，至四月，中心乃抽莖作花。月令「孟夏之月苦菜秀」是也。花黃色如菊，其鄂作苞。花英之本藏苞中，一英下一子，一花百餘英，則百餘子也。子末生白毛如絲，多以百計，長半寸許在苞中，各含其英本。花開一、二日復合，既而色變，數日英乃虆斂而落矣；又數日，苞枯而開，子末之白毛乃見，數以萬計，整齊不亂，形圓如毬，所謂荼也。蒲公英初春時便作花，花葉皆似苦菜，亦有英本之荼。苞開後亦圓如毬，但其白毛從子末出者，初止一莖，長三、四分，後乃散而爲數十，其形疏而不密，不似苦菜之荼無數，白毛皆從子上出，獨茂密而皎潔也。苣蕒菜余見七月生者，有幹，其葉節節臺生，數葉後，又生歧莖，於是枝本並出，皆作花，如野人所云苦蕒花者。余見其苞開，白毛如毬，始悟其所以名荼之故。八、九月花猶盛開，其子有形而不實，野人云：此花四月開，乃有實，實因風落，戴毛而飛如柳絮，著土又生。南方呼爲兔兒草，言兔食此草也。自二月開花，至秋末未已。余謂三月盛時，與燕麥雜生，疑卽兔葵與。余案呂氏春秋任地篇：孟夏之昔，殺三葉而穫大麥；日至苦菜死而資生，而種麻此麻字爲麋字之譌，余於九穀考中辯之。與菽，此告民地寶盡死。然則夏日至爲苦菜之秋，故秀於孟夏，實於仲夏，而死秋。花者蓋子，落土復生，所以不實也。苣蕒與苦蕒，二荼一類，故亦以四月秀爲正時。本草桐君藥錄曰：苦菜三月生、扶疏，六月、花從葉出，莖直花黃，八月、實黑，實落根復生，冬不枯。寇宗奭曰：在北道者則冬方凋，生南方冬夏常青。故又有游冬之名。葉如苦苣而狹，綠色差淡；折之白乳汁出，味苦；花如野菊，春、夏、秋皆旋開。二君之說，形惟肖矣，然皆未審知其秀之正時也。余折其葉，斷其根，皆有白汁，其葉末略似劍形，近本處有歧出者，厚而勁，不似苦蕒葉薄而軟也。詩邶風谷風篇：誰謂荼苦，其甘如薺；爾雅：荼，苦菜，並指此二菜也。

百合 本草經：百合味甘，平，主邪氣腹脹，心痛，利大、小便，補中益氣。

別錄：無毒，除浮腫臚脹痞滿，寒熱，通身疼痛，及乳難，喉痹，止涕淚。一名重箱，一名摩羅，一名中逢花，一名強瞿。生荊州山谷，二月、八月採根暴乾。陶隱居云：近道處處有，根如胡蒜，數十片相累，人亦蒸煮食之。乃言和是蚯蚓相纏結變作之，俗人皆呼爲強仇，仇即瞿也，聲之訛爾，亦堪服食。

圖經：百合生荊州川谷，今近道處處有之。春生苗高數尺，莖麤如箭，四面有葉如雞距，又似柳葉青色，葉近莖微紫，莖端碧、白。四、五月開紅、白花，如石榴嘴而大；根如葫蒜，重疊生二、三十瓣。二月、八月採根暴乾，人亦蒸食之，甚益氣。又有一種花黃，有黑斑，細葉，葉間有黑子，不堪入藥。陳元靚歲時廣記：二月種百合法，宜雞糞，或云百合是蚯蚓所化，而反好雞糞，理不可知也。又百合作麵，最益人，取根暴乾，搗細、篩，食之如法。張仲景治百合病，有百合知母湯、百合滑石代赭湯、百合雞子湯、百合地黃湯，凡四方。病名百合，而用百合治之，不識其義。

爾雅翼：䪨，字書曰：䪨，百合蒜也。說文則曰：

⿰番隹，小蒜也。小蒜已見蒚說中，不與百合蒜類。百合蒜近道處有，根小者如大蒜，大者如椀，數十片相累，狀如白蓮花，故名百合，言百片合成也。人亦蒸煮食之，味極甘，非葷辛類也。但以根似大蒜，故名蒜爾。根上一榦特起，葉皆環列榦上，至杪則結花。花有兩種：其一如萱草花，紅斑而小，故一名連珠；其一種白花者，極芳香，花重常傾側，連莖如玉手爐狀，亦搗爲麪。百合一名強瞿，今俗人亦呼爲強仇，聲之訛爾。說者云：是蚯蚓相纏結變作之。南都賦：藷蔗薑⿰番隹，音煩。

救荒本草：百合一名重箱，一名摩羅，一名中逢花，一名強瞿，生荆州山谷，今處處有之。苗高數尺，榦麄如箭，四面有葉如雞距，又似大柳葉而寬，青色、希疎，葉近莖微紫，莖端碧白。開淡黃白花如石榴嘴而大，四垂向下覆，長蘂，花心有檀色，每一顆須五、六花。子紫色，圓如梧桐子，生於枝葉間。每葉一子，不在花中，此亦一異也。根色白，形如松子殼，四向攢生，中間出苗，又如葫蒜，重疊生二、三十瓣。味甘辛，平，無毒。一云有小毒。又有一種開紅花，名山丹，不堪用；采根煮熟食之，甚益人氣。又云：蒸過與蜜食之，或爲粉，尤佳。

本草綱目李時珍曰：山丹根似百合，體小而瓣少，莖亦短小，其葉狹長而尖，頗似柳葉，與百合迥別。四月開紅花，六瓣，不四垂，亦結小子。燕齊人採其花跗未開者，乾而貨之，名紅花菜。卷丹莖、葉雖同而稍長大；其花六瓣四垂，大於山丹；四月結子，在枝葉間；入秋開花，在顛頂，誠一異也。其根有瓣似百合，不堪食，別一種也。

高濂草花譜：山丹花如朱紅，外有黃色、有白色花者二種稱奇，亦在春時分種。番山丹有二種：一名番山丹，花大如盌，瓣俱捲轉，高可四、五尺；一種花如硃砂，本止盈尺，茂者一榦兩、三花朵，更可觀也，亦須每年八、九月分種方盛。

白冬瓜

本經：白冬瓜味甘，微寒。主除小腹水脹，利小便，止渴。本草經：白瓜子味甘，平，主令人悅澤，好顏色，益氣，不飢，久服輕身、耐老。一名水芝。

別錄：寒，無毒。主除煩滿不樂，久服寒中。可作面脂，令面悅澤。一名白瓜子，生嵩高平澤，冬瓜仁也，八月採。

開寶本草：此卽冬瓜子也。唐註稱是甘瓜子，謂甘字是白字，後人誤以爲白，此之所言，何孟浪之甚耶？且本經云，主令人悅澤；別錄云，可作面脂，令人悅澤；而又面脂方中，多用冬瓜仁，不見用甘瓜子。按此卽是冬瓜子，明矣。故陶於後條注中云：取核、水洗，燥，乃擂取仁用之。且此瓜與甘瓜全別，其甘瓜有青、白二種，子色皆黃，主療與白瓜子有異；而冬瓜皮雖青，經霜亦有白衣，其中子白，白瓜子之號，因斯而得。況陶隱居以別錄白冬瓜附於白瓜子之下，白瓜子更不加註，足明一物，而不能顯辨爾。

圖經：白瓜子卽冬瓜仁也，生嵩高平澤，今處處有之，皆園圃種蒔。其實生苗蔓下，大者如斗而更長，皮厚而有毛，初生正青綠，經霜則白如塗粉，其中肉及子亦白，故謂之白瓜。人家多藏蓄彌年，作菜果。入藥須霜後合取，置之經年，破出核，洗、燥，乃擂取仁用之，亦堪單作服餌。又有末作湯飲；又作面藥，並令人顏色悅澤。宗懔荊楚歲時記云：七月採瓜犀以爲面脂，卽瓣也。瓤亦堪作澡豆；其肉主消渴疾，解積熱，利大、小腸，壓丹石毒。廣雅一名地芝是也。皮可作丸服，亦入面脂中，功用與上等。

食療本草：益氣耐老，除心胸滿，白瓜子七升、下同白瓜條、壓丹石。又取瓜一顆，和桐葉與豬食之，一冬更不要與諸物食，自然不飢，長三、四倍矣。又煮食之，練五藏，爲下氣故也。欲得體瘦輕健者，則可長食之；若要肥，則勿食也。

便民圖纂曰：種冬瓜法，先將濕稻草灰，拌和細泥鋪地上，鋤成行隴。二月下種，每粒離寸許，以濕灰篩蓋，河水灑之，又用糞澆蓋，乾則澆水。待芽頂灰，于日中將灰揭下搓碎，壅于根旁，以清糞澆之。三月下旬，治畦鋤穴，每穴栽四科，離四尺許，澆灌糞水須濃，凡瓜種法俱同。

農書：冬瓜初生，正青綠，經霜則白如塗粉。其中肉及子俱白，故謂之白瓜。夫瓜種最多，獨此瓜耐久，經霜乃熟，藏可彌年不壞。今人亦用爲蜜餞，其犀用爲茶菓，則兼蔬菓之用矣。又曰：冬瓜、越瓜，十月區種，冬則推雪著區上爲堆，潤澤肥好，乃勝春種。種常瓜宜陽地，暖則易長，杜詩所謂「陽坡可種瓜」者是也。

齊民要術種冬瓜法：廣志曰：冬瓜蔬，据神仙本草謂之地芝也。傍牆陰地作區，圓二尺，深五寸，以熟糞及土相和。正月晦日種，二月、三月亦得。既生，以柴木倚牆，令其緣上，旱則澆之。八月斷其梢，減其實，一本但存五、六枚，多留則不成也。十月霜足收之，早收則爛。削去皮子，於芥子醬中或美豆醬中藏之，佳。冬瓜、越瓜、瓠子，十月區種，如區種瓜法，冬則推雪著區上爲堆，潤澤肥好，乃勝春種。缹瓜瓠法，冬瓜、越瓜、瓠，用毛未脫者，毛脫即堅。漢瓜用極大饒肉者，皆削去皮，作方臠，廣一寸，長三寸，偏宜豬肉，肥羊肉亦佳。肉須別煮令熟，薄切，蘇油亦好，特宜菘菜、蕪菁、葵、韭等，皆得蘇油，宜大用莧菜，細擘葱白，葱白欲得多於菜，無葱，薤白代之。渾豉、白鹽、椒末，先布菜於銅鐺底，次肉，無肉以蘇油代之，次瓜，次瓠，次葱白，鹽豉末。如是次第重布，向滿爲限，少下水，僅令相淹，漬缹令熟。缹漢瓜法，直以香醬、葱白、麻油缹之，勿下水，亦好。食經藏瓜法，取白米一斗，鑩中熬之以作糜，下鹽，使鹹淡適口，調寒熱，熟拭瓜以投其中，蜜塗甕，此蜀人方，美好。又法，取小瓜百枚，豉五升，鹽三升，破去瓜子，以鹽布瓜片中，次著甕中，綿其口，三日豉氣盡，可食之。食經藏梅瓜法，先取霜下老白冬瓜削去皮，取肉方正薄切如手板細，施灰，羅瓜著上，復以灰覆之；煮杬皮、烏皮梅汁器中，細切瓜，令方三分，長二寸，熟煤之，以投梅汁，數月可食。以醋石榴子著中，並佳也。

游宦紀聞：董季與昔嘗爲世南言，沙隨先生紹興丙午苦淋血之疾，兩年不愈。明年七月二十四日筮易，遇渙之觀，其辭曰：渙奔其机，悔亡。俄夢知大冶縣，趙定叟相訪，定叟名不疚；疚，久病也，言不久病也。偶董閱本草，因見白冬瓜治五淋，於是日食三大甌，七日而愈。前此百藥皆無效。董，沙隨先生之壻也，先生嘗書此事於家廟之壁。

薑

本草經：乾薑味辛，溫。主胸滿，欬逆，上氣，溫中，止血，出汗；逐風濕痹，腸澼，下痢，生者尤良。久服去臭氣，通神明。

別錄：大熱，無毒。主寒冷腹痛，中惡霍亂，脹滿、風邪諸毒皮膚間結氣，止唾血。陶隱居云：乾薑今惟出臨海，章安兩、三村解作之。蜀漢薑舊美，荊州有好薑，而並不能作乾者。凡作乾薑法，水淹三日畢，去皮置流水中；六日更去皮，然後曬乾，置甆瓶中，謂之釀也。

別錄：生薑味辛，微溫。主傷寒頭痛，鼻塞，欬逆上氣，止嘔吐。生犍爲川谷，及荊州、揚州，九月採。陶隱居云：生薑歸五臟，去痰下氣，止嘔吐，除風邪寒熱。久服少志，少智，傷心氣，如此則不可多食長御，有病者是所宜爾。今人噉諸辛辣物，惟此最常，故論語云：不撤薑食。言可常噉，但勿過多爾。

圖經：薑生犍爲山谷，及荊州、揚州，今處處有之，以漢溫池州者爲良。苗高二、三尺，葉似箭竹葉而長，兩兩相對。苗靑，根黃，無花實。秋採根，於長流水洗過，日曬爲乾薑。漢州乾薑法，以水淹薑三日，去皮；又置流水中六日，更刮去皮，然後曝之令乾，釀於瓮中，三日乃成也。近世方有主脾胃虛冷，不下食，積久羸弱成瘵者，以溫州白乾薑一物，漿水煮，令透心潤濕，取出焙乾，擣篩陳廩米煮粥飲。丸如梧子，一服三、五十枚，湯使任用，其効如神。又千金方，主痰澼，以薑附湯治之，取生薑八兩，附子生用四兩，四破之，二物以水五升，煮取二升，分再服，亦主卒風，禁猪肉、冷水。崔元亮集驗方載勑賜薑茶治痢方，以生薑切如麻粒大，和好茶一兩椀呷，任意便差。若是熱痢，卽留薑皮，冷卽去皮，大妙。劉禹錫傳信方：李亞治一切嗽及上氣者，用乾薑，須是合州至好者。皂莢炮去皮子，取肥大無孔者，桂心紫色辛辣者，削去皮，三物並別擣，下篩了，各秤等分，多少任意，和合後，更擣篩一遍，鍊白蜜和搜，又擣一、二千杵，每飲服三丸，丸稍加大，如梧子，不限食之先後，嗽發卽服，日三、五服，禁食葱、油、鹹、腥、熱麪，其効如神。劉在淮南，與李同幕府，李每與人藥而不出方，或譏其吝，李乃情話曰：凡人患嗽，多進冷藥，若見此方用藥熱燥，卽不肯服，故但出藥，多效。試之信然。李卿換白髮方云：刮老生薑皮一大升於鐺中，以文武火煎之，不得令過沸。其鐺惟得多油膩者尤佳，更不須洗刷，便以薑皮置鐺中，密固濟，勿令通氣，令一精細人守之，地色未分，便須煎之，緩緩，不得令火急，如其人稍疲，卽換人看火，一復時卽成，置於甆鉢中，極研之。李云雖曰一復時，若火候勻，卽至日西藥成矣。使時先以小物點取如麻子大，先於白鬚下點藥訖，然後拔之；再拔以手指熱撚之，令入肉；第四日當有黑者生，神效。

證類本草：唐崔魏公鉉夜暴亡，有梁新聞之，乃診之曰：食毒。僕曰：常好食竹雞。竹雞多食半夏苗，必是半夏毒；命生薑榨汁，折齒而灌之，活。

齊民要術：種薑宜白沙地，少與糞和，熟耕如麻地，不厭熟，縱橫七徧，尤善。三月種之，先種耬耩，尋壟下薑一尺一科，令上土厚三寸，數鋤之。六月作葦屋覆之，不耐寒熱；故九月掘出置屋中。中國土不宜薑，僅可存活，勢不滋息，種者聊擬藥物小小耳。

崔寔曰：三月清明節後十日，封生薑，至四月立夏後，蠶大，食芽生，可種之。九月藏茈薑、蘘荷，其歲若溫，皆待十月。生薑謂之茈薑。博物志曰：妊娠不可食薑，令子盈指。　蜜薑，生薑一斤淨洗，剖去皮竿子，切不患長大如細漆箸，以水二升煮令沸；去沫，與蜜二升煮，復令沸；更去沫，椀子盛合，汁減半，奠用箸，二人共。無生薑，用乾薑，法如前，唯切欲極細。又蜜薑法，用生薑淨洗削治，十月酒糟中藏之泥頭，十日熟，出水洗，內蜜中。大者中解，小者渾用，豎奠四。又云：卒作削治，蜜中煮之，亦可用。

爾雅翼說文曰：薑，禦濕之菜也。春秋運斗樞曰：璇星散爲薑，風土得時，則薑有翼，辛而不臭。薑生於陰，故左思蜀都賦曰：甘蔗辛薑，陽蓲陰敷。宋玉曰：薑桂因地而生，不因地而辛；女因媒而嫁，不因媒而親。古者諸侯燕食，所加三十一物，有牛、鹿、田豕、爵、鷃、蜩、范、蔆、椇、棗、栗之屬，而終於薑、桂，而孔子亦不撤薑食，言齋雖禁葷物，薑辛而不臭，故不撤去之。非特齋也，喪有疾，飲酒食肉，必有草木之滋焉，以爲薑、桂之謂也。南都賦曰：蘇蔱紫薑，拂徹羶腥。蓋去羶腥之最，紫薑者，紫色之薑。而上林賦又有茈薑，張揖則以紫薑爲子薑，云魏志倭國有薑，不知爲滋味，而梁代裴子野言，從來不食薑，或譏之云：孔稱不撤，裴乃不嘗，又何異也？

呂氏春秋：和之美者，陽樸之薑，招搖之桂，越駱之菌。吳孫權使介象買蜀薑作虀。

農桑通訣：凡種薑，宜用沙地熟耕，或用鍪深掘爲善。三月畦種之，畦闊一步，長短任地；橫作壟，深可五、七寸；壟中一尺一科，以土上覆，厚三寸許，仍以糞培之，益以蠶糞尤佳。芽出生草，勤鋤之，壟中漸漸加土培壅。一法用席草覆之，勿令他草生，使薑芽自迸出，覆其上。六月用枝葉作棚，以防日曝。薑性不耐寒熱，故爾。或只用帶葉枯枝扦插，四月竹篦爬開根土，取薑母貨之，不虧元本。秋社前新芽頓長，分採之，即紫薑芽，色微紫，故名，最宜糟食，亦可代蔬。劉屏山詩云：恰似匀糊指，柔尖帶淺紅，似之矣。白露後則帶絲，漸老爲老薑，味極辛，可以和烹。苗如初生嫩蘆，而葉稍闊，似竹葉對生，葉亦辛香。秋社前後，新芽頓長，如列指狀，采食無筋，謂之子薑。秋分後者次之，霜後則老矣。性惡濕洳而畏日，故秋熱則無薑。呂氏春秋云：和之美者，有楊樸之薑。楊樸，地名，在西蜀。春秋運斗樞云：璇星散而爲薑。

葱　本草經：葱實味辛，溫。主明目，補中不足。其莖可作湯，主傷寒寒熱，出汗中風面目腫。

別錄：無毒。葱白，平，主傷寒骨肉痛，喉痹不通，安胎，歸目，除肝邪氣，安中，利五臟，益目睛，殺百藥毒。葱根主傷寒頭痛。葱汁，平，溫，止溺血，解藜蘆毒。

圖經：葱實不載所出州土，今處處有之。葱有數種，入藥用山葱、胡葱；食品用凍葱、漢葱。山葱生山中，細莖大葉，食之香美於常葱，一名茖葱，爾雅所謂「茖，山葱」是也。胡葱類食葱，而根莖皆細白。又云莖葉微短，如金燈者是也。舊別有條云：生蜀郡山谷，似大蒜而小，形圓皮赤，稍長而銳。凍葱冬夏常有，但分莖栽蒔，而無子，氣味最佳，亦入藥用，一名冬葱。又有一種樓葱，亦冬葱類也，江南人呼龍角葱，言其苗有八角，故云爾，淮楚間多種之。漢葱莖實硬而味薄，冬即葉枯。凡葱皆能殺魚肉毒，食品所不可闕也。唐韋宙獨行方：主水病，兩足腫者，剉葱葉及莖煮令爛，漬之，日三、五作，乃佳。煨葱治打撲損，見劉禹錫傳信方，云得於崔給事。取葱新折者，便入煻灰火煨，承熱剝皮擘開，其間有涕，便將罨損處，仍多煨取續，續易新者。崔云：頃在澤潞，與李抱眞及判官李相，方以毬杖按毬子，其軍將以杖相格，便乘勢不能止，因傷李相拇指，并爪甲劈裂，遽索金瘡藥裹之。強坐頻索酒，喫至數盞，已過量，而面色愈青，忍痛不止。有軍吏言此方，遂用之，三易，面色却赤，斯須，云已不痛。凡十數度用熱葱并涕纏裹其指，遂畢席笑語。又葱花亦入藥，見崔元亮海上方。治脾心痛，痛則腹脹如錐刀刺者，吳茱萸一升，葱花一升，以水一大升，八合煎七合，去滓，分三服，立效。

齊民要術廣志曰：葱有冬、春二種，有胡葱、木葱、山葱。晉令曰，有紫葱。收葱子必薄布陰乾，勿令浥鬱；此葱性熱，勿喜浥鬱，浥鬱則不生。其擬種之地，必須春種綠豆，五月掩殺之，比至七月耕數徧。一畝用子四、五升，良田五升，薄地四升，炒穀拌和之。葱子性澀，不以穀和下，不均調；不炒穀，則草穢生。兩耬重耩，竅瓠下之，以批契繼腰曳之。七月納種，至四月始鋤，鋤遍乃翦，翦與地平，高留則無菜，深翦則傷根。翦欲旦起，避熱時，良地三翦，薄地再翦，八月止。不翦則不茂，翦過則根跳，若八月不止，則葱無袍而損白。十二月盡掃去枯葉、枯袍，不去枯葉，春葉則不茂，二月、三月出之。良地二月出，薄地三月出。收子者，別留之。葱中亦種胡荽，尋手供食，乃至孟冬爲菹，亦不妨。崔寔曰：二月別小葱，六月別大葱，七月可種大、小葱。夏葱曰小，冬葱曰大。食次葱、韭羹法，下油水中煮，葱、韭分切，沸俱下，與胡芹、鹽豉研米糝，粒大如粟米。

爾雅翼：葱本白而末青，青色尤美。爾雅曰：青謂之葱，古者佩玉有葱珩，以玉色如葱得名。馬之青驪稱驄，亦取義於葱。而望氣者言鬱鬱葱葱，言條暢也。古作膾春用葱脂，亦用葱菹，軒、辟雞、宛脾，皆切葱、薤，實諸醯以柔之。物之用葱者多，故禮爲君子擇葱、薤，則絶其本末。至進食之禮，葱渫處末。渫，蒸葱也，在豆處醯醬之左；言末者，殊加也。漢世大官，園種冬生葱韭菜茹，覆以屋廡，晝夜爇蘊火，待溫氣乃生。召信臣爲少府，以爲此皆不時之物，有傷於人，不宜以奉供養，奏罷之。漢孔奮爲姑臧長，妻子但食葱菜。而義熙中，太常謝澹坐遣四人還家種葱菜免官，人之貪廉，不同如此！

又曰：茖，山葱。釋者引說文云：葱生山中者名茖，細莖大葉者是也。葱有冬葱、漢葱、胡葱、茖葱，凡四種。冬葱，夏衰冬盛，莖葉俱軟美，山南、江左有之。漢葱冬枯，其莖實硬而味薄。胡葱莖葉麤短，根若金燈，能已腫。茖葱生於山谷，不入藥用，管子云：齊威公五年，北征山戎，出冬葱與戎菽，布之天下也。戎菽，胡豆也，與冬葱皆得之山戎。古者，此等通名葷菜，西方則以大蒜、小蒜、興渠、慈葱、茖葱列爲五葷，以爲熟之則發淫，生噉增恚，皆有損於性情，故絶而不食。今北方好生食葷菜，雖其天性獷戾，亦食惟所染致然。故鶡食桑椹則革暴，鳩食之則好淫，醍醐發性，中藥養性，皆其類。故爲教者，因其所甚謹而戒之。今道家亦有五葷，乃謂韭、蒜、芸薹、胡荽、薤也，無茖葱等。此自隨中國所多者爲說，故不同焉。

薤

本草經：薤味辛，溫。主金瘡，瘡敗；輕身，不飢，耐老。

別錄：苦，無毒，歸於骨，菜芝也。除寒熱，去水氣，溫中，散結，利病人諸瘡，中風寒水腫以塗之。生魯山平澤。陶隱居云：葱、薤異物，而今共條，本經既無韭，以其同類故也，今亦取爲別品種數。方家多用葱白及葉中涕，名葱苒，無復用實者。葱亦有寒熱，白冷、青熱，傷寒湯不得令有青也。能消桂爲水，亦化五石，仙方所用。薤又溫補，仙方及服食家皆須之。偏入諸膏用，不可生噉，葷辛爲忌。

唐本草注：薤乃是韭類，葉不似葱，今云同類，不識所以然。薤有赤、白二種，白者補而美；赤者主金瘡及風苦，而無味，今別顯條於此也。

圖經：薤生魯山平澤，今處處有之。似韭而葉闊，多白無實。人家種者，有赤、白二種，赤者療瘡生肌；白者冷補，皆春分蒔之，至冬而葉枯。爾雅云：䪥，鴻薈。又云：葝，山䪥。山䪥莖葉，亦與家薤相類，而根長葉差大，僅若鹿葱，體性亦與家薤同。然今少用薤，雖辛而不葷五藏，故道家長餌之。兼補虛，最宜人。凡用葱、薤，皆去青留白，云白冷而青熱也。故斷赤下方，取薤白同黃蘗煑服之，言其性冷而解毒也。唐韋宙獨行方：主霍亂乾嘔不息，取薤一虎口，以水三升，煑取半，頓服，不過，三作卽已。又卒得胸痛，差而復發者，取薤根五斤，擣絞汁飲之，卽止。梅師方有傷手足而犯惡露，殺人不可治，以薤白爛擣，以帛裹之，着煻火使薤白極熱，去帛，以薤傅瘡，以帛急裹之，冷卽易。亦可擣作餅子，如艾灸之，使熱氣入瘡中，水下差。

爾雅：䪥，鴻薈。注：卽䪥菜也。疏：䪥葉，似韭之菜也，一名鴻薈，本草謂之菜芝是也。葝，山䪥，注：今山中多有此菜，如人家所種者。疏䪥說文云：菜也，葉似韭，生山中者名葝。

齊民要術：䪥宜白輭良地，三轉乃佳。二月、三月種，八月、九月種亦得。秋種者春末生，率七、八支爲一本，諺曰：葱三䪥四。移葱者，三支爲一本；種䪥者，四支爲一科。然支多者科圓大，故以七、八爲率。䪥子三月葉青便出之，未青而出者肉未滿，令䪥瘦，燥曝挼去莩餘，切却薑根。留薑根而濕者，卽瘦細不得肥也。先重耬耩地壟，燥培而種之；壟燥則䪥肥，耬重則白長。率一尺一本，葉生卽鋤，鋤不厭數。䪥性多穢，荒則羸惡。五月鋒，八月初耩，不耩則白短。葉不用翦，翦則損白。供常食者別種。九月、十月出賣，經冬不出也。擬種子至春地釋卽曝之。崔寔曰：正月可種䪥韭芥，七月別種䪥矣。　薤白蒸秫米一石，熟舂師，令米毛不潽，以豉三升煑之，潽箕灑取汁，用沃米，令上諧，疑誤可走蝦米，釋漉出，停米豉中。夏可半日，冬可一日。出米葱薤等寸切，令得一石許；胡芹寸切，令得一升許，油五升合和蒸之。可分而兩甑蒸之，氣餾以豉汁五升灑之，凡不過三灑，可經一炊久。三灑豉汁半熟，更以油五升灑之，卽不用熱食。若不卽食，重蒸取氣出，灑油之後不得停竈上，則漏去油。重蒸不宜久，久則漏油。奠訖，以椒薑末粉溲之。爾雅翼：薤似韭而無實，亦不甚葷。古禮脂用葱，膏用薤。脂，羊、牛、麋、鹿之屬；膏，犬、豕之屬，蓋物各有所宜。今薤與牛肉同食，令人作癥瘕是也。少儀曰：爲君子擇葱薤，則絕其本末，爲其本末有萎乾者也。麋、鹿、魚爲菹，麕爲辟雞、野豕爲軒，兔爲宛脾，切葱若薤，實之醯以柔之。言此四物，其作之狀，以醋與葷菜淹之，悉皆濡熟，殺肉及腥氣，蓋雖葷物，乃能去腥，故古人不棄而用之。今人種薤，皆以大蒜置硫黃其中，久則種分爲薤。薤有赤、白二種，赤者主金瘡及風苦，而無味；白者補而美。又雖有辛，不葷五藏，養生者服之，可以安神養氣。夫物英華之美者，莫如芝，故蓮曰水芝，芋曰土芝，蜜曰衆口芝，薤曰菜芝。蓋道書記務光剪薤，以入清泠之淵。今有薤葉篆，傳者以爲務光所作。潘岳賦：白韰負霜。

又曰：葝與韰略相似，而根長葉差大，僅如鹿葱，體性亦與薤同。釋草云：藿山韭，茖山葱，葝山韰，蒚山蒜，皆謂生山中者，別得藿、茖、葝、蒚之名。物類相感志乃稱列仙傳，昔有人隱葝山，服亢韰之葉。又引孫炎云：帝登蒚山，遭蕕芋草毒，得蒜乃嚙之，解毒，乃收植之。是則以葝、蒚爲兩山之名，出此韰蒜爾。葝、蒚既爲兩山，則藿、茖亦爲山名。古文薜山蘄，朮山薊，獨不可通，可知其妄也。且古言服韰者，唯商時務光，故道家說云，務光翦薤，以入淸泠之淵。若云亢韰，則是天地間六氣之名，非山中之草也。王逸楚辭注言六氣者，春食朝霞，朝霞，日欲出時黃氣也。秋食淪陰，淪陰者，日沒已後赤黃氣也。冬食沆瀣，沆瀣者，北方夜半氣也。夏食正陽，正陽者，南方日中氣也。幷天玄地黃之氣，是爲六氣，又豈韰之類乎？古之仙人，往往卻是服此六氣中亢韰，因訛爲薤。旣謂之曰薤，則不當稱亢韰也，葝山又當安在乎？說文曰：韰菜，山中者名葝。

本草綱目李時珍白薤本文作韰，韭類也，故字從韭、從㲋，音概，諧聲也。今人因其根白，呼爲藠子，江南人訛爲莜子。其葉類葱而根如蒜，收種宜火熏，故俗人稱爲火葱。羅願云：物莫美于芝，故薤爲菜芝。蘇頌復附莜子於蒜條，誤矣。

農桑通訣：杜甫詩云：束比青芻色，圓齊玉筯頭。或取其白芼酒，尤佳。樂天詩云：酥暖薤白酒。又內則曰：切葱薤，實諸醯以柔之。碎錄云：豚脂用葱，膏用薤。然則酒也，醯也，膏也，無施不可。

薯蕷 本草經：薯蕷味甘，溫。主傷中，補虛羸，除寒熱邪氣，補中益氣力，長肌肉。久服耳目聰明，輕身、不飢延年。一名山芋。

別錄：平，無毒。主頭面遊風，頭風眼眩，下氣，止腰痛，補虛勞羸瘦，充五藏，除煩熱，強陰。秦楚名玉延，鄭越名土藷，生嵩高山谷。二月、八月採根暴乾。陶隱居云：今近道處處有之，東山、南江皆多掘取食之以充糧。南康間最大而美，服食亦用之。

圖經：薯蕷生嵩高山谷，今處處有之，以北都四明者爲佳。春生苗，蔓延籬援；莖紫葉青，有三尖角，似牽牛更厚而光澤；夏開細白花，大類棗花；秋生實於葉間，狀如鈴。二月、八月採根。今人冬春採刮之，白色者爲上，青黑者不堪，暴乾用之。法以籠根刮去黃皮，以水浸，末白礬少許摻水中，經宿，取淨洗去涎，焙乾。近都人種之，極有息。春取宿根頭，以黃沙和牛糞作畦種，苗生以竹梢作援，援高正得過一二尺，夏月頻溉之，當年可食，極肥美。南中有一種生山中，根細如指極緊實，刮磨入湯煮之，作塊不散，味更珍美，云食之能益人，愈於家園種者。又江湖閩中出一種，根如薑芋之類而皮紫，極有大者，一枚可重斤餘，刮去皮，煎煮食之俱美，但性冷於北地者耳。彼土人單呼爲藷，亦曰山藷。而山海經云：景山北望少澤，其草多藷藇。郭璞注云：根似芋，可食。今江南人單呼藷，語或有輕重耳。

本草拾遺：零餘子味甘，溫，無毒。主補虛，強腰脚，益腎，食之不飢。曬乾切用，強於薯蕷；有數種，此則是其一也。一本云大如雞子，小者如彈丸，在葉下生。

異苑：藷蕷一名山芋，根既可入藥，又復可食，野人謂之土藷。若欲掘取，默然則獲；唱名者，便不可得。人有植者，隨所種之物而象之也。

爾雅翼：藷藇，山海經曰：景山北望少澤，其草多藷藇。郭璞云：根似芋，可食，今江南人單呼爲藷，語或有輕重耳。按藷藇二字，或音如儲余。范蠡、計然曰：儲藇本出三輔，白色者善是也。或音如署預，本草藷蕷味甘溫是也。唐代宗諱預，故呼薯藥。至本朝，又諱上字，故今人呼爲山藥。一名山芋，秦楚名玉延，鄭越名土藷，今近道處處有。根既入藥，又復可食，人多掘食之以充糧。異苑曰：若欲掘取，默然則獲；唱名便不可得。人有植之者，隨所種之物而象之。古者因藥物之性，分爲君臣佐使以相攝，故其合和，有一君、二臣、三佐、五使，或一君、二臣、九佐使。至如紫芝使薯蕷，薯蕷復使紫芝，豈所謂兩賤相使者耶？

附農政全書種山藥法

元扈先生曰：山藥出處見山海經凡四。本草復云出嵩山，北京、四明、東山、南江、永康、滁州、眉州大率處處有之，今齊魯之間尤多。有二種，其一黄山藥，形圓長細而甘，過夏月不壞；一種形如手指大而淡，春月易爛，擇種宜取皮薄光潤者，若根毛粗勁，種多不佳。

又曰：山藥，各處所出不一，大都形類壯大者，不免虛疎，入藥尤無力。閩中有一種，形細如指；新安一種，形扁而細，性堅實，味勝。地利經曰：大者折二寸爲根種，當年便得子。收子後，一冬埋之，二月初取出便種，忌人糞。如旱放水澆，又不宜苦濕，須是牛糞和土，種則易成。

元扈先生曰：山藥用子作種，生絕細，有用宿根頭者，亦須根大方可用。不若逕用大薯，斷作種爲便。

務本新書曰：種山藥，宜寒食前後沙白地。區長丈餘，深、闊各二尺，少加爛牛糞，與土相和平匀，厚一尺。揀肥長山藥，上有芒刺者，每段折長三四寸，鱗次相挨，臥於區內，復以糞匀覆五寸許。旱則澆之，亦不可太濕，忌大糞。苗長以高梢扶架，霜降後，比及地凍出之外，將蘆頭另窖。來春種之，勿令凍損。

山居要術云：擇取白色根如白米粒成者先收子。作三五所阬，長一丈，闊三尺，深五尺；下密布甎，四面亦側布甎，防别入傍土中，根卽細也。作阬子訖，塡糞土，排行下子種之；塡阬滿，待苗著架，經年已後，根甚麤，一阬可支一年食。種者截長一寸下種。

元扈先生曰：山東種薯法，沙地深耕之。起土阬深二尺，用大糞乾者，和土各半塡入，阬深一尺，次加浮土一尺，足踐實。正月中畦種薯，苗上加土壅厚二寸；候苗長一尺，常用水灌，數日一次；苗長架起。春夏長苗，秋深卽長根，根下行遇堅土卽大，若土太實卽不長，浮土太深卽長而細。又曰：今江南種薯法，亦用沙地。正月盡耕，深二尺，每一步灌大糞一石，候乾，轉耕杷細作埒，每埒相去一尺餘。其種須極大者，竹刀切作一二寸斷，用鐵刀切易爛。埒中布種，每相去五六寸，橫臥之；入土只二寸，不宜太深。種後用水糞各半灌之，每畝用大糞四十石。苗長，用葦或細竹作架，三以爲簇。有草數耕之，旱數澆之。八、九月掘取根，向畦一頭，先掘一溝，深二尺，漸削去土，取之。

又曰：藏種法，於南簷下向日避風處，掘土窖深二尺；下用礱糠鋪二三寸；次下種，仍以礱糠蓋之；次下土蓋之，臨種時起用。

又曰：或云山藥下種時勿用手，以鍫钁下之則易大，每年易人而種之。

苦瓠 本草經：苦瓠味苦，寒。主大水，面目四肢浮腫，下水，令人吐。

別錄：有毒，生晉地川澤。陶隱居云：瓠與冬瓜，氣類同輩，而有上下之殊，當是爲其苦爾。今瓠自忽有苦者如膽，不可食，非别生一種也。又有瓠𤬏，亦是瓠類，小者名瓢，食之乃勝瓠。凡此等，皆利水道，所以在夏月食之，大理不及冬瓜也。

唐本草注：瓠與冬瓜、瓠𤬏，全非類例，今此論性，都是苦瓠𤬏爾。陶謂瓠中苦者，大誤矣。瓠中苦者，不入藥用。冬瓜自依前說，瓠甊與瓠，又須辨之。此三物苗葉相似，而實形有異。瓠味皆甜，時有苦者，面似越瓜，長者尺餘，頭尾相似。其瓠甊形狀，大小非一。瓠夏中便熟，秋末並枯；瓠甊夏末始實，秋中方熟，取其爲器，經霜乃堪。瓠與甜瓠甊，體性相類，但味甘冷，通利水道，止渴消熱，無毒，多食令人吐。苦瓠甊爲療，一如經說；然瓠苦者不堪噉，無所主療，不入方用。而甜瓠甊與瓠子，噉之俱勝冬瓜，陶言不及，乃是未悉。此等元種各別，非甘者變而爲苦也。其苦瓠甊，味苦，冷，有毒。主水腫、石淋，吐呀嗽，囊結，疰蠱，痰飲。或服之過分，令人吐利不止者，宜以黍穰灰汁解之。又煮汁漬陰，療小便不通也。

本草拾遺：苦瓠煎取汁滴鼻中，出黃水，去傷寒鼻塞，黃疸。又取一枚，開口以水煮中，攪取汁，滴鼻中，主急黃。又取未破者煮令熟，解開熨小兒閃癖。

蜀本草註：陶云瓠小者名瓢，按切韻，瓢註云瓠也，又語曰，吾豈匏瓜也哉，是則此爲瓜匏之瓠也。今據瓜匏之瓠，非但不能療病，亦少見有用者。謹按瓠固匏也，但匏字合作瓟，蓋音同字異爾。且匏似瓠，可爲飲器，有甘、苦二種，甘者大，苦者小，則陶云小者名瓠是也。今人以苦瓠療水腫甚效，亦能令人吐，此又與上說正同爾。

甘瓠

古今注：匏，瓠也；壺盧，瓠之無柄者也。瓠有柄者懸瓠，可以爲笙；曲沃者尤善，秋乃可用之，則漆其裏。瓢亦瓠也，瓠其總，瓢其別也。

齊民要術種瓠：衛詩曰：匏有苦葉，毛傳：匏謂之瓠。詩義疏云：匏葉少時可以爲羹，又可淹煮，極美，故云幡幡瓠葉，采之亨之。河東及揚州常食之。八月中堅強不可食，故云苦葉。廣志曰：有都瓠子如牛角，長四尺有餘。又有約瓠，其腹甚細，緣蔕爲口，出雍縣，移種於他則否。朱崖有千葉瓠，其大者受斛餘。郭子曰：東吳有長柄口，按釋名曰瓠，蓄皮瓠以爲脯，蓄積以待冬月用也。淮南萬畢術曰：燒穰殺瓠，物自然也。氾勝之書曰：種瓠法，以三月耕良田十畝作區，方深一尺，以杵築之，令可居澤，相去一步，區種四實。蠶矢一斗，與土糞合澆之，水二升，所乾處復澆之。著三實，以馬箠㲉其心，勿令蔓延多實；實細，以藁薦其下，無令親土多瘡瘢。度可作瓢，以手摩其實，從蔕至底去其毛，不復長且厚。八月微霜下收取，掘地深一丈，薦以藁，四邊各厚一尺，以實置孔中，令底下向瓠，一行覆上，土厚二尺。二十日出，黃色好，破以爲瓢；其中白膚，以養猪致肥；其瓣以作燭致明。一本三實，一區十二實，一畝得二千八百八十實，十畝凡得五萬七千六百瓢；瓢直十錢，幷直五十七萬六千文。用蠶矢二百石，牛耕功力直二萬六千文，餘有五十五萬，肥猪、明燭利在其外。氾勝之書曰：區種瓠法，收種子須大者。若先受一斗者，得收一石；受一石者，得收十石。先掘地作坑，方圓深各三尺，用蠶沙與土相和令中半，若無蠶沙，生牛糞亦得。著坑中，足躡令堅，以水沃之。候水盡，卽下瓠子十顆，復以前糞覆之。旣生長二尺餘，便總聚十莖一處，以布纏之五寸許，復用泥泥之。不過數日，纏處便合爲一莖，留强者，餘悉掐去。引蔓結子，子外之條，亦掐去之，勿令蔓延。留子法，初生二三子不佳，去之，取第四五六區，留三子卽足。旱時須澆之，坑畔周匝，小渠子深四五寸，以水停之，令其遙潤，不得坑中下水。崔寔曰：正月可種瓠，六月可蓄瓠，八月可斷瓠作蓄瓠。瓠中白膚實，以養猪致肥；其瓣則作燭致明。家政法曰：二月可種瓜瓠。瓠羹下油水中煮極熱，體橫切，厚二分，沸而下，與鹽豉胡芹累奠之。缹瓜瓠法，冬瓜、越瓜、瓠，用毛未脫者，毛脫卽堅。漢瓜用極大饒肉者。皆削去皮作方臠，廣一寸，長三寸。偏宜猪肉，肥羊肉亦佳。肉須別煮，令熟薄切。蘇油亦好，特宜菘菜，蕪菁、葵、韭等皆得蘇油，宜大用莧菜。細劈葱白，葱白欲得多於菜，無葱，薤白代之。渾豉白鹽椒末，先布菜於銅鐺底，次肉，無肉，以蘇油代之。次瓜，次瓠，次葱白鹽豉椒末。如是次第重布，向滿爲限，少下水，僅令相淹漬。缹令熟。

陸璣詩疏：瓠葉少時可爲羹，又可淹鬻，極美，揚州人恆食之。至八月葉卽苦，故曰瓠有苦葉。

廣要郊特牲曰：器用陶匏，以象天地之性，陶匏蓋取其質。說文曰：匏，瓠也，从包，从夸，聲包，取其可包藏物也。博雅：匏，瓠也。埤雅：長而瘦上曰瓠，短頸大腹曰匏。傳曰：匏謂之瓠，誤矣。蓋匏苦瓠甘，復有長短之殊，定非一物也。鶡冠子曰：中流失船，一壺千金。壺卽匏也，其性浮，得之可以免沉溺，故當失船之時，其直千金也，此亦如天竺涉水帶浮囊之類。

爾雅翼：河汾之寶，有曲沃之懸匏焉，良工取以爲笙。崔豹古今注曰：匏，瓠也；壺盧，匏之無柄者也。瓠有柄曰懸瓠，可爲笙，曲沃者尤善，秋乃可用，用則漆其裏。匏在八音之一，通典曰：今之笙竽，以木代匏而漆，殊愈於匏，荆梁之南，尚存古制，南蠻笙，則是匏，其聲甚劣。則後世笙竽，不復用匏矣。匏既爲樂器，又以爲飲器，詩酌之用匏，孔子稱繫而不食者，良以待其堅而爲用故也。近世洪氏說，以爲天之匏瓜星。天官星占曰：匏瓜一名天雞，在河鼓東，匏瓜繫而不食，猶南箕不可以簸揚，北斗不可以挹酒漿也。按楚辭王襃九懷稃：援瓟瓜兮接糧。曹植洛神賦曰：歎匏瓜之無匹兮，詠牽牛之獨處。阮瑀止慾賦曰：傷匏瓜之無偶，悲織女之獨勤。則古稱匏瓜，皆謂星爾。詩緝云：匏經霜，其葉枯落，然後乾之，腰以渡水。名物疏云：按廣雅、說文、古今注通云匏，瓠也；惟陸農師云：長而瘦上曰瓠，短頸大腹曰匏。其兩形之別，出於農師創見。考諸書，惟瓠甘匏苦爲可明耳。然本草有苦瓠，唐本註謂之苦瓠甊，復非瓠中之苦者；瓠中之苦者，疑是匏矣。陸疏似以甘瓠爲匏，非也；蓋瓠爲總名，甘者可食，嘉魚稱「甘瓠纍之」是也。苦者佩以渡水，此詩「匏有苦葉」是也。入藥者名苦瓠甊，夏末始實，秋中方熟，取以爲器，經霜乃堪，無柄者名壺盧，七月稱「八月斷壺」是也。有柄者懸瓠，潘岳云「河汾之寶」是也。小者名瓢，食之勝瓠，陶貞白所言是也。細腰者名蒲盧，淮南子云「百人抗浮」是也。

爾雅翼：瓠，匏之甘者。詩：甘瓠纍之。古者王政，瓜瓠果蓏，植於疆埸，正月可種瓠，六月可蓄瓠，八月可斷瓠作蓄。詩云斷壺，瓠中白膚，所謂張倉肥白如瓠者也。可以飼豕致肥；其瓣可以作燭致明；其葉又可爲菜，詩所謂「幡幡瓠葉，采之亨之」是也。然與匏不異，但當以大小、長短、甘苦爲間爾。然古今亦通言，惠子稱魏王貽我大瓠之種。世有種大瓠法，鑿坎方廣四五尺，先糞其地，及生，擇取四本，每兩本相近處，各以竹刮去半皮，併而封之。俟其活，除去一穗，又復取此兩本相併，復去一穗如前法。蓋四本同發一穗，自然易大；及著子，獨留兩枚。如此則一斗之種，變爲一石，此魏惠王大瓠法也。周禮鬯人，禜門用瓢齎。注謂取甘瓠割去柢，以齊爲尊。又匏，河汾之寶，有曲沃之懸匏焉；鄒魯之珍，有汶陽之孤篠焉，良工取以爲笙。崔豹古今注曰：匏，瓠也；壺盧，匏之無柄者也。瓠有柄曰懸瓠，可爲笙，曲沃者尤善，秋乃可用，用則漆其裏。匏在八音之一，古者笙十三簧，竽三十六簧，皆列管匏內，施簧管端。通典曰：今之笙竽，以木代匏而漆，殊愈於匏，荆梁之南，尚存古制，南蠻笙則是匏，其聲甚劣。則後世笙竽，不復用匏矣。匏既爲樂器，又以爲飲器。詩酌之用匏；孔子稱繫而不食者，良以待其堅而爲用故也。詩：匏有苦葉，濟有深涉，說者徒以爲苦葉之生，乃濟深之候。按叔向稱苦匏不材，於人共濟而已。注：佩匏可以度水。魯叔孫賦匏有苦葉，必將涉矣，是苦匏可刳以涉水。鶡冠子曰：賤生於無所用，中流失船，一壺千金，壺卽匏也；其性浮，得之可以免沉溺，故當失船之時，其直千金也。此亦如天竺涉水帶浮囊之類。又孔子稱匏瓜繫而不食者，近世洪氏說，以爲天之匏瓜星。天官星占曰：匏瓜一名天雞，在河鼓東，匏瓜繫而不食，猶言南箕不可以簸揚，北斗不可以挹酒漿也。按楚辭王襃九懷稱：援匏瓜兮接糧。曹植洛神賦曰：歎匏瓜之無匹兮，詠牽牛之獨處。阮瑀止慾賦曰：傷匏瓜之無偶，悲織女之獨勤。則古稱匏瓜，皆謂星爾。

四時類要：種大葫蘆，二月初掘地作坑，方四五尺，深亦如之。實塡油麻、菉豆藍、及爛草等，一重糞土一重草，如此四五重，向上尺餘著糞土，種十來顆子。待生後，揀取四莖肥好者，每兩莖肥好者相貼著。相貼處以竹刀子刮去半皮，以刮處相貼，用麻皮纏縛定，黃泥封裹，一如接樹之法。待相著活後，各除一頭，又取所活兩莖，准前刮去皮相著，一如前法。待活後，惟留一莖，四莖合爲一本。待著子，揀取兩箇周正好大者，餘者旋旋除去，食之。如此一斗種，可變爲盛一石。　凡收種，於九月黃熟時摘取劈開，水淘洗去浮者，曝乾。至春二月，種如葵法，常澆潤之，旱卽乾死。俟著四五葉，高可五寸許，帶土移栽之。

王氏農書：匏之爲用甚廣，大者可煮作素羹，可和肉煮作葷羹，可蜜煎作果，可削條作乾；小者可作盒盞；長柄者可作噴壺；亞腰者可盛藥餌；苦者可治病。　瓠之爲物也，纍然而生，食之無窮，烹飪咸宜，取爲佳蔬。種得其法，則其實碩大。小之爲瓢杓，大之爲盆盎，膚瓤可以餵猪犀，瓣可以灌燭，舉無棄材，濟世之功大矣。

本草綱目李時珍曰：壺，酒器也；盧，飲器也。此物各象其形，又可爲酒飯之器，因以名之。俗作葫蘆者，非矣。葫乃蒜名，蘆乃葦屬也。其圓者曰匏，亦曰瓢，因其可以浮水，如泡如漂也。凡蓏屬，皆得稱瓜，故曰瓠瓜、匏瓜。古人壺、瓠、匏三名皆可通稱，初無分別，故孫愐唐韻云：瓠音壺，又音護，瓠甗瓢也。陶隱居本草作瓠瓟，云是瓠類也。許愼說文云：瓠，匏也。又云：瓢，瓠也；匏，大腹瓠也。陸璣詩疏云：壺，瓠也；又云：匏，瓠也。莊子云：有五石之瓠。諸書所言，其字皆當與壺同音。而後世以長如越瓜，首尾如一者爲瓠，音護。瓠之一頭有腹，長柄者爲懸瓠，無柄而圓大形扁者爲匏，匏之有短柄大腹者爲壺，壺之細腰者爲蒲盧。各分名色，迥異於古。以今參詳，其形狀雖各不同，而苗、葉、皮、子、性、味則一。故茲不復分條焉。懸瓠，今人所謂茶酒瓢者是也；蒲盧，今之藥壺盧是也。郭義恭廣志謂之約腹壺，以其腹有約束也。亦有大小二種。

盧氏雜說：鄭餘慶清儉有重德，一日忽召親朋官數人會食，衆皆驚。朝僚以故相望重，皆凌晨詣之。至日高，餘慶方出，閒話移時，諸人皆枵然。餘慶呼左右曰：處分廚家，爛蒸去毛，莫拗折項。諸人相顧，以爲必蒸鵝、鴨之類。逡巡舁臺盤出，醬醋亦極香新，良久就餐，每人前下粟米飯一椀，蒸葫蘆一枚。相國餐美，諸人強進而罷。

清異錄：瓠少味無韻，葷素俱不相宜，俗呼淨街槌。

按匏瓜、瓠子，農圃稔知，而諸說糾紛，皆因匏、瓠互訓，甘苦生疑，遂致辨詰。其實匏瓠之瓠，與瓠子之瓠，花葉大同，實則各異，唐本草注及李時珍集解頗爲條晰。但二種皆有甜、苦，可食、不可食。北地又有一種水壺盧，微似南瓜，羹茹清腴，爛蒸鵝鴨，端推此種。鄉人常食曰菜壺盧，嫩時爲蔬，可羹、可爓，縷而乾之，經冬逾脆，調以酸鹹，可稱響牙之齏，卽農桑撮要壺盧條也，北直尚以爲餽獻。老則長項者爲樽、爲杓；扁矮者爲賣油人滴油之用；其餘細腰大腹，爲瓶與榼。或檢種留根，或製模作範，半出人巧，非盡天然，雕、鏤、鑲、嵌，玩物良多，匏器尙質，乃增縟麗。其一種苦者，不堪沾脣，製爲水具，獨稱堅牢。瓠子常羞，忽如地膽，詢之菜傭，俱如陶說，山人手植，固應不差。李時珍既以苦瓠爲苦壺盧，又復先出壺盧一條，按其所列，卽唐本草甜瓠瓤，而又不載瓠子一蔬，覽之更昧。今仍以本經苦瓠爲正，附以甜瓠；別采瓠子一品，雖不入藥，亦著食用云爾。

廣雅疏證：匏，瓠也。說文云：匏，瓠也，從夸，包聲，取其可包藏物也。邶風匏有苦葉篇，傳云：匏謂之瓠，瓠葉苦，不可食也。陸璣疏云：匏葉少時可爲羹，又可淹煮，極美，故詩曰幡幡瓠葉，采之亨之。今河南及揚州人恆食之。八月中堅強不可食，故云苦葉。據此則瓠葉先甘而後苦也。今案瓠自有甘、苦二種，瓠甘者葉亦甘，瓠苦者葉亦苦；甘者可食，苦者不可食。邶風云：匏有苦葉。魯語云：苦匏不材於人，共濟而已。韋注云：材讀若裁也。不裁於人，言不可食也；共濟而已，佩匏可以渡水也。神農本草云：苦瓠味苦，寒，主大水面目四肢浮腫，下水令人吐。陶注云：瓠苦者如膽，不可食。此皆瓠之苦者也。小雅南有嘉魚篇：南有樛木，甘瓠纍之。瓠葉篇：幡幡瓠葉，采之亨之。傳云：幡幡，瓠葉貌，庶人之菜也。箋云：亨，孰也，孰瓠葉者，以爲飮酒之菹也。新序刺奢篇云：日晏進糲餐之食，瓜瓠之羹。此皆瓠之甘者也。聞北方農人云，瓠之甘者，次年或變爲苦；欲辨之者，于弱蔓初生時，嚙其莖葉以驗之，苦即拔去。然則瓠之苦葉者，少時已然，陸氏之說失之矣。匏可爲酒器，大雅公劉篇酌之用匏，箋云：酌酒以匏爲爵，言忠敬也。郊特牲說郊云：器用陶匏，以象天地之性也。說婚禮云：器用陶匏，尙禮然也，三王作牢用陶匏。注云：言太古無共牢之禮，三王之世作之，而用太古之器，重夫婦之始也，又可爲樂器。周官：大師播之以八音，金、石、土、革、絲、木、匏、竹。郊特牲云：歌者在上，匏竹在下。鄭注並云：匏，笙也，大師疏謂笙插竹於匏是也。樂記云：弦匏笙簧，則匏與笙，又似二物矣。瓠通作壺，豳風七月篇：八月斷壺，傳云：壺，瓠也，又作華。郊特牲云：天子樹瓜華，不斂藏之種也，注云：華，果蓏也。案華當讀爲瓠，瓠、華古同聲，華之爲瓠，猶華之爲荂，荂、瓠皆以夸爲聲。爾雅：華，荂榮也；說文：雩或作荂，是其例也。

匏之轉聲爲瓢，瓠之疊韻爲瓠𤬪。周官鬯人禜門用瓢齎，杜子春云：瓢，瓠蠡也。後鄭云：取甘瓠割去柢，以齊爲尊。蜀本草引切韻云：瓠，匏也。玉篇云：瓢，瓠瓜。廣韻云：瓠𤬪瓢也。然則匏也，瓢也，瓠也，瓠𤬪也，實一物也。瓠𤬪或作壺盧，或作瓠甊。古今注則謂壺盧爲瓠之無柄者，有柄者爲懸匏。陶宏景本草注則謂瓠甊亦是瓠類，小者名瓢。集韻則謂匏而圓者爲瓠𤬪。今江淮之間，則謂細腰者爲瓠𤬪，長柄短柄者皆爲瓢，京師人則通謂之瓠𤬪，而以瓠𤬪之已剖者爲瓢。此皆後世方言之錯出不齊者，古人則通謂之匏瓠耳。故魯語言苦匏不材於人，共濟而已；而莊子消遙遊篇亦言，五石之瓠，慮以爲大樽，而浮乎江湖，明匏之與瓠，皆屬大名，更無別異。乃唐本草專以形似越瓜，夏中便熟者爲瓠，廣韻別出瓟字，云似瓠可爲飲器，已未免強爲分別；至陸佃則直以詩傳匏謂之瓠爲誤，而云長而瘦上曰瓠，短頸大腹曰匏，眞不通之論矣。

水芹

爾雅：芹，楚葵。注：今水中芹。

本草經：水蘄味甘，平。主女子赤沃，止血養精，保血脈，益氣，令人肥健嗜食。一名水英。

別錄：無毒，生南海池澤。陶隱居云：論蘄主療，合是上品，未解何意，乃在下品。二月、三月作英時，可作菹及熟爚食之。又有渣芹，可爲生菜，亦可生啖，俗中皆作芹字。

別本注：卽芹菜也。芹有兩種，荻芹取根，白色；赤芹取莖葉，並堪作菹及生菜，味甘。經云平，其性大寒，無毒。

食療本草：水芹寒，養神益力，殺藥毒，置酒醬中香美。又和醋食之，損齒生黑。滑地名曰水芹，食之不如高田者宜人。餘田中皆諸蟲子在其葉下，視之不見，食之與人爲患。高田者名白芹。

金匱方：春秋二時，龍帶精入芹菜中，人遇食之爲病。發時手青，肚痛不可忍，作蛟龍病，服硬糖三二升，日三度。

齊民要術：爾雅曰：芹，楚葵也。詩義疏曰：藘，苦葵，青州謂之芑。芹、藘並收根，畦種之，常令足水，尤忌潘泔及鹹水，澆之則死。性並易繁茂，而甜脆勝野生者。白藘尤宜糞，歲常可收。 馬芹子可以調蒜齏。 堇及胡葸子，熟時收。又冬初畦種之，開春早得，美於野生。惟穊爲良，尤宜熟糞。 胡芹、小蒜菹法，並暫經小沸，湯出，下冷水中出之，胡芹細切，小蒜寸切，與鹽酢分半奠，青白各在一邊，若不各在一邊，不卽入於水中，則黃壞滿奠。

爾雅翼：水芹二月、三月作英時可作菹，及熟淪食之。葉似芎藭，花白色而無實，根赤白。周禮醢人，加豆之實用水草，則有芹菹、深蒲；其朝事之豆，則有昌本、茆菹。禮記曰：常豆之菹，水草之和氣也；其醢，陸產之品也。加豆，陸產也；其醢，水物也。水草之和氣，則芹、茆、深蒲、昌本之屬。然亦或在加豆爾。魯頌頌僖公能修泮宮，一章采芹，二章采藻，三章采茆，三者水物，泮水之所生。泮水備，則宮之備可知。鄭氏云辟廱，則築土雝水之外，圓如璧。泮之言，半也，蓋東西門以南通水，北無也。許叔重說，泮，諸侯鄉射之宮，西南爲水，東北爲牆。蓋始入學者，必釋奠於先師；又有釋菜，以菜爲摯，故卽水中采三品之水草以薦之。采菽之詩，刺幽王於諸侯之至，不能錫命以禮。故首章采菽者，大豆之葉，可以爲臛，乃牛俎之鉶羹；次章采檻，泉中之芹，蓋微物矣。然古人不以微薄廢禮，使王能修之，猶愈於無禮也，此與瓠葉同意。今釋奠先聖猶用之，或曰不如高田者宜人。高田者多白芹，今舒蘄多有之，故蘄蛇用於世者，體皆作此物，香蓋所嗜，云土人名爲水白芷。或曰蘄之爲蘄，以有芹也；蘄卽芹，亦有祈音。

救荒本草：水芹發英時採之，煠熟食。芹有兩種，荻芹取根，白色；赤芹取莖葉，並堪食。又有渣芹，可爲生菜食之。

又曰：野芹須取嫩白爲佳，輕鹽一二日，湯焯過曬，須一日乾方妙。

本草綱目李時珍曰：斳當作蘄，從草斳，諧聲也。後省作芹，從斤，亦諧聲也。其性冷滑如葵，故爾雅謂之楚葵。呂氏春秋：菜之美者，有雲夢之芹。雲夢，楚地也，楚有蘄州、蘄縣，俱音淇。羅願爾雅翼云：地多產芹，故字從芹，蘄亦音芹。徐鍇注說文蘄字，從草斳。諸書無斳字，惟說文別出菦字，音銀，疑相承誤出也。據此則蘄字亦當從斳，作蘄字也。

說文解字注：蘄，艸也。釋艸蘄字四見，不識許所指何物也。从艸，斳聲。說文無斳字。蘄當是從蕇，斤聲，如虫部蠲字，當是從蜀，益聲；不立蕇部、蜀部，是以傳於艸、虫二部，而斳聲不可通。或曰：當有從單、斤聲之斳字，說文無單部，因無蘄字也。陸德明曰：蘄，古芹字，然說文有菦字，則非一字也。汪氏龍曰：蘄字蓋失收。集韵，渠希切，古音當在十三部。古鐘鼎款識，多借爲祈字。江夏有蘄春縣，見地理志，縣各本作亭，今正。凡縣名系於郡，亭名、鄉名、系於某郡、某縣。

又菦菜類蒿，詩禮皆作芹。小雅箋曰：芹菜也，可以爲菹。魯頌箋曰：芹，水菜也。釋艸及周禮注曰：芹，楚葵也。按即今人所食芹菜。今說文各本，於艾、葦二字之下，又出芹字，訓楚葵也。从艸，斤聲。此恐不知菦即芹者，妄用爾雅增之。攷周禮音義曰：芹，說文作菦，則說文之有菦無芹明矣。且詩箋引周禮芹菹，說文引周禮菦菹，豈得云二物也？从艸，近聲。周禮音義引說文音謹。唐韵，巨巾切，古在十三部。本草作蘄。周禮有菦菹，見醢人，菦蓋周禮故書字。

又䔲菜之美者，雲夢之䔲。呂氏春秋伊尹對湯曰：菜之美者，雲夢之芹。高注：雲夢，楚澤，芹生水涯。許作䔲，蓋殷微二韵，轉移最近。許君采自伊尹書，與呂覽字異，音義則同。廣韵曰：䔲菜似蕨，生水中。說者謂豐水有芑，即此。从艸，豈聲。廣韵袪豨切是。唐韵作驅喜，蓋謂䔲即芑字也，十五部。

堇

爾雅：齧，苦堇。注：今堇葵也，葉似柳，子如米，汋食之滑。疏云：齧一名苦堇，可食之菜也。內則云「堇、荁、枌榆」是也。本草云味甘，此苦者，古人語倒，猶甘草謂之大苦也。

唐本草：堇汁味甘，寒，無毒。主馬毒瘡，擣汁洗之，幷服之，堇菜也，出小品方。萬畢方云：除蛇蝎毒及癰腫。注：此菜野生，非人所種，俗謂之堇菜。葉似蕺，花紫色。

食療本草：堇菜味苦，主寒熱，鼠瘻瘰癧，生瘡，結核，聚氣，下瘀血。葉主霍亂，與香茙同功。蛇咬，生杵傅之，毒即出矣。又乾末和油煎成，癖結核，止三五度便差。

按菫形狀皆非芹類，附以備考。

焦循毛詩補疏：菫荼如飴，傳：菫，菜也；荼，苦菜也。箋云：其所生菜雖有性苦者，甘如飴也。循按爾雅云「齧，苦菫」，郭璞注云：今菫葵也，葉似柳，子如米，汋食之滑。公食大夫禮，鉶芼牛藿羊苦豕薇，皆有滑。鄭氏注云：滑，菫荁之類。毛以菫爲菜，此指菫也。詩詠所產之美，不必爲他處之所無，亦不必前此之不美。箋謂雖苦亦甘者，以菫名苦菫，荼爲苦荼，故有此說，豈謂烏頭毒藥頓化而爲甘乎？

食療本草云：菫菜味甘。唐附本草云：菫汁味甘，寒，無毒。蓋菫菜味苦而汁甘，一若荼味苦，瀹之則甘也。說文云：菫，草也，根如薺，葉似柳，蒸食之甘。蒸食之甘，正所以爲如飴也。烏頭名芨，轉聲爲菫；猶蕣華名日及，轉聲爲木槿，非菫菜之菫也。

馬芹子

爾雅：茭，牛蘄。釋曰：似芹，可食菜也，而葉細銳。一名茭，一名牛蘄，一名馬蘄，子入藥用。

唐本草：馬芹子味甘，辛溫，無毒。主心腹脹滿，下氣消食，調味用之。香似橘皮，而無苦味。注：生水澤傍，苗似鬼鍼、菾菜等花，青白色；子黃黑色，似防風子。

鄭樵通志：馬芹俗謂胡芹，其根、葉不可食，惟子香美，可調飲食。所謂野人快炙背而美芹子是也。

紫菫

宋圖經：紫菫味酸，微溫，無毒，元生江南吳興郡。淮南名楚葵，宜春郡名蜀菫，豫章郡名苔菜，晉陵郡名水葍菜，惟出江、淮南單服之。療大小人脫肛等，其方云：紫菫草，主大、小人脫肛，每天冷及喫冷食，卽暴痢不止，肛則下脫，久療不差者。春間收紫菫花二斤，暴乾擣爲散，加磁毛末七兩相和，研令細，塗肛上納。既入內了，卽使人噀冷水於面上，卽吸入腸中。每日一塗藥，噀面不過六七度，卽差。又以熱酒半升，和散一方寸匕，空腹服之，日再。漸加至二方寸匕，以知爲度。若五歲以下小兒，卽以半杏子許散，和酒令服之，亦佳。忌生冷、陳倉米等。

按紫菫不著形狀，或以爲卽芹之紫莖者，未必確，姑附於此。

鹿藿 本草經：鹿藿味苦，平。主蠱毒，女子腰腹痛不樂，腸癰，瘰癧，瘍氣。

別錄：無毒，生汶山山谷。陶隱居云：方藥不復用，人亦罕識。葛根之苗，又一名鹿藿。

唐本草注：此草所在有之，苗似豌豆，有蔓而長大，人取以爲菜。亦微有豆氣，名爲鹿豆也。

爾雅：蔨，鹿藿，其實莥。釋曰：蔨一名鹿藿，其實名莥。郭云：鹿豆也，葉似大豆，根黃而香，蔓延生。

救荒本草：勞豆生平野中，北土處處有之。莖蔓延附草木上；葉似黑豆葉，而窄小微尖；開淡粉紫花，結小角；其豆似黑豆，形極小，味甘。採取豆淘洗淨煮食，或磨爲麵打餠蒸食，皆可。

廣雅疏證：藨，鹿藿也。說文云：藨，鹿藿也。徐鍇傳云：爾雅鹿藿，鹿豆也，一名蔨。爾雅：藨，麃。注云：卽莓也，字與鹿豆相近，疑說文注誤以藨麃爲鹿藿字也。案如鍇之說，則是徐氏誤讀麃爲鹿也。草之名鹿者，若鹿蓐爲王芻，鹿腸爲元參之類多矣；但言藨麃，何以知爲鹿藿？卽令徐氏善於附會，亦不至謬妄如此。且說文所用爾雅，與今不合者，如「蘬，薺實」，「夢，灌渝」之屬，皆句讀之異耳，未有誤讀本文之字，而又率意增之者也。以理度之，藨爲鹿藿，必非爾雅藨麃之誤，乃鹿藿自有此名耳。說文之訓，或敍述經文，或原本師說，或雜採方俗之所傳，其所取者博矣，何必爾雅所有者，而後見之於書哉！徐氏之說，淺於窺測矣。郭璞爾雅注云：鹿雚，今鹿豆也，葉似大豆，根黃而香，蔓延生。神農本草云：鹿藿味苦，平，生汶山山谷。唐本注云：此草所在有之，苗似豌豆，有蔓而長大，人取以爲菜。亦微有豆氣，名爲鹿豆也。梁簡文帝勸醫論云：胡麻、鹿藿，纔救頭痛之痾。蓋醫方所常用者矣。

雚菌 本草經：雚菌味鹹，平。主心痛，溫中，去長患白瘲、蟯蟲、蛇螫毒、癥瘕諸蟲。一名雚蘆。別錄：甘，微溫，小有毒。主疽蝸，去蚘蟲，寸白，惡瘡。生東海池澤，及渤海章武。八月採陰乾。陶隱居云：出北來，此亦無有，形狀似菌。云鸛屎所化生，一名鸛菌。單末之，猪肉臛和食，可以遣蚘蟲。

唐本草注云：雚菌今出渤海蘆葦澤中，鹹鹵地自然有此菌爾，亦非是鸛屎所化生也。其菌色白輕虛，表裏相似，與衆菌不同，療蚘蟲有效。

爾雅：中馗，菌。注：地蕈也似，蓋今江東呼爲土菌，亦曰馗廚，可啖之。小者菌，注：大小異名。疏：此辨菌大小之異名也，大者名中馗，小者即名菌。郭云：地蕈也似，蓋今江東人呼爲土菌，亦曰馗廚，可啖之者。說文云：蕈，桑萸也，謂菌生木上也。今云地蕈，即俗呼地菌者是也。又曰：出隧，蘧蔬。注：似土菌，生菰草中，今江東啖之，甜滑。音同氍毹。疏：菌類也，一名出隧，一名蘧蔬。廣雅云：朝生，形如鬼，蓋郭云似土菌，生菰草中，今江東啖之，甜滑，音同氍毹者。說文云：菰蔣也。張揖云：氍毹，毛席，取其音同。

齊民要術焦菌法：菌一名地雞，口未開，內外全白者佳；其口開裏黑者，臭不堪食。其多取欲經冬者，收取鹽汁洗去土，蒸令氣餾下，著屋北陰中之當時隨食者，取即湯煠去腥氣，劈破，先細切葱白和麻油，蘇亦好，熬令香，復多劈葱白，渾豆、鹽、椒末，與菌俱下焦之。宜肥羊肉，雞猪肉亦得，肉魚者不須蘇油，肉亦先熟煮蘇切，重重布之如魚瓜瓠法，唯不著菜也。魚瓜瓠菌雖有肉、素兩法，然此物多充素食，故附素條中。

食療本草云：菌子發五藏風，壅經絡，動痔病，昏多睡，背膊四肢無力。又菌子有數般，槐樹上生者良；野田中者，恐有毒殺人，又多發冷氣。

農桑輯要：菌皆朽株濕氣蒸浥而生，中原呼菌爲菌茹，又爲莪。又一種謂之天花；桑樹上生者，呼爲桑莪，施之素食最佳。雖南北異名，而其用則一。今江南山中，松下生者，名爲松滑。菌之種不一，名亦如之。野蕈如赤菰、黄耳皆可食，然辨之不精，多能毒人，雖甘無益也。

四時類要曰：三月種菌子，取爛構木及葉，於地埋之，常以泔澆令濕，三兩日卽生。又法，畦中下爛糞，取構木可長六七寸，截斷碓碎。如種菜法，於畦中勻布，土蓋水澆，長令潤如。初有小菌子，仰杷推之；明旦又出，亦推之；三度後出者甚大，卽收食之。本自構木，食之不損人。

農桑通訣曰：取向陰地，擇其所宜木，楓楮栲等樹。伐倒用斧碎砍成坎，以土覆壓之；經年樹朽，以蕈碎剉，勻布坎內，又土覆之。雨雪之餘，天氣烝暖，則蕈生矣。雖踰年而獲可以繼，取利則甚博。時用泔澆灌，越數時，則以槌棒擊樹，謂之驚蕈。采訖遺種在內，來歲仍發，復相地之宜，易歲代種。新採趁生，煮食香美，曝乾則爲乾香蕈。今深山窮谷之民，以此代耕，殆天茁此品，以遺其利也。

本草拾遺：朝生暮落，花主惡瘡、疽蠶、疥癬、蟻瘻等，並日乾末，和生油塗之。生糞穢處，頭如筆，紫色，朝生暮死。小兒呼爲狗溺臺，又名鬼筆菌。從地出者，皆主瘡疥，牛糞上黑菌尤佳。更有燒作灰地，經秋雨生菌重臺，名仙人帽，大主血。

本草拾遺毒菌、地漿注：陶云山中多有毒菌，地漿解之。地生者爲菌，木生者爲檽，江東人呼爲蕈。爾雅云：中馗，菌。注云：地蕈子也。或云地雞，亦云鼉頭。夜中有光者有毒，煑不熟者有毒，煑訖照人無影者有毒，有惡蟲、鳥從下過者有毒，欲爛無蟲者有毒。冬、春無毒，及秋、夏有毒者，爲蛇過也。

别錄：鬼蓋味甘，平，無毒，主小兒寒熱癇。一名地蓋，生垣牆下，叢生，赤，旦生暮死。陶隱居云，一名朝生，疑是今鬼繖也。臣禹錫等謹按：陳藏器云，鬼蓋名爲鬼屋，如菌生陰濕處，蓋黑莖赤，和醋傅腫毒，馬脊腫，人惡瘡。杜正倫云：鬼繖夏日得雨，聚生糞堆，見日消，黑，此物有小毒。

别錄：地芩味苦，無毒。主小兒癇，除邪，養胎，風痹洗，洗寒熱目中青瞖，女子帶下。生腐木積草處，如朝生，天雨生蓋，黃白色，四月採之。

廣雅疏證：鶩菌，鶩生也。莊子消遙篇：朝菌不知晦朔。司馬彪云：大芝也，天陰生糞上，見日則死，一名日及，不知月之終始。崔譔云：糞上芝朝生暮死，晦者不及朔，朔者不及晦。梁簡文云：欻生之芝也，朝菌朝生暮死，故以朝生爲名矣。又支遁云：朝菌一名舜英，朝生暮落。潘尼云：木槿也。案高誘注秦策云：朝生木菫也，朝榮夕落。又注呂氏春秋仲夏紀云：木菫朝榮夕落，雜家謂之朝生。鄭風有女同車，正義引樊光爾雅注、陸璣毛詩疏並云，木菫華朝生暮落，是木菫亦名朝生也。但木菫樹名，無由稱菌，莊子言朝菌不知晦朔，蟪蛄不知春秋，皆謂死之速者。木菫之華，朝榮夕落，而枝葉猶存，非其取義也。列子湯問篇云：朽壤之上有菌芝者，生於朝，死於晦。是朝菌爲芝之明證。名醫別錄云：鬼蓋一名地蓋，生垣牆下，叢生，赤，旦生暮死。陶注云：一名朝生，疑是今鬼繖也。陳藏器云：鬼蓋名爲鬼屋，如菌，生陰濕處，蓋黑莖赤。杜正倫云：鬼繖夏日得雨，聚生糞堆，見日消，黑。此與司馬彪、崔譔之說正相合矣。說苑善說篇：夫以秦、楚之強，而報讎於弱薛，譬之猶摩蕭斧而伐朝菌也，必不留行矣。蓋以菌芝肥耎易斷，故云然也。抱朴子論僊篇：蜉蝣校巨鼇，日芨料大椿，豈所能及哉。日芨與日及同，司馬彪所謂大芝見日則死，一名日及者也。

說文解字注：蕈，桑䓴也。䓴之生於桑者曰蕈，蕈之生於田中者曰菌先。鄭司農注周禮云：深蒲或曰桑耳，从艸，覃聲，慈衽切，七部。䓴，木耳也。內則記燕食所加庶羞，有芝栭。正義曰：盧植云，芝，木芝也。王肅云：無華而實者名栭。按芝栭，猶考工記之之，而鄭君謂芝栭為一物，栭卽䓴字也，今人謂光滑者木耳，皺者蕈。許意謂蕈為木耳，从艸，耎聲，而兗切，十四部。按耎從大，而聲，內則作栭，又作楝。賀氏云：栭，輭棗，其所據本作楝也。釋文云：又作檽，檽字誤。一曰蕍芘，未聞，說文亦無蕍字。集韵九麌：萮，勇主切，蕍芘、木耳，是謂䓴之一名也。

附陳仁玉菌譜

芝菌皆氣茁也，靈華三秀，稱瑞尙矣。朝菌晦朔，莊生訕之；至若儔其食品，古則未聞。自商山茹芝，而五臺天花，亦甲群彙，仙居界台括，叢山峻拔，仙靈所宮，爰產異菌。林居巖棲者，左右芼之，固藜莧之至腴，蓴葵之上瑞；比或以羞王公，登玉食，自有此山，卽有此菌，未有此遇也。遇不遇，無預菌事，緊欲盡菌性而究其用，第其品作菌譜。淳祐乙巳秋九月山人陳仁玉序。

合蕈

邑極西韋羌山，高迥秀異。寒極雪收，林木堅瘦，春氣微欲動，土鬆芽活，此菌候也。菌質外褐色，肌理玉潔芳薌，韻味發釜鬲，聞百步外。蓋菌多種，例柔美，皆無香；獨合蕈香與味稱，雖靈芝、天花無是也，非全德耶？宜特尊之，以冠諸菌。合蕈始名台菌，舊傳昔嘗上進，標以台蕈，上遙見誤讀，因承誤云。數十年既未充包貢，山僚得善賈，率曝乾以售，罕獲生致。邑孟溪山中，亦同時產，惟蕈柄高，無香氣，土人以是別於韋羌焉。

稠膏蕈

邑西北孟溪山，窈窕邃深莫測。秋中山氣重，霏雨零露，浸釀。山膏木腴，蓓爲菌花戢戢，多生山絕頂高樹杪。初如蘗珠，圓瑩類輕酥滴乳，淺黃白色，味尤甘勝。已乃傘張大幾掌，味頓渝矣。春時亦間生，不能多。稠膏得名，土人謂稠木膏液所生耳；合蕈他邦猶或有之，此菌獨此邑、此山所產，故尤可貴。羹法當徐下鼎瀋，伺涫沸漉起，謹勿匕攪，攪則涎腥不可食。性參和衆味，而特全於酒。烹齊既調，溫厚滑甘，雉尾蓴不足道也。或欲致遠，則復湯蒸熟，貯之瓶罌，然其味去出山遠也。

栗殼蕈

寒氣至，稠膏將盡，栗殼色者，則其續也，尙有典刑焉。

松蕈

生松陰，採無時。凡物松出，無不可愛，松葉與脂伏靈、琥珀，皆松裔也。昔之遁山服食求長年者，實松焉。伊人有病溲濁不禁者，偶啜松下菌，病良已，此其效也。

竹菌

生竹根，味極甘，當與筍通譜，而菌爲北阮矣。

麥蕈

多生溪邊沙壤鬆土中，俗名麥丹蕈，未詳。味殊美絕，類北方蘑菇，蕈品最優。

玉蕈

生山中，初寒時，色潔皙可愛，故諡爲玉。然作羹微韌，俗名寒蒲蕈。

黃蕈

叢生山中，梔、鬱黃色，俗名黃纘蕈。又有名黃犹者，殊峭硬有味。

紫蕈

赬紫色，亦山中產。俗名紫富，蕈品爲下。

四季蕈

生林木中。味甘而肌理麤峭，不入品。

鵞膏蕈

生高山，狀類鵝子，久乃繖開，味殊甘滑，不謝稠膏，然與杜蕈相亂。杜蕈者生土中，俗言毒蟄氣所成，食之殺人，甚美有惡，宜在所黜。食肉不食馬肝，未爲不知味也。凡中其毒者必笑，解之宜以苦茗雜白礬，勺新水并咽之，無不立愈，因著之。俾山居者享其美而遠其害，此譜外意也。

潘之恆廣菌譜

木菌

木菌卽木耳，生於朽木之上，無枝葉，乃濕熱餘氣所生。亦名木檽、木樅、樹雞、木蛾。曰耳，曰蛾，象形也；曰檽，以輭濕爲佳也；曰樅，曰雞，因味似也，南楚人謂雞爲樅；曰菌，亦象形於蜠，乃貝子之名。或云地生爲菌，木生爲蛾。北人曰蛾，南人曰蕈。

五木耳

五木耳生犍爲山谷中，六月多雨時采之，曝乾，可烹食。陶宏景云，此五木耳，不顯言是何木。唯桑樹生桑耳，有青、黃、赤、白者；輭濕者，人采以作菹，無復藥用。蘇恭云：桑、槐、楮、榆、柳，此爲五木耳，輭者並堪啖。楮耳人常食，槐耳療痔。

桑耳

桑耳曰檽，曰蛾，曰雞，曰黃，曰臣，皆冠以桑。又呼爲桑上寄生。

槐耳

槐耳亦名槐菌，亦名雞，而稱檽、蛾如桑例。惟鸞漿粥安其上，以草覆之，卽生蕈耳。

柳耳

柳耳主補胃理氣，治反胃吐痰，用五七個煎湯服，卽愈。

杉菌

杉菌出宜州，生積年杉木上，狀若菌，采無時。

皂角菌

皂角菌生皂樹上，木耳也，不可食。

香蕈

香蕈生桐、柳、枳、椇木上，紫色者名香蕈。字從草，從覃，覃，延也，蕈味雋永，有覃延之意。

天花蕈

天花蕈卽天花菜，出五臺山。形如松花而大於斗，香氣如蕈，白色，食之甚美。

磨菰蕈

磨菰蕈出山東淮北山間。埋桑楮木於土中，澆以米泔，待菰生采之。長二三寸，本小末大，白色柔軟，其中空虛，狀如未開玉簪花。俗名雞足磨菰，謂其味狀相似也。一種狀如羊肚，有蜂窠眼者，名羊肚菜。

雞㙅蕈

雞㙅蕈出雲南，生沙地間，下蕈也。高脚繖頭，土人采烘寄遠，以充方物。氣味似香蕈，而不及其風韻。

雷蕈

雷蕈出廣西橫州，遇雷過卽生；須疾采之，稍遲則腐或老，不堪用矣。作羹甚美，亦如雞㙅之屬，其價並珍。

舵菜

舵菜卽海舶舵上所生菌也，亦不多得。

鍾馗菌

鍾馗菌卽土菌，地上經秋雨生。重臺者，一名仙人帽。蓋鍾馗，神名也，此菌釘上若繖，其狀如鍾馗之帽，故以名之。亦名地雞，亦名獐頭菌。

鬼菌

鬼蓋、鬼繖、鬼屋，皆菌種而異名。夏日得雨，聚生垣牆下，多赤色。或生糞堆上，見日卽消黑，旦生而夕死，亦名地蓋、地苓。又名鬼筆者，生穢處，頭如筆，紫色，名朝生暮落花，小兒呼爲狗溺，卽鬼蓋之類而無繖者。凡此類皆主瘡疥，曬乾研末，和油塗之，牛糞上黑菌尤佳。又馬勃，亦菌類也。

竹蓐

竹蓐卽竹菰也。草更生曰蓐，得溽濕之氣而成。本草作竹肉，因其味也。生慈竹林，夏月逢雨，滴汁著地，涌出如鹿角。白色者可食；生苦竹枝上，如雞子似肉臠者，有大毒。又曰竹菰，生朽竹根節上，狀如木耳，或紅白色。酉陽雜俎云：江淮有竹肉，大如彈丸，味如白樹雞，卽此物也。唯苦竹生者有毒。

藿菌

藿菌之藿，當作萑，乃蘆葦之屬，讀如桓，若音觀，乃鳥名，或以爲鸛屎所化，非也。今渤海蘆葦澤中鹹鹵地，往往有之，其菌色白輕虛，表裏相似，與衆菌不同，療蚘蟲有效。出滄州，秋雨以時乃有之；若天旱久霖卽稀，日乾者良。

地耳

地耳卽地踏菰，生邱陵，如碧石青也。亦石耳之屬，生於地中者爾。

石耳

石耳亦名靈芝，生天台四明河南宣州黃山巴西邊徼、諸石崖最高處，遠望如烟。山中人縋絙采之，必險絕處乃得。今廬山亦多，狀如地耳，寺僧采曝餽遠，洸去沙土作茹，勝如木耳，佳品也。

葛乳

葛乳，諸名山皆有之，唯太和山采取，乃葛之精華。秋霜浮空，如芝菌涌生地上，其色赤，質脆。

毒菌 附

異苑：交州諸郡有菌，以葉塗人軀，便舉體菌生，生既遍，便就朽爛，肌肉消腐。

稽神錄：豫章人好食蕈，有黃姑蕈者，尤爲美味。有民家治舍，烹此蕈以食工人。工人有登廚屋施瓦者，下視無人，惟釜中煮物，以盆覆之，俄有一小鬼裸身繞釜而走，倏忽投於釜中。頃之，主人設蕈，工人獨不食，亦不言其故。既暮，其食蕈者卒。

癸辛雜識：菌蕈類，皆幽隱蒸溼之氣，或蛇虺之毒所生，食之皆能害人。而好奇者，每輕千金之軀以嘗試之，殊不可曉。夷堅志所載簡坊大蕈，及金谿田僕食蕈，一家嘔血，隕命六人，丘岑幸以痛飲而免，蓋酒能解毒故耳。又靈隱寺僧得異蕈，甚大而可愛，獻之楊郡王。王以其異，遂進之上方，既而復賜靈隱。適貯蕈之器有餘瀝，一犬過而舐之，跳躍而死，方知其異而棄之，此事關涉尤大。近得耳目所接者兩事，併著爲口腹之戒。嘉定乙亥歲，楊和王墳上感慈菴僧德明遊山，得奇菌，歸作糜供衆。毒發，僧行死者十餘人；德明亟嘗糞獲免。有日本僧定心者，寧死不汚，至膚理折裂而死。至今楊氏菴中，尚藏日本度牒，其年有久安、保安、治象等號，僧銜有法勢大和尚、威儀、從儀、少屬、少錄等稱。是歲其國度僧萬人，定心姓平氏，日本國京東路相州行香縣上守鄉光勝寺僧也。咸淳壬申，臨安鮑生姜巷民家，因出郊得佳蕈，作羹恣食，是夜鄰人聞其家撞突有聲，久乃寂然。疑有他故，遂率衆排闥而入，則其夫婦一女皆嘔血殞越，倚壁抱柱而死矣。案間尚餘杯羹，以俟其子，適出未還，幸免於毒，嗚呼殆哉！

北夢瑣言：江夏漢陽縣出毒菌，號茹閭，非茅蒐也。每歲供進，縣司常令人於田野間候之，苟有此菌，即立表示人，不敢從下風而過，避其氣也。採之日，以竹竿芟倒，遽捨竿於地，毒氣入竹，一時曝裂。直候毒歇，仍以櫸柳皮蒙手以取，用氈包之，亦以櫸柳皮重裹，縣宰封印而進。其齎致役夫，倍給其值，爲其道路多爲毒薰，以致頭痛也。張康隨侍其父宰漢陽，備言之。人有爲野菌所毒而笑者，煎魚椹汁服之卽愈，僧光遠說也。

茅亭客話：淳化中有民支氏於昭覺寺設齋，寺僧市野蕈有黑而斑者、或黃白而赤者爲齋食衆。僧食訖，悉皆吐瀉，亦有死者。至時有醫人急告之曰，但掘地作坑，以新汲水投坑中，攪之澄清，名曰地漿，每服一小盞，不過再三，其毒卽解。當時甚救得人。夫蕈菌之物，皆是草木變化，生樹者曰蕈，生於地者曰菌，皆濕氣鬱蒸而生。又有生於腐骸、毒蛇之上者，大而光明，人誤以爲靈芝，食而速死，故書之警其誤矣。

墨客揮犀：菌不可妄食。建寧縣山石間忽生一菌，大如車蓋，鄉民異之，取以爲饌，食者輒死。凡菌爲羹，照人無影者，不可食，食殺人。又有菌叢生於朽木或糞壤上，其形如瑞芝，潔白可愛，夜則有光，可以鑑物。

植物名實圖考長編卷之四

蔬類

菘

別錄：菘味甘，溫，無毒。主通利腸胃，除胸中煩，解酒渴。陶隱居云：菜中有菘，最爲常食，性和利人，無餘逆忤，今人多食。如似小冷而又耐霜雪，其子可作油，傅頭長髮；塗刀劍，令不鍮。其有數種，猶是一類，止論其美與不美爾。服藥有甘草而食菘，卽令病不除。

唐本草注：菘菜不生北土，有人將子北種，初一年半爲蕪菁，二年菘種都絕；將蕪菁子南種，亦二年都變。土地所宜，頗有此例。其子亦隨色變，但麄細無異爾。菘子黑，蔓菁子紫赤，大小相似。惟蘆菔子黃赤色，大數倍，復不圓也。其菘有三種，有牛肚菘，葉最大厚，味甘；紫菘葉薄細，味少苦；白菘似蔓菁也。

食療本草：溫，治消渴，又發諸風冷。有熱人食之，亦不發病，卽明其性冷。本草云溫，未解。又消食，亦少下氣。九英菘出河西，葉極大，根亦麄長，和羊肉甚美，常食之，都不見發病。其冬月作葅，煮作羹食之，能消宿食，下氣，治嗽。

諸家商略：性冷非溫，恐誤也。又北無菘菜，南無蕪菁，其蔓菁子細，菜子麄也。

圖經：菘舊不載所出州土，今南北皆有之，與蕪菁相類。梗長葉不光者爲蕪菁，梗短葉闊厚而肥痹者爲菘。舊說，菘不生北土，人有將子北土種之，初一年半爲蕪菁，二年菘種都絕，猶南人之種蕪菁。而今京都種菘，都類南種，但肥厚差不及耳。揚州一種菘，葉圓而大，或若箑，啖之無滓，絕勝他士者，此所謂白菘也。又有牛肚菘，葉最大厚，味甘，疑今揚州菘近之。紫菘葉薄細，味小苦，北土無有。菘比蕪菁有小毒，不宜多食，然能殺魚腥，最相宜也。多食過度，惟生薑可解其性。

齊民要術作菘鹹菹法，水四升，鹽三升，攪之令殺菜。又法，菘一行，女麴間之。　菘根榼菹法，菘淨洗，偏體須長切，方如算子，長三寸許；束菘根入沸湯，小停出；及熱與鹹酢細縷切，橘皮和之，料理半奠之。　菘根蘿蔔菹法，淨洗，通體細切長縷，束爲把大，如十張紙卷，暫經沸湯即出；多與鹽二升，煖湯，合把手按之，又細縷切；暫經沸湯，與橘皮和，及煖與則黄壞，料理滿奠，熅菘、葱、蕪菁根，悉可用。　菘葵鹹菹法，收菜時擇取好者，菅蒲束之；作鹽水令極鹹，於鹽水中洗菜，即納甕中。其洗菜鹽水，澄取清者，瀉著甕中，令沒菜，肥即止，不復調和。菹色仍青，與生菜不殊。　清異錄：王奭善營度，子弟不許仕宦，每年止火田玉乳蘿蔔、壺城馬面菘，可致千緡。江右多菘菜，粥筍者惡之，罵曰心子菜，蓋筍奴菌妾也。

薺

別錄：薺味甘，溫，無毒。主利肝氣，和中；其實主明目，目痛。陶隱居云：薺類又多，此是今人可食者，葉作菹、羹亦佳。詩云：「誰謂荼苦，其甘如薺」是也。

藥性論云：薺子味甘，平，患氣人食之動冷疾。主青盲病不見物，補五臟不足；其根、葉燒灰，能治赤白痢，極效。

爾雅：蒫，薺實。注：薺子味甘。疏：本草云，薺味甘，人取其葉，作葅及羹亦佳，詩谷風云：誰謂荼苦，其甘如薺。其子別名蒫。

爾雅翼：薺之爲菜，最甘如薺，亦應陰之物。淮南以爲金勝木，禾木也，春木王而生，秋金王而死。水勝火，菽火也，夏火王而生，冬水王而死。火勝金，麥金也，秋金王而生，夏火王而死。土勝水，薺水也，冬水王而生，仲夏土王而死。又其枝葉細靡，通謂之靡。月令：孟夏之月靡草死。麥秋至，斷薄刑，決小罪，出輕繫。鄭氏稱舊說云：靡草，薺、葶藶之屬。祭統曰：草艾則墨，謂立秋後也。刑無輕於墨者，今以純陽之月，斷刑決罪，與毋有壞墮自相違，似非。按經、以此月物有死者，故斷薄刑；而鄭氏以萬物尙生，故以爲不宜斷。然按斷薄刑，決小罪，出輕繫，薄刑用鞭撲，非墨劓之類。蓋憫萬物始有死者，不忍久人以狴犴，故可決者決之，可出者出之，乃是明愼用刑而不留獄，非與壞墮相違也。薺與葶藶，其死同時，其生亦早，而所主不同。蓋師曠之占，以薺爲甘草，葶藶爲苦草，水藻爲惡草，蒺藜爲旱草，艾爲病草。歲將豐，或苦惡旱疫，則輒有一草應而先生；唯土以稼穡作甘，而薺又草之甘者，故以爲歲豐之候。

救荒本草：薺菜生平澤中，今處處有之。苗塌地生，作鋸齒葉，三四月出葶，分生莖叉，梢上開小白花，結實小似菥蓂子。苗葉味苦，性溫，無毒。其實亦呼菥蓂子。其子味甘，性平，患氣人食之動冷疾，不可與麪同食，令人背悶，服丹石人不可食。採子用水調攪，良久成塊，或作燒餅，或煮粥食，味甚粘滑。葉煠作菜食，或煮作羹，皆可。

高濂遵生八牋：野白薺四時采嫩者，生熟可食。窩螺薺正二月采之，熟食。碎米薺三月采，止可作虀。倒灌薺，采之熟食，亦可作虀。江薺生臘月，生熟皆可食，花時勿食，但可作虀。

東坡尺牘：今日食薺極美，念君臥病，麵、醋、酒皆不可近，惟有天然之珍，雖不甘於五味，而有味外之美。本草，薺和肝氣，明目，凡人夜則血歸於肝，肝爲宿血之臟，過三更不睡，則朝旦面色黃燥，意思荒浪，以血不得歸故也。若肝氣和，則血脈通流，津液暢潤，瘡疥於何有？君今患瘡，故宜食薺。其法，取薺一二升許，淨擇入淘了，米三合，冷水三升，生薑不去皮，搥兩指大，同入釜中，澆生油一蜆殼，當於羹面上，不得觸，觸則生油氣不可食，不得入鹽醋。君若知此味，則陸海八珍皆可鄙厭也。天生此物以爲幽人山居之祿，輒以奉傳，不可忽也。

玉壺詩話：宋太宗命蘇易簡講文中子，有楊素遺子食經羹藜含糗之說，上因問食何品何物最珍？對曰：物無定味，適口者珍，臣止知薺汁爲美。臣憶一夕寒甚，擁爐痛飲，夜半吻燥，中庭月明，殘雪中覆一薺盂，連茹數根。臣此時，自謂上界仙廚鸞脯鳳胎，殆恐不及，屢欲作冰壺先生傳記其事，因循未果也。上笑而然之。

珍珠船：池陽上巳日，婦女以薺花點油祝而洒之水中，若成龍鳳花卉之狀則吉，謂之油花卜。

清異錄：俗號薺爲百歲羹，言至貧亦可具，雖百歲可長享也。

物類相感志：三月三日收薺菜花置燈檠上，則飛蛾蚊蟲不投。

芥

別錄：芥味辛，溫，無毒。歸鼻，除腎經邪氣，利九竅，明耳目，安中，久食溫中。陶隱居云：似菘而有毛，味辣，好作葅，亦生食，其子可藏冬瓜。又有莨，以作葅，甚辣快。

唐本草注：此芥有三種，葉大子麤者，葉堪食，子入藥用，熨惡疰至良；葉小子細者，葉不堪食，其子但堪爲虀爾；又有白芥子，粗大白色，如白粱米，甚辛美，從戎中來。別說云，子主射工及疰氣發無常處，丸服之，或擣爲末，醋和塗之，隨手有驗。

圖經：芥舊不著所出州土，今處處有之。似菘而有毛，味極辛辣，此謂青芥也。芥之種亦多，有紫芥，莖葉純紫，多作虀者，食之最美。有白芥，子粗大，色白如粱米，此入藥者最佳；舊云從西戎來，又云生河東，今近處亦有。其餘南芥、旋芥、花芥、石芥之類，皆菜茹之美者，非藥品所須，不復悉錄。大抵南土多芥，亦如菘類。相傳嶺南無蕪菁，有人擕種至彼種之，皆變作芥，言地氣暖使然耳。續傳信方：主腹冷夜起，以白芥子一升炒熟，勿令焦，細研，以湯浸蒸餅，丸如赤小豆，薑湯呑七丸，甚效。

食療本草：主欬逆下氣，明目，去頭面風。大葉者良，煮食之動氣，猶勝諸菜，生食發丹石毒。子，微熬，研之作醬，香美有辛氣，能通利五臟。

其葉不可多食，又細葉有毛者殺人。

齊民要術：吳氏本草云：芥葅名水蘇，一名勞祖。蜀芥、蕓薹取葉者，皆七月半種，地欲糞熟。蜀芥一畝，用子一升；蕓薹一畝，用子四升。種法與蕪菁同，旣生亦不鋤之。十月收蕪菁訖時，收蜀芥，中爲鹹淡二菹，亦任爲乾菜。蕓薹足霜乃收，不足霜卽澀。種芥子及蜀芥、蕓薹取子者，皆二三月好雨澤時種。三物性不耐寒，經冬則死，故須春種。旱則畦種水澆，五月熟而收子。蕓薹冬天草覆，亦得取子，又得生茹供食。崔寔曰：六月大暑中伏後，可收芥子，七月、八月可種芥。

爾雅翼：芥似菘而有毛，味極辛辣，其類甚多。似菘者名青芥；有紫芥，莖葉皆紫，作虀食最美；有白芥，子麤大，色白如粱米，舊云從西戎來，謂之白胡芥。其餘南芥、旋芥、花芥、石芥，皆菜茹之美者。梁周興嗣次千文云，菜重芥薑。左傳，季郈之雞鬬季氏芥，其雞謂以芥播其羽。大抵南土多芥，嶺表錄異曰：廣州地熱，種麥則苗而不實；北人將蔓菁子就彼種者，出土即變爲芥。嶺南異物志曰：南土芥高者五六尺，子如雞卵，廣州人以巨芥爲鹹菹，埋地中有三十年者，貴尙親賓，以相餉遺。

王禎農書：今江南農家所種如種葵法，俟成苗必移栽之。早者七月半後種，遲者八月種。厚加培壅，草即鋤之，旱即灌之。冬芥經春長心，中爲鹹淡二菹，亦任爲鹽菜。

又云：十月收蕪菁訖時收蜀芥。又云：如即收子者，即不摘心。夫芥之爲物，心多而耐久，味辣而性溫，可擣取汁，以供庖饌。

務本新書曰：芥藍二月畦種，苗高剶葉食之，剶而復生，刀割則不長。如火煮之，以水淘浸，或炒爁，或拌食，或包餕餡，或捲餅生食，頗有辛味。五月園枯，此菜獨茂，故又曰主園菜食。至冬月，以草覆其根，四月終結子，可收作末，根又生葉，又食一年。陝西多食此菜，若中人之家，但能自種三兩畦藍菜，并一二畦韭，周歲之中，甚省菜錢。

蕪菁

爾雅云：須，蕵蕪。釋曰：詩谷風云，采葑采菲，毛云：葑，須也。先儒即以須葑蓯當之。孫炎云：須一名風蓯。郭注云：蕵蕪似羊蹄，葉細，味酢，可食。禮坊記注云：葑，蔓菁也，陳宋之間謂之葑。陸璣云：葑、蕪菁，幽州人謂之芥。方言云：蘴、蕘，蕪菁。陳楚謂之蘴，齊魯謂之蕘，關西謂之蕪菁，趙魏之郊，謂之大芥。蘴、葑音同，然則葑也，須也，蕪菁也，蔓菁也，蕵蕪也，蕘也，芥也，七者一物也。

別錄：蕪菁及蘆菔，味苦，溫，無毒。主利五臟，輕身益氣，可長食之，蕪菁子主明目。陶隱居云：蘆菔是今溫菘，其根可食，葉不中噉。蕪菁根乃細於溫菘，而葉似菘，好食。西川惟種此，而其子與溫菘甚相似，小細耳。俗方無用，服食家亦煉餌之，而不云蘆菔子，恐不用也。俗人蒸其根及作菹，皆好，但小薫臭耳。又有赤根，細而過辛，不宜服也。

唐本草注：蕪菁，北人又名蔓青，根、葉及子，乃是菘類，與蘆菔全別，至體用亦殊。今言蕪菁子似蘆菔，或謂蘆菔葉不堪食，兼言小薫體，是江表不産二物，㪷酌注略，理喪其眞爾。其蔓菁子，療黄疸，利小便。水煮二升，取濃汁服，主癥瘕積聚；少飲汁，主霍亂，心腹脹；末服主目暗。

本草拾遺：蕪菁主急黄、黄疸及肉黄，腹結不通，搗爲末，水絞汁服，當得嚏，鼻中出黄水及下痢。仙經云：長服可斷穀長生，和油傅蜘蛛咬，恐毒入肉，亦搗爲末酒服。蔓菁園中無蜘蛛，是其相畏也。爲油入面膏，令人去黑點。今幷汾河朔間，燒食其根，呼爲蕪根，猶是蕪菁之號。蕪菁，南北之通稱也，塞北種者名九英蔓菁，根大，幷將爲軍糧；菘菜南土所種多是也。

劉禹錫嘉話錄云：諸葛亮所止，令兵士獨種蔓菁。取其纔出甲可生啖，一也；葉舒可煮食，二也；久居則隨以滋長，三也；棄不令惜，四也；回則易尋而採，五也；冬有根，可劚而食，六也。比諸蔬屬，其利不亦博矣。三蜀之人，今呼蔓菁爲諸葛菜，江陵亦然。

圖經：蕪菁四時仍有，春食苗；夏食心，亦謂之薹子；秋食莖；冬食根。河朔尤多種，亦可以備饑歲，菜中之最有益者，惟此耳。常食之通中益氣，令人肥健。南人取北種種之，初年相類，至二三歲則變爲菘矣。

方言：蘴、蕘，蕪菁也。陳楚之郊謂之蘴；齊魯之郊謂之蕘；關之東、西謂之蕪菁；趙魏之郊謂之大芥，其小者謂之辛芥，或謂之幽芥，其紫華者謂之蘆菔，東魯謂之菈遝。

南方草木狀：蕪菁，嶺嶠已南俱無之。偶有士人，因官攜種，就彼種之，出地則變爲芥，亦橘種江北呼爲枳之義也。至曲江方有菘，彼人謂之蓁菘。

齊民要術：爾雅曰：蕦，葑蓯。注：江東呼爲蕪菁，或爲菘，菘、蕦音相近，蕦則蕪菁。字林曰：豐，蕪菁苗也，乃齊魯云。廣志云：蕪菁有紫花者、白花者。種不求多，唯須良地，故墟新糞，壞牆垣乃佳。若無故墟糞者，以灰爲糞，令厚一寸，灰多則燥不生也。耕地欲熟，七月初種之。一畝用子三升，從處暑至八月白露節皆得。早者作菹，晚者作乾。漫散而勞，種不用濕。濕則地堅菜焦。既生不鋤，九月末收葉，晚收則黃落。仍留根取子。十月中犁粗時，拾取耕出者。若不耕時則留者，英不茂、實不繁也。其葉作菹者，料理如常法。擬作乾菜及釀菹者，釀菹者後年正月始作耳，須留第一好菜擬之，其菹法列後條。割訖則尋手擇治而辮之，勿待萎，萎而後辮則爛。掛著屋下陰中風涼處，勿令烟薰，煙薰則苦。燥則上在廚，積置以苫之。積時宜候天陰潤，不爾多碎折，久不積苦則澀也。春夏畦種供食者，與畦葵法同，剪訖更種。從春至秋得三輩，常供好菹。取根者用大小麥底，六月中種，十月將凍，耕出之。一畝得數車，早出者根細。又多種蕪菁法，近市良田一頃，七月初種之。六月種者，根雖粗大，葉復蟲食。七月末種者，葉雖膏潤，根復細小。七月初種，根葉俱得。擬賣者，純種九英，九英葉根粗大，雖堪舉賣，氣味不美。欲自食者，須種細根。一頃取葉三十載，正月、二月賣作釀菹，三載得一奴。收根依時法，一頃收二百載，二十載得一婢。細剉，和莖飼牛羊，全擬乞豬，并得充肥，亞於大豆耳。一頃收子二百石，輸與壓油家，三量成米，此爲收粟米六百石，亦勝穀田十頃。是故漢桓帝詔曰：横水爲災，五穀不登，令所傷郡國皆種蕪菁，以助民食。然此可以度凶年，救饑饉，乾而蒸食，既甜且美，自可藉口，何必饑饉？若値凶年，一頃乃活百人耳。蒸乾蕪菁根法。作湯、淨洗蕪菁根，漉著一斛甕子中，以蕭荻塞甑裏，以蔽口著釜上。繫甑帶，以乾牛糞然火，竟夜蒸之，粗細約熟，謹謹著牙，眞類鹿尾。蒸而賣者，則收米十石也。種菘蘆菔法與蔓菁同，菘菜似蔓菁，無毛而大。方言曰：蕪菁紫花者，謂之蘆菔。案蘆菔根實粗大，其角及根葉並可生食，非蕪菁也。秋中賣根，十畝得錢一萬。廣志曰：蘆菔一名雹突。崔寔曰：四月收蕪菁及芥、葶藶、冬葵子。六月中伏後七月，可種蕪菁，至十月可收也。蕪菁、菘葵、蜀芥鹹菹，收菜時卽擇取好者，菅蒲束之。作鹽水令極鹹，於鹽水中洗菜，卽內甕中。若先用淡水洗者，菹爛，其洗菜鹽水，澄取淸者，瀉著甕中，令沒菜，肥卽止，不復調和。菹色仍靑，以水洗去鹹汁。煮爲茹與生菜不殊。其蕪菁、蜀芥二種，三日抒出之，粉黍米作粥淸，擣麥䴷作末，絹篩。布菜一行，以䴷末薄坌之，卽下熱粥淸，重重如此，以滿甕爲限。其布菜法，每行必莖葉顚倒安之。舊鹽汁還瀉甕中，菹色黃而味美。作淡菹用黍米粥淸，及麥䴷末，味亦勝。作湯菹法，菘佳，蕪菁亦得。收好菜擇訖，卽於熱湯中煠出之。若菜已萎者，水洗漉出，經宿生之，然後湯煠。煠訖，令水中濯之。鹽醋中熬胡麻油，香而且脆。多作者，亦得至春不敗。釀菹法，菹菜也，一曰菹，不切曰釀。菹用乾蔓菁，正月中作，以熱湯浸菜令柔軟，解辮擇治淨洗，沸湯煠卽出於水中，淨洗，便復作鹽水，斬度出著箔上，經宿菜色生好。粉黍米粥淸，亦用絹篩麥䴷末澆菹，布菜如前法。然後粥淸不用大熱，其汁纔令相淹，不用過多泥頭，七日便熟。菹甕以穰茹之，如釀酒法。湯菹法，用少葱，蕪菁去根，暫經湯沸及熱，與鹽醋渾長者依柸截，與酢并和葉汁。不爾，火酢滿奠之。

後漢書桓帝本紀：永興二年六月，彭城泗水增長逆流。詔司隸校尉部刺史曰：蝗災爲害，水變仍至，五穀不登，人無宿儲，其令所傷郡國種蕪菁，以助人食。

荆楚歲時記：仲冬之月，采擷霜燕菁、葵等，雜菜乾之，並爲鹹葅。有得其和者，並作金釵色。今南人作鹹葅，以糯米熬搗爲末，幷研胡麻汁和釀之，石笮令熟。葅旣甜脆，汁亦酸美。其莖爲金釵股，醒酒所宜也。

羣芳譜：五臺山深谷中居人，每人歲種蕪菁三百六十本。日食一本，不妨絶粒。

廣雅疏證：蘴、蕘，蕪菁也。蘴與葑同。爾雅云：須，葑蓯。齊民要術引舊注云：江東呼爲蕪菁，或爲菘。菘、須音相近。方言云：蘴、蕘，蕪菁也。陳楚之郊謂之蘴；魯齊之郊謂之蕘；關之東、西謂之蕪菁；趙魏之郊謂之大芥，其小者謂之辛芥，或謂之幽芥。郭璞注云：蘴舊音蜂，今江東音嵩，字作菘也。案菘者，須之轉聲；蕪者，蘴之轉聲也；蕪之聲，又轉而爲蔓。邶風谷風篇：采葑采菲，無以下體。傳云：葑，須也；菲，芴也；下體，根莖也。箋云：此二菜者，蔓菁與葍之類也，皆上下可食。然而其根有美時，有惡時，采之者不可以根惡時，幷棄其葉。釋文云：葑，字書作蘴。草木疏云：蔓菁也。郭璞云：今菘菜也。案江南有菘，江北有蔓菁，相似而異。引之案，古草木之名，同類者皆得通稱。呂氏春秋本味篇：菜之美者，具區之菁。高誘注云：具區，澤名，在吳越之間。菁菜名是，則江南之菘，亦得稱菁。郭氏所說不誤也。陸璣詩疏云：葑，蕪菁也，幽州人謂之芥。則呼芥者，不獨趙魏之郊也。鄭注坊記云：葑，蔓菁也，陳宋之間謂之葑。則呼蘴者，不獨陳楚之郊也。蘴又爲蕪菁之苗，齊民要術引字林云：蘴，蕪菁苗。此猶葝卽白芷，而云白芷葉謂之葝；菰卽彫胡，而云菰米謂之彫胡也。或爲大名，或爲專稱，蓋古今方俗語有異耳。陶宏景注名醫別錄云：蕪菁細於溫菘，而葉似菘，好食。唐本草注云：北人又名蔓菁。本草拾遺云：今幷汾河朔閒，燒食其根呼爲蕪根，猶是蕪菁之號。蕪菁，南北之通稱也。蕪菁可以爲菹，周官：醢人，朝事之豆，其實菁菹。後鄭注云：菁，蔓菁也。徐邈：蔓音蠻，聲轉而爲葑。鄭注公食大夫禮菁菹云：菁，葑菁菹也，又轉而爲門，又轉而爲芴。北戶錄云蕪菁。凡將篇謂爲門菁。證俗音曰冥菁。小學篇曰芴菁。急就篇：老菁，蘘荷，冬日藏。顏師古注云：菁，蔓菁也，一曰冥菁。又曰：芴菁是也。老菁冬日所藏，故南都賦云，秋韭冬菁；齊民要術引四民月令，亦云蕪菁十月可收矣。要術又引廣志云：蕪菁有紫花者、白花者。案今蔓菁菜，乃是黃花，惟蘿蔔花有紫、白二種。然則廣志之蕪菁，卽指蘿蔔言之。方言云：蕪菁紫花者，謂之蘆菔。則蘆菔之白華者，卽蕪菁矣。名醫別錄，以蕪菁與蘆菔同條，意亦同也。乃齊民要術注，深疑方言之說，以爲蘆菔非蕪菁。蘇恭本草注，亦謂蕪菁、蘆菔全別，與別錄相違。其意皆專以今之蔓菁菜爲蕪菁，不知蘆菔之白華者，古亦名蕪菁，方言、別錄皆不誤也。菁，曹憲音精，各本脫去菁字音。內精字，又誤入正文，今訂正。

說文解字注：葑，須從也。邶風「采葑采菲」，毛傳曰：葑，須也；釋艸曰：須，葑蓯；說文曰：葑，須從也。三家互異，而皆不誤。葑、須爲雙聲，葑、從爲疊韵。單呼之爲葑，纍呼之爲葑從；單呼之爲須，纍呼之爲須從，語言之不同也。或許所據爾雅，與今本異矣。坊記注云：葑，蔓菁也，陳宋之間謂之葑。方言云：蘴、蕘，蕪菁也，陳楚之郊謂之蘴。郭注：蘴，舊音蜂，今江東音嵩，字作菘也。玉裁按，蘴、菘皆卽葑字，音讀稍異耳。須從正切菘字。陸佃、嚴粲、羅願皆言在南爲菘，在北爲蕪菁、蔓菁。若菰葑讀去聲，別是一物。从艸，封聲，府容切，九部。

焦循毛詩補疏：采葑采菲，無以下體，傳：葑，須也；菲，芴也；下體，根莖也。循按齊民要術云：菘、須音相近，然則須卽菘耳。菘字，漢前所無，惟作須，吳錄言陸遜催人種豆菘，齊書武陵王留王儉設食，盤中菘菜而已。又周彥倫說秋末晚菘，梁顧野王收之於玉篇。本草別錄分蕪菁與菘爲二。爾雅：須，葑從。說文：葑，須從也。須從正爲菘字緩聲。齊民要術有種蔓菁法，又有種菘及蘆菔法，言菘菜似蔓青無毛而大。又引廣志云：蕪青有紫花者、白花者，今驗圃蔬，秋冬生者肥大，食之甘，俗名白菜，此葑也。至春開黃花，根葉俱老，不堪食，四月後種者小而不肥，俗呼爲蔓菜，亦呼毛菜，此其爲蔓青者矣。二者形以時判，實爲一類，然花皆黃色，無紫與白者。惟方言云：其紫華者謂之蘆菔。說文：菔，蘆菔，似蕪青，實如小尗，此今之來服，俗呼爲蘿蔔，與葑異物。方言以莖葉似蕪青，附於葑，而以紫華別之，正以明葑華之不紫也。鄭氏注天官醢人菁菹云：菁，蔓菁也。注公食大夫禮云：菁菹，蕢菁菹也。急就章云：老菁蘘荷冬日藏。顏師古注云：菁，蔓菁也，一曰蕢菁，亦曰蕪菁。言秋種蔓菁，至冬則老而成就。蓄藏之，以禦冬也。冬月爲菹，正是葑菜，今通呼爲青菜，猶古人稱菁之遺。釋文謂：江南有菘，江北有蔓菁，相似而異。今之生江南者，俗呼瓢兒菜，實卽江北之白菜。地土有殊，形味稍別，而爲葑，爲須，則通稱耳。菲之爲芴，猶菲之爲勿，余嘗會而通之。蟲之名蜚者，一名盧蜰，則菜之名菲者，卽蘆萉也。蘆萉，卽蘆菔與蔓菁一類，故詩人並與舉之耳。爾雅：蘆萉，別條一名葖葖，从突，與忽音近，忽、芴字通。方言云：棐，卒也，江湘之間，凡卒相見，謂之棐相見。或曰突，廣雅：棐，突猝也，棐之爲突，卽猶菲之爲葖。說文云：𠫓，不順忽出也，𠫓卽古突字，𠫓之爲忽，亦卽葖之爲芴也。

附農政全書蔓菁考

元扈先生曰：種蔓菁，宜用北人畦種菜法及吳下蔓種油菜法，厚糞勤灌之，宜得三倍收。人久食蔬，無穀氣，則有菜色，唯蕪菁獨否，其莖根皆膏潤故也。蕪菁味似芋，兩物皆似穀氣，故漢詔種蕪菁以助民食，而史稱蹲鴟至死不饑。

孟祺農桑輯要曰：耕地宜加糞，往復勻蓋，秋初可種，自破甲至結子，皆可食。十月初，挽苗煠作和菜，餘者曬過，留根在地。或慮河朔地寒凍死，可於十月初，以牛隔兩犂耕一犂，拾去菜根之後，却將暘土擺勻，據先耕出之，數曬過，冬月蒸食，甜而有味。

又曰：十月終，犂出蕪菁根，數曬過，冬月蒸食，甜而有味。春生薹苗，亦菜中上品，四月收子打油，較芝麻易種，收多。油不發風，油臨用時，熬動，少摻芝麻，煉熟，即與麻油無異。

臞仙神隱曰：凡種蕪菁，以鰻鱺魚汁浸其子，曬乾種之，無蟲。

元扈先生曰：賈氏言種宜七月初，六月種者，蟲食。余家七月種者，甚苦蟲，惟六月種者，根株稍大，蟲不能傷耳；遇連日陰雨，易生青蟲，須勤撲治。

蔓菁獨留根取子者，當六月種，明年四月收耳。若供食者，正月至八月，無月不可種。賈氏謂：自春至秋，得三輩，常供好菹。本草衍義云雞毛菜者，亦謂其鱗次供用耳。

南、北種蕪菁，收子多在芒種後，梅雨中子既不實，亦有莢中生芽者，漫將作種，便無大根；加以密種少糞，其變爲菘，亦無怪也。今欲稀種多壅，似亦無難，獨梅時多雨，非人力可爲。近立一法，可得佳種，凡蕪菁春時摘薹者，生子遲半月，若摘薹二遍，即遲一月矣。宜將留種蕪菁，分作三停：其一、不摘薹，擬芒種後收子；其一、摘薹一遍，擬夏至後收子；其一、摘薹二遍，擬小暑後收子。南方梅雨，多在夏至前，或時在夏至後。小暑後伏時多晴，分作三次收，定有一兩次不秕者。又復簡擇淘汰，稀種厚壅，無緣可變爲菘矣。

蕪菁擇子下種，出甲後卽耘出小者作茹。若不欲移植，卽取次耘出，存其大者，令每本相去一尺許。若欲移植，俟長五七寸，擇其大者移之。

種法：先薙草，雨過耕地；不雨，先一日灌地溼透，明日熟耕作畦。或耬種，或漫散子，覆土厚一指。五六日內遇雨，不須灌；無雨，戽水溝中，遙潤之；種少者，噴壺下水，或水斗遙灑之，無澆土令實；苗寸以上，灌水糞。

種蕪菁，用故墟壞牆基甚善。但此地不能多，宜得沙土高燥者，厚壅之。若欲廣植，用早稻地，亦佳。但須六七月下種，俟刈稻後，作速耕糞移植。

有三晉人傳種蕪菁法：先下子，候苗長可蒔，豫耕熟地作畦，每畦深七八寸，起土作壟，蒔苗其上，壟土虛浮，根大倍常也。或徑於壟上下子亦得。種蘆菔法同。按唐本草注云：菘菜不生北土，有人將子北種，初一年半爲蕪菁，二年菘種都絕。有將蕪菁子南種，亦二年都變。土地所宜，須有此例。其子亦隨色變，但粗細無異耳。菘子黑，蔓菁子紫赤，大小相似，據如此說，則南之菘，北之蔓菁，種類因地，必無移植之理。然圖經於菘菜條下，又言今京都種菘，都類兩種，但肥厚差不及耳，則菘未嘗不宜北也。余家種蔓菁，三四年亦未嘗變爲菘也。獨其根隨地有大小，亦如菘有厚薄。齊民要術稱幷州蕪菁根，其大如椀口，雖種他州，子一年亦變。而今三晉所產，大於齊、魯，秦中所產，大於三晉。此理雖則有之，顧小而爲用，何妨滋植耶。秦中種瓜，其大十倍他方，他方亦不廢種瓜也。王禎所謂：悠悠之論，率以風土不宜爲說。嗚呼！此言大傷民事。有力本良農，輕信傳聞，捐棄美利者多矣。計根本者，不可不力排其妄也。

本草言南人種蕪菁變爲菘，此亦有故。按菘與蕪菁本相似，但根有大小耳。北人種菜，大都用乾糞壅之，故根大。南人用水糞，十不當一。又新傳得蕪菁種，不肯加意糞壅，二三年後，又不知擇種，其根安得不小。如此，便似蕪菁變爲菘也。吾鄉諸菜種，大概不若京師，病皆坐此；徒恨土之瘠薄，或言種類不宜，皆謬矣！又耕地須極疎緩，地非沙土，多用草灰和之；土若強緊，根亦不大。

種蔬、果、穀、蓏諸物，皆以擇種爲第一義，種一不佳，卽天時、地利、人力俱大半棄擲矣。蕪菁子比菜稍遲，正値梅天，南方多雨，子多不實者；種時務宜簸揚，或淘汰，或導擇，取其最粗而圓滿者種之，其本末俱大。若漫種秕者，卽十不當一也。

農桑通訣曰：蔓菁四時仍有，春食苗，夏食心，謂之薹子。秋可爲葅，冬蒸根食，菜中之最有益者。其子九蒸、九曝，可搗爲粉，塗帛者資之。亦可爲油，陝西惟食此油，燃燈甚明，能變蒜髮。

苜蓿

別錄：苜蓿味苦平，無毒。主安中，利人，可久食。陶隱居云：長安中乃有苜蓿園，北人甚重此，江南人不甚食之，以無味故也。外國復別有苜蓿草，以療目，非此類也。

唐本草注：苜蓿莖葉平，根寒。主熱病，煩滿，目黃赤，小便黃，酒疸。擣取汁，服一升，令人吐利，卽愈。

本草衍義：苜蓿，唐李白詩云：天馬常銜苜蓿花，是此。陝西甚多，飼牛馬。嫩時人兼食之，微甘淡，不可多食，利大小腸。有宿根，刈訖又生。

齊民要術：漢書西域傳曰，罽賓有苜蓿、大宛馬。武帝時得其馬，漢使採苜蓿種歸。陸機與弟書曰：張騫使外國十八年，得苜蓿歸。西京雜記曰：樂游苑自生玫瑰樹，樹下多苜蓿。苜蓿一名懷風，時人或謂光風；風在其間常肅肅然，日照其花，有光采，故名苜蓿爲懷風，茂陵人謂之連枝草。種苜蓿，地宜良熟，七月種之。畦種、水澆，一如韭法。早種者，重耬耩地，使壟深闊，竅瓠下子，批契曳之。每至正月，燒去枯葉、地液，輒耕壟，以鐵齒鐂榛鐂榛之，更以魯斫斸其科土，則滋茂矣。不爾，則瘦。一年則三刈，留子者一刈則止。春初既中生噉，爲羹甚香，長宜飼馬，馬尤嗜此物。長生，種者一勞永逸。都邑負郭，所宜種之。崔寔曰：七月八月，可種苜蓿。

救荒本草：苜蓿出陝西，今處處有之。苗高尺餘，細莖，分叉而生。葉似錦雞兒花葉，微長；又似豌豆葉，頗小。每三葉攢生一處，梢間開紫花。結彎角兒，中有子，如黍米大，腰子樣。苗葉嫩時，採取煠食，江南人不甚食，多食利大小腸。

釋草小記：本草綱目李時珍曰，褀記言苜蓿原出大宛，漢使張騫帶歸中國，時珍所引止此，下乃其所自言。然今處處有之。陝、隴人亦有種者，年年自生，刈苗作蔬，一年可三刈。三月生苗，一科數十莖，莖頗似灰藋；一枝三葉，葉似决明，而小如指頂，綠色碧艷；入夏及秋開細黃花，結小莢，圓扁旋轉，有刺，累累，老則黑色，內有米，如穄米，可爲飯，亦可釀酒。羣芳譜亦云：張騫帶歸，苗高尺餘，細莖，分叉而生。葉似豌豆，每三葉攢生一處，梢間開紫花。結彎角，有子，黍米大，狀如腰子。三晉爲盛，秦齊魯次之，燕趙又次之，江南人不識也。夏月取子，和蕎麥種，刈蕎時，苜蓿生根，明年自生，止可一刈；三年後便盛，每歲三刈，欲留種者，止一刈。六七年後，墾去根，別用子種。若效兩浙種竹法：每一畝，今年半去其根，至第三年去另一半，如此更換，可得長生，不煩更種；若墾後次年種穀，穀必倍收，爲數年積。葉壞爛，墾地復深，故三晉人刈草三年，即墾作田，亟欲肥地種穀也。按上二說略同，惟一開黃花，一開紫花，則大異。適兒子藍玉客都中，令其求苜蓿子寄來，大如黍，圓扁而稍尖，皁色，不堅、不滑。甲寅花朝節種之，匝月始生，六月作黃花，環繞一莖；莖寸許，着十餘花，莖直上而花下垂，卽吾南方之草木樨，女人束之壓鬢下以解汗濕者也。生南方者有清香，此較大，無氣味，開花匝月，七月漸結子，黑色，亦離離下垂；時珍所謂開黃花者，撿所繪圖，卽此物。時珍黃州人，當亦求子於北方，而得木樨子以試種者。蓋木樨、苜蓿，北方聲音相似，李氏譌言是聽。而二物又皆一枝三葉，有適然同者，於是圖其狀而筆之書，而不知其大誤也。且若果黃花，不應羣芳譜獨以爲紫，乃復寄書令藍玉詢之山西人，丙辰秋乃以眞苜蓿子寄來，則與前大異。形如腰子，似豆，又似沙苑蒺藜而極小，僅如粟大；有薄衣黃色，衣內肉淡牙色，中堅而外光，衣肉相着，如麥之著皮，非若他穀有殼含米也。丁巳二月布種，穀雨後始生，採其嫩者，淪而炮食之，

有野菜味。其梗細甚，然已覺微硬，長者梗硬如鐵綫，屈曲横臥於地，間有一二挺出者，則其短者也。體柔而質剛，葉則一枝三出，葉末有微齒，初生時掘其根視之，一條獨行。是年未開花，折取草木樨一莖，又取此一莖，兩相較，幾不能辨；惟分别觀之，則木樨如樹，成枝幹，此則長莖百十爲叢，互相繚結，竟區一片如亂髮。然因其久不作花，乃於初秋倣羣芳譜，和蕎麥復種之，明年戊午春，蓿根生苗，四月廿一日芒種前二日，見其作花，如鴨兒花，而較小，連趺約長三分許，淡紫色，四出，一出大者，專向一方，三小出相對向一方。小出之本。以大出之本包之，趺作小包含之。包之末亦分四出，花中有心，作硬鬚，靠大出末有黃蕊。其作花也，於大莖每節葉盡處，生細莖如絲，攢生花四五枝，一簇順垂，不四向錯出。其花自下節生起，次第而上，下節花落，上節漸始生花，此則與羣芳譜大合。而李氏秋開

黄花之説，信爲誤認草木樨而爲之辭。至其所謂一科數十莖，結莢圓扁，一年三刈者，則又拾取古人之説苜蓿者而言之，是非雜糅均之，爲考之未審也。其莖分叉，誠如羣芳譜所云。細察之，自根而上，一莖分兩叉，漸上一股，又分爲兩；如此又上至五六成皆然，長者二三尺。五月廿四日小滿，厥後花漸結莢，莢形曲而圓，末與本相湊，如小荷，包數莢，攢聚如其作花時。余六月初旬，有杭州之行，七月歸，則處暑節矣。莢已黄落，留一二莢，尋得之，剝開含二子，如所求北方之種焉。因説而圖之，以正李氏綱目之譌，而還其眞。草木樨亦附圖於後。

韭

別錄：韭味辛，微酸，溫，無毒。歸心，安五臟，除胃中熱，利病人，可久食。子主夢泄精，溺白。根主養髮。陶隱居云：韭子入棘刺諸丸，主漏精；用根入生髮膏；用葉以煮鯽魚鮓，斷卒下痢，多驗。但此菜殊辛臭，雖煮食之，便出猶奇薰灼，不如葱、薤熟即無氣，最是養性所忌也。

本草拾遺：韭溫中，下氣，補虚，調和臟腑，令人能食，益陽，止洩血膿，腹冷痛，並煮食之。葉及根生擣絞汁服，解藥毒，療狂狗咬人欲發者；亦殺諸蛇、虺、蝎惡蟲毒。取根擣和醬汁，灌馬鼻蟲纇。又擣根汁多服，主胸痺骨痛不可觸者。俗云、韭葉是草鍾乳，言其宜人，信然也。

圖經：韭舊不著所出州土，今處處有之。謹按許愼説文解字云：菜名，一種而久者，故謂之韭。故圃人種蒔，一歲而三四割之，其根不傷，至冬壅培之，先春而復生，信乎一種而久者也。在菜中，此物最溫而益人，宜常食之。易緯稽覽圖云：政道得則陰物變爲陽。鄭康成注云：若葱變爲韭是也，然則葱冷而韭溫可驗矣。又有一種山韭，形性亦相類，但根白葉如燈心苗。爾雅所謂「藿，山韭」，韓詩云「六月食鬱及薁」，皆謂此也。

山中往往有之，而人多不識耳。韭子得桑螵蛸、龍骨，主漏精，葛洪孫思邈皆有方。崔元亮海上方：治腰脚，韭子一升，揀擇蒸兩炊，曝乾，簸去黑皮，炒令黄，擣成粉；安息香二大兩，水煮一二百沸訖，緩火炒令赤色，二物相合，擣爲丸，如乾入蜜亦得。每日空腹以酒下三十丸，然後以飯三五匙壓之，大佳。根亦入藥用。

食療本草：亦可葅，空心食之，甚驗。此物煠熟，以鹽、醋空心喫，一㯋可十頓已上；甚治胸膈咽氣，利胸膈，甚驗。初生孩子，可搗根汁灌之，即吐出胸中惡血，永無諸病。五月勿食韭。若値時饉之年，可與米同地種之，一畝可供十口食。

齊民要術：廣志曰：弱韭長一尺，出蜀漢。王彪之賦曰：滿韭冬藏也。　收韭子如葱子法。若市上買韭子，宜試之。以銅鐺盛水，加於火上，微煮，韭子須臾芽生者，好；芽不生者，是浥鬱矣。治畦、下水、糞覆，悉與葵同，然畦欲極深；韭一剪一加糞，又根性上跳，故須深也。二月、七月種，種法以升盞合地爲處，布子於圍內。韭性內生，不向外長，圍種令科成，耨令常淨，韭性多穢，數耨爲良。高數寸剪之，初種時止一剪，至正月掃去畦中陳葉；凍解，以鐵杷耨起，下水加熟糞。韭高三寸便剪之，剪如葱法，一歲之中，不過五剪；每剪，杷耬、下水、加糞，悉如初。收子者，一剪則留之。若旱種者，但無畦與水耳，杷糞悉同，一種永生。諺曰：韭者懶人菜，以其不須歲植也。聲類曰：韭者久長也，一種永生。崔寔曰：正月上辛日，掃除韭畦中枯葉，七月藏韭菁，菁韭耙出。　葱、韭煮法，下油水中煮；葱、韭分切，沸，俱下，與胡芹、鹽豉、研米糝，粒大如粟米。

北戶錄：水韭生於池塘中，葉似韭，得非龍爪韭乎？字林云：薟音嚴，水中野韭也。又荶音吟，見字林，以蒜，生水中。

爾雅翼：韭，說文云，一種而久者，故謂之韭。諺亦曰：韭者，懶人菜，以其不須歲種也。又利病人，可久食，首春色黃，未出土時最美；故云春初早韭，冬末晚菘。豳風：四之日獻羔祭韭。庶人春以薦新，詳庶人四時之薦，夏及秋冬薦麥、黍與稻，而春乃薦菜茹之物；又三時用魚、豚、鴈爲配，而韭獨以卵，豈春物未成，可薦者少故耶？而祭祀之牲號，亦以稻曰嘉蔬，韭曰豐本；聯而言之，豈古所重歟？其見於調和之適，則豚春用韭，秋用蓼，蓋各有宜，物久必變，故老韭爲莧。然後秦姚興及後周宣帝大象中葱皆化爲韭，說者以爲戰伐之祥。

又曰：藿者，山韭。形、性與韭相類，但根白，葉如燈心苗。韓詩：六月食鬱及藿，謂此物也。毛詩：藿作薁，以鬱爲棣屬；薁、蘡薁。鄭氏云：食鬱薁，薁、葵、菽、棗皆以助男功，蓋鬱實大如李，正赤，食之甜，五月時熟；蘡薁亦是鬱類而小別，即薁李是也。豳土務農，所植皆百穀、百蔬，有益於民者。然七月所述，不及一二，若果、蔬之屬，唯瓜足以去時暑，棗足以救歲乏，故重而記之。鬱、薁等果，不登於籩，不用於摯；正爾食之，何補饑渴，似兒戲爾！不若鬱菜及藿之可以食賤老也。然齊韓毛鄭，其詩異說，故並存著之。說文又曰：韱，山韭也。

王禎農書：凡近城郭園圃之家，可種三十餘畦，一月可割兩次，所易之物，足供家費；積而計之，一歲可割十次。秋後可採韭花，以供蔬饌之用，謂之長生韭。至冬移根，藏於地屋蔭中，培以馬糞，煖而即長，高可尺許，不見風日，其葉黃嫩，謂之韭黃；比常韭易利數倍，北方甚珍之。又有就舊畦內，冬月以馬糞覆之，於迎陽處，隨畦以蜀黍籬障之，用遮北風。至春蔬其芽早出，長可三二寸，則割而易之，以爲嘗新韭。韭，二月下旬撒子，九月分栽，十月將稻草灰蓋三寸許，又以薄土蓋之，則灰不被風吹。立春後，芽生灰內，則可取食。天若晴暖，二月中芽長成菜，以次割取。舊根常留分栽，更不須撒子矣。

四時類要曰：九月收韭子，種韭不如栽；作行，令通鋤，割一遍，以杷耬之，令根不相接，爲佳。如此，當葉闊如薤。

救荒本草：野韭生荒野中，形狀如韭，苗、葉極細弱。葉圓，比柴韭又細小，葉中攛葶，開小粉紫花，似韭花狀。苗、葉味辛，採苗、葉，煠熟油鹽調食，生醃食亦可。

史記貨殖傳：千畦薑、韭，其人與千戶侯等。

漢書龔遂傳：遂爲渤海太守，勸民務農桑，令口種一樹榆、百本薤、五十本葱、一畦韭。

召信臣傳：大官園種冬生葱韭菜茹，覆以屋廡，晝夜爇蘊火，待溫氣乃生。信臣以爲此皆不時之物，有傷於人，不宜以奉供養。

北征錄：北邊雲臺戎地，多野韭、沙葱，人皆採而食之。

輝縣志：九山在縣北十里，邑人每以九日登臨於此，故名。一云山產野韭，又名韭山云。

咸陽縣志：野韭澤在縣南八里，坦鹵不樹五穀，惟野韭自生於蓬蒿莎草中。

句容縣志：仙韭山在崇禧觀西，按山志姜叔茂種五辛菜以易丹砂。今山多大韭，即其種也。

廣雅疏證：韭、䪥、蕎，其華謂之菁。爾雅云：䪥，鴻薈。郭注云：即䪥菜也。說文云：韭，菜名；一種而久者，故謂之韭。象形在一之上；一，地也；䪥，菜也；葉似韭，從韭，𣪊聲；菁，韭華也。衆經音義引三倉云：韭之英，曰菁。周官：醢人朝事之豆，其實菁菹，鄭衆注云：菁菹，韭菹。齊民要術引崔寔四民月令云：七月藏韭菁，案韭菜花白，今人多以鹽水浸之，可案酒。䪥今之小蒜，北方人謂之窄蒜，有赤白二種，葉極似韭，華亦白色。蕎，蓋亦韭、䪥之屬。陳藏器本草拾遺云：蓼蕎生高原，如小蒜而長，其是與？說文解字注：蕎，韭華也。周禮：蕎菹，先鄭曰：蕎菹，韭華菹也。今各本脫華字，則何以別於上文之韭菹乎？廣雅曰：韭，其華謂之蕎，若南都賦曰：秋韭冬蕎，則是二物。史游所云「老蕎冬日藏」也；从艸，青聲，子盈切，十一部。

葫

別錄：葫味辛，溫，有毒。主散癰腫，䘌瘡，除風邪，殺毒氣。獨子者，亦佳。歸五藏，久食傷人，損目明。五月五日採。陶隱居云：今人謂葫爲大蒜，謂蒜爲小蒜，以其氣類相似也。性最熏臭，不可食。俗人作齏以噉鱠肉，損性伐命，莫此之甚。此物惟生食，不中煮，以合青魚鮓食，令人發黃。取其條上子，初種之，成獨子葫；明年則復其本也。

唐本草注：此物煮爲羹臛，極俊美，熏氣亦微。下氣，消穀，除風，破冷，足爲饌中之俊。而注云不中煮，自當是未經試爾。

本草拾遺：大蒜去水惡瘴氣，除風溼，破冷氣，爛痃癖，伏邪惡，宣通溫補，無以加之。初食不利目，多食却明，久食令人血清，使毛髮白，療瘡癬。生食，去蛇蟲溪蠱等毒。昔患痃癖者，嘗夢人教每日食三顆大蒜；初時依夢，遂至瞑眩，口中吐逆，下部如火。後有人教令取數片合皮截却兩頭，吞之，名爲肉灸，依此大效。又魚骨鯁不出，以蒜內鼻中，卽出。獨顆者殺鬼，去痛，入用最良。

圖經：葫，大蒜也。舊不著所出州土，今處處有之，人家園圃所蒔也。每頭六七瓣，初種一瓣，當年便成獨子葫，至明年則復其本矣。然其花中有實，亦葫瓣狀而極小，亦可種之，五月五日採。謹按本經云，主散癰腫。李絳兵部手集方：療毒瘡腫，號叫、臥不得、人不別者，取獨頭蒜兩顆，細擣，以麻油和，厚傅瘡上，乾卽易之。頃年，盧坦侍郎任東畿尉，肩上瘡作，連心痛悶，用此便瘥。後李僕射患腦癰，久不差，盧與此方，便愈。絳得此方，傳救數人，無不神效。葛洪肘後方，灸背腫令消法云：取獨顆蒜，橫截，厚一分，安腫頭上，炷艾如梧桐子，灸蒜上百壯，不覺漸消。多灸爲善，勿令大熱，若覺痛，卽擎起蒜，蒜焦更換用新者，勿令損皮肉。如有體幹不須灸，洪嘗苦小腹下患一大腫，灸之亦差。每用灸人，無不立效。又今江寧府紫極宮刻石記其法，云但是發背及癰疽惡瘡腫核等，皆灸之。其法與此略同；其小別者，乃云初覺皮肉間有異，知是必作瘡者，切大蒜如銅錢厚片，皮腫處灸之，不計壯數，其人彼若初覺痛者，以痛定爲準，初不覺痛者，灸至極痛而止。前後用此法救人，無不應者。若是疣贅之類，亦如此灸之，便成痂自脫，其效如神。乃知方書之載，無空言，但患人不能以意詳之，故不得盡耳。

南史後魏李道念，褚澄視之曰：公有宿病。答曰：舊有冷疾，今五年矣。澄診之曰：非冷非熱，當是食白瀹雞子過多。令取蒜一升，煮服，乃吐一物，涎唾裹之；開看，乃雞雛，翅、羽、爪、足俱全。澄曰：未盡。更吐之，凡十二枚，而愈。

魏志：華陀行道，見車載一人，病咽塞，食不下，曰：向見賣餅店家蒜齏大酢，從取三升，飲之，當自痊。如言，吐蛇一枚而愈。

爾雅翼：葫蒜有大小，大蒜爲葫，小蒜爲蒜，本草所別。葫，又稱胡蒜。陸法言切韻曰：張騫使西域，得大蒜、胡荽，則此物漢始有之，以自胡中來，故名胡蒜爾。種宜良輭地，三遍熟耕之，五寸一株。諺曰：左右通鋤，一萬餘株。收條中種者，一年爲獨瓣，種二年者則成大蒜，科皆如拳，又逾於凡蒜矣。今并州無大蒜，朝歌取種，一歲之後，還成百子蒜，其瓣粗細正與條中子同，其蔓菁根大如椀口。雖種他州子，一年亦變，然大蒜瓣變小，蔓菁根變大，二事相反，其理難推。

又八月中方得熟，九月中始刈得花子。至於五穀、蔬菜，與餘州早晚不殊，亦一異也。又幷州豌豆度井陘以東，山東穀子入壺關上黨，苗而無實，信土地之異也。葫性最葷，不可食，俗人作齏以鱠魚肉，久食傷人，損目明。嵇叔夜養生論曰：薰辛害目，謂之葷菜也，此爲甚爾。說者乃又曰：此物煮爲羹臛極美，葷氣亦微。又云：初食不利目，多食却明，久食令人血清。似皆好食者之辭。今北人以大蒜等塗體，愛其芳氣；又以護寒，且生噉之。南人所不習，效之者，無不目腫。

蒜

別錄：蒜味辛，溫，有小毒，歸脾腎。主霍亂，腹中不安，消穀，理胃，溫中，除邪痹毒氣，五月五日採之。陶隱居云：小蒜生葉時，可煮和食，至五月葉枯，取根名亂子，正爾噉之，亦甚薰臭。味辛，性熱，主中冷霍亂，煮飲之。亦主溪毒。食之損人，不可長食。

爾雅：䔲，山蒜。釋曰：說文云葷菜也。一云菜之美者，雲夢之葷菜。生山中者名䔲。

圖經：蒜，小蒜也。舊不著所出州土，今處處有之。生田野中，根苗皆如葫，而極細小者，是也。五月五日採。謹按爾雅：䔲，山蒜。釋曰：說文云蒜，葷菜也。一云菜之美者，雲夢之葷菜。生山中者名䔲。今本經謂大蒜爲葫，小蒜爲蒜。而爾雅、說文所謂蒜葷菜者，乃今大蒜也；䔲，乃今小蒜也。書傳載物之別名，不同如此，用藥不可不審也。古方多用小蒜治霍亂，煮汁飲之，南齊褚澄用蒜治李道念雞瘕便差。江南又有一種山蒜，似大蒜臭，山人以治積塊及婦人血瘕，以苦醋摩服，多效。又有一種似大蒜而多瓣，有葷氣，彼人謂之莜子，主脚氣；宜煮與蓐婦飲之，易産。江北則無，兵部手集，治心痛不可忍，十年五年者隨手效，以小蒜、釅醋煮，頓服之取飽，不用著鹽。絳外家人患心痛十餘年，諸藥不差，服此更不發。

古今注：蒜，卵蒜也。俗人謂之小蒜。外國有蒜，十許子共為一株，籜幕裹之，尤辛於小蒜，俗人呼之為大蒜。

齊民要術：說文曰：蒜，葷菜也。博物志曰：張騫使西域，得大蒜、胡荽。延篤曰：張騫大宛之蒜，又有葫蒜、澤蒜也。蒜宜良輭地，白輭地，甜美而科大；黑輭及剛強地，辛辣而瘦小。三徧熟耕，九月初種。種法：黃塲時以耬耩，逐壟手下之，五寸一株。諺曰：左右通鋤，一萬餘株。空曳勞，二月半鋤之，令滿三徧，勿以無草而不鋤。不鋤則科小，條拳而軋之，不軋則獨科，葉黃鋒出，則辮於屋下風涼之處，桁之。早出者，皮赤科堅，可以遠行，晚則皮壞而善碎。冬寒取穀。布地一行蒜；不爾，則凍死。收條中子種者，一年為獨瓣，種二年者則成大蒜，科皆如拳，又逾於凡蒜矣。尾子壟底，置獨瓣蒜底瓦上，以土覆之，蒜科橫闊而大，形容殊則不足以異。今并州無大蒜，朝歌取種，一歲之後，還成百子蒜矣。其瓣粗細正與條中子同。蕪菁根其大如椀口，雖種他州子一年亦變。大蒜瓣變小，蕪菁根變大，二事相反，其理難推。又八月中方得熟，九月中始刈得花子，至於五穀、蔬、果與餘州早晚不殊，亦一異也。并州豌豆度井陘以東，山東穀子入壺關上黨，苗而無實，皆余目所親見。傳信傳疑，蓋土地之異者也。種澤蒜法，預耕地，熟時採取子，漫散勞之。澤蒜可以香食，吳人調鼎，率多用此，根葉作葅，更勝葱、韭。此物繁息，一種永生，蔓延滋漫，年稍廣；閼區斸取，隨子還合。但種數畝，用之無窮，種者地熟，美於野生。崔寔曰：布穀鳴，收小蒜。六月、七月可種小蒜，八月可種大蒜。胡芹、小蒜葅法，並暫經小沸，湯出，下，令冷，水中出之。胡芹細切，小蒜寸切，與鹽、酢分半奠，青白各在一邊；若不各在一邊，不入於水中，則黃壞滿奠。

爾雅翼釋草：蒚，山蒜。釋曰：說文云葷菜也。一云菜之美者，雲夢之葷菜。生山中者，名蒚。蒚，不注其狀。今蒜有大蒜、小蒜。本草蜀本注：圖經云：小蒜野生，小者，一名蒚。苗、葉、根、子似葫而細數倍，然則小蒜卽蒚爾。小蒜生葉時，可煮和食，至五月葉枯，取根，名薍子，正爾噉之，亦甚薰臭；食之損人，不可長服。崔寔曰：布穀鳴，收小蒜。六月、七月可種小蒜，八月可種大蒜，蓋皆謂此。爾雅則以小蒜爲蒜，大蒜爲葫，承俗稱爾。孫炎乃云：帝登蒚山，遭蕕芋草毒，將死；得蒜，乃噛之；解毒，乃收植之。能殺蟲、魚之毒，攝諸腥羶，則是蒚是山名，其上出蒜耳，與郭異說。

救荒本草：澤蒜又名小蒜，生田野中，今處處有之。生山中者名蒚，苗似細韭葉，中心攛葶，開淡粉紫花。根似蒜而甚小，味辛，溫，有小毒。又云：熱，有毒；採苗、根作羹，或生淹，或煠熟，油鹽調，皆可食。

顏氏家訓：三輔決錄云，前隊大夫范仲公，鹽豉蒜果共一筩。果當作魏顆之顆，北土通呼物一苗改爲一顆，蒜顆是俗間常語耳。故陳思王鷂雀賦曰：頭如蒜顆，目似花椒。江南但呼爲蒜符，不知謂爲顆，學士相承，讀爲裹結之裹，言鹽與蒜共包一裹，內筩中耳。正史削繁音義又音蒜顆爲苦戈反，皆失也。

菾菜

別錄：菾菜味甘苦，大寒。主時行壯熱，解風熱毒。陶隱居云：卽今以作鮓蒸者。菾，作甜音，亦作忝。時行熱病初得，便擣汁飲，皆得除，差。

唐本草注云：此菜似升麻苗，南人蒸魚食之，大香美。

本草拾遺：菾菜擣絞汁服之，主冷熱痢，又止血，生肌。人及禽獸有傷所，傅之，立愈。又收取子，以醋浸之，揩面，令潤澤有光。

蜀本草圖經：高三四尺，莖若蒴藋，有細棱，夏盛冬枯。

嘉祐本草：莙薘，平，微毒。補中，下氣，理脾氣，去頭風，利五藏冷氣，不可多食，動氣，先患腹冷，食必破腹，莖灰淋汁，洗衣，白如玉色。

農桑通訣曰：莙薘作畦下種，如蘿蔔法。春二月種之，夏四月移栽園，枯則食。如欲出子，留食不盡者，地凍時出於暖處收藏。來年春透可栽，收種；或作蔬，或作羹，或作菜乾，無不可也。

救荒本草：莙薘菜所在有之，人家園圃中多種，苗葉塌地生。葉類白菜而短，葉莖亦窄，葉頭稍團，形狀似糜匙樣。味鹹，性平，寒，微毒。採苗葉煠熟，以水浸，洗淨，油鹽調食，不可多食，動氣，破腹。

芋

別錄：芋味辛，平，有毒。主寬腸胃，充肌膚，滑中；一名土芝。陶隱居云：錢塘最多，生則有毒薟，不可食，性滑，下石，服餌家所忌。種芋三年不採，成梠芋。又別有野芋，名老芋，形葉相似如一根，並殺人。人不識而食之，垂死者，佗人以土漿及糞汁與飲之，得活矣。

唐本草注：芋有六種，有：青芋、紫芋、眞芋、白芋、連禪芋、野芋。其青芋細長，毒多，初煮要須灰汁易水煮，熟乃堪食爾。白芋、眞芋、連禪芋、紫芋，並毒少，正可蒸煮啖之，又宜冷啖，療熱止渴。其眞、白、連禪三芋，兼肉作羹，大佳。蹲鴟之饒，蓋謂此也。野芋大毒，不堪啖也。

圖經曰：芋，本經不著所出州土。陶隱居注云：錢塘最多，今處處有之。閩蜀淮甸尤殖此，種類亦多，大抵性效相近。蜀川出者，形圓而大，狀若蹲鴟，謂之芋魁；彼人蒔之最盛，可以當糧食而度饑年。左思三都賦所謂：徇蹲鴟之沃，則以爲濟世陽九是也。江西閩中出者，形長而大，葉皆相類，其細者如卵，生於大魁傍，食之尤美；不可過多，乃有損也。凡食芋並須園圃蒔者，其野芋有大毒，不可輒食，食則殺人，惟土漿及糞汁解之。說文解字云：齊人謂芋爲莒。陶云：種芋三年不採，成梠。二音相近，蓋南北之談不同耳。古人亦單用作藥，唐韋宙獨行方：療癖氣，取生芋子一斤，壓破，酒五升，漬二十七日；空服一杯，神良。

夢溪筆談：處士劉易隱居王屋山，嘗於齋中見一大蜂，罥於蛛網，蛛搏之，爲蜂所螫，墜地，俄頃蛛鼓腹欲裂；徐徐行入草，嚙芋梗，微破，以瘡就嚙處磨之，良久，腹漸消，輕躁如故。自後人有爲蜂蠆螫者，採芋梗傅之則愈。

齊民要術：說文曰，芋大葉實根駭人者，故謂之芋。齊人呼爲莒。廣雅曰：渠芋，其葉謂之蔌；藉姑，水芋也，亦曰烏芋。廣志曰：蜀漢既繁芋，民以爲資，凡十四等。有君子芋，大如斗，魁如杵旅。有車轂芋，有鋸子芋，有旁巨芋，有青浥芋；此四芋，多子。有淡善芋，魁大如瓶，少子，葉如繖蓋，紺色，紫莖，長丈餘，易熟，長味，芋之最善者也。莖可作羹臛，肥澀得飲，乃下。有蔓芋，緣枝生，大者如二三升。有雞子芋，色黃。有百果芋，魁大子繁多，畝收百斛，種一百畝以養彘。有旱芋，七月熟。有九面芋，大而不美。有象空芋，大而弱，使人易飢。有青芋，有素芋；子皆不可食，莖可爲菹。凡此諸芋，皆可乾，又可藏，至夏食之。又百子芋，出葉俞縣。有魁芋，無旁子，生永昌縣。有大芋，二升，出范陽新鄭。風土記曰：博士芋，蔓生，根如鵝鴨卵，氾勝之書曰：種芋區方深皆三尺，取豆萁內區中，足踐之，厚尺五寸，取區上濕土，與糞和之，內區中萁上令厚尺二寸，以水澆之，足踐，令保澤；取五芋子置四角及中央，足踐之，旱數澆之，萁爛芋生，子皆長三尺，一區收三石。　又種芋法，宜擇肥緩土，近水處，和柔糞之。二月注雨，可種芋，率二尺下一本。芋生根欲深，斸其旁以綏其土，旱則澆之，有草鋤之，不厭數多。治芋如此，其收常倍。列仙傳曰：酒客爲梁使，烝民益種芋，後三年當大饑，卒如其言，梁民不死。案芋可以救饑饉，度凶年，今中國多不以此爲意，後生中有耳目所不聞見者；及水旱風霜雹之災，便能饑死滿道，白骨交横，知而不種，坐致泯滅，悲夫！人君者安可不督課之也哉！崔寔曰：正月可菹芋。家政法曰：二月可種芋也。

爾雅翼：芋，説文曰大葉、實根，駭人，故謂之芋。徐鍇曰：芋，猶吁，吁驚辭，故曰駭人。又曰：齊謂芋爲莒。按孝經援神契仲冬日昴星中，收莒芋。陶隱居乃云：種芋三年不收，後旅生梠。然則芋之與莒，本同末異耳。卓王孫有云：吾聞岷山之下，沃野下有蹲鴟，至死不饑。詳其始意，本謂壤土肥美，粒米狼戾，鴟鳶下啄，因蹲伏不去耳。而前世相承，謂蹲鴟爲芋，言蜀川出者，形圓而大，狀若蹲鴟云。芋或訛作羊，故南朝有謝人饋羊者，以蹲鴟爲言。顔之推記之，以示子孫。唐開元中蕭嵩奏請注文選，東宮衛佐馮光進解蹲鴟云：今之芋子，卽是著毛蘿蔔。嵩聞大笑。又芋之大者，前漢謂之芋魁，後漢謂之芋渠；渠、魁，皆言大也。廣志又言：有君子芋、車轂芋等，凡四種，大如瓶，葉如繖，紺色，紫莖，長丈餘，易熟，長味；芋之最善者也。有百果芋，畝收百斛。又有百子芋，凡爲十四種。而本草〔唐本〕注有青芋、紫芋、白芋等，凡六種。青芋毒多，須灰汁易水煮熟，乃堪食。紫芋正爾蒸煮食之。白芋等兼肉作羹，大佳。野芋大毒，不堪噉也。翟方進爲丞相時，奏壞鴻隙大陂，民追怨之而爲歌，言壞陂之後，五穀不登，但爲下澤，飯豆羹芋，食之薄者也。而袁安爲陰平長時，年饑租入不畢，安聽使輸芋，曰：百姓饑困，長何得食穀。先自引芋而食。汝南薛包歸先人冢側，種稻、芋；稻以祭先，芋以自給。而蜀李雄克成都，衆甚饑餒，乃將民就穀於鄴，掘野芋而食之，則芋之利厚矣。蜀都賦稱：瓜疇芋區。氾勝之書：區種芋法，區收三石。博物志曰：野芋，食之殺人；家芋，種之三年不收，後旅生，亦不可食。此即陶隱居所謂梠芋也。本草：芋，一名土芝。

山家清供：芋名土芝，大者裹以濕紙，用煮酒和糟塗其外，以糠皮火煨之，候香熟取出，安坳地內，去皮溫食；冷則破血，用鹽則泄精，取其溫補，名土芝丹。昔嬾殘師正煨此牛糞火中，有召者，却之曰：尙無情緒收寒涕，那得功夫伴俗人！又居山人詩云：深夜一爐火，渾家團欒坐；芋頭時正熟，天子不如我。其嗜可知矣。小者煨乾入瓮，候寒月用稻草盦熟，色香如栗，名土栗，雅宜山舍擁爐之夜供。趙西安詩：煮芋雲山上。蓋得於所見，非苟作也。

本草綱目：李時珍曰，芋屬雖有水旱二種，旱芋山地可種，水芋水田蒔之，葉皆相似；但水芋味勝，莖亦可食。芋不開花，時或七八月間有開者，抽莖生花，黃色，旁有一長萼護之，如半邊蓮花之狀也。按郭義恭廣志云：芋凡十四種：君子芋魁大如斗；赤鸇芋即連禪芋，魁大子少；百果芋魁大子繁，畝收百斛；青邊芋、旁巨芋、車轂芋三種，並魁大子少，葉長丈餘；長味芋味美，莖亦可食；雞子芋色黃；九面芋大而不美；青芋、黃芋、象芋皆不可食，惟莖可作葅；旱芋九月熟；蔓芋緣枝生，大者如二三升也。

益部方物略記：芋種不一，鸇芋則貴，民儲于田，可用終歲。有赤鸇芋、蜀芋多種；鸇芋爲最美，俗號赤鸇頭芋，形長而圓，但子不繁衍。又有蠻芋，亦美，其形則圓，子繁衍，人多蒔之。最下爲槫果芋，槫，接也，言可接果，山中人多食之。惟野芋人不食。本草有六種，曰：青芋、紫芋、白芋、眞芋、連禪芋、野芋。

漢書翟方進傳：初汝南舊有鴻隙大陂，郡以爲饒。

成帝時，關東數水，陂溢爲害。方進爲相，與御史大夫孔光共遣掾行視，以爲決去陂水，其地肥美，省隄防費，而無水憂，遂奏罷之。及翟氏滅，鄉里歸惡，言方進請陂下良田不得，而奏罷陂云。王莽時常苦旱，郡中追怨方進，童謠云「壞陂誰？翟子威，飯我豆食羹芋魁，反乎覆陂當復誰」一云者，兩黃鵠注師古曰：言田無溉灌，不生秔稻，又無黍稷，但有豆及芋也。豆食者，豆爲飯也；羹芋魁者，以芋根爲羹也。

顏氏家訓：江南有一權貴，讀誤本蜀都賦注，解蹲鴟，芋也，乃謂羊字。人饋羊肉，答書云：損惠蹲鴟。舉朝驚駭，不解事義，久後尋迹，方知如此。

玉堂閒話：閬皂山一寺僧，甚專力種芋，歲收極多，杵之如泥，造墼爲牆。後遇大饑，獨此寺四十餘僧食芋墼，以度凶歲。

東坡雜記：岷山之下，凶年以蹲鴟爲糧，不復疫癘，知此物之宜人也。本草謂芋土芝，云益氣充飢。惠州富此物，然人食之者，不免瘴。吳遠游曰：此非芋之罪也。芋當去皮，濕紙包煨之火過熟，乃熱噉之，則鬆而膩，乃能益氣充飢。今惠州人皆和皮水煮，冷啖，堅頑少味，其發瘴固宜。丙子除夜前兩日夜飢甚，遠游煨芋兩枚見啖，美甚，乃爲書此帖。又蜀中人接花果，皆用芋膠合其罅，予少時頗能之，嘗與子由戲用苦楝木接李，既實，不可嚮口，無復李味。傳云：一薰一蕕，十年尚猶有臭，非虛語也。芋自是一種不甚堪食，名接果。

按酉陽雜俎有天芋生終南山，葉如荷而厚，蓋即海芋。又有雀芋，狀如雀頭，置乾地反濕，置濕地反乾；飛鳥觸之墮，走獸觸之僵，此不知何物。農政全書有香芋，形如土豆，味甘美。土豆即黃獨，葉、莖皆與芋異，疑即滇南陽芋之屬。

廣雅疏證：蕖，芋也。其莖謂之蔌。芋之大根曰蕖，蕖者巨也，或謂之芋魁，或謂之莒。後漢書馬融傳云：蘘荷芋渠。李賢注云：芋渠，卽芋魁也。渠與蕖同，渠魁一聲之轉，而皆訓爲大。杜子春注周官鐘師引呂叔玉說云：渠，大也。前釋詁云：魁，大也。漢書翟方進傳云：飯我豆食羹芋魁。顏師古注云：羹芋魁者，以芋根爲羹也。是芋之大根名渠，又名魁也。渠、莒古同聲，故人名莒，莒之爲言，猶渠也。說文云：齊人謂芋爲莒。藝文類聚引孝經援神契云：仲冬昴星中，收莒芋。莒亦芋也，莒或爲梠。陶隱居注名醫別錄云：種芋三年不採，成梠芋。蘇頌圖經云：說文解字云莒，陶云梠，二音相近，蓋南北之呼不同耳。魏志王朗傳注引魏略云：隗禧每以採梠餘日，誦習經書。又通作旅。博物志云：家芋種之三年不收，後旅生，是也。說文云：芋，大葉實根，駭人，故謂之芋也。徐鍇傳云：芋，猶言吁也。吁驚詞，則芋之爲名，卽是驚異其大。小雅斯干毛傳云：芋，大也，古聲義同矣。蔌之爲言，猶莖也，莖亦可食。齊民要術引廣志略云：蜀漢旣繁芋，民以爲資，凡十四等。有淡善芋，魁大如瓶，少子，葉如繖蓋，紺色，紫莖，長丈餘，易熟，長味，芋之最善者也。莖可作羹臛，肥澀得飲乃下。青芋、素芋，子皆不可食，莖可爲葅，是也。管子輕重甲篇云：春日傳耜，次日獲麥，次日薄芋。古敎民種芋者，始此矣。又史記貨殖傳：汶山之下，沃野下有踆鴟，至死不飢。其解引漢書音義云：水鄉多鴟，其山下有沃野灌溉。一曰大芋。左思蜀都賦云：蹲鴟所伏。劉逵注云：蹲鴟，大芋也；其形類蹲鴟。案貨殖傳云：至死不飢，則蹲鴟似可禦飢之物，大芋之說，近之矣。然易林豫之旅云：文山蹲鴟，肥腯多脂。芋雖大，不得有脂。易林所云，又似指鳥言之，疑莫能明也。

說文解字注：芋，大葉實根，駭人，故謂之芋也。口部曰：吁，驚也。毛傳曰：訏，大也。凡于聲字，多訓大。芋之爲物，葉大根實，二者皆堪駭人，故謂之芋。其字从艸，于聲也。小雅：君子攸芋。毛傳：芋，大也。謂居中以自光大。箋云：芋，當作幠；从艸，亏聲，王遇切，五部。莒，齊謂芋爲莒，所謂別國方言也。借爲國名，从艸，呂聲，居許切，五部。顏氏家訓云：北人之音，多以舉、莒爲矩。惟李季節云：齊桓公與管仲，於臺上謀伐莒，東郭牙望桓公口開而不閉，故知所言者莒也。然則莒、矩必不同呼，此爲知音矣。按廣韻莒、矩雖分語麌，然雙聲同呼，顏氏云：北人讀舉、莒同矩者，唐韻：矩，其呂切，北人讀舉、莒同之也。李季節音譜讀舉、莒居許切，則與矩之其呂不同呼，合於管子所云口開而不閉，廣韻矩俱雨切，非唐韻之舊矣。又按孟子以遏徂莒。毛詩作徂旅，知莒從呂聲，本讀如呂，是所以口開不閉，不第如李季節所云也。

附黃省曾種芋法

一之名

芋，說文曰：大葉實根，駭人，故謂之芋。徐鍇曰：芋，猶吁；吁，驚辭也，故曰駭人。齊人謂之莒。孝經援神契謂之莒芋。廣雅謂之渠芋，葉謂之菆莋。廣志：凡十四等，有曰君子芋，大如斗，魁如杵旅。有曰車轂芋，有曰鋸子芋，有曰旁巨芋，有曰青邊芋：此四芋，是多子。有曰淡善芋，魁大如瓶，少子，葉如繖，紺色而紫莖，其長丈餘，易熟，長味，是爲芋之最善者；莖可作羹臛，肥澀得飲乃下。有曰蔓芋，緣枝而生。有曰雞子芋，色黃。有曰白果芋，魁大而子繁多，畝收百斛，種以百畝，葉以養彘。有曰旱芋，七月熟。有曰九面芋，大而不美。有曰象空芋，大而弱，使人易飢。有曰青芋，有曰素芋，子皆不可食。按此與齊民要術大同小異，今兩存之，以備參考。唐本草注云：芋有六種：青芋細長，毒多，初煮要須灰汁易水，熟乃堪食爾。白芋、圓芋、連禪芋、紫芋，毒少，並正爾蒸煮噉之；圓、白、連禪，又可兼肉作羹。野芋大毒，不可噉也。陶隱居謂之老芋，形葉相似如一根，並殺人，垂死者飲以土漿糞汁可活；本草謂之土芝，蜀謂之蹲鴟，前漢謂之芋魁，後漢謂之芋渠。葉愈縣有百子芋，新鄭有博士芋，蔓生而根如鵝鴨卵。今有南京芋，煮之可拈皮而食，甘滑異於他品。茅山有紫芋。吳郡所產，大者謂之芋頭，旁生小者謂之芋㜷，種之水田者爲水芋。廣雅曰：藉姑，水芋也，亦曰烏芋。本草：烏芋，一名水萍，一名槎芽，一名茨菰，一名凫茨。毘陵錄謂之燕尾草，以其葉如椏也。又名田酥，狀如澤瀉，不正似芋，根黃而小，恐自爲一種，非土芝之水芋也。吉安錄有乾濕二種：濕名水芋，乾名黃芋，味差劣。松志蘇之西境，多水芋，以芋魁爲旱芋。嘉定名之博羅，又有皮黃肉白甘美可食，莖葉如扁豆而細，謂之香芋。又有引蔓開花，花落即生，名之曰落花生，皆嘉定有之。按野菜箋有香芋，云東田芋子白如石，西田芋子黃如栗。又云，渴可生津飢得力，似與芋非一種。

二之食忌

本草云：有毒。陶隱居曰：生則有毒，性滑，尤爲服餌家之所忌。博物志云：野芋狀小於家芋，食之殺人，蕎薟也。家芋種之三年不收，旅生，亦不可食。劉禹錫云：十月後曬乾收之，冬月食不發病，它時月不可食，久食則虛勞無力。圖經曰：食之過多，則有損傷。唐本云：多食動宿冷。

三之藝

種芋之古法，氾勝之書曰：區方深皆三尺，取豆萁納區中，足踐之，厚尺五寸，取區上濕土和糞，納區中萁上，厚尺二寸，以水澆之，足踐，令保澤；取五芋子，置四角及中央，足踐之，旱則數澆，萁爛，芋生子皆長三尺，一區收三石。齊民要術云：宜擇肥緩土近水處，和柔糞之。二月注雨可種，率二尺下一本。芋生根欲深，劚其旁以緩其土，旱則注之，有草鋤之，不厭數多；治芋如此，其收常倍。　崔寔曰：正月可菹芋。家政法曰：二月可種芋。

務本新書曰：芋宜沙白地，地宜深耕，二月種爲上時，相去六七寸下一芋。芋羞三目，衆人來往，眼目多見，幷鬧刷鍋聲處多不滋。比及炎熱，苗高則旺，頻鋤其旁。秋初生子葉，以土壅其根，霜後收之。又云：區長丈餘，深闊各一尺，區行相間一步寬，則透風滋子。　物類相感志：江湖所生土芋，磊塊自實，若天雷頻，則多生；若耕種欲取，不得名之；若呼芋字，則逡巡不見矣。

種芋之法，十月收芋子，不必芋魁，恐妨鬻食。但擇旁生圓全者，每畝約留三千子，掘地尺五寸，窖藏之，上覆以土。若不藏，經凍則踈壞無力

矣。至開春地氣通，可耕，先鋤地摩塊，曬得白背，又倒土以曬二三次，去其草；每畝用圂糞二十擔，匀澆，候糞入土，卽再鋤轉，否則糞見日而力薄。臨種下水之後，再下豆餅五斗。清明後下秧，秧田、種田皆宜加以新土和柔之；否則蒔插硬礫，損子。秧田鋤過，曬得白背，車水作平，出所窖芋子，有芽者以芽在上，無芽者以根在下，密布田中，以稻草蓋之。日曝其芽萎瘁，日澆水一次，或隔日亦可，待芽間吐發三四葉，長二三寸，卽可種矣。葉多而太長，則種之必盡落故葉而重吐發，是爲失時。種時相去一尺八寸下一芋子，或一尺六寸，種必在小滿前，種後肥土必深沸，宜去其草，乾一二日，其根乃行；不乾則根腐黃，而不生。乾至小小土坼，卽上水，若大坼，則乾壞矣。常常使潤澤，種時以陰天乃爲佳。至七月乃塘，塘法在芋子四角之中，掘其土，遍畝皆然。壅在根上則土緩，而結子圓大，霜後起之。

芋魁每千可鬻白金一兩，芋奶千觔可鬻白金一兩五錢。田之有瓦礫者，不可種。凡種二歲，必再易田，不然則不長旺，所易之田，種禾仍佳。凡種旱芋，於二三月間往杭州買白者，方是。須求鬆土，淺耕，下秧，俟秧出復耕地，縣開三寸；種後以土厚壅其根，日溉之以水糞，苗長不必糞，則旁生小者，尤多於水芋。　其種既留於地，冬間覆以稻草，至明年二三月間起，曬乾，再下秧，復如前種。

附農政全書

芋

王禎曰：芋葉如荷，長而不圓；莖微紫，乾之，亦中食。根白，亦有紫者，其大如斗，食之味甘。旁生子甚夥，拔之則連茹而起，宜蒸食，亦中爲羹臛。東坡所謂玉糝羹者，此也。煮法宜先用鹽微滲之，則不模糊。

便民圖纂曰：芋之種，須揀圓、長、尖、白者，就屋南簷下掘坑，以礱糠鋪底，將種放下，稻草蓋之。至三月間取出，埋肥地，待苗發三四葉，於五月間擇近水肥地移栽，其科行與種稻同。或用河泥，或用灰糞爛草壅培，旱則澆之，有草則鋤之，若種旱芋，亦宜肥地。

元扈先生曰：芋有三種：一曰雞窠芋，一曰香沙芋，一曰䅯頭芋。香沙芋味美，根株小，子少。䅯頭芋根株大，高可四五尺，魁大子少。惟雞窠芋魁大子多。清明前十日下種，三月中多用濃糞灌之，四月細耘之。種芋宜在稻田，近牆、近屋、近樹之處，雨露不及，種稻則不秀，惟芋則收。五六月中起之，壅根，每科作小堥敦，更澆濃糞二次；七八月收，每科并魁子可二斤。二尺一本，一畝得二千一百六十本，爲芋四千三百二十斤。秋月禾苗未收，斯續乏之大用與？芋榦剝去皮，乾之，亦蔬茹中上品。䅯音春，堥音武。

備荒論曰：蝗之所至，凡草木葉無有遺者，獨不食芋、桑與水中菱芡，宜廣種之。譜曰：鋤芋宜晨露未乾及雨後，令根旁空虛，則芋大子多；若日中耘，則太熱，熱則蔫。

蕺菜

別錄：蕺菜味辛，微溫。主蠷螋溺瘡，多食令人氣喘。陶隱居云：俗傳言食蕺不利人脚，恐由閉氣故也。令小兒食之，便覺脚痛。

唐本草注：此物葉似蕎麥，肥地亦能蔓生，莖紫赤色，多生濕地、山谷陰處。山南江左人，好生食，關中謂之菹菜。

日華子：蕺菜有毒，淡竹筒內煨，傅惡瘡白禿。

圖經：蕺菜味辛，微溫。主蠷螋溺瘡。山谷陰處濕地有之。作蔓生，莖紫赤色，葉如蕎麥而肥。山南江左人好生食之，然不宜多食，令人氣喘，發虛弱，損陽氣，消積體，素有脚弱病，尤忌之，一啖令人終身不愈。關中謂之菹菜者，是也。古今方家，亦鮮用之。

本草綱目李時珍曰：按趙叔文醫方云，魚腥草卽紫蕺，葉似荇，其狀三角，一邊紅，一邊青，可以養豬。又有五蕺，卽五毒草，花葉相似，但根似狗脊。

會稽賦註：岑草，蕺也；菜名。擷之小有臭氣，凶年民斸其根食之。會稽志：蕺山在府西北六里，越王嘗採蕺於此。

齊民要術：蕺菹法，蕺去毛土、黑惡者，不洗，暫經沸湯卽出，多少與鹽一觔，以煖水淨洗，及煖卽出漉，下鹽醋中。若不及熱，則赤壞矣。又湯撩葱白，卽入冷水漉出置蕺中，並寸切，用米若椀子奠去蕺節，料理接奠各在一邊，令滿。

雞腸草

別錄：雞腸草主毒腫，止小便利。陶隱居云：人家園庭亦有此草，小兒取挼汁以捋蜘蛛網，至黏；可掇蟬，療蠷螋溺也。

食療本草：雞腸草溫，作灰和鹽，療一切瘡及風丹偏身如棗大，痒痛者，擣封上，日五六易之。亦可生食，煮作菜食之，益人，去脂膏、毒氣。

又燒傅疳䘌，亦療小兒赤白痢，可取汁一合，和蜜服之，甚良。

救荒本草：雞腸草生南陽府馬鞍山荒野中。苗高二尺許，莖方，色紫，其葉對生，葉似菱葉樣而無花叉。又似小灰菜葉，形樣微匾，開粉紅花，結盌子蒴兒。葉味甜，採苗葉，煠熟，水淘淨，油鹽調食。

東坡尺牘：某啓，惠貺二團，領，意至厚，感怍無已。所要雞腸草，未有生者，比有一惑，爐火人收得少許，納去；老兄亦有此惑故耶？邦直耽此極深，僕有一方，遂爲取去，可就問傅取也。奇絕，奇絕！

蘩蔞 別錄：蘩蔞味酸，平，無毒。主積年惡瘡不愈。五月五日日中採，乾用之。陶隱居云：此菜人以作羹。五月五日採，暴乾，燒作屑，療雜瘡，有效。亦雜百草取之，不必止此一種爾。

圖經：蘩蔞卽雞腸草也。舊不著所出州土，今南中多生於田野間，近京下濕地亦或有之。葉似荇菜而小，夏秋間生小白黃花。其莖便作蔓，斷之，有絲縷，又細而中空，似雞腸，因得此名也。本經作兩條，而蘇恭以爲一物二名。謹按爾雅：蔜，薞蕿。釋曰：蔜一名薞蕿，一名蘩蔞，一名雞腸草，實一物也。今南北所生，或肥瘠不同，又其名多，人不盡見者，往往疑爲二物也。又葛氏治卒淋方云，用雞腸及蘩蔞若菟絲，並可單煮飲，如此又似各是一物也。其用大槪主血，故婦人宜食之。五月五日採，陰乾用。今口齒方，燒灰以揩齒宣露，然燒灰減力，不若乾作末有益矣。范汪治淋用蘩蔞，滿鍾水煮飲之，亦可常食。

落葵 別錄：落葵味酸，寒，無毒。主滑中散熱，實主悅澤人面。一名天葵，一名繁露。陶隱居云：又名承露，人家多種之。葉惟可飪鮓，性冷滑，人食之，爲狗所齧作瘡者，終身不差。其子紫色，女人以漬粉傅面爲假色，少入藥用。

蜀本草圖經：蔓生，葉圓厚如杏葉，子似五味子，生青、熟黑，所在有之。孟云：其子悅澤人面，藥中可用之，取蒸、暴乾和白蜜塗面，鮮華立見。

木耳

別錄曰：五木耳生犍爲山谷，六月多雨時采，卽暴乾。陶隱居曰：此云五木耳，而不顯言是何木，惟老桑樹生桑耳，有青、黃、赤、白者，軟濕者人采以作葅，無復藥用。

唐本草注：桑、槐、楮、榆、柳，此爲五木耳，軟者並堪噉，楮耳人常食，槐耳療痔。煮漿粥，安諸木上，以草覆之，卽生蕈爾。

本草拾遺：木耳惡蛇蟲從下過者有毒，楓木上生者，令人笑不止，采歸色變者有毒，夜視有光者、欲爛不生蟲者並有毒。並生擣冬瓜蔓汁解之。

齊民要術：作木耳葅法，取棗、桑、榆、柳邊生，尤軟濕者，煮五沸去腥汁，出置冷水中淨洮；又著酢漿，水中洗出，細縷切訖；胡荽、葱白下豉汁漿淸及酢，調和適口，下薑椒末，甚滑美；胡荽、葱白少著，取香而已。

本草綱目李時珍曰：木耳各木皆生，其良、毒亦必隨木性，不可不審。然今貨者亦多雜木，惟桑、柳、楮、榆之耳爲多云。

別錄：地耳味甘，無毒。主明目，益氣，令人有子。生邱陵，如碧石青。李時珍以爲卽地踏菰。

本草拾遺：楊盧耳平，無毒。主老血結塊，破血，止血，煮服之。楊盧木上耳也，出南山。

本草拾遺：竹肉味鹹，溫，有大毒。主殺三蟲毒邪氣，破老血。灰汁煮三度，煉訖，然後依常菜茹食之；煉不熟者，戟人喉出血，手爪盡脫。生苦竹枝上，如雞子，似肉臠，應別有功，人未盡識之，一名竹實也。

荆溪疏：竹茹、蕈也，小如錢，赤如丹砂，生以二月，山中所在有之，不獨竹下。風味極佳，當爲伊蒲第一。

植物名實圖考長編卷之五

蔬類

芸臺 唐本草：芸臺味辛，溫，無毒。主風游丹腫，乳癰。注：春食之，能發膝痼疾。此人間所噉菜也。

本草拾遺：芸臺破血，產婦煮食之。子壓取油，傅頭令頭髮長黑。又煮食，主腰脚痹；擣葉傅赤遊胗，久食弱陽。

食療本草：若先患腰膝，不可多食，必加劇，又極損陽氣，發瘡口，齒痛，又能生腹中諸蟲，道家特忌。

齊民要術：種蜀芥、蕓薹、芥子。蜀芥、蕓薹取葉者，皆七月半種，地欲糞熟。蜀芥一畝用子一升，蕓薹一畝用子四升，種法與蕪菁同。既生亦不鋤之，十月收蕪菁訖時，收蜀芥、蕓薹。足霜乃收，不足霜卽澀。種芥子及蜀芥、蕓薹取子者，皆二三月好雨澤時種。三物性不耐寒，經冬則死，故須春種。旱則畦種，水澆，五月熟而收子。蕓薹冬天草覆，亦得取子，又得生茹供食。

便民圖纂曰：油菜八月下種，九、十月治畦。以石杵舂穴分栽，用土壓其根，糞水澆之，若水凍不可澆，至二月間削草淨澆，不厭頻，則茂盛。薹長摘去中心，則四面叢生子多，子榨油，渣可糞田。

農政全書曰：吳下人種油菜法，先於白露前日中鋤，連泥草根曬乾成堆，用穰草起火，將草根煨過，約用濃糞攪和如河泥，復堆起，頂上作窩如井口。秋冬間將濃糞再灌三次，此糞灰泥爲種菜肥壅也。到明年九月耕菜地，再三鋤令極細，作壟幷溝，廣六尺，壟上橫四科，科行相去各一尺五寸，用前糞灰泥勻撒土面，然後將菜栽移植，植之明日糞之，地濕者糞三水七，乾者糞一水九，如是三四遍，菜栽漸加眞糞。冬月再鋤，壟溝泥鍫起加壟上，一則培根，一則深其溝，以備春雨。臘月又加濃糞生泥上，春月凍解，將生泥打碎。正二月中視田肥瘦燥濕加減，加糞壅四次。二月中生薹，摘取之，糟醃聽用。卽復多生薹心，花實益繁。立夏後拔科收子，中農之入，畝子二石，薪十石，薪中爲蠶簇也。種蔓菁法，宜倣此。

本草綱目李時珍曰：蕓薹方藥多用，諸家注亦不明，今人不識爲何菜，珍訪考之，乃今油菜也。九月、十月下種，生葉形色微似白菜。冬春采薹心爲茹，三月則老不可食。開小黃花四瓣，如芥花，結莢收子，亦如芥子。灰赤色，炒過榨油，黃色，燃燈甚明，食之不及麻油，今人因有油利，種者亦廣云。

蘹香

唐本草：蘹香子味辛，平，無毒。主諸瘻，霍亂及蛇傷。注：葉似老胡荽極細，莖粗，高五六尺，叢生。

圖經：蘹香子亦名茴香，本經不載所出，今交廣諸蕃及近郡皆有之。入藥多用蕃舶者，或云不及近處者有力。三月生葉，似老胡荽，極疎細，作叢，至五月高三四尺；七月生花，頭如傘蓋，黄色，結實如麥而小，青色，北人呼爲土茴香。茴、蘹聲近，故云耳。八、九月採實，陰乾，今近道人家園圃種之甚多。古方療惡毒癰腫，或連陰髀間疼痛、急攣，牽入小腹不可忍，一宿則殺人者，用茴香苗葉擣取汁一升，服之，日三四，用其滓以貼腫上，冬中根亦可用。此外國方，永嘉以來，用之起死，神效。

本草衍義：蘹香子今人止呼爲茴香，治膀胱冷氣及腫痛，亦調和胃氣。唐本注似老胡荽，此誤矣。胡荽葉如蛇床，蘹香徒有葉之名，但散如絲髮，特異諸草，枝上時有大青蟲，形如蠶，治小腸氣，甚良。

按胡荽結子時，極與茴香相類，衍義未細考老胡荽形狀，以斥唐本注，殊誤。

桂海虞衡志：八角茴香，北人得之以薦酒，少許咀嚼甚芳香，出左右江州洞中。

救荒本草：茴香一名蘹香子，北人呼爲土茴香，茴、蘹聲相近，故云耳。今處處有之，人家園圃多種，苗高三四尺，莖粗如筆管，旁有淡黄袴葉，抪莖而生。袴葉上發生青色細葉，似細蓬葉而長，極疎細如絲髮狀。袴葉間分生叉枝，梢頭開花，花頭如傘蓋，結子如蒔蘿子，微大而長，亦有線瓣。味苦辛，性平，無毒。採苗葉煠熟，換水淘淨，油鹽調食。子調和諸般食味香美，野茴香生田野中，苗初塌地生，葉似抪娘蒿葉微細小，後於葉間攛葶，分生莖叉，梢頭開黄花，結細角，有黑子。葉味苦，採苗葉煠熟，水浸，淘去苦味，油鹽調食。

瓠子 唐本草注：瓠味皆甘，時有苦者，而似越瓜，長者尺餘，頭尾相似，與甜瓠瓠體性相類，但味甘冷，通利水道，止渴消熱，無毒，多食令人吐。

按瓠子方書多不載，而唐本草所謂似越瓜，頭尾相似，則即今瓠子，非匏瓠也。

萊菔 爾雅：葖，蘆萉。註：萉宜爲菔，蘆菔蕪菁屬，紫花大根，俗呼雹葖。疏：紫花菘也。俗呼溫菘，似蕪菁，大根，一名葖，俗呼雹葖，一名蘆菔，今謂之蘿蔔是。

唐本草：萊菔根味辛、甘，溫，無毒。散服及炮煮服食，大下氣，消穀，去痰癖，肥健人。生擣汁服，主消渴，試大有驗。注：陶謂溫菘是也。其嫩葉爲生菜食之。大葉熟噉，消食和中。根效在蕪菁之右。

爾雅翼：葖，蘆萉。爾雅釋曰：紫花菘也。俗呼溫菘，似蕪菁，大根，一名葖，俗呼雹葖，一名蘆菔，今謂之蘿蔔。方言曰：蕪菁，紫者謂之蘆菔。劉盆子在長安，掖庭中宮女幽閉，掘庭中蘆菔根食之。隋張威爲青州刺史，遣家奴於人間鬻蘆菔根，坐廢於家，即此也。昔有婆羅門東來，見食麥麵者云，此大熱何以食之？及見食中有蘿菔，曰賴有此以解之耳。自此相傳，食麵必食蘿菔。

王禎農書：蘆萉俗呼蘿蔔，在在有之。北方者極脆，食之無渣。中原有迭秤者，其質白，其味辛甘，尤宜生啖，能解麵毒。子可入藥，四時皆可種，然不如末伏秋初爲善。破甲以後，便可供食。老圃云，蘿蔔一種而四名：春曰破地錐，夏曰夏生，秋曰蘿蔔，冬曰土酥。故杜甫句云：金城土酥淨如練，以其潔也。

四時類要：種法，宜沙輭地，五月犁五六遍，六月六日種，鋤不厭多，稠即小間，拔令稀。至十月收，窖之。又新添種蘿蔔，先深斸成畦爬平，每畦可長一丈二尺，闊四尺，用細熟糞一擔，勻布畦內，再斫一遍，即起覆土；再耬平，澆水滿畦，候水滲盡，撒種於上，用木杴勻撒覆土。苗出兩葉，旱則澆之，每子一升，可種二十畦。水蘿蔔正月種，六十日根葉皆可食。夏四月亦可種，大蘿蔔初伏種之，水蘿蔔末伏種，皆候霜降，或醃或藏，皆得用。如要來年出種，深窖內埋藏，中安透氣草一把，至春透芽生，取出作壟或畦，下糞栽之，旱則澆令得所。夏至後收子，可爲秋種。

農桑通訣曰：種同蔓菁法，每子一升可種二十畦，畦可長一丈二尺，闊四尺。擇地宜生，耕地宜熟；地生則不蠹，耕熟則草少。凡種先用熟糞勻布畦內，仍用火糞和子令勻，撒種之，俟苗出成葉，視稀稠去留之。其去之者，亦可供食，以疎爲良，疎則根大而美，密則反是。尺地約可二三窠，厚加培壅，其利自倍。欲收種子，宜用九月、十月收者，擇其良，去鬚帶葉移栽之，澆灌得所，至春二月收子，可備時種。宿根在地不經移種者，爲斜子，種之㹢而不肥。按蔬茹之中，惟蔓菁與蘿蔔可廣種，成功速而爲利倍。然蔓菁北方多獲其利，而南方罕有之。蘆菔南方所通美者，生熟皆可食，醃、藏、腊、豉，以助時饌。凶年亦可濟饑，功用甚廣。

清異録：鄭居易計部言：其家自先世多留帶莖蘿蔔，懸之簷下，有至十餘年者；每至夏秋有病痢者，煑水服之，即止，愈久者，愈妙。

東坡雜記：裕陵傳王荆公偏頭痛方，云是禁中祕方，用生蘿蔔汁一蜆殼，注鼻中，左痛注右，右痛注左，或兩鼻皆注亦可，雖數十年患，皆一注而愈。荆公與僕言之，已愈數人矣。

補筆談：忠定張尙書宰鄂州，崇陽縣民有入市買菜者，公召諭之曰：邑居之民，無地種植，且有他業，買菜可也。汝村民皆有土田，何不自種，而費錢買菜，皆而遺之。自後人家置圃，至今謂蘆菔爲張知縣菜。

癸辛雜識：今成都麵店中呼蘿蔔爲葖子，雖曰市井語，然亦有謂。按爾雅曰：葖，蘆菔也。郭璞以葩爲菔，俗呼雹葖，先北反，或作蔔。釋曰：紫花菘也，一名葖。蓋其性能消食，解麵毒。談苑云：江東居民歲課藝，初年種芋三十畝，計省米三十斛；次年種蘿菔三十畝，計益米三十斛，可見其能消食。昔有婆羅門僧東來，見人食麵，駭云：此有大熱，何以食之？及見蘿菔，曰：賴有此耳。洞微志載：齊州人有病，狂歌曰：五靈華蓋晚玲瓏，天府由來汝腑中；惆悵此情言不盡，一丸蘿菔火吾宮。後遇道士作法治之云：此犯大麥毒。按醫經，蘆菔治麵毒，即以藥並蘿菔食之，遂愈。以其能解麵毒故耳。

廣雅疏證：菈遝，蘆菔也。菔各本譌作蔵，今訂正。爾雅云：葖，蘆葩。郭璞注云：葩宜爲菔，蘆菔，蕪菁屬，紫花大根，俗呼雹葖。案葩、菔字形相似，郭氏此説，似得之矣。及以爾雅異物同名之例求之，而後知其不然也。爾雅所釋，或蟲與鳥同名，密肌、繫英、翰天雞是也；或木與蟲同名，諸慮山櫐、諸慮奚相是也；或草與蟲同名，莪蘿之與蛾羅，蚍衃之與蚍蜉，果臝之與果臝，蘆葩之與蠦蜰是也。凡此者，或同聲同字，或字小異而聲不異，蓋即一物之名，而他物互相假借者，往往而有。故觀於蠦蜰，而知蘆葩之必不誤也。葩與菔特一聲之轉耳，自郭氏誤以葩宜爲菔，而後世遂直讀爲菔，無作肥音者，蓋古義之失久矣。方言云：蕪菁紫華者謂之蘆菔，東魯謂之菈遝，郭注云：今江東名爲温菘，實如小豆，蘆菔音羅匐。説文亦云：蘆菔似蕪菁，實如小菽者。後漢書劉盆子傳掘庭中蘆菔根食之是也。名醫別錄云：蘆菔味苦，温。陶注云：蘆菔是今温菘，其根可食，葉不中噉。蘇頌圖經云：此有大小二種：大者肉堅宜蒸食，小者白而脆，宜生啖。吳人呼楚菘，廣南人呼秦菘，蘆菔一作羅服。潛夫論思賢篇云：治疾當得眞人參，反得支羅服，言其性相反也。今俗語通呼羅匐，聲轉而爲萊菔。唐本草云：萊菔根味辛、甘，溫。擣汁主消渴。其嫩葉爲生菜食之，大葉熟啖，消食和中是也。說文解字注：蘆，蘆菔也，一曰薺根。此字義別說，謂薺根謂之蘆也，从艸，盧聲，落乎切，五部。菔，蘆菔，似蕪菁，實如小菽者，今之蘿蔔也。釋草：葖，蘆葩。郭云：葩當爲菔；蘆菔，蕪菁屬，紫花大根，一名葖，俗呼雹葖。按實根駭人，故呼葖，或加艸耳。蕪菁卽蔓菁，从艸，服聲，蒲北切，一部。

薇 本草拾遺：薇味甘，寒，無毒。久食不飢，調中，利大小腸。生水傍，葉似萍。爾雅曰：薇垂水。三秦記曰：夷齊食之，三年顏色不異；武王誡之，不食而死。廣志曰：薇葉似萍，可食，利人也。

陸璣詩疏：言采其薇。薇，山菜也。莖葉皆似小豆，藿可作羹，亦可生食。今官園種之，以供宗廟祭祀。毛晉廣要爾雅云：薇垂水。郭註：生於水邊。邢疏：草生於水濱，而枝葉垂於水者，曰薇。鄭註：薇菜生水邊。爾雅翼：薇垂水。言生於水邊。而召南之詩，陟南山以采之，故陸璣云：山菜也。通志云：白薇曰白幕，曰薇草，曰春草，曰骨美；又云：薇生水傍，葉如萍。然詩云：采薇者，金櫻芽也。胡明仲云：荊楚之間，有草叢生，脩條，四時發穎，春夏之交，花亦繁麗，條之腴者，大如巨擘，剝而食之，甘美，野人呼爲迷陽。疑莊子所謂迷陽迷陽，無傷吾行，卽此。名物疏云：按本草薇有二種，生平原川谷，似柳葉者，白薇也；生水旁，葉似萍者，薇也。詩云：陟山采薇，又云：山有蕨薇，則是山菜，非爾雅所云垂水者也。然陸璣稱莖葉如小豆，蔓生。璣親見官園所種，所言必審，復非似柳之白薇。鄭漁仲謂是金櫻芽，不知何據。朱子胡氏皆以爲迷陽，而一云味苦，一云甘美，又自不同。惟項安世以爲今之野豌豆，蜀人謂之巢菜，有合陸璣之疏。按薇爲野豌豆，自是確詁，然亦有結實不結實之分：不結實者，莖、葉可食，所謂巢菜是也；結實者可舂爲麵，卽野菜譜野菉豆也。此惟鄉人能辨之爾。

蕨

本草拾遺：蕨葉似老薇，根如紫草。按蕨味甘，寒，滑。去暴熱，利水道，令人睡，弱陽。小兒食之，脚弱不行。生山間，人作茹食之。四皓食芝而壽，夷齊食蕨而夭，固非良物。搜神記曰：郗鑒鎮丹徒，二月出獵，有甲士折一枝食之，覺心中淡淡成疾，後吐一小蛇，懸屋前，漸乾成蕨，遂明此物不可生食之也。

食療本草：寒，補五藏不足，氣壅，經絡筋骨間毒氣，令人脚弱不能行，消陽事，令眼暗，鼻中塞，髮落不可食，又冷氣人食之，多腹脹。

按蕨，江左、湖南唯貴蕨拳。蜀、滇則腊其莖，以爲乾菜。山居之氓，掘根作粉，以代米穀。江西、鉛山運至兩浙，漿絲織綺，其用尤廣。聞景德鎮瓷器皆燒莖爲灰以和泥，則不易裂，蓋其性滑而黏也。唯饑歲食之過多，往往患腹脹而卒，則利害兼之矣。

陸璣詩疏：言采其蕨。蕨，虌也，山菜也。周、秦曰蕨，齊、魯曰虌。初生似蒜，莖紫黑色，可食，如葵。毛晉廣要爾雅：蕨，虌。郭云：廣雅云紫綦，非也。初生無葉可食，江西謂之虌。邢疏云：可食之菜也。舍人曰：蕨，一名虌。鄭云：今蕨芽也，所在山谷有之。埤雅：蕨狀如大雀拳足，又如人足之蹷也，故謂之蕨。俗云：初生亦類虌脚，故曰虌。爾雅翼：蕨生如小兒拳，紫色而肥。今野人今歲焚山，則來歲蕨菜繁生，其舊生蕨之處，蕨葉老硬敷披，人誌之，謂之蕨萁。

又有一種大蕨，亦可食，謂之蘩蕨。爾雅云：蘩，月爾。陳藏器云：今永康道江居民多以醋醃而食之。山谷詩云：蕨芽初長小兒拳。酷似其狀。按蕨基，今江西、湖南皆有此語，其形矮而勁，與蕨葉殊異。大蕨亦別一種，山人食之。宋人疑爲狗脊苗，非是；另繪於後。

曲洧舊聞：具茨山亦產蕨，採藥者云：其根即黑狗脊也。按本草圖經，黑狗脊有一種乃蕨也。而其下不云是蕨，蓋苗已老，脩書遺其說耳。具茨人雖採蕨爲蔬茹，然不知其名，但呼爲小兒拳。

齊民要術：爾雅云蕨，虌。郭璞注云：初生無葉，可食。廣雅曰：紫蘩，非也。詩義疏曰：蕨，山菜也。初生似蒜，莖紫黑色，二月中高八九寸，老有葉，瀹爲茹，滑美如葵。今隴西天水人及此時而乾收，秋冬嘗之。又云：以進御。三月中其端散爲三枝，枝有數葉，葉似青蒿，長麤堅硬，不可食。周、秦曰蕨，齊、魯曰虌。食經藏蕨法，先洗蕨肥著器中，蕨一行，鹽一行，薄粥沃之。一法以薄灰淹之，一宿出蟹眼，瀹之，出熇，內糟中，可至蕨時。蕨菹取蕨暫經湯出，蒜亦然，令細切，與鹽酢。又云：蒜、蕨俱寸切之。

翹搖

本草拾遺：翹搖味辛，平，無毒。主破血，止血，生肌。亦充生菜食之。又主五種黃病，絞汁服之。生平澤，紫花，蔓生，如豋豆。詩義疏云：苕饒，幽州人謂之翹饒。爾雅云：柱夫，搖車也。

食療本草：療五種黃病，生擣汁，服一升，日二，差。甚益人，利五藏，明耳目，去熱風，令人輕健，長食不厭，煮熟喫佳，若生喫，令人吐水。

陸璣詩疏：苕，苕饒也，幽州人謂之翹饒，蔓生，莖如豋豆而細，葉似蒺藜而青，其莖葉綠色，可生食，如小豆藿也。

爾雅：柱夫，搖車。註：蔓生，細葉，紫華，可食。今俗呼曰翹搖車。疏：柱夫，可食之草也。

一名搖車，俗呼翹搖車，蔓生，紫華，華起搖動，因名云。

齊民要術：爾雅云，苕，陵苕。黄華蔈，白華茇。孫炎云：苕，華色異名者。廣志云：苕草色青黄，紫花。十二月稻下種之，蔓延殷盛，可以美田，葉可食。

東坡元脩菜詩序：菜之美者，有吾鄉之巢。故人巢元脩嗜之，余亦嗜之。元脩云：使孔北海見，當復云吾家菜耶，因謂之元脩菜。余去鄉十有五年，思而不可得，元脩適自蜀來，見余於黄，乃作是詩，使歸致其子而種之東坡之下云。

陸游巢菜詩序：蜀蔬有兩巢：大巢，豌豆之不實者；小巢，生稻畦中，東坡所賦元脩菜是也。吳中絶多，名漂搖草，一名野蠶豆，但人不知取食耳。予小舟過梅市得之，始以作羹，風味宛然在醴泉蟆頤時也。

甘藍 本草拾遺：甘藍平，補骨髓，利五藏、六腑，利關節，通經絡中結氣，明耳目，健人少睡，益心力，壯筋骨。此者是西土藍，闊葉可食，治黄毒，煮作菹，經宿漬色黄，和鹽食之，去心下結伏氣。

食醫心鏡：甘藍菜作虀菹，煮食並得。

本草綱目李時珍曰：此亦大葉冬藍之類也。案胡洽居士云：河東隴西羌胡多種食之。漢地少有。其葉長大而厚，煮食甘美，經冬不死，春亦有英，其花黄，生角結子；其功與藍相近也。

羣芳譜：擘藍一名芥藍，葉色如藍，芥屬也。南方謂之芥藍，葉可擘食，故北方謂之擘藍。葉大如菘，根大於芥薹，苗大於白芥，子大於蔓菁，花淡黄色，三月花，四月實，每畝可收三四石。葉可作菹，或作乾菜，又可作靛染帛，勝福青。種無時，收根者須四五月種，少長，擘其葉，漸擘根漸大，八、九月並根葉取之。地須熟耕，多用糞，土喜虛浮，土強者多用灰糞和之。疎行則本大而子多，每本約相去一尺，卽乾枯之後，根復生葉，或並劚去，大根稍存入土，細根來年亦生，經數年不壞。苗、葉、根、心俱堪爲蔬，四時皆可食。子可壓油食。菜之根本皆在土中，獨此在土上，根剝去皮，可煑食，或糟藏，醬豉皆可。莖、葉用麻油煮食，並飲汁，能散積痰。葉及子能消食積，解麵毒，蔬中佳品也。

蒔蘿 開寶本草：蒔蘿味辛，溫，無毒。主小兒氣脹，霍亂，嘔逆，腹冷，食不下，兩肋痞滿。生佛誓國，如馬芹，子辛香，亦名慈謀勒。

圖經：蒔蘿出佛誓國，今嶺南及近道皆有之。三月、四月生苗，花、實大類蛇床而香辛。六月、七月採實。今人多以和五味，不聞入藥用。

白苣 嘉祐本草：白苣味苦，寒。主補筋骨，利五藏，開胸膈壅氣，通經脈，止脾氣，令人齒白，聰明少睡，可常食之。患冷氣人食，卽腹冷，不至苦損人。產後不可食，令人寒中，小腸痛。陳藏器云：白苣如萵苣，葉有白毛。萵苣冷，微毒。紫色者入燒鍊藥用，餘功同白苣。種樹書：生菜種之不拘時，纔盡卽下種，亦便出。諺云：生菜不離園，以不時而出也。

萵苣 本草衍義：萵苣，今菜中惟此自初生便堪生啗，四方皆有，多食昏人眼。蛇亦畏之。蟲入耳，以汁滴耳中，蟲出。諸蟲不敢食其葉。以其心置耳，則蚰蜒出，路蟲亦出。有人自長立禁此一物，不敢食，至老目不昏。

農桑通訣曰：萵苣作畦下種，如菠薐法。但得生芽，先用水浸種一日，於濕地上布襯，置子於上，以盆椀合之，候芽漸出卽種。正、二月種之，可爲常食。秋社前一二日種者，可爲醃菜。其莖去皮，蔬食。又可糟藏，謂之萵笋。

清異錄：咼國使者來漢，隋人求得菜種，酬之甚厚，故因名千金菜，今萵苣也。

東風菜 嘉祐本草：東風菜味甘，寒，無毒。主風毒壅熱、頭疼、目眩，肝熱、眼赤。亦堪入羹臛，煑食甚美。生嶺南平澤，莖高三二尺，葉似杏葉而長，極厚軟，上有細毛，先春而生，故有東風之號。

越瓜　嘉祐本草：越瓜味甘，寒。利腸胃，止煩渴，不可多食，動氣，發諸瘡，令人虛弱，不能行，不益小兒。天行病後不可食，又不得與牛乳酪及酢同飡，及空心食，令人心痛。

本草拾遺：越瓜大者色正白，越人當果食之，利小便，去煩熱，解酒毒，宣洩熱氣。小者糟藏之，爲灰傅口吻瘡及陰莖熱瘡。

齊民要術：食經藏越瓜法，糟一斗，鹽三升，醃瓜三宿，出以布拭之，復醃，如此。凡瓜欲得完，愼勿傷，傷便爛，以布囊就取之，佳。豫章郡人晚種越瓜，所以味亦異。

又食經曰：樂安令徐肅藏瓜法，取越瓜細者，不操拭，勿使近水，鹽之令鹹。十日取出拭之，小陰乾熇之，仍內著盆中，作和法，以三升赤小豆、三升秫米並炊之，令黃，合舂之；以三斗好酒解之，以瓜投中密塗，乃經年不敗。

崔寔曰：大暑後六日，可藏瓜。

茄子　嘉祐本草：茄子味甘，寒。久冷人不可多食，損人，動氣，發瘡及痼疾。一名落蘇，處處有之。根及枯莖葉主凍脚瘡，可煑作湯，漬之良苦。茄樹小有刺，其子以醋摩療癰腫，根亦作浴湯，生嶺南。

食療本草：落蘇子主寒熱五藏勞，不可多食，熟者少食無畏，又醋摩之，傅腫毒。

圖經：茄子舊不著所出州土，云處處有之，今亦然。段成式云：茄者蓮莖之名，字當革遐反，今呼若伽，未知所自耳。茄子類有數種：紫茄、黃茄，南北通有之。青水茄、白茄，惟北土多有。入藥多用黃茄，其餘惟可作菜茄耳。又有一種苦茄，小株有刺，亦入藥。江南有一種藤茄，作蔓生，皮薄，似葫蘆，亦不聞中藥。江南方有療大風熱痰，取大黃老茄子，不計多少，以新瓶盛貯，埋之土中，經一年盡化爲水，取入苦參末，同丸，如桐子，食已及欲臥時，酒下三十粒，甚效。又治墜撲内損，散敗血痛及惡瘡發背等。重陽日收取茄子百枚，去蔕，四破切之，消石十二兩碎擣，以不津瓶器大小約可盛納茄子者，於器中先鋪茄子一重，乃下消石一重覆之，如此令盡，然後以紙三數重密密封之，安置淨處，上下以新磚擅覆，不犯地氣。至正月後取出，去紙兩重，日中暴之，逐日如此，至二、三月度已爛，卽開瓶傾出，濾去滓，别入新器中，以薄綿蓋頭，又暴，直至成膏，乃可用。内損，酒調半匙，空腹飲之，日再，惡血散則痛止而愈矣。諸瘡腫亦先酒飲半匙，又用膏於瘡口四面塗之，當覺冷如冰雪，瘡乾便差。其有根本在膚腠者，亦可内消，若膏久乾硬卽以飯飲化動塗之。又治腰脚風血積冷，筋急拘攣疼痛者，取茄子根五十斤，細切淨洗，乾以水五斗煑取濃汁，濾去滓，更入小鐺器中，煎至一升以來，卽入生粟粉同煎，令稀稠得所，取出溲和，更入研了麝香、硃砂拗同丸，如桐子。每旦日用秫米酒送三十丸，近暮再服，一月乃差。男子、女人通用，皆驗。

南方草木狀：茄，樹；交廣草木，經冬不衰，故蔬圃之中，種茄宿根有三五年者。漸長，枝榦乃成大樹。每夏秋盛熟則梯樹採之。五年後樹老子稀，卽伐去之，别栽嫩者。

齊民要術：種茄子法，茄子九月熟時摘取，劈破，水淘子取沈者，速曝乾裏置，二月畦種。治畦下水一如葵法，性宜水，常取潤澤。著四五葉，雨時合泥移栽之。若旱無雨，澆水令徹澤，夜栽之，白日以席蓋，勿令見日。十月種者如區種瓜法，推雪著區中，則不須栽；其春種不作畦，直如種凡瓜法者，亦得，唯須曉夜數澆耳。大小如彈圓，中生食，味似小豆角。炮茄子法，用子未成者，子成則不好也。以竹刀、骨刀四破之，用鐵則渝黑也。湯煠去腥氣，細切葱白熬油香，蘇彌好。香醬、清劈葱白與茄子共下，炮令熟，下椒薑末。

酉陽雜俎：茄子，茄字本蓮莖名，革遐反，今呼伽，未知所自。成式因熟節下食有伽子數蔕，偶問工部員外郎張周封伽子故事，張云：一名落蘇，事具食療本草，此誤作食療本草，元出拾遺本草，成式記得隱侯行園詩云：寒瓜方臥壠，秋菰正滿陂；紫茄紛爛漫，綠芋鬱參差。又一名崑崙瓜，嶺南茄子宿根成樹，高五六尺，姚向曾爲南選使，親見之。茄子熟者，食之厚腸胃，動氣發疾，根能治竈瘃。欲其子繁，待其花時取葉布於過路，以灰規之，人踐之，子必繁也。俗謂嫁茄子。僧人多炙之，甚美。有新羅種者，色稍白，形如雞卵。西明寺僧造元一曰元造。院中有其種。水經云：石頭西對蔡浦，長百里，上有大荻浦，有茄子浦。

搜采異聞錄：浙西常茄皆皮紫，其皮白者爲水茄，吾鄉常茄皮白，而水茄則紫，其異如是。

胡荽

本草拾遺：胡荽、防風注，蘇云，防風子似胡荽，味辛，溫。消穀，久食令人多忘，發腋臭，根發痼疾，子主小兒禿瘡，油煎傅之，亦主蠱毒，五野雞病及食肉中毒，下血。煑令子坼，服汁，石勒諱「胡」，幷汾人呼爲香荽也。

嘉祐本草：胡荽味辛，溫，一云微寒，微毒。消穀，治五藏，補不足，利大小腸，通小腹氣，拔四肢熱，止頭痛。療痧疹、豌豆瘡不出，作酒噴之，立出。通心竅，久食令人多忘，發腋臭、腳氣，根發痼疾，子主小兒禿瘡，油煎傅之，亦主蠱五痔及食肉中毒，下血。煑冷取汁服，幷州人呼爲香荽，入藥炒用。

食療本草：平，利五藏，補筋脈，主消穀能食，若食多則令人多忘。又食着諸毒肉，吐下血不止，頓痞黃者，取淨胡荽子一升，煑食，腹破取汁，停冷，服半升，一日一夜，二服卽止。又狐臭、䘌齒病人不可食，疾更加久。冷人食之，脚弱，患氣彌不得食。又不得與邪蒿同食，食之令人汗臭。難產不得久食，此是薰菜，損人精神，秋冬擣子，醋煮熨腸頭出，甚效。可和生菜食，治腸風，熱餅裹食，甚良。

齊民要術：胡荽宜黑輭青沙良地，三徧熟耕，樹陰下不得，和豆處亦得。春種者用秋耕地，開春凍解，地起有潤澤時，急接澤種之。種法，近市負郭田一畝用子二升，故穊種漸鋤，取賣供生菜也。外舍無市之處，一畝用子一升，疎密正好，六、七月種。一畝用子一升，先燥曬，欲種時布子於堅地，一升子與一掬濕土和之，以脚蹉，令破作兩段，多種者以磚瓦蹉之，亦得以木礱之。得子有兩，人人各著故不破，兩段則疎密水浥而不生。著土者令注入殼中，則生疾而長速，種時欲燥，此菜非雨不生，所以不求濕下也。於旦暮潤時，以耬耩作壟，以手散子，卽勞令平。春雨難期，必須藉澤，蹉跎失機，則不得矣。地正月中凍解者，時節旣早，雖浸芽不生，但燥種之，不須浸子。地若二月始解者，歲月稍晚，恐澤少不時生，失歲計矣。便於暖處籠盛胡荽子，一日三度以水沃之，二三日則芽生，於旦暮時投潤，漫擲之，數日悉出矣。大體與種麻法相似。假令十日、二十日未出者，亦勿怪之，尋自當出。有草方令拔之，菜生二三寸，鋤去穊者，供食及賣。十月足霜乃收之，取子者仍留根，間拔令稀，穊卽不生。以草覆上，覆者得供生食，又不凍死。又五月子熟，拔取曝乾，勿使令濕，濕則浥鬱格柯，打出作蒿篅盛之。冬日亦得入窖，夏還出之，但不濕亦得。五六年停，一畝收十石，都邑糶賣，石堪一疋絹，若地柔良，不須重加耕墾者，於子熟時，好子稍有零落者，然後拔取。直深細鋤地一徧，勞令平，六月連雨時穭生者，亦尋滿地，省耕種之勞。秋種者，五月子熟，拔去，急耕，十餘日又一轉，入六月又一轉，令好調熟如麻地，卽於六月中旱時耬耩作壟，蹉子令破，手散，還勞令平，一同春法。但旣是旱種，不須耬潤，此菜旱種，非連雨不生，所以不同春月要求濕下。種後未遇連雨，雖一月不生，亦勿怪。麥底地亦得種，止須急耕調，雖名秋種，曾在六月，六月中無不霖望連雨，生則根強科大。七月種者，雨多亦得，雨少則生不盡，但根細科小，不同六月種者，便十倍失矣，大都不同。觸地濕入，中生，高數寸，鋤去概者，供食及賣。作菹者十月足霜乃收之，一畝兩載，載直絹三疋，若留冬中食者，以草覆之，尚得竟冬中食。其春種小小供食者，自可畦種，畦種者一如葵法。若種者挼生子令中破籠盛，一日再度以水沃之，令生芽，然後種之，再宿卽生矣。晝用箔蓋，夜則去之；晝不蓋，熱不生，夜不去，蟲耬之。凡種菜子難生者，皆水沃令芽生，無不卽生矣。作胡荽菹法，湯中渫出之，著大甕中以煖蓋，經宿水浸之，明日汲水淨洗，出別器中，以鹽酢浸之，香美不苦，亦可洗訖作粥，津麥䴬味。如蘸芥菹法，亦有一種味作裹菹者，亦須渫去苦汁，然後乃用之矣。䴬音桓。

蔊菜

本草拾遺：猂豬孝切。菜味辛，溫，無毒。主冷氣，腹內久寒，食飲不消，令人能食。字林曰：猂，辛菜。南人食之，去冷氣。

本草綱目：蔊味辛辣，如火焊人，故名。亦作䓬。陳藏器本草有䓬菜。云辛菜也，南人食之。不著形狀。今攷唐韻玉篇並無䓬字，止有蔊字，云辛菜也，則䓬乃蔊字之訛爾。蔊菜生南地，田園間小草也。冬月布地叢生，長二三寸，柔梗細葉，二月開細花，黃色，結小細角，長一二分，角內有細子。野人連根、葉拔而食之，味辛，呼辣米菜。沙地生者尤伶仃，故洪舜俞老圃賦云：蔊有拂士之風，林洪山家淸供云：朱文公飮後，輒以蕁莖供蔬品，蓋盱江、建陽、嚴陵人，皆喜食之也。

同蒿 嘉祐本草：同蒿平。主安心氣，養脾胃，消水飲，又動風氣，熏人心，令人氣滿，不可多食。

救荒本草：茼蒿處處有之，人家園圃中多種。苗高一二尺，葉類胡蘿蔔葉而肥大，開黃花，似菊花。味辛，性平。採苗、葉煠熟，水浸淘淨，油鹽調食。不可多食，動風氣，熏人心，令人氣滿。

農桑通訣曰：茼蒿春二月種，可爲常食。秋社前十日種，可爲秋菜。如欲出種，春菜食不盡者，可爲子。俱是畦種。其葉又可湯泡，以配茶茗，實菜中之有異味者。

邪蒿 嘉祐本草：邪蒿味辛，溫，平，無毒。似青蒿，細軟。主胸膈中臭爛惡邪氣，利腸胃，通血脈，續不足氣。生食微動風，作羹食良。不與胡荽同食，令人汗臭氣。

食醫心鏡：治五藏邪氣厭穀者，治脾胃腸澼，大渴，熱中，暴病，惡瘡。以煑令熟，和醬醋食之。

救荒本草：邪蒿生田園中，今處處有之。苗高尺餘，似青蒿細軟。葉又似胡蘿蔔葉，微細而多花。又莖、葉稠密，梢間開小碎瓣黃花。苗、葉味辛，性溫，平，無毒。採苗、葉煠熟，水浸淘淨，油鹽調食。生食微動風氣，作羹食良。不可同胡荽食，令人汗臭氣。

北齊書邢峙傳：峙天保初，郡舉孝廉，授四門博士，遷國子助教，以經入授皇太子。峙方正純厚，有儒者之風。廚宰進太子食，有菜曰邪蒿，峙命去之，曰：此菜有不正之名，非殿下所宜食。顯祖聞而嘉之，賜以被褥縑纊。

羅勒 嘉祐本草：羅勒味辛，溫，微毒。調中消食，去惡氣，消水氣。宜生食。又療齒根爛瘡，爲灰用甚良。不可過多食，壅關節，澀榮衛，令血脈不行。又動風，發腳氣，患嘔，取汁服半合定。冬月用乾者煑之。子主目瞖及物入目，三五顆致目中，少頃當濕脹，與物俱出，又療風赤眵淚。根主小兒黃爛瘡，燒灰傅之，佳。北人呼爲蘭香，爲石勒諱也。此有三種：一種堪作生菜；一種葉大，二十步內聞香；一種似紫蘇葉。

齊民要術：蘭香者，羅勒也。中國爲石勒諱，故改，今人因以名焉。且蘭香之目，美於羅勒之名，故卽而用之。韋宏賦叙曰：羅勒者生崑崙之邱，出西蠻之俗。案今世大葉而浥者，名朝膊香矣。三月中候棗葉始生，乃種蘭香，早種者徒費子耳，天寒不生。治畦下水，一同葵法。及水散子訖，水盡簁熟糞，僅得蓋子便止，厚則不生，弱苗故也。晝日箔蓋，夜卽去之，晝日不用見日，夜須受露氣，生卽去箔，常令足水。六月連雨拔栽之，掐心著泥中，亦活。作葅及乾者，九月收，晚卽乾惡。作乾者，大晴時薄地刈取，布地曝之，乾乃挼取末，甕中盛，須則取用。拔頭懸者裛爛，又有佳糞塵土之患也。取子者，十月收。自餘雜香菜不列者，種法悉與此同。博物志曰：燒馬蹄、羊角成灰，春散著濕地，羅勒乃生。

救荒本草：香菜生伊洛間，人家園圃種之。苗高一尺許，莖方窊，面四稜，莖葉紫稔，葉似薄荷微小，邊有細鋸齒，亦有細毛，梢頭開花作穗。花淡藕褐色，味辛香，性溫，無毒。採苗、葉煠熟，油鹽調食。

菠薐　嘉祐本草：菠薐冷，微毒。利五藏，通腸胃熱，解酒毒。服丹石人食之，佳。北人食肉、麵，卽平。南人食魚、鱉、水米，卽冷。不可多食，冷大小腸，久食令人脚弱不能行，發腰痛。不與䱇魚同食，發霍亂吐瀉。

劉禹錫嘉話錄云：菠薐生西國中，有自彼將其子來，如苜蓿、葡萄因張騫而至也。本是頗陵國將來，語訛爾，時多不知也。

種樹書：菠薐過月朔乃生，今月初一、二間種，與二十七、八間種者，皆過來月初一乃生，驗之信然。蓋菠薐國菜。

農桑輯要云：菠薐作畦下種，如蘿蔔法。春正月、二月皆可種，逐旋食用。秋社後二十日種，於畦下以乾馬糞培之，以備霜雪。十月内以水沃之，以備冬食。

農桑通訣曰：菠薐七、八月間以水浸子，殼軟，撈出控乾，就地以灰拌，撒肥地，澆以糞水，芽出惟用水澆，待長仍用糞水澆之，則盛春月出薹，至春暮莖、葉老時，用沸湯掠過，曬乾，以備園枯時食用，甚佳。實四時可用之菜也。

閩書：菠薐菜又作波稜。劉禹錫嘉話錄云：本出西域頗陵國，訛頗爲波。閩中記以葉如波紋有稜，以義求之歟？按波稜生北方者爲竹菠薐，莖長而爽；閩中者爲石菠薐，莖短而甘。

唐會要：太宗時尼婆羅國獻波稜菜，類紅藍，實如蒺藜。火熟之，能益食味。

灰藋

嘉祐本草：灰藋味甘，平，無毒。主惡瘡，蟲蠶蜘蛛等咬，擣碎和油傅之。亦可煮食。亦作浴湯，去疥癬風瘙。燒爲灰，口含及内齒孔中，殺齒䘌甘瘡。取灰三四度淋取汁，蝕息肉，除白癜風，黑子面䵟，著肉作瘡。子炊爲飯，香滑，殺三蟲。生熟地，葉心有白粉，似藜，而藜心赤，莖大，堪爲杖，亦殺蟲。人食爲藥，不如白藋也。

炮炙論：金鎖天時呼爲灰藋，是金鎖葉撲蔓翠上，往往有金星，堪用也。若白青色是忌，女莖不入用也。若使金鎖天葉、莖高低二尺五寸，妙也。若長若短，不中使。凡用勿令犯水，先去根，日乾，用布拭上肉毛令盡，細剉，焙乾用之。

陸璣詩疏：北山有萊。萊，草名。其葉可食，今兗州人蒸以爲茹，謂之萊蒸。廣要說文云：萊，蔓華也，從草來聲，洛哀切。黄直翁云：詩北山有萊，通作釐。爾雅釐草與萊同韻。吳才老云：萊，夫須也。陸璣草木疏云：萊，藜也。爾雅作釐。郭璞遊仙詩云：朱門何足榮，未若托蓬萊；

臨源挹清波，陵岡掇丹荑。按爾雅云：釐，蔓華。說文云：萊，蔓華，則萊卽釐，無疑矣。韻補、韻會諸書俱云：萊釐同韻。范石湖吳郡志云：萊、釐，吳音並用。小雅南山章，與臺、田飴反。基、期同叶，則二字同音，又無疑矣。但諸韻書俱引草木疏云：萊，藜也。今疏本文不載，可見陸疏逸去者甚多，如夫須卽南山有臺之薹草，不知才老何以云然？又藜草似蓬，一名洛帚，大可爲杖。杜子美云：清風獨杖藜，疑與萊異種。據景純、漁仲註：釐，一名蒙華，未詳其狀何似。

按今之藜杖卽灰藋莖所製，廣要知萊爲藜，不知藜卽灰藋一類耳。洛帚卽獨帚彗也，可爲帚，不聞堪杖。

救荒本草：舜芒穀俗名紅落藜，生田野及人家舊莊窠上多有之。科苗高五尺餘，葉似灰菜葉而大，微帶紅色。莖亦高麤，可爲拄杖。其中心葉甚紅，葉間出穗，結子如粟米顆，灰青色，味甜。採嫩苗葉曬乾，揉去皮，煠熟，油鹽調食。子可磨麪，做燒餅蒸食。

又灰菜生田野中，處處有之。苗高二三尺，莖有紫紅線楞，葉有灰麪，結青子，成穗者甘，散穗者微苦，性暖。生牆下樹下者不可用，採苗、葉煠熟，水浸淘淨，去灰氣，油鹽調食。曬乾煠食，尤佳。穗成熟時，採子搗爲米，磨麪作餅，蒸食皆可。

爾雅正義：釐，蔓華。註：一名蒙華。正義：釐一名蔓華。說文作萊，蔓華。徐鍇以爲釐與萊音同是也。小雅云：北山有萊。齊民要術引詩義疏云：萊，藜也。莖葉皆似菉王芻，今兗州人蒸以爲茹，謂之萊烝。譙沛人謂雞蘇爲萊。三倉云：萊、茱萸，此二草異而名同。案玉篇云：萊，藜草也。廣韻與玉篇同。今不治之地，多生萊。十月之交云：田卒汙萊。月令云：藜、莠、蓬、蒿並興，故盡地力者，主於闢草萊也。然地不宜稼者，或種之以備荒，貧者食之。莊子所謂藜羹不糝，韓非子所謂藜藿之羹也。

焦循毛詩補疏：北山有萊。傳：萊，草也。循按：爾雅：釐，蔓華。說文：萊，蔓華也。萊、釐古字通。詩：貽我來牟。劉向封事引作貽我釐牟。書：帝告釐沃，一作來沃是也。釐卽藜，故玉篇以藜訓萊。月令孟春行秋令，藜、莠、蓬、蒿並興。管子封禪篇云：嘉禾不生，而蓬、蒿、藜、莠茂。蓋田畝荒穢故生此。詩十月之交言汙萊，周禮地官言萊田，蓋不耕治則荒草生藜莠之類也。言萊以概諸草，正義以爲草之總名，則非矣。

秦荻藜

唐本草：秦荻藜味辛，溫，無毒。主心腹冷脹，下氣消食。人所噉者，生下濕地，所在有之。

食療本草：秦荻藜於生菜中最香美，甚破氣，又末之和酒服，療卒心痛，悒塞滿氣。又子末以和醋，封腫毒，日三易。

蕹菜

嘉祐本草：蕹菜味甘，平，無毒。主解野葛毒，煮食之，亦生擣服之。嶺南種之，蔓生，花白，堪爲菜云。南人先食蕹菜，後食野葛，二物相伏，自然無苦。又取汁滴野葛苗，當時萎死，其相殺如此。張司空云魏武帝噉野葛至一尺，應是先食此菜也。

南方草木狀：蕹葉如落葵而小，性冷，味甘。南人編葦爲筏，作小孔，浮於水上，種子於水中，則如萍，根浮水面，及長，莖葉皆出於葦筏孔子，隨水上下，南方之奇蔬也。冶葛有大毒，以蕹汁滴其苗，當時萎死。世傳魏武能噉冶葛至一尺，云先食此菜。

北戶錄：蕹菜葉如柳，三月生。陳藏器云：主解胡蔓草毒。胡蔓卽野葛也。愚按廣之菜有掉東風蕊蒚之類，無足奇者。吳志孫皓時有蕢菜。晉安帝義熙二年有苦蕢菜，生揚州。國初建達國獻佛土菜，泥婆國獻波稜菜。

閩書：蕹菜蔓生，花白，莖中虛，摘其苗土壓之，輒活。一名甕菜。遯齋閒覽：本生東夷古倫國，番舶以甕盛之，故名甕菜。漳人編葦爲筏，作小孔，浮水上，如萍根浮水面，莖葉皆出於葦筏孔，南方奇蔬。

胡瓜　嘉祐本草：胡瓜葉味苦，平，小毒。主小兒閃癖，一歲服一葉已上，斟酌與之。生挼絞汁服，得吐，良。根擣傅胡刺毒腫。其實味甘，寒，有毒，不可多食。動寒熱，多瘧病，積瘀熱，發疰氣，令人虛熱上逆，少氣，發百病及瘡疥，損陰血脈氣，發腳氣，天行後，不可食。小兒切忌，滑中，生疳蟲。不與醋同食。北人亦呼爲黃瓜，爲石勒諱，因而不改。

齊民要術曰：種越瓜、胡瓜法，四月中種之。胡瓜宜豎柴木，令其蔓緣之。收越瓜欲飽霜，霜不飽則爛。收胡瓜候色黃則摘，若待色赤則皮存而肉消。並與凡瓜於香醬中藏之，亦佳。徐元扈曰：甜瓜生者，以餋骨刺頂上易熟。

又曰：種法，傍牆陰地作區，圓二尺，深五寸，以熟糞及土相和。正月晦日種，二月三月亦得。既生以柴木倚牆，令其緣上，旱則澆之。八月斷其梢，減其實，一本但存六枚。多留則不成也。十月霜足收之。早收則爛。削去皮，子於芥子醬中，或美豆醬中藏之，佳。

鹿角菜　嘉祐本草：鹿角菜大寒，無毒，微毒。下熱風氣，療小兒骨蒸熱勞，丈夫不可久食，發痼疾，損經絡血氣，令人脚冷痹，損腰腎，少顏色，服丹石人食之，下石力也。出海州、登萊沂密州，並有生海中，又能解麪熱。

草石蠶　本草會編：草石蠶徽州甚多，土人呼爲地蠶。肥白而促節，大如三眠蠶。生下濕地及沙磧間，秋時耕犂，徧地皆是，收取以醋淹，作菹食，冬月亦掘取之。

食物本草：地蠶生郊野麥地中，葉如薄荷，少狹而尖。又微皺欠光澤，根白色，狀如蠶。四月采根，水瀹，和鹽爲菜茹之。

本草綱目李時珍曰：草石蠶即今甘露子也，荆湘江淮以南，野中有之，人亦栽蒔。二月生，苗長者徑尺，方莖對節，狹葉有齒，並如雞蘇，但葉皺有毛耳。四月開小花，成穗，一如紫蘇花穗，結子如荆芥子。其根連珠，狀如老蠶，五月掘根蒸煮食之，味如百合。或以蘿蔔滷及鹽菹水收之，則不黑。亦可醬漬、蜜藏，既可爲菜，又可充果。陳藏器言石蠶葉似卷柏者，若與此不同也。

農書：甘露宜於園圃近陰地，春時種之。用麥穅爲糞，地宜沾潤爲佳，至秋乃收。

務本新書曰：甘露子，白地內區種，暑月以麥穅蓋之，承露滋生，以是得名。宜肥地熟鋤，取子稀種，其根皆連珠，須耘淨，方茂。生熟可食，可用蜜或醬漬之，作豉亦得。

按廣西志，蘘荷俗呼爲甘露子，根如蠶蛹，莖葉如薄荷，能治蠱，味極甘脆。唐柳子厚任柳時，種此。考崔豹古今注，蘘荷似芭蕉，與草石蠶絕不相類，不知廣西何以相沿以爲即草石蠶。潯州府志據邱文莊羣書鈔方云：松江志俗呼爲甘露子，似又因松江志而然。

辰谿縣志：地桶子本名地蠶。續博物志：生山野中，方莖，狹葉，有齒，根似老蠶，可菹茹。

地瓜兒

救荒本草：地瓜兒苗生田野中，苗高二尺餘，莖方四楞，葉似薄荷葉微長大，又似澤蘭葉，傍莖而生。根名地瓜，形類甘露兒更長，味甘，掘根洗淨，煠熟，油鹽調食；生醃食，亦可。

按江西田野中亦有之，李時珍以爲即草石蠶。但根既長而繁，葉團，開小白花，花葉全殊，或一種而形異耳。

白花菜

食物本草：白花菜味苦，辛，微毒。下氣，多食動風氣，滯臟腑，令人悶滿，傷脾。

本草綱目：白花菜三月種之，柔莖延蔓，一枝五葉，葉大如拇指，秋間開小白花，長蕊，結小角，長二三寸，其子黑色而細，狀如初眠蠶沙，不光澤。菜氣羶臭，惟宜鹽葅食之。煎水洗痔，擣爛敷風濕痹痛，擂酒飲，止瘧。

錦荔枝 救荒本草：錦荔枝又名癩葡萄，人家園籬邊多種，苗引藤蔓，延附草木生。莖長七八尺，莖有毛澀，葉似野葡萄葉，而花又多，葉間生細絲蔓，開五瓣黃碗子花。結實如雞子大，尖艄紋皺，狀似荔枝而大，生青熟黃，內有紅瓤，味甜，採荔枝黃熟者，食瓤。徐元扈曰：南中人甚食此物，不止於瓤，實青時採者，或生食與瓜同，用名苦瓜也。青瓜頗苦，亦清脆可食耳。閩廣人爭詫爲極甘也。此恆蔬，不必救荒。

嶺南雜記：苦瓜又名癩葡萄，卽錦荔枝也。閩粵皆以爲常饌，有和脾疎胃之功。俱食其青者。或醃作葅，或灌肉其內，或以燜肉。

王世懋瓜蔬疏：錦荔枝吾地有名。錦荔枝者，外作五色蜂窠之狀，內子如鼈蟲，人甚惡之。不知閩廣人以爲至寶。去實用其皮、肉煮，肉味殊苦，廣人亦爲涼。多於京師種，摘而自供食，往在泉州，見城中遍地植之，名曰苦瓜，形稍長於此種。

黃瓜菜 食物本草：黃瓜菜野生田澤，形似油菜，但味少苦，取爲羹茹，甚香美。通結氣，利腸胃。

救荒本草：黃鵪菜苗初搨地生，葉似初生山萵苣葉而小，葉脚邊微有花叉，又似孛孛丁頭而葉頗團，葉中攛生葶叉，高五六寸許，開小黃花，結小細子，黃茶褐色。葉味甜，採苗、葉煠熟，換水淘淨，油鹽調食。按形卽黃瓜菜。

本草綱目：李時珍曰：此菜二月生苗，田野徧有，小科如薺，三、四、五月開黃花，花與莖葉並同地丁，但差小耳。一科數花，結細子，不似地丁之花成絮也。野人茹之，亦采以飼鵝。

胡蘿蔔 本草綱目：胡蘿蔔今北土山東多蒔之，淮楚亦有種者。八月下種，生苗如邪蒿，肥莖有白毛，辛臭如蒿，不可食。冬月掘根，生熟皆可啖，兼果蔬之用。根有黃、赤二種，微帶蒿氣。長五六寸大者，盈握，狀似鮮掘地黃及羊蹄根。三、四月莖高二三尺，開碎白花，簇攢如傘狀，似蛇床花，子亦如蛇床子，稍長而有毛，褐色，又如蒔蘿子，亦可調和食料。金幼孜北征錄云：交河北有沙蘿蔔，根長二尺許，大者徑寸，下支生小者如筯，其色黃白，氣味辛，而微苦，亦似蘿蔔氣，此皆胡蘿蔔之類也。根味甘，辛，微溫，無毒。主下氣，補中，利胸膈腸胃，安五臟，令人健食，有益無損，子治久痢。

南瓜

本草綱目：南瓜種出南番，轉入閩浙，今燕京諸處亦有之矣。二月下種，宜沙沃地；四月生苗，引蔓甚繁，一蔓可延十餘丈，節節有根，近地卽著；其莖中空，其葉狀如蜀葵，而大如荷葉，八九月開黃花，如西瓜花。結瓜正圓，大如西瓜，皮上有稜，如甜瓜。一本可結數十顆，其色或綠或黃或紅，經霜收置暖處，可留至春。其子如冬瓜子，肉厚色黃。不可生食，惟去皮、瓤瀹食，味如山藥，用豬肉煮食更良，亦可蜜煎。按王禎農書云：浙中一種陰瓜，宜陰地種之，秋熟，色黃如金，皮膚稍厚，可藏至春，食之如新。疑此卽南瓜也。

按南瓜向無入藥用者，近時治鴉片癮，用南瓜、白糖、燒酒煮服，可以斷癮云。

絲瓜

本草綱目：絲瓜唐以前無聞，今南北皆有之，以爲常蔬。二月下種，生苗引蔓，延樹竹或竹棚架。其葉大如蜀葵而多丫，尖有細毛刺，取汁可染綠；其莖有稜；六七月開黃花，五出，微似胡瓜花，蕊瓣俱黃。其瓜大寸許，長一二尺，甚則三四尺，深綠色，有皺點，瓜頭如鱉首，嫩時去皮可烹，可曝，點茶充蔬，老則大如杵，筋絡纏紐如織成，經霜乃枯，惟可藉靴履，滌釜器，故村人呼爲洗鍋羅。瓜內有隔，子在隔中，狀如苦蔞子，黑色而扁。其花苞及嫩葉卷鬚，皆可食也。

瓜氣味甘，平，無毒。主治痘瘡，不快，枯者燒存性，入朱砂，研末，蜜水調服，甚妙。煑食，除熱利腸。老者燒存性，服，去風，化痰，涼血，解毒，殺蟲，通經絡，行血脈，下乳汁，治大小便下血，痔漏，崩中黃積，疝痛，卵腫，血氣作痛，癰疽瘡腫，齒䘌，痘疹，胎毒。葉主治癬瘡，煩挼搽之，療癰疽，丁腫，卵㿗。

王世懋瓜蔬疏：絲瓜北種爲佳，以細長而嫩者爲美。性寒，無毒。有云多食之能痿陽，北人時噉之，殊不爾。然用其蔕可治小兒痘，汁滴瓶中，能消痰火，其涼可知矣。

救荒本草：絲瓜，人家園籬邊多種之，延蔓而生，葉似栝樓葉，而花又大，每葉間出一絲藤，纏附草木上，莖葉間五瓣大黃花。結瓜形如黃瓜而大，色青，嫩時可食，老則去皮肉，有絲縷，可以擦洗油膩器皿。味微甜，採嫩瓜，切碎，煠熟，水浸淘淨，油鹽調食。

甘藷

本草綱目：按陳祈暢異物志云，甘藷出交廣，南方民家以二月種，十月收之。其根似芋，亦有巨魁，大者如鵝卵，小者如雞、鴨卵，剝去紫皮，肌肉正白如肪。南人用當米穀果食，蒸炙皆香美，初時甚甜，經久得風稍淡也。又按嵇含草木狀云：甘藷，薯蕷之類；或云芋類也。根、葉亦如芋，根大如拳、甌，蒸煑食之，味同薯蕷，性不甚冷。珠崖之不業耕者，惟種此，蒸切晒收，以充糧糗，名諸糧。海中之人，多壽，亦由不食五穀而食甘藷故也。氣味甘，平，無毒。主治補虛乏，益氣力，健脾胃，強腎陰，功同薯蕷。

嶺南雜紀：番薯有數種，江浙近亦甚多而賤，皆從海船來者。形如山藥而短，皮有紅白二種，香甘可代飯。十月間徧畦開花，如小錦葵，粵中處處種之。有切碎晒乾爲糧者，有製爲粉，如蕨粉、藕粉者；又有甜薯，圓如鵝、鴨卵；有猪肝薯，形如猪肝，重十斤餘。皆出粵地，唯番薯自洋中來也。

閩小紀：明時閩人得之外國，瘠土砂礫之地皆可以種。初種於漳郡，漸及泉州，漸及莆，近則長樂、福清皆種之。蓋渡閩海而南，有呂宋國，其國有朱薯，被野連山，不待種植，彝人率取食之。其莖、葉蔓生，如瓜蔞、黄精、山藥、山蕷之屬，而潤澤可食，或煮或磨爲粉。其根如山藥、山蕷，如蹲鴟者其皮薄而朱，可去皮食，亦可熟食之，亦可生食，亦可釀爲酒；生食如食葛，熟食色如蜜，其味如熟荸薺，貯之有蜜氣，香聞室中。彝人雖蔓生不訾省，然恡而不與中國人，中國人截取其蔓咫許，挾小蓋中以來，於是入閩十餘年矣。其蔓雖萎，剪插種之，下地數日即榮。其初入閩時，值閩饑，得是而人足一歲。其種也，不與五穀爭地，凡瘠鹵沙岡皆可以長，糞治之則加大，天雨根益奮滿，即大旱不糞治，亦不失徑寸。圍泉人鬻之，斤不直一錢，二斤而可飽矣。於是耄耆、童孺，行道鬻乞之人，皆可以食。饑焉得充，多焉而不傷，下至雞犬皆食之。

南方草木狀：甘藷蓋薯蕷之類，或曰芋之類，根、葉亦如芋。實如拳，有大如甌者，皮紫而肉白，蒸鬻食之，味如薯蕷，性不甚冷。舊珠崖之地，海中之人，皆不業耕稼，惟掘地種甘藷，秋熟收之，蒸曬切如米粒，倉圌貯之，以充糧糗，是名藷糧。北方人至者，或盛具牛豕膾炙，而末以甘藷薦之，若粳粟然。大抵南人二毛者，百無一二，惟海中之人壽百餘歲者，由不食五穀而食甘藷故爾。

齊民要術：南方草木狀曰，甘藷二月種，至十月乃成卵，大如鵝卵，小者如鴨卵。掘出蒸食，其味甘甜，經久得風乃淡泊。出交趾武平九眞興古也。　異物志曰：甘藷似芋，亦有巨魁，剝去皮，肌肉正白如脂肪，南人專食以當米穀，蒸炙皆香美，賓客酒食亦施設，有如果實也。

附農政全書

甘藷

甘藷卽俗名紅山藥也。

稗史彙編曰：甘藷，或曰芋之類，根、葉亦如芋，大如拳，有大如甌，皮紫而肉白，蒸食味如薯蕷，性冷。生於朱崖之地，海中之人，皆不業耕稼，惟掘地種甘藷，秋熟收之，蒸、曬、切如米粒，作飯食之，貯之以充饑，是名藷糧。北方人至者，或盛具牛豕膾炙諸味，以甘藷薦之，若粳粟然。海中之人壽百餘歲者，由食甘藷故耳。

圖經云：江湖閩中出甘藷，根如薑芋之類，而皮紫，極有大者，一枚可重觔餘，刮去皮，煎煮食之，俱美。

元扈先生曰：藷有二種：其一名山藷，閩廣故有之；其一名番藷，則土人傳云：近年有人在海外得此種，海外人亦禁不令出境，此人取藷藤，絞入汲水繩中，遂得渡海，因此分種移植，略通閩廣之境也。兩種莖、葉多相類，但山藷植援附樹乃生，番藷蔓地生，山藷形魁壘，番藷形圓而長，其味則番藷甚甘，山藷爲劣耳。蓋中土諸書所言藷者，皆山藷也。今番藷撲地傳生，枝葉極盛，若於高仰沙土，深耕厚壅，天旱則汲水灌之，無患不熟。閩廣人賴以救饑，其利甚大。

又曰：薯蕷與山藷顯是二種，與番藷爲三種，皆絕不相類。

又曰：種藷法，種須沙地，仍要極肥，臘月耕地，以大糞壅之，至春分後下種，先用灰及剉草或牛馬糞和土中，使土脈散緩，可以行根。重耕地二尺深，次將藷種截斷，每長三二寸種之，以土覆，深半寸許，大略如種薯蕷法。每株相去數尺，俟蔓生盛長，剪其莖，另插他處卽生，與原種不異。至秋冬掘起，生熟蒸煑任用。其藏種有二法：其一傳卵，於九、十月間，掘藷卵，揀近根先生者，勿令傷損，用軟草包之，掛通風處，陰乾，至春分後，依前法種。一傳藤，八月中揀近根老藤，剪取長七八寸，每七八條作一小束，耕地作埒，將藤束栽種，如畦韭法，過一月餘，即每條下生小卵，如蒜頭狀，冬月畏寒，稍用草器蓋，至來春分種，若原卵在土中者，冬至後無不壞爛也。

又曰：藷根極柔脆，居土中甚易爛，風乾收藏，不宜入土，又不耐冰凍也。余從閩中市種北來，秋時用傳藤法，造一本桶，栽藤種於中，至春全桶擕來，過嶺分種必活，春間擕種即擇傳根者，持來，有時傳藤或爛壞，不壞者生發亦遲，惟帶根者，力厚易活，生卵甚早也。

又曰：藏種三法：其一，以霜降前擇於屋之東南無西風有東日處，以稻草疊基，方廣丈餘，高二尺許，其上更疊四圍，高二尺而虛其中，方廣二尺許，用稻穩襯之，置種焉，復用穩覆之，縛竹爲架籠，罩其上，以支上覆也。上用稻草高粱覆之，度令不受風氣雨雪乃已。又一法，稻穩襯底一尺餘，上加草灰盈尺，置種其中，復以灰穢厚覆之，上用稻草斜苫之，令極厚。一法藤卵俱合并安置，俱得不壞，而卵較勝，又以磁盆於八月中移栽，至霜降，如前二法藏之，亦活，其窖藏者仍壞爛也。

又曰：藏種之難，一懼濕，一懼凍，入土不凍而濕，不入土不濕而凍，向二法令必不受濕與凍，故得全也。若北土風氣高寒，即厚草苫蓋，恐不免冰凍，而地窖中濕氣反少，以是下方仍著窖藏之法，冀因愚說消息用之。

又曰：藏種必於霜降前，下種必於清明後，更宜留一半於穀雨後種之，恐清明左右，尚有薄凌微霜也。

又曰：閩中藏種，藤卵俱曬七八分乾收之。向後南北收藏，俱宜用乾者，或半用不乾者，雜試之。

又曰：復有一閩人說，留種法於霜降前剪取老藤作種，先用大罈洗淨曬乾或烘乾，次剪藤曬至七八分乾，用乾稻草殼襯罈，將藤蟠曲置稻草中。次用稻草殼塞口，先掘地作坎，量濕氣淺深，令不受濕，深或二尺許，淺或平地，先用稻草殼或籠糠鋪底，厚二三寸，將罈倒卓其上，次實土滿坎，仍塡高，令罈底土高四五寸，至來年清明後取起，卽罈中已發芽矣。是說疑諸方俱可用，幷識之。

又曰：藷每二三寸作一節，節居土上卽生枝，節居土下卽生根。種法，待延蔓時，須以土密壅其節，每節可得三五枚，不得土卽盡成枝葉，層疊其上，徒多無益也。今擬種法，每株居畝中，橫相去二三尺，縱相去七八尺，以便延蔓壅節，卽遍地得卵矣。若枝節已遍，復生遊藤者，宜剪去之，猶中飼牛羊。

又曰：吾東南邊海高鄉，多有橫塘縱浦，潮沙淤塞，歲有開濬，所開之土，積於兩崖，一遇霖雨，復歸河身，淤積更易；若城壕之上，積土成丘，

是未見敵而代築距堙也。此等高地，旣不堪種稻，若種吉貝，亦久旱生蟲，種豆則利薄，種藍則本重，若將岡脊攤入下塍，又嫌損壞花稻熟田；惟用種藷，則每年耕地一遍，斸根一遍，皆將高仰之土，翻入平田，平田不堪種稻，幷用種藷，亦勝稻田十倍，是不數年間，丘阜將化爲平疇也。況新起之土，皆是潮沙，土性虛浮，於藷最宜，特異常土，此亦任土生財之一端耳。

又曰：剪莖分種法，待苗盛枝繁，枝長三尺以上者，剪下去其嫩頭數寸，兩端埋入土各三四寸，中以土撥壓之，數日延蔓矣。

又曰：藷苗延蔓，用土壅節後，約各節生根，卽從其連綴處翦斷之，令各成根苗，不致分力，此最要法。

又曰：藷苗二、三月至七、八月，俱可種，但卵有大小耳。卵，八九月始生，便可掘食，或賣。若未須者，勿頓掘，居土中日漸大，南土到冬至，

北土到霜降，須盡掘之；不則爛敗矣。其種宜高地，遇旱災可導河汲井灌溉之。在低下水鄉，亦有宅地園圃高仰之處，平時作場種蔬者，悉將種藷，亦可救水災也。若旱年得水，澇年水退，在七月中氣後，其田遂不及藝五穀；蕎麥可種，又寡收而無益於人；計惟剪藤種藷，易生而多收。至於蝗蝻爲害，草木無遺，種種災傷，此爲最酷，乃其來如風雨，食盡卽去；惟有藷根在地，薦食不及，縱令莖、葉皆盡，尙能發生，不妨收入。若蝗信到時，能多并人力，益發土，遍壅其根節枝幹，蝗去之後，滋生更易，是蟲蝗亦不能爲害矣。故農人之家，不可一歲不種，此實雜植中第一品，亦救荒第一義也。

又曰：凡藷二三月種者，其占地也每科方二步有半，而卵徧焉。四五月種者，地方二步，而卵徧焉。六月種者，地方一步有半。七月種者，地方一步，而卵皆徧焉。八月種者，地方三尺以內，得卵細小矣。種之疎密，略以此準之。方二步者，畝六十科也。方一步有半者，畝一百六科有奇也。方一步者，畝一百四十科也。方三尺者，畝九百六十科也。九月畦種，卵生其下，如箸如棗。擬作種，早種而密者，謹視之，去其交藤。

又曰：人家凡有隙地，悉可種藷，若地非沙土，可多用柴草灰雜入凡土，其虛浮與沙土同矣。卽市井湫隘，但有數尺地，仰見天日者，便可種得石許。其法用糞和土曝乾，雜以柴草灰，入竹籠中，如法種之。

又曰：或問：藷本南產，而子言可以移植，不知京師南北，以及諸邊，皆可種之，以助人食，無令軍民枵腹否？余遽應之曰：可也。藷春種秋收，與諸穀不異，京邊之地不廢種穀，何獨不宜藷耶？今北方種藷，未若閩廣者，徒以三冬冰凍，留種爲難耳。欲避冰凍，莫如窖藏，吾鄉窖藏，又忌水濕，若北方地高，掘土丈餘，未受水濕，但入地窖，卽免冰凍，仍得發生。故今京師窖藏菜果，三冬之月，不異春夏，亦有用法煨熱，令冬月開花結蓏者，其收藏藷種，當更易於江南耳。則此種傳流，决可令天下無餓人也。

又曰：吳下種吉貝，吾海上及練川爲尤多，頗得其利。但此種甚畏風潮，每至秋間，纔生花實，一遇風雨，便受其損。若大風之後，更遇還風，則根撥實落，大不入矣。若將吉貝地種藷十之一二，雖風潮不損，此種撲地成蔓，風無所施其威也。還風者，一日東南，一日西北之類也。

又曰：昔人云，蔓菁有六利，又云柿有七絕。余續之以甘藷十三勝：一畝收數十石，一也；色白味甘，於諸土種中特爲夐絕，二也；益人與薯蕷同功，三也；遍地傳生，翦莖作種，今歲一莖，次年便可種數百畝，四也；枝葉附地，隨節作根，風雨不能侵損，五也；可當米穀，凶歲不能災，六也；可充籩實，七也；可以釀酒，八也；乾久收藏，屑之旋作餅餌，勝用餳蜜，九也；生熟皆可食，十也；用地少而利多，易於灌溉，十一也；春夏下種，初冬收入，枝葉極盛，草薉不容其間，但須壅土，勿用耘鋤，無妨農功，十二也；根在深土，食苗至盡，尚能復生，蟲蝗無所奈何，十三也。

又曰：閩廣人收藷以當糧，自十月至四月麥熟而止。東坡云：海南以藷爲糧，幾米之十六，今海北亦爾矣。經春風易爛壞，須先曬乾藏之。

又曰：甘藷所在，居人便足半年之糧，民間漸次廣種，米價諒可不至騰踊矣。但慮豐年穀賤，公家折色銀，輸納甚艱，民間急宜多種桑株育蠶，擬納折銀可也。

造甘藷酒法

藷根不拘多少，寸截斷，曬、晾半乾，上甑炊熟，取出揉爛，入瓶中，用酒藥研細，搜和按實，中間作小坎，候漿到，看老嫩，如法下水，用絹袋漉過，或生或煮熟任用。其入缸寒暖，酒藥分兩，下水升斗，或用麯蘖，或加藥物、香料，悉與米酒同法。若造燒酒，或即用藷酒入鍋，蓋以錫兜鍪蒸煮滴糟，成頭子燒酒，或用藷糟，依法造成常用燒酒，亦與米酒米糟造燒酒同法。

植物名實圖考長編卷之六

山草

人參

本草經：人參味甘，微寒。主補五臟，安精神，定魂魄，止驚悸，除邪氣，明目，開心，益智；久服輕身延年。一名人銜，一名鬼蓋。

別錄：微溫，無毒。療腸胃中冷，心腹鼓痛，胸脇逆滿，霍亂吐逆，調中，止消渴，通血脈，破堅積，令人不忘。一名神草，一名人微，一名土精，一名血參。如人形者有神，生上黨山谷及遼東。二月、四月、八月上旬採根，竹刀刮，暴乾，無令見風。陶隱居云：上黨郡在冀州西南，今魏國所獻卽是。形長而黃，狀如防風，多潤實而甘，俗用不入服，乃重百濟者，形細而堅白，氣味薄於上黨。次用高麗。高麗卽是遼東。形大而虛軟，不及百濟。百濟今臣屬高麗，高麗所獻，兼有兩種，止應擇取之爾。實用並不及上黨者，其爲藥切要亦與甘草同功，而易蛀蚛。唯內器密封頭，可經年不壞。人參讚曰：三椏五葉，背陽向陰，欲來求我，椵樹相尋。椵樹葉似桐甚大，蔭廣，則多生陰地，採作甚有法。今近山亦有，但作之不好。

圖經：人參生上黨山谷及遼東，今河東諸州及泰山皆有之。又有河北榷場及閩中來者，名新羅人參，然俱不及上黨者佳。其根形狀如防風而潤實，春生苗，多於深山中背陰處，近椵漆下濕潤處，初生小者三四寸許，一椏五葉；四五年後，生兩椏五葉，未有花莖；至十年後生三椏；年深者生四椏五葉，中心生一莖，俗名百尺杵。三月、四月有花，細小如粟，蕊如絲，紫白色，秋後結子，或七八枚，如大豆，生青熟紅，自落。根如人形者神，二月、四月、八月上旬採根，竹刀削去土，暴乾，無令見風。泰山出者葉幹青，根白，殊別。江淮出一種土人參，葉如匙而小，與桔梗相似，苗長一二尺，葉相對生，生五七節。根亦如桔梗而柔，味極甘美，秋生紫花，又帶青色，春秋採根，不入藥，本處人或用之。相傳欲試上黨人參者，當使二人同走，一與人參含之，一不與，度走三五里許，其不含人參者必大喘，含者氣息自如者，其人參乃眞也。李絳兵部手集方，療反胃嘔吐無常，粥飯入口卽吐，困弱無力垂死者，以上黨人參二大兩拍破，水一大升煮取四合，熱頓服，日再，兼以人參汁煮粥與噉。李直方司勳除郎中，於漢南患反胃兩月餘，諸方不差；遂與此方，當時便定，差後十餘日，發入京。絳每與名醫持論，此藥難可爲儔也。又雜他藥而其效最著者，張仲景治胸痹，心中痞堅，留氣結胸，胸滿，脇下逆氣搶心，治中湯主之。人參、朮、乾薑、甘草各三兩，四味以水八升煮取三升，每服一升，日三。如臍上築者爲腎氣動，去朮，加桂四兩；吐多者去朮，加生薑三兩；下多者復其朮；悸者加茯苓二兩；渴者加朮，至四兩半；腹痛者加人參，至四兩半；寒者加乾薑，至四兩半；滿者去朮，加附子一枚。服藥後如食頃，飲熱粥一升許，微自溫，勿發揭衣被。此方晉末以後至唐，名醫治心腹病者，無不用之。或作湯，或蜜丸，或加減，皆奇效。胡洽治霍亂，謂之溫中湯。陶隱居云：霍亂餘藥乃或難求，而治中丸、四順、厚朴諸湯不可暫闕，常須預合，每至秋月，常齎自隨。唐石泉公王方慶云：治中丸以下數方，不惟霍亂可醫，至於諸病皆療，並須預排比也。其三方者，治中湯、四順湯、厚朴湯也。四順湯用人參、附子、炮薑、乾薑、甘草各二兩，切以水六升煎取二升半，分四服。若下不止，加龍骨二兩，若痛加當歸二兩。厚朴湯見厚朴條。

宣室志：有趙生者，性魯鈍，雖讀書，然不能分句詳義。隱晉陽山，葺茅爲舍，晝習夜思。旬餘，有翁衣褐來造，謂生曰：子居深山中，讀古人書，卒不能分句詳義，何蔽滯之甚耶？生曰：僕自度老且無用，故居深山，讀書自悅，雖不能達其精微，然必欲終於志業。翁曰：子志趣甚堅，老夫雖無能，誠有補於君，幸一訪我耳。因訪其所止，翁曰：吾段氏子，家於山西大木下。言竟忽忘所見，生怪之，遂徑往山西，尋其跡，果有椴樹蕃茂。生曰：豈非段氏子乎？因持臿發其下，得人參，長尺餘，甚肖所遇翁之形，遂瀹而食之，自是醒然明悟。

西溪叢話：人參，許氏說文：人葠，字與參同。扁鵲云：有毒，或生邯鄲。二月生，葉小銳，核黑，莖有毛。九月採根，有頭、足、手、面目，如人。

春秋運斗樞云：搖光星散爲人參，廢江淮山瀆之利，則搖光不明，人參不生。禮斗威儀云：君乘木而王，有人參生。廣雅云：參，地精人參也。梁書阮孝緒母疾，須人葠，舊傳鍾山所出，有鹿引之，鹿滅得此草。異苑與廣五行記皆云：土下有呼聲，掘之，得人參，如人形，四體備具，聲遂絕。

澠水燕談錄：孫思邈千金方，人參湯言須用流水煮用，止水則不驗。人多疑流水無異，予嘗見丞相荆公喜放生，每日就市買活魚，縱之江中，莫不洋然，唯鰌、䱇入江中輒死，乃知鰌、䱇但可居止水。則流水與止水果不同，不可不知。

爾雅翼：春秋運斗樞曰，搖光星散爲人參，廢江淮山瀆之利，則搖光不明，人參不生。禮斗威儀曰，君乘木而王，有人參生。說文云：人葠出上黨，葠即參也。所以名爲人參者，本草云如人形者有神，范蠡、計然亦曰狀類人者善。說者曰：出新羅國，有手脚，狀如人形，長尺餘。或云生邯鄲者，根有頭、足、手、面目如人。或曰：生上黨者，人形皆具，能作兒啼。說益侈，則益誕。大率生深山中，近椴漆下濕潤處，椴似桐而多蔭，故人參生其下。高麗人作人參讚曰：三椏五葉，背陽向陰，欲來求我，椴木相尋。欲試上黨人參者，當使二人同走，一與人參含之，度走三五里許，其不含者必大喘，含者氣息自如。潛夫論曰：治疾當得眞人參，反得蘿菔。梁阮孝緒母疾，須得生人參，舊傳鍾山所出，孝緒躬歷幽險，見鹿前引，就鹿滅處視之，得此草。傅子曰：先王之制，九州異賦，天不生，地不養，君子不以爲禮。若河內諸縣，去北山絕遠，而各調出御上黨眞人參，上者十斤，下者五十斤，所調非所生，民以爲患。其潞州太行山所出者，謂之紫團參。

本草綱目李時珍曰：上黨，今潞州也，民以人參爲地方害，不復采取。今所用者，皆是遼參，其高麗、百濟、新羅三國，今皆屬於朝鮮矣，其參猶來中國互市。亦可收子，於十月下種，如種菜法。秋冬采者堅實，春夏采者虛軟，非地產有虛實也。遼參連皮者黃潤，色如防風，去皮者堅白如粉，僞者皆以沙參、薺苨、桔梗，采根造作亂之。沙參體虛無心而味淡，薺苨體虛無心，桔梗體堅有心而味苦，人參體實有心而味甘，微帶苦，自有餘味，俗名金井玉欄也。其似人形者，謂之孩兒參，尤多贋僞。宋蘇頌圖經本草所繪，潞州者三椏五葉，眞人參也。其滁州者，乃沙參之苗葉，沁州、衮州者，皆薺苨之苗葉，其所云江淮土人參者，亦薺苨也，並失之詳審。今潞州者，尚不可得，則他處者，尤不足信矣。近又有薄夫，以人參先浸取汁自啜，乃曬乾復售，謂之湯參，全不任用，不可不察。考月池翁諱言聞字子郁，銜太醫吏目，嘗著人參傳上下卷，甚詳，不能備錄，亦略節要語於下條云爾。

隋書五行志：高祖時，上黨有人，宅後每夜有人呼聲，求之不得。去宅一里所，但見人參一本，枝葉峻茂，因掘去之。其根五尺餘，具體人形，呼聲遂絕。蓋草妖也，視不明之咎。時晉王陰有奪宗之計，諂事親要，以求聲譽，譖皇太子，高祖惑之。人參不當言，有物憑之，上黨黨與也。親要之人，乃黨晉王而譖太子，高祖不悟，聽邪言，廢無辜，用有罪，因此而亂也。

潞安府志：人參原出壺關紫團山，舊有參園，今已墾而田矣，而索者猶未已。張翰林謂其遍剔巖藪，根株鮮獲，而人慕虛名，寺膺實害。每值易參，僧以倍價市之，逮繫彌旬，吏緣爲奸，又司捕者假以巡察，橫索參錢，山僧斂而納之，至鬻衣缽。翰林名鐸，卽其邑人。

林縣志：紫團山在縣西南五十里，西抵上黨縣界，山產紫團參，人呼爲截谷參，蓋生必在山谷之口也。

廣雅疏證：蓡，地精人蔘也，各本俱作地精人蓡也。御覽引廣雅作蓡地精人蔘也。蓋蓡卽蔘字，後人病其重複，而刪改之耳。案古人詁訓之體，不嫌重複。如：崇高字或作嵩，而爾雅云：嵩，崇高也；篤厚字說文作竺，而爾雅云：篤，竺厚也；字林以䞤爲古嗟字，而爾雅云：䞤，嗟也；孫炎以遹爲古述字，而爾雅云：遹，述也。若斯之類，皆所以廣異體也。鹿腸，元蔘也；蓡，地精人蔘也；苦心，沙蔘也：三蔘字正同一例，不得獨改此條蔘字爲蓡。今據御覽訂正。說文蓡作薓，云：人薓藥草，出上黨。神農本草云：人參味甘，一名人銜，一名鬼蓋，生上黨山谷。御覽引范子、計然云：人參出上黨，狀類人者善。又引吳普本草云：人參一名土精，一名神草，一名黃參，一名血參，一名人微，一名王精；或生邯鄲，三月生，葉小銳，核黑，莖有毛，根有頭、足、手、面目如人；是人參以形得名。土精、猶地精也，色黃，故又名黃參。陶注本草云：上黨人參形長而黃，狀如防風，多潤實而甘。百濟者形細而堅白，高麗者形大而虛軟，並不及上黨者。人參生一莖，直上，四五相對生花，紫色，高麗人作讚曰：三椏五葉，背陽向陰，欲來求我，椴樹相尋。椴樹蔭廣，則多生陰地也。人參之名，始著於緯書。御覽引春秋運斗樞云：搖光星散爲人參，廢江淮山瀆之利，則搖光不明，人參不生。又引禮斗威儀云：乘木而王，有人參至，則西漢時已貴重之。潛夫論思賢篇云：治疾當眞人參，反得支羅服，當麥門冬反得蒸穬麥。人參、麥門冬，皆本草上品也。

黃耆 本草經：黃耆味甘，微溫。主癰疽久敗瘡，排膿止痛，大風癩疾，五痔，鼠瘻，補虛，小兒百病，一名戴糝。

別錄：無毒。婦人子藏風邪氣，逐五臟間惡血，補丈夫虛損，五勞羸瘦，止渴，腹痛洩痢，益氣，利陰氣生白水者冷補。其莖、葉療渴及筋攣，癰腫，疽瘡，一名戴椹，一名獨椹，一名芰草，一名蜀脂，一名百本。生蜀郡山谷、白水、漢中，二月、十月採，陰乾。陶隱居云：第一出隴西、洮陽，色黃白，甜美，今亦難得。次用黑水宕昌者，色白，肌理粗，新者，亦甘溫補；又有蠶陵、白水者，色理勝蜀中者，而冷補；又有赤色者，

可作膏貼用，消癰腫，俗方多用，道家不須。

唐本草注云：此物葉似羊齒，或如蒺藜，獨莖或作叢生。今出原州及華原者最良，蜀漢不復採用之。

圖經：黃耆生蜀郡山谷、白水、漢中，今河東陝西州郡多有之。根長二三尺已來，獨莖，或叢生枝幹，去地二三寸。其葉扶疎，作羊齒狀，又如蒺藜苗。七月中開黃紫花，其實作莢，子長寸許。八月中採根，用其皮，折之如綿，謂之綿黃耆。然有數種：有白水耆，有赤水耆，有木耆，功用並同，而力不及白水耆。木耆短而理橫，今人多以苜蓿根假作。黃耆折皮亦似綿，頗能亂眞；但苜蓿根堅而脆，黃耆至柔靭，皮微黃褐色，肉中白色，此爲異耳。唐許胤宗初仕陳爲新蔡王外兵參軍時，柳太后感風，不能言，脈沉而口噤。胤宗曰：既不能下藥，宜湯氣熏之，藥入腠理，周時可差。乃造黃耆防風湯數斛，置於牀下，氣如烟霧，其夕便得語。藥力熏蒸，其效如此，因附

著之，使善醫者知所取法焉。

救荒本草：黄耆今處處有之，根長二三尺，獨莖，叢生枝幹。其葉扶疎，作羊齒狀，似槐葉微尖小，又似蒺藜葉，闊大而青白色。開黄紫花，如槐花大。結小尖角，長寸許。採嫩苗、葉煠熟，换水浸淘，洗去苦味，油鹽調食。

甘草 本草經：甘草味甘，平。主五臟六腑寒熱邪氣，堅筋骨，長肌肉，倍力，金瘡尰，解毒，溫中。久服輕身延年。

爾雅：蘦，大苦。注：今甘草也。蔓延生，葉似荷，青黄，莖赤，有節，節有枝相當，或云蘦似地黄。

別録：國老無毒，主溫中，下氣，煩滿，短氣，傷臟，欬嗽，止渴，通經脈，利血氣，解百藥毒，爲九土之精。安和七十二種石，一千二百種草。一名蜜甘，一名美草，一名蜜草，一名蕗草。生河西川谷積沙山及上郡。二月、八月除日採根，暴乾，十日成。陶隱居云：河西、上郡不復通市，今出蜀漢中，悉從汶山諸夷中來。赤皮，斷理，看之，堅實者是枹罕草，最佳。枹罕，羌地名。亦有火炙乾者，理多虚疎。又有如鯉魚腸者，被刀破不復好。青州間亦有，不如。又有紫甘草，細而實，乏時可用。此草最爲衆藥之主，經方少不用者，猶如香中有沉香也。國老即帝師之稱，雖非君，而爲君所宗，是以能安和於草石而解諸毒也。

圖經：甘草生河西川谷積沙山及上郡，今陜西、河東州郡皆有之。春生青苗，高一二尺，葉如槐葉，七月開紫花，似柰，冬結實，作角，子如蓽豆。根長者三四尺，麤細不定，皮赤，上有横梁，梁下皆細根也。二月、八月除日採根，暴乾，十日成。去蘆頭及赤皮，今云陰乾用。今甘草有數種，以堅實斷理者爲佳；其輕虚縱理及細靭者不堪，惟貨湯家用之。謹按爾雅云：蘦，大苦。釋曰：蘦，一名大苦。郭璞云：甘草也。蔓延生，葉似荷，青黃，莖赤有節，節有枝相當，或云蘦似地黃。詩唐風云：采苓采苓，首陽之巔，是也。蘦與苓通用，首陽之山在河東蒲坂縣，乃今甘草所生處相近。而先儒所說苗葉與今全別，豈種類有不同者乎。張仲景傷寒論有一物甘草湯、甘草附子、甘草乾薑、甘草瀉心等湯，諸方用之最多。又能解百毒，爲衆藥之要。孫思邈論云：有人中烏頭巴豆毒，甘草入腹卽定，方稱大豆解百藥毒，嘗試之不效，乃加甘草爲甘豆湯，其驗更速。又備急方云：席辯刺史嘗言：嶺南俚人解毒藥，並是常用物，畏人得其法，乃言三百頭牛藥，或言三百兩銀藥。辯久住彼，與之親狎，乃得其實。凡欲食先取甘草一寸，炙熟嚼咽汁，若中毒，隨卽吐出，乃用都淋藤、黃藤二物，酒煎令溫，常服，毒隨大小便出。都淋藤者出嶺南，高三尺餘，甚細長，所謂三百兩銀藥也。又常帶甘草十數寸，隨身以備緩急，若經含甘草，而食物不吐者，非毒也。

崔元亮海上方、治發背秘法，李北海云：此方神授，極奇秘，以甘草三大兩生搗，別篩末，大麥麵九兩，於一大盤中相和，攪令勻，取上好酥少許，別捻入藥令勻，百沸水溲如餠劑。方圓大於瘡一分，熱傅腫上，以油片及故紙隔令通風，冷則換之。已成膿，水自出，未成膿，便內消。當患腫著藥時，常須喫黃耆粥，甚妙。又一法，甘草一大兩，微炙搗碎，水一大升浸之，器上橫一小刀子，置露中經宿，平明以物攪令沫出，吹沫服之。但是瘡腫發背，皆可服，甚效。

游宦紀聞、夷堅志載：虞雍公自渠州守召至行在，憩北郭外接待院，因道中冒暑得疾，瀉痢連月。重九日夢至一處，類神仙居，一人被服如仙官，延坐。視壁間有韻語藥方，讀之，其詞曰：暑毒在脾，濕氣連腳；不泄則痢，不痢則瘧；獨鍊雄黃，蒸餠和藥。甘草作湯，服之安樂；別法治之，醫家大錯。如方服之，遂愈。世南在蜀中徧訪林下人，求獨鍊法，鮮有能者。忽一日得青城山道友傳授云：丹經謂捉得龍，伏得雄，言雄黄見火則飛走爲烟焰，最難伏也。其法用雄黄，不拘多少，研細，乾鍋火内煅，令通紅，取出，攛雄黄末入焰硝内，急用桃枝攪轉，即成水矣。急傾出瓦碟内，微側碟子，則清者一邊，俟凝，取出，去麤者，研細，以宿蒸餅爲元，如菉豆大。每服三元至七元，如前法，服雄黄末一兩，大約用焰硝一錢。此乃丹竈家秘法，得之甚難，古人云施藥不如施方，故詳記之。

夢溪筆談：本草注引爾雅云，蘦，大苦。注：甘草也。蔓延生，葉似荷，莖青赤，此乃黄藥也。其味極苦，謂之大苦，非甘草也。甘草枝葉悉如槐，高五六尺，但葉端微尖而糙澀，似有白毛。實作角生，如相思角，作一本生。熟則角坼，子如小匾豆，極堅，齒嚙不破。

本草綱目李時珍曰：今人惟以大徑寸而結緊斷紋者爲佳，謂之粉草，其輕細小者，皆不及之。鎦績霏雪錄言：安南甘草大者如柱，土人以架屋，不識果然否也。

避暑錄話：兵興以來，盜賊夷狄，所及無噍類，有先期奔避，伏匿山谷林莽間者，或幸以免。忽繈負嬰兒啼聲聞於外，亦因得其處。於是避賊之人，凡嬰兒未解事不可戒語者，率棄之道傍以去，纍纍相望。有教之爲綿毬，隨兒大小爲之，縛置口中，略使滿口而不閉氣。或有力，更預畜甘草末，臨繫時量以水漬，使咀味，兒口中有物，自不能作聲，而綿軟不傷兒口。或鏤板以揭饒州道上。己酉冬，虜自江西犯饒廣，所在居民皆空城去，顛仆流離道上，而嬰兒得此全活者，甚多。

說文解字注：苷，甘艸也。所謂藥中國老，安和七十二種石，一千二百種艸者也。從艸，甘聲，此以形聲包會意，古三切，八部。

又苦，大苦，苓也。見邶風、唐風。毛傳釋艸苓作蘦。孫炎注云：今甘艸也。按說文苷字，解云甘艸矣。倘甘艸，又名大苦，又名苓，則何以不類列，而割分異處乎？且此云大苦，苓也。中隔百數十字，又出蘦篆云，大苦也，此苓必改爲蘦而後畫一。既畫一之，又何以不類列也？考周時音韻，凡令聲皆在十二部，今之眞、臻、先也。凡蘦聲皆在十一部，今之庚、耕、清、青也。簡兮，苓與榛、人韻。采苓，苓與顛韻。倘改作蘦，則爲合音，而非本韻。然則釋艸作蘦，不若毛詩爲善，許君斷非於苦下襲毛詩，於蘦下襲爾雅，劃分兩處，前後不相顧也。後文蘦篆，必淺人據爾雅妄增。而此大苦，苓也，固不誤。然則大苦卽卷耳與？曰非也。毛傳、爾雅皆云：卷耳，苓耳。說文苓篆下，必當云：苓耳，卷耳也。今本必淺人删其苓耳字。卷耳自名苓耳，非名苓。凡合二字爲名者，不可删其一字，以同於他物。如單云蘭，非芄蘭；單云葵，非梟葵，是也。此大苦斷非苓耳，而苦篆、苓篆不類廁，又其證也。然則大苦何物？曰：沈括筆談云，爾雅：蘦，大苦。注云：蔓延生，葉似荷，莖青赤，此乃黃藥也，其味極苦，謂之大苦。郭云甘草，非也。甘草枝葉全不同，苦爲五味之一，引伸爲勞苦。

廣雅疏證：美丹，甘草也。爾雅所謂蘦，大苦也。邶風簡兮篇隰有苓，苓與蘦同。傳云苓，大苦。正義引孫炎爾雅注云：本草云蘦，今甘草是也。蔓延生，葉似荷，青黃，其莖赤，有節，節有枝相當。或云蘦，似地黃。郭璞注同。案大苦者，大苄也。爾雅云：苄，地黃。苄、苦古字通。公食大夫禮羊苦。今文苦爲苄，是也。蘦似地黃，故一名大苦。沈括筆談云：郭璞注乃黃藥也，其味極苦，故謂之大苦，非甘草也。甘草枝葉悉如槐，案宋本草圖經謂甘草葉如槐，與古相違，殊不足信。苦乃苄之假借，非以其味之苦也。據圖經：黄蘗葉似蕎麥，而大苦葉乃似荷，似地黄，形狀亦不同。不審括何以知爲黄蘗。淮南覽冥訓云：甘草主生肉之藥，神農本草亦云：甘草味甘，主長肌肉。一名蜜甘，一名美草，美草與美丹同意，殆取其味之甘美與？孫炎據本草以蘦爲甘草，今本草無復蘦名，蓋傳者失之。名醫別録云：一名蜜草，一名蕗草，生河西川谷積沙山及上郡。又云：木甘草生木間，三月生大葉，如蛇牀，四四相值，然則木甘草亦是枝葉相當。孫炎謂甘草枝相當，得其實矣。

赤箭

本草經：赤箭味辛，溫。主殺鬼精物，蠱毒，惡氣，久服益氣力，長陰，肥健，輕身，增年。一名離母，一名鬼督郵。

別録：主消癰腫，下支滿，寒疝，下血。生陳倉川谷、雍州及泰山、少室。三月、四月、八月採根，暴乾。陶隱居云：陳倉屬雍州扶風郡。按此草亦是芝類，其莖赤，如箭簳，葉生其端。根如人足。又云如芋，有十二子爲衞，有風不動，無風自搖，如此亦非俗所見。而徐長卿亦名鬼督郵，又復有鬼箭，莖有羽，主療並相似，而益大乖異，恐非此赤箭。

圖經：赤箭生陳倉川谷、雍州及泰山、少室，今江湖間亦有之，然不中藥用。其苗獨莖如箭簳，葉生其端。四月開花，幹葉俱赤，實似枯苦楝子核，作五六稜，中有肉如麪，日暴則枯萎。其根大類天門冬，惟無心脈耳。去根五六寸，有十餘子爲衞，似芋。三月、四月、八月採根，暴乾。謹今三月、四月採苗，七月、八月、九月採根。謹按此草有風不動，無風則自搖。抱朴子云：按仙方中有合離草，一名獨搖，一名離母。所以謂之合離、離母者，此草爲物，下根如芋魁，有游子十二枚周環之，去大魁數尺，雖相須而實不連，但以氣相屬耳。如菟絲之草下有伏菟之根，無此，菟絲不得上，亦不相屬也。然則赤箭之異，陶隱居已云，此亦非俗所見。菟絲之下有伏菟，亦不復聞有見者，殆其種類中，時有神異者，乃如此耳。又陶蘇皆云赤箭是芝類，而上有六芝條，五芝皆以五色生於五嶽，諸方所獻者。紫芝生高夏山谷，蘇云芝多黃白，稀有黑青者，紫芝最多，非五芝類。但芝自難得，縱獲一二，豈得終久服邪？今山中雖時復有之，而人莫能識其眞，醫家絕無用者，故州郡亦無圖上。蓋祥異之物，非世常有，但附其說於此耳。

夢溪筆談：赤箭卽今之天麻也，後人既誤出天麻一條，遂指赤箭別爲一物，既無此物，不得已又取天麻苗爲之，玆爲不然。本草明稱採根陰乾，安得以苗爲之？草藥上品，除五芝之外，赤箭爲第一，此神仙補理養生上藥，世人惑於天麻之說，遂止用之治風，良可惜哉！以謂其莖如箭，既言赤箭，疑當用莖，此尤不然。至如鳶尾、牛膝之類，皆謂莖葉有所似，則用根耳，何足疑哉！

本草綱目李時珍曰：沈公此說雖是，但根莖並皆可用。天麻子從莖中落下，俗名還筒子。其根暴乾，肉色堅白如羊角色，呼羊角天麻；蒸過黃皺如乾瓜者，俗呼醬瓜天麻；皆可用者。形尖而空薄如元參狀者，不堪用。

天麻

嘉祐本草：天麻味辛，平，無毒。主諸風濕痹，四肢拘攣，小兒風癇驚氣，利腰膝，強筋力，久服益氣，輕身，長年。生鄆州、利州、泰山、嶗山諸山。五月採根，暴乾。注：葉如芍藥而小，當中抽一莖，直上如箭簳，莖端結實，狀若續隨子，至葉枯時，子黃熟。其根連一二十枚，猶如天門冬之類，形如黃瓜，亦如蘆菔，大小不定。彼人多生噉，或蒸煮食之，今多用鄆州者，佳。

圖經：天麻生鄆州、利州、泰山、嶗山諸山，今京東、京西、湖南、淮南州郡亦有之。春生苗，初出若芍藥，抽一莖，直上高二三尺，如箭簳狀，青赤色，故名赤箭芝。莖中空，依半以上帖莖微有尖小葉，稍顛生成穗開花，結子如豆粒大。其子至夏不落，卻透虛入莖中，潛生土內，其根形如黄瓜，連生一二十枚。大者有重半斤或五六兩，其皮黄白色，名白龍皮，肉名天麻。二月、三月、五月、八月內採，初取得，乘潤刮去皮，沸湯略煮過，暴乾收之。嵩山、衡山人或取生者，蜜煎作果，食之甚珍。

别說。謹按赤箭條下所說甚詳，今就此考之，尤爲分明，詳此圖經之狀，即赤箭苗之未長大者。二說前後自不同，則所爲紫花者，又不知是何物也。若依赤箭條後用之爲是。

抱朴子獨搖：芝生高山深谷，其生左右無草，根有大魁如斗，細者如雞子十二枚繞之，人得大者，服之延年。

酉陽雜俎：合離根如芋魁，有游子十二環之，相須而生，而實不連，以氣相屬。一名獨搖，一名離母，言若土人所食者，合呼爲赤箭。

東坡雜記：世傳四味五兩天麻煎，蓋古方本以四時加減，世但傳春利耳。春肝主多風，故倍天麻；夏伏陰，故倍烏頭；秋多利下，故倍地榆；冬伏陽，故倍元參，當須去皮，生用治之。萬搗烏頭無復毒，依此常服，不獨去病，乃保眞延年，與仲景八味丸並驅矣。

朮

本草經：朮味苦，溫。主風寒濕痹，死肌，痙疸，止汗，除熱，消食。作煎餌，久服輕身，延年，不飢。一名山薊。

爾雅：朮，山薊。注：本草云，朮一名山薊，今朮似薊，而生山中。

别錄：甘，無毒。主大風在身面，風眩頭痛，目淚出，消痰水，逐皮間風，水結腫，除心下急滿，及霍亂吐下不止，利腰臍間血，益津液，暖胃，消穀，嗜食。一名山薑，一名山連。生鄭山之谷、漢中、南鄭。二月、三月、八月、九月採根，暴乾。防風、地榆爲之使。陶隱居云：鄭山，南鄭也。今處處有。以蔣山、白山、茅山者爲勝。十一月、十二月、正月、二月採好，多脂膏而甘。仙經云：亦能除惡氣，弭灾沴。丸散煎餌，並有法。其苗又可作飲，甚香美，去水。朮乃有兩種：白朮葉大有毛，而作椏，根甜而少膏，可作丸散用；赤朮葉細無椏，根小苦而多膏，可作煎用。昔劉涓子挼取其精而丸之，名守中金丸，可以長生。東境朮大而無氣烈，不任用。今市人賣者，皆以米粉塗令白，非自然，用時宜刮去之。

抱朴子云：朮名山精，故神農藥經曰：必欲長生，常服山精。

圖經：朮生鄭山山谷、漢中、南鄭，今處處有之，以嵩山、茅山者爲佳。春生苗，青色無椏，一名山薊，以其葉似薊也。莖作蒿榦狀，青赤色，長三二尺以來。夏開花，紫碧色，亦似刺薊花，或有黃白花者。入伏後結子，至秋而苗枯。根似薑而傍有細根，皮黑，心黃白色，中有膏液紫色。二月、三月、八月、九月採，暴乾、乾濕並通用。今八月採之，服食家多單餌之，或合白茯苓，或合石菖蒲，並搗末，水調服。旦日服，晚再進，久久彌佳。又斵取生朮，去土水浸，再煎如飴糖，酒調飲之，更善。今茅山所製朮煎，是此法也。陶隱居云：昔者劉涓子挼取其精而丸之，名守中金丸，今傳其法，乃是膏煎，恐非眞耳。謹按朮有二種：爾雅云：朮，山薊，楊枹薊。釋曰：此辯薊生山中及平地者名也。生平地名薊，生山中名朮。陶注本草云：白朮葉大而有毛，甜而少膏，赤朮細苦而多膏是也。其生平地而肥大於衆者，名楊枹薊，今呼之爲薊，然則楊枹卽白朮也。今白朮生杭、越、舒、宣州高山岡上，葉葉相對，上有毛，方莖，莖端生花，淡紫碧紅數色。根生椏，二月、三月、八月、九月採根，暴乾，以大塊紫花者爲勝。又名乞力伽。凡古方云朮者，乃白朮也，非謂今之朮矣。

本草衍義：蒼朮其長如大拇指，肥實，皮褐色，氣辛烈，須米泔浸洗，再換泔浸二日，去上麄皮。白朮麄促，色微褐，氣味亦微辛苦，而不烈。古方及本經止言朮，未見分其蒼白二種也。緣陶隱居言朮有兩種，自此人多貴白者。今人但貴其難得，惟用白者，往往將蒼朮置而不用。如古方平胃散之類，蒼朮爲最要，藥功尤速，殊不詳。本草元無白朮名，近世多用，亦宜兩審。嵇康曰：聞道人遺言，餌朮、黄精，令人久壽，亦無白字。

南方草木狀：藥有乞力伽，朮也。瀕海所產，一根有至數斤者。劉涓子取以作煎，令可丸，餌之長生。

敬齋古今黈：江南野錄載韓熙載服朮，食桃、李，瀉十數朮人，長寸餘而卒。予友張君者服蒼朮幾三十年，尤喜食桃李，未聞有此異也。嘉祐本草蒼白二朮不別出，但於蒼朮條下引藥性論云：白朮忌桃、李、雀肉，菘菜、青魚。豈熙載所服者，乃白朮，非蒼朮而然歟。

救荒本草：蒼朮近郡山谷亦有，嵩山茅山者佳。苗淡青色，高二三尺。莖作蒿幹。葉抪莖而生，梢葉似棠梨葉，脚葉有三五叉，皆有鋸齒小刺。開花深碧色，亦似刺薊，或有黄白花者。根長如指大，而肥實。皮黑茶褐色，味苦、甘。採根去黑皮，薄切，浸二三宿，去苦味，煮熟食，亦作煎。

本草綱目李時珍曰：蒼朮，處處山中有之。苗高二三尺。其葉抱莖而生，梢間葉似棠梨葉，其脚下葉有三五叉，皆有鋸齒、小刺。根如老薑之狀，蒼黑色。肉白有油膏，白朮也。吳越有之，人多取根栽蒔，一年即稠，嫩苗可茹。葉稍大而有毛。根如指大，狀如鼓槌，亦有大如拳者，彼人剖開暴乾，謂之削朮，亦曰片朮。陳自良言白而肥者，是浙朮；瘦而黄者，是幕阜山所出，其力劣。昔人用朮不分赤白，自宋以來，始言蒼朮苦、辛，氣烈；白朮苦、甘，氣和，各自施用，亦頗有理。並以秋采者佳，春採者虛軟易壞，嘉謨曰：浙朮俗名雲頭朮，種平壤，頗肥大，由糞力也，易潤油。歙朮俗名狗頭朮，雖瘦小，得土氣充也，甚燥，白勝於浙朮。寧國、昌化、池州者，並同歙朮，境相隣也。

又曰：按吐納經云，紫微夫人朮序云，吾察草木之勝，速益於己者，並不及朮之多驗也。可以長生久視，遠而更靈，山林隱逸，得服朮者，五嶽比肩。又神仙傳云：陳子皇得餌朮要方，其妻姜氏得疲病，服之自愈，顏色氣力如二十時也。時珍謹按以上諸說，皆似蒼朮，不獨白朮。今服食家亦呼蒼朮爲仙朮，故皆列於蒼朮之後。又張仲景：辟一切惡氣用赤朮，同猪蹄甲燒烟。陶隱居亦言朮能除惡氣，弭灾沴。故今病疫及歲旦，人家往往燒蒼朮以辟邪氣。類編載越民高氏妻病，恍惚譫言，亡夫之鬼憑之，其家燒蒼朮烟，鬼遽求去。夷堅志載江西一士人爲女妖所染，其鬼將別，曰君爲陰氣所侵，必當暴泄，但多服平胃散爲良。中有蒼朮，能去邪也。許叔微本事方云：微患飲澼三十年，始因少年夜坐寫文，左向伏几，是以飲食多墜左邊，中夜必飲酒數杯，又向左臥。壯時不覺，三五年後，覺酒止從左下有聲，脇痛，食減，嘈雜，飲酒半杯即止，十數日必嘔酸水數升，暑月止右邊有汗，左邊絕無。遍訪名醫及海上方，間或中病，止得月餘復作。其補如天雄、附子、礬石輩，利如牽牛、甘遂、大戟，備嘗之矣。自揣必有澼囊，如水之有科臼，不盈科不行。但清者可行，而濁者停滯，無路以決之，故積至五七日必嘔，而去脾土惡濕。而水則流濕，莫若燥脾以去濕，崇土以塡科臼。乃悉屏諸藥，只以蒼朮一斤，去皮切片爲末，麻油半兩，水二琖，研濾汁，大棗五十枚，煑去皮核，搗和丸，梧子大，每日空腹溫服五十丸，增至一、二百丸，忌桃、李、雀肉，服三月而疾除。自此常服，不嘔不痛，胸膈寬利，飲啖如故，暑月汗亦周身，燈下能書細字，皆朮之力也。初服時必覺微燥，以山卮子末沸湯，點服解之，久服亦自不燥矣。

水南翰記：范文正公所居宅，必先浚井，納青朮數斤於其中，以辟瘟氣。

東坡雜記：黄州山中蒼朮甚多，就野買一斤，數錢爾，此長生藥也。人以爲易得，不復貴重，至以薰蚊子，此亦可爲太息。舒州白朮莖葉亦甚相似，特華紫耳，然甚難得，三百一兩。其效止於和胃去游風，非神仙上藥。

顔氏家訓：爾雅云：朮，山薊也。郭璞注云：今朮似薊，而生山中。按朮葉其體似薊，近世文士遂讀薊爲筋肉之筋，以耦地骨用之，恐失其義。

仙傳拾遺：劉商者中山靖王之後，舉孝廉，歷官合肥令，而篤好無爲淸簡之道，方術服鍊之門，五金八石所難致者，必力而求之。人有方疏未合鍊施效者，必資其藥石，給其鑪鼎助使成之，未嘗有所覬覦也。因泛舟苕霅間，遂卜居武康上強山下，有樵童藥叟，雖常草木之藥詣門而售者，亦答以善價。一旦樵夫鬻樵，有朮一把，商亦厚價致之。其庭廡之下，籬落之間，草朮諸藥，已堆積矣。忽聞步杖策，逍遥田畝蹊隧之傍，聊自怡逸，聞蓁林間有人相與言曰：中山劉商今日已賜眞朮矣。蓋陰功篤好之所感乎？窺林中，杳無人跡，奔歸，取朮修而服之，月餘齒髮益盛，貌如嬰童，舉步輕速，可及馳馬，登涉雲巖，無復困憊。

爾雅正義：朮，山薊。注：本草云：朮一名山薊。今朮似薊而生山中。楊枹薊注：似薊而肥大，今呼之馬薊。正義：此別朮之名類也。朮之生於山者，名山薊，一名楊枹薊，即朮也。朮，說文作苿，繫傳以爲苿苗，似薊也。中山經云：首山多苿芫，郭氏彼註云：苿，山薊也。今朮以山中自生者爲良，故山薊直名之曰朮。枹薊亦朮之類，徐鍇以爲卽今赤朮是也。注「本草」至「山中」，正義「朮，一名山薊」，神農本草之舊文，後代名醫增益，則曰一名山薑，一名山連，又引吳普本草云：一名山芥，一名天蘇，所以廣異名也。惟山薊之名，合於爾雅，餘皆方俗異語爾。陶宏景云：朮乃有兩種：白朮葉大有毛，而作椏，根甜而少膏；赤朮葉細無椏，根小苦，而多膏。案爾雅別山薊、枹薊之名，陶注分朮爲二種者是也。郭云：朮似薊而生山中者。顏之推以爲朮葉其體似薊。徐鍇謂朮形似刺薊，但花別似杜鵑而青紫耳，似薊，至馬薊，正義郭意以枹薊較大於山薊也。後人釋本草者，以枹薊爲白朮。蓋徒見於陶注謂白朮葉大而傅合其名，殊不考郭氏所云肥大者，不專指葉而言也。今赤朮苗高二三尺，葉抱莖而生，色似棠梨，近根之葉，歧出若鋸齒，蟠根如蘆，較白朮爲肥大，當從徐鍇之說，以赤朮爲枹薊也。一名馬薊者，枹、馬聲之轉，今人呼爲蒼朮。

廣雅疏證：山薑，茾也。爾雅：朮，山薊。郭注云：今朮似薊而生山中。中山經云：首山其陰多茾芫，又云：女几之山，其草多菊茾。神農本草云：朮，一名山薊，生鄭山。藝文類聚引范子計然云：朮出三輔，黄白色者善。又引吳普本草云：朮一名山連，一名山芥，一名天蘇，一名山薑。名醫別錄云：生漢中、南鄭。陶注云：今處處有，以蔣山、白山、茅山者爲勝，多脂膏而甘去水。朮乃有兩種：白朮葉大有毛而作椏，根甜而少膏；赤朮葉細無椏，根小苦而多膏。蘇頌圖經云：苗青色，榦青赤色，華紫碧色。庚肩吾荅陶隱居賚朮煎啓云：錄葉抽條，生於首峯之側；紫華標色，出自鄭巖之下，是也。圖經又云：葉似薊，根似薑，然則山薊以葉得名，山薑以根得名也。抱朴子僊藥篇云：朮一名山精，故神藥經云：必欲長生，常服山精，此方術家語耳。然藝文類聚引崔寔四民月令云：二月採朮，則古人多有服食之者。

沙參

本草經：沙參味苦，微寒。主血積，驚氣，除寒熱，補中，益肺氣。久服利人，一名知母。

別錄：無毒。療胃痹，心腹痛，結熱，邪氣，頭痛，皮間邪熱，安五臟，補中。一名苦心，一名志取，一名虎鬚，一名白參，一名識美，一名文希。生河內川谷及冤句、般陽、續山。二月八月採根，暴乾。陶隱居云：今出近道，叢生，葉似枸杞，根白實者佳。此沙參並人參是爲五參，其形不盡相類，而主療頗同，故皆有參名。又有紫參，正名牡蒙，在中品。

唐本草注云：紫參、牡蒙，各是一物，非異名也。今沙參出華州爲善。

圖經：沙參生河內川谷及冤句、般陽、續山，今出淄、齊、潞、隨州，而江、淮、荆、湖州郡或有之。苗長一二尺以來，叢生崖壁間，葉似枸杞而有叉牙，七月開紫花。根如葵根，指許大，赤黃色，中正白實者佳，二月、八月採根，暴乾。南土生者，葉有細有大，花白，瓣上仍有白黏膠，此爲小異，古方亦單用。葛洪：卒得諸疝，小腹及陰中相引痛如絞，自汗出欲死者，擣篩末，酒服方寸匕，立差。

救荒本草：沙參今輝縣太行山邊亦有之。苗長一二尺，叢生崖坡間，葉似枸杞，葉微長而有叉牙、鋸齒，開紫花，根如葵根，赤黃色，中正白實者佳。掘根浸洗極淨，換水煮，去苦味，再以火煮極熟，食之。

救荒本草：細葉沙參，生輝縣太行山山衝間，苗高一二尺，莖似蒿蘚，葉似石竹子葉而細長，又似水蓑衣葉，亦細長，梢間開紫花。根似葵根而麤，如拇指大，皮色灰，中間白色。味甜，性微寒。本草有沙參，苗、葉、莖狀，所說與此不同，掘取根洗淨，煮熟食之。

本草綱目李時珍曰：沙參處處山原有之。二月生苗，葉如初生小葵葉，而團扁不光。八九月抽莖，高一二尺，莖上之葉則尖長，如枸杞葉而小，有細齒。秋月葉間開小紫花，長二三分，狀如鈴鐸，五出，白蕊，亦有白花者。並結實大如冬青，實中有細子。霜後苗枯，其根生沙地者，長尺餘，大一虎口；黃土地者，則短而小。根、莖皆有白汁，八九月採者白而實，春月採者微黃而虛。小人亦往往縶蒸壓實，以亂人參，但體輕鬆，味淡而短耳。

遠志

本草經：遠志味苦，溫。主欬逆傷中，補不足，除邪氣，利九竅，益智慧，耳目聰明，不忘；強志倍力，久服輕身不老。葉名小草，一名棘菀，一名葽繞，一名細草。

爾雅：葽繞，棘蒬。注：今遠志也。似麻黃，赤華，葉銳而黃，其上謂之小草，廣雅云。

別錄：無毒，主利丈夫，定心氣，止驚悸，益精，去心下膈氣，皮膚中熱，面目黃，好顏色，延年，主益精，補陰氣，止虛損夢洩。生泰山及冤句川谷。四月採根葉，陰乾，畏齊蛤。陶隱居：按藥名無齊蛤，恐是百合。冤句縣屬兗州濟陰郡，今獨從彭城北蘭陵來，用之可去心取皮，今用一斤止得三兩皮爾，市者加量之。小草狀似麻黃而青，遠志亦入仙方藥用。

圖經：遠志生泰山及冤句川谷，今河、陝、京西州郡亦有之。根黃色，形如蒿根，苗名小草，似麻黃而青，又如畢豆葉，亦有似大青而小者。三月開花，白色，根長及一尺。四月採根葉，陰乾，今云曬乾。用泗州出者，花紅，根葉俱大於它處。商州者根又黑色，俗傳夷門遠志最佳。古本通用遠志、小草，今醫但用遠志，稀用小草。古今錄驗及范汪方：治胸痹，心痛，逆氣，膈中飲不下。小草丸：小草、桂心、蜀椒（去汗）、乾薑、細辛各三兩，附子二分炮，六物合擣下篩，和以蜜，丸大如梧子。先食米汁，下三丸。日三，不知，稍增，以知爲度。禁豬肉、冷水、生葱菜。

救荒本草：遠志，俗傳夷門遠志最佳，今蜜縣梁家衝山谷間多有之。苗名小草，葉似石竹子葉，又極細，開小紫花，亦有開小紅白花者。根黄色，形如蒿根，長及一尺許，亦有根黑色者。根葉俱味苦，採嫩苗葉，煠熟，换水浸去苦味，淘淨，油鹽調食，及掘取根，换水煮浸，淘去苦味，去心，再换水煮，極熟食之。不去心令人心悶。

本草綱目李時珍曰：遠志有大葉、小葉二種。陶宏景所説者，小葉也。馬志所説者，大葉也。大葉者，花紅。

詩經：四月秀葽。傳：不榮而實曰秀葽；葽，草也。箋：夏小正：四月，王萯秀葽，其是乎？物成自秀葽始。疏：釋草云，華，榮也。木謂之華，草謂之榮。不榮而實者，謂之秀；榮而不實者，謂之英。李巡曰：分別異名以曉人，則彼以英秀對文，故以英爲不實，秀爲不榮。出車云：黍稷方華。生民説黍稷云：實發實秀。是黍稷有華，亦稱秀也。言其秀實，知葽是草也。夏小正，大戴禮篇名。葽之爲草，書傳無文。四月已秀，物之鮮矣。故疑王萯正與葽爲一。月令：孟夏王瓜生，注云：今曰王萯生。夏小正云：王萯秀。未詳孰是。鄭以四月生者，自是王瓜。今月令與夏小正皆作王萯，而生、秀字異，必有誤者，故云未知孰是。本草云：萯生田中，葉青刺人，有實，七月采，陰乾。云七月采之，又非四月已秀，是葽與否，未能審之。

抱朴子內篇：陵陽子仲服遠志二十年，有子三十七人，能坐在立亡也。

廣雅疏證：蕀苑，遠志也。其上謂之小草。爾雅：葽繞，蕀蒬。郭注云：今遠志也。似麻黄，赤華，葉鋭而黄，其上謂之小草，見廣雅。蒬與苑通，上謂臺也。爾雅：莞苻離其上蒚。郭注云：謂其頭臺首也，是也。急就篇云：遠志、續斷參土瓜。神農本草云：遠志葉，名小草，一名棘菀，一名葽繞，一名細草。名醫別録云：生泰山及寃句川谷。陶注云：小草狀似麻黄而青。博物志云：苗曰小草，根曰遠志。世説排調篇：郝隆譏謝安云，處則爲遠志，出則爲小草。又御覽引魏氏春秋同異云：但有遠志，不見當歸。蓋昔人多假借遠志之名以爲喻，然命名之本義，或未必然也。

萎蕤 本草經：女萎味甘，平。主中風，暴熱不能動摇，跌筋結肉諸不足。久服去面黑䵟，好顔色，潤澤，輕身不老。

爾雅：熒，委萎。注：藥草也。葉似竹，大者如箭竿，有節。葉狹而長，表白裏青，根大如指，長一二尺，可啖。

別録：萎蕤無毒，主心腹結氣，虚熱，濕毒，腰痛，莖中寒，及目痛眥爛淚出。一名熒，一名地節，一名玉竹，一名馬薰。生泰山山谷及邱陵。立春後採，陰乾。陶隱居云：按本經有女萎，無萎蕤。別録無女萎，有萎蕤。而爲用正同，疑女萎即萎蕤也，惟名異爾。今處處有，其根似黄精而小異。服食家亦用之，今市人別用一種物根，形狀如續斷莖，味不苦，乃言是女青根，出荆州。今療下痢方，多用女萎，而北都無止洩之説，疑必非也。萎蕤又主理諸石，人服石不調和者，煮汁飲。

圖經：萎蕤生泰山山谷、邱陵。今滁州、舒州及漢中皆有之。葉狹而長，表白裏青，亦類黄精。莖蘚強直似竹箭，蘚有節，根黄多鬚，大如指，長一二尺，或云可啗。三月開青花，結圓實，立春後採根陰乾用之。本經與女萎同條，云是一物二名。又云自是二物，苗蔓與功用全別。爾雅謂熒，委萎。郭璞注云：藥草也。亦無女萎之別名，疑別是一物。且本經中品又別有女萎條。蘇恭云：即此女萎。今本經朱書是女萎能效，黑字是萎蕤之功。觀古方書所用，則似差別。胡洽治時氣洞下䘒下，有女萎丸。治傷寒冷下結腸丸中，用女萎。治虛勞小黃耆酒云，下痢者如女萎。詳此數方所用，乃似中品女萎，緣其性溫，主霍亂洩痢故也。又主賊風，手足枯痹，四肢拘攣。茵芋酒中用女萎，及古今錄驗治身體癧瘍斑駁女萎膏，乃是朱書女萎；緣其主中風不能動搖，及去皯，好色故也。又治傷寒七八日不解。續命鼈甲湯，治腳弱鼈甲湯，並用萎蕤，及延年方主風熱，項急痛，四肢骨肉煩熱，萎蕤飲又主虛風熱發，卽頭痛萎蕤丸，乃似此墨書萎蕤；緣其主虛熱，濕毒，腰痛故也。二者主治既別，則非一物明矣。然陳藏器以爲更非二物，是不然矣。此萎蕤性平，味甘，中品女萎味辛，性溫。性味既殊，安得爲一物。又云：萎蕤一名地節，極似偏精，疑卽青黏；華佗所服漆葉青黏散，是此也。然世無復能辨者，非敢以爲信然也。

救荒本草：萎蕤，今南陽府馬鞍山有之。苗高一二尺，莖斑，葉似竹葉，闊短而肥厚，葉尖處有黃點，又似白合葉，卻頗窄小，葉下結青子，如椒粒大。其根似黃精而小異，節上有鬚，採根換水煑，極熟食之。

王右軍女萎丸帖：知足下哀感不佳，耿耿；吾下勢腹痛小差，須用女萎丸，得應甚速也。

東坡辨青黏散方：按嘉祐補注本草女萎條注引陳藏器云：女萎、萎蕤二物同傳，陶云同是一物，但名異耳。下痢方多用女萎，而北都無止洩之說，疑必非也。按女萎，蘇又於中品之中出之，云主霍亂，洩痢，腸鳴，正與陶注上品女萎相會；如此，卽二萎功用同矣，更非二物。蘇乃剩出一條。蘇又云：女萎與萎蕤不同，其萎蕤一名玉竹，葉似竹，一名地節，爲有節。魏志樊阿傳：青黏一名黃芝，一名地節。此卽萎蕤，極似偏精，本功外主聰明，調血氣，令人強壯。和漆葉爲散，主五臟，益精，去三蟲，輕身不老，變白潤肌膚，暖腰腳，惟有熱不可服。晉嵇紹有胸中寒疾，每酒後苦唾，服之得愈。草似竹，取根、花、葉陰乾。昔華佗入山，見仙人服之，以告樊阿，服之百歲右。予少時讀後漢書三國志華佗傳皆云：佗弟子樊阿從佗求可服食益於人者，佗授以漆葉青黏散。漆葉屑一升，青黏屑十四兩，以是爲率。言久服去三蟲，利五臟，輕體，使人頭不白。阿從其言，壽百餘歲。漆葉處所皆有，青黏生於豐沛、彭城及朝歌。魏志注引佗別傳云：青黏一名地節，一名黃芝，主理五臟，益精氣，本出於陝，入山者見仙人服之，以告佗；佗以爲佳，輒語阿大祕之。近者，人見阿之壽，而氣力強盛，皆怪之，遂責阿所服，因醉亂誤道之。法一施人，多服者皆有大驗。而後漢注亦引佗別傳，同此文，但黏字書粘字，相傳音女廉反，然今人無識此者，甚可恨惜。吾詳佗文恨惜不識之語，乃章懷太子賢所云也。吾性好服食，每以問好事君子，莫有知者。紹聖四年九月十三日，在昌化軍借嘉祐補注本草，乃知是女萎，喜躍之甚，登即錄之。但恨陶隱居與蘇恭二論未決。恭，唐人，今本草云唐本者，皆恭注也。詳其所論多立異，又殊喜與陶公相反，幾至於罵者；然細考之，陶未必非，恭未必是。予以謂隱居精識博物可信，當更以問能者，若青黏便是萎蕤，豈不一大慶乎？過當錄此寄子由，同講求之。

巴戟天

本草經：巴戟天味辛，微溫。主大風邪氣，陰痿不起，強筋骨，安五臟，補中，增志，益氣。

別錄：甘，無毒。主療頭面遊風，小腹及陰中相引痛，下氣，補五勞，益精，利男子。生巴郡及下邳山谷，二月、八月採根，陰乾。陶隱居云：今亦用建平、宜都者。根狀如牡丹而細，外赤內黑，用之打去心。

唐本草注云：巴戟天苗，俗方名三蔓草。葉似茗，經冬不枯，根如連珠，多者良，宿根青色，嫩根白紫，用之亦同。連珠肉厚者爲勝。

圖經：巴戟天生巴郡及下邳山谷，今江淮河東州郡亦有之，皆不及蜀州者佳。葉似茗，經冬不枯，俗名三蔓草，又名不凋草。多生竹林內，布地生者，葉似麥門冬而厚大。至秋結實，二月、八月採根，陰乾，今多焙之。有宿根者青色，嫩根者白色，用之皆同，以連珠肉厚者勝。今方家多以紫色爲良，蜀人云都無紫色者，彼方人採得，或用黑豆同煎，欲其色紫，此殊失氣味，尤宜辨之。一說，蜀中又有一種山律根，正似巴戟，但色白，土人採得以醋水煮之，乃紫，以雜巴戟，莫能辨也。眞巴戟嫩者亦白，乾時亦煮治使紫，力劣弱，不可用。今兩種市中皆是，但擊破視之，其中紫而鮮潔者，僞也。眞者擊破，其中雖紫，又有微白糝如粉，色理小暗者，眞也。

四川志：巴戟，巴州、劍州、廣元俱出。元和志：劍州貢巴戟天、重台。寰宇記：巴州貢巴戟天。

肉蓯蓉

本草經：肉蓯蓉味甘，微溫。主五勞七傷，補中，除莖中寒、熱痛，養五臟，強陰，益精氣，多子，婦人癥瘕，久服輕身。

別錄：酸、鹹，無毒。主除膀胱邪氣，腰痛，止痢。生河西山谷及代郡、鴈門。五月五日採，陰乾。陶隱居云：代郡、鴈門屬并州。多馬處便有，言是野馬精落地所生。生時似肉，以作羊肉羹，補虛乏極佳，亦可生噉。芮芮、河南間至多。今第一出隴西，形扁廣，柔潤，多花而味甘。次出北國者，形似而少花。巴東、建平間亦有，而不如也。

唐本草注云：此注論草蓯蓉，陶未見肉者，今人所用，亦草蓯蓉刮去花，用代肉爾。本經有肉蓯蓉，功力殊勝。比來醫人，時有用者。

圖經：肉蓯蓉生河西山谷及代郡、鴈門，今陝西州郡多有之，然不及西羌界中來者肉厚而力緊。舊說是野馬遺瀝落地所生，今西人云：大木間及土壍垣中多生此，非游牧之所而乃有，則知自有種類耳。或疑其初生於馬瀝，後乃滋殖，如茜根生於人血之類是也。皮如松子，有鱗甲，苗下有一細扁根，長尺餘，三月採根 採時掘取中央好者，以繩穿陰乾，至八月乃堪用。本經云：五月五日採，恐已老，不堪，故多三月採之。西人多用作食品噉之，刮去鱗甲，以酒洗淨，去黑汁，薄切，合山芋、羊肉作羹，極美好，益人，食之勝服補藥。又有一種草蓯蓉極相類，但根短莖圓紫色，比來人多取，刮去花，壓令扁，以代肉者，功力殊劣耳。又下品有列當條云：生山南巖石上，如藕根，初生掘取，陰乾。亦名草蓯蓉，性溫，補男子，疑即是此物。今人鮮用，故少有辨之者，因附見於此。

本草補遺：河西混一之後，今方識其眞形，何嘗有所謂鱗甲者。蓋蓯蓉罕得，人多以金蓮根，用鹽盆制而爲之，又以草蓯蓉充之，用者宜審。

二酉委譚：甘州多瑣陽肉蓯蓉，瑣陽形甚不雅，莖上生，肉蓯蓉生土中，掘得之，形甚大，色紅鮮如肉。助甫欲一識之，令卒之田間，掘得舁來，儼如一大人臂。因悟蘇子瞻所烹肉蓯蓉耳，宜其不能仙也。

升麻

別錄：升麻味甘、苦，平，微寒，無毒。主解百毒，殺百精、老物、殃鬼，辟瘟疫、瘴氣、邪氣、蠱毒，入口皆吐出，中惡，腹痛，時氣毒癘，頭痛，寒熱風腫諸毒，喉痛，口瘡，久服不夭，輕身長年。一名周麻，生益州山谷，二月、八月採根，日乾。陶隱居云：舊出寧州者第一，形細而黑，極堅實，頃無復有。今惟出益州，好者細削，皮青綠色，謂之雞骨升麻。北部間亦有，形又虛大，黃色。建平間亦有，形大味薄，不堪用。人言是落新婦根，不必爾。其形自相似，氣色非也。落新婦亦解毒，取葉挼作小兒浴湯，主驚忤。

圖經：升麻生益州川谷，今蜀漢、陝西、淮南州郡皆有之，以蜀川者爲勝。春生苗，高三尺以來，葉似麻葉，並青脆。四月、五月著花，似粟穗，白色。六月以後結實，黑色。根紫，如蒿根，多鬚。四月八月採，日暴乾。今醫家以治咽喉腫痛，口舌生瘡，解傷寒頭痛；凡腫毒之屬，殊效。細剉一兩，水一升，煎鍊，取濃汁服之。入口即吐毒氣，蜀人多用之。楊炎南行方療熛疽湯，用升麻；又有升麻膏、升麻煎湯，並療諸丹毒等。石泉公王方慶嶺南方服乳石補壅法云：南方養生治病，無過丹砂，其方用升麻末三兩，研鍊了光明砂一兩，二物相合，蜜丸，如梧子，每日食後服三丸。又有七物升麻丸，升麻、犀角、黄芩、樸硝、梔子、大黄各二兩，豉二升，微熬同擣散，蜜丸，覺四肢大熱，大便難，即服三十丸，取微利爲好。若四肢小熱，於食上服二十丸，非但辟瘴，兼甚明目。

前漢書地理志益州郡牧靡注李奇曰：靡音麻，即升麻，殺毒藥所出也。

博物志：牧靡草可以解毒，鳥多誤食中毒，必急飛往牧靡山，啄牧靡草以解也。

水經注：涂水出建寧郡之牧靡縣南山，縣、山並即草以立名，山在縣東北烏句山南五百里，山生牧靡，可以解毒。

酉陽雜俎：建寧郡烏句山南五百里，生牧靡，可以解毒。百卉方盛，鳥多誤食烏喙中毒，必急飛牧靡山，啄牧靡以解。

丹參 本草經：丹參味苦，微寒。主心腹邪氣，腸鳴幽幽如走水，寒熱積聚，破癥除瘕，止煩滿，益氣。一名郄蟬草。

別錄：無毒。養血，去心腹痼疾，結氣，腰脊強，腳痹，除風邪，留熱。久服利人。一名赤參，一名木羊乳，生桐栢山川谷及泰山，五月採根，暴乾。陶隱居云：此桐栢山是淮水源所出之山，在義陽，非江東臨海之桐栢也。今近道處處有，莖方，有毛，紫花，時人呼爲逐馬，酒漬飲之，療風痹。道家時有用處，時人服之，多眼赤，故應性熱，今云微寒，恐爲謬矣。

日華子：養神定志，通利關脈，治冷熱勞，骨節疼痛，四肢不遂，排膿止痛，生肌長肉，破宿血，生新血，安生胎，落死胎，止血崩帶下，調婦人經脈不勻，血邪，心煩，惡瘡疥癬，癭贅，腫毒，丹毒，頭痛，赤眼，熱溫狂悶。又名山參。

圖經：丹參二月生，苗高一尺許，莖幹方稜，青色，葉生相對，如薄荷而有毛。三月開花，紅紫色，似蘇花。根赤，大如指，長尺餘，一苗數莖。

本草綱目李時珍曰：處處山中有之，一枝五葉，葉如野蘇而尖，青色皺毛。小花成穗，如蛾形，中有細子。其根，皮丹而肉紫。

徐長卿

本草經：徐長卿味辛，溫。主鬼物百精蠱毒，疫疾，邪惡氣，溫瘧。久服強悍輕身。一名鬼督郵。

別錄：無毒。益氣，延年。生泰山山谷及隴西，三月採。陶隱居云：鬼督郵之名甚多，今俗用徐長卿者，其根正如細辛，小短扁扁爾，氣亦相似。今狗脊散用鬼督郵，當取其強悍宜腰腳，所以知是徐長卿，而非鬼箭、赤箭。

唐本草注云：此藥葉似柳，兩葉相當，有光潤，所在川澤有之。根如細辛，微麤長，而有臊氣。今俗用代鬼督郵，非也。鬼督郵別有本條，在下。

蜀本草圖經云：苗似小桑，兩葉相對，三月苗青，七月、八月著子，似蘿藦子而小，九月苗黃，十月凋。生下濕川澤之間，今所在有之，八月採，日乾。

圖經：徐長卿生泰山山谷及隴西，今淄齊淮泗間亦有之。三月生青苗，葉似小桑，兩兩相當，而有光潤。七八月著子，似蘿藦而小。九月苗黃，十月而枯。根黃色，似細辛而麄長，有臊氣。三月、四月採。一名別仙蹤。

防風 本草經：防風味甘，溫。主大風，頭眩痛，惡風風邪，目盲無所見，風行周身，骨節疼痹，煩滿。久服輕身。一名銅芸。

別錄：辛，無毒。主脅痛，脅風頭面去來，四肢攣急，字乳金瘡內痙。葉主中風，熱汗出。一名茴草，一名百枝，一名屏風，一名蕳根，一名百蜚。生沙苑川澤及邯鄲、瑯邪、上蔡。二月、十月採根，暴乾。陶隱居云：郡縣無名沙苑，今第一出彭城、蘭陵，卽近琅邪者；鬱州、百市亦得之。次出襄陽、義陽縣界，亦可用，卽近上蔡者。惟實而脂潤，頭節堅如蚯蚓頭者爲好。俗用療風最要，道方時用。

圖經：防風生沙苑川澤及邯鄲、上蔡，今京東、淮、浙州郡皆有之。根土黃色，與蜀葵根相類，莖葉俱青綠色，莖深而葉淡，似青蒿而短小，初時嫩紫，作菜茹極爽口。五月開細白花，中心攢聚，作大房，似蒔蘿花，實似胡荽而大。二月、十月採根，暴乾。關中生者，三月、六月採，然輕虛不及齊州者良。又有石防風出河中府，根如蒿根而黃，葉青，花白。五月開花，六月採根，暴乾，亦療頭風眩痛。又宋、亳間及江東出一種防風，其苗初春便生，嫩時紅紫色，彼人以作菜茹，味甚佳，然云動風氣。本經云葉主中風，熱汗出，與此相反，恐別是一種耳。

救荒本草：防風，今中牟田野中有之。根土黃色，與蜀葵根相類，稍細短。莖葉俱青綠色，莖深而葉淡，葉似青蒿葉而闊大，又似米蒿葉而稀疎，莖似茴香。開細白花，結實似胡荽子而大。味甘、辛，又有乂頭者，令人發狂，乂尾者發痼疾，採嫩苗葉作菜茹煠熟，極爽口。

本草綱目：李時珍曰：江、淮所產，多是石防風，生於山石之間。二月採嫩苗作菜，辛甘而香，呼爲珊瑚菜。其根粗醜，其子亦可種。吳綬云：凡使以黃色而潤者爲佳，白者多沙條，不堪。

唐書甄權傳：權後以醫顯者，義興許裔宗。裔宗仕陳，爲新蔡王外兵參軍，王太后病風，不能言，脈沈難對，醫家告術窮。裔宗曰：餌液不可進，卽以黃耆、防風煮湯數十斛，置牀下，氣如霧熏薄之，是夕語。

金鑾密記：白居易在翰林，賜防風粥一甌，剔取防風得五合餘，食之口香七日。

獨活 本草經：獨活味苦、甘，平。主風寒所擊，金瘡，止痛，賁豚癇痓，女子疝瘕。久服輕身，耐老。一名羌活，一名羌青，一名護羌使者。

別錄：獨活微溫，無毒。主療諸賊風，百節痛風無久新者。一名胡王使者，一名獨搖草；得風不搖，無風自動。生雍州川谷或隴西南安。二月、八月採根，暴乾。陶隱居云：藥名無豚實，恐是蠡實，此州郡縣並是羌地，羌活形細而多節，軟潤，氣息極猛烈。生益州北部、西川爲獨活，色微白，形虛大，爲用亦相似，而小不如，其一莖直上，不爲風搖，故名獨活，至易蛀，宜密器藏之。

圖經：獨活、羌活出雍州川谷或隴西、南安，今用蜀漢出者，佳。春生苗，葉如青麻，六月開花，作叢，或黃或紫。結實時，葉黃者是夾石上生，葉青者是土脈中生。此草得風不搖，無風自動，故一名獨搖草。二月、八月採根，暴乾用。本經云：二物同一類，今人以紫色而節密者爲羌活，黃色而作塊者爲獨活。一說，按陶隱居云：獨活生西川、益州北部，色微白，形虛大，用與羌活相似。今蜀中乃有大獨活，類桔梗而大，氣味亦不與羌活相類，用之微寒而少效。今又有獨活，亦自蜀來，形類羌活，微黃而極大，收得寸解乾之，氣味亦芳烈，小類羌活。又有槐葉氣者，今京下多用之，極效驗，意此爲眞者。而市人或擇羌活之大者爲獨活，殊未爲當。大抵此物有兩種：西蜀者黄色，香如蜜；隴西者紫色，秦隴人呼爲山前獨活。古方但用獨活，今方既用獨活，而又用羌活，兹爲謬矣。篋中方：療中風，纔覺，不問輕重，便須吐涎，然後次第治之。吐法，用羌活五大兩，以水一大斗煎取五升，去滓，更入好醋半升和之，以牛蒡子半升炒，下篩令極細，以煎湯酒，斟酌調服，取吐。如已昏眩，即灌之。更不可用下藥，及謬鍼灸，但用補治湯餌，自差。

本草綱目李時珍曰：獨活、羌活乃一類二種，以中國者爲獨活，西羌者爲羌活。蘇頌所説，頗明。按王貺易簡方云：羌活須用紫色有蠶頭鞭節者，獨活是極大羌活有目如鬼眼者，尋常皆以老宿前胡爲獨活者非矣。近時江淮山中出一種土當歸，長近尺許，白肉黑皮，氣亦芬香如白芷，人亦謂之水白芷。用充獨活，解散亦或用之，不可不辨。

東坡雜記：熟地黄、元參、當歸、羌活各等分。列仙傳：有山圖者，入山採藥，折足，仙人敎服此四物而愈，因久服，遂度世。余以問名醫康師孟，大異之，云：醫家用此多矣，然未有專用此四物如此方者。師孟遂名之曰四神丹，洛下公卿士庶爭餌之，百疾皆愈。藥性中和，可常服，大略補虚，益血，治風氣，亦可名草還丹。

細辛

本草經：細辛味辛，溫。主欬逆，頭痛，腦動，百節拘攣，風濕，痹痛，死肌。久服明目，利九竅，輕身長年。一名小辛。

别録：無毒，主溫中，下氣，破痰，利水道，開胸中滯結，除喉痹，齆鼻，風癇癲疾，下乳結汗不出，血不行，安五臟，益肝膽，通精氣。生華陰山谷，二月、八月採根，陰乾。陶隱居云：今用東陽、臨海者，形段乃好，而辛烈不及華陰。高麗者，用之去其頭節，人患口臭者，含之多效，最能除痰明目。

圖經：細辛生華山山谷，今處處有之。然它處所出者，不及華州者眞。其根細，而其味極辛，故名之曰細辛。二月、八月採根，陰乾用。今人多以杜衡當之，杜衡吐，人用時須細辨耳。杜衡春初於宿根上生苗，葉似馬蹄形狀，高二三寸，莖如麥藁麄細，每窠上有五七葉或八九葉，別無枝蔓。又於葉莖間鏄內蘆頭上，帖地生紫花，其花似見不見，闇結實如豆大，窠內有碎子，似天仙子，苗葉俱青，經霜卽枯，其根或空，有似飯帚密鬧，細長四五寸，微黃白色，味辛。江淮俗呼爲馬蹄香，今人多誤用，故此詳述之。

夢溪筆談：東方、南方所用細辛，皆杜衡也；又謂之馬蹄香也。黃白拳局而脆，乾則作團，非細辛也。細辛出華山，極細而直，深紫色，味極辛。嚼之習習如椒，其辛更甚於椒。故本草云：細辛水漬令直，是以杜衡僞爲之也。襄漢間又有一種細辛，極細而直，色黃白，乃是鬼督郵，非細辛也。

本草綱目李時珍曰：博物志言杜衡亂細辛，自古已然矣。沈氏所說甚詳。大抵能亂細辛者，不止杜衡，皆當以根、苗、色、味細辨之。葉似小葵，柔莖細根，直而色紫，味極辛者，細辛也。葉似馬蹄，莖微粗，根曲而黃白色，味亦辛者，杜衡也。一莖直上，莖端生葉如繖，根似細辛，微粗直，而黃白色，味辛微苦者，鬼督郵也。似鬼督郵而色黑者，及已也。葉似小桑，根似細辛，微粗長，而黃色，味辛而有臊氣者，徐長卿也。葉似柳，而根似細辛，粗長，黃白色，而味苦者，白微也。似白微，而白直，味甘者，白前也。

廣雅疏證：細條少辛，細辛也。管子地員篇云：其山之淺，羣藥安生，小辛、大蒙。小辛，卽少辛。中山經云：浮戲之山，東有蛇谷，上多少辛。郭注云：少辛，細辛也。經又云：虵山，其草多嘉榮少辛。神農本草云：細辛味辛，溫。一名小辛。生華陰。御覽引范子計然云：細辛出華陰，色白者善。又引吳普本草云：細辛如葵葉，赤黑，一根一葉相連。蘇頌圖經云：其根細而味極辛，故名之曰細辛。今人多以杜蘅當之，蓋二物相似，故博物志云杜蘅亂細辛也。

柴胡 本草經：茈胡味苦，平。主心腹，去腸胃中結氣，飲食積聚，寒熱邪氣，推陳致新，久服輕身，明目益精。一名地薰。

別錄爲君。微寒，無毒。除傷寒，心下煩熱，諸痰熱結實，胸中邪逆，五臟間遊氣，大腸停積，水脹及濕痹拘攣，亦可作浴湯。一名山菜，一名茹草葉，一名芸蒿，辛香可食。生宏農川谷及寃句。二月、八月採根，暴乾。陶隱居云：今出近道，狀如前胡而強。博物志云：芸蒿葉似邪蒿，春秋有白蒻，長四五寸，香美可食。長安及河內並有之。此茈胡療傷寒第一。唐本草注云：茈是古柴字。上林賦云：茈薑；及爾雅云：藐，茈草，並作茈字。且此草，根紫色，今太常用茈胡是也。又以木代系，相承呼爲茈胡，且檢諸本草，無名此者。傷寒大小柴胡湯，最爲痰氣之要，若以芸蒿爲之，更作茨音，大謬矣。

圖經：柴胡生宏農山谷及寃句，今關陝江湖間近道皆有之，以銀州者爲勝。二月生苗，甚香。莖青紫，葉似竹葉稍緊，亦有似斜蒿，亦有似麥門冬而短者，七月開黃花。生丹州，結青子，與他處者不類。根赤色，似前胡而強，蘆頭有赤毛，如鼠尾，獨窠長者好。二月、八月採根，暴乾。張仲景治傷寒，有大小柴胡，及柴胡加龍骨，柴胡加芒硝等湯。故後人治傷寒，此爲最要之藥。

雷斆炮炙論：凡使莖長軟，皮赤，黃髭鬚，出在平州平縣（卽今銀州銀縣也）西畔，生處多有白鶴，緣鶴於此翔處，是柴胡香直上雲間，若有過往閑者皆氣爽。凡採得後，去髭幷頭，用銀刀削去赤薄皮少許，卻以麁布拭了，細剉用之，勿令犯火，立便無效也。

本草衍義：茈胡，本經並無一字治勞，今人治勞方中，鮮有不用者。嗚呼！凡此誤，世甚多。嘗原病勞有一種眞藏虚損，復受邪熱，邪因虚而致勞。故曰勞者，牢也。當須斟酌用之。如經驗方中治勞熱，青蒿煎丸，用茈胡正合宜耳，服之無不效。熱去卽須急止，若或無熱，得此愈甚，雖至死，人亦不怨，目擊甚多。日華子又謂補五勞七傷。藥性論亦謂治勞乏羸瘦。若此等病，苟無實熱，醫者執而用之，不死何待！注釋本草，一字亦不可忽，蓋萬世之後，所誤無窮耳。苟有明哲之士，自可處治；中下之學，不肯考究，枉致淪沒，可不謹哉！可不戒哉！如張仲景治寒熱往來如瘧狀，用柴胡湯，正合其宜。

救荒本草：柴胡，今鈞州密縣山谷間有之。苗甚辛香，莖青紫，堅硬，微有細線楞，葉似竹葉而小，開小黃花，根淡赤色。採苗葉煠熟，換水淘去苦味，油鹽調食。

本草綱目李時珍曰：銀州卽今延安府神木縣，五原城是其廢蹟。所產柴胡，長尺餘，而微白且軟，不易得也。北地所產者，亦如前胡而軟，今人謂之北柴胡是也。入藥亦良。南土所產者，不似前胡，正如蒿根，強硬不堪使用。其苗有如韭葉者、竹葉者，以竹葉者爲勝。其如邪蒿者，最下也。

按夏小正月令云：仲春芸始生。倉頡解詁云：芸，蒿也；似邪蒿，可食，亦柴胡之類，入藥不甚良。蘇恭以爲非柴胡，云近時有一種根似桔梗、沙參，白色而大，市人以僞充銀柴胡，殊無氣味，不可不辨。

黃連

本草經：黃連味苦，寒。主熱氣，目痛，眥傷，泣出，明目，腸澼，腹痛，下痢，婦人陰中腫痛。久服令人不忘。一名王連。

別錄：微寒，無毒。主五臟冷熱，久下洩澼膿血，止消渴、大驚，除水利骨，調胃厚腸，益膽，療口瘡。生巫陽川谷及蜀郡、泰山。二月、八月採。陶隱居云：巫陽在建平，今西間者，色淺而虛，不及東陽、新安諸縣最勝。臨海諸縣者，不佳。用之當布裹挼去毛，令如連珠。俗方多療下痢及渴，道方服食長生。

唐本草注云：蜀道者，麤大節平，味極濃苦，療渴爲最。江東者，節如連珠，療痢大善。今澧州者更勝。

圖經：黄連生巫陽川谷及蜀郡、泰山，今江湖荆夔州郡亦有，而以宣城者爲勝，施、黔者次之。苗高一尺已來，葉似甘菊。四月開花，黄色。六月結實，似芹子，色亦黄。二月、八月採根用。生江左者，根若連珠，其苗經冬不凋，葉如小雉尾草，正月開花，作細穗，淡白微黄色。六、七月根緊，始堪採。古方以黄連爲治痢之最，胡洽方載九盞湯，主下痢，不問冷熱赤白，穀滯休息久下，悉主之。以黄連長三寸三十枚，秤重一兩半，龍骨如棊子四枚，重四分，附子大者一枚，乾薑一兩半，膠二兩半，並切。先以水五合著銅器中，去火三寸煎沸，便下著坐土上，沸止，又上水五合，如此九上九下，內諸藥，著火上，沸輒下著土上，沸止又復九上九下，度可得一升。頓服，即止。又香連丸亦主下痢，近世盛行。其法以宣連青木香分兩停，同搗篩，白蜜丸如梧子。空腹飲下二、三十丸，日再，如神。其久冷人，即煨熟大蒜作丸。此方本出李絳兵部手集方，嬰孺用之，亦效。又治目方，用黄連多矣。而羊肝丸尤奇異，取黄連末一大兩，白羊子肝一具，去膜，用於砂盆內，研令極細，衆手撚爲丸，如梧子。每食以煖漿水呑三七枚，連作五劑，差。但是諸眼目疾及障翳青盲，皆主之。禁食豬肉及冷水。劉禹錫云：有崔承元者，因官治一死罪囚，出活之，囚後數年，以病自致死。一旦崔爲內障所苦，喪明，逾年後，半夜歎息獨坐，時聞階除間悉窣之聲，崔問爲誰，曰：「是昔所蒙活者囚，今故報恩至此。」遂以此方告訖而沒。崔依此合服，不數月，眼復明，因傳此方於世。又今醫家洗眼湯，以當歸、芍藥、黃連等，分停細切，以雪水或甜水煎濃汁，乘熱洗，冷卽再溫洗，甚益眼目。但是風毒赤目，花翳等，皆可用之。其說云：凡眼目之疾，皆以血脉凝滯使然，故以行血藥合黃連治之。血得熱卽行，故乘熱洗之，用者無不神效。

本草綱目李時珍曰：黃連，漢末李當之本草惟取蜀郡黃肥而堅者爲善。唐時以澧州者爲勝。今雖吳蜀皆有，惟以雅州、眉州者爲良。藥物之興廢不同如此。大抵有二種：一種根粗無毛，有珠，如鷹、雞爪形，而堅實，色深黃；一種無珠，多毛，而中虛，黃色稍淡，各有所宜。

志林：姚歡年八十餘，以安南軍功遷雄略指揮使，老於黃州，鬚髮不白。自言年六十歲患癬疥，周匝頂踵，或敎服黃連，遂愈。久服，故髮不白。其法以黃連去鬚，酒浸一宿，焙乾爲末，蜜圓，如梧桐子大，空心，日午、臨臥，酒吞二十粒。

宋秦觀與喬希聖論黃連書：某比聞公以眼疾餌黃連至數十兩，猶不已，不知果然否？審如所聞，殆不可也。某頃年血氣未定，頗好方術之說。讀醫經數年，嘗記釋者云，服黃連、苦參，久而反熱，甚以爲不然，後乃信之。蓋五味入胃，各歸其所喜。故酸先歸肝，苦先歸心，甘先歸脾，辛先歸肺，鹹先歸腎。入肝則爲溫，入心則爲熱，入肺則爲淸，入腎則爲寒，入脾則爲至陰。而血氣兼之。皆謂增其氣不已，則臟氣有所偏勝；有所偏勝，則必有所偏絕。黃連、苦參性雖大寒，然其味至苦，入胃則先歸於心。久而不已，則心火之氣勝，火勝則熱，乃其理也。眼疾之生，本於肝之熱。肝與心爲子母，夫心爲子，肝爲母；

心火也，肝亦火也。腎，孤臟也；人嘗患一水不勝二火。今病本於肝，而久餌苦藥，使心有所偏勝，是所謂以火救火，命之曰益多，其不可亦明矣。夫藥所以療疾，其過也，適所以爲疾。聞比初作時，十已損其七八，正宜節藥，愼護飲食，以俟其自平；非如決疣潰癰，可以忽然一朝去也。輒具以進，惟留意，而聽之無忽。

宋史地理志：施州貢黃連。

峨眉縣志物產：黃連產於山岩人所罕到之處。採者必以藤繫腰，懸於岩上，自爲升降，以採覓之，然亦不能多得。

胡黃連 附

嘉祐本草：胡黃連味苦，平，無毒。主久痢成疳，傷寒，欬嗽，溫瘧，骨熱，理腰腎，去陰汗，小兒驚癇，寒熱不下食，霍亂，下痢。生胡國，似乾楊柳，心黑外黃，一名割孤露澤。

圖經：胡黃連生胡國，今南海及秦、隴間亦有之。初生似蘆，乾似楊柳枯枝，心黑外黃。不拘時月收採。今小兒藥中多用之。又治傷寒勞復，身熱，大小便赤如血色者。胡黃連一兩，山梔子二兩，去皮，入蜜半兩，拌和，炒令微焦，二味搗羅爲末。用豬膽汁和丸，如梧桐子大。每服用生薑二片，烏梅一箇，童子小便三合，浸半日去滓；食後煖小便令溫，下十丸，臨臥再服，甚效。

防葵

本草經：防葵味辛，寒。主疝瘕，腸洩，膀胱熱，結溺不下，欬逆，溫瘧，癲癇，驚邪狂走。久服堅骨髓，益氣輕身。一名梨蓋。

別錄：甘、苦，無毒。療五臟虛氣，小腹支滿，臚脹口乾，除腎邪，強志。中火者不可服，令人恍惚見鬼。一名防慈，一名爵離，一名農果，一名利茹，一名方蓋。生臨淄川谷及嵩高、泰山、少室。三月三日採根，暴乾。陶隱居云：北信斷，今用建平間者，云本與狼毒同根，猶如三建，今其形亦相似，但置水中不沉爾。而狼毒陳久，亦不沉矣。

唐本草注云：此藥上品，無毒，久服主邪氣驚狂之惡。其莖葉似葵花，子、根香味似防風，故名防葵。採依時者，亦能沉水，乃今用枯朽狼毒當之，極爲謬矣。此物亦稀有，襄陽、望楚、山東及興州西方有之，其興州採得乃勝南者，爲隣蜀土也。

圖經：防葵生臨淄川谷及嵩高、少室、泰山。蘇恭云：襄陽、望楚、山東及興州西方有之。其興州採得乃勝南者，爲隣蜀土也。今惟出襄陽，諸郡不聞有之。其葉似葵，每莖三葉，一本十數莖，中發一榦，其端開花，如葱花、景天輩而色白，根似防風，香味亦如之。三月三日採。六月開花、結實，採根爲藥。

本草拾遺：按此二物，一是上品；而陶云防葵與狼毒同根，但置水中不沉爾。然此二物，善惡不同，形質又別，陶既爲此說，後人因而用之。防葵將以破堅積，爲下品之物，與狼毒同功。今古因循，遂無甄别，此殊誤也。

黃芩

本草經：黃芩味苦，平。主諸熱，黃疸，腸澼，洩痢，逐水下，血閉，惡瘡，疽蝕，火瘍。一名腐腸。

別錄：大寒，無毒。療痰熱，胃中熱，小腹絞痛，消穀，利小腸，女子血閉，淋露下血，小兒腹痛。一名空腸，一名內虛，一名黃文，一名經芩，一名妒婦。其子主腸澼膿血。生秭歸川谷及宛句。三月三日採根，陰乾。得厚樸、黃連，止腹痛。得五味子、牡蒙、牡蠣，令人有子。得黃耆、白斂、赤小豆，療鼠瘻。陶隱居云：秭歸屬建平郡，今第一出彭城，鬱州亦有之。圓者名子芩，爲勝。破者名宿芩，其腹中皆爛，故名腐腸。惟取深色堅實者爲好。俗方多用，道家不需。

圖經：黃芩生秭歸山谷及宛句，今川蜀河東陝西近郡皆有之。苗長尺餘，莖幹麤如筯。葉從地四面作叢生，類紫草，高一尺許。亦有獨莖者，葉細長，青色，兩兩相對。六月開紫花，根黃如知母麄細，長四五寸。二月、八月採根，暴乾用之。吳普本草云：黄芩又名印頭，一名內虛。二月生，赤黄，葉兩兩、四四相值。其莖空，中或方圓，高三四尺。花紫、紅、赤，五月實黑，根黄。二月、九月採，與今所有小異。張仲景治傷寒心下痞滿瀉心湯，四方皆用黄芩，以其主諸熱，利小腸故也。又太陽病下之利不止，有葛根、黄芩、黄連湯，及主妊娠安胎散亦多用黄芩。今醫家嘗用有效者，因著之。

說文解字注：莶，黄莶也。本草經、廣雅皆作黄芩，今藥中黄芩也。從艸，金聲，巨今切，七部。芩，艸也。小雅：呦呦鹿鳴，食野之芩。傳曰：芩，艸也。陸璣云：芩艸，莖如釵股，葉如竹，蔓生澤中下地鹹處，爲艸，嘉賓牛馬皆喜食之。按如陸說，則非黄芩藥也。許君黄莶字從金聲，詩野芩字從今聲，截然分別，他書亂之，非也。毛詩音義引說文云蒿也，以別於毛公之艸也，甚爲可據。但訓蒿則與第二章不別，且說文當以芩與蒿篆類廁，恐是一本作蒿屬，釋文也字或屬字之誤。又按集韵、類篇皆曰吟、蘞、芩三字同，魚音切，菜名，似蒜，生水中。攷字林、齊民要術皆云吟似蒜，生水中，此則別是一物。從艸，今聲，巨今切，七部。詩曰食野之芩。

白薇

本草經：白薇味苦，平。主暴中風，身熱，肢滿，忽忽不知人，狂惑邪氣，寒熱酸疼，溫瘧，洗洗發作有時。

別錄：鹹，大寒，無毒。主療傷中淋露，下水氣，利陰氣，益精。一名白幕，一名薇草，一名春草，一名骨美。久服利人。生平原川谷。三月三日採根，陰乾。陶隱居云：近道處處有，根狀似牛膝而短小爾。方家用，多療驚邪，風狂，痓病。

圖經：白薇生平原川谷，今陝西諸郡及滁、舒、潤、遼州亦有之。莖葉俱青，頗類柳葉。六、七月開紅花，八月結實。根黄白色，類牛膝而短小。

三月三日採根，陰乾用。今云八月採。

救荒本草：白薇今鈞州、密縣山野中有之。苗高一二尺，莖葉俱青，頗類柳葉而闊短，又似女婁腳葉而長硬，毛澀。開花紅色，又云紫花。結角似地稍瓜而大，中有白瓤。根狀如牛膝根而短，黃白色，味苦鹹。採嫩葉煠熟，水淘淨，油鹽調食。並取嫩角煠熟亦可食。

桔梗

本草經：桔梗味辛，微溫。主胸脇痛如刀刺，腹滿，腸鳴幽幽，驚恐悸氣。

別錄：苦，有小毒。利五臟腸胃，補血氣，除寒熱風痹，溫中，消穀，療喉咽痛，下蠱毒。一名利如，一名房圖，一名白藥，一名梗草，一名薺苨。生嵩高山谷及宛句。二、八月採根，暴乾。節皮爲之使，得牡蠣、遠志，療恚怒。得消石、石膏，療傷寒。畏白及、豬肉、龍膽。陶隱居云：近道處處有，葉名隱忍。二三月生，可煮食之。桔梗療蠱毒甚驗，俗方用此，乃名薺苨。今別有薺苨，能解藥毒，所謂亂人參者便是，非此桔梗，而葉甚相似。但薺苨葉下光明，滑澤無毛爲異，葉生又不如人參相對者爾。

唐本草注云：人參苗似五加闊短，莖圓，有三、四椏，椏頭有五葉。陶引薺苨亂人參，謬矣。且薺苨、桔梗又有葉差互者，亦有葉三、四對者，皆一莖直上，葉既相亂，惟以根有心爲別爾。

圖經曰：桔梗生嵩高山谷及宛句，今在處有之。根如小指大，黃白色。春生苗，莖高尺餘。葉似杏葉而長橢，四葉相對而生，嫩時亦可煮食之。夏開花，紫碧色，頗似牽牛子花。秋後結子。八月採根，細剉，暴乾用。葉名隱忍，其根有心，無心者乃薺苨也。而薺苨亦能解毒，二物頗相亂。但薺苨葉下光澤無毛爲異，關中桔梗根黃，頗似蜀葵根，莖細青色，葉小，青色，似菊花葉，古方亦單用之。古今錄驗：療卒中蠱，下血如雞肝者，晝夜出血石餘，四藏皆損，惟心未毀，或鼻破猝死者，取桔梗擣屑，以酒服方寸匕，日三；不能下藥，以物拗口開灌之，心中當煩，須臾自定，服七日止，常食豬肝臛以補之。神良集驗方：療胸中滿而振寒，脈數，咽燥不渴，時時出濁唾腥臭，久久吐膿如粳米粥，是肺癰，治之以桔梗、甘草各二兩，炙以水三升煮取一升，分再服，朝暮吐膿血，則差。

雷公炮炙論：凡使勿用木梗，眞似桔梗，咬之只是腥澀不堪。凡使去頭上尖硬二、三分已來，并兩畔附枝子於槐砧上，細剉，用百合水浸一伏時，漉出，緩火熬令乾用。

千金方：治喉閉，并毒氣，桔梗二兩，水三升，煎取一升，頓服。

又方鼻衄方，桔梗爲末，水服方寸匕，日四五，亦止吐下血。

百一方：若被打擊，瘀血在腹內，久不消，時發動者，取桔梗末，熟水下刀圭。

經驗後方：治骨䐬風，牙痛腫，桔梗爲末，棗穰和丸，如皂子大。綿裹咬之。腫，則荆芥湯漱之。

救荒本草：桔梗，今鈞州密縣山野有之。根如手指大，黄白色。春生苗，莖高尺餘。葉似杏葉而長，每四葉相對而生，嫩時亦可煮食。開花紫碧色，頗似牽牛花，秋後結子。葉名隱忍，其根有心。無心者，乃薺苨也。採葉，煠熟，換水浸去苦味，淘淨，油鹽調食。

戰國策：淳于髡一日而見七人於宣王，王曰：子來，寡人聞之，千里而一士，是比肩而立；百世而一聖，若隨踵而至也。今子一朝而見七士，則士不亦衆乎？淳于髡曰：不然。夫鳥同翼者而聚居，獸同足者而俱行。今求柴胡、桔梗於沮澤，則累世不得一焉；及之睪黍、梁父之陰，則郄車而載耳。夫物各有疇，今髡，賢者之疇也。王求士於髡，若挹水於河，而取火於燧也。髡將復見之，豈特七士也？

搜神記：鄱陽趙壽，有犬，蠱，時陳岑詣壽，忽有大黃犬六七羣，出吠岑。後余相伯歸與壽婦食，吐血幾死，乃屑桔梗以飲之，而愈。

爾雅正義：莌，隱荵。注：似蘇，有毛。今江東呼爲隱荵，藏以爲葅，亦可瀹食也。正義：莌，一名隱荵。管子地員篇云：其種蘟忍。名可互稱也。陶注本草云：桔梗葉名隱荵，可煮食。注似蘇至食也，正義郭所說，與陶宏景略同，是桔梗葉也。類篇云：隱荵，菜名，似蕨。未審何據。

說文解字注：桔，桔梗，逗藥名。本艸經曰：桔梗味辛，微溫。主胸脅痛如刀刺，腹滿，腸鳴幽幽，驚恐悸氣。戰國策曰：今求柴胡桔梗於沮澤，則纍世不得一焉。從木，桔梗艸類，本艸經在艸部，而字從木者，艸亦木也。吉聲，古屑切，十二部。一曰直木，鄭有桔柣之門，蓋取直木爲門限之義。釋宮曰：柣謂之閾。

白鮮

本草經：味苦，寒。主頭風，黃疸，欬逆，淋瀝，女子陰中腫痛，濕痹，死肌不可屈伸起止行步。

別錄：鹹，無毒。療四肢不安，時行腹中大熱，飲水欲走大呼，小兒驚癇，婦人產後餘痛。生上谷川谷及冤句。四月、五月採根，陰乾。陶隱居云：近道處處有，以蜀中者爲良，俗呼爲白羊鮮，音仙 氣息正似羊羶，或名白羶。

圖經：白鮮生上谷川谷及冤句，今河中江寧府、滁州、潤州亦有之。苗高尺餘，莖青，葉稍白如槐，亦似茱萸。四月開花，淡紫色，似小蜀葵。根似蔓青，皮黃白而心實。四月、五月採根，陰乾用。又云：宜二月採，差晚則虛惡也。其氣息都似羊羶，故俗呼爲白羊鮮，又名地羊羶，又名金雀兒椒。其苗，山人以爲菜茹。葛洪治鼠瘻已有口濃血出者，白鮮皮煮汁，服一升，當吐鼠子，乃愈。兵部手集方療肺嗽，有白鮮皮湯方，甚妙。

知母

本草經：味苦，寒。主消渴，熱中，除邪氣，肢體浮腫，下水，補不足，益氣。一名蚳母，一名蓮母，一名野蓼，一名地參，一名水參，一名水浚，一名貨母，一名蝭母。

爾雅：蕁，莐藩。注：生山上，葉如韭，一曰蝭母。

別錄：無毒。療傷寒，久瘧，煩熱，脅下邪氣隔中，惡心，及風汗內疸，多服令人泄。一名女雷，一名女里，一名兒草，一名鹿列，一名韭逢，一名兒踵草，一名東根，一名水鬚，一名沈燔，一名蕁。生河內川谷。二月、八月採根，暴乾。陶隱居云：今出彭城，形似菖蒲，而柔潤。葉至難死，掘出隨生，須枯燥乃止。甚療熱結，亦主瘧熱煩也。范子云：提母出三輔，黃白者善。

圖經：知母生河內川谷，今瀕河諸郡及解州、滁州亦有之。根黃色，似菖蒲而柔潤。葉至難死，掘出隨生，須燥乃止。四月開青花，如韭花。八月結實。二月、八月採根，暴乾用。爾雅謂之蕁，又謂之莐藩，是也。肘後方用此一物治溪毒，大勝。其法連根葉搗作散，服之。亦可投水搗，絞汁，飲一二升。夏月出行，多取此屑自隨。欲入水，先取少許，投水上流，便無畏。兼辟射工，亦可和水作湯，浴之甚佳。

說文解字注：蕁，芜藩也。今本篆文無彡，誤。芜，當是本作尣，俗加艸，本草作沈，直林切。藩，說爾雅者謂即今之知母，从艸，㝷聲，㝷，各本作尋，誤。徒南切，古音在七部。蕁、蕁或从爻。

又芪，芪母也，三字一句。按前已有蕁，不與芪字爲伍，則說爾雅者，謂蕁即芪母，非許意也。从艸，氏聲，常支切，十六部。一名蝭母，一名知母，一名蚳母，皆同部同音。

貝母　本草經：味辛，平。主傷寒，煩熱，淋瀝，邪氣，疝瘕，喉痹，乳癰，金瘡，風痙。一名空草。

爾雅：莔，貝母。注：根如小貝，圓而白，華葉似韭。

詩經：言采其蝱。陸璣疏：蝱，今藥草貝母也。其葉如栝樓而細小。其子在根下，如芋子，正白，四方連累相著，有分解也。

別錄：苦，微寒，無毒。療腹中結實，心下滿，洗洗惡風寒，目眩項直，欬嗽上氣，止煩熱渴，出汗，安五臟，利骨髓。一名藥實，一名苦花，一名苦菜，一名商草，一名勤母。生晉地。十月採根，暴乾。陶隱居云：今出近道，形似聚貝子，故名貝母。斷穀，服之不飢。

唐本草注云：此葉似大蒜，四月蒜熟時採，良。若十月，苗枯，根亦不佳也。出潤州、荊州、襄州者，最佳。江南諸州亦有，味甘、苦，不辛。

圖經：貝母生晉地，今河中江陵府郢壽隨鄭蔡潤滁州，皆有之。根有瓣，子黃白色，如聚貝子，故名貝母。二月生苗，莖細，青色，葉亦青，似蕎麥葉，隨苗出。七月開花，碧綠色，形如鼓子花。八月採根，曬乾。此有數種。鄘詩：言采其莔。陸璣疏云：貝母也。其葉如栝樓而細小，其子在根下，如芋子，正白，四方連累相著，有分解。今近道出者，正類此。郭璞注爾雅云：白花，葉似韭，此種罕復見之。此藥亦治惡瘡，唐人記其事，云：江左嘗有商人，左膊上有瘡如人面，亦無他苦，商人戲滴酒口中，其面亦赤色，以物食之，亦能食，食多則覺膊內肉脹起，或不食之，則一臂痹。有善醫者，教其歷試諸藥，金石草木之類悉試之，無苦。至貝母，其瘡乃聚眉閉口，商人喜曰：此藥可治也，因以小葦筒毀其口，灌之，數日成痂，遂愈，然不知何疾也。謹按本經主金瘡，此豈金瘡之類歟？

雷斆炮炙論：凡使先於柳木灰中炮令黃，擘破，去內口鼻上有米許大者心一小顆，後拌糯米於鏊上，同炒，待米黃熟，然後去米，取出，其中有獨顆團不作兩片無皺者，號曰丹龍精，不入藥用。若誤服，令人筋脈永不收，用黄精小藍汁合服，立愈。

説文解字注：莔，貝母也。詩言采其蝱。毛傳曰：蝱，貝母。釋艸、説文作莔，莔正字，蝱假借字也。根下子如聚小貝。韻會引作「貝母艸，療蛇毒」六字，从艸，朙省聲，武庚切，古音在十部。不曰囧聲而曰省聲者，取皆讀如茫也。

元參 本經：元參味苦，微寒。主腹中寒熱積聚，女子産乳餘疾，補腎氣，令人明目。一名重臺。

别録：鹹，無毒。主暴中風，傷寒，身熱支滿，狂邪，忽忽不知人，温瘧，洒洒血瘕，下寒血，除胸中氣，下水，止煩渴，散頸下核癰腫，心腹痛，堅癥，定五臟，久服補虚，令人明目，强陰，益精。一名元臺，一名鹿腸，一名正馬，一名咸，一名端。生河間川谷及冤句。三月、四月採根，暴乾。陶隱居云：今出近道，處處有。莖似人參而長大，根甚黑，亦微香。道家時用，亦以合香。

唐本草注：元參根苗並臭，莖亦不似人參。陶云道家亦有合香，未見其理也。

開寶本草詳此草，莖方大，高四五尺，紫赤色，而有細毛。葉如掌大而尖長，根生青白，乾即紫黑，新者潤膩，合香用之。俗呼爲馥草，酒漬飲之，療諸毒，鼠瘻。陶云似人參莖，唐本注言根苗並臭，蓋未深識爾。

圖經：元參生河間及冤句，今處處有之。二月生苗，葉似脂麻，又如槐柳。細莖，青紫色。七月開花，青碧色。八月結子，黑色。亦有白花，莖方大，紫赤色，而有細毛，有節若竹者，高五六尺。葉如掌大而尖長，如鋸齒。其根尖長，生青白，乾即紫黑，新者潤膩。一根可生五七葉，三月、八月、九月採，暴乾。或云蒸過，日乾。陶隱居云：道家時用合香，今人有傳其法，以元參、甘松香，各杵末均秤分兩，盛以大酒瓶中，投白蜜漬，令瓶七八分，緊封繫頭，安釜中煮，不住火，一伏時止火，候冷破瓶取出，再擣熟，如乾，更用熟蜜和甆器盛，窨埋地中，旋取，使入樟腦搜，亦可以熏衣。

經驗方：治患勞人燒香法，用元參一斤，甘松六兩爲末，煉蜜一斤，和匀入甆瓶內，封閉，地中埋窨，十日取出，更用炭末六兩，更煉蜜六兩，和令匀，入瓶內封，更窨，五日取出，燒令其鼻中常聞其香，疾自愈。

珍珠囊：元參乃樞機之劑，管領諸氣上下，清肅而不濁，風藥中多用之。故活人書治傷寒陽毒汗下後，毒不散，及心下懊憹，煩不得眠，心神顛倒欲絕者，俱用元參。以此論之，治胸中氤氳之氣，無根之火，當以元參爲聖劑也。

紫草　本草經：味苦，寒。主心腹邪氣，五疸，補中益氣，利九竅，通水道。一名紫丹，一名紫芙。

爾雅：藐，茈草。注：可以染絳。一名茈戾，廣雅云。

別錄：無毒。療腹腫脹滿痛，以合膏療小兒瘡及面皻。生碭山山谷及楚地。三月採根，陰乾。陶隱居云：今出襄陽，多從南陽、新野來，彼人種之，卽是今染紫者。方藥家都不復用。博物志云：平氏陽山紫草特好，魏國以染色殊黑。比年東山亦種，色小淺於此者。

圖經：紫草生碭山山谷及楚地，今處處有之，人家園圃中或種蒔，其根所以染紫也。爾雅謂之藐，廣雅謂之茈莨。苗似蘭香，莖赤，節青，二月有花，紫白色，秋實白。三月採根，陰乾。古方稀見使，今醫家多用治傷寒，時疾。瘡瘮不出者，以此作藥，使其發出。韋宙獨行方治豌豆瘡，煮紫草湯飲，後人相承用之，其效尤速。

湖南通志：紫草，圖經云生楚地，猺人以社前者爲佳，名雅銜草。務本新書曰：種訖，拖瓶擺之，或以輕錘碾過。秋深子熟，旁去其土，連根取出，就地鋪穧，頗乾，輕振其土，以茅策束，切去虛梢，以之染紫，其色殊美。

齊民要術曰：種紫草，宜黃白軟良之地，青沙地亦善。開荒黍穄下，大佳。性不耐水，必須高田，秋耕地，至春又轉耕之。三月種之，耬耩地，逐壟手下子，良田一畝用子二升，薄田用子三升。下訖勞之，鋤如穀法，唯淨爲佳。其壟底草，則拔之。壟底用鋤，則傷紫草。九月中子熟，刈之。候稃芳蒲反。燥，載聚打取子。溼載子則鬱浥。卽深細耕，不細不深，則失草矣。尋壟以耙耬取整理。收草宜併手力速竟爲良，遭雨則損草也。一扼隨以茅結之，擘葛彌善。四扼爲一頭，當日則斬齊顛倒，十重許爲長行，置堅平之地，以板石鎮之，令扁。溼鎮直而長，燥鎮則碎折；不鎮賣難售也。兩三宿豎頭，著日中曝之，令浥浥然。不曝則鬱黑，太燥則碎折。五十頭作一洪，洪十字大頭向外，以葛纏絡。著敞屋下陰涼處棚棧上，其棚下勿使驢馬糞及人溺，又忌煙，皆令草失色。其利勝藍，若欲久停者，入五月內，著屋中，閉戶塞向，密泥，勿使風入漏氣。過立秋，然後開，草出，色不異。若經夏在棚棧上，草便變黑，不復任用。

爾雅翼釋草云：藐，茈草。郭氏曰：可以染紫，一名茈莨。說文亦曰茈藐，紫草。蓋茈卽紫也，以其可染紫，故名茈。上林賦有茈薑，司馬彪亦云紫色之薑，則茈之與紫，古字通用爾。列仙傳：商客能致紫草，賣與染家。本草說云其利勝藍。按種藍一畝，已敵穀田一頃矣。而如復勝焉，有以見後世末作之盛。夫紫，間色奪朱者也。韓子曰：齊威公好服紫，一國盡服紫，五素不得一紫。公患之，用管仲言，謂左右曰：吾惡紫臭。三日境內莫有衣紫。蘇代遺燕王書曰：齊紫敗素也，而價十倍。然則由春秋戰國以來，重之矣。漢相國丞相皆秦官，金印紫綬，高帝相國綠綬。徐廣曰：金印綠綟綬。綟，草名也，以染似綠。又云似紫，紫綬名緺綬，音瓜，其色青紫，綟與盭同，公加殊禮，特服之。何承天云：緺音媧，青紫色綬。綟，紫色也。字說曰：綟，紫也，綟以䓞染，故系在左。紫或染或不，故系在下。綟人染也，其爲此也，有戾焉。或不，則無戾也，此而已。䓞可染紫，謂之茈䓞。則茈言本紫，䓞言所染戾，彼而此者也。

博物志：平氏山之陽紫草特好，其他者色淺。

廣志：隴西紫草，紫之上者。

廣雅疏證：茈䓞，茈草也，茈與紫同。說文云：䓞，艸也。可以染留黃，其染綠者，謂之綠䓞；染紫者，謂之紫䓞。前釋器云：綠綟，紫綟綵也。續漢書輿服志注引徐廣云：綟，草名也。以染似綠，又云：似紫。則染草之䓞，本有綠紫二色。䓞與盭通。漢書百官公卿表：金璽盭綬。晉灼注云：盭，草名。出琅琊平昌縣。似艾，可染綠，因以爲綬名，此綠䓞也。史記司馬相如傳：攢戾莎。徐廣注云：草，可染紫。此紫䓞也。䓞通作茢。周官掌染草。鄭注云：染草，茅蒐、橐蘆、豕首、紫茢之屬。疏云：紫茢，卽紫䓞也。爾雅云：藐，茈草，郭注云：可以染紫，一名茈䓞，見廣雅。西山經云：勞山多茈草。

說文解字注：茈，茈草也。三字句，茈字僅得免删。可以證：葴下，必云葴艸也；藟下，必云藟艸也；皆淺人删之。周禮注云：染艸，茅蒐、橐盧、豕首、紫茢之屬。按紫茢，卽紫䓞也；紫䓞，卽茈草也。廣雅云：茈䓞，茈草也。古列、戾同音，茈、紫同音。本草經云：紫草一名紫丹，一名紫芙。陶隱居云：卽是今染紫者。說文云：䓞艸可以染留黃，謂之紫䓞者，以染紫之䓞，別於染騮黃之䓞也。西山經曰：勞山多茈艸。司馬彪注上林賦曰：茈薑，紫色之薑。郭注南山經曰：茈嬴，紫色嬴，故知古紫、茈通用。从艸，此聲，將此切，古音在十五部，轉入十六部。藐，茈艸也，見釋艸。从艸，須聲，莫覺切，古音在二部。古多借用爲眇字，如「說大人則藐之」，及凡言「藐藐」者，皆是。

紫參

本草經：紫參味苦、辛，寒。主心腹積聚寒熱邪氣，通九竅，利大小便。一名牡蒙。

別錄：微寒，無毒。主療腸胃大熱，唾血，衄血，腸中聚血，癰腫諸瘡，止渴益精。一名衆戎，一名童腸，一名馬行。生河西及宛句山谷。三月採根，火炙，使紫色。陶隱居云：今方家皆呼爲牡蒙，用之亦少。

唐本草注云：紫參葉似羊蹄，紫花青穗，皮紫黑，肉紅白，肉淺皮深，所在有之。牡蒙葉似及己而大，根長尺餘，皮肉亦紫色，根苗並不相同，雖一名牡蒙，乃王孫也。紫參京下見用者，是出蒲州也。

圖經：紫參生河西及宛句山谷，今河中解、晉、齊及淮、蜀州郡皆有之。苗長一二尺，根淡紫，色如地黃狀。莖青而細，葉亦青似槐葉，亦有似羊蹄者。五月開花，白色，似葱花，亦有紅紫，而似水葒者。根皮紫黑，肉紅白色，肉淺而皮深。三月採根，火炙令紫色。又云六月採，曬乾用。張仲景治痢紫參湯，主之。紫參半斤，甘草二兩。以水五升煎紫參取二升，內甘草煎取半升，分溫三服。

錢起紫參歌序：紫參，幽芳也。五葩連萼，狀飛禽羽，舉俗名之五鳥花，起故山道人蘭若尤豐此藥，校書劉公詠歌之，俾予繼組。

秦艽

本草經：秦艽味苦，平。主寒熱邪氣，寒濕風痹，肢節痛，下水，利小便。

別錄：辛，微溫，無毒。療風，無問久新，通身攣急。生飛烏山谷。二月、八月採根，暴乾。陶隱居云：飛烏或是地名，今出甘松龍洞蠶陵，長大黃白色爲佳。根皆作羅文相交，中多銜土，用之熟破除去。方家多作秦膠字，與獨活療風常用，道家不需爾。

唐本草注云：今出涇州、鄜州、岐州者良。本作糺，或作糾，作膠；正作艽也。

圖經：秦艽生飛烏山谷，今河、陝州軍多有之。根土黃色而相交糾，長一尺已來，麤細不等。枝榦高五六寸，葉婆娑連莖梗，俱青色，如萵苣葉。六月中開花，紫色，似葛花，當月結子。每於春秋採根，陰乾。貞元廣利方：療黃心煩熱，口乾，皮肉皆黃。以秦艽十二分，牛乳一大升，同煮，取七合，去滓，分溫再服，差。此方出於許仁則。又崔元亮集驗方：凡發背疑似者，須便服秦艽，牛乳煎，當得快利，三五行卽差，法並同此。又治黃方用秦艽一大兩，細剉，作兩貼子，以上好酒一升，每貼半斤酒，絞取汁，去滓，空腹分兩服，或利便止。就中好酒人易治，凡黃有數種，傷酒曰酒黃，夜食誤飡鼠糞亦作黃，因勞發黃，多痰涕，目有赤脈，日益憔悴，或面赤惡心者是。元亮用之及治人皆得力，極效。秦艽須用新好羅文者，佳。

王孫

本草經：王孫味苦，平。主五臟邪氣，寒濕痹，肢疼酸，膝冷痛。

別錄：無毒。主療百病，益氣，吳名白功草，楚名王孫，齊名長孫，一名黃孫，一名黃昏，一名海孫，一名蔓延。生海西川谷及汝南城郭垣下。

陶隱居云：今方家皆呼名黃昏，又云牡蒙，市人亦少識者。

游宦紀聞：後山贈二蘇公詩末云：如大醫王治膏肓，外證已解中尙彊；探囊一試黃昏湯，一洗十年新學腸。任子淵注云：按圖經本草曰合歡，夜合也；一名合昏。韋宙獨行方：胸中甲錯是爲肺癰，黃昏湯治之，取夜合皮掌大一枚，水煮服之。其說最爲牽合無義。沙隨先生云：晚年因閱本草，王孫味苦，平，無毒。主五臟邪氣，吳名白功草，楚名王孫，齊名長孫，一名黃孫，一名黃昏。生海西川谷。蓋指當時癖學爲五臟邪氣耳。取義精深如此。

唐本草注：按陳延之小品方述本草牡蒙一名王孫，徐之才藥對有牡蒙，無王孫。此則一物明矣。牡蒙葉似及己而大，根長尺餘，皮肉皆紫色。

本草拾遺：旱藕生太行山中，狀如藕。

本草綱目李時珍曰：王孫葉生顛頂，似紫河車葉。按神農及吳普本草，紫參一名牡蒙。陶宏景亦曰：今方家呼紫參爲牡蒙，其王孫並無牡蒙之名。而陶氏於王孫下乃云，又名牡蒙，且無形狀。唐蘇恭始以紫參、牡蒙爲二物。謂紫參葉似羊蹄，王孫葉似及己。但古方所用牡蒙，皆爲紫參，後人所用牡蒙，乃王孫，非紫參也，不可不辨。唐玄宗時，隱民姜撫上言，終南山有旱藕，餌之延年。類葛粉，帝取作湯餅，賜大臣右驍騎將軍甘守誠，曰：旱藕者牡蒙也，方家久不用，撫易名以神之爾。據此，牡蒙乃王孫也。蓋紫參止治血證，積聚，瘧痢，而王孫主五臟邪氣，痹痛。療百病之文，自可推也。蘇恭引小品方牡蒙所主之證，乃紫參，非王孫。

按王孫根如藕，故江右土醫皆呼爲百節藕，用豬肉煨湯食之，以治虚勞。與別錄主療相近。其葉與三白草頗類，余至廣信使人持以示賣草藥者，其人曰：此王孫也。殆舊名尚存俗間，而醫者不知也。噫！老農、老圃，非吾師也耶？

淫羊藿

本草經：味辛，寒。主陰痿絕陽，莖中痛，利小便，益氣力，強志。一名剛前。

別錄：無毒。堅筋骨，消瘰癧，赤癰，下部有瘡洗出蟲。丈夫久服，令人無子。生上郡陽山山谷。

陶隱居云：服此，使人好爲陰陽。西川北部，有淫羊，一日百遍合，蓋食藿所致，故名淫羊藿。

圖經：淫羊藿俗名仙靈脾，生上郡陽山山谷，今江東、陝西、泰山、漢中、湖湘間皆有之。葉青似杏葉，上有刺。莖如粟稈，根紫色，有鬚。四月開花，白色，亦有紫色，碎小獨頭子。五月採葉，曬乾。湖湘出者，葉如小豆，枝莖緊細，經冬不凋。根似黃連，關中俗呼三枝九葉草。苗高一二尺許，根、葉俱堪使。

救荒本草：仙靈皮，本草名淫羊藿，一名剛前，俗名黃連祖、千兩金、乾雞筋、放杖草、棄杖草，俗又呼三枝九葉草。今密縣山野中亦有。苗高二尺許，莖似小豆莖極細緊。葉似杏葉頗長，近蔕皆有一缺，又似菉豆葉，亦長而光。梢間開花，白色，亦有紫色，作碎小獨頭子。根紫色，有鬚，形類黃連狀。採嫩葉煠熟，水浸去邪味，淘淨，油鹽調食。

本草綱目李時珍曰：生大山中，一根數莖，莖粗如線，高一二尺。一莖三椏，一椏三葉，葉長二三寸，如杏葉及豆藿，面光背淡，甚薄而細，齒有微刺。

狗脊 本草經：味苦，平。主腰背強，關機緩急，周痹，寒濕膝痛，頗利老人。一名百枝。

別錄：甘，微溫，無毒。療失溺不節，男子腳弱腰痛，風邪，淋露，少氣，目闇，堅脊，利俛仰，女子傷中，關節重。一名強膂，一名扶蓋，一名扶筋。生常山川谷。二月、八月採根，暴乾。陶隱居云：今山野處處有，與菝葜相似而小異。其根葉小肥，其節疏，其莖大，直上，有刺。葉圓有脈，赤色。根凹烏交切凸徒結切巃嵸，如羊角細強者是。

圖經：狗脊生常山川谷，今太行山、淄、溫、眉州亦有。根黑色，長三四寸，兩指許大。苗尖細碎，青色，高一尺已來，無花。其莖葉似貫衆而細，其根長而多歧，似狗脊骨，故名之。其肉青綠。春秋採根，暴乾用。今方亦用金毛者。

雷斅炮炙論：凡使勿用透山藤，其大腑根與透山藤一般，只是入頂苦，不可餌也。凡修事細剉了，酒拌蒸，從巳至申，出曬乾用。

本草綱目李時珍曰：狗脊有二種：一種根黑色，

如狗脊骨；一種有金黃毛，如狗形，皆可入藥。其莖細，而葉花兩兩對生，正似大蕨，比貫衆葉有齒，面背皆光。其根大如拇指，有硬黑鬚簇之。吳普、陶貞白所說，根苗皆是菝葜。蘇恭、蘇頌所說，卽眞狗脊也。按張揖廣雅云：菝葜，狗脊也。張華博物志云：菝葜與萆薢相亂，一名狗脊。觀此，則昔人以菝葜爲狗脊，相承之誤久矣。然菝葜、萆薢、狗脊三者，形狀雖殊，而功用亦不甚相遠。

地榆 本草經：地榆味苦，微寒。主婦人乳痓痛，七傷，帶下病，止痛，除惡肉，止汗，療金瘡。

別錄：甘、酸，無毒。主止膿血諸瘻，惡瘡，熱瘡，消酒，除消渴，補絶傷，產後內塞，可作金瘡膏。生桐柏及寃句山谷，二月、八月採根，暴乾。陶隱居云：今近道處處有。葉似榆而長，初生布地，而花子紫黑色，如豉，故名玉豉。一莖長直上，根亦入釀酒。道方燒作灰，能爛石也。乏茗時，用葉作飲，亦好。

圖經：地榆生桐柏及寃句山谷，今處處有之。宿根三月內生苗，初生布地，莖直，高三四尺。對分出葉，葉似榆少狹，細長，作鋸齒狀，青色。七月開花，如椹子，紫黑色，根外黑裏紅，似柳根。二月、八月採，暴乾。葉不用，山人乏茗時，採此葉作飲，亦好。古斷下方多用之。葛氏載徐平療下血二十年者，取地榆、鼠尾草各二兩，水二升煮半頓服。不斷，水漬屋塵，飲一小盃，投之不過重作乃愈。小兒疳痢，亦單煮汁如飴糖，與服，便已。又毒蛇螫人，擣新根取汁飲，兼以漬瘡，良。崔元亮海上方：赤白下骨立者，地榆一斤，水三升煮取一升半，去滓，再煎，如稠餳，絞濾，空腹服三合，日再。

救荒本草：地榆今處處有之，密縣山野中，亦有此。多宿根，其苗初生布地，後攛葶，直高三四尺。對分生葉，葉似榆葉而狹細，頗長，作鋸齒狀，青色。開花如椹子，紫黑色。採嫩葉，煠熟，用水浸去苦味，換水淘淨，油鹽調食。無茶時，用葉作飲，甚解熱。

齊民要術：神仙服食經云：地榆一名玉札，北方難得，故尹公度曰：寧得一斤地榆，不用明月寶珠。其實黑如豉，北方呼豉爲札，嘗言玉豉。與五茄煮服之，可神仙。是以西域眞人曰：何以支長生，食石畜金鹽，何以得長壽，食石用玉豉。此草霧而不濡，太陽氣盛也，鑠玉爛石。炙其根作飲，如茗氣。其汁釀酒，治風痹，補腦。廣志曰：地榆可生食。

東坡雜記：世傳四味五兩天麻煎，蓋古方本以四時加減，世但傳春利耳。春肝主多風，故倍天麻；夏伏陰，故倍烏頭；秋多利下，故倍地榆；冬伏陽，故倍元參。當須去皮、生用治之。萬擣烏頭無復毒，依此常服，不獨去病，乃保眞延年，與仲景八味丸並驅矣。

苦參 本草經：味苦，寒。主心腹結氣，癥瘕積聚，黃疸，溺有餘瀝，逐水，除癰腫，補中，明目，止淚。一名水槐，一名苦蘵。

別錄：無毒。養肝膽氣，安五臟，定志益精，利九竅，除伏熱，腸澼，止渴醒酒，小便黃赤，瘡惡下部䘌，平胃氣，令人嗜食，輕身。一名地槐，一名菟槐，一名驕槐，一名白莖，一名虎麻，一名岑莖，一名綠白，一名陵郎。生汝南山谷及田野。三月、八月、十月採根，曝乾。陶隱居云：今出近道處處有。葉極細似槐樹，故有槐名。花黃，子作莢。根味至苦惡，病人酒漬飲之，多差。患疥者，一兩服亦除，蓋能殺蟲。

圖經：苦參生汝南山谷及田野，今近道處處皆有之。其根黃色，長五七寸許，兩指麤細。三五莖並生。苗高三四尺已來。葉碎青色，極似槐葉，故有水槐名。春生冬凋，其花黃白，七月結實如小豆子。河北生者無花子，五月、六月、八月、十月採根，暴乾用。古今方用治瘡瘮最多，亦可治癩疾。其法用苦參五斤，切，以好酒三斗漬三十日，每飲一合，日三，常服不絕，若覺痹，即差。取根皮末服之，亦良。

本草衍義：苦參，有朝士苦腰重，久坐旅拒，十餘步然後能行。有一將佐謂朝士曰：見公日逐以藥揩齒，得無用苦參否？曰：始以病齒，用苦參已數年。此病由苦參入齒，其氣味傷腎，故使人腰重。後有太常少卿舒昭亮用苦參揩齒，歲久亦病腰，自後悉不用，腰疾皆愈。此皆方書舊不載者。有人病遍身風熱細瘮，痹痛不可忍，連胸、頸、臍、腹及近隱皆然，涎痰亦多，夜不得睡。以苦參末一兩，皂角二兩，水一升，揉濾取汁，銀石器熬成膏，和苦參爲丸，如梧桐子大。食後溫水服二十至三十丸，次日便愈。史記太倉公傳：太倉公者姓淳于氏，名意，少而喜醫方術，爲人治病，決死生，多驗。齊中大夫病齲齒，意灸其左陽明脈，即爲苦參湯日漱三升，出入慎風，五、六日病已。

龍膽

本草經：龍膽味苦，澀。主骨間寒熱，驚癇邪氣，續絕傷，定五臟，殺蠱毒。久服益智不忘，輕身耐老。一名陵游。

別錄：大寒，無毒。除胃中伏熱時氣，溫熱，熱洩，下痢，去腸中小蠱，益肝膽氣，止驚惕。生齊朐山谷及寃句。二月、八月、十一月、十二月採根，陰乾。陶隱居云：今出近道，吳興爲勝。狀似牛膝，味甚苦，故以膽爲名。

圖經：龍膽生齊朐山谷及寃句，今近道亦有之。宿根黃白色，下抽根十餘本，大類牛膝，直上生苗，高尺餘。四月生葉而細，莖如小竹枝，七月開花，如牽牛花，作鈴鐸形，青碧色。冬後結子，苗便枯。二月、八月、十一月、十二月採根，陰乾。俗呼爲草龍膽，浙中又有山龍膽草，味苦澀。取根細剉，用生薑自然汁，浸一宿，去其性，焙乾搗，水煎一錢匕，溫服之。治四肢疼痛。採無時候，葉經霜雪不凋。此同類而別種也。古方治疸多用之，集驗方：穀疸丸，苦參三兩，龍膽一兩，二物下篩，牛膽和丸，先食以麥，飲服之。如梧子五丸，日三，不知，稍增刪。繁方治勞疸，同用此龍膽，加至三兩，更增梔子仁三七枚，三物同篩、搗丸，以豬膽服，如前法，以飲下之。其說云：勞疸者，因勞爲名，穀疸者，因食而勞也。

李衎竹譜：龍膽草生齊朐山谷，今近道亦有之。根類牛膝，直上生苗，高尺餘。四月生葉，莖細如小竹枝。七月開花如牽牛。

救荒本草：龍膽草，今鈞州、新鄭山岡間有之。根類牛膝，而根一本十餘莖，黄白色，宿根。苗高尺餘，葉似柳葉而細短，又似小竹，開花如牽牛花，青碧色，似小鈴形樣。採葉煠熟，换水浸，淘去苦味，油鹽調食，勿空腹服。

茅根 本草經：味甘，寒。主勞傷虛羸，補中益氣，除瘀血，閉寒熱，利小便，其苗主下水。一名蘭根，一名茹根。

別錄：無毒。下五淋，除客熱在腸胃，止渴堅筋，婦人崩中，久服利人。一名地菅，一名地筋，一名兼杜。生楚地山谷田野，六月採根。陶隱居云：此即今白茅菅。詩云：露彼菅茅。其根如渣芹，甜美，服食此，斷穀，甚良。俗方稀用，惟療淋及崩中爾。

圖經：茅根生楚地山谷田野，今處處有之。春生苗，布地如鍼，俗間謂之茅鍼。亦可噉，甚益小兒。夏生白花，茸茸然，至秋而枯。其根至潔白，亦甚甘美。六月採根用。今人取茅鍼，挼以傅金瘡，塞鼻洪，止暴下血及溺血者，殊效。劉禹錫傳信方療癰腫有頭使必穴方，取茅錐一莖，正爾全煎十數沸服之，立潰。若兩莖，即生兩孔，或折斷一枝爲二，亦生兩穴。白茅花亦主金瘡，止血，又有菅，亦茅類也。陸璣草木疏云：菅似茅而滑，無毛。根下五寸，有白粉者，柔韌宜爲索，漚之尤善，其未漚者名野菅。詩所謂白茅菅兮，是此也。入藥與茅等，其屋苫茅經久者，主卒吐血，細剉三升，酒浸煮，服一升，良已。

本草綱目李時珍曰：茅有白茅、菅茅、黄茅、香茅、芭茅數種。葉皆相似。白茅短小，三、四月開白花，成穗，結細實，其根甚長，白軟如筋而有節，味甘，俗呼絲茅，可以苫蓋及供祭祀苞苴之用，本經所用茅根是也。其根乾之，夜視有光，故腐則變爲螢火。菅茅只生山上，似白茅而長。入秋抽莖開花成穗，如荻花，結實尖黑，長分許，粘衣刺人。其根短硬如細竹根，無節而微甘，亦可入藥，功不及白茅，爾雅所謂白華野菅是也。黄茅似菅茅，而莖上開葉，莖下有白粉，根頭有黄毛，根亦短而細硬無節。秋深開花，穗如菅，可爲索綯，古名黄菅，別錄所用菅根是也。香茅一名菁茅，一名璚茅，生湖南及江淮間。葉有三脊，其氣香芬，可以包藉及縮酒，禹貢所謂荆州苞匭菁茅是也。芭茅叢生，葉如大蒲，長六七尺，有二種，卽芒也。

廣雅疏證：葤𦯬，茅穗也。茅穗，茅秀也。葤與荼同。鄭風出其東門篇：有女如荼。傳云：荼，英荼也。言皆喪服也。箋云：荼茅，秀物之輕者，飛行無常。正義云：言荼、英荼者，六月云：白旆英英。是白貌茅之秀者，其穗色白，言女皆喪服，色如荼然。吳語：白常、白旗、素甲、白羽之矰，望之如荼。韋昭云：荼，茅秀。亦以白色爲如荼，與此傳意同。案考工記鮑人之事，望而眡之，欲其荼白也。鄭注云：當如茅秀之色。漢書禮樂志：顔如荼。應劭注云：荼，野菅白華也，言此奇麗白如荼也。野菅，卽茅屬。說文云：菅，茅也。是茅穗名荼，義取白色也。蘇頌本草圖經云：茅春生苗，布地如鍼，夏生白花，茸茸然，卽所謂荼矣。古者用荼以爲席箸，夏小正云：四月取荼。傳云：荼也者，以爲君薦蔣也。既夕禮云：茵箸用荼。鄭注云：荼，茅秀也。周官掌荼：掌以時聚荼，以共喪事。鄭注云：共喪事者，以箸物也，引既夕禮茵箸用荼，皆是也。說文云：𦬁，茅秀也。從艸，私聲。案說文云：私，禾也。北道名禾主人曰私主人，私與𦬁同聲，當亦是禾秀之稱，後乃通名禾爲私耳。私、穗正一聲之轉也。茅穗名𦬁，禾穗亦名私，猶茅穗名萪，禾穗亦名萪。廣韻云：穛，穗也。集韻云：禾穗曰穛，或從斜，作萪。玉篇廣韻並云萪，穗也。不言茅穗，則爲禾穗，可知。故禾穗之亦名𦬁，可以萪定之也。萪，𦬁亦一聲之轉。

說文解字注：茅，菅也。按統言，則茅菅是一。析言，則菅與茅殊。許菅茅互訓，此從統言也。陸璣曰：菅似茅而滑澤無毛，根下（當作上）五寸中有白粉者，柔韌宜爲索，漚乃尤善矣。此析言也。

从艸矛聲，莫交切，古音在三部。「可縮酒爲藉」一，各本無此五字。依韻會所引補。縮酒，見左傳。爲藉，見周易。此與蓤可以香口，蒻可以爲苹席一例。菅，茅也。詩：白華菅兮。釋草曰：白華，野菅。毛傳足之曰：已漚爲菅。按詩謂白華既漚爲菅，又以白茅收束之；菅別於茅，野菅又別於菅也。从艸官聲，古顏切，十四部。

又蒯，艸也。左傳引詩曰：雖有絲麻，無棄菅蒯。李善引聲類曰：蒯，艸中爲索。苦怪切。史記：馮驩有一劍，蒯緱。裴駰曰：蒯，茅之類，可爲繩。其劍把無物可裝，以小繩纏之也。从艸，㕟聲。按說文無㕟字，而爾雅有之。釋詁曰：㕟，息也。音義曰：㕟，苦怪反，又墟季反。字林以爲喟，亡壞反。孫本作快，郭又作嘳。按㕟字今不可得其左傍所從何等，字之本訓何屬，但其古音在十五部，甚明。說文聲、蒯皆以爲聲，而聲字亦作聵，蒯字逸詩與萃、匱爲韻，皆在十五部也。不知何時蔽改作蒯，從朋從刀，殊不可曉。蓋本扶風「鄘鄉」之字，誤鄘讀若陪，在第六部。第六部與十五部相隔絕遠而誤，其作蒯且用爲蔽字，不可從也。玉篇引無棄菅蔽，不作蒯〔苦怪切〕。

又蓫，牡茅也。見釋艸，此當與菅茅二篆類廁，而不爾者，蓋其種類殊也。从艸，遬聲，桑谷切，三部。遬，籀文速，凡速聲字皆從速，則牡茅字作蓫可矣。而小篆偶從遬，與他速聲字不畫一，故箸之序曰：小篆取史籀，大篆或頗省改。蓫者，大篆文應省改而不省改者也。𦬊，茅秀也。廣雅曰：蒤、𦬊，茅穗也。蒤卽荼字之變。周禮儀禮注、鄭風箋、吳語注皆云：荼，茅秀。當是荼爲茅之秀，𦬊爲蓫之秀。統言之，則曰茅秀而已。其色正白，从艸，私聲，息夷切，十五部。

附茅彙考

禹貢：包匭菁茅。注：菁茅，有刺而三脊，所以供祭祀縮酒之用，旣包而又匣之，所以示敬也。齊桓公責楚貢苞茅不入，王祭不供，無以縮酒。又管子云：江淮之間，一茅而三脊，名曰菁茅。菁、茅一物也。孔氏謂菁以爲葅者，非是。今辰州麻陽縣苞茅山出苞茅，有刺而三脊。

詩：東門之池，可以漚菅。疏：釋草云：白華野菅。郭璞云：茅屬。白華箋云：人刈白華於野，已漚之，名之爲菅，然則菅者，已漚之名，未漚則但名爲茅也。陸璣疏云：菅似茅而滑澤無毛，根下五寸中有白粉者，柔韌宜爲索，漚乃尤善矣。朱注：菅，葉似茅而滑澤，莖有白粉，柔韌宜爲索也。大全濮氏曰：左傳云，雖有絲麻，無棄菅蒯。蒯與菅，皆謂苕也。黃華者，俗名黃芒，卽蒯也。白華者，俗名白芒，卽菅也。

詩：白華菅兮，白茅束兮。傳：白華，野菅也。已漚爲菅。疏：釋草云，茅菅白華，一名野菅。郭璞曰：茅屬也。此白華亦是茅菅類也，漚之柔蒯，異其名謂之爲菅。因謂在野未漚者爲野菅也。王肅云：白茅束白華，以興夫婦之道，宜以端成潔白相申束，然後成室家也。

周禮甸師：祭祀，共蕭茅。注：鄭大夫云，蕭字或爲莤，莤讀爲縮，束茅立之祭前，沃酒其上，酒滲下去，若神飲之，故謂之縮。縮，浚也。故齊桓公責楚不貢苞茅，王祭不共，無以縮酒。玄謂茅以共祭之苴，亦以縮酒，苴以藉祭。縮酒，泲酒也。醴齊縮酌，疏：蕭字，鄭大夫讀爲縮者，欲以蕭茅共爲一事，解之云束茅立之祭前者，此鄭大夫之意，取士虞禮束茅立几東，所以藉祭。此義蕭茅共爲一，則不可，若束茅立之祭前，義得通。玄云茅以共祭之苴者，則士虞禮束茅長五寸，立於几東，謂之苴者，是也。云亦以縮酒者，左氏管仲辭是也。此官共茅司巫，云祭祀共蒩館，茅以爲蒩，兩官共共者，謂此甸師共茅與司巫，司巫爲苴以共之，此據祭宗廟也。鄉師又云：大祭祀共茅蒩者，謂據祭天時，亦謂甸師氏送茅與鄉師，爲苴以共之。若然，甸師氏直共茅而已，不供苴耳。訂義王昭禹曰：易曰藉用白茅，是取茅以藉酒也。齊桓責楚不共包茅，曰無以縮酒，是取茅以縮酒也。王氏曰：必用茅者，謂其體順理直，柔而潔白，承祭祀之德，當如此也。陸氏曰：茅有貢于萬國者，禹貢荊州之土貢，春秋齊桓之責楚是也。有共於甸師者，祭祀共蕭茅是也。然甸師之茅，或入鄉師，或入司巫，鄉師之所共者，大祭祀；司巫之所共者，凡祭祀也。茅之爲用，或以縮酒，如記曰縮酌用茅、司尊彝醴齊縮酌是也。或以藉物，士虞禮曰：鉤袒，取黍稷祭於苴，鄉師共茅蒩是也。至男巫謂旁招以茅，則又除不祥也。

又：鄉師之職，大祭祀共茅蒩。注杜子春云：蒩當爲菹，以茅爲菹，若葵菹也。鄭大夫讀菹爲藉，謂祭前藉也。易曰：藉用白茅，无咎。玄謂蒩，士虞禮所謂苴刌茅長五寸束之者是也。祝設于几東席上，命佐食取黍稷，祭于苴三，取膚祭，祭如初。此所以承祭，既祭，蓋束而去之。守祧職云：既祭藏其隋。是與疏共茅蒩者。按甸師職共蕭茅，彼直共茅與此鄉師，鄉師得茅，束而切之，長五寸，立之祭前，以藉祭，故云茅蒩也。注：杜子春云，以茅爲菹，茅草不堪食，故後鄭不從鄭大夫讀蒩爲藉，謂祭前藉，此後鄭從之。又引易曰：藉用白茅，无咎者，證蒩爲藉之義。玄謂蒩，士虞禮所謂苴刌茅長五寸束之者，是也。引之者，欲見其蒩爲祭之藉，此增成鄭大夫之義。

又：司巫掌羣巫之政令，祭祀則共蒩館。注：蒩之言藉也，祭食有當藉者，館所以承蒩，謂若今筐也。士虞禮曰：苴刌長五寸，實於筐，饌於西坫上，又曰：祝盥取苴，降洗之，升入，設於几東席上，東縮。

又：男巫掌望祀，望衍，授號，旁招以茅。注：旁招以茅，招四方之所望祭者。訂義鄭鍔曰：用茅以招之，神來無方，其招亦非一方也，故曰旁招。茅之爲物，柔順潔白，惟潔白可以見誠敬之心，惟柔順可以致懷柔之禮。

爾雅：藗，牡茅。注：白茅屬。疏：茅之不實者也。一名藗，一名牡茅。郭云：白茅屬。

毛詩陸疏廣要：白茅包之。茅之白者，古用包裹禮物，以充祭祀縮酒用。爾雅云：藗，牡茅；郭、鄭俱云白茅屬。邢云茅之不實者也。一名藗，一名牡茅。周易云：拔茅茹以其彙，征吉。陸佃云：茅之爲物，拔其根而牽茹者，君子以類出處之象，又云：藉用白茅，无咎。象曰：藉用白茅，柔在下也。孔子云：茅之爲物薄，而用可重也。禹貢云：荆州厥貢苞匭菁茅。吳錄地理志曰：桂陽柳縣有青茅，可染。零陵、泉陵有香茅，古貢之縮酒。合璧事類云：茅，叢生荒野間，野人刈以覆屋。江、淮間生者，一莖三脊，曰菁茅。

又白華菅兮，菅似茅而滑澤無毛，根下五寸中有白粉者，柔韌宜爲索，漚乃尤善矣。爾雅云：白華，野菅。舍人云：白華一名野菅。郭云：茅屬。此白華亦是茅之類也。漚之柔韌，異其名謂之爲菅，因謂在野未漚者爲野菅耳。詩小雅云白華菅兮是也。鄭氏云：今亦謂之菅，似茅而高大。孔疏曰：鄭箋云人刈白華于野，已漚之名之爲菅。然則菅者已漚之名，未漚則但名爲茅也。陸農師云：爾雅曰，白華野菅。傳曰已漚爲菅，未霑人功，故謂之野菅。菅，茅屬也，而其華白，故一曰白華。詩序曰：白華，孝子之潔白也。南陔：孝子相戒以養也。陔，戒也。故曰相戒以養。逸詩曰：雖有姬姜，無棄憔悴，雖有絲枲，無棄菅蒯。菅蒯猶所謂糟糠也。范氏曰：菅以爲屨。濮氏曰：左傳云雖有絲麻，無棄菅蒯。蒯與菅皆謂苕也。黃花者，俗名黃芒，即蒯也。白華者，俗名白芒，即菅也。異物志云：香菅似茅，而葉長大于茅，不生洿下之地。凡所烝享，必得此菅包裹，助調五味。按郭景純云：菅，茅屬，而陸疏、鄭注、朱傳俱云似茅，確是二物。下章云：露彼菅茅，猶逸詩云無棄菅蒯也。茅乃散材，菅爲女作纖微所不棄者，故東門之池，與麻紵同詠也。孔氏以爲已漚爲菅，未漚爲茅，恐未必然。惟邢氏云未漚爲野菅，斯得耳。濮氏以爲苕，想誤認爲蓨蓧之醜矣。若異物志所載香菅，又是一種，想成王時會人獻以菅，即此類也。

黃茅

別錄：地筋味甘，平，無毒。主益氣，止渴，除熱在腹臍，利筋。一名菅根，一名土筋。生澤中。根有毛，三月生，四月實白，三月三日採根。

陶隱居云：疑此猶是白茅，而小異也。

本草拾遺：地筋如地黃，根葉並相似而細，多毛。生平澤，功用亦同地黃，李邕方用之。

本草綱目李時珍曰：此乃黃菅茅之根也。功與白茅根相同，詳見白茅下。陳藏器所說，別是一物，菲菅根也。

廣雅疏證：蘱，茅蔽也。廣韻：蔽，茅類。蘱，草名，似蒲，一云似茅。爾雅：蘱，薡蕫。郭注云：似蒲而細。邢昺疏云：可爲屩，亦可綯以爲索。說文：蕫，薡蕫也。杜林曰：藕根。徐鍇傳云：似蒲而細，今人以織屨。西京賦：草則葴莎菅蔽。李善注引聲類云：蔽，草；中爲索。玉篇同。成九年左傳：雖有絲麻，無棄菅蔽。正義云：陸璣毛詩疏，菅似茅，滑澤無毛，筋宜爲索，蔽亦菅之類。喪服傳云：疏屨者藨蔽之菲也。可以爲屨，並可代絲麻之乏。然則蔽爲索，爲屨，與蘱同是一物也。遼釋行均龍龕手鑑云：蘱草，一名鼎童，似烏尾，可食。

白芨

本草經：白芨味苦，平。主癰腫，惡瘡，敗疽，傷陰，死肌，胃中邪氣賊風，鬼擊，痱緩不收。一名甘根，一名連及草。

別錄：辛，微寒，無毒。除白癬疥蟲。生北山川谷，又宛句及越山。紫石英爲之使，惡理石，畏李核、杏仁。陶隱居云：近道處處有之。葉似杜若，根形似菱米，節間有毛。方用亦稀，可以作糊。

唐本草注云：此物山野人患手足皸瘃，嚼以塗之，有效。

蜀本草注云：反烏頭。又圖經云：葉似初生栟櫚及藜蘆。莖端生一薹，四月生，開紫花。七月實熟，黃黑色，冬凋。根似菱，三角，白色，角頭生芽。今出申州，二月、八月採根用。

圖經曰：白及生北山川谷，又宛句及越山。今江、淮、河、陝、漢、黔諸州皆有之。生石山上，春生苗，長一尺許，似栟櫚及藜蘆。莖端生一薹，葉兩指大，青色，夏開紫花。七月結實，至熟，黃黑色。至冬葉凋，根似菱米，有三角，白色，角端生芽。二月、七月採根。今醫治金瘡不差及癰疽方中多用之。

經驗方：治鼻衄不止。甚者，白及爲末，津調，塗山根上，立止。

隴蜀餘聞：白芨花白色，五瓣，瓣中有苞，白質紫點，內吐黄鬚，極可玩。武連梓潼間，山谷多有之。

白芨花與今見者不類，恐別是一種，白射干或亦目爲白芨，所載形狀，頗近之。

本草綱目李時珍曰：韓保升所說形狀，正是。但一科止抽一莖，開花長寸許，紅紫色，中心如舌。其根如菱米，有臍如鳧茈之臍，又如扁扁螺旋紋，性難乾。

廣雅疏證：白苙　菈蕢也。按白苙以根白得名也。根有三角，故一名菈　一名蕢。秦風小戎篇：厹矛鋈錞。傳云：厹，三隅矛也。聲義正與仇同。爾雅：茨，蒺藜。郭注云：子有三角刺人。離騷茨作薋，亦與此同義也。御覽引晉宮閣名云：華林園白及三株，倘以其莖葉可玩而植之與？

白頭翁

本草經：白頭翁味苦，溫，無毒。主溫瘧狂易，寒熱癥瘕，積聚癭氣，逐血，止痛，療金瘡。一名野丈人，一名胡王使者。

別錄：有毒。主鼻衄。一名奈何草。生高山山谷及田野，四月採。陶隱居云：處處有，近根處有白茸，狀似人白頭，故以爲名。方用亦療毒痢。

唐本草注：其葉似芍藥而大，抽一莖，莖頭一花，紫色，似木堇花。實大者如雞子，白毛寸餘皆披下，似纛頭，正似白頭老翁，故名焉。今言近根有白茸，陶似不識。太常所貯蔓生者，乃是女萎。其白頭翁根，甚療毒痢，似續斷而扁。別本注云：今處處有，其苗有風則靜，無風而搖，與赤箭獨活同也。

藥性論：白頭翁使味甘、苦，有小毒。止腹痛及赤毒痢，治齒痛，主項下瘤癧。又云胡王使者味苦，有毒。主百骨節痛，豚實爲使。

蜀本草圖經云：有細毛，不滑澤，花蘂黄。今所在有之。二月採花，四月採實，八月採根，皆日乾。

圖經曰：白頭翁生嵩山山谷，今近京州郡皆有之。正月生苗，作叢狀，如白薇而柔細稍長，葉生莖端上，有細白毛，而不滑澤。近根有白茸，正似白頭老翁，故名焉。根紫色，深如蔓菁。二月、三月開紫花，黃蘂。五月、六月結實。其苗有風則靜，無風而搖，與赤箭、獨活同。七月、八月採根，陰乾用。今俗醫用合補下藥，服之大暖，亦衝人。

外臺秘要：治陰㿗，白頭翁根生者，不限多少，擣之。隨偏腫處以傅之，一宿當作瘡，二十日愈。

肘後方：小兒禿，取白頭翁根，擣傅一宿，或作瘡，二十日愈。

本草衍義曰：白頭翁生河南洛陽界及新安土山中，性溫。止腹痛，暖腰膝。唐本注及藥性論甚詳。陶隱居失於不審，宜其排叱也。新安縣界兼山野中，屢嘗見之。正如唐本注所說，至今本處山中人賣白頭翁丸，言服之壽考，不失古人命名之意。

貫衆

本草經：貫衆味苦，微寒。主腹中邪熱氣，諸毒，殺三蟲。一名貫節，一命貫渠，一名百頭，一名虎卷，一名扁苻。

爾雅云：濼，貫衆。注：葉員銳，莖毛黑，布地，冬不死，一名貫渠。廣雅云貫節。

別錄：有毒。去寸白，破癥瘕，除頭風，止金瘡花，療惡瘡，令人洩。一名伯萍，一名藥藻，此謂草鴟頭。生玄山山谷及宛句、少室山。二月、八月採根、陰乾，雚菌爲之使。陶隱居云：近道亦有，葉如大蕨，其根形色毛芒全似老鴟頭，故呼爲草鴟頭。

蜀本、圖經云：一名藥藻。又圖經云：苗似狗脊，狀如雉尾，根直多枝，皮黑肉赤曲者，名草鴟頭。療頭風用之。今所在山谷陰處有之。

圖經曰：貫衆生玄山山谷及宛句、少室山。今陝西河東州郡及荊、襄間多有之，而少有花者。春生苗赤，葉大如蕨，莖榦三棱，葉綠色，似小雞翎。又云鳳尾草，根紫黑色，形如大瓜，下有黑鬚毛，又似老鴟。三月採根，曬乾。荆南人取根爲末，水調服一錢七，止鼻血，有效。

本草綱目李時珍曰：多生山陰、近水處。數根叢生，一根數莖，莖大如筯，其涎滑，其葉兩兩對生，如狗脊之葉，而無鋸齒，青黃色，面深背淺。其根曲而有尖觜，黑鬚叢簇，亦似狗脊根而大，狀如伏鴟。

又曰：貫衆大治婦人血氣，根汁能制三黃，化五金，伏鍾乳，結砂，制汞，且能解毒、輭堅。王海藏治夏月豆出不快快斑散，用之云：貫衆有毒，而能解腹中邪熱之毒，病因内感而發之於外者，多效，非古法之分經也。又黃山谷煮豆帖言：荒年以黑豆一升，挼淨入貫衆一斤，剉如骰子大，同以水煮，文火，斟酌至豆熟，取出日乾，覆令展盡餘汁，簸去貫衆。每日空心啗豆五七粒，能食百草木枝葉，有味可飽。又王璆百一選方言：滁州蔣教授因食鯉魚玉蟬羹，爲肋肉所哽，凡藥皆不效，或令以貫衆濃煎汁一盞，分三服連進，至夜一咯而出。亦可爲末，水服一錢。觀此可知其輭堅之功，不但治血治瘡而已也。

黃精

別錄：黃精味甘，平，無毒。補中益氣，除風濕，安五臟，久服輕身延年，不飢。一名重樓，一名菟竹，一名雞格，一名救窮，一名鹿竹。生山谷。二月採根，陰乾。陶隱居云：今處處有，二月始生。一枝多葉，葉狀如竹而短，根似萎蕤。萎蕤根如荻根及菖蒲，槪節而平直，黃精根如鬼臼、黃連，大節而不平，雖燥，並柔軟有脂。俗方無用此，而爲仙經所貴。根葉華實皆可餌服，酒散隨宜，具在斷穀方中。黃精葉乃與鉤吻相似，惟莖不紫、花不黃爲異，而人多惑之，其類乃殊，遂致死生之反，亦爲奇事。

唐本草注：黃精肥地生者，即大如拳，薄地生者，猶如拇指。萎蕤肥根頗類，其小者，肌理形色大都相似。今以黃連、鬼臼爲比，殊無彷彿。黃精葉似柳及龍膽、徐長卿輩而堅；其鉤吻蔓生，殊非比類。廣雅：黃精，龍衔也。

抱朴子：黃精一名垂珠。服其花勝其實，實勝其根。但花難得，生花十斛，乾之纔可得五六斗耳。而服之日可三合，非大有役力者，不能辦也。服黃精，僅十年乃可大得其益耳。且以斷穀不及朮，朮餌令人肥健，可以負重陟險，但不及黃精味美易食。凶年之時，可以與老小代糧，人食之，謂爲米脯也。

博物志：昔黃帝問天老曰：天地所生，豈有食之令人不死乎？天老曰：太陽之草曰黃精，餌之可以長生；太陰之草名曰鉤吻，不可食，食入口立死。人信鉤吻之殺人，不信黃精之益壽，不亦甚乎！

圖經：黃精舊不載所出州土，但云生山谷，今南北皆有之，以嵩山、茅山者爲佳。三月生苗，高一二尺以來。葉如竹葉而短，兩兩相對。莖梗柔脆，頗似桃枝，本黃末赤。四月開細青白花，如小豆花狀。子白如黍，亦有無子者。根如嫩生薑，黃色，二月採根，蒸過暴乾用。今通八月採，山中人九蒸九暴，作果賣，甚甘美，而黃黑色。初生苗時，人多採爲菜茹，謂之筆菜，味極美。隋羊公服黃精法云：黃精是芝草之精也，一名萎蕤，一名仙人餘糧，一名苟格，一名菟竹，一名垂珠，一名馬箭，一名白及。二月、三月採，根入地八九寸爲上，細切一石，以水二石五斗，煮去苦味，漉出囊中壓取汁，澄清再煎，如膏乃止，以炒黑黃豆末相和，令得所，捏作餅子，如錢許大。初服二枚，日益之，百日止。亦焙乾篩末，水服，功與上等。世傳華佗漆葉青黏散，云青黏是黃精之正葉者，書傳不載，未知的否。

稽神錄：臨川有士人，虐所使婢。婢乃逃入山中，久之見野草枝葉可愛，卽拔取根，食之甚美。自是常食此而遂不飢，輕健。夜息大樹下，聞草中動，以爲虎，懼而上樹避之。及曉下平地，其身欻然淩空而去，或至一峯之頂，若飛鳥焉。數歲，其家人採薪見之，告其主，使捕之不得。一日遇絕壁下，以網三面圍之，俄而騰上山頂，其主異之。或曰：此婢安有仙骨，不過靈藥服食，遂以酒饌五味香美，置往來之路，觀其食否。果來食，食訖，遂不能遠去。擒之，具述其故，指所食之草，卽黃精也。

救荒本草：黃精苗俗名筆管菜，採嫩葉煠熟，換水浸去苦味，淘淨，油鹽調食。山中人採根，九蒸九暴，食甚甘美。其蒸暴用瓮，去底安釜上，裝滿黃精，密蓋蒸之，令氣溜卽暴之。如此九蒸九暴，令極熟；不熟，則刺人喉咽。

四時類要曰：黃精二月擇取葉相對生者，是眞黃精，擘長二寸許，稀種之，一年後甚稠，種子亦得。其葉甚美，入菜用，其根堪爲煎，朮與黃精，仙家所重。

按廣西志：黃精俗名野仙薑。辰谿志：俗呼陽雀蘒，衡山製賣者，多以山薑僞爲之。

福地記：武當縣石階山西北角，有大松樹，樹下生草，名救窮，日食三寸，絕穀不飢，久之度世。陶先生謂之西岳佐命，是也。

梧潯雜佩顧況紀：秦時建阿房宮，采木者偶食黃精、天蒜，不覺竦身飛上，就山下人家裁詩云：酒盡君莫酤，壺傾我當發；地市多囂塵，還山弄明月。今平樂志所載槃山木客事，蓋附會此說。余昔在昭州嘗詢之陶偉西明府，云：少時聞父老云，曾有人見之，今久不聞矣。

峩眉山志：黃精，峩山產者，甚佳。宿進遊峩詩云：拾得黃精須爛煮，飯儂明日上峩眉。

海豐縣志：明嘉靖中，海豐有漁子數人，駕舟入海，爲颶風所飄，泊一絕島。見其人椎結裋褐，網木葉爲裳，面目黧黑，肌膚如枯，睢睢盱盱，見漁子相顧驚笑，語不可解。稍前逼之，輒走不敢近，其居率如蘧廬而無爨釜，其傍往往有池，池中以蜜浸食物，大抵黄精、薯蕷之屬。漁子饑甚，取食之，其人亦不嗔，但遠立而笑。已而颶風大至，飄返故岸云。

薺苨

爾雅：苨，莀苨。注薺苨。

别録：薺苨味甘，寒。主解百藥毒。陶隱居云：根莖似人參，而葉小異。根味甜絶，能殺毒，以其與毒藥共處，而毒藥皆自然歇，不正入方家用也。

圖經：薺苨舊不載所出州土，今川蜀、江、浙皆有之。春生，根莖都似人參，而葉小異。根似桔梗根，但無心爲異。潤州尤多，人家收以爲果菜，或作脯啖，味甚甘美。二月、八月採根，暴乾。古方解五石毒，多生服薺苨汁，良。又小品方：療蠱取薺苨根，搗末，以飲服方寸匕，立差。

朝野僉載：野豬中毒藥箭，多食此物出。

本草衍義：薺苨，今陝州採爲脯，别有法，甚甘美，兼可寄遠。古人以謂薺苨似人參者，是此。解藥毒，甚驗。

救荒本草：杏葉沙參一名白麪根，生密縣山野中。苗高一二尺，莖色青白，葉似杏葉而小，邊有叉牙，又似山小菜葉，微尖，而背白，梢間開五瓣白碗子花。根形如野胡蘿蔔，頗肥，皮色灰黪，中間白色，味甜，性微寒，本草有沙參，苗葉根莖，其説與此形狀皆不同。採苗、葉煠熟，水浸淘淨，油鹽調食。掘根換水，煮食亦佳。

本草綱目李時珍曰：薺苨苗似桔梗，根似沙參，故姦商往往以沙參、薺苨通亂人參。蘇頌圖經所謂杏參，救荒本草所謂杏葉沙參，皆此薺苨也。又陶宏景注桔梗，言其葉名隱忍，可煮食之，治蠱毒。謹按爾雅云：蒡，隱忍也。郭璞注云似蘇有毛，江東人藏以爲菹，亦可瀹食。葛洪肘後方云：隱忍草苗似桔梗，人皆食之。搗汁飲，治蠱毒。據此，則隱忍非桔梗，乃薺苨苗也。薺苨苗甘，可食；桔梗苗苦，不可食，尤爲可證。神農本經無薺苨，止有桔梗，一名薺苨。至別錄始出薺苨，蓋薺苨、桔梗乃一類，有甜苦二種，則其苗亦可呼爲隱忍也。

白前 別錄：白前味甘，微溫，無毒。主胸脇逆氣，欬嗽上氣。陶隱居云：此藥出近道，似細辛而大，色白易折。主氣嗽方多用之。

唐本草注云：此藥葉似柳，或似芫花苗，高尺許，生洲渚沙磧之上。根白，長於細辛，味甘。俗以酒漬服，主上氣。不生近道，俗名石藍，又名嗽藥。今用蔓生者，味苦，非眞也。別本注云：二月、八月採根，陰乾。根似牛膝、白薇。

圖經：白前舊不載所出州土。陶隱居云出近道，今蜀中及淮浙州郡皆有之。苗似細辛而大，色白易折。亦有葉似柳或似芫花苗者，並高尺許，生洲渚沙磧之上。根白，長於細辛，亦似牛膝、白薇輩。今用蔓生者，味苦，非眞也。二月、八月採根，暴乾。深師療久欬逆上氣，體腫短氣，脹滿，晝夜倚壁，不得臥，常作水雞聲者，白前湯主之。白前二兩、紫菀、半夏、洗，各三兩，大戟七合，切，四物，以水一斗漬一宿，明旦煮取三升。分三服，禁食羊肉餳，大佳。

本草衍義：白前保定肺氣，治嗽多用。白而長於細辛，但麤而脆，不似細辛之柔。以溫藥相佐使，則尤佳，餘如經。

前胡 別錄：味苦，微寒，無毒。主療痰滿，胸脅中痞，心腹結氣，風頭痛，去痰實，下氣，治傷寒，寒熱，推陳致新，明目，益精。二月、八月採根，暴乾。陶隱居云：前胡似茈胡而柔軟，爲療治欲同，而本經上品有茈胡而無此。晚來醫乃用之，亦有畏惡；明畏惡非盡出本經也。此近道皆有，生下濕地，出吳興者爲勝。

圖經：前胡舊不著所出州土，今陝西、梁、漢、江、淮、荆、襄州郡，及相州、孟州皆有之。春生苗，青白色，似斜蒿，初出時有白芽，長三四寸，味甚香美，又似芸蒿。七月開白花，與葱花相類，八月結實。根細，青紫色，二月、八月採，暴乾。今鄜延將來者，大與柴胡相似，但柴胡赤色而脆，前胡黄而柔軟，不同耳。一說，今諸方所用前胡皆不同，京師北地者，色黄白，枯脆，絶無氣味。江東乃有三四種：一種類當歸，而其皮斑黑，肌黄而脂潤，氣味濃烈；一種色理黄白，似人參而細短，香味都微；又有如草烏頭，膚赤而堅，有兩三歧爲一本者，食之亦戟人咽喉中破，以薑汁漬擣，服之。甚下隔，解痰實。然皆非前胡也。今最上者，出吳中。又壽春生者皆類柴胡而大，氣芳烈，味亦濃苦，療痰下氣，最要，都勝諸道者。

救荒本草：前胡，今密縣梁家衝山野中有之。苗高一二尺，青白色，似斜蒿，味甚香美。葉似野菊葉而瘦細，頗似山蘿蔔葉亦細，又似芸蒿。開黪白花，類蛇床子花，秋間結實。根細青紫色，一云外黑裏白，採葉煠熟，换水浸，淘淨，油鹽調食。

杜蘅

山海經云：天帝山有草狀如葵，其臭如蘼蕪，名曰杜蘅，可以走馬，食之已癭。郭璞注云：帶之令人便馬。或曰馬得之而健走。

爾雅：杜，土鹵。注杜蘅也，似葵而香。

別錄：杜蘅味辛，溫，無毒。主風寒欬逆，香人衣體。生山谷，三月三日採根，熟洗，暴乾。陶隱居云：根葉都似細辛，惟氣小異爾。處處有之，方藥少用，惟道家服之，令人身衣香。山海經云：可療癭。

圖經：杜蘅舊不著所出州土，今江淮間皆有之。苗葉都似細辛，惟香氣小異，而根亦麁，黄白色。葉似馬蹄，故云馬蹄香。三月三日採根，熟洗，暴乾。

本草綱目李時珍曰：按土宿本草云：杜細辛葉圓如馬蹄，紫背者良。江南、荆、湖、川、陝、閩、廣俱有之。取自然汁，可伏硫砒，制汞。

大戴禮記：蓬生麻中，不扶自直，蘭氏之根，槐氏之苞，漸之滫；夫君子不近庶人，不服質，非不美也，所漸者然也。注：蘭槐，香草名，槐又作懷。本草云：懷卽杜衡也，又名衡薇香。

爾雅翼：西山經曰天帝之山有杜衡，可以走馬，食之已癭。注：帶之令人便馬。山海經雖載異物，其實皆世所有。今杜衡生山之陰，水澤下濕地，根葉都似細辛，惟氣小異。俗以其似馬蹄，名曰馬蹄香。能香人衣體，道家服之。九歌山鬼章曰：被石蘭兮帶杜衡。杜衡之帶，亦以其便馬，不特香人衣體而已。又其名謂之衡，古者天子大路側載睪芷，所以養鼻明，車上亦有香草，此草既便於馬，或當亦載之衡歟？又杜若亦有杜衡之名，草木所以難言者，以其名實相亂，每每如此。杜衡或只名杜，釋草：一名土鹵，又謂之杜衡葵，今俗以及己代之，及己獨莖，莖端四葉，開白花，有毒而無芳氣。

廣雅疏證：楚蘅，杜蘅也。爾雅：杜，土鹵。郭注云：杜衡也。似葵而香，衡與蘅同。楚辭離騷云：畦留夷與揭車兮，雜杜衡與芳芷。王注云：杜衡、芳芷，皆香草也。西山經云：天帝之山有草焉，其狀如葵，其臭如蘼蕪，名曰杜衡，可以走馬，食之已癭。名醫別錄云：杜蘅，香人衣體。陶注云：根葉都似細辛，惟氣小異爾。唐本注云：葉似槐，形如馬蹄，故俗云馬蹄香。史記司馬相如傳索隱引博物志云：杜蘅一名土杏，其根一似細辛，葉似葵。案杜衡與土杏古同聲，杜衡之杜爲土，猶毛詩自土沮漆，齊詩作杜也。蘅從行聲，而通作杏。猶詩荇菜字從行聲，而爾雅說文作莕也。又神農本草別有杜若，一名杜蘅。陶注謂根似高良薑，與此同名而異實。廣韻云：杜衡，香草。大者曰杜若。司馬相如子虛賦亦以衡蘭芷若並言，則杜若之外，別有名杜蘅者，所謂楚蘅是也。御覽引范子計然云：楚蘅出楚國，又引云杜若出南郡、漢中，大者善，明楚蘅不與杜若同物也。蘇頌本草圖經謂杜若卽廣雅楚蘅，非是。

及己

別錄：及己味苦，平，有毒。主諸惡瘡疥痂瘻蝕，及牛馬諸瘡。陶隱居云：今人多用以合瘡疥膏，甚效。

唐本草注：此草一莖，莖頭四葉，葉隙著白花，好。生山谷陰虛軟地。根似細辛而黑，有毒，入口使人吐血。今以當杜衡，非也。疥瘙必須用之。

日華子：主頭瘡，白禿，風瘙，皮膚蟲痒，可煎汁浸幷傅。

鬼督郵

唐本草：鬼督郵味辛、苦，平，無毒。主鬼疰，卒忤中惡，心腹邪氣，百精毒，溫瘧疫疾，強腰脚，益膂力。一名獨搖草，注：苗惟一莖，葉生莖端，若繖。根如牛膝，而細黑。所在有之，有必叢生，今人以徐長卿代之，非也。

蜀本草圖經云：莖似細箭簳，高二尺以下，葉生莖端，狀繖蓋。根橫而不生鬚，花生葉心，黃白色。二月、八月採根。所在皆有。

本草綱目李時珍曰：鬼督郵與及己同類，根苗皆相似，但以根如細辛，而色黑者爲及己，根如細辛，而色黃白者爲鬼督郵。

延胡索

嘉祐本草：延胡索味辛，溫，無毒。主破血，產後諸病因血所爲者，婦人月經不調，腹中結塊，崩中，淋露，產後血暈，暴血衝上，因損下血。或酒摩及煮服，生奚國，根如半夏，色黃。

海藥本草云：生奚國，從安東道來，味苦、甘，無毒。主腎氣，破產後惡露，及兒枕。與三稜、鼈甲、大黃爲散，能散氣，通經絡，蛀蚛，成末者使之惟良，偏主產後病也。

本草綱目李時珍曰：奚乃東北夷也，今二茅山西上龍洞種之，每年寒露後栽，立春後生苗，葉如竹葉樣，三月長三寸高，根叢生如芋卵樣，立夏掘起。

仙茅

嘉祐本草：仙茅味辛，溫，有毒。主心腹冷氣不能食，腰脚風冷，攣痹不能行，丈夫虛勞，老人失溺，無子，益陽道，久服通神強記，助筋骨，益肌膚，長精神，明目。一名獨茅根，一名茅瓜子，一名婆羅門參。仙茅，傳云：十斤乳石，不及一斤仙茅，表其功力爾。生西域及大庾嶺。亦云：忌鐵及牛乳。二月、八月採根。

圖經曰：仙茅生西域及大庾嶺，今蜀川、江、湖、兩浙諸州亦有之。葉青如茅而軟，復稍闊，面有縱理，又似㯶櫚。至冬盡枯，春初乃生。三月有花，如梔子，黃。不結實，其根獨莖而直，傍有短細根相附，肉黃白，外皮稍麤，褐色。二月、八月採根，暴乾用。衡山出者，花碧，五月結黑子，謹按續傳信方敍仙茅云：主五勞七傷，明目，益筋力，宣而復補。本西域道人所傳，開元元年，婆羅門僧進此藥，明皇服之有效，當時禁方不傳。天寶之亂，方書流散，上都不空三藏始得此方，傳與李勉司徒、路嗣恭尚書、齊杭給事、張建封僕射服之，皆得力。路公久服金石無效，及得此藥，其益百倍。齊給事守縉雲，日少氣力，風瘆繼作，服之遂愈。八九月時採得，竹刀子刮去黑皮，切如豆粒，米泔浸兩宿，陰乾，擣篩，熟蜜丸，如梧子。每旦空肚酒飲，任便下二十丸，禁食生乳及黑牛肉，大減藥力也。續傳信方僞唐筠州刺史王顏所著，皆因國書編錄，其方當時盛行，故今江南但呼此藥爲婆羅門參。

嶺南雜記：仙茅出庾嶺嵣峨嶂。葉似蘭，根如萎蕤，色白，八月採。人傳葛仙翁煉丹於此，上升，棄餘藥，遂生此。九製服之，溫補元氣。唐明皇時，婆羅門僧進此方，服之有驗。古云：十斤乳石，不敵一斤仙茅。今服者甚少，偶有服者，不甚驗。豈物有今昔之異耶？

本草綱目李時珍曰：蘇頌所說，詳盡得之。但四月、五月中抽莖四五寸，開小花，深黃色，六出，不似巵子。處處大山中有之，人惟取梅嶺者用，而會典：成都歲貢仙茅二十一斤。

南越筆記：仙茅產大庾嶺，自嶺之巔折而東，稍下，爲端娥嶂，相傳葛稚川棄其丹，生仙茅。葉似蘭蕙，花六出，其根獨莖而直，旁有短細根相附。八月採之，濯以嶂下流泉，色白如玉，以酒蒸曬，嘗服補益眞氣。土人多以餉客。羅浮仙茅高僅一二寸，八月生黃花，根如指大，長寸許，外有白茅。生山谷中，狀如排草，以作浴湯，合諸香，甚良。又有香茅，名辣草，皆瑤草之族。

范成大詩序：玉虛觀去宜春二十五里，許君上昇時，飛白茅數葉，以賜王長史，王以宅爲觀，觀旁至今有仙茅，極異常草，備五味，尤辛辣。云久食可仙，道士煮湯以設客。

通脫木

爾雅：離南，活莌。注：草生江南，高丈許，大葉，莖中有瓤，正白，零陵人祖日貫之爲樹。疏：離南，草也。一名活莌。山海經又名寇脫，生江南，高丈許，大葉而肥，莖中有瓤正白者，是也。云：零陵人祖日貫之爲樹者。祖，且也。貫，事也。言零陵郡人且日事之，使科大若樹然也。郭又注山海經云：零桂人植而日灌之以爲樹，然所未詳。

本草拾遺：通脫木無毒。花上粉主諸蟲瘡，野雞病，取粉內瘡中。生山側，葉似萞麻，心中有瓤，輕白可愛，女工取以飾物。爾雅云：離南，活脫也。一本云：藥草，生江南，主蟲病，今俗亦名通草。

湖南通志：澧州安福出通草，製爲箋，可以作扇。

按通脫木，湖南山中多有之。葉大於荷，似萞麻而叉岐，齊如刀切，最易繁衍。俗云滴露即生。李時珍以爲蔓生，殊所未喻。此似木而草，冬深落葉，不逾時卽蓬蓬生矣。速成易植，草木中尠見。

酉陽雜俎：通脫木如蓖麻，生山側，花上粉主治惡瘡。心空，中有瓤，輕白可愛，女工取以飾物。爾雅翼：離南，活莌。今通脫木也。山海經名寇脫，生山側，高丈許，葉如蓖麻，花上有粉，莖中有瓤，輕白可愛，女工取以飾物。按此物爲飾，不知起自何世，漢王符潛夫論固已譏花采之費，至梁宗懍記荆楚之俗，四月八日有染絹爲芙蓉，捻蠟爲菱藕，亦未有用此物者。今通行於世矣；亦用蜜藏食之，今俗謂之通草。按通草作藤，蔓大如指，其莖幹大者徑三寸，每節有二三枝，枝頭出五葉。夏秋開紫花，或白花，結實如小木瓜，核白瓤黑，食之甘美，南人謂之燕覆，亦云烏覆，非此類也。

山慈菰

本草拾遺：山慈菰根有小毒。主癰腫、瘡瘻、瘰癧、結核等。醋摩傅之，亦剝人面皮，除皯䵟。生山中濕地。一名金燈花，葉似車前，根如慈菰，零陵間又有團慈菰，根似小蒜，所主與此略同。

經驗方：帖瘡腫，以山慈姑（一名鹿蹄草）取莖葉搗爲膏，入蜜，帖瘡口上，候清血出，效。

本草綱目李時珍曰：山慈姑處處有之。冬月生葉，如水仙花之葉而狹，二月中枯。一莖如箭簳，高尺許，莖端開花，白色，亦有紅色、黃色者，上有黑點。其花乃衆花簇成一朵，如絲紐成，可愛。三月結子，有三稜，四月初苗枯，卽掘取其根，狀如慈姑及小蒜，遲則苗腐難尋矣。根苗與老鴉蒜極相類，但老鴉根無毛，慈姑有毛，殼包裹爲異爾，用之去毛殼。

酉陽雜俎：金燈一曰九形，花葉不相見。俗惡人家種之，一名無義草。

王方慶園林草木疏：金燈隰生，花開㬥㬥明豔，垂條不自支，俗惡人家種之。

閩書：金燈莖直上，末分數枝，枝一花，光豔如燈，閩中呼爲天蒜，又呼爲花葉不相見。

洛陽花木記：草花有紅金燈、黃金燈、白金燈、粉紅金燈、碧金燈、紫金燈。

植物名實圖考長編卷之七

菊花

本草經：菊花味苦，平。主風，頭眩腫痛，目欲脫，淚出，皮膚死肌，惡風濕痹。久服利血氣，輕身，耐老延年，一名節華。

爾雅：蘜，治蘠。注：今之秋華菊。

別錄：甘，無毒。療腰痛，去來陶陶，除胸中煩熱，安腸胃，利五脈，調四肢。一名日精，一名女節，一名女華，一名女莖，一名更生，一名周盈，一名傅延年，一名陰成。生雍州川澤及田野。正月採根，三月採葉，五月採莖，九月採花，十一月採實，皆陰乾。陶隱居云：菊有兩種，一種莖紫氣香而味甘，葉可作羹食者，爲眞；一種青莖而大，作蒿艾氣，味苦不堪食者，名苦薏，非眞；其葉正相似，唯以甘苦別之爾。南陽酈縣最多，今近道處處有。取種之便得，又有白菊，莖葉都相似，唯花白，五月取。亦主風眩，能令頭不白。仙經以菊爲妙用，但難多得，宜常服之爾。本草拾遺云：苦薏味苦。破血，婦人腹內宿血食之；又調中，止洩。花如菊，莖似馬蘭，生澤畔，似菊，菊甘而薏苦。語曰：苦如薏，是也。又白菊味苦，染髭髮令黑，和巨勝茯苓蜜丸，主風眩，變白，不老，益顏色。又靈寶方：茯苓合爲丸，以成鍊松脂和，每服如雞子一丸，令人好顏色，不老，主頭眩。生平澤，花紫白，五月采。抱朴子、劉生丹法用白菊花汁和之。

圖經：菊花生雍州川澤及田野，今處處有之，以南陽菊潭者爲佳。初春，布地生細苗，夏茂，秋花，冬實。然菊之種類頗多：有紫莖而氣香葉厚，至柔嫩可食者，其花微小，味甚甘，此爲眞。有青莖而大，葉細，作蒿艾氣，味苦者，花亦大，名苦薏，非眞也。南陽菊亦有兩種：白菊葉大，似艾葉，莖青根細，花白蘂黃；其黃菊葉似茼蒿，花蘂都黃，然今服餌家多用白者。南京又有一種，開小花，花瓣下如小珠子，謂之珠子菊，云入藥亦佳。正月採根，三月採葉，五月採莖，九月採花，十一月採實，皆陰乾用。唐天寶單方圖載白菊，云：味辛，平，無毒。元生南陽山谷及田野中，潁川人呼爲回蜂菊，汝南名茶苦蒿，上黨及建安郡、順政郡並名羊歡草，河內名地薇蒿，諸郡皆有。其功主丈夫婦人久患頭風，眩悶，頭髮乾落，胸中痰結，每風發卽頭旋眼昏暗，不覺欲倒者，是其候也。先灸兩風池各二七壯，幷服此白菊酒及丸，永差。其法：春末夏初收軟苗，陰乾搗末，空腹取一方寸匕，和無灰酒服之，日再，漸加三方寸匕，不欲飲酒者，但和羹粥汁服，亦得。秋八月合花收，暴乾，切取三大斤，以生絹囊盛貯，浸三大㪷酒中，經七日服之，日三，常令酒氣相續爲佳。今諸州有作菊花酒者，其法得於此乎？

說文解字注：蘜，日精也。㠯秋華。以，各本作似。今依宋本及韻會正。本艸經：菊花一名節花，又曰一名日精。按一名節花，卽許所謂以秋華也。一名日精，與許合。夏小正：九月榮鞠。鞠，艸也。鞠榮而樹麥，時之急也。月令：鞠有黃華。離騷：夕餐秋菊之落英。字或作菊，或作鞠，以說文繩之，皆叚借也。釋艸：蘜，治蘠。郭云：今之秋華菊。郭意蘜、菊爲古今字，玉裁謂許君剖析菊爲大菊〔蘧麥蘜〕，爲治蘠蘜，爲日精，分廁三所；又恐學者以其同音易溷也，著之曰：以秋華，言此蘜字乃小正、月令之布華元月者也。然則許意治蘠，別是一物，種類甚殊？如大菊之非蘜，郭注爾雅，與許全乖，攷郭氏所注小學三書，今存者二，有時涉及字林，而絕未嘗偁用說文也。本艸經、名醫別錄秋華有九名，而無治蘠，則治蘠之非秋華，亦略可見。從艸，蘜省聲，居六切，三部。蓻，蘜或省。按米部蘜從米，蘜省聲，省竹則爲蘜，又省米則爲蓻，卽㚔部之𥷺之省聲也。

附藝菊法

農政全書：凡藝菊有六事：一、貯土　擇肥地一方，冬至後以純糞瀼之。候凍而乾，取其土浮鬆者，置場地之上。再糞之，收水後，乃收於室中。春分後出而曬之，日數次翻之，去其蟲蟻及其草梗。草梗不去，則蒸而腐焉，是生紅蟲，生土蠶，生蚯蚓，爲菊之害。土淨矣，乃善藏以待登盆之需。登盆也俱用此土，又以待加盆之需，菊登於盆，或隨三日以上之雨土實根露，則以土加而覆之。一則受日之曝，不枯其根；一則收雨之澤，不爛其根。二、留種　冬到而菊殘也，一衰即幷英葉而去其上莖，其幹留五六寸焉。或附於盆，或出於盆，埋之圃之陽鬆土之內。臘之月必濃糞澆之以數次，菊之性耐於寒，故須土糞，多則煖而不冰，可以壯菊本，可以禦隆寒，可以潤澤而不至於枯燥。三、分秧　春分之後，是分菊秧。根多鬚，而土中之莖黄白色者，謂之老鬚，少而純白者，謂之嫩鬚；老可分嫩不可分，分之於新鋤之鬆地，不宜太肥，肥則籠菊頭而不能長發。陰天之天可分，有日分之則枯乾而難活。種之，其宿土也盡去，否則恐有蟲子之害。既秧於土矣，以越席架而覆之，毋令經日，經日則難醒。每日晨灌之，晚灌之，天之陰不可傷於水。秧心發芽矣，可去其覆席。先用牛糞之水，復用肥水灌之。葉上不可以沾糞，沾之則葉枯，用河之水，則純河之水；用井之水，則純井之水，不可雜焉。四、登盆　立夏之候，菊苗成矣，可五六寸許，是爲上盆之期，將上盆也，數日不可以澆灌，使苗受勞而堅老，則在盆可以耐日。起秧苗也，握根之土必廣而大，少則露根而傷其本，用臘前所瀼之土壅之，其灌也，視陰乾而爲增損。使土壯而入根，服盆而生葉，則用肥水灌之，久宜加臘土以浥之。其種也，根深則不耐水，淺不耐日，隨土而稍深焉。蓋菊之根，其生也向上，故常覆土爲佳。五、理緝　菊之尺許矣，是宜理緝。欲長也，則去其旁枝，欲短也，則去其正枝。花之深，視其種之大小而存之。大者四五蘂焉，次者七八蘂焉，又次十餘蘂焉。小者二十餘蘂焉。惟甘菊、寒菊，獨梗而有千花，不可去也。六、護養　菊稍長也，竹而縛之，毋令風得搖之。雨之久也，宜出水，盆內亦然。菊傍之多蟻也，則以鱉甲置於傍，蟻必集焉，移之遠所。夏至之前後，有蟲焉，黑色而硬殼，其名曰菊虎。晴煖而飛出，不出於巳午未之三時，宜候而除之。菊之爲菊虎所傷也，傷之處仍手微摘之，磨去其牙蟲毒，可以免秋後之生蟲。如虎之多也，必多栽易壯盛之菊於圃之周。菊有香焉，蟻上而糞之，則生蟲。或長，而蟻又食之，則菊籠頭而不長。其蟲之狀如白虱，以棕線作帚而刷之，扇以承之，揮之於遠所。秋後而不見蟲也，宜認糞跡，是有象幹之蟲，其色與幹無殊也，生於葉底。上半月在於葉根之上幹，下半月在於葉根之下幹，凡草木盡然，其膏脂以晦朔爲升降故耳，此物理也。或破幹取之，以紙撚縛之，常以水而潤其紙條，花乃無恙。或用鐵線磨爲邪鋒之小刀，上半月於蛀眼向上而搜蟲，下半月在蛀眼向下而搜蟲。有菊，牛馬沿之則萎，種臺葱則可以辟麻雀愛取菊之葉而爲巢，取之則萎。四之月雀乃爲巢，時宜慎也。

雩婁農曰：藝菊門種，披黃判白，玩物喪志，達者不免。然商飈館啓，窖瓷盆羅，富室四圍之珠翠，乃窮圃終歲之粟棉。生計在焉，不可作棄花腐論也。至其種類，日新月異，務爲新名，不知幾翻舊譜矣，故不具繪。

附劉蒙菊譜

序

草木之有花，浮冶而易壞。凡天下輕脆難久之物，皆以花比之，宜非正人達士，堅操篤行之所好也。然余嘗觀屈原之爲文，香草鸞鳳，以比忠正，而菊與菌、桂、荃、蕙、蘭、芷、江蘺，同爲所取。又松者天下歲寒堅正之木也，而陶淵明乃以松名配菊，連語而稱之。夫屈原、淵明實皆正人達士，堅操篤行之流，至於菊猶貴重之如此，是菊雖以花爲名，固與浮冶易壞之物不可同年而語也。且菊有異於物者，凡花皆以春盛，而實皆以秋成，其根、柢、枝、葉，無物不然。而菊獨以秋花悅茂於風霜搖落之時，此其得時者異也。有花葉者，花未必可食，而康風子乃以食菊，仙。又本草云：以九月取菊，久服輕身耐老，此其花異也。花可食者，根葉未必可食，而陸龜蒙云：春苗恣肥，得以採擷，供左右杯案。又本草云：以正月取根，此其根葉異也。夫以一物之微，自本至末，無非可食，有功於人者；加以花色香態，纖妙閑雅，可爲邱壑燕靜之娛；然則古人取其香以比德，而配之以歲寒之操，夫豈偶然而已哉！洛陽風俗，大抵好花，菊品之數，比他州爲盛。劉元孫伯紹者，隱居伊水之瀕，萃諸菊而植之，朝夕嘯咏乎其側，蓋有意譜之而未暇也。崇寧甲申九月，余得爲龍門之游，得至君居，坐於舒嘯堂上，顧玩而樂之。於是相與訂論，訪其名之未嘗有，因次第焉。牡丹、荔枝、香笋、茶、竹、硯、墨之類，有名數者，前人皆譜錄。今菊品之盛，至於三十餘種，可以類聚而記之。故隨其名品，類序於左，以列諸譜之次。

黄花

勝金黄

勝金黄一名大金黄。菊以黄爲正，此品最爲豐縟而加輕盈。花葉微尖，但條梗纖弱，難得團簇作大本，須留意扶植乃成。

疊金黄

疊金黄一名明州黄，又名小金黄。花心極小，疊葉穠密，狀如笑靨，花有富貴氣，開早。

棣棠菊

棣棠菊一名金鎚子花。纖穠酷似棣棠，色深如赤金，他花色皆不及，蓋奇品也。窠株不甚高，金陵最多。

疊羅黄

疊羅黄狀如小金黄。花葉尖瘦，如翦羅縠。三兩花自作一高枝，出叢上，意度瀟灑。

麝香黄

麝香黃花心豐腴，傍短葉密承之，格極高勝，亦有白者，大略似白佛頂，而勝之遠甚。吳中比年始有。

千葉黃

千葉小金錢，略似明州黃。花葉中外疊疊整齊，心甚大。

太眞黃

太眞黃，花如小金錢，加鮮明。

單花小金錢

單花小金錢，花心尤大，開最早，重陽前已爛熳。

垂絲菊

垂絲菊，花蘂深黃，莖極柔細，隨風動搖，如垂絲海棠。

鴛鴦菊

鴛鴦菊，花常相偶，葉深碧。

金鈴菊

金鈴菊一名荔枝菊，舉體千葉，細瓣簇成小毬，

如小荔枝，枝條長茂，可以攬結。江東人喜種之，有結爲浮圖樓閣高丈餘者，余頃北使過欒城，其地多菊家，家以盆盎遮門，悉爲鸞鳳亭臺之狀，卽此一種。

毬子菊

毬子菊如金鈴而差小，二種相去不遠，其大小名字，出於栽培肥瘠之別。

小金鈴

小金鈴一名夏菊，花如金鈴而極小。無大本，夏中開。

藤菊花

藤菊，花密條柔。以長如藤蔓，可編作屏障，亦名棚菊。種之坡上，則垂下，裊數尺如瓔珞，尤宜池塘之瀕。

十樣菊

十樣菊一本開花，形模各異，或多葉，或單葉，或大或小，或如金鈴。往往有六七色，以成數通，

名之曰十樣。衢嚴間花黃，杭之屬邑有白者。

甘菊

甘菊一名家菊，人家種以供蔬茹。凡菊葉皆深綠而厚，味極苦，或有毛；惟此葉淡綠柔瑩，味微甘，咀嚼香味俱勝，擷以作羹及泛茶，極有風致。天隨子所賦卽此種，花差勝野菊。

野菊

野菊旅生田野及水濱，花單葉，極瑣細。

白花

五月菊

五月菊，花心極大，每一鬚皆中空，攢成一匾毬子，紅白單葉繞承之。每枝只一花，莖二寸，葉似茼蒿，夏中開。近年院體畫草蟲，喜以此菊寫生。

金杯玉盤

金杯玉盤，中心黃，四傍淺白，大葉，三數層花頭，莖三寸，菊之大者不過此。本出江東，比年稍移栽吳下，此與五月菊二品，以其花徑寸，特大，故列之於前。

喜容

喜容，千葉，花初開微黃，花心極小，花中色深，外微暈淡，欣然丰艷有喜色，甚稱其名。久則變白，尤耐封植，可以引長七八尺至一丈，亦可攬結，白花中高品也。

御衣黃

御衣黃，千葉，花初開深鵝黃，大略似喜容而差疎瘦，久則變白。

萬鈴菊

萬鈴菊中心淡黃，鎚子傍白花葉繞之，花端極尖，香尤清烈。

蓮花菊

蓮花菊如小白蓮花，多葉而無心，花頭疎極，蕭散清絕。一枝只一葩，綠葉亦甚纖巧。

芙蓉菊

芙蓉菊開就者，如小木芙蓉；尤穠盛者，如樓子芍藥。但難培植，多不能繁蕪。

茉莉菊

茉莉菊花葉繁縟，全似茉莉，綠葉亦似之，長大而圓淨。

木香菊

木香菊多葉，略似御衣黃，初開淺鵝黃，久則變白。花葉尖薄，盛開則微卷，芳氣最烈，一名腦子菊。

酴醿菊

酴醿菊細葉稠疊，全似酴醿，比茉莉差小而圓。

艾葉菊

艾葉菊心小葉單，葉綠尖長似艾。

白麝香

白麝香似麝香黃，花差小，亦豐腴韻勝。

銀杏菊

銀杏菊淡白，時有微紅花，葉尖，綠葉全似銀杏葉。

白荔枝

白荔枝與金鈴同，但花白耳。

波斯菊

波斯菊，花頭極大，一枝只一葩，喜倒垂下。久則微捲，如髮之鬈。

雜色

佛頭菊

佛頭菊亦名佛頂菊，中黃，心極大，四傍白花一層繞之。初秋先開，白色。

桃花菊

桃花菊多至四五重，粉紅色，濃淡在桃、杏、紅梅之間。未霜卽開，最爲妍麗。中秋後便可賞，以其質如白之受采，故附白花。

胭脂菊

胭脂菊類桃花菊，深紅淺紫，比胭脂色尤重，比年始有之。此品既出，桃花菊遂無顏色，蓋奇品也，故附白花之後。

紫菊

紫菊一名孩兒菊，花如紫茸，叢茁細碎，微有菊香，或云：即澤蘭也。以其與菊同時，又常及重九，故附於菊。

附史正志菊譜

前序

菊，草屬也。以黃爲正，所以槩稱黃花。漢俗，九日飲菊酒，以祓除不祥。蓋九月律中無射而數九，俗尚九日而用時之草也。南陽酈縣有菊潭，飲其水者，皆壽。神仙傳有康生服其花而成仙。菊有黃華，北方用以準節令，大略黃華開時，節候不差。江南地暖，百卉造作無時，而菊獨不然。考其理，菊性介烈高潔，不與百卉同其盛衰，必待霜降草木黃落，而花始開；嶺南冬至始有微霜故也。本草：一名日精，一名周盈，一名傅延年。所宜貴者，苗可以菜，花可以藥，囊可以枕，釀可以飲。所以高人隱士，籬落野圃之間，不可一日無此花也。陶淵明植以三徑，采於東籬，裛露掇英，汎以忘憂。鍾會賦以五美，謂：圓華高懸，準天極也；純黃不雜，后土色也；早植晚登，君子德也；冒霜吐穎，象勁直也；流中輕體，神仙食也。其爲所重如此。然品類有數十種，而白菊一二年多有變黃者，余在三水植大白菊百餘株，次年盡變爲黃花。今以色之黃白及雜色品類，可見於吳門者，二十有七種，大小顏色殊異而不同。自昔好事者，爲牡丹、芍藥、海棠、竹筍作譜記者，多矣；獨菊花未有爲之譜者，殆亦菊花之闕文也歟！余始以所見爲之，若夫耳目之未接，品類之未備，更俟博雅君子與我同志者續之。余以所見，具列於後：

黃

大金黃

心密，花瓣大如大錢。

小金黃

心微紅，花瓣鵝黃，葉翠，大於衆花。

佛頭菊

無心，中邊亦同。

小佛頭菊

同上，微小。又云疊羅黃。

金鑿菊

比佛頭頗瘦，花心微窪。

金鈴菊

心微青紅，花瓣鵝黃色，葉小。又云明州黃。

深色御袍黃

心突起，色如深鵝黃。

淺色御袍黃

中深。

金錢菊

心小，花瓣稀。

毬子黃

中邊一色，突起如毬子。

棣棠菊

色深黃，如棣棠。

甘菊

色深黃，比棣棠頗小。

野菊

細瘦，枝柯凋衰，多野生，亦有白者。

白

金盞銀臺

心突起，瓣黃，四邊白。

樓子佛頂

心大，突起似佛頂，四邊單葉。

添色喜容

心微突起，瓣密且大。

纏枝菊

花瓣薄，開過轉紅色。

玉盤菊

黃心突起，淡白綠邊。

單心菊

細花，心瓣大。

樓子菊

層層狀如樓子。

萬鈴菊

心茸茸突起，花多，半開者如鈴。

腦子菊

花瓣微縐縮，如腦子狀。

荼蘼菊

心青黃微起，如鵝黃色淺。

雜色紅紫

十樣菊

黃白雜樣，亦有微紫，花頭小。

桃花菊

花瓣全如桃花，秋初先開，色有淺深，深秋亦有白者。

芙蓉

狀如芙蓉，亦紅色。

孩兒菊

紫萼白心，茸茸然，葉上有光，與他菊異。

夏月佛頂菊

五六月開，色微紅。

後序

菊之開也，既黃白深淺之不同，而花有落者，有不落者。蓋花瓣結密者不落，盛開之後，淺黃者轉白，而白色者漸轉紅，枯於枝上，花瓣扶疎者多落。盛開之後漸覺離披，遇風雨撼之，則飄散滿地矣。王介甫武夷詩云：黃昏風雨打園林，殘菊飄零滿地金。歐陽永叔見之，戲介甫曰：秋花不落春花落，爲報詩人子細吟。介甫聞之，笑曰：歐陽九不學之過也。豈不見楚辭云夕餐秋菊之落英？東坡，歐公門人也。其詩亦有：欲伴騷人賦落英，與夫卻繞東籬嗅落英，亦用楚辭語耳。王彥賓言：古人之言有不必盡循者，如楚辭言秋菊落英之語。余謂詩人所以多識草木之名，蓋爲是也。歐、王二公，文章擅一世，而左右佩紉，彼此相笑，豈非於草木之名，猶有未盡識之，而不知有落有不落者耶？王彥賓之徒，又從而爲之贅疣，蓋益遠矣！若夫可餐者乃菊之初開，芳馨可愛耳；若夫衰謝而後落，豈復有可餐之味？楚辭之過，乃在於此。或云：詩之訪落。落，訓始也。意落英之落，蓋謂始開之花耳。然則介甫之引證，殆亦未之思歟？或者之說，不爲無據。余學爲老圃，而頗識草木者，因併書於菊譜之後。淳熙歲次乙未閏九月望日，吳門老圃敘。

附范成大范村菊譜

序

山林好事者，或以菊花比君子，其說以爲歲華晼晚，草木變衰，乃獨煜然秀發，傲睨風露；此幽人逸士之操，雖寥寥荒寒，而味道之腴，不改其樂者也。神農書以爲養生上藥，能輕身延年；南陽人飲其潭水，皆壽百歲。使夫人者有爲於當世，醫國惠民，亦猶是而已。菊於君子之道，誠有臭味哉！月令以動植志氣候，如桃、桐華，直云始華；至菊獨曰菊有黃華，豈以正色獨立，不伍衆草，變詞而言之歟？故名勝之士，未有不愛菊者。至淵明尤甚愛之，而菊名益重。又其花時，秋暑始退，歲事既成，天氣高明；人情舒閒，騷人飲流，亦以菊爲時花，移檻列軒，輦致觴詠間，謂之重九節物；此非深知菊者，要亦不可謂不愛菊也。愛者既多，種者日廣，吳下老圃伺春苗尺許時，掇去其顛，數日則歧出兩枝，又掇之，每掇益歧，至秋則一幹所出數千百朶，婆娑團植，如車蓋熏籠矣。人力勤，土又膏沃，花亦爲之屢變。頃見東陽人家，菊圖多至七十種，淳熙丙午范村所植，止得三十六種，悉爲譜之。明年將益訪求他品，爲後譜云。

定品

或問：菊奚先？曰：先色與香，而後態。然則色奚先？曰：黄者，中之色，土王季月；而菊以九月花，金土之應，相生而相得者也。其次莫若白，西方金氣之應；菊以秋開，則於氣爲鍾焉。陳藏器云：白菊生平澤，花紫者白之變，紅者紫之變也。此紫所以爲白之次，而紅所以爲紫之次云。有色矣，而又有香；有香矣，而又有態；是其爲花之尤者也。或又曰：花以豔媚爲悦，而子以態爲後歟？曰：吾嘗聞於古人矣，妍卉繁花爲小人，而松竹蘭菊爲君子，安有君子而以態爲悦乎？至於具香與色，而又有態，是猶君子而有威儀也。菊有名龍腦者，具香與色，而態不足者也；菊有名都勝者，具色與態，而香不足者也。菊之黄者未必皆勝，而置於前者，正其色也。菊之白者未必皆劣，而列於中者，次其色也。新羅、香毬、玉鈴之類，則以瓌異而升焉。至於順聖、楊妃之類，轉紅，受色不正，故雖有芬香態度，不得與諸花爭也。然余獨以龍腦爲諸花之冠，是故君子貴其質焉。後之視此譜者，觸類而求之，則意可見矣。

花總數三十有五品，以品視之，可以見花之高下；以花視之，可以知品之得失。具列之如左云：

龍腦第一

龍腦一名小銀臺，出京師，開以九月末，類金萬鈴而葉尖。謂花上葉色，類人間染鬱金，而外葉純白。夫黄菊有深淺色兩種，而是花獨得深淺之中，又其香氣芬烈，甚似龍腦，是花與香色俱可貴也。諸菊或以態度爭先者，然標致高遠，譬如大人君子，雍容雅淡，識與不識，固將見而悦之，誠未易以妖冶嫵媚爲勝也。

新羅第二

新羅一名玉梅，一名倭菊，或云出海外國中，開以九月末，千葉純白，長短相次，而花葉尖薄，鮮明瑩徹，若瓊瑤然。花始開時，中有青黄細葉，如花蕊之狀，開盛之後，細葉舒展，乃始見其蕊焉。枝正紫色，葉青支股而小，凡菊類多尖闕，而此花之葉分爲五出，如人之有支股也。與花相映，標韻高雅，似非尋常之比也。然余觀諸菊，開頭枝葉有多少繁簡之失，如桃花菊則恨葉多，如毬子菊則恨花繁。此菊一枝多開一花，雖有旁枝，亦少雙頭並開者，正素獨立之意，故詳記焉。

都勝第三

都勝出陳州，開以九月末，鵝黄千葉，葉形圓厚，有雙紋。花葉大者，每葉上皆有雙畫直紋，如人手紋狀，而内外大小重疊相次，蓬蓬然，疑造物者著意爲之。凡花形，千葉如金鈴則太厚，單葉如大金鈴則太薄，惟都勝、新羅、御愛、棣棠頗得厚薄之中，而都勝又其最美者也。余嘗謂菊之爲花，皆以香、色、態度爲尙，而枝常恨麤，葉常恨大。凡菊無態度者，枝葉累之也。此菊細枝少葉，婀婀有態，而俗以都勝目之，其有取於此乎？花有淺深兩色，蓋初開時，色深耳。

御愛第四

御愛出京師，開以九月末，一名笑靨，一名喜容。淡黄，千葉，葉有雙紋，齊短而闊，葉端皆有兩闕，内外鱗次，亦有瓌異之美。但恨枝榦差麤，不得與都勝爭先爾！葉比諸菊最小而青，每葉不過如指面大，或云出禁中，因此得名。

玉毬第五

玉毬出陳州，開以九月末，多葉白花，近蕊微有紅色。花外大葉，有雙紋，瑩白齊長，而蕊中小葉如䆲茸。初開時有青殼，久乃退去，盛開後小葉舒展，皆與花外長葉相次倒垂，而玉毬目之者，以其有圓聚之形也。枝榦不甚麤，葉尖長，無刓闕。枝葉皆有浮毛，頗與諸菊異，然顔色標致，固自不凡。近年以來，方有此本，好事者競求，致一二本之直，比於常菊蓋十倍焉。

玉鈴第六

玉鈴未詳所出，開以九月中，純白千葉，中有細鈴，甚類大金鈴菊。凡白花中如玉毬、新羅，形態高雅，出於其上，而此菊與之爭勝。故余特次二菊，觀名求實，似無愧焉。

金萬鈴第七

金萬鈴未詳所出，開以九月末，深黃千葉；菊以黃爲正，而鈴以金爲質，是菊正黃色，而葉有鐸形，則于名實兩無愧也。菊有花密枝褊者，人間謂之鞍子菊，實與此花一種，特以地脈肥盛，使之然爾。又有大萬鈴、大金鈴、蜂鈴之類，或形色不正，比之此花，特爲竊有其名也。

大金鈴第八

大金鈴未詳所出，開以九月末，深黃。名鈴者，皆如鐸鈴之形。而此花之中，實皆五出，細花下有大葉承之。每葉尖有雙紋，枝與常菊相似，葉大而疎，一枝不過十餘葉，俗名大金鈴，蓋以花形似秋萬鈴爾。

銀臺第九

銀臺深黃，萬銀鈴葉有五出，而下有雙紋，白葉間之；初疑與龍腦菊一種，但花形差大，且不甚香耳。俗謂龍腦菊爲小銀臺，蓋以相似故也。枝幹纖柔，葉青黃而麤疎，近出洛陽水北，小民家不多見也。

棣棠第十

棣棠出西京，開以九月末，深黃，雙紋多葉，自中至外，長短相次，如千葉棣棠狀。凡黃菊類多小花，如都勝、御愛雖稍大，而色皆淡黃，其最大者，若大金鈴菊，則又單葉淺薄，無甚佳處。唯此花深黃多葉，大於諸菊，而又枝葉甚青，一枝聚生至十餘朶，花葉相映，顏色鮮好，甚可愛也。

蜂鈴第十一

蜂鈴開以九月中，千葉深黄，花形圓小而中有鈴葉，擁聚蜂起，細視若有蜂窠之狀。大抵此花似金萬鈴，獨以花形差小而尖，又有細蕊出鈴葉中，以此别爾。

鵝毛第十二

鵝毛未詳所出，開以九月末，淡黄纖細，如毛生於花萼上。凡菊大率花心皆細，葉而下有大葉承其間，謂之托葉。今此毛花自内至外，葉皆一等，但長短上下有次爾。花形小於金萬鈴，亦近年新花也。

毬子第十三

毬子未詳所出，開以九月中，深黄千葉，尖細重疊，皆有倫理。一枝之杪，聚生百餘花，若小毬。諸菊黄花，最小無過此者，然枝青葉碧，花開鮮明，相映尤好也。

夏金鈴第十四

夏金鈴出西京，開以六月，深黄千葉，甚與金萬

鈴相類。而花頭瘦小，不甚鮮茂，蓋以生非時故也。或曰：非時而花，失其正也，而可置於上乎？曰：其香是也，其色是也，若生非其時，則係於天者也。夫特以生非其時，而置之諸菊之上，香色不足論矣；奚以貴質哉！

秋金鈴第十五

秋金鈴出西京，開以九月中，深黄，雙紋，重葉。花中細蕊皆出小鈴萼中，其萼亦如鈴葉，但比花葉短廣而青，故譜中謂鈴葉、鈴萼者以此，有如蜂鈴狀。余頃年至京師，始見此菊，戚里相傳，以爲愛玩。其後菊品漸盛，香色形態，往往出此花上，而人之貴愛寖落矣。然花色正黄，未應便置菊之下也。

金錢第十六

金錢出西京，開以九月末，深黄，雙紋重葉，似大金菊，而花形圓齊，頗類滴漏花，欄檻處處亦有，名滴滴金，一名金錢子。人未識者，或以爲

棣棠菊，或以爲大金鈴，但以花葉辨之，乃可見爾。

鄧州黃第十七

鄧州黃開以九月末，單葉雙紋，深於鵝黃，而淺於鬱金，中有細葉，出鈴萼上，形樣甚似鄧州白，但差小爾。按陶隱居云：南陽酈縣有黃菊，而白者以五月採。今人間相傳，多以白菊爲貴。又採時，乃以九月，頗與古說相異。然黃菊味甘氣香，枝榦葉形全類白菊，疑乃弘景所記爾。

薔薇第十八

薔薇未詳所出，九月末開，深黃雙紋單葉，有黃細蕊，出小鈴萼中。枝榦差細，葉有支股而圓。今薔薇有紅黃千葉、單葉兩種，而單葉者差淡，人間謂之野薔薇，蓋以單葉者爾。

黃二色第十九

黃二色九月末開，鵝黃雙紋多葉，一花之間自有深淡兩色。然此花甚類薔薇菊，惟形差小，又近蕊多有亂葉。不然，亦不辨其異種也。

甘菊第二十

甘菊生雍州川澤，開以九月，深黃單葉，閭巷小人且能識之，固不待記而後見也。然余竊謂古菊未有瓌異如今日者，而陶淵明、張景陽、謝希逸、潘安仁等，或愛其香，或詠其色，或採之於東籬，或泛之於酒斝，此皆今之甘菊花也。夫以古人賦詠賞愛，至於如此，而一旦以今菊之盛，遂將棄而不取，是豈仁人君子之於物哉？故余特以甘菊置於白紫紅菊三品之上，其大意如此。

酴醿第二十一

酴醿出相州，開以九月末，純白千葉，自中至外，長短相次。花之大小，正如酴醿，而枝榦纖柔，頗有態度。若花葉稍圓，加以檀蕊，眞酴醿也。

玉盆第二十二

玉盆出滑州，開以九月末，多葉黃心，內深外淡，而下有闊白大葉，連綴承之，有如盆盂中盛花狀。

然人間相傳以謂玉盆菊者，大率金黃心，碎葉，初不知其得名之由。後請疑於識者，始以眞菊相示，乃知物之見名於人者，必有形似之實，非講尋無倦，或有所遺爾。

鄧州白第二十三

鄧州白九月末開，單葉雙紋，白花中有細蕊，出鈴蕚中。凡菊單葉如薔薇菊之類，大率花葉圓密相次，（花葉謂頭上白葉，非枝葉之葉，他稱花葉倣此。）而此花葉皆尖細，相去稀疎，然香比諸菊甚烈，而又正爲藥中所用，蓋鄧中菊潭所出爾。枝榦甚纖柔，葉端有支股而長，亦不甚青。

白菊第二十四

白菊單葉白花，蕊與鄧州白相類，但花葉差闊，相次圓密，而枝葉麤繁。人未識者，多謂此爲鄧州白，余亦信以爲然。後劉伯紹訪得其眞菊，較見其異，故譜中別開鄧州白，而正其名曰白菊。

銀盆第二十五

銀盆出西京，開以九月中，花中皆細鈴，比夏秋萬鈴差疎，而形色似之。鈴葉之下，別有雙紋白葉，故人間謂之銀盆者，以其下葉正白故也。此菊近出未多見，至其肥茂得地，則一花之大，有若盆者焉。

順聖淺紫第二十六

順聖淺紫，出陳州、鄧州，九月中方開。多葉，葉比諸菊最大，一花不過六七葉，而每葉盤疊，凡三四重。花葉空處，間有筒葉輔之。大率花形枝榦，類垂絲棣棠，但色紫花大爾。余所記菊中惟此最大，而風流態度，又可爲貴，獨恨此花非黃白，不得與諸菊爭先也。

夏萬鈴第二十七

夏萬鈴出鄜州，開以五月，紫色細鈴，生於雙紋大葉之上。以時別之者，以有秋時紫花故也。故以菊皆秋生花，而疑此菊獨以盛夏，按靈寶方曰：菊花紫白。又陶隱居云：五月採。今此花紫色，而開於夏時，是其得時之正也，夫何疑哉！

秋萬鈴第二十八

秋萬鈴出鄜州，開以九月中，千葉淺紫，其中細葉，盡爲五出鐸形，而下有雙紋大葉承之。諸菊如棣棠，是其最大，獨此菊與順聖過焉。或云：與夏花一種，但秋夏再開爾。今人間起草爲花，多作此菊，蓋以其瓌美可愛故也。

繡毬第二十九

繡毬出西京，開以九月中，千葉紫花，花葉尖闊相次，聚生如金鈴菊中鈴葉之狀。大率此花似荔枝菊，花中無筒葉，而萼邊正平爾。花形之大，有如大金鈴菊者焉。

荔枝第三十

荔枝色紫，出西京，九月中開。千葉紫花，卷爲筒。

謂花葉也，凡菊鈴葉有五出，皆如鐸鈴之形，又有卷生爲筒，無尖闕者，故謂之筒葉，他與此同。

大小相間，凡菊鈴並蕊皆生托葉之上，葉背乃有花萼，與枝相連。而此菊上下左右攢聚而生，故俗以爲荔枝者，以其花形正圓故也。花有紅者，與此同名，而純紫者蓋不多爾。

垂絲粉紅第三十一

垂絲粉紅出西京，九月中開，千葉，葉細如茸，攢聚相次，而花下亦無托葉。人以垂絲目之者，蓋其枝榦纖弱故也。

楊妃第三十二

楊妃未詳所出，九月中開，粉紅千葉，散如亂茸，而枝葉細小，嫋嫋有態，此實菊之柔媚爲悅者也。

合蟬第三十三

合蟬未詳所出，九月末開，粉紅筒葉，花形細者，與蕊雜比。方盛開時，筒之大者，裂爲兩翅，如飛舞狀。一枝之杪，凡三四花，然大率皆筒葉如荔枝，菊有蟬形者，蓋不同爾。

紅二色第三十四

紅二色出西京，開以九月末，千葉，深淡紅叢，有兩色，而花葉之中間生筒葉，大小相映。方盛開時，筒之大者裂爲二三，與花葉相雜比，茸茸然。花心與筒葉中有青黃紅蕊，頗與諸菊相異。然余怪桃花、石榴、川木瓜之類，或有一株異色者，每以造物之付受，有不平歟，抑將見其巧歟？今菊之變其黃白而爲粉紅深紫，固可怪，而又一株亦有異色並生者也，是亦深可怪歟？花之形度無甚佳處，特記其異爾。

桃花第三十五

桃花粉紅，單葉，中有黃蕊，其色正類桃花。俗以此名，蓋以言其色爾。花之形度雖不甚佳，而開以諸菊未有之前，故人視此菊如木中之梅焉。枝葉最繁密，或有無花者，則一葉之大踰數寸也。

雜記

敍遺

余聞有麝香菊者，黃花千葉，以香得名。有錦菊者，粉紅碎花，以色得名。有孩兒菊者，粉紅青蕚，以形得名。有金絲菊者，紫花黃心，以蕊得名。嘗訪於好事，求於園圃，既未之見。而說者謂，孩兒菊與桃花一種，又云種花者剪掐爲之。至錦菊、金絲則或有言其爲別名，非菊者。若麝香菊則又出陽翟，洛人實未之見。夫既已記之，而定其品之高下，又引傳聞附會，而亂其先後之次，是非余譜菊之意。故特論其名色，列於記花之後，以俟博物之君子證其謬焉。

補意

余嘗怪古人之於菊，雖賦詠嗟嘆嘗見於文詞，而未嘗說其花瓌異如吾譜中所記者，疑古之品未若今日之富也。今遂有三十五種，又嘗聞於蒔花者云：花之形色變異，如牡丹之類，歲取其變者，以爲新，今此菊亦疑所變也。今之所譜，雖自謂甚富，然搜訪其所未至，與花之變易後出，則有待於好事者焉。君子之於文亦闕其不知者，斯可矣。若夫掇擷治療之方，栽培灌種之宜，宜觀於方册，而問於老圃，不待予言也。

拾遺

黃碧單葉兩種，生於山野籬落之間，宜若無足取者。然譜中諸菊，多以香色態度爲人愛好，剪鉏移徙，或至傷生，而是花與之均賦一性，同受一色，俱有此名，而能遠處山野，保其自然，固亦無羨於諸菊也。余嘉其大意而收之，又不敢雜置諸菊之中，故特列之於後云。

後序

菊有黃白二種，而以黃爲正，人於牡丹獨曰花而不名；好事者，於菊亦但曰黃花，皆所以珍異之故。余譜先黃而後白。陶隱居謂菊有二種：一種莖紫氣香味甘，葉嫩可食，花微小者，爲眞菊；青莖細葉作蒿艾氣，味苦花大，名苦薏，非眞也。今吳下惟甘菊一種可食，花細碎，品不甚高，餘味皆苦，白花尤甚，花亦大。隱居論藥，既不以此爲眞，後復云：白菊治風眩。陳藏器之說，亦然。靈寶方及抱朴子丹法又悉用白菊，蓋與前說相牴牾，今詳此。惟甘菊一種可食，亦入藥餌，餘黃白二花，雖不可餌，皆入藥，而治頭風，則尚白者。此論堅定無疑，併著於後。

附樂休園菊譜

序

菊之爲花，冬培根，春藝苗，孟夏分植，中夏而迄。中夏再取其肄又植之，終夏而止，至秋大盛。伐其條肄，以培其花，迄秋而大成，初冬大發其美。既欲其久存，或苫覆之，巾幕之，蓋終一歲之勤焉。其名著於月令，飧於靈均，紀於本草，潭於南陽。陶潛籬之，杜甫叢焉，幽人騷客，率誇詠，至宋人譜之而大備。色之殊者，或如墨，其崇或及尋丈。色品繁阜，宜隰及圃陳，中者宜原野，下者蔓衍丘陵，皆華而不實。其植以根，枝蔭之，根成而暢，乃見其花白而內苞作筒，外瓣單者，香甘宜釀酒却風，慈養老壽。本草：杜甫詩所謂甘菊也。開以伏日，而色紫紺，結子卽種，而不根荄，世號六月菊。今吾郡及鴈門、西河高山多有之，菊之贅也。華之不植而灌栵者，或百數，僅如大小錢，但可釀麯，不足稱也。受培植而藝工者，孑其身，保其葉，翹然上生，其端有微葉，乃參之。而又孑其枝，保其葉，修然扶搖，其端有微葉，又參其鉅莩，而伐其細苞。參三以應陽九，亦菊性也。率以微葉冒端者爲徵，否卽殺糺，藝者必審於此。故花大及二寸餘，小者猶當十錢，參三之而不可遏者，或至再倍。身洪如大小指可杖，卑者猶二三尺，高率及人肩眉，菊之最盛者也。糞必熟薄而亟數均平之，漑以三五日，陽地以涼漑，陰地以溫漑，溫泉洪河之波，漑最良。鳥獸之腥，尤宜漑。骼之陳，油之瀋，尤宜糞。分植而未根荄，宜陰，或蓋冒之，樹蔭之。漑以葉舒爲徵，拳卽漑之，或以壺水如針孔者雨之矣。可肆宜移諸陽，皆上品也。其下者亦居陰寒，冬除其雪霰，或曰此北方中原法也。寒甚失陽，上品花或瘖，南方炎洲有雪，乃開或至中冬。大抵菊雖陵霜耐寒，亦稟中和之氣焉。糞生米瀋輒生蟲，腦麝六畜之殘，藝工動作之疏，率能敗菊，於法當禁。或曰：悠然而忘物者，菊之宜也。子乃縷析而錯綜之，宜乎哉？余應之曰：方外之流，與孔氏之徒異趨也；中庸不云乎：致中和，天地位焉，萬物育焉。曰致曰位育，非率然而已者也。語又曰：飽食終日，無所用心，不有博奕者乎？余幼承祖父詩、禮之業，躬灑掃之賤，以求至乎其遠大，自五歲以及五十，賤士以及大夫，夜思而晝作，以勤職分，不慕於外。幸逢明時，憫其勞勩，賜之閒散，奉母教子之暇，時復誦習舊業。志倦目眵，睹前後隙地，盡樹花卉，而菊間植焉。以鼓舞精神而對敭休澤，使後生子弟，毋怠所事，而各食其力，余庶幾於運甓者乎！若清談虛曠，則夫豈敢，遂志之爲樂休園菊譜云，而第其形色之目如左：

黄，中央土正色，菊本黄。

上品者得大黄菊，正黄。

金鶴頂，黄幅，赤心。

赤金盤，黄赤。　玉繡毬，淡黄。

黄鵝毛　御愛黄

中品者得火煉金，黄幅，纈焦。

佛面金

蜂窩黄，一名金荔枝，一名萬卷書，纈筒，幅單黄。

大金錢，單黄。

金簪頂，一名遠枝嬌，幅單狹，纈廣。

下品硬幹黄，夾黄。

赤，南方火正色，絳紅、紫以淺深別也，非如服之間色也。

上品得絳紅袍。　正色

紅鵝毛　海東紅

早紫，初紫，晚作茄花色。

中品得狀元紅，一曰

下品金眼回，單紅幅，黄筒纈。

白，西方金正色，凡花白者皆靚潔而香，菊爲甚，皆可釀酒入藥。

上品得平白，雙幅，黄纈平。

青心白，千葉，纈微青。　白鵝毛，千葉，細尖。

白蜂窩，郎甘菊，一名銀鶴頂。單白幅，淡黄筒纈。

金盞銀臺，單白幅，正黄筒纈。

粉白，得人之正色，眞清且麗者也。

上品得銀鶴頂，紅纈白幅。

荔枝紅，白纈，幅漸作淺深。

大粉息，千葉。

中品得玉蘭交，小粉息，千葉。

虞美人，雙幅，粉黃筒纈。八仙菊，粉翻千葉。八月蜂窩，粉幅，筒纈。

平凉自載記以來，王道稍衰，即爲荒塞。當北狄西戎之衝，雖有山川土物之美，人材文武之器，率湮弗聞也，而況於菊乎！菊唯黃紫二品，野生而下者，其名品率於東南內郡致之，而後繁植，以登於譜，可謂難矣。然非其土性之所宜，與余之閒暇，則亦不能至是也。嘗稽史籍，質諸父老云：原州自盛唐建都，遭安史吐蕃之禍，而併入渭，或屬涇，金、元迺爲府，統三縣，天造時增州縣七，而府始大，置三衞寺監，以益戎馬，衍宗藩以千百數，而郡之繁麗，殆古所未聞也。菊之盛，不偶然矣。而郡民貧瘠日削，語曰：物盛則衰，倡優巧則耒耜竆，亶其然乎！其人材自皇甫威明之族，以至於今，鮮有聞者；苟有聞焉，非屬邑之良，則流寓之俊也。而余家自元以來，世爲平凉人，其責固有在焉。然以余之亢桑濩落，竊位臺端，一無所效，而獨拳拳於菊。且遭値明聖，塞烽安寧，稽首樂昇平之休，而深慼於今昔理亂興衰之故。則余之於菊，不爲無所得；而菊之於余，不爲不遇也。

蓍實 本草經：蓍實味苦，平。主益氣，充肌膚，明目，聰慧先知，久服不飢，不老，輕身。

別錄：酸，無毒。生少室山谷，八月、九月採實，日乾。

圖經：蓍實生少室山谷，今蔡州上蔡縣白龜祠傍。其生如蒿，作叢，高五六尺，一本一二十莖，至多者三五十莖。生便條直，所以異於衆蒿也。秋後有花，出於枝端，紅紫色，形如菊。八月、九月採其實，日乾入藥。今醫家亦稀用。其莖爲筮，以問鬼神知吉凶，故聖人贊之，謂之神物。史記龜策傳曰：龜千歲，乃遊於蓮葉之上，蓍百莖共一根。又其所生，獸無狼虎，蟲無毒螫。徐廣注曰：劉向云龜千歲而靈，蓍百年而一本生百莖。

又褚先生云：蓍生滿百莖者，其下必有神龜守之，其上常有青雲覆之。傳曰：天下和平，王道得而蓍莖長丈，其叢生滿百莖。方今世取蓍者，不能中古法度，不能得滿百莖長丈者，取八十莖已上蓍，長八尺卽難得也。人民好用卦者，取滿六十莖已上，長滿六尺者，卽可用矣。今蔡州所生者，皆不言如此，然則此類其神物乎？故不常有也。

博物志：蓍一千年而三百莖，其本以老故知吉凶。蓍末大於本爲上吉，筮必沐浴齋潔食香，每月望浴蓍，必五浴之，浴龜亦然。蓍末大於本爲上吉，次蒿次荆皆如是。龜蓍皆月望浴之。

陳州志物產：蓍草，羲陵上者佳。

上蔡縣志物產：蓍叢生，高四五尺，一本數莖，末稍小，枝細密，根多橫。蘆葉碎菨，華開黃紫二色，結實如艾，有龍頭鳳尾之名。昔生伏羲廟旁蓍草圈八卦臺下，明末圈頹，今生曠野。

說文解字注：蓍，蒿屬，謂似蒿而非蒿也。陸璣曰：似藾蕭，青色。生千歲，三百莖。草木疏博物志說皆同。尚書大傳曰：蓍之爲言耆也。百年一本，生百莖。易以爲數。數，算也。謂占易者，必以是計算也，詳易繫辭。天子蓍九尺，諸侯七尺，大夫五尺，士三尺，此禮三正記文也。亦見白虎通。儀禮特牲：饋食筮者，坐筮；少牢饋食筮者，立筮。鄭注：卿大夫蓍五尺，立筮；士之蓍短，坐筮；皆由便也。賈公彥曰：然則天子諸侯，立筮可知。从艸，耆聲，式脂切，十五部。

菴蕳子

本草經：菴蕳子味苦，微寒。主五藏瘀血，腹中水氣，臚脹留熱，風寒濕痹，身體俱痛，久服輕身，延年不老。

別錄：微溫，無毒。療心下堅，膈中寒熱，周痹，婦人月水不通，消食，明目，駏驉食之神仙。生雍州川谷，亦生上黨及道邊。十月採實，陰乾。

陶隱居云：狀如蒿艾之類，近道處處有，仙經亦時用之。人家種此，辟蛇也。

圖經：菴蕳子生雍州川谷及上黨道邊，今江淮亦有之。春苗葉如艾蒿，高二三尺，七月開花，八月結實，十月採實，陰乾，今人通以九月採。江南人家多種此辟蛇。謹按本經久服輕身，延年不老，而古方書少有服食者，惟入諸雜治藥中。如胡治療驚邪狸骨丸之類，皆大方中用之。孫思邈千金翼、韋宙獨行方主踠折瘀血，並單用菴蕳一物，煮汁服之，亦末服。今人治打撲損亦多用此法，飲散皆通，其效最速。服食方不見用者。

本草綱目李時珍曰：菴蕳葉不似艾，似菊葉而薄，多細子，面背皆青。高者四五尺，其莖白色，如艾莖而粗，八九月開細花，淡黃色，結細實，如艾實，中有細子，極易繁衍，藝花者以之接菊。

白蒿

本草經：白蒿味甘，平。主五藏邪氣，風寒濕痹，補中益氣，長毛髮令黑，療心懸少食常飢。久服輕身，耳目聰明，不老。

爾雅：蘩，皤蒿；注：白蒿。蒿，菣；注：今人呼青蒿。香中炙啖者為菣。蔚，牡菣；注：無子者。蘩之醜，秋為蒿；注：醜，類也。春時各有種名，至秋老成，皆通呼為蒿。

詩經：于以采蘩。陸璣疏云：蘩，皤蒿。凡艾白色為皤蒿。今白蒿春始生，及秋香美，可生食，又可蒸食。一名游胡，北海人謂之旁勃。故大戴禮夏小正傳云：蘩，游胡、旁勃也。

別錄：無毒。生中山川澤，二月採。陶隱居云：蒿類甚多，而俗中不聞呼白蒿者，方藥家既不用，皆無復識之，所主療既殊，自應更加研訪。服食七禽散云：白兔食之，仙。與前菴蕳子同法爾。

圖經：白蒿，蓬蒿也。生中山川澤，今所在有之。春初最先諸草而生，似青蒿而葉麤，上有白毛錯澀。從初生至枯，白於衆蒿，頗似細艾，二月採。此草古人以為菹，唐孟詵亦云：生挼醋食。今人但食蔞蒿，不復食此，或疑此蒿即蔞蒿。而孟詵又別注蔞蒿條，所說不同，明是二物，乃知古人食品之異也。又今階州以白蒿爲茵陳蒿，苗葉亦相似，然以入藥，恐不可用也。按蒿類亦多，爾雅云：蘩之醜，秋爲蒿。言春時各有種名，至秋老成，皆通呼爲蒿也。中品有馬先蒿，云生南陽川澤，葉如益母草，花紅白，八九月有實，俗謂之虎麻，亦名馬新蒿。詩小雅所謂：匪莪伊蔚，是也。陸璣云：蔚，牡蒿；牡蒿，牡菣。三月始生，七月華，似胡麻花而紫赤，八月爲角，角似小豆角，銳而長。一名馬新蒿，郭璞注爾雅：「蔚，牡菣」，謂無子者，而陸云有子，二說小異，今當用有子者爲正。下品又有角蒿，云葉似白蒿，花如瞿麥，紅赤可愛，子似王不留行，黑色，作角，七八月採。又有茵陳蒿草，蒿下自有條，白蒿爲新蒿，古方治癩疾多用之。深師方云：取白艾蒿十束，如升大，煮取汁，以麴及米一如釀酒法，俟熟，稍稍飲之。但是惡疾徧體，面目有瘡者，皆可飲之。又取馬新蒿，搗末服方寸匕，日三。如更赤起，服之一年，都差平復。角蒿，醫方鮮有用者。

廣雅疏證：蘩母，蒡葧也。蘩、母疊韻也，蒡、葧雙聲也。古敏、每之聲皆如母，說文緐從每聲，經傳作繁，從敏聲，則繁之與母，聲亦相近也。蘩之爲言皤也，爾雅云：蘩，皤蒿。說文作蘩，云白蒿也。又云皤，老人白也；白謂之皤，又謂之繁，繁、皤聲正相近，皤之爲繁，猶皤之爲蹯也。賁六四：賁如皤如，釋文：皤，白波反，荀作波，鄭陸作蹯，音煩，是其例也。皤、繁、蒡聲亦相近，皤之爲繁，又爲蒡，猶披之爲藩，又爲防也。士喪禮下篇：設披。今文披皆爲藩，周官喪祝掌大喪勸防之事，杜子春云：防當爲披，是其例也。蒡之聲轉而爲葧，因並稱蒡葧，蒡之與葧，猶防之與佛，滂之與沛耳。召南采蘩篇：于以采蘩，于沼于沚，于以用之，公侯之事。傳云：公侯夫人執蘩菜以助祭。箋云：執蘩菜者，以豆薦蘩菹。隱三年，左傳所謂蘋蘩薀藻之菜，可薦於鬼神，可羞於王公者也。彼正義引陸璣疏云：凡艾白色者爲皤蒿，今白蒿也。春始生，及秋，香美可生食，又可蒸。一名遊胡，北海人謂之旁勃。故大戴禮夏小正傳曰：蘩，遊胡。遊胡，旁勃也。遊胡，即爾雅「繁，由胡」也。今本夏小正傳亦作由胡，云二月榮堇采蘩。堇，菜也；蘩，由胡。由胡者，蘩母也；蘩母者，旁勃也；皆豆實也，故記之。蘩爲豆實，故詩箋云：以豆薦蘩菹也。又可以生蠶，豳風七月篇：采蘩祁祁。傳云：蘩所以生蠶。正義云：今人猶用之，是也。旁勃一作彭敎，御覽引神仙服食經云：十一月採彭敎。彭敎，白蒿也。夏小正言二月采蘩，詩人言之，亦于春日，此乃云十一月採，豈亦如茵陳蒿經冬不死與？蘇頌本草圖經謂：階州以白蒿爲茵陳蒿，苗葉亦相似。服食經所言，蓋即此矣。旁勃之聲，又轉而爲蓬，本草別本注云：白蒿葉似艾，葉上有白毛，錯澀，俗呼爲蓬蒿，是也。

地黃

本草經：乾地黃味甘，寒。主折跌絕筋傷，逐血痹，塡骨髓，長肌肉，作湯除寒熱積聚，除痹。生者尤良，久服輕身不老，一名地髓。

爾雅：苄，地黃。注：一名地髓，江東呼苄。

別錄：苦，無毒。主男子五勞七傷，女子傷中胞漏，下血，破惡血，溺血，利大小腸，去胃中宿食飽，力斷絕，補五藏，內傷不足，通血脈，益氣力，利耳目。生地黃大寒，主婦人崩中血不止，及產後血上薄，心悶絕傷身，胎動下血，胎不落，墮墜踠折，瘀血留血，衄鼻，吐血，皆搗飲之。一名苄，一名芑，生咸陽川澤黃土地者佳。二月、八月採根，陰乾。陶隱居云：咸陽即長安也。生渭城者乃有子實，實如小麥。淮南七精散用之，中間以彭城乾地黃最好，次歷陽，今用江南板橋者爲勝。作乾者有法，搗汁和蒸，殊用工意，而

此直云陰乾，色味乃不相似，更恐以蒸作爲失平。大貴時乃取牛膝、萎蕤作之，人不能別。仙經亦服食，要用其華，又善生根，亦主耳暴聾，重聽。乾者黏濕作丸散，須烈日暴之，既燥則斤兩大減，一斤纔得十兩散爾，用之宜加量也。

日華子：生者浸水驗，浮者名天黃，半浮半沉者名人黃，沉者名地黃。沉者力佳，半沉者次，浮者劣，煎忌鐵器。

圖經：地黃生咸陽川澤黃土地者佳。今處處有之，以同州爲上。二月生葉，布地便出，似車前，葉上有皺文而不光。高者尺餘，低者三四寸，其華似油麻花，而紅紫色，亦有黃花者。其實作房，如連翹子甚細，而沙褐色。根如人手指，通黃色，麄細長短不同。二月、八月採根，蒸二三日令爛，暴乾，謂之熟地黃。陰乾者是生地黃，種之甚易，根入土卽生。一說，古稱種地黃宜黃土，今不然。大宜肥壤，虚地則根大而多汁，其法以葦席圍編如車輪，經丈餘，以壤土實葦席中爲壇，壇上又以葦席實土爲一級，比下壇徑減一尺，如此數級，如浮屠也。乃以地黃根節多者，寸斷之，蒔壇上，層層令滿，逐日以水灌之，令茂盛。至春秋分時，自上層取之，根皆長大而不斷折，不被劚傷故也。得根暴乾之，熟乾地黃最上出同州，光潤而甘美，南方不復識。但以生地黃草煙薰，使乾黑。洗之，煤盡仍白也。今乾之法，取肥地黃三二十斤淨洗，更以揀去細根及根節瘦短者，亦得二三十斤，搗絞取汁，投銀銅器中，下肥地黃，浸漉令浹飯，上蒸三四過，時時浸漉，轉蒸訖，又暴使汁盡。其地黃當光黑如漆，味甘如飴糖，須甆器內收之，以其脂柔喜暴潤也。又醫家欲辨精粗，初採得以水浸，有浮者名天黃，不堪用；半沉者爲人黃，次之；其沉者名地黃，最佳也。神仙方服食地黃，採取根，淨洗搗絞汁，煎令小稠，內白蜜，更煎令可丸。晨朝酒送三十丸，如梧子，日三。亦入

青州棗肉同丸，又煎膏入乾根末丸服。又四月採其實，陰乾篩末，水服錢匕，其效皆等。其花名地髓花，延年方有單服二法，又治傷折，金瘡，爲最要之藥。肘後方：療踠折，四肢骨破碎，及筋傷蹉跌，爛搗生地黄熬之，裹所傷處，以竹簡編夾之，遍，急縛，勿令轉動，一日一夕可以十易，則差。崔元亮海上方：治一切心痛，無問新久。以生地黄一味，隨人所食多少，擣絞取汁，溲麪作餺飥，或冷淘食，良久當利，出蟲長一尺許，頭似壁宫，後不復患矣。昔有人患此病三年不差，深以爲恨，臨終戒其家人，吾死後當剖去病本，果得蟲，置於竹節中，每所食皆飼之，因食地黄餺飥，亦與之，隨即壞爛，由此得名。劉禹錫傳信方亦紀其事，云貞元十年，通事舍人崔抗女患心痛，垂氣絶，遂作地黄冷淘食之，便吐一物，可方一寸已來，如蝦蟇狀，無目足等，微似有口，蓋爲此物所食，自此遂愈。食冷淘，不可著鹽。

救荒本草：地黄苗俗名婆婆嬭，一名地髓，一名芐，一名芑，今處處有之。苗初塌地生，葉如山白菜葉而毛澁，葉面深青色。又似芥菜葉而不花，又比芥菜葉頗厚。葉中攛莖，上有細毛，莖梢開筒子花，紅黄色，北人謂之牛嬭子花。結實如小麥粒，根長四五寸，細如手指，皮赤黄色。採葉煑羹食，或搗絞根汁，溲麪作餺飥，及冷淘食之，或取根浸洗淨，九蒸九暴，任意服食，或煎以爲煎食。

山居録云：地黄嫩苗，摘其旁葉作菜，甚益人。本草以二月、八月採根，殊未窮物性。八月殘葉猶在，葉中精神未盡歸根。二月新苗已生，根中精氣已滋於葉，不如正月、九月採者殊好，又與蒸曝相宜。禮記云：羊芐豕薇，則自古已食之矣。

齊民要術：種地黄法，須黑良田，五徧細耕。三月以上旬爲上時，中旬爲中時，下旬爲下時。一

畝下種五石，其種還用三月中掘取者，逐犂後如禾麥法，下之。至四月末、五月初生苗訖，至八月盡、九月初根成、中染，若須留爲種者，即在地中勿掘之，待來年三月取之爲種。計一畝可收根三十石。有草鋤不限徧數，鋤時別作小刀鋤，勿使細土覆心。今秋收訖，至來年更不須種，自旅生也。唯鋤之如此，得四年，不要種之，皆餘根自出矣。　河東染御黄法，碓擣地黄根，令熟，灰汁和之，攪令匀，搦取汁，別器盛；更擣滓，使板熟，又以灰汁和之如薄粥，爲入不渝，釜中煑生絹，數迴轉使匀，舉看有盛水袋子，便是絹熟抒，出著盆中，尋繹舒張，少時拔出淨振，去滓曬極乾，以別絹濾白淳汁和熟抒，出更就盆染之，急舒展令匀，汁冷拔之出，曝乾則成矣。大率三升地黄，染得一疋御地黄，多則好柞柴桑薪蒿灰等物，皆得用之。

東坡雜記：肥嫩地黄一二寸截去，薄紙裹兩頭，以生豬腦塗其膚，周匝。置小盤中，挂通風處，十餘日自乾。抖擻之，出細黄粉，其膚獨一一如鵝管狀，其粉沸湯點，或謂之金粉湯。

爾雅翼：苄者今之地黄，古以爲菜，鉶羹用之。禮記曰：鉶芼牛藿羊苄豕薇。蓋物各有所宜。古者祭祀賓客，有太羹、鉶羹。太羹者，太古之羹，鑊中煑肉汁，不調以鹽菜及五味，盛之於登。鉶羹者，謂陪鼎膷臐膮，用藿、苄、薇，調以五味，盛於鉶器，蓋鉶羹以所盛器爲名，盛於豆，則名庶羞爾。皆天官亨人供之三牲，所以用此者，猶婦敎成之祭牲用魚，芼之以蘋藻，各有所宜。以牛羊山陸之物，藿苄山陸之菜，豕近水，薇垂水，魚及蘋藻生水中，以類求之。今禮記：羊苄作苦，則苦菜爾。古之說方者以生咸陽川澤中黄土地者佳，則名之爲地黄，蓋有所自。又生者以水試之，浮者名天黄，半沈半浮名人黄，沈者名地黄。以沈者爲良，宜其以地爲名。而苄字又从下，亦趨

下之義也。淮南子曰：今夫地黃主屬骨，而甘草主生肉之藥也。以其屬骨，責其生肉；以其生肉，論其屬骨；是猶王孫綽之欲倍偏枯之藥，而欲以生殊死之人，亦可謂失倫矣。今地黃能生肌肉，與淮南子之説異，又方藥煎忌鐵器，鉶羹用之，未知其審。

東坡尺牘：藥之膏油者，莫如地黃，啖老馬，皆復爲駒。樂天採地黃詩云：與君啖老馬，可使照地光。今人不復知此法，吾晚學道，血氣衰耗，如老馬矣。欲多食生地黃而不可常致，近見人言循州興寧令歐叔向於縣圃中，多種此藥。意欲作書干求而未敢，君與叔向故人，可爲致此意否？此藥以二八月採者良；如許以此時寄惠爲幸，欲烹爲煎也。

抱朴子：楚文子服地黃八年，夜視有光。

廣雅疏證：地黃，郭注云一名地髓。江東呼芐。淮南覽冥訓云：地黃主屬骨，而甘草主生肉之藥也。公食大夫禮：鉶芼牛藿羊苦豕薇。注云：苦，苦荼也。今文苦爲芐。説文云：芐，地黃也。引禮曰鉶芼牛藿羊芐豕薇。案古人飲食無用地黃者，芐乃苦之假借也。

説文解字注：芐，地黃也。見釋艸。本艸經謂之乾地黃。从艸下聲，侯古切，五部。禮記依宋本及韻會補記字，按下文公食大夫禮記文：鉶毛牛藿羊芐豕薇，是今儀禮毛作芼，與許所據不同。今儀禮曰：羊苦。注：苦，苦荼也。今文苦爲芐，然則許從今文，鄭從古文也。士虞禮特牲饋食禮二記，鉶芼用苦若薇。注皆云：今文苦爲芐。特牲又正之曰：芐乃地黃非也。

麥門冬

本草經：麥門冬味甘，平。主心腹結氣，傷中，傷飽，胃絡脈絶，羸瘦短氣。久服輕身，不老，不飢。

別錄：微寒，無毒。主身重，目黃，心下支滿，虚勞，客熱，口乾，燥渴，止嘔吐，愈痿躄，強陰益精，消穀調中，保神，定肺氣，安五藏，令

人肥健，美顏色，有子。秦名羊韭，齊名愛韭，楚名馬韭，越名羊蓍，一名禹餘糧。葉如韭，冬夏長生，生函谷川谷及堤坂肥土石間久廢處。二月、三月、八月、十月採，陰乾。陶隱居云：函谷卽秦關，而麥門冬異於羊韭之名矣。處處有，以四月採，冬月作實，如青珠，根似穬麥，故謂麥門冬，以肥大者爲好。用之湯澤，抽去心；不爾，令人煩。斷穀家爲要，二門冬潤時並重，既燥卽輕，一斤減四五兩。

吳普本草云：一名馬韭，一名虋火冬，一名忍冬，一名忍陵，一名不死藥，一名僕壘，一名隨脂。神農、岐伯：甘，平。黄帝，桐君、雷斆：甘，無毒。李氏：甘，小溫。扁鵲：無毒。生山谷肥地，葉如韭，肥澤叢生，採無時，實青黄。

圖經：麥門冬生函谷川谷及堤坂肥土石間久廢處，今所在有之。葉青似莎草，長及尺餘，四季不凋。根黄白色，有鬚，根作連珠形，似穬麥顆，故名麥門冬。四月開淡紅花，如紅蓼花，實碧而圓如珠。江南出者：葉大者，苗如鹿葱；小者如韭。大小有三四種，功用相似。或云吳地尤勝。二月、三月、八月、十月採，陰乾。亦堪單作煎餌之。取新根去心，搗熟絞取汁，和白蜜銀器中，重湯煑，攪不停手，候如飴乃成，酒化，溫服之，治中益心，悅顏色，安神，益氣，令人肥健，其力甚駛。又主金石藥發，麥門冬去心六兩、人參四兩、甘草二兩、炙三物，下篩，蜜丸如梧子，日再飲下。又崔元亮海上方治消渴丸云：偶於野人處得，神驗不可言。用上元板橋麥門冬鮮肥者二大兩，宣州黄連九節者二大兩，去兩頭尖三五節，小刀子條理，去皮毛了淨，吹去塵，更以生布摩拭，秤之，搗末，以肥大苦瓠汁浸麥門冬，經宿，然後去心，卽於臼中搗爛，卽內黄連末臼中，和搗，候丸得，卽併手丸，大如梧子。食後飲下五十丸，日再。但服兩日，其渴必定，若重者，卽

初服藥每一服一百五十丸，第二日一百二十丸，第三日一百丸，第四日八十丸，第五日依本服丸。若欲合藥，先看天氣清明，其夜方浸藥，切須淨處，禁婦人雞犬見知。如似可，每日只服二十五丸，服訖覺虛，卽取白羊頭一枚，淨去毛，洗了，以水三大斗，煑令爛，去頭取汁，可一斗已來，細細服之，亦不可著鹽，不過三劑，平復差。

本草綱目李時珍曰：古人惟用野生者，後世所用，多是種蒔而成。其法：四月初採根，於黑壤肥沙地栽之。每年六月、九月、十一月三次上糞及芸灌。夏至前一日，取根洗曬收之。其子亦可種，但成遲爾。浙中來者，甚良，其葉似韭而多縱文且堅韌爲異。

遊宦紀聞：麥門冬去心，古法湯泡，少時則易去。今只以銀石銚火上微烙，隨手漸剝，極易爲力，又不爲湯漬去藥味。

爾雅翼：薔蘼，虋冬。郭璞曰：今門冬也，一名滿冬，按虋冬有二：其一則天門冬，一名顚棘，釋草所謂髦天棘也。故郭璞注顚棘云：細葉有刺，蔓生。其一則麥門冬，生山谷肥地，葉如韭，四季不凋。根有鬚，作連珠形，似穬麥顆，故名麥門冬。四月開花，淡紅如紅蓼花。實圓碧如珠。秦名羊韭，齊名愛韭，楚名馬韭，越名羊蓍。謝靈運山居賦曰：二冬並稱而殊性。潛夫論曰：夫理世不得眞賢，譬猶治疾不得眞藥也。治疾當得麥門冬，反得蒸穬麥，已不識眞，合而飲之，疾以寖劇，而不知爲人所欺也。山海經曰：條谷之山，其草多芍藥、虋冬。

藍

本草經：藍實味苦，寒。主解諸毒，殺蠱蚑，疰鬼，螫毒。久服頭不白，輕身。

爾雅：葴，馬藍。注：今大葉冬藍也。

別錄：無毒。其葉汁主殺百藥毒，解狼毒，射罔毒。其莖葉可以染青。生河內平澤。陶隱居云：此卽今染縹碧所用者。至解毒，人卒不能得生藍

汁，即漬綵布汁以解之，亦善。以汁塗五心，又止煩悶。尖葉者爲勝，甚療蜂螫毒。

圖經：藍實生河内平澤，今處處有之。人家蔬圃中作畦種蒔，三月、四月生苗，高二三尺許。葉似水蓼，花紅白色。實亦若蓼子而大，黑色。五月、六月採實。按藍有數種：有木藍，出嶺南，不入藥。有菘藍，可以爲澱者，亦名馬藍。爾雅所謂葴馬藍是也。有蓼藍，但可染碧，而不堪作澱，即醫方所用者也。又福州有一種馬藍，四時俱有葉，類苦益菜，土人連根採之，焙搗下篩，酒服錢匕，治婦人敗血，甚佳。又江寧有一種吳藍，二三月内生，如蒿狀，葉青花白，性寒，去熱，解毒，止吐血。此二種雖不類，而俱有藍名。又古方多用吳藍者，或恐是此，故並附之。後漢趙岐作藍賦，其序云：余就醫偃師，道經陳留，此境人皆以種藍染紺爲業。藍田彌望，黍稷不殖，至今近京種藍特盛。云藍汁治蟲豸傷咬，劉禹錫傳信方著其法云：取大藍汁一椀，入雄黃、麝香二物，隨意著多少，細研投藍汁中，以點咬處，若是毒者，即並細服其汁，神異之極也。昔張薦員外在劍南爲張延賞判官，忽被斑蜘蛛咬頂上，一宿咬處有二道赤色，細如箸，繞頂上，從胸前下至心。經兩宿，頭面腫疼，如數升盌大，肚漸腫，幾至不救。張相素重薦，因出家財五百千，並薦家財又數百千，募能療者。忽一人應召云：可治。張相初甚不信，欲驗其方，遂令目前合藥。其人云：不諳方，當療人性命耳。遂取大藍汁一甆盌，取蜘蛛投之藍汁，良久方出得，汁中甚困，不能動。又別搗藍汁加麝香末，更取蜘蛛投之，至汁而死。又更取藍汁、麝香，復加雄黃和之。更取一蜘蛛投汁中，隨化爲水。張相及諸人甚異之，遂令點於咬處，兩日内悉平愈。但咬處作小瘡，痂落如舊。又中品著蓍黛條云：從胡國來，及太原、廬陵、南康等染澱，亦堪傅熱毒等，染

瓮上地沫紫碧色者同青黛功。廣五行記：永徽中絳州僧病噎，不下食，告弟子，吾死之後，便可開吾胸喉，視有何物。言終而卒，弟子依言而開視胸中，得一物，形似魚而有兩頭，徧體是肉鱗。弟子致器中，跳躍不止，戲以諸味，皆隨化盡，時夏中藍盛，作澱，有一僧以澱致器中，此蟲遂繞器中走，須臾化爲水矣。

本草衍義：藍實卽大藍實也。謂之蓼藍，非是。爾雅所說是解諸藥等毒，不可闕也。實與葉兩用，注不解實，只解藍葉，爲未盡；經所說盡矣。藍一本而有數色：刮竹青綠雲碧青藍黃，豈非青出於藍，而青於藍者也？生葉汁解藥毒，此卽大葉藍，又非蓼藍也。蓼藍卽堪揉汁染翠碧，花成長穗，細小，淺紅色。

救荒本草：大藍今處處有之，人家園圃中多種，苗高尺餘。葉類白菜葉，微厚而狹窄，尖艄淡粉青色，莖叉梢間開黃花，小莢，其子黑色。採葉煠熟，水浸去苦味，油鹽調食。

本草綱目李時珍曰：藍凡五種，各有所治。惟藍實專取蓼藍者。蓼藍葉如蓼，五六月開花成穗，細小，淺紅色，子亦如蓼，歲可二刈，故先王禁之。菘藍葉如白菘，馬藍葉如苦蕒，卽郭璞所謂大葉冬藍，俗中所謂板藍者。二藍花子，並如蓼藍。吳藍長莖如蒿，而花白，吳人種之。木藍長莖如決明，高者三四尺，分枝布葉，葉如槐葉。七月開淡紅花，結角長寸許，纍纍如小豆角，其子亦如馬蹄決明子而微小，迥與諸藍不同，而作澱則一也。別有甘藍，可食，見本條。蘇恭以馬藍爲木藍，蘇頌以菘藍爲馬藍，宗奭以藍實爲大葉藍之實，皆非矣。

齊民要術曰：藍，地欲得良，三徧細耕。三月中浸子令芽生，乃畦種之。治畦下水，一同葵法。藍三葉澆之，晨夜再澆之。薅治令淨。五月中新雨後，卽接濕耧耩拔栽，夏小正曰：五月啓灌藍蓼。三莖

作一科，相去八寸。栽時宜併力急手，無令地燥也。白背宜急鋤，栽時既濕，白背不急鋤，則堅確也。五徧爲良。七月中作坑，令受百許束，作麥稈泥，泥之。令深五寸，以苫蔽四壁。刈藍倒竪於坑中，下水，以木石鎮壓，令沒。熱時一宿，冷時再宿，漉去荄內汁於甕中。率十石甕，著石灰一斗五升，急抨普彭反。之，一食頃止，澄清瀉去水。別作小坑，貯藍澱，著坑中，候如强粥，還出甕中盛之，藍澱成矣。種藍十畝，敵穀田一頃，能自染青者，其利又倍矣。崔寔曰：榆莢落時可種藍，五月可刈藍，六月種冬藍。冬藍，木藍也。人日用藥也。

農桑通訣曰：木藍、菘藍，可以爲澱者。蓼藍但可染碧，不堪作澱。藍一本而有數色：刮竹青緑雲碧青藍黄，豈非青出於藍而青於藍者乎？藍非獨可染青，絞其汁飲之，最能解蟲豸諸藥等毒，不可闕也。

便民圖纂曰：正月中以布袋盛子浸之，芽出撒地上，用糞灰覆蓋。待放葉澆水糞，長二寸許，分栽成行，仍用水糞澆活。至五六月烈日內，將糞水潑葉上，約五六次。候葉厚方割，離土二寸許，將梗葉浸水缸內，晝夜濾淨。每缸內用礦灰，色青者灰八兩，濃者九兩，以木扒打轉，澄清去水，是謂頭靛。其在地舊根旁，須去草淨，澆潑一如前法。待葉盛亦如前法收割，浸打，謂之二靛。又俟長亦如前澆灌，斫則齊根，浸打法亦同。

爾雅翼：藍者，染青之草。荀子曰：青出於藍而青於藍。言染反勝於其質。菘藍其汁抨爲澱，堪染青。蓼藍苗似蓼而味不辛，不堪爲澱，惟作碧色耳。崔寔曰：榆莢落時可種藍，五月可刈藍。故小雅曰：終朝采藍，不盈一襜，五日爲期，六日不詹。襜，衣蔽膝也。箋云：期至五月而歸，今六月猶不至。五月者，正藍之候，月令仲夏之月乃云：令民毋艾藍以染。注云：此月藍始可。別引夏小正曰：五月啓灌藍蓼。灌謂叢生也，種

藍之體，初必叢生，藍既長大，始可分移，使之稀散，以言正養藍之時，非刈藍之候也。夫民之於利甚勤，其於物也，封植養長者，惟恐不至。苟藍於勢未可刈，當分移之候，豈不知養之以待其成。何待上之人屑屑出令而止之乎？苟如是，則蓼菜之行，菜茹之畦，在上者不勝禁矣。夫藍之禁刈，必於民有私利，而於陰陽或國事有不便者，故禁而止之。蓋自四月微陰始起，爲政者，繼長增高，毋有壞墮。此月又陰陽爭、死生分之月，君子戒靜以待宴陰之所成，則微陰未成也。蓋刈藍以損生氣，恐微陰不勝故也。又是月班馬政，游牝別羣，縶駒之騰。馬之爲性，畏新出之灰，駒遇者輒死。石礦之灰，亦能令馬落駒。刈藍以染也，燒灰也，暴布也，三者皆有出灰之氣，令而禁之者，蓋爲馬歟？秦法棄灰於道者棄市，棄灰或古法，但刑重耳。刈藍之禁，與馬質禁原蠶同意。不然，蠶之再養，藍之早刈，聖人何留意哉？藍於草中獨有禁，故字從監。漢楊震伯起常種藍自業，又趙岐邠卿道經陳留，此境人皆以種藍染紺爲業，藍田彌望，黍稷不殖，慨其遺本，遂作賦一章。

羣芳譜：大藍葉如萵苣而肥厚微白，似蘗，藍色。小藍莖赤葉綠而小。槐藍葉如槐葉，皆可作澱。至於秋月，煮熟染衣，止用小藍。大藍宜平地耕熟種之，爬勻，上用荻簾蓋之。每早用水灑，至生苗去簾。長四寸移栽熟肥畦，三四莖作一窠，行離五寸。雨後併力栽，勿令地燥，白背卽急鋤，恐土堅也。須鋤五遍，日灌之。如瘦，用清糞水澆一二次。至七月間，收刈作澱。今南北所種，除大藍、小藍、槐藍之外，又有蓼澱。花葉梗莖皆似蓼，種法各土農皆能之。種小藍宜於舊年秋及臘月，臨種時俱各耕地一次，爬平，撒種後，橫直復爬三四次。僅生五葉卽鋤，有草再鋤，五月收割，留根候長，再割一次。小藍，每擔用水

一擔，將葉莖細切，鍋內煮數百沸，去渣盛汁於缸。每熟藍三停，用生藍一停，摘葉於瓦盆，手揉三次，用熟汁澆，挼濾相合，以淨缸盛。用以染衣，或綠或藍，或沙綠、沙藍。染工俱於生熟藍汁內斟酌。割後仍留藍根，七月割，候八月開花結子收，來春三月種之。

貴州通志：永寧州靛山在慕役司，水迴山轉，其中深箐可種藍。藍有木藍、蓼藍，耕久而益有收。山箐之中，積數百年之枯葉、爛柯，刀耕火耨，土尚暖，寒則不生，歲必異地以植。

天名精

本草經：天名精味甘，寒。主瘀血，血瘕欲死，下血，止血，利小便。久服輕身，耐老。一名麥句薑，一名蝦蟇藍，一名豕首。

爾雅：茢薽，豕首。注：本草曰彘顱，一名蟾蜍蘭。今江東呼豨首，可以燭蠶蛹。

別錄：無毒。除小蟲，去痹，除胸中結熱，止煩渴，逐水，大吐下。一名天門精，一名玉門精，一名彘顱，一名蟾蜍蘭，一名覲。生平原川澤，五月採。陶隱居云：此卽今人呼爲豨薟，亦名豨首。夏月搗汁服之，以除熱病，味至苦；而云甘，恐或非是。

唐本草注：鹿活草是也。別錄：一名天蔓菁。南人名爲地菘，味甘、辛，故有薑稱；狀如藍，故名蝦蟇藍；香氣似蘭，故名蟾蜍蘭。主破血，生肌，止渴，利小便，殺三蟲，除諸毒腫，丁瘡，瘻痔，金瘡內射。身痒癮疹不止者，揩之立已。其豨薟苦而臭，名精乃辛而香，全不相類也。

蜀本圖經云：地菘也。小品方名天蕪菁，一名天蔓菁，聲並相近。夏秋抽條，頗似薄荷，花紫白色，味辛而香，其葉似南山菘菜。

本草拾遺：天名精，本經一名麥句薑，蘇云鹿活草也。別錄云：一名天蔓菁，南人呼爲地菘，與蔓菁相似，故有此名。爾雅云：大鞠，蘧麥。注云：麥句薑。蘧麥，卽今之瞿麥，然終非麥句以

薑。爾雅注錯如此。陶公釣樟條云：有一草似狼牙，氣辛臭，名爲地菘，人呼爲劉懎草。主金瘡，言劉懎昔曾用之。異苑云：青州劉懎，宋元嘉中射一麞，剖五藏，以此草塞之，蹶然而起，懎怪而拔草，便倒，如此三度。懎密錄此草種之，主折傷多愈，因以名焉。既有活鹿之名，雅與麞事相會，陶蘇兩說俱是地菘，功狀既同，定非二物。

鶴蝨附　唐本草：鶴蝨味苦，平，有小毒。主蚘蟯蟲用之爲散，以肥肉臛汁，服方寸匕，亦丸散中用，生西戎。

圖經曰：鶴蝨生西戎，今江、淮、衡、湘間皆有之。春生苗，葉皺似紫蘇，大而尖長不光。莖高二尺許，七月生黄白花，似菊，八月結實，子極尖細，乾即黄黑色，採無時。南人呼其葉爲火杴，謹按豨薟即火杴也，雖花實相類，而别是一物，不可雜用也。殺蟲方中，此爲最要。古今錄驗：療蚘咬心痛，取鶴蝨十兩，搗篩，蜜和丸如梧子，蜜湯空腹呑四十丸，日增至五十丸，忌酒肉。韋雲患心痛，十年不差，於雜方内見，合服便愈。李絳兵部手集方：治小兒蚘蟲嚙，心腹痛，亦單用鶴蝨細研，以肥豬肉汁下，五歲一服二分，蟲出便止，餘以意增減。

本草綱目李時珍曰：天名精，併根葉而言也；地菘、埊菘，皆言其苗葉也；鶴蝨，言其子也。其功大抵只是吐痰止血，殺蟲解毒，故擂汁服之，能止痰瘧，漱之止牙疼，挼之傅蛇咬，亦治豬瘟病也。按孫天仁集效方云：凡男婦乳蛾，喉嚨腫痛，及小兒急慢驚風，牙關緊急，不省人事者，以鶴蝨草〔一名皺面草，一名母豬芥，一名杜牛膝〕，取根洗淨，搗爛入，好酒絞汁灌之，良久則甦。仍以渣傅項下，或醋調搽，亦妙。朱端章集驗方云：余被檄任淮西幕府時，牙疼大作，一刀鑷人以草藥一捻，湯泡少時，以手蘸湯挹痛處，即定。因求其方用之，治人多效，乃皺面地菘草也，俗

人訛爲地恖。沈存中筆談專辨地菘其子名鶴虱，正此物也。錢季誠方用鶴虱一枚，擢置齒中。高監方以鶴虱煎米醋，漱口，或用防風、鶴虱煎水，噙漱，仍研草塞痛處，皆有效也。

說文解字注：薽，豕首也。釋艸曰：菿薽，豕首。許無菿字者，攷太平御覽引爾雅，蕡，土瓜。孫炎曰：一名菿也。按叔然以菿上屬，許君讀蓋與孫同。鄭注周禮：豕首爲染草之屬。呂氏春秋曰：豨首生，而麥無葉。本艸經曰：天名精一名豕首。从艸，甄聲，側鄰切，古音在十三部。

地菘 開寶本草：地菘味鹹。主金瘡，止血，解惡蟲蛇螫毒，挼以傅之。生人家及路傍陰處，所在有之。高二三寸，葉似菘葉而小。

沈括夢溪筆談：地菘卽天名精也。世人既不識天名精，又妄認地菘爲火蘞。本草又出鶴虱一條，都成紛亂，今按地菘卽天名精也。其葉似菘又似蔓菁，名精卽蔓菁也，故有二名，鶴虱卽其實也。間有單服火蘞法，乃是服地菘爾，不當服火蘞。火蘞，本草名豨薟，卽是豬膏莓，後人不識，亦重複出之爾。

按李時珍主筆談合天名精、鶴虱、地菘爲一種。然圖經云：天名精抽條如薄荷，開紫白花，恐非一物也，俟考。

豨薟 唐本草：豨薟味苦，寒，有小毒。主熱䘢煩滿，不能食，生搗汁，服三四合，多則令人吐。注云：葉似酸漿而狹長。花黄白色，一名火蘞，田野皆識之。

圖經曰：豨薟俗呼火枕，本草經不著所出州郡，今處處有之。春生苗，葉似芥菜而狹長，文麤。莖高二三尺，秋初有花如菊，秋末結實，頗似鶴虱。夏採葉，暴乾用。近世多有單服者，云甚益元氣。蜀人服之法：五月五日、六月六日、九月九日，採其葉，去根莖花實，淨洗暴乾，入甑中，層層洒酒與蜜，蒸之又暴，如此九過，則已氣味

極香美，熬擣篩，蜜丸服之。云治肝腎風氣，四肢痳痹，骨間疼，腰膝無力者亦能行大腸氣。諸州所說，皆云性寒，有小毒，與本經意同。惟文州高郵軍云：性熱，無毒。服之補虛，安五藏，生毛髮，兼主風濕瘡，肌肉頑痹，婦人久冷，尤宜服用之。去麄莖，留枝葉花實，蒸暴。兩說不同，豈單用葉乃寒而有毒，并枝花實則熱而無毒乎？抑繫土地所產而然耶？

成訥進豨薟丸方表：臣有弟訢，年三十一中風，床枕五年，百醫不差，有道人鍾鉞者，因覩此患曰：可餌豨薟丸必愈。其藥多生沃壤，高三尺，節葉相對，其葉當夏五月已來收，每去地五分翦刈，以溫水洗泥土，摘其葉及枝頭，凡九蒸九暴，不必大燥，但取蒸爲度，仍熬擣爲末，丸如桐子大。空心溫酒或米飲二、三十丸，服至二千丸，所患忽加，不得憂慮，是藥攻之力。服至四千丸，必得復故，五千丸當復健壯。臣依法修合，與訢服，果如其言。鍾鉞又言：此藥與本草所述功效相異，蓋出處盛在東，彼土人呼豬爲豨，呼臭爲薟氣，緣此藥如豬薟氣，故以爲名。但經蒸暴，薟氣自泯，每當服後，須喫飯三、五匙壓之，五月五日採者佳。奉宣付醫院詳録。

張詠進豨薟丸表：臣因換龍興觀，掘得一碑，內說修養氣術并藥方二件，依方差人訪問，採覓其草，頗有異。金棱銀線，素根紫荄，對節而生，蜀號火枕，莖葉頗同蒼耳，誰知至賤之中，乃有殊常之效。臣自喫至百服，眼目輕明，卽至千服，鬚鬢烏黑，筋力校健，效驗多端。臣本州有都押衙羅守一，曾因中風墜馬，失音不語。臣與十服，其病立痊。又和尚智嚴年七十，忽患偏風，口眼喎邪，時時吐涎。臣與十服，亦便得差。今合一百劑，差職員史元奏進。

救荒本草：稀薟俗名粘糊菜，俗又呼火枕草，今處處有之。苗高三、四尺，金棱銀線，素根紫稭，

莖叉對節而生，莖葉頗類蒼耳。莖葉紋脈堅直，梢葉間開花，深黄色。又有一種，苗葉似芥葉而尖狹，開花如菊，結實頗似鶴蝨科苗，採嫩苗葉煠熟，浸去苦味，淘洗淨，油鹽調食。

本草綱目李時珍曰：常聚諸草訂視，則豬膏草素莖有直稜，兼有斑點，葉似蒼耳而微長，似地菘而稍薄，對節而生，莖葉皆有細毛。肥壤，一株分枝數十，八、九月開小花，深黄色，中有長子，如同蒿子，外萼有細刺粘人。地菘則青莖圓，而無稜無斑無毛，葉皺似菘芥，亦不對節。觀此，則似與成、張二氏所說相合。今河南陳州采豨薟充方物，其狀亦是豬膏草，則沈氏謂豨薟即豬膏母者，其說無疑矣。蘇恭所謂似酸漿者，乃龍葵，非豨薟，蓋誤認爾。但沈氏言世間單服火杴，乃是地菘，不當用豬膏母，似與成、張之說相反。今按豨薟、豬膏母條，並無治風之說，惟本經地菘條有去痹除熱，久服輕身耐老之語，則治風似當用地菘。然成、張進御之方，必無虛謬之理，或者二草皆有治風之功乎？而今服豬膏母之豨薟者，復往往有效，其地菘不見有服之者，則豨薟之爲豬膏，尤不必疑矣。

牛膝

本草經：牛膝味苦、酸。主寒濕痿痹，四肢拘攣，膝痛不可屈伸，逐血氣，傷熱，火爛墮胎。久服輕身，耐老。一名百倍。

別錄：爲君，平，無毒。療傷中少氣，男子陰消，老人失溺，補中續絕，填骨髓，除腦中痛及腰脊痛，婦人月水不通，血結，益精，利陰氣，止髮白。生河內川谷及臨朐，二月、八月、十月採根，陰乾。陶隱居云：今出近道蔡州者，最長大柔潤。其莖有節，似牛膝，故以爲名也。乃云有雌雄者，莖紫色而節大爲勝爾。

圖經：牛膝生河內川谷及臨朐，今江、淮、閩、粵、關中亦有之，然不及淮州者爲眞。春生苗，莖高二、三尺，青紫色，有節如鶴膝，又如牛膝

狀，以此名之。葉尖圓如匙，兩兩相對於節上，生花作穗，秋結實，甚細。此有二種：莖紫節大者爲雄，青細者爲雌。二月、八月、十月採根，陰乾。根極長大，而柔潤者佳。莖葉亦可單用，葛洪治老瘧久不斷者，取莖葉一把，切以酒三升漬服，令微有酒氣，不即斷，更作，不過三劑，止。唐崔元亮海上方治瘧用水煮牛膝根，未發前服。

本草衍義：牛膝，今西京作畦種，有長二尺者，最佳。與蓯蓉酒浸服，益腎。竹木刺入肉，嚼爛罨之，即出。

救荒本草：山莧菜，本草名牛膝，俗名脚斯蹬，又名對節菜。苗高二尺已來，莖方，青紫色，其莖有節，如鶴膝，又如牛膝狀，以此名之。葉似莧菜葉而長，頗尖艄，葉皆對生，開花作穗。採苗葉煠熟，換水浸去酸味，淘淨，油鹽調食。本草綱目李時珍曰：牛膝處處有之，謂之土牛膝，不堪服食。惟北土及川中人家栽蒔者爲良，秋間收子，至春種之。其苗方莖暴節，葉皆對生，頗似莧菜而長且尖艄。秋月開花作穗，結子狀如小鼠負蟲，有濇毛，皆貼莖倒生。九月末取根，水中浸兩宿，挼去皮，裹紮暴乾。雖白直可貴，而揉去白汁入藥，不如留皮者力大也。嫩苗可作菜茹。

廣西通志：接骨草即土牛膝，又名四季花，莖綠而圓，葉長而尖。跌傷骨節，搗爛敷之，立效。

按江西土醫治喉蛾，用土牛膝根搗汁，以鹽少許和之，點入喉中，須臾血出即愈。雖極危，亦可治，試之良驗。又以墮胎，力極猛，有致死者，見訟牘。

廣雅疏證：牛莖，牛蓛也。御覽引吳普本草云：牛蓛生河內或臨邛，葉如夏藍，莖本赤。又引廣雅：牛莖，牛蓛也，（各本莖譌作荎，今訂正。）廣韻莖、牼並戶耕切。說文：牼，牛蓛下骨也。

牛薟之名，殆取此義與？抱朴子黄白篇云：俗人見方用鼠尾、牛膝，皆謂之血氣之物也。

茵陳蒿

本草經：茵陳蒿味苦，平。主風濕寒熱邪氣，熱結，黄疸。久服輕身，益氣，耐老。別錄：微寒，無毒。主通身發黄，小便不利，除頭熱，去伏瘕。久服面白悦，長年。白兔食之，仙。生泰山及邱陵坂岸上。五月及立秋採，陰乾。

陶隱居云：今處處有，似蓬蒿而葉緊細。莖冬不死，春又生。惟入療黄疸用。仙經云白蒿，白兔食之，仙。而今茵陳乃云此，恐是誤爾。

本草拾遺：茵陳本功外，通關節，去滯熱，傷寒用之。雖蒿類，苗細，經冬不死，因舊苗而生，故名茵陳，復加蒿字也。

圖經：茵陳蒿生泰山及邱陵坂岸上，今近道皆有之，而不及泰山者佳。春初生苗，高三、五寸，似蓬蒿，而葉緊細，無花實。秋後葉枯，莖榦經冬不死，至春更因舊苗而生新葉，故名茵陳蒿。五月、七月採莖、葉，陰乾，今謂之山茵陳。江寧府又有一種茵陳，葉大根粗，黄白色，至夏有花實。階州有一種，名白蒿，亦似青蒿而背白，本土皆通入藥用之。今南方醫人用山茵陳，乃有數種，或著其説云：山茵陳京下及北地用者，如艾蒿，葉細而背白，其氣亦如艾，味苦，乾則色黑。江南所用，莖、葉都似家茵陳而大，高三、四尺，氣味芬香，味甘、辛，俗又名龍腦薄荷。吳中所用乃石香葇也。葉至細，色黄，味辛，甚香烈，性溫，誤作解脾藥，服之大令人煩。以本草論之，但有茵陳蒿，而無山茵陳。本草注云：茵陳蒿葉似蓬蒿而緊細，今京下北地用爲山茵陳者，是也。大體世方用山茵陳，療腦痛，解傷寒，發汗，行肢節滯氣，化痰利膈，治勞倦最要，詳本草正經。惟療黄疸，利小便，與世方都不應。今試取京下所用山茵陳爲解肌發汗藥，灼然少效。江南山茵陳療傷寒、腦痛，絕勝。比見諸醫議論，

謂家茵陳亦能解肌下膈，去胸中煩，方家少用，但可研作飲服之。本草所無，自出俗方。茵陳蒿復當别是一物，主療自異，不得爲山茵陳，此説亦未可據。但以功較之，則江南者爲勝；以經言之，則非本草所出。醫方所用，且可計較功效；本草之義，更當考論爾。

本草綱目李時珍曰：茵陳昔人多蒔爲蔬，故入藥用，山茵陳所以别家茵陳也。洪舜俞老圃賦云：酣糟紫薑之掌，沐醯青陳之絲是也。今淮、揚人二月、三月猶采野茵陳苗，和粉麪作茵陳餅食之。後人各據方士所傳，遂致淆亂。今山茵陳二月生苗，其莖如艾，其葉如淡色青蒿而背白，葉歧緊細而扁整。九月開細花，黄色，結實大如艾子，花實並與菴䕡花實相似，亦有無花實者。

石龍芻

本草經：石龍芻味苦，微寒。主心腹邪氣，小便不利，淋閉，風濕，鬼疰，惡毒。久服補虚羸，輕身，耳目聰明，延年。一名龍鬚，一名草續斷，一名龍珠。

山海經：賈超之山，其草多龍修，郭注：龍須也。生石穴中而倒垂，可以爲席。

别録：微溫，無毒。補内虚不足，痞滿，身無潤澤，出汗，除莖中熱痛，殺鬼疰惡毒氣。一名龍華，一名懸莞，一名草毒，九節多珠者良。生梁州山谷濕地，五月、七月採莖，暴乾。陶隱居云：莖青細相連，實赤。今出近道水石處，似東陽龍鬚，以作席者，但多節爾。

本草拾遺：按龍鬚作席彌敗有垢者，取方尺煮汁服之，主淋及小便卒不通。今出汾州，亦處處有之。

本草綱目李時珍曰：刈草包束曰芻，此草生水石之處，可以刈束養馬，故謂之龍芻。述異記周穆王東海島中養八駿處，有草名龍芻，是矣。故古語云：一束龍芻化爲龍駒。亦孟子芻豢之義。龍鬚，王母簪，因形也。縉雲，縣名，屬今處州仙都

山，産此草，因以名之。崔豹古今注云：世言黄帝乘龍上天，羣臣攀龍鬚墜地，生草，名曰龍鬚者，謬也。江東以草織席，名西王母席，亦豈西王母騎虎而墮其鬚乎？

又曰：龍鬚叢生，狀如粽心草及鳧茈。苗直上，夏月莖端開小穗花，結細實，並無枝葉。今吳人多栽蒔織席，他處自生者，不多也。本經明言龍芻一名龍鬚；而陶宏景言龍芻似龍鬚，但多節。似以爲二物者，非矣。

按東陽記：仙姥巖下不生蔓草，盡出龍鬚。安徽志：龍鬚席出龍山，今湖南與廣西毗近皆有之。今祁陽縣歸陽之蔭塘産龍鬚席，即名爲歸陽席。又永明縣出富川席，其草産自廣西富川，永明人製之，有價至數金者。草性宜肥沃，冬間植之田，長二尺許，方春蒔插時割之，留其根以爲種。祁陽志以爲即藺也。又肇慶志：龍鬚草出廣寧，生巖石間，似蒲而細。通志云：龍亦出儋州，工人織作席墊及佩囊，諸色花紋細密，光緻瑩潤，間有裹飾邊棱裝鑲，底面加以紗縀綵縚，曲盡其妙。高明、長樂亦有之，織手微不及。

山海經：賈超之山多龍修。注：龍須也。生石穴中，莖可爲席。

述異記：東海島龍川，穆天子養八駿處也。島中有草名龍芻，馬食之，一日千里。古語云：一株龍芻，化爲龍駒。

古今注：孫興公問曰：世稱黄帝鍊丹於鑿硯山，乃得仙，乘龍上天；羣臣援龍鬚，鬚墜而生草，曰龍鬚。有之乎？答曰：無也。有龍鬚一名縉雲草，故世人爲之妄傳，至如今有龍鬚草，江東亦織以爲席，號曰西王母席，可復是西王母乘虎而墮其鬚也？

水經注：自洮彊南北三百里中，地草徧是龍鬚，而無樵柴。

茺蔚子

本草經：茺蔚子味辛，微溫。主明目，益精，除水氣。久服輕身，莖主癮疹癢，可作浴湯。一名益明，一名大札。

爾雅：萑，蓷。注：今茺蔚也。似荏，方莖，白華生節間。又名益母。廣雅云。

詩經：中谷有蓷。陸璣疏：蓷似萑，方莖，白華生節間。舊說及魏博士濟陰周元明皆云：菴蕳是也。韓詩及三倉說悉云：蓷，益母也。故曾子見益母而感。按本草云：茺蔚一名益母。故劉歆曰：蓷，臭穢，卽茺蔚也。

別錄：甘，微寒，無毒。療血逆大熱，頭痛，心煩。一名貞蔚，生海濱池澤，五月採。陶隱居云：今處處有。葉如荏，方莖，子形細長三棱，方用亦稀。

唐本草注云：搗茺蔚莖，傅丁腫，服汁使丁腫毒內消。又下子死腹中，主產後血脹悶諸雜毒腫，丹遊等腫。取汁如豆，滴耳中，主聤耳。中虺蛇毒，傅之，良。

本草拾遺云：此草田野間人呼爲鬱臭草，本功外，苗子入面藥，令人光澤。亦搗苗傅乳癰惡腫痛者，又搗苗絞汁服，主浮腫下水，兼惡毒腫。

圖經：茺蔚子生海濱池澤，今處處有之。今園圃及田野見者極多。苗葉上節節生花，實似雞冠子，黑色，莖作四方棱，五月採。經云：九月採實，醫方中稀見用實者。廣濟方療小兒疳痢困垂死者，取益母草煑食之，取足差止，甚佳。韋丹治女子因熱病胎死腹中，搗此草幷苗令熟，以少許煖水和絞取汁，頓服，良。又主難產，搗取汁七大合煎半，頓服，立下。無新者，以乾者一大握，水七合煎服。又名鬱臭草，又名苦低草，亦主馬嚙，細切此草和醋炒，傅之，良。

救荒本草：鬱臭苗，本草茺蔚子是也。今田野處處有之，葉似荏子葉，又似艾葉而薄小，色青，莖方，節節開小白花。結子黑，茶褐色，三棱細

長，味辛、甘，微溫。採苗葉煠熟，水浸淘淨，油鹽調食。

本草綱目李時珍曰：茺蔚，近水濕處甚繁。春初生苗，如嫩蒿，入夏長三、四尺，莖方如黄麻莖，其葉如艾葉而背青。一梗三葉，葉有尖歧，寸許一節，節節生穗，叢簇抱莖。四、五月間，穗內開小花，紅紫色，亦有微白色者。每蕚內有細子四粒，粒大如同蒿子，有三棱，褐色。藥肆往往以作巨勝子貨之。草生時有臭氣，夏至後卽枯，其根白色。蘇頌圖經謂：其葉似荏，其子黑色，似雞冠子，九月采實。寇宗奭衍義謂其淩冬不凋者，誤傳也。此草有白花、紫花二種，莖、葉、子、穗皆一樣；但白者能入氣分，紅者能入血分，別而用之可也。按閨閣事宜云：白花者爲益母，紫花者爲野天麻。返魂丹注云：紫花者爲益母，白花者不是。陳藏器本草云：茺蔚生田野間，人呼爲臭草，天麻生平澤，似馬鞭草，節節生紫花，花中有子如青箱子。孫思邈千金方云：天麻草莖如火麻，冬生苗，夏著赤色，如鼠尾花。此皆似以茺蔚、天麻爲二物，蓋不知其是一物二種。凡物花皆有赤、白，如牡丹、芍藥、菊花之類，是矣。又按郭璞爾雅注云：萑音推，卽茺蔚，又名益母。葉似荏，白華；華生節間。又云：蓷音推，方莖，葉長而銳，有穗；穗間有花，紫縹色，可以爲飲，江東呼爲牛蘈。據此，則是萑、蓷，名本相同，但以花色分別之，其爲一物無疑矣。宋人重修本草，以天麻草誤注天麻，尤爲謬矣。陳藏器本草又有鏨菜，云生江南陰地，似益母。方莖，對節白花。主產後血病，此卽茺蔚之白花者，故其功主血病，亦相同。

陸疏廣要按：萑雕、菴閭異種。名物疏辨之甚核。余意毛傳之誤，爾雅萑字誤之也。朱注亦云雕也。又云：葉似萑，不惟傳訛，且兩歧矣。至如夏枯草一名鬱臭，因入夏卽枯，故名。別是一種，經

中所不載。陳藏器及外臺祕要混以爲蓷，獨不見蓷草夏間始著花，何云枯耶？但花有紫、白二種，陳藏器以白花者爲是，孫思邈以紫花者爲是。李時珍又云：二色皆是。白花者主氣分，紫花者主血分。如牡丹、芍藥有紅、白之類。但据說文从草从隹，朱惟切，草屬。卽此爾雅萑、蓷也。从艸，上又加卄者。卽八月萑葦之萑也。从𠂉从隹者，胡官切，鴟屬也。首既不同，因有三音，今从俗混作一字。

爾雅翼：萑，蓷。郭璞曰：今茺蔚也。葉似荏，方莖，白華；華生節間，全似杜天麻，而不生横枝。中谷有蓷之詩：一章，暵其乾矣；二章，暵其修矣；三章，暵其濕矣。此燒薙行水之序也。鄭氏解季夏之月，燒薙行水，以爲薙謂迫地芟草也。欲稼萊地，先薙其草，草乾燒之，至此月大雨，流水潦畜於其中，則草死不復生，而地可稼也。說文又稱：耕暴田曰暵。然則暵其乾者，先暴之也；暵其修者，火燒之修修然也；暵其濕者，水浸之也。此卽周禮薙氏掌殺草，夏日至而薙之，如欲其化也，則以水火變之者也。夫暴雖猛，猶可蘇也；焚雖烈，猶可蘗也。復加之以水，則生意盡矣。每變愈甚，此所以興夫日以衰薄者也。張衡東京賦稱：秦之暴也，如薙氏之芟草，既蘊崇之，又行火焉。彼特以爲君臣之譬，而猶惡之，況施之夫婦之際耶？雖然，草之遇此者多矣，而獨言夫蓷者，蓋蓷一名益母，曾子見之而悲，詩人之託此，亦其窮而反本。氓之詩，色衰相棄，則歎兄弟之不知。竹竿適異國而不見答，則歎父母之相遠。此所以獨感於益母歟！

說文解字注：蓷，隹也。隹，各本作萑誤，今正。王風中谷有蓷。釋艸萑，蓷。毛傳曰：蓷，鵻。蓋爾雅本作隹，與毛傳鵻字同，後人輒加卄頭耳。菼亦一名鵻，皆謂其色似夫不也。陸璣云：舊說及魏周元明皆云：菴藺。韓詩及三倉、說苑云：

益母。本艸云：益母，茺蔚也。劉歆云：萑，臭穢，艸名。臭穢，即茺蔚也。按臭茺雙聲，穢蔚疊韻。李郭注爾雅亦云茺蔚。未知許意何屬。从艸，推聲，他回切，十五部。詩曰：中谷有蓷。按鉉本此下有萑篆，萑訓艸多皃，則鍇本在茸葎二篆間，是也。鉉乃移而類居之，必萑訓蓷也則可矣。

蒺藜子

本草經：蒺藜子味苦，溫。主惡血，破癥瘕結積聚，喉痹，乳難。久服長肌肉，明目，輕身。一名旁通，一名屈人，一名止行，一名休羽，一名升推。

爾雅：茨，蒺藜。注：布地蔓生，細葉，子有三角，刺人。見詩。疏：郭云見詩者，案詩小雅云：楚楚者茨，是也。

別錄：辛，微寒，無毒。主身體風痒，頭痛，欬逆，傷肺，肺痿，止煩，下氣，小兒頭瘡，癰腫，陰㿉，可作摩粉。其葉主風癢，可煮以浴。一名蒺藜，一名茨。生馮翊平澤或道傍，七月、八月採實，暴乾。陶隱居云：多生道上，而葉布地，子有刺，狀如菱而小。長安最饒，人行多著木屐。今軍家乃鑄鐵作之，以布敵地，亦呼蒺藜。易云：據于蒺藜。言其凶傷。詩云：牆有茨，不可掃也。以刺梗穢也。方用甚稀爾。

圖經：蒺藜子生馮翊平澤或道傍，七月、八月採實，暴乾。又冬採，黃白色。又一種白蒺藜，今生同州沙苑牧馬草地最多，而近道亦有之。綠葉細蔓，綿布沙上，七月開花，黃紫色，如豌豆花而小。九月結實，作莢，子便可採。其實味甘而微腥，褐綠色。與蠶種子相類而差大，又與馬薸子酷相類，但馬薸子微大，不堪入藥，須細辨之。今人多用。然古方云蒺藜子皆用有刺者，治風，明目最良。神仙方亦有單餌蒺藜，云不問黑白，但取堅實者，春去刺用。兼主痔漏，陰汗，及婦人發乳，帶下。葛洪治卒中五尸，擣蒺藜子，蜜

丸，服如胡豆二枚，日三，愈。

救荒本草：蒺藜今處處有之，布地蔓生，細葉小黄花，結子有三角，刺人，是也。收子炒微黄，搗去刺，磨麪作燒餅或蒸食，皆可。

本草綱目李時珍曰：白蒺藜結莢，長寸許，内子大如脂麻，狀如羊腎，而帶緑色，今人謂之沙苑蒺藜，以此分别。

爾雅翼：茨，蒺藜也。布地蔓生，細葉，子有三角，狀如菱而小，刺人。生道上，長安最饒，人行多著木屐，故易以據于蒺藜，言所恃傷也。七諫曰：江離棄於窮巷兮，蒺藜蔓乎東廂。東廂者，宮室所嚴，禮樂所在，觀其所生，以知治忽。故瑞應圖云：王者任用賢良，則梧桐生於東廂。今蒺藜生之，以見所任之非人。趙簡子曰：夫植桃、李者，夏得其休息，秋得其食焉。植蒺藜者，夏不得休息，秋得其刺焉。以言陽虎所植之非其人，則與七諫義同也。詩牆有茨，言衛公子頑，國人疾之而不可道。蓋茨雖可惡，依牆以生，欲掃去之，則恐傷牆，以喻公子頑雖可疾，欲道之則恐傷國體。叔孫怒，季孫指楹而言曰：雖惡是，其可去乎？亦此義也。正義引媒氏云：凡男女陰訟，聽之于勝國之社。勝國，亡國也。亡國之社，掩其上而棧其下，使無所通。故就之以聽陰訟，明不當宣露。則其社之牆亦有茨，不可知爾。今軍旅亦以鐵作茨以布敵路，謂之鐵蒺藜。或云鐵蒺藜、菱角等起於隋煬帝征遼爲之，然六韜中已有此物，鼂錯傳謂之渠答。諸葛亮卒于五丈原，魏人追之，長史楊儀多布鐵蒺藜，則其來已久。

萊蕪縣志物產：白蒺藜出同州者佳，他邑無，獨萊蕪有之。

同州志物產：白蒺藜，引蔓如刺蒺藜而莖、葉異，紫花結莢，實大於蠶種，腎形，碧緑色。

說文解字注：薺，疾黎也。今詩鄘風小雅皆作茨。釋艸、傳、箋皆曰：茨，蒺藜也。易曰：據于蒺藜。

陶隱居曰：子有刺，軍家鑄鐵作之，以布敵路，亦呼蒺蔾。从艸，亝聲，疾咨切，十五部。詩曰：牆有薺。

薇銜 本草經：薇銜味苦，平。主風濕痹歷節痛，驚癇吐舌，悸氣賊風，鼠瘻癰腫。一名麋銜。別錄：微寒，無毒。主暴癥逐水，療痿蹷。久服輕身，明目。一名承膏，一名承肌，一名無心，一名無顛。生漢中川澤及宛句、邯鄲。七月採莖、葉，陰乾。陶隱居云：俗用亦少。

唐本草注：此草叢生，似茺蔚及白頭翁。其葉有毛，莖赤。療賊風大效，南人謂之吳風草。一名鹿銜草，言鹿有疾，銜此草，差。又有大、小二種：楚人猶謂大者爲大吳風草，小者爲小吳風草也。

蜀本草圖經：葉似茺蔚，叢生有毛，黄花，根赤黑也。

本草拾遺：一名無心草，非草無心者，南人名吳風草，方藥罕用之。

車前子 本草經：車前子味甘，寒，無毒。主氣癃，止痛，利水道小便，除濕痹。久服輕身，耐老。一名當道。

爾雅云：芣苢，馬舄；馬舄，車前。注：今車前草大葉長穗，好生道邊，江東呼爲蝦蟇衣。

詩經：采采芣苢。陸璣疏云：芣苢一名馬舄，一名車前，一名當道。喜在牛跡中生，故曰車前、當道也。今藥中車前子是也。幽州人謂之牛舌草，可鬻作茹，大滑，其子治婦人產難。

別錄：鹹。主男子傷中，女子淋瀝，不欲食，養肺強陰，益精，令人有子，明目，療赤痛。葉及根味甘，寒，主金瘡，止血衄，鼻瘀血，血瘕，下血，小便赤，止煩，下氣，除小蟲。一名芣苢，一名蝦蟇衣，一名牛遺，一名勝舄。生眞定平澤邱陵阪道中，五月五日採，陰乾。陶隱居云：人家及路邊甚多，其葉搗取汁服，療洩精甚驗。子性冷利，仙經亦服餌之，令人身輕，能跳越，面容不老而長生也。韓詩乃言芣苢是木，似李，食其實，宜子孫，此爲謬矣。

圖經：車前子生眞定平澤邱陵道路中，今江湖淮甸，近京北地，處處有之。春初生苗，葉布地，如匙面，累年者長及尺餘，如鼠尾。花甚細，青色微赤，結實如葶藶，赤黑色。五月五日採，陰乾。今人五月採苗，七月、八月採實。人家園圃中或種之，蜀中尤尙。北人取根日乾，作紫菀賣之，甚誤所用。謹按周南詩云：采采芣苢。爾雅云：芣苢，馬舄；馬舄，車前。郭璞云：今車前草，大葉，當道長穗，好生道邊，江東人呼爲蝦蟇衣。陸璣云：馬舄一名車前，一名當道，喜在牛跡中生，故曰車前、當道也。幽州人謂之牛舌草，可鬻作茹，大滑，其子治婦人難產，是也。然今人不復有噉者。其子入藥最多，駐景丸用車前、菟絲二物，蜜丸，食下服。古今爲奇方，其葉今醫家生研水解飮之，治衂血，甚善。

本草衍義：車前，陶隱居云其葉搗取汁服，療泄精。大誤。此藥甘滑，利小便，走泄精氣。經云：主小便赤，下氣，有人作菜食，小便不禁，幾爲所誤。

救荒本草：車輪菜，本草名車前子，採嫩苗葉煠熟，水浸去涎沫，淘淨，油鹽調食。

陸疏廣要、爾雅郭注云：今車前草大葉，長穗，好生道邊，江東呼爲蝦蟇衣。邢疏云：王肅引周書王會云：芣苢如李，出於西戎，王基駁云：王會所記雜物奇獸，皆四夷遠國，各齎土地異物以爲貢贄，非周南婦人所得采，是芣苢爲馬舄之草，非西戎之木也。埤雅：神仙服食法曰，車前之實，雷之精也。善療孕婦難產及令人有子，故詩序以爲婦人樂有子也。列子曰：若鼃爲鶉，得水爲㡭，得水土之際，則爲鼃蠙之衣，生於陵屯，則爲陵舄。陵舄，車前也，故或謂之蝦蟇衣。韓詩傳曰：

直曰車前，瞿曰芣苢，蓋生於兩傍，謂之瞿。芣从艸从不，苢从艸从㠯，婦人樂有子，或不或㠯。按艸最易生，然他草所在或無，唯車前、蒼耳，所至有之。故芣苢卷耳之詩，正言此二物。本草云：車前養肺，強陰益精，令人有子。一名當道，一名牛遺，一名勝舄。生眞定平澤邱陵阪道中。陶隱居云：子性冷利，仙經亦服餌之，令人身輕不老。韓詩乃言芣苢是木似李，食其實，宜子孫，謬矣。圖經云：春初生苗，葉布地如匙面，累年者長及尺餘，如鼠尾。花甚細，青色微赤，結實如葶藶，赤黑色。今人五月採苗，七月、八月採實。又云地衣。地衣者，車前實也。韓詩說云芣苢，澤舄也。臭惡之菜，詩人傷其君子有惡疾，人道不通，求己不得，發憤而作以事興。芣苢雖臭惡乎，我猶採取而不已者，以興君子雖有惡疾，我猶守而不離去也。按爾雅及圖經諸書，芣苢與澤舄確是二種，韓氏之誤，甚矣。況既云是木似李，又云澤舄，何其自相背戾耶？

爾雅翼：西戎自有芣苢，亦名馬舄，宜子者爾。郭氏芣苢贊亦曰車前之草，別名芣苢。王會之云其實如李，名之相亂，在乎疑似。夫采采者芣苢耳，何以知其樂有子？蓋采采者，不已之意也；薄言者，不滿之辭也。始曰采采而遂至於有之，又從而掇捋之，又從而袺襭之，蓋已多矣；而猶曰薄言，則以采之之多爲未足也。亦婦人樂於其事，而猶愧于人之問，故雖采而又采，乃若不經意，亦曰我姑采之而已，此詩人所以深述其情也。而列女傳言：宋人之女爲蔡人之妻，既嫁而夫有惡疾，其母將改嫁之。女曰：且夫采采芣苢之草，雖其臭惡，猶始於捋采之，終於懷襭之，浸以益親，況於夫婦之道乎？乃作芣苢之詩。韓詩亦同此義，言芣苢臭惡之菜，詩人傷君子有惡疾。芣苢雖臭惡，猶采采而不已者，以興君子雖有惡疾，我猶守而不離去也。辨命論曰：顏回敗其叢蘭，冉耕歌其芣苢，則遂以芣苢比惡疾矣。詳蔡人之妻，或因說母引芣苢之義以自況，因賦其詩，不必始作於此也。宋女而蔡妻，何名爲周南哉？今芣苢亦不臭，未知所謂臭惡者，又何物？故附著其說於後。芣苢婦人所采，今車前草是也。大葉長穗，生道邊，喜在牛跡中生，故曰車前，又名當道也。幽州人謂之牛舌草，江東呼蝦蟇衣，可煮作茹。其子主易產，故婦人樂有子者，以爲興。說文乃云：芣苢一名馬舄，其實如李，令人宜子。周書所說韓詩云：芣苢是木似李，食其實，宜子孫。王肅亦引周書王會云：芣苢如李，出於西戎；故王基駁云：王會所記雜物奇獸，皆四夷遠國，各齎土地異物以爲貢贄，非周南婦人所得采。是當爲草，不當爲木也。

東坡雜記：本草云熟地黄、麥門冬、車前子相雜，治內障眼，有效，屢試信然。其法：細搗、羅，蜜爲丸，如梧子大。三藥皆難搗、羅和合，異常甘香，眞奇藥也。

又曰：歐陽文忠公常得暴下，國醫不能愈。夫人云：市人有此藥，三文一貼，甚效。公曰：吾輩臟腑與市人不同，不可服。夫人使以國醫藥雜進之，一服而愈。公召賣者厚遺之，求其方，久之乃肯傳。但用車前子一味爲末，米飲下二錢匕，云此藥利水道而不動氣，水道利則清濁分，穀臟自止矣。

說文解字注苢芣：苢，逗一名馬舄，其實如李，令人宜子。釋艸：芣苢，馬舄；馬舄，車前。說文凡云一名者，皆後人所改竄。爾雅音義引作芣苢，馬舄也，可證。其實如李，徐鍇謂其子亦似李，但微而小耳。按韻會所引李作麥，近似之，但未知其何本。陸德明、徐鍇所據，已作李矣。令人宜子，陸璣所謂治婦人難產也。从艸目聲，羊止切，一部。周書所說，示部曰逸周書，此不言逸，或詳或略，錯見也。王會篇曰：康民以桴苡：桴苡者其實如李，食之宜子。詩音義云：山海經及周書皆云芣苡，木也。今山海經無芣苡之文，若周書正文，未嘗言桴苡爲木。陶隱居又云：韓詩言芣苡是木，食其實，宜子孫。此蓋誤以說周書者語系之韓詩。德明引韓詩：直曰車前，瞿曰芣苡。李善引薛君曰：芣苡，澤瀉也。韓詩何嘗說是哉？竊謂古者殊方之貢獻，自出其珍異以將其誠，不必知中國所無而後獻之。然則芣苡無二，不必致疑於許稱周書也。

決明子

本草經：決明子味鹹，平。主青盲，目淫，膚赤，白膜，眼赤痛，淚出。久服益精光，輕身。

爾雅：薢茩，芵茪。注：芵，明也。葉黃銳，赤華，實如山茱萸。或曰蔆也，關西謂之薢茩。

別錄：苦、甘，微寒，無毒。主療脣口青。生龍門川澤，石決明生豫章，十月十日採，陰乾百日。

陶隱居云：龍門乃在長安北，今處處有。葉如茳芒子，形似馬蹄，呼爲馬蹄決明。用之當搗碎。又別有草決明，是萋蒿子，在下品中也。

蜀本草圖經云：葉似苜蓿而闊大，夏花，秋生子，作角，實似馬蹄，俗名馬蹄決明。今出廣州桂州。十月採子，陰乾。

圖經：決明子生龍門川澤，今處處有之。人家園圃所蒔，夏初生苗，高三四尺許，根帶紫色，葉似苜蓿而大。七月有花，黃白色，其子作穗，如青菉豆而銳。按爾雅：薢茩，芵茪。釋曰：藥草芵明也。郭璞注云：葉黃銳，赤華，實如山茱萸，關西謂之薢茩。與此種頗不類。又有一種馬蹄決明，葉如茳芒子，形似馬蹄，故得此名。又萋蒿子，亦謂之草決明，未知孰爲入藥者。然今醫家但用子如菉豆者。其石決明，是蚌蛤類，當在蟲獸部中。

嬾眞子：離騷經云：製芰荷以爲衣兮。王逸注云：芰，蔆也。秦人作薢茩。薢音皆，茩音苟。僕仕於關陝之間，不聞此呼，後又讀爾雅薢茩決光注云：決明也。或云蔆也。關西謂之薢茩。以僕所見，決光者，卽今之草決明也。其葉初出，可以爲茹。其子可以治目疾。蓋謂可以解去垢穢，或恐以此得名。又爾雅云：蔆，蕨攈。注云：蔆也，今水中芰。然則蔆自有正名，不謂之薢茩明矣。或曰：然則王逸、郭璞皆誤乎？僕曰：古者信以傳信，疑以傳疑。郭璞多引用離騷注，故承王逸之疑，而多出此注，所以廣異聞也。學者幸再考之。

救荒本草：望江南，其花名茶花兒，人家園圃中多種。苗高二尺許，莖微淡赤色，葉似槐葉而肥大微尖，又似胡倉耳葉頗大，又似皁角葉亦大。開五瓣金黄花，結角長三寸許。葉味微苦，採嫩苗葉煠熟，水浸，淘去苦味，油鹽調食。

本草綱目李時珍曰：決明有二種：一種馬蹄決明，莖高三四尺，葉大於苜蓿，而本小末奓，晝開夜合，兩兩相貼。秋開淡黄花，五出，結角如初生細豇豆，長五六寸。角中子數十粒，參差相連，狀如馬蹄，青綠色，入眼目藥，最良。一種茳芒決明，救荒本草所謂山扁豆是也。苗莖似馬蹄決明，但葉之本小末尖，正似槐葉，夜亦不合。秋開深黄花，五出，結角大如小指，長二寸許。角中子成數列，狀如黄葵子而扁，其色褐，味甘滑。二種苗葉皆可作酒麴，俗呼爲獨占缸。但茳芒嫩苗及花與角、子，皆可瀹茹及點茶食。而馬蹄決明，苗角皆靭苦，不可食也。

湖南通志：決明苗高四五尺，春可爲蔬，今湖南、北所種甚多。

四時類要：決明二月取子，畦種同葵法。葉生便食，直至秋間有子，若嫌老，番種亦得。若入藥，不如種馬蹄者。

博聞錄曰：園圃四旁宜多種，蛇不敢入。

霏雪錄：陳白雲家籬落間植決明，家人摘以下茶。生三女，皆短而跛，而三女甥亦跛，予皆識之。

又會稽民朱氏一子亦然，其家亦嘗種之，悉拔去。

爾雅正義：太平御覽引吳普本草云決明子一名草決明，一名羊明。廣雅云：決明，羊明也。又云：羊躑躅，英光也。後世釋本草者，以草決明、羊躑躅與決明，分爲三物。所說形狀，亦與郭殊。說文繫傳云：決明，藥菜也。馬蹄者，葉銳下，而實與山茱萸亦良似，華深黃色，與郭注同也。郭又引或曰：蔆也，關西謂之薢茩者。說文云：蔆，芰也。楚謂之芰，秦曰薢茩。繫傳謂關西卽秦地是也。又謂：許愼所注全是菜，屈到嗜芰，卽決明之菜，而非水中之蔆。是於郭氏兼存兩說者，牽合爲一，未見其覈實也。廣雅云：蔆芰，薢茩也。

地膚子

本草經：地膚子味苦，寒。主膀胱熱，利小便，補中，益精氣。久服耳目聰明，輕身耐老。一名地葵。

爾雅：葥，王蔧。注：王帚也。似藜，其樹可以爲掃蔧，江東呼之曰落帚。

別錄：無毒。去皮膚中熱氣，散惡瘡疝瘕，强陰，使人潤澤。一名地麥，生荆州平澤及田野，八月、十月採實，陰乾。陶隱居云：今田野間亦多，俗取莖苗爲掃帚。子微細，入補丸散用，仙經不甚用。

唐本草注：田野人名爲地麥草，北人名涎衣草。葉細莖赤，苗極弱，不能勝舉。今云堪爲掃帚，恐未之識也。

圖經：地膚子生荆州平澤及田野，今蜀川關中近地皆有之。初生薄地五六寸，根形如蒿，莖赤，葉青，大似荆芥。三月開黃白花，八月、九月採實，陰乾用。神仙七精散云：地膚子，星之精也。或曰：其苗卽獨帚也，一名鴨舌草。陶隱居謂莖苗可爲掃帚者。蘇恭云：苗極弱，不能勝舉。二說不同，而今醫家便以爲獨掃帚也。密州所出者，其說益明。云根作叢生，每窠有二三十莖，莖有赤有黃，七月開黃花，其實地膚也。至八月而藍薛成，可採，正與北地獨掃相類。若然，則西北所出者短弱，故蘇注云爾。其葉味苦，寒，無毒。主大腸泄瀉，止赤白痢，和氣，澀腸胃，解惡瘡毒。三、四、五月採。

救荒本草：獨掃苗生田野中，今處處有之。葉似竹形而柔弱細小，抪莖而生。莖葉梢間結小青子，小如粟粒，科莖老時，可爲掃帚。葉味甘，採嫩苗葉煠熟，水浸淘淨，油鹽調食。曬乾煠食，其味尤佳，可作恆蔬。南人名落帚。

廣西通志：掃帚草卽荋，小葉，其枝叢生，老用爲帚。一名雞兒木。

本草綱目李時珍曰：按虞摶醫學正傳云：摶兄年七十，秋間患淋二十餘日，百方不效。後得一方，取地膚草，搗自然汁，服之遂通。至賤之物，有回生之功如此。時珍按：聖惠方治小便不通，用地麥草一大把，水煎服，古方亦常用之。此物能益陰氣，通小腸，無陰則陽無以化，亦東垣治小便不通，用黃蘗、知母滋腎之意。

說文解字注：湔，王彗也。釋艸字作葥。郭云：似藜，可爲彗。按凡物呼王者，皆謂大。从艸，湔聲，昨先切，十二部。

續斷

本草經：續斷味苦，微溫。主傷中，補不足，金瘡，癰瘍，折跌，續筋骨，婦人乳難。久服益氣力。一名龍豆，一名屬折。

別錄：辛，無毒。主崩中漏血，金瘡，血內漏，止痛，生肌肉及踠傷惡血，腰痛，關節緩急。一名接骨，一名南草，一名槐。生常山山谷，七月、八月採，陰乾。陶隱居云：按桐君藥錄云：續斷生，蔓延葉細，莖如荏大。根本黃白，有汁，七月、八月採根。今皆用莖葉節節斷，皮黃皺，狀如雞腳者。又呼爲桑上寄生，恐皆非眞。時人又有接骨樹，高丈餘許，葉似蒴藋，皮主療金瘡，有此接骨名，疑或是。而廣州又有一藤名續斷，一名諸藤。斷其莖，器承其汁飲之，療虛損絕傷，用沐頭，又長髮。折枝插地即生，恐此又相類。李云是虎薊，與此大乖；而虎薊亦自療血爾。

唐本草注云：此藥所在山谷皆有，今俗用者是葉似苧而莖方，根如大薊，黃白色。陶注者，非也。

圖經：續斷生常山山谷，今陝西、河中、興元府、舒、越、晉州亦有之。三月以後生苗，榦四棱似苧麻，葉亦類之，兩兩相對而生。四月開花，紅白色，似益母花。根如大薊，赤黃色，七月、八月採。謹按范汪方云：續斷即是馬薊，與小薊葉相似，但大於小薊耳。葉似旁翁菜而小厚，兩邊有刺，刺人。其花紫色，與今越州生者相類，而市之貨者，亦有數種，少能辨其麤良。醫人用之，但以節節斷、皮黃皺者爲眞耳。

救荒本草：大薊，今鄭州山野間有之。苗高三四尺，莖五稜，葉似大花苦苣菜葉。莖葉俱多刺，其葉多皺，葉中心開淡紫花，味苦，根有毒。採嫩苗葉煠熟，水淘去苦味，油鹽調食。

本草綱目李時珍曰：續斷之説不一，桐君言是蔓生，葉似荏。李當之、范汪並言是虎薊。日華子言是大薊，一名山牛蒡。蘇恭、蘇頌皆言葉似苧麻，根似大薊。而名醫別錄復出大小薊條，頗難依據。但自漢以來，皆以大薊爲續斷，相承久矣。究其實，則二蘇所云，似與桐君相符，當以爲正。今人所用，以川中來，色赤而瘦，折之有烟塵起者爲良焉。鄭樵通志謂范汪所説者，乃南續斷，不知何據，蓋以別川續斷耳。

漏蘆

本草經：漏蘆味苦、鹹，寒。主皮膚熱，惡瘡疽痔，濕痹，下乳汁。久服輕身，益氣，耳目聰明，不老延年。一名野蘭。

別錄：大寒，無毒。主止遺溺，熱氣瘡癢，如麻豆，可作浴湯。生喬山山谷，八月採根，陰乾。

陶隱居云：喬山應是黃帝所葬處，乃在上郡。今出近道亦有。療諸瘻疥，此久服甚益人，而服食方罕用之。今市人皆取苗用之。俗中取根，名鹿驪根，苦酒摩，以療瘡疥。

唐本草注云：此藥俗名莢蒿，莖葉似白蒿，花黃，生莢端。莖長似細麻，如筯許，有四五瓣，七月、八月後皆黑，異於衆草蒿之類也。常用其莖葉及子，未見用根。其鹿驪，山南謂之木藜蘆，有毒，非漏蘆也。

開寶本草注：別本注云漏蘆莖筯大，高四五尺，子房似油麻房而小。江東人取其苗用，勝於根。江寧及上黨者佳。陶注云：根名鹿驪。唐注云：山南人名木藜蘆。皆非也。漏蘆自別爾。

本草拾遺云：按漏蘆，南人用苗，北土多用根。樹生如茱萸，高二三尺。有毒，殺蟲。山人洗瘡疥用之。

圖經：漏蘆生喬山山谷，今京東州郡及秦、海州皆有之。舊說莖葉似白蒿，有莢，花黃，生莢端。莖若筯大，其子作房，類油麻房而小，七八月後皆黑，異於衆草。今諸郡所圖上惟單州者，差相類。沂州者，花葉頗似牡丹。秦州者，花似單葉寒菊，紫色，五七枝同一幹上。海州者，花紫碧，如單葉蓮花，花蕚下及根傍，有白茸裹之，根黑色如蔓菁而細，又類葱本。淮甸人呼爲老翁花。三州所生，花雖別而葉頗相類。但秦、海州者，葉更作鋸齒狀耳。一物而殊類若此，醫家何所適從？當依舊說，以單州出者爲勝。六月、七月採莖、苗，日乾。八月採根，陰乾。南方用苗，北土多用根。又此下有飛廉條，云生河內川澤，一名漏蘆，與苦芙相類。惟葉下附，莖有皮起似箭羽，又多刻缺，花紫色，生平澤。又有一種，生山崗上，葉頗相似，而無疏缺，且多毛。莖亦無羽。根直下，更無旁枝。生則肉白皮黑，中有黑脉，日乾則黑如玄參。經云：七月、八月採花，陰乾用。蘇恭云：用莖葉，及療疳蝕、殺蟲有驗。據此所說，與秦州、海州所謂漏蘆者，花葉及根頗相近，然彼人但謂之漏蘆。今醫家罕有用飛廉者，既未的識，故不復分別，但附其說於下。

救荒本草：漏蘆一名野蘭，俗名莢蒿，根名鹿驪根，俗呼爲鬼油麻。今鈞州、新鄭沙崗間亦有之，苗葉就地叢生，葉似山芥菜葉而大，又多花。又有似白屈菜葉，又似大蓬蒿葉，及似風花菜腳葉而大。葉中攛葶上開紅白花。根、苗味苦、鹹。採葉煠熟，水浸，淘去苦味，油鹽調食。

飛廉

本草經：飛廉味苦，平。主骨節熱，脛重酸疼。久服令人身輕。一名飛輕。

別錄：無毒。主頭眩頂重，皮間邪風如蜂螫鍼刺，魚子細起，熱瘡，癰疽，痔，濕痹，止風邪，欬嗽，下乳汁，益氣，明目，不老。可煮可乾。一名漏蘆，一名天薺，一名伏豬，一名伏兔，一名飛雉，一名木禾。生河內川澤，正月採根，七月、八月採花，陰乾。陶隱居云：處處有，極似苦芺，惟葉下附，莖輕有皮起似箭羽，葉又多刻缺，花紫色。俗方殆無用，而道家服其枝莖，可得長生。又入神枕方。今既別有漏蘆，則非此別名爾。

唐本草注云：此有兩種：一是陶證生平澤中者；其生山崗上者，葉頗相似，而無疏缺，且多毛，莖亦無羽，根直下，更無傍枝。生則肉白皮黑，中有黑脈，日乾則黑，如元參。用葉莖及根，療疳蝕，殺蟲；與平澤者俱有驗。今俗以馬薊以苦芺爲漏蘆，並非是也。

蜀本草圖經：葉似苦芺，莖似軟羽，紫花，子色白。今所在平澤皆有，五月、六月採，日乾。

本草綱目李時珍曰：飛廉亦蒿類也。蘇頌圖經疑海州所圖之漏蘆是飛廉。沈存中筆談亦言：飛廉根如牛蒡而綿頭。古方漏蘆散下云：用有白茸者。則是有白茸者，乃飛廉無疑矣。今考二物氣味功用，俱不相遠，似可通用。豈或一類有數種，而古今名稱各處不同乎？

馬先蒿

本草經：馬先蒿味平。主寒熱，鬼疰，

中風，濕痹，女子帶下病，無子。一名馬屎蒿。

別錄：苦，無毒，生南陽川澤。陶隱居云：方云，一名爛石草，主惡瘡，方藥亦不復用。

唐本草注：葉大如茺蔚，花紅白色，二月、八月采莖葉，陰乾用。八月、九月實熟，俗謂之虎麻是也。一曰馬新蒿，所在有之。茺蔚苗短小，其子夏中熟。二物初生，極相似也。

嘉祐本草：按爾雅云蔚，牡菣。注云：卽蒿之無子者。詩云匪莪伊蔚。陸璣云：牡蒿也。二月始生，七月開花，似胡麻花而紫赤，八月生角，似小豆角銳而長，一名馬新蒿是也。

本草綱目李時珍曰：別錄牡蒿、馬先蒿，原是二條。陸璣所謂有子者乃馬先蒿，而復引無子之牡蒿釋之，誤矣。

角蒿

唐本草注：角蒿味辛、苦，平，有小毒。主甘濕䘌諸惡瘡有蟲者。注：葉似白蒿，花如瞿麥，紅赤可愛，子似王不留行，黑色，作角。七月、八月採。

蜀本草圖經：葉似蛇床、青蒿等，子角似蔓青，實黑細，秋熟，所在皆有之。

救荒本草：豬牙菜，本草名角蒿，一名莪蒿，一名蘿蒿，又名蘪蒿。舊云生高嶺及澤田塹洳處多有，今處處有之。生田野中，苗高一二尺，莖葉如青蒿，葉似斜蒿葉而細，又似蛇床子葉。梢間開花，紅赤色，鮮明可愛。花罷結角，子似蔓菁，角長二寸許，微彎，中有子，黑色，似王不留行子。採嫩苗莖葉煠熟，水浸去苦味，淘淨，油鹽調食。

蠡實

本草：蠡實味甘，平。主皮膚寒熱，胃中熱氣，風寒濕痹，堅筋骨，令人嗜食。久服輕身。花葉去白蟲。一名劇草，一名三堅，一名豕首。

別錄：溫，無毒。止心煩滿，利大小便，長肌膚肥大，花葉療喉痹，多服令人溏洩。一名荔實。生河東川谷，五月採，陰乾。陶隱居云：方藥不復用，俗無識者，天名精亦名豕首也。

日華子：馬藺治婦人血氣煩悶，產後血暈，消一切瘡癤腫毒，止鼻洪、吐血，通小腸，消酒毒，治黃病，傅蛇蟲咬，殺蕈毒。亦可蔬菜食，莖葉同用。

圖經：蠡實，馬藺子也。北人音訛，呼爲馬楝子。生河東川谷，今陝西諸郡及鼎、澧州亦有之，近京尤多。葉似薤而長厚，三月開紫碧花。五月結實作角，子如麻大而色赤，有棱。根細長，通黃色，人取以爲帚。三月採花，五月採實，並陰乾用。謹按顔氏家訓云：月令：荔挺出。鄭康成云：荔挺，馬薤也。易統驗玄圖云：荔挺不出，則國多火災。說文云：荔似蒲而小，根可爲刷。爾雅云：荔，馬薤也。蔡邕、高誘皆云：荔似挺出。然則鄭以荔挺爲名，誤矣。此物河北平澤率生之，江東頗多種於堦庭，但呼爲旱蒲，故不識馬薤。講禮者乃以爲馬莧，亦名豚耳，俗曰馬齒者，是也。其花實皆入藥。列仙傳：寇先生者，宋人也。好種荔，食其葩實焉。今山人亦單服其實，云大溫，益下，甚有奇效。崔元亮治喉痹腫痛，取荔花皮根共十二分，以水一升煮取六合，去滓含之，細細嚥汁，差止。

本草衍義：蠡實，陶隱居云：方藥不復用，俗無識者。本經諸家所注不相應，若果是馬藺，則日華子不當更言亦可爲蔬菜食。蓋馬藺，其葉馬牛皆不食焉。纔出土，葉已硬，況又無味，豈可更堪人食也！今不敢以蠡實爲馬藺子，更俟博識者辨之。

按蠡實卽馬楝，圖經引據，本之唐注，甚覈。衍義因陶隱居、日華子之說，遂謂諸家所注皆不相應。然陶所不識多矣，日華子謂莖葉同用。此草有葉無莖，恐所說別是一種。余居澄懷園時，繞屋皆是，適有患喉痹者，夜半索藥，遂將此草捋付之，及早痛止，此其效也。味酸、鹹，與本經微異。此草喜生鹻地，故味鹹。馬不食者，以味酸故也。

顏氏家訓書證篇：月令云荔挺出。鄭玄注云：荔挺，馬薤也。說文云：荔似蒲而小，根可爲刷。廣雅云：馬薤，荔也。通俗文亦云馬藺，易統通卦驗玄圖云：荔挺不出，則國多火災。蔡邕月令章句云：荔似挺。高誘注呂氏春秋云：荔，草挺出也。然則月令注荔挺爲草名，誤矣。河北平澤率生之，江東頗有此物，人或種於階庭，但呼爲旱蒲，故不識馬薤。講禮者乃以爲馬莧堪食，亦名豚耳，俗曰馬齒。江陵嘗有一僧，面形上廣下狹。劉緩幼子民譽年始數歲，俊悟善體物，見此僧云：面似馬莧。其伯父劉縚因呼爲荔挺法師。縚親講禮，名儒尙誤如此。

釋草小記：月令：仲冬之月，荔挺出。鄭氏注：荔挺，馬薤也。高誘注呂氏春秋云：荔，馬荔；挺，生出也。本草神農經云：蠡實一名劇草，一名三堅，一名豕首。爾雅茢藪豕首，乃天名精，一名麥句薑，別一物也。名醫增補云：一名荔實。唐本草注云：通俗文一名馬藺。蘇頌圖經云：馬藺子，北人音訛，呼爲馬藺子。本草綱目載圖經作馬楝。又曰：按顏氏家訓云：月令鄭康成注，荔挺，馬鬣也。易統驗玄圖云：荔挺不出，則國多火災。說文：荔似蒲而小，根可爲刷。廣雅：馬鬣，荔也。蔡邕、高誘皆云：荔似挺出，則鄭以荔挺爲名，誤矣。余居豐潤，二三月間，見草似幽蘭，叢生，近根處則兩葉重重，相包如菖蒲。其葉中有劍脊，至四五寸，脊之兩旁漸合而爲一邊，其脊自爲一邊，直上至末，則剡其一邊，如腰刀形，長者二尺許。開花藕褐色，亦略似蘭；五月結實有房。土人呼爲馬蓮，亦呼馬蘭，意其爲月令之荔也。形與韭、鬣相類，故又有馬鬣之名。草甚堅韌，市人以貫錢及縏物皆用之。玉篇言藺似莞，莞似蒲。並言可爲席。圖經言江東呼旱蒲，與說文似蒲之說同矣。余寓中堦下有一本，霜降後草披靡，然綠色不改；立冬節視其根，則包中已有萌芽；小雪後舊葉盡枯黃；冬至又視之，前所生芽漸長亦漸枯，而新芽又間見錯出。其爲荔也，無疑矣。漢書儒林傳：梁邱賀，宣帝時爲郎，會八月飲酎行祠孝昭帝廟，先敺旄頭，劍挺墮地。師古曰：挺，引也。劍自然引拔出也。說文：挺，拔也。据所釋挺字之義，合諸高誘所謂：挺，生出者；似不得以荔挺二字爲馬薤之名。然余讀東方朔傳云：以莛撞鐘，豈能發其音聲？是莛爲微弱之物。則凡草皆得謂之莛，而以荔挺爲荔草初出之名，若荔芽之云者，謂荔之挺於是月出，如其不出，則當有火災。鄭氏非不知挺之言拔也，而据易緯爲左證，則挺出二字，乃不嫌重複。且時方出地，若以二字相連，謂挺然而出，是言出地久而長矣，反於事情不稱。鄭氏此釋，或非曲徇易緯與？寇宗奭云：蠡實以爲馬藺，則日華子不當言可爲蔬菜。蓋藺葉，馬牛皆不食。出土葉已硬，又無味，豈可更堪人食？寇氏此說，据日華所云，主蠡實可食，而馬藺則不可食；故引陶通明言蠡實人所不識，因亦不敢以馬藺當之也。余試採藺芽嘗之，誠不可食。然馬藺爲荔，則有確乎不可易者。日華未深考荔之爲物，而漫說之耳。而李時珍乃据救荒本草言馬藺可作菜，反以寇氏爲欠考，何其謬也！至謂爾雅荓馬帚即荔，尤爲繆悠之談。夏小正明言七月荓秀，乃荔秀於二三月。時珍曾未見太傅禮耶？

款冬花

本草經：款冬花味辛，溫。主欬逆上氣，善喘，喉痹，諸驚癇，寒熱邪氣。一名橐吾，一名顆凍，一名虎鬚，一名菟奚。

爾雅：菟奚、顆凍。注：款冬也。紫赤華，生水中，疏：藥草也。

別錄：甘，無毒。主消渴，喘息呼吸。一名氐冬，生常山山谷及上黨水傍。十一月採花，陰乾。陶隱居云：第一出河北，其形如宿蓴，未舒者佳。其腹裏有絲。次出高麗百濟，其花乃似大菊花。次亦出蜀北部宕昌，而並不如。其冬月在冰下生，十二月、正月旦取之。

圖經：款冬花出常山山谷及上黨水傍，今關中亦有之。根紫色，莖青紫，葉似萆薢。十二月開黃花，青紫蕚，去土一二寸，初出如菊花，蕚通直而肥。實無子。則陶隱居所謂出高麗百濟者，近此類也。又有紅花者，葉如荷而斗直，大者容一升，小者容數合，俗呼爲蜂斗葉，又名冰斗葉。則唐注所謂大如葵而叢生者，是也。十一月採花，陰乾。或云花生於冰下，正月旦採之。郭璞注爾雅顆涷云：紫赤花，生水中。水、冰字近，疑一有誤。而傅咸款冬賦序曰：余曾逐禽登於北山，於時仲冬之月也。冰凌盈谷，積雪被崖，顧見款冬煒然，始敷華豔。當是生於冰下爲正也。本經主欬逆，古今方用之，爲治嗽之最。崔知悌療久嗽熏法：每旦取款冬花如雞子許，少蜜拌花使潤，內一升鐵鐺中，又用一瓦椀鑽一孔，孔內安一小竹筒，筆管亦得，其筒稍長，作椀鐺相合及插筒處皆麪泥之，勿令漏氣。鐺下著炭，少時款冬煙自從筒出，則口含筒，吸取煙嚥之。如胸中少悶煩，舉頭，即將指頭捻筒頭，勿使漏煙氣，吸煙使盡止。凡如是五日一爲之，待至六日，則飽食羊肉餺飥一頓，永差。

救荒本草：款冬花，今鈞州、密縣山谷間亦有之。莖青，微帶紫色。葉似葵葉，甚大而叢生。又似石葫蘆葉，頗團。開黃花。根紫色。採嫩葉煠熟水浸，淘去苦味，油鹽調食。

爾雅翼：菟奚，顆涷。郭氏曰：款涷也。紫赤花，生水中，蓋款涷葉似葵而大，叢生。花出根下，十一、十二月雪中出花。述征記曰：洛水至歲末凝厲，則款冬茂悅層冰之中。蓋至陰之物，能反至陽，故玉札畏款冬也。楚辭曰：款冬而生兮凋彼葉柯。萬物麗於土，而款冬獨生於冰下，百草榮於春，而款冬獨榮於雪中；以況附陰背陽爲小人之類。至傅咸作款冬賦，稱其華豔春暉，既麗且殊，以堅冰爲膏壤，吸霜雪以自濡。則又賞其稟精淳粹，不變於寒暑爲可貴，所取義各異也。

廣雅疏證：苦萃，款涷也。款或作款，涷或作凍。爾雅：菟奚，顆涷。郭注云：款冬也。紫赤華，生水中。西京雜記云：董仲舒曰，葶藶死於盛夏，款冬華於嚴寒。藝文類聚引沭征記云，洛水至歲末凝厲，則款冬茂悅層冰之中。又引范子計然云，款冬出三輔，神農本草云，款冬花一名橐吾，一名顆冬，一名虎鬚，一名菟奚。名醫別錄云：一名氐冬，生常山山谷及上黨水旁。急就篇云：款東貝母薑狼牙，半夏皁莢艾橐吾。則是款涷、橐吾爲二物，與本草異也。顏師古注云：款東卽款冬，亦曰款涷，以其凌寒叩冰而生，故爲此名也。生水中，華紫赤色，一名菟奚，亦曰顆東。橐吾似款冬，而腹中有絲，生陸地，華黃色，一名獸須。按楚辭九懷云：款冬而生兮，凋彼葉柯。王逸注云：物叩盛陰，不滋育也。顏師古本其訓，故以款涷爲叩冰，然反覆九懷文義，實與王注殊指。其云款冬而生兮，凋彼葉柯；瓦礫進寶兮，捐棄隨和；鉛刀厲御兮，頓棄太阿。總言小人道長，君子道消耳。款冬、瓦礫、鉛刀喻小人，葉柯、隨和、太阿喻君子。言陰盛陽窮之時，款冬微物，乃得滋榮，其有名材柯葉茂美者，反凋零也。款冬而生，指款冬之草，不得以爲物叩盛陰。草之名款冬，其聲因顆涷而轉，更不得因文生訓。釋魚云：科斗，活東。舍人本作顆東。科斗豈冬生之物，而亦名顆東，則謂取叩冰凌寒之意者，謬矣。傅咸款冬花賦云：惟茲奇卉，款冬而生。亦仍王逸之誤。又案藝文類聚引吳普本草云：款冬十二月花黃白。陶隱居本草注云：款冬第一出河北，其形如宿蓴未舒者佳。其腹裏有絲，然則腹有絲而華黃者，卽是款冬。顏師古以此爲槖吾，亦未審所據。

蜀羊泉　本草經：蜀羊泉味苦，微寒。主頭秃，惡瘡，熱氣，疥瘙；痳癬蟲。

別錄：無毒。主療齲齒，女子陰中內傷，皮間實積。一名羊泉，一名羊飴，生蜀郡川谷。陶隱居云：方藥亦不復用，彼土人時有採識者。

唐本草注云：此草俗名漆姑，葉似菊花，紫色。子類枸杞子，根如遠志，無心有糝，苗主小兒驚，兼療漆瘡，生毛髮。所在平澤皆有之，別本注云：今處處有，生陰濕地。三月、四月採苗、葉，陰乾用。

救荒本草：青杞，本草名蜀羊泉，今祥符縣西田野中有之。苗高二尺餘，葉似菊葉稍長，花開紫色。子類枸杞子，生青熟紅。根如遠志，無心有糝。採嫩葉煠熟，水浸去苦味，淘洗淨，油鹽調食。

按蜀羊泉各說不一，今以救荒本草唐本草注圖之。陶貞白杉材注云：漆姑葉細細多生石邊，能療漆瘡。今以石草之似杉葉者當之。陳藏器所謂漆姑大如鼠跡，氣辛烈者，乃鵝不食草，破銅錢之類，皆未聞其能治漆瘡。唯八字草療漆瘡有驗，今皆圖之。雖稱名未確，而主治無差，庶不誤用也。

玫瑰　草花譜：玫瑰花出燕中，色黃，花稍小於紫玫瑰。種紫玫瑰，多不久者，緣人溺澆之卽斃。種以分根則茂，本肥多悴，黃亦如之。紫者，乾可作囊，以糖霜同搗收藏，謂之玫瑰醬，各用俱可。

羣芳譜：玫瑰一名徘徊花，灌生，細葉多刺。類薔薇，莖短，花亦類薔薇，色淡紫，青槖黃蘂，瓣末白。嬌豔芬馥，有香有色，堪入茶入酒入蜜。栽宜肥土，常加澆灌，性好潔，最忌人溺，溺澆卽萎。燕中有黃花者，稍小於紫。嵩山深處，有碧色者。鼠璞玫瑰叢，有似薔薇而異，其花葉稍大者，時人謂之枚㯳，實語訛強名也。當呼爲梅槐，在灰部韻，音回。按江陵記云：洪亭村下有梅槐樹，嘗因梅與槐合生，遂以名之。今似薔薇者，得非分枝條而演引哉？至今葉形尙處梅、槐之間，取此爲證，不乃近乎？且未見枚㯳之義也。直使便爲玫瑰字，豈百花中獨珍是，而取象於玫瑰耶？瑰亦音回，不音瓌。其瑰字音瓌者，是瓊瑰。音回者，是玫瑰。字書亦有證也。

敗醬 本草經：味苦，平。主暴熱火瘡，赤氣，疥瘙，疽痔，馬鞍熱氣。一名鹿腸。

別錄：鹹，微寒，無毒。除癰腫浮腫，結熱，風痹，不足，產後疾痛。一名鹿首，一名馬草，一名澤敗。生江夏川谷，八月採根，陰乾。陶隱居云：出近道，葉似狶薟，根形似柴胡，氣如敗豆醬，故以爲名。

唐本草注云：此藥不出近道，多生崗嶺間。葉似水莨及薇銜。叢生，花黃，根紫，作陳醬色，其葉殊不似狶薟也。

圖經：敗醬生江夏川谷，今江東亦有之，多生崗嶺間。葉似水莨及薇銜，叢生，花黃，根紫色，似柴胡，作陳敗豆醬氣，故以爲名。八月採根，暴乾用。張仲景治腹癰，腹有膿者，薏苡仁附子敗醬湯：薏苡仁十分，附子二分，敗醬五分，三物搗爲末，取方寸匕，以水二升煎取一升，頓服之，小便當下，愈。

本草綱目李時珍曰：處處原野有之。俗名苦菜，野人食之，江東人每采收儲焉。春初生苗，深冬始凋。初時葉布地生，似菘菜葉而狹長，有鋸齒，綠色，面深背淺。夏秋莖高二三尺而柔弱，數寸一節，節間生葉，四散如繖。顚頭開白花成簇，如芹花、蛇牀子花狀。結小實成簇，其根白紫，頗似柴胡。吳普言其根似桔梗，陳自明言其根似蛇莓根者，皆不然。

酸漿 本草經：味酸，平。主熱煩滿，定志，益氣，利水道；產難，吞其實，立產。一名醋漿。

爾雅云：葴，寒漿。注：今酸漿草。江東人呼曰苦葴。

別錄：寒，無毒。生荆楚川澤及人家田園中。五月採，陰乾。陶隱居云：處處人家多有，葉亦可食。子作房，房中有子如梅李大，黃赤色，小兒食之，能除熱，亦主黃病，多效。

圖經：酸漿生荆楚川澤及人家田園中，今處處有之。苗似水茄而小，葉亦可食。實作房如囊，囊中有子如梅李大，皆赤黃色。小兒食之，尤有益。可除熱，根似菹芹，色白，絕苦，擣其汁飲之，治黃病，多效。五月採，陰乾。爾雅所謂葴音鍼寒漿，郭璞注云：今酸漿草。江東人呼爲苦葴，是也。今醫方稀用。

本草衍義：酸漿，今天下皆有之。苗如天茄子，開小白花。青殼，熟則深紅，殼中子大如櫻，亦紅色。櫻中復有細子，如落蘇之子，食之有青草氣，此即苦耽也。今圖經又立苦耽條，顯然重複，本經無苦耽。

救荒本草：姑娘菜俗名燈籠兒，又名掛金燈。本草名酸漿，一名醋漿。生荆楚川澤及人家田園中，今處處有之。苗高一尺餘，苗似水莨而小，葉似天茄兒葉窄小，又似人莧葉頗大而尖。開白花，結房如囊，似野西瓜，蒴形如撮口布袋。又類燈籠樣，囊中有實，如櫻桃大，赤紅色。採葉煠熟，水浸，淘去苦味，油鹽調食。子熟，摘取食之。

今京師人家多種之，紅姑娘之名不改也。

本草綱目李時珍曰：龍葵、酸漿，一類二種也。酸漿、苦蘵，一種二物也。但大者爲酸漿，小者爲苦蘵，以此爲別。敗醬亦名苦蘵，與此不同。其龍葵酸漿，苗葉一樣，但龍葵莖光無毛，開小白花，五出，黃蕊。結子無殼，纍纍數顆同枝，子有蒂，蓋生青熟紫黑。其酸漿同時開小花，黃白色，紫心白蕊，其花如盃狀，無瓣，但有五尖，結一鈴殼，凡五棱。一枝一顆，下懸如燈籠之狀。殼中一子，生青熟赤。庚辛玉册云：燈籠草四方皆有，惟川、陝者最大。葉似龍葵，嫩時可食，四五月開花結實，有四葉盛之，如燈籠，河北呼爲酸漿。據此及楊慎之説，則燈籠酸漿之爲一物，尤可證矣。

按李時珍之説極辨，但時珍所謂王不留行，亦是俗呼燈籠草者，與各説王不留行不合。安知非酸漿別種，其子綠而不赤者，若元故宮記及救荒本草所説紅姑娘，則京師人尚呼爲豆姑娘，其方言可證也。

徐一夔元故宮記云：椶毛殿前有野果，名紅姑娘，外垂絳囊，中含赤子，如珠。甜酸可食，盈盈繞砌，與翠草同芳。

苦耽 嘉祐本草：苦耽苗子味苦，寒，小毒。主傳尸伏連鬼氣，疰忤逆氣，腹內熱結，目黃，不下食，大小便澀，骨熱，欬嗽，多睡，勞乏，嘔逆，痰壅，痃癖，痞滿，小兒無辜癧子，寒熱，大腹，殺蟲，落胎，去蠱毒。並煮汁服，亦生擣絞汁服，亦研傅小兒閃癖。生故墟垣塹間，高二三尺，子作角，如撮口。袋中有子如珠，熟則赤色，人有骨蒸，多服之。關中人謂之洛神珠，一名王母珠，一名皮弁草，又有一種小者名苦蘵。

夢溪筆談：苦躭，卽本草酸漿也。新集本草又重出苦躭一條。河西番界中酸漿有盈丈者。

葈耳 本草經：葈耳實味甘，溫。主風頭寒痛，風濕周痹，四肢拘攣痛，惡肉死肌。久服益氣，耳目聰明，強志輕身。一名胡葈，一名地葵。

詩經：采采卷耳。陸璣疏：卷耳一名苓耳，一名葈耳。葉青白色，似胡荽。白華，細莖，蔓生。可煑爲茹，滑而少味。四月中生子，正如婦人耳中璫，今或謂之耳璫草。鄭康成謂是白胡荽，幽州人呼爲爵耳。

爾雅：卷耳，苓耳。注：廣雅云葈耳也。亦云胡葈。江東呼爲常枲，或云苓耳。形如鼠耳，叢生如盤。

别錄：實味苦；葉味苦辛，微寒，有小毒。主膝痛溪毒，一名葹，一名常思。生安陸川谷及六安田野。實熟時採。陶隱居云：此是常思菜，傖人皆食之。以葉覆麥，作黄衣者，一名羊負來。昔中國無此，言從外國逐羊毛中來，方用亦稀。

救荒本草：蒼耳俗名道人頭，又名喝起草。今處處有之，葉青白，類粘糊菜葉，莖葉梢間結實，比桑椹短小而多刺。採嫩苗葉煠熟，換水浸去苦味，淘淨，油鹽調食。其子炒微黄，搗去皮，磨爲麪，作燒餅，蒸食亦可。或用子熬油點燈，又曰油可食，北人多用以煠寒具。

按陸疏廣要：卷耳一名葹。離騷：薋菉葹以盈室兮，王逸注：葹，枲耳也。與卷施確是二物。

東坡雜錄：藥至賤而爲世要用，未有若蒼耳者。他藥雖賤，或地有不產，惟此藥不問南北夷夏，山澤斥鹵，泥土沙石，但有地則產。其花葉根實，皆可食，食之則如藥治病，無毒，生熟丸散，無適不可。愈食愈善，乃使人骨髓滿，肌如玉，長生藥也。主療風痹癱緩，癃瘧瘡痒，不可勝言。尤治瘿金瘡。一名羊負來，詩謂之卷耳，疏謂之枲耳，俗謂之道人頭。海南無藥，惟此藥生舍下，遷客之幸也。己卯二月望日書。

山家清供：蒼耳，枲耳也。江東名常枲，幽州名爵耳，形如鼠耳。陸璣疏云：葉青白，色似胡荽。白華，細莖，蔓生。採嫩葉，洗焯，以薑鹽苦酒拌爲茹，可療風。杜詩云：蒼耳可療風，童兒且時摘。詩之卷耳首章云：嗟我懷人，寘彼周行。酒醴婦人之職，臣下勤勞，君必勞之，因采此而賦感，念及酒醴之用，此見古者后妃欲以進賢之道，諷其上。張氏進賢菜詩曰：閨閫誠難與國防，默嗟徒御困高岡；觥罍欲解無庸恨，枲耳元因備酒漿。其子可雜米粉爲糕，故古詩有碧澗水淘蒼耳飯之句云。

四民月令：伏後二十日爲麪，至七月七日乾之，覆以胡枲。

廣雅疏證：苓耳、蒼耳葹、常枲、胡枲，枲耳也。爾雅云：卷耳，苓耳。郭璞注云：廣雅云，枲耳也，亦云胡枲，江東呼爲常枲，或曰苓耳。形似鼠耳，叢生如盤。釋文引廣雅云：苓耳、蒼耳、葹、常枲、胡枲，枲耳也。列子楊朱篇、釋文引倉頡篇云：枲，葹耳，一名蒼耳。各本俱脫蒼耳二字，今據補。楚辭離騷云：薋菉葹以盈室兮。王逸注云：葹，枲耳也。常枲一名常思，思枲古聲相近，胡枲一作胡葸，葸與枲同音。神農本草云：葈耳一名胡葈，一名地葵。名醫別錄云：一名葹，一名常思。陶注云：此是常思菜，傖人皆食之。以葉覆麥，作黃衣者，一名羊負來。昔中國無此，言從外國逐羊毛中來。御覽引博物志云：洛中人有驅羊如蜀者，胡葸子箸羊毛，蜀人取種之，因名羊負來。案負來疊韻字，無煩曲說，草名取於牛、馬、羊、豕、雞、狗者，不必皆有實事，况采采卷耳，周南所詠，又不得言中國無此草也。淮南覽冥訓云：夫瞽師庶女位賤尙葈，高誘注云：尙主也。葈，葈耳，菜名也。幽冀謂之檀菜，洛下謂之胡葈；主是官者，至微賤也。案主枲耳之官，書傳未聞尙葈，蓋卽周官典枲下士二人者。典亦主也，言典枲本賤官，瞽師庶女則又賤於典枲。葈謂麻枲，非謂枲耳也。齊民要術引崔寔四民月令云：五月五日採葸耳，卽枲耳也。玉篇：蕣，且己切。枲耳。蕣，當爲𦶏字之誤，𦶏蓋從舜，囟聲，𦶏從囟聲，而讀如枲，猶恖從囟聲，而讀如司。廣韻、集韻，胡枲並作胡葸，葸卽𦶏字，筆畫小異耳。列子釋文引倉頡篇枲耳之枲，作葸，亦𦶏之誤。枲耳別名務。說文云：

務，卷耳也。又名璫草，又名爵耳。詩卷耳正義引陸璣疏云：卷耳葉青白，色似胡荽。白華，細莖，蔓生，可煮爲茹，滑而少味。四月中生子，如婦人耳中璫，今或謂之璫草，幽州謂之爵耳。

麻黃　本草經：麻黃味苦，溫。主中風傷寒，頭痛，溫瘧，發表出汗，去邪熱氣，止欬逆上氣，除寒熱，破癥堅積聚。一名龍沙。

別錄：微溫，無毒。主五臟邪氣，緩急風脅痛，字乳餘疾，止好唾，通腠理，疎傷寒頭痛，解肌洩邪惡氣，消赤黑斑毒。不可多服，令人虛。一名卑相，一名卑鹽。生晉地及河東。立秋採莖，陰乾令青。陶隱居云：今出青州、彭城、滎陽、中牟者爲勝，色青而多沫。蜀中亦有，不好。用之折除節，節止汗故也。先煮一兩沸，去上沫，沫令人煩。其根亦止汗。夏月雜粉用之，俗用療傷寒解肌第一。

唐本草注：鄭州、鹿臺及關中沙苑河傍沙洲上太多，其青徐者，今不復用。同州沙苑最多也。

圖經：麻黃生晉地及河東，今近京多有之。以滎陽、中牟者爲勝。苗春生，至夏五月則長及一尺已來。梢上有黃花，結實如百合瓣而小，又似皁莢，子味甜，微有麻黃氣，外紅皮，裏仁子黑，根紫赤色。俗說有雌雄二種：雌者於三月、四月開花，六月內結子；雄者無花，不結子。至立秋後收採其莖，陰乾，令青。張仲景治傷寒有麻黃湯及大小青龍湯，皆用麻黃，治肺痿上氣，有射干麻黃湯、厚樸麻黃湯，皆大方也。古方湯用麻黃，皆先煮去沫，然後內諸藥，今用丸散者，皆不然也。必效方治天行一二日者，麻黃一大兩，去節，以水四升煮去沫，取二升，去滓，著米一匙，及豉爲稀粥，取糨一升，先作熱湯，浴，淋頭百餘碗，然後服粥，厚覆取汗，於夜最佳。千金方療傷寒雪煎，以麻黃十斤，去節，杏仁四升，去兩仁尖皮，熬大黃一斤十二兩，金色者，先以雪水五碩四斗漬麻黃於東向竈釜中，三宿復內大黃，攪令調，以桑薪煑之，得三碩汁，去滓後，內釜中，又擣杏仁，內汁中復煑之，可餘六七斗，絞去滓，置銅器中，更以雪水三斗合煎，令得二斗四升。藥成，丸如彈子。有病者以沸白湯五合，研一丸，入湯中，適寒溫服之，汗出。若不愈者，復服一丸，封藥勿令泄也。

本草衍義：麻黃出鄭州者佳。翦去節，半兩以蜜一匙七同炒，良久，以水半升煎，俟沸，去上沫，再煎，去三分之一，不用滓。病瘡疱倒靨黑者，乘熱盡服之，避風，伺其瘡復出。一法用無灰酒煎，但小兒不能飲酒者難服，然其效更速，以此知此藥入表也。

大同府志：麻黃，土人掘根食之，名苦椿菜，不可多食。

紫菀

本草經：味苦，溫。主欬逆上氣，胸中寒熱結氣，去蠱毒，痿蹷，安五藏。

別錄：辛，無毒。療欬唾膿血，止喘悸五勞體虛，補不足，小兒驚癇。一名紫蒨，一名青菀。生房陵山谷及眞定、邯鄲。二月、三月採根，陰乾。

陶隱居云：近道處處有，生布地，花亦紫，本有白毛，根甚柔細。有白者，名白菀，不復用。

圖經：紫菀生房陵山谷及眞定、邯鄲，今耀、成、泗、壽、合、孟州，興國軍皆有之。三月內布地生苗葉，其葉二四相連。五月、六月內開黃白紫花，結黑子，本有白毛，根甚柔細。二月、三月內取根，陰乾用。又有一種白者，名白菀。蘇恭云：白菀卽女菀也。療體並同，無紫菀時，亦可通用。女菀下自有條，今人亦稀用。古今傳信方用之最要。近療久嗽不差，此方甚佳。紫菀（去蘆頭）、款冬花各一兩，百部半兩，三物擣羅爲散，每服三錢匕，生薑三片，烏梅一個同煎湯調下，食後、欲臥各一服。

本草綱目李時珍曰：按陳自明云：紫菀以牢山所

出，根如北細辛者爲良。沂、兗以東，皆有之。今人多以車前旋復根、赤土染過僞之。紫菀，肺病要藥。肺本自亡津液，又服走津液藥，爲害滋甚，不可不慎。

按紫菀，南城縣志以爲關公鬚。葉皺，微似地黃葉，二四對生。抽莖開紫花，微似丹參花。根柔紫多鬚，故俗名云爾，其形狀極肖。根亦有白者，土人不復採用，主治嗽病亦同。

說文解字注：菀，茈菀。句本草經作紫菀，古紫通用茈，見上。唐本草注云：白菀謂之女菀，急就篇：牡蒙、甘艸、菀、藜蘆，師古曰：菀謂紫菀，女菀之屬也。出漢中房陵。本草亦曰生房陵山谷。从艸宛聲，於阮切，十四部。詩：菀彼北林，有菀者栁，假借爲鬱字也。

女菀 附紫菀後

本草經：味辛，溫。主風寒洗洗，霍亂洩痢，腸鳴，上下無常處，驚癇，寒熱百疾。

別錄：無毒，療肺傷，欬逆，出汗，久寒，在膀胱支滿，飲酒夜食發病。一名白菀，一名織女菀，一名茆。生漢中川谷或山陽，正月、二月採，陰乾。

唐本草注云：白菀即女菀，更無別者，有名未用中浪出一條，無紫菀時亦用之，功效相似也。

本草衍義曰：女菀一名白菀，或者謂爲二物，非也。唐刪去白菀三條，甚合宜。陶能言不能指說性狀，餘從經中所說甚明，今直取經。

本草綱目李時珍曰：白即紫菀之色白者也。雷斆言紫菀白如練色，名羊鬚草，恐即此物也。

瞿麥

本草經：味苦，寒。主關格諸癃結，小便不通，出刺，決癰腫，明目，去瞖，破胎，墮子，下閉血。一名巨句麥。

別錄：辛，無毒。養腎氣，逐膀胱邪逆，止霍亂，長毛髮。一名大菊，一名大蘭，生泰山川谷，立秋採實，陰乾。陶隱居云：今出近道，一莖，生細葉，花紅紫赤可愛。合子葉刈取之。子頗似麥，故名瞿麥。此類乃有兩種：一種微大，花邊有叉椏，未知何者是，今市人皆用小者。復一種葉莖相似，而有毛，花晚而甚赤。按經云採實，實中子至細燥，一熟便脫盡，今市人惟合莖葉用，而實正空殼，無復子爾。

日華子云：瞿麥催生，又名杜母草、鷰麥、籥麥。又云：石竹葉，治痔瘻，並瀉血，作湯粥食，並得子，治月經不通，破血塊，排膿。葉治小兒蛔蟲，痔疾。煎湯服，丹石藥發，並眼目腫痛及腫毒，搗傅，治浸淫瘡。

圖經：瞿麥生泰山川谷，今處處有之。苗高一尺已來，葉尖小，青色，根紫黑色，形如細蔓菁。花紅紫赤色，亦似映山紅，二月至五月開。七月結實作穗，子頗似麥，故以名之。立秋後合子葉收採，陰乾用。河陽河中府出者，苗可用。淮甸出者，根細，村民取作刷箒。爾雅謂之大菊，廣雅謂之茈萎是也。古今方通心經，利小腸爲最要。

張仲景治小便不利，有水氣，栝樓瞿麥丸主之。栝樓根二兩，大附子一個，茯苓、山芋各二兩，瞿麥一分，五物杵末蜜丸，如梧子大。一服三丸，日三。未知，益至七八丸，以小便利、腹中溫爲知也。

李衎竹譜：石竹，京都人家好種之階砌傍。叢生，葉如竹，莖細亦有節。暮春花開枝杪，或白或紅或粉紅色，或有紅紫暈，或重葉多葉不等。惟深朱殷色者，最爲難得。花盡有子成房，刈去再生。至秋又花，仍如春盛。亦有野生者，今處處有之，一名瞿麥。

救荒本草：石竹子，本草名瞿麥，今處處有之。苗高一尺已來，葉似獨掃葉而尖小，又似小竹葉而細窄，莖亦有節。梢間開紅白花而結蒴，內有小黑子。採嫩苗葉，煠熟，水浸，淘淨，油鹽調食。

爾雅：大菊，蘧麥。注：一名麥句薑，即瞿麥。

疏：大菊一名蘧麥，蘗也。郭云：一名麥句薑，卽瞿麥。廣雅云：茈葳、麥句薑，蘧麥。

稿簡贅筆：閒花野草，亦隨時輕重。唐人詩中多言夜合、石竹。如：遼陽春盡無消息，夜合花前日又西。山花插寶髻，石竹繡羅衣是也。至今唐畫宮殿池臺，多作二花，自然有富貴氣，今人絕不知重矣。

廣雅疏證：茈葳、麥句薑，蘧麥也。神農本草云：紫葳一名陵苕，一名茇草。生西海。陶注引李當之云：是瞿麥根。御覽引吳普本草云：紫葳一名瞿麥，紫葳卽茈葳，瞿麥卽蘧麥，是李當之、吳普並以茈葳爲蘧麥也。陶注云：博物志云：郝晦行華草於大行山北，得紫葳華，必當奇異。今瞿麥華乃可愛，而處處有，不應乃在大行山北，且其樹有莖葉，恐亦非瞿麥根。案本草紫葳一名陵苕，卽名醫別錄鼠尾一名陵翹者。詩義疏云：陵苕一名鼠尾，七八月中華紫是也。本草瞿麥、紫葳分見，則不以紫葳爲瞿麥，然李當之言紫葳是瞿麥根，則目驗當時瞿麥根，亦有名紫葳者。吳普云一名瞿麥，蓋以瞿麥有紫葳之名矣。紫葳以色得名，小雅苕之華箋云：陵苕之華紫赤而繁，故陵苕謂之紫葳。陶注本草瞿麥云：花紅紫赤可愛，故瞿麥亦謂之紫葳。草木異物而同名者正多。此類麥句薑，當爲巨句麥。本草云：瞿麥一名巨句麥，天名精，一名麥句薑，二物不同。巨句麥、麥句薑之名相混，因誤以麥句薑爲蘧麥。郭璞注爾雅大菊蘧麥云：一名麥句薑，卽仍此誤也。各本麥句薑作陵苕，蓋後人不知麥句薑當爲巨句麥，又不知陵苕蘧麥俱名紫葳而不同，遂據本草紫葳一名陵苕改之矣。爾雅釋文引廣雅：茈葳、麥句薑，蘧麥也。今據以訂正。

植物名實圖攷長編

中册

〔清〕吴其濬 著

中華書局

植物名實圖考長編卷之八

隰草

莪蒿

詩經：菁菁者莪。陸璣疏：莪，蒿也。一名蘿蒿，生澤田漸洳之處。葉似邪蒿而細，科生三月中，莖可生食，又可蒸食。香美，味頗似蔞蒿。

爾雅：莪，蘿。郭注：藘蒿。

本草拾遺：藘蒿味辛，溫，無毒。主破血，下氣，煮食之。似小薊，生高岡，宿根先於百草，一名莪蒿。

救荒本草：抪娘蒿生田野中，苗高二尺許，莖似黃蒿莖。其葉碎小，茸細如鍼，色頗黃綠，嫩則可食，老則爲柴。苗葉味甜，採苗葉煠熟，換水浸淘，去蒿氣，油鹽調食。

按抪娘蒿根大而長，與衆蒿異，而葉似黃蒿，枝葉茸密。或以其抱根叢生，名曰抱娘蒿。李時珍以爲卽莪蒿，與陸疏差近。唐本草有角蒿，本自一種。而埤雅以爲卽莪蘿，本屬無稽，今從李記。

說文解字注：莪。莪，逗蘿也。此三字舊作蘿莪二字，今正。莪系複舉，不當倒於蘿下。小雅：菁菁者莪，蓼蓼者莪。釋艸曰：莪，蘿。以蘿釋莪。毛傳曰：莪，蘿蒿也。以蘿蒿釋莪。陸璣亦云：莪蒿，一名蘿蒿，蒿屬。凡言屬，則別在其中，故鄭注周禮，每云屬別。从艸，我聲，五何切，十七部。蘿，莪也。是謂轉注。从艸，羅聲，魯何切，十七部。菻，蒿屬，郭璞曰：莪蒿亦曰廩蒿。按廩同菻，許不言莪菻，一物也。从艸林聲，力稔切，七部。

鼠麴草

本草拾遺：鼠麴草味甘，平，無毒。調中益氣，止洩除痰，壓時氣，去熱嗽。雜米粉作粿食之，甜美。生平岡熟地，高尺餘，葉有白毛，黃花。荊楚歲時記云：三月三日取鼠麴汁，蜜和爲粉，謂之龍舌粄，以壓時氣。山南人呼爲香茅。取花雜櫸皮染褐，至破猶鮮。江西人呼爲鼠耳草。

本草綱目李時珍曰：日華本草鼠麴，卽別錄鼠耳也。唐宋諸家不知，乃退鼠耳入有名未用中。李杲藥類法象用佛耳草，亦不知其卽鼠耳也。原野間甚多，二月生苗。莖葉柔軟，葉長寸許，白茸如鼠耳之毛。開小黃花，成穗，結細子。楚人呼爲米麴，北人呼爲茸母，故邵桂子甕天語云：北方寒食采茸母草，和粉食。宋徽宗詩「茸母初生認禁煙」者，是也。

按鼠麴草，今湖、廣、江西春時採，和粉爲粢，云甚滑美。江西呼爲水膩草，卽鼠耳之轉音。湖南呼爲水莓。

搥胡根

本草拾遺：搥胡根味甘，寒，無毒。主潤五藏，止消渴，除煩去熱，明目，功用如麥門冬。生江南川谷蔭地。苗如萱草，根似天門冬，用去心。

按南康山中有之，土人呼爲土當歸，全似萱草。惟苗葉薄而韌，近根處頗扁，不似萱草之圓滑耳。根微黃，味極似天門冬，湖南又呼爲土當歸，其根比萱草根稍甜。

鴨跖草

本草拾遺：鴨跖草味苦，大寒，無毒。主寒熱瘴瘧，痰飲，丁腫，肉癥澁滯，小兒丹毒，發熱狂癇，大腹痞滿，身面氣腫，熱痢，蛇犬咬，癰疽等毒。和赤小豆煮，下水氣濕痹，利小便。生江東淮南平地，葉如竹，高一二尺。花深碧，有角如鳥觜，北人呼爲雞舌草，亦名鼻斫草，吳人呼爲跖，跖、斫聲相近也。一名碧竹子，花好爲色。

李衎竹譜：青鐶兒花，江淮之間，處處有之。初徧地鋪生，一節一葉一花，其葉如竹，其花青碧色，兩瓣中有白鬚，至秋深時亦能堅立。醫家用爲通水道藥。本草名鴨跖草，野人呼爲碧竹子，又名碧蟾蜍。又竹葉草，喜生卑濕處，在在有之。節莖脆嫩，莖如眞竹，春時初出採，煮可爲菜食之。夏秋之交，節間開碧花，或云此卽碧鐶兒花，非也。二種大同而小異耳。

救荒本草：竹節菜一名翠蝴蝶，又云翠蛾眉，又名笪竹花，一名倭青草。南北皆有，今新鄭縣山野中亦有之。葉似竹葉微寬短，莖淡紅色，就地叢生，攢節似初生嫩葦，節梢葉間，開翠碧花，狀類蝴蝶。其葉味甜，採嫩苗葉煠熟，油鹽調食。

本草綱目李時珍曰：竹葉菜，處處平地有之。三四月生苗，紫莖，竹葉嫩時可食。四五月開花，如蛾形，兩葉如翅，碧色可愛。結角，尖曲如鳥喙，實在角中，大如小豆，豆中有細子，灰色而皺，狀如蠶屎。巧匠採其花，取汁作畫色，及彩羊皮燈，青碧如黛也。

按鴨跖草，即俗呼水竹子，俚方以爲淡竹葉，非古方淡竹也。集簡方謂之竹雞子，活幼全書謂之藍姑草，宋楊巽齋、翁元廣皆有碧蟬花詩，皆一物也。惟李衎竹譜以爲兩種。今田野間所產，及滇南所謂地地藕者，形狀皆同，而肥瘦異耳。

鬼釵草 本草拾遺：鬼釵草味苦，平，無毒。主蛇及蜘蛛咬，杵碎傅之，亦杵絞汁服。生池畔，葉有椏，方莖，子作釵脚，著人衣如鍼，北人呼爲鬼鍼。

毛蓼 本草拾遺：毛蓼生山足，似馬蓼，葉上有毛，冬根不死。

本草綱目：毛蓼莖葉味辛，溫，有毒。主癰腫疽瘻，瘰癧，杵碎納瘡中，引膿血，生肌。亦作湯洗，兼濯足，治脚氣。李時珍曰：此即蓼之生於山麓者，非澤隰之蓼也。

蕕草 本草拾遺：蕕草味大寒，無毒。主濕痹，消水氣。合赤小豆煮食之，勿與鹽，主脚氣，頑痹，虛腫，小腹急，小便赤澀。擣葉傅毒腫。又絞取汁服之，主消渴。生水田中，似結縷，葉長，馬食之。爾雅云：蕕，蔓。于注云：生水中，江東人呼爲茜，證俗云：蕕，水草也。

說文解字注：蕕，水邊艸也。漢書子虛賦音義曰：軒于，蕕艸也。生水中，揚州有之。釋艸：茜，蔓于。茜即蕕，蔓于即軒于。从艸，猶聲，以周切，三部。

狼把草 本草拾遺：狼把草秋穗子並染皂，黑人鬒髮，令人不老，生山道傍。

圖經：狼把草主療丈夫血痢，不療婦人，若患積年疳痢，即用其根，俗間頻服有效。患血痢者，取草二斤，擣絞取汁一小升，内白麵半雞子許，和之，調令勻，空腹頓服之，極重者不過三服。若無生者，但收取苗陰乾，擣爲散。患痢者，取散一方寸匕，和蜜水半盞，服之。臣禹錫等謹按：狼把草，出近道，古方未見其用者。雖陳藏器嘗言其黑人鬚髮，令不老，生道傍，然未甚詳悉。太宗皇帝御書記其主療，甚爲精至，謹用書于本草圖經外類篇首云。

郎耶草，味苦，平，無毒。主赤白久痢，小兒大腹痞滿，丹毒寒熱，取根莖煑服之。生山澤間，三四尺，葉作鴈齒，如鬼針苗。本草拾遺附。

蘩菜 本草拾遺：蘩菜味辛，平，無毒。主破血，産後腹痛，煮汁服之。亦擣碎傅丁瘡。生江南陰地，似益母。方莖對節，白花，花中甜汁，飲之如蜜。

本草綱目李時珍曰：此即益母之白花者，乃爾雅所謂蓷是也。其紫花者，爾雅所謂蘈是也。蓷蘈皆同一音，乃一物二種。故此條亦主血病，與益母功同。郭璞獨指白花者爲益母，昝殷謂白花者非益母，皆欠詳審。嫩苗可食，故謂之菜。寇宗奭言茺蔚嫩苗可煮食，正合此也。

紅藍花 嘉祐本草：紅藍花味辛，溫，無毒。主産後血暈，口噤，腹内惡血不盡，絞痛胎死腹中。並酒煮服，亦主蠱毒，下血。堪作胭脂。其苗生擣碎傅游腫，其子吞數顆，主天行瘡，子不出。其燕脂主小兒聤耳，滴耳中。生梁、漢及西域，一名黄藍。博物志云：黄藍，張騫所得。今唐、魏地亦種之。

圖經：紅藍花即紅花也。生梁、漢及西域，今處處有之。人家場圃所種，冬而布子於熟地，至春生苗，夏乃有花，下作梂彙，多刺，花蘂出梂上，圃人承露採之，採已復出，至盡而罷。梂中結實白顆，如小豆大，其花暴乾，以染眞紅，及作燕脂。主産後血病爲勝，其實亦同。葉頗似藍，故有藍名，又名黄藍。博物志云：張騫所得也。張仲景治六十二種風兼腹内血氣刺痛，用紅花一大兩，分爲四分，以酒一大升煎强半，頓服之。不止，再服。又一方，紅藍子一升，搗碎，以無灰酒一大升一合，拌子暴令乾，重搗，簁蜜丸，如桐子大。空腹，酒下四十丸。正元廣利方：治女子中風，血熱煩渴者，以紅藍子五大合，微熬搗碎，旦日取半大匙，以水一升煎取七合，去滓，細細嚥之。又崔元亮海上方治喉痺壅塞不通者，取紅藍花搗絞取汁一小升服之，以差爲度。如冬月無濕花，可浸乾者，濃絞取汁，如前服之，極驗。但咽喉塞，服之差。亦療婦人産暈絶者。

齊民要術曰：花地欲得良熟，二月末三月初種也。種法：欲雨後速下，或漫散種，或耬下，一如種麻法；亦有鋤掊而掩種者。子科大而易料理，花出欲日日乘涼摘取。不摘則乾。摘必須盡。留餘即合。五月子熟，拔曝令乾，打取之。子亦不用鬱浥。五月種晚花。春初即留子，入五月便種，若待新花熟後取子，則太晚矣。七月中摘，深色鮮明，耐久不黦，勝春種者。負郭良田種頃者，歲收絹三百疋，一頃收子二百斛，與麻子同價，既任車脂，亦堪爲燭，即是直頭成米。二百石米，已當穀田。三百疋絹，端然在外。一頃收花，日須百人摘，以一家手力，十不充一。但駕車地頭，每旦當有小兒僮女百十餘羣，自來分摘，正須平量中半分取，是以單夫隻妻，亦得多種。　曬花法，摘取即碓搗使熟，以水淘，布袋絞去黄汁，更搗以粟飯漿清而酸者淘之。又以布袋絞汁，即收取染紅，勿棄也。絞訖著甕器中，以布蓋上，雞鳴更搗，令均，於席上攤而曝乾，勝作餅，作餅者不得乾，令花浥鬱也。　作胭脂法，預燒落藜、藜藋及蒿作灰。無者，即草灰亦得。以湯淋取清汁，初汁純厚太釅即放花，不中用，惟可洗衣，取第三度湯者，以用菜花和使好色也。揉花，十許變勢盡乃生。

布袋絞取純汁，著甕椀中，取醋石榴兩三箇，擘取子擣破，少著粟飯漿水極酸者和之。布絞取瀋，以和花汁。若無石榴者，以好醋和飯漿亦得，若復無醋者，清飯漿極酸者，亦得空用之。下白米粉，大如酸棗。粉多則白。以淨竹箸不膩者，良久痛攪，蓋冒至夜瀉去上清汁，至淳處止。傾著白練角袋子中懸之，明日乾浥浥時，捻作小瓣如半麻子，陰乾之則成矣。合香澤法，如清酒以浸香，夏用冷酒，春秋溫酒令煖，冬則小熱。雞舌香、俗人以其似丁子，故謂丁子香也。藿香、苜蓿、蘭香凡四種，以新綿裹而浸之。夏一宿，春秋再宿，冬三宿。用胡麻油兩分，豬腹腹宜作脏或胰一分，內銅鐺中，即以浸香酒和之，煎數沸後，便緩火微煎，然後下所浸香煎，緩火至暮，水盡沸定乃熟，以火頭內澤中作聲者，水未盡；有煙出，無聲者水盡也。澤欲熟時，下少許青蒿，以發色綿冪鐺觜瓶口瀉。合面脂法，牛髓牛髓少者用牛脂和之，若無髓，空用脂亦得也。溫酒，浸丁香、藿香二種，浸去如煎澤法煎法一同合澤。亦著青蒿以發色綿濾著瓷漆盞中，令凝，若作脣脂者以熟朱和之，青油裹之。其冒霜雪遠行者，常齧蒜令破，以揩脣，既不劈裂，又令辟惡賊。面患皴者，夜燒梨令熟，以糠湯洗面訖，以煖梨汁塗之，令不皴，赤連染布嚼以塗面，亦不皴也。

合手藥法，取豬脏一具，摘去其脂。合蒿葉於好酒中，痛挼使汁甚滑。白桃仁二七枚，去黃皮研碎，酒解，取其汁。以綿裹丁香、藿香、甘松香、橘核十顆，打碎。著脏汁中，仍浸置勿出，瓷貯之，夜煮細糠湯，淨洗面，拭乾，以藥塗之，令手軟滑，冬不皴。作紫粉法，用白米英粉三分，胡粉一分，不著胡粉不著人面和合均調。取葵子熟蒸，生布絞汁，和粉日曝令乾。若色淺者，更蒸取汁重染如前法。作米粉法，染米第一，粟米第二，如用一色純米勿使有雜白。使甚細，簡去碎者。各自純作，莫雜餘種。其雜米、糯米、小麥、黍米、棶米作者，不得好也。於槽中下水，脚蹋十徧，淨淘，水清乃止。

大甕中多著冷水以浸米，春秋則一月，夏則二十日，冬則六十日，唯多日佳。不須易水，臭爛乃佳。日若淺者，粉不潤美。日滿更汲新水，就甕中沃之，以手把攪，淘去醋氣，多與徧數，氣盡乃止。稍出，著一砂盆中熟研，以水沃攪之，接取白汁，絹袋濾著別甕中。麄沈者更研之，水沃、接取如初。研盡，以把子就甕中良久痛抨，然後澄之。接去清水，貯出淳汁，著大盆中，以板一向攪，勿左右迴轉，三百餘匝，停置蓋甕，勿令塵汚。良久淸澄，以杓徐徐去清，以三重布帖粉上，以粟糠著布上，糠上安灰，灰濕更以乾者易之，灰不復濕乃止。然後削去四畔麄白無光潤者，別收之以供麄用。麄粉米皮所成，故無光潤。其中心圓如鉢形，酷似鴨子，白光潤者名曰粉英。粉英米心所成，是以光潤也。無風塵好日時，攤布於牀上，刀削粉英，日曝之，乃至粉乾，足將住反。手痛挼勿住，痛挼則滑美，不挼則澀惡。擬人客作餠及作香粉，以供粧摩身體。又曰作香粉法，唯多著丁香於粉合中自然芬馥。亦有受香水絹和粉者，亦有水沒香以香汁溲粉者，皆損色。又實香不如全署合中也。

便民圖纂曰：八月中鋤成行壠，春穴下種，或灰或雞糞蓋之，澆灌不宜濃糞。次年花開，侵晨採摘，微搗去黃汁，用青蒿蓋一宿，捻成薄餠，曬乾收用，勿近濕牆壁去處。

農政全書曰：苗生，嫩時可食。其子搗碎煎汁，入醋拌蔬食極肥美。又可爲車脂及燭。

本草綱目李時珍曰：番紅花出西番回回地面及天方國，即彼地紅藍花也。元時以入食饌用，按張華博物志言張騫得紅藍花種於西域，則此即一種，或方域地氣稍有異耳。按此即今藏紅花。

救荒本草：紅花菜，本草名紅藍花，今處處有之。苗高二尺許，莖葉有刺，似刺薊葉而潤澤窊面。稍結梂彙，亦多刺。開紅花，蘂出梂上，圃人採之，採已復出，至盡而罷。梂中結實，白顆如小豆大，其花暴乾，以染眞紅及作胭脂。花味辛，葉味甘，採嫩葉煠熟，油鹽調食。子可笮作油用。

爾雅翼：燕支本非中國所有，蓋出西方，染粉爲婦人色，謂爲燕支粉。習鑿齒與謝侍中書曰：此有紅藍花，北人采取其花作烟支，婦人壯時作顔色用，如豆大，按令偏頰，殊覺鮮明。匈奴名妻閼氏，言可愛如烟支也，故匈奴有烟支山。西河舊事歌曰：失我祈連山，使我六畜不繁息；失我閼氏山，使我婦女無顔色。今中國謂紅藍，或只謂之紅花。大抵三月初種，花出時，日日乘涼摘取之。每頃一日須百人摘。五月種晚花，七月中摘，深色鮮明，耐久不黦，勝於春種者。花生時，但作黃色，茸茸然，故又一名黃藍，杵碓水淘絞取黃汁，更擣以清酸粟漿淘之，絞如初，即收取染紅。然後更擣而暴之，以染紅色，極鮮明。按崔豹所言，則漢雖有紅藍，然不可以爲烟支，其染亦未盛。今則盛種而多染，謂之眞紅，賽蘇方木所染。崔豹古今注曰：今人以重絳爲烟支，非燕支花所染也，燕支花自爲紅藍爾。舊說赤白之間爲紅，即今所謂紅藍也。其謂之舊紅者，即漢重絳，顔色黯暗，相去遠矣。又爲婦人妝色，以綿染之，圓徑三寸許，號綿燕支。又小薄爲花片，名金花烟支，特宜妝色。蓋種一頃者，歲收絹三百疋，此千畝卮茜之類。博物志曰：黃藍，張騫所得。

閩書紅花：閩中記：葉如茼蒿，花如刺薊。秋深種，春末乘露采之，可以染絳。

習鑿齒與燕王書：山下有紅藍，足下先知不？北方人采取其花，染緋黃，挼取其上英鮮者，作烟支，婦人采綴，用爲顔色。吾少時再三過見烟支，今日始視紅藍，後當足致其種。匈奴名妻作「閼氏」，今可音烟支，想足下先亦不作此讀漢書也。

南史王洪軌傳：洪軌，上谷人也，建武初爲青、冀二州刺史，勵清節。先是青州資魚鹽之貨，或彊借百姓麥地以種紅花，多與部下交，以祈利益。洪軌至，一皆斷之。

扶溝縣志：紅花局在天寧寺後，元置紅花提舉司，辛氏世其官。

史記貨殖傳：巴蜀亦沃野，地饒卮。注徐廣曰：烟支也，紫赤色也。

又曰：名國萬家之城，帶郭千畝，畝種之田，若千畝卮茜，千畦薑韭，此其人皆與千戶侯等。注徐廣曰卮，鮮支也。茜，一名紅藍，其花染繒赤黃色。

又曰：通邑大都，卮茜千石，此亦比千乘之家。

燈心草

嘉祐本草：燈心草味甘，寒，無毒。根及苗主五淋，生煮服之。生江南澤地，叢生，莖圓細而長直。人將爲席。敗席煮食，更良。

本草衍義曰：燈心草，陝西亦有。蒸熟，乾則折取中心穰然燈者，是謂之熟草。又有不蒸，但生乾剝去者，爲生草。入藥宜用生草。

經驗方：治小兒夜啼，用燈心燒灰，塗乳上與喫。

勝金方：治破傷，多用燈心草爛嚼和唾帖之，用帛裹，血立止。

又方，治蟲蟻入耳挑不出者，以燈心浸油釣出蟲。

穀精草

開寶本草：穀精草味辛，溫，無毒。主療喉痹，齒風痛，及諸瘡疥。飼馬，主蟲顙毛焦等病。二月、三月於穀田中採之，一名戴星草，花白而小，圓似星，故有此名爾。

圖經曰：穀精草舊不載所出州土，今處處有之。春生於穀田中，葉莖俱青，根花並白色，二月、三月内採花用。一名戴星草，以其花白而小圓似星，故以名爾。又有一種莖梗差長，有節，根微赤，出秦、隴間。古方稀用，今口齒藥多使之。

集驗方：治偏正頭痛，穀精草一兩爲末，用白麪調攤紙花子上，貼痛處，乾又換。

木賊

嘉祐本草：木賊味甘，微苦，無毒。主目疾，退翳膜，又消積塊，益肝膽，明目，療腸風，止痢，及婦人月水不斷。得牛角䚡、麝香，治休息痢，歷久不差。得禹餘糧、當歸、芎藭，療崩中赤白。得槐鵝、桑耳，腸風下血服之，效。又與槐子、枳實相宜，主痔疾，出血。出秦、隴、華、成諸郡近水地。苗長尺許，叢生，每根一榦，無花。葉寸寸有節，色青，淩冬不凋，四月採用之。

圖經曰：木賊生秦、隴、同、華間，味微苦，無毒。主明目，療風，止痢。所在山谷近水地有之。獨莖，苗如箭笴，無葉，長一二尺，青色，經冬不枯，寸寸有節，採無時。今醫用之最多，甚治腸痔多年不差，下血不止。方：木賊、枳殼各二兩，乾薑一兩，大黃一分，四味並剉一處，於銚子內炒黑色，存三分性，擣羅，溫粟米飲調，食前服一錢匕，甚效。

黃蜀葵

嘉祐本草：黃蜀葵治小便淋及催生，又主諸惡瘡膿水久不差者，作末傅之，即愈。近道處處有之，春生苗葉與蜀葵頗相似，葉尖狹多刻缺。夏末開花，淺黃色。六七月採之，陰乾用。

經驗後方：治臨產催產，以黃蜀葵子焙乾爲末，井花水下三錢匕。如無子，以根細切煎汁，令濃滑，待冷服。

本草衍義：黃蜀葵花與蜀葵別種，非謂蜀葵中黃者也。葉心下有紫檀色，摘之剔爲數處，就日乾之。不爾，即浥爛，瘡家爲要藥。子臨產時，取四十九粒研爛，用溫水調服，良久，產。

萱草

嘉祐本草：萱草根涼，無毒。治沙淋，下水氣。主酒疸黃色通身者，取根，擣絞汁服，亦取嫩苗煮食之。又主小便赤澀，身體煩熱。一名鹿葱，花名宜男。風土記云：懷妊婦人，佩其花生男也。

圖經曰：萱草俗謂之鹿葱，處處田野有之。味甘而無毒。主安五藏，利心志，令人好歡樂，無憂，輕身，明目。五月採花，八月採根用，今人多採其嫩苗及花跗作葅，云利胸膈甚佳。

本草衍義：萱草根洗淨研汁一大盞，生薑汁半盞相和，時時細呷，治大熱衄血。

救荒本草　萱草花俗名川草花，人家園圃中多種。其葉就地叢生，兩邊分垂，葉似菖蒲葉而柔弱，又似粉條兒菜葉而肥大。葉間攛葶，開金黃花。採嫩苗葉，煠熟，水浸淘淨，油鹽調食。徐元扈曰：花葉芽俱嘉蔬，不必救荒，根亦可作粉，如治蕨法。邇歲洊饑，山民多賴之。京師人食其土中嫩芽，名扁穿。

本草綱目李時珍曰：萱宜下濕地，冬月叢生，葉如蒲蒜輩而柔弱。新舊相代，四時青翠。五月抽莖開花，六出四垂，朝開暮蔫。至秋深乃盡，其花有紅、黃、紫三色。結實三角，內有子大如梧子，黑而光澤。其根與麥門冬相似，最易繁衍。南方草木狀言：廣中一種水葱，狀如鹿葱，其花或紫或黃。蓋亦此類也。或言鹿葱花有斑文，與萱花不同時者，謬也。肥土所生，則花厚色深，有斑文，起重臺。瘠土所生，則花薄而色淡，嵇含宜男花序亦云荊楚之土，號爲鹿葱，可以薦葅。尤可憑據。

農政全書：萱草春間芽生，移栽，栽宜稀，一年自稠密矣。春剪其苗，若枸杞食，至夏則不堪食，種時用根向上葉向下，當年開花，皆千葉也。

說文解字注：藼，令人忘憂之草也。見毛傳。藼之言諼也。諼，忘也。从艸，憲聲，況袁切，十四部。詩曰：安得藼艸。衞風文。今詩作焉得諼草。蕿或从煖，煖聲。此字小徐無，張次立補，可刪。萱或从宣，宣聲。

海金沙

嘉祐本草：海金沙主通利小腸，得梔子、馬牙、消蓬沙共，療傷寒、熱狂。出黔中郡，七月收採。生作小株，才高一二尺。收時，全科於日中暴之，令小乾，紙襯，以杖擊之，有細沙落紙上，旋收，且暴且擊，以沙盡爲度。用之或丸或散。

圖經曰：海金沙生黔中山谷，湖南亦有，初生作小株，高一二尺。七月採得，日中暴令乾，以紙襯，擊取其沙，落紙上，旋暴旋擊，沙盡乃止。

主通利小腸，亦入傷寒狂熱藥。今醫治小便不通、臍下滿悶方，海金沙一兩、臘面茶半兩，二味搗碾令細，每服三錢，煎生薑甘草湯調下。服無時，未通，再服。

本草綱目李時珍曰：江、浙、湖、湘、川、陝皆有之。生山林，莖細如線，引於竹木上，高尺許。其葉細如園荽葉而甚薄，背面皆青，上多皺文，皺處有沙子狀，如蒲黃粉，黃赤色。不開花，細根堅強，其沙及草，皆可入藥。方士採其草，取汁，煮砂縮汞。

雞冠 嘉祐本草：雞冠子涼，無毒。止腸風，瀉血，赤白痢，婦人崩中，帶下。入藥炒用。

葫蘆巴 嘉祐本草：葫蘆巴主元臟虛冷氣，得附子、硫黃，治腎虛冷，腹脇脹滿，面色青黑。得蘹香子、桃仁，治膀胱氣，甚效。出廣州並黔州，春生苗，夏結子，子作細莢，至秋採。今人多用嶺南者。

圖經曰：葫蘆巴生廣州，或云種出海南諸蕃，蓋其國萊菔子也。舶客將種蒔於嶺外，亦生，然不及蕃中來者真好。春生苗，夏結子，作莢，至秋採之。今醫方治元藏虛冷氣，爲最要。然本經不著，唐以前方亦不見者，蓋是出甚近也。與附子、茴香、硫黃、桃仁丸相宜，兼治膀胱冷氣。

本草衍義葫蘆巴，本經云：得蘹香子、桃仁，治膀胱氣，甚效。嘗合椎桃仁、麩炒，各等分，半以酒糊丸，半爲散。每服五七十丸，空心，食前鹽酒下。散以熱米飲調下，與丸子相間，空心服。日各一二服。

烏炭子 宋圖經：火炭母草生南恩州原野中，味酸，平，無毒。去皮膚風熱流注，骨節癰腫疼痛。莖赤而柔，似細蓼，葉端尖，近梗方，夏有白花，秋實如菽，青黑色，味甘可食。不拘時採葉，搗爛於坩器中，以鹽酒炒傅腫毒處，經宿一易。

按南安原野亦有此草，土人呼爲烏炭子，形狀如經。彼人煎水洗瘡毒，散紅消腫。桂海虞衡志：火炭子如烏李，似即此。

小青

宋圖經：小青生福州，三月生花，當月採葉。彼土人以其葉生搗碎，治癰瘡，甚效。

本草綱目：治血痢腹痛，研汁服，解蛇毒。

羅思舉簡易草藥：矮矮朵鄉名矮茶，本草名小青，花名珠子柱，味溫，無毒。主搗敷癰腫瘡癤，甚效。又治血痢腹痛。研汁服，解蛇毒。中暑發昏，用小青葉井水浸去泥，控乾，入沙鐺，擂汁急灌之。

按矮茶，江西處處有之，高三四寸，莖端發葉，光潔如茶樹葉，而有齒。葉下開五瓣小粉紅花，秋結紅實，如天竹子微小，凌冬不凋，土醫皆知用之。或名爲雪裏珠，或名爲矮腳草，又名地茶，兼治男婦吐血，牙痛，通筋骨，和血；無知其爲小青者。羅提督簡易草藥授之同知莫樹蕃，莫福建人，其訂爲小青當不謬。按圖亦得其彷彿，遂從之。

麗春草

圖經：麗春草味甘，微溫，無毒。出檀嵎山川谷，檀嵎山在高密界，河南淮陽郡、潁川及譙郡汝南郡等並呼爲龍羊草。河北近山鄴郡、汲郡名蕢藺艾。上黨紫團山亦有名定參草，亦名仙女蒿。今所在有。甚療癊黃，人莫能知。唐天寶中因潁川楊正進名醫嘗用有效。單服之，主療黃疸等。其方云：麗春草療因時患傷熱，變成癊黃，遍身壯熱，小便黃赤，眼如金色，面又青黑，心頭氣痛，遶心如刺，頭旋欲倒，兼脇下有瘕氣，及黃疸等，經用有驗。其藥，春三月採花陰乾，有前病者，取花一升搗爲散，每平明空腹取三方寸匕，和生麻油一盞，頓服之。日惟一服，隔五日再進，以知爲度。其根療黃疸，患黃疸者擣根取汁一盞，空腹頓服之。服訖，須臾即利，三兩行，其疾立已。一劑不能全愈，隔七日更一劑，永差，忌酒、麪、豬、魚、蒜、粉酪等。

游默齋花譜：麗春紫二品，深者鬚青，淡者鬚黃；白亦二品，葉大者微碧，葉細者𪏭黃，而𪏭黃尤奇，素衣黃裏，芳秀茸茸，若新鵝之毳。𪏭紅似芍藥中粉紅樓特差小，視凡花之粉紅十倍。

按此亦未必是罌粟。

本草綱目李時珍曰：此草有殊功而不著其形狀，今罌粟亦名麗春草，九仙子亦名仙女嬌，與此同名，恐非一物也，當俟博訪。

杏葉草

圖經：杏葉草生常州，味酸，無毒。主腸痔，下血久不差者。一名金盞草，蔓生籬下，葉葉相對，秋後有子，如雞頭實，其中變生一小蟲子，脫而能行。中夏採花用。

按李時珍以爲卽金盞花，形狀皆不類，未可合併。

九牛草

圖經：九牛草生筠州山崗上，味微苦，有小毒。解風勞，治身體痛。二月生苗，獨莖高一尺，葉似艾葉圓而長，背有白毛，面青。五月採，與甘草同煎服，不入衆藥用。

無心草

圖經：無心草生商州及秦州，性溫，無毒。主積血，逐氣塊，益筋節，補虛損，潤顏色，療澼洩、腹痛。三月開花，五月結實，六七月採根苗，陰乾用之。

見腫消

圖經：見腫消生筠州，味酸澀，有微毒。治狗咬瘡，消癰腫。春生苗葉，莖紫色，高一二尺。葉似桑而光，面青紫赤色。採無時，土人多以生苗葉爛搗帖瘡。

攀倒甑

圖經：攀倒甑生宜州郊野，味苦，辛，寒。主解利風壅，熱盛，煩渴，狂語。春夏採葉，研搗，冷水浸，絞汁服之，甚效。其莖葉如薄荷，一名接骨草，一名斑杖莖。

曲節草

圖經：曲節草生筠州，味甘，平，無毒。治發背瘡，消癰腫，拔毒。四月生苗，莖方，色青，有節。七月、八月著花，似薄荷，結子無用。葉似劉寄奴而青軟，一名蛇籃，一名綠豆青，一名六月泠。五月、六月採莖葉，陰乾，與甘草作末，米汁調服。

水甘草 圖經：水甘草生筠州，味甘，無毒。治小兒風熱，丹毒瘡，與甘草同煎，飲服。春生苗，莖青色，葉如楊柳，多生水際，無花。十月、八月採，彼土人多單服，不入衆藥。

陰地厥 圖經：陰地厥生鄧州順陽縣內鄉山谷，味甘，苦，微寒，無毒。主療腫毒，風熱。葉似青蒿，莖青紫色，花作小穗，微黃，根似細辛。七月採根、苗用。

莠竹 李衎竹譜：莠竹喜生池塘及路傍，莖細節高，近下曲屈，狀若狗腳。南土多茅少草，馬見此物，必欲食之。

竹頭草 李衎竹譜：竹頭草在處有之。枝如莠，葉長五七寸，寬一寸許，有細觔道，望之如簝竹叢叢。秋生白花，如菰蔣狀。或云無竹處，卒欲煮藥，取此藥以代之。其性與澹竹同。今東陽酒匠直呼此爲澹竹葉，每歲夏伏採之。

按陸疏：芩草莖如釵股，葉如竹，蔓生澤中下地鹹處。爲草眞實，牛馬皆喜食之。按其形狀與此正合。牛馬皆喜食，信然。此草，本草諸書不載，故注詩者皆無引。據毛晉云：藥中黃芩與陸疏不同種。又按莪菜亦名芩草，其葉亦不似。

鹿蹄草 本草綱目：鹿蹄草一名小秦王草，一名秦王試劍草。鹿蹄象葉形，能合金瘡，故名試劍草。又山慈姑亦名鹿蹄，與此不同。按軒轅述寶藏論云：鹿蹄多生江、廣平陸及寺院荒處，淮北絕少，川、陝亦有。苗似堇菜而葉頗大，背紫色，春生紫花，結青實，如天茄子。可制雌黃丹砂，氣味缺，主治金瘡出血，擣塗卽止。又塗一切蛇蟲犬咬毒。

金盞草 本草綱目蘇頌曰：杏葉草一名金盞草，生常州，蔓延籬下，葉葉相對。秋後有子，如雞頭實，其中變生一小蟲，脫而能行，中夏採花。周憲王曰：金盞兒花苗高四五寸，葉似初生莴苣葉，厚而狹，抱莖而生。莖柔脆，莖頭開花，大如指頭，金黃色，狀如盞子，四時不絕。其葉味酸，煠熟水浸過，油鹽拌食。時珍曰：夏月結實在萼內，宛如尺蠖蟲數枚蟠屈之狀，故蘇氏言其化蟲，實非蟲也。氣味酸，寒，無毒。主治腸痔，下血久不止。

按金盞非杏葉草，不應併入。

水楊梅　本草綱目：生水邊，條葉甚多，生子如楊梅狀。庚辛玉冊云：地椒一名水楊梅，多生近道陰濕處，荒田野中亦有之。叢生，苗葉似菊，莖端開黃花，實類椒而不赤，實可結伏三黃、白礬，制丹砂粉霜。氣味辛，溫，無毒。主治疔瘡，腫毒。

翦春羅　本草綱目：剪春羅二月生苗，高尺餘，柔莖綠葉，葉對生抱莖。入夏開花，深紅色，花大如錢，凡六出，周迴如剪成可愛。結實大如豆，內有細子，人家多種之爲玩。又有剪紅紗花，莖高三尺，葉旋覆。夏秋開花，狀如石竹花而稍大，四圍如剪，鮮紅可愛；結穗亦如石竹，穗中有細子，方書不見用者。計其功，亦應利小便，主癰腫也。氣味甘，寒，無毒。主治火帶瘡遶腰生者，採花或葉擣爛，蜜調塗之，爲末亦可。

迎春花　本草綱目：處處人家栽插之，叢生，高者二三尺。方莖厚葉，葉如初生小椒葉而無齒，面青背淡，對節生小枝，一枝三葉。正月初開小花，狀如瑞香花，黃色，不結實。葉氣味苦濇，平，無毒。主治腫毒，惡瘡。陰乾研末，酒服二三錢，出汗便瘥。

半邊蓮　本草綱目：半邊蓮，小草也。生陰濕塍塹邊，就地細梗引蔓，節節而生細葉。秋開小花，淡紅紫色，止有半邊如蓮花狀，故名。又呼急解索，氣味辛，平，無毒。主治蛇虺傷，搗汁飲，以滓圍塗之。又治寒齁氣喘及瘧疾寒熱，同雄黃各二錢，搗泥盌內覆之，待色青，以飯丸梧子大，每服九丸，空心鹽湯下。

地蜈蚣草 本草綱目：地蜈蚣草生村落塍野間，左蔓延右，右蔓延左。其葉密而對生，如蜈蚣形，其穗亦長，俗呼過路蜈蚣。其延上樹者，呼飛天蜈蚣。根苗皆可用，氣味苦，寒，無毒。主治解諸毒及大便不通；搗汁療癰腫，搗塗并末服，能消毒排膿；蜈蚣傷者，入鹽少許，搗塗或末傅之。

紫花地丁 本草綱目：紫花地丁處處有之，其葉似柳微細。夏開紫花，結角。平地生者起莖，溝壑邊生者起蔓。普濟方云：鄉村籬落生者，夏秋開小白花，如鈴兒倒垂。葉微似木香花之葉。此與紫花者相戾，恐別一種也。氣味苦，辛，寒，無毒。主治一切癰疽發背，疔腫瘰癧，無名腫毒惡瘡。

千年艾 本草綱目李時珍曰：千年艾氣味微苦，辛，溫，無毒。主男子虛寒，婦人血氣諸痛，水煎葉服之。出武當太和山中，小莖高尺許，其根如蓬蒿，其葉長寸許，無尖椏，面青背白。秋開黃花，如野菊而小。結實如青珠丹顆之狀。三伏日采葉，暴乾。葉不似艾而作艾香，搓之卽碎，不似艾葉成茸也。羽流以充方物。按蒔花者多栽之盆盎，淩冬白綠勃勃，微有香氣，通呼曰蘄艾。

箬 本草綱目：箬生南方平澤，其根與莖皆似小竹，其節籜與葉皆似蘆荻，而葉之面青背淡，柔而韌，新舊相代，四時常青。南人取葉作笠及裹茶鹽、包米糉，女人以襯鞵底。葉氣味甘，寒，無毒。主治男女吐血，衄血，嘔血，咯血，下血。並燒存性，溫湯服一錢匕。又通小便，利肺氣、喉痹，消癰腫。

經驗方：一切眼疾，籠篛燒灰，淋汁洗之，久之自效。

集簡方：咽喉閉痛，蘘葉、燈心草燒灰，等分吹之，甚妙。

楊起簡便方：耳忽作痛，或紅腫內脹，將經霜青箬露在外將朽者，燒存性，爲末，傅入耳中，其疼卽止。

聖濟總錄：肺壅鼻衄，箬葉燒灰，白麪三錢研勻，井花水服二錢。又經血不止，箬葉灰、蠶紙灰，等分爲末，每服二錢，米飲下。

王璆百一選方：腸風便血，茶簍內箬葉，燒存性，每服三匙，空心糯米湯下，或入麝香少許。

又男婦血淋，亦治五淋。多年煮酒瓶頭箬葉三五年至十年者，尤佳。每用七箇燒存性，入麝香少許，陳米飲下，日三服，有人患此，二服愈。福建煮過夏月酒，多有之。

又經驗方：尿白如注，小腹氣痛，茶籠內箬葉燒存性，入麝香少許，米飲下。

普濟方：小便澀滯不通，乾箬葉一兩燒灰，滑石半兩，爲末。每米飲服，三錢。

濟急仙方：吹奶乳癰，五月五日糉箬燒灰，酒服二錢卽散，累效。

張德恭痘疹便覽方：痘疹倒靨，箬葉灰一錢，麝香少許，酒服。

淡竹葉

本草綱目：淡竹葉處處原野有之，春生，苗高數寸。細莖綠葉，儼如竹米落地所生細竹之莖葉。其根一窠數十鬚，鬚上結子，與麥門冬一樣，但堅硬爾，隨時採之。八九月抽莖，結小長穗。俚人採其根苗，搗汁和米作酒麴，甚芳烈。氣味甘，寒，無毒。主治：葉去煩熱，利小便，清心；根能墮胎催生。

莠

爾雅翼：莠者害稼之草。說文但云禾粟下生莠而已，考亦不言何物。詩人以來特惡之，故齊詩曰：無田甫田，維莠驕驕。又曰：維莠桀桀。言田廣而人力不至，則莠生；其中氣象驕桀，陵出苗上也。故孔子曰：惡莠，恐其亂苗也。莠既惡物，故言之不美者，謂之莠言。先儒不適言何物，唯韋昭解魯論云：莠草似稷無實。又韋曜問答云：甫田維莠，今何草？答曰：今之狗尾也。然後此物方顯，今之狗尾草誠似稷，而不結實，無處不生。左傳鄭公孫揮過伯有氏，其門上生莠。子羽曰：其莠猶在乎？以喻伯有不能久存。晉明帝時王如舉兵作亂，令人種禾，禾悉變莠，已而軍敗。商書曰：若苗之有莠。戰國策曰：幽莠之幼也，似禾。

本草綱目李時珍曰：狗尾草，原野垣墻多生之。苗葉似粟而小，其穗亦似粟，黄白色而無實。採莖筒盛，以治目病。惡莠之亂苗，即此也。莖主治疣目，貫髮穿之，即乾滅也。凡赤眼拳毛倒睫者，翻轉目瞼，以一二莖蘸水戛去惡血，甚良。

廣雅疏證：葽，莠也。豳風七月篇：四月秀葽。傳云：葽，葽草也。箋云：夏小正：四月王萯秀葽，其是乎？毛鄭詩考正云：葽者，幽莠也。戰國策云：幽莠之幼也，似禾。夏小正：四月秀幽，幽、葽語之轉耳。通藝録云：此蓋本廣雅葽莠也之云，余目驗之，不然也。莠於夏至前後始作采，小暑大暑之間，乃其正秀之時；是秀於六月，非秀於四月也。說文云：詩四月秀葽。劉向說此味苦，苦葽也。今莠，余試嘗之，甘。鄭氏詩箋疑葽爲王萯，亦不以爲莠，莠葽相轉，殆未可以聲定之。今按草木多異實而同名者，莠一名葽，非謂詩之秀葽也。穆天子傳：珠澤之藪，爰有雚葦莞蒲茅萯蒹葽。郭璞注云：葽，莠屬。引詩四月莠葽，則莠屬本有葽名，但不當以爲詩之秀葽耳。御覽引韋曜毛詩答雜問云：甫田維莠，今之狗尾也。說文繫傳引字書云：葽，狗尾草也，是葽與莠同。

說文解字注：葽，艸也。从艸，要聲，於消切，二部。詩曰：四月秀葽。劉向說此味苦，苦葽也。四月秀葽，豳風文。毛曰葽者，葽艸也。箋云：夏小正四月王萯秀葽，其是乎？物成自秀葽始。玉裁按：小正四月秀幽。幽、葽一語之轉，必是一物，似鄭不當援王萯也。劉向説此味苦，苦葽也。苦葽當是漢人有此語。漢時目驗，今則不識。其味苦，則應夏令也。小徐按字書云：狗尾艸。夫狗尾卽莠，莠四月未秀，非莠明矣。

植物名實圖考長編卷之九

蓼 馬蓼

本草經：蓼實味辛，溫。主明目，溫中，耐風寒，下水氣，面目浮腫，癰瘍。馬蓼去腸中蛭蟲，輕身。

爾雅：薔，虞蓼。注：虞蓼，澤蓼。

別錄：蓼葉無毒。歸舌，除大小腸邪氣，利中，益志。生雷澤川澤。陶隱居云：此類最多，人所食有三種：一是紫蓼，相似而紫色；一香蓼，亦相似而香，並不甚辛，而好食；一是青蓼，人家常用，其葉有圓者，有尖者，以圓者爲勝，所用即是此。乾之以釀酒，主風冷，大良。馬蓼生下濕地，莖斑，葉大有黑點。亦有兩三種，其最大者名蘢鼓，即是葒草，已在上卷中品。

蜀本草圖經：蓼類甚多，有紫蓼、赤蓼、青蓼、馬蓼、水蓼、香蓼、木蓼等，其類有七種。紫、赤二蓼，葉小狹而厚。青、香二蓼，葉亦相似，而俱薄。馬、水二蓼，葉俱闊大，上有黑點。木蓼一名天蓼，蔓生，葉似柘葉。諸蓼花皆紅白，子皆赤黑。木蓼花黃白，子皮青滑。

藥性論云：蓼實使歸鼻，除腎氣，兼能去癧瘍，葉主邪氣。又云：食之發心痛，令人寒熱，損骨髓。小兒頭瘡，擣末和白蜜，又和雞子白，塗上，蟲出，不作瘢。若霍亂轉筋，取子一把，香豉一升，先切葉，以水三升煮取二升，內豉汁中更煮，取一升半，分三服。又與大麥麵相宜。

圖經：蓼實生雷澤川澤，今在處有之。蓼類甚多，有紫蓼、赤蓼（一名紅蓼）、青蓼、香蓼、馬蓼、水蓼、木蓼等，凡七種。紫、赤二種，葉俱小狹而厚。青香二種，葉亦相似，而俱薄。馬、水二種，葉俱闊大，上有黑點。此六種花皆紅白，子皆青黑。木蓼一名天蓼，亦有大小二種，蔓生，葉似柘葉，花黃白，子皮青滑。陶隱居云：青蓼入藥，然其蓼但堪食，人以馬蓼爲葒草，已見上條，餘亦無用。蘇恭以水蓼亦入藥，水煮，捋腳者多生水澤中。周頌所謂以薅荼蓼，爾雅所謂「薔，虞蓼」是也。又三茅君傳有作白蓼醬方，白蓼藥譜無聞，疑即青蓼也。或云紅蓼亦可作醬。

齊民要術曰：三月可種荏、蓼，荏性甚易生，蓼尤宜水畦種也。蓼作葅者，長二寸則剪，絹袋盛，沈於醬甕中，又常更剪，常得嫩者。若待秋子成而落，莖既堅硬，落又枯燥也。取子者，候實成速取之。性易凋零，晚則盡落。五月、六月中蓼可爲虀以食莧。

崔寔曰：正月可種蓼。家政法曰：三月可種蓼。

本草綱目李時珍曰：韓保升所說甚明，古人種蓼爲蔬，收子入藥，故禮記烹雞豚魚鼈，皆實蓼於其腹中，而和羹膾亦須切蓼也。後世飲食不用，人亦不復栽，惟造酒麯者用其汁耳。今但以平澤所生香蓼、青蓼、紫蓼爲良。

曲洧舊聞：溱、洧之源出馬嶺，今在河南府永安界，號玉仙山，歷城東南爲溱、洧，其水清，有魚數種，土人不善施網罟，冬積柴水中爲罧以取之。以擣澤蓼、雜煮大麥，撒深潭中，魚食之輒死，浮水上，可俯掇，久之復活，謂之醉魚云。

爾雅翼：薔，虞蓼。郭氏云：卽蓼之生水澤者也。蓼類甚多，有紫蓼、赤蓼、青蓼、馬蓼、水蓼、香蓼、木蓼等。紫、赤二蓼，葉小狹而厚。青、香二蓼，葉相似。馬、水二蓼，葉俱闊大，上有黑點。諸蓼花皆紅白，子赤黑。木蓼一名天蓼，蔓生，葉如柘，花黃白，子皮青滑，其最大者名蘢，已見別章中。蓼者妨稼之草，故詩曰：以薅荼蓼，荼蓼朽止，黍稷茂止。然于調和有用，故內則云：膾秋用蓼。鶉羹、雞羹，鴽釀之蓼。釀，謂切雜之也。漢尹郡尉書有種芥、葵、蓼、韭、葱諸篇，而長沙定王故宮有蓼園。周頌曰：未堪家多難，予又集于蓼。蓼辛物，故以爲多難之喻。越王苦思報吳，臥則以蓼。楚辭曰：蓼蟲不知徙乎葵菜。言蓼辛葵甘，蟲各安其故，不知遷也。而魏子曰：蓼蟲在蓼則生，在芥則死，非蓼仁而芥賊也，本不可失。

後山談叢：何承矩于雄州北築愛景臺，植蓼花，日至其處，吟詩數十首，刻石。人以謂何六宅愛蓼花，不知經始塘泊也。

說文解字注：蓼，辛菜。句 薔虞也。蓼爲辛菜，故內則用以和。用其莖葉，非用實也。薔虞見下文薔字下，此云蓼，薔虞也。下文薔，虞蓼也。是爲轉注，正與「蘇，桂荏也。桂，荏蘇也」同。特以篆、籀異其處耳。顏注急就篇乃云：虞蓼一名薔，叔重云：蓼一名薔虞，非也。夫釋草一篇，許君稱用異其讀者，往往而是。其萌虇蘠爲蘉灌渝也，鎬侯莎爲莎鎬侯也，蘽月爾爲蘽土夫也，蒩葑蓯爲葑須從也，何所疑於蓼呼蘠虞哉？某氏、孫炎、郭璞皆蘠爲句，虞蓼爲句，蓼借爲蓼蕭之蓼，長大皃，从艸，翏聲，盧鳥切，古音在三部。

蛇含 本草經：蛇全合是含字。味苦，微寒。主驚癇，寒熱邪氣，除熱，金瘡，疽痔，鼠瘻，惡瘡，頭瘍。一名蛇銜。

別錄：無毒。療心腹邪氣，腹痛，濕痹，養胎，利小兒。生益州山谷，八月採，陰乾。陶隱居云：即是蛇銜。蛇銜有兩種，並生石上。當用細葉花者，處處有之。亦生黃土地，不必皆生石上也。

唐本草注云：全字乃是含，陶見誤本，宜改爲含，含、銜義同，見古本草也。

圖經：蛇含生益州山谷，今近處亦有之。生土石上，或下濕地。蜀中人家亦種之。一莖五葉或七葉，此有兩種，當用細葉黃色花者爲上。八月採根，陰乾。古經錄驗方治赤瘮，用蛇銜草，擣極爛傅之，差。赤瘮者，由冷濕傅於肌中，甚即爲熱，乃成赤瘮，得天熱則劇，冷則減是也。古今諸丹毒瘡腫，方家通用之。又下有女青條云：蛇銜根也，生朱崖。陶隱居、蘇恭皆以爲若是蛇銜根，不應獨生朱崖。或云是雀瓢，即蘿藦之別名。或云二物同名，以相類故也。醫家鮮用，亦稀識別，故但附著於此。

抱朴子云：蛇銜膏，連已斷之指。

女青 本草經：女青味辛，平。主蠱毒，逐邪惡氣，殺鬼溫瘧，辟不祥，一名雀瓢。

別錄：有毒，蛇銜根也。生朱崖，八月採，陰乾。

陶隱居云：若是蛇銜，不應獨生朱崖，俗用是草葉，別是一物。未詳孰是。術云：帶此屑一兩，則疫癘不犯，彌宜識眞者。

唐本草注：此草即雀瓢也，葉似蘿藦，兩葉相對。

子似瓢形，大如棗許，故名雀瓢。根似白薇，生平澤。莖葉並臭，其蛇銜根，都非其類。又別錄云：葉嫩時似蘿摩，圓端，大莖，實黑，莖葉汁黃白色，亦與前說相似。若是蛇銜根，何得苗生益州，根在朱崖，相去萬里餘也？別錄云：雀瓢白汁，主蟲蛇毒，卽女青苗汁也。

本草綱目李時珍曰：女青有二：一是藤生，乃蘇恭所說似蘿摩者；一種草生，則蛇銜根也。蛇銜有大小二種：葉細者爲蛇銜，用苗莖；葉大者爲龍銜，用根。故王燾外臺祕要龍銜膏用龍銜根煎膏，治癰腫金瘡者，卽此女青也。陳藏器言女青、蘿摩不能分別；張揖廣雅言女青是葛類。皆是指藤生女青，非此女青也。別錄明說女青是蛇銜根，一言可據。諸家止因其生朱崖致疑，非矣。方土各有，相傳不同爾，況又不知有兩女青乎？又羅浮山記云：山有男青，似女青，此則不知是草生藤生者也。按女青，南越筆記以爲卽女貞，羅浮山記之女青也。

連翹　本草經：連翹味苦，平。主寒熱，鼠瘻、瘰癧，癰腫，惡瘡，癭瘤，結熱，蠱毒。一名異翹，一名蘭華，一名折根，一名軹，一名三廉。

爾雅：連，異翹。注：一名連苕。又名連草，本草云。

別錄：無毒。去白蟲。生泰山山谷，八月採，陰乾。處處有，今用莖，連花實也。

唐本注云：此物有兩種：大翹、小翹。大翹葉狹長，如水蘇，花黃可愛，生下濕地，著子似椿實之未開者，作房，翹出衆草。其小翹生崗原之上，葉花實皆似大翹而小細，山南人並用之。今京下惟用大翹子，不用莖花也。

圖經云：連翹生泰山山谷，今近京及河中、江寧府，澤、潤、淄、兗、鼎、岳、利諸州，南康軍，皆有之。有大翹、小翹二種，生下濕地，或山崗上。葉青黃而狹長，如榆葉水蘇輩。莖赤色，高三四尺許。花黃可愛。秋結實似蓮，作房，翹出衆草，以此得名。根黃如蒿根，八月採房，陰乾。其小翹生岡原之上，葉、花、實皆似大翹而細。南方生者，葉狹而小；莖短，纔高一二尺。花亦黃，實房黃黑，內含黑子，如粟粒。一名旱蓮草。南人用花葉，中品，鱧腸亦名旱蓮，人或以此當旱蓮，非也。今南中醫家説云，連翹蓋有兩種：一種似椿實之未開者，殼小堅，而外完，無跗萼，剖之則中解，氣甚芬馥。其實纔乾，振之皆落，不著莖也。一種乃如菡萏，殼柔，外有跗萼抱之，無解脈，亦無香氣，乾之雖久，著莖不脱，此甚相異也。今如菡萏者，江南山澤間極多。如椿實者，乃自蜀中來，用之亦勝江南者。據本草言，則蜀中來者爲勝，然未見其莖葉如何也。

救荒本草：連翹，今密縣梁家衝山谷中有之。科苗高三四尺，莖稈赤色。葉如榆葉大，面光，色青黃，邊微細，鋸齒，又似金銀花葉微尖艄。開花黃色可愛，結房狀似山梔子，蒴微扁而無棱瓣。蒴中有子，如雀舌樣，極小，其子折之，則片片相比如翹，以此得名。採嫩葉煠熟，換水浸去苦味，淘洗淨，油鹽調食。

葶藶

本草經：葶藶味辛、寒。主癥瘕積聚，結氣，飲食寒熱，破堅，逐邪，通利水道。一名大室，一名大適。

爾雅：蕇，葶藶。注：實、葉皆似芥。一名狗薺。

別錄：苦，大寒，無毒。下膀胱水，伏留熱氣，皮間邪水上出，面目浮腫，身暴中風，熱痱痒，利小腹，久服令人虛。一名丁歷，一名蕇蒿，生藁城平澤及田野。立夏後採實，陰乾。得酒良，榆皮爲之使，惡殭蠶石龍芮。

圖經曰：葶藶生藁城平澤及田野，今京東、陝西北州郡皆有之，曹州者尤勝。初春生苗葉，高六、七寸，有似薺，根白，枝莖俱青。三月開花，微黃，結角，子扁小，如黍粒微長，黃色。立秋後採實，暴乾。月令：孟夏之月靡草死。許慎、鄭康成注皆云：靡草，薺、葶藶之屬，是也。至夏則枯死，故此時採之。張仲景治肺癰喘不得臥，葶藶大棗瀉肺湯主之。葶藶炒黄色，搗末爲丸，大如彈丸，每服用大棗二十枚，水三升煎之，取二升，然後內入一彈丸，更煎取一升，頓服之。支飲不得息，亦主之。崔知悌方療上氣欬嗽，引長氣不得臥，或遍體氣腫，或單面腫，或足腫，並主之。葶藶子三升，微火熬，搗篩爲散，以清酒五升漬之。冬七日、夏三日，初服如桃許大，日三、夜一，冬日二、夜二，量其氣力，取微利一二爲度。如患急困者，不得待日滿，亦可以綿細絞卽服。其葶藶單莖向上，葉端出角，角麤且短。又有一種苟芥草，葉近根下，作奇生，角細長，取時必須分別前件二種也。又篋中方治嗽含膏丸，曹州葶藶子一兩，紙襯熬，令黑，知母一兩，貝母一兩，三物同搗篩，以棗肉半兩，別銷沙糖一兩半，同入藥中，和爲丸，大如彈丸。每服以新綿裹丸含之，徐徐嚥津，甚者不過三丸，今醫家亦多用之。

雷公炮炙論：凡使勿用赤鬚子，眞相似葶藶子，只是味微甘苦。葶藶子入頂苦，凡使以糯米相合，於竈上微微焙，待米熟，去米單搗用。

子母秘錄治小兒白禿，葶藶搗末，以湯洗訖，塗上。

本草綱目李時珍曰：按爾雅云：蕇，葶藶也。郭璞注云：實皆似芥，一名狗薺。然則狗薺卽是葶藶矣。蓋葶藶有甜苦二種，狗薺味微甘，卽甜葶藶也。或云：甜葶藶是菥蓂子，考其功用，亦似不然。

夏枯草

本草經：夏枯草味苦、辛，寒。主寒熱，瘰癧鼠瘻，頭瘡，破癥，散癭，結氣，腳腫，濕痹，輕身。一名夕句，一名乃東。

別錄：無毒。一名燕面，生蜀郡川谷，四月採。

圖經曰：夏枯草生蜀郡川谷，今河東淮浙州郡亦有之。冬至後生葉，似旋復。三月、四月開花，作穗，紫白色，似丹參花。結子亦作穗，至五月枯，四月採。

簡要濟衆：治肝虛、目睛疼、冷淚不止、筋脈痛及眼羞明怕日。補肝散：夏枯草半兩，香附子一兩，共爲末。每服一錢，臘茶調下，無時候服。

救荒本草：夏枯草，今祥符西田野中有之。苗高二三尺，其葉對節生，葉似旋復葉，而極長大，邊有細鋸齒，背白，上多氣脈紋路。葉端開花作穗，長二三寸許，其花紫白，似丹參花。葉味苦，採嫩葉煠熟，換水浸，淘去苦味，油鹽調食。

本草綱目李時珍曰：黎居士易簡方，夏枯草治目疼，用沙糖水，浸一夜用。取其能解內熱，緩肝火也。樓全善云：夏枯草治目珠疼，至夜則甚者，神效。或用苦寒藥點之反甚者，亦神效。蓋目珠連目本卽係也，屬厥陰之經，夜甚，及點苦寒藥反甚者，夜與寒亦陰故也。夏枯稟陰陽之氣，補厥陰血脈，故治此如神，以陽治陰也。一男子至夜，目珠疼連眉棱骨，及頭半邊腫痛，用黃連膏點之，反甚，諸藥不效；灸厥陰少陽，疼隨止，半日又作。月餘，以夏枯草二兩、香附二兩、甘草四錢爲末，每服一錢半，清茶調服。下咽則疼減半，至四五服，良愈矣。

旋覆花

本草經：旋覆花味鹹、溫。主結氣，脇下滿，驚悸，除水，去五臟間寒熱，補中下氣。一名金沸草，一名戴椹。

爾雅：蕧，盜庚。注：旋蕧似菊。疏：蕧，一名盜庚也。

別錄：甘，微溫，冷利，有小毒。消胸上痰結，唾如膠漆，心脇痰水，膀胱留飲，風氣濕痹，皮間死肉，目中眵䁾，利大腸，通血脈，益色澤。一名戴椹，其根主風濕，生平澤、川谷。五月採花，日乾，二十日成。陶隱居云：出近道下濕地，似菊花而大。又有旋蓄根，出河南，來北國。亦有形似芎藭，惟合旋蓄膏用之，餘無所入，非此旋覆花根也。

蜀本圖經云：旋覆花葉似水蘇，黃花如菊，今所在皆有，六月至九月採花。

圖經曰：旋覆花生平澤、川谷，今所在有之。二月已後生苗，多近水傍，大似紅藍而無刺，長一二尺已來。葉如柳，莖細，六月開花如菊花，小銅錢大，深黃色。上黨田野人呼爲金錢花，七八月採花，暴乾，二十日成。今近都人家園圃所蒔金錢花，花葉並如上說，極易繁盛，恐卽此旋覆也。張仲景治傷寒汗下後心下痞堅，噫氣不除，有七物旋覆代赭湯，又治婦人有三物旋覆湯，胡洽：有餘痰飲在兩脇脹滿等，旋覆花收效尤多。

外臺秘要：救急續斷筋法，取旋覆花草根，淨洗去土，擣，量瘡大小傅之。日一二易，以差爲度。又方：砍斫筋斷者，以旋覆根擣汁，瀝瘡中，仍用滓封瘡上，十五日卽斷筋便續。此方出蘇景仲家，獠奴用效。

本草衍義：旋覆花葉如大菊，又如艾蒿。七八月有花，大如梧桐子花，淡黃綠，繁茂，圓而覆下，亦一異也。其香過於菊，行痰水，去頭目風。其味甘、苦、辛，亦走散之藥也。其旋花四月、五月有花，別一種，非此花也。

救荒本草：旋覆花今處處有之，苗多近水傍。初生大如紅花葉而無刺，苗長二三尺已來，葉似柳葉稍寬大。莖細如蒿簳，開花似菊花，如銅錢大，深黃色。花味鹹、甘，性溫，微冷利有小毒。葉味苦，採葉煠熟，水浸去苦味，淘淨，油鹽調食。

草蒿

本草經：草蒿味苦，寒。主疥瘙、痂痒，惡瘡，殺蝨，留熱在骨節間，明目。一名青蒿，一名方潰。

爾雅：蒿，菣。疏曰：蒿一名菣。詩小雅云：食野之蒿。陸璣云：青蒿也。荆、豫之間，汝南、汝陰皆云菣。孫炎云：荆、楚之間，謂蒿爲菣。郭云：今人呼青蒿，香中炙啖者爲菣，是也。

別錄：無毒。生華陰川澤。陶隱居云：處處有之，卽今青蒿。人亦取雜香菜食也。

唐本草注云：此蒿挼傅金瘡，大止血、生肉，止疼痛良。蜀本圖經云：葉似茵陳蒿，而背不白。高四尺許，四月、五月採苗，日乾。江東人呼爲犼蒿，爲其臭似犼，北人呼爲青蒿。

圖經曰：草蒿卽青蒿也，生華陰川澤，今處處有之。春生苗，葉極細，嫩時人亦取雜諸香菜食之。至夏高四、五尺，秋後開細淡黄花，花下便結子，如粟米大。八、九月間採子，陰乾。根莖子葉並入藥，用乾者炙作飲、香尤佳。青蒿亦名方潰，凡使子勿使葉，使根勿使莖，四者若同，反以成疾。得童子小便浸之，良。治骨蒸、勞熱爲最。古方多單用者。葛氏治金刃初傷，取生青蒿擣傅上，以綿裹瘡，血止卽愈。崔元亮海上方：療骨蒸鬼氣，取童子小便五大斗，澄過青蒿五斗（八、九月採帶子者最好），細剉，二物相和，內好大釜中，以猛火煎取三大斗，去滓，淨洗釜，令乾；再瀉汁安釜中，以微火煎，可二大斗，澄過青蒿，卽取豬膽十枚相和，煎一大斗半，除火待冷，以新甆器盛。每欲服時，取甘草二三兩，熟炙擣末以煎，和擣一千杵爲丸，空腹粥飲下二十丸，漸增至三十丸止。

本草衍義：草蒿今青蒿也，在處有之。得春最早，人剔以爲蔬，根赤、葉香，今人謂之青蒿，亦有所別也。但一類之中，又取其青色者。陝西、綏銀之間，有青蒿，在蒿叢之間，時有一兩窠，迥然青色，土人謂之爲香蒿。莖葉與常蒿一同，常蒿色淡青，此蒿色深青，故氣芬芳。恐古人所用以深青者爲勝，不然，諸蒿何嘗不青。

嶺外代答：大蒿，容梧道中久無霜雪處，蒿草不凋，年深滋長大者，可作屋柱，小亦中肩輿之杠。

澧屬王仲顯沿檄失輴杠，從者斫道旁木代之，行數里輒脆折，怪視之，蒿也。古有蒿柱之說，豈其類乎？

說文解字注：菣，香蒿也。詩：食野之蒿。爾雅、毛傳皆云：蒿，菣也。郭璞云：今人呼爲青蒿，香中炙啖者爲菣，從艸，臤聲，去刃切，十二部。⿱艹堅、菣或从堅。按陸德明曰：菣，字林作⿱艹堅。

青葙子　本草經：青葙子味苦，微寒。主邪氣，皮膚中熱，風瘙、身痒，殺三蟲。名草決明，療脣口青。一名草蒿，一名萋蒿。

別錄：無毒。主惡瘡，疥蝨，痔蝕，下部䘌瘡。子生平谷道傍，三月採莖葉，陰乾。五月、六月採子。陶隱居云：處處有，似麥栅花，其子甚細。後又有草蒿，別本亦作草藁。今即主療殊相類、形名又相似極多，足爲疑而實兩種也。

唐本草注云：此草苗高尺許，葉細軟，花紫白色，實作角，子黑而扁光，似莧實而大。生下濕地，四月、五月採。荆、襄人名爲崑崙草，搗汁單服，大療溫癘甘䘌。

圖經云：青葙子生平谷道傍，今江、淮州郡近道亦有之。二月內生青苗，長三四尺，葉闊似柳，軟莖似蒿，青紅色。六月、七月內生花，上紅下白。子黑光而扁，有似莨菪。根似蒿根而白，直下，獨莖而生。六月、八月採子。又有一種，花黃，名陶朱術，苗亦相似，恐不堪用之。

雷斆炮炙論：凡用勿使思蓂子，並鼠細子，其二件眞似青葙子，只是味不同。其思蓂子甜，煎之有涎，凡用先燒鐵臼杵，單搗用之。

本草衍義曰：青葙子，經中並不言治眼，藥性論始言之。能治肝藏熱毒衝眼，赤障、青盲。

藎草　本草：藎草苦，平，無毒。主久欬，上氣喘逆，久寒，驚悸，痂疥白禿，瘍氣，殺皮膚小蟲。

爾雅：菉，王芻。注：菉，蓐也。今呼鴟腳莎。疏：舍人云，一名王芻，某氏云，菉，鹿蓐也。郭云：

蓐也。今呼鵖腳莎。詩衛風云：瞻彼淇澳，菉竹猗猗，是也。

別錄：無毒。可以染黃色，生青衣川谷，九月、十月採。陶隱居云：青衣在益州西。

廣本草注云：此葉似竹而細薄，莖亦圓小。生平澤、溪澗之側。荆、襄人煮以染黃色，極鮮好。洗瘡有效，俗名菉蓐草。

說文解字注：藎，草也。蘇恭、掌禹錫皆云：俗名菉蓐草。爾雅所謂王芻。詩淇澳之菉也。按說文有藎，又別有菉，則許意藎非菉矣。從艸，盡聲，徐刃切，十二部。大雅以爲進字。

萹蓄

萹蓄 本草經：萹蓄味苦，平。主浸淫、疥瘙、疽痔，殺三蟲。

爾雅：竹，萹蓄。注：似小藜，赤莖節，好生道傍，可食，又殺蟲。疏李巡曰：一物二名也。孫炎引詩衛風云：菉竹猗猗。郭云：似小藜，赤莖節，好生道傍，可食，又殺蟲。按陶隱居本草注云：處處有，布地而生，節間白華，葉細綠，人謂之萹竹。煮汁與小兒飲，療蚘蟲，是也。

別錄：無毒。療女子陰蝕。生東萊山谷，五月採，陰乾。

藥性論云：萹竹使味甘，煮汁與小兒服，主蚘蟲等咬心，心痛、面青、口中沫出，臨死者，取十斤細剉，以水一石煎，去滓，成煎如飴。空心服，蟲自下皆盡也。主患痔疾者，常取葉搗汁服，效。治熱黃，取汁，頓服一升。多年者，再服之。根一握，洗去土，搗汁服之，一升。服丹石毒發，衝目腫痛，又傅熱腫，效。

圖經曰：萹蓄一名萹竹，出東萊山谷，今在處有之。春中布地生道傍，苗似瞿麥，莖細綠如竹，赤莖如釵股，節間花出甚細微，青黃色。根如蒿根。四月、五月採苗，陰乾。

李衎竹譜：萹竹，南、北在處下濕地俱有之。布地而生，莖綠紫有節。葉似竹。醫家用爲利水道藥。廣西、安南者，葉大，可煮爲菜。

救荒本草：萹蓄一名萹竹，今在處有之。布地生道傍，苗似石竹，葉微闊，嫩綠如竹。赤莖如釵股，節間花出甚細，淡桃紅色。結小細子。根如蒿根。葉、苗味苦，採苗、葉煠熟，水淘淨，油鹽調食。按直隸鄉村中亦呼爲竹葉菜。

資暇録：詩衛風淇澳篇云，菉竹猗猗。按陸璣草木疏稱：郭璞云，菉，王芻也。今呼爲鴟腳莎，一名卽鹿蓐草。又云：萹竹似小藜，赤莖節。韓詩作薄，亦云薄萹竹，則明知非筍竹矣。今爲辭賦，皆引猗猗入竹事，大誤也。當時謝莊竹贊云：瞻彼中唐，綠竹猗猗，便襲其謬。

毛詩陸疏、廣要：竹，爾雅云：竹，萹蓄。郭注：似小藜，赤莖節，好生道傍，可食，又殺蟲。李巡曰：一物二名也。孫炎引詩衛風云：菉竹猗猗。按陶隱居本草注云：處處有，布地而生。節間白華，葉細綠，人謂之萹竹。鬻汁與小兒飲，療蚘蟲。鄭注：卽萹竹也。韓詩：綠薄猗猗。薄，萹筑也。陸德明曰：薄，萹竹也。石經同。萹竹亦作扁竹。蜀本草云：葉如竹，莖有節，細如釵股，生下濕地。圖經云：春中布地生道傍，苗似瞿麥。葉細綠如竹。赤莖如釵股，節間花出甚細微，青黃色。根如蒿根。爾雅翼云：九章曰，擥大薄之芳茝兮，搴長洲之宿莽；惜吾不及古之人兮，吾誰與玩此芳草！解萹蓄與雜菜兮，備以爲交佩。王逸曰：言已解折萹蓄，雜以香菜，合而佩之，修飾彌盛也。然萹蓄、雜菜皆非芳草，逸義非是。蓋言解去萹蓄與雜菜，而佩芳茝宿莽爲交佩爾。然則竹又惡物，與衛風相反耶？又云：萹蓄既似竹，則宜謂之竹爾。按璣所說，則又合錄與竹爲一草，未知其審。然古今說者皆言淇水旁自生竹箭，故古人言伐竹淇衛，又曰淇衛之箭。如此多矣。蓋淇水宜竹箭，自古已然。然說文引詩作箓竹，韓詩作錄薄，菉既非色，而薄又非竹，不可合爲綠色之竹箭，故析而解之云：菉，王芻；薄，萹筑也。然則淇澳自出竹箭，不妨兼有菉、竹二草耶？按錄一作菉，王芻也；竹一作薄，萹蓄也。毛詩說皆同。而竹譜、朱傳皆以爲卽漢書淇園之竹。酈道元云：淇川無竹，惟王芻、萹草。不異毛注。劉執中云：淇水之旁，至今多美竹。豈淇園之竹在後魏無復遺種，而至宋更滋茂乎？然據兩漢書，淇澳有竹；據水經注有王芻、萹草。毛、韓、朱三家各自可通。陸璣又以菉竹爲一草名，古今並無從其說者。今木賊草醫方通用，木工以治器，但無華葉，寸寸有節。與陸說有葉者稍殊，未知卽一物否也。爾雅釋簜莽等在草中，然實非草類。王元美所云：竹於草木，如魚於禽獸，是也。其類至多。山海經：帝俊竹、共谷竹、鉤端竹、尋竹；禮斗威儀：蔓竹；吳越春秋：晉竹；述異記：斑竹、孤竹、孝竹；呂覽：嶰谷竹；南都賦：籦籠、箽篾、篠簳、箛箠；吳都賦：篔簹、林箊、桂箭、射筒、柚梧、篻簩；竹譜：單名者，籥、篁、棘、單、苦、甘、弓、筋、笻、簹、篩、籦、蓋、狗、蘆、篃之屬；雙名者，蘇麻、般腸、百葉、雞脛、篲篠之屬；廣志有雲母、攤蒠、漢利之屬；酉陽雜俎有箘䈪之屬；筍譜至八十五種竹筍，及諸方志有疎節、人面、綿貓、叢澀、碧玉、電斑之屬：難以具載。然多出交，廣荒外，非詩人所盡見也。竹田曰篁，竹胎曰筍，竹膚曰筤，竹皮曰箬，竹裏曰笨，竹枚曰箇，竹約曰節，剖竹未去節曰䈰，竹死曰箹。竹有雌雄，雄者多筍。五月十三日謂之竹醉日，栽竹多茂盛。其性惡寒好溫，故曰九河鮮育，五嶺實繁。然處處有之，不似萹蓄但盛於淇川也。上文皆馮嗣宗辨證，可謂詳明博雅矣。但遍搜陸疏刻本，並未載木賊，惟馮本多「其草澀礪，可以洗攬笏及盤枕，利於刀錯，俗呼爲木賊」數語，因多木賊草一辨。然木賊產秦、隴間，不聞產於淇、衛，未知昔人何以云然。

按萹蓄、木賊，近水處皆有，何止盛於淇、衞、秦、隴。萹蓄北方謂之竹葉菜，滇南尚呼萹蓄。古語流傳，及於遐裔，注書者拘文牽義，殆猶愧之！

說文解字注：薄，水萹茿也。謂萹茿之生於水者，謂之薄也。統言則曰萹茿，析言則有水陸之異，異其名因異其字。詩衞風：綠竹猗猗。音義曰：竹，韓詩作薄，萹茿也。石經亦作薄。按石經者蓋漢一字石經，魯詩也。西京賦李注引韓詩綠薄如簀。玉篇曰：毒同薄，從艸水，毒聲，讀若督，徒沃切，三部。萹，萹茿也，三字句。釋草云：竹，萹蓄。按竹者釋毛詩衞風之竹也。韓、魯詩皆作薄，毛詩獨叚借作竹。爾雅與毛詩合。茿、蓄疊韻通用。本草經亦作萹蓄，从艸，扁聲，方沔切，十二部。茿，萹茿也。從草，筑省聲，陟玉切，三部。按此不云巩聲，而云筑省聲者，以巩字工聲，筑字竹亦聲也。茿篆鍇本在後，蓄下范上。

陸英

本草經：陸英味苦，寒。主骨間諸痹，四肢拘攣疼酸，膝寒痛，陰痿，短氣不足，腳腫。

別錄：無毒。生熊耳川谷及冤句，立秋採。

唐本草注：此卽蒴藋是也。後人不識，浪出蒴藋條。此葉似芹及接骨，花亦一類，故芹名水英，此名陸英，接骨樹名木英，此三英也。花葉並相似。

圖經曰：陸英生熊耳川谷及冤句，蒴藋不載所出州土，但云生田野，今所在有之。春抽苗，莖有節，節間生枝。葉大似水芹及接骨，春夏採葉，秋冬採根莖。或云卽陸英也。本經別立一條。陶隱居亦以爲一物。蘇恭云：藥對及古方有蒴藋，無言陸英，明非別物。今注以性味不同，疑非一種，謂其類耳，然亦不能細別再詳。陸英條不言所用，蒴藋條云用葉、根、莖，蓋一物而所用別；故性味不同，何以明之。蘇恭云：此葉似芹及接骨，花亦一類，故芹名水英，此名陸英，接骨名木英，此三英花葉並相似。又按爾雅云：華，荂也；華，荂榮也。木謂之華，草謂之榮；不榮而實者，謂之秀；榮而不實者，謂之英。然則此物既有英名，當是其花耳。故本經云：陸英立秋採，立秋正是其花時也。又葛氏方有用蒴藋者，有用蒴藋根者，有用葉者。三用各別，正與經載三時所採者相會。謂陸英爲花，無疑也。

本草綱目李時珍曰：陶、蘇本草，甄權藥性論，皆言陸英即蒴藋，必有所據。馬志、寇宗奭雖破其說，而無的據。仍當是一物，分根、莖、花、葉用，如蘇頌所云也。

按諸說多以陸英、蒴藋爲一物，但主治不同。今滇南有一種全類陸英而結子黑色，破其莖有紅汁，俗呼血滿草，浸腿脚治腫痹，極效，或即陸英也。

蒴藋

別錄：蒴藋味酸，溫，有毒。主風瘙癮疹，身痒，濕痹，可作浴湯。一名堇草，一名芨，生田野。春夏採葉，秋冬採莖、根。陶隱居云：田野墟村中甚多，絕療風痹痒痛，多用傅洗，不堪入服，亦有酒漬根梢飲之者。

唐本草注：此陸英也，剩出此條。爾雅云：芨，堇草。郭注云：烏頭苗也。檢三堇別名，又無此者。蜀人謂烏頭苗爲堇草，陶引此條，不知所出處。藥對及古方無蒴藋，唯言陸英也。

本草衍義：蒴藋與陸英，既性味及出產處不同，治療又別，自是二物，斷無疑焉。況蒴藋花白，子初青如菉豆顆，每朶如盞面大，又平，生有一、二百子，十月方熟紅。豈得言剩出此條，孟浪之甚也！

按蒴藋今通呼爲接骨草，市醫以爲要藥，白花成簇，俗呼眞珠花。子如珊瑚，又呼珊瑚花。氣味近臭，多生廢圃蕪穢處。圖經以爲葉似水芹，綱目以爲每枝五葉，皆極確；然葉莖深青，葉對排甚密，故市醫名爲排風籐，又呼爲鐵籬笆，皆以形色呼之。

說文解字注：藋，堇草也。依集韻、類篇李仁甫本作堇。廣韻：堇謹音，藋也。名醫別錄：蒴藋一名堇草，一名芨，按下籀文內有堇字，云根如薺，葉如細柳，未知是一否？凡物有異名同實者。釋草曰：芨，堇草。陸德明謂卽本草之蒴藋。按郭釋以烏頭，烏頭名堇，見國語，而芨名無見。陸說爲長。鍇本堇作蓳，一曰拜商藋，釋草商作蔏。說文言「一曰」者，有二例：一是兼採別說，一是同物二名；此「一曰」未詳何屬。疑堇草爲蒴藋，拜商藋爲今之灰藋也。灰藋似藜。左傳：斬之蓬蒿藜藋。李燾本商作啻，宋麻沙大徐本亦作啻，蓋許所據爾雅不同。今本从艸，翟聲，徒弔切，二部。芨，堇艸也，見上。从艸，及聲，讀若急，居立切，七部。

王不留行

本草經：王不留行味苦。主金瘡，止血，逐痛，出刺，除風痹內寒。久服輕身，耐老增壽。

別錄：甘，平，無毒。止心煩，鼻衄，癰疽，惡瘡，瘻乳，婦人難產。生泰山山谷，二月、八月採。陶隱居云：今處處有，人言是蓼子，亦不爾。葉似酸漿，子似菘子，而多入癰瘻方用之。

蜀本草經：云葉似松藍等，花紅白色，子殼似酸漿，實圓黑，似菘子，如黍粒。今所在有之。三月收苗，五月收子，曬乾。

圖經：王不留行生泰山山谷，今江、浙及並河近處皆有之。莖苗俱青，高七八寸已來。根黃色，如薺根。葉尖如小匙頭，亦有似槐葉者。四月開花，黃紫色，隨莖而生，如松子狀，又似猪藍花。五月內採苗莖，曬乾用。俗間亦謂之剪金草，河北生者葉圓花紅，與此小別。張仲景治金瘡八物王不留行散，小瘡粉，其中大瘡但服之，產婦亦服。

正元廣利方：療諸風痙有王不留行湯，最效。梅師方：治竹木鍼刺在肉中不出，疼痛，以王不留行爲末，熟水調方寸匕，即出。

救荒本草：王不留行又名剪金草，一名禁宮花，一名剪金花。今祥符沙堈間有之，苗高一尺餘，其莖對節生叉。葉似石竹子葉而寬短，㨨莖對生，脚葉似槐葉而狹長。開粉紅花，結蒴如松子大，似罌粟殼樣，極小。有子，如葶藶子大而黑色。採嫩葉煠熟，換水淘去苦味，油鹽調食。子可搗爲麪食。

本草綱目李時珍曰：多生麥地中，苗高者一二尺，三四月開小花，如鐸鈴狀，紅白色。結實如燈籠草，子殼有五棱，殼內包一實，大如豆，實內細子大如松子，生白、熟黑，正圓如珠，可愛。

按此說與前諸說異。

艾

爾雅：艾，冰臺。注：今艾蒿。疏：一名冰臺，即今艾蒿也。詩王風云：彼采艾兮，是也。

別錄：艾葉味苦，微溫，無毒。主灸百病，可作煎，止下痢吐血，下部䘌瘡，婦人漏血，利陰氣，生肌肉，辟風寒，使人有子。一名冰臺，一名醫草。生田野，三月三日採，暴乾，作煎，勿令見風。陶隱居云：搗艾葉以灸百病，亦止傷血。汁又殺蚘蟲，苦酒煎葉，療癬甚良。

圖經：艾葉舊不著所出州土，但云生田野，今處處有之，以復道者爲佳，云此種灸百病尤勝，初春布地生苗，莖類蒿，而葉背白，以苗短者爲佳。三月三日、五月五日採葉，暴乾，經陳久方可用。俗間亦生搗葉取汁飲，止心腹惡氣。古亦用熟艾搨金瘡，又中風掣痛，不仁不隨，並以乾艾斛許揉團之，內瓦甑中，並下塞諸孔，獨留一目，以痛處著甑目下，燒艾一時久，知矣。又治癩。取乾艾隨多少以浸麴釀酒，如常法飲之，覺痹即差。近世亦有單服艾者，或用蒸木瓜丸之，或作湯，空腹飲之，甚補虛羸。然亦有毒，其毒發則熱氣衝上，狂躁不能禁，至攻眼有瘡出血者，誠不可妄服也。

志林：端午日未出，於艾中以意求其似人者，輒擷之以灸，殊有效，幼時見一書中云爾，忘其爲何書也。艾未有眞似人者，於明暗間苟以意命之而已。萬法皆妄，無一眞者，何復疑耶？

素問：北方者，天地所閉藏之域也，西北方陰也，是以閉藏之氣，惟此更甚。其地高陵居，風寒冰冽，其民樂野處而乳食。地高陵居，西北之勢也；風寒冰冽，陰氣勝也；野處乳食，北人之性也。藏寒生滿病，其治宜艾焫，故艾焫者亦從北方來。注：夫秋收之氣，收於內；冬藏之氣，直閉藏於至陰之下；是以中上虛寒，而胸腹之間，生脹滿之病矣。艾名冰臺，削冰令圓，舉而向日，以艾承其影則得火。夫陽生於陰，火生於水，艾能得水中之眞陽者也。北方陰氣獨盛，陽氣閉藏，用艾焫灸之，能通接元陽於至陰之下，是以灸焫之法，亦從北方而來也。夫人與天地參也，天有寒暑之往來，人有陰陽之出入。經曰：陷下則灸之，則四方之民陽氣陷藏，亦宜艾焫。故曰艾焫之法，亦從北方來。

本草綱目李時珍曰：凡灸艾火者，宜用陽燧火珠承日，取太陽眞火。其次則鑽槐取火爲良。若急卒難備，卽用眞麻油燈或蠟燭火，以艾莖燒點於炷，滋潤灸瘡，至愈不痛也。其戛金擊石，鑽燧八木之火，皆不可用。邵子云：火無體，因物以爲體，金石之火，烈於草木之火，是矣。八木者：松火難瘥，柏火傷神多汗，桑火傷肌肉，柘火傷氣脈，棗火傷內吐血，橘火傷營衞經絡，榆火傷骨失志，竹火傷筋損目也。南齊書載武帝時有沙門從北齊齎赤火來，其火赤於常火而小，云以療疾，貴賤爭取之，灸之七炷，多得其驗。吳興楊道慶虛疾二十年，灸之卽瘥，咸稱爲聖火。詔禁之，不止，不知此火何物之火也。

荆楚歲時記：五月五日採艾以爲人，懸門戶上以禳毒氣。按宗測字文度，嘗以五月五日雞未鳴時採艾，見似人者攬而取之，用灸有驗。

獨醒雜志：樞密孫公抃生數日，患臍風已不救，家人乃盛以盤，合將棄諸江，道遇老嫗，曰：兒可活。卽與俱歸，以艾灸臍下，遂活。

博物志：積艾草三年後燒，津液下流成鉛錫，已試有驗。

楚辭芳草譜：蕭與艾皆香草。離騷則薄之曰：戶服艾以盈腰兮，謂幽蘭其不可佩。然要之庶人所服，比之蘭蕙則有間矣。

說文解字注：莀，艸也。可以染留黃。系部綟下曰：帛莀艸染色也。留黃，辭賦家多作流黃。皇侃禮記義疏作騮黃，土剋水，故中央騮黃，色黃黑也。漢諸侯王盭綬。晉灼曰：盭，艸名。出琅邪平昌縣。似艾，可染黃，因以爲綬名。玉裁按：盭同音叚借字也。漢制盭綬在紫綬之上，其色黃而近綠。故徐廣云似綠，或云似紫綬，名緺綬者，非也。緺，紫青色，與綟不同。从艸，戾聲，郞計切，十五部。

按今艾亦用以染黃，莀似艾，古亦云艾綬。附錄於此。

又艾，仌臺也，見釋艸。張華博物志曰：削冰令圓，舉以向日，以艾於後承其影，則得火。从艸，乂聲，五蓋切，十五部。古多借爲乂字，治也，又訓養也。

惡實

別錄：惡實味辛，平。主明目，補中，除風傷。根莖療傷寒，寒熱，汗出，中風，面腫，消渴，熱中，逐水。久服輕身耐老。生魯山平澤。

陶隱居云：方藥不復用。

圖經：惡實卽牛蒡子也，生魯山平澤，今處處有之。葉如芋而長，實似葡萄核而褐色，外殼如栗梂，小而多刺。鼠過之則綴惹不可脫，故謂之鼠黏子，亦如羊負來之比。根有極大者，作菜茹尤益人。秋後採子，入藥用，根葉亦可生搗，入少鹽花，以搨腫毒。又冬月採根蒸暴之，入藥。劉禹錫傳信方：療暴中風，用緊牛蒡子根，取時須避風，以竹刀或荆刀刮去土，用生布拭了，搗絞取汁一大升，和灼然好蜜四大合，溫，分爲兩服。每服相去五六里，初服得汗，汗出便差。此方得之岳鄂鄭中丞，鄭頃年至潁陽，食一頓熱肉，便中暴風。外甥盧氏爲潁陽尉，有此方，當時便服，得汗隨差，神效。又篋中方：頭風及腦掣痛不可禁者，摩膏主之，取牛蒡莖葉搗取濃汁一升，合無灰酒一升，鹽花一匙頭，煻火煎令稠，成膏，以摩痛處，風毒散，自止。亦主時行頭痛，摩時須極力令作熱，乃速效。冬月無苗，用根代之亦可。

食療本草：根作脯，食之良。熱毒腫，搗根及葉封之。杖瘡、金瘡取葉貼之，永不畏風。又癱緩及丹石風毒，石熱發毒，明耳目，利腰膝，則取其子，末之，投酒中，浸經三日，每日飲三兩盞，隨性多少飲。散支節筋骨煩熱毒，則食前取子三七粒，熟挼吞之，十服後，甚良。細切根如小豆大，拌麵作飯，煮食尤良。又皮毛間習習如蟲行，煮根汁浴之，夏浴慎風卻入。其子炒過，末之，如茶煎三匕，通利小便。

救荒本草：牛蒡子俗名夜叉頭，根謂之牛菜，生魯平山澤，今處處有之。苗高二三尺，葉如芋葉，長大而澀，花淡紫色。實似蘿蔔而褐色，外殼如栗梂而小，多刺，殼中有子，如半粒麥而扁小。根長尺餘，麄如拇指，其色灰黲。採葉煠熟，水浸去邪氣，淘洗淨，油鹽調食，及取根洗淨，煮熟食之。

山家清供：牛蒡脯，孟冬後採根去皮，淨洗煮，毋失之過，槌扁壓，以鹽、醬、茴、蘿、薑、椒、熟油諸料，研細一兩，火焙乾，食之如肉脯之味。筍與蓮脯同法。

小薊

別錄：大小薊根味甘，溫。主養精保血。大薊主女子赤白沃，安胎，止吐血，衄鼻，令人肥健。五月採。陶隱居云：大薊是虎薊，小薊是猫薊，葉並多刺相似。田野甚多，方藥不復用，是賤之故。大薊根甚療血，亦有毒。

唐本草注云：大小薊葉雖相似，功力有殊，並無毒，亦非虎猫薊也。大薊生山谷，根療癰腫。小薊生平澤，俱能破血；小薊不能消腫也。

圖經：小薊根，本經不著所出州土，今處處有之，俗名青刺薊，苗高尺餘，葉多刺，心中出花，頭如紅藍花而青紫色，北人呼爲千鍼草。當二月苗初生二三寸時，幷根作茹，食之甚美。四月採苗，九月採根，並陰乾入藥，亦生搗根，絞汁飲，以止吐血，衄血，下血，皆驗。大薊根苗與此相似，但肥大耳，而功力有殊。破血之外，亦療癰腫。小薊專主血疾。

救荒本草：刺薊菜，本草名小薊，俗名青刺薊，北人呼爲千鍼草，今處處有之。苗高尺餘，葉似苦苣葉，莖葉俱有刺而葉不皺，葉中心出花頭，如紅藍花，而青紫色。味甘，性溫。採嫩苗葉煠熟，水浸淘淨，油鹽調食，甚美。

大青

別錄：大青味苦，大寒，無毒。主療時氣，頭痛，大熱，口瘡。三四月採莖，陰乾。陶隱居云：療傷寒方多用此，本經又無。今出東境及近道，長尺許，紫莖。除時行熱毒爲良。

圖經：大青舊不載所出州土，今江東州郡及荊南眉、蜀、濠、淄諸州，皆有之。春生青紫莖，似石竹苗葉，花紅紫色，似馬蓼，亦似芫花，根黃。三月、四月採莖葉，陰乾用。古方治傷寒，黃汗，黃疸等，有大青湯。又治傷寒、頭身強、腰脊痛葛根湯，亦用大青。大抵時疾藥多用之。

本草綱目李時珍曰：處處有之。高二三尺，莖圓，葉長三四寸，面青背淡，對節而生。八月開小花，紅色成簇，結青實，大如椒顆，九月色赤。

虎杖 爾雅：蒤，虎杖。注：似葒草而麤大，有細刺，可以染赤。

別錄：虎杖根微溫，主通利月水，破留血癥結。

陶隱居云：田野甚多此，狀如大馬蓼，莖斑而葉圓，極主暴瘕，酒漬根服之也。

圖經：虎杖一名苦杖，舊不載所出州郡，今處處有之。三月生苗，莖如竹笋狀，上有赤斑點，初生便分枝丫，葉似小杏葉，七月開花，九月結實。南中出者無花，根皮黑色，破開卽黃，似柳根，亦有高丈餘者。二月、三月採根，暴乾。河東人燒根灰，貼諸惡瘡。浙中醫工取根，洗去皺皮，剉焙擣篩，蜜丸如赤豆，陳米飲下，治腸痔下血，甚佳。俗間以甘草同煎爲飲，色如琥珀可愛。瓶盛置井中，令冷徹如冰，極解暑毒，其汁染米作糜糕，益美。

本草衍義：虎杖根微苦，經不言味，此草藥也。蜀本圖經言作木，高丈餘，此全非虎杖，大率皆似寒菊，然花、葉、莖、蘂差大爲異，仍莖葉有淡黑斑。自六、七月旋旋開花，至九月中方已花片四出，其色如桃花，差大，外微深。陝西山麓水次甚多，今天下暑月多煎根汁爲飲，不得甘草，則不堪飲。藥性論云：和甘草煎嘗之，甘美，其味甘卽是甘草之味，非虎杖也。論其攻治，則甚當。

老學菴筆記：齊民要術有鹹杬子法，用杬木皮漬鴨卵，今吳人用虎杖根漬之，亦古遺法。

葒草 爾雅：紅，蘢古，其大者蘬。注：俗呼紅草爲蘢鼓，語轉耳。詩經：隰有遊龍。陸璣疏：遊龍一名馬蓼，葉麤大而赤白色，生水澤中，高丈餘。

圖經：葒草卽水紅也，舊不著所出州郡，云生水傍，今所在下濕地，皆有之。似蓼而葉大，赤白色，高丈餘。本經云：似馬蓼而大。若然，馬蓼自是一種也。五月採實，今亦稀用，但取根、莖作湯，治脚氣耳。

救荒本草：白水葒苗，採嫩苗、葉煠熟，水浸淘淨，油鹽調食。洗淨蒸食亦可。

按陸疏廣要以本草衍義水蓼與水紅相似，遂以爲龍非蓼，而引埤雅天蓼一名龍爲證。不知水葒花莖與蓼無異，而葉大近圓，不似他蓼葉皆尖長。北方至今呼爲水葒，或轉葒爲蓬。然則葒之爲龍、爲蓬，正合爾雅注龍古語轉之説。

爾雅翼：龍，紅草也。一名馬蓼，葉大而赤白色。生水澤中，高丈餘，今人猶謂之水紅草。而爾雅又謂之蘢古。鄭詩稱：山有喬松，隰有游龍。云游龍者，言其枝葉之放縱也。龍與荷華是隰草之偉者，然所配扶蘇喬松不同。按管子有五粟、五沃、五位、五蘟、五壤、五浮之土，謂之上土。五沃之土，則桐柞枎櫄，秀生莖起。五臭疇生，蓮與蘪蕪，藁本白芷。然則首章言扶蘇、荷華，應此五沃之土也。其五位，曰其山之淺，有龍與芔，羣木安遂，條長數丈。其桑其松，其杞其茸。次章言喬松、游龍，應此五位之土也。此皆土之最美者，特非子都、子充而狂且、狡童之爲見，則所美非美矣。淮南言：水草之始，海閭生屈龍，屈龍生容華，容華生蔈，蔈生萍藻，萍藻生浮草。凡浮生不根茇者，生于萍藻。屈龍，豈亦此龍草邪？斂爲屈，縱爲游，是或一道也。

曲洧舊聞：紅蓼即詩所謂游龍也。俗呼水紅，江東人別澤蓼呼之爲火蓼。道家方書亦有用者，呼爲鶴膝草，取其莖之形似也。然澤蓼有二種，味辛者酒家用以造麴，餘不入用也。

白蘘荷

別錄：白蘘荷微溫。主中蠱及瘧。陶隱居云：今人乃呼赤者爲蘘荷，白者爲覆葅，葉同一種爾。於人食之，赤者爲勝。藥用白者。中蠱者服其汁，幷臥其葉，即呼蠱主姓名。亦主溪毒沙蝨蟲，多食損藥勢，又不利腳。人家種白蘘荷，亦云辟蛇。

唐本草注云：白蘘荷根主諸惡瘡，殺蠱毒，根心主稻麥芒入目中不出者，以汁注目中卽出。

圖經：白蘘荷舊不注所出州土，今荆、襄、江、湖間多種之，北地亦有。春初生葉，似甘蕉，根似薑而肥，其根堪爲葅，其性好陰，在木下生者尤美。潘岳閑居賦云：蘘荷依陰，時藿向陽，是也。宗懍荆楚歲時記曰：仲冬以鹽藏蘘荷，以備冬儲，又以防蠱。史游急就篇云：蘘荷冬日藏。其來遠矣。干寶搜神記云：其外姊夫蔣士先得疾，下血，言中蠱，家人密以蘘荷置其席下，忽大笑曰：蠱我者，張小也。乃收小，小走。自此解蠱藥多用之。周禮：庶氏以嘉草除蠱毒。宗懍以謂嘉草卽蘘荷是也。陳藏器云：蘘荷、茜根爲主蠱之最，然有赤白二種：白者入藥，昔人呼爲覆葅；赤者堪噉，及作梅果多用之，古方以乾末水服，主喉痹。

按蘘荷古以爲葅，近世幾無識者。李時珍據楊升菴說，以甘蕉卽蘘荷，前人已非之矣。廣西志以陽藿爲蘘荷，尚有依據。又以草石蠶爲蘘荷，則大不類。

齊民要術：說文曰蘘荷一名蒚葙，搜神記曰蘘荷或爲嘉草。

蘘荷宜在樹陰下，二月種之。一種永生，亦不須鋤，微須加糞，以土覆其上。八月初踏其苗，令死；不踏，則根不滋潤。九月中取旁生根爲葅，亦可醬中藏之。十月終以穀麥種覆之，不覆則凍死，二月掃去之。食經藏蘘荷法，蘘荷一石，洗漬。以苦酒六斗，盛銅盆中，著火上使小沸；以蘘荷稍稍投之，小萎便出，著席上，令冷。下苦酒三斗，以三升鹽著中，乾梅三升以鹽酢澆上，綿覆罌口，二十日便可食矣。

說文：蘘，蘘荷也。一名葍苴。

荆楚歲時記：仲冬鹽藏蘘荷，用備冬儲，又以防蠱。

丹鉛錄：邱文莊羣書抄方載中蠱毒用白蘘荷，引柳子厚詩云云，且曰：子厚在柳州種之，其地必有此種，仕於兹土者，其物色之，蓋亦不知爲何物也。余謂邱公之博洽而不識，世之識者亦罕矣。按松江志引急就章注曰：白蘘荷卽今甘露，考之本草，其形性正同。

廣雅疏證：蘘荷，蒪苴也。說文云：蘘荷一名葍蒩，葍蒩與蒪苴同，亦名苴蒪。楚辭大招云：醢豚若狗，膾苴蒪只。王注云：苴蒪，蘘荷也。雜用膾炙，切蘘荷以爲香，備衆物也，或作蒪葅。九歎云：耘藜藿與蘘荷。王注云：蘘荷，蒪葅也。或作蘠苴，或作覆葅。古今注云：蘘荷似蘠苴而白，蘠苴色紫，花生根中，花未散時，可食。久置則消爛，不爲實矣。名醫別錄云：白蘘荷微溫。主中蠱及瘧。陶注云：今人乃呼赤者蘘荷，白者爲覆葅，葉同一種爾。於人食之，赤者爲勝。藥用白者。古今注以紫爲蒪苴，白爲蘘荷。別錄注以赤爲蘘荷，白爲蒪苴。二說不同。廣韻則云：蒪苴，大蘘荷名。是又以大小分也。其實蘘荷、蒪苴皆大名，後世說者多歧耳。或作猼且，或作巴且。史記司馬相如傳：諸蔗猼且。漢書作巴且。張氏注云：蒪苴，蘘荷也。文穎云：巴且一名巴蕉。顏師古云：文說巴且，是也。且音子余反，蒪音普各反，蒪苴自蘘荷耳，非巴且也。案巴、蒪古同聲，蒪苴正可通作巴且，且張云：蒪苴，蘘荷也。蓋一本有作蒪苴者，故史記索隱引郭璞子虛賦注云：巴且，蘘荷屬。則亦以巴且爲蒪苴也。顏師古言蒪苴非巴且，殆不通假借之例耳。蘘荷之草性宜陰地，古今注云：葉似薑，宜陰翳地種之，常依陰而生。齊民要術云：蘘荷二月種之，宜在樹陰下。閒居賦所謂「蘘荷依陰」者也。蘘荷葉似薑，故古人多與薑並言。漢書司馬相如傳云：茈薑、蘘荷。齊民要術引崔寔四民月令云：九月藏茈薑、蘘荷，其歲若溫，皆待十月，是則蘘荷又可爲禦冬之菜。故急就篇云：老菁蘘荷冬日藏。而蘇頌本草圖經亦引荆楚歲時記云：仲冬以鹽藏蘘荷也。或單謂之荷，七諫云：列樹芋荷。謂芋渠與蘘荷也。後漢書馬融傳云：蘘荷、芋渠，是也。又謂之嘉草，周官：庶氏掌除毒蠱，以嘉草攻之。御覽引干寶搜神記云：今世攻蠱多用蘘荷根，往往有驗。蘘荷或謂嘉草，蓋此即干氏周官注說，又於此言之耳。蘇頌本草圖經引荆楚歲時記亦與搜神記同。

說文解字注：蘘，蘘荷也。三字句。蘘荷見上林賦、劉向九歎、張衡南都賦、潘岳閒居賦。一名菖蒩，史記、子虛賦作猼且，漢書作巴且，王逸作蓴菹，顔師古作蓴苴，名醫別錄作覆菹。皆字異音近。景差大招則倒之曰：苴蓴。崔豹古今注曰：似薑，宜陰翳地。師古曰：根旁生筍，可以爲菹，又治蠱毒。宗懍荆楚歲時記云：仲冬以鹽藏蘘荷，以備冬儲。急就篇所云「老菁蘘荷冬日藏」也。从艸，襄聲，汝羊切，十部。

苧根

詩經：可以漚紵。陸璣疏云：紵亦麻也。科生數十莖，宿根在地中，至春自生，不歲種也。荆、楊之間，一歲三收。今官園種之，歲再割，便生剝之，以鐵若竹刮其表，厚皮自脫。但得其裏如筋者煮之用緝，謂之徽苧，今南越紵布，皆用此麻。

別錄：苧根寒。主小兒赤丹。其漬苧汁療渴。陶隱居云：即今績苧爾。又有山苧，亦相似，可入用也。

唐本草注：別錄云根安胎，帖熱丹毒腫，有大效。漚苧汁主消渴也。

本草拾遺：苧破血，漬苧與産婦溫服之，將苧麻與産婦枕之，止血暈。産後腹痛，以苧安腹上則止。蠶咬人毒入肉，取苧汁飲之。今以苧近蠶，不生也。

日華子云：味甘、滑、冷，無毒。治心膈熱，漏胎，下血，産前後心煩悶，天行熱疾，大渴，大狂，服金石藥人心熱，署毒箭，蛇蟲咬。

圖經：苧根舊不載所出州土，今閩、蜀、浙江多有之。其皮可以績布，苗高七、八尺，葉如楮葉，面青背白，有短毛。夏秋間著細穗，青花。其根黃白而輕虛，二月、八月採。又有一種山苧，亦相似，孕婦胎損方所需。又主白丹，濃煮水浴之，日三四，差。韋宙療癰疽發背、初覺未成膿者，以苧根葉熟搗，傅上，日夜數易之，腫消，則差矣。

本草衍義：苧根如蕁麻，花如白楊而長，成穗生，每一朵凡數十穗，青白色。

聖惠方：治姙娠，胎動欲墮，腹痛不可忍者，用苧根二兩，剉銀五兩，酒一盞、水一大盞，同煎去滓，不計時候，分溫作二服。

肘後方：丹者惡毒之瘡，五色無常，苧根三升、水三斗煮浴，每日塗之。

斗門方：治五種淋，用苧麻根兩莖打碎，以水一盌半煎取半盌，頓服，即通，大妙。

梅師方：治諸癰疽發背，或發乳房，初起微赤，不急治之即死。速消方，搗苧根傅之，數易。

救荒本草：苧根，舊云閩、蜀、江浙多有之。今許州人家田園中，亦有種者。苗高七八尺，一科十數莖。葉如楮葉而不花叉，面青背白，上有短毛；又似蘇子葉，其葉間出細穗。花如白楊而長，每一朵凡十數穗，花青白色，子熟茶褐色。其根黃白色，如手指麤，宿根地中，至春自生，不須藏種。根味甘，採根刮洗去皮，煮極熟，食之甜美。

本草綱目李時珍曰：苧，家苧也。又有山苧，野苧也；有紫苧，葉面紫；白苧，葉面青，其背皆白。可刮洗煮食救荒，味甘美。其子茶褐色，九月收之，二月可種，宿根亦自生。

附種苧及麻苧圖譜

農桑輯要：種苧麻法，三四月種子者，初用沙薄地爲上，兩和地爲次。園圃內種之，如無園，瀕河近井處亦得。先倒斸土一二遍，然後作畦，闊半步，長四步，再斸一遍，用腳浮躡，或杴背浮按稍實；不然，著水虛懸；再杷平，隔宿用水飲畦，明旦細齒杷浮耬起土，再杷平，隨時用濕潤畦土半升，子粒一合，相和勻，撒子一合，可種六七畦。撒畢不用覆土，覆土則不出。於畦內用極細梢杖三、四根，撥刺令平，可畦搭二三尺高棚，上用細箔遮蓋。五、六月內炎熱時，箔上加苫重蓋，爲要陰密，不致曬死。但地皮稍乾，用炊箒細灑水於棚上，常令其下濕潤。或子未生芽苗，或出力弱不禁注水、陡澆故也。如遇天陰及早夜，撤去覆箔。至十日後苗出，有草卽拔。苗高三指，不須用棚，如地稍乾，用微水輕澆。約長二寸，卻擇比前稍壯地，別作畦移栽。臨移時，隔宿先將有苗畦澆過，明旦亦將做下空畦澆過，將苧麻苗用刀器帶土攛出，轉移在內。相離四寸一栽，務要頻鋤，三五日一澆，如此將護，二十日之後，十日、半月一澆。至十月後，用牛、驢、馬生糞，蓋厚一尺，預選秋耕，擺熟肥地，更用細糞糞過，來年春首移栽。地氣已動爲上時，芽動爲中時，苗長爲下時。栽法，掘區成行，方圍相去一尺五寸，將畦中科苗移出，栽於區內，擁土區中，以水洇之。若夏秋移栽，須趁雨水地濕，分根連土，於側近地內分栽，亦可移栽。年深宿根者，移時用刀斧將根截斷，長可三四指。栽時成行作區，方圍各離一尺五寸，每區臥栽三二根，棋盤相對，擁土畢，然後下水，候三五日復澆。苗高勤鋤，旱則澆之。若地遠移栽者，須根科少帶原土，蒲包封裹，外復用席包掩合，勿透風日，雖數百里外，栽之亦活，栽培法如前。初年長約一尺，便割一鎌，麻未堪用。再候長成，所割卽堪績用。至十月卽將割過根楂，用牛馬糞蓋厚一尺，不至凍死。元扈先生曰：如此蓋厚則栽得過冬，所以中土得種，若北方未知可否。吾鄉三十度上下地方，蓋厚一二寸卽得矣。至二月初，把去糞，令苗出，以後歲歲如此。歷條滋蔭，如桑法移栽亦可。第三年根科交蔭稠密，不移必漸不旺，即將本科周圍稠密新科，再依前法分栽。每歲可割三鎌，每割時須根傍小芽出土約高五分。其大麻即爲可割，大麻既割，其小芽榮長，便是下次再割麻也。若小芽過高，大麻不割，不惟小芽不旺，又損已成之麻。大約五月初一鎌，六月半一鎌，八月半一鎌；唯中間一鎌長疾，麻亦最好。刈倒時，隨即用竹刀或鐵刀從梢分批開，用手剝下皮，即以刀刮其白瓤，其浮上皺皮自去，縛作小䌫，搭於房上。夜露晝曝，如此五七日，其麻自然潔白，然後收之。若值陰雨，即於屋底風道內搭涼，去聲恐經雨黑漬故也。所剝之麻，春夏秋渴暖時分績，與常法同。若於冬月，用溫水潤濕，易爲分擘也。如乾硬難分，其績既成，纏作纓子，於水瓮內浸一宿，紡車紡訖，用桑柴灰淋下水內浸，一宿撈出。每纑五兩，可用淨水一盞，細石灰拌勻，置於器物內，停放一宿，至來日澤去石灰，卻用黍稭灰淋水煮過，自然白輭。曬乾再用清水煮一度，別用水擺拔極淨，曬乾，逗成纑鋪經蔭，織造與常法同。此麻一歲三割，每畝得麻三十斤，少不下二十斤。目今陳蔡間，每斤價錢三百文，已過常麻數倍。善績者麻皮一斤，得績一斤，細者有一斤織布一疋，次斤半一疋，又次二斤三斤一疋。其布柔韌潔白，比之常布又價高一二倍。然則此麻但栽植有成，便自宿根，可謂暫勞永逸矣。

王禎麻苧圖譜敍曰：麻苧之有用，具南北不無異同，民俗豈能通變？如南人不解刈麻，北人不解治苧，及有漚浸審生熟之節，車紡分大小之工，凡絺綌繩綆，皆其所出，今併所附類一一條列，庶使南北互相爲法云。

元扈先生曰：苧性畏寒，不宜北土，北方地氣所絕，無如之何。然紵衣漚紵，即又北方自古有之，宜試種爲得。

刈刀校注：此處應有刈刀圖，原書漏刊，今仍之。

刈刀，穫麻刃也。或作兩刃，但用鎌柄旋插其刃，俯身控刈，取其平穩便易。北方種麻頗多，或至連頃，另有刀工，各具其器，割刈根莖，劖削梢葉，甚有速效。南東惟用拔取，頗費工力，故錄此篇首，志其便也。

漚池校注：此處應有漚池圖，原書漏刊，今仍之。

漚池：漚，浸漬也；池，猶泓也。凡藝麻之鄉，如無水處，則當掘地成池或甃，以磚石蓄水於內，用作漚所。大凡北方治麻，刈倒卽漚之，卧置於池水。要寒煖得宜，麻亦生熟有節，須人體測得法，則麻皮潔白柔韌，可績細布。南方但連根拔麻，遇用則旋浸旋剝，其麻片黄皮粗厚，不任細績。雖南北習尚不同，然北方隨刈卽漚於池，可爲上法。又問之南方造苧者，謂苧性本難軟，與漚麻不同。以先績苧，已紡成纑，乃用乾石灰拌和累日，夏天三日，冬天五日，春秋約中。既必抖去，別用石灰煮熟，待冷，於清水中濯淨。然後用蘆簾平鋪水面，如水遠則用大盆盛水鋪簾，或臬，攤纑浸曝，每日換水亦可。攤纑於上，半浸半曝，遇夜收起瀝乾，次日如前。候纑極白，方可起布，此治苧池漚之法，須假水浴日曬而成，北人未之省也。今書之，冀南北通用。至有理，可推廣其意，別用之也。

苧刮刀 校注：此處應有苧刮刀圖，原書漏刊。今仍之。

苧刮刀，刮苧皮刃也。煅鐵爲之，長三寸許，捲成小槽，內插短柄，兩刃向上，以繩爲用。仰置手中，將所剝苧皮橫覆刃上，以大指就按刮之，苧膚卽脫。農桑輯要云：苧刈倒時，用手剝下皮，以刀刮之，其浮皴自去。今制爲兩刃鐵刀，尤便於用。

績篗校注：此處應有績篗圖，原書漏刊，今仍之。

績篗，盛麻績器也。績，集韻云：緝也。篗，說文曰：籠也。又姑簍也。字從竹，或以條莖編之，用則一也。大小深淺，隨其所宜制之，麻苧蕉葛等爲之。絺綌皆本於此，有日用生財之道也。

小紡車 校注：此處應有小紡車圖，原書漏刊，今仍之。

小紡車，此車之制，凡麻苧之鄉，在在有之。前圖具陳，茲不復述。隋書鄭善果母清河崔氏，恒自紡績，善果曰：母何自勤如是耶？答曰：紡績，婦人之務，上自王后，下至大夫妻，各有所製。若墮業者，是爲驕逸。吾雖不知禮，其可自敗名乎！今士大夫妻妾，衣被纖美，曾不知紡績之事。聞此鄭母之言，自當悟也。

大紡車，其製長二丈餘，闊約五尺，先造地柎木，相四角立柱，各高五尺，中穿橫桄，上架枋木，其枋木兩頭山口，臥受捲纑，長軠鐵軸次於前地柎上，立長木座，座上列臼，以承轤底鐵簨。夫轤用木車成，筩子長一尺二寸，圍一尺二寸，簨三寸二枚，內受績纑。轤上俱用杖頭鐵環，以拘轤軸，又於額枋前排置小鐵叉，分勒績條，轉上長軠，仍就左右別架車輪兩座，通絡皮弦，下經列轤，上拶轉軠旋皷，或人或畜，轉動左邊大輪，弦隨輪轉，衆機皆動，上下相應，緩急相宜，遂使績條成緊纏於軠上。晝夜紡績百斤，或衆家績多，乃集於車下，秤績分纑，不勞可畢，中原麻布之鄉皆用之。又新置絲線紡車，一如上法，但差小耳。比之露地術架合線，特爲省易，因附於此。

蟠車 校注：此處應有蟠車圖，原書漏刊，今仍之。

蟠車，纏纑具也。又謂之撥車，南人謂撥柎，又云車柎。南北人皆慣用習見，已圖於前，茲不必述。

纑刷 校注：此處應有纑刷圖，原書漏刊，今仍之。

纑刷，疏布縷器也。束草根爲之，通柄長可尺許，圍可尺餘。其纑縷杼軸既畢，架以叉木，下用重物掣之。纑縷已均，布者以手執此，就加漿糊，順下刷之，即增光澤，可受機織，此造布之內，雖曰細具，然不可闕。

布機，釋名曰：布列諸縷。淮南子曰：伯餘之初作布也。伯餘，黄帝臣也。綫麻索縷，手經指掛，後世爲之機杼，幅疋廣長疎密之制存焉。農家春秋績織，最爲要具。

行臺監察御史詹雲卿造布之法，曰：揀一色白苧麻，水潤，分成縷，粗細任意，旋緝旋搓。本俗於腿上搓作纑，逗成鋪，不必車紡，亦勿熟漚，只經生纑，論帖穿苧如常法。以發過稀糊調細豆麪刷過，更用油水刷之，於天氣濕潤時，不透風處，或地窨子中，灑地令潤，經織爲佳。若風日高燥，則纑縷乾脆難織，每織必先以油水潤苧及潤纑，經織成生布，於好灰水中浸蘸，曬乾；再蘸，再曬，如此二日不得揉搓，再蘸濕了，於乾灰內周徧滲浥兩時久，納於熱灰水內浸濕，於甑中蒸之。文武火，養二三日，頻頻翻覷，要識灰性及火候緊慢。次用淨水滌濯，天晴再三帶水搭曬如前，不計次數，惟以潔白爲度。灰須上等白者，落藜、桑柴、豆稭等灰，入少許炭灰妙。北方古有此法，今獨肅寧用之。

鐵勤布法，將揀下雜色苧麻，水潤分縷，隨緝隨搓。織皆如前法，水煮過便是，先將生苧麻折作二尺五寸長，不斷，曬乾，蒸過帶濕剝下，去粗皮，如常法，水潤緝搓如前。

麻鐵黎布法，將雜色老火麻，帶濕曲折作二尺五寸長，曬乾收之。欲用時，旋於木甑中蒸過，趁濕剝下曬乾，以木榫子兩箇夾麻，順歷數次，至麻性頗軟，堪緝爲度。水潤緝績，紡作纑，生織成布，水煮便是。

王禎曰：此布妙處，惟在不搓揉了。麻之骨力好。灰水蘸曬，布子潔白而已。雖曰蘸曬頗煩，而省纒縈熟纑等工亦多，比之南布或有價高數倍者，眞良法也。鏤板印布，與世之治生君子共之。

繩車，絞合紉緊作繩也。其車之制，先立簨簴一座，植木止之簨上，加置横板一片，長可五尺，闊可四寸，橫板中間，排鑿八竅或六竅，各竅內置棹枝，或鐵或木，皆彎如牛角；又作橫木一莖，列竅穿其棹枝，復別作一車，亦如上法。兩車相對，約量遠近，將所成紝緊，各結於兩車棹枝之足。車首各一人，將棹枝所穿橫木，俱各攪轉，候紝股勻緊，卻將三股或四股合而爲一，各結於棹枝一足，計成二繩，然後將另制瓜木置於所合紝緊之首，復攪其棹枝，使紝緊成繩，瓜木自行，繩盡乃止。凡農事中用繩頗多，故田家習制此具，遂列於農譜之內。

紝車，續豚枲紝緊具也。造作籰簾高二尺，上穿橫軸，長可二尺餘，貫以軖轂。左手引麻，牽軖既轉，右手續接麻皮成緊，縱纏上軖，紝縷既盈，乃脫軖付之繩車，或則別用。

紉車 校注：此處應有紉車圖，原書漏刊，今仍之。

紉車，繟繩器也。通俗文曰單繟，曰紉，揉木作捲，中貫軸柄，長可尺餘以捲之，上角用繟麻皮，右手執柄轉之，左手續麻，股既成緊，則纏於捲上。或隨繩車用之，以助糾絞紝緊。又農家用作經織麻屨、牛衣、簾箔等物。此紉車復有大小之分也。

旋椎 校注：此處應有旋椎圖，原書漏刊，今仍之。

旋椎，掉麻紱具也。截木，長可六寸，頭徑三寸許，兩間斫細，樣如腰鼓，中作小竅。插一鉤簨，長可四寸，用繫麻皮於上，以左手懸之，右手撥旋，麻既成緊，就纏椎上，餘麻挽於鉤內，復續之如前。所成經緯，可作粗布，亦可織屨。農隙時，老稚皆能作此。雖係瑣細之具，然於貧民不爲無補，故繫於此。

苧略

雩婁農曰：徐元扈謂北方無苧，詩可以漚紵，紵爲絲。此誤也。苧，麻屬。故言漚絲，不可漚菅。麻苧皆草，絲則非其類。江南安慶、寧國池州山地多有苧，要以江西、湖南及閩、粵爲盛。江西之撫州、建昌、寧都、廣信、贛州、南安、袁州，苧最饒，緝績織線猶嘉湖之治絲。宜黃之機上白，市者鶩其名，然非佳品。寧都州俗，無不緝麻之家。敏者一日可績三四兩，鈍者亦兩以上。謂織匠織成布一機，長者十餘丈，短者亦十丈以上。四五兩織成一疋布者爲最細，次六七兩，次八九兩，則粗矣。夏布，墟則安福鄉之會同集、仁義鄉之固厚集、懷德鄉之璜溪集，在城則軍山集，每月集期，士人商賈，雜遝如雲。計城、鄉所產，歲鬻數十萬緡，女紅之利，普矣。石城縣志亦曰：石邑夏布歲出數十萬疋，外貿吳、越、燕、亳間。贛州各邑，皆業苧，閩賈於二月時放苧錢，夏秋收苧，歸而造布，然不如寧都布潔白細密。苧以瘦韌潔白爲上，其黃者曰糙麻。婦功間日緝濯柔細，經時累月，織成一衣，曰女兒布，苧之精者無逾此。居人服之，商估不可得也。湖南則瀏陽、湘鄉、攸縣、茶陵、醴陵皆麻鄉，往時巴陵、道州、武陵、郴州皆貢綀紵，今則並瀏陽上供，亦栽肥地苧，深四五尺，剝至三四次，擇避風處蒔之。夏有苧市，捆載以售。溪蠻叢笑云：漢傳載闌干，闌干獠言紵，今有績治細白苧麻，以旬月而成，名娘子布，則亦女兒布之類，非僅獠俗也。苗人據矮機席地而織，設虛場以麻布易所無也。寰宇記：宜州有都洛麻狹幅布，今語曰多羅麻。廣西志：梧州出絡布，以絡麻織成，因名，並苧類也。桂海虞衡志：綀子出兩江州峒，大略似苧布，有花紋者謂之花綀，彼人亦自貴重。嶺外代答：邕州左右、江西峒產苧麻，土人擇其細長者爲綀子，暑衣之輕涼離汗者也。花綀一端長四丈，重數十錢，卷入之小竹筒，尙有餘地，以染眞紅，尤易著色。厥價不廉，稍細者，一疋數十緡也。粵之新會有細苧，蓋左思所謂筩中黃潤者。凡疊布必成筒，一筒十端，而葛之大者，率以兩端爲一連，苧則一端爲一連，他布則以六丈爲端，四丈爲疋，此其別也。禹貢曰：島夷卉服。傳曰：島夷，南海島上夷也。卉，草也。卉服，葛越也。葛越，南方之布，以葛爲之，以其產於越，故曰葛越也。左思曰：蕉葛升越，弱於羅紈。正義曰：卉服葛越，蕉竹之屬。越卽苧祁也。漢徐氏女贈其夫以越布，鄧后賜諸貴人白越，是也。漢書云：粵地多果布之湊。韋昭曰：布，葛布也。顏師古曰：布謂諸雜細布。皆是也。其黃潤者，生苧也。細者爲絟，粗者爲苧。苧一作紵。禹貢曰：厥篚織貝。傳曰：織，細紵也。疏曰：細紵布也。其曰花練、曰穀纑、曰細都、曰弱析，皆其類。志稱蠻布，織蕉竹、苧麻、都落等麻，有青、黃、白、絡、火五種。黃、白曰苧，亦曰白緒。青、絡曰麻，火曰火麻，都落卽絡也。馬援在交阯嘗衣都布單衣。都布者，絡布也。絡者，言麻之可經可絡者也。其細者，當暑服之涼爽，無油汗氣，煉之柔熟，如椿椒繭綢，可以禦冬。新興縣最盛，估人率以綿布易之。其女紅治絡麻者，十之九，治苧者十之三，治蕉者十之一，紡蠶作繭者千之一而已。又有魚凍布，莞中女子以絲兼苧爲之，柔滑而白，若魚凍。謂紗羅多澼則黃，此布愈澼則愈白云。

苦芙　別錄：苦芙微寒。主面目通身漆瘡。陶隱居云：處處有之，傖人取莖生食之。五月五日採，暴乾，燒作灰，以療金瘡，甚驗。

蜀本草圖經注：子若貓薊，莖圓無刺，五月採苗，堪生噉。所在下濕地有之。

食療本草：苦芙微寒，生食治漆瘡。五月五日採，暴乾，作灰，傅面目通身漆瘡。不堪多食爾。

本草綱目李時珍曰：爾雅鉤芙，卽此苦芙也。芙大如拇指，中空，莖頭有薹似薊，初生可食。許慎說文言江南人食之下氣。今浙東人清明節采其嫩苗食之，云一年不生瘡癧。亦搗汁和米爲食，其色清，久留不敗。造化指南云：苦芙，大者名苦藉，葉如地黃，味苦。初生有白毛，入夏抽莖，有毛，開白花，甚繁，結細實。其無花實者，名地膽草，汁苦如膽也，處處濕地有之。入爐火家用。按江西亦呼爲地膽草。

說文解字注：芺，艸也。味苦，江南食之以下氣。名醫別錄云：苦芺主泰瘡，不云可下氣。漢人謂豫章、長沙爲江南。从艸，夭聲，烏浩切，二部。

芭蕉

別錄：甘蕉根大寒。主癰腫，結熱。陶隱居云：本出廣州，今都下、江東並有，根葉無異，惟子不堪食爾。根擣傅熱腫，甚良。又有五葉莓，生人籬援間，作藤，俗人呼爲籠草。取其根擣傅癰癤，亦效。

唐本草注云：五葉卽烏蘞草也。其甘蕉根，味甘寒，無毒。擣汁服，主產後血脹悶，傅腫，去熱毒，亦效。嶺南者子大，味甘、冷，不益人。此間但有花汁，無實。

日華子云：生芭蕉根治天行熱狂，煩悶，消渴。患癰毒幷金石發、熱悶、口乾，人並絞汁服，及梳頭長益髮。腫毒，游風，風疹，頭痛，幷研罯傅。芭蕉油冷，無毒。治頭風熱，幷女人髮落，止煩渴，及湯火瘡。

圖經曰：甘蕉根舊不著所出州郡，今出二廣、閩中、蜀者，有花。閩、廣者實極美，可噉。他處雖多，而作花者亦少。近歲都下往往種之，甚盛，皆芭蕉也，蕉類亦多。此云甘蕉，乃是有子者，葉大抵與芭蕉相類，但其卷心中抽榦作花，初生蕚如倒垂菡萏，有十數層，層皆作瓣，漸大則花出瓣中，極繁盛。紅者如火炬，謂之紅蕉，白者如蠟色，謂之水蕉，其花大類象牙，故謂之牙蕉。其實亦有青、黃之別，品類亦多，食之大甘美。亦可暴乾寄遠，北土得之以爲珍果。閩人灰埋其皮令錫滑，績以爲布，如古之錫衰焉。其根極冷，擣汁以傅腫毒；孽婦血妨，亦可飲之。又芭蕉根性亦相類，俚醫以治時疾，狂熱，及消渴。金石發動躁熱，並可飲其汁。又芭蕉油治暗風，癇病。涎作暈悶欲倒者，飲之得吐，便差，極有奇效。取之，用竹筒插皮中，如取漆法。

南方草木狀：甘蕉望之如樹株，大者一圍餘，葉長一丈，或七八尺，廣尺餘、二尺許。花大如酒杯，形色如芙蓉，著莖末，百餘子。大各爲房相連累，甜美，亦可蜜藏。根如芋魁，大者如車轂，實隨華，每華一闔，各有六子，先後相次。子不俱生，花不俱落，一名芭蕉，或曰芭苴。剝其子上皮，色黃白，味似葡萄，甜而脆，亦療饑。此有三種：子大如拇指，長而銳，有類羊角，名羊角蕉，味最甘好；一種子大如雞卵，有類牛乳，名牛乳蕉，微減羊角；一種大如藕，子長六七寸，形正方，少甘，最下也。其莖解散如絲，以灰練之，可紡績爲絺綌，謂之蕉葛。雖脆而好，黃白不如葛赤色也。交、廣俱有之，三輔黃圖曰：漢武帝元鼎六年，破南越，建扶荔宮，以植所得奇草異木，有甘蕉二本。

齊民要術：廣志曰芭蕉，一曰芭菹，或曰甘蕉。莖如荷芋，重皮相裹，大如盂升，葉廣二尺，長一丈，子有角，子長六七寸，有蔕，三四寸，角著蔕生，爲行列，兩兩共對若相抱形。剝其上皮，色黃白，味似葡萄，甜而脆，亦飽人。其根大如芋魁大，一種青色，其莖解散如絲，織以爲葛，謂之蕉葛。雖脆而好，色黃白不如葛色。出交阯、建安。南方異物志曰：甘蕉，草類。望之如樹株，大者一圍餘，葉長一丈或七八尺，廣尺餘，華大如酒盃形，色如芙蓉，莖末百餘子，大各爲房。根似芋魁，大者如車轂，實在華，每華一闔，各有六子，先後相次。子不俱生，華不俱落。此蕉有三種：一種子大如拇指，長而銳，有似羊角，名羊角蕉，味最甘好；一種大如雞卵，有似羊乳，味微減羊角蕉；一種蕉大如藕，長六七寸，形正方，名方蕉，少甘，味最弱，其莖如芋，取濩而煑之，則如絲，可紡績也。　異物志曰：芭蕉葉大如筵席，其莖如芋，取蕉而煑之，則如絲，可紡績，女工以爲絺綌，則今交阯葛也。其內心如蒜鵠頭生大如今柈，因爲實房，著其心齊，一房有數十枚，其實皮赤如火，剖之中黑，剝其皮，食其肉如飴蜜，甚美，食之四五枚，可飽。而餘滋味猶在齒牙間，一名甘蕉。　顧微廣州記曰：甘蕉與吳花實根葉不異，直是南土暖，不經霜凍，四時花葉展，其熟甘，未熟時亦苦澀。

益部方物記：蕉無中幹，花產葉間，綠葉外敷，絳蕚凝殷，右紅蕉花於芭蕉，蓋自一種。葉小，其花鮮明可喜，蜀人語，染深紅者謂之蕉紅，蓋倣其殷麗云。

嶺外代答：芭蕉極大者，凌冬不凋，中抽一幹，節節有花，如菡萏。花謝有實，一穗數枚，如肥皁，長數寸，去皮取肉，軟爛如綠柹，極甘冷。四季實，以梅汁漬，暴乾，按扁，所云芭蕉乾是也。　雞蕉則甚小，亦四季實。　芽蕉小如雞蕉，尤香嫩甘美，南人珍之，非他蕉比，秋初方實。

嶺南雜記：蕉子最多，蕉心抽一莖，叢生一二十莢，如肥皁而三棱，剖之肉如爛瓜，味如蜜筒香瓜，名爲棒槌蕉。自夏徂冬，賣此最久。有玫瑰蕉，作玫瑰花香，又有狗牙蕉，二種小而甘，品貴於棒槌。其不實者，有紅蕉，中抽一花如蓮蕊，葉葉遞開，紅赤奪目，久而不謝，名百日紅。有蕉葛不花不實，人家沿山溪種之，老則斫置溪中，俟爛揉其筋，織爲葛布，亦有粗細。產高要、廣利、寶查等村者佳，然一年卽黑而脆，遜葛遠矣。

南越筆記：草之大者曰芭蕉，雖復扶疎若樹株，而莖幹虛軟，苞裹重皮，皮之中無所謂膚也，卽有微心，亦柔脆不堅，蓋草之質爲多，故吾以屬於草。其大者兼圍，高二丈餘，葉長丈廣尺，至二三尺，中分如幅帛，有雙角，其葉必二三開，則三落，落不至地，但懸挂莖間，乾之可以作書。陸佃云：蕉不落葉，一葉舒則一葉焦巴，是也。花出於心，每一心輒抽一莖作花，聞雷而拆，拆者如倒垂菡萏，層層作卷瓣，瓣中無蕊，悉是瓣，漸大則花出瓣中，每一花開，必三四月乃闔；一花闔成十餘子，十花則成百餘子，大小各爲房，隨花而長，長至五六寸許，先後相次，兩兩相抱，其子不俱生，花不俱落，終年花實相代謝，雖歷歲寒不凋，此其爲異也。子以香牙蕉爲美，一名龍奶奶乳也，美若龍之乳，不可多得，然食之寒氣沁心，頗有邪甜之目。其葉有硃砂斑點，植必以木夾之，否則結實時風必吹折，故一名折腰娘，曰牛乳蕉，曰皺槌蕉，曰极蕉，皆大而味淡。皺槌蕉有棱，如梧子大而三棱。曰佛手蕉者，子長六七寸，小而皮薄，味甜，是皆甘蕉之知名者。粤故芭蕉之國，土人多種以爲業，其根以蔬，實以餱糧餅餌，絲以布。其絺綌，與荃葛同，而柔韌遜之，名布蕉。布蕉多種山間，其土瘠石多，則絲堅韌，土肥則多實而絲脆，不堪爲布。諺曰：衣蕉宜瘠，食蕉宜肥，肥宜蕉子，瘠宜蕉絲。子熟時大小排比，或以十餘二十餘爲一梳，彼此相餉。子瞻詩：西鄰蕉向熟，時致一梳黄。其形象梳子長短者如梳齒，黄時生割之，置稻穀中，數日卽熟，熟乃大香可食。增城之西洲人，多種蕉，種至三四年卽盡伐，以種白蔗。白蔗得種蕉地益繁盛、甜美。而白蔗種至二年，又復種蕉，蕉中間植香芽與小柑橘、芋蘋等，皆得芳好。其蕉與蔗相代而生，氣味相入，故勝於他處所產。

廣西通志：觀音蕉葉似芭蕉，中心發紅，芽初出如卷旗，漸分大瓣，如蓮而叢攢，不甚放，色鮮豔奪目，可歷數月，又名觀音蓮。

馬鞭草

別錄：馬鞭草主下部䘌瘡。陶隱居云：村墟陌甚多，莖似細辛，花紫色，葉微似蓬蒿也。

唐本草注：苗似狼牙及茺蔚，抽三四穗，紫花似車前，穗類鞭鞘，故名馬鞭，都不似蓬蒿也。

圖經曰：馬鞭草舊不載所出州土，今衡山、廬山、江淮州郡皆有之。春生苗，似狼牙，亦類益母，而莖圓，高三二尺，抽三四穗子。七月、八月採苗、葉，日乾用。味甘苦，微寒，有小毒。或云子亦通用，古方多用之。葛氏治卒大腹水病，用馬鞭草、鼠尾草各十斤，水一石，煮取五斗，去滓再煎令稠厚，以粉和丸。一服二三大豆許，加四五豆，神良。

聖惠方：治白癩，用馬鞭草，不限多少，爲末。每服食前用荊芥薄荷湯調下一錢匕。又方，治婦人月水滯澀不快通，結成瘕塊，肋脹大欲死，用馬鞭草根苗五觔，剉細，水五斗煎至一斗，去滓，別於淨器中熬成膏。每食前，溫酒調下半匙。

千金方：食魚鱠及生肉住胸膈不化，必成癥瘕，搗馬鞭草汁飲之，一升生薑水，亦得即消。又方，治喉痹，躁腫連頰，吐血數者，名馬喉痹。馬鞭草一握，勿見風，截去兩頭，搗取汁服之。

集驗方：治男子陰腫大，如升核痛人所不能治者，搗馬鞭草塗之。

牡蒿

爾雅：蔚，牡蒿。注：蒿之無子者。

別錄：牡蒿味苦，溫，無毒。主充肌膚，益氣，令人暴肥。不可久服，血脈滿盛。生田野，五月、八月採。陶隱居云：方藥不復用。

唐本草注云：齊頭蒿也。所在有之，葉似防風，細薄無光澤。

本草綱目：齊頭蒿三四月生苗，其葉扁而本狹末奓有禿岐，嫩時可茹，鹿食九草，此其一也。秋開細黃花結實，大如車前實，而內子微細不可見，故人以爲無子也。

按陸疏：蔚，牡蒿。一名馬新蒿。唐本草：角蒿即馬新蒿。係重出。今牡蒿各說，已具馬新蒿下，復退出牡蒿，似即以牡蒿爲馬先蒿。而唐注又云齊頭蒿，殊不詳晰。茲就李時珍所述核之，似即救荒本草之水辣菜，姑附圖識，以存一說。其實牡蒿據爾雅無子之說，以駮陸疏則可，若謂即齊頭蒿，亦未見確據也。

蘆根

別錄：蘆根味甘，寒。主消渴，客熱，止小便利。陶隱居云：當掘取甘辛者，其露出及浮水中者，並不堪用也。

圖經曰：蘆根舊不載所出州土，今在處有之，生下濕陂澤中。其狀都似竹，而葉抱莖生，無枝，花白，作穗若茅花，根亦若竹根而節疎。二月、八月採，日乾用之。當極取水底甘辛者，其露出及浮水中者，並不堪用。謹按爾雅謂蘆根爲葭華，郭云：蘆葦也，葦即蘆之成者，謂蒹爲薕，薕似萑而細長，高數尺，江東人呼薕，藡與荻同音，謂菼爲薍，薍似葦而小，中實，江東呼爲烏蓲者，或謂之荻，荻至秋堅成，即謂之萑，其華皆名苕，其萌笋皆名虇。若然，所謂蘆葦，通一物也。所謂蒹，今作薕者，是也。所謂菼，人以當薪爨者，是也。今人罕能別蒹、菼與蘆葦。又北人以葦與蘆爲二物，水傍下濕所生者，皆名葦，其細不及指，人家池圃所植者爲蘆。其幹差大，深碧色者，謂之碧蘆，亦難得。然則本草所用蘆，今北地謂葦者，皆可通用也，古方多單用。葛洪療嘔噦，切根水煮，頓服一升，必效。方以童子小便煮服，不過三升，差。其蓬茸主卒得霍亂，氣息危急者取一把煮濃汁，頓服二升，差。兼主魚蟹中毒，服之尤佳。其笋味小苦，堪食，味如竹笋，但極冷耳。

補筆談：藥中有用蘆根及葦子、葦葉者。蘆葦之類，凡有十數種，蘆、葦、葭、菼、薍、萑、葸、華之類，皆是也。名字錯亂，人莫能分，或疑蘆似葦而小，則薍非葦也。今人云葭一名華，郭璞云：薍似葦，是一物。按爾雅云：菼、薍、葦、蘆，蓋一物也，名字雖多，合之則是一種耳。今世俗只有蘆與荻兩名。按詩疏亦將葭、菼等衆名，判爲二物，曰此物初生爲菼，長大爲薍，成則名爲萑；初生爲葭，長大爲蘆，成則名爲葦。故先儒釋薍爲萑，釋葭爲葦，予今詳諸家所釋，葭、蘆、葦皆蘆也。則菼、薍、萑自當是荻耳。詩云：葭菼揭揭。則葭，蘆也；菼，荻也。又曰：萑葦。則萑，荻也；葦，蘆也。連文言之，明非一物。又詩釋文云：薍，江東人呼之爲烏蓲，今吳中烏蓲草乃荻屬也，則信薍爲荻明矣。然召南彼茁者葭，謂之初生可也。秦風曰：蒹葭蒼蒼，白露爲霜。則散文言之，霜降之時，亦得謂之葭，不必初生。若對文，須分大小之名。而荻芽似竹筍，味甘脆可食，莖脆可曲如餉馬鞭節，花嫩時紫脆，老則白如散絲。葉色重，狹長而白脊。一類小者，可爲曲薄，其餘唯堪供爨耳。蘆芽味稍甜，作蔬尤美。莖直，花穗生如狐尾，褐色，葉闊大而色淺。此堪作障席、筐筥、織壁、覆屋、絞繩雜用，以其柔韌且直故也。今藥中所用蘆根、葦子、葦

葉，以此證之，蘆葦乃是一物。皆當用蘆，無用荻理。

農桑輯要曰：葦四月苗高尺許，選好葦連根栽成土墩如椀口大，於下濕地內掘區栽之，縱橫相去一二尺。欲得力則密藏。至冬放火燒過，次年春，芽出便成好葦，十月後刈之。

一法，二月熟耕地作壠，取根臥栽，以土覆之，次年成葦。

又壓栽法，其葦長時，掘地成渠，將莖祛倒，以土壓之，露其梢。凡葉向上者，亦植令出土，下便生根，上便成笋，與壓桑無異。五年之後根交，當隔一尺許斸一钁，卽滋旺矣。其花絮沾濕地卽生蘆，然不如根栽者。　三月初生，其心挺出，其下本大如箸，上銳而細，有黃黑勃，著之汗人手把，取正白者噉之甜脆。

釋草小記：萑葦之類，見於說文、爾雅者凡十餘名，爲校錄之，則二物也。据說文：初生曰菼，

一曰薍，一曰騅，得三名。自是曰蒹、曰薕，則漸長未秀時，又得二名也。然於菼曰雚之初生，於蒹曰雚之未秀，雚爲萑之屬字，不從艸，今以釋菼蒹必从艸之字，其爲雚字之譌，無疑。然則既秀而成，名之曰萑，合此六名，宜爲一物，萑之別於葦者也。而說文於萑字但解以艸出，於薍字又解曰八月薍爲葦，何也？又据說文：葭，葦之未秀者；葦，大葭也。是葭、葦又宜爲一物，而別於萑者也。爾雅釋草又以葭、蘆連文。郭璞注云：葦也。雖說文於蘆字但有蘆菔、薺根之解，未及葭葦，然當合爾雅說文足成其義。且夏小正傳云：萑未秀爲菼，今本萑或譌雚。葦未秀爲蘆，蘆之爲葦決矣。況釋草菼、薍連文；釋言又有「菼，騅也」、「菼，薍也」之文，三名互釋，已與說文相合；則說文蘆字之解，宜取爾雅以足成之。葭至八月成葦，薍至八月亦成萑，與葦不異。故說文曰：八月薍爲葦，殆散文互通，非合二物爲一也。大車之詩毛傳謂菼爲蘆之初生，孔冲遠疑其以葭菼爲一物；然觀八月萑葦傳云：薍爲萑，葭爲葦，判然不相假借；毛氏何嘗合爲一物乎？夏小正：七月秀萑葦，傳云：未秀則不爲萑葦，秀然後爲萑葦，然則萑葦從其華而名之也。萑从雈，雈，鴟屬，有毛角，華之象也。葦从韋者，从韡省，皆以其華之象，而因以諧其聲也。然則葦未秀爲蘆，蘆之言大也，言大於菼薍，蓋謂葦之體本大於萑，雖其少時已然也。萑未秀爲菼，菼色青白，狀其少也。爾雅云：葦醜，芀。說文云：芀，葦華。又云：葝，芀也。据此，則二物之華，通名爲芀，於葦醜芀下，即云葭華。葭華，猶云葦華。葦芀、葭華，重文互見，以申明之，非謂葭又名曰華也。下云「蒹，薕；葭，蘆；菼，薍。其萌虇」者，謂葦醜之萌皆名虇。郭璞云：今江東呼蘆筍者，是也。釋言：菼，騅也。菼，薍也。毛傳於他詩皆引菼薍之文，於大車毳衣如菼，獨引菼騅之文。故郭璞注釋言云：詩曰毳衣如菼，菼草色如騅，在青白之間，然則菼有騅名，著其色也。爾雅釋畜：蒼白雜毛騅，故陸德明音義於釋言則曰如騅馬色，而邢昺之疏亦曰：郭云青白之間，以釋畜云蒼白雜毛騅故也。騅从馬，爾雅注疏、說文皆不譌，惟詩傳、詩箋、詩疏今皆从鳥，蓋後世轉寫之譌，宜据爾雅改正之也。說文：緂，帛騅色也。引詩曰毳衣如緂。說文以毳衣如帛色之緂，毛傳以毳衣如草色之菼，比物雖不同，其言如騅馬之色則一也。說文：騅馬蒼黑雜毛。以菼色青白證之，則爾雅蒼白是，說文蒼黑非也。案玉篇上接字林，廣韻本之唐韻，二書肧胎說文，並作蒼白，足證唐以前無作蒼黑者。至宋人著集韻類篇、禮部韻略，引說文始作蒼黑，豈說文至唐、宋間轉寫或譌與？今考覈既定，似當据爾雅正之。近有言易學者語余：蒼筤竹解同竹箭之有筠，蓋初生竹色嫩，青猶帶白者。震，東方也，於時爲春，故以象之。余深然其言。今考萑葦，因思說卦「爲蒼筤竹，爲萑葦」，相連取象，益信蒼白二字爲不可易矣。玉篇、廣韻又收菼字，亦作薍並以萑解之。陸璣亦云：薍或謂之荻，至秋堅成，則謂之萑。是萑有七名矣。郭璞注蒹薕曰：似萑而細，高數尺，江東呼爲薕，音廉。說文薍今本作萑，曰似薍似薕，則蒹薕又一物矣。然从說文萑未秀之解，不得別爲一物。郭注菼薍曰：似葦而小，實中，江東呼爲烏蓲。余謂萑葦類有大者中空，小者中實二種，据以別二物。得之詩白華菅兮，白茅束兮。菅、茅亦萑葦醜，然菅柔忍而茅脆，其用大別。間嘗考之，茅短者不過一二尺，秀於三月，一莖秀只一條，小兒采食之。吾歙呼茅尾讀曰米，四月成荼，白如雪。菅有種小者，五月秀，初色紫，後漸白，每莖末其秀疏散，多者數十條，取其莖爲埽彗，呼苕帚，歙人謂之荻芒，江北人謂之芭芒。其心之包莖者只一葉，未秀時拔之，亦可爲繩作屨。大者八月始秀，每莖末十餘節，每節爲小莖，數十參差，旋繞而至於末。荼生小莖上，其白如雪，其密不可以數計也。荼落則莖末禿，然無疏散長出數十條者，故不可爲埽彗，但可用爲流星桿耳。爆竹類之火引上升於霄者，俗呼流星。歙人謂之蘆芒，江北人謂之家芒，亦呼八月芒。余細察菅秀有荂，如稻之穀殼，兩片中含一點，蓋卽其子之不實者。其白毛徧生穀殼上，穀有小柄，長一二分，亦有白毛。其心之包莖者，拔出剝之，有三重未秀，皆可取爲繩作屨也。夫荻者萑也，小而實中者，今菅之小者類焉，故謂之荻芒。蘆者葦也，大而中空者，今菅之大者類焉，故謂之蘆芒。如此則蘆荻別，菅之兩種亦別，而茅別於菅，亦不待言矣。爾雅：莣，杜榮。郭璞注：今莣草似茅，皮可以爲繩索、屨屩。其爲菅也，無疑矣。說文：莣音亡，字亦作芒。按說文：芒，草端也。未有以爲菅者。且廣韻音同忙，吾歙人呼菅爲芒者，音同盲，爲異。然後世詩人有芒屨之稱，宜卽菅屨也。然則字本作莣，省心而書之成芒耳。至音亡、音盲，或古今方言不同。今北人呼之，音同忙也。爾雅謂莣杜榮者，榮之言華荂也。郭注芙薊其實荂，云：莖頭有蓊臺，名荂。其注山海經曰：蓊頭下毛。余謂菅實皆戴毛，所謂荼，故曰杜榮。謂其戴毛者，乃菅之白華也。詩言白華菅兮，豈謂蘆芒與！若荻芒，其初華乃紫色也。篇中言菅有二種，可補釋荼二中所未備。

說文解字注：蒹，萑之未秀者。蒙上茅秀而及萑之秀與未秀也。凡經言萑葦、言蒹葭、言葭菼，皆並舉二物，蒹、菼、萑一也，今人所謂荻也。葭、葦一也，今人所謂蘆也。萑一名薍，一名雚，一名蒹，葦一名華。釋艸曰：葭，華。蒹，蘼。每二字爲一物。又曰：葭，蘆。菼，薍。亦每二字爲一物。葭蘆卽葭華也，菼薍卽蒹蘼也。夏小正傳、毛公、許君說皆同此。舍人李巡、樊光則云蘆、薍爲一艸。陸璣、郭璞則又蒹、葭、菼爲三矣。夏小正：七月秀萑葦。傳云：未秀則不爲萑葦，秀然後爲萑葦。又曰：萑未秀爲菼，葦未秀爲蘆。按已秀曰萑，未秀則曰蒹、曰薍、曰菼也。於此不列萑篆者，以小篆、大篆隔之也。从艸，兼聲，古恬切，七部。

又曰：芀，葦華也。釋艸曰：葦醜，芀。顏注漢書云：蒹錐者，是也。取其脫穎秀出，故曰芀。方言：錐謂之鍣，音苕。因此凡言芀秀者，多借苕字爲之。韓詩葦蔄字作蔄。釋艸蔈、荂、荼、猋、藨、芀，皆謂艸之秀。豳風傳曰：荼，萑苕也。夏小正傳曰：荼，萑葦之秀。是與茅秀同名荼矣。葦華大於萑華，故葭一名華。从艸，刀聲，徒聊切，二部。茢，芀也。檀弓：君臨臣喪，以巫祝桃茢執戈。注：茢，萑苕。可埽不祥。玉藻：膳於君有葷桃茢。注：茢，菼帚也。按許云葦，鄭云萑、菼者，此統言不別也。芀帚，花退用穎爲之，芀一名茢，故帚一名茢。从艸，列聲，良辥切。十五部。

附陸疏廣要蒹葭

陸璣詩疏：蒹，水草也。堅實，牛食之，令牛肥強。青、徐州人謂之蒹。兗州、遼東通語也。葭一名蘆，菼一名薍，薍或謂之荻，至秋堅成，則謂之萑。其初生三月中，其心挺出，其下本大如箸，上銳而細。揚州人謂之馬尾。以今語驗之，則蘆、薍別草也。毛晉廣要：按蒹葭二物，相類而異種者也。蒹小而中實，凡曰萑、曰藡、曰菼、曰騅、曰薍、曰薕、曰荻、曰烏蓲，一物九名，皆蒹也。葭大而中空，凡曰葦、曰蘆、曰華、曰芀、曰馬尾，一物六名，皆葭也。蓋因其萌也同時，其秀也同時，其堅成也亦同時；又同產河洲江渚間，故詩人往往並詠，如葭菼揭揭，八月萑葦，及此篇三詠蒹葭是也。陸疏原云蘆、薍別草，但李巡認爲一草。朱子河廣注云：葦，蒹葭之屬。

毛公大車傳云：菼，蘆之始生。偶爾相混。後人遂不能分別耳。因分疏於右，以俟讀者採擇焉。

蒹，爾雅釋草云：蒹，薕。郭注云：高數尺，江東呼爲薕。鄭注云：荻也，蘆屬而小，可爲箔。菼，薍。郭、鄭俱云：似葦而小，實中，江東呼爲烏蓲。又釋言云：菼，騅也；菼，薍也。郭注云：菼草色如騅，在青白之間。廣雅云：薍，萑也。埤雅云：萑即今之荻，一名蒹；蒹，萑之未秀者也，一名薕。高數尺，今人以爲簾箔，因此爲名。至秋堅成，謂之萑。說文曰：萑之初生，一曰薍，一曰騅。夏小正云：萑未秀爲菼。大車曰：毳衣如菼。說文曰：緂，騅帛也。引此毳衣如菼。蓋青白如菼，故謂之緂。一曰菼，玄色。字說曰：菼中赤，始生本黑，黑已而赤，故謂之菼。其根旁行，牽揉盤互，其形無辨矣。而又強焉，故謂之薍。薍之始生，常以無辨，惟其強焉，乃能爲亂。又鴟鴞云；予所捋荼。傳曰：荼，萑苕。今女匠亦以萑荼絮巢，其色白，故傳曰：望而視之，欲其荼白也。

葭，爾雅釋草云：葭，蘆。郭注云：葦也。葭華。郭云：即今蘆也，鄭云：亦謂蘆花。葦醜芀。郭云：其類皆有芀秀，邢云：葦即蘆之成者。埤雅云：葦即今之蘆，一名葭；葭，葦之未秀者也。一名華。夏小正云：葦未秀爲蘆，先儒以爲萑，如葦而細。按禮曰：土鼓、蕢桴、葦籥，伊祁氏之樂也。葦管中籥，則萑小而葦大矣，是故謂之偉，其字从韋。荀子曰：柔從若蒲葦，葦可緯爲簿席。又云：爾雅曰葦醜芀，言其華皆有芀秀。今風輒吹揚如雪，其聚於地如絮。淮南子云：季夏令滂人入材葦。又按夏小正、博雅、埤雅、爾雅、註疏，郭璞、孫炎輩與陸疏甚合。但李巡、樊光及字說未免相戾。毛傳朱註稍有異同。今合考之，其始萌曰虇，則蒹葭同名，其餘皆異名矣。據夏小正云：七月秀萑葦，未秀則不爲萑葦，秀然後爲萑葦，則曰萑、曰葦，皆堅成後之名也。鴟鴞云：余所捋荼，河廣云：一葦杭之，是也。曰蘧、曰蒹、曰荻，則萑未秀之名也。曰蘆，則葦未秀之名，曰華、曰芀，則葦吐花之名也。曰菼、曰騅、曰薍、曰烏蓲，則萑始生之名。王風云毳衣如菼是也。曰馬尾，則葦始生之名。召南云彼茁者葭是也。字說雖不足據，其荻強而葭弱，荻高而葭下，二語頗得其形似。

鼠尾草

爾雅：葝，鼠尾，註可以染皁。疏可以染皁，草也，一名葝，一名鼠尾。本草有白華者，有赤華者，又一名陵粗。

別錄：鼠尾草無毒。主鼠瘻，寒熱下痢，膿血不止。白花者主白下，赤花者主赤下。一名葝，一名陵粗。生平澤中，四月採葉，七月採花，陰乾。

陶隱居云：田野甚多，人採作滋，染皁用。用療下瘻，當濃煮汁，令可丸，服之。今人亦用作飲。

圖經：鼠尾草，舊不載所出州土，生平澤中，今所在有之，惟黔中採爲藥。如蒿，夏生，莖端作四五穗，穗若車前，花有赤白二色。爾雅謂：葝，鼠尾。注云：可以染皁，草也。四月採葉，七月採花，陰乾。古治痢多用之。姚氏云：濃煮汁如薄飴，飲五合，日三，赤下用赤花，白下用白花，差。

救荒本草：鼠菊，本草名鼠尾草，一名葝，一名陵粗。出黔州，及所在平澤有之。今鈞州、新鄭岡野間亦有之。苗高一二尺，葉似菊花，葉微小而肥厚，又似野艾蒿葉而脆，色淡綠。莖端作四五穗，穗似車前子穗而極疎細。開五瓣淡粉紫色花，又有赤白二色花者。黔中者苗如蒿，採葉煠熟，換水浸去苦味，再以水淘令淨，油鹽調食。

按陸疏：苕之華。苕，一名陵時，亦名鼠尾，似王芻。生下濕水中，七八月中華，紫似今紫草，可染皁，鬻以沐髮卽黑。葉青如藍而多華，廣要以爲苕卽陵霄。陸疏謬按爾雅既云葝、鼠尾，又云苕、陵苕，自不應合爲一物。

茼實

唐本草：茼實味苦，平，無毒。主赤白冷熱

痢，散服飲之，呑一枚，破癰腫。注云：一作蕢字，人取皮爲索者也。別本注云：今人作布及索。蕢，麻也，實似大麻子。熱結癰腫無頭，呑之則爲頭易穴。九月、十月採實，陰乾。

圖經曰：苘實，舊不載所出州土，今處處有之。北人種以績布，及打繩索。苗高四五尺或六尺，葉似苧而薄，花黃，實蒂殼，如蜀葵中子，黑色。九月、十月採實，陰乾用。古方亦用根。

農政全書：檾麻與黃麻同時熟，刈作小束，池內漚之，爛去青皮，取其麻片，潔白如雪，耐水。爛可織爲毯被及作汲綆、牛索，或作牛衣、雨衣、草覆等具；農家歲歲不可無者。又種檾麻法，地宜肥濕，早者四月種，遲者六月亦可，繁密處，芟去則長。

爾雅翼：檾，枲屬。高四五尺或六七尺，葉似苧而薄，實如大麻子。今人績以爲布及造繩索。說文云：檾，枲屬。引詩：衣錦檾衣。或作蕢，又作苘，音與頃畝之頃同。又云：褧，檾也。引詩衣錦褧衣，示古反。作穎音，犬迥反，而字書苘或作莔，然則檾、蕢、苘、褧、穎、莔一物也。今詩用此褧字，說者引玉藻禪爲絅，絅與褧同，以爲衣裳用錦，而上加禪縠焉。以爲庶人之妻嫁服，則與許氏說異。中庸曰：衣錦尙絅，惡其文之著也。

蒲公草

唐本草：蒲公草，味甘，平，無毒。主婦人乳癰腫，水煮汁飲之，及封之，立消。一名構耨草。

圖經曰：蒲公草舊不著所出州土，今處處平澤田園中皆有之。春初生苗，葉如苦苣，有細刺，中心抽一莖。莖端出一花，色黃如金錢，斷其莖有白汁出，人亦啗之。俗呼爲蒲公英，語訛爲「僕公罌」是也。水煮汁，以療婦人乳癰，又搗以傅瘡，皆佳。又治惡刺，及狐尿刺，摘取根莖白汁塗之，惟多塗立差止。此方出孫思邈千金方，其序云：余以貞觀五年七月十五日夜，以左手中指背觸著庭木，至曉遂患痛，不可忍，經十日痛日深，瘡日高大，色如熟小豆色。嘗聞長者論有此方，遂依治之，手下則愈，痛亦除，瘡亦即差，未十日而平復。楊炎南行方亦著其效云。

本草衍義曰：蒲公草，今地丁也。四時常有花，花罷飛絮，絮中有子，落處即生；所以庭院間有者，蓋因風而來也。

救荒本草：孛孛丁菜，又名黄花苗。南俗名黄花郎。採苗葉煠熟，油鹽調食。

野菜譜：白鼓釘一名蒲公英，四時皆有，雖極寒天，小而可用，采之熟食。

按固始俗呼黄狗頭，其嫩葉採以飼蠶蛾初出者。

廣雅疏證：雞狗獳，晡公也。諸書無言晡公草者，古今注云：燕支花似蒲公。唐本草云：蒲公草一名耩耨草。獳，曹憲音奴侯反。耩，集韻音古項切，又音居侯切。狗獳、耩耨聲正相近；晡公、蒲公，聲亦相近，其是與？但雞狗獳三字不相連，疑雞下脱去一字。唐本草注云：蒲公草葉似苦苣，花黄，斷有白汁，人皆啖之。宋蘇頌圖經云：俗呼爲蒲公英，語訛爲「僕公罌」。寇宗奭衍義云：今地丁也，四時常有花，花罷飛絮，絮中有子，落處即生。又案玉篇：薷，乃侯切，草也。集韻：穤，奴侯切，草名，蓋獳或作穤。

鱧腸 即旱蓮艸

唐本草：鱧腸味甘，酸，平，無毒。主血痢，鍼灸瘡發，洪血不可止者，傅之立已。汁塗髮眉，生速而繁，生下濕地。注：苗似旋覆，一名蓮子草，所在坑渠間有之。

日華子：排膿止血，通小腸，長鬚髮，傅一切瘡，並蠶瘑。

圖經：鱧腸即蓮子草也，舊不載所出州郡，但云生下濕地，今處處有之，南方尤多。此有二種，一種葉似柳而光澤，莖似馬齒莧，高一二尺許。花細而白，其實若小蓮房。蘇恭云苗似旋覆者，是也。一種苗梗枯瘦，頗似蓮花而黃色，實亦作房而圓，南人謂之蓮翹者。二種摘其苗皆有汁出，須臾而黑，故多作烏髭髮藥用之。俗謂之旱蓮子，三月、八月採陰乾，亦謂之金陵草，見孫思邈千金月令，云益髭髮，變白爲黑。金陵草煎方：金陵草一秤，六月以後收採，揀擇無泥土者，不用洗，須青嫩不雜黃葉乃堪，爛搗研，新布絞取汁，又以紗絹濾令滓盡，內通油器鉢盛之，日中煎。五日又取生薑一斤，絞汁，白蜜一斤，合和入煎中，以柳木篦攪，勿停手，令勻調，又置日中煎之，令如稀餳，爲藥成矣。每旦日及午後各服一匙，以溫酒一盞化下。如欲作丸，日中再煎，令可丸如梧子大，依前法酒服三十丸，及時多合製爲佳，其效甚速。

三白草

唐本草：三白草味甘，辛，寒，有小毒。主水腫，腳氣，利大小便，消痰，破癖，除積聚，消丁腫，生池澤畔。

本草拾遺：三白草搗絞汁服，令人吐逆，除胸膈熱痰，亦主瘧，及小兒痞滿。按此草初生無白，入夏葉端半白如粉，農人候之蒔田。三葉白，草便秀，故謂之三白。

酉陽雜俎：三白草，此草初生不白，入夏葉端方白，農人候之蒔田，曰三葉白，草畢秀矣。其葉似薯蕷。

本草綱目李時珍曰：三白草生田澤畔，高二三尺，莖如蓼，葉如商陸及青葙。四月，其顛三葉面上三次變作白色，餘葉仍青不變。俗云：一葉白，食小麥；二葉白，食梅杏；三葉白，食黍子。五月開花成穗，如蓼花狀而色白，微香，結細實。根長白，虛軟有節，鬚狀，如泥菖蒲根。造化指南云：五月採花及根，可製雄黃。

按三白草，江西、湖南多有。庸醫以其嫩根白柔，遂呼爲百節藕，以爲王孫，主治誤甚。此草葉未白時，與王孫極相似，唯王孫根長一二尺，柔嫩有節，宛如初生之藕；此草初生根細嫩，老則黃硬，斷而橫栽之，即生白蒻，極易長也。

水蓼 唐本草：水蓼主蛇毒，搗傅之，絞汁服，止蛇毒入內，心悶。水煮漬捋脚，消氣腫。注云：葉似蓼，莖赤，味辛，生下濕水傍。別本注云：生於淺水澤中，故名水蓼。其葉大於家蓼，水挼食之，勝於蓼子。

本草衍義曰：水葒子不以多少，微炒一半，餘一半生用，同爲末。好酒調二錢，日三服，食後、夜卧各一服。治瘰癧，破者亦治。水蓼大率與水紅相似，但枝低爾。今造酒，取以水浸汁，和麪作麴，亦假其辛味。

集驗方：治脚痛成瘡，先剉水蓼煮湯，令溫熱得所，頻頻淋洗，瘡乾自安。

劉寄奴 唐本草：劉寄奴草味苦，溫。主破血，下脹，多服令人痢。生江南。注云：莖似艾蒿，長三四尺，葉似蘭草，尖長，子似稗而細。一莖上有數穗，葉互生。別本注云：昔人將此草療金瘡止血爲要藥，產後餘疾下血，止痛極效。

蜀本圖經：葉似菊，高四五尺，花白，實黃白，作穗蒿之類也。今出越州，夏收苗，日乾之。

圖經曰：劉寄奴草，生江南，今河中府孟州、漢中亦有之。春生苗，莖似艾蒿，上有四棱。高二三尺已來，葉青似柳。四月開碎小黃白花，形如瓦松。七月結實，似黍而細，一莖上有數穗互生。根淡紫色，似萵苣。六月、七月採，苗、花、子通用也。

經驗方：治湯火瘡至妙。劉寄奴搗末，先以糯米漿雞翎掃湯著處，後摻藥末在上，並不痛亦無痕。大凡湯著處，先用鹽末摻之，護肉不壞，然後藥末傅之。

救荒本草：野生薑，本草名劉寄奴。生江南，其越州、滁州皆有之。今中牟南沙岡間亦有之。莖似艾蒿，長二三尺餘，葉似菊葉而瘦細，又似野艾蒿葉亦瘦細。開花白色，結實黃白色，作細筩子蒴兒，薹蒿之類也。其子似稗而細，苗葉味苦，採嫩葉煠熟，水浸淘去苦味，油鹽調食。

本草綱目李時珍曰：劉寄奴一莖直上，葉似蒼朮，尖長糙澀，面深背淡。九月莖端分開數枝，一攢簇十朵小花，白瓣黃蘂，如小菊花狀。花罷有白絮，如苦買花之絮，其子細長，亦如苦買子。所云實如黍稗者，似與此不同，其葉亦非蒿類。

按江南所用劉寄奴，皆如李時珍說，其似艾蒿者，別一種。

南史宋本紀：宋高祖武皇帝諱裕，字德輿，小字寄奴，彭城縣綏輿里人。姓劉氏，雄傑有大度，身長七尺六寸。嘗伐荻新洲，見大蛇，長數丈，射之傷，明日復至，洲裏聞有杵臼聲，往覘之，見童子數人，皆青衣搗藥。問其故，曰：我王爲劉寄奴所射，合散傅之。帝曰：王神何不殺之？答曰：劉寄奴王者，不死，不可殺。帝叱之，皆散。仍收藥而反。又經客下邳逆旅，會一沙門，謂帝曰：江表當亂，安之者其在君乎？帝先患手瘡，積年不愈，沙門有一黃藥，因留與帝，既而忽亡。帝以黃散傅之，其瘡一傅即愈。寶其餘及所得童子藥，每遇金瘡，傅之並驗。

龍葵

唐本草：龍葵味苦，寒，微甘，滑，無毒。食之解勞少睡，去虛熱腫，其子療丁腫，所在有之。注：即關河間謂之苦菜者。葉圓花白，子若牛李子，生青熟黑，但堪煮食，不任生噉。

圖經：龍葵舊云所在有之，今近處亦稀，惟北方有之。北人謂之苦葵，葉圓似排風而無毛，花白。實若牛李子，生青熟黑，亦似排風子，但堪煮食，不任生噉。其實赤者名赤珠，服之變白令黑，不與葱薤同食。根亦入藥用，今醫以治發背癰疽成瘡者，其方：龍葵根一兩，剉；麝香一分，研，先搗龍葵根，羅爲末，入麝香研令勻，塗於瘡上，甚善。

食療本草：主丁腫，患火丹瘡，和土杵傅之，尤良。

食醫心鏡：主解勞少睡，去熱腫，龍葵菜作羹粥食之，並得。

救荒本草：天茄苗兒，生田野中，苗高二尺許，莖有線楞。葉似姑娘草葉而大，又似和尚菜葉卻小。開五瓣小白花。結子似野葡萄大，紫黑色，味甜，採嫩葉煠熟，水浸去邪味，淘淨，油鹽調食。其子熟時亦可摘食，採葉傅貼腫毒金瘡，拔毒。

圖經又曰：老鴉眼睛草，生江湖間，葉如茄子葉，故名天茄子。

本草綱目李時珍曰：龍葵、龍珠，一類二種也。皆處處有之。四月生苗，嫩時可食，柔滑，漸高二三尺，莖大如筯，似燈籠草而無毛。葉似茄葉而小，五月以後，開小白花，五出，黃蕊。結子正圓，大如五味子，上有小蒂，數顆同綴。其味酸，中有細子，亦如茄子之子。但生青熟黑者，爲龍葵；生青熟赤者，爲龍珠。功用亦相彷彿。蘇頌圖經菜部既注龍葵，復於外類重出老鴉眼睛草，蓋不知其卽一物也。

按陸疏廣要薄言采芑，引顏氏家訓云：江南別有苦菜，葉似酸漿，其花或紫或白，子大如珠，或赤或黑，此菜可以釋勞。案郭景純注爾雅，云此乃蘵，黃蒢也。今河北謂之龍葵。梁世講禮者，以此爲苦菜，既無宿根，至春子方生耳，亦大誤也。據此，則龍葵卽蘵也。李時珍以蘵爲敗醬。

植物名實圖考長編卷之十

蔓草

菟絲子

本草經：菟絲子味辛，平。主續絕傷，補不足，益氣力，肥健。汁去面䵟，久服明目、輕身延年，一名菟蘆。

爾雅：唐蒙，女蘿；女蘿，菟絲。注：別四名。

詩云：爰采唐矣。又：蒙，玉女。注：蒙即唐也，女蘿別名。

詩經：蔦與女蘿。陸璣疏：蔦一名寄生，葉似當盧，子如覆盆子，赤黑，甜美。女蘿，今菟絲，蔓連草上生，黃赤如金，今合葯菟絲子是也，非松蘿。松蘿自蔓松上生枝，正青，與菟絲殊異。

別錄：甘無毒。主養肌，強陰，堅筋骨，主莖中寒，精自出，溺有餘瀝，口苦燥渴，寒血爲積。一名菟縷，一名唐蒙，一名玉女，一名赤網，一名菟虆。生朝鮮川澤田野，蔓延草木之上。色黃而細，爲赤網；色淺而大，爲菟虆。九月採實，暴乾。陶隱居云：宜丸不宜煮，田野墟落中甚多，皆浮生藍紵麻蒿上。舊言下有茯苓，上生菟絲，今未必爾。其莖挼以浴小兒，療熱痱，用其實，先須酒漬之一宿。仙經、俗方，並以爲補藥。

圖經：菟絲子生朝鮮川澤田野，今近京亦有之，以寃句者爲勝。夏生苗如絲綜，蔓延草木之上。或云無根，假氣而生。六七月結實，極細如蠶子，土黃色。九月收採，暴乾，得酒良。其實有二種：色黃而細者，名赤綱；色淺而大者，名菟虆。其功用並同。謹按爾雅云：唐，蒙，女蘿，菟絲。釋曰：唐也、蒙也、女蘿也、菟絲也，一物四名。而本經幷以唐蒙爲一名。又詩云：蔦與女蘿。毛傳云：女蘿，菟絲也。陸璣云：今合藥菟絲也。而本經菟絲無女蘿之名，别有松蘿條，一名女蘿，自是木類，寄生松上者，亦如菟絲寄生草上，豈二物同名，本經脱漏乎？又書傳多云，菟絲無根，其根不屬地。今觀其苗，初生纔若絲，遍地不能自起，得他草梗則纏繞，隨而上生，其根漸絕於地，而寄空中。信書傳之說不謬矣。然云上有菟絲，下有茯苓。茯苓抽則菟絲死。又云：菟絲初生之根，其形似兔，掘取剖其血以和丹，服之。今人未見其如此者，豈自一類乎？仙方多單服者，取實浸，暴乾；再浸，又暴。令酒盡篩末，酒服。久而彌佳，兼明目。其苗生研汁，塗面斑，神效。

廣雅疏證：女蘿，松蘿也。此言女蘿，下文言兔絲，别二物也。神農本草：松蘿一名女蘿，在木部；兔絲一名菟蘆，在草部。名醫别錄云：松蘿生熊耳山山谷松樹上，菟絲生朝鮮川澤田野，蔓延草木之上。色黃而細者爲赤綱，色淺而大爲菟虆。陶注云：松蘿多生雜樹上，而以松上者爲眞。菟絲浮生藍紵麻蒿上。小雅頍弁正義引陸氏義疏云：菟絲蔓連草上生，黃赤如金，合藥菟絲子是也，非松蘿。松蘿自蔓松上生枝，正青，與菟絲殊異。釋文云：在草曰兔絲，在木曰松蘿，然則女蘿、松蘿與菟絲爲二物矣。但此二物究亦同類。呂氏春秋精通篇云：人或謂兔絲無根，兔絲非無根也，其根不屬也，伏苓是。淮南說山訓云：千年之松下有伏苓，上有菟絲。則菟絲亦生於松上。漢書禮樂志云：豐草葽，女蘿施。則女蘿亦生於草上。古詩云：與君爲新婚，菟絲附女蘿。博物志云：女蘿寄生菟絲，菟絲寄生木上。則二物以同類相依附也，故女蘿、菟絲亦得通稱。廣雅云：女蘿，松蘿也。兔邱，兔絲也。而爾雅云：唐、蒙，女蘿；女蘿，菟絲。猶說文云：在壁曰蝘蜓，在艸曰蜥易。而爾雅云：蠑螈、蜥蜴，蜥蜴、蝘蜓，蝘蜓、守宮，同類者並得同名也。小雅：頍弁篇：蔦與女蘿，施于松柏。傳云：女蘿，菟絲、松蘿也。楚辭九歌云：被薜荔兮帶女蘿。王逸注云：女蘿，菟絲也。無根，緣物而生。高誘注呂氏春秋、淮南子亦云：菟絲一名女蘿。此則皆本爾雅合爲一類。或主統同，或主辨異，義得兩通也。

五味子 本草經：五味子味酸，溫。主益氣，欬逆，上氣，勞傷，羸瘦，補不足，強陰，益男子精。

爾雅：菋，荎藸。注：五味也。蔓生，子叢生莖頭。

別錄：無毒。養五藏，除熱，生陰中肌。一名會及，一名元及。生齊山山谷及代郡。八月採實，陰乾。陶隱居云：今第一出高麗，多肉而酸甜。次出青州、冀州，味過酸，其核并似豬腎。又有建平者，少肉，核形不相似，味苦，亦良。此藥多膏味，烈日暴之，乃可擣篩。道方亦須用。

唐本草注云：五味皮肉甘，酸。核中辛，苦。都有鹹味。此則五味具也。本經云：味酸，當以木爲五行之先也。其葉似杏而大，蔓生木上。子作房，如落葵，大如蘡子。今出蒲州及藍田山中。

圖經：五味子生齊山山谷及代郡，今河東陝西州郡尤多，而杭、越間亦有。春初生苗，引赤蔓於高木，其長六七尺。葉尖圓，似杏葉。三四月開黃白花，類小蓮花。七月成實，如豌豆許大，生青熟紅紫。今有數種，大抵相近，而以味甘者爲佳。八月採，陰乾用。一種小顆皮皺泡者，有白色鹽霜。一種其味酸、鹹、苦、辛、甘味全者，眞也。千金月令：五月宜服五味湯，取五味子一大合，以木杵臼細擣之，置小磁瓶中，以百沸湯投之，入少蜜，卽密封頭，置火邊，良久湯成，堪飲。

爾雅翼：菋，荎藸。郭氏以爲五味。今五味子是也。皮肉甘、酸，核中辛、苦，都有鹹味，味卽具矣。故其字從味，且能養五臟也。典術曰：五味者，五行之精，仙人羨門子服之。而本草直云味酸者，木以酸爲主，又所出不同，亦各偏勝。如出高麗者，多肉而酸甘，出青、冀者過酸，出建平者味苦，不害其兼有五味也。其莖赤斑，花黄白，生青熟紫，亦具有五色。聖賢冢墓記曰：孔子墓上有五味木。

爾雅釋木：菋，荎著。注：釋草已有此名，疑誤重出。正義：周禮注引杜子春云：𪌭讀如「菋，荎著」之菋，是菋有𪌭音，莫戒反，與音味者，師讀不同也。釋文引舍人本，荎著作抵都，樊光本著作層，是舍人、樊光俱不以爲重出之名。注釋草至重出正義：郭注釋草以荎藸爲五味，故疑此爲重出。然齊民要術引皇覽冢記云：孔子冢塋中有五味木，則五味亦有木本矣。

說文解字注：菋，荎藸也。見釋艸。郭云：五味也。从艸，味聲，無沸切，十五部。荎，荎藸艸也。四字句。釋艸有菋荎藸，釋木有菋荎著，實一物也。春初生苗，引赤蔓於高木，長六七尺，故又入釋木。从艸，至聲，直尼切，古音在十二部。

蓬虆

本草經：蓬虆味酸，平。主安五藏，益精氣，長陰令堅，強志倍力，有子，久服輕身不老。一名覆盆。

別錄：鹹，無毒。又療暴中風，身熱大驚。一名陵虆，一名陰虆。生荆山平澤及宛句。陶隱居云：李云卽是人所食莓子爾。

食性本草云：諸家本草，皆說是覆盆子根。今觀採取之家，按草木類所說，自有蓬虆，似蠶莓子，紅色，其葉似野薔薇有刺，食之酸、甘。恐諸家不識，誤說是覆盆也。

本草拾遺：變白不老佛說云蘇蜜那花點燈，正言此花也。笮取汁合成膏，塗髮不白，食其子令人好顏色。葉絞取汁，滴目中，去膚赤，有蟲出如絲線。其類有三種，四月熟，甘美如覆盆子是也，餘不堪入藥。今人取茅莓當覆盆，誤矣。

本草衍義：蓬蘽非覆盆也，自别是一種，雖枯敗而枝梗不散。今人不見用此，卽賈山策中所言者，是此也。

本草綱目李時珍曰：此類凡五種，予嘗親采，以爾雅所列者校之，始得其的，諸家所說者，未可信也。一種藤蔓繁衍，莖有倒刺，逐節生葉，葉大如掌狀，類小葵葉，面青背白，厚而有毛。六七月開小白花，就蒂結實，三四十顆成簇，生則青黃，熟則紫黯，微有黑毛，狀如熟椹而扁。冬月苗葉不凋者，俗名割田藨，卽本草所謂蓬蘽也。

一種蔓小於蓬蘽，亦有鉤刺，一枝五葉，葉小而面背皆青，光薄無毛。開白花，四五月實成，子亦小於蓬蘽而稀疏。生則青黃，熟則烏赤。冬月苗凋者，俗名插田藨，卽本草所謂覆盆子，爾雅所謂茥缺盆也。此二者俱可入藥。一種蔓小於蓬蘽，一枝三葉，葉面青背淡白而微有毛。開小白花，四月實熟，其色紅如櫻桃者，俗名薅田藨，卽爾雅所謂藨者也。故郭璞注云：藨卽莓也。子似覆盆而大，赤色，酢甜可食。此種不入藥用。一種樹生者，樹高四五尺，葉似櫻桃葉而狹長。四月開小白花，結實與覆盆子一樣，但色紅爲異，俗亦名藨。卽爾雅所謂山莓，陳藏器所謂懸鉤子者也，詳見本條。一種就地生蔓，長數寸開黃花，結實如覆盆而鮮紅，不可食者，本草所謂蛇莓也。見本條。如此辨析，則蓬蘽、覆盆自定矣。李當之、陳士良、陳藏器、寇宗奭、汪機五說近是，而欠明悉。陶宏景以蓬蘽爲根，覆盆爲子。馬志、蘇頌以蓬虆爲苗，覆盆爲子。蘇恭以爲一物，大明以樹生者爲覆盆。皆臆說，不可據。

天門冬

本草經：天門冬味苦，平。主諸暴風濕偏痹，強骨髓，殺三蟲，去伏尸，久服輕身益氣延年，一名顛勒。

爾雅：蘠蘼，虋冬。注：門冬一名滿冬，本草云。

別錄：甘，大寒，無毒。保定肺氣，去寒熱，養肌膚，益氣力，利小便，冷而能補不饑。生奉高山谷，二月、三月、七月、八月採根，暴乾。陶隱居云：奉高，泰山下縣名也。今處處有，以高地大根味甘者爲好。

唐本草注云：此有二種：苗有刺而澀者，無刺而滑者，俱是天門冬。俗云顛刺、浣草者，形貌詺之，雖作數名，終是一物，二根浣垢俱淨，門冬、浣草互名之也。

本草拾遺：天門冬，陶云百部根亦相類，苗異耳。按天門冬根有十餘莖，百部多者五六十莖，長尖內虛，味苦。天門冬根圓短、實潤，味甘不同。苗蔓亦別。如陶所說，乃是同類。今人或以門冬當百部者，說不明也。

圖經：天門冬生奉高山谷，今處處有之。春生藤蔓，大如釵股，高至丈餘。葉如茴香，極尖細而疏滑，有逆刺；亦有澀而無刺者，其葉如絲杉而細散，皆名天門冬。夏生白花，亦有黃色者，秋結黑子，在其根枝傍。入伏後無花，暗結子。其根白或黃紫色，大如手指，長二三寸，大者爲勝。頗與百部根相類，然圓實而長，一二十枚同撮。二月、三月、七月、八月採根，四破之，去心，先蒸半炊潤，暴乾，停留久，仍濕潤。入藥時重炕焙令燥。洛中出者，葉大幹麄，殊不相類。嶺南者無花，餘無他異。謹按天門冬別名，爾雅謂之蘼，一名虋冬。山海經云：條谷之山，其草多芍藥虋冬，是也。抱朴子及神仙服食方云：天門冬一名顛棘，在東嶽名淫羊藿，在中嶽名天門冬，在西嶽名管松，在北嶽名無不愈，在南嶽名百部，在京陸山阜名顛棘，雖處處皆有，其名不同，其實一也。在北嶽地陰者尤佳，欲服之，細切陰乾，擣下篩，酒調三錢匕，日五六進，至二百日，知。可以強筋髓，駐顏色，與鍊成松脂同蜜丸，益善。服者不可食鯉魚。北方以顛棘爲別名，而張茂先以爲異類。博物志云：天門冬莖間有刺而葉滑者，曰絺體，一名顛棘。根以浣縑素令白，越人名爲浣草，似天門冬而非也。凡服此先試浣衣，如法者，便非天門冬。若如所說，則有刺而葉滑，便不中服。然今所有，往往是此類，用者須詳之。

救荒本草：天門冬俗名萬歲藤，又名婆羅樹。採根，换水浸去邪味，去心，煑食，或曬乾煑熟，入蜜食。

爾雅翼：髦，顛棘。釋曰：一名商棘。廣雅云：女木也。郭云：細葉有棘，蔓生。按本草天門冬一名顛勒。道家方云天門冬一名顛棘。在東嶽名淫羊藿，在中嶽名天門冬，在西嶽名管松，在北嶽名無不愈，在南嶽名百部，在京陸山阜名顛棘。雖處處皆有，其名各異，其實一也。張華博物志云：莖間有棘而葉滑者，名曰絺體，一名顛棘。根以浣縑素白如絨，越人名爲浣草，似天門冬而非也。凡服此先試浣衣，如法者便非天門冬。按此說則顛棘刺而滑，可浣衣，與天門異。而圖經曰：天門冬春生藤蔓，大如釵股，高至丈餘。葉如茴香，極尖細而疎滑，有逆刺；亦有澀而無刺者，其葉如絲杉而細散，皆名天門冬。是滑而有刺者，亦門冬也。蓋兩者皆門冬，而有刺者別名顛棘耳，棘即刺也。列仙傳：赤松子食天門冬，齒落更生，細髮復出。甘始服之，在人間三百餘年。杜子微服之，御妾多子，日行三百里。

彥周詩話：天棘夢青絲。洪覺範：硬差天棘作顛柳。高秀實云：天棘，天門冬也。當以秀實之言爲正。顛、天聲相近，又酷似青絲。又江南徐鉉家本云：天棘蔓青絲。若蔓生如青絲，尤見是天門冬。

說文解字注：蘠，蘠蘼，逗虋冬也。見釋艸。按本草經有天門冬、麥門冬，未知爾雅、說文謂何品也。从艸，牆聲，賤羊切，十部。

覆盆子

別錄：覆盆子味甘，平，無毒。主益氣輕身，令髮不白，五月採。陶隱居云：蓬蘽是根名，方家不用，乃昌容所服，以易顏者也。覆盆是實名，李云是莓子，乃似覆盆之形，而以津汁爲味，其核微細，藥中用覆盆子小異，此未詳孰是。

食性本草：蓬蘽似蠶莓大覆盆小，其種各別。

圖經：崔元亮海上方著此三名，一名西國草，一名畢楞伽，一名覆盆子。治眼暗不見物，冷淚浸淫不止，及青盲天行目暗等。取西國草日暴乾，擣令極爛，薄綿裹之，以飲男乳汁中浸，如人行八九里久，用點目中，即仰臥，不過三四日，視物如少年。禁酒、油、麪。

本草衍義：覆盆子長條，四五月紅熟，秦州甚多，華州永興亦有之。及時，山中人採來賣，其味酸、甘，外如荔枝、櫻桃許大，軟紅可愛，失採則就枝上生蛆。益腎藏小便，服之當覆其溺器，因此取名，食之多熱。收時五六分熟，便可採，烈日暴，仍須薄綿蒙之。今人取汁作煎爲果，仍少加蜜，或熬爲稀湯，點服，治肺虛寒，採時著水，則不堪煎。

夷堅志云：潭州趙太尉母，病爛弦疳眼二十年。有老媪云：此中有蟲，吾當除之。入山取草蔓葉，咀嚼留汁，入筒中，還以皂紗蒙眼，滴汁漬下弦，轉盼間蟲從紗上出。數日下弦乾，復如法滴上弦，又得蟲數十而愈。後以治人多驗。乃覆盆子葉也，蓋治眼妙品。

東坡尺牘：藥方附徐令去，惟細辨覆盆子，若不眞即無效。前者，路傍摘者，此主人謂之插秧莓。三四月花，五六月熟，其子酸、甜可食，當陰乾其子用之。今市人賣者，乃是花鴉莓，九月熟，與本草所說不同，不可妄用。想菴子已寄君猷矣。

旋花 本草經：旋花味甘，溫。主益氣，去面皯黑色，媚好。其根味辛，主腹中寒熱邪氣，利小便。久服不飢，輕身。一名筋根花，一名金沸。

別錄：無毒。一名美草，生豫州平澤，五月採，陰乾。

圖經：旋花生豫州平澤，今處處皆有之。蘇恭云：此卽平澤所生旋葍是也。其根似筋，故名筋根。別錄云：根主續筋，故南人皆呼爲續筋根。苗作叢蔓，葉似山薑而狹長，花白，夏秋生遍田野。根無毛節，蒸煑堪噉，甚甘美。五月採花，陰乾。二月八月採根，日乾。花今不見用者。下品有旋復花，與此殊別，人疑其相近，殊無謂也。救急方：續斷筋法，取旋葍草根，淨洗去土擣，量瘡大小傅之，日一二易之乃差止。一名㹠腸草，俗謂皷子花也。黔南出一種旋花，粗莖大葉，無花不作蔓，恐別是一物也。

本草衍義：今田野中甚多，四五月開花，其根寸截置土灌溉，涉旬苗生。

陸璣詩疏：言采其葍。葍一名䔰，河內謂之𦯷，幽州人謂之燕葍。其根正白，可著熱灰中溫噉之。饑荒之歲，可蒸以禦飢寒。祭甘泉或用之。其草有兩種，葉細而花赤，有臭氣也。

爾雅：䔰，葍。郭注：大葉白花，根如指，正白，可啖。

救荒本草：葍子根俗名打碗花，一名兔兒苗，一名狗兒秧，幽、薊間謂之燕葍根，千葉者呼爲纏枝牡丹，亦名穰花。生平澤中，今處處有之。延蔓而生，葉似山藥葉而狹小，開花狀似牽牛花，微短而圓，粉紅色。其根甚多，大者如小筋麤，長一二尺，色白，味甘，性溫，採根洗淨，蒸食之。或曬乾杵碎，炊飯食亦好，或磨作麪，作燒餅蒸食皆可。久食則頭暈破腹，間食則宜。又曰：

吳人呼秧子，根棄地，宜移植備荒。

按旋花蘇恭以爲卽旋葍，其說極確，今北人仍呼爲燕葍，河南呼爲葍，葍苗肥，田中白根長數尺，味甚甘，每麥後鋤田時，婦孺就掘取生食。其赤花者煮以飼豬，湖北名爲飯藤，以凶年資其根，可代飯也。花葉形狀，救荒本草已詳盡無遺。爾雅郭注所謂根如指，正白，可啖，亦極確。不知鄭漁仲何以指爲商陸。商陸根大如蘿蔔，其年久者，重至數十斤，郭景純何以云根如指耶？其花卻有白與淡紫兩種。邢昺以爲卽藑茅，則今時方言，無考證矣。李時珍以爲秋開花，其實初夏卽開，唯千層者稍遲。京師種以沿籬，端午亦卽有花矣。

齊民要術：夏統別傳注：獲，葍也，一名甘獲，正圓，赤而粗。　爾雅云：葍，藑茅。郭璞曰：葍大葉，白華，根如指，正白，可啖。葍華有赤者爲藑，藑、葍一種耳。亦如蔆苕，華黃白異名。

風土記曰：葍，蔓生，被樹而升，紫黃色，子大如牛角。葉長七八寸，味甘如蜜，其大者名抹。

廣雅疏證：烏麮，葍也。烏麮影宋本譌作烏𪌉，皇甫以下諸本麮字又譌作麧。今據曹憲音義及御覽引廣雅作烏麮，訂正。爾雅云：葍，䔰。郭注云：大葉白華，根如指，正白，可啖。又：葍，藑茅。注云：葍華有赤者爲藑，藑、葍一種耳，亦猶蔆、苕，華黃、白異名。說文云：藑茅，葍也。一名舜，又云舜艸也。楚謂之葍，秦謂之藑，蔓地連華，象形。小雅我行其野篇：言采其葍，傳云：葍，惡菜也。齊民要術引義疏云：河東、關內謂之葍，幽、兗謂之燕葍，一名爵弁，一名藑，根正白，著熱灰中溫啜之，饑荒可蒸以禦饑，漢祭甘泉或用之。其華有兩種：一種莖葉細而香，一種莖赤有臭氣。據此則「葍，藑茅」，卽爾雅「葖，雀弁」也。釋文葖，悅轉反，又古本反，又云藑，詳兗反。藑、葖聲近而通耳。廣韻云葍、舊菜名，舊徂兗切，聲亦相近也。管子地員篇云：山之側，其草葍與蔞。則山傍亦有生者。集韻云葍或作藟，玉篇云藟子可食，是也。

說文解字注：藑，藑茅。逗各本無藑字，此淺人不知其不可刪而刪之。如「巂，周燕也」，今本刪巂字，其誤正同，今補。葍也。釋艸曰：葍，藑茅，一名舜。䑞字下曰：楚謂之葍，秦謂之藑，是也。今本作一名蕣，是以木堇爲葍矣。从艸，夐聲，渠營切，古音在十四部。葍、葍也。从艸，富聲，方布切，古音在一部。布字依宋刻。葍，葍也。見釋艸。郭云：大葉白華，根如指，正白，可啖。按邶風箋云：葑菲二菜，蔓菁與葍之類也。皆上下可食。此根可啖之證也。郭又云葍華有赤者爲藑，藑、葍一種耳，亦猶菱苕，華黃白異名。陸璣云：葍有兩種：一種莖葉細而香，一種莖赤有臭氣。按毛公云：葍，惡菜。殆因有臭氣與？从艸，畐聲，方六切，古音在一部。

營實

本草經：營實味酸，溫。主癰疽惡瘡，結肉，跌筋，敗瘡，熱氣，陰蝕不瘳，利關節。一名牆薇，一名牆麻，一名牛棘。

別錄：微寒，無毒。久服輕身益氣，根止洩痢腹痛，五藏客熱，除邪逆氣，疽癩諸惡瘡，金瘡，傷撻，生肉復肌。一名牛勒，一名薔蘼，一名山棘。生零陵川谷及蜀郡，八月、九月採，陰乾。

陶隱居云：營實即是牆薇子，以白花者爲良。根亦可煮釀，莖葉亦可煮作飲。

蜀本草圖經云：即牆薇也。莖間多刺，蔓生，子若杜棠子。其花有百葉，八出，六出，或赤或白者，今所在有之。

日華子云：白牆薇根味苦，澀，冷，無毒。治熱毒風，癰疽，惡瘡，牙齒痛，治邪氣，通血結，止赤白痢，腸風，瀉血，惡瘡疥癬，小兒疳蟲，肚痛。野白者，用良。

救荒本草：薔蘼音墻梅。又名刺蘼，今處處有之，生荒野崗嶺間，人家園圃中亦栽。科條青色，莖上多刺。葉似椒葉而長，鋸齒乂細，背頗白，開紅白花，亦有千葉者，味甜淡，採芽葉煠熟，換水浸淘淨，油鹽調食。

本草綱目李時珍曰：薔薇野生林塹間，春抽嫩蕻，小兒掐去皮刺食之。既長則成叢似蔓，而莖硬多刺。小葉尖薄有細齒。四五月開花，四出，黄心，有白色、粉紅二者。結子成簇，生青熟紅，其核有白毛，如金櫻子核。八月采之，根采無時。人家栽玩者，莖粗葉大，延長數丈，花亦厚大，有白、黄、紅、紫數色。花最大者名佛見笑，小者名木香，皆香艷可人，不入藥用。南番有薔薇露，云是此花之露水，香馥異常。

又曰：營實薔薇根能入陽明經，除風熱，濕熱，生肌，殺蟲，故癰疽瘡癬，古方常用。而洩痢、消渴、遺尿、好瞑亦皆陽明病也。

羣芳譜：薔薇藤身叢生，莖青多刺，喜肥，但不可多。花單而白者，更香。結子名營實，堪入藥。其類有：朱千薔薇，赤色多葉，花大葉粗，最先開。荷花薔薇，千葉花紅，狀似荷花刺梅，堆千葉，色大紅，如刺繡所成，開最後。五色薔薇，花亦多葉而小，一枝五六朵，有深紅、淺紅之別。黄薔薇，色蜜花大，韻雅態嬌，紫莖修條，繁夥可愛，薔薇上品也。淡黄薔薇，鵝黄薔薇，易盛難久。白薔薇類玫瑰。又有紫者、黑者、肉紅者，粉紅者名粉團，四出者，重瓣厚疊者，長沙千葉者，開時連春接夏，清馥可人，結屏甚佳。別有野薔薇，號野客，雪白粉紅，香更郁烈。法於花卸時，摘去其蔕，花發無已。如生莠蟲，以魚腥水澆之，傾銀爐灰撒之，蟲自死。他如寶相、金鉢盂、佛見笑、七姊妹、十姊妹，體態相類，種法亦同。又有月桂一種，花應月圓缺。

白英

本草經：白英味甘，寒。主寒熱八疸消渴，補中益氣，久服輕身延年。一名穀菜。

別錄：無毒。一名白草，生益州山谷。春採葉，夏採莖，秋採花，冬採根。陶隱居云：諸方藥不用，此乃有蔛菜，生水中，人蒸食之；此乃生山谷，當非是。又有白草，葉作羹飲，甚療勞，而不用根。益州乃有苦菜，土人專食之，皆充健無病，疑或是此。

唐本草注云：此鬼目草也。蔓生，葉似王瓜，小長而五椏，實圓若龍葵子。生青熟紫黑，煮汁飲，解毒，東人謂之白草。陶云白草，似識之而不的辨。

本草拾遺：白英主煩熱，風疹，丹毒，瘧瘴，寒熱，小兒結熱，煮汁飲之。一名鬼目。爾雅云：苻，鬼目。注：似葛葉有毛，子赤如耳環珠，若云子熟黑，誤矣。又按別本注云：今江東人夏月取其莖葉煮粥，極解熱毒。

本草綱目李時珍曰：此俗名排風子也。正月生苗，白色可食。秋開小白花，子如龍葵子，熟時紫赤色。吳志云：孫皓時有鬼目菜，緣棗樹，長丈餘，葉廣四寸，厚三分，人皆異之，即此物也。

茜根

本草經：茜根味苦，寒。主寒濕，風痹，黃疸，補中。

爾雅：茹藘，茅蒐。注：今之茜也，可以染絳。

詩經：茹藘在阪。陸璣疏：茹藘，茅蒐，蒨草也。一名地血，齊人謂之茜，徐州人謂之牛蔓。今圃人或作畦種蒔，故貨殖傳云：卮茜千石，亦比千乘之家。

別錄：無毒。止血內崩，下血，膀胱不足，踒跌，蠱毒。久服益精氣，輕身。可以染絳。一名地血，一名茹藘，一名茅蒐，一名蒨。生喬山山谷，二月、三月採根，暴乾。陶隱居云：此則今染絳茜草也。東間諸處乃有而少，不如西多。今俗道經方不甚服用。此當以其爲療少，而豐賤故也。

圖經：茜根一作蒨，生喬山山谷，今近處皆有之，染緋草也。許慎說文解字以爲人血所生，葉似棗葉，而頭尖下闊，四五對生節間。其苗蔓延草木上，根紫色，醫家用治蠱毒尤勝。周禮庶氏掌除蠱毒，以嘉草攻之。干寶以嘉草爲蘘荷。陳藏器以爲蘘荷與茜主蠱之最也。

救荒本草：土茜苗，今北土處處有之，名土茜。根可以染紅，葉似棗葉形，頭尖下闊，紋脈堅直。莖方，莖葉俱澀，四五葉對生節間。莖蔓延附草木，開五瓣淡銀褐花。結子小如菉豆粒，生青熟紅，根紫赤色。採葉煠熟，水浸作成黃色，淘淨，油鹽調食。其子紅熟摘食。

爾雅翼：茹藘，染絳之草。葉似棗葉，頭尖下闊。莖葉俱澀，四五葉對生節間，蔓延草木上。根紫赤色，今所在有，八月採根。說文曰：人血所生，故一名地血，今茹藘能治血，又所染亦赤，蓋其類爾。古者士爵弁服，弁色赤而微黑如爵，頭裏亦纁色，士冠禮曰：爵弁，服纁裳，純衣，緇帶，韎韐。緼韍也。士緼韍幽衡合韋爲之，染以茅蒐，因名焉。說文曰：茅蒐染韋，一入爲韎。詩曰：韎韐有奭。左傳：韎韋之跗注是也。其女子之染，則毛氏云茹藘茅蒐之染女服也。鄭箋云：茅蒐染巾也，則縞衣茹藘爲婦人服矣。國風曰：東門之墠，茹藘在阪；其室則邇，其人甚遠。東門之栗，有踐家室；豈不爾思，子不我卽。蓋茹藘女所以爲染也。今方在阪栗者，女所以爲贄也。今方在門，則衣服贄見之物未備也。時方喪亂，則不待禮而相奔矣。齊人謂之蒨。蒨或作茜，漢書千畝巵茜是也。今人染蒨者，乃假蘇方木，非古所用。韎音妹，跗音膚，韐音夾

爾雅正義：鄭風東門云：茹藘在阪。茹藘一名茅蒐，染草也。古者以茅蒐染韎韐，而韎韐卽爲茅蒐之轉聲。小雅瞻彼洛矣云：韎韐有奭。毛傳：韎韐者，茅蒐染草也。一曰韎韐，所以代韠也。鄭箋云：韎韐者，茅蒐染也。茅蒐韎韐聲也。韎韐祭服之韠，合韋爲之。鄭注：士冠禮云：韎韐，

縕韍也。士縕韍而幽衡，合韋爲之。士染以茅蒐，因以名焉。今齊人名蒨爲韎韐。詩疏引鄭駁異義云：韎，草名。齊、魯之間，言韎韐聲如茅蒐，字當作韎，陳留人謂之蒨，是鄭君以韎爲茅蒐之合聲，蒨其別名也。左傳疏引賈逵云：一染曰韎。韋昭云：茅蒐今絳草也。急疾呼茅蒐成韎，此可與鄭君之說相證明矣。蒨亦作茜，說文云：茜，茅蒐也。茅蒐茹藘，人血所生，可以染絳。史記貨殖傳作茜。廣雅作蒨。音同，相通用。

廣雅疏證：地血茹藘，蒨也。藘各本譌作蘆，今訂正。爾雅：茹藘，茅蒐。郭注云：今之蒨也。可以染絳。說文云：茅蒐茹藘，人血所生，可以染絳。又云：茜，茅蒐也。茜與蒨同。鄭風東門之墠篇：茹藘在阪。正義引義疏云：一名地血。齊人謂之茜，徐州人謂之牛蔓。中山經云：釐山其陰多蒐。郭注云：茅蒐今之蒨草也。史記貨殖傳云：千畝巵茜。徐廣云：茜一名紅藍，其花染繒赤黃也。御覽引范子計然云：蒨根出北地，赤色者善。蜀本草圖經云：染緋草也。葉似棗葉，頭銳下闊，莖葉俱澀，四五葉對生節間。蔓延草木上，根紫赤色。周官掌染草，鄭注云：染草藍蒨象斗之屬。古衣服旌旗多用其色者。鄭風出其東門篇：縞衣茹藘。傳云：茹藘茅蒐之染女服也。箋云：茅蒐染巾也。小雅瞻彼洛矣篇：韎韐有奭。傳云：韎韐者，茅蒐染草也。一曰韎韐，所以代韠也。箋云：韎韐茅蒐染也。茅蒐，韎韐聲也。韎韐，祭服之韠，合韋爲之。正義引鄭駁五經異義云：韎，草名。齊、魯之間，言茅蒐聲如韎韐。陳留人謂之蒨。士冠禮韎韐，注云：士染以茅蒐，因以名焉。今齊人名蒨爲韎韐。晉語韎韋之跗注。韋昭注云：茅蒐，今絳草也。急疾呼茅蒐成韎也。說文云：綪，赤繒也。以茜染，故謂之綪。定四年左傳：綪茷旃旌。杜注云：綪茷大赤，取染草名也。述異記云：洛陽有巵茜園。漢官儀云：染園出巵茜，供染御服，是其處也。

說文解字注：蒐，茅蒐，逗茹藘。藘音閭，鉉本作藘。鄭風：茹藘在阪。釋艸、毛傳皆云：茹藘，茅蒐也。陸璣云：茹藘茅蒐，蒨艸也。一名地血。齊人謂之茜，徐州人謂之牛蔓，今圃人或作畦種蒔。故貨殖傳云：巵茜千石，亦比千乘之家。按本艸經有茜根。蜀本圖經、蘇頌圖經言其狀甚悉。徐廣注史記云：茜一名紅藍，其花染繒赤黃。此卽今之紅花，張騫得諸西域者，非茜也。陳藏器云：茜與蘘荷，皆周禮攻蠱嘉艸之最。人血所生，可以染絳。云人血所生者，釋此字所以從鬼也。从艸鬼，會意，所鳩切，三部。茅古音矛，茅蒐、茹藘，皆疊韻也，經傳多以爲舂獵字。茜、茅蒐也。从艸，西聲，倉見切，古音在十三部。蒨卽茜字也，古音當在十一部，其音變適同耳。

絡石 本草經：絡石味苦，溫。主風熱，死肌，癰傷，口乾舌焦，癰腫不消，喉舌腫，水漿不下。久服輕身明目，潤澤好顏色，不老延年。一名石鯪。

別錄：微寒，無毒。主喘息不通，大驚入腹，除邪氣，養腎，主腰髖痛，堅筋骨，利關節，通神。一名石磋，一名略石，一名明石，一名領石，一名懸石。生泰山川谷或石山之陰，或高山巖石上，或生人間牆屋上。正月採。陶隱居云：不識此藥，仙俗方法都無用者。或云是石類。既云或生人間，則非石，猶如石斛繫石以爲名爾。

唐本草注云：此物生陰濕處，冬夏常青，實黑而圓，其莖蔓延繞樹石側。若在石間者，葉細厚而圓短；繞樹生者，葉大而薄。人家亦種之，俗名耐冬。山南人謂之石血，療產後血結，大良。以其苞絡石木而生，故名絡石。別錄謂之石龍藤，主療蝮蛇瘡，絞取汁洗之，服汁亦去蛇毒心悶。刀斧傷諸瘡，封之立瘥。

圖經：絡石生泰山川谷，或石山之陰，或高山巖上，或生人間，今在處有之。宮寺及人家亭圃山石間，種以爲飾。其葉如細橘，正青，冬夏不凋。其莖蔓延，莖節著處卽生根鬚，包絡石上，以此得名。花白子黑，五月採。或云六月、七月採莖葉，日乾。以石上生者良。其在木上者，隨木性而移。薜荔、木蓮、地錦、石血，皆其類也。薜荔與此極相類，但莖葉粗大如藤狀。近人用其葉治背癰，乾末服之。下利，卽愈。木蓮更大，如絡石，其實若蓮房，能壯陽道，尤勝。地錦葉如鴨掌，蔓著地上，隨節有根，亦緣木石上。石血極與絡石相類，但葉頭尖而赤耳。

本草綱目李時珍曰：絡石帖石而生，其蔓折之有白汁。其葉小如指頭，厚實木強而青，背淡澀而不光，有尖葉、圓葉二種，功用相同，蓋一物也。蘇恭所說不誤，但欠詳耳。

白菟藿

本草經：白菟藿味苦，平。主蛇虺、蜂蠆、猘狗、菜肉、蠱毒，鬼注。一名白葛。

別錄：無毒。主風注諸大毒，不可入口者，皆消除之。又去血，可末着痛上，立淸。毒入腹者，煑飲之卽解。生交州山谷。陶隱居云：此藥療毒，莫之與敵。而人不復用，殊不可解。都不聞有識之者，想當是葛爾，須別。廣訪交州人，未得委悉。

唐本草注：此草荊、襄間山谷大有，苗似蘿摩，葉圓厚，莖俱有白毛，與衆草異。蔓生，山南俗謂之白葛。用療毒，有效。而交、廣又有白花藤，生葉似女貞，莖葉俱無毛，花白，根似野葛，云大療毒。而交州用根不用苗，則非藿也。用葉苗者眞矣。二物療治，並如經說，各自一物，下條載白花藤也。

蜀本草圖經云：蔓生，葉圓若蓴。今襄州北、汝州南崗上有。五月、六月採苗，日乾。

紫葳

本草經：紫葳味酸，微寒。主婦人產乳餘疾，崩中癥瘕，血閉，寒熱羸瘦，養胎。

別錄：無毒。莖葉味苦，無毒。主痿躄益氣。一名陵苕，一名茇華，生西海川谷及山陽。陶隱居云：李云是瞿麥根，今方用至少。博物志云：郝晦行華草於太行山北，得紫葳華。必當奇異。今瞿麥華乃可愛，而處處有，不應仍在太行山。且有樹，其莖葉恐亦非瞿麥根。詩云：有苕之華。郭云淩霄，亦恐非也。

唐本草注：此卽淩霄花也。連莖葉俱用。按爾雅釋草云：苕一名陵苕。黄花蔈，白華茇。郭云：一名陵時，又名淩霄。本經云：一名陵苕，茇華卽用華不用根也。山中亦有白花者。按瞿麥花紅，無黄白者。且紫葳、瞿麥，皆本經所載，若用瞿麥根爲紫葳，何得復用莖葉，體性既與瞿麥乖異，生處亦不相關；郭云淩霄，此爲眞説也。

圖經：紫葳，淩霄花也。生西海川谷及山陽，今處處皆有，多生山中，人家園圃亦或種蒔。初作藤，蔓生依大木，歲久延引至巔而有花，其花黄赤，夏中乃盛。陶隱居云：詩有苕之華。郭云陵霄。又蘇恭引爾雅釋草云：苕，陵苕。郭云：又名陵霄。按今爾雅注：苕，一名陵時。本草云。而無陵霄之説，豈古今所傳書有異同邪？又據陸璣及孔穎達疏義亦云：苕，一名陵時，陵時乃是鼠尾草之別名。郭又謂苕爲陵時，本草云。今紫葳無陵時之名，而鼠尾草有之。乃知陶、蘇所引，是以陵時作淩霄耳。又淩霄非是草類，益可明其誤矣。今醫家多採其花，乾之，入婦人血崩風毒藥，又治少女血熱，風毒，四肢皮膚生癮瘮幷行經脈方，陵霄花不以多少擣羅爲散，每服二錢，溫酒調下，食前服，甚效。

曲洧舊聞：淩霄，富韓公居洛，其家圃中淩霄花，無所因附而特起，歲久遂成大樹，高數尋，亭亭然可愛。

墨客揮犀：淩霄花、金錢花、渠那異花，皆有毒，不可近眼。有人仰視淩霄花露，滴眼中後，遂失明。

本草綱目李時珍曰：淩霄野生，蔓纔數尺，得木而上，卽高數丈。年久者藤大如杯，春初生枝，一枝數葉，尖長有齒，深青色。自夏至秋開花，一枝十餘朶，大如牽牛花，頭開五瓣，赭黃色，有細點，秋深更赤。八月結莢，如豆莢，長三寸許，其子輕薄，如榆仁、馬兜鈴仁。其根長亦如馬兜鈴根狀，秋後采之，陰乾。

爾雅翼：苕，陵苕。黃華蔈，白華茇。華色既異，名亦不同。今淩霄花，是也。蔓生喬木，極木所至，開花其端。詩云：苕之華，芸其黃矣。箋以爲陵苕之華，紫赤而繁，華衰則黃，蓋非也。是物雖名紫葳，而花不紫，又或以瞿麥根爲紫葳，瞿麥花紅，亦非此類。然則芸其黃者，正是華開之色耳。周室之於諸夏，猶衣服之有冠冕，木水之有本原。蓋有深根固植之義，不特以其在物上而已。今苕雖居高，在物之上，然荏弱而託於物，所自恃者微矣。雖花而芸黃，葉而青青，識者知其將不久也。故見其華，則爲之憂傷；逮其華落而葉存，則不如無生矣。

羣芳譜：淩霄花用以蟠繡大石，殊可觀玩。但鼻聞傷腦；花上露入目，令人矇；孕婦經花下，能墮胎；不可不愼。

栝樓

本草經：栝樓根味苦，寒。主消渴，身熱，煩滿，大熱，補虛安中，續絶傷。一名地樓。

爾雅：果蠃之實栝樓。注：齊人呼之爲天瓜。

別錄：根無毒，除腸胃中痼熱，八疸，身面黃，脣乾口燥，短氣，通月水，止小便利。一名果蠃，一名天瓜，一名澤姑，實名黃瓜。主胸痹，悅澤人面。莖葉療中熱傷暑。生宏農川谷及山陰地，入土深者良，生鹵地者有毒。二月、八月採根，曝乾，三十日成。陶隱居云：出近道，藤生，狀如土瓜，而葉有叉。毛詩云：果蠃之實，亦施于宇。其實今以雜作摩膏，用根，入土六七尺，大二三圍，服食亦用之。

圖經：栝樓今所在有之，實名黄瓜，根亦名白藥。皮黄肉白，三四月内生苗，引藤蔓。葉如甜瓜葉作叉，有細毛。七月開花，似葫蘆花，淺黄色。實在花下，大如拳，生青，至九月熟，赤黄色。其實有正圓者，有鋭而長者，功用皆同。謹按栝樓主消渴，古方亦單用之。孫思邈作粉法：深掘大根，厚削去至白處，寸切之，水浸，一日一易水，經五日取出，爛擣研，以絹袋盛之，澄濾令極細如粉。去水，服方寸匕，日三四服。亦可作粉粥，乳酪中食之。並宜猝患胸痹痛，取大實一枚，切薤白半升，以白酒七升煮取二升，分再服。一方，加半夏四兩，湯洗去滑，同煮服，更善。又唐崔元亮療箭鏃不出，擣根傅瘡，日三易，自出。又療時疾，發黄，心狂煩熱悶不認人者，取大實一枚，黄者，以新汲水九合浸淘取汁，下蜜半大合，朴硝八分，合攪令消盡。分再服，便差。

雷斅炮炙論：栝樓，凡使皮、子、莖、根效各别，其栝并樓樣全别；若栝自圓黄，皮厚蒂小，若樓唯形長，赤皮蒂麄；陰服樓，陽服栝。并去上殼皮革膜并油子，使根待構二三圍，去皮細擣，作煎，攪取汁冷飲，任用也。

救荒本草：瓜樓根俗名天花粉，採根削皮至白處，寸切之，水浸，一日一次换水浸，經四五日取出，爛擣研，以絹袋盛之，澄濾令極細如粉。或將根晒乾擣爲麪，水浸澄濾二十餘遍，使極膩如粉，或燒餅或作煎餅，切細麪皆可食。採栝樓穰煑粥食，極甘。取子炒乾，擣爛，用水熬油亦可。

爾雅正義：豳風東山云，果贏之實，亦施於宇。毛傳：果贏，栝樓也。疏引李巡云：栝樓子名也。本草云：栝樓葉如瓜葉形，兩兩相值蔓延，青黑色。六月花，七月實，如瓜瓣是也。孔疏所引本草，蓋唐本注也。呂氏春秋云：孟夏之月王菩生。

高誘注云：菩或作瓜，瓠瓤也。是月乃生。如高誘之說，則月令所云王瓜卽栝樓矣。今栝樓四月生苗，引藤蔓長，及秋而華，厥色淺黃，秋末成實，下垂如拳，或長而鋭，或小而圓。故詩與爾雅皆言其實爲栝樓，當從說文作菩婁，通作瓠瓤。說文解字注：菩，苦蔞逗，果蓏也。果蓏，宗鉉本作果蓏，依鍇本與詩合。豳風：果蓏之實，亦施于宇。釋艸曰：果蓏之實，栝樓也。毛傳同。李巡曰：栝樓子名也。本艸經：栝樓一名地樓。玉裁按：苦果、婁蓏皆雙聲。藤生蔓於木，故今爾雅、本艸字從木；艸屬也，故說文字從艸。从艸，昏聲，古活切，十五部。

王瓜　本草經：王瓜味苦，寒。主消渴，內痹，瘀血，月閉，寒熱酸疼，益氣，愈聾。一名土瓜。

爾雅：鉤，藈姑。注：鉤瓤也。一名王瓜，實如瓝瓜，正赤，味苦。

別錄：無毒。主聾，療諸邪氣，熱結，鼠瘻，散癰腫，留血，婦人帶下不通，下乳汁，止小便數不禁，逐四肢骨節中水，療馬骨刺人瘡。生魯地平澤田野及人家垣牆間，三月採根，陰乾。陶隱居云：今王瓜生籬院間，亦有子，熟時赤，如彈丸大。今根多不預乾，臨用時乃掘取，不堪入大方，止單行小方爾。禮記月令云：王瓜生，此之謂也。鄭玄云菝葜，殊爲謬矣。

圖經：王瓜生魯地平澤田野及人家垣墻間，今處處有之。月令：四月王瓜生，卽此也。葉似栝樓，圓無乂缺，有刺如毛。五月開黃花，花下結子，如彈丸。生青熟赤，根似葛細而多糝，謂之土瓜根。北間者，其實纍纍相連，大如棗。皮黃肉白，苗葉都相似，但根狀不同耳。三月採根，陰乾。均房間人呼爲老鴉瓜，亦曰菟瓜。謹按爾雅曰：蕢，菟瓜。郭璞注云：似土瓜。而土瓜自謂之藈姑，又名鉤菇，蓋菟瓜別是一種也。又云：芴菲亦謂之土瓜，自別是一物。詩所謂采葑采菲者，非此土瓜也。大凡物有異類同名甚多，不可不辨也。葛氏療面上皯䵳子用之，仍得光潤。皮急以土瓜根擣篩，漿水勻和，入夜先將水洗面傅藥，旦復洗之，百日光華射人。小兒四歲發黃，生搗絞汁三合，與飲，不過三飲，已。

本草衍義：王瓜體如栝樓，其殼徑寸，一種長二寸許，上微圓下尖長，七八月間熟，紅赤色，殼中子如螳螂頭者，今人又謂之赤雹子，其根卽土瓜根也。於細根上又生淡黃根，三五相連，如大指許，根與子兩用。紅子同白土子，治頭風。

本草綱目李時珍曰：王瓜三月生苗，其蔓多鬚，嫩時可茹。其葉圓如馬蹄而有尖，面青背淡澀而無光。六、七月開五出小黃花，成簇，結子纍纍，熟時有紅、黃二色，皮亦粗澀，根不似葛，但如栝樓根之小者，澄粉甚白膩，須深掘二三尺乃得正根。江西人栽之沃土，取根作蔬食，味如山藥。

廣雅疏證：藈菇、瓝𤬪，王瓜也。爾雅云：鉤，藈姑。郭注云：瓝𤬪也。一名王瓜，實如瓝瓜，正赤，味苦。釋文引字林云：瓝𤬪，王瓜也。字林、爾雅注皆本此爲說也。本草陶注云：王瓜生籬院間，亦有子，熟時赤如彈丸。禮記月令云：王瓜生，此之謂也。鄭玄云菝葜，殊爲謬矣。案月令鄭注云：王瓜，萆挈也。萆挈與菝葜同。正義云：王瓜，萆挈。魯本草文。是萆挈一名王瓜，本草家卽有是說。草木多異物而同名者，此類是也。上文已云菝挈，狗脊也。則此王瓜，當如郭璞所云，不謂菝挈矣。呂氏春秋：孟夏紀王菩生。高注云：菩或作瓜，瓝𤬪也。又注淮南時則訓云：王瓜，栝樓也。瓝𤬪與栝樓同。如高注，則爾雅果臝之實栝樓，卽王瓜也。案本草陶注謂栝樓狀如王瓜。唐本草注謂王瓜葉似栝樓，則栝樓、王瓜，本相類。故高注以王瓜爲栝樓。然神農本草：栝樓生宏農川谷，王瓜生魯地平澤田野。陶注謂栝樓葉有叉，唐注謂王瓜葉無叉。則栝樓、王瓜，究爲二物。又豳風東山正義引孫炎爾雅注云：栝樓齊人謂之天瓜。而不云名王瓜。御覽引吳普本草云：栝樓一名澤姑，而不云名王瓜。則王瓜、蔟姑，明不與栝樓同。故廣雅幷釋蔟姑、𤬏𤬸爲王瓜，不混栝樓之名於內也。急就篇說藥云：遠志續斷參土瓜。土瓜，即王瓜也。神農本草云：王瓜一名土瓜，味苦，寒。主消渴，內痹，是入藥之土瓜，乃王瓜也。此與上文土瓜、芴同名而異物。顏師古急就篇注謂土瓜一名菲，一名芴，殆於本草之文，有未檢也。

百部 別錄：百部根微溫。主欬嗽上氣。陶隱居云：山野處處有根，數十相連，似天門冬而苦強，亦有小毒。火炙酒漬飲之，療欬嗽，亦主去蝨，煮作湯洗牛犬，蝨卽去。博物志云：九眞有一種草似百部，但長大爾。懸火上令乾，夜取四五寸，短切，含咽汁，勿令人知，主暴嗽甚良，名爲嗽藥，疑是此百部，恐其土肥潤處，是以長大爾。

圖經：百部根舊不著所出州土，今江、湖、淮、陝、齊、魯州郡皆有之。春生苗作藤蔓，葉大而尖長，頗似竹葉，面青色而光。根下作撮如芋子，一撮乃十五六枚，黃白色。二月、三月、八月採，暴乾用。古今方書，治嗽多用。葛洪主卒嗽，以百部根、生薑二物，各絞汁合煎，服二合。張文仲單用百部根，酒漬再宿，大溫，服一升，日再。千金方療三十年嗽，以百部根二十斤，擣絞取汁，煎之如飴。服方寸匕，日三，驗。

葛 本草經：葛根味甘，平。主消渴，身大熱，嘔吐，諸痹，起陰氣，解諸毒，葛穀主下痢十歲已上。一名雞齊根。

別錄：葛根無毒。療傷寒，中風，頭痛，解肌，發表出汗，開腠理，療金瘡，止痛脅，風痛。生根汁大寒，療消渴，傷寒，壯熱。葉主金瘡，止血。花主消酒。一名鹿藿，一名黃斤。生汶山川谷，五月採根，曝乾。陶隱居云：卽今之葛根，人皆蒸食之。當取入土深、大者，破而日乾之。生者擣取汁，飲之解温病發熱。其花并小豆花乾末，服方寸匕，飲酒不知醉。南康、廬陵間最勝，多肉而少筋，甘美。但爲藥用之，不及此間爾。五月五日日中時，取葛根爲屑，療金瘡、斷血爲要藥。亦療瘧及瘡，至良。

唐本草注：葛根卽是實爾。葛雖除毒，其根入土五六寸已上名葛脰，服之令人吐，以有微毒也。蔓燒爲灰，水服方寸匕，主喉痹。

圖經：葛根生汶山川谷，今處處有之，江、浙尤多。春生苗，引藤蔓長一二丈，紫色。葉頗似楸葉而青。七月著花似豌豆花，不結實。根形如手臂，紫黑色。五月五日午時採根，曝乾，以入土深者爲佳。今人多以作粉食之，甚益人。下品有葛粉條，卽謂此也。古方多用根。張仲景治傷寒有葛根及加半夏葛根黄芩黄連湯，以其主大熱，解肌，開腠理故也。葛洪治臂腰痛，取生根嚼之，嚥其汁，多益，佳。葉主金刃瘡，山行傷刺，血出，卒不可得藥，但挼葉傅之，甚效。貞元廣利方：金瘡中風痓欲死者，取生根四大兩，切，以水三升煮取一升，去滓，分溫四服，口噤者灌下，卽差。

本草衍義：葛根，澧、鼎之間，冬月取生葛，以水中揉出粉，澄成垛，先煎湯，使沸後，劈成塊，下湯中，良久色如膠，其體甚韌，以蜜湯中拌食之；擦少生薑，尤佳。大治中熱酒，渴疾。多食，行小便，亦能使人利，病酒及渴者得之，甚良。彼之人又切入茶中，煮以待賓，但甘而無益。又將生葛根煮熟作果賣，虔、吉州，南安軍亦如此賣。

嘉祐本草：葛粉味甘，寒，無毒。主壓丹石，去煩熱，利大小便，止渴，小兒熱痞，以葛根浸擣汁，飲之，良。臣禹錫等謹按：中品上卷葛根條功用，與此相通。

嶺南雜記：葛根大如臂，有如瓜者，剖而食之，甘如梨，白如蘿蔔，可以爲粉。

南越筆記：高州多種葛，雷州人市之爲絺綌。秋霜時有葛花榮，卽葛乳，涌生地上，如芝如菌，色赤，味甘脆微苦，其性涼，乃葛之精華也，亦曰葛蕈。

救荒本草：葛根今處處有之，苗引藤蔓，長二三丈。莖淡紫色，葉頗似楸葉而小，色青，開花似豌豆花，粉紫色，結實如皂莢而小。根形如手臂，掘取根，入土深者水浸洗淨，蒸食之。或以水中揉出粉，澄濾成塊，蒸煮皆可食，及採花晒乾。煠食亦可。

按寧都州凡宴客將徹，必以嫩葛根一盤解酲，勸客殷勤，多不遽出，必俟頻催而後獻，故作事濡滯者，人每譏之曰如出葛。長寧曰葛瓜，以飣盤。滇南斧切作片，粥於市以止渴。

爾雅翼：雞齊一名鹿藿，一名黄斤，今之食葛，非爲絺綌者也。其生延蔓，甚者其蔓首至根可二十步，人皆掘食之，生食甘脆，亦可蒸食。有粉。今江南人凶歲則掘取以禦凶荒，大抵南康、廬陵者最勝，多肉而少筋，甘美。其花藤皆可醒酒，而去酒毒，服方寸匕，飲酒不知醉。博物志曰：野葛食之殺人，家種之，三年不收；後旋生，亦不可食。吳都賦：食葛香茅。注云：食葛蔓生，與山葛同，根特大，美於芋也。

又曰：葛，絺綌草也。國風曰：葛之覃兮，施于中谷；惟葉莫莫，是刈是濩。又曰：葛生蒙楚，蘞蔓于野；旄邱之葛兮，何誕之節兮。葛生山澤間，其蔓延盛者，牽其首以至根，可二十步。釋邱云：前高後下曰旄邱，旄邱之葛，其節誕闊，此言雖同根一體，然相去差遠，其緩急不相應也。故曰叔兮伯兮，何多日也。黎之望於衞，亦如此矣。吳都賦：蕉葛升越，弱於羅紈。禹貢卉服，注云草服葛越。葛花、藤皆可醒酒，去酒毒。

越絶書：葛山者，勾踐種葛，使越女織治葛布，獻於吳王夫差。去縣七里。

周書李遷哲傳：太祖令與田宏同討信州，及田宏旋軍，太祖令遷哲留鎮白帝，更配兵千人，馬三百匹。信州先無倉儲，軍糧匱乏，遷哲乃收葛根造粉，兼米以給之。遷哲亦自取供食，時有異膳，卽分賜兵士，有疾患者，又親加醫藥。以此軍中感之，人思效命。

雒南縣志物產：葛可爲布，諸山之產最多，民止知秣畜、絞索、供爨具耳。洪令其道始敎之爲布，實非難成。後王令象艮亦敎之，終怠廢不率，誠可重歎！

說文解字注：葛，絺綌艸也。周南：葛之覃兮，爲絺爲綌。从艸，曷聲，古達切，十五部。蔓，葛屬也；此專謂葛屬，則知滋蔓字古祇作曼，正如蔓延字多作莚。从艸，曼聲，無販切，十四部。䕩，葛屬也。白華。南山經：其名曰白䓘；廣雅曰：䕩蘇，白䓘也。按未知卽此物與否。从艸，皋聲，古勞切，古音在三部，䓘音同。

防己

本草經：防己味辛，平。主風寒溫瘧，熱氣諸癇，除邪，利大小便。一名解離。

別錄：苦，溫，無毒。主療水腫，風腫，去膀胱熱，傷寒，寒熱邪氣，中風，手脚攣急，止洩，散癰腫惡結，諸瘑疥癬，蟲瘡，通腠理，利九竅。文如車輻理解者良。生漢中川谷，二月、八月採根，陰乾。陶隱居云：今出宜都、建平，大而青白色、虛軟者好，黯黑木強者不佳。服食亦需之。是療風水家要藥爾。

圖經：防己生漢中川谷，今黔中亦有之，但漢中出者，破之文作車輻解，黃實而香，莖梗甚嫩，苗葉小類牽牛。折其莖，一頭吹之，氣從中貫，如木通類。它處者淸白虛軟，又有腥氣，皮皺上有丁足子，名木防己，二月、八月採，陰乾用。木防己雖今不入藥，而古方亦通用之。張仲景治傷寒，有增減木防己湯及防己地黃五物、防己黃耆六物等湯。深師療膈間支滿，其人喘滿，心下痞堅，面黧黑，其脈沉緊，得之數十日，吐下之不愈，木防己湯主之。木防己二兩，石膏二枚，雞子大，碎綿裹桂心二兩，人參四兩，四物以水六升煮取二升。分再服，虛者便愈，實者三日後發汗。至三日復不愈者，宜去石膏，加芒硝三合，以水六升煮三味，取二斤，去滓，內芒硝，分再服，微下利則愈。禁生葱。孫思邈療遺溺小便澀，亦用三物木防己湯。

本草拾遺：如陶所注，即是木防己，用體小同。按木、漢二防己，即是根、苗爲名。漢主水氣，木主風氣宣通，作藤著木生，吹氣通一頭，如通草。

通草 即木通　本草經：通草味辛，平。去惡蟲，除脾胃寒熱，通利九竅、血脈、關節，令人不忘。一名附支。

別錄：甘，無毒。療脾疸，常欲眠，心煩，噦出音聲，療耳聾，散癰腫，諸結不消，及金瘡，惡瘡，鼠瘻，踒折，齆鼻，息肉，墮胎，去三蟲。一名丁翁，生石城山谷及山陽，正月採枝，陰乾。陶隱居云：今出近道，繞樹藤生，汁白。莖有細孔，兩頭皆通，含一頭吹之，則氣出彼頭者良。或云即葍藤莖。

圖經：通草生石城山谷及山陽，今澤、潞、漢中、江、淮、湖南州郡亦有之。生作藤蔓，大如指，其莖幹大者徑二寸。每節有二三枝，枝頭出五葉，頗類石韋，又似芍藥，二葉相對。夏秋開紫花，亦有白花者。結實如小木瓜，核黑瓤白，食之甘美，南人謂之鷰覆，亦云烏覆。正月、二月採枝，陰乾用。或以爲葡萄苗，非也。今人謂之木通，而俗間所謂通草，乃通脫木也。此木生山側，葉如草麻，心空，中有瓤，輕白可愛，女工取以飾物。爾雅云：離南，活莌。釋云：離南草也，一名活莌。山海經又名寇脫，生江南。高丈許，大葉似荷而肥，莖中有瓤，正白者，是也。又名倚商，主蟲毒，其花上粉主諸蟲瘻，惡瘡，痔疾，取粉納瘡中。貞元廣利方療瘰癧，及李絳兵部療胸伏氣攻胃咽不散方中，並用之。今京師園圃間亦有種蒔者。又按張氏燕吳行役記：揚州大儀甘泉東院兩廊前有通草，其形如椿，少葉，子垂梢際如苦楝，與今所說殊別。不知是木通耶，通脫耶？或別是一種也。古方所用通草，皆今之木通，通脫稀有使者。近世醫家多用利小便，南人或以蜜煎作果，食之甚美，兼解諸藥毒。

本草拾遺：本功外子味甘，利大小便，宣通去煩熱，食之令人心寬，止渴，下氣。江東人呼爲畜葍子，江西人呼爲拏子，如拏袋，穰黃子黑，食之當去其皮。蘇云色白，乃猴葍也。

紫藤

嘉祐本草：紫藤味甘，微溫，有小毒。作煎如糖，下水良。花挼碎，拭酒醋白腐壞。子作角，其中仁熬令香，著酒中，令不敗酒，敗者用之亦正。四月生，紫花可愛，人亦種之，江東呼爲招豆藤，皮著樹，從心重重有皮。

補筆談：黃鐶卽今之朱藤也。天下皆有葉如槐，其花穗懸，紫色如葛花，可作菜食，火不熟，亦有小毒。京師人家園圃中，作大架種之，謂之紫藤花者，是也。實如皁莢，蜀都賦所謂青珠黃鐶者，黃鐶卽此藤之根也。古今皆種以爲庭檻之飾，今人採其莖於槐幹上接之，僞爲矮根。其根入藥用，能吐人。

羊桃

本草經：羊桃味苦，寒。主熛熱，身暴赤色，風水積聚，惡瘍，除小兒熱。一名鬼桃，一名羊腸。

詩經：隰有萇楚。陸璣疏：今羊桃是也。葉長而狹，華紫赤色，其枝莖弱，過一尺，引蔓于草上，今人以爲汲灌，重而善沒，不如楊柳也。近下根刀切其皮，著熱灰中脫之，可韜筆管。

爾雅：長楚，銚芅。注：今羊桃也。或曰鬼桃，葉似桃，華白，子如小麥，亦如桃。

別錄：有毒。去五藏五水，大腹，利小便，益氣，可作浴湯。一名萇楚，一名御弋，一名銚弋。生山林川谷及生田野。二月採，陰乾。陶隱居云：山野多有，甚似家桃，又非山桃，子小細，苦不堪噉，花甚赤。詩云隰有萇楚者，即此也。方藥亦不復用。

唐本草注云：此物多生溝渠隍壍之間，人取煮以洗風癢及諸瘡腫，極效。劍南人名細子根也。

蜀本圖經：生平澤中，葉花似桃，子細如棗核，苗長弱，即蔓生，不能爲樹。今處處有，多生溪澗。今人呼爲細子根，似牡丹，療腫。

滇黔記遊：羊桃藤，取汁可膠亘石，他處斷而膠處如故。山中造石梁者，常以之相續，恆數十丈，駕空以渡。所圯者輒非所膠處，或中斷而兩頭喬然不墜。苗人以木板續之，行旅往來無恙。

廣雅疏證：羊桃也。案毛詩疏羊桃華紫赤。爾雅注云華白，則有二種也。其枝條柔弱，蔓生，故詩猗儺其枝，傳箋並以猗儺爲柔順。但下章又云：猗儺其華，猗儺其實。華與實不得言柔順，而亦云猗儺，則猗儺乃美盛之貌矣。小雅隰桑篇：隰桑有阿，其葉有難。傳云：阿然，美貌；難然，盛貌。阿難與猗儺同。

白斂

本草經：白斂味苦，平。主癰腫疽瘡，散結氣，止痛，除熱，目中赤，小兒驚癇，溫瘧，女子陰中腫痛，帶下赤白。一名兔核，一名白草。

別錄：甘，微寒，無毒。殺火毒。一名白根，一名崐崙。生衡山山谷，二月、八月採根，暴乾。代赭爲之，使反烏頭。陶隱居云：近道處處有之，作藤生，根如白芷，破片以竹穿之，日乾。生取根，擣傅癰腫，亦效。

唐本草注云：此根似天門冬，一株下有十許根，皮赤黑，肉白如芍藥，殊不似白芷。

蜀本圖經云：蔓生，枝端有五葉，今在處有之。

圖經曰：白斂生衡山山谷，今江、淮州郡及荆、襄、懷、孟、商、齊諸州皆有之。二月生苗，多在林中作蔓，赤黑，葉如小桑。五月開花，七月結實，根如雞鴨卵，三五枚同窠。皮赤黑，肉白。二月、八月採根，破片暴乾。今醫治風金瘡及面藥方，多用之。濠州有一種赤斂，功用與白斂同，花實亦相類，但表裏俱赤耳。

說文解字注：薟，白薟也。本艸經作白斂，从艸，僉聲，良丹切，七部。蘞，薟或从斂。唐風蘞蔓于野。陸璣云：似栝樓，葉盛而細，其子正黑，如燕薁，不可食。陸疏廣要曰：本艸蘞有赤白黑三種，疑此是黑蘞也。

赭魁

赭魁 別錄：赭魁味甘，平，無毒。主心腹積聚，除三蟲，生山谷，二月採。陶隱居云：狀如小芋子，肉白皮黃，近道亦有。

唐本草注：赭魁大者如斗，小者如升，葉似杜衡，蔓生草木上，有小毒。陶所說者，乃土卵爾，不堪藥用。梁、漢人名爲黃獨，蒸食之，非赭魁也。

蜀本草圖經云：苗蔓延生，葉似蘿摩，根如菝葜，皮紫黑，肉黃赤。大者輪菌如升，小者若拳，今所在有之。

本草拾遺：按土卵蔓生，根如芋，人以灰汁煮食之，不聞有功也。

夢溪筆談：本草所論赭魁，皆未詳審。今赭魁南中極多，膚黑肌赤，似何首烏。切破，其中赤白，理如檳榔，有汁赤如赭，南人以染皮製韡，閩嶺人謂之餘糧。

忍冬

忍冬 別錄：忍冬味甘，溫，無毒。主寒熱，身腫，久服輕身，長年益壽。十二月採，陰乾。陶隱居云：今處處皆有，似藤生，淩冬不凋，故名忍冬。人惟取煮汁以釀酒，補虛療風，仙經少用此。既長年益壽，甚可常採服。凡易得之草，而人多不肯爲之，更求難得者，是貴遠賤近，庸人之情乎！

本草拾遺：忍冬主熱毒，血痢，水痢，濃煎服之。小寒，本條云溫，非也。

曲洧舊聞：金銀花，鄭許田野間二三月有。一種花蔓生，其香清遠，馬上聞之，頗似木樨，花色白，土人呼爲鷺鷥花，取其形似也。亦謂五里香。

救荒本草：金銀花，本草名忍冬，一名鷺鷥藤，一名左纏藤，一名金釵股，又名老翁鬚，亦名忍冬藤。舊不載所出州土，今輝縣山野中亦有之。其藤淩冬不凋，故名忍冬，草附樹延蔓而生，莖微紫色，對節生葉，葉似薜荔葉而青，又似水茶臼葉頭微團而軟，背頗澀，又似黑豆葉而大。開花五出，微香，蒂帶紅色，花初開白色，經一二日則色黃，故名金銀花，本草中不言。善治癰疽發背，近代名人用之，奇效。味甘，性溫，無毒。採花煠熟，油鹽調食。及採嫩葉換水煮熟，浸去邪味，淘淨，油鹽調食。

墨莊漫錄：崇寧間平江府天平山白雲寺有數僧，行山間得蕈一叢，共煮食之，至夜發吐，內三人急取鴛鴦草，生啖遂愈，其二人不噉者，吐至死。鴛鴦草藤蔓而生，黃白花對開。傍水依山，處處有之，治癰疽腫毒尤妙，或服或傅皆可。蓋沈存中良方所載金銀花又曰老翁鬚者，本草名忍冬。

千歲虆

別錄：千歲虆汁味甘，平，無毒。主補五藏，益氣，續筋骨，長肌肉，去諸痹。久服輕身，不饑耐老，通神明。一名虆蕪，生泰山山谷。

陶隱居云：作藤生樹如葡萄，葉如鬼桃，蔓延木上，汁白，今俗人方藥都不復識用，而仙經數處需之。而遠近道俗咸不識此，非甚是異物，止是未能訪尋識之爾。

圖經：千歲虆生泰山山谷，作藤生，蔓延木上。葉如葡萄而小，四月摘其莖，汁白而甘。五月開花，七月結實，八月採子，青黑微赤，冬惟凋葉，此卽詩經葛虆者也。蘇恭謂是蘡薁藤，深爲謬矣。陶隱居、陳藏器說最得之矣。

本草衍義：千歲虆，唐開元末訪隱民姜撫已幾百歲，召至集賢院，言服常春藤，使白髮還鬒，則長生可致。藤生太湖、終南，往往有之。帝遣使多取，以賜老臣，詔天下使自求之。擢撫銀青光祿大夫，號沖和先生，言終南山有旱藕，餌之延年，狀類葛粉，帝取之作湯餅，賜大臣。右驍騎將軍甘守誠曰：常春者，千歲虆也；旱藕者，牡蒙也；方家久不用，撫易名以神之。民間以酒漬藤，飲者多暴死，乃止。撫內慙，請求藥牢山，遂逃去，今書之以備世疑。

陸璣詩疏：莫莫葛藟。藟一名巨苽，似燕薁，亦延蔓生。葉如艾，白色。其子赤，可食，酢而不美，幽州謂之推藟。

說文解字注：虆，虆木也。釋木：諸慮，山櫐。欇，虎櫐。郭云：今江東呼櫐爲藤，虎櫐今虎豆，纏蔓林樹而生。中山經：畢山其上多櫐。依齊民要術、藝文類聚，郭云：今虎豆，貍豆之屬。櫐，一名縢，音未。按櫐者，虆之省，其物在草木之間。近於艸者，則爲艸部之藟，詩之藟也；近於木者則爲木部之虆，釋木之山櫐虎櫐也。縢、藤古今字，謂之縢者，可以爲緘縢也。虆之屬不一，統名之曰虆木，從木，藟聲，形聲包會意，力軌切，十五部，櫐籀文。

萆薢　本草經：萆薢味苦，平。主腰脊痛，強骨節，風寒濕周痹，惡瘡不瘳，熱氣。

別錄：甘，無毒。主傷中恚怒，陰痿失溺，關節老血，老人五緩。一名赤節，生眞定山谷，二月、八月採根，暴乾。陶隱居云：今處處有，亦似拔葜而小，異，根大不甚有角節，色小淺。

博物志云：菝葜與萆薢相亂。

唐本草注云：此藥有二種，莖有刺者根白實，無刺者根虛軟。以軟者爲勝，葉似薯蕷，蔓生。

圖經：萆薢生眞定山谷，今河、陝、京東、荊、蜀諸郡有之。根黃白色，多節，三指許大。苗葉俱青，作蔓生，葉作三叉，似山薯，又似菉豆葉。

花有黃、紅、白數種，亦有無花結白子者。春秋採根，暴乾。舊說，此藥有二種，莖有刺者根白實，無刺者根虛軟，以軟者爲勝。今成德軍所產者，根亦如山薯，體硬。其苗引蔓，葉似蕎麥，子三稜，不拘時月採其根，用利刀切作片子，暴乾用之。貞元廣利方療丈夫腰腳痹，緩急行履不穩者，以萆薢二十四分，合杜仲八分，擣篩，每旦溫酒和服三錢匕，增至五匕，禁食牛肉。又有萆薢丸大方，功用亦同。

本草綱目李時珍曰：萆薢蔓生，葉似菝葜而大如盌，其根長硬，大者如商陸而堅。今人皆以土茯苓爲萆薢，誤矣。莖葉根苗皆不同。吳普本草又以萆薢爲狗脊，亦誤矣，詳狗脊下。宋史以懷慶萆薢充貢。

按萆薢、菝葜、土茯苓，三種俱生高岡，多相叢雜。引蔓而不延緣，熯煠而不顛頓，其利濕之功，自不相遠，而形狀則異。李時珍辨之甚詳，然尙有未盡者。考萆薢、菝葜本相亂，前人所說不一，圖亦多種。今詳參功用，略得分曉。萆薢、菝葜俗皆呼金剛。其葉大如盌，光滑如柹葉。或有鬚，或有刺，根長近尺，堅硬磥砢。有紅、白二種：紅者葉有紫黑點，白者葉亦淡青。舂研其根，細膩如粉，可和餅餌蒸食。南贛人呼爲硬飯團，藥市以代土茯苓者，萆薢也。其葉如烏藥，面青背白，莖亦有刺。結紅實，甜酸而酥。根硬而不甚長，有堅刺頗利，似菱角刺，俗呼鐵菱角者，菝葜也。葉如竹葉，細蔓光黑，拖地生根。嫩者如荸薺，內外皆白，有漿可食。老則灰白而堅，其巨根入土極深，有掘數尺而不遇者。根巨，色亦黑黯，俗呼冷飯團者，土茯苓也。土茯苓根既不易得巨者，而近時飲用甚夥，故多以萆薢充售，而萆薢之名反隱。余以阻風登山，攜鋤掘而驗之。如此分別，自然易辨。

菝葜 別錄：菝葜味甘，平，溫，無毒。主腰背寒痛，風痹，益血氣，止小便利。生山野，二月、八月採根，暴乾。陶隱居云：此有三種，大略根苗並相類。菝葜莖紫，短小多細刺，小減萆薢而色深，人用作飲。

日華子云：治時疾瘟瘴，葉治風腫，止痛，撲損，惡瘡，以鹽塗傅，佳。又名金剛根，又名王瓜草。

圖經：菝葜舊不載所出州土，但云生山野，今近道及江、浙州郡多有之。苗莖成蔓，長二三尺，有刺。其葉如冬青烏藥葉，又似菱葉差大。秋生黄花，結黑子，櫻桃許大。其根作塊，赤黄色。二月、八月採根，暴乾用。江、浙間人呼爲金剛，根浸赤汁，以煮粉食，云噉之可以辟瘴。其葉以鹽搗傅風腫惡瘡等，俗用有效。田舍貧家，亦取以釀酒，治風毒、脚弱、痹滿上氣殊佳。

本草綱目李時珍曰：菝葜山野中甚多，其莖似蔓而堅硬強植，生者有刺。其葉團大，狀如馬蹄，光澤似柹葉，不類冬青。秋開黄花，結紅子。其根甚硬，有硬鬚如刺。其葉煎飲酸濇，野人釆其根葉，入染家用，名鐵菱角。

救荒本草：山梨兒一名金剛樹，又名鐵刷子。生鈞州山野中，科條高三四尺，枝條上有小刺，葉似杏葉，頗團小。開白花，結實如葡萄顆大，熟則紅黄色，味甘酸，採實食之。

廣雅疏證：菝挈，狗脊也。御覽引春秋運斗樞云，機星散爲拔葜。拔葜與菝挈同。博物志作拔揳，云拔揳與萆薢相亂，一名狗脊。御覽引吳普本草云，狗脊如萆薢。是菝挈即狗脊也，亦名菝菰，挈、菰聲相近也。玉篇云，菝菰，狗脊根也。廣韻云，菝菰，狗脊根，可作飲。菝菰、狗脊同物，而云菝菰狗脊根，猶葯、芷同物，而云葉謂之葯；薫、蕙同物，而云根謂之薫也。名醫別錄作菝葜。陶注云，此有三種，大略根苗並相類。菝葜莖紫，短小多細刺，小減萆薢而色深，人用作飲。御覽引吳普本草云，狗脊一名狗青，一名萆薢，一名赤節，一名強膂，如萆薢，莖節如竹，有刺，葉圓青赤，根黃白。本草狗脊陶注云，狗脊與菝葜相似而小異，其莖葉小肥，其節疏，其莖大，直上有刺。葉圓有赤脈，根凹凸巃嵸如羊角細強者，是皆其形狀也。御覽引廣雅菝作薢。鄭注月令作萆。

鈎藤 別錄：鈎藤微寒，無毒，主小兒寒熱，十二驚癇。陶隱居云：出建平，亦作弔藤字，惟療小兒，不入餘方。

圖經：鈎藤，本經不載所出州土。蘇恭云出梁州，今興元府亦有之。葉細莖長，節間有刺，若釣鈎，三月採。字或作弔。葛洪治小兒方，多用之。其煮湯治卒得癇疾，弔藤、甘草炙各二分，水五合，煮取二合，服如小棗大，日五夜三，大良。又廣濟及崔氏方療小兒驚癇，諸湯飲皆用鈎藤皮。

本草衍義：鈎藤中空，二經不言之。長八九尺，或一二丈者，湖南北、江南、江西、山東皆有之。小人有以穴隙間致酒瓮中，盜取酒，以氣吸之，酒既出，涓涓不斷。專治小兒驚熱。

滇黔記游：鈎藤亦出蒼山，以之釀酒，名咂魯麻。

本草綱目李時珍曰：狀如葡萄藤而有鈎，紫色。古方多用皮，後世多用鈎，取其力銳耳。

蛇苺 別錄：蛇苺汁大寒。主胸腹大熱不止。陶隱居云：園野亦多，子赤色，極似苺，而不堪啖。人亦無服此爲藥者。療溪毒，射工，傷寒大熱，甚良。

蜀本圖經云：生下濕處，莖端三葉，花黃子赤，若覆盆子，根似敗醬。二月、八月採根，四月、五月收子，所在有之。

日華子云：味甘、酸，冷，有毒。通月經，熁瘡腫，傅蛇蟲咬。

衍義曰：蛇苺今田野道傍，處處有之。附地生葉，如覆盆子，但光潔而小，微有皺紋。花黃，比蒺蘂花差大。春末夏初結紅子，如荔枝色，餘如經。

按蛇莓，固始呼爲蛇蛋果，南安呼爲疔瘡藥。擣敷紅線疔，極效。

本草綱目李時珍曰：此物就地引細蔓，節節生根，每枝三葉，葉有齒刻。四、五月開小黄花，五出。結實鮮紅，狀似覆盆，而面與蒂則不同也。其根甚細，本草用汁，當是取其莖葉並根也。仇遠稗史訛作蛇繆草，言有五葉、七葉者，又言俗傳食之能殺人，亦不然，止發冷涎耳。

牽牛子

别錄：牽牛子味苦，寒，有毒。主下氣，療脚滿水腫，除風毒，利小便。陶隱居云：作藤生，花狀如藊豆，黄色。子作小房，實黑，色形如梂子核。比來服之，以療脚滿氣急，得小便利，無不差。此藥始出田野，人牽牛易藥，故以名之。又有一種草，葉上有三白點，俗因以名三白草，其根以療脚下氣，亦甚有驗。

圖經曰：牽牛舊不著所出州土，今處處有之。二月種子，三月生苗，作藤蔓，遶籬牆，高者或三二丈。其葉青，有三尖角，七月生花，微紅帶碧色，似鼓子花而大。八月結實，外有白皮裹作毬，每毬内有子四五枚，如蕎麥大，有三棱，有黑白二種，九月後收之，又名金鈴。段成式酉陽雜俎云：盆甑草即牽牛子也。秋節後斷之，狀如盆甑，其中子似龜，蔓如山芋，即此也。

雷斆炮炙論：草金零，牽牛子是也。凡使其藥，秋末即有實，冬收之。凡用曬乾，却入水中淘，浮者去之，取沉者曬乾，拌酒蒸，從巳至未，曬乾。臨用，春去黑皮用。

酉陽雜俎：盆甑草，即牽牛子也。結實後斷之，狀如盆甑，其中有子似龜，蔓如薯蕷。

按李時珍謂人亦采其嫩實，蜜煎爲果食，呼爲天茄；此則誤以丁香茄爲牽牛矣。

本草綱目李時珍曰：近人隱其名爲黑丑，白者爲白丑，蓋以丑屬牛也。自宋以後，北人常用取快。

及劉守眞、張子和出，又倡爲通用下藥，李明之目擊其事，故極力闢之。然東漢時此藥未入本草，故仲景不知，假使知之，必有用法，不應捐棄。况仲景未用之藥亦多矣，執此而論，蓋矯枉過中矣。牽牛治水氣在肺，喘滿腫脹，下焦鬱遏，腰背脹腫，及大腸風祕、氣祕，卓有殊功。但病在血分及脾胃虚弱而痞滿者，則不可取快一時，及常服暗傷元氣也。一宗室夫人，年幾六十，平生苦腸結病，旬日一行，甚於生產。服養血潤燥藥，則泥膈不快；服消黄通利藥，則若罔知；如此，三十餘年矣。時珍胗其人體肥膏粱而多憂鬱，日吐酸痰盌許，乃寬，又多火病。此乃三焦之氣壅滯，有升無降，津液皆化爲痰飲，不能下滋腸腑，非血燥比也。潤劑留滯消黄，徒入血分，不能通氣，俱爲痰阻，故無效也。乃用牽牛末皂莢膏丸與服，即便通利，自是但覺腸結，一服就順，亦不妨食，且復精爽。蓋牽牛能走氣分，通三焦，氣順則痰逐飲消，上下通快矣。外甥柳喬素多酒色病，下極脹痛，二便不通，不能坐卧，立哭呻吟者七晝夜，醫用通利藥，不效。遣人叩予，予思此乃濕熱之邪在精道，壅脹隧路，病在二陰之間，故前阻小便，後阻大便，病不在大腸、膀胱也。乃用楝實、茴香、穿山甲諸藥，入牽牛，加倍水煎服，一服而減，三服而平。牽牛能達右腎命門，走精隧，人所不知，惟東垣李明之知之。故明之治下焦陽虚天眞丹，用牽牛，以鹽水炒黑，入佐沈香、杜仲、破故紙、官桂諸藥，深得補瀉兼施之妙。方見醫學發明。又東垣治脾濕太過、通身浮腫、喘不得卧、腹如鼓。海金沙散，亦以牽牛爲君；則東垣未盡棄牽牛不用，但貴施之得道耳。

蘿藦子

爾雅：雚，芄蘭。注：雚芄蔓生，斷之有白汁，可啖。詩經：芄蘭之支。陸璣疏：芄蘭一名蘿藦。幽州謂之雀瓢。蔓生，葉青緑色而厚，斷之有白汁，鬻爲茹，滑美。其子長數寸，似瓠子。

唐本草：蘿藦子味甘，辛，溫，無毒。主虛勞。葉食之功同於子。注：按陸璣詩疏云：蘿藦一名芄蘭，幽州謂之雀瓢。女青，葉似蘿藦，兩葉相對。子似瓢形，大如棗許，故名雀瓢。根似白薇，莖葉並臭，生平澤。

本草拾遺：蘿藦，東人呼爲白環藤，生籬落間，折之有白汁，一名雀瓢。其女青終非白環，二物相似，不能分別。

本草拾遺：斫合子，無毒。主金瘡，生膚，止血，擣碎傅瘡上。葉主目熱赤，挼滴目中。云昔漢高帝戰時，用此傅軍士金瘡，故云斫合子，籬落間藤蔓生，至秋霜子如柳絮，一名雞腸。

本草綱目李時珍曰：斫合子即蘿藦子也。三月生苗，蔓延籬垣，極易繁衍。其根白，其葉長，而後大前尖，根與莖葉斷之皆有白乳，如構汁。六七月開小長花，如鈴狀，紫白色。結實長二三寸，大如馬兜鈴，一頭尖，其殼青軟，中有白絨及漿。霜後枯裂，則子飛，其子輕薄，亦如兜鈴子。商人取其絨作坐褥，代綿，云甚輕煖。詩云，芄蘭之支，童子佩觿；芄蘭之葉，童子佩韘。觿音畦，解結角錐也，此物實尖，垂於支間，似之；韘音涉，張弓指彄也，此葉後彎似之，故以比興也。一種，莖葉及花皆似蘿藦，但氣臭根紫，結子圓大如豆，生青熟赤爲異。此則蘇恭所謂女青似蘿藦，陳藏器所謂二物相似者也。蘇恭言其根似白微，子似瓢形，則誤矣。當從陳說。此乃藤生女青，與蛇銜根之女青名同物異，宜互攷之。

救荒本草：羊角菜又名羊嬭科，亦名合鉢兒，俗名婆婆針綫包，又名細絲藤，一名過路黃。生田野下濕地中，拖藤蔓而生，莖色青白，葉似馬兜鈴葉而長大，又似山藥葉亦長大，面青背頗白，皆兩葉相對生。莖葉折之，俱有白汁出。葉間出蒴、開五瓣小白花。結角似羊角狀，中有白穰。採嫩葉煠熟，換水浸去苦味邪氣，淘淨，油鹽調食。

陸疏廣要：爾雅云：雚，芄蘭。邢氏云：雚一名是芄蘭。郭云：雚芄蔓生，斷之有白汁可啖。案如此注：則以雚芄一名蘭，或傳寫誤，芄衍字。詩衞風云：芄蘭之支。鄭氏云：卽蘿藦菜。蔓生，斷之有白汁，可啖。箋云：芄蘭柔弱，恆蔓於地，有所依緣則起。沈括曰：芄蘭之支。支，莢也。芄蘭生莢，支於葉間，垂之如觿狀，其葉如佩韘之狀。按說文、說苑、石經俱作芄蘭之枝。許愼云：枝，木別生枝條也。

說文解字注：芄，芄蘭逗，莞也。釋艸：雚，芄蘭。此莞當爲雚。說文莞與藺蒲爲類，芄蘭與香艸爲類，割分異處，斷非一物。或曰莞衍字。鄭、陸、郭說芄蘭皆同。許君以芄蘭列於香艸，未審其意同否也。从艸，丸聲，胡官切，十四部。詩曰：芄蘭之枝。說苑亦作枝。今詩作支。

焦循毛詩補疏：芄蘭之支。傳：芄蘭，草也。箋云：芄蘭柔弱，恆蔓延於地，有所依緣則起。循按息夫躬絕命詞云：涕泣流兮雚蘭。張晏云：雚蘭，草也。蔓延於地，有所憑依則起。臣瓚云：雚蘭，泣涕闌干也。此芄蘭指淚。而張晏直引毛、鄭解之。蓋芄蘭者從横四出之態，故淚之出，草之蔓，皆有此名。芄蘭，猶云汍瀾也。見陸士衡弔魏武帝文。太玄經陽氣親天，萬物丸蘭，此正蔓衍之稱矣。余嘗求之田野間，有所謂麻雀棺者，蔓生，葉長二寸，橢圓上銳。藤柔衍，斷之白汁出。實狀如秋葵實而夾，霜後枯破，內盈白絨。準之本草諸家之說，此爲芄蘭也，雀棺乃雀瓢之遺稱。而棺音同莞，爾雅名雚，說文名莞也。

赤地利

唐本草：赤地利味苦，平，無毒。主赤白冷熱諸痢，斷血破血，帶下赤白，生肌肉。所在山谷有之。注云：葉似蘿藦，蔓生，根皮赤黑，肉黃赤，二月、八月採根，日乾。

圖經曰：赤地利舊不載所出州土，云所在山谷有之，今惟出華山。春夏生苗，作蔓繞草木上。莖赤，葉青，似蕎麥葉。七月開白花，亦如蕎麥。根若菝葜，皮黑肉黃赤。八月內採根，晒乾用，亦名山蕎麥。

嘉祐本草：五毒草味酸，平，無毒。根主癰疽惡瘡，赤白游瘮，蟲蠶蛇犬咬。並醋摩傅瘡上，亦搗莖葉傅之，恐毒入腹，亦煮服之。生江東平地，花葉如蕎麥，根緊硬似狗脊。一名五蕺，一名蛇罔，又別有蠶罔，如苧蔴，與蕺同名也。

按赤地利，江西、湖南皆呼曰天蕎，以其形與蕎麥無異。其根極硬，橫植皆能生苗。又名賊骨頭，凡爲賊者必蓄之，以備拷訊，蓋跌打聖藥也。余前在江西，以此草示武陵令，適有無賴爲鄉人所毆，幾斃，卽以此草汁灌之，而甦其傷，不旬日逃去，其效如此。湖南俚醫以爲行血通氣之藥。

紫葛 唐本草：紫葛味甘，苦，寒，無毒。主癰腫惡瘡，取根皮擣爲末，醋和封之。生山谷中，不入方用。注云：苗似葡萄，根紫色，大者徑二三寸，苗長丈許。

蜀本圖經云：蔓生，葉似蘡薁，根皮肉俱紫色，所在山谷有之，今出雍州。三月、八月採根、皮，日乾。

日華子云：味苦，滑，冷。主癱緩攣急，幷熱毒風，利小腸。紫葛有二種，此卽是藤生者。

圖經曰：紫葛舊不載所出州土，云生山谷，今惟江寧府台州有之。春生冬枯，似葡萄而紫色，長丈許。大者徑二三寸，葉似蘡薁，根皮俱紫色。三月、四月採根、皮，日乾。

經驗方：治產後血氣衝心，煩渴。紫葛三兩，以水二升煎取一升，去滓呷之。

又方，治金瘡，生肌，破血，補損。用紫葛二兩，細剉，以順流水三大盞，煎取一盞半，去滓，食前分溫三服，酒煎亦妙。

按紫葛藤，湖南嶽麓多有之。葉初生如蘡薁，大則裂爲三片，多花，葉有鋸齒，其根長軟如葛而微赭，有數條。俚醫以治無名腫毒，並入湯劑治頭痛等症，爲習用之藥。

烏蘞莓

唐本草：烏蘞莓味酸，苦，寒，無毒。主風熱，毒腫，游丹，蛇傷。擣傅幷飲汁。注：蔓生，葉似白蘞，生平澤。

蜀本草：或生人家籬牆間，俗呼爲龍草。取根擣以傅癰腫，多效。又圖經云：蔓生，莖端五葉，青白色，俗呼爲五月梅，所在有之。夏採苗用。

本草拾遺：五葉有五椏，子黑，一名烏蘞草，即烏蘞莓是也。

按詩經：蘞蔓于野。陸璣疏：蘞似栝樓，葉盛而細，其子正黑，如燕薁，不可食也。幽州人謂之烏服，其莖葉煮以哺牛，除熱。所述形狀，極似烏蘞莓，而醫書未見引據，附識於左。

本草綱目李時珍曰：塍塹間甚多，其藤柔而有棱，一枝一鬚。凡五葉，葉長而光，有疎齒，面青背淡。七月結苞成簇，青白色。花大如粟，黃色，四出。結實大如龍葵子，生青熟紫，內有細子。其根白色，大如指，長一二尺。擣之多涎滑，俗呼五爪龍，江東呼龍尾，亦名虎葛，又曰赤潑藤。

按李時珍以烏蘞莓爲龍葛。其所云江東呼龍尾者，皆郭注。但注中並未即以爲蘞，時珍亦以形狀臆定耳。

葎草

唐本草：葎草味甘，苦，寒，無毒。主五淋，利小便，止水痢，除瘧虛熱渴。煮汁及生汁服之。生故墟道旁。

圖經曰：葎草舊不著所出州土，云生故墟道旁，今處處有之。葉如蓖麻而小，蔓生，有細刺，花黃白，子亦類麻子。四月、五月採莖、葉，暴乾用。俗名葛葎蔓，又名葛勒蔓。唐韋宙獨行方主瘑遍體皆瘡者，用葎草一擔，以水二石煮取一石，以漬瘡，不過三五乃愈。而本經亦闕主疥功用。又韋宙主膏淋，搗生汁三升，酢二合相和，空腹頓服，當溺如白汁。又主久痢成疳，取乾蔓擣篩，量多少管吹穀道中，不過三四，差已，若神。

救荒本草：葛勒子秧，本草名葎草，蔓生，藤長丈餘。莖多細澀刺，葉似萆麻葉而小亦薄。莖葉極澀，能抓挽人。莖葉間開黃白花，結子類山絲子。採嫩苗葉煠熟，換水浸去苦味，淘淨，油鹽調食。

本草綱目李時珍曰：二月生苗，莖有細刺，葉對節生，一葉五尖，微似蓖麻，而有細齒。八九月開細紫花成簇，結子，狀如黃麻子。

地不容

唐本草：地不容味苦，大寒，無毒。主解蠱毒，止煩熱，辟瘴癘，利喉閉及痰毒。一名解毒子。生山西川谷，採無時。

圖經：地不容生戎州，味苦，大寒，無毒。蔓生，葉青如杏葉而大，厚硬，凌冬不凋。無花實，根黃白色，外皮微麄褐，累累相連，如藥實而圓大。採無時，能解蠱毒，辟瘴氣，治咽喉閉塞。鄉人亦呼為解毒子。

湖南通志：軫宿峯北多生地不容草，取汁同雄黃末調服之，大解蛇毒，以其淬敷傷處，雖蝮蛇五步之內，毒亦不加害。蛇藥甚多，其效至速，不出此草。南岳總勝

白藥

唐本草：白藥味辛，溫，無毒。主金瘡，生肌。出原州。注：三月苗生，葉似苦苣，四月抽赤莖，花白，根皮黃。八月葉落，九月枝折，採根，日乾。別本注：解野葛、生金、巴豆藥毒，刀斧折傷，能止血痛，乾末傅之。附藥性論云：白藥亦可單用，味苦，能治喉中熱塞，噎痹不通，胸中隘塞，咽中常痛，腫脹。日華子云：白藥冷，消痰止嗽，治渴，并吐血，喉閉，消腫毒。又云：

蘞草涼，無毒。治惡瘡疥癬，風瘙，根名白藥。

圖經：白藥出原州，今夔施、江西、嶺南亦有之。三月生苗，似苦苣葉，四月而赤。莖長似葫蘆蔓。六月開白花，八月結子，亦名瓜蔞。九月採根，以水洗，切碎暴乾，名白藥子。江西出者葉似烏臼，子如菉豆。至八月其子變成赤色。用根幷野猪尾二味，洗淨去麁皮，焙乾，等分停，擣篩酒服一錢匕。用療心氣痛，解熱毒，甚效。又諸瘡癰腫不散，生白藥根擣傅貼，乾則易之。無生者，用末水調塗之亦可。崔元亮海上方：治一切天行，取白藥研如麪，將水一大盞，空腹頓服之，便仰臥。一食頃候，心頭悶亂，或惡心，腹內如車鳴刺痛，良久當有吐利數行，勿怪。欲服藥時，先令煮漿水粥，於井中懸著待冷，若吐利過度，即喫冷粥一椀止之，不喫即困人。

附本草拾遺

會州白藥主金瘡，生膚，止血，碎末傅瘡上。葉如白斂，出會州也。

陳家白藥味苦，寒，無毒。主解諸藥毒。水研服之，入腹與毒相攻，必吐；疑毒未止，更服。亦去心胸煩熱，天行瘟瘴。出蒼梧，陳家解藥用之，故有「陳家」之號。蔓及根並似土瓜，緊小者良。冬春採取。一名吉利菜，人亦食之。與婆羅門白藥及赤藥，功用並相似。葉如錢，根如防己，出明山。

甘家白藥味苦，大寒，小有毒。主解諸藥毒，與陳家白藥功用相似。人吐毒物，疑不穩，水研服之，即當吐之，未盡又服。此二藥性冷，與霍亂下痢相反，出襲州以南，「甘家」亦因人爲號。葉似車前，生陰處，根形如半夏，嶺南多毒物，亦多解物，豈天資之乎！

土茯苓

本草拾遺草禹餘糧注陶公云：南人又呼平澤中一藤，如菝葜，爲餘糧，言禹採此當糧。根如盞連綴，半在土上，皮如茯苓，肉赤味澀，人取以當穀，不饑。調中止洩，健行不睡。云昔禹會諸侯，棄糧冷地，化爲此草，故名餘糧。今多生海畔山谷。

本草綱目李時珍曰：觀陶氏此說，即今土茯苓也。故今尚有仙遺糧、冷飯團之名，亦其遺意。陳藏器本草草禹餘糧，蘇頌圖經豬苓下刺豬苓皆此物也，今皆併之。茯苓、豬苓、山地栗，皆象形也。俗又名過岡龍，謬稱也。

又曰：土茯苓，楚、蜀山箐中甚多。蔓生如蓴，莖有細點，其葉不對，狀頗類大竹葉，而質厚滑，如瑞香葉而長五六寸。其根狀如菝葜而圓，其大若雞鴨子，連綴而生，遠者離尺許，近或數寸。其肉軟，可生啖。有赤白二種，入藥用白者良。按中山經云：鼓鐙之山有草焉，名曰榮草，其葉如柳，其本如雞卵，食之已風，恐即此也。昔人不知用此。近時宏治、正德間，因楊梅瘡盛行，率用輕粉藥取效，毒留筋骨，潰爛終身，至人用此遂爲要藥，諸醫無從考證。往往指爲萆薢及菝葜，然其根苗迥然不同，宜參考之。但其功用亦頗相近，蓋亦萆薢、菝葜之類也。

木蓮

即薜荔

本草拾遺：薜荔夤緣樹木，三五十年漸大，枝葉繁茂。葉長二三寸，厚若石韋。生子似蓮房，打破有白汁，停久如漆。中有細子，一年一熟，子亦入藥。采無時，主風血，暖腰脚，變白不衰。

嶺外代答：木饅頭在中州，蔓生枝葉間，可以充藥物。在南州則木生，不生於枝葉，而綴生於本身，可以爲果實。二物其形相類，但蔓者肉薄多子，未熟先落。木生者肉厚，中有飴蜜，當其紅熟，亦頗可口，深廣難得佳果，公筵多用以備數，人乃附會其說曰，廣中公筵刻木爲饅頭，識其下曰某州公庫，一樣若干，斯言過矣。

證類本草：圖經言薜荔治背瘡。近見宜興縣一老舉人，年七十餘，患發背，村中無醫藥，急取薜荔葉，爛研絞汁和蜜，飲數升，以滓敷之，後用他藥傅貼，遂愈。其功實在薜荔，乃知圖經之言不妄。

本草綱目李時珍曰：木蓮延樹木垣牆而生，四時不凋。厚葉，堅強，大於絡石，不花而實，實大如盃，微似蓮蓬而稍長，正如無花果之生者。六七月實內空而紅，八月後則滿腹細子，大如稗子，一子一鬚，其味微澀，其殼虛輕，烏鳥童兒皆食之。

爾雅翼：薜荔、白芷、蘼蕪、椒、連謂之五臭。管氏之正天下也，五臭所校，謂之五土。小華之山草多薜荔，薜荔狀如烏韭，而生於石上，食之止心痛。亦緣木生，在屋曰昔邪，在牆曰垣衣。今薜荔葉厚實而圓，多蔓，好敷巖石上，若罔，故云罔薜荔兮爲帳也。或夤緣上木，古木之上有絕大者，開華結實，上銳而下平，外青而中瓤，經霜則瓤紅而甘，烏鳥所啄，童女亦食之，謂之木饅頭，亦曰鬼饅頭。其狀如餅中饅頭也。食之發瘴。嶺外尤多，州郡待客，取以爲高飣。或言嶺外郡刻木作饅頭狀，言之過也。雖云藤蔓，枝葉勁厚如木之屬，非復草也。離騷云：貫薜荔之落蘂。王逸章句曰：薜荔香草，緣木而生。蘂，實也。貫香草之實，執持忠信貌也。薜荔雖有實，然所取芳者不於實。又按說文：蘂花須頭點也，則蘂乃謂此。逸之意，以薜荔之花小，蓋不可貫，故以爲實。要之詩、騷當以意逆志，但貫其鬚蘂，以見用心之精潔爾。山鬼歌亦稱被薜荔兮帶女蘿。逸云：薜荔兔絲皆無根，緣木而生，山鬼亦奄忽無形，故衣之以爲飾，古者喻物意深如此。又九歌曰：采薜荔兮水中，搴芙蓉兮木末。言責其所無，必不能也。至九章曰：今薜荔以爲理兮，憚舉趾而緣木；因芙蓉以爲媒兮，憚褰裳而濡足。此皆因其所宜而任之，顧不爲耳。薜荔，芳草；故楚辭特殷勤焉。

常春藤

本草拾遺：常春藤莖葉苦，子甘溫，無毒。主治風血羸老，腹內諸冷，血閉，強腰脚，變白。煮服、浸酒皆宜。生林薄間，作蔓，繞草木上。其葉頭尖，結子正圓，熟時如珠，碧色。小兒取其藤，於地打作鼓聲，故名土鼓。李邕改爲常春藤。

本草綱目李時珍曰：凡一切癰疽腫毒初起，取莖葉一握，研汁，和酒溫服，利下惡物，去其根本。

千里及

本草拾遺：千里及味苦，平，小毒。主天下疫氣，結黃，瘧瘴，蠱毒。煮服之，吐下。亦搗傅瘡、蟲蛇犬等咬處。藤生，道傍、籬落間有之，葉細厚，宣湖間有之。

圖經：千里急生天台山中，春生苗，秋有花，彼土人并其花葉採入藥用，治眼有效。

圖經：千里光生筠州淺山及路傍。味苦，甘，寒，無毒。葉似菊葉而長。枝幹圓而青，背有毛。春生苗，夏生莖葉，有花，黃色，不結實，花無用。彼土人多與甘草煮作飲服，退熱，明目，不入衆藥用。

按千里及，江西、湖南隨處有之。俗呼千里光，一名九里明。其葉前尖後方，作三角形而長，有微齒而密。初生葉背紫，老則退，葉中有紫紋一縷。莖長而弱，與羊桃相類。李時珍以千里光、千里急併爲一種，極確。唯黃花演花與此草同，而葉異。南安人以其花洗目，呼爲黃花母，云有毒，不可入口，非此草也。

榼藤子

嘉祐本草：榼藤子味澀甘，平，無毒。主蠱毒，五痔，喉痹，及小兒脫肛，血痢，並燒灰服。瀉血，宜取一枚以刀剜內瓤，熬研爲散。空腹，熱酒調二錢，不過三服，必效。又宜入澡豆，善除䵟黯，其殼用貯丹藥，經載不壞。按廣州記云：生廣南山林間，樹如通草藤也。三年方始熟，紫黑色，一名象豆。南方草木狀同。

本草衍義：榼藤子紫黑色，微光，大一二寸，圓扁。治五痔有功。燒成黑灰，微存性，米飲調服。人多剔去肉，作藥瓢，垂腰間。

南越筆記：榼藤，其莢有白子數枚，殼扁，狀如榼子。水浸數日，炒食之，味佳。

本草拾遺：象豆甘，平，無毒。主五野雞病，蠱毒，飛尸，喉痹。取子中仁，碎爲粉，微熬，水服一二匕。亦和大豆，澡面去䵟。生嶺南山林，作藤著樹，如通草藤，三年一熟。角如弓袋，子若雞卵，皮紫色，剖中仁用之。一名榼子，一名合子，主野雞病爲上。

懸鉤子

爾雅：葥，山莓。注：今之木莓也。實似藨莓而大，可食。

本草拾遺：懸鉤根皮味苦，平，無毒。主子死腹中不下，破血，殺蟲毒，卒下血，婦人赤帶下，久患痢不止，赤白膿血，腹痛。並濃煎服之。子如梅酸美，人食之醒酒止渴，除痰唾，去酒毒。莖葉有刺如鉤。生江、淮林澤，取莖燒爲末服之，亦主喉中塞也。

本草綱目李時珍曰：懸鉤樹生，高四五尺，其莖白色，有倒刺。其葉有細齒，青色，無毛，背後淡青，頗似櫻桃葉而狹長，又似地棠花葉。四月開小白花，結實色紅，今人亦通呼爲藨子。

本草拾遺諸草 附

陳思岌味辛，平，無毒。主解諸藥毒，熱毒，丹毒，癰腫，天行壯熱，喉痹，蠱毒，除風血，補益，已上並煮服之。亦磨傅瘡上，亦浸酒。出嶺南。一名千金藤，一名石黃香。今江東又有千金藤，一名烏虎藤，與陳思岌所主，頗有異同，終非一物也。陳思岌蔓生，如小豆，根及葉辛香也。

甜藤味甘，寒，無毒。去熱煩，解毒，調中氣，令人肥健。又主剝馬血毒入肉，狂犬牛馬熱黃。搗絞取汁，和米粉作糗餌，食之甜美。止洩，搗葉汁傅蛇咬瘡。生江南山林下，蔓如葛，又有小葉，尖長，氣辛臭，搗傅小兒腹，除痞滿閃癖。

藍藤根味辛，溫，無毒。主氣冷嗽，煮服之。生新羅國，根如細辛。

人肝藤主解諸毒，惡腫遊風，脚手軟痹。並研服之，亦煮服之，亦傅病上。生嶺南，葉三椏，花紫色。一名承露仙，又有伏雞子亦名承靈仙，葉圓，與此名同物異。

海藥廣志云：生嶺南山石間，引蔓而生，主蠱毒，及手足不遂等風，生研服。

楊氏產乳療中蠱毒，人肝藤以清水磨一彈丸飲之，不過三二服，差。

合子草有小毒，子及葉主蠱毒，螫咬，擣傅瘡上。蔓生岸傍，葉尖，花白，子中有兩片，如合子。

風延母味苦，寒，無毒。小兒發熱，發強，驚癇，寒熱，熱淋，解煩，利小便，明目。主蛇犬毒，惡瘡，癰腫，黃疸。並煮服之。細葉蔓生，纓繞草木。蜀都賦云：風連延蔓於衡臯，是也。

海藥，謹按徐表南州記：生南海山野中。主三消五淋，下痰，小兒赤白毒痢，蛇毒，瘴溪等毒，一切瘡腫。並宜煎服。祇出南中，諸無所出也。

大瓠藤水味甘，寒，無毒。主煩熱，止渴，潤五臟，利小便。藤如瓠，斷之水出，生安南。太康，地記曰：朱崖、儋耳無水處種用此藤，取汁用之。

海藥，謹按太原記云：生安南朱崖上，彼無水，惟大瓠中有天生水，味甘冷香美。主解大熱，止煩渴，潤五臟，利水道，彼人造飲饌，皆瓠也。

百丈青味苦，寒，平，無毒。主解諸毒物，天行瘴瘧疫毒，並煮服，亦生搗絞針。生江南林澤，藤蔓緊硬，葉如薯蕷，對生。根服，令人下痢。

仰盆味辛，溫，有小毒。主蠱，飛尸，喉閉，水磨服少許，亦磨傅皮膚惡腫。生東陽山谷，苗似承露仙，根圓如仰盆子，大如雞卵。

衝洞根味苦，平，無毒。主熱毒，蛇犬蟲癰瘡等毒，功用同陳家白藥，苗蔓不相似。嶺南恩州取根，陰乾。

海藻，謹按廣州記云：生嶺南及海隅，苗蔓如土瓜，根相似，味辛溫，無毒。主一切毒氣，及蛇傷。幷取其根磨服之，應是着諸般毒，悉皆吐出。萬一籐主蛇咬，杵篩以水和如泥，傅癰上。藤蔓如小豆，生嶺南，亦名萬吉。

何首烏

開寶本草：何首烏味苦，澀，微溫，無毒。主瘰癧，消癰腫，療頭面風瘡，五痔，止心痛，益血氣，黑髭鬢，悅顏色。久服長筋骨，益精髓，延年不老。亦治婦人產後及帶下諸疾。本出順州南河縣，今嶺外江南諸州皆有，蔓紫，花黃白色。葉如薯蕷而不光，生必相對。根大如拳。有赤白二種，赤者雄，白者雌。一名野苗，一名交藤，一名夜合，一名地精，一名陳知白。春夏採，臨用之以苦竹刀切，米泔浸經宿，暴乾，木杵臼擣之，忌鐵。

日華子：味甘。久服令人有子，治腹臟宿疾，一切冷氣及腸風。此藥有雌雄，雌者苗色黃白，雄者赤黃色。凡修合藥，須雌雄相合，喫有驗。其藥本草無名，因何首烏見藤夜交，便卽採食，有功，因以採人爲名耳。又名桃柳藤。

圖經曰：何首烏本出順州南河縣，嶺外江南諸州亦有，今在處有之。以西洛嵩山及南京柘城縣者爲勝。春生苗葉，葉相對如山芋，而不光澤。其莖蔓延竹木牆壁間。夏秋開黃白花，似葛勒花。結子有稜，似蕎麥而細小，纔如粟大。秋冬取根，大者如拳，各有五稜，瓣似小甜瓜。此有二種，赤者雄，白者雌。採時乘濕以布帛拭去土後，用苦竹刀切，米泔浸一宿，暴乾，忌鐵，以木臼杵擣之。一云：春採根，秋採花，九蒸九暴，乃可服。此藥本名交藤，因何首烏服而得名。何首烏者，順州南河縣人，祖能嗣，本名田兒，生而閹弱。年五十八，無妻子，一日醉臥野中，見田中藤兩本異生，苗蔓相交，久乃解，解合三四。田兒心異之，掘根，持問鄉人，無能名者。遂暴乾，搗末酒服，七日而思人道，百日而舊疾皆愈，十年而生數男，後改名能嗣。又與子延、秀服，皆壽百六十歲。首烏服藥，亦年百三十歲。唐元和七年，僧文象遇茅山老人，遂傳其事。李翺因著方錄云。又敍其苗如木藁光澤，形如桃柳葉，其背偏，皆單生，不相對。有雌雄二種，雌者苗色黃白，雄者黃赤。根遠不三尺，夜則苗蔓交，或隱化不見。春末、夏中、初秋三時候晴明日，兼雌雄採之，烈日暴乾。散服，酒下，良。採時盡其根，乘潤以布帛拭去泥土，勿損皮，密器貯之。每月再暴，凡服偶日，二四六八日是，服訖以衣覆汗出，導引尤良。忌豬羊血。其敍頗詳，故載之。

救荒本草：何首烏今鈞州密縣山谷中有之。掘根洗去泥土，以苦竹刀切作片，米泔浸經宿，換水煮去苦味，再以水淘洗淨，或蒸或煮食之。花亦可煠食。

東坡與歐陽知晦尺牘：聞公服何首烏，是否？此藥溫厚無毒，李習之傳正爾啖之，無炮製。今人用棗或黑豆之類蒸熟，皆損其力。僕亦服此，但採得陰乾，便杵羅爲末，棗肉或煉蜜爲丸，入木臼中，萬杵乃丸服，極有力，無毒。恐未得此法，故以奉白。

聞見近錄：寇忠愍爲執政，尚少，帝嘗語人曰：寇準好宰相，但太少耳！忠愍乃服何首烏，而食三白，鬚髮遂變，於是拜相。

本草綱目李時珍曰：何首烏足厥陰少陰藥也。白者入氣分，赤者入血分。腎主閉藏，肝主疏泄，此物氣溫味苦澀，苦補腎，溫補肝，能收斂精氣，所以能養血益肝，固精益腎，健筋骨，烏鬚髮，爲滋補良藥。不寒不燥，功在地黃、天門冬諸藥之上。氣血太和，則風虛癰腫瘰癧諸疾可知矣。此藥流傳雖久，服者尚寡。嘉靖初邵應節眞人以七寶美髯丹方上進世宗肅皇帝，服餌有效，連生皇嗣，於是何首烏之方，天下大行矣。宋懷州知州李治與一武臣同官，怪其年七十餘而輕健，面如渥丹，能飲食，叩其術，則服何首烏丸也，乃傳其方。後治得病，盛暑中半體無汗已二年，竊自憂之，造丸服至年餘，汗遂浹體。其活血治風之功，大有補益。其方用赤、白何首烏各半斤，米泔浸三宿，竹刀刮去皮，切焙石臼爲末，煉蜜丸，梧子大，每空心溫酒下五十丸，亦可末服。

使君子

嘉祐本草：使君子味甘，溫，無毒。主小兒五疳，小便白濁，殺蟲，療瀉痢。生交、廣等州，形如梔子，棱瓣深而兩頭尖，亦似訶梨勒而輕。俗傳始因潘州郭使君療小兒，多是獨用此物，後來醫家因號爲使君子也。

圖經：使君子生交、廣等州，今嶺南州郡皆有之，生山野中及水岸。其葉青，如兩指頭，長二寸。其莖作藤，如手指。三月生花，淡紅色，久乃深紅，有五瓣。七、八月結子如拇指，長一寸許。大類梔子，而有五棱，其殼青黑色，內有仁，白色，七月採實。

本草衍義：使君子紫黑色，四棱高瓣深，今經中謂之棱瓣深，似令人難解。秋末冬初，人將入鼎、澧。其仁味如椰子肉，經不言用仁，爲復用皮，今按文味甘，即是用肉，然難得，仁蓋絕小，今醫家或兼用殼。

粵西偶記：使君子花，蔓生，開時輕盈似海棠，遇秋則隕。

嶺外代答：使君子花，蔓生，作架植之，夏開，一簇一二十葩，輕盈似海棠，白與深紅相雜齊開，此爲最異。本草謂開時白，久則紅，蓋未詳也。

南方草木狀：留求子形如梔子，棱瓣深而兩頭尖，似訶梨勒而輕，及半黃已熟，中有肉，白色，甘如棗，核大，治嬰孺之疾。南海、交趾俱有之。

按李時珍曰：使君子南方草木狀謂之留求子，則自魏晉已用，但名異耳。

南越筆記，留求子一名使君子，廣州多有之。狀如梔子，有五六棱瓣，而兩端銳。半黃已熟，殼脆薄，中有白肉，微甘，小兒患食積者，煨熟與之食，以當乾菓食，輒下蟲而疾愈。語曰：欲得小兒喜，多食使君子。

木鼈子

嘉祐本草：木鼈子味甘，溫，無毒。主折傷，消結腫惡瘡，生肌，止腰痛，除粉刺䵟䵳，婦人乳癰，肛門腫痛。藤生，葉有五椏，狀如山藥葉，青色面光。花黃，其子似栝樓而極大。生青熟紅，肉上有刺。其核似鼈，故以爲名。出朗州及南中，七八月採之。

圖經：木鼈出朗州及南中，今湖、廣諸州及杭、越、全、岳州亦有之。春生苗，作蔓。葉有五椏，狀如山芋，青色面光。四月生黃花，六月結實，似栝樓而極大，生青熟紅，肉上有刺。其核似鼈，故以爲名。每一實，其核三四十枚，八月、九月採。嶺南取嫩實及苗葉作茹，蒸食之。

本草衍義：木鼈子蔓生，歲一枯。葉如蒲桃，實大如栝樓，熟則紅黃色，微有刺，不能刺人。今荆南之南皆有之。九月、十月熟食之。子曰木鼈子。但根不死，春旋生苗。其子一頭尖者爲雄，凡植時須雌雄相合，麻縷纏定，及其生也，則去其雄者，方結實。

馬兜鈴

嘉祐本草：馬兜鈴味苦，寒，無毒。主肺熱，欬嗽，痰結，喘促，血痔，瘻瘡。生關中。藤繞樹而生，子狀如鈴，作四五瓣。

日華子云：治痔瘻瘡，以藥於缾中燒熏病處，入藥炙用。是青木香，獨行根子。越州七八月採。

圖經曰：馬兜鈴生關中，今河東河北江淮夔浙州郡亦有之。春生苗，如藤蔓。葉如山芋葉。六月開黃紫花，頗類枸杞花。七月結實，棗許大，如鈴，作四五瓣。其根名雲南根，似木香，小指大，赤黃色，亦名土青木香。七月、八月採實，暴乾，主肺病。三月採根，治氣下膈，止刺痛。

簡要濟衆：治肺氣喘嗽，兜鈴二兩，只用裏面子，去却殼，酥半兩入椀內，拌和勻，慢火炒乾，甘草一兩，炙二味爲末。每服一錢，水一盞，煎六分溫呷。或以藥末含嚥津，亦得。

救荒本草：馬兜鈴今高阜等處有之。採葉煠熟，用水浸去苦味，淘淨，油鹽調食。

本草綱目：五種蠱毒。肘后方云：席辨刺史言，嶺南俚人多於食中毒，人漸不能食，胸背漸脹，先寒似瘴，用都淋藤十兩，水一斗，酒二升，煮三升，分三服，毒逐小便出，十日愼食毒物。不瘥，更服。土人呼爲三百兩銀藥。又支太醫云：兜鈴根一兩爲末，水煎頓服，當吐蠱出，未盡再服。或爲末，水調服，亦驗。又中草蠱毒，此術在西良之西及嶺南人中。此藥入咽欲死者，用兜鈴苗一兩爲末，溫水調服一錢，卽消化，蠱出，神效。其根吐利人，嶺南人隱其名爲三百兩銀藥。肘后方作都淋，蓋誤傳也。

南藤

嘉祐本草：南藤味辛，溫，無毒。主風血，補衰老，起陽，強腰脚，除痹，變白，逐冷氣，排風邪。亦煮汁服，亦浸酒。冬月用之。生依南樹，故號南藤。莖如馬鞭，有節，紫褐色，一名丁公藤，生南山山谷。

南史：解叔謙雁門人，母有疾，夜於庭中稽顙祈告，聞空中云：得丁公藤治，卽差。訪醫及本草皆無，至宜都山中，見一翁伐木，云是丁公藤，療疾。乃拜泣求得之，及漬酒法，受畢，失翁所在，母疾遂愈。

圖經：南藤卽丁公藤也。生南山山谷，今出泉州、榮州，生依南木，故名南藤。莖如馬鞭，有節，紫褐色，葉如杏葉而尖，採無時。

廣西通志：南藤出西隆、西林，生依南樹，故名。

本草綱目李時珍曰：今江南、湖南諸大山有之。細藤圓膩，紫綠色，一節一葉。葉深綠色，似杏葉，而微短厚。其莖帖樹處有小紫瘤，疣中有小孔。四時不凋，莖葉皆臭而極辣。白花蛇食其葉。

威靈仙　開寶本草：威靈仙味苦，溫，無毒。主諸風，宣通五臟，去腹內冷滯，心膈痰水久積，癥瘕，痃癖，氣塊，膀胱宿膿惡水，腰膝冷疼，及療折傷。一名能消，久服之，無瘟疫瘧。出商州上洛山及華山幷平澤，不聞水聲者良。生先於衆草，莖方，數葉相對，花淺紫，根生稠密，歲久益繁。冬月丙、丁、戊、己日採，忌茗。

圖經曰：威靈仙出商州上洛山及華山幷平澤，今陝西州軍等，及河東、河北、京東、江、湖州郡或有之。初生比衆草最先，莖梗如釵股，四棱。葉似柳葉作層，每層六七葉如車輪，有六層至七層者。七月內生花，淺紫或碧白色。作穗似莆臺子，亦有似菊花頭者。實青，根稠密多鬚，似穀。每年亦朽敗。九月採根，陰乾。仍似丙、丁、戊、己日採，以不聞水聲者佳。唐貞元中嵩陽子周君巢作威靈仙傳，云：先時商州有人重病，足不履地者數十年，良醫殫技，莫能療，所親置之道旁，以求救者。遇一新羅僧見之，告曰：此疾一藥可活，但不知此土有否，因爲之入山求索，果得，乃威靈仙也。使服之，數日能步履，其後山人鄧思齊知之，遂傳其事。崔元亮海上方著其法云：採得，陰乾，月餘擣篩，溫淸酒，和二錢匕，空心服之。如人本性殺藥，可加及六錢匕，利過兩行，則減之，病除乃停服。其性甚善，不觸諸藥，但惡茶及麪湯，以甘草、梔子代飲可也。

衍義曰：威靈仙治腸風，其性快，多服疏人五臟眞氣。

楓窗小牘：子瞻手墨一紙云：辱敎承足疾未平，不勝馳繫。足疾惟威靈仙、牛膝二味爲末，蜜丸，空心服，必效之藥也。但威靈仙難得眞者，俗醫所用，多藁本之細者爾。其驗，以味極苦而色紫黑，如胡黃連狀，且脆而不韌，折之有細塵起，向明示之，斷處有黑白暈，俗謂有鴝鵒眼，此數者備，然後爲眞。服之有奇驗。腫痛拘攣，皆可已，久乃有走及奔馬之效。二物當等分，或視臟氣虛實，酌飲牛膝酒及熟水，皆可下，獨忌茶耳，犯之，不復有效。若常服此，卽每歲收槐皂莢芽之極嫩者，如造草茶法貯之，以代茗飲，此效屢嘗目擊，知君疾苦，故詳以奉白。

救荒本草：威靈仙今密縣梁家衝山野有之。苗高一二尺，莖方如釵股，四稜。莖多細茸白毛。葉似柳葉而闊，邊有鋸齒，又似旋覆花葉，其葉作層生，每層六七葉相對，排如車輪樣，有六層至七層者。花淺紫色，或碧白色，作穗似蒲臺子，亦有似菊花頭者。結實青色，根稠密多鬚。採葉煠熟，換水浸去苦味，再以水淘淨，油鹽調食。

本草綱目李時珍曰：其根每年旁引，年深轉茂，一根叢鬚數百條，長者二尺許，初時黃黑色，乾則深黑，人稱鐵脚威靈仙，以此。別有數種，根鬚一樣，但色或黃或白，皆不可用。

志林：服威靈仙有二法，其一淨洗陰乾，擣羅爲末，酒浸牛膝末，或蜜丸，或爲散，酒調，牛膝之多少，視臟腑之虛實而增減之。比眉山一親知，患脚氣至重，依此服半年，遂永除。其一法，取此藥粗細得中者，寸截之，七十寸作一貼，每歲作三百六十貼，置牀頭，五更初，面東細嚼一貼，候津液滿口，嚥下。此牢山一僧年百餘歲，上下山如飛云。

黃藥

嘉祐本草：黃藥根味苦，平，無毒。主諸惡腫瘡瘻，喉痹，蛇犬咬毒，取根研服之，亦含、亦塗。藤生，高三四尺，根及莖似小桑，生嶺南。

圖經：黃藥根生嶺南，今夔、陝州郡及明、越、秦、隴州山中亦有之，以忠、萬州者爲勝。藤生，高三四尺，根及莖似小桑，十月採根。秦州出者謂之紅藥子，葉似蕎麥，枝梗赤色，七月開白花，其根初採濕時紅赤色，暴乾卽黃。開州興元府又產一種苦藥子，大抵與黃藥相類，主五臟邪氣，治肺壓熱，除煩燥，亦入馬藥用。春採根，暴乾。又下有藥實根條云：生蜀郡山谷。蘇恭云即藥子也。用其核仁，本經誤載根字，疑即黃藥之實。然云生葉似杏花，紅白色，子肉味酸，此爲不同，今亦稀用，故附於此。孫思邈千金月令療忽生瘿疾一二年者，以萬州黃藥子半斤，須堅重者爲上。如輕虛，即是佗州者，力慢，須用一倍。取無灰酒一斗，投藥其中，固濟瓶口，以糠火燒一復時，停騰，待酒冷即開，患者時時飲一盞，不令絕酒氣，經三五日後，常須把鏡自照，覺銷即停飲。不爾，便令人項細也。劉禹錫傳信方亦著其效，云得之邕州從事張岩，岩目擊有效，復已試，其驗如神。其方並同，有小異處，惟燒酒候香氣出外，瓶頭有津出即止，不待一宿，火仍不得太猛，酒有灰。

本草綱目李時珍曰：黃藥子今處處人栽之，其莖高二三尺，柔而有節，似藤，實非藤也。葉大如拳，長三寸許，亦不似桑。其根長者尺許，大者圍二三寸，外褐內黃，亦有黃赤色者。肉色頗似羊蹄根，人皆擣其根，入染藍甌中，云易變色也。唐蘇恭言藥實根即藥子，宋蘇頌遂以爲黃藥之實。然今黃藥冬枯春生，開碎花，無實。蘇恭所謂藥子，亦不專指黃藥。則蘇頌所言，亦未可憑信也。

預知子

開寶本草：預知子味苦，寒，無毒。殺蟲療蠱，治諸毒。傳云：取二枚綴衣領上，遇蠱毒物，則聞其有聲，當便知之。有皮殼，其實如皁莢子，去皮研服之，有效。臣禹錫等謹按日華子云：盍合子，溫，治一切風，補五勞七傷，其功不可備述。並治痃癖，氣塊，天行溫疾，消宿食，止煩悶，利小便，催生，解毒藥中惡，失音，髮落，傳一切蛇蟲蠶咬。雙仁者可帶單方服，治一切病。每日取仁二七粒，患者服不過三十粒，永差。又名仙沼子、聖知子、預知子、聖先子。

圖經：預知子舊不載所出州土，今惟蜀、漢、黔、壁諸州有之。作蔓生，依大木上。葉綠有三角，面深背淺。七月、八月有實作房，初生青，至熟深紅色，每房有子五七枚，如皁莢子，斑褐色，光潤如飛蛾。舊說取二枚綴衣領上，遇蠱毒物，則側側有聲，當便知之，故有此名。今蜀人極貴重，云亦難得，採無時。其根味苦，性極冷，其效愈於子，山民目爲聖無憂。冬月採，陰乾，石臼內搗，下篩。凡中蠱毒則水煎三錢匕，溫服立已。

山豆根

開寶本草：山豆根味甘，寒，無毒。主解諸藥毒，止痛，消瘡腫毒，人及馬急黃，發熱，欬嗽，殺小蟲。生劍南山谷，蔓如豆。

圖經曰：山豆根生劍南山谷，今廣西亦有，以忠萬州者佳。苗蔓如豆根，以此爲名。葉青，經冬不凋。八月採根用。今人寸截，含以解咽喉腫痛，極妙。廣南者如小槐，高尺餘。石鼠食其根，故嶺南人捕石鼠，破取其腸胃，暴乾，解毒攻熱甚效。

經驗方、備急，治一切疾患山豆根方，右用山大豆根，不拘多少，依下項治療。一名解毒，二名黃結，三名中藥。患蠱毒，密遣人和水研已，禁聲，服少許，不止再服。患瘑瘡，以水研傅瘡上。患喉痛，含一片細嚥津。患五種痔，水研服。患齒，含一片於痛處。患麩豆等瘡，水研服少許。患頭風，搗末油調塗之。患赤白痢，搗末蜜丸，空心煎水，下二十丸，三服自止。患腹脹滿喘悶，搗末少許，煎水調一盞，差。患瘡癬，搗末，臘月豬脂調塗之。患頭上白屑，搗末油浸塗；如是孩兒，即乳汁調半錢。患中宿冷蠱，寸白蟲，每朝空心熱酒調三錢，其蟲自出。患五般急黃，空心以水調二錢。患蠱風，酒下二錢。患霍亂，橘皮湯下三錢。患熱腫，水研濃汁塗，乾即更塗。女人患血氣腹腫，以末三錢熱酒下，空心服之。卒患腹痛，水研半盞，入口，差。蜘蛛咬，唾和塗之。狗咬，蚍蜉瘡，蛇咬，並水研傅之；若大，以水調服二錢。

廣西通志：山豆根萬承土州者佳。苗蔓如豆葉青，經冬不凋，根解熱毒。

大木皮

圖經：大木皮生施州，其高下大小不一，四時有葉無花。其皮味苦，澀，性溫，無毒，採無時。彼土人與苦桃皮、櫻桃皮三味，各去麄皮，淨洗焙乾，等分擣羅，酒調，服一錢匕，療一切熱毒氣，服食無忌。

紫金藤

圖經：紫金藤生福州山中，春初單生葉，青色，至冬凋落。其藤似枯條，採其皮，曬乾爲末，治丈夫腎氣。

雞翁藤

圖經：雞翁藤出施州，其苗蔓延大木，有葉無花，味辛，性溫，無毒，採無時。彼土人與半天迴、野蘭根、崖欆四味，淨洗去麄皮，焙乾，等分擣羅爲末，每服三錢，用溫酒調下，療婦人血氣，並五勞七傷。婦人服忌雞、魚、濕麪、羊血。丈夫無忌。

獨用藤

圖經：獨用藤生施州，四時有葉無花，葉上有倒刺。其皮味苦，辛，性熱，無毒，採無時。彼土人取此并小赤頭葉二味，洗淨，焙乾，各等分，擣羅爲末，溫酒調一錢匕，療心氣痛。

瓜藤

圖經：瓜藤生施州，四時有葉無花。其皮味甘，性涼，無毒，採無時。與刺豬苓二味，洗淨去麄皮，焙乾等分，擣羅，用甘草水調貼，治諸熱毒惡瘡。

金棱藤

圖經：金棱藤生施州，四時有葉無花。其皮味辛，性溫，無毒，採無時。與續筋、馬接脚三味，洗淨去麄皮，焙乾等分，擣羅，溫酒調服二錢匕，治筋骨疼痛，無所忌。

野豬尾

圖經：野豬尾生施州，其苗纏木作藤生，四時有葉無花，味苦澀，性涼，無毒，採無時。彼土人取此并白藥頭二味，洗淨去麄皮，焙乾等分，擣羅爲末，溫酒調下一錢匕，療心氣痛，解熱毒。

烈節 圖經：烈節生榮州，多在林箐中。性味辛溫，無毒。主肢節風冷，筋脈急痛。春生蔓，苗莖葉俱似丁公藤而纖細，無花實。九月採莖暴乾，以作浴湯，佳。

百棱藤 圖經：百棱藤生台州，春生苗，蔓延木上，無花葉。冬採皮入藥，治盜汗，彼土人用之有效。

杜莖山 圖經：杜莖山生宜州，味苦性寒。主溫瘴，寒熱發歇不定，煩渴，頭疼，心躁。取其葉擣爛，以新酒浸，絞汁服之，吐出惡涎，甚效。其苗高四五尺，葉似苦蕒菜，秋有花，紫色，實如枸杞子大而白。

土紅山 圖經：土紅山生福州及南恩州山野中。味甘，苦，微寒，無毒。主骨節疼痛，治勞熱瘴瘧。大者高七八尺，葉似枇杷而小，無毛。秋生白花，如粟粒，不實。用其葉擣爛，酒漬服之。採無時。福州生者作細藤，似芙蓉葉，其葉上青下白。根如葛頭，薄切，用米泔浸二宿，更用清水浸一宿，取出炒令黃色，擣末。每服一錢，水一盞，生薑一小片，同煎服，治勞瘴甚佳。

含春藤 圖經：含春藤生台州，其苗蔓延木上，冬夏常青。彼土人採其葉入藥，治風有效。

祁婆藤 圖經：祁婆藤生天台山中，其苗蔓延木上，四時常有。彼土人採其葉入藥，治風有效。

石合草 圖經：石合草生施州，其苗纏木作藤，四時有葉無花。其葉味甘，性涼，無毒。採無時，焙乾擣羅爲末，溫水調貼，治一切惡瘡腫，及斂瘡口。

馬接腳 圖經：馬接脚生施州，作株，大小不常，四時有葉無花。其皮味甘，性溫，無毒，採無時。彼土人取此并續筋、金棱藤三味，洗淨去麄皮，焙乾等分，擣羅爲末，溫酒調服一錢匕，治筋骨疼痛。續筋、即旋菖根也。

芥心草　圖經：芥心草生淄州，初生似臘蔫草，引蔓，白色，根黄色。四月採苗葉。彼土人擣末，治瘡疥甚效。

天仙藤　圖經：天仙藤生江、淮及浙東山中，味苦，溫，微毒。解風勞，得麻黄，則治傷寒發汗，與大黄同服，墮胎氣。春生苗，蔓延作藤。葉似葛葉圓而小，有毛，白色，四時不凋。根有鬚，夏月採取根苗，南人用之最多。

植物名實圖考長編卷十一

芳草

蘭草　本草經：蘭草味辛，平。主利水道，殺蠱毒，辟不祥。久服，益氣輕身不老，通神明。一名水香。

詩經：方秉蕑兮。陸璣疏：蕑卽蘭，香草也。春秋傳：刈蘭而卒。楚辭云：紉秋蘭以爲佩。孔子曰：蘭當爲王者香草。皆是也。其莖葉似藥草澤蘭，但廣而長，節節中赤，高四五尺。漢諸池苑及許昌宮中皆種之。可著粉中，故天子賜諸侯茝蘭，藏衣、著書中，辟白魚也。

別錄：無毒。除胷中痰癖。生大吳池澤，四月、五月採。陶隱居云：方藥俗人並不復識用，大吳卽應是吳國爾，太伯所居，故呼大吳。今東門有煎澤草名蘭香，亦或是此也，生濕地。李云是今人所種，似都梁香草。

唐本草注云：此是蘭澤香草也。八月花白，人間多種之，以飾庭池，溪水澗傍往往亦有。陶云不識，又言煎澤草，或稱李云都梁香，近之，終非的識也。

別本注云：葉似馬蘭，故名蘭草，俗呼爲鷰尾香。時人皆煮水以浴，療風，故又名香水蘭。陶云煎澤草，唐注云蘭澤香，皆非也。

蜀本草圖經云：葉似澤蘭，尖長有歧，花紅白色而香，生下濕地。本草拾遺蘭草與澤蘭二物同名，陶公竟不能知，蘇亦強有分別。按蘭草本功外，主惡氣，香澤可作膏塗髮，生澤畔。葉光潤，根小紫。五月、六月採，陰乾。婦人和油澤頭，故云蘭澤。李云都梁是也。蘇注蘭草云：八月花白，人多種於庭池，此卽澤蘭，非蘭草也。澤蘭葉尖，微有毛，不光潤，方莖紫節，初採微辛，乾亦辛。入產後補虛用之，已別出中品之下。蘇乃將澤蘭注於蘭草之中，殊誤。廣志云：都梁香出淮南，亦名煎澤草。盛宏之荆州記曰：都梁縣有山，山下有水，清淺，其中生蘭草，因名爲都梁，亦因山爲號也。本草綱目李時珍曰：蘭草、澤蘭，一類二種也。俱生水旁下濕處。二月宿根生苗成叢，紫莖素枝，赤節綠葉，葉對節生，有細齒，但以莖圓節長，葉光有歧者爲蘭；莖微方節短，而葉有毛者爲澤蘭。高者三四尺，開花成穗，如雞蘇，紅白色，中有細子。雷斆炮炙論所謂大澤蘭，卽蘭草也；小澤蘭，卽澤蘭也。禮記：佩帨蘭茝。楚辭：紉秋蘭以爲佩。西京雜記載漢時池苑種蘭以降神，或雜粉藏衣、書中辟蠹者，皆此二蘭也。今吳人蒔之，呼爲香草，夏月刈取，以酒油灑制，纏作把子，貨爲頭澤、佩帶。與別錄所出大吳之文，正相符合，諸家不知二蘭乃一物二種，但功用有氣血之分，故無定指。或云家蒔者爲蘭草，野生者爲澤蘭，亦通。

通志：蘭卽蕙，蕙卽薰，薰卽零陵香。楚辭云：滋蘭九畹，植蕙百畝。互言也。古方謂之薰草，故名醫別錄出薰草條。近方謂之零陵香，故開寶本草出零陵香條，神農本經謂之蘭，臣昔修本草以二條貫於蘭後，明一物也。臣謹按蘭舊名煎澤草，婦人和油澤頭，故以名焉。南越志：零陵香一名燕草，又名薰草，即香草，生零陵山谷，今湖、嶺諸州皆有。又別録云：薰草一名蕙草，明蕙薰之爲蘭也。以其質香，故可以爲膏澤，可以塗宮室。近世一種草如茅葉而嫩，其根謂之土續斷，其花馥郁，故得蘭名，誤爲人所賦咏。

謝翱楚辭芳草譜：離騷云滋蘭九畹，又云光風轉蕙氾崇蘭，蘭草大都似澤蘭，其香可著衣帶者是。素問云治之以蘭，除陳氣也。皆概指香草，可見。

遯齋閒覽：楚辭所詠之蘭，或以爲都梁香，或以爲澤蘭，或以爲猗蘭草，今當以澤蘭爲正。山中又有一種，如大葉麥門冬，春開花極香，此則名幽蘭，非眞蘭也。

楚辭辨證：蘭蕙二物，本草言之甚詳。劉次莊云：今沅、澧所生，花在春則黃，不若秋紫之芬馥。又黃魯直云：一幹一花，而香有餘者蘭；一幹數花，而香不足者蕙。今按本草所言之蘭，雖未之識，然而云似澤蘭，則今處處有之。蕙則自爲零陵香，尤不難識，其與人家所種，葉類茅而花有二種，如黃說者，皆不相似。大抵古之所謂香草，必其花葉皆香，而燥濕不變，故可刈而爲佩。若今之所謂蘭、蕙，則其花雖香而葉乃無氣，其香雖美而質弱易萎，皆非可刈而佩者也。

廣雅疏證：蕑，蘭也。鄭風溱洧篇：方秉蕑兮。陳風澤陂篇：有蒲與蕑。傳並云：蕑，蘭也。神農本草云：蘭草主殺蠱毒，辟不祥，通神明。案鄭風正義引義疏云：蕑，即蘭，香草也。莖葉似澤蘭，廣而長節，藏衣、著書中，辟白魚，是其殺蠱毒也。初學記引韓詩章句云：鄭國之俗，三月上巳於溱、洧兩水之上，招魂續魄，秉蘭拂除不祥之故。周官女巫掌歲時祓除，釁浴。注云：歲時祓除，如今三月上巳如水上之類，釁浴謂以香薰草藥沐浴。夏小正：蓄蘭。傳云：爲沐浴也。

楚辭九歌：浴蘭湯兮沐芳。王逸注云：言已將脩饗祭以事雲神，乃使靈巫先浴蘭湯、沐香芷，以自潔清也。是其辟不祥，通神明也。蕳或爲葌，蘭或爲蓮。衆經音義卷二引字書云：葌與蕳同；葌，蘭也。又引說文云：葌，香草也。卷十二引聲類云：葌，蘭也。又引說文云：香草也。今本說文：葌草出吳林山，脫去香字耳。廣韻葌，香草，卽本說文。中山經云吳林之山，多蘭草；青要之山有草焉，其狀如葌，其本如槀本；洞庭之山，其草多葌、蘪蕪、芍藥、芎藭。以葌與槀本、蘪蕪、芍藥、芎藭並言之，其爲香草明矣。郭璞以葌爲菅，云似茅，恐非也。說文芎藭蘭葌四字連文，別出茅菅二字於後，則葌與蘭同，不與菅同矣。是蕳通作葌也。管子地員篇：五粟之土，五臭生之，薜荔、白芷、蘪蕪、椒、蓮。五沃之土，五臭疇生，蓮與蘪蕪、槀本、白芷。是蘭通作蓮也。詩溱洧釋文引韓詩：蕳，蓮也。御覽引韓詩章句云：蕳，蘭也。初學記引韓詩章句云：秉蘭拂除不祥之故。皆借蓮爲蘭。澤陂箋云：蕳當爲蓮，芙蕖實也。云當爲蓮，而不云蕳蓮也，則以蕳之本字不訓爲蓮藕之蓮，故必破字耳。

說文解字注：蘭，香草也。易曰：其臭如蘭。左傳曰：蘭有國香。說者謂似澤蘭也。从艸，闌聲，落干切，十四部。

焦循毛詩補疏：方秉蕳兮。傳：蕳，蘭也。循按漢書地理志引詩云：方秉菅兮。顏師古注云：菅，蘭也。一切經音義引聲類云：葌，蘭也。又說文云：葌，香草也，出吳林山。今說文本缺香字。山海經中山經：吳林之山，其中多葌草。郭璞注云：葌亦菅字，葌蕳字同菅，其假借也。太平御覽引韓詩傳云：三月桃花水下之時。士與女方秉蘭兮。秉，執也。當此盛流之時，衆士與衆女，方執蘭而拂除。又後漢書注引薛君韓詩章句云：鄭國之俗，三月上巳之溱、洧兩水之上，招魂續魄，秉蘭草祓除不祥，故詩人願與所悅者俱往也。韓詩直以秉蕑爲秉蘭，與毛不異。釋文引韓詩云：蓮也。此當爲陳風有蒲與蕑之注，陸德明誤載於此。

芎藭

本草經：芎藭味辛，溫。主中風入腦，頭痛，寒痹，筋攣緩急，金瘡，婦人血閉，無子。

別錄：無毒。主除腦中冷動，面上遊風去來，目淚出，多涕唾，忽忽如醉，諸寒冷氣，心腹堅痛，中惡，卒急腫痛，溫中內寒。一名胡窮，一名香果。其葉名蘼蕪，生武功川谷、斜谷、西嶺，三月、四月採根，暴乾。陶隱居云：今惟出歷陽，節大，莖細，狀如馬銜，謂之馬銜芎藭。蜀中亦有而細，人患齒根血出者，含之多差。苗名蘼蕪，亦入藥，別在下說。俗方多用，道家時需耳。胡居士云：武功去長安二百里，正長安西，與扶風、狄道相近。斜谷是長安西嶺下，去長安一百八十里，山連接七百里。

圖經：芎藭生武功川谷、斜谷、西嶺。蘼蕪，芎藭苗也。生雍州川澤及寃句，今關、陝、蜀川、江東多有之，而以蜀川者爲勝。其苗四五月間生，葉似芹、胡荽、蛇牀輩，作叢而莖細。淮南子所謂：夫亂人者，若芎藭之與藁本，蛇床之與蘼蕪，是也。其葉倍香，或蒔於園庭，則芬馨滿徑。江東、蜀川人採其葉，作飲香，云可以止泄瀉。七、八月開白花，根堅瘦，黃黑色。三月、四月採，暴乾。一云九月、十月採爲佳，三月、四月非時也。關中出者，俗呼爲京芎，並通用，惟貴形塊重實，作雀腦狀者，謂之雀腦芎，含咀以主口齒疾。近世或蜜和作指大丸，欲寢服之，治風痰殊佳。

本草衍義：芎藭今出川中，其裏色白，不油色，嚼之微辛甘者佳。他種不入藥，止可爲末，煎湯沐浴。此藥今人所用最多，頭面風不可闕也。然須以他藥佐之。沈括云：予一族子，舊服芎藭，醫鄭叔熊見之，云：芎藭不可久服，多令人暴死，後族子果無疾而卒。又朝士張子通之妻病腦風，服芎藭甚久，亦一旦暴亡。皆目見者。此蓋單服耳。若單服既久，則走散眞氣，既使他藥佐使，又不久服，中病便已，則烏能至此也。

益部方物記：柔葉美根，冬不殞零，采而綴之，可糝於羹。右芎蜀中處處有之，葉爲蘼蕪。楚辭謂江蘺者，根爲芎，似雀腦者善。成都九月九日，藥市芎與大黃如積，香溢於廛。或言其大若胡桃者，不可用。人多蒔於園檻，葉落時可用作羹。蜀少寒，莖葉不萎，今醫家最貴川芎、川大黃云。

救荒本草：川芎今處處有之，人家園圃多種。苗葉似芹而葉微窄，卻有花，又文似白芷，葉亦細，又如園荽葉微壯。又有一種葉似蛇床子葉，而亦粗壯，白花，其根人家種者，形塊大，重實多脂潤，其裏色白，味辛，其性溫，無毒。山中出者瘦細，味苦、辛。採葉煠熟，換水浸去辛味，淘淨，油鹽調食，亦可煮飲，甚香。

本草綱目李時珍曰：蜀地少寒，人多栽蒔，深秋莖葉亦不萎也。淸明後，宿根生苗，分其枝，橫埋之，則節節生根。八月根下始結芎藭，乃可掘取，蒸暴，貨之。

廣西通志：坎菜卽土芎藭，細切爲葅，味極辛竄，能破寒。紅白二種，中實性辣。

說文：江蘺，蘼蕪也。楚謂之蘺，晉謂之虈，齊謂之茝。

爾雅翼：芎藭之苗葉爲蘼蕪，其葉蓋似蛇牀而香，故云蛇牀亂蘼蕪。郭璞贊曰：蘼蕪善草，亂之蛇牀，不隕其實，自別以芳。古人珍之。魏武帝以蕙草爲香燒之，以薇蕪藏衣中。少司命曰：秋蘭兮蘼蕪，羅生兮堂下，綠葉兮素華，芳菲菲兮襲予，夫人兮自有美子，蓀何以兮愁苦。蘭有國香，人服媚之，古以爲生子之祥，而蘼蕪之根，主婦人無子，故少司命引之。少司命主人子孫者也。古詩曰：上山采蘼蕪，下山逢故夫。按崔豹古今

注：芎藥一名可離，故將別以贈之，亦猶相招贈以文無。文無，一名當歸也。文無蓋即蘪蕪，以夫當歸，故下山逢之爾，如藁砧刀頭之義也。然今當歸自是一種，非蘪蕪之類。唐本注云：當歸有兩種，一似大葉芎藭，一似細葉芎藭，惟莖葉卑下於芎藭也。然則古亦以蘪蕪爲當歸矣。

謝翺楚辭芳草譜：江離之草，屈原幼時所先采，蓋自其初度，則固已扈江離辟芷矣。張勃云：江離出臨海縣海水中，正青，似亂髮。楚辭之於江離，哇而種之，則非水物。本草：蘼蕪一名江離，又名被以江離，揉以蘼蕪，又不應是一物也。

說文解字注，营，营藭；逗香艸也。左傳作鞠窮。賈逵云：所以禦溼。按今本左傳有山鞠窮乎。山字注、疏皆不釋，疑衍，或本作蘜，而譌爲二字。从艸，宮聲，去弓切，九部。芎，司馬相如說：营从弓，蓋凡將篇如此作，弓聲，在六部，古音讀如肱，音轉入九部，如船字，亦或弓聲。藭，营藭也。从艸，窮聲，渠弓切，九部。营、藭疊韻。

蘼蕪

本草經：蘼蕪味辛，溫。主欬逆，定驚氣，辟邪惡，除蠱毒、鬼疰，去三蟲。久服通神。一名薇蕪。

別錄：無毒。主身中老風，頭中久風，風眩。一名江蘺，芎藭苗也。生雍州川澤及寃句。四月、五月採葉，暴乾。陶隱居云：今出歷陽，處處亦有，人家多種之，葉似蛇床而香，騷人借以爲譬。用方藥甚稀。

本草綱目李時珍曰：別錄言蘼蕪一名江蘺，芎藭苗也。而司馬相如子虛賦稱芎藭菖蒲，江蘺蘼蕪。上林賦云：被以江蘺，揉以蘼蕪。似非一物，何耶？蓋嫩苗未結根時，則爲蘼蕪，既結根後乃爲芎藭。大葉似芹者爲江蘺，細葉似蛇床者爲蘼蕪。如此分別，自明矣。淮南子云：亂人者若芎藭之與藁本，蛇床之與蘼蕪。亦指細葉者言也。廣志云：蘼蕪香草，可藏衣中。管子云：五沃之土，生蘼蕪。郭璞贊云：蘼蕪善草。亂之蛇牀，不損其眞。自烈以芳。

白芷 本草經：味辛，溫。主女人漏下赤白，血閉陰腫，寒熱頭風，侵目淚出，長肌膚，潤澤，可作面脂，一名芳香。

別錄：無毒。療風邪，久渴，吐嘔，兩脇滿，風痛，頭眩，目痒，可作膏藥面脂，潤顏色。一名白茝，一名虈，一名莞，一名苻蘺，一名澤芬葉，一名蒚麻，可作浴湯。生河東川谷下澤，二月、八月採根，暴乾。陶隱居云：今出近道，處處有，近下濕地，東間甚多。葉亦可作浴湯，道家以此香浴去尸蟲，又用合香也。

圖經：白芷生河東川谷下澤，今所在有之，吳地尤多。根長尺餘，白色，粗細不等。枝幹去地五寸已上。春生葉，相對婆娑，紫色，闊三指許。花白微黃，入伏後結子，立秋後苗枯。二月、八月採根，暴乾，以黃澤者爲佳。楚人謂之葯。九歌云：辛夷楣兮葯房。王逸注云：葯，白芷是也。

荀子：蓬生麻中，不扶而直；蘭槐之根是爲芷，其漸之滫，君子不近，庶人不服，其質非不美也，所漸者然也。注：蘭槐，香草也。其根是爲芷也。本草：白芷，一名白茝。陶隱居云：離騷所謂蘭茝也。蓋苗名蘭茝，根名芷也。蘭槐當是蘭茝別名，故云蘭槐之根，是爲芷也。漸，漬也，染也。滫，溺也。言雖香草，浸漬於溺中，則惡也。

爾雅翼：楚辭以芳草比君子，而言茝者最多。蓋茝今香白芷也，一物而多名：茝也，芷也，芳也，葯也，虈也。說文曰：楚謂之蘺，晉謂之虈，齊謂之茝。故離騷有辟芷，有芳芷，有白芷，有白茝，有芳香，有葯，有芳。嘗試論之：楚辭取象於草木之芳潔者，無所不備，而君子比德於玉，乃獨略焉。王逸章句曰：行清潔者佩芳，德仁明者佩玉，能解結者佩觿，能決疑者佩玦，故孔子無所不佩也。詳屈平之意，蓋以清潔一介自處，自仁明以下有所不敢居焉。故其言曰：覽草木其猶未得兮，豈珵美之能當？以言楚之君臣於草木臭香，猶未能別，而況能知玉之美耶？此所以有所詳，有所略也。芷出近道下濕地，處處有之。可作面脂，其葉名蒚蔴，可用沐浴，故曰：浴蘭湯兮沐芳。古者婦或賜之飲食、衣服、布帛、佩帨、茝蘭，則受而獻諸舅姑，明不敢專爾。

本草綱目李時珍曰：白芷色白，味辛。行手陽明，庚金，性溫，氣厚。行足陽明，戊土，芳香上達，入手太陰肺經。肺者庚之弟，戊之子也，故所主之病，不離三經。如頭目眉齒諸病，三經之風熱也。如漏帶癰疽諸病，三經之濕熱也。風熱者，辛以散之；濕熱者，溫以除之。爲陽明主藥，故又能治血病、胎病，而排膿，生肌，止痛。按王璆百一選方云：王定國病風頭痛，至都梁求名醫楊介治之，連進三丸，即時病失。懇求其方，則用香白芷一味，洗曬爲末，煉蜜丸，彈子大，每嚼一丸，以茶清或荊芥湯化下，遂命名都梁丸。其藥治頭風眩運，女人胎前產後，傷風頭痛，血風頭痛，皆效。戴原禮要訣亦云：頭痛挾熱，項生磊塊者，服之甚宜。又臞仙神隱書言種白芷能辟蛇。則夷堅志所載治蝮蛇傷之方，亦制以所畏也，而本草不曾言及。

楚辭芳草譜：楚辭以芳草比君子，而言茝者最多，蓋今香白芷也。出近道下濕地，可作面脂，其葉可用沐浴，故曰浴蘭湯兮沐芳。

廣雅疏證：白芷，其葉謂之葯，芷與茝古同聲，芷即茝也。說文云：芷，虈也。楚謂之蘺，晉謂之虈，齊謂之茝。內則云：婦或賜之茝蘭。釋文云：茝本又作芷。楚辭離騷云：扈江離與辟芷兮。王逸注云：辟，幽也。芷幽而香。招魂云：菉蘋齊葉兮，白芷生。白芷以根白得名也。蘇頌本草圖經云：白芷根長尺餘，白色，粗細不等，枝幹去地五寸已上。春生葉，相對婆娑，紫色，闊三指許。是白芷根與葉殊色，故以白芷名其根，又別以葯名其葉也。若然，則九歌云：辛夷楣兮葯房，芷葺兮荷屋。七諫云：捐葯芷與杜衡兮。九懷云：芷閭兮葯房。當並是根葉分舉矣。但芷葯雖根葉殊稱，究爲一草。故王逸九歌注云：葯，白芷也。西山經：號山其草多葯。淮南脩務訓：身若秋葯被風。郭璞高誘注並與王逸同。是白芷亦得通稱爲葯也。白芷葉又名蒚麻，名醫別錄云：白芷一名白茝，一名虈，一名莞，一名苻蘺。葉名蒚麻。蓋卽以爲爾雅之「莞，苻蘺，其上蒚」矣。

釋草小記：神農本經，白芷一名白茝，一名芳香。名醫增補，一名澤芬，一名苻蘺。披讀至此，不能無疑，間嘗考之說文？茝，虈也。楚謂之蘺，晉謂之虈，齊謂之茝。爾雅：莞，苻蘺。其上蒚。說文作蔙，夫蘺也；蒚，夫蘺上也。而別出莞字，曰莞艸。藺，莞屬也，與蒲、蒻、蔌牽連錄之。莞，曰可以作席；蒲，曰或以作席；蒻，曰蒲子，可以爲平席。按蒲子少蒲也。是莞爲蒲類，而蔙則特書，明與莞別異。然曰蔙夫蘺，又不與蘺茝相次。而芄、虈、蘺、茝、蘪則五文連書，曰芄，蘭莞也。於虈，曰楚謂之蘺，晉謂之虈，齊謂之茝。於蘺，則又曰江蘺蘪蕪。於茝，曰虈也。於蘪，曰蘪蕪也。以文求之，芄、蘭一事，虈、蘺、茝一事，江蘺、蘪蕪又一事。並香草而又有同名異事之義藏其中。蓋江蘺之蘺，與蘺茝之蘺，及夫蘺之蘺，宜分三事。夫蘺當依說文爲蔙。爾雅曰莞，蓋聲形之譌與？莞乃蒲類，而說文又曰芄，蘭莞也，莞蓋雚聲之譌，爾雅曰：雚，芄蘭是也。故郭注云：雚芄句蓋誤讀蔓生，斷之有白汁。衞風鄭箋云：芄蘭柔弱，恆蔓延於地，有所依緣則起。陸璣疏云：一名蘿藦，幽州人謂之雀瓢。今觀本經不載，而唐本草別收蘿藦一條，爲蔓生之芄蘭，與蒲類之苞生者大異，則說文之譌，證以爾雅，無復疑義矣。芄蘭爲萑，以非蒲類不得名莞，而苻蘺，則名醫增補於本經所載之「白芷，一名白茝，一名芳香」條下者，與本經所載之菖蒲、香蒲，及別錄之白菖大別。爾雅乃以爲莞苻蘺。今說文別異莞字而出之曰䖸夫蘺，則爾雅之譌，不益可互相證明哉？至爾雅曰：蘄茝蘪蕪。按蘪蕪本經載之，名醫又增補曰一名江蘺。上林賦曰：被以江蘺，揉以蘪蕪。子虛賦之數香草也，衡蘭、茝若、芎藭、菖蒲、江蘺、蘪蕪，羅列並陳。則是茝也、江蘺也、蘪蕪也，不得爲一物矣。故李時珍著本草綱目，以爲未結根時爲蘪蕪，既結根後爲芎藭；大葉似芹者爲江蘺，細葉似蛇牀者爲蘪蕪；同中之異，安能不生分別？淮南子云：亂人者若芎藭之與藁本，蛇牀之與蘪蕪。言乎似是而非者之當辨也。爾雅之呼蘪蕪爲蘄茝，名醫又呼之爲江蘺。時珍爲之說曰：當歸名蘄，白芷名蘺，蘪蕪葉似當歸，香似白芷，故有蘄茝江蘺之名。由是言之，蘄也、茝也、蘺也，皆非蘪蕪之本名，而或以形似，或以氣同，相因而呼，稱名取類，大率不可典要，而其勢有不得不相借者。觀書者於此，眼當如月，罅隙畢照，其旨蓋亦微矣。然則江蘺信非蘺，蘺又信非夫蘺，是故虈、蘺、茝一物也。離騷同蕙，連文曰蕙茝。說文三文相次，首尾轉注互釋，明以曉人，而蘺居其中，獨別釋曰江蘺，蘪蕪。蓋字有二義，本義已見互釋中，至此反以別義明之。故於三文之下，即繼以蘪蕪之字，以見蘺字橫亙其間，左有右宜，二草呼名，中俱借義，而實則犁然不能相溷也。然則蘺之同名者三物，其獨呼蘺者，虈蘺茝是也。其香似蘺，而呼曰江蘺者，則蘪蕪類也。而蘺之別，說文曰䖸夫蘺，爾雅曰莞苻蘺。是物也，余未聞其審，乃名醫增補於白芷條下，無亦襲其名而譌收之與？不然，說文曰䖸，爾雅曰莞，果爲白芷，本經何以不顯虈莞之名，而名醫又何以不增補錄之曰：一名虈也，或莞也，斯可見矣。至苻蘺之爲物，據爾雅郭注言：今西方人呼蒲爲莞蒲，蒚謂其頭臺首也。今江東謂之苻蘺，西方亦名蒲，中莖爲蒚，用之爲席。是其說同於說文莞藺，而說文之解字，何以別出虈夫蘺，蒚夫蘺上，以與莞蒲兩不相入也哉？故楚金之作繫傳，於虈字依附爾雅，以爲莞蒲，又依附本草以爲白芷，進退無定見，吾不憑也。余於上數事，固不敢曰能明辨晳也。以說文考之，芄、藺一也，蘺、茝一也，江蘺、蘪蕪一也，莞、蒲一也，虈、夫蘺一也。於中雖有互通，而實不可相亂。以爾雅考之，蘄茝、蘪蕪一也，萑、芄藺一也，莞、苻蘺一也。古義要眇，後人皮傅爲條理之如此，明其大致，則古書轉寫譌，固其所耳，不足累也。

蛇牀子

本草經：蛇牀子味苦，平。主婦人陰中腫痛，男子陰痿，濕癢，除痹氣，利關節，癲癇惡瘡，久服輕身。一名蛇米。

爾雅：盱，虺牀。注：蛇牀也，一名馬牀。廣雅云。

別錄：辛，甘，無毒。溫中下氣，令婦人子藏熱，男子陰強，好顏色，令人有子。一名蛇粟，一名虺牀，一名思益，一名繩毒，一名棗棘，一名牆蘼。生臨淄川谷及田野，五月採實，陰乾。陶隱居云：近道田野墟落間甚多。花葉正似蘼蕪。

圖經：蛇牀子生臨淄川谷及田野，今處處有之，而揚州、襄州者勝。三月生苗，高二三尺，葉青碎，作叢，似蒿枝，每枝上有花頭百餘，結同一窠，似馬芹類。四五月開白花。仁似繖狀，子黃褐色，如黍米，至輕虛。五月採實，陰乾。爾雅謂之盱，一名虺牀。

救荒本草：蛇牀子今處處有之，苗高一二尺，青碎作叢，似蒿枝，葉似黃蒿葉，又似小葉蘼蕪，又似藁本葉。每枝上有花頭百餘，結同一窠，開白花，如傘蓋狀。子半黍大，黃褐色，味苦。採嫩苗葉煠熟，水浸淘洗淨，油鹽調食。

本草綱目李時珍曰：其花如碎米攢簇，其子兩片合成，似蒔蘿子而細，亦有細棱。凡花實似蛇牀者，當歸、芎藭、水芹、藁本、胡蘿蔔是也。

廣雅疏證：虵㮚，馬牀，虵牀也。爾雅：盱，虺牀。郭注云：蛇牀也。一名馬牀，見廣雅。淮南氾論訓云：夫亂人者，芎藭之與藁本也，蛇牀之與蘼蕪也。此皆相似。說林訓云：蛇牀似蘼蕪而不能芳。神農本草云：蛇牀子一名蛇米，生臨淄川谷。御覽引吳普本草云：一名蛇珠。名醫別錄云：一名蛇㮚，一名虺牀，一名思益，一名繩毒，一名棗棘，一名牆蘼。陶注云：近道田野墟落間甚多。花葉正似蘼蕪。蜀本圖經云：似小葉芎藭，花白，子如黍粒，黃白色，生下濕地。虵牀子如黍粒，故謂之虵米，又謂之虵㮚。謝靈運山居賦：五華九實。自注以蛇牀實爲九實之一，卽虵㮚也。㮚各本譌作桌，今據名醫別錄訂正。牀俗書作床字，與麻相近，故馬牀之牀，各本譌作麻，今訂正。

杜若

本草經：杜若味辛，微溫。主胸脇下逆氣，溫中，風入腦戶，頭腫痛，多涕淚出。久服益精，明目、輕身。一名杜蘅。

別錄：無毒。主眩倒，目䀮䀮，止痛，除口臭氣，令人不忘。一名杜蓮，一名白蓮，一名白芩，一名若芝。生武陵川澤及冤句，二月、八月採根，暴乾。陶隱居云：今處處有，葉似薑而有文理，根似高良薑而細，味辛香，又絕似旋覆根。殆欲相亂，葉小異爾。楚辭云：山中人兮芳杜若，此也。一名杜蘅，今復別有杜蘅，不相似。

唐本草注云：杜若苗似廉薑，生陰地，根似高良薑，全少辛味。陶所注旋復根卽眞杜若也。

范子計然云：杜蘅、杜若，出南郡、漢中，大者大善。

圖經：杜若生武陵川澤及宛句，今江湖多有之。葉似薑，花赤色，根似高良薑而小，辛味，子如豆蔻。二月、八月採根，暴乾用。謹按此草一名杜蘅，而中品自有杜蘅條。杜蘅，爾雅所謂土鹵者也。杜若，廣雅所謂楚蘅者也。其類自別，然古人多相雜引用。九歌云：采芳洲兮杜若。又離騷云：雜杜蘅與芳芷。王逸輩皆不分別，但云香草也。古方或用，而今人罕使，故亦少有識之者。

本草綱目李時珍曰：杜若人無識者，今楚地山中時有之，山人亦呼爲良薑。根似薑，味亦辛。甄權注豆蔻，所謂獛子薑，蘇頌圖經外類所謂山薑，皆此物也。或又以大者爲高良薑，細者爲杜若。唐時峽州貢之。

補筆談：杜若卽今之高良薑，後人不識，又別出高良薑條，如赤箭再出天麻條，天名精再出地菘條，燈籠草再出苦耽條，如此之類極多，或因主療不同。蓋古人所書主療，皆多未盡，後人用久，漸見其功，主療浸廣。諸藥例皆如此，豈獨杜若也。後人又取高良薑中小者爲杜若，正如用天麻蘆頭爲赤箭也。又有用北地山薑爲杜若者。杜若古人以爲香草，北地山薑何嘗有香。高良薑花成穗，芳華可愛，土人用鹽梅汁，淹以爲葅。南人亦謂之山薑花，又曰荳蔻花。本草圖經云：杜若苗似山薑，花黃赤，子赤色，大如棘子，中似豆蔻，出峽州、嶺南、北，正是高良薑，其子乃紅蔻也，騷人比之蘭芷。然藥品中名實錯亂者至多，人人自主一說，亦莫能堅決。不患多記，以廣異同。

隋唐嘉話：宋謝朓詩云：芳洲多杜若。貞觀中醫局求杜若，度支郎乃下坊州令貢，州判司報云：坊州不出杜若，應由謝朓詩誤。太宗聞之大笑，判司改雍州司法，度支郎免官。

青木香

本草經：木香味辛。主邪氣，辟毒疫溫鬼，強志，主淋露，久服不夢寤魘寐。

別錄：溫，無毒。主療氣劣，肌中偏寒，主氣不足，消毒，殺鬼、精物、溫瘧、蠱毒。引藥之精，輕身致神仙。一名蜜香，生永昌山谷。陶隱居云：此卽青木香也。永昌不復貢，今皆從外國舶上來，乃云大秦國。以療毒腫，消惡氣，有驗。今皆用合香，不入藥用。惟制蛀蟲丸用之，常能煮以沐浴，大佳爾。

唐本草注云：此有二種，當以崑崙來者爲佳，出西胡來者不善。葉似羊蹄而長大，花如菊花，其實黃黑，所在亦有之。今按別本注云：葉似薯蕷而根大，花紫色，功效極多，爲藥之要用。陶云不入藥用，非也。

圖經：本香生永昌山谷，今惟廣州舶上有來者，他無所出。陶隱居云卽青木香也。根窠大類茄子，葉似羊蹄而長大，花如菊，實黃黑。亦有葉如山芋，而開紫花者。不拘時月，採根芽爲藥。以其形如枯骨者良。江、淮間亦有此種，名土青木香，不堪入藥用。僞蜀王昶苑中亦常種之，云苗高三四尺，葉長八九寸，皺軟而有毛，開黃花，恐亦是土木香種也。續傳信方著張仲景青木香丸，主陽衰，諸不足，用崑崙青木香、六路訶子皮各二十兩，篩末沙糖和之。駙馬都尉鄭某(忘其名)，去沙糖，加羚羊角十二兩，白蜜丸如梧子，空腹酒下三十丸，日再，其效甚速。然用藥不類古方，而云仲景者，不知何從而得之邪？按修養書云：正月一日取五木煮湯以浴，令人至老鬚髮黑。徐鍇注云：道家謂青木香爲五香，亦云五木，道家多以此浴，當是其義也。又古方主癰疽五香湯中亦使青木香；青木香名爲五香，信然矣。

諸番志：木香出大食麻囉扶國，施曷奴發亦有之。樹如中國絲瓜，冬月取其根，剉長一二寸，曬乾。以狀如雞骨者爲上。

澤蘭

本草經：澤蘭味苦，微溫。主乳婦內衄，中風餘疾，大腹水腫，身面四肢浮腫，骨節中水，金瘡，癰腫瘡膿。一名虎蘭，一名龍棗。

別錄：甘，無毒。主產後金瘡，內塞。一名虎蒲，生汝南諸大澤傍，三月三日採，陰乾。陶隱居云：今處處有，多生下濕地。葉微香，可煎油，或生澤傍，故名澤蘭，亦名都梁香，可作浴湯。人家多種之，而葉小異。今山中又有一種，甚相似，莖方葉小強，不甚香。既云澤蘭，又生澤傍，故山中者爲非，而藥家乃採用之。

唐本草注云：澤蘭莖方，節紫色，葉似蘭草而不香。今京下用之者是。陶云都梁香，乃蘭草爾。俗名蘭香，煮以洗浴，亦生澤畔。人家種之，花白，紫蕚，莖圓，殊非澤蘭也。陶注蘭草，復云名都梁香，並不深識也。

圖經：澤蘭生汝南諸大澤傍，今荊、徐、隨、壽、蜀、梧州、河中府皆有之。根紫黑色，如粟根。二月生苗，高二三尺。莖榦青紫色，作四稜。葉生相對，如薄荷，微香。七月開花，帶紫白色，蕚通紫色，亦似薄荷花。三月採苗，陰乾。荊、胡、嶺南人家多種之。壽州出者無花子，此與蘭草大抵相類。但蘭草生水傍，葉光潤，根小紫，五六月盛。而澤蘭生水澤中及下濕地，葉尖，微有毛，不光潤，方莖紫節。七月、八月初採，微辛，此爲異耳。今婦人方中最急用也。又有一種馬蘭，生水澤傍，頗似澤蘭而氣臭，味辛，亦主破血，補金瘡，斷下血。陳藏器以爲楚辭所喻惡草，卽是也。北人呼爲紫菊，以其花似菊也。又有一種山蘭，生山側，似劉寄奴，葉無椏，不對生，花心微黃赤，亦能破血，皆可用。

本草綱目李時珍曰：吳普所說，乃眞澤蘭也。雷斅所說大澤蘭，卽蘭草也，小澤蘭卽此澤蘭也。

安徽志：都梁香，卽澤蘭草，出盱眙都梁山，故名。

按蘭草，陸疏以爲卽蕳。顏師古以爲卽澤蘭。唐以前並無異說。自宋人以葉似麥冬之蘭爲蘭，而訟端起，故有澁蘭之說。沈存中以爲卽零陵香，舉世非之。李時珍辨誤，亦不能盡輯諸說。唯葉歧爲蘭，無歧爲澤，別本注及蜀本圖經頗爲剖晰，其實花葉氣味無不同者。余以二種並蒔，俱易繁衍，仍如時珍所別圖之。其零陵香之爲省頭香，則湘中舊稱，今古如一，北方呼爲矮康，音轉字訛爾。所以薰髮煎澤，則婦孺咸知，不必爭辨，俱從删削。

嘉祐本草：地笋溫，無毒。利九竅，通血脈，排膿治血，止鼻洪，吐血，産後心腹痛，一切血病。肥白人、産婦，可作蔬菜食，甚佳。卽澤蘭根也。出陳藏器及日華子。

廣雅疏證：虎蘭，澤蘭也。士喪禮記：茵著用荼，實綏澤焉。注云：澤，澤蘭也，取其香，且御溼。神農本草云：澤蘭一名虎蘭，一名龍棗，生汝南，又生大澤旁。名醫別錄云：一名虎蒲。陶注云：今處處有，多生下濕地，葉微香，可煎油。或生澤傍，故名澤蘭，亦名都梁香，又作浴湯。人家多種之，而葉小異，今山中又有一種，甚相似，莖方葉小強，不香。既云澤蘭，又生澤傍，故山中者爲非。唐本注云：澤蘭莖方，節紫色，葉似蘭草而不香。陶云：都梁香乃蘭草爾。花白，紫萼，莖圓，殊非澤蘭也。案吳普本草云：澤蘭一名水香，生下地水傍，葉如蘭。二月生苗，赤節，四葉相値枝節間。澤蘭卽水香。故鄭氏儀禮注云：澤蘭取其香，且御濕。不得以方莖紫節不香者當之也。李當之云：蘭草是今人所種，似都梁香草。與毛詩義疏蘭草似藥草澤蘭之說合，是都梁香卽澤蘭，蘭草但似都梁耳，不得謂都梁香爲蘭草，非澤蘭也。蘇頌圖經謂澤蘭葉似薄荷，寇宗奭衍義謂葉似菊，皆謬于古，殆不可信。

當歸 本草經：當歸味甘，溫。主欬逆上氣，溫瘧寒熱洗洗在皮膚中，婦人漏下絶子，諸惡瘡瘍金瘡，煮飲之。一名乾歸。

爾雅：薜，山蘄。注：廣雅曰山蘄，當歸也。當歸今似蘄而麄大。

別錄：辛，大溫，無毒。溫中，止痛，除客血內塞，中風痓汗不出，濕痹中惡，客氣虛冷，補五藏，生肌肉。生隴西川谷，二月、八月採根，陰乾。陶隱居云：今隴西四陽、黑水當歸，多肉少枝，氣香，名馬尾當歸，稍難得。西川北部當歸，多根枝而細。歷陽所出，色白而氣味薄，不相似，呼爲草當歸，闕少時乃用之。方家有云眞當歸，正謂此，有好惡故也。俗用甚多，道方時需爾。

圖經：當歸生隴西川谷，今川蜀、陝西諸郡及江寧府、滁州皆有之，以蜀中爲勝。春生苗，綠葉三瓣。七八月開花，似蒔蘿，淺紫色。根黃黑色，二月、八月採根，陰乾。然苗有二種，都類芎藭，而葉有大小爲異。莖、梗比芎藭甚卑下。根亦二種，大葉名馬尾當歸，細葉名蠶頭當歸。大抵以肉厚而不枯者爲勝。謹按爾雅云：薜，山蘄。釋曰：說文云蘄草也。生山中者，名薜，一名山蘄，然則當歸芹類也。在平地者名芹，生山中而麄大者名當歸也。

本草衍義：當歸，今川蜀皆以平地作畦種，尤肥好多脂肉，不以平地山中爲等差，但肥潤不枯燥者佳。今醫家用此一種爲勝。市人又以薄酒洒使肥潤，不可不察也。藥性論云補女子諸不足，此論盡當歸之用也。

本草綱目李時珍曰：今陝、蜀秦州、汶州諸處人多栽蒔爲貨，以秦歸頭圓、尾多、色紫、氣香、肥潤者，名馬尾歸，最勝。他處頭大、尾粗、色白、堅枯者，爲鑱頭歸，止宜入發散藥爾。韓懋言：川產者力剛而善攻，秦產者力柔而善補，是矣。

古今注：牛亨問曰：將離別，相贈以芍藥者何？答曰：芍藥一名可離，故將別以贈之。亦猶相招召，贈之以文無，文無亦名當歸也。欲忘人之憂，則贈之以丹棘，丹棘一名忘憂草，使人忘其憂也。欲蠲人之忿，贈之青棠，青棠一名合懽，合懽則忘忿。

杜當歸 救荒本草：杜當歸生密縣山野中，其莖圓而有線楞，葉似芹菜葉而硬，邊有細鋸齒刺，又似蒼朮葉而大，每三葉攢生一處。開黃花，根似前胡根，又似野胡蘿蔔根。其葉味甜，採葉煠熟，水浸成黃色，換水淘洗淨，油鹽調食。今人遇當歸缺，以此藥代之。

本草綱目李時珍曰：土當歸根氣味辛，溫，無毒。主治除風和血，煎酒服之。閃拗手足，同荆芥、葱白煎湯，淋洗之，出衛生簡易方。又近時江、淮間出一種土當歸，長近尺許，白肉黑皮，氣亦芬香如白芷氣，人亦謂之水白芷。用充獨活，解散亦或用也，不可不辨。

按進賢縣志：獨活卽土當歸，江西山中多有之。形味俱如救荒本草圖說。惟南昌西山出者，作碎紫花爲異。李時珍以當歸入芳草，以土當歸入山草，又不圖其狀，惟於獨活注內，謂白肉黑皮，氣亦芬香，用充獨活云云。不知救荒本草已謂今人遇當歸缺，以此代之。則土當歸與當歸，自是一類二種。其根皮黑，亦有白者，肆中所售白當歸，疑卽此。陶隱居所謂草當歸其根白而味薄者，是也。惟其根似前胡，味如白芷，進賢志直謂之獨活，土醫又呼爲茶芎，云與川芎醫治相同。則當歸也、獨活也、前胡也、白芷也、川芎也，藥肆所售，多以此冒，其曷以識之哉！又按當歸，湖南山中多有之。一枝三葉，絕似芹菜，其土當歸初生一葉，漸漸分破，中大旁小，長短參差，肥者或有五瓣。新化縣志：獨活狀頗似萊菔葉，布地生，有公母，母不抽莖，入藥用，公者抽莖，紫白色。枝或三葉或五葉，有小鍥齒，此卽土當歸也。

芍藥 本草經：芍藥味苦，主邪氣，腹痛，除血痹，破堅積，寒熱疝瘕，止痛，利小便，益氣。

詩經：贈之以芍藥。陸璣疏：芍藥今藥草。芍藥無香氣，非是也。未審今何草。司馬相如賦云：芍藥之和。揚雄賦曰：甘甜之和，芍藥之羹，七十食也。

別錄：芍藥味酸，平，微寒，有小毒。通順血脈，緩中，散惡血，逐賊血，去水氣，利膀胱、大小腸，消癰腫，時行寒熱，中惡，腹痛，腰痛。一名白朮，一名餘容，一名犁食，一名解倉，一名鋌。生中岳川谷及邱陵，二月、八月採根，暴乾。陶隱居云：今出白山、蔣山、茅山最好，白而長大，餘處亦有而多赤。赤者小利，俗方以止痛，乃不減當歸。道家亦服食之，又煮石用之。

圖經：芍藥生中岳川谷及邱陵，今處處有之，淮南者勝。春生紅芽作叢，莖上三枝五葉，似牡丹而狹長，高一二尺。夏開花，有紅、白、紫數種，子似牡丹子而小。秋時採根，根亦有赤白二色。崔豹古今注云：芍藥有二種，有草芍藥、木芍藥。木者花大而色深，俗呼爲牡丹，非也。又云牛亨問曰：將離相別贈以芍藥，何也？答曰：芍藥一名將離，故相贈。猶相招召，贈以文無，文無一名當歸。欲忘人之憂，則贈以丹棘，丹棘一名忘憂，使忘憂也。欲蠲人之忿，則贈以青棠，青棠一名合歡，贈之使忘忿也。張仲景治傷寒湯多用芍藥，以其主寒熱，利小便故也。古人亦有單服食者。安期生服鍊法云：芍藥二種，一者金芍藥，一者木芍藥。救病用金芍藥，色白多脂肉。木芍藥色紫，瘦，多脈，若取審看，勿令差錯。若欲服餌，採得淨刮去皮，以東流水煮百沸出，陰乾，停三日，又於木甑內蒸之，上覆以淨黃土，一日夜熟出，陰乾擣末，以麥飲，或酒服三錢匕，日三，滿三百日，可以登嶺，絕穀不飢。正元廣利方治婦女赤白下，年月深久不差者，取白芍藥三大兩，並乾薑半大兩，細剉，熬令黃，擣下篩，空肚和飲汁，服二錢匕，日再，佳。又金瘡血不止而痛者，亦單搗白芍藥末，傅上即止，良驗。

本草衍義：芍藥全用根，其品亦多，須用花紅而單葉、山中者，爲佳。花葉多即根虛，然其根多赤色，其味澀苦，或有色白麁肥者，益好。餘如經。然血虛寒人，禁此一物，古人有言曰：減芍藥以避中寒，誠不可忽。

寓簡：予官維揚，春暮縱觀芍藥，眞一時勝賞。蕃釐祠殿之側，有老圃，業花數世矣。一日以花來獻，予售以斗酒，因問之曰：人知賞花耳，吾欲知芍藥之根所以赤白，有異種耶？曰：非也。花過之後，每旦遲明而起，斸土取根，洗濯而後暴之，時也。遇天晴，日色猛烈，抵暮中邊皆燥，斷而視之，雪如也。倘遇陰雲，表裏滋潤，信宿然後乾，色正赤，無疑矣。蓋得至陽之氣，則色白而善補，醫家用之以生血而止痛。其受陽氣不全者，則色赤而善瀉，功用不侔，自然之理也。醫家未有能知此者。又云洗花如洗竹，非用水也。芟取其病根螻蠬蚯蚓蠹食之餘耳。其言甚有理。又云：吾自高、曾世傳種花，但栽培及時，無他奇巧，蓋以不傷其性，自得於天，故根蹙耐久。近世厭常而反古，專尚奇麗。吾爲衣食所迫，不能免俗，乃用工力智巧，翦剔移徙，雜以肥沃藥物注灌，花始變而趣時態，十有七八異於常品矣。然不能久遠，經數歲輒瘦悴，縱未朽腐而花盡力矣。蓋先世之所能者，天也；吾之所能者，人也。人竟能勝天者耶？故吾視花有慚色也！此言又似知道者。

東坡志林：揚州芍藥爲天下冠。蔡繁卿爲守，始作萬花會，用花十餘萬枝，既殘諸園，又吏因緣爲姦，民大病之。余始至，問民疾苦，以此爲首，遂罷之。萬花本洛陽故事，亦必爲民害也，會當有罷之者。錢惟演爲留守，始置驛貢洛花，識者鄙之，此宮妾愛君之意也。蔡君謨始加法造小團荼貢之。富彥國歎曰：君謨乃爲此耶！

癸辛雜識：韓昌黎詩，兩廂鋪氍毹，五鼎烹芍藥。注引上林賦注云：芍藥根主和五藏，辟毒氣，故合之於蘭、桂五味以助諸食，因呼五味之和爲芍藥。七發亦曰：芍藥之醬。子虛賦曰：芍藥之和具而後御之。南都賦曰：歸鴈、鳴鶏，香稻、鮮魚，以爲芍藥。服虔、文穎、伏儼等解芍藥，亦不過稱其美。而本草亦止言辟邪氣而已。獨韋昭曰：今人食馬肝者，合芍藥而煮之。馬肝至毒，或誤食之至死，則制食之毒者，宜莫良於芍藥，故獨得藥之名耳。此說極有理。古今注載牛亨問曰：將離相別贈以芍藥何耶？答曰：芍藥一名將離，故以此贈之。此又別一說也。江淹別賦云：下有芍藥之詩。正用此義，而注之中，僅引贈之以芍藥之語。張景陽七命，和兼芍藥，乃音略。略，廣韻中亦有此音。

廣雅疏證：欒夷，芍藥也。欒夷卽留夷，留、欒聲之轉也。張注上林賦云：留夷，新夷也。新與辛同。王逸注楚辭九歌云：辛夷，香草也。郭璞注西山經云：芍藥一名辛夷，亦香草屬。然則鄭風之芍藥，離騷之留夷，九歌之辛夷，一物耳。毛詩溱洧傳云：芍藥，香草。御覽引義疏云：今藥草芍藥，無香氣，非是也。未審今何草。司馬相如賦云：芍藥之和。揚雄賦曰：甘甜之和，芍藥之羹。然則芍藥人人食之也。案西山經云：繡山其草多芍藥。中山經司樠之山、條谷之山、洞庭之山並云：其草多芍藥。則芍藥，山草。名醫別錄云：芍藥生中岳川谷及邱陵。陶注云：出白山、蔣山、茅山最好。白而長大。餘處多赤，與山經合。則古之芍藥卽醫家之藥草芍藥也。今人畦種之。離騷所謂畦留夷者矣。其根莖及葉無香氣，而花則香。故毛詩謂之香草。猶蘭爲香草，亦是花香，莖葉不香也。至司馬相如子虛賦芍藥之和，揚雄蜀都賦甘甜之和，芍藥之羹，皆是調和之名。

陸氏引以證芍藥之草，誤也。伏儼注子虛賦云：芍藥以蘭桂調食。文穎云：芍藥，五味之和也。韋昭云：芍藥和齊鹹酸，美味也。勺丁削反，藥旅酌反。晉灼云：南都賦曰，歸鴈、鳴鵽，香稻、鮮魚，以爲芍藥。酸甜滋味，百種千名。文說是也。李善云：枚乘七發云，芍藥之醬。然則和調之言，於義爲得。今案勺，丁削反；藥，旅酌反。芍藥之言適歷也。適，亦調也。說文𪏰字從厤，云厤調也，與歷同。又云：秝，希疏適歷也。讀若歷。周官遂師注云：歷者適歷，執綍者名也。疏云：分布希疏得所，名爲適歷也。然則均調謂之適歷，聲轉則爲芍藥。蜀都賦云：有伊之徒，調夫五味，甘甜之和，芍藥之羹。七命云：味重九沸，和兼芍藥，論衡譴告篇云：釀酒於罌，烹肉於鼎，皆欲其氣味調得也。時或鹹苦酸淡不應口者，由人芍藥失其和也。嵇康聲無哀樂論云：大羹不和，不極芍藥之味。皆其證矣。服虔注子虛賦列或說云：以芍藥調食，亦未嘗審信也。而顔師古乃云：芍藥草名，其根主和五藏，又辟毒氣，故合之於蘭桂五味，以助諸食，因呼五味之和爲芍藥。及考古人飲食，未聞有用芍藥者，既已無可舉證矣。乃云今人食馬肝、馬腸，合芍藥而煮之，是古之遺法。據其說，則今人非食馬肝、馬腸，且不用芍藥，何以知古人用芍藥助食乎？然且歷詆諸家，妄爲音訓，斯爲謬矣。

焦循毛詩補疏：贈之以芍藥。傳：芍藥，香草。箋云：其別則送女以芍藥，結恩情也。循按釋文引韓詩云：離草也，言將離別贈此草也。古今注載董仲舒答牛亨問云：芍藥一名可離，故將別以贈之。箋言其別則送以芍藥，蓋古之相傳然也。廣雅：攣夷，芍藥也。攣夷，即離之緩聲。上林賦云：宜笑的皪。索隱引郭璞云：鮮明貌也。又明月珠子，玓瓅江靡。索隱引應劭云：其光輝照於江邊也。張衡思玄賦云：離朱脣而微笑兮，顔的礫以遺光。注云：明貌。左思蜀都賦云：暉麗灼爍。劉淵林云：豔色也。魏都賦云：丹藕淩波而的礫。注云：光明也。芍藥之華，鮮豔外著，其稱芍藥，猶灼爍也。芍藥又爲調和之名。上林賦云：芍藥之和具，而後御之。文穎云：芍藥五味之和也。韋昭云：芍藥和齊鹹酸美味也。見七發注。枚乘七發云：芍藥之醬。張衡南都賦云：歸雁、鳴鵽，香稻、鱻魚，以爲芍藥。呂氏春秋本生紀高誘注云：鄭國淫辟，男女私會於溱洧之上，有絢盼之樂，芍藥之和。是則以詩人贈芍藥，取義於和。鄭氏以芍與約同聲，假借爲結約，故云結恩情。正義云：贈送之芍藥之草，結其恩情，以爲信約，此最得箋義而說之未明。古人棗取於早，栗取於慄，多假聲音以爲義。取芍藥爲結約，與取芍藥爲調和，其假借一也。

附王觀芍藥譜

序

天地之功，至大而神，非人力之所能竊勝。惟聖人爲能體法其神，以成天下之化，其功蓋出其下，而曾不少加以力。不然，天地固亦有間，而可窮其用矣。余嘗論天下之物，悉受天地之氣以生，其小、大、短、長、辛、酸、甘、苦，與夫顏色之異，計非人力之可容致巧於其間也。今洛陽之牡丹，維揚之芍藥，受天地之氣以生，而小大淺深，一隨人力之工拙而移其天地所生之性，故奇容異色，間出於人間，以人而盜天地之功而成之，良可怪也！然而天地之間，事之紛紜，出於其前，不得而曉者，此其一也。洛陽風土之詳，已見於今歐陽公之記，而此不復論。維揚大抵土壤肥膩，於草本爲宜。禹貢曰：厥草惟夭是也。居人以治花相尚，方九月、十月時，悉出其根，滌以甘泉，然後剝削老硬病腐之處，揉調沙、糞以培之，易其故土。凡花大約三年或二年一分，不分則舊根老硬，而侵蝕新芽，故花不成就。分之數，則小而不舒。不分與分之太數，皆花之病也。花之顏色之深淺，與葉蕊之繁盛，皆出於培壅剝削之力。花既萎落，亟剪去其子，屈盤枝條，使不離散，故脈理不上行，而皆歸於根，明年新花繁而色潤。雜花根窠多不能致遠，惟芍藥及時取根，盡取本土，貯以竹錫之器，雖數千里之遠，一人可負數百本而不勞。至於他州，則壅以沙糞，雖不及維揚之盛，而顏色亦非他州所有者比也。亦有踰年即變，而不成者，此亦係夫土地之宜不宜，而人力之至不至也。花品，舊傳龍興寺山子、羅漢、觀音、彌陀之四院，冠於此州。其後民間稍稍厚賂，以匄其本，培壅治蒔，遂過於龍興之四院。今則有朱氏之園，最爲冠絕，南北二圃，所種幾於五、六萬株，意其自古種花之盛，未之有也。朱氏當其花之盛開，飾亭宇以待來游者，逾月不絕，而朱氏未嘗厭也。揚之人與西洛不異，無貴賤皆喜戴花，故開明橋之間，方春之月，拂旦有花市焉。州宅舊有芍藥廳，在都廳之後。聚一州絕品於其中，不下龍興、朱氏之盛。往歲州將召移，新守未至，監護不密，悉爲人盜去，易以凡品，自是芍藥廳徒有其名爾。今芍藥有三十四品，舊譜只取三十一種。如緋單葉、白單葉、紅單葉不入名品之內。其花皆六出，維揚之人甚賤之。余自熙寧八年季冬守官江都，所見與夫所聞，莫不詳熟，又得八品焉。非平日三十一品之比，皆世之所難得，今悉列於左。舊譜三十一品，分上中下七等，此前人所定，今更不易。

上之上

冠羣芳

大旋心冠子也。深紅堆葉，頂分四、五旋，其英密簇，廣可及半尺，高可及六寸。艷色絕妙，可冠羣芳，因以名之。枝條硬，葉疎大。

賽羣芳

小旋心冠子也。漸添紅而緊小，枝條及綠葉並與大旋心一同。凡品中言大葉、小葉、堆葉者，皆花瓣也。言綠葉者，謂枝葉也。

寶妝成

髻子也。色微紫，於上十二大葉中，密生曲葉，回環、裹抱、團圓，其高八九寸，廣半尺餘。每一小葉上，絡以金線，綴以玉珠。香欺蘭麝，奇不可紀。枝條硬而葉平。

盡天工

柳浦青心紅冠子也。於大葉中，小葉密直，妖媚出衆。倘非造化，無能爲也。枝硬，而綠葉青薄。

曉妝新

白纈子也。如小旋心狀，頂上四向，葉端點小，般紅色，每一朵上或三點、或四點、或五點，象衣中之點纈也。綠葉甚柔而厚，條硬而絕低。

點妝紅

紅纈子也。色紅而小，並與白纈子同。綠葉微似瘦長。

上之中

疊香英

紫樓子也。廣五寸，高盈尺。於大葉中，細葉二、三十重，上又聳大葉如樓閣狀。枝條硬而高，綠葉疎大而尖柔。

積嬌紅

紅樓子也。色淡紅，與紫樓子不相異。

中之上

醉西施

大軟條冠子也。色淡紅，惟大葉有類大旋心狀。枝條軟細，須以物扶助之。綠葉色深厚，疎而長以柔。

道妝成

黃樓子也。大葉中深黃，小葉數重，又上展淡黃大葉。枝條硬而絕黃，綠葉疎長而柔，與紫紅者異。此品非今日之黃樓子也，乃黃絲頭中，盛則或出四、五大葉，小類黃樓子，蓋本非黃樓子也。

掬香瓊

青心玉板冠子也。本自茅山來，白英團掬，堅密平頭。枝條硬而綠，葉短且光。

素妝殘

退紅茅山冠子也。初開粉紅，即漸退白，青心而素淡，稍若大軟條冠子。綠葉短厚而硬。

試梅妝

白冠子也。白纈中無點纈者是也。

殘妝勻

粉紅冠子也。是紅纈中無點纈者也。

中之下

醉嬌紅

深紅楚州冠子也。亦若小旋心狀，中心緊堆大葉，葉下亦有一重金線，枝條高，綠葉疏而柔。

擬香英

紫寶相冠子也。紫樓子心中細葉上不堆大葉者。

妒嬌紅

紅寶相冠子也。紅樓子心中細葉上不堆大葉者。

縷金囊

金線冠子也。稍似細條深紅者，於大葉中，細葉下，抽金線，細細相雜，條葉並同深紅冠子者。

下之上

怨春紅

硬條冠子也。色絕淡，甚類金線冠子而堆葉。條硬而綠葉疏平，稍若柔。

妒鵝黃

黃絲頭也。於大葉中一簇細葉，雜以金線。條高，綠葉疏柔。

蘸金香

蘸金蕊紫單葉也。是髻子開不成者，於大葉中生小葉，小葉尖蘸一線，金色，是也。

試濃妝

緋多葉也。緋葉五、七重，皆平頭，條赤而綠，葉硬背紫也。

下之中

宿妝殷

紫高多葉也。條葉花並類緋多葉，而枝葉絕高，平頭。凡檻中雖多，無先後，並開齊整也。

取次妝

淡紅多葉也。色絕淡，條葉正類緋多葉，亦平頭也。

聚香絲

紫絲頭也。大葉中一叢紫絲細細，是也。枝條高，綠葉疎而柔。

簇紅絲

紅絲頭也。大葉中一簇紅絲細細是也。枝葉並同紫者。

下之下

效殷妝

小矮多葉也。與紫高多葉一同，而枝條低，隨燥濕而出，有三頭者、雙頭者、鞍子者、銀絲者，俱同。根因土地肥瘠之異者也。

會三英

三頭聚一萼而開。

合歡芳

雙頭並蔕而開，二朶相背也。

擬繡韉

鞍子也。兩邊垂下，如所乘鞍狀，地絕肥而生。

銀含稜

銀緣也。葉端一稜白色。

新收八品

御衣黃

黃色淺而葉疎，蘂差深，散出於葉間。其葉端色又微碧，高廣類黃樓子也。此種宜升絕品。

黃樓子

盛者五、七層，間以金線，其香尤甚。

袁黃冠子

宛如鬐子，間以金線，色比鮑黃。

峽石黃冠子

如金線冠子，其色深如鮑黃。

鮑黃冠子

大抵與大旋心同，而葉差不同，色類鵝黃。

楊花冠子

多葉白心，色黃漸拂淺紅，至葉端則色深紅，間以金線。

湖纈

紅色深淺相雜，類湖纈。

黽池紅

開須並萼或三頭者，大抵花類軟條也。

附洛陽花木記

芍藥凡四十一種

千葉黃花其別十六

御衣黃　淩雲黃　南黃樓子　尹家黃樓子
銀褐樓子　袁黃　延壽黃　峽石黃
新安黃　壽安黃　溫家黃　郭家黃
青心鮑黃　紅心鮑黃　黃絲頭　黃纈子

千葉紅花其別十六

紅樓子　紅冠子　硃砂旋心　硬條旋心
斑榦旋心　紅纈子　靈山纈子　馬家紅
楚州冠子　四蜂兒　醉西施　剪平紅
深紅小魏花　淡紅小魏花
柳圃新接紅絲頭　茆山冠子

千葉紫花其別六

紫樓子　龍間紫　紫鞍子　粉面紫
紫絲頭　紫纈子

千葉白花二

玉樓子　白纈子

千葉桃花一

緋樓子

附劉攽芍藥譜序

天下名花，洛陽牡丹、廣陵芍藥爲相侔埒。禹貢記揚州草木夭喬，聖人之言，然未見其爲夭喬也。

廣陵芍藥有自他方移來種之者，經歲則盛，至有十倍其初，而勝廣陵所出遠甚，地氣所宜，信其爲天乎？然則醫書本草所載，雖小物，方土所出，山川原野，氣力不同，或相倍蓰十百如此花矣，不可不察也。然芍藥之盛，環廣陵四十五里之間爲然，外是則薄劣不及。洛陽牡丹由人力接種，故歲歲變更日新，而芍藥自以種傳，獨得於天，然非剪剔培壅，灌溉以時，亦不能全盛。又有風雨寒暄，氣節不齊，故其名花絶品，有至十四五年得一見者。其開不能成，或變爲他品，此天地尤物，不與凡品同。待其地利、人力、天時，參併具美，然後一出，意其造物，亦自珍惜之爾。芍藥始開時，可留七、八日，自廣陵南至姑蘇，北入射陽，東至通州海上，西止滁、和州數百里間，人人厭觀矣。廣陵至京師，千五百里，駿馬疾走，可六、七日至也。上不以耳目之玩勤遠人，而富商大賈逐利，纖嗇不顧，又無好事有力者招致之，故芍藥不得至京師，而洛陽牡丹獨擅其名。其移根北方者，六年以往，則不及初年，自是歲加劣矣。故北方之見芍藥者，皆其下者也。然種芍藥爲生者，猶得厚價重利云。熙寧六年，攽罷海陵至廣陵，正四月花時。會友傅欽之、孫莘老偕行，相與歷覽人家園圃及佛舍所種，凡三萬餘株。芍藥嫩好，及雖好而不至者，盡具矣。扶風馬玿，府大尹給事公子也，博物好奇，爲余道芍藥本末，及取廣陵人所第名品示余。余按唐氏藩鎮之盛，揚州號爲第一，萬商千賈，珍貨之所叢集，百氏小說，尚多記之，而莫有言芍藥之美者，非天地生物無聞於古，而特隆於今也。殆時所好尚不齊，而古人未必能知正色爾。白樂天詩，言牡丹取叢大花繁者爲佳，此最洛人所卑下者。古人之不知芍藥，何疑。然當時無記錄，故後世莫知其詳，今此復無傳說，使後勝今，猶不足恨，或人情好尚更變，駸駸日久，則名花奇品，遂將泯默無傳。來者莫知有此，不亦惜哉！故因次序爲譜三十一種，皆使畫工圖寫，而示未嘗見者，使知之。其嘗見者，固以吾言爲信矣。

附孔武仲芍藥譜序

揚州芍藥，名於天下，與洛陽牡丹，俱貴於時。四方之人，盡皆齎攜金帛，市種以歸者，多矣。吾見其一歲而小變，三歲而大變，卒與常花無異。由此芍藥之美，益專推於揚州焉。大抵麄者先開，佳者後發，高至尺餘，廣至盈手，其色以黄爲最貴，所謂緋紅、千葉，乃其下者。鄭詩引芍藥以明土風，說者曰：香草也。司馬長卿子虛賦曰：芍藥之和具，而後御之，說者曰：芍藥主和五臟，又辟毒氣也。謝省中詩曰：紅藥當堦翻，說者曰：草色紅者也。其義皆與今所謂芍藥者合，俱未有專言揚州者。唐之詩人最以摹寫風物自喜，如盧仝、杜牧、張祜之徒，皆居揚日久，亦未有一語及之，是花品未有若今日之盛也。余官於揚學，講習之暇，常裁而定之，蓋可紀者三十有三種，乃具列其名，從而釋之。

附揚州府志

物產：芍藥，揚州古以芍藥擅名，宋有圃在禪智寺前，又有芍藥廳。向子固有芍藥壇，劉攽著譜，花凡三十二種，以冠羣芳爲首。其後王觀、孔武仲、艾丑各有譜。觀之譜，如攽而益以御衣黄等八種，武仲之種三十有二，丑之種二十有四，皆首御衣黄。紹熙廣陵志種亦三十二，而首御愛紅。其品具各譜，不可殫記。

牡丹

本草經：牡丹味辛，寒。主寒熱中風，瘛瘲，痙，驚癇，邪氣，除癥堅、瘀血留舍腸胃，安五藏，療癰瘡。一名鹿韭，一名鼠姑。

別錄：苦，微寒，無毒。主除時氣，頭痛，客熱，五勞，勞氣，頭腰痛，風噤，癩疾。生巴郡山谷及漢中，二月、八月採根，陰乾。陶隱居云：今東間亦有，色赤者爲好，用之去心。按鼠婦亦名鼠姑，而此又同，殆非其類，恐字誤。

圖經：牡丹生巴郡山谷及漢中，今丹、延、青、越、滁、和州山中皆有之。花有黃、紫、紅、白數色，此當是山牡丹。其莖梗枯燥，黑白色。二月於梗上生苗葉，三月開花，其花葉與人家所種者相似，但花止五、六葉耳。五月結子，黑色，如雞頭子大。根黃白色，可五、七寸長，如筆管大。二月、八月採，銅刀劈去骨，陰乾用。此花一名木芍藥，近世人多貴重，圃人欲其花之詭異，皆秋冬移接，培以糞土，至春盛開，其狀百變。故其根性殊失本眞，藥中不可用，其品絕無力也。牡丹生血，乃去瘀滯。正元廣利方療因傷損血瘀不散者，取牡丹皮二兩八分，合蝱蟲二十一枚，熬過同擣篩，每旦溫酒和散，方寸匕服，血當化爲水下。

曲洧舊聞：牡丹，歐公作花品，目所經見者，纔二十四種，後於錢思公屛上得牡丹，凡九十餘種，然思公花品無聞於世。宋次道河南志於歐公花品後，又增二十餘名。張峋撰譜三卷，凡一百一十九品，皆敍其顏色容狀，及所以得名之因。又訪於老圃，得種接養護之法，各載於圖後，最爲詳備。韓玉汝爲序之，而傳於世。大觀、政和以來，花之變態，又有在峋所譜之外者，而時無人譜而圖之。其中姚黃尤驚人眼目，花頭面廣一尺，其芬香比舊特異，禁中號一尺黃。

本草綱目李時珍曰：牡丹惟取紅、白單瓣者入藥，其千葉異品，皆人巧所致，氣味不純，不可用。花譜載丹州、延州以西，及褒斜道中最多，與荊棘無異，土人取以爲薪，其根入藥，尤妙。凡栽花者，根下著白斂末辟蟲，穴中點硫黃殺蠹，以烏賊骨鍼其樹必枯，此物性亦不可不知也。本澠水燕談錄。

墨莊漫錄：洛陽牡丹見於花譜，然未若陳州之盛且多也。園戶植花如種黍、粟，動以頃計。政和壬辰春時，園戶牛氏家忽開一枝，色如鵝雛而淡，其面一尺三四寸，高尺許。柔葩重疊，約千百葉，其本姚黃也，而於葩英之端，有金粉一暈縷之，其心紫蕊，亦金粉縷之，牛氏乃以縷金黃名之。郡守欲剪以進於內府，衆園戶皆言不可，曰：此花之變易者，不可爲常，他時復來索此品，何應之。又欲移其根，亦以此爲辭乃已。明年花開，果如舊品矣，此亦草木之妖也。

又曰：西京牡丹聞於天下，花盛時太守作萬花會，宴集之所，以花爲屏帳，至於梁、棟、柱、栱，悉以竹筒貯水，簪花釘挂，舉目皆花也。揚州產芍藥，其妙者不減於姚黃魏紫。蔡元長亦效洛陽，亦作萬花會，人頗病之。東坡知揚州，正遇花時，吏白舊例，公判罷之，作書報王定國云：花會，檢舊案用花千萬朵，吏緣爲姦，乃揚州大害，已罷之矣。雖殺風景，免造業也。民到於今稱之。

廣雅疏證：白茪，牡丹也。茪與朮同。名醫別錄云：芍藥一名白朮。御覽引吳普本草亦以白朮爲芍藥一名。此云白茪牡丹也者，牡丹木芍藥也，故得同名。蘇頌本草圖經引崔豹古今注云：芍藥有二種，有草芍藥、木芍藥。木者花大而色深，俗呼爲牡丹，非也。據此，則古方俗相傳以木芍藥爲牡丹，故本草以白朮爲芍藥，而廣雅又以爲牡丹異名，蓋其通稱已久，不自崔豹時始矣。陶注本草云：芍藥今出白山、蔣山、茅山最好，白而長大。唐本草注云：牡丹，劍南所出者，根似芍藥，肉白皮丹，然則芍藥牡丹之共稱白朮，皆以白得名；蓋以其皮丹則謂之牡丹，以其肉白則謂之白朮矣。神農本草云：牡丹一名鹿韭，一名鼠姑。御覽引吳普本草云：牡丹葉如蓬相值，黃色，根如指，子黑，中有核，又引范子計然云：牡丹出漢中、河北，赤色者亦善。

附歐陽修洛陽牡丹記

花品敍第一

牡丹出丹州、延州，東出青州，南亦出越州，而出洛陽者，今爲天下第一。洛陽所謂丹州紅、延州紅、青州紅，皆彼土之尤傑者，然來洛陽纔得備衆花之一種，列第不出三已下，不能獨立與洛陽敵。而越之花，以遠罕識，不見齒，然雖越人亦不敢自譽，以與洛陽爭高下，是洛陽者爲天下之第一也。洛陽亦有黄芍藥、緋桃、瑞蓮、千葉李、紅郁李之類，皆不減他出者，而洛陽人不甚惜，謂之果子花，曰：某花云云。至牡丹則不名，直曰花，其意謂天下眞花獨牡丹，其名之著，不假曰牡丹而可知也，其愛重之如此。説者多言洛陽居三河間，古善地，昔周公以尺寸考日出沒，測知寒暑風雨乖順，於此取正，蓋天地之中。草木之華，得中和之氣者多，故獨與他方異，予甚以爲不然。夫洛陽於周所有之土，四方入貢，道里均，乃九州之中，在天地崑崙磅礴之間，未必中也。又況天地之和氣，宜遍被四方上下，不宜限其中以自私。夫中與和者，有常之氣也，其推於物者，亦宜爲有常之形，物之常者不甚美，亦不甚惡。及元氣之病也，美惡隔並而不相和，故物有極美與極惡者，皆得於氣之偏也。花之鍾其美，與夫癭木擁腫之鍾其惡，醜好雖異，而得一氣之偏病則均。洛陽城圍數十里，而諸縣之花莫及城中者，出其境則不可植焉，豈又偏氣之美者，獨聚此數十里之地乎？此又天地之大，不可考也已。凡物不常有而爲害乎人者，曰災；不常有而徒可怪駭不爲害者，曰妖。語曰：天反時爲災，地反物爲妖，此亦草木之妖，而萬物之一怪也。然比夫癭木擁腫者，竊獨鍾其美，而見幸於人焉。余在洛陽四見春，天聖九年三月始至洛陽，其至也晚，見其晚者。明年會與友人梅聖俞游嵩山、少室、緱氏嶺、石唐山、紫雲洞。既還，不及見。又明年有悼亡之戚，不暇見。又明年以留守推官，歲滿解去，只見其早者，是未嘗見其極盛時，然目之所屬，已不勝其麗焉。余居府中時，嘗謁錢思公於雙桂樓下，見一小屏立坐後，細書字滿其上。思公指之曰：欲作花品，此是牡丹名，凡九十餘種，余時不暇讀之。然余之所經見，而今人多稱者，纔三十許種，不知思公何從而得之多也。計其餘，雖有名而不著，未必佳也。故今所錄，但取其特著者而次第之：

姚黃　魏花　鞓紅亦曰青州紅

細葉壽安　牛家黃　潛溪緋

左花　獻來紅　葉底紫

鶴翎紅　添色紅　倒暈檀心

朱砂紅　九蕊眞珠　延州紅

多葉紫　麤葉壽安　丹州紅

蓮花萼　一百五　鹿胎花

甘草黃　一擫紅　玉板白

花釋名第二

牡丹之名，或以氏，或以州，或以地，或以色，或旌其所異者而志之：姚黃、左花、魏花，以姓著；青州、丹州、延州紅，以州著；細葉、麤葉壽安，潛溪緋，以地著；一擫紅、鶴翎紅、硃砂紅、玉板白、多葉紫、甘草黃，以色著；獻來紅、添色紅、九蕊眞珠、鹿胎花、倒暈檀心、蓮花萼、一百五、葉底紫，皆志其異者。

姚黃者，千葉黃花，出於民姚氏家，此花之出，於今未十年。姚氏居白司馬坡，其地屬河陽，然花不傳河陽；傳洛陽，洛陽亦不甚多，一歲不過數朶。

牛家黃，亦千葉，出於民牛氏家，比姚黃差小，眞宗祀汾陰，還過洛陽，留宴淑景亭，牛氏獻此花，名遂著。

甘草黃，單葉，色如甘草。洛人善別花，見其樹知爲某花，云獨姚黃易識，其葉嚼之不腥。

魏花者，千葉肉紅，花出於魏相仁溥家。始樵者於壽安山中見之，斲以賣魏氏，魏氏池館甚大，傳者云：此花初出時，人有欲閱者，人稅十數錢，乃得登舟渡池至花所，魏氏日收十數緡。其後破亡，鬻其園，今普明寺後林池乃其地。寺僧耕之，以植桑麥。花傳民家甚多，人有數其葉者，云至七百葉。錢思公嘗曰：人謂牡丹花王，今姚黄眞可爲王，而魏花乃后也。

鞓紅者，單葉深紅，花出青州，一曰青州紅。故張僕射齊賢有第西京賢相坊，自青州以馲駝馱其種，遂傳洛中。其色類腰帶鞓，謂之鞓紅。

獻來紅者，大多葉，淺紅花。張僕射罷相居洛陽，人有獻此花者，因曰獻來紅。

添色紅者，多葉，花始開而白，經日漸紅，至其落，乃類深紅，此造化之尤巧也。

鶴翎紅者，多葉花，其末白而本肉紅，如鴻鵠毛色。

細葉、麄葉壽安者，皆千葉肉紅，花出壽安縣錦屏山中。細葉者尤佳。

倒暈檀心者，多葉紅花，凡花近萼色深，至其末漸淺。此花自外深色，近萼反淺白，而深檀點其心，此尤可愛。

一擫紅者，多葉淺紅花，葉杪深紅一點，如人以三指擫之。

九蕊眞珠紅者，千葉紅花，葉上有一點，白如珠，而葉密蹙，其蕊爲九叢。

一百五者，多葉白花，洛陽以穀雨爲開候，而此花常至一百五日開最先。

丹州、延州紅者，皆千葉紅花，不知其至洛之因。

蓮花萼者，多葉紅花青趺，三重如蓮花萼。

左花者，千葉紫花，葉密而齊如截，亦謂之平頭紫。

朱砂紅者，多葉紅花，不知其所出。有民門氏子者善接花以爲生，買地於崇德寺前，治花圃，有此花。洛陽豪家尚未有，故其名未甚著。花葉甚鮮，向日視之如猩血。

葉底紫者，千葉紫花，其色如墨，亦謂之墨紫。花在叢中，旁必生一大枝，引葉覆其上，其開也比他花可延十日之久。噫！造物者亦惜之耶？此花之出，比他花最遠。傳云：唐末有中官，爲觀軍容使者，花出其家，亦謂之軍容紫。歲久，失其姓氏矣。

玉板白者，單葉，白花，葉細長如拍板，其色如玉而深檀心。洛陽人家亦少有，余嘗從思公至福嚴院見之，問寺僧而得其名，其後未嘗見也。

潛溪緋者，千葉緋花，出於潛溪寺。寺在龍門山後，本唐相李藩別墅。今寺中已無此花，而人家或有之。本是紫花，忽於叢中特出緋者，不過一二朵，明年移在他枝，洛人謂之轉音篆枝花，故其接頭尤難得。

鹿胎花者，多葉紫花，有白點，如鹿胎之紋。故蘇相禹珪宅今有之。

多葉紫，不知其所出。初姚黃未出時，牛黃爲第一；牛黃未出時，魏花爲第一；魏花未出時，左花爲第一。左花之前，唯有蘇家紅、賀家紅、林家紅之類，皆單葉花，當時爲第一。自多葉千葉花出後，此花黜矣，今人不復種也。牡丹初不載文字，唯以藥載本草，然於花中不爲高第。大抵丹、延巳西及褒斜道中尤多，與荆棘無異，土人皆取以爲薪。自唐則天已後，洛陽牡丹始盛，然未聞有以名著者。如沈、宋、元、白之流，皆善詠花草，計有若今之異者，彼必形於篇詠，而寂無傳焉。唯劉夢得有詠魚朝恩宅牡丹詩，但云一叢千萬朵而已，亦不云其美且異也。謝靈運言永嘉竹間水際多牡丹。今越花不及洛陽甚遠，是洛花自古未有若今之盛也。

風俗記第三

洛陽之俗，大抵好花，春時，城中無貴賤皆插花，雖負擔者亦然。花開時，士庶競爲遨遊。往往於古寺廢宅有池臺處爲市井，張幄帟，笙歌之聲相聞。最盛於月波隄、張家園、棠棣坊、長壽寺東街與郭令宅，至花落乃罷。洛陽至東京六驛，舊不進花，自今徐州李相迪爲留守時始進御。歲遣牙校一員，乘驛馬，一日一夕至京師，所進不過姚黃、魏花三數朵，以菜葉實竹籠子，藉覆之，使馬上不動搖，以蠟封花蔕，乃數日不落。大抵洛人家家有花，而少大樹者，蓋其不接則不佳。春初時，洛人於壽安山中斲小栽子，賣城中，謂之山篦子。人家治地爲畦塍，種之，至秋乃接。接花工尤著者一人，謂之門園子，蓋本姓東門氏，豪家無不邀之。姚黃一接頭，直錢五千，秋時立劵買之，至春見花，乃歸其直。洛陽人甚惜此花，不欲傳，有權貴求其接頭者，或以湯中蘸殺與之。魏花初出時，接頭亦直錢五千，今尙直一千，接時須用社後、重陽前，過此不堪矣。花之本，去地五七寸許截之，乃接，以泥封裹，用輭土擁之，以蒻葉作菴子罩之，不令見風日，惟南向留一小戶，以達氣，至春乃去其覆，此接花之法也，用瓦亦可。種花必擇善地，盡去舊土，以細土用白斂末一斤和之。蓋牡丹根甜，多引蟲食之，白斂能殺蟲，此種花之法也。澆花亦自有時，或用日未出，或日西時，九月旬日一澆，十月、十一月三日、二日一澆，正月隔日一澆，二月一日一澆，此澆花之法也。一本發數朵者，擇其小者去之，只留一二朵，謂之打剝，懼分其脈也。花纔落便剪其枝，勿令結子，懼其易老也。春初旣去蒻菴，便以棘數枝置花叢上，棘氣暖可以辟霜，不損花芽，他大樹亦然，此養花之法也。花開漸小於舊者，蓋有蠹蟲損之，必尋其穴以硫黃簪之。其旁又有小穴如鍼孔，乃蟲所藏處，花工謂之氣牕，以大鍼點硫黃末鍼之，蟲乃死，花復盛，此醫花之法也。烏賊魚骨用以鍼花樹，入其膚，花輒死，此花之忌也。

附鄞江周氏洛陽牡丹記

各種牡丹

姚黄，千葉黄花也。色極鮮潔，精采射人，有深紫檀心，近瓶青旋心一匝，與瓶並色，開頭可八、九寸許。其花本出北邙山下白司馬坡姚氏家，今洛中名圃中，傳接雖多，惟水北歲有開者。大抵間歲乃成千葉，餘年皆單葉或多葉耳。水南率數歲一開千葉，然不及水北之盛也。蓋本出山中，宜高，近市多糞壤，非其性也。其開最晚，在衆花彫零之後，芍藥未開之前。其色甚美，而高潔之性，敷榮之時，特異于衆花，故洛人貴之，號爲花王。城中每歲不過開三數朶，都人士女，必傾城往觀，鄉人扶老攜幼，不遠千里，其爲時所貴重如此。

勝姚黄，靳黄。千葉黄花也。有深紫檀心，開頭可八、九寸許。色雖深於姚，然精采未易勝也。但頻年有花，洛人所以貴之。出靳氏之圃，因姓得之，皆在姚黄之前。洛人貴之，皆不減姚花，但鮮潔不及姚，而無青心之異焉。可以亞姚，而居丹州黄之上矣。

牛家黄，亦千葉黄花，其出先於姚黄，蓋花之祖也。色有紅與黄相間，類一捻紅之初開時也。眞宗祀汾陰還，駐蹕淑景亭，賞花，宴諸從臣，洛民牛氏獻此花。故後人謂之牛花。然色淺於姚黄，而微帶紅色，其品目當在姚、靳之下矣。

千心黄，千葉黄花也。大率類丹州黄，而近瓶碎蕊特盛，異於衆花，故謂之千心黄。

甘草黄，千葉黄花也。色紅，檀心，色微淺於姚黄，蓋牛、丹之比焉。其花初出時，多單葉，今名園培壅之盛，變千葉。

丹州黄，千葉黄花也。色淺於靳而深於甘草黄，有檀心，深紅，大可半葉。其花初出時，本多葉，今名園栽接得地，開或成千葉，然不能歲成就也。

閔黄，千葉黄花也。色類甘草黄，而無檀心。出於閔氏之園，因此得名，其品第蓋甘草黄之比歟？

女眞黃，千葉淺黃色花也。元豐中出於洛陽銀李氏園中，李以爲異，獻於大尹潞公，公見心愛之，命曰女眞黃。其開頭可八、九寸許，色類丹州黃而微帶紅，溫潤勻融，其狀色端整，類劉師閣而黃，諸名圃皆未有，然亦甘草黃之比歟？

絲頭黃，千葉黃花也。色類丹州黃，外有大葉如盤，中有碎葉一簇，可百餘，分碎葉之心，有黃絲數十莖聳起，而特立，高出於花葉之上，故目之爲絲頭黃。唯天王寺僧房中一本特佳，他圃未之有也。

御袍黃，千葉黃花也。色與開頭大率類女眞黃，元豐時應天院神御花圃中，植山篦數百，忽於其中變此一種，因目之爲御袍黃。

狀元紅，千葉深紅色也。色類丹砂而淺，葉杪微淡，近萼漸深，有紫檀心，開頭可七、八寸。其色甚美，迥出衆花之上，故洛人以狀元呼之。惜乎開頭差小於魏花，而色深過之遠甚。其花出安國寺張氏家，熙寧初方有之，俗謂之張八花。今流傳諸譜甚盛，龍飛歲有此花，又特可貴也。

魏花，千葉肉紅花也。本出晉相魏仁溥園中，今流傳特盛。然葉最繁密，人有數之者，至七百餘葉，面大如盤，中堆積碎葉，突起圓整，如覆鍾狀，開頭可八、九寸許。其花端麗精采，瑩潔異於衆花心。洛人謂姚黃爲王，魏花爲后，誠爲善評也。近年又有勝魏、都勝二品出焉，勝魏似魏花而微深，都勝似魏花而差大，葉微帶紫紅色，意其種皆魏花之所變歟？豈寓于紅花本者，其子變而爲勝魏；寓于紫花本者，其子變而爲都勝耶？

瑞雲紅，千葉肉紅花也。開頭大尺餘，色類魏花微深，然碎葉差大，不若魏花之繁密也。葉杪微卷如雲氣狀，故以瑞雲目之。然與魏花迭爲盛衰，魏花多則瑞雲少，瑞雲多則魏花少。意者草木之妖，亦相忌嫉，而勢不並立歟！

岳山紅，千葉肉紅花也。本出於嵩岳，因此得名，色深於瑞雲，淺於狀元紅，有紫檀心，鮮潔可愛。花脣微淡，近蕚漸深，開頭可八、九寸。

間金，千葉紅花也。微帶紫而類金繫腰，開頭可八、九寸許。葉間有黃蕊，故以間金目之，其花蓋本黃蕊之所變也。

金繫腰，千葉黃花也。類間金而無蕊，每葉上有金線一道，橫於半花上，故目之爲金繫腰。其花本出於緱氏山中。

一捻紅，千葉粉紅花也。有檀心花葉，葉之杪各有深紅一點，如美人以胭脂手捻之，故謂之一捻紅。然開頭差小，可七、八寸許。初開時多青，拆開時乃變成紅耳。

九蕚紅，千葉粉紅花也。莖葉極高大，其苞有青趺九重，苞未拆時，特異於衆花，花開必先青，拆數日然後色變紅。花葉多皺蹙，有類揉草，然多不成就，偶有成者，開頭盈尺。

劉師閣，千葉淺紅花也。開頭可八、九寸許，無檀心。本出長安劉氏尼之閣下，因此得名。微帶紅黃色，如美人肌肉，然瑩白溫潤，花亦端整。然不常開，率數年乃見一花耳。

壽安有二種，皆千葉肉紅花也。出壽安縣錦屏山中，其色似魏花而淺淡。一種葉差大，開頭不大，因謂之大葉壽安。一種葉細，故謂之細葉壽安云。

洗妝紅，千葉肉紅花也。元豐中忽生於銀李圃山篦中，大率似壽安而小異。劉公伯壽見而愛之，謂如美婦人洗去朱粉，而見其天眞之肌，瑩潔、溫潤，因命今名。其品第蓋壽安、劉師閣之比歟！

蹙金毬，千葉淺紅花也。色類間金而葉杪皺蹙，間有黃稜，斷續於其間，因此得名。然不知所出之因，今安勝寺及諸園皆有之。

深春毬，千葉肉紅花也。開時在穀雨前，與一百五相次開，故曰深春毬。其花大率類壽安紅，以其開早，故得今名。

二色紅，千葉紅花也。元豐中出於銀李園中，於接頭一本上，歧分爲二色，一淺一深，深者類間金，淺者類瑞雲。始以爲有兩接頭，詳細視之，實一本也。豈一氣之所鍾，而有淺深厚薄之不齊歟？大尹潞公見而賞異之。因命今名。

蹙金樓子，千葉紅花也。類金繫腰，下有大葉如盤，盤中碎葉繁密，聳起而圓整，特高於衆花。碎葉皺蹙，互相粘綴，中有黃蕊，間雜於其間。然葉之多，雖魏花不及也。元豐中，生於袁氏之圃。

碎金紅，千葉粉紅花也。色類間金，每葉上有黃點數星，如黍粟大，故謂之碎金紅。

越山紅樓子，千葉粉紅花也。本出於會稽，不知到洛之因也。近心有長葉數十片，聳起而特立，狀類重臺蓮，故有樓子之名。

彤雲紅，千葉紅花也。類狀元紅，微帶緋色，開頭大者幾盈尺。花脣微白，近萼漸深，檀心之中，皆瑩白，類御袍花。本出於月波堤之福嚴寺，司馬公見而愛之，目之爲彤雲紅也。

轉枝紅，千葉紅花也。蓋間歲乃成千葉，假如今年南枝千葉，北枝多葉；明年北枝千葉，南枝多葉。每歲互換，故謂之轉枝紅。其花大率類壽安云。

紫粉旋心，千葉粉紅花也。外有大葉十數重如盤，盤中有碎葉百許，簇於瓶心之外，如旋心芍藥。然上有紫粉數十莖，高出於碎葉之表，故謂之曰紫粉旋心。元豐中生於銀李圃中。

富貴紅、不暈紅、壽妝紅、玉盤妝，皆千葉粉紅花也。大率類壽安而有小異。富貴紅色差深而帶緋紫色，不暈紅次之，壽妝紅又次之。玉盤妝最淺淡者也，大葉微白，碎葉粉紅，故得玉盤妝之號。

雙頭紅、雙頭紫，皆千葉花也。二花皆並蔕而生，如鞍子而不相連屬者也。唯應天院神御花圃中有之。亦有多葉者，蓋地勢有肥瘠，故有多葉之變耳，培壅得地力有簇五者，然開頭愈多，則花愈小矣。

左紫，千葉紫花也。色深於安勝，然葉杪微白，近蕚漸深，突起圓整，有類魏花，開頭可八、九寸，大者盈尺。此花最先出，國初時，生於豪民左氏家，今洛中傳接者雖多，然難得眞者，大抵多轉枝，不成千葉。惟長壽寺彌陀院一本，特佳，歲歲成就。舊譜所謂左紫，即齊頭紫，如椀而平，不若左紫之繁密、圓整，而有含稜之異云。

紫繡毬，千葉紫花也。色深而瑩澤，葉密而圓整，因得繡毬之名，然難得見花。大率類左紫云。但葉杪色白不如左紫之脣白也。比之陳州紫、袁家紫，皆大同而小異耳。

安聖紫，紫花也，開頭徑尺餘。本出於城中千葉安勝院，因此得名。近歲左紫與繡毬皆難得花，唯安勝紫與大宋紫特盛，歲歲皆有，故名圃中傳接甚多。

大宋紫，千葉紫花也。本出於永寧縣大宋川豪民李氏之圃，因謂大宋紫。開頭極盛，徑尺餘，衆花無比其大者，其色大率類安勝紫云。

順聖，千葉紫花也。色深類陳州紫，每葉上有白縷數道，自脣至蕚，紫白相間，淺深同，開頭可八、九寸許。熙寧中方有。

陳州紫、袁家紫，一色皆千葉，大率類紫繡毬，而圓整不及也。

潛溪緋，本千葉緋花也。有皂檀心，色之殷美，衆花少與比者。出龍門山潛溪寺，本後唐相李藩別墅。今寺僧無好事者，花亦不成千葉。民間傳接者雖衆，大率皆多葉花耳，惜哉！

玉千葉，白花無檀心，瑩潔如玉，溫潤可愛。景祐中開於苑尙書宅山篋中，細葉繁密，類魏花而白，今傳接於洛中雖多，然難得花，不歲成千葉也。

玉樓春，千葉白花也。類玉蒸餅而高，有樓子之狀。元豐中生於河清縣左氏家，獻於潞公，因名之曰玉樓春。

玉蒸餅，千葉白花也。本出延州，及流傳到洛，而繁盛過於延州時。花頭大於玉千葉，杪瑩白，近萼微紅，開頭可盈尺。每至盛開，枝多低，亦謂之軟條花云。

承露紅，多葉紅花也。每朵各有二葉，每葉之近萼處，各成一筒鼓子，花楪凡有十二筒，唯葉杪拆展與衆花不同。其下玲瓏，不相倚著，望之如雕鏤可愛。淩晨如有甘露盈筒，其香益更旖旎，與承露紫大率相類，唯其色異耳。

玉樓紅，多葉花也。色類彤雲紅，而每葉上有白縷數道若雕鏤然，故以玉樓目之。

一百五者，千葉白花也。洛中寒食，衆花未開，獨此花最先，故特貴之。

附陸游天彭牡丹譜

花品序第一

牡丹在中州，洛陽爲第一；在蜀，天彭爲第一。天彭之花，皆不詳其所自出。土人云：曩時永寧院有僧，種花最盛，俗謂之牡丹院。春時賞花者多集於此，其後花稍衰，人亦不復至。崇寧中，州民宋氏、張氏、蔡氏，宣和中，石子灘楊氏皆嘗買洛中新花以歸，自是洛花散於人間，花戶始盛，皆以接花爲業。大家好事者，皆竭其力以養花，而天彭之花，遂冠兩川。今惟三井李氏、劉村毋氏，城中蘇氏、城西李氏花特盛，又有餘力治亭館，以故最得名。至花戶連畛相望，莫得其姓氏也。天彭三邑皆有花，惟城西沙橋上下花尤超絕，由沙橋至堋口；崇寧之間，亦多佳品，自城東抵濛陽則絕少矣。大抵花品近百種，然著者不過四十，而紅花最多，紫花、黃花、白花，各不過數品，碧花一二而已。今自狀元紅至歐碧以類次第之，所未詳者，姑列其名於後，以待好事者。

狀元紅　祥雲　紹興春
臙脂樓　玉腰樓　金腰樓
富貴紅　一尺紅　雙頭紅
鹿胎紅　文公紅　政和春
醉西施　迎日紅　彩霞
疊羅　勝疊羅　瑞露蟬
乾花　大千葉　小千葉

右二十一品紅花

紫繡毬　乾道紫　潑墨紫
葛巾紫　福嚴紫

右五品紫花

禁苑黄　慶雲黄　青心黄
黄氣毬

右四品黄花

玉樓子　劉師哥　玉覆盆

右三品白花

歐碧

右一品碧花

轉枝紅　朝霞紅　灑金紅
瑞雲紅　壽陽紅　深春毬
冰囊紅　福勝紅　油紅
青絲紅　紅鵝毛　粉鵝毛
鷰金毬　間綠樓　銀絲樓
六對蟬　洛陽春　海芙蓉
膩玉紅　內人嬌　朝天紫
陳州紫　哀家紫　御衣紫
靳黄　玉抱肚　勝瓊
白玉盤　碧玉盤　界金樓
樓子紅

右三十一品未詳

花釋名第二

各花見紀於歐陽公者，天彭往往有之，此不載，載其著於天彭者。彭人謂花之多葉者京花，單葉者川花。近歲尤賤川花，賣不復售。花之舊栽曰祖花，其新接頭有一春兩春者，花少而富，至三春則花稍多，及成樹，花雖益繁，而花葉減矣。

狀元紅者，重葉深紅花，其色與鞓紅、潛緋相類，而天姿富貴，彭人以冠花品。多葉者，謂之第一架，葉少而色稍淺者，謂之第二架，以其高出衆花之上，故名狀元紅。或曰：舊制進士第一人，即賜茜袍，此花如其色，故以名之。

祥雲者，千葉淺紅花，妖艷多態，而花葉最多，花戶王氏謂此花如朶雲狀，故謂之祥雲。

紹興春者，祥雲子花也。色淡紅而花尤富，大者徑尺，紹興中始傳。大抵花戶多種花子，以觀其變，不獨祥雲耳。

胭脂樓者，深淺相間，如胭脂染成，重趺累萼，狀如樓觀。色淺者出於新繁勾氏，色深者出於花戶宋氏，又有一種色稍下，獨勾氏花爲冠。

金腰樓、玉腰樓，皆粉紅花，而起樓子，黃白間之如金玉。色與胭脂樓同類。

雙頭紅者，並蔕駢萼，色尤鮮明，出於花戶宋氏，始秘不傳。有謝主簿者，始得其種。今花戶往往有之，然養之得地，則歲歲皆雙；不爾，則間年矣。此花之絕異者也。

富貴紅者，其花葉圓正而厚，色若新染乾者，他花皆落，獨此抱枝而槁，亦花之異者。

一尺紅者，深紅頗近紫色，花面大幾尺，故以一尺名之。

鹿胎紅者，鶴翎紅子花，色紅微帶黃，上有白點，如鹿胎，極化工之妙。歐陽公花品有鹿胎花者，乃紫花，與此頗異。

文公紅者，出於西京潞公園，亦花之麗者。其種傳蜀中，遂以文公名之。

政和春者，淺粉紅花，有絲頭，政和中始出。

醉西施者，粉白花，中間紅暈，狀如酡顏。

迎日紅，與醉西施同類，淺紅花中特出深紅花，開最早，而妖麗奪目，故以迎日名之。

彩霞者，其色光麗，爛然如霞。

疊羅者，中間瑣碎，如疊羅紋。

勝疊羅者，差大，如疊羅。此三品皆以形而名之。

瑞露蟬，亦粉紅花，中抽碧心，如合蟬狀。

乾花者，粉紅花，而分蟬旋轉，其花亦大。

大千葉、小千葉，皆粉紅花之傑者。大千葉無碎花，小千葉則花萼瑣碎，故以大小別之。此二十一品，皆紅花之著者也。

紫繡毬，一名新紫花，蓋魏花之別品也。其花間正如繡毬狀，亦有起樓者，爲天彭紫花之冠。

乾道紫，色稍淡而暈紅，出未十年。

潑墨紫，新紫花之子花也。單葉深黑如墨，歐公記有葉底紫近之。

葛巾紫，花圓正而富麗，如世人所載葛巾狀。

福嚴紫，亦重葉紫花。其葉少於紫繡毬，莫詳所以得名。按歐公所記有玉板白，出於福嚴院，土人云此花亦自西京來，謂之舊紫花，豈亦出於福嚴耶？

禁花黃，蓋姚黃之別品也。其花閒淡高秀，可亞姚黃。

慶雲黃，花葉重複，郁然輪囷，以故得名。

青心黃者，其花心正青。一本花往往有兩品，或正圓如毬，或層起成樓子，亦異矣。

黃氣毬者，淡黃檀心，花葉圓正，間背相承，斂腴可愛。

玉樓子者，白花，起樓。高標逸韻，自然是風塵外物。

劉師哥者，白花帶微紅，多至數百葉，纖妍可愛。莫知何以得名。

玉覆盂者，一名玉炊餅，蓋圓頭白花也。

碧花，只一品，名曰歐碧。其花淺碧，而開最晚，獨出歐氏，故以姓著。

大抵洛中舊品，獨以姚、魏爲冠。天彭則紅色，以狀元紅爲第一。紫花以紫繡毬爲第一。黄花以禁苑黄爲第一。白花以玉樓子爲第一。然花戶歲益培接，新奇間出，將不特此而已，好事者尚屢書之。

風俗記第三

天彭號小西京，以其俗好花，有京洛之遺風。大家至千本花，時自太守而下，往往卽花盛處，張飲帟幕，車馬歌吹相屬，最盛於淸明、寒食，時在寒食前者，謂之火前花，其開稍久，火後則易落，最喜陰晴相半，時謂之養花天。栽接剔治，各有其法，謂之弄花。其俗有弄花一年，看花十日之語。故大家例惜花，可就觀，不敢輕剪，蓋剪花則次年花絕少。惟花戶則多植花以謀利，雙頭紅初出時，一本花量直至三十千。祥雲初出，亦直七八千，今尚兩千。州家歲常以花餉諸臺及旁郡，蠟蔕筠籃，旁午於道。予客成都六年，歲常得餉，然率不能絕佳。淳熙丁酉歲，成都帥以善價私售於花戶，得數百苞，馳騎取之，至成都露猶未晞，其大徑尺。夜宴西樓下，燭焰與花相映，影搖酒中，繁麗動人。嗟乎！天彭之花，要不可望洛中，而其盛已如此。使異時復兩京，王公將相築園第以相誇尚，予幸得與觀焉，其動盪心目，又宜何如也！

附胡元質牡丹譜

大中祥符辛亥春，府尹任公中正宴客大慈精舍，州民王氏獻合歡牡丹，公卽命圖之，士庶創觀，闐咽終日。蜀自李唐後，未有此花。凡圖畫者，唯名洛陽花。僞蜀王氏號其花曰宣華，權相勳臣，競起第宅，上下窮極奢麗，皆無牡丹。惟徐延瓊聞秦州董成村僧院有牡丹一株，遂厚以金帛，歷三千里取至蜀，植於新宅。至孟氏於宣華苑，廣加栽植，名之曰牡丹苑。廣政五年，牡丹雙開者十，黄者白者三，紅白相間者四，後主宴苑中賞之，花至盛矣。有深紅、淺紅、深紫、淺紫、淡黃、甌黃、潔白、正暈、倒暈、金含棱、銀含棱、旁枝副搏、合歡重臺。至五十葉，面徑七、八寸，有檀心如墨者，香聞至五十步。蜀平，花散落民間，小東門外有張百花、李百花之號，皆培子分根種，以求利，每一本或獲數萬錢。宋景文公祁帥蜀，彭州守朱君綽始取楊氏園花凡十品以獻，公在蜀四年，每花時按其名往取，彭州送花，遂成故事。公於十種花尤愛重錦被堆，嘗爲之賦，蓋他園所無也。牡丹之性不利燥濕，彭州邱壤既得燥濕之中，又土人種蒔偏得法，花開有至七百葉，面可徑尺以上，今品類幾五十種。繼又有一種色淡紅，枝頭絕大者，中書舍人程公厚倅是州，目之爲祥雲。其花結子可種，餘花多取單葉本，以千葉花接之。千葉花來自洛京，土人謂之京花，單葉時號川花爾。景文所作贊，別爲一編，其爲朱彭州賦牡丹詩，有：蹄金點鬢密，璋玉鏤跗紅；香惜持來遠，春應摘後空；之句。今西樓花數欄，花不甚多，而彭州所供，率下品。范公成大時以錢買之，始得名花。提刑程公沂預會歎曰：自離洛陽，今始見花爾！程故洛陽人也。

牡丹坪在灌縣西南八十里大面山，自青城長平捫蘿而上，由鳥道三十里許，乃金華菴，前有平阜，樹高蔽天。花開桃紅色，莢葉十四五瓣，狀如芙蓉，香似牡丹，春深花先長後發葉，謂之枯枝牡丹。譙天授、李太素二先生隱居其中，范至能有詩：十丈牡丹如錦蓋，人間姚魏敢爭春。世傳謂三十年其花方一開，今按青城山勢秀麗，泉流清美，精英之氣，泄爲奇花，理或然也。若謂其三十年一開，何今歷年之久，不得一見耶？

附薛鳳翔牡丹八書

種一

種以下子言，故重在收子，喜嫩不喜老，七月望後、八月初旬，以色黃爲時，黑則老矣。大都以熟至九分，即當剪摘，勿令日曬，常置風中，使其乾燥，中秋已前，卽當下矣。地宜向陽，揉土宜細熟，界爲畦畛，取子密布，上以一指厚土覆之，旋卽痛澆，使滿甲之仁，咸浸滋潤。後此無雨，必五日、六日一加澆灌，務令畦中常濕，久雨則又宜疏通之。若極寒極熱，亦當遮護。苗既生矣，則又俟時三年之後，八月之中，便可移根，使如其法。再二年餘，必見異種矣。然子嫩者，一年卽芽，微老者二年，極老者三年始芽。子欲嫩者，取其色能變也。種陽地者，取其色能鮮麗也。

栽二

牡丹雖有愛陰愛陽不同，大都自亳以南，喜陰不畏霜雪，北地寒氣勁烈，陰則多爲所傷，以故不可一例言也。又栽花不宜乾燥，亦最惡汚下，江北風高土硬，平地可栽。江南卑濕，須築臺高三尺許，亦不可太高，高則地氣不接。栽法之要，量其根之長短，準鑿坑之深淺寬窄。坑中心起一圓堆，以花根置堆上，令諸細根舒展四垂，覆以輭肥淨土，勿參磚石糞穢之物，築土宜實不宜虛。立秋至秋分栽者，不可用大水澆灌，止以濕土杵實，恐秋雨連綿，水多根朽。重陽以後栽者，須以大水散土滲實之，布置每去二尺一本，庶根不交互，花自繁茂。

分三

凡花叢大者始可分，第宜察其根之文理，以利鑿微引至裲襠之會，乘其間而拆之。每本細根亦須存五六莖，或一株分爲二，繁者分爲三，最要根榦相稱，依法栽培，以需其茂者也。但分後花自薄弱，而顏色盡失其故，蓋洩氣使然耳。不特根分而花弱色減，卽以全根原本移過別土，亦必三年而光氣始復，花之豐趺正色始見，况遠擕者乎。今覓花者，不知其故，動疑僞投，鮮不誣矣。花移近處，秋分前後無論已，或二、三百里外，須秋分後方可，不然有氣蒸根腐之虞，千里外又須以土相和成淖，以蘸花根，謂之漿花。花藉滋養，稍久可耐，又以蒻草之類包裹，不使透風，自無妨生意。一人可負數十本，多則恐致損折。或近冬氣寒，必加糠粃入裹中，方妙。

接四

風土記書接法不詳，亦不甚中肯綮。凡接花須於秋分之後，擇其牡丹壯而嫩者爲母。如一叢數枝，須割去弱者，取強盛者，存二、三枝。皆入土二寸許，以細鋸截之，用刀劈開，以上品花釵，兩面削成鑿子形，插入母腹，預看母之大小，釵亦如之。至於母口正者，釵固削正，母口斜者、曲者，釵亦隨其斜曲，務要大小相宜，斜正相當。倘有本大而釵小者，以釵就本之一邊，必使兩皮湊合，以麻鬆鬆纏之，其氣庶幾互相流通。蓋因脈理在皮裏骨外之故，後用土封好，每封覆以二瓦，以避雨水。俟月餘啓瓦撥土，視母本發有新芽，即割去之，仍密封如舊。明年二月初旬，又啓撥看視如前法。蓋一本之氣，不宜洩於芽蘖，始凝注於接枝，本年花開，倍勝原本矣。若不以舊法接修，漫然爲之，必無生理。凡接須在秋分之後，早則恐天暖而胎爛也。養花之家，先須以老本分移單栽，候發嫩枝，爲接花母本也。隆慶以來，尚以芍藥爲本，萬歷庚子以後，始知以常品牡丹接奇花，更易活也。故繁衍無旣。

澆五

初栽澆足以後，半月一澆，旱則旬日一澆。水不喜多，亦厭其少；多則根爛，少則枯乾。久栽之後，如冬不凍，兩旬一澆，不澆亦無害。正月、二月，宜數日一澆。三月花有蓓蕾，或日未出，或下春時，汲新水，一、二日一澆。夏則亦然，惟秋時不宜澆，澆則芽旺秋發，明年難爲花矣。吾鄉顏氏於花盛開時，花下以土封池，滿池注水，花可多延數日，澆用塘中久積水，尤佳於新水，以其水暖而壯故也。澆水須如種菜法，成溝畦，以水灌之，最省人力。不然，力不敷而花涸，兩月以後，澆如不足，花單而色減也。

養六

新栽芽花，遇冬月或以豆葉柳葉圍其根，嫩枝不寒，庶無損傷。洛陽花記云：以棘數枝置花叢上，棘氣暖可以避霜，亦一法也。久栽伏土，根幹蒼老者不必爾。牡丹好叢生，久自繁冗，當擇其枯老者去之。嫩者止留二三枝，一枝止留一芽、二芽亦善。削盡傍枝，獨本成樹，正月下旬，根下有抽白芽者，即令削去，花必巨麗，謂之打剝。花根下宿草，亦時芸之，勿令蕪茂，分奪地力。花將開前五、六日，須用布幔蓆薄遮蓋，不但增色，自是延久。若一經日曬，神彩頓失。秋後樹上枯葉，不可打落，葉落則有秋發之患。或自落太早，看胎將有發動，須預以薄絹將胎縛嚴，始免其病。不然，則明春花損矣。

醫七

花或自遠路攜歸，或初分老本，視其根黑必是朽爛，即以大盆盛水刷洗極淨，必至白骨然後已，仍以酒潤之，本潤易活。諺曰牡丹洗脚，正謂此也。間有土蠶能食花根，螻蛄能齧根皮，大概白花根甘多蟲，白舞、青猊與大黃更甚。凡花葉漸黃，或開花漸小，即知爲蠹所損。舊方以白蘞、砒霜、芫花爲末，撒其根下，近只以生柏油入土寸許，蟲即死。糞壤太過，亦有蟲病，或病即連根掘出，有黑爛粗皮，如前洗淨，另易佳土，過一年方盛，此醫花之要。

忌八

栽花忌本老，老則開花極小，惟宜尺許嫩枝新筍。忌久雨溽暑蒸薫，根漸朽壞。忌生糞鹹水灌溉，糞生則黄，水鹹則敗。忌鹽灰土地，花不能活。忌生糞爛草之所，多能生蟲。忌植樹下，樹根穿花，不旺。忌春時連土動移，即活花必薄弱。忌花開折長，恐損明歲花眼。牡丹記云：烏賊魚骨入花樹膚輒死，此皆花忌也。

附薛鳳翔亳州牡丹史

天香一品，圓胎能成樹，宜陰，其花平頭大葉，色如猩血。出賈立家，子生，故一名賈立紅。

萬花一品，色若榴實，花房緊密，插架層起，而色麗明媚，有如丹飾浮圖，

嬌容三變，初綻紫色，及開桃紅，經日漸至梅紅，至落乃更深紅。諸花色久漸褪，惟此愈進，故曰三變。陰處陽處開者，各不相類，其色之變，亦不止於三也。歐記中有添色紅疑卽其種。袁石公記爲芙蓉三變，其本原出方氏。

赤朱衣，舊名奪翠，得自許州。花房鱗次而起，緊實小巧，體態婉孌，顏如渥赭。凡花於一葉間，色有深淺，惟此花內外一如流丹。近復得奪錦一種，大瓣深紅，浮光凝潤，尤過於奪翠。

覺紅，此花乃蜀僧居亳所種，以僧名覺，人遂呼爲覺紅。又謂佛土所產，而紅色無出其右者，一名無上紅。其胎紅尖，花放平頭大葉，房亦簇滿，約有數層，而豔過一品，稍恨其單葉時多。

大黃，綠胎，最宜向陰養之，愈久愈妙。其花大瓣易開，初開微黃，垂殘愈黃，簪瓶中經宿，則色可等秋葵花。小黃綠胎，花之膚理輕皺，弱於淵絹，四周有花瓣。

瓜瓤黃，質過大黃，殊柔膩靡曼。但一房不過四五層，而近萼處微帶紫色，故少遜耳。

金玉交輝，綠胎長榦，其花大瓣，黃蕊若貫珠，皆出房外，層葉最多。至殘時、開放尚有餘力，勝於鋪錦。此曹州所出，爲第一品。

八豔妝，蓋八種花也。亳中僅得雲秀妝、洛妃妝、堯英妝三種，雲秀爲最。更有綠花一種，色如豆綠，大葉千層起樓。出自鄧氏，眞爲異品。

萬疊雪峯，千葉白花。

黃絨鋪錦，此花細葉卷如絨縷，下有四五葉差闊，

連綴承之。上有黃鬚，布滿若種金粟。

銀紅嬌，其花大瓣，丰姿綽約，如絳雪繞枝。

繡衣紅，肉紅胎，花開平頭大葉，亦梅紅色。花瓣相映，渾然有黃氣，如琥珀光，明徹可鑒。以夏侍御所出，名繡衣云。

輭瓣銀紅，幹長胎圓，花瓣若蟬翼，輕薄無礙，其色等繡衣紅而上之。

碧紗籠出張氏，向陽易開，頭甚豐盈，其色淺紅，如秋雲羅帕。實丹砂其中，望之隱隱，綠趺遮護，更如翠幕，故又名疊翠。

新紅嬌豔，花乃梅紅之深重者，豔質嬌麗，如朝霞藏日，光彩陸離，又若新染未乾，故名新紅極勝。始成千葉，尤出一品上，緣歲多單葉，乃其病也。方氏一種新紅繡毬，趙氏一種新紅奇觀，皆麗色動人，然所傳多贋，蓋以天香一品亂之。

宮錦，此品碎瓣、梅紅色，開時必俟花房滿實，方爲大放，然後漸成纈暈。

花紅繡毬，紅胎圓小，花開房緊葉繁，周有托瓣，易開且早，綢繆布濩如疊碎霞。命名繡毬者，以其形圓聚也。

銀紅繡毬，花微小而色輕。

楊妃繡毬，妒嬌紅，色俱類花紅繡毬，而體勢不同。

花紅翠盤，紅胎，枝上綠葉窄小，條頗短，房外有托瓣，深桃紅色，綠趺重萼。

天機圓錦，青胎，開花小而圓滿，朱房嵌枝，絢如剪綵。銀紅花有二種，一紅豔過天香一品，開花最難；一色視一品稍淺，易開，俱長條大葉圓胎，其花緊滿，開期最後。

飛燕妝有三種，一出方氏，長枝長葉，此花黃紅。一出馬氏者，雖深紅起樓，遠不及方。一出張氏者，乃白花，類象牙色，差勝於馬。飛燕紅妝，一名花紅楊妃，細瓣修長，得自曹縣方家。

海棠紅，喜陽易開，綠葉細長，常多秋發。諸花皆以紅極稱佳，獨此品通體金黃，兼有紅彩，人謂似鐵梗海棠，而活色香豔皆過之。盛時則房中四五葉，參差突出，其胎本紅，在陰處則綠，春來亦復紅也。大都花胎多四時變易耳。

海棠魂，謂得其神也，亦石氏自許州移至。

新銀紅毬，方家銀紅，二種色態頗類，第樹頭綠葉稍別，其色光彩動搖。

碎瓣無瑕玉，綠胎，枝上葉圓，宜陽，乃白花中之最上乘。又一種如芹葉者，不及此。

青心無瑕玉，豐偉悦人，又一種葉幹類大黄者，亦名無瑕玉。

梅州紅，性喜陰，圓葉圓胎，花瓣長短有序，疎密合宜，色近海棠紅，但近蕚處稍紫。出曹縣王氏，别號梅州云。

勝嬌容，深紅色，最耐殘。如一莖有兩胎者，必剪其一，卽不剪，亦獨一胎能花。花大可五、六圍，高可六、七寸。

醉玉環，方顯仁所種，乃醉楊妃子花，花房倒綴，故以醉志之。胎體圓綠，其花下乘五、六大葉，闊三寸許，圍擁周匝，如盆盂盛花狀。質本白而間以藕色，輕紅輕藍，相錯成繡，其母醉楊妃，作深藍色。

妬榴紅，胎圓如豆，樹葉如菊，最易成樹。早開應時，第不耐炎日，久之色褪。

榴花紅，色近榴花。

花紅疊翠，尖胎，花身魁岸，其下大葉五、六層，腰間蹙積細瓣，鬈曲碎聚，頂上復出一層大葉，花在綠樹之顛。

秋水妝，肉紅圓胎，枝葉秀長，其花平頭易開，花葉叢萃。質本白，而内含淺紺，外則隱隱叢紅綠之氣。夏侍御初得之方氏，謂其爽氣侵人，如秋水浴洛神，遂命今名。

老銀紅毬，花本深紅，亦有水紅，時而邊如施粉，中如布朱，其胎青紅。

楊妃深醉，胎長，花質酷似勝嬌容。名深醉者，謂其色深也。

花紅神品，花葉之末色微微入紅，漸紅漸黄，蓋得自太康。

花紅平頭，緑胎，其花平頭闊葉，色如火，羣花中紅而照耀者，獨此爲冠。世傳爲曹縣石榴紅，韓氏重貲得之，邇來幾絶。王氏田間藏一本，購歸涼署園，但頂少渙散，中露檀心。又一種千瓣者，南里園有之。凡花稱平頭，謂其齊如截也。

花紅舞青猊，宜陰，老銀紅毬子，花色亦似之。開時結繡，從花中抽五、六青葉，如翠羽雙翹。

花紅魁，出張氏。

萬花魁，出李氏。

西萬花魁，巨麗尤甚，方氏别有銀紅魁。

絳紗籠，胎小，花瓣有紫色，一線分其中，質紅如燭。

杜鵑紅，短莖緑胎，樹葉尖厚，花作深梅紅色。細葉稠疊緊實，如赤玉碎雕而成。

大素、小素，易開宜陰。小素一名劉六白。二花平頭，房小，初開結繡，一叢常發數頭，如素白樓子。玉帶白，皎潔更出其上。

玉玲瓏。

碧玉樓，如瓊樓玉宇。

玉簪白，謂白如玉簪花。

鷺鷀白，謂類鷺鷀頂上毛。

賽羊絨，謂細瓣環曲如絨。

白鶴頂，色甚白；而鶴頂殷紅，取名不類，可怪。

沈家白。

緑珠墮玉樓，長胎，花色皚然。葉半有緑點如珠，其色類佛頭青而體異也。

界破玉，此花如白練，花瓣中擘一畫，如桃紅絲纈，宛如約素，片片皆同，舊品中有桃紅線者，乃淺紅花，又非此種。夏侍御新出一種，類界破玉，謂之紅線，線外微似雜色組。

花膏紅，梗胎俱紅，其花大葉，若胭脂點成，光瑩如鏡。但微恨其花房多散漫耳！

鳳尾花紅，尖胎平頭，內外葉有數層。名鳳尾者，以葉似耳。

縐葉桃紅，花瓣尖細，層層密聚，如簇絳綃，第色澤少暗。嘉、隆間最重之，一時並出者，更有大葉桃花，其花稍不及縐葉。

太眞晚妝，此花千層小葉，花房實滿，葉葉相從，次第漸高。其色微紅而鮮潔，如太眞淚結紅冰，因其晚開，故名。曹縣一種名忍濟紅，色相近。忍濟者，王氏齋名。平實紅，此花大瓣桃紅，花面徑過一尺，花之大無過於此，亦得自曹州。

銀紅錦繡，宜陰，花形開法俱似三變。其色微紅，淺深得宜，宛然若繡。

煙粉樓，色同魏紅而易開，張氏子種花也。

褰幕嬌紅，即縮項嬌紅。長胎，柳綠長葉，因其莖短，花在葉底，其色梅紅，起樓，如千葉桃。別有縮項一種，葉單。

花紅剪絨，花瓣纖細，叢聚緊滿，類文縠剪成。大都與花紅纓絡同致。

花紅纓絡，長枝大葉，其花易開，疊瓣穠密，外衞以五、六大片，當赤綃目之。

嬌紅樓臺，胎莖似王家紅，體似花紅繡毬，色似宮袍紅，而神彩充足。銀紅樓臺，色有深淺，花實與之表裏。

倚新妝，綠胎修幹，花面盈尺，大類緋桃色，出自曹縣。

合歡嬌，深桃紅色，一胎二花，托蔕偶並，微有大小。

轉枝，一莖二花，紅白對開，記其方向，明歲紅白互異其處。二花出鄢陵劉水山太守家，亳中亦僅有矣。鄢陵尚有萬卉含羞。

殰面嬌，南園鶴翎紅，枝上忽開一花二色，紅白中分，紅如脂膏，白如膩粉，時郡大夫嚴公造賞，呼爲太極圖。余因六朝有取紅花取白雪與兒靧面，作光潔之詞，乃易其名。
觀音現，白花中微露銀紅，舊有觀音面，好叢生，色深花差大，第平頂而散，爲其疵耳。
飛霞，胎長，花房高峙，層層漸起，葉在柯端，花棲葉下，色淺紅。
醉西施，紅胎青葉，圓大成樹，易開，花作粉紅。勝西施，花大盈尺，色粉白暈紅。又一種香西施，色亦相類，花中香氣郁烈。
繡芙蓉，與玉芙蓉相類，出仝氏。
添色喜容，綠胎，柳綠葉，宜陽，易開，花微小有托瓣，房以內色深。
念奴嬌，有二種，俱綠胎，能成樹。出張氏者深銀紅色，大而姣好。出韓氏者，色桃紅，大次之。
漢宮春，紅胎硬莖，必獨本成樹，方歲歲有花。花葉直竦而立，其色深紅，出張氏。
墨葵，大瓣平頭。

油紅，高聳起樓，與墨葵俱明如點漆，黑擬松煙，最爲異色。
墨剪絨，碎瓣柔輭。
墨繡毬，圓滿緊聚。
中秋月，綠胎尖小，花房嵯峨，瑩白無瑕。
琉瓶灌朱，樹葉微圓，朱房攢密，類隔琉璃而盛丹漿。微嫌葉單根紫，遇千葉時，亦自妙品。
藕絲，平頭，花葉微闊，繁可數層。又藕絲繡毬好叢生，易開而花小。又藕絲樓子，花大而房垂。
三種惟平頭爲上，繡毬次之，樓子不逮遠甚。
桃花萬卷書，細瓣如砌，枝不禁花，垂垂向下。
喬家西瓜瓤，尖胎，枝葉青長，宜陽，出自曹縣。花如瓜中紅肉，色類輭瓣銀紅。
進宮袍，綠胎易開，謂色如宮中所賜茜袍也。其體質當以輕絨外微暈。又一種青葉者，名大添色喜容，花瓣參差，色亦不逮。
玉樓春雪，花大如斗。又一種玉樓春老，色類鶴翎紅，胭脂界粉，粉葉朱絲，文理交錯。

金精雪浪，白花黄蕚，互相照映，花瓣微闊而厚硬，近蕊稍紫，常以此亂黄絨鋪錦。

玉美人，大葉色白如匀粉。

白蓮花，出自許州，其中黄心如線、寸許，儼如蓮蕊。

珊瑚樓，莖短胎長，宜陽，色如珊瑚。

蒨膏紅，即如膏紅，胎紅尖長。此品亦梅紅色，盛則花葉互峙，弱則平頭。

大火珠，綠胎，色深紅。內外掩映若燃，光焰瑩流。

火齊紅，其花邊白內赤。

太眞冠，長胎，開早，花瓣勁健，外白內紅。

倚欄嬌，肉紅胎，淺桃紅色，花頭長大。又一種滿池嬌，千瓣成樹，色澤過之。

大紅嬌，向陽易開，色如銀紅嬌，第葉單。又一種嬌紅色如魏紅，花微小而難接。

五雲樓，花圓聚如毬，稍長，開則結繡，頂有五旋，葉邊有黄綠相間。

玉樓觀音現，花白難開，開時如水月樓臺，迥出塵外，花與中秋月小異。

喬紅，有二種，皆紅胎，色深重，近木紅，俱出沈氏。

潔白，出朱氏。舊有紫玉者，花最大，白瓣中紛布紅絲，盤錯如繡。

睡鶴仙，色淡紅，宜陰，其大如倚新妝，花心出二葉。

脫紫留朱，先紫而後深紅。又花紅寶樓臺者，亦然。

醉猩猩，沈氏首出之。花易開，色深紅，中微帶檀紫，亞於花紅，平頭緊密處却勝。

灑金桃紅，黄鬚滿房，皆布葉顛，點點有度，羅如星斗。

桃紅樓子，小葉，大紅，皆起樓。

老僧帽，一花五葉，兩葉相參而立，傍兩葉佐之，一葉遶其後。最下者如陳州紅。

胭脂紅　大紅寶樓臺　殿春魁平頭

勝天香　粉繡毬　粉重樓

勝緋桃　茄皮紫　膩粉紅有托瓣

紫纓絡　白纓絡　出嘴白

汴城白　茄色樓　藍色獅子頭

縷金衣，產自許州，房高莖長，碎瓣綺錯，其色紅極，無類可方，可爲神品之冠。

花紅獨勝，魚鱗小瓣，層層相承。又一種花紅無敵，小葉聚集，重樓巍然，色亦相類。

五陵春，奇色映目，二花大葉蘢葱，樓臺盤鬱。

閨豔絨，瓣纖細。

金屋嬌，層分碎葉，斐亹若樓。

豔陽嬌，小瓣梅紅。

嬌白無雙、楚素君、白屋公卿、連城玉，皆千層大瓣。

黃白繡毬、玉潤白、賽玉魁、冰清白、碧天一色，皆碎瓣起樓。

瑤臺玉露，絨葉緊聚。

雪素，葉繁蕊香。

王家大白，大過諸花。

藕絲霓裳，面徑八寸許。

三春魁，多葉桃紅，房出樹表。

銀紅妙品、銀紅豔妝、銀紅絕唱，俱下布數片，大葉中間，細瑣堆積。又一種銀紅上乘，大瓣簇滿，其色皆如其名。

釆霞綃，千層大葉。

珊瑚鳳頭，房開大瓣。

植物名實圖考長編卷十二

芳草

藁本　本草經：藁本味辛，溫。主婦人疝瘕，陰中寒腫痛，腹中急，除風頭痛，長肌膚，悅顏色。一名鬼卿，一名地新。

別錄：苦，微溫，微寒，無毒。主辟霧露潤澤，療風邪嚲曳，金瘡，可作沐藥、面脂，實主風流四肢。一名微莖。生崇山山谷，正月、二月採根，暴乾，三十日成。陶隱居云：俗中皆用芎藭根鬚，其形氣乃相類。而桐君藥錄說：芎藭苗似藁本，論說花實皆不同，所生處又異。今山東別有藁本，形氣甚相似，惟長大爾。

唐本草注云：藁本莖葉根味與芎藭小別，以其根上苗下似藁禾根，故名藁本。今出宕州者，甚佳也。

圖經：藁本生崇山山谷，今西川河東州郡及兗州、杭州有之。葉似白芷，香又似芎藭，但芎藭似水芹而大，藁本葉細耳。根上苗下似禾藁，故以名之。五月有白花，七、八月結子，根紫色，正月、二月採根，暴乾，三十日成。

救荒本草：藁本今衛輝輝縣栲栳圈山谷間有之。俗名山園荽，苗高五、七寸。葉似芎藭，葉細小，又似園荽葉而稀疏。莖比園荽莖頗硬直。採嫩苗葉煠熟，水浸淘淨，油鹽調食。

本草綱目李時珍曰：江南深山中皆有之，根似芎藭，而輕虛味麻，不堪作飲也。

廣雅疏證：山茝、葳香，藁也。管子地員篇云：五沃之土，五臭疇生，蓮與蘪蕪、藁本、白芷。荀子大略篇云：蘭茝藁本，漸於蜜醴，一佩易之。淮南氾論訓云：夫亂人者，芎藭之與藁本也，蛇牀之與蘪蕪也，此皆相似。神農本草云：藁本一名鬼卿，一名地新，生崇山山谷。陶注云：桐君藥錄說：芎藭苗似藁本，論說花實皆不同，所生處又異。唐本注云：根上苗下似藁根，故名藁本，則藁本以根得名。故中山經云：青要之山有草焉，其本如藁本。郭注云：根似藁本也。又西山經云：臯塗之山有草焉，其狀如藁茇。郭注云：藁茇，香草。又注上林賦云：槀本，槀茇也。本、茇聲之轉，皆訓爲根，下文云：茇，根也。

水蘇 本草經：水蘇味辛，微溫。主下氣，辟口臭，去毒，辟惡氣，久服通神明，輕身耐老。

別錄：無毒。殺穀，除飲食，主吐血，衄血，血崩。一名雞蘇，一名勞祖，一名芥葅，一名芥苴。生九眞池澤，七月採。陶隱居云：方藥不用，俗中莫識。九眞遼遠，亦無能訪之。

圖經：水蘇生九眞池澤，今處處有之，多生水岸傍。苗似旋復，兩葉相當，大香馥。青、齊間呼爲水蘇，江左名爲薺薴，吳會謂之雞蘇。南人多以作菜，主諸氣疾及脚腫。江北甚多，而人不取食。又江左人謂雞蘇、水蘇是兩種。陳藏器謂薺薴自是一物，非水蘇。水蘇葉有鴈齒，香而氣辛，薺薴葉上有毛稍長，氣臭。主冷氣洩痢，可爲生菜，除胃間酸水，亦可搗傅蟻瘻。亦有石上生者，名石薺薴，紫花細葉，高一、二尺。味辛，溫，無毒。主風血冷氣，並瘡疥、痔漏下血，並煮汁服，山中人多用之。

本草綱目李時珍曰：水蘇、薺薴，一類二種爾。水蘇氣香，薺薴氣臭爲異。水蘇三月生苗，方莖中虛，葉似蘇葉而微長，密齒面皺，色青，對節生，氣甚辛烈。六、七月開花成穗，如蘇穗，水紅色。穗中有細子，狀如荆芥子，可種易生，宿根亦自生，沃地者苗高三、四尺。

附石薺薴

本草拾遺：石薺薴味辛，溫，無毒。主風冷氣，幷瘡疥瘙痒，痔瘻下血，煮汁服。生山石上，紫花細葉，高一、二尺，山人並用之。

假蘇

本草經：假蘇味辛，溫。主寒熱鼠瘻瘰癧，生瘡破結，聚氣，下瘀血，除濕疸。一名鼠蓂。

別錄：無毒。一名薑芥，生漢中川澤。陶隱居云：方藥亦不復用。

唐本草注此藥卽菜中荆芥是也，薑、荆聲訛爾。先居草部中，今人食之，錄在菜部也。

圖經：假蘇，荆芥也。生漢中川澤，今處處有之。葉似落藜而細，初生香辛可噉，人取作生菜，古方稀用。近世醫家，治頭風、虛勞、瘡疥、婦人血風等爲要藥。並取花實成穗者暴乾入藥，亦多單用，效甚速。又以一物治產後血暈，築心、眼倒、風縮欲死者，取乾荆芥穗搗篩，每用末二錢匕，童子小便一酒盞調，熱服立效。口噤者挑齒，閉者灌鼻中，皆效。近世名醫用之，無不如神云。醫官陳巽言，江左人，謂假蘇、荆芥實兩物。假蘇葉鋭圓，多野生，以香氣似蘇，故名之。蘇恭以本經一名薑芥，薑、荆聲近，便爲荆芥，非也。又有胡荆芥俗呼新羅荆芥，石荆芥，體性相近，入藥亦用。

蔡絛鐵圍山叢談：薑芥別本並作介，下同。一名假蘇。本草謂性溫，不然。實微涼。吾竄嶺嶠吳本嶠南數見食黄顙魚，偶犯薑芥者，必立死，甚於鉤吻毒矣。物性相反，有可畏如是。世於是禁，殆不可不知。

本草綱目李時珍曰：荆芥原是野生，今爲世用，遂多栽蒔。二月布子生苗，炒食辛香，方莖細葉，似獨帚葉而狹小，淡黄緑色。八月開小花，作穗成房。房如紫蘇，房內有細子，如葶藶子狀，黄赤色，連穗收采用之。

又曰：荆芥入足厥陰經氣分，其功長於祛風邪，散瘀血，破結氣，消瘡毒。蓋厥陰乃風木也，主血而相火寄之，故風病、血病、瘡病爲要藥。其治風也，賈丞相稱爲再生丹，許學士謂有神聖功，戴院使許爲産後要藥，蕭存敬呼爲一捻金，陳無擇隱爲舉卿古拜散：夫豈無故而得此隆譽哉！按唐韻荆字舉卿切，芥字古拜切，蓋二字之反切隱語，以秘其方也。又曰：荆芥反魚蟹河豚之説，本草醫方，並未言及，而稗官小説，往往載之。按李廷飛延壽書云：凡食一切無鱗魚，忌荆芥，食黄鱨魚後食之，令人吐血，惟地漿可解。與蟹同食，動風。又蔡絛鐵山叢話云：予居嶺嶠，見食黄顙魚，犯薑芥者，立死，甚於鉤吻。洪邁夷堅志云：吳人魏幾道啖黄顙魚羹後，采荆芥和茶飲，少頃足痒，上徹心肺，狂走足皮欲裂，急服藥，兩日乃解。陶九成輟耕録云：凡食河豚，不可服荆芥藥，大相反。予在江陰見一儒者，因此喪命。葦航細談云：凡服荆芥風藥，忌食魚，楊誠齋曾見一人立致於死也。時珍按：荆芥乃日用之藥，其相反如此，故詳録之，以爲警戒。又按物類相感志云：河豚用荆芥同煮三五次，换水則無毒，其説與諸書不同，何哉？大抵養生者寧守前説爲戒可也。

積雪草

本草經：積雪草味苦，寒。主大熱惡瘡，癰疽浸淫，赤熛，皮膚赤，身熱。

別録：無毒。生荆州川谷。陶隱居云：方藥亦不用，想此草當寒冷爾。

唐本草注云：此草葉圓如錢大，莖細勁，蔓延生溪澗側。擣傅熱腫丹毒，不入藥用。荆楚以葉如錢，謂爲地錢草，徐儀藥圖名連錢草，生處亦稀。

圖經：積雪草生荆州川谷，今處處有之。葉圓如錢大，莖細而勁，蔓延生溪澗之側。荆楚人以葉如錢，謂爲地錢草。徐儀藥圖名連錢草。八月、九月採苗葉，陰乾用。段成式酉陽雜俎云：地錢葉圓，莖細，有蔓，一名積雪草，一名連錢草。謹按天寶單行方云：連錢草味甘，平，無毒。元生咸陽下濕地，亦生臨淄郡、濟陽郡池澤中，甚香。俗間或云圓葉如薄荷，江東吳、越丹陽郡極多，彼人常充生菜食之。河北柳城郡盡呼爲海蘇，好近水生，經冬不死，咸、洛二京亦有，或名胡薄荷，所在有之。單服療女子小腹痛。又云：女子忽得小腹中痛，月經初來便覺腰中切痛連脊間，如刀錐所刺，忍不可堪者，衆醫不別，謂是鬼疰，妄服諸藥，終無所益，其疾轉增。審察前狀相當，卽用此藥。其藥夏五月正放花時卽採取，暴乾，擣篩爲散。女子有患前件病者，取二方寸匕，和好醋二小合，攪令匀，平旦空腹頓服之。每日一服，以知爲度。如女子先冷者，卽取前件藥五兩，加桃仁二百枚，去尖皮，熬擣爲散，以蜜爲丸，如梧子大，每日空腹，以飲及酒下三十丸。日再服，以疾愈爲度，忌蔴子、蕎麥。

本草衍義：積雪草今南方多有，生陰濕地，不必荆楚。形如水荇而小，面亦光潔微尖爲異。今人謂之連錢草，蓋取象也。莖、葉各生搗爛，貼一切熱毒癰疽等。秋後收之，陰乾爲末，水調傅。

本草綱目李時珍曰：按蘇恭注薄荷云，一種蔓生，功用相似。蘇頌圖經云：薄荷與胡薄荷相類也。味少甘，生江、浙間，彼人多以作茶飲，俗呼爲新羅薄荷，天寶方所用連錢草是也。據二説，則積雪草卽胡薄荷，乃薄荷之蔓生者爾。又臞仙庚辛玉冊云：地錢，陰草也。生荆楚、江、淮、閩、浙間，多在宫院、寺廟磚砌間。葉圓似錢，引蔓鋪地，香如細辛，不見開花也。

爵牀

本草經：爵牀味鹹，寒。主腰脊痛，不得著牀，俛仰艱難，除熱，可作浴湯。

別錄：無毒。生漢中川谷及田野，井中苔及萍，大寒，主漆瘡，熱瘡，水腫，井中藍殺野葛、巴豆諸毒。陶隱居云：廢井中多生苔萍，及磚土間生雜草菜，藍既解毒，在井中者彌佳，不應復別，是一種，名井中藍。井底泥至冷，亦療湯火灼瘡，井華水，又服鍊法用之。唐本草注云：此草似香葇葉長而大，或如荏且細，生平澤熟田近道傍，甚療血脹下氣，又主杖瘡，汁塗立瘥。俗名赤眼老母草。

高良薑

別錄：高良薑大溫。主暴冷，胃中冷逆，霍亂，腹痛。陶隱居云：出高良郡，人腹痛不止，但嚼食亦效。形氣與杜若相似，而葉如山薑。唐本草注云：生嶺南者形大虚軟，江左者細緊，味亦不甚辛，其實一也。今相與呼細者爲杜若，大者爲高良薑，此非也。

圖經：高良薑舊不載所出州土。陶隱居云：出高良郡，今嶺南諸州及黔、蜀皆有之。內郡雖有，而不堪入藥。春生，莖葉如薑苗而大，高一二尺許。花紅紫色，如山薑，二月、三月採根，暴乾。

古方亦單用，治忽心中惡，口吐清水者。取根如骰子塊，含之嚥津，逡巡卽差。若臭亦含嚥。更加草豆蔻爲末，煎湯常飲之，佳。

南方草木狀：山薑花莖葉卽薑也，根不堪食。於葉間吐花作穗，如麥粒，軟紅色，煎服之，治冷氣甚效。出九眞、交阯。

嶺表錄異：山薑花莖葉卽薑也，根不堪食。而於葉間吐花穗，如麥粒，嫩紅色，南人選未開坼者，以鹽醃，藏入甜糟中，經冬如琥珀香辛，可重用爲膾，無加也。以鹽藏曝乾，煎湯，極能治冷氣。

本草綱目：穢跡佛有治心口痛方云：凡男女心口一點痛者，乃胃腹有滯，或有蟲也。多因怒及受寒而起，遂致終身。俗言心氣痛者，非也。用高良薑以酒洗七次，焙研；香附子以醋洗七次，焙研，各記收之。病因寒得，用薑末二錢，附末一錢；因怒得，用附末二錢，薑末一錢；寒怒兼有，各一半。以米湯加入生薑汁一匙，鹽一捻，服之立止。韓飛霞通書亦稱其功。

南越筆記：高良薑出於南涼，故名。其根爲薑，其子爲紅豆蔻，入饌，未坼開者，曰含胎，以鹽醃入甜糟中，終冬如琥珀，味香辛可膾，其根不堪食，而藥中多用之。人不以其子而掩其根，所重在根，故不曰紅豆蔻，而曰高良薑也。蔻者何？揚雄方言云：凡物盛多謂之蔻，是子形如紅豆而叢生，故曰紅豆蔻。

按嶺表錄異所云山薑卽高良薑。李時珍以爲杜若，人亦呼爲良薑者是也。春末夏初開花成穗，淡紅色，如麥粒。其根硬瘠多節，江西俗呼連環薑，亦卽獠子薑，根不堪食之。證大者爲良薑，小者爲杜若。唐本草斥之，然要是一種，以產高良者爲貴，其餘皆呼爲山薑。蘇頌所謂內郡雖有，不堪入藥是也。李時珍以紅豆蔻併入高良薑，但桂海虞衡志明云此花無實，不與草豆蔻同種，餘皆謂紅豆蔻爲高良薑子，今以紅豆蔻附於後，俟再詳訂。

藿香

別錄：藿香微溫。療風水毒腫，去惡氣，止霍亂心痛。

南州異物志云：藿香出海邊國，形如都梁，可著衣服中。

南方草木狀云：味辛，榛生，吏民自種之。五六月採暴之，乃芬爾。出交趾、九眞諸國。

圖經：藿香舊附五香條，不著所出州土。今嶺南郡多有之，人家亦多種植。二月生苗，莖梗甚密，作叢。葉似桑而小薄。六月、七月採之，暴乾，乃芬香。須黃色，然後可收。又金樓子及俞益期牋皆云：扶南國人言衆香共是一木，根便是旃檀，節是沉水，花是雞舌，葉是藿香，膠是薰陸。詳本經所以與沉香等共條，蓋義出於此。然今南中所有，乃是草類。南方草木狀云：藿香榛生，吏民自種之，正相符合也。范煜和香方云：零藿虛燥，古人乃以合薰香。本經主霍亂心痛，故近世醫方治脾胃吐逆，爲最要之藥。

本草綱目李時珍曰：藿香方莖有節，中虛，葉微似茄葉。唐史云：頓遜國出藿香，插枝側生，葉如都良者，是也。劉欣期交州記言藿香似蘇合香者，謂其氣相似，非謂形狀也。

丁謂山居詩序：雷化以南，山多零陵藿香，芬芳襲人，動或數里。夢溪筆談：酉陽雜俎記事多誕。如云一木五香：根旃檀，節沈香，花雞舌，葉藿，膠薰陸，此尤謬。旃檀與沈香兩木元異；雞舌卽今丁香耳；藿香自是草葉，南方至多；薰陸小木而大葉，海南亦有，薰陸乃其膠也，今謂之乳頭香。五物迥殊，原非同類。

王氏談錄：公言蘭蕙二草今人蓋無識者，或云藿香爲蕙草。

豆蔻

別錄：豆蔻味辛，溫，無毒。主溫中，心腹痛，嘔吐，去口臭氣。生南海。陶隱居云：味辛烈者爲好，甚香，可常含之。其五和糝中物皆宜人：廉薑溫中下氣益智，熱；枸櫞，溫；甘蕉，髡目，並小冷爾。

蜀本草圖經：苗似杜若，春花在穗端，如芙蓉，四房生於莖下，白色，花開卽黃。根似高良薑，實若龍眼，而無鱗甲，中如石榴子。莖、葉、子皆味辛而香，十月收。今花中亦種之。

圖經：豆蔻，卽草豆蔻也。生南海，今嶺南皆有之。苗似蘆，葉似山薑、杜若輩，根似高良薑。花作穗，嫩葉卷之而生，初若芙蓉，穗頭深紅色。葉漸展，花漸出，而色漸淡。亦有黃白色者，南人多採以當果實，尤貴。其嫩者幷穗入鹽同醃治，疊疊作朵，不散落。又以木槿花同浸，欲其色紅耳，其作實者，若龍眼子而銳，皮無鱗甲，中子若石榴瓣，候熟採之，暴乾。根、苗微作樟木氣。其山薑花、莖、葉皆薑也，但根不堪食，亦與豆蔻花相似，而微小耳。花生葉間，作穗如麥粒，嫩紅色，南人取其未大開者，謂之含胎花。以鹽水醃，藏入甜糟中，經冬如琥珀色，香辛可愛，用爲膾醋，最相宜也。又以鹽殺治暴乾者，煎湯服之，極能出冷氣，止霍亂，消酒食毒，甚佳。

南方草木狀：豆蔻花其苗如蘆，其葉似薑，其花作穗，嫩葉卷之而生。花微紅，穗頭深色，葉漸舒，花漸出。舊說，此花食之破氣消痰，進酒增倍。泰康二年，交州貢一篚，上試之有驗，以賜近臣。

桂海虞衡志：紅鹽草果，邕州取新生草果，入梅汁鹽漬。令色紅，暴乾薦酒，芬味甚高，世珍之。草豆蔻始結實如小舌，卽擷取，紅鹽乾之，名鸚哥舌，尤爲難得。

嶺外代答：豆蔻多矣，白豆蔻出南蕃，草豆蔻出邕州溪峒，而諸郡山間亦有。豆蔻花最可愛，其葉叢生如薑葉。其開花抽一幹，有䕸包之，䕸去有花一穗，蘂數十綴之，悉如指面，其色淡紅，如蓮花之未敷，又如葡萄之下垂。范石湖嘗作詩，有貫珠垂寶絡，剪綵倒鸞枝之句。南人取花，漬以梅汁，日乾之，香味芳美，極有風致。余初見之，意卽草蔻，而味辛，徼人亦取其子爲蜜果。

本草綱目李時珍曰：草豆蔻、草果，雖是一物，然微有不同。今建寧所產豆蔻，大如龍眼，而形微長，其皮黃白，薄而棱峭，其仁大如縮砂仁，而辛香氣和。滇、廣所產草果，長大如訶子，其皮黑厚而棱密，其子粗而辛臭，正如斑蝥之氣，彼人皆用芼茶，及作食料恆用之物。元朝飲膳，皆以草果爲上供。南人復用一種火楊梅，僞充草豆蔻。其形圓而粗，氣味辛猛而不和，人亦多用之，或云卽山薑實也。不可不辨。

南越筆記：鮮草果，人多種以爲香料，其苗似縮砂，三月開花作穗，色白微紅，五六月子結。其根勝於葉，味辛以溫，能除瘴氣，久服益精明目，令人不忘。

廣西通志：紅鹽草果，取生草豆蔻，入梅汁鹽漬，令色紅，暴乾以薦酒。又鸚哥舌卽紅鹽草果之珍者，實始結卽頻取，紅鹽乾之，纔如小舌。

齊民要術：南方草木狀曰，豆蔻樹大如李，二月花包仍連著，實子相連，累其核根，芬芳成殼。七月、八月熟，暴乾，剝食。核味辛香五味，出興古。　劉欣期交州記：豆蔻似杬樹。　環氏吳記曰：黃初二年，魏求豆蔻。

東坡雜記：治痢腹痛，用生薑，切如粟米大，雜茶相對，烹滓食之，實有奇效。又用豆蔻剜作甕子，入通明乳香少許，復以塞之。不盡卽和麪少許，裹豆蔻煨熟，焦黃爲度，三物皆爲末，仍以茶末對烹之，比前方益奇。

荏

別錄：荏子味辛，溫，無毒。主欬逆，下氣，溫中，補體。葉主調中，去臭氣，九月採，陰乾。

陶隱居云：荏狀如蘇，高大白色，不甚香。其子研之，雜米作糜，甚肥美，下氣，補益。東人呼爲蕉，以其似蘇字，但除禾邊故也。笮其子作油，日煎之，即今油帛及和漆聽用者。服食斷穀，亦用之，名爲重油。

本草拾遺：荏葉搗傅蟲咬，及男子陰腫。江東以荏子爲油，北土以大麻爲油，此二油俱堪油物。若其和漆，荏者爲強爾。

齊民要術曰：荏隨宜園畔漫擲，便歲歲自生。荏子秋末成，可收蓬，於醬中藏之。蓬，荏角也。實成則惡。其多種者，如種穀法。雀甚嗜之，必須近人家種。收子壓取油，可以煮餅。荏油色綠可愛，其氣香美，煮餅亞胡麻油而勝麻子脂膏，麻子脂膏並有腥氣。然荏油不可爲澤，焦人髮，研爲羹、臛，美於麻子遠矣。又可以爲燭，良地十石，多種博穀，則倍收，於諸田不同也。塗帛，煎油彌佳。荏油性浮，塗帛勝麻油。

農桑輯要：蘇六畜所不犯，類能全身遠害者，於五穀有外護之功，於人有燈油之用。江東人呼爲蕉，以其似蘇字，但除禾旁故也。莖方葉圓而有尖，四圍有齒，肥地者背面皆紫，瘠地背紫面青。面背皆白，即白蘇也。荏子白者良，黄者不美，荏即今白蘇子也。蘇子碾之，雜末作糜，甚肥美，下氣補益。蘇採葉茹之，或鹽或梅，滷作葅食，甚香，夏月作熟湯飲。

務本新書：凡種五穀如地畔近道者，亦可另種蘇子，以遮六畜傷踐，收子打油，燃燈甚明，或熬油以油諸物。

農政全書：二月、三月下種，或宿子在地自生。

爾雅翼：荏，陶隱居云，荏狀似蘇，而高大，白色，不甚香。其子研之，雜米作糜，甚肥美，下氣，補益。江東人呼爲蕉，以其似蘇字，但除禾邊也。笮其子，作油煎之，即今油帛及和漆所用者。服食斷穀，亦用之，名爲重油。蓋江東以荏子爲油，北土以大麻爲油，又其言名爲蕉，似是蘇中魚蘇耳。蕭炳云：有大荏，形似野荏，高大，葉大於小荏一倍，不堪食。人收其子，以充油絹帛。其小荏子，欲熟，人採其角食之，甚香美。蘇荏之屬，宜近人種，以小鳥好食之。禽經曰：□□者不上桑，櫻活者不下荏。言鳥之食含桃者，乃不下顧荏耳。

蘇

爾雅：蘇，桂荏。注：蘇荏類，故名桂荏。

別錄：蘇味辛，溫。主下氣，除寒中，其子尤良。

陶隱居云：葉下紫色，而氣甚香，其無紫色不香似荏者，多野蘇，不堪用。其子主下氣，與橘皮相宜同療。

圖經：蘇，紫蘇也。舊不著所出州土，今處處有之。葉下紫色，而氣甚香，夏採莖葉，秋採實。其莖幷葉通心經，益脾胃，煮飲尤勝，與橘皮相宜，氣方中多用之。實主上氣欬逆，研汁煮粥尤佳，長食之令人肥健。若欲宣通風毒，則單用莖，去節大良。謹按爾雅謂蘇爲桂荏，蓋以其味辛而形類荏，乃名之。然而蘇有數種，有水蘇、白蘇、魚蘇、山魚蘇，皆是荏類。水蘇別條見下。白蘇方莖圓葉，不紫亦甚香，實亦入藥。魚蘇似茵陳，大葉而香，吳人以煮魚者，一名魚蓉。生山石間者，名山魚蘇，主休息痢，大小便頻數，乾末米飲調服之，效。又蘇主雞瘕，本經不著，南齊褚澄善醫，爲吳郡太守，百姓李道念以公事到郡，澄見謂曰：汝有重病。答曰：舊有冷病，至今五年，衆醫不差。澄爲診曰：汝病非冷非熱，當是食白瀹雞子過多所致。今取蘇一升煮服，乃吐一物如升，涎裹之，能動，開看是雞雛，羽翅爪頭具足，能行走。澄曰：此未盡，更服所餘藥，又吐得如向者雞十三頭，而病即差。當時稱妙。一說乃是用蒜煮服之。

本草綱目李時珍曰：紫蘇、白蘇，皆以二三月下種，或宿子在地自生。其莖方，其葉團而有尖，四圍有鋸齒；肥地者面背皆紫，瘠地者面青背紫。其面背皆白者，即白蘇，乃荏也。紫蘇嫩時采葉，和蔬茹之，或鹽及梅滷作菹，食甚香，夏月作熟湯飲之。五六月連根採收，以火煨其根，陰乾，則經久葉不落。八月開細紫花，成穗作房，如荆穗。九月半枯時收子，子細如芥子，而色黄赤，亦可取油。今有一種花紫蘇，其葉細齒密紐如剪成之狀，香色莖子並無異者，人稱回回蘇云。

爾雅翼：蘇，桂荏。郭氏曰：蘇，荏類，故名桂荏。說者曰：以其味辛，而形類荏，故名之。葉下紫色而氣甚香，今俗呼爲紫蘇，煮飲尤勝，取子研汁煮粥良，長服令人肥白身香，亦可生食，與魚肉作羹。

沙州記曰：乞佛虜不識五穀，唯食蘇子。南都賦曰：蘇蔱紫薑，拂徹羶腥。今蘇有數種，皆是荏類。白蘇方莖圓葉，不紫亦甚香，實亦入藥。魚蘇似茵陳，大葉而香，吳人以煮魚者，一名魚舒。其生山石間者，名山魚蘇。又有水蘇，一名雞蘇，或言雞蘇、水蘇是兩種。又有假蘇者，亦以香氣似蘇，故名蘇。說者云：假蘇卽荆芥也。或曰：假蘇葉銳而圓，非荆芥也。

本草會要：宋仁宗命翰林院定湯，奏曰，紫蘇熟水第一，以其能下胸膈浮氣也。蓋不知其久則泄人眞氣焉。

本草衍義：紫蘇其氣香，其味微辛、甘，能散，今人朝暮飲紫蘇湯，甚無益。醫家謂芳草致豪貴之疾者，此有一焉，若脾胃寒人，多致滑泄，往往不覺。

廣雅疏證：公蕡、蘸葇、薷、䓱、荏，蘇也。爾雅云：蘇，桂荏。郭注云：蘇荏類，故名桂荏。方言云：蘇，荏也。關之東西，或謂之蘇，或謂之荏。周、鄭之間，謂之公蕡；沅、湘之南，或謂之䓱；其小者謂之蘸葇。郭注云：今江東人呼荏爲䓱，長沙人呼野蘇爲䓱。蘸葇，薰葇也，亦蘇之種類，因名云。案蘸葇卽香葇也。郭注云薰葇，薰亦香耳。玉篇云：葇，香葇菜，蘇類也。

集韻云：葇菜名，似蘇。名醫別錄作香薷，陶注云：家家有此，惟葉生食。蘇頌圖經云：似白蘇而葉更細，一作香葇，俗呼香茸。又有一種石上生者，莖葉更細，而辛香彌甚，謂之石香薷。開寶本草云：石香葇一名石蘇，據此則香葇卽蘇之別種，莖葉小於蘇。故方言云其小者謂之蘸葇也。香葇、香茸聲之轉。孟詵食療本草謂之香戎，戎與茸同聲。顔師古匡繆正俗云：戎卽猱也，俗語變訛，謂之戎耳，猶今之香葇，謂之香戎也。蘸曹憲音穰，各本脫去蘸字，音內穰字，又誤入正文。集韻、類篇蘸音汝兩切，引廣雅：蘸葇，蘇也。今據以訂正。諸書無言蘇名薴者，薴上當有葶字。中山經云：熊耳之山有草焉，其狀如蘇，而赤華，名曰葶薴，可以毒魚。葶薴似蘇，而以爲蘇，猶蘸葇矣。薯，荏屬也。荏，白蘇也。名醫別錄陶注云：蘇葉下紫而氣甚香，其無紫色不香似荏者，名野蘇，此卽方言注所云長沙人呼野蘇爲薯者也。陶注又云：荏狀如蘇，高大白色，不甚香，其子研之，雜米作糜甚肥美。東人呼爲蕉，此卽方言注所云江東人呼荏爲薯者也。蘇頌圖經云：蘇有魚蘇、山魚蘇，皆是荏類。魚蘇似茵蔯，大葉而香，吳人以煮魚者，一名魚薪。生山石間者，名山魚蘇。案魚、蕉同聲，以是荏類故亦得名蘇耳。鄭注內則薌無蓼云：薌，蘇荏之屬也。枚乘七發云：秋黃之蘇，白露之茹。張衡南都賦云：蘇蔱紫薑，拂徹羶腥。蓋其氣辛香，故用之也。今人多種院落中，有青、紫二種，子皆生莖節間，古單呼紫者爲蘇，今則通稱耳。齊民要術引氾勝之種植書云：區種荏，令相去三尺。

香薷

別錄：香薷味辛，微溫。主霍亂腹痛吐下，散水腫。陶隱居云：家家有此，作菜生食。十月中取，乾之，霍亂煮飲，無不差。作煎，除水腫尤良。

圖經：香薷舊不著所出州土。陶隱居云家家有之，今所在皆種，但北土差少。似白蘇而葉更細，十月中採乾之。一作香葇，俗呼香茸，霍亂轉筋，煮飲服之，無不差者。若四肢煩冷，汗出而渴者，加蓼子同切煮飲。胡洽治水病洪腫香葇煎，取乾香葇五十斤一物剉內釜中，以水淹，水出香葇上一寸，煮使氣力都盡，淸澄之，嚴火煎，令可丸，一服五丸如梧子，日漸增之，以小便利好。壽春及新安有，彼間又有一種石上生者，莖葉更細，而辛香彌甚，用之尤佳，彼人謂之石香葇。本經出草部中品，云生蜀郡陵、榮、資、簡州，及南中諸山岩石縫中，二月、八月採，苗莖花實俱用，主調中溫胃，霍亂吐瀉。今人罕用之，故但附於此。

本草衍義：香薷生山野，荆、湖南北二州皆有，兩京作圃種，暑月亦作蔬菜，治霍亂不可闕也，用之無不效。葉如茵陳，花茸紫在一邊成穗，凡四、五十房爲一穗，如荆芥穗，別是一種香。餘如經。孫公談圃：汀州地多香茸，閩人呼爲香藰，自甲拆至花時，投殺俎中馥然。按本草香薷，薷音葇，味辛，注云家家有之，主霍亂。今醫家用香茸，正療此疾，味亦辛，但淮南爲香茸，閩中呼爲香藰，皆非，當以本草爲證。

本草綱目李時珍曰：香薷有野生，有家蒔。中州人三月種之，呼爲香菜，以充蔬品。丹溪朱氏惟取大葉者爲良。而細葉者，香烈更甚，今人多用之。方莖尖葉，有刻缺，頗似黄荆葉而小。九月開紫花成穗，有細子葉者佳，高數寸，葉如落帚葉，卽石香薷也。

廣西通志：香薷有香、臭二種，其香者，全人夏月以代茶，能清暑，名蚊子草。

石香葇

嘉祐本草：石香葇味辛香，溫，無毒。主調中溫胃，止霍亂吐瀉，心腹脹滿，臍腹痛，腸鳴。一名石蘇，生蜀郡陵、榮、資、簡州及南中諸處，在山巖石縫中生。二月、八月採，苗、莖、花、實俱用。

本草綱目李時珍曰：香薷、石香薷，一物也。但隨所在而名爾。生平地者葉大；厓石者葉細，通用之。

莎草

爾雅：薃，侯莎，其實緹。注：夏小正曰：薃也者莎蒨，緹者其實。

別録：莎草根味甘，微寒，無毒。主除胸中熱，充皮毛，久服令人益氣，長鬚眉。一名薃，一名侯莎，其實名緹。生田野，二月、八月採。陶隱居云：方藥亦不復用。離騷云：青莎雜樹，繁草靃靡。古人爲詩多用之，而無識者，乃有鼠蓑，療體異此。

唐本草注云：此草根名香附子，一名雀頭香，大下氣，除胸腹中熱。所在有之。莖葉都似三稜，根若附子。周匝多毛，交州者最勝。大者如棗，近道者如杏仁許。荆、襄人謂之莎草根，合和香用之。

圖經：莎草根又名香附子，舊不著所出州土，但云生田野，今處處有之。或云交州者勝，大如棗，近道者如杏仁許。苗、莖、葉都似三稜，根若附子，周匝多毛。今近道生者，苗、葉如薤而瘦，根如筯頭大，二月、八月採。謹按天寶單方圖載水香稜功狀與此頗相類，但味差不同。其方云：水香稜味辛，微寒，無毒，性澀。元生博平郡池澤中，苗名香稜，根名莎結，亦名草附子。河南及淮南下濕地卽有，名水莎，隴西謂之地藾草，蜀郡名續根草，亦名水巴戟，今涪都最饒，名三稜草，用莖作鞋履，所在皆有，單服療肺風。又云：其藥療丈夫心肺中虛風，及客熱，膀胱間連脇下，時有氣妨，皮膚瘙痒癮疹，飲食不多，日漸瘦損，常有憂愁，心忪少氣等。並春收苗及花，陰乾，入冬採根，切貯於風涼處。有患前病者，取苗二十餘斤，剉，以水二石五斗，煮取一石五斗，於浴斛中浸身，令汗出，五、六度浸兼浴，其肺中風、皮膚痒卽止。每載四時常用，則癧瘍風永差。其心中客熱，膀胱間連脇下氣妨，每日憂愁不樂，兼心忪者，取根二大斤，切熬令香，以生絹袋盛貯，於三大斗無灰清酒中浸之。春三月浸一日卽堪服，冬十月後卽七日，近暖處乃佳，每空腹服一盞，日夜三、四服之，常令酒氣相續，以知爲度。若不飮酒，卽收根十兩，加桂心五兩，蕪荑三兩，和擣爲散，以蜜和爲丸，擣一千杵，丸如梧子大，每空腹以酒及薑蜜湯飮汁等下二十丸。日再服，漸加至三十丸，以差爲度。

本草綱目李時珍曰：莎葉如老韭葉而硬，光澤有劍脊棱。五、六月抽一莖，三棱中空，莖端復出數葉，開青花，成穗如黍，中有細子。其根有鬚，鬚下結子一、二枚，轉相延生。子有細黑毛，大者如羊棗而兩頭尖，采得燎去毛，暴乾用，此乃近時日用要藥。而陶氏不識，諸注亦略，乃知古今藥物興廢不同如此。則草木諸藥，亦不可以今之不識，便廢棄不收。安知異時不爲要藥，如香附者乎？

陸璣詩疏：臺，夫須。舊說夫須，莎草也，可爲蓑笠。都人士云：臺笠緇撮。或云：臺草有皮，尖細滑緻，可爲簦笠以禦雨是也。南山多有。廣要：爾雅云臺，夫須。郭景純曰：鄭箋云，臺可以爲禦雨笠。舍人云臺一名夫須。詩小雅云：南山有臺。都人士云：臺笠緇撮。箋云：都人之士，以臺皮爲笠也。鄭漁仲云：臺卽雲臺菜，舊說以爲莎草。埤雅：臺，夫須。夫須，莎草也。可以爲笠，亦可以爲蓑。疏而無溫，故莎从沙，與內司服所謂固素同意。爾雅翼：臺者，莎草。可爲衣以禦雨，今人謂之蓑衣。毛氏云：臺所以禦暑，笠所以禦雨。箋云：臺，夫須也。以臺皮爲笠。毛氏知臺笠爲二物，但獨言笠禦雨，未詳。鄭氏則言臺皮爲笠，夫臺但可爲衣，不可爲笠。古稱臺笠、蓑笠，自謂臺與笠爾，不必以臺笠緇撮之語，必欲合爲一物也。齊語曰：今夫農，時雨既至，脫衣就功，首戴茅蒲，身衣襏襫。韋昭曰：茅蒲，簦笠也。茅或作萌。萌，竹萌之皮，所以爲笠，則笠不用臺爲可知。又曰：襏襫，蓑薜衣也。則襏襫以莎草爲之，今人作笠，亦多編筍皮及箬葉爲之，其臺爲衣，編之若甲，毿毿而垂，故雨順注而下，然或藉而臥，則不能隔雨。山海經曰：三危之山有獸，其豪如被蓑。郭氏亦云蓑被雨草衣，則蓑但可爲衣，不可爲笠明矣。臺一名曰夫須，蓋匹夫所須。纂文曰：臺一名山莎。本草：香附子卽莎草根，生田野，二月、八月採。圖經云：香附子交州者大如棗，近道者如杏仁，苗、莖、葉都似三稜，根若附子，周匝多毛。今近道生者，苗葉如薤而瘦，根如箸頭大。

爾雅翼：臺者，莎草。可爲衣以禦雨，今人謂之蓑衣。詩雅言得賢爲邦家立太平之基。凡言八物，以臺爲首，蓋禦雨之具雖至微，然非平日預知其所在，蓄以待之，則一旦欲用，索之而不得，故特宜先備，亦猶賢者之不可不預蓄也。越王勾踐棲於會稽之上，求謀士退吳者，大夫種進對曰：臣聞賈人夏則資皮，冬則資絺，旱則資舟，水則資車，以待乏也。夫雖無四方之憂，然諫臣與爪牙之士，不可不養而擇也。譬如蓑笠，時雨既至，必求之。今君王既棲於會稽之上，然後乃求謀臣，無乃後乎！是古者蓄蓑笠以備患，比之賢者之待難矣。臺蓋賤者所服，都人士述衣服之制。蓋此詩所述皆儉，狐裘黃黃，黃狐不足貴。臺笠緇撮，臺笠止雨，緇撮通貴賤始冠之服。充耳琇實，琇雖美而石。垂帶而厲，帶長而已。傷今人之不遵。郊特牲曰：黃衣黃冠而祭，息田夫也。野夫黃冠，黃冠草服也。狐裘黃衣以裼之，黃黃謂此。大羅氏天子之掌鳥獸者也，諸侯貢屬焉，草笠而至，尊野服也，臺笠謂此。蜡禮自伊耆氏始，蓋已久矣，然猶存其衣服之制，謹而不敢變，可謂衣服不試，從容有常矣，此所以傷不復見古之人也。毛氏云：臺所以禦暑，笠所以禦雨。箋云：臺，夫須也。以臺皮爲笠。毛氏知臺、笠爲二物，但獨言笠禦雨，未詳。鄭氏則言臺皮爲笠，夫臺但可以爲衣，不可爲笠，古稱臺笠、蓑笠，自謂臺與笠爾，不必以臺笠緇撮之語，必欲合爲一物也。越語所謂蓑笠，已見上文。又齊語曰：今夫農，時雨既至，脫衣就功，首戴茅蒲，身衣襏襫。韋昭曰：茅蒲，簦笠也。茅或作萌。萌，竹萌之皮，所以爲笠。則笠不用臺爲可知。又曰：襏襫，蓑薜衣也。則襏襫以莎草爲之。今人作笠，亦多編筍皮及箬葉爲之。其臺爲衣，編之若甲，毵毵而垂，故雨順注而下。然或藉而臥，則不能隔雨。山海經曰：三危之山有獸，其豪如被蓑。郭氏云：蓑被雨草衣。則莎但可爲衣，不可爲笠明矣。臺一名曰夫須，蓋匹夫所須。

清異錄：香附子，湖湘人謂之回頭青，言就地剗去，轉首已青也。廣雅疏證：地毛，莎隋也。爾雅云：薃，侯莎，其實媞。夏小正云：正月緹縞。傳云：縞也者，莎隨也；緹也者，其實也。隋與隨同。楚辭招隱士云：青莎雜樹兮薠草靃靡，淮南覽冥訓云：路無莎薠，皆是也。說者以爲莎即爾雅臺夫須。小雅南山有臺義疏云：舊說夫須，莎草，可爲蓑笠。御覽引廣志云：莎可以爲雨衣，雨衣即蓑也。唐本草注云：莎草根名香附子，一名雀頭香，所在有之。莖葉都似三棱，根若附子，周匝多毛，交州者最勝，大者如棗，近道者如杏仁許，荆、襄人謂之莎草根。

蒟醬

唐本草：蒟醬味辛，溫，無毒。主下氣溫中，破痰積。生巴蜀。注：蜀都賦所謂流味於番禺者。蔓生，葉似王瓜而厚大，味辛香，實似桑椹，皮黑肉白。西戎亦時將來，細而辛烈，或謂二種。

交州愛州人云：蒟醬人家多種，蔓生，子長大，謂苗爲浮留藤，取葉合檳榔食之，辛而香也。

圖經：蒟醬生巴蜀，今夔州、嶺南皆有之。昔漢武使唐蒙曉諭南越，南越食蒙以蒟醬。蒙問所從來，答曰：西北牂牁江。廣數里，出番禺城下。武帝感之，於是開牂牁、越巂也。劉淵林注蜀都賦云：蒟醬緣木而生，其子如桑椹，熟時正青，長二、三寸，以蜜藏而食之，辛香，溫調五藏。今云蔓生，葉似王瓜而厚大，實皮黑，肉白，其苗爲浮留藤，取葉合檳榔食之，辛而香也。兩說大同小異，然則淵林所云，乃蜀種如此，今說是海南所傳耳。今惟貴蓽撥而不尚蒟醬，故鮮有用者。

海藥本草：謹按廣州記云：波斯國文實狀若桑椹，紫褐色者爲上，黑者是老不堪。黔中亦有，形狀相似，滋味一般。主欬逆上氣，心腹蟲痛，胃弱虛瀉，霍亂吐逆，解酒食味。近多黑色，少見褐色者也。

南方草木狀：蒟醬，蓽茇也。生於番國者大而紫，謂之蓽茇。生於番禺者小而青，謂之蒟焉。可以調食，謂之醬焉。交趾、九眞人家多種，蔓生。

益部方物記：蔓附木生，實若椹纍。或曰浮留，南人採之，和以爲醬，五味告宜。右蒟出渝、瀘、茂、威等州，卽漢唐蒙所得者。葉如王瓜厚而澤，實若桑椹，緣木而蔓，子熟時外黑中白，長三、四寸，以蜜藏而食之，辛香，能溫五臟。或用作醬，善和食味。或言卽南方所謂浮留藤，取葉和檳榔食之。

本草綱目李時珍曰：蒟醬兩廣、滇南及川南渝瀘茂威施諸州皆有之。其苗謂之蔞葉，蔓生依樹，根大如筯，彼人食檳榔者，以此葉及蚌灰少許，同嚼食之。云辟瘴癘，去胸中氣。故諺曰：檳榔浮留，可以忘憂。其花實卽蒟子也。按嵇含草木狀云：蒟醬卽蓽茇也，生於番國者大而紫，謂之蓽茇。生於番禺者小而青，謂之蒟子。本草以蒟易蔞子，非矣。蔞子一名扶留，其草形全不相同。時珍謂蒟子蔓生，蓽茇草生，雖同類而非一物。

然其花實氣味、功用則一。嵇氏以二物爲一物，謂蒟子非扶留，蓋不知扶留非一種也。劉欣期交州記云：扶留有三種：一名穫留，其根香美；一名扶留，其藤味亦辛；一名南扶留，其葉青味辛，是矣。今蜀人惟取蔞葉作酒麴，云香美。

赤雅：蒟醬，傜峒中家家用之，以蓽茇爲主，雜以香草，味雖佳，不足爲異耳。史記唐蒙風曉南越。蒙食蒟醬，問所從來，道：西北牂牁。故蜀都賦云：蒟醬流味於番禺之鄉。今問之番禺，無有知者。惟出自牂牁，故云流味也。蓽茇，吾家蛤蔞也。師古注本草注，楊用修、張孟奇辨之，皆誤。

按齊民要術：廣志曰，蒟子蔓生依樹，子似桑椹，長數寸，色黑，辛如薑，以鹽醃之，下氣消穀，生南安。顧微廣州記曰：扶留藤緣樹生，其花實卽蒟也。以扶留爲蒟，僅見於此。扶留葉可食，蒟葉不可食。滇南元江州志辨別甚晰，餘皆沿訛，緣未目覩。

元江州志：蘆子產山谷中，蔓延叢生，夏花秋實，土人採之，日乾收貨。

說文解字注：蒟，果也。史記、漢書有蒟醬。左思蜀都賦、常璩華陽國志作蒟。史記亦或作枸。據劉逵、顧微、宋祁諸家說，卽扶留藤也。葉可用食檳榔，實如桑甚而長，名蒟，可爲醬。巴志曰：樹有荔支，蔓有辛蒟。然則此物藤生緣木，故作蒟，從艸，亦作枸，從木，要必一物也。許君木部有枸字，云可爲醬，於艸部又有蒟字，蓋不能定，而兩存之。次於甚者，以其實似甚也，其實名蒟，故云果也。果，木實也，當云蒟果也。爲三字句。从艸，竘聲，俱羽切，五部。

又枸，枸木也。可爲醬，出蜀。史、漢皆云枸醬，詳艸部，蒟下從木，句聲，俱羽切，四部。按小雅南山有枸。毛曰：枸，枳枸也。枳枸卽禮記之椇，許於枸下不言枳枸，椇字亦不錄。

成都府志：蒟醬，寰宇記出成都，如今之大蓽撥。

蔞葉 齊民要術：吳錄地理志曰：始興有扶留藤，緣木而生，味辛，可以食檳榔。蜀記曰：扶留木根大如箸，視之似柳根。又有蛤名古賁，生水中，用燒以爲灰，曰牡蠣粉。先以檳榔著口中，又取扶留藤長一寸、古賁灰少許，同嚼之，除胸中惡氣。異物志曰：古賁灰，牡蠣灰也；與扶留、檳榔三物合食，然後善也。扶留藤似木防已，扶留、檳榔所生相去遠，爲物甚異而相成。俗曰：檳榔扶留，可以忘憂。交州記曰：扶留有三種：一名穫扶留，其根香美；一名南扶留，葉青味辛；一名扶留藤，味亦辛。

南越筆記：蔞以東安、富霖所産爲上，其根香，其葉尖而柔，味甘多汁，名曰穫扶留。他産者色青，味辣，名南扶留，殊不及。然番禺大塘、康樂、鷺岡、鳳岡頭諸村及新興、陽春所産亦美，冬間以蒻草覆之，稍沾霜雪，立萎矣。凡食檳榔，必以蔞葉爲佐，有夫婦相須之義，故粵人以爲聘果。

元江州志：蔞葉，家園遍植，葉大如掌，纍藤於樹，無花無果，冬夏長青，採葉合檳榔食之，味香美。

鬱金 唐本草：鬱金味辛，苦，寒，無毒。主血積下氣，生肌止血，破惡血，血淋，尿血，金瘡。注：此藥苗似薑黃，花白質紅，末秋生莖心無實，根赤黃，取四畔子根去皮火乾之。生蜀地及西戎；馬藥用之，破血而補。胡人謂之馬蒁。嶺南者實似小豆蔻，不堪噉。

藥性論云：鬱金單用亦可，治女人宿血氣心痛，冷氣結聚，溫醋摩服之，亦啖。馬藥，用治腹脹。

圖經：鬱金本經不載所出州土。蘇恭云：生蜀地及西戎，胡人謂之馬蒁。今廣南、江西州郡亦有之，然不及蜀中者佳。四月初生苗似薑黃，花白質紅，末秋出莖心無實，根黃赤，取四畔子根去皮火乾之，古方稀用。今小兒方及馬醫，多用之。

謹按許慎説文解字云：鬱，芳草也。十葉爲貫，百二十貫築以煑之爲鬱。鬱，今鬱林郡也。本部中品，有鬱金香，云生大秦國。二月、三月有花，狀如紅藍，其花卽香也。陳氏云爲百草之英。既云百草之英，乃是草類，只與此同名而在木部，非也。今人不復用，亦無辨之者，故但附於此耳。

本草衍義：鬱金不香，今人將染婦人衣最鮮明，然不奈日炙。染成衣，則微有鬱金之氣。

本草綱目李時珍曰：鬱金有二：鬱金香是用花，見本條。此是用根者，其苗如薑，其根大小如指頭，長者寸許，體圓有橫紋，如蟬腹狀，外黄内赤，人以浸水染色，亦微有香氣。

廣西通志：羅城縣出鬱金香，又曰鬱金葉似薑黄，根如螳螂肚，味辛辣，苦，寒，無毒。

焦循毛詩補疏：秬鬯一卣。傳：鬯，香草也，築煑合而鬱之曰鬯。循按春官鬯人凡王弔臨，共介鬯。鄭司農云：鬯香草，王行弔喪被之，故曰介。疏引王度記天子以鬯，諸侯以薰，大夫以蘭，士以蕭，庶人以艾。鬯與薰、蘭等並言，是爲香草名。又引禮緯云：鬯草生庭。鬯之爲草，其説舊矣。傳曰合而鬱之。此以爲鬱積，不以爲鬱金草也。肆師祭祀之日，及祼築鬻。鄭司農云：築煑，築香草，煑以爲鬯。鬱人凡祭祀賓客之祼事，和鬱鬯以實彝而陳之。鄭司農云：鬱草名，十葉爲貫，百二十貫爲築，以煑之鑊中，停於祭前。鬱爲草，若蘭。此以鬱爲草名，築煑之則名鬯，與毛傳義異。鄭康成注：鬱，鬱金香草也。宜以和鬯。注鬯人云：鬯，釀秬爲酒，芬香條暢於上下也。此箋云：秬鬯，黑黍酒也。是以鬱爲草名，鬯爲酒名，與毛傳異，與鄭司農亦異。蓋以郊特牲云：鬱合鬯，蕭合黍稷，又周禮鬱人別於鬯人故也。因爲通考之。雜記云：暢臼以椈，杵以梧。暢卽鬯。漢書律歷志：然後陰陽萬物，靡不條鬯該成。顔師古云：

鬯與暢同。房中歌：清明鬯矣。顏師古云：鬯古暢字。臼杵，擣築之器，冠以鬯字，則鬯非酒名。說苑云：鬯，百草之本，上暢於天，下暢於地，無所不暢，故天子以鬯爲贄。春秋繁露執贄篇云：天子用暢積美陽芬香以通之天。暢亦取百香之心，獨末之合之爲一，而達其臭味。水經注引應劭風俗記：鬱，芬草也。百草之華，煮以合釀、黑黍，傳以築煮，合而鬱之爲鬯，亦非以鬯卽是草名，正以百草之英爲說也。而祼將於京注云：祼，灌鬯也。黃流在中傳云：流，鬯也。是又以鬯爲酒矣。鄭氏以秬鬯爲無鬱之酒，而鬯人共釁鬯注又云：釁尸以鬯酒，使之香美者。疏云：此鬯酒中兼有鬱金香草，故得香美也。是亦以鬯而兼鬱矣。因以經文考之，鬯人大喪共鬯以沃尸，王齊共秬鬯以給淬浴，斷無以酒浴者。又臨弔被介鬯酒，則何以言被司尊彝，凡六彝六尊之酌，鬱齊獻酌。注引郊特牲云：汁獻涚於醆酒，彼注云謂泲秬鬯以醆酒也。獻讀當爲莎，齊語也。秬鬯者，中有煮鬱，和以盎齊摩莎，泲之出其香汁，因謂之汁莎。鬱人亦言和鬱鬯以實彝，是鬱鬯必俟和於酒，而鬱鬯非酒也。蓋鬱爲香草名，擣煮合而釀成之，謂之鬯，所以釀之用黍，故又曰秬鬯。今人擣諸香草之屑，合之稻米，摶以爲佩，俗稱以香料，卽鬯之遺制也。用於祼，則和醆酒而泲之；用於浴，則和水以供之；用於弔喪，則不和而被之。鬯人汎掌諸鬯，鬱人專主灌酌，職有不同，故名有各異，以鬯爲香草者，從其本也。

薑黃

唐本草：薑黃味辛，苦，大寒，無毒。主心腹結積疰忤，下氣破血，除風熱，消癰腫；功力烈於鬱金。注葉、根都似鬱金，花春生於根，與苗並出。夏花爛，無子。根有黃、青、白三色。其作之方法，與鬱金同爾。西戎人謂之蒁藥，其味辛，少苦，多與鬱金同，惟花生異爾。

本草拾遺云：薑黃眞者是經種三年已上老薑。能生花，花生根際，一如蘘荷。根節緊硬，氣味辛辣，種薑處有之，終是難得。性熱不冷。本經云寒，誤也。破血下氣。西蕃亦有來者，與鬱金蒁藥相似，如蘇恭說，卽是蒁藥，而非薑黃。蘇云：薑黃是蒁。又云：鬱金是胡蒁。夫如是，則三物無別，遞相連名，總稱爲蒁，功狀則合不殊。今蒁味苦，色青；薑黃味辛溫，無毒，色黃，主破血下氣，溫，不寒；鬱金味苦寒，色赤，主馬熱病。三物不同，所用各別。

圖經：薑黃舊不載所出州郡，今江、廣、蜀川多有之。葉青綠，長一、二尺許，闊三、四寸，有斜文，如紅蕉葉而小。花紅白色，至中秋漸凋，春末方生。其花先生，次方生葉，不結實。根盤屈，黃色，類生薑而圓，有節。或云眞者是經種三年以上老薑。能生花，花在根際，一如蘘荷，根節堅硬，氣味辛辣，種薑處有之。八月採根，片切，暴乾。蜀人以治氣脹及產後敗血攻心，甚驗。蠻人生啖，云可以祛邪辟惡。謹按鬱金、薑黃、蒁藥，三物相近，蘇恭不細辨，所說乃如一物。陳藏器解紛云：蒁味苦，色青；薑黃味辛溫，色黃；鬱金味苦寒，色赤，主馬熱病。三物不同，所用各別。又劉淵林注吳都賦薑彙非一云：薑彙大如螺，氣猛，近於臭。南土人擣之以爲虀菱，一名廉薑，生沙石中，薑類也。其味大辛而香，削皮以黑梅幷鹽汁漬之，乃成也。始安有之。據此，廉薑亦是其類，而自是一物耳。都下近年多種薑，往往有薑黃，生賣乃是老薑，市人買生啖之，云治氣爲最，醫家治氣藥大方中，亦時用之。

南城縣志：薑黃出裏鄉者良，有母黃、子黃之別。

按南城種薑黃如種菜畦，其根染黃，商販他處，頗爲民利。凡餻餌黃色者，皆以此染。余取而視之，其根黃，形如薑，葉如美人蕉。三年老薑之說，可謂捫鐘揣籥。

薄荷

唐本草：薄荷味辛，苦，溫，無毒。主賊風

傷寒發汗，惡氣心腹脹滿，霍亂，宿食不消，下氣。煮汁服，亦堪生食。人家種之，飲汁發汗，大解勞乏。注：莖葉似荏而尖長，根經冬不死，又有蔓生者，功用相似。

圖經：薄荷舊不著所出州土，而今處處皆有之。莖葉似荏而尖長，經冬根不死。夏秋採莖、葉，暴乾，古方稀用，或與薤作虀食。近世醫家治傷風、頭腦風、通關格、及小兒風涎爲要切之藥。故人家園庭間，多蒔之。又有胡薄荷與此相類，但味少甘爲別。生江、浙間，彼人多以點茶飲之，俗呼新羅薄荷。近京僧寺，亦或植一、二本者。天寶方名連錢草者，是石薄荷，生江南山石上，葉微小，至冬而紫色，此一種，不聞有別功用。凡新大病差人不可食薄荷，以其能發汗，恐虚人耳。字書作菝蔄。

本草衍義：薄荷世謂之南薄荷，爲有一種龍腦薄荷，故言南以別之。小兒驚風壯熱，須此引藥。猫食之卽醉，物相感爾。治骨蒸熱勞，用其汁，與衆藥熬爲膏。

本草綱目李時珍曰：薄荷人多栽蒔，二月宿根生苗，清明前後分之。方莖赤色，其葉對生，初蒔形長而頭圓，及長則尖。吳、越、川、湖人，多以代茶。蘇州所蒔者，莖小而氣芳。江西者稍粗，川蜀者更粗。入藥以蘇產爲勝。物類相感志云：凡收薄荷須隔夜以糞水澆之，雨後乃悉刈收，則性涼。不爾，不涼也。野生者，莖、葉氣味都相似。

又曰：薄荷，俗稱也。陳士良食性本草作菝蔄，揚雄甘泉賦作茇葀，呂忱字林作茇苦，則薄荷之爲訛稱，可知矣。孫思邈千金方作蕃荷，又方音之訛也。今人藥用，多以蘇州者爲勝，故陳士良謂之吳菝蔄，以別胡菝蔄也。

貴耳集：楊伯洪知黃州，忽一日早飯，覺有薄荷氣，食之而疑。素養白雞、黑犬，就其內飼之，雞與犬俱斃。有孫來前，以匙數粒食之，晚亦斃。楊始驚，急服解毒藥，嘔血數升，遂將庖者鞫之。乃云童德興授其藥。庖則荆、湖制司人，後改爲飯局，童諭之，藥不驗，當以薄荷可發。朝廷知之，差中使齎金器宣賜兼撫問伯洪，引庖者對中使，自白本末，中使亦驚，復奏，童德興赴召，慮事覺，先飲藥而卒。

發蒙記：猫以薄荷爲酒，謂飲之卽醉也。

山薑

本草拾遺：山薑味辛，溫。去惡氣，溫中，中惡霍亂，心腹冷痛，功用如薑，南人食之。根及苗並如薑而大，作樟木臭。又有獛子薑，黄色而緊，味辛辣，破血氣，殊強此薑。

本草綱目李時珍曰：山薑生南方，葉似薑，花赤色，甚辛，子似草豆蔻，根如杜若及高良薑。今人以其子僞充草豆蔻，然甚猛烈。

按山薑，江西湖南山中多有之。根如薑，葉大於薑而有紋理，稍柔。秋時就根發花，與蘘花同。他處薑皆未見開花，南安種薑成畦，時有抽苗開花者，余親探之。花老結子如豆蔻，殷紅如血，氣極薰烈。李時珍所謂一種火楊梅，或云卽山薑，實當卽此。衡山僞充黄精，卽山薑根，以其味不甚辛耳。志謂良薑根，亦未深考。圖經及綱目引據開花形狀，皆與良薑無別。考藥性論云：根苗並如薑，南人食之；嶺表錄異云：根不堪食。顯是二物。高良薑葉微似蕉而小滑潤。山薑葉與薑無別。高良薑根可入藥，不可食；山薑根可食，不堪入藥。以此分別，犂然列眉。或云衡山山薑卽黄精之不對葉者，非此物。

廉薑

本草拾遺：廉薑似薑，生嶺南、劍南，人多食之。治胃中冷，吐水，不下食。

齊民要術：廣雅曰蔟葰，廉薑也。吳錄曰：始安多廉薑。食經曰：藏薑法，蜜煮烏梅去滓，以漬廉薑，再三宿，色黄赤如琥珀，多年不壞。

本草綱目李時珍曰：按異物志云生沙石中，似薑，大如贏，氣猛，近於臭。南人以爲齏，其法除皮，以黑梅及鹽汁漬之乃成也。又鄭樵云：廉薑似山薑而根大。

按江西園圃中多有之，似薑無花實，高五、六尺，俗呼野生薑。

說文解字注：葰，薑屬，可以香口。既夕禮：實綏、澤焉。注：綏，廉薑；澤，澤蘭也。皆取其香且禦溼。按綏者葰之叚借字，一名山辣，今藥中三柰也。吳都賦謂之薑彙，从艸，俊聲，息遺切，十五部。三柰誤。

廣雅疏證：廉薑，葰也。說文：葰，薑屬，可以香口，字或作綏。士喪禮記：茵著用茶，實綏澤焉。注云：綏，廉薑也。取其香且御溼。或作浚，鹽鐵論散不足篇云：浚，茈蓼蘇。或作荾，劉逵吳都賦注引異物志云：荾一名廉薑，生沙石中，薑類也。其虀太辛而香，削皮以黑梅并鹽汁漬之，則成也，始安有之。或作荾，潘岳閒居賦云：蓼荾芬芳。御覽引劉楨清慮賦云：俯拔廉薑。又引此作蔟葰廉薑也。齊民要術同。

藒車香

本草拾遺：藒車香味辛，溫。主鬼氣，去臭及蟲魚蛀蠹。生彭城，高數尺，白花。爾雅曰：藒車，芞輿。郭注云：香草也。廣志云：黄葉白花也。

海藥：按廣志云：生海南山谷，陳氏云：生徐州，微寒，無毒。主霍亂，辟惡氣，薰衣甚好。齊民要術云：凡諸樹有蛀者，煎此香冷淋之，善辟蛀蟲也。

甲煎

本草拾遺：甲煎味辛，平，無毒。主甲疽瘡，及雜瘡難差者，蟲、蜂、蛇、蠍所螫痃，小兒頭瘡、吻瘡，耳後月蝕瘡，並傅之。今諸藥及美果花，燒成灰，和蠟成口脂，所主與甲煎略同。三年者治蟲雜瘡及口旁䘌瘡，甲疽等瘡。

京三棱

嘉祐本草：京三棱味苦，平，無毒。主老癖癥瘕結塊。俗傳昔人患癥癖死，遺言令開腹取之，得病塊，乾硬如石，文理有五色。人謂異物，竊取削成刀柄，後因以刀刈三棱，柄消成水，乃知此可療癥癖也。黄色體重，狀若鯽魚而小。又有黑三棱，狀似烏梅而稍大，有鬚相連，蔓延體輕，爲療體並同。

圖經　京三棱舊不著所出地土，今河、陝、江、淮、荆、襄間皆有之。春生苗，高三、四尺，似茭蒲，葉皆三棱。五、六月開花，似莎草，黄紫色。霜降後採根，削去皮，鬚黄色，微苦，以如小鯽魚狀體重者佳。多生淺水傍，或陂澤中。其根初生成塊，如附子大，或有扁者，傍生一根，或成塊，亦出苗。其不出苗只生細根者，謂之雞爪三棱。又不生細根者，謂之黑三棱。大、小不常，其色黑，去皮卽白。河中府又有石三棱，根黄白色，形如釵股。葉綠色如蒲，苗高及尺，葉上亦有三棱。四月開花，白色，如紅蓼花。五月採根，亦消積氣，下品。別有草三棱條，云生蜀地，卽雞爪三棱也。其實一類，故附見於此。一説，三棱生荆、楚，字當作荆，以著其地。本經作京，非也。今世都不復有三棱，所用皆淮南紅蒲根也。泰州尤多，舉世皆用之，雖太醫不以爲謬。蓋流習既久，用根者不識其苗，採藥者莫究其用，因緣差失，不復更辨。今三棱，荆、湖、江、淮水澤之間皆有，葉似莎草，極長。莖三棱如削，大如人指，高五、六尺。莖端開花，大體皆如莎草而大，生水際及淺水中，苗下卽塊，其旁有根，横貫一根，則連數塊，塊上發苗，採時斷其苗及横根，形扁長如鯽魚者，三棱也。根末將盡一塊，未發苗，小圓如烏梅者，黑三棱也。又根之端鈎屈如爪者，爲雞爪三棱。皆皮黑肌白而至輕，三者本一物，但力有剛柔，各適其用。因其形爲名，如：烏頭、烏喙、雲母、雲華之類，本非兩物也。今人乃妄以凫茨、香附子爲之。又本草謂京三棱形如鯽魚，黑三棱如烏梅而輕。今紅蒲根至堅重，刻削而成，莫知形體。又葉扁莖圓，不復有三棱處，不知何緣名三棱也？今三棱皆獨傍引二根，無直下根，其形大體多亦如鯽魚。

救荒本草：黑三棱，舊云河、陝、江、淮、荊、襄間皆有之。今鄭州賈峪山澗水邊亦有。苗高三、四尺，葉似菖蒲葉而厚大，背皆三棱劍脊，葉中攛葶，葶上結實，攢爲刺毬狀，如楮桃樣而三顆，瓣甚多，其顆瓣形似草決明子而大，生則青，熟則紅黃色。根狀如烏梅而頗大，有鬚蔓延相連，比京三棱體微輕。其葶味甜，根味苦，採嫩葶剝去麤皮，煠熟，油鹽調食。

本草綱目李時珍曰：三棱多生廢陂池濕地，春時叢生，夏秋抽高莖，莖端復生數葉，開花六、七枝，皆細碎成穗，紫色，中有細子。其葉、莖、花、實俱有三棱，並與香附苗、葉、花、實一樣，但長大爾。其莖光滑三棱，如椶之莖，莖中有白穰，剖之織物，柔韌如藤。呂忱字林云：䓘草生水中，根可緣器，即此草莖，非根也。抱朴子言䓘根化鱓，亦是此草。其根多黃黑鬚，削去鬚皮，乃如鯽狀，非本根似鯽也。

說文解字注：芧，艸也。上林賦：蔣芧青薠。張揖曰：芧，三棱也。郭璞音杼。按三棱者，蘇頌圖經所謂葉似莎草極長，莖三棱如削，高五、六尺，莖端開花是也。江蘇蘆灘中極多，呼爲馬芧，音同宁，莖可繫物，亦可辮之爲索。南都賦：藨苧蘋莞。李注引說文：苧可以爲索。蓋賦文本作芧。文選上林賦亦作苧。苧者，芧之別字。从艸，予聲，直呂切，五部。可以爲繩。

紅豆蔻

嘉祐本草：紅豆蔻味辛，溫，無毒。主腸虛水瀉，心腹攪痛，霍亂，嘔吐酸水，解酒毒。不宜多食，令人舌麤不思飲食。云是高良薑子，其苗如蘆，葉似薑花作穗，嫩葉卷而生，微帶紅色。生南海諸谷。海藥本草：擇嫩者加入鹽，纍纍作朵不散落，須以朱槿染令色深。善於醒醉，解酒毒，此外無諸要使也。

桂海虞衡志：紅豆蔻花叢生，葉瘦如碧蘆。春末發，初開花先抽一幹，有大籜包之，籜解花見，一穗數十蘂，淡紅鮮妍，如桃杏花色。蘂重則下垂，如葡萄，又如火齊瓔珞，及翦綵鸞枝之狀。此花無實，不與草豆蔻同種。每蘂心有兩瓣相並，詞人託興，曰比目連理云。

馬蘭 嘉祐本草：馬蘭味辛，平，無毒。主破宿血，養新血，合金瘡，斷血痢蠱毒，解酒疸，止鼻衄吐血，及諸菌毒，生擣傅蛇咬。生澤傍，如澤蘭，氣臭，楚辭以惡草喻惡人。北人見其花，呼爲紫菊，以其花似菊而紫也。又山蘭生山側，似劉寄奴葉，無椏，不對生，花心微黄赤，亦大。破血皆可用。

救荒本草：馬蘭頭苗高一、二尺，莖亦紫色，葉似薄荷，葉邊皆鋸齒，又似地瓜兒葉微大。又有山蘭生山側，似劉寄奴葉，無椏，不對生，花心微黄赤。採嫩苗、葉煠熟，新汲水浸去辛味，淘洗淨，油鹽調食。

本草綱目李時珍曰：馬蘭湖澤卑濕處甚多，二月生苗，赤莖白根，葉有刻齒，狀似澤蘭，但不香爾。南人多采汋曬乾，爲蔬及饅餡。入夏高二、三尺，開紫花，花罷有細子。

鬱金香 嘉祐本草：鬱金香味苦，溫，無毒。主蠱疰諸毒，惡氣鬼疰，鵶鶻等臭。陳氏云：其香十二葉，爲百草之英。按魏略云生大秦國，二月、三月有花，狀如紅藍。四月、五月採花，卽香也。

本草拾遺：鬱金香，平。入諸香藥用之。說文：鬱金，芳草也。十二葉爲貫，捋以煮之，用爲鬯，爲百草之英。合而釀酒，以降神也。以此言之，則草也，不當附於木部。

癸辛雜識：明堂所用鬱鬯，凡三十斤，取之信州。吏云：實未嘗用，用之大毒，能殺人，蓋文具久矣。

本草綱目李時珍曰：按鄭玄云鬱草似蘭。楊孚南州異物志云：鬱金出罽賓國，人種之先以供佛，數日萎，然後取之。色正黃，與芙蓉花裹嫩蓮者相似，可以香酒。又唐書云：太宗時伽毘國獻鬱金香，葉似麥門冬。九月花開，狀似芙蓉，紫碧，香聞數十步。花而不實，欲種者取根。二說皆同，但花色不同，種或不一也。古樂府云：中有鬱金蘇合香者，是此鬱金也。晉左貴嬪有鬱金頌曰：伊有奇草，名曰鬱金；越自殊域，厥珍來尋。芳香酷烈，悅目怡心；明德惟馨，淑人是欽。

爾雅翼：鬱，鬱金也。其根芳香而色黃。古者釀黑黍爲酒，所謂秬者，以鬱草和之則酒色香而黃，在器流動。詩所謂黃流在中者也。周禮有鬱人掌祼器，凡祭祀賓客之祼事，和鬱鬯以實彝而陳之。又有鬯人掌共秬鬯而飾之。先儒以爲鬱者，築鬱金煮之，以和鬯酒。鬱草名，爲草若蘭，十葉爲貫，百二十貫爲築，以煮之鐎中，停於祭前。鬯謂不和鬱者，釀黍爲酒，芬芳條暢於上下也。其祭社禜門共秬鬯，雖云無鬱，亦尸所飲以灌地，其汁下入於地，其氣上升於天，故云條暢於上下。然則黑黍爲酒，謂之鬯，加鬱則爲鬱爾。然秬鬯亦是兼鬱之通名，故鄭注汁獻涗於醆酒，云秬鬯者，中有煮鬱，和以盎齊。說苑云：鬯者百草之本也，上暢於天，下暢於地，無所不暢，故天子以鬯爲贄。說文解鬯字云：以秬釀鬱草，芬芳攸服，以降神也。又解鬱字云：鬱鬯百草之華，遠方鬱人所貢芳草，合釀之以降神。鬱，今鬱林郡也。然則自常言之，鬯亦可以兼鬱，鬱、鬯對言之，則當致其辨爾。

鬱金香附錄

詩經：釐爾圭瓚，秬鬯一卣，告于文人。傳：秬，黑黍也；鬯，香草也。築煮合而鬱之曰鬯。疏：禮有鬱鬯者，築鬱金之草而煮之，以和秬黍之酒，使之芬香條鬯，故謂之鬱鬯。鬯非草名，而此傳言鬯草者，蓋亦謂鬱爲鬯草。何者？禮緯有秬鬯之草，中候有鬯草生郊，皆爲鬱金之草也。以其可和秬鬯，故謂之鬯草。毛言鬯草，蓋亦然也。言築煮合而鬱之，謂築此鬱草，又煮之，乃與秬鬯之酒合和而鬱積之，使氣味相入，乃名曰鬯。言合而鬱積之，非草名，如毛此意。言秬鬯者，必和鬱乃名鬯，未和不爲鬯，與鄭異也。孫毓云：鬱是草名，今之鬱金，煮以和酒者也。鬯是酒名，以黑黍和一秠二米作之，芬香條鬯，故名曰鬯。鬯非草名，古今書傳香草無稱鬯者。

周禮：鬱人掌祼器，凡祭祀賓客之祼事，和鬱鬯以實彝而陳之。注：築鬱金煮之以和鬯酒。鄭司農云：鬱，草名。十葉爲貫，百二十貫爲築以煮之鑊中，停於祭前，鬱爲草若蘭。疏：鄭知築鬱金草煮之者，見肆師云築鬻，故知之也。司農云：十葉爲貫，百二十貫爲築者，未知出何文。云以煮之鑊中，停於祭前者，此似直煮鬱停之，無鬯酒者，文略，其實和鬯酒也。云鬱爲草若蘭者，蘭則蘭芝，以其俱是香草，故比類言之。按王度記云：天子以鬯，諸侯以薰，大夫以蘭芝，士以蕭，庶人以艾，此等皆以和酒。諸侯以薰，謂未得圭瓚之賜，得賜則以鬱耳。王度記云天子以鬯，及禮緯云鬯草生庭，皆是鬱金之草，以其和鬯酒，因號爲鬯草也。

通志：鬱金即薑黄。周禮：鬱人和鬱鬯。注云：煮鬱金以和鬯酒。又云：鬱爲草若蘭。今之鬱金作燖潘臭，其若蘭之香乃鬱金香。生大秦國，花如紅藍花，四、五月採之，卽香。陳藏器謂說文云：鬱，芳草也。十葉爲貫，捋以煮之，用爲鬯，爲百草之英。合而釀酒，以降神也。然大秦國去長安四萬里，至漢始通，不應三代時得此草也。或云鬱金與薑黄自別，亦芬馨，恨未識耳。

梁書扶南國傳：天監十八年，遣使獻火齊珠、鬱金、蘇合等香。

中天竺國傳：中天竺國在大月支東南數千里，地方三萬里，一名身毒，其西與大秦安息交市，海中多大秦珍物：珊瑚、琥珀、金碧珠璣、琅玕、鬱金、蘇合。蘇合是合諸香汁煎之，非自然一物也。又云：大秦人採蘇合，先笮其汁以爲香膏，乃賣其滓與諸國賈人，是以展轉來達中國，不大香也。鬱金獨出罽賓國，華色正黄而細，與芙蓉裹被蓮者相似，國人先取以上佛寺，積日香槁，乃糞去之，賈人從寺中徵顧，以轉賣與佗國也。

周書波斯傳：波斯國，大月氏之别種，治蘇利城，古條支國也。土出薰陸、鬱金、蘇合、青木等香。

高僧傳：摩歌利頭四月八日浴佛，以都梁香爲青色水，鬱金香爲赤色水，邱隆香爲白色水，附子香爲黄色水，安息香爲黑色水，以灌佛頭也。

唐書天竺國傳：天竺國以貝齒爲貨，有金剛、旃檀、鬱金，與大秦、扶南、交趾相貿易。貞觀十五年，遣使者上書，獻火珠、鬱金、菩提樹。

烏茶傳：烏茶者，一曰烏伏那，亦曰烏萇，產金、鐵、蒲，殖鬱金，稻歲熟。

康國傳：東安國在那密水之陽，開元十四年，其王篤薩波提遣弟阿悉爛達拂耽發黎來朝，納馬豹；後八年，獻鬱金香、石蜜等。

大勃律傳：大勃律或曰布露，地宜鬱金。

謝䫻傳：謝䫻居吐火羅西南，本曰漕矩吒，或曰漕矩，多鬱金瞿草。

箇失蜜傳：箇失蜜或曰迦濕彌羅，地出火珠、鬱金。

唐紀：太宗時，伽毘國獻鬱金香，葉似麥門冬，九月開花，狀似芙蓉，其色紫碧，香聞數十步。花而不實。欲種者取根。

水經注：秦桂林郡，漢武帝元鼎六年更名鬱林郡，王莽以爲鬱平郡矣。應劭地理風俗記曰：周禮鬱人掌祼器，凡祭醊賓客之祼事，和鬱鬯以實尊彝。鬱，芳草也。百草之華，煮以合釀黑黍，以降神者也。或說今鬱金香是也。一曰鬱人所貢，因氏郡矣。

蓬莪茂

嘉祐本草：蓬莪茂味苦，辛，溫，無毒。主心腹痛，中惡疰，忤鬼氣，霍亂冷氣，吐酸水，解毒，食飲不消，酒研服之。又療婦人血氣，丈夫奔豘。生西戎及廣南諸州。注：子似乾椹，葉似蘘荷，茂在根下並生，一好一惡，惡者有毒，西戎人取之，先放羊食，羊不食者，棄之。

圖經：蓬莪茂生西戎及廣南諸州，今江、浙或有之。三月生苗，在田野中，其莖如錢大，高二、三尺。葉青白色，長一、二尺，大五寸已來，頗類蘘荷。五月有花，作穗黃色，頭微紫。根如生薑，而茂在根下，似雞鴨卵大、小不常。九月採，削去麤皮，蒸熟暴乾用。此物極堅硬，難搗治，用時熱灰火中煨令透熟，乘熱入臼中搗之，卽碎如粉。古方不見用者，今醫家治積聚諸氣爲最要之藥，與京三稜同用之，良。婦人藥中亦多使。

零陵香

嘉祐本草：零陵香味甘，平，無毒。主惡氣疰心腹痛滿，下氣，令體香，和諸香作湯丸用之，得酒良。生零陵山谷，葉如羅勒，南越志名燕草，又名薰草，卽香草也。山海經云薰草麻葉方莖，氣如蘼蕪，可以止癘，卽零陵香也。

圖經：零陵香生零陵山谷，今湖嶺諸州皆有之。多生下濕地，葉如麻，兩兩相對，莖方，氣如蘼蕪。常以七月中旬開花，至香，古所謂薰草是也。或云：蕙草，亦此也。又云：其莖葉謂之蕙，其根謂之薰，三月採，脫節者良。今嶺南收之，皆作窨竈，以火炭焙乾，令黃色，乃佳。江、淮間亦有土生者，作香亦可用，但不及湖嶺者芬薰耳。古方但用薰草，而不用零陵香，今合香家及面膏澡豆諸法，皆用之。都下市肆，貨之甚多。

本草衍義：零陵香至枯乾猶香，入藥絕可用。婦人浸油飾髮，香無以加，此卽蕙草是也。

別錄：薰草一名蕙草，生下濕地，三月採陰乾，脫節者良。蕙實生魯山平澤。陶隱居曰：桐君藥錄薰草如麻，兩兩相對。山海經云：浮山有草，麻葉而方莖，赤華而黑實，氣如蘼蕪，名曰薰草，可以已癘。今方俗皆呼燕草，狀如茅而香者爲薰草，人家頗種之者，非也。詩、書多用蕙，而竟不知是何草，尙其名而迷其實，皆此類也。

補筆談：零陵香本名蕙，古之蘭蕙是也。又名薰。左傳曰：一薰一蕕，十年尙猶有臭。卽此草也。唐人謂之鈴鈴香，亦謂之鈴子香，謂花倒懸枝間，如小鈴也。至今京師人買零陵香，須擇有鈴子者，鈴子乃其花也，此本鄙語文字，以湖南零陵郡遂附會名之。後人又收入本草，殊不知本草正經，自有薰草條，又名蕙草，注釋甚明，南方處處有。本草附會其名，言出零陵郡，亦非也。

嶺外代答：零陵香出傜峒及靜江、融州、象州，凡深山水陰沮洳之地，皆可種也。逐節斷之，而栽其節，隨手生矣。春暮開花，結子卽可割，薰以煙火，而陰乾之。商人販之，好事者以爲座褥臥薦。相傳言在嶺南不香，出嶺則香，謂之零陵香，靜江舊屬零陵郡也。

按廣西志：零陵香葉酷似杜若，紅白相間，又呼千步香。其說與諸書全乖，不知其何香也。

蔡絛鐵圍山叢談：零陵香草生九疑間，實產舜墓，然今二廣所向多有之。在嶺南，初不大香，一時出嶺北，則氣頓馨烈。南方至易得，富者往往組以爲牀薦也。

爾雅翼：蘭蕙之名實，已詳辨之。諸家說蕙乃蕙草，蓋卽薰草，今之零陵香，南越名燕草者。西山經曰：浮山有草，名曰薰草，麻葉而方莖，赤華而黑實，臭如蘼蕪，可以已癘。蓋能去惡臭，令身香，故古之祓除，以此草薰之，因謂之薰草。齊得管仲，三釁三浴之釁，或爲薰是也。古稱薰、猶不同器。而傳又曰：一薰一蕕，十年尙猶有臭。以薰香而猶臭，慮爲臭所奪故也。未始以爲蕙。

至王逸章句始云：菌，薰也。葉曰蕙，根曰薰。陳藏器亦云：薰草一名蕙草，薰草爲蕙，蓋始於此。古今稱蕙草晚，莫知其說。博物志乃云：君子國多薰華之草，薰華朝生而夕死，然則蕙草之晚，蓋亦謂薰。又七諫曰：飲菌若之朝露。言此草既朝生而夕死，則飲其露者，尤不可遲也。莊子所謂朝菌。豈亦謂此耶？然司馬云大芝，支遁云舜華，許愼云朝生暮死之蟲。其說各異，故不可得而一。

廣雅疏證：薰草，蕙草也。僖四年左傳：一薰一蕕。杜注云：薰，香草。西山經曰：浮山有草焉，名曰薰草。麻葉而方莖，赤華而黑實，臭如蘼蕪，佩之可以已癘。古者祭則煮之以祼，周官鬱人疏引王度記云：天子以鬯，諸侯以薰，大夫以蘭芷，是也。或以爲香燒之。淮南說林訓云：腐鼠在壇，燒薰於宮。漢書龔勝傳云薰以香自燒是也。離騷云：豈惟紉夫蕙茝。王逸注云：蕙，香草也。西山經云：天帝之山，下多菅蕙。藝文類聚引廣志云：蕙草綠葉紫華。魏武帝以爲香燒之。名醫別錄云：薰草一名蕙草，生下濕地。陶注云：俗人呼燕草，狀如茅而香者爲薰草，人家頗種之。引藥錄云：葉如麻，兩兩相對。陳藏器云：即是零陵香，薰草人家種之。離騷所謂樹蕙之百畮者矣。

又：菌，薰也，其葉謂之蕙。上文云薰草，蕙草也，則薰卽是蕙，此又以葉爲蕙者，從離騷注也。離騷云：雜申椒與菌桂兮。王逸注云：菌，薰也。葉曰蕙，根曰薰。洪興祖補注云：下文別言蕙茝，又云矯菌桂以紉蕙，則菌桂自是一物。本草有菌桂，花白蘂黃，正圓如竹菌，一作箘，其字從竹，五臣以爲香木是矣。按洪說是也。申椒與菌桂對文，菌桂之不分爲二，猶申椒也。左思蜀都賦云：菌桂臨崖。劉逵注云：神農本草經曰，菌桂出交阯，圓如竹，爲衆藥通使。一曰菌，薰也。葉曰蕙，根曰薰。劉氏引本草菌桂是也，其以菌爲薰，亦仍王逸之誤。西山經曰：嶓冢之山有草焉，其葉如蕙。郭注云：蕙香草，蘭屬也。或以蕙爲薰葉，失之。則薰葉爲蕙，郭氏又已駁正也。

益嬭草 附　本草拾遺：益嬭草味苦，平，無毒。主五野雞病，脫肛止血，炙令香，浸酒服之。生永嘉山谷，葉如澤蘭，莖赤，高二、三尺也。

按本草從新：嬭酣草，芳香解惡，去臭氣。辛，溫，和平，止霍亂吐瀉。尖葉大如指甲，有枝梗。夏月開細紫花成簇，結子亦細，今人俱盆內種之。婦女摘其頭以插髮。按形即醒頭香，北人所云矮康尖，杭人今呼娘草。武儀洛不知即係零陵香，故删去零陵香，而增嬭酣草。大約拾遺之益嬭草，亦即此也。其所生之地與形狀名呼，皆相彷彿，南人謂婦人曰娘行，又呼娘曰嬭，此草婦人以薰髮浸油，故有是名矣。附以俟考。

薺苧　本草拾遺：薺苧味辛，溫，無毒。主冷氣泄痢，生食除胸間酸水，挼碎傅蟻瘻。按蘇恭言：江左名水蘇爲薺苧。按：水蘇葉有雁齒，氣香而辛；薺苧葉稍長，其上有毛，氣臭，亦可爲生菜。

本草綱目：薺苧處處有之，葉似野蘇而稍長，有毛，氣臭，山人茹之，味不甚佳。

白茅香　本草拾遺：白茅香味甘，平，無毒。主惡氣，令人身香，煮湯服，治腹內冷。生安南，如茅根，道家用作浴湯。李時珍曰：此乃南海白茅香，亦今排香之類，非近道之白茅，及北土茅香花也。

肉豆蔻　嘉祐本草：肉豆蔻味辛，溫，無毒。主鬼氣溫中，治積冷，心腹脹痛，霍亂中惡，冷疰嘔沫冷氣，消食，止泄，小兒乳霍。其形圓小，皮紫緊薄，中肉辛辣。生胡國，胡名迦拘勒。

圖經：肉豆蔻出胡國，今惟嶺南人家種之。春生苗，花實似豆蔻而圓小，皮紫緊薄，中肉辛辣。六月、七月採。續傳信方治脾泄氣痢等，以豆蔻二顆，米醋調麪裹之，置炭火煨令黃焦，和麪碾末，更以炒了欓子末一兩相和，又焦炒陳廩米爲末，每用二錢匕，煎作飲，調前二物三錢匕，旦暮各一，便差。

諸蕃志肉豆蔻出黄麻、駐牛崙等深番，樹如中國之柏，高至十丈，枝幹條葉，蕃衍敷廣，蔽四五十人。春季花開，採而曬乾，今豆蔻花是也。其實如榧子，去其殼，取其肉，以灰藏之，可以耐久。按本草其性溫。

稽神錄：江南司農少卿崔萬安分務廣陵，常病苦脾泄，困甚，其家人禱於后土祠，是夕萬安夢一婦人，珠珥、珠履、衣五重，皆編貝珠爲之，謂萬安曰：此疾可治，今以一方相與。可取青木香、肉豆蔻等分棗肉爲丸，米飲下二十丸。又云：此藥太熱，疾平卽止。如其言服之，遂愈。

白豆蔻

嘉祐本草：白豆蔻味辛，大溫，無毒。主積冷氣，止吐逆反胃，消穀下氣。出伽古羅國，呼爲多骨，形如芭蕉，葉似杜若，長八、九尺，冬夏不凋。花淺黄色，子作朵如葡萄，其子初出微青，熟則變白，七月採。

圖經：白豆蔻出伽古羅國，今廣州、宜州亦有之，不及番舶者佳。苗類芭蕉，葉似杜若，長八、九尺而光滑，冬夏不凋，花淺黄色，子作朵如葡萄，生青，熟白，七月採。張文仲治胃氣冷，喫食卽欲得吐，以白豆蔻子三枚，擣篩更研細，好酒一盞，微溫調之，併飲三、兩盞，佳。又有治嘔吐白朮等六味湯，亦用白豆蔻，大抵主胃冷，卽宜服也。

酉陽雜俎：白豆蔻出伽古羅國，呼爲多骨，形如芭蕉，葉似杜若，長八、九尺，冬夏不凋。花淺黄色，子作朵如葡萄，其子初出微青，熟則變白，七月採。

諸蕃志：白豆蔻出眞臘、闍婆等番，惟眞臘最多。樹如絲瓜，實如葡萄，蔓衍山谷。春花夏實，聽民從便採取。

補骨脂

嘉祐本草：補骨脂味辛，大溫，無毒。

主五勞七傷，風虛冷，骨髓傷敗，腎冷精流，及婦人血氣墮胎。一名破故紙。生廣南諸州及波斯國，樹高三、四尺，葉小似薄荷，其舶上來者，最佳。

圖經：補骨脂生廣南諸州及波斯國，今嶺外山坡間多有之，不及番舶者佳。莖高三、四尺，葉似薄荷，花微紫色，實如麻子，圓扁而黑，九月採。或云：胡韭子也，胡人呼若婆固脂，故別名破故紙。今人多以胡桃合服，此法出於唐鄭相國自敘云：予爲南海節度，年七十有五，越地卑濕，傷於內外，衆疾俱作，陽氣衰絶，服乳石補益之藥，百端不應。元和七年，有訶陵國舶主李摩訶知予病狀，遂傳此方，幷藥。予初疑而未服，摩訶稽顙固請，遂服之。經七、八日而覺應驗，自爾常服，其功神驗。十年二月，罷郡歸京，錄方傳之。破故紙十兩，淨擇去皮，洗過擣篩，令細，用胡桃瓤二十兩，湯浸去皮，細研如泥，卽入前末，更以好蜜和攪，令勻，如飴糖，盛於瓷器中，旦日以煖酒二合調藥一匙，服之，便以飯壓。如不飲人，以煖熟水調亦可。服彌久則延年益氣，悅心明目，補添筋骨。但禁食芸臺、羊血，餘無忌。此物本自外番隨海舶而來，非中華所有，番人呼爲補骨鴟，語訛爲破故紙也。續傳信方載其事，其義頗詳，故幷錄之。

蓽撥 嘉祐本草：蓽撥味辛，大溫，無毒。主溫中下氣，補腰脚，殺腥氣，消食，除胃冷陰疝痃癖。其根名蓽勃沒，主五勞七傷，陰汗核腫。生波斯國，此藥叢生，莖葉似蒟醬，子緊細，味辛，烈於蒟醬。

圖經：蓽撥生波斯國，今嶺南有之，多生竹林內。正月發苗作叢，高三、四尺。其莖如筯，葉青圓，闊二、三寸，如桑，面光而厚。三月開花，白色在表。七月結子，如小指大，長二寸已來，青黑色，類椹子。九月收採，灰殺暴乾。南人愛其辛香，或取葉生茹之。黄牛乳煎其子，治氣痢，神良。謹按唐太宗實錄云：貞觀中，上以氣痢久未痊，服它名醫藥不應，因詔訪求其方，有衞士進乳煎蓽撥法，御用有效。劉禹錫亦記其事云。後累試，年長而虚冷者必效。

海藥本草：謹按徐表南州記：本出南海。長一指，赤褐色爲上。復有蓽撥，短小黑硬不堪。舶上者味辛，温。又主老冷心痛，水瀉虚痢，嘔逆醋心，産後洩痢，與阿魏和合，良。亦滋食味，得訶子、人參、桂心、乾薑，治臟腑虚冷，腸鳴洩痢，神效。

酉陽雜俎：蓽撥出摩伽陁國，呼爲蓽撥梨，拂林國呼爲阿梨訶陀，苗長三、四尺，莖細如箸，葉似蕺葉，子似桑椹，八月採。

本草綱目李時珍曰：段成式言青州防風子可亂蓽茇，蓋亦不然。蓽茇氣味正如胡椒，其形長一、二寸，防風子圓如胡荽子，大不相侔也。

周書波斯傳：波斯國大月氏之別種，治蘇利城，古條支國也。土出胡椒、蓽撥、石蜜、千年棗、香附子、訶梨勒、無食子鹽、綠雌黄等物。

益智子

嘉祐本草：益智子味辛，温，無毒。主遺精虚漏，小便餘瀝，益氣安神，補不足，安三焦，調諸氣。夜多小便者，取二十四枚，碎入鹽，同煎服，有奇驗。按山海經云：生崑崙國。

圖經：益智子生崑崙國，今嶺南州郡往往有之。葉似蘘荷，長丈餘，其根傍生小枝，高七、八寸，無葉，花蕚作穗生其上，如棗許大。皮白，中仁黑，仁細者佳，含之攝涎唾。採無時。盧循爲廣州刺史，遺劉裕益智粽，裕答以續命湯，是此也。顧微廣州記云：益智葉如蘘荷，莖如竹箭。子從心出，一枝有十子，子肉白滑，四破，去核，取外皮，蜜煮爲粽，味辛。

南方草木狀：益智子如筆豪頭，長七、八分。二月花連著實，五、六月熟，味辛，雜五味中芬芳，亦可鹽曝。出交趾、合浦。建安八年，交州刺史張津嘗以益智子粽餉魏武帝。

齊民要術：廣志曰益智，葉似蘘荷，長丈餘。其根上有小枝，高八、九寸。無花蕚，其子叢生著之，大如棗，肉瓣黑，皮白，核小者，曰益智，含之隔涎濊。出萬壽，亦生交趾。異物志曰：益智類薏苡，實長寸許，如枳椇子。味辛辣，飲酒食之，佳。

甘松香

嘉祐本草：甘松香味甘，溫，無毒。主惡氣，卒心腹痛滿，兼用合諸香。叢生，細葉。

廣志云：甘松香出姑臧。

圖經：甘松香出姑臧，今黔、蜀州郡及遼州亦有之。叢生山野，葉細如茅草，根極繁密。八月採，作湯浴，令人體香。

茅香花

嘉祐本草：茅香花味苦，溫，無毒。主中惡，溫胃，止嘔逆，療心腹冷痛。苗、葉可煮作浴湯，辟邪氣，令人身香。生劍南道諸州，其莖、葉黑褐色，白花，即非白茅香也。

日華子云：白茅香花塞鼻洪，傅久不合灸瘡瘡、刀箭瘡，止血并痛，煎湯止吐血，鼻衄。

圖經：茅香花生劍南道諸州，今陝西、河東、京東州郡亦有之。三月生苗，似大麥，五月開白花，亦有黃花者。或有結實者，亦有無實者。並正月、二月採根，五月採花，八月採苗。其莖葉黑褐色而花白者，名白茅香也。

海藥本草：謹按廣志云生廣南山谷，味甘，平，無毒。主小兒遍身瘡疱，以桃葉同煮浴之。合諸名香，甚奇妙，尤勝舶上來者。

本草綱目李時珍曰：茅香凡有二：此是一種香茅也；其白茅香，別是南番一種香草。

縮沙蔤

嘉祐本草：縮沙蔤味辛，溫，無毒。主虛勞冷瀉，宿食不消，赤白洩痢，腹中虛痛，下氣。生南地，苗似廉薑，形如白豆蔻，其皮緊厚而皺，黃赤色，八月採。

圖經：縮沙蔤生南地，今惟嶺南山澤間有之。苗莖似高良薑，高三、四尺，葉青，長八、九寸，闊半寸已來。三月、四月開花在根下，五、六月成實，五、七十枚作一穗，狀似益智，皮緊厚而皺，如栗文，外有刺，黄赤色。皮間細子一團，八隔，可四十餘粒，如黍米大，微黑色，七月、八月採。

廣西通志：縮砂苗似薑，形似白豆蔻，出足灘以下者不減羅浮所產。

南越筆記：陽春砂仁，一名縮砂蔤，新興亦產之而生陽江南河者大而有力。其種之所曰果山。曰縮砂者，言其殼；曰蔤者，言其仁。鮮者曰縮砂蔤，乾者曰砂仁。八月採之，以嫩者鹽漬爲貨，售於嶺外，最珍，其稅頗重。

墨莊漫錄：黄魯直謂荀中令喜焚香，故名縮砂湯，曰荀令湯。朱雲喜直言切諫，苦口逆耳，故名三棱湯，曰朱雲湯。

排草香

本草綱目：排草香出交趾，今嶺南亦或蒔之。草根也，白色，狀如細柳根，人多僞雜之。按范成大桂海志云：排草香狀如白茅香，芬烈如麝香，人亦用以合香，諸香無及之者。又有麝香木出占城，乃老朽樹心節，氣頗類麝，根氣味辛，溫，無毒。主辟臭，去邪惡氣。

排草香附錄

南越筆記：排草狀如白茅，對節生葉，葉兩兩相連，長五、六寸，而幹中穿，以細嫩者爲貴。番禺人種之，動至數畝，以其葉售於海外諸番，歲有瘡痏，煎其葉爲湯，洗之卽愈。其根、莖以合諸香爲囊，能使衆味久而不滅，故一名留香草，亦曰脊香。

簡易草藥：茅香根卽燈薹草，又名相思草。清明前後出，秋枯，梗圓，穿梗出葉，葉青透者，亦有紫色者。花亦有紫、黄色者，子綠色，痧症要藥。

按本草綱目李時珍曰：排草香出交趾，今嶺南亦或蒔之。草根也，白色，狀如細柳根，人多僞雜之。按范成大桂海志云：排香狀如白茅香，芳烈如麝香，人亦用以合香，諸香無及之者。又有麝香木，出占城，乃朽樹心節，氣頗類麝。又白茅香注云：此乃南海白茅香，亦今排草香之類，非近道之白茅，及北土茅香花也。據此，則排草香與白茅香爲二物，然皆不述其形狀；卽云排草根如細柳根，亦是但見其乾者耳。今以南越筆記及羅思舉簡易草藥所述及圖校之，乃是一種。此草形狀特異，一葉中穿，故有燈臺、相思之名。又其葉末圓而上翹，土人亦呼爲元寶草。本草從新：元寶草辛，寒。補陰，治吐血衄血。生浙江田塍間，一莖直上，葉對節生，如元寶向上，或三、四層，或五、六層。按狀亦彷彿，根香如都梁，所謂如茅者，指其根形色耳。夏間葉中抽莖，莖又分叉，開五瓣黃花。江西、湖南處處有之。土醫云：治婦人乳癰，以莖根懸於乳前，右則懸左，左則懸右，未卽試也。又南越筆記：又一種，夏開細粉紫花，如蒔蘿，乾之香，亦曰排草，有曰千步草，香聞十里，然不可多得。或謂千步草，卽排草，廣人種之成畦，長至千步，故十里聞香，或卽簡易所云紫色者。粵中花木，多隨地命名，人以嶺南香國所產，目爲奇異，實則嶺北亦多有之；特無賣香市耳。羅提督蜀人，莫司馬閩人，習見習用，當必不謬。今以排草形狀、功用圖說之，而以拾遺附於後，以俟再考。

山柰 本草綱目李時珍曰：山柰生廣中，人家栽之，根葉皆如生薑，作樟木香氣。土人食其根，如食薑，切斷暴乾，則皮赤黃色，肉白色，古之所謂廉薑，恐此類也。段成式酉陽雜俎云：柰祇出拂林國，長三、四尺，根大如鴨卵，葉似蒜，中心抽條甚長。莖端有花，六出，紅、白，花心黃赤，不結子。其草冬生夏死，取花壓油塗身，去風氣。按此說頗似山柰，故附之。

南越筆記：三藾根似薑而軟脆，性熱，消食，宜𠋣檳榔嚼之，以當蒟子。或以調羹湯，微辣而香。聘婦者以三藾雕鏤花、鳥、胡蝶諸狀，薄金傅之，佐檳榔、椰肉、桂、薑花等，以實筐。三藾一名山柰，亦曰廉薑，可爲韲。與廉薑異物。

按救荒本草有野山柰，卽此。滇南同甘松香、桂皮等爲五香，充食料用。

植物名實圖考長編卷十三

澤瀉 本草經：澤瀉，味甘，寒。主風寒濕痹，乳難、消水，養五藏，益氣力，肥健，久服耳目聰明，不饑，延年輕身，面生光，能行水上。一名水瀉，一名芒芋，一名鵠瀉。

爾雅：蕍，蕮。注：今澤瀉。

別錄：鹹，無毒。主補虚損五勞，除五藏痞，起陰氣，止洩精，消渴，淋瀝，逐膀胱三焦停水。扁鵲云：多服病人眼。一名及瀉。生汝南池澤，五、六、八月採根，陰乾。葉味鹹，無毒。主大風，乳汁不出，產難，強陰氣，久服輕身。五月採實，味甘，無毒。主風痹，消渴，益腎氣，強陰，補不足，除邪濕，久服面生光，令人無子。九月採。

陶隱居云：汝南郡屬豫州，今近道亦有，不堪用，惟用漢中、南鄭、青、代，形大而長，尾間必有兩歧爲好。此物易朽蠹，常須密藏之。葉狹長，叢生諸淺水中。仙經服食斷穀皆用之，亦云身輕能步行水上。

圖經：澤瀉生汝南池澤，今山東、河、陝、江、淮亦有之，以漢中者爲佳。春生苗，多在淺水中，葉似牛舌草，獨莖而長。秋時開白花，作叢，似穀精草。五月、六月、八月採根，陰乾。今人秋末採，暴乾用。此物極易朽蠹，常須密藏之。漢中出者，形大而長，尾間有兩歧，最佳。素問：身熱解墮，汗出如浴，惡風少氣，名曰酒風，治之以澤瀉、朮各十分，麋銜五分，合以三指撮爲後飯；後飯者，飯後藥先謂之後飯。張仲景治雜病心下有支飲苦冒澤瀉湯，主之。澤瀉五兩，朮二兩，水二升，煎取半升，分溫再服。治傷寒有大小澤瀉湯，五苓散輩，皆用澤瀉行利停水爲最要。深師治支飲，亦同用澤瀉、朮，但煮法小別；先以水二升煮二物，取一升，又以水一升煮澤瀉，取五合。合此二汁爲再服。病甚欲眩者，服之必差。仙方亦單服澤瀉一物，搗篩取末，水調，日分服六兩，百日體輕，久而健行。

救荒本草：澤瀉俗名水蓄菜，水邊處處有之。叢生苗葉，其葉似牛舌草葉，紋脈堅直，葉叢中間攛葶，對分莖叉。莖有線楞，梢間開三瓣小白花，結實小，青細。子味甘，葉味微鹹。採嫩葉煠熟，水浸淘洗淨，油鹽調食。

陸璣詩疏：言采其藚。藚，今澤蕮也。其葉如車前草大，其味亦相似。徐州、廣陵人食之。廣要：爾雅藚，牛脣。郭注云：毛詩傳曰：水蕮也，如藚斷，寸寸有節，拔之可復。邢疏云：李巡曰：別二名。郭云：如續斷，璣以爲今澤蕮也。郭氏所不取。鄭注云：狀似麻黃，亦謂之續斷，其節拔可復續，生沙陂。按陸氏因毛傳水蕮誤爲澤蕮，李巡已非之。鄭氏因郭注如藚斷，直指爲續斷，愈失其眞矣。又按爾雅云：蕍，蕮。注云：今澤蕮。疏云：卽本草澤瀉也。本草澤瀉續斷並無藚與水蕮之名，至其莖、葉、花、實之名各異，圖經已詳之。

本草綱目李時珍曰：神農書列澤瀉於上品，云久服輕身面生光，能行水上。典術云：澤瀉久服，令人身輕，日行五百里，走水上。一名澤芝。陶、蘇皆以爲信然，愚竊疑之。澤瀉行水瀉腎，久服且不可，又安有此神功耶？其謬可知。

菖蒲

本草經：菖蒲，味辛，溫。主風寒濕痹，欬逆上氣，開心孔，補五藏，通九竅，明耳目，出音聲，久服輕身，不忘不迷惑，延年。一名昌陽。

別錄：無毒。主耳聾，癰瘡，溫腸胃，止小便利，四肢濕痹不得屈伸，小兒溫瘧，身積熱不解，可作浴湯，聰明耳目，益心智，高志不老。生上洛池澤及蜀郡嚴道，一寸九節者良，露根不可用，五月、十二月採根，陰乾。陶隱居云：上洛郡屬梁州，嚴道縣在蜀郡。今乃處處有，生石磧上，穊節爲好。在下濕地大根者，名昌陽，止主風濕，不堪服食。此藥甚去蝨，幷蚤蝨，而今都不言之。眞菖蒲葉有脊，一如劍刀，四月、五月亦作小釐華也。東澗溪側又有名溪蓀者，根形氣色極似石上菖蒲，而葉正如蒲，無脊，此止主欬逆，亦斷蚤蝨，不入服御用。詩詠多云蘭蓀，正謂此也。

吳普本草：菖蒲一名堯韭。

羅浮山記：山中菖蒲，一寸二十節。

圖經：菖蒲生上洛池澤及蜀郡嚴道，今處處有之。而池州、戎州者佳。春生青葉，長二尺許，其葉中心有脊，狀如劍。無花實，五月、十二月採根，陰乾。今以五月五日收之。其根盤屈有節，狀如馬鞭，大一根，傍引三四根，傍根節尤密，一寸九節者佳，亦有一寸十二節者。採之初虛軟，暴乾方堅實，折之中心色微赤，嚼之辛香少滓，人多植于乾燥砂石土中，臘月移之，尤易活。古方亦有單服者，採得緊小似魚鱗者，治擇一斤許，以水及米泔浸，各一宿，又刮去皮，切暴乾搗篩，以糯米粥和勻，更入熟蜜，搜丸如梧子大，稀葛袋盛置當風處，令乾。每旦酒飲，任下三十丸，臨臥更服二十丸，久久得效，如本經所說。又蜀人用治心腹冷氣搊痛者，取一二寸搥碎，同吳茱萸煎湯飲之，良。黔、蜀蠻人，亦常將隨行，卒患心痛，嚼一二寸，熱湯或酒送，亦效。其生蠻谷中者，尤佳。人家移種者，亦堪用，但乾微辛香，堅實不及蠻人持來者。此即醫方所用石菖蒲也。又有水菖蒲，生溪澗水澤中甚多，葉亦相似，但中心無脊，採之乾後，輕虛多滓，殊不及石菖蒲，不堪入藥用，但可搗末，油調塗疥瘙。今藥肆所貨，多以兩種相雜，尤難辨也。

衍義曰：菖蒲世又謂之蘭蓀，生水次，失水則枯，根節密者，氣味足。有人患遍身生熱毒瘡，痛而不痒，手足尤甚，然至頸而止，黏著衣被，曉夕不得睡，痛不可任，有下俚教以菖蒲三斗，剉，日乾之，擣羅爲末，布蓆上，使病瘡人恣臥其間，仍以被衣覆之，既不黏著衣被，又復得睡，不五七日間，其瘡如失。後自患此瘡，亦如此用，應手如神。其石菖蒲根，絡石而生者，節乃密，入藥須此等。

南方草木狀：菖蒲，番禺東有澗，澗中生菖蒲，皆一寸九節，安期生採服，僊去，但留玉舄焉。

杜陽雜編：鷰蜂悞螫人則生瘡，以菖蒲根傅之，卽愈。按杜陽雜編所載奇卉，多詭異不可信。此云菖蒲根傅蜂螫，或當時有此方，錄以俟驗。

孫公談圃：本草載石菖蒲，久服身輕，一名菖陽，退之所謂訾醫師以菖陽引年，欲進其豨苓。以余觀之，本草所謂輕身，退之所謂引年，殆今石菖蒲。其生石磧上，祁寒盛暑，凝之以層冰，暴之以烈日，衆卉枯瘁，方且鬱然茂，是宜服之，能輕身却老也。若生下濕之地，至暑則根虛，至秋則葉萎，與蒲柳同，豈足比哉！

呂氏春秋：菖蒲，冬至後五旬七日，菖始生，乃耕。菖者，百草之先生者也，于是始耕。

爾雅翼：荃，菖蒲也。或讀若孫音，又一名蓀。春秋運斗樞曰：玉衡星散爲菖蒲，遠雅頌，著倡優，則玉衡不明，菖蒲冠環。孝經援神契曰：菖蒲益聰，生水中，葉長數尺而上鋭，中有脊如劍，其花九節者，食之仙。其本芳辛，每以一握爲限，一握則四寸，切之爲菹，謂之昌歜，或謂之昌本，以實朝事之豆。文王好食之，豆以昌本爲首。魯僖公時，王使周公閱來聘，饗有昌歜，白黑形鹽，而周公以爲薦五味也。此蓋朝事之常，故郊特牲云：常豆之菹，水草之和氣也。又可以餌魚，故莊子稱：荃者，所以在魚，得魚而忘荃，或以此當之。楚辭言香草皆以喻羣臣，唯言蓀者喻君，蓋蓀於藥性爲君也。其曰數惟蓀之多怒，曰蓀佯聾而不聞，曰夫人自有兮美子，蓀何以兮愁苦。蓋蓀能輔性，治氣逆，則怒非所宜。能益聰，則聾非所應。又治小兒溫瘧，身積熱不解者，可作浴湯，則其主人之美子宜也。少司命，君也。又主人之子孫，有蓀之義焉。蓀從孫，亦生子孫之義也。

羣芳譜：菖蒲一名昌陽，一名昌歜，一名堯韭，一名蓀，一名水劍草。有數種。生於池澤，蒲葉肥，根高二三尺者，泥蒲也，名白菖。生於溪澗，蒲葉瘦，根高二三尺者，水蒲也，名溪蓀。生於水石之間，葉有劍脊，瘦根密節，高尺餘者，石菖蒲也；養以沙石，愈翦愈細，高四五寸，葉茸如韭者，亦石菖蒲也。又有根長二三分，葉長寸許，置之几案，用供清賞者，錢蒲也。服食入藥，石蒲爲上，餘皆不堪。此草新舊相代，冬夏長青。羅浮山記言：山中菖蒲，一寸二十節。本草載：石菖蒲一寸九節者良，味辛溫，無毒。開心，補五藏，明耳目，久服可以烏鬢髮，輕身，延年。經曰：菖蒲九節，仙家所珍。孝經援神契曰：菖蒲益聰。生石磧者，祈寒盛暑，凝之以層冰，暴之以烈日，衆卉枯瘁，方且鬱然叢茂，是宜服之却老。若生下濕之地，暑則根虛，秋則葉萎，與蒲柳何異，烏得益人哉！種類有虎鬚蒲，燈前置一盆，可收燈煙，不薰眼。泉州者不可多備，蘇州者種類極麄。蓋菖蒲本性，見土則麄，見石則細。蘇州多植土中，但取其易活耳。法當於四月初旬收緝幾許，不論麄細，用竹剪淨剪，堅瓦敲屑，篩去麄頭，淘去細垢，密密種實，深水蓄之，不令見日，半月後長成，麄葉修去。秋初再翦一番，斯漸纖細，至年深月久，盤根錯節，無塵埃油膩相染，無日色相干，則自然稠密，自然細短。或曰四月十四日菖蒲生日，修翦根葉，無踰此時，宜積梅水，漸滋養之。又有龍錢蒲，此種盤旋可愛，且變化無窮，缺水亦活。夏初取橫雲山沙土，揀去大塊，以淘淨麄者，先盛半盆，取其洩水，細者蓋面，與盆口相平。大窠一可分十，小窠一可分二三，取圓滿而差大者作主，餘則視盆大小，旋繞朋植。大率第一迴不過五窠六窠，二迴倍一，三迴倍二，斯齊整可觀。經雨後其根大露，以沙再壅之，只須置陰處，朝夕微微灑水，自然榮茂，不必盛水養之。一月後，便成美觀。一年後，盆無餘地。二年儘可分植矣。藏法與虎鬚蒲略同。此外又有香苗、劍脊、金錢、牛頂、臺蒲，皆品之佳者。嘗謂化工造物，種種殊途，靡不藉陽春而發育，賴地脈以化生；乘景序之推移，而榮枯遞變，均未足擬卓然自立之君子也。乃若石菖蒲之爲物，不假日色，不資寸土，不計春秋，愈久則愈密，愈瘠則愈細，可以適情，可以養性。書齋左右，一有此君，便覺清趣瀟灑，烏可以常品目之哉！他如水蒲雖可供葅，香蒲雖可採黄，均無當於服食，視石蒲不啻徑庭矣。

又曰：養盆蒲法，種以清泉潔石，壅以積年溝中瓦末，則葉細。畏熱手撫摩，及酒氣、腥味、油膩、塵垢汚染。若見日及霜雪煙火皆萎，喜雨露，遂挾而驕。夜息至天明，葉端有綴珠，宜作綿捲小杖揾去，則葉杪不黄。愛滌根，若留以泥土，則肥而麤，須常易去水滓，取清者續以新水，養之久，則細短，油然蔥蒨。水用天雨。嚴冬經凍，則根浮萎腐，九月移置房中，不可缺水。十一月宜去水，藏於無風寒密室中，常墐其戶。遇天日暖，少用水澆，或以小缸合之，則氣水洋溢，足以滋生。不然，便枯死。菖蒲極畏春風，春末始開置無風處，縠雨後則無患矣。語云：春遲出，春分出室，且莫見雨。夏不惜，可翦三次。秋水深，以天落水養之。冬藏密，十月後以缸合密。又云：添水不換水，添水使其潤澤，換水傷其元氣。見天不見日，見天揾雨露，見日恐麤黄。宜翦不宜分，頻翦則短細，頻分則麤稀。浸根不浸葉，浸根則滋生，浸葉則潰爛。又云：春初宜早除黄葉，夏日長宜滿灌漿，秋季更宜沾雨露，冬宜暖室避風霜。又云：春分最忌摧花雨，夏畏涼漿熱似湯，秋畏水痕生垢膩，嚴冬止畏見風霜。

蘇軾石菖蒲贊：本草菖蒲味辛，溫，無毒。開心，補五臟，通九竅，明耳目，久服輕身，不忘，延年，益心智，高志不老。注云：生石磧上，穊節者良，生下濕地大根者，乃是昌陽，不可服。韓退之進學解云：訾醫師以昌陽引年，欲進其豨苓。不知退之卽以昌陽爲菖蒲耶，抑謂其似是而非，不可以引年也？凡草木之生石上者，必須微土以附其根，如石韋、石斛之類，雖不待土，然去其本處輒槁死。惟石菖蒲並石取之，濯去泥土，漬以清水，置盆中，可數十年不枯。雖不甚茂，而節葉堅瘦，根鬚連絡，蒼然於几案間，久而益可喜也。其輕身延年之功，卽非昌陽之所能及。至於忍寒苦，安淡泊，與清泉白石爲侶，不待泥土而生者，亦豈昌陽之所能髣髴哉？余遊慈湖，山中得數本，以石盆養之，置舟中，間以文石、石英，璀璨芬郁，意甚愛焉。顧恐陸行不能致也，乃以遺九江道士胡洞微，使善視之。余復過此，將問其安否。因爲之贊曰：清且泚，惟石與水，託於一器，養非其地，瘠而不死。夫孰知其理！不如此，何以輔五臟，而堅髮齒！

抱朴子：菖蒲石上生，一寸九節已上，紫花者尤善。韓終服之十三年，身生毛，日視書萬言，皆誦之，冬袒不寒。

離騷草木疏：荃不察余之中情兮。王逸注：荃香草，以諭君也。惡數指斥尊者，人君被服芬香，故以香草爲諭。洪慶善曰：荃與蓀同。莊子得魚忘荃，崔音孫，云香草，可以餌魚。疏曰：蓀，荃也。九歌蓀橈、蓀壁，皆一作荃。蓀不察余之中情，蓀何爲兮愁苦，數惟蓀之多怒，蓀獨宜兮爲民正，蓀詳聾而不聞，願蓀美之可完，皆以諭君也。沈存中云：香草之類，大率多異名，所謂蘭蓀，蓀卽今菖蒲是也。東坡先生石菖蒲贊引本草注云：生下濕地大根者，乃是昌陽，不可服。韓退之云：訾醫師以昌陽引年，欲進其豨苓也。不知退之卽以昌陽爲菖蒲邪，抑謂其似是而非，不可以引年也？仁傑按：本草：菖蒲，久服輕身不忘，延年不老，一名昌陽，謂生石上菖蒲紫花者。漢武帝内傳云：九疑仙人聞中岳有石上菖蒲，食之長生，故來採之。抱朴子云：韓衆服菖蒲十三年，身上生毛，日視書萬言，皆誦之，冬袒不寒。菖蒲須得石上，一寸九節，紫花尤善。故李衛公平泉草木記有芳蓀詩，自注云：茅山谿中謂之谿蓀，其花紫色，又寄茅山孫鍊師詩云：石上谿蓀發紫茸。陶隱居乃云：東間谿側有名谿蓀者，根形氣色極似石上菖蒲，而葉正如蒲無脊，俗人誤呼此爲石昌蒲。詩詠多云蘭蓀，正謂此也。又云：生下濕地大根者，名昌陽。陳藏器云：水昌蒲名昌陽，一名白昌，卽今之谿蓀也，根色正白。陶以菖蒲、昌陽、谿蓀爲三物。陳別出菖蒲而以昌陽、谿蓀爲一物，皆誤也。圖經云：菖蒲葉長一、二尺，中心有脊，狀如劍，無花實。此與抱朴子李衛公所云不同。蓋石上菖蒲無劍脊而有紫花者，爲昌陽。昌黎蓋曰引年當用谿蓀，若進豨苓，則繆矣。本草別說云：今陽羨山中生水石間者，其根須略無少泥土，極緊細，一寸不啻九節，二浙人家，以瓦石器種之，旦暮易水則茂。近方多用石菖蒲，必此類也。其池澤所生，肥大節疎，恐不可入藥，惟可作果盤，蓋氣味不烈耳。雷公云：勿用泥昌、夏昌，二件根如竹根鞭，氣穢味腥。又陳藏器云：水昌生水畔，與石上昌蒲都別，根大而臭，則知昌蒲種類甚多：生下濕地者曰泥昌、夏昌，生谿水中者曰水昌，生石上者爲石昌蒲，而石上者又自有三種。圖經所載生蜀地，葉作劍脊而無花，一也；別說所載，生陽羨山中不作劍脊，有花而黄，二也；衛公所載，生茅山谿石上，亦不作劍脊，而花紫，三也。抱朴子以紫花爲尤善，卽所謂昌陽、谿蓀者也。知谿蓀自是石菖蒲一類中尤穎耳，藥有君、臣、佐使，而此爲君。離騷又以爲君諭，良有以也。諸家以此種葉不作劍脊，遂謂非眞，其實不在此。如泥昌雖復葉作劍脊，亦安所用邪？大抵昌蒲生谿石上，自然根硬節密，暴乾堅實而辛香，與泥昌、水昌不可同日而語也。昌陽名謂，彼烏足以當之。越繇王閩侯遺江都王荃葛，服虔曰：荃音蓀，細葛也。臣瓚曰：荃，香草也。顔師古謂荃本作絟，音千全切，又千劣切，今筩布之屬。服、瓚二說皆非。此誤以絟爲荃耳。

香蒲　本草經：香蒲味甘，平。主五藏心下邪氣，口中爛臭，堅齒，明目聰耳，久服輕身耐老。一名睢。

別錄：無毒。一名睢，一名醮。生南海池澤。陶隱居云：方藥不復用，俗人無採，彼土人亦不復識者。江南貢菁茅，亦名香茅，以供宗廟縮酒。或云是薰草。又云是鷰麥。此蒲亦相類爾。

唐本草注云：此即甘蒲作薦者，春初生，用白爲葅，亦堪蒸食。山南名此蒲爲香蒲，謂菖蒲爲臭蒲。陶隱居所引菁茅，乃三脊茅也。其鷰麥、薰草、香茅，野俗皆識，都不爲類，此並非例也。蒲黃即此香蒲花是也。

陸璣廣要：蒲，爾雅云：莞，苻蘺，其上蒚。郭注云：今南方人呼蒲爲莞蒲，蒚謂其頭臺首也。江東謂之苻蘺，西方亦名蒲，中莖爲蒚。鄭注云：即蒲也。西方呼爲莞蒲，謂其首爲臺。江東謂之苻蘺，其上臺莖別名蒚。說文云：水草似莞而褊，有脊，生於水厓，柔滑而溫，可以爲席。周禮醢人深蒲醓醢。鄭司農云：深蒲，蒲蒻入水深，故云深蒲。詩緝云：斯干下莞，箋云小蒲，則莞精蒲麤。

離騷草木疏：豈惟紉夫蕙茝，洪慶善曰：茝，白芷也。又攬木根以結茝，慶善引荀子蘭槐之根爲芷注，謂苗名蘭槐，根名芷，然則木根與茝，皆喻木也。又辛夷楣兮葯房，王逸注：葯，白芷也。五臣云：以馨香爲房之飾。慶善曰：本草白芷，楚人謂之葯。博雅曰：芷，其葉謂之藥。又劉向九歎：莞芎棄於澤洲。王逸注：莞，苻蘺也。慶善引本草白芷一名莞，一名芙蘺。爾雅：莞，芙蘺。注云：蒲也。仁傑曰：芳草固多異名，白芷一物，而離騷異其名者四：曰芷，曰芳，曰茝，曰葯。按本草朱字神農本經云：白芷一名芳香，此固不疑，至黑字云：一名虈，一名苻蘺，葉名蒚麻。乃諸醫以爾雅文傅益者也，是豈足據哉！郭璞注爾雅「莞，苻蘺，其上蒚」云：今西方人呼蒲爲莞蒲，江東謂之苻蘺，用之爲席，其上臺別名蒚。說文茝字解云：虈也。虈字解云：楚謂之爲蘺，晉謂之虈，齊謂之茝。又山海經：號山草多葯虈，崍山草多葯。郭璞注：葯即虈。蓋謂之蘺者，苻蘺也。虈茝特齊、晉方言之異，而葯與葯虈，文有詳略耳。如苨一名菧苨，苕一名陵苕也。則知離騷所謂茝、葯者，指莞蒲言之，非白芷別名，審矣。陸德明詩音義云：莞草叢生水中。本草注云：白芷生下濕地，則茝葯與芷判然二物，抑又可見諸家之說誤也。顧野王蒚字解云：蒲蒚，今蒲頭有臺，臺上有重臺，中出黃，即蒲黃也。本草有香蒲及蒲黃條，即所謂莞、苻蘺、茝、葯者也。香蒲一名睢，一名醮。唐本注云：此則甘蒲作薦者，山南名此爲香蒲，而謂昌蒲爲臭蒲也。春初生嫩葉，未出水時紅白色，茸茸然。周禮以爲菹，生噉之，甘脆。至夏抽梗於叢葉中，花抱梗端，謂之蒲釐，花中蘂屑細若金粉，謂之蒲黃。篩其粉後，有赤滓，謂之蒲蕚。又敗蒲席條，陶隱居云：人家所用席，皆是莞草，而薦多用蒲。唐本注云：席、薦一也。晉、齊間人謂蒲薦爲蒲席，亦曰蒲，蓋謂藁作者爲薦爾。山南、江左以機上織者爲席，席下重厚者爲薦。仁傑按：莞蒲有大小二種：爾雅莞、苻蘺之外，又有蕇鼠莞。注云：亦莞屬，纖細似龍須，可以爲席。蓋唐本草所謂香蒲，可爲薦者，莞苻蘺也。機上織者，鼠莞也。鄭康成詩箋：下莞小蒲之席。孔穎達詩疏謂康成云莞小蒲也者，以莞蒲一草之名，而司几筵，有莞筵、蒲筵，則有大小之異，爲席有精粗，故得爲兩種席也。設席粗者在下，美者在上，諸侯祭祀之席，以莞加蒲，明莞細而用小蒲也。陸德明：莞草江南以爲席，形似小蒲而實非。蓋以莞加蒲者，謂莞苻蘺爲蒲，謂蔍鼠莞爲莞也。鼠莞小於苻蘺，故別之曰小蒲。下莞上簟者，謂莞苻蘺所爲，而不論鼠莞也。德明謂莞莖圓，即鼠莞耳。又謂似小蒲而非，何哉？山海經亦有大小蒲之別。孟子之山，其草多蒲；又賈超之山，其中多龍修。郭注：龍須也，似莞而細，出山石穴中，莖倒垂，可以爲席是也。又太行以至無逢之山，祠用一藻茝瘞之。郭注：藻，聚藻。茝，香草，蘭之類。以山海經他文推之，如曰祠用一璋玉，或曰用一藻玉，或曰用一璧，或曰用一璧一珪，使藻茝爲二物，當如珪璧之文，云用一藻一茝可也。又郭注藻玉云：玉有符彩者。或曰：盛玉、藻藉也。謂玉有藻彩，良是。如或人之說，則藻藉與玉爲二物矣。按泰冒之山，浴水出焉，其中多藻玉。觀此，則或人之說，不攻自破。例以藻玉，則藻茝當是一物，郭說失之。藻爲茝，曰藻茝者，以其生於水中。又爾雅有蘄茝，故以是別之耳。集韻茝字諸市切，云艸名，蘼蕪也。又昌亥切，云艸名虈。二茝音訓，當如是別。曹憲博雅以葯爲芷葉。按淮南書云：舞者身如秋葯之被風。則葯至秋猶茂。今白芷立秋後即枯，故東方朔七諫云：捐芷葯與杜衡。王褒九懷云：芷室兮葯房。以芷葯齊稱而並舉之，其爲二物，明甚。憲與逸其失同科。

說文解字注：茈，茈莃。逗二字各本脫，今依全書通例補之。昌蒲也。周禮朝事之豆，實有昌本。注：昌本，昌蒲根。切之四寸爲菹，左氏謂之昌歜。本草經：菖蒲一名昌陽。按或單呼曰昌，或曰堯韭，或曰荃，或曰蓀。茈莃之名，今未見所出。从艸，卬聲，五剛切，十部。益州云本草經曰生上洛池澤及蜀郡嚴道。云毛扆改生茀，茚茀也，从艸，邪聲，以遮切，古音在五部。又莞艸也，可以作席。小雅：下莞上簟。箋云：莞，小蒲之席也。司几筵，蒲筵，加莞席。正義以莞加蒲，麤者在下，美者在上也。列子：老韭之爲莞。殷敬順曰：莞音官，似蒲而圓，今之爲席者，是也。楊承慶字統音關。玉裁謂莞之言管也。凡莖中空者，曰管。莞蓋即今席子，艸細莖圓而中空。鄭謂之小蒲，實非蒲也。廣雅謂之葱蒲。从艸，完聲，胡官切，在十四部。藺，莞屬。可爲席。依韵會所引，補三字。急就篇有藺席，从艸，閵聲，良刃切，十二部。蒲，水艸也。或以作席。周禮祭祀席有蒲筵，从艸，浦聲，此當云從艸水，甫聲，薄胡切，五部。蒻，蒲子。句可以爲平席。蒲子者，蒲之少者也。凡物之少小者，謂之子，或謂之女。周書蔑席，苜部曰纖蒻席，馬融同。王肅曰：纖蒻苹席也。某氏尙書傳曰：底席，蒻苹也。鄭注閒傳曰：芐，今之蒲苹也。釋名曰：蒲苹以蒲作之，其體平也。苹者，席安隱之偁，此用蒲之少者爲之，較蒲席爲細。考工記注曰：今人謂蒲本在水中者爲弱。弱即蒻，蒻必媆，故蒲子謂之蒻，非謂取水中之本爲席也。世謂蒲蒻。太平御覽有此四字。从艸，弱聲，而灼切，二部。㴱，㴱蒲。逗各本脫㴱字，今補。蒻之類也。此釋周禮也。加豆之實，㴱蒲醓醢。先鄭曰：㴱蒲，蒲蒻入水㴱，故曰㴱蒲。鄭曰：㴱蒲，蒲始生水中子。是則㴱蒲即蒲蒻在水中者。許君以蒲子別於蒲，以蒻之類別於蒻，謂蒲有三種，似二鄭說爲長。从艸，㴱聲，此當云從艸水，突聲，式箴切，七部。此字蓋出故書。䓴，夫離也。見釋艸。䓴，釋艸亦作莞，夫作苻，从艸，睆聲，胡官切，十四部。蒚，夫離上也。見釋艸。从艸，鬲聲，力的切，十六部。按前既有莞艸可以作席之文，復出蔬字，則爾雅蔬苻離，非可以作席之莞也。

蒲黃　本草經：蒲黃味甘，平。主心腹膀胱寒熱，利小便，止血，消瘀血，久服輕身，益氣力，延年神仙。

別錄：無毒。生河東池澤，四月採。陶隱居云：此即蒲釐花上黃粉也。伺其有，便拂取之，甚療血。仙經亦用此。日華子云：蒲黃治撲損血悶，排膿瘡癤，婦人帶下，月候不勻，血氣心腹痛，姙孕人下血墜胎，血暈血癥，兒枕急痛，小便不通，腸風瀉血，遊風腫毒，鼻洪，吐血，下乳，止泄精，血痢。此即是蒲上黃花，入藥要破血，消腫，即生使。要補血，止血，即炒用。蒲黃篩下後，有赤滓，名萼，炒用甚澀腸，止瀉血，及血痢。

圖經：蒲黃生河東池澤。香蒲，蒲黃苗也；生南海池澤，今處處有之，而秦州者爲良。春初生嫩葉，未出水時紅白色，茸茸然。周禮以爲葅，謂其始生，取其中心入地大如匕柄，白色，生噉之，甘脆。以苦酒浸如食笋，大美。亦可以爲鮓。今人罕復有食者。至夏抽梗於叢葉中，花抱梗端，如武士棒杵，故俚俗謂蒲槌，亦謂之蒲釐花。黃即花中蕊屑也，細若金粉。當其欲開時，有便取之，市廛間亦採以蜜溲作果食貨賣，甚益小兒。醫家又取其粉，下篩後有赤滓，謂之蒲萼，入藥以澀腸止洩殊勝。

農桑通訣曰：四月揀綿蒲肥旺者，廣帶根泥，移出於水，地內栽之，次年即堪用。其水深者白長，水淺者白短。

廣雅疏證：蒲穗謂之蓴。廣韻云：蓴，蒲秀也。秀亦穗也。爾雅云：莞，苻蘺，其上蒚。郭注云：今西方呼蒲爲莞蒲，蒚謂其頭臺首也。臺首即其作穗處矣。玉篇云：蒚謂今蒲頭有臺，臺上有重臺，中出黃，即蒲黃也。神農本草有蒲黃。陶注云：此卽蒲蘁花上黃粉也。

蘇頌圖經云：蒲，今處處有之。春初生嫩葉，未出水時紅白色，茸茸然。至夏抽梗於叢葉中，花抱梗端，如武士棒杵，故俚俗謂蒲槌，亦謂之蒲蘁花。黃卽花中蘂屑也，細若金粉。當其欲開時，有便取之。市廛間亦採以蜜溲作果食貨賣，甚益小兒。案今蒲草初作穗時，有黃鞾裹之，穗上有重臺，長大則鞾坼裂，隨風落去，穗上重臺亦漸枯。其穗皆紫茸，四周密密相次，長五六寸，形正圓，高郵人謂之蒲棒頭，以其形似之也。謝靈運於南山往北山經湖中瞻眺詩云：新蒲合紫茸。李善注云：謂蒲華也。謝朓詠蒲詩云：暮蕊雜椒塗。亦是此耳。蒲穗形圓，故謂之蓴；蓴之爲言團團然叢聚也。說文云：蓴，蒲叢也。蒲草叢生於水，則謂之蓴；蒲穗叢生莖末，亦謂之蓴。訓雖各異，義實相近也。

水萍　蘋

本草經：水萍，味辛，寒。主暴熱身痒，下水氣，勝酒，長鬚髮，止消渴，久服輕身。一名水花。

爾雅：萍，蓱。其大者蘋。注：水中浮萍，江東謂之薸。

詩經：于以采蘋。陸璣疏：蘋，今水上浮萍也，其粗大者謂之蘋，小者曰蓱。季春始生，可糝蒸以爲茹。又可用苦酒淹，以就酒。

別錄：酸，無毒。主下氣。以沐浴，生毛髮。一名水白，一名水蘇。生雷澤池澤，三月採，暴乾。陶隱居云：此是水中大萍爾，非今浮萍子。藥錄云：五月有花，白色，卽非今溝渠所生者。楚王渡江所得，非斯實也。

圖經：水萍生雷澤池澤，今處處溪間水中皆有之。此是水中大萍，葉圓，闊寸許，葉下有一點如水沫，一名芣菜。蘇恭云：此有三種：大者曰蘋；中者荇菜，卽下鳧葵是也；小者水上浮萍，卽溝渠間生者是也。大蘋，今醫方鮮用。浮萍，俗醫用治時行熱病，亦堪發汗，甚有功。其方用浮萍草一兩，四月十五日者，麻黄去節根，桂心、附子炮製去臍皮，各半兩，四物擣細篩，每服二錢，以水一中盞入生薑半分，煎至六分，不計時候，和滓熱服，汗出乃差。又治惡疾，遍身瘡者，取水中浮萍，濃煮汁，漬浴半日，多效。此方甚奇古也。

按小萍、大蘋，爾雅陸疏本自分曉。醫家以大蘋鮮用，遂多模糊。李時珍以田字草爲蘋，極合爾雅翼四衢之説。毛晉廣要臚列尤詳。

陸疏廣要：爾雅云：萍，蓱。其大者蘋。郭璞云：水中浮萍，江東謂之薸。邢昺云：舍人曰，萍一名蓱，大者名蘋。鄭樵云：蓱，浮萍也，今謂之薸，其大者蘋，卽萍類而大者。按萍屬不可食，此必蕈類，葉亦圜，浮水上如萍也。按本草注：水萍有三種：大者名蘋；又有荇菜亦相似，而葉圓；小者水上浮萍。吳氏云：水萍一名水廉。陳藏器云：蘋葉圓，闊寸許，葉下有一點如水沫，一名芣菜。爾雅翼云：蘋葉正四方，中拆如十字，根生水底，葉敷水上，不若小浮萍之無根而漂浮也。故韓詩云：沈者曰蘋，浮者曰薸。薸音瓢，卽小萍也。蘋亦不沈，但比萍則有根，不浮游耳。五月有花白色，故謂之白蘋。呂氏春秋曰：菜之美者，崑崙之蘋萍焉，蘋之極大者，則有實。楚王渡江，有物觸王舟，其大如斗而赤，食之而甘，孔子以童謠決之曰：蘋實也。雖皆萍之類，然實蘋也，非無根所能生也。又天問曰：靡萍九衢。言其枝葉分爲衢道，猶今言花五出、六出也。靡萍九衢，異方之物，故特奇偉。今浮萍三衢，蘋雖大，四衢而已。九衢而大於蘋，則亦大蘋，非特萍也。又本草稱水萍，亦謂此物。陶隱居云：非今浮萍子。此三事皆得萍名，而實蘋也。故詳著之，使覽者無惑焉。詩緝云：蘋可茹，萍不可茹。郭氏以小萍爲大萍，誤。名物疏云：按周處風土記，萍蘋，芹菜之別名。此說非是，芹別一物矣。蘋又有水陸之異，柳惲所謂汀洲采白蘋者，水生而似萍者也。宋玉所謂起于青蘋之末者，陸生而似莎者也。按蘋可食，萍不可食。鄭樵疑之，嚴粲駁之，尙未詳析其狀，後人未免傳譌。然陸疏云：小者曰萍，原未嘗相溷。埤雅蘋與藻互發，反多模糊處。又釋苹云：無根而浮，常與水平，故曰苹也，江東謂之薸，言無定性，漂流隨風而已。周官：萍氏掌水禁。鄭氏云：以不沈溺取名，蓋使之幾酒謹酒也。月令：季春穀雨之日，萍始生。舊說，萍善滋生，一夜七子。一曰萍浮于流水，則不生于止水，則一夕生九子，故謂之九子萍也。世說：楊花入水爲浮萍。爾雅翼云：水上小浮萍，江東謂之薸。高誘曰：蘋，大萍，水漂也，字並同。皆以漂蕩之漂，音簞瓢之瓢，字似藻，說者遂以相紊，蓋非其類也。說文云：萍無根，浮水而生。但有小鬚，垂水中而已。楚辭曰：竊傷兮浮萍無根。然淮南子云：萍植根于水，木植根于地。蓋萍以水爲地，垂根于中，則所垂者乃是根，今或反根于上，爲日所暴卽死，是與失土同也。二家釋萍，極其詳明，又與蘋有別；但俱謂「食野之苹」，卽此物，恐未必然。名物疏云：蘋有水陸之異，甚確，但陸生者亦不可茹，鄭氏意蘋爲蕁類，亦非。

本草綱目李時珍曰：蘋乃四葉菜也，葉浮水面，根連水底，其莖細於蕁莕。其葉大如指頂，面青背紫，有細紋，頗似馬蹄決明之葉，四葉合成，中坼十字。夏秋開小白花，故稱白蘋，其葉攢簇如萍，故爾雅謂大者爲蘋也。呂氏春秋云：菜之美者，有崑崙之蘋，卽此。韓詩外傳謂浮者爲薸，沈者爲蘋。臞仙謂白花者爲蘋，黃花者爲莕，卽金蓮也。蘇恭謂大者爲蘋，小者爲莕。楊愼卮言謂四葉菜爲莕。陶宏景謂楚王所得者爲蘋。皆無一定之言，蓋未深加體審，惟據紙上猜度而已。時珍一一采視，頗得其眞云。其葉徑一二寸，有一缺，而形圓如馬蹄者，蓴也。似蓴而稍尖長者，莕也。其花並有黃白二色，葉徑四五寸，如小荷葉，而黃花結實如小角黍者，萍蓬草也。楚王所得萍實，乃此萍之實也。四葉合成一葉，如田字形者，蘋也。如此分別，自然明白。又項氏言白蘋生水中，青蘋生陸地。按今之田字草，有水陸二種，陸生者多在稻田沮洳之處，其葉四片合一，與白蘋一樣，但莖生地上，高三四寸而可食。方士取以煅硫、結砂、煮汞，謂之水田翁，項氏所謂青蘋，蓋卽此也。或以青蘋爲水草，誤矣。

又曰：本草所用水萍，乃小浮萍，非大蘋也。陶、蘇俱以大蘋注之，誤矣。萍之與蘋，音雖相近，字卻不同，形亦迥別，今釐正之，互見蘋下。浮萍，處處池澤止水中甚多，季春始生，或云楊花所化，一葉經宿，卽生數葉，葉下有微鬚，卽其根也。一種背面皆綠者，一種面青背紫赤若血者，謂之紫萍，入藥爲良，七月采之。淮南萬畢術云：

老血化爲紫萍，恐自有此種，不盡然也。小雅呦呦鹿鳴，食野之苹者，乃蒿屬，陸佃指爲此萍，誤矣。

又曰：浮萍其性輕浮，入肺經，達皮膚，所以能發揚邪汗也。世傳宋時東京開河，掘得石碑梵書大篆一詩，無能曉者，眞人林靈素逐字辨譯，乃是治中風方，名去風丹也。詩云：天生靈草無根榦，不在山間不在岸；始因飛絮逐東風，汎梗青青飄水面。神仙一味去沈痾，采時須在七月半。選甚癱風與大風，些人微風都不算；豆淋酒化服三丸，鐵鏷頭上也出汗。其法以紫色浮萍曬乾爲細末，煉蜜和丸，彈子大，每服一粒，以豆淋酒化下，治左癱右瘓，三十六種風，偏正頭風，口眼喎斜，大風癩風，一切無名風及脚氣，幷打撲傷折卽胎孕有傷。服過百粒卽爲全人，此方後人易名紫萍一粒丹。

後漢書華佗傳：佗精於方藥，嘗行道見有病咽塞者，因語之曰：向來道隅有賣餅人，萍齏甚酸，可取三升飲之，病自當去。卽如佗言，立吐一蛇，乃懸於車而候佗。時佗小兒戲於門中，逆見，自相謂曰：客車邊有物，必是逢我翁也。及客進，顧視壁北懸蛇以十數，乃知其奇。注：詩義疏曰：蘋，澹水上浮萍。麤大者謂之蘋，小者謂之萍。季春始生，可糝蒸爲茹，又可苦酒淹就酒也。魏志及本草並作蒜齏也。

渚宮故事：宋文帝爲宜都王，臨川人獻王萍實六子，大者如升，小者如鶴卵，圓而赤。初莫有識者，以問長史王華，曰：此萍實也，宣尼所謂王者之應。

南濠詩話：江右萍鄉縣，相傳楚王得萍實於此邑，因以名。而范石湖以爲去大江遠，非是。然萍實因渡江而得，非謂得之大江中，傳聞必有所自，未可遽疑其說。

爾雅正義：說文云，苹蓱也，無根浮水而生。此與下文蘋蕭同名，故毛傳誤以爲鹿所食者，卽是萍草。後世增加作萍，所以別於蘋蕭也。月令：季春之月萍始生。逸周書時訓解云：穀雨之日萍始生，萍不生，陰氣憤盈。舊說，萍爲楊花所化，一葉經宿，卽生數葉，葉下有小鬚，垂水中。以今驗之，楊花實能化萍，然萍不盡爲楊花所化。三月以前無萍，故月令紀其始生之時。穀雨以後，凡積水之區，悉能生萍，故夏小正云：七月湟潦生苹。湟，下處也，有湟然後有潦，有潦而後有苹也。今池隝積水，輒生綠萍，小正之言，信矣。萍浮而不沈，秋官之屬有萍氏，蓋取象義，以名其官焉。

廣雅疏證：薸，蓱也。薸與漂同，蓱與萍同。各本蓱譌作荓，今訂正。爾雅云：苹、蓱。郭注云：水中浮蓱。江東謂之薸。詩召南采蘋釋文引韓詩云：沈者曰蘋，浮者曰薸。呂氏春秋季春紀云：萍始生。高誘注云：萍，水薸也。字又作蔈。淮南墬形訓云：容華生蔈，蔈生蘋藻，蘋藻生浮草。高誘注云：蔈，流也；無根，水中草。案蔈之爲言漂也。說文曰：漂，浮也。薸以瓢爲聲。秦策百人輿瓢，淮南說山訓作百人抗浮。則瓢、浮古同聲。蓱浮故謂之薸矣。蓱、薸一聲之轉，蓱之爲薸，猶洴之爲漂。莊子消搖遊篇：世世以洴澼絖爲事。李頤注云：漂絮於水上。是其例也。浮萍淺水所生，有青、紫二種，或背紫面青。俗謂楊花落水，經宿爲萍，其說始於陸佃埤雅及蘇軾再和曾仲錫荔枝詩。案楊花之飛，多在晴日；浮萍之生，恆於雨後。稽之物情，頗爲不合。且楊花飛於二月、三月，而夏小正云：七月湟潦生苹。則時無楊花，萍亦自生，足以明其說之謬矣。

說文解字注：苹，蓱也。無根，浮水而生者。小雅：呦呦鹿鳴，食野之苹。傳曰：苹，蓱也。釋草苹字兩出，一曰蓱，一曰蘋蕭。鄭箋以水中之艸，非鹿所食，易之曰：苹，蘋蕭也。於月令曰：萍，蓱也。於周禮萍氏引爾雅萍蓱，似分別萍爲水草，苹爲蘋蕭。鄭所據爾雅自作萍蓱，而毛詩夏小正以苹以萍皆屬假借，許君則苹、蓱、萍三字同物，不謂苹爲假借。李善注高唐賦引說文：苹苹草皃，音平。

又薲，大蓱也。釋艸曰：苹，蓱。其大者蘋。毛傳曰：蘋，大蓱也。薲、蘋古今字，从艸，賓聲，符眞切，十二部。

海藻

本草經：海藻味苦，寒。主癭瘤氣頸下核，破散結氣，癰腫，癥瘕，堅氣，腹中上下鳴，下十二水腫。一名落首。

爾雅：薚，海藻。注：藥草也。一名海蘿，如亂髮生海中。

別錄：鹹，無毒。主療皮間積聚，暴癀留氣熱結，利小便。一名藫，生東海池澤，七月七日採，暴乾。陶隱居云：生海島上，黑色，如亂髮而大少許，葉大都似藻葉。又有石帆，狀如柏，療石淋。

又有水松，狀如松，療溪毒。

圖經：海藻，生東海池澤，今出登、萊諸州海中。凡水中皆有藻，今謂海藻者，乃是海中所生。根著水底石上，黑色，如亂髮而麤大少許，葉類水藻而大，謂之大葉藻。本經云主癭瘤，是也。海人以繩繫腰沒水下，刈得之，旋繫繩上。謹按：本經海藻一名藫。而爾雅謂藫爲石衣，又謂薚名海薻。是海藻自有此二名，而注、釋皆以爲藥草。又注、釋以石衣爲水苔，一名石髮。石髮卽陟釐也，色類似苔而麤澀爲異。然則藫與薚，皆是海藻之名，石髮別是一類無疑也。昆布今亦出登、萊諸州，功用乃與海藻相近也。陶又云：凡海中菜皆療癭瘤結氣，青苔、紫菜輩亦然。又有石帆如柏，主石淋；水松如松，主溪毒。吳都賦所謂草則石帆水松。劉淵林注云：石帆生海嶼石上，草類也。無葉，高尺許，其華離婁相貫連，死則浮水中，人於海邊得之，稀有見其生者。水松，藥草。生水中，出南海交趾是也。

鄭樵通志：海藻類紫菜而粗惡，曰落首、曰藫、曰石衣、曰海蘿。爾雅云：藫，石衣。郭氏云：石髮也。又曰：薚，海薻。郭氏云：如亂髮。其說無別，致誤後人引據。且藫與薚，藻與薻，皆無異義，何得爲二物。海藻形如敝衣，石髮形如亂髮，自是二物。凡此之類，易得混淆。又有石帆之於水松，亦能相亂。故陶宏景云：石帆如柏，療石淋；水松如松，療溪毒。吳都賦所謂石帆水松，是也。又有海帶似帶，昆布似布。爾雅云：綸似綸，組似組，東海有之。綸卽鹿角菜，組卽海中苔。

石髮

本草綱目李時珍曰：龍鬚菜生東南海邊石上，叢生，無枝葉，狀如柳根鬚，長者尺餘，白色，以醋浸食之，和肉蒸食亦佳。博物志一種石髮，似指此物，與石衣之石髮，同名也。

酉陽雜俎：張乘言：南中水底有草如石髮，每月三四日始生，至八九日已後可採，及月盡悉爛，似隨月盛衰也。

廣雅疏證：石髮，石衣也。爾雅云：藫，石衣。郭璞注云：水苔也。一名石髮，江東食之。或曰藫，葉似䪥而大，生水底，亦可食。案藫，釋文音徒南反，藫、苔一聲之轉也。郭璞江賦云：綠苔鬖髿乎研上。李善注引風土記云：石髮，水苔也，青綠色，皆生於石。又引通俗文云：髮亂曰鬖髿，蓋以其似髮，故有石髮之名也。御覽引異物志云：石髮，海草，在海中石上藂生，長尺餘，大小如韭，葉似蕭莞，而株莖無枝。以肉雜而蒸之，味極美。此與爾雅注似䪥而大，生水底，石髮，倘亦是此也。水苔或謂之水衣，或謂之水垢，或謂之魚衣。說文云：菭，水衣也。菭與苔同。淮南泰族訓：窮谷之汙，生以青苔。高誘注云：青苔，水垢也。周官醢人箈菹。鄭衆注云：箈，水中魚衣也。箈與苔亦同。釋文云：沈云，箈，

北人音丈之反。又爾雅釋文云：箈或音丈之反，是箈與治古同音，故疾言之則爲箈，徐言之則爲陟釐，陟釐正切箈字。名醫別錄云：陟釐生江南池澤。唐本注云：此物乃水中苔，今取以爲紙，名苔紙，青黃色，體澀。小品方云：水中麤苔也。范東陽方云：水中石上生，如毛，綠色者。藥對云：河中側黎。側黎、陟釐，聲相近也。王子年拾遺記云：張華撰博物志上晉武帝，武帝嫌繁，命削之，賜華側理紙萬張。子年云：陟釐紙也。此紙以水苔爲之，溪人語訛謂之側理也。案御覽苔下引拾遺記與此略同。其紙下所引則又云，南人以海苔爲紙，其理縱橫衺側，因以爲名。與今本拾遺記合，縱橫衺側之說，未免穿鑿，不若語訛之說爲善矣。石髮生山中石上者，別名烏韭。神農本草云：烏韭生山谷石上。唐本注云：此物卽石衣也。亦曰石苔，又曰石髮，生巖石陰不見日處。陳藏器云：青翠茸茸，似苔而非苔也。

說文解字注：菭，水青衣也。依爾雅音義補青字。醓人菭菹。鄭司農曰：菭，水中魚衣。玄謂菭箭萌。玉裁按先後鄭異字，先鄭作菭，從艸，許説正同。後鄭作箈，從竹。郭注爾雅引箈菹鴈醢，從後鄭也。後鄭注：當有「菭當爲箈」四字而佚。今本周禮作箈，混誤不成字，所當正者也。吳都賦注曰：海苔生海水中，正青，狀如亂髮，乾之赤，鹽藏有汁，名曰濡苔。从艸，治聲，徒哀切。沈重云：北人丈之反，一部，今作苔。

羊蹄 酸模附。

本草經：羊蹄味苦，寒。主頭禿疥瘙，除熱，女子陰蝕。一名東方宿，一名連蟲陸，一名鬼目。

詩經：言采其蓫。陸璣疏：蓫，牛蘈。揚州人謂之羊蹄，似蘆菔而莖赤，可以爲茹，滑而美也。多啖令人下氣。幽州人謂之蓫。釋文又作蓄。

別錄：無毒。浸淫疽痔，殺蟲。一名蓄。生陳留川澤。陶隱居云：今人呼名禿菜，卽是蓄音之訛。詩云：言採其蓄。又一種極似而味酸，呼爲酸模，根亦療疥也。

蜀本圖經云：生下濕地，高者三四尺。葉狹長，莖節間紫赤，花青白色，子三棱，夏中卽枯。又有一種，莖葉俱細，節間生子，若茺蔚子，療痢乃佳。今所在有之。

本草拾遺云：酸模葉酸美，小兒折食其英。根主暴熱腹脹，生擣絞汁服，當下痢，殺皮膚小蟲。葉似羊蹄，是山大黄，一名當藥。爾雅云：須，蕵蕪。注云：似羊蹄而細，味酸可食。日華子云：酸模味酸，涼，無毒。治小兒肚熱，生山岡，狀似羊蹄葉而小黄。

圖經曰：羊蹄，禿菜也。生陳留川澤，今所在有之，生下濕地。春生苗，高三四尺，葉狹長頗似萵苣而色深。莖節間紫赤，花青白成穗，子三棱，有若茺蔚，夏中卽枯。根似牛蒡而堅實，今人生採根，醋摩塗癬，速效。亦煎作丸服之。其方以新採羊蹄根，不限多少，擣研絞取汁一大升，白蜜半觔同熬，如稠餳，煎，更用防風末六兩，溲和令可丸，大如梧子，用栝樓甘草酒，下三二十丸，日二三次，佳。

衍義曰：羊蹄經不言根。圖經加根字，處處有。葉如菜中菠薐，但無歧，而色差青白，葉厚，花與子亦相似。葉可潔擦鍮石器。根取汁塗疥癬。子謂之金蕎麥，燒煉家用以制鉛汞。又剉根研絞汁，取三二匙，水半盞煎一二沸，溫溫空肚服，治產後風祕，殊驗。

救荒本草：羊蹄苗俗呼豬耳朵，所在有之。苗初塌地生，後攛生莖叉，高二尺餘。其葉狹長，頗似萵苣而色深青，又似大藍葉微闊。莖節間紫赤色，其花青白成穗，其子三稜，根似牛蒡而堅實，味苦。採嫩苗、葉煠熟，水浸淘淨苦味，油鹽調食。其子熟時打子，搗爲末，以滾水湯三五次淘淨，下鍋作水飯食，微破腹。

陸疏廣要：爾雅云：藬，牛蘈。邢氏云：蘈一名牛蘈。詩小雅云：言采其蓫。鄭箋云：蓫，牛蘈。郭云：今江東呼草爲牛蘈者，高尺餘許，方莖，葉長而銳，有穗，穗間有華，華紫縹色，可淋以爲飲者。字林云：縹青白色，淋以水沃也。鄭樵注云：藬即羊蹄菜。張揖云：堇，羊蹏也。按傳云：蓫，惡菜。與本草羊蹄，俗呼禿菜者相似。陸元恪又稱其美，可多啖何也？郭璞注爾雅，牛蘈未嘗明指爲蓫，宜乎！孔穎達云：釋草無文矣。僅見邢疏引詩句，以鄭箋蓫牛蘈爲證，亦無確見。至圖經雖亦引詩句，其形色與陸疏不甚合。

爾雅正義：蓧，蓨。注未詳。正義蓧與蓨古通用。史記周勃世家封爲條侯，表作蓨侯；漢書地理志信都國脩縣，脩音條，括地志作蓨是也。下文云：苗，蓨。玉篇以蓧、苗、蓨三字轉相訓，是苗即蓧也，苗、蓨古音相近。易云：其欲逐逐，漢書敍傳作其欲攸攸，是也。管子地員篇：其草宜苹蓨。蓨，一名蓫。小雅：我行其野云：言采其蓫。齊民要術引詩義疏云：今羊蹄似蘆菔，莖赤，煮爲茹，滑而不美，多噉令人下痢，揚州謂之羊蹄，幽州謂之蓫，一名蓚，亦食之。詩釋文云：蓫本又作蓄。本草云：羊蹄一名蓄。陶注云：今人呼爲秃菜，卽蓄字音訛也。

廣雅疏證：堇，羊蹏也。堇有二：一爲蒴藋、烏頭之類也。爾雅云：芨，堇草。郭注云：卽烏頭也，江東呼爲堇。名醫別錄云：蒴藋有毒，一名堇草，一名芨。說文繫傳引字書云：蒴藋一名堇。玉篇：蒴藋有五葉，堇一名蒠。廣韻：芨，烏頭。別名或作蒠。堇，蒴藋別名。集韻：芨，堇草也。通作蒠。蒠，草名，蒴藋也。是蒴藋名堇、名芨又名堇也。一爲羊蹏。小雅我行其野篇：言采其蓫。傳云：蓫，惡草也。齊民要術引義疏云：今羊蹏似蘆菔，莖赤，煮爲茹，滑而不美，多噉令人下痢，幽州謂之羊蹏，揚州謂之蓫。一名蓨，蹄與蹏同。爾雅：苖，蓨。蓋卽蓫一名蓨者。集韻：堇或作苖，通作蓫，羊蹄也。詩釋文：蓫本又作蓄。神農本草：羊蹄一名東方宿，一名連蟲陸，一名鬼目。名醫別錄云：一名蓄。陶隱居注云：今人呼爲秃菜，卽是蓄音之誤。引詩云：言采其蓄。更有一種味酸者。齊民要術引字林云：堇似冬藍，蒸食之酢。陶隱居注本草羊蹄云：又一種極相似而味醋，呼爲酸模。本草拾遺云：酸模葉酸美，人亦折食其英，葉似羊蹄，是山大黃，一名當藥。爾雅：須，蕵蕪。郭注云：似羊蹄，葉細味酢，可食。是羊蹄一種名蓫，名蓄；一種名蕵蕪，名酸模，而總謂之堇也。名醫別錄云：蒴藋有毒，生田野；羊蹄無毒，生川澤。寇宗奭本草衍義云：蒴藋花白，子如綠豆；羊蹄花青白，子三棱。二者各殊。玉篇云堇一名蒠，又云似冬藍，食之醋，則是合蒴藋、羊蹄爲一物，誤矣。

說文解字注：堇，艸也。下文之苖也。本艸經曰羊蹄。小雅謂之蓫。蓫卽苗字，亦作蓄。廣韻一屋：堇，許竹、丑六二切，羊蹄菜也。

昆布

別錄：昆布味鹹，寒，無毒。主十二種水腫，癭瘤聚結氣，瘻瘡，生東海。陶隱居云：今惟出高麗，繩把索之如卷麻，作黃黑色，柔韌可食。爾雅云綸似綸，組似組。東海有之。今青苔紫菜，皆似綸，此昆布亦似組，恐卽是也。凡海中菜，皆療癭瘤結氣，青苔、紫菜輩亦然，乾苔性熱，柔苔甚冷也。

本草拾遺：主頹卵腫，煮汁咽之。生南海，葉如手，乾紫赤色，大似薄葦。陶云：出新羅，黃黑色，葉柔細。陶解昆布乃是馬尾海藻也。新注云：如癭氣，取末蜜丸，含化自消也。

菰根

別錄：菰根大寒。主腸胃痼熱，消渴，止小便利。陶隱居云：菰根亦如蘆根，冷利復甚也。

別本注：菰蔣草也。江南人呼爲茭，秣馬甚肥，味甘無毒。

圖經：菰根舊不著所出州土，今江湖陂澤中皆有之，卽江南人呼爲茭草者。生水中，葉如蒲葦輩，刈以秣馬，甚肥。春亦生筍，甜美堪啖，卽菰菜也，又謂之茭白。其歲久者，中心生白臺，如小兒臂，謂之菰手，今人作菰首，非是。爾雅所謂蘧蔬。注云似土菌，生菰草中，正謂此也。故南方人至今謂菌爲菰，亦緣此義也。其臺中有墨者謂之茭鬱，其根亦如蘆根，冷利更甚。二浙下澤處，菰草最多，其根相結而生，久則并土浮於水上，彼人謂之菰葑。刈其葉，便可耕蒔，其苗有莖梗者謂之菰蔣草，至秋結實，乃彫胡米也。古人以爲美饌，今饑歲人猶採以當粮。西京雜記云：漢太液池邊皆是彫胡、紫蘀、綠節、蒲叢之類。菰之有米者，長安人謂爲彫胡；葭蘆之未解葉者，紫蘀；菰之有首者，謂之綠節是也。然則彫胡諸米，今皆不貴，大抵菰之種類皆極冷，不可過飡，甚不益人，惟服金石人相宜耳。

本草衍義：菰根，蒲類。四時取根，擣絞汁用。河朔邊人止以此苗飼馬，曰菰蔣。及作薦。花如葦，結青子，細若青麻黃，長幾寸，彼人收之，合粟爲粥，食之甚濟饑。此杜甫所謂「願作冷秋菰」者是也。爲其皆生水中及岸際，多食令人利。

救荒本草：茭笋，本草有菰根，又名菰蔣草，江南人呼爲茭草，俗又呼爲茭白，在處水澤邊皆有之。苗高二三尺，葉似蔗荻，又似茅葉而長闊厚。葉間攛葶開花，如葦，結實青子。根肥，剝取嫩白笋可啖，久根盤厚生菌，細嫩葉可啖，名菰菜。三年已上，心中生葶，如藕白軟，中有黑脈，甚堪啖，名菰首，味甘。採茭菰笋煠熟，油鹽調食。或採子舂爲米，合粟煮粥，食之甚濟饑。

爾雅正義：出隧，蘧蔬。注：蘧蔬似土菌，生菰草中，今江東啖之，甜滑。音同氍毹，正義：出隧一名蘧蔬，菰草之菌也。菰當作苽。說文云：苽，雕苽；一名蔣。又云：蔣，苽蔣也。天官食醫云：魚宜苽。後鄭以苽爲九穀之一。菰米以九月結實。宋玉賦所謂雕胡之飯，枚乘七發所謂安胡之飯，皆是也。南方呼菰爲茭，故謂蘧蔬爲茭白。

九穀考：說文：苽，雕苽；一名蔣。蔣，苽蔣也。案言九穀者，氾勝之書曰：稻、米、黍、麻、秫、小麥、大麥、小豆、大豆。鄭司農注大宰職曰：黍、稷、秫、稻、麻、大小豆、大小麥。後世有段成式著酉陽雜俎曰：黍、稷、稻、粱、三豆、二麥。元司農司撰農桑輯要曰：黍、稷、稗、稻、麻、大麥、小麥、大豆、小豆。凡諸所錄，皆不收苽。鄭康成氏注周禮，不從先鄭說，以六穀用食醫之六，宜有苽，九穀亦當有之，九穀之有苽，康成氏定之也。韋昭注國語之百穀，用後鄭九穀以目之。炙轂子言九穀，亦依後鄭說。苽，一作菰，其根生小菌，曰菰菜。韓保昇曰：夏月生菌堪啖，名菰菜。南方呼菰爲茭，李時珍曰：南方呼菰爲茭，以其根交結也。亦稱茭白。蘇頌曰：春生白芽如筍，即菰菜，又謂之茭白。根生大菌者，曰菰首。韓保昇曰：三年中心生白臺如藕狀，曰菰首。余案菰首初年分蒔即生，二三年後根盤結，則生漸少，必更蒔之。韓氏三年生菰首之說，不知何據。菰菜又是一種，一名茭兒菜，亦不與菰首族生，而其草則相似，長亦並有五六尺。菰菜生於夏，菰首生於秋，此吾歙所目驗者。亦曰茭筍，亦曰茭白。長安謂之綠節。西京雜記云。爾雅所謂出隧，籧蔬者也。郭璞注：似土菌，生菰草中。江寧有菰首橋，在青溪上，南朝已有此名。蘇頌言當作菰手，非也。以其如小兒臂。嫩則脆滑，中實，老則心虛，有直理，淤泥漬入，乃生黑脈，謂之烏鬱。陳藏器曰：內有黑灰如墨者，名烏鬱。亦曰茭鬱。胡三省資治通鑑注：臺中有黑者，謂之茭鬱。苗曰菰草，亦曰菰蔣草。蘇頌曰：苗有莖梗者，謂之菰蔣草。余以爲苗、梗之通稱。又案徐鍇繫傳於蔣苽蔣也下，釋之曰：苽草也。青謂之苽蔣，枯謂之芻茭。於茭乾芻下釋之曰：苽刈取以用曰芻，故曰生芻一束，乾之曰茭，故書曰峙乃芻茭。徐氏以苽生爲芻，乾爲茭。余謂草可飼牛馬，刈而包束之，皆曰芻，不必專以生芻屬苽也。其草相連持久之根相結者，曰苽封。淮南子大旱苽封熯注云：苽，蔣草也。生水上，相連持大如薄者也，名曰封。旱燥故熯也。蘇頌曰：二浙下澤處，菰草最多，其根相結而生，久則並生，浮於水上，彼人謂之菰葑，刈去其葉，便可耕蒔。又名葑田，方密之云：說文葑，須從也。爾雅須葑蓯菰根也。蓋謂其即菰葑，不知所據。其生莖者，作穗結子。吾歙業茭塘者云：茭草有牝牡之異，根成菌者，俗呼茭筍，其草不抽莖，不秀不實，根不成菌者，爲牝。秋末抽莖吐秀，結實，以生穀者爲牡茭，與麻以不生穀者爲牡麻，正相反。然淮南子注已有苽者蔣實之釋，則茭呼牝牡之法，蓋自昔然矣。其苗少時牝牡即可辨，業是者不利於牡，初蒔即簡去之，故少見其有秀穗者，間有之，百不得一。余曾見秋分時始作穗，在苞中將出者，又見霜降後作穗，已成穀形而猶未實者，蓋先作稃，兩片相包，外一片其末有芒，如芒稻。但穀形瘦而長，連芒約長寸許，或寸有半。稃中含鬚蕊數點，蕊生鬚，本不似他穀，鬚長數分，乃綴蕊點也。其實曰雕菰。寇宗奭曰：八月開花，如葦，結青子。李時珍曰：其米須霜雕時采之，故曰雕菰。九月抽莖開花，如葦芀，結實長寸許，大如茅減，皮黑褐色，其米甚白，而滑膩，作飯香脆。司馬相如賦及周禮注皆曰雕胡。玉篇、廣韻並作蘺葫。淮南子注：苽者蔣實，其米曰雕胡。類篇亦作蘺胡。王逸大招注作雕葫。枚乘七發曰安胡。管子書謂之雁膳，而曰雁膳，黑實。故杜詩有「波漂菰米沈雲黑」之句也。杜詩又云：秋菰成黑米，皆言其穀黑也。炊以作食，曰苽食。內則云。亦曰菰飯，淮南子：菰飯犓牛，弗能甘也。亦曰雕胡之飯，宋玉諷賦曰：爲臣炊雕胡之飯。亦曰安胡之飯。枚乘云。食醫職云：魚宜苽是也。爾雅：齧雕蓬，薦黍蓬。孫炎以爲雕蓬卽茭米，鄭樵、楊慎並仍其說。余案郭璞注謂別蓬種類，蓬之與菰，種類懸絕。頃見蓬實初生，未脫稃時，青白相雜，成文章，類雕刻者然，乃知爾雅命名惟肖。孫炎以爲茭米，大繆不然矣。馮復京著六家詩名物疏謂蓬是蒿類，與茭自別。近世陳啓源著毛詩稽古編亦謂蓬乃旱草，非水草。楊慎云：雕蓬乃水蓬雕菰是也。据埤雅以駁正之。

說文解字注：蔣，苽也。各本作苽，蔣也。此「蔣，苽也」之誤倒耳，今依御覽正。蜀都賦曰：攢蔣叢蒲。从艸，將聲，子良切，十部。苽，雕胡，一名蔣。各本胡字作苽，今依御覽正。食醫、內則皆有苽食。鄭云：苽，彫胡也。廣雅曰：苽，蔣也。其米謂之彫胡。然則猶扶渠實名蓮，亦因以爲花葉名也。彫胡，枚乘七發謂之安胡。其葉曰苽、曰蔣，俗曰茭，其中臺如小兒臂可食，曰苽手，其根曰葑。葑去聲。从艸，瓜聲，古胡切，五部。

蓴

詩經：言采其茆。陸璣疏：茆與荇菜相似，葉大如手，赤圓，有肥者著手中，滑不得停。莖大如匕柄，葉可以生食，又可鬻，滑美。江南人謂之蓴菜，或謂之水葵，諸陂澤水中皆有。別錄：蓴味甘，寒，無毒。主消渴，熱痹。陶隱居云：蓴性寒，又云：冷，補下氣，雜醴魚作羹，亦逐水而性滑，服食家不可多噉。

唐本草注：蓴久食大宜人，合鮒魚爲羹，食之主胃氣弱，不下食者，至效。又宜老人，此應在上品中。三四月至七八月，通名絲蓴，味甜，體軟。霜降已後，至十二月，名瑰蓴，味苦，體澀。取以爲羹，猶勝雜菜。

本草拾遺：按此温病起食者，多死，爲體滑，脾不能磨，常食發氣，令關節急，嗜睡。若稱上品，主脚氣，脚氣論中令人食之，此誤極深也。余所居近湖，湖中有蓴及藕，年中疫既饑，人取蓴食之，疫病差者，亦死。至秋大水者，可決水爲池種之，以深淺爲候。水深則莖肥葉少，水淺則葉多而莖瘦。蓴性易生，一種永得，宜潔淨不耐污，糞穢入池，即死矣。種一斗餘，可許足用。

墨莊漫錄：杜子美祭房相國，九月用茶、藕、蓴、鯽之奠。蓴生於春，至秋則不可食，不知何謂。而晉張翰亦以秋風動而思菰菜、蓴羹、鱸膾。鱸固秋物，而蓴不可曉也。

按蓴菜，杭州西湖中至秋正美，所謂秋不可食，則湘中之蓴耳。

陸疏廣要：說文、博雅俱云：茆，鳧葵也。毛傳朱注亦同。杜子春讀爲卯。許愼以泮宮詩讀之作方久切。周禮醢人朝事之豆用茆葅。注云：茆，鳧葵。北人音柳。鄭大夫又讀爲茅，謂茅初生者，此不過方音各別耳。爾雅翼云：今蓴小于荇。陸璣所說，則大于荇。今蓴自三月至八月，莖細如釵股，黄赤色，長短隨水深淺，名爲絲蓴。九月、十月漸麄硬，十一月萌在泥中，麄短，名瑰蓴，味苦澀，取以爲羹，猶勝雜菜。吳人嗜蓴菜、鱸魚，蓋魚之美者復因水菜以芼之，兩物相宜，獨爲珍味。然以鱓鼈爲之，更足生病。陸德明云：干寶曰，今之鴨蹠草堪爲葅，江東有之。何承天曰：此菜出東海，堪爲葅，醬不可用。鄭小同云：江南人名之蓴菜，生陂澤中，草木疏同。或又名水戾。一云今之浮菜，即豬蓴也。本草有鳧葵。陶隱居以入有名無用品，解者不同，未詳其正。按諸說則茆爲梟葵，爲蓴，無疑矣。但本草以蓴又一物，梟葵卽荇菜。圖經又稱蓴葉似梟葵，殆亦以梟葵爲荇菜歟？

齊民要術：南越志云，石蓴似紫菜，色青。詩曰：思樂泮水，言采其茆。毛云：茆，梟葵也。詩義疏云：茆與葵相似，葉大如手，赤圓，有肥者著手中，滑不得停也。莖大如箸，皆可生食，又可汋，滑美。江南人謂之蓴菜，或謂之水葵。本草云：治消渴，熱痹。又云：冷，補下氣，雜鯉魚作羹，亦逐水而性滑，謂之淳菜，或謂之水芹，服食之不可多。　種蓴法：近陂湖，可於湖中種之；近流水者，可決水爲池種之。以深淺爲候，水深則莖肥葉少，水淺則葉多而莖瘦。蓴性易生，一種永得，宜潔淨不耐汚，糞穢入池卽死也。種一斗餘，可許足用。　羹臛法：食膾魚、蓴羹、芼羹之菜，蓴爲第一。四月蓴生莖而未葉，名作雉尾蓴，第一作肥羹。葉舒長足，名曰絲蓴。五月、六月用絲蓴，入七月盡九月、十月內，不中食，蓴有蝸蟲著故也。蟲甚細微，與蓴一體，不可識別，食之損人。十月水凍蟲死，蓴還可食，從十月盡，至三月，皆食環蓴。環蓴者，根上頭，絲蓴下茇。絲蓴既死，尙有根。茇形似珊瑚，一寸許，肥滑處任用，深取卽苦澀。凡絲蓴陂池積水色，黄肥好直，淨洗則用。野取色青，須別鐺中熱湯暫煠之，然後用。不煠則苦澀。絲蓴、環蓴悉長用，不切，魚蓴等並冷水下。若無蓴者，春中可用蕪菁英，秋夏可畦種葵菘、蕪菁葉，冬用薺菜以芼之。蕪菁等宜待沸掠去上沫，然後下之，皆少著，不用多，多則失羹味。乾蕪菁無味，不中用，豉汁於別鐺中湯煮一沸，漉出滓，澄而用之。勿以杓抳，抳則羹濁過不清。煮豉但作新琥珀色而已，勿令過黑，黑則鹺苦。唯蓴芼者不得著葱、薤及米糝、菹、醋等。蓴尤不宜鹹，羹熟即下清冷水，大率羹一斗，用水一升，多則加之，益羹清雋甜美，下菜豉鹽悉不得攪，攪則魚蓴碎，令羹濁，而不能好。食經曰：蓴羹魚長二寸，唯蓴不切，鯉魚冷水入蓴，白魚冷水入蓴，沸入魚與鹹豉。又云：魚長三寸，廣二寸半。又云：蓴細擇以湯炒之，中破，破鯉魚邪截令薄，准廣二寸橫盡也。魚半體熟煮三沸，渾下蓴與豉汁漬鹽。

袁宏道湘湖記：蕭山櫻桃、鷥鳥、蓴菜皆知名，而蓴尤美。蓴採自西湖，浸湘湖一宿，然後佳，若浸他湖，便無味。浸處亦無多地，方圓僅得數十丈許。其根如荇，其葉微類初出水荷錢。其枝丫如珊瑚而細，又如鹿角菜，其凍如冰，如白膠，附枝葉間，清液泠泠欲滴。其味香脆滑柔，略如魚髓蟹脂，而清輕遠勝。半日而味變，一日而味盡，比之荔枝，尤覺嬌脆矣。其品可以寵蓮嬖藕，無得當者，惟花中之蘭，果中之楊梅，可異類作配耳。惜乎！此物東不踰紹，西不過錢塘江，不能遠去，以故世無知者。余往仕吳，問吳人張翰蓴作何狀？吳人無以對。果若爾，季鷹棄官不爲折本矣。然蓴以春暮生，入夏數日而盡，秋風鱸魚，將無非是，抑千里湖中，別有一種蓴耶？

晉書張翰傳：翰有清才，善屬文。齊王冏辟爲大司馬東曹掾，冏時執權，翰因見秋風起，乃思吳中菰菜蓴羹鱸魚膾，曰：人生貴得適志，何能羈宦數千里，以要名爵乎？遂命駕而歸。

陸機傳：機入洛，嘗詣侍中王濟，濟指羊酪謂機曰：卿吳中何以敵此？答云：千里蓴羹，未下鹽豉。時人稱爲名對。

岳陽風土記：岳陽雖水鄉，絕難得蓴菜，唯臨湘東蓴湖間有之。顏氏家訓：梁世有蔡郎諱純，既不涉學，遂呼蓴爲露葵，面牆之徒，遞相倣傚。承聖中遣一士大夫聘齊，齊主客郎李恕問梁使曰：江南有露葵否？答曰：露葵是蓴，水鄉所出，卿今食者，綠葵菜耳。李亦學問，但不測彼之深淺，乍聞無以覆究。

緗素雜記：晉陸機詣王武子，武子前有羊酪，指示陸曰：卿吳中何以敵此？陸曰：千里蓴羹，未下鹽豉。所載此而已，及觀世說，又曰：千里蓴羹，但未下鹽豉耳。或以謂千里、末下，皆地名，是未嘗讀世說而妄爲之說也。或以謂千里者，言其地之廣，是蓋不思之甚也。如以千里爲地之廣，則當云蓴菜，不當云羹也。或以謂蓴羹不必鹽豉，乃得其眞味，故云未下鹽豉。是又不然，蓋洛中去吳有千里之遠，吳中蓴羹，自可敵羊酪，但以其地遠，未可猝致耳，故云但未下鹽豉耳，意謂蓴羹得鹽豉尤美也，此言近之。今詢之吳人，信然。又沈文季謂崔祖思曰：千里蓴羹，豈關魯衞？齊高帝曰：蓴羹故應還沈。蓋文季吳人也。子美詩曰：我思岷下芋，君思千里蓴。張鉅山詩曰：一出修門道，重嘗末下蓴。二公以千里、末下爲地名。今詳陸答語，千里蓴羹、末下鹽豉，蓋舉二地所出之物，以敵羊酪，今以地有千里之遠，但未下鹽豉，何支離也！

雞跖集：蓴入七八月不可食，中有蝸蟲故也。至十月冰凍蟲死，雖老猶可食。

偃曝談餘：吾鄉泖湖金澤寺旁多蓴，鐂孟熙云：永興湘湖蓴菜，三月盡采賣，至秋則無人采矣。孟熙此語，止見一方耳。春蓴如亂髮，不足異，秋蓴長丈許，凝脂甚滑。季鷹秋風正饞此也。按書至冬爲豬蓴。又云龜蓴。又云七八月以前曰絲蓴。秋末冬初曰瑰蓴。四月曰雉尾蓴。

廣雅疏證：蘖茆，鳧葵也。說文云：蘖，鳧葵也。魯頌泮水篇：薄采其茆。傳云：茆，鳧葵也。正義引陸璣疏云：茆與荇菜相似，菜大如手，赤圓，有肥者著手中，滑不得停。莖大如匕柄，葉可以生食，又可鬻，滑美。江南人謂之蓴菜，或謂之水葵。諸陂澤水中皆有。釋文云：干寶云，茆今之鼥蹗草，堪爲菹，江東有之。何承天云：此菜出東海，堪爲菹醬也。鄭小同云：江南人名之蓴菜，生陂澤中。草木疏同。又云：或名水葵。一云今之浮菜，卽豬蓴也。本草有鳧葵。陶宏景以入有名無用品，解者不同，未詳其正。沈以小同及草木疏所說爲得。周官醢人朝事之豆其實茆菹。鄭注云：茆，鳧葵也。西山經云：陰山其草多茆蕃。郭注與鄭同。又名屏風。楚辭招魂：紫莖屏風，文緣波些。王逸注云：屏風，水葵也。生於池中，其莖紫色，風起水動，波緣其葉上而生文也。後漢書馬融傳：桂荏鳧葵。李賢注云：鳧葵葉團似蓴，生水中，今俗名水葵。案此分鳧葵與蓴爲二，與鄭小同及草木疏異者，蓋唐代方言，不稱鳧葵爲蓴，異於古也。又或江南名之爲蓴，他處則否。蓴、團古同聲。鳧葵葉團，故江南名之爲蓴矣。廣韻云：蒓，水葵也。蒓與蓴同。齊民要術云：四月蓴生莖而未葉，名雉尾蓴。葉舒長足，名曰絲蓴，是也。又案詩關雎稱荇，泮水稱茆。陸氏義疏分釋之，則鳧葵與荇，實二物也。唐本草謂鳧葵卽荇菜，失之。

說文解字注：𦶏，鳧葵也。後又云：茆，鳧葵也。二字不同處者，以小篆、籀文別之也。𦶏。茆雙聲。廣雅曰：𦶏茆，鳧葵也。按𦶏、蓴古今字，古作𦶏，今作蒓。从艸，攣聲，洛官切。曹憲：力船、力眷二切，十四部。

鳧葵 卽荇。

詩經：參差荇菜。陸璣疏：荇一名接余，白莖，葉紫赤色，正圓，徑寸餘，浮在水上，根在水底，與水深淺等長，如釵股，上青下白。鬻其白莖，以苦酒浸之，脆美可以按酒。

爾雅：莕，接余。其葉苻。注：叢生水中，葉圓，在莖端，長短隨水深淺，江東食之，亦呼莕。

唐本草：鳧葵味甘，冷，無毒。主消渴，去熱淋，利小便。生水中，卽莕菜也。一名接余。

宋圖經：鳧葵今處處池澤皆有之。葉似蓴，莖澀，根甚長，花黃色。水中極繁盛，今人不食。醫方亦鮮用。

救荒本草：荇絲菜又名金蓮兒，一名藕蔬菜，水中拖蔓而生。葉似初生小荷葉，近莖有椏劃，葉浮水上，葉中攛莖，上開金黃花。莖味甜，採嫩苗煠熟，油鹽調食。

按荇菜，唐本草以爲鳧葵。講經家多以鳧葵爲蓴。毛晉廣要皆取之。大要荇、蓴大同小異。別録有蓴無荇，今惟蓴菜供茹，無啖荇者矣。

陸疏廣要：爾雅云：莕，接余。其葉苻。郭注：叢生水中，葉圓，在莖端。長短隨水深淺，江東食之，亦呼莕。鄭注：今水荇也，蔓鋪水上。毛傳云：后妃供荇菜以事宗廟。埤雅曰：參差荇菜，左右流之。三相參爲參，兩相差爲差；參差言其出之無類，左右言其求無方。王安石曰：菨餘詩雖以比淑女，然后妃所求皆同德者，則菨餘惟后妃可比焉，其德行如此，可以妾餘草矣。若蘩、蘋、藻，所謂餘草。舊說：藻華白，荇華黃。顏氏家訓云：今荇菜是水悉有之，黃華似蓴，是也。

爾雅翼：本草云鳧葵，卽莕菜也。別本注駁之云：荇菜生水中，葉似蓴，莖澀根極長，江南人多食。唐本云是豬蓴，誤也。豬蓴與絲蓴並一種，以春夏細長肥滑爲絲蓴，至冬短爲豬蓴、龜蓴，此與鳧葵殊不相似。按荇菜今陂澤多有，今人猶止謂之荇菜，非難識也。葉亦卷，漸開雖圓而稍羨，不若蓴之極圓也。葉皆隨水高低，平浮水上，花則出水，黃色六出。今宛陵陂湖中，瀰覆頃畝，日出照之如金，俗名金蓮子，狀既似蓴，又豬好食，皆以小舟載取以飼豬，又可糞田，或因是亦得豬蓴之名，但非蓴菜耳。陸德明曰：天官醢人陳四豆之實，無荇菜者，以商禮。詩詠時事，故有之。按風有采蘩、采蘋，又有采藻、采茆、采芹之屬，水草甚多，而醢人所薦，止于昌本、茆、芹、深蒲而已。物之爲菹，蓋自有所宜，餘或爲芼羹之用。豈可四物之外，便謂商禮耶？顏之推云：荇，先儒解釋皆云水草，江南俗亦呼爲蓴，或呼爲荇菜，而河北俗人多不識之。博士皆以參差者是莧菜，呼人莧爲人荇，亦可笑矣！嚴粲云：參差訓不齊，今池州人稱荇爲莕公鬚。蓋細荇亂生，有若鬚然，詩人之辭不苟矣。按詩人取興荇菜，以其柔順芳潔，可羞神明也。還重左右，無方不流，以興寤寐無時不求意，況是時治陽渭涘，尙未造舟親迎，何得便説到后妃薦荇以供祭祀？埤雅直云后妃采荇，諸侯夫人采蘩，大夫妻采蘋、藻，固有次第，尤爲可笑！王文公借接余舊名，以爲妾餘草，近于戲矣。

本草綱目李時珍曰：按爾雅云莕接余也，其葉苻。則鳧葵當作苻葵，古文通用耳。或云鳧喜食之，故稱鳧葵，亦通。其性滑如葵，其葉頗似莕，故曰葵、曰莕。詩經作荇，俗呼荇絲菜，池人謂之莕公鬚，淮人謂之靨子菜，江東謂之金蓮子，許氏説文謂之孽，楚辭謂之屏風，云紫莖屏風文緣波是矣。

南史沈顗傳：顗素不事家產，逢齊末兵荒，與家人并日而食，或有饋其粱肉者，閉門不受。唯採蓴荇根供食，以樵採自資，怡怡然恆不改其樂。

巖棲幽事：吾鄉荇菜爛煮之，其味如蜜，名曰荇酥。郡志不載，遂爲漁人野夫所食，此見於農田餘話。俟秋明水清時，載菊泛泖，膾鱸擣橙，并試前法，同與蓴絲薦酒。

梧潯雜佩：荇菜首見於三百篇，吾鄉陂澤中多有之。農田餘話謂熟煮其味如蜜，名曰荇酥，然知之者絕少。

名山記：武夷山神人，八月十五日會村人酒，行命食𦯀。或曰𦯀，即水苔也。或曰紬蕤，即荇也。

説文解字注：莕，萎餘也。周南參差荇菜，毛傳：荇，接余也。釋艸荇作莕。从艸，杏聲，何梗切，古音在十部。荞、莕或从洐，同。各本作荇，注云：或從行。今依爾雅音義、五經文字正。萎，萎餘也，三字句。毛傳陸疏作接余。按莕菜今江、浙池沼間多有，葉不正圓，花黃六出。北方以人莧當之，南方以絲蓴當之，皆非也。从艸，妾聲，子葉切，八部。

蔛草 附

唐本草：蔛草味甘，寒，無毒。主暴熱喘息，小兒丹腫。一名蔛榮。生水傍，注：葉圓似澤瀉而小，花青白，亦堪噉，所在有之。別本注云：江南人用蒸魚，食之甚美。五月、六月採莖葉暴乾。

萍蓬草

本草拾遺：萍蓬草根味甘，無毒。主補虛，益氣力，久食不飢，厚腸胃。生南方池澤，大如荇，花黃，未開前如算袋，根如藕，饑年當穀。

本草綱目：水粟包莖大如指，葉似荇葉而大，徑四五寸，初生如荷葉。六、七月開黃花，結實狀如角黍，長二寸許。內有細子一包如罌粟，澤農采之，洗擦去皮，蒸曝舂取米，作粥飯食之。其根大如栗，亦如雞頭子根，儉年人亦食之，作藕香，味如栗子。昔楚王渡江得萍實大如斗，赤如日，食之甜如蜜者，蓋此類也。若水萍，安得有實也？三四月采莖葉取汁煮硫黃，能拒火。又段公路北戶錄有睡蓮，亦此類也。其葉如荇而大，其花布葉數重，當夏晝開花，夜縮入水，晝復出也。子氣味甘澀，平，無毒。主治助脾厚腸，令人不飢。

越王餘算

本草拾遺：越王餘算味鹹，平，無毒。主下水，破結氣。生南海水中，如竹算子，長尺許。異苑曰：晉安有越王餘算，葉白者似骨，黑者似角，云是越王行海作籌，有餘棄於水中而生。

海藥謹按異苑記云：昔晉安越王因渡南海，將黑角白骨算籌所餘棄水中，故生此，遂名算。味鹹，溫。主水腫浮氣結聚，宿滯不消，腹中虛鳴，並宜煮服之。

紫菜　本草拾遺：紫菜味甘，寒。主下熱煩氣，多食令人腹痛，發氣，吐白沫，飲少熱醋消之。

食療本草：紫菜下熱氣，多食脹人，若熱氣塞咽喉，煮汁飲之。此是海中之物，味猶有毒性，凡是海中菜，所以有損人矣。

齊民要術：吳都海邊諸山，悉生紫菜。又吳都賦云：綸組紫菜。爾雅注云：綸今有秩嗇夫所帶糾青絲綸組綬也。海中草生紋理有象之者，因以名焉。　膏煎紫菜，以藻菜下油中煎之，可食則止，擘奠如脯。　苦笋紫菜菹法：笋去皮，三寸斷之，細縷切之，小者手捉小頭，刀削大頭，唯細薄，隨置水中，削訖漉出，細切紫菜和之，與鹽酢乳用半奠，紫菜冷水漬，少久自解，但洗時勿用湯，湯洗則失味矣。　紫菜菹法，取紫菜冷水漬令釋，與葱菹合盛，各在一邊，與鹽酢滿奠。

閩書：紫菜一名索菜。吳都賦：綸組紫菜。舊志曰：其生黏帶石上，潮浸，其散鬖鬖然，潮落復黏於石。嫩者搓取之而成菜，長者摘取之則皆解散。生時正青，乾則色紫。近海諸邑皆有之，出福清尤佳，成葉如韭。

祝之至瓦山紫菜記：瓦山有數溪，溪皆西流，達於雅安，折於江。其產紫菜者僅一溪，而溪亦僅毛家溝一處。採之者每於魄圓之夜，當涉水矼上，共攜筠籃，各據一石，以月之極明為候。余嘗與其事，見石上環生如髮，長僅七八寸，或四三寸。當月午空明，纖雲盡淨，全魄吞水，忽至尺餘，隨收隨長，隨長隨收，大率透明則滋引，稍晦便如故也。至蟾影西偏，則言歸矣。入食品中，清芳可嘉，勝於盧山所產。惜黃山谷不至其地，遂使盧山之紫菜擅名也。

檀萃滇海虞衡志：石花菜即海之紫菜，生於石上，作湯，碧綠可愛，味亦佳。蒙自、祿勸俱出之。

石帆　本草拾遺：石帆高尺餘，根如漆，上漸軟，作交羅文。生海底，煮汁服，主婦人血結，月閉，石淋。

日華子：石帆平，無毒。紫色，梗大者如筯，見風漸硬，色如漆。人多飾作珊瑚裝。

南越筆記：南海有菭樹，附石而生，有枝無葉，側類石栢，氣似菭。歲久堅凝，風日雨露不能浥損。色黝以蒼，大者咫尺，小數寸。根幹爲決明、蛤蠣所因依，波濤所噴囓，沙石所軋礱。嶮岈窟竇，勁陗曲詰，大類繡澀古鐵，亦謂之鐵樹。其紅者脂膩瑩滑，曼衍柔脆。又若珊瑚，然以火搽之炙之，隨其形狀爲松、栝、梅、柳諸樹，可供几案之玩。石栢生陽江電白海上，色潔白而質堅脆，扣之鏗然。乃浮沫所積，海苔所化，入水不泛，火不焦，枝葉理緻於側柏，亦無不肖，皆石樹之珍也。

水松 本草拾遺：水松葉如松，丰茸，食之主水腫。亦生海底。吳都賦云石帆水松是也。

石蕈 本草拾遺：石蕈味甘，平，無毒。下水，利小便。生南海中水石上。南越志云：似紫菜，色青。臨海異物志曰：附石生也。海藥：主風祕不通，五膈氣，并小便不利。臍下結氣。宜煮汁飲之。胡人多用治耳疾。

海蘊 本草拾遺：海蘊味鹹，寒，無毒。主癭瘤結氣在喉間，下水。生大海中，細葉如馬尾，似海藻而短也。

海根 本草拾遺：海根味苦，小溫，無毒。主霍亂，中惡，心腹痛，鬼氣，疰忤，飛尸，喉痹，蠱毒，癰疽，惡腫，赤白遊疹，蛇咬，犬毒。酒及水磨服，傅之亦佳。生會稽海畔、山谷，莖赤，葉似馬蓼，根似菝葜而小也。海人極用之。海藥：胡人採得，蒸而用之。

海帶 嘉祐本草：海帶催生，治婦人及療風，亦可作下水藥。出東海水中石上，比海藻更麁，柔韌而長，今登州人乾之以苴束器物。

鹿角菜 嘉祐本草：鹿角菜大寒，無毒，微毒。

下熱風氣，療小兒骨蒸熱勞，丈夫不可久食，發痼疾，損經絡血氣，令人脚冷痹，損腰腎，少顔色。服丹石人食之，下石力也。出海州登、萊、沂、密州，並有生海中，又能解麪熱。

本草綱目李時珍曰：鹿角菜生東南海中石厓間，長三四寸，大如鐵線，分丫如鹿角狀，紫黄色。土人采曝，貨爲海錯。以水洗醋拌，則脹起如新，味極滑美，若久浸則化如膠狀。女人用以梳髮，黏而不亂。

通志：爾雅云綸似綸，組似組，東海有之。綸即鹿角菜，組即海中苔。

閩書：赤菜，海物異名記曰：海生而紫蔓，其大者爲鹿角菜，一名猴葵。南越志曰：猴葵色赤，生石上，謂之鹿角，以其莖有歧也。

藻

陸璣詩疏：藻，水草也，生水底。有二種：其一種葉如雞蘇，莖大如箸，長四五尺；其一種莖大如釵股，葉如蓬蒿，謂之聚藻，扶風人謂之藻，聚爲發聲也。此二藻皆可食，煮熟去腥氣，米麪糝蒸爲茹，嘉美。揚州饑荒，可以當穀食，飢時蒸而食之。毛晉詩疏廣要：爾雅莙牛藻注：似藻，葉大，江東呼爲牛藻。邢云：以此草好聚生，故言薀藻。鄭云：水藻之類，而葉差大，生水底。博雅云：芟菜藻也。風俗通云：殿堂宮室象東井形，刻作荷菱水草，以厭火。爾雅翼：藻生水底，横陳于水，若自澡濯然。流水之中，隨波衍漾。莖葉條暢，尤爲可喜，故采藻于行潦也。有二種：其一種葉如雞蘇，莖大如箸，長五六尺；其一種莖大如釵股，葉如蓬蒿，謂之聚藻，横被水下，有自然之文。故古者象服有藻火之屬，藻取其潔。又畫于棁以爲飾，亦以厭火。山節藻棁，雖取其文，亦以禳火。今屋上覆橑，謂之藻井，亦曰綺井，又曰覆海，又曰罳頂。今鳧雁屬，亦樂于藻，故曰鳧藻。楚辭曰：鳧雁皆唼夫梁藻，是也。按陸氏云藻出乎水下，而不能出水之上，羅氏亦云横被水下，則藻非浮者，了然矣。或因韓氏云浮者爲薻，誤刻作藻，遂謂藻亦出乎水上，謬甚。埤雅引呂覽云：菜之美者，崑崙之蘋藻。又引淮南子云：容華生蕈，蕈生萍藻，萍藻生浮草，遂疑蘋即所謂藻。又云：非蒲藻之藻。又云：萍藻之藻浮，蒲藻之藻沈，總惑于浮沈之說，遂誤認蘋藻爲一物耳。詩考作：于以采藻。

救荒本草：菹草，即水藻也。生陂塘及水泊中，莖如麤線，長三四尺。葉形似柳葉而狹長，故名柳葉菹，又有葉似蓬子葉者。根麄如釵股，而色白，味微鹹，性微寒。撈取葉連嫩根，擇洗淘潔淨，剉碎煠熟，油鹽調食。或加少米，煮粥食尤佳。

本草綱目李時珍曰：藻有二種，水中甚多。水藻葉長二三寸，兩兩對生，即馬藻也。聚藻葉細如絲及魚鰓狀，節節連生，即水蘊也。俗名鰓草，又名牛尾蘊是矣。爾雅云：莙，牛藻也。郭璞注云：細葉蓬茸，如絲可愛，一節長數寸，長者二三十節，即蘊也。二藻皆可食，入藥以馬藻爲勝。左傳云蘋蘩蘊藻之菜，即此。

說文解字注：莙，牛藻也，見釋草。按藻之大者，曰牛藻。凡艸類之大者，多曰牛、曰馬。郭云：江東呼馬藻矣。陸璣云：藻二種，一種葉如雞蘇，莖大如箸，長四五尺。一種莖大如釵股，葉如蓬，謂之聚藻，扶風人謂之藻，聚爲發聲也。牛藻當是葉如雞蘇者，但析言則有別，統言則皆謂之藻，亦皆謂之莙。顏氏家訓云：莙艸細，葉蓬茸，水中一節長數寸，細茸如絲，圓繞可愛。東宮舊事所云六色罽緄者，凡寸斷五色絲，橫著線股間，繞之以象莙艸，用以飾物，即名爲莙，於時當縛六色罽，作此莙以飾緄帶。張敞因造系旁畏耳。據此則莖如釵股者，亦謂之莙也。从艸，君聲，讀若威，渠殞切，十三部。按君聲而讀若威，此由十三部轉入十五部。張敞之變爲緄，緄音隈。說文音隱之音，塢瑰反。字林：窘亦音巨畏反，皆是也。唐韻渠殞切，則不違本部。地有南北，時有古今，語言不同之故。竊疑左傳蘊藻卽著字，薀與藻爲二，猶筐與筥、錡與釜，皆爲二也。

石花菜

本草綱目李時珍曰：石花菜生南海沙石間，高二三寸，狀如珊瑚，有紅白二色。枝上有細齒，以沸湯泡去砂屑，沃以薑醋，食之甚脆。其根埋沙中，可再生枝也。一種稍粗而似雞爪者，謂之雞脚菜，味更佳。二物久浸，皆化成膠凍也。郭璞海賦所謂：水物則玉珧海月，土肉石華，卽此物也。甘，鹹，大寒，滑，無毒。去上焦浮熱，發下部虛寒。

閩書：石花菜生海礁上，性寒，夏月煮之成凍。

南越筆記：石花一名海菜，產瓊之會同。歲三月，菜廠主人置酒，廣集菜丁，使穿木屧，入海采取。海有研石，廣數里，橫亙海底，海菜，其莓苔也。白者爲瓊枝，紅者爲草珊瑚，泡以沸湯，沃以薑椒酒醋，味甚脆美。以作海藻酒，治癭氣；以作琥珀糖，去上焦浮熱。

龍舌草

本草綱目李時珍曰：龍舌生南方池澤湖泊中，葉如大葉菘菜及芣苢狀。根生水底，抽莖出水，開白花。根似胡蘿蔔根而香，杵汁能耎鵝鴨卵。方家用煮丹砂，煅白礬，制三黃。氣味甘，鹹，寒，無毒。主治癰疽，湯火灼傷，擣塗之。

報應記：吳可久越人，唐元和十五年居長安，奉摩尼教，妻王氏亦從之。歲餘妻暴亡，經三載見夢其夫曰：某坐邪見爲蛇在皇子陂浮圖下，明旦當死，願爲請僧就彼轉金剛經，冀免他苦。夢中不信，叱之。妻怒，唾其面，驚覺面腫，痛不可忍。妻復夢於夫之兄曰：園中取龍舌草，搗傅立愈。兄寤走取，授其弟，尋愈。詰旦兄弟同往請僧轉金剛經，俄有大蛇從塔中出，舉首徧視，經終而斃。可久歸佛，常持此經。

卷柏 本草經：卷柏味辛，溫。主五藏邪氣，女子陰中寒熱痛，癥瘕血閉絕子。久服輕身，和顏色。一名萬歲。

別錄：甘，平，微寒，無毒。主止欬逆，治脫肛，散淋結，頭中風眩痿蹶，強陰益精，令人好容顏。一名豹足，一名求股，一名交時。生常山山谷石間，五月、七月採，陰乾。陶隱居云：今出近道，叢生石土上，細葉似柏，卷屈狀如雞足，青黃色。用之，去下近土石有沙土處。

石斛 本草經：石斛味甘，平。主傷中除痹下氣，補五藏虛勞羸瘦，強陰。久服厚腸胃，輕身延年。一名林蘭。

別錄：無毒。益精，補內絕不足，平胃氣，長肌肉，逐皮膚邪熱痱氣，脚膝疼，冷痹弱，定志除驚。一名禁生，一名杜蘭，一名石蓫。生六安山谷水傍石上，七月、八月採莖，陰乾。陶隱居云：今用石斛，出始興，生石上，細實，桑灰湯沃之，色如金，形似蚱蜢髀者爲佳。近道亦有，次於宣城，宣城生櫟樹上者，名木斛。其莖形長大而色淺，六安屬廬江，今始安亦出木斛，至虛長，不入丸散，惟可爲酒漬煮湯用爾。俗方最以補虛，療脚膝。

唐本草注：作乾石斛，先以酒洗，將蒸暴成，不用灰湯。今荆、襄及漢中江左，又有二種：一者似大麥，纍纍相連，頭生一葉而性冷；一種大如雀髀，名雀髀斛，生酒漬服，乃言勝乾者。亦如麥斛，葉在莖端，其餘斛如竹節間生葉也。

圖經：石斛生六安山谷水傍石上，今荆、湖、川、廣州郡及溫、台州亦有之，以廣南者爲佳。多在山谷中，五月生，苗莖似竹節，節間出碎葉，七月開花，十月結實，其根細長，黄色。七月、八月採莖，以桑灰湯沃之，色如金，陰乾用。惟生石上者，勝。亦有生櫟木上者，名木斛，不堪用。

本草衍義：石斛細若小草，長三四寸，柔韌，折之如肉而實，今人多以木斛渾行，醫工亦不能明辨。世又謂之金釵石斛，蓋後人取象而言之，然甚不經，將木斛折之，中虛如禾草，長尺餘，但色深黃光澤而已。眞石斛治胃中虛熱，有功。

西溪叢語：石斛出始興、六安山傍、石上。或生木上，謂之木斛，不中用。盛宏之荆州記云：隋郡永王縣有瀧石山，山上多石斛，精好如金環。

檀萃農部瑣錄：金釵石斛，本爲珍藥，而出祿勸之普渡河石壁者，獨備五色，尤爲諸品之珍。大抵五色齊全，究以紺紅深者爲佳耳。

石韋

本草經：石韋味苦，平。主勞熱邪氣，五癃閉不通，利小便水道。一名石韀。

別錄：甘，無毒。止煩，下氣，通膀胱滿，補五勞，安五藏，去惡風，益精氣。石韋一名石皮，用之去黃毛，毛射人肺，令人欬，不可療。生華陰山谷石上，不聞水及人聲者，良。二月採葉，陰乾。陶隱居云：蔓延石上，生葉如皮，故名石韋。今處處有之，以不聞水聲及人聲者爲良。出建平者，葉長大而厚。

唐本草注：此物叢生石傍陰處，不蔓延。生古瓦屋上，名瓦韋，用療淋亦好也。

圖經：石韋生華陰山谷石上，今晉、絳、滁、海、福州，江寧府皆有之。叢生石上，葉如柳，背有毛，而斑點如皮，故以名之。以不聞水聲者，良。二月、七月採葉，陰乾用。南中醫人炒末，冷酒調服，療發背，甚效。石韋一名石皮，而福州自有一種石皮，三月有花，其月採葉，煎浴湯，主風。又有生古瓦屋上者，名瓦韋，用治淋亦佳。

烏韭

本草經：烏韭味甘，寒。主皮膚往來寒熱，利小腸膀胱氣。

別錄：無毒。療黃疸金瘡內塞，補中益氣，好顏色。生山谷石上。陶隱居云：垣衣亦名烏韭，而爲療異，非是此類也。

本草拾遺：烏韭燒灰，沐髮令黑。生大石及木間陰處，青翠茸茸者，似苔而非苔也。

日華子：石衣澀冷，有毒。此卽山石上苔，長者可四五寸，又名烏韭。

石長生

本草經：石長生味鹹，微寒。主寒熱惡瘡，大熱，辟鬼氣不祥。一名丹草。

別錄：苦，有毒。下三蟲。生咸陽山谷。陶隱居云：俗中雖時有採者，方藥亦不復用。近道亦有，是細細草葉，花紫色爾。南中多生石巖下，葉似蕨而細，如龍鬚草大，黑如光漆，高尺餘，不與餘草雜也。

唐本草注：今市人以鼩筋草爲之，葉似青葙，莖細勁，紫色，今太常用者是也。

按石草俗多長生之名，陶說、唐本注已是兩種，蓋卽鳳尾草之類。滇南通呼豬鬉草，以其莖極相似也。

昨葉何草

唐本草：昨葉何草味酸，平，無毒。主口中乾痛，水穀血痢，止血。生上黨屋上，如蓬，初生一名瓦松，夏採，日乾。注云：葉似蓬，高尺餘，遠望如松栽，生年久瓦屋上。別本注云：今處處有，皆入藥用，生眉髮膏爲要爾。

聖惠方：治頭風白屑，用瓦松暴乾，燒灰淋汁，熱洗頭，不過六七度。

酉陽雜俎：博雅在屋曰昔邪，在牆曰垣衣。廣志謂之蘭香，生於久屋之瓦。魏明帝好之，令長安西載箕瓦於洛陽以覆屋。前代詞人詩中多用昔邪。梁簡文帝詠薔薇曰：緣階覆碧綺，依簷映昔邪。或言構木上多松栽，土木氣泄，則瓦生松。

夢溪筆談：崔融爲瓦松賦云：謂之木也，訪仙客而未詳；謂之草也，驗農皇而罕記。段成式難之曰：崔公博學無不該悉，豈不知瓦松已有著說？引梁簡文帝詩「依簷映昔邪」。成式以昔邪爲瓦松，殊不知昔邪乃是垣衣。瓦松自名昨葉何，成式亦自不識。

本草綱目李時珍曰：按庚辛玉冊云，向天草卽瓦松，陰草也，生屋瓦上及深山石縫中。莖如漆，圓銳，葉背有白毛，有大毒。燒灰淋汁沐髮。髮卽落；誤入目，令人瞽。擣汁能結草砂，伏雌雄砂汞，白礬。其說與本草無毒及生眉髮之說相反，不可不知。

陟釐 別錄：陟釐味甘，大溫，無毒。主心腹大寒，溫中消穀，強胃氣，止洩痢。生江南池澤。陶隱居云：此卽南人用作紙者，方家惟合斷下藥用之。唐本草注：此物乃水中苔，今取以爲紙，名苔紙，青黃色，體澀。小品方云：水中麁苔也。范東陽方云：水中石上生，如毛綠色者。藥對云：河中側梨，側梨、陟釐，聲相近也。王子年拾遺云：張華撰博物志上晉武帝，嫌繁，令削之，賜華側理紙萬張。子年云：陟釐紙也，此紙以水苔爲之，溪人語訛，謂之側理也。

本草衍義：陟釐今人事治爲苔脯，堪啗。京城市中甚多，然治渴疾，仍須禁食鹽，餘方家亦罕用。

屋遊 別錄：屋遊味甘，寒。主浮熱在皮膚，往來寒熱，利小腸膀胱氣。生屋上陰處，八月、九月採。陶隱居云：此瓦屋上青苔衣，剝取煮服之。

垣衣 別錄：垣衣味酸，無毒。主黃疸心煩，欬逆血氣，暴風熱在腸胃，金瘡內塞。久服，補中益氣，長肌，好顏色。一名昔邪，一名烏韭，一名垣嬴，一名天韭，一名鼠韭。生古垣牆陰或屋上，三月三日採，陰乾。陶隱居云：方藥不見用，俗中少見有者。離騷亦有昔邪，或云卽是天蒜耳。

井中苔 別錄：井中苔及萍大寒。主漆瘡，熱瘡，水腫。井中藍殺野葛、巴豆諸毒。陶隱居云：廢井中多生苔萍，及磚土間生雜草、菜藍，既解毒，在井中者彌佳，不應復別，是一種，名井中藍。井底泥至冷，亦療湯火灼瘡，井華水又服鍊法用之。

馬勃 別錄：馬勃味辛，平，無毒。主惡瘡，馬疥。一名馬疕。生園中久腐處。陶隱居云：俗人呼爲馬⿱穴氣勃，紫色虛軟，狀如狗肺，彈之粉出，傅諸瘡用之，甚良也。

本圖經：此馬屁菌也，虛軟如紫絮，彈之紫塵出。生濕地及腐木上，夏秋採之。

本草衍義：馬勃，此唐韓退之所謂牛溲馬勃，俱收並蓄者也。有大如斗者，小亦如升杓，去膜，以蜜揉拌，少以水調呷，治喉閉咽痛。

酢漿草　唐本草：酢漿草味酸，寒，無毒。主惡瘡，瘑瘻，擣傅之，殺諸小蟲。生道傍陰濕處。葉如細萍叢生。莖頭有三葉。一名醋母草，一名鳩酸草。圖經：酢漿草俗呼爲酸漿，舊不載所出州土。云生道傍，今南中下濕地及人家園圃中多有之。北地亦或有生者。葉如水萍叢生，莖端有三葉，葉間生細黄花，實黑。夏月採葉用，初生嫩時，小兒多食之。南人用揩鍮石器，令白如銀。

地衣　日華子：地衣冷，微毒。治卒心痛中惡。以人垢膩爲丸，服七粒。此是陰濕地，被日曬起苔蘚是也。幷生油調傅馬反花瘡，良。

本草拾遺：地衣草味苦，平，無毒。主明目。崔知悌方云：服之令人目明。地上衣如草，生濕處是。

下列四種見本草拾遺：

石蘂　主長年不飢。生泰山石上，如花蘂，爲丸散服之。今時無復有。王隱晋書曰：庾衮入林慮山，食木實，餌石蘂，得長年也。

仙人草　主小兒酢瘡，煮湯浴，亦擣傅之。酢瘡頭小而硬，小兒此瘡，或有不因藥而自差者。當丹毒入腹，必危，可預飲冷藥以防之，兼用此草洗瘡。亦能明目去瞖，挼汁滴目中。生階庭間，高二三寸，葉細有鴈齒，似離鬲草，北地不生也。

離鬲草　味辛，寒，有小毒。主瘰癧丹毒，小兒無辜寒熱，大腹痞滿，痰飲膈上熱。生研絞汁服一合，當吐出胸膈間宿物。生人家階庭濕處，高三二寸，苗葉似䕷蘼，去瘧爲上。江東有之，北土無。

漆姑草　杉木注陶云：葉細細多生石間，按漆姑草如鼠跡大，生堦墀間陰處。氣辛烈，主漆瘡，挼研傅之，熱更易，亦主溪毒瘡。蘇云此蜀羊泉。羊泉是大草，非細者，乃同名耳。

骨碎補　開寶本草：骨碎補味苦，溫，無毒。主破血止血，補傷折。生江南，根著樹石上，有毛，葉如菴藺，江西人呼爲胡孫薑。一名石菴藺，一名骨碎布。

藥性論：骨碎補使能主骨中毒氣，風血疼痛，五勞六極，口手不收，上熱下冷，悉能主之。

本草拾遺：骨碎補似石韋，而一根，餘葉生於木。嶺南虔吉亦有，本名猴薑。開元皇帝以其主傷折，補骨碎，故作此名耳。

日華子：猴薑平。治惡瘡，蝕爛肉，殺蟲。是樹上寄生草，似薑細長。

圖經：骨碎補生江南，今淮、浙、陝西、夔、路州郡，亦有之。根生大木或石上，多在背陰處。引根成條，有黄毛及短葉附之。又有大葉成枝，面青緑色，青黄點，背青白色，有赤紫點。春生葉，至冬乾，黄，無花實。惟根入藥，採無時，削去毛用之。本名胡孫薑，唐明皇以其主折傷有奇效，故作此名。蜀人治閃折筋骨傷損，取根擣篩，煮黄米粥，和之裹傷處，良。又用治耳聾，削作細條火炮，乘熱塞耳。亦入婦人血氣藥用，又名石毛薑。

列當　開寶本草：列當味甘，溫，無毒。主男子五勞七傷，補腰腎，令人有子，去風血，煮及浸酒服之。生山南巖石上，如藕根，初生掘取，陰乾。亦名栗當，一名草蓯蓉。

金星草　嘉祐本草：金星草味苦，寒，無毒。主癰疽瘡毒，大解硫黄及丹石毒，發背癰腫結核。用葉和根，酒煎服之。先服石藥，悉下。又可作末，冷水服，及塗發背瘡腫上，殊效。根碎之，浸油塗頭，大生毛髮。西南州郡多有之，而以戎州者爲上。喜生陰中石上淨處，及竹箐中不見日處，或大木下，或古屋上。此草惟單生一葉，色青，長一二尺。至冬大寒，葉背生黄星點子，兩行相對如金色，因得金星之名。其根盤屈如竹根而細，折之有筋，如豬馬鬃。凌冬不凋，無花實。五月和根採之，風乾用。

圖經：金星草生關、陝、川蜀及潭、婺諸州，皆有之。又名金釧草，味苦，性寒，無毒。葉青，多生背陰石上淨處，或竹箐中少日色處，或生大木上，及背陰多年瓦屋上。初出深緑色，葉長一二尺，至深冬背上生黄星點子，兩兩相對，色如金，因以爲名。無花實，凌冬葉不凋，其根盤屈如竹根而細，折之有筋，如豬鬃。五月和根採之，風乾。解硫黄及丹石毒，治發背癰腫結核，用葉半斤和根，剉以酒五升，銀器中煎取二升，五更初頓服，丹石毒悉下。又擣末，冷水服方寸匕，及塗發背瘡上，亦效。彼人用之，往往皆驗。根又主生毛髮，搥碎，浸油塗頭，良。南人多用此草末，以水一升煎取半，更入酒半升，再煎數沸，溫服下毒。黑汁未下，再服。但是瘡毒皆可服之，然性至冷，服後下利，須補治乃平復。老年不可輒服。

石胡荽

嘉祐本草：石胡荽寒，無毒。通鼻氣，利九竅，吐風痰，不任食，亦去瞖熱，挼內鼻中，瞖自落。俗名鵝不食草。

土馬騣

嘉祐本草：土馬騣治骨熱，敗煩熱，毒壅，衄鼻。所在背陰古牆垣上有之。歲多雨則茂盛，世人或便以爲垣衣，非也。垣衣生垣牆之側，此物生垣牆之上，比垣衣更長，大抵苔之類也。以其所附不同，故立名與主療亦異。在屋則謂之屋遊瓦苔，在牆垣則謂之垣衣土馬騣，在地則謂之地衣，在井則謂之井苔，在水中石上則謂之陟釐土馬騣。近世常用，而諸書未著，故附新定條焉。

乾苔 嘉祐本草：乾苔味鹹，寒。一云溫。主痔殺蟲，及霍亂嘔吐不止，煮汁服之。又心腹煩悶者，冷水研如泥，飲之即止。又發諸瘡疥，一切丹石，殺諸藥毒。不可多食，令人痿黄少血色。殺木蠹蟲，內木孔中。但是海族之流，皆下丹石。

舩底苔 嘉祐本草：舩底苔，冷，無毒。治鼻洪，吐血，淋疾。以炙甘草並豉汁，濃煎湯，旋呷。又主五淋，取一團鴨子大，煮服之。又水中細苔，主天行病，心悶，擣絞汁服。

植物名實圖考長編卷十四

毒草

大黃

本草經：大黃味苦，寒。主下瘀血，血閉，寒熱，破癥瘕、積聚，留飲宿食，蕩滌腸胃，推陳致新，通利水穀，調中化食，安和五藏。

别録：將軍大寒，無毒。主平胃下氣，除痰實，腸間結熱，心腹脹滿，女子寒血閉脹，小腹痛，諸老血留結。一名黄良，生河西山谷及隴西，二月、八月採根，火乾。陶隱居云：今採益州北部汶山及西山者，雖非河西隴西，好者猶作紫地錦色，味甚苦澀，色至濃黑。西川陰乾者勝，北部日乾，亦有火乾者。皮小焦而耐蛀堪久。此藥至勁利，麄者便不中服，最爲俗方所專。道家時用以去痰疾，非養性所需也。將軍之號，取其駿快矣。

唐本草注：大黄性濕潤而易壞蛀，火乾乃佳。二月、八月日不烈，恐不時燥，卽不堪矣。葉、子、莖並似羊蹄但麄長而厚，其根細者亦似宿羊蹄，大者乃如椀，長二尺。作時燒石使熱，横寸截，著石上煿之，一日微燥，乃繩穿晾之，至乾爲佳。幽、并已北漸細，氣力不如蜀中者。今出宕州、涼州，西羌、蜀地皆有。其莖味酸，堪生啖，亦以解熱。多食不利。陶稱蜀地者不及隴西，誤矣。

圖經：大黄生河西山谷及隴西，今蜀川河東陝西州郡皆有之。以蜀川錦紋者佳。其次秦、隴來者，謂之土番大黄。正月内生青葉，似蓖麻，大者如扇。根如芋，大者如椀，長一二尺。傍生細根，如牛蒡。小者亦如芋。四月開黄花，亦有青紅似蕎麥花者。莖青紫色，形如竹。二月、八月採根，去黑皮，火乾。江、淮出者曰土大黄，二月開花，結細實。又鼎州出一種羊蹄大黄，療疥瘙甚效。初生苗葉如羊蹄，累年長大，卽葉似商陸而狹尖。四月内於抽條上出穗，五七莖相合，花葉同色，結實如蕎麥而輕小。五月熟，卽黄色，亦呼爲金蕎麥。三月採苗，五月採實，並陰乾。九月採根，破之亦有錦紋，日乾之，亦呼爲土大黄。凡收大黄之法，蘇恭云：作時燒石使熱，横寸截，著石上煿之，一日微燥，乃繩穿晾之，至乾。今土蕃大黃，往往作橫片，曾經火煿。蜀大黃，乃作緊片如牛舌形，謂之牛舌大黃。二者用之皆等。本經稱：大黃推陳致新，其效最神，故古方下積滯多用之。張仲景治傷寒，用處尤多，古人用毒藥攻病，必隨人之虛實而處置，非一切而用也。姚僧坦初仕梁，武帝因發熱，欲服大黃。僧坦曰：大黃乃是快藥，至尊年高，不可輕用。帝弗從，幾至委頓。元帝常有心腹疾，諸醫咸謂宜用平藥，可漸宣通。僧坦曰：脈洪而實，此有宿妨，非用大黃，無差理。帝從，而遂愈。以此言之，今醫用一毒藥而攻衆病，其偶中病，便謂此方之神奇，其有差誤，乃不言用藥之失。如此者衆矣，可不戒哉！

益部方物記：葉大莖赤，根若巨皿。治疾則多，方家所諸右大黃，蜀大山中多有之，尤爲東方所貴，苗根皆長盈二尺。本草言之尤詳，藥市所見，大者治之爲枕，紫地錦文。唐人以爲產蜀者，性和厚沈深，可以治病，形似牛舌，緊緻者善。蜀所生藥尚多，如：川之巴豆、峽之椒、梓之厚樸，尚數十輩。

商陸

本草經：商陸味辛。主水腫，疝瘕，痹熨，除癰腫，殺鬼精物。一名募根，一名夜呼。

爾雅：蓫薚，馬尾。注：廣雅曰，馬尾，蔏陸。本草云別名薚。今關西亦呼爲薚，江東爲當陸。

別錄：酸，有毒。療胸中邪氣，水腫痿痹，腹滿洪直，疏五藏，散水氣。如人形者，有神。生咸陽山谷。陶隱居云：近道處處有，方家不甚用。惟療水腫，切生根雜生鯉魚，煮作湯。道家乃散用，及煎釀，皆能去尸蟲，見鬼神。其實亦入神藥，花名募花，尤良。

唐本草注云：此有赤、白二種：白者入藥用；赤者見鬼神。甚有毒，但貼腫外用。若服之傷人，乃至痢血不已而死也。

蜀本草圖經云：葉大如牛舌而厚脆，有赤花者，根赤；白花者，根白。今所在有之，二月、八月採根，日乾。

藥性論：當陸使忌犬肉，味甘，有大毒。能瀉十種水病，喉痹不通，薄切醋炒，喉腫處外傅之，差。

圖經曰：商陸俗名章柳根，生咸陽山谷，今處處有之。多生於人家園圃中。春生苗，高三四尺，葉青如牛舌而長，莖青赤，至柔脆。夏秋開紅紫花作朵，根如蘆菔而長，八月、九月內採根，暴乾。其用歸表，古方術家多用之，亦可單服。五月五日採根，竹筐盛，掛屋東北角，陰乾，百日擣篩，井華水調服。云神仙所秘法。喉中卒被毒氣攻痛者，切根，炙令熱，隔布熨之，冷輒易，立愈。其花，主人心惛塞多忘，喜臥。取花陰乾，百日擣末，日暮水服方寸匕，臥思念所欲事，即於眠中自覺。爾雅謂之蓫薚。廣雅謂之馬尾。易謂之莧陸。皆謂此商陸也。然有赤、白二種：花赤者根赤，花白者根白，赤者不入藥，服食用白者。又一種名赤葛，苗葉絕相類，不可用，服之傷筋消腎，須細辨之。

雷斅炮炙論：凡使勿用赤葛，緣相似，其赤葛花莖，有消筋腎之毒，故勿餌。章陸花白，年多後，仙人採之，用作脯，可下酒也。每修事先以銅刀刮去上皮了，薄切以東流水浸兩宿，然後漉出，架甑蒸，以豆葉一重了，與章陸一重，如斯蒸，從午至亥出，仍去豆葉，暴乾了，細剉用，若無豆葉，只用豆代之。

救荒本草：章柳根處處有之。苗高三四尺，莖麄似雞冠花莖，微有線楞，色微紫赤，葉青如牛舌，微闊而長。取白色根切作片子，煠熟，換水浸洗淨，淡食，得大蒜良。

邱光庭兼明書：夬九五曰：莧陸夬夬，中行无咎。王弼云：莧陸，草之柔脆者。子夏傳云：莧陸，木根草莖，剛下柔上。馬鄭、王肅皆云：莧陸一名章陸。明曰：如諸儒之意，皆以莧陸爲一物，直爲上六之象。今以莧陸爲二物，莧者白莧也，陸者商陸也。莧象上六，陸象九三。上六象陰，莧亦全柔也；九三以陽應陰，陸亦剛下柔上也。且夬是五陽共決一陰之卦，九五以陽處陽，既剛且尊，而爲決主，親決上六，而九三應之，亦將被決，故曰莧陸夬夬。重言之者，決莧、決陸也。由此而論莧、陸爲二物，亦以明矣。按本草：商陸一名募根，一名夜呼，一名章陸，一名烏椹，一名六甲父母，殊無莧之號，蓋諸儒之誤也。或曰：九三君子夬夬，其義如何？答曰：九三以陽應陰，有違於衆，若君子能決斷己意，與衆陽共決上六，則免悔，故亦重言夬夬也。

常熟縣志：宋僧慈悅結廬白龍祠側，向得水腫疾，一日有客，自云姓回，見慈公，甚憐其病，手爪劃其股腹，水潰如湧，而腫消，又畀藥一丸，敎用商陸根煮湯服之，且語悅壽可八十五。悅不悉何許人，後兩月有客云：自普陀來，遺一畫而去。展視之，乃呂眞人像，始悟客姓回，卽呂也。

說文解字注：⿱艹昜，艸也。也字各本無，今補。按說文凡艸名篆文之下，皆複舉篆文某字曰：某，艸也。如葵篆下必云：葵菜也；蘯篆下必云：蘯艸也。篆文者其形，說解者其義，以義釋形，故說文爲小學家言形之書也。淺人不知，則盡以爲贅而刪之，不知葵菜也，蘯艸也，河水也，江水也，皆三字句，首字不逗。今雖未復其舊，爲舉其例於此。此⿱艹昜篆之下，本云⿱艹昜艸也，各本既刪⿱艹昜字，又去也字，則⿱艹昜篆不爲艸名，似爲凡枝枝相値、葉葉相當之偁矣。玉篇⿱艹昜下引說文謂卽蓫⿱艹昜馬尾蔏陸也。⿱艹殤同⿱艹昜，攷本艸經曰商陸一名⿱艹昜，句根一名夜呼。陶隱居曰：其花名⿱艹昜，是則纍呼曰蓫⿱艹昜，單呼曰⿱艹昜，或謂其花⿱艹昜，或謂其莖葉⿱艹昜也。枝枝相値，葉葉相當。从艸，昜聲，褚羊切，十部。

狼毒

本草經：狼毒味辛，平。主欬逆上氣，破積聚飲食，寒熱水氣，惡瘡，鼠瘻，疽蝕，鬼精蠱毒，殺飛鳥走獸。一名續毒。

別錄：有大毒，主脅下積癖。生秦亭山谷及奉高。二月、八月採根，陰乾，陳而沈水者良。陶隱居：秦亭在隴西。亦出宕昌，乃言止有數畝地，生蝮蛇，食其根，故爲難得。亦用泰山者，今用出漢中及建平，云與防葵同根類，但置水中沉者，便是狼毒，浮者則是防葵。俗用稀，亦難得，是療腹內要藥耳。

圖經：狼毒生秦亭山谷及奉高及陝西州郡及遼、石州亦有之。苗葉似商陸及大黃，莖葉上有毛。四月開花，八月結實。根、皮黃，肉白。二月、八月採，陰乾，以陳而沉水者良。葛洪治心腹相連常脹痛者，用狼毒二兩、附子半兩，擣篩蜜丸，如桐子大，一日服一丸，二日服二丸，三日三丸，再一丸，至六日又三丸，自一至三，常服卽差。千金療惡瘡，以狼毒、秦艽分兩等，擣末酒服方寸匕，日二，常服之，差。

牙子

本草經：牙子味苦，寒。主邪氣，惡氣，疥瘙，惡瘍，瘡痔，去白蟲。一名狼牙。

別錄：酸，有毒。一名狼齒，一名狼子，一名犬牙。生淮南川谷及宛句，八月採根，暴乾。中濕腐爛生衣者，殺人。陶隱居云：近道處處有之，其根牙亦似獸之牙齒也。

蜀本草圖經云：苗似蛇莓而厚大，深綠色，根萌芽若獸之牙。今所在有之，三月三日采牙，日乾。

圖經：牙子卽狼牙子，生淮南川谷及宛句。今江東、京東州郡多有之。苗似蛇莓而厚大，深綠色，根黑若獸之齒牙，故以名之。三月、八月採根，日乾。古方多用。治蛇毒法：取獨莖狼牙搗臘月豬脂，和以傅上，立差。又楊炎南行方云：六月以前用葉，以後用根，生㕮咀以木葉裹之，煻火炮令熱，用熨瘡上，冷卽止。張仲景治婦人陰瘡，亦單用之。

藺茹 本草經：藺茹味辛，寒。主蝕惡肉，敗瘡，死肌，殺疥蟲，排膿惡血，除大風熱氣，善忘不寐。

別錄：酸，微寒，有小毒。主去熱痹，破癥瘕，除息肉。一名掘据，一名離婁。生代郡川谷，五月採根，陰乾，黑頭者良。陶隱居云：今第一出高麗，色黃，初斷時汁出，凝黑如漆，故云漆頭。次出近道，名草藺茹，色白，皆燒鐵爍頭令黑，以當漆頭，非眞也。葉似大戟，花黃，二月便生根，亦療瘡。

圖經：藺茹生代郡川谷，今河陽淄、齊州亦有之。二月生苗，葉似大戟而花黃色，根如蘿蔔，皮赤黃，肉白，三月開淺紅花，亦淡黃色，不著子。姚僧坦治癰疽生臭惡肉，以白藺茹散傅之，看肉盡便停。但傅諸膏藥，若不生肉，又傅黃耆散，惡肉仍不盡者，可以漆頭赤皮藺茹爲散，半錢匕，和白藺茹散三錢匕，合傅之，差。

本草綱目李時珍曰：范子計然云：藘茹出武都，黃色者善。草藺茹出建康，白色，今亦處處有之；生山原中。春初生苗，高二三尺，根長大如蘿蔔蔓菁狀，或有歧出者，皮黃赤，肉白色，破之有黃漿汁。莖葉如大戟，而葉長微闊，不甚尖，折之有白汁，抱莖有短葉相對，團而出尖，葉中出莖，莖中分二三小枝。二三月開細紫花，結實如豆大，一顆三粒相合，生青熟黑，中有白仁，如續隨子之狀。今人往往皆呼其根爲狼毒，誤矣。狼毒葉似商陸、大黃輩，根無漿汁。

南史隨郡王子隆傳：隨郡王子隆字雲興，武帝第八子也。性和美，有文才。年二十一而體過充壯，常使徐嗣伯合藘茹丸以服，自消損，猶無益。

附子 本草經：附子味辛，溫。主風寒欬逆，邪氣，溫中，金瘡，破癥堅積聚血瘕，寒濕踒躄，拘攣膝痛，不能行步。

別錄：甘，大熱，有毒。主腳痛冷弱，腰脊風寒，心腹冷痛，霍亂轉筋，下痢赤白，堅肌强陰，又墮胎，爲百藥長。生犍爲山谷及廣漢，冬月採爲附子，春採爲烏頭。陶隱居云：附子以八月上旬採，八角者良。凡用三建皆熱灰微炮令拆，勿過焦，惟薑附湯生用之。俗方每用附子，皆須甘草、人參、生薑相配者，正以制其毒故也。

益部方物記：附堇而生，翠莖紫蘂，生蜀者良，三建則非，右附子生綿州彰明縣者最良，有一子重及一兩者，花色紫。本草言附子無正種，附烏頭而生，然則與烏頭、天雄、附子共一物耳。陶宏景以天雄、烏頭、附子，皆出建平，謂之三建，唐人非之。以綿、龍二州所生爲良。今出彰明者佳。

本草綱目李時珍曰：烏頭有兩種，出彰明者即附子之母，今人謂之川烏頭是也。春末生子，故曰春采爲烏頭，冬則生子已成，故曰冬采爲附子。其天雄、烏喙、側子，皆是生子多者，因象命名，若生子少及獨頭者，即無此數物也。其產江左、山南等處者，乃本經所列烏頭，今人謂之草烏頭者，是也。故曰其汁煎爲射罔。陶宏景不知烏頭有二，以附子之烏頭，注射罔之烏頭，遂致諸家疑貳。而雷斅之說，尤不近理。宋人楊天惠著附子記甚悉。今撮其要讀之，可不辯而明矣。其說云：綿州乃故廣漢地，領縣八，惟彰明出附子，彰明領鄉二十，惟赤水、廉水、昌明、會昌四鄉產附子。而赤水爲多，每歲以上田熟耕作壟，取種於龍安、龍州、齊歸、木門、青塠、小坪諸處，十一月播種，春月生苗。其莖類野艾而澤，其葉類地麻而厚，其花紫瓣黃蕤，長苞而圓。七月采者謂之早水，拳縮而小，蓋未長成也。九月采者乃佳。其品凡七，本同而末異。其初種之小者爲烏頭，附烏頭而旁生者爲附子，又左右附而偶生者爲鬲子，附而長者爲天雄，附而尖者爲天錐，附而上出者爲側子，附而散生者爲漏藍子；皆脈胳連貫，如子附母，而附子以貴，故專附名也。凡種一而子六七以上，則皆小；種一而子二三，則稍大；種一而子特生，則特大。附子之形，以蹲坐正節角少者爲上，有節多鼠乳者次之，形不正而傷缺風皺者爲下。本草言附子八角者爲良，其角爲側子之說，甚謬矣。附子之色，以花白者爲上，鐵色者次之，青綠者爲下。天雄、烏頭、天錐皆以豐實盈握者爲勝，漏藍、側子，則園人以乞役夫，不足數也。今按此記所載，漏藍卽雷斅所謂木鼈子，大明所謂虎掌者也。其鬲子卽烏喙也，天錐卽天雄之類，醫方亦無此名，功用當相同爾。

癸辛雜識：三建湯所用附子、川烏、天雄，而莫曉其命名之義，比見建上一老醫云：川烏建上，頭目之虛風者主之。附子建中，脾胃寒者主之。天雄建下，腰腎虛憊者主之。此說亦似有理，後因觀謝靈運山居賦曰：三建異形而同出，蓋三物皆一種類，一歲爲萴子，二歲爲烏喙，三歲爲附子，四歲爲烏頭，五歲爲天雄。是知古藥命名，皆有所本祖也。

曹氏談錄：予問賈君中土人每日火麪而食，然不致壅熱之患，何也？賈君曰：夾河風性寒，故民多傷風，河、洛東地鹹水性冷，故民雖哺粟食麥，而無熱疾。又曰：滑臺水風性寒冷尤甚，士民共啗附子，如啗芋栗。

元史李杲傳：杲好醫藥，於傷寒、癰疽、眼目病爲尤長。馮叔獻之姪櫟，年十五六，病傷寒，目赤而頓渴，脈七八至。醫欲以承氣病下之，已煮藥而杲適從外來，馮告之故，杲切脈大駭曰：幾殺此兒！經內有言，在脈諸數爲熱，諸遲爲寒，今脈八九至，是熱極也。而會要大論云：病有脈從而病反者，何也？脈之而從，按之不鼓，諸陽皆然，此傳而爲陰證矣。令持薑附來，吾當以熱因寒用法處之。藥未就而病者爪甲變，頓服者八兩，汗尋出而愈。

附楊天惠彰明附子記

綿州故廣漢地，領縣八，惟彰明出附子，彰明領鄉二十，惟赤水、廉水、會昌、昌明產附子。總四鄉之地，爲田五百二十頃有奇，然秔稻之田五，菽粟之田三，而附子之田止居其二焉。合四鄉之產，得附子一十六萬斤已上，然赤水爲多，廉水次之，而會昌、昌明所出微甚。凡上農夫歲以善田代處，前期輒空田，一再耕之，蒔薺麥，若巢糜其中，比苗稍壯，并根葉耨覆土下，後耕如初，乃布種。每畝用牛十耦，用糞五十斛，七寸爲壟，五寸爲符，終畝爲符，二千爲壟，千二百壟從無衡，深亦如之。又以其餘爲溝爲涂。春陽憤盈，丁壯畢出，疏整符壟，以需風雨。雨過輒振拂而駢持之，既又挽草爲援，以御短日，其用工力，比它田十倍，然其歲獲亦倍稱成之。凡四鄉度用，種千斛以上。出龍安及龍州、齊歸、木門、青塠、小坪者良。其播種以冬盡十一月止，采擷以秋終九月止。其莖類野艾而澤，其葉類地麻而厚，其花紫瓣黃蕤，長苞而圓。蓋其實之美惡，視功之勤窳，以故富室之入常美，貧者雖接畛，或不盡然。又有七月采者，謂之早水，拳縮而小，蓋附子之未成者。然此物惟畏惡猥，多不能常熟。或種美而苗不茂，或苗秀而根不充，或以釀而腐，或以暴而攣，若有物焉陰爲之。故園人將采，常禱於神，或目爲藥妖。釀法，用醯醅安密室淹覆，彌月乃發，以時暴，晾久乾定，方出釀時其大有如拳者，已定輒不盈握，故及兩者極難得。蓋附子之品有七，實本同而末異，其初種之小者爲烏頭；附烏頭而旁生者，爲附子；又左右附而偶生者，爲鬲子；又附而長者，爲天雄；又附而尖者，爲天錐；又附而上者，爲側子；又附而散者，爲漏藍子。皆脈胳連貫，如子附母，而附子以貴，故獨專附名，自餘不得與焉。凡種一而子六七以上，則其實皆小；種一而子二三，則其實稍大；種一而子特生，則其實特大，此其凡也。附子之形，以蹲坐正節角少爲上，有節多鼠乳者次之，形不正而傷缺風皺者爲下。附子之色，以花白爲上，鐵色次之，青緑爲下。天雄、烏頭、天錐以豐實盈握爲勝，而漏藍、側子，園人以乞役夫，不足數也。大率蜀人餌附子者少，惟陝、輔、閩、浙宜之，陝、輔之賈纔市其下者，閩、浙之賈纔市其中者，其上品則皆士大夫求之，蓋貴人金多喜奇，故非得大者不厭。然土人有知藥者云：小者固難用，要之半兩以上皆良，不必及兩乃可，此言近之。按本經及志載附子出犍爲山谷及在山南嵩高、齊魯間，以今攷之，皆無，有誤矣。又曰：春采爲烏頭，冬采爲附子，大謬。又云：附子八角者良，其角爲側子，愈大謬。與予所聞絶異，豈所謂盡信書不如無書者類耶！

以上皆楊說，古涪既删取其略著於篇，然又云：天雄與附子類同而種殊，附子種近類漏藍，天雄種如香附子，凡種必取土爲槽，作傾斜之勢，下廣而上狹，寘種其間，其先也與附子絶不類，雖物性使然，亦人力有以使之，此又楊說所不及也。審如志言，則附子與天雄非一本矣，楊說失之。本草圖經與此小異。廣雅云：奚毒，附子也，一歲爲萴子，二歲爲烏喙，三歲爲附子，四歲爲烏頭，五歲爲天雄，蓋亦不然。萴子、天雄、漏藍三物，本草皆不著。張華博物志又云：烏頭、天雄、附子一物，春秋冬夏，味各異也。

烏頭 本草經：烏頭味辛，溫。主中風惡風，洗洗出汗，除寒濕痹，欬逆上氣，破積聚寒熱。其汁煎之，名射罔，殺禽獸，一名奚毒，一名耿子，一名烏喙。

別錄：甘，大熱，大毒。消胸上寒冷，食不下，心腹冷疾，膌間痛，肩胛痛，不可俛仰，目中痛，不可久視，又墮胎。射罔味苦，有大毒。療尸疰癥堅，及頭中風痹痛。烏喙味辛，微溫，有大毒。主風濕，丈夫腎濕，陰囊痒，寒熱歷節，掣引腰痛，不能行步，癰腫膿結，又墮胎。生朗陵山谷，正月、二月採，陰乾。長三寸已上，爲天雄。

曲洧舊聞：草烏頭，近畿如嵩少、具茨諸山，亦多有之。花開九月，色青可玩，人多移植園圃，號鴛鴦菊，蓋取其近似耳。

爾雅翼：烏喙，今之烏頭也。釋草云：芨，堇草。郭璞云：卽烏頭，今江東呼爲堇。晉驪姬譖申生，寘鴆於酒，寘堇於肉者，是也。非堇荁之堇。說文云：萴，烏頭也。今烏頭與附子同根，春時莖初生，有腦形似烏鳥之頭，故謂之烏頭。或曰有兩歧相合者，名烏喙。要之烏喙卽烏頭之異名耳。本草：冬月採爲附子，春月採爲烏頭。博物志曰：物有同類而異用者，烏頭、天雄、附子一物，春夏秋冬採之各異。謝靈運山居賦曰：三建異形而同出。而說者又以烏頭、烏喙、附子、側子輩，色理形狀，亦各不同。而長三寸已上爲天雄，蓋種烏頭而不生附子、側子之類，經年獨長大者，是也。蜀人種之，忌生此，以爲不利，如義蠶而爲白殭之類也。廣雅則曰：一歲爲萴子，二歲爲烏喙，三歲爲附子，四歲爲烏頭，五歲爲天雄。蘇秦曰：饑人之所以不食烏喙者，以其雖偷充腹而與死同患也。後魏書曰：匈奴秋收烏頭爲毒藥，以射禽獸。淮南子曰：天下之物，莫凶於奚毒，然而良醫橐而藏之，有所用也。奚毒卽附子。漢霍顯使醫淳于衍擣附子，齎入長定宮，皇后免身後，衍取附子幷合大醫大丸，以飲皇后，后曰：我頭岑岑也，藥中得無有毒？是其事。

天雄

本草經：天雄味辛，溫。主大風，寒濕痹，歷節痛，拘攣緩急，破積聚邪氣，金瘡，強筋骨，輕身健行。一名白幕。

別錄：甘，大溫，有大毒。療頭面風去來疼痛，心腹結聚，關節重不能行步，除骨間痛，長陰氣，強志，令人武勇，力作不倦，又墮胎。生少室山谷，二月採根，陰乾。陶隱居云：今採用八月中旬。天雄似附子細而長便是，長者乃至三四寸許，此與烏頭、附子三種，本幷出建平，故謂之三建。今宜都、佷山最好，謂爲西建；錢塘間者，謂爲東建，氣力劣弱，不相似。故曰西水猶勝東白也。其用灰殺之時有木強者，不佳。

唐本草注云：天雄、附子、烏頭等，並以蜀道綿州、龍州出者佳，餘處縱有造得者，力弱都不相似。江南來者，全不堪用。陶以三物俱出建平故名之，非也。按國語：寘堇於肉。注云：烏頭也。爾雅云：芨，堇草。郭注云：烏頭苗也。此物本出蜀漢，其本名堇，今訛爲建，遂以建平釋之。又石龍芮葉似堇，故名水堇。今復爲水茛，亦作建音，此豈復生建平耶？檢字書又無茛字，甄立言本草音義亦論之。天雄、附子、側子並同用八月採，造其烏頭，四月上旬，今云二月採，恐非時也。

側子

別錄：側子味辛，大熱，有大毒。主癰腫風痹，歷節腰腳疼冷，寒熱鼠瘻，又墮胎。陶隱居云：此卽附子邊角之大者，脫取之，昔時不用，比來醫家以療腳氣多驗，凡此三建，俗中乃是同根，而本經分生三處，當各有所宜故也。方云：少室天雄、朗陵烏頭，皆稱本土，今則無別矣。

唐本草注：側子只是烏頭下共附子、天雄同生，小者側子，與附子皆非正生，謂從烏頭旁出也。以小者爲側子，大者爲附子，今稱附子角爲側子，理必不然。若當陽已下，江左及山南嵩高、齊魯間附子，時復有角，如大豆許。夔州已上，劍南所出者，附子之角，微如黍粟，持此爲用，誠亦難充。比來京下皆用細附子有效，未嘗取角。若然，方須八角附子，應言八角，言取角用，不近人情也。

圖經：烏頭、烏喙生朗陵山谷，天雄生少室山谷，附子、側子生犍爲山谷及廣漢，今並出蜀土，然四品都是一種所產。其種出於龍州。種之法：冬至前先將肥腴陸田耕五七遍，以豬糞糞之，然後布種，逐月耘耔。至次年八月後方成。其苗高三四尺以來，莖作四棱，葉如艾，花紫碧色，作穗實小，子黑色如桑椹。本只種附子一物，至成熟後有此四物。收時仍一處造釀方成。釀之法：先於六月內踏造大麪麴。至收採前半月，預先用大麥煮成粥，後將上件麴造醋，候熟淋去糟，其醋不用太酸，酸則以水解之，便將所收附子等去根鬚，於新潔瓮內淹浸七日，每日攪一遍，日足撈出，以彌疎篩攤之，令生白衣後，向慢風日中曬之百十日，以透乾爲度，若猛日曬，則皺而皮不附肉。其長三二寸者爲天雄，割削附子傍尖芽角爲側子，附子之絕小者亦名爲側子。元種者母爲烏頭，其餘大小者皆爲附子，以八角者爲上。如方藥要用，須炮令裂去皮臍使之。綿州彰明縣多種之，惟赤水一鄉者，最佳。然收採時月，與本經所說不同。蓋今時所種如此，其內地所出者，與此殊別，今亦稀用。謹按本經：冬採爲附子，春採爲烏頭。而廣雅云：奚毒，附子也。一歲爲萴子，二歲爲烏喙，三歲爲附子，四歲爲烏頭，五歲爲天雄。今一年種之，便有此五物，豈今人種蒔之法，用力倍至，故爾繁盛也？然推藥力當緩於歲久者耳。

白附子

別錄：白附子主心痛血痹，面上百病，行藥勢。生蜀郡，三月採。陶隱居云此物，乃言出芮，芮久絕，俗無復眞者，今人乃作之獻用。唐本草注此物本出高麗，今出涼州、巴西，形似天雄，生沙中，獨莖，似鼠尾草，葉生穗間。

海藥本草：按南州記云，生東海及新羅國。苗與附子相似，大溫，有小毒。主治疥癬，風瘡，頭面疱，陰囊下濕，腿無力，諸風冷氣，入面脂皆好也。

甘遂

甘草經：甘遂味苦，寒。主大腹疝瘕，腹滿，面目浮腫，留飲宿食，破癥堅積聚，利水穀道。一名主田。

別錄：甘，大寒，有毒。下五水，散膀胱留熱，皮中痞熱氣腫滿。一名甘藁，一名陵澤，一名重澤。生中山川谷，二月採根，陰乾。陶隱居云：中山在代郡，先第一本出泰山，江東比來用京口者，大不相似，赤皮者勝白皮者，都下亦有名草甘遂，殊惡，蓋謂贗僞之草也。

唐本草注：所謂草甘遂者，乃蚤休也。療體全別。眞甘遂苗似澤漆，草甘遂苗一莖，莖端六七葉，如蓖麻、鬼臼葉。生食一升，亦不能利，大療癰疽蛇毒。且眞甘遂皆以皮赤肉白，作連珠實重者良。亦無白皮者，乃是蚤休，俗名重臺也。

圖經：甘遂生中山川谷，今陝西、江東亦有之。或云京西出者，最佳。汴、滄、吳者爲次。苗似澤漆，莖短小而葉有汁，根皮赤，肉白，作連珠，又似和皮甘草。二月採根，節切之，陰乾，以實重者爲勝。古方亦單用，下水。小品療妊娠小腹滿，大小便不利，氣急，已服豬苓散不差者，以甘遂散下之。泰山赤皮甘遂二兩，擣篩，以白蜜一兩，和丸如大豆粒，多覺心下煩。得微下者，日一服之，下後還服豬苓散；不得下，日再服，漸加可至半錢匕，以微下爲度，中間服散也。

大戟

本草經：大戟味苦，寒。主蠱毒，十二水，腹滿急痛積聚，中風，皮膚疼痛，吐逆。一名邛鉅。

爾雅：蕎，邛鉅。注：今藥草大戟，本草云。

別錄：甘，大寒，有小毒。主頸腋癰腫，頭痛發汗，利大小便。生常山，十二月採根，陰乾。陶隱居云：近道處處皆有，至猥賤也。

蜀本草圖經云：苗似甘遂高大，葉有白汁，花黃，根似細苦參，皮黃黑，肉黃白。五月採苗，二月、八月採根用。

圖經：大戟，澤漆根也。生常山，今近道有之。春生紅芽，漸長作叢，高一尺已來。葉似初生楊柳小團，三月、四月開黃紫花，團圓似杏花，又似蕪荑。根似細苦參，皮黃黑，肉黃白色。秋冬採根，陰乾。淮甸出者，莖圓高三四尺，花黃，莖至心亦如白合苗。江南生者，葉似芍藥，醫家用治癮疹風，及風毒腳腫，並煑水熱淋之，日再三，便愈。李絳兵部手集方：療水病，無問年月淺深，雖復脈惡，亦主之。大戟、當歸、橘皮各一大兩，切以水二大升，煑取七合，頓服，利水，二三斗勿怪，至重不過再服，便差，禁毒食一年，水下後更服，永不作。此方出張尙客。

本草綱目李時珍曰：大戟生平澤甚多，直莖高二三尺，中空，折之有白漿。葉長狹如柳葉而不團，其梢葉密攢而上。杭州紫大戟爲上，江南土大戟次之。北方綿大戟色白，其根皮柔韌如綿，甚峻利，能傷人，弱者服之，或至吐血，不可不知。

澤漆

本草經：澤漆味苦，微寒。主皮膚熱，大腹水氣，四肢面目浮腫，丈夫陰氣不足。

別錄：辛，無毒。利大小腸，明目，輕身。一名漆莖，大戟苗也。生泰山川澤，三月三日、七月七日採根葉，陰乾。陶隱居云：此是大戟苗，生時摘葉有白汁，故名澤漆，亦能嚙人。

圖經：澤漆，大戟苗也。生泰山川澤，今冀州、鼎州、明州及近道有之。生時摘葉有白汁出，亦能囓人，故以爲名。然張仲景治肺欬上氣脈沉者，澤漆湯主之。澤漆三斤，以東流水五㪷，煮取一㪷五升，然後用半夏半升，紫參、生薑、白前各五兩，甘草、黃芩、人參、桂心各三兩，八物㕮咀之，內澤漆汁中，煎取五升，每服五合，日三，至夜服盡。

救荒本草：澤漆，大戟苗也。今處處有之。苗高二三尺，科叉生，莖紫赤色，葉似柳葉微細短，開黄紫花，狀似杏花而瓣頗長。生時摘葉有白汁出，今嘗葉味澀苦，食過回味甘。採葉及嫩莖煠熟，水浸淘淨，油鹽調食。採嫩葉蒸過曬乾，做茶喫亦可。

本草綱目李時珍曰：別錄、陶氏皆言澤漆是大戟苗。日華子又言是大戟花，其苗可食。然大戟苗洩人，不可爲菜。今考土宿本草及寶藏論諸書並云：澤漆是貓兒眼睛草，一名綠葉綠花草，一名五鳳草，江湖原澤平陸多有之。春生苗，一科分枝成叢，柔莖如馬齒莧，綠葉如苜蓿葉，葉圓而黄綠，頗似貓睛，故名貓兒眼。莖頭凡五葉中分，中抽小莖五枝，每枝開細花，青綠色，復有小葉承之，齊整如一，故又名五鳳草、綠葉綠花草。梢莖有白汁黏人，其根白色，有硬骨，或以此爲大戟苗者，誤也。五月採汁煑雄黄，伏鍾乳結草砂，據此則澤漆是貓兒眼睛草，非大戟苗也。今方家用治水蠱、腳氣，有效。尤與神農本文相合，自漢人集別錄，誤以爲大戟苗，故諸家襲之爾，用宜審視。

莨菪

本草經：莨菪子味苦，寒。主齒痛出蟲，肉痺拘急，使人健行，見鬼，多食令人狂走，久服輕身，走及奔馬，强志，益力，通神。一名横唐。別錄：甘，有毒。療癲狂風癇，顛倒拘攣。一名行唐，生海濱川谷及雍州。五月採子。陶隱居云：今處處有，子形頗似五味核而極小，惟入療癲狂方用，此乃不可多食過劑耳。久服自無嫌，通神健行，足爲大益。而仙經不見用，今方家多作狼蓎。

圖經：莨菪子生海濱川谷及雍州，今處處有之。苗莖高二三尺，葉似地黄、王不留行、紅藍等，而三指闊，四月開花，紫色。苗、莢、莖有白毛。五月結實，有殼，作罌子狀，如小石榴。房中子至細，青白色如米粒。一名天仙子，五月採子，陰乾。謹按本經云莨菪性寒，後人多云大熱。而史記淳于意傳云：淄州王美人懷子而不乳，意飲以浪蕩藥一撮，以酒飲之，旋乳。且不乳豈熱藥所治？又古方主卒癲狂，亦多單用，莨菪不知果性寒耶？小品載治癲狂方，取莨菪三升作末，酒一升漬數日，出搗之，以內汁和絞去滓，湯上煎，令可丸，如小豆三丸。日三，當覺口面急，頭中有蟲行，額及手足有赤色處，如此並是差候。未知再服，取盡神良。又篋中方主腸風莨菪煎，取莨菪實一升治之，暴乾，搗篩。生薑半斤取汁，二物相合銀鍋中，更以無灰酒二升投之，上火煎令如稠餳，即旋投酒炒，用酒可及五升即止。煎令可丸，大如梧子。每旦酒飲通下三丸，增至五七丸止。若丸時黏手，則菟絲粉襯隔。煎熬切戒火緊，則藥焦而失力矣。初服微熱，勿怪。疾甚者，服過三日當下利，疾去利亦止。絕有效。別說云：謹按莨菪之功，未見如所說。而其毒有甚。煮一二日，而芽方生，用者宜審之。

西溪叢語：佛經頌云：蒗若拾花鍼。本草云：蒗若使人健行，見鬼。藥性論云：熱，有大毒。生能瀉人，見鬼，拾針，狂亂。雷公云：勿誤食，眼出暹火。史記淳于意治王美人懷子而不乳來，意以蒗蕩藥一撮，用酒飲之，旋乳。今醫方並不言通乳。或云性寒，或云熱，皆不能曉。按乳，非通乳也。

常山

本草經：常山味苦，寒。主傷寒寒熱，熱發溫瘧，鬼毒，胷中痰結吐逆。一名互草。

別錄：辛，微寒，有毒。療鬼蠱往來，水脹，洒洒惡寒，鼠瘻。生益州川谷及漢中，八月採根，陰乾。陶隱居云：出宜都、建平，細實，黃者呼爲雞骨常山，用最勝。

唐本草注：常山葉似茗狹長，莖圓，兩葉相當。二月生白花，青萼。五月結實，青圓。三子爲房。生山谷間，高者不過三四尺。

蜀漆 本草經：蜀漆味辛，平。主瘧及欬逆寒熱，腹中癥堅，痞結，積聚邪氣，蠱毒鬼疰。

別錄：微温，有毒。療胸中邪結氣，吐出之。生江林山川谷及蜀漢中，常山苗也。五月採葉，陰乾。陶隱居云：是常山苗，而所出又異者，江林山即益州江陽山名，故是同處。彼人採，仍縈結作丸，得時燥者，佳。

唐本草注云：此草日乾，微萎則把束暴使燥，色青白堪用，若陰乾便黑爛鬱壞矣。陶云作丸，此乃梌餅，非蜀漆也。

日華子：蜀漆治癥瘕，又名雞屎草，鴨屎草。

圖經：蜀漆生江林山川谷及蜀漢，常山苗也。常山生益州山谷及漢中，蜀漆根也，江林山即益州江陽山名，是同處耳。今京西、淮、浙、湖南州郡亦有之。葉似茗而狹長，兩兩相當。莖圓有節。三月生紅花，青萼。五月結青實，圓，三子爲房。苗高三四尺。根似荆，黄色，而海州出者葉似楸葉。八月有花，黄白色，子碧色，似山楝子而小。五月採葉，八月採根，陰乾。此二味爲治瘧之最要。張仲景蜀漆散，用蜀漆、雲母、龍骨等分杵末，患者至發前以漿水和半錢服之。温瘧加蜀漆半分，臨發時服一錢匕。今天台山出一種草，名土常山苗，葉極甘，人用爲飲，香。其味如蜜，又名蜜香草，性亦涼，飲之益人，非此常山也。

雲實 本草經：雲實味辛，温。主洩痢腸澼，殺蟲蠱毒，去邪惡結氣，止痛，除寒熱。花主見鬼精物，多食令人狂走，久服輕身，通神明。

別錄：苦，無毒。消渴，殺精物，下水，燒之致鬼，益壽。一名員實，一名雲英，一名天豆。生河間川谷，十月採，暴乾。陶隱居云：今處處有，子細如葶藶子而小黑，其實亦類莨菪。燒之致鬼，未見其法術。

蜀本圖經云：葉似細槐，花黄白，其莢如大豆，實黄青色，大若麻子。今所在平澤中有，五月、六月採實。

圖經：雲實生河間川谷，高五六尺，葉如槐而狹長，枝上有刺，苗名臭草，又名羊石子草。花黃白色，實若麻子大，黃黑色，俗名馬豆。十月採，暴乾用。今三月、四月採苗，五月、六月採實，實過時即枯落，治瘧藥中多用之。

本草綱目李時珍曰：此草山原甚多，俗名枯刺。赤莖，中空，有刺，高者如蔓，其葉如槐。三月開黃花，纍然滿枝。莢長三寸許，狀如肥皂。莢內有白子五六粒，正如鵲豆，兩頭微尖，有黃黑斑紋，厚殼白仁，咬之極堅重，有腥氣。

藜蘆 本草經：藜蘆味辛，寒。主蠱毒，欬逆，洩痢，腸澼，頭瘍，疥瘙，惡瘡，諸蟲毒，去死肌。一名葱苒。

別錄：苦，微寒，有毒。療噦逆，喉痹不通，鼻中息肉，馬刀爛瘡，不入湯用。一名葱菼，一名山葱。生泰山山谷，三月採根，陰乾。陶隱居云：近道處處有之，根下極似葱而多毛，用之止剔取根，微炙之。

蜀本草圖經：葉似鬱金、秦艽、蘘荷等，根若龍膽，莖下多毛，夏生冬凋。即今所在山谷皆有，八月採根，陰乾。

吳普本草：藜蘆一名葱葵，一名豐蘆，一名蕙葵。大葉，根大小相連。范子曰：藜蘆出河東，黃白者善。

圖經：藜蘆生泰山山谷，今陝西、山南東西州郡皆有之。三月生苗，葉青似初出椶心，又似車前。莖似葱白，青紫色，高五六寸，上有黑皮裹莖，似椶皮。其花肉紅色。根似馬腸根，長四五寸許，黃白色。二月、三月採根，陰乾。此有二種：一種水藜蘆，莖葉大同，只是生在近水溪澗石上，根鬚百餘，莖不中入藥。今用者名葱白藜蘆，根鬚甚少，只是三二十根，生高山者佳。均州土俗亦呼爲鹿葱，此藥大吐上膈風涎，闇風癇病，小兒齆齁，用錢七一字，則惡吐人。又用通項，令人噎。而石經本草云療嘔逆，其效未詳。今萱草亦謂之鹿葱，其類全別，主療亦不同耳。

本草綱目李時珍曰：噦逆用吐藥，亦反胃用吐法，去痰積之義。吐藥不一，常山吐瘧痰，瓜丁吐熱痰，烏附尖吐濕痰，萊菔子吐氣痰，藜蘆則吐風痰者也。按張子和儒門事親云：一婦病風癇，自六七年得驚風後，每一二年一作，至五七年五七作，三十歲至四十歲則日作，或甚至一日十餘作，遂昏癡健忘，求死而已。值歲大饑，采百草食，於野中見草若葱狀，采歸蒸熟飽食，至五更忽覺心中不安，吐涎如膠，連日不止，約一二斗，汗出如洗，甚昏困，三日後遂輕健，病去食進，百脈皆和。以所食葱訪人，乃憨葱苗也，卽本草藜蘆是矣。圖經言能吐風病，此亦偶得吐法耳。我朝荊和王妃劉氏年七十，病中風，不省人事，牙關緊閉，羣醫束手。先考太醫吏目月池翁診視，藥不能入，自午至子，不獲已，打去一齒，濃煎藜蘆湯灌之，少頃噫氣一聲，遂吐痰而甦，調理而安。「藥弗瞑眩，厥疾弗瘳」，誠然。

天南星

開寶本草：天南星味苦，辛，有毒。主中風，除痰，麻痹，下氣，破堅積，消癰腫，利胸膈，散血墮胎。生平澤，處處有之。葉似蒻葉，根如芋，二月、八月採之。

日華子云：味辛烈，平。畏附子、乾薑、生薑，署撲損瘀血，主蛇蟲咬，疥癬惡瘡，入藥炮用，又名鬼蒟蒻。

圖經曰：天南星，本經不載所出州土，云生平澤，今處處有之。二月生苗似荷梗，莖高一尺以來，葉如蒟蒻，兩枝相抱。五月開花，似蛇頭，黃色。七月結子作穗，似石榴子，紅色。根似芋而圓。二月、八月採根，亦與蒟蒻根相類，人多誤採。莖斑花紫，是蒟蒻。一說：天南星如本草所說，卽虎掌也。小者名由跋，後人採用，乃別立二名爾。今天南星大者四邊皆有子，採時盡削去之。又陳藏器云半夏高一二尺，由跋高一二寸，此正誤相反言也。今由跋苗高一二尺，莖似蒟蒻而無斑，根如雞卵；半夏高一二寸，亦有盈尺者，根如小指，正圓也。江南吳中又有白蒟蒻，亦曰鬼芋，根都似天南星。生下平澤極多，皆雜採，以爲天南星，了不可辨。市中所收，往往是也。但天南星小柔膩肌細，炮之易裂，差可辨爾。古方多用虎掌，不言天南星，天南星近出唐世，中風痰毒方中多用之。續傳信方治風痛，用天南星、躑躅花，並生時同擣羅作餅子，甑上蒸四五遍，以稀葛囊盛之，候要即取焙擣爲末，蒸餅丸如梧桐子，溫酒下三丸。腰脚骨痛，空心服，手臂痛，食後服，大良。

虎掌 本草經：虎掌味苦，溫。主心痛，寒熱結氣，積聚伏梁，傷筋痿拘緩，利水道。

別錄：微寒，有大毒。除陰下濕，風眩。生漢中山谷及宛句，二月八月採，陰乾。蜀漆爲之使，惡莽草。陶隱居云：近道亦有，形似半夏，但皆大，四邊有子如虎掌。今用多破之，或三四片爾，方藥亦不甚用也。

唐本草注云：此藥是由跋宿者，其苗一莖，莖頭一葉，枝丫扶莖。根大者如拳，小者如雞卵，都似扁柿，四畔有圓牙，看如虎掌，故有此名。其由跋是新根，猶大於半夏二三倍，但四畔無子牙爾。陶云虎掌似半夏，即由跋，以由跋爲半夏，釋由跋苗全說鳶尾，南人至今猶用由跋爲半夏也。

圖經曰：虎掌生漢中山谷及宛句，今河北州郡亦有之。初生根如豆大，漸長大似半夏而扁，累年者其根圓及寸大者如雞卵，周匝生圓牙二三枚，或五六枚。三四月生苗，高尺餘，獨莖上有葉如瓜五六出，分布尖而圓，一窠生七八莖，時出一莖作穗，直上如鼠尾。中生一葉如匙，裹莖作房，傍開一口，上下尖中有花，微青褐色，結實如麻子大，熟即白色，自落布地，一子生一窠。九月苗殘取根，以湯入器中，漬五七日，湯冷乃易，日換三四遍，洗去涎，暴乾用之。或再火炮。今冀州人菜園中種之，亦呼爲天南星。江州有一種草，葉大如掌，面青背紫，四畔有芽如虎掌。生三四葉爲一本，冬青，治心痛，寒熱積氣。不結花實，與此名同，故附見之。

由跋 別錄：由跋主毒腫結熱。陶隱居云：本出始興，今都下亦種之。狀如烏翣而布地，花紫色，根似附子，苦酒磨塗腫，亦效，不入餘藥。唐本草注云：由跋根尋陶所注乃是鳶尾根，即鳶頭也。由跋今南人以爲半夏，頓爾乖越，非惟不識半夏，亦不知由跋與鳶尾也。

蜀本圖經：春抽一莖，莖端有八九葉，根圓扁，而肉白色。

本草綱目李時珍曰：此即天南星之小者，其氣未足，不堪服食，故醫方罕用。惟重八九錢至一兩餘者，氣足乃佳，正如附子之側子，不如附子之義也。

按由跋，唐本草以爲南星新根，今江西有一種小南星，獨莖，生葉如半夏，而不止三葉，與蜀本圖經莖端有八九葉相符，似由跋又非南星之旁牙，如時珍所云者。然較半夏莖高根大，不能代半夏用也。

半夏 本草經：半夏味辛，平。主傷寒寒熱，心下堅，下氣，喉咽腫痛，頭眩胸脹，欬逆腸鳴，止汗。一名地文，一名水玉。禮記月令：半夏生。

別錄：生微寒，熟溫，有毒。消心腹胸膈熱痰滿結，欬嗽上氣，心下急痛堅痞，時氣嘔逆，消癰腫，墮胎，療痿黃，悅澤面目。生令人吐，熟令人下。用之湯洗，令滑盡。一名守田，一名和姑。生槐里川谷，五月、八月採根，暴乾。陶隱居云：槐里屬扶風，今第一出青州，吳中亦有，以肉白者爲佳。不厭陳久，用之皆先湯洗十許過，令滑盡。不爾，戟人咽喉。方中有半夏，必須生薑者，亦以制其毒故也。

圖經曰：半夏生槐里川谷，今在處有之，以齊州者爲佳。二月生苗，一莖，莖端三葉，淺緑色，頗似竹葉而光。江南者似芍藥葉。其根下相重生，上大下小，皮黄肉白。五月、八月內採根，以灰裛二日，湯洗暴乾。一云五月採者虛小，八月採者實大，然以圓白陳久者爲佳。其平澤生者甚小，名羊眼半夏。又由跋絶類半夏，而苗高近一二尺許，根如雞卵大，多生林下。或云卽虎掌之小者，足以相亂半夏，主胃冷嘔噦，方藥之最要。張仲景治反胃嘔吐大半夏湯：半夏三升、人參三兩、白蜜一升，以水一斗二升和搗之，一百五十遍，煮取三升，半溫服一升，日再。亦治膈間支飲，又主嘔噦穀不得下，眩悸，半夏加茯苓湯：半夏一升、生薑半片、茯苓五兩，切以水七升，煎取一升，半分溫服之。又主心下悸，半夏、麻黄二物等分篩末，蜜丸大如小豆，每服三丸，日三。其餘主寒厥赤風，四逆嘔吐，附子粳米湯，及傷寒湯方：用半夏一升，洗去滑，焙乾，搗末，小麥麪一升，合和以水溲令熟，丸如彈丸，以水煮令麪熟，則藥成。初呑四五枚，日二，稍稍增至十五枚，旋煮旋服，覺病減，欲更重合，亦佳。禁食餳與羊肉。

雷公炮炙論：凡使勿誤用白傍𦶇子，眞似半夏，只是咬着微酸，不入藥用。若修事，半夏四兩，用搗了白芥子末二兩，頭醋六兩，二味攪令濁，將半夏投中，洗三遍用之。半夏上有隟涎，若洗不淨，令人氣逆，肝氣怒滿。

錢相公篋中方：治蠍螫人，取半夏以水研塗之，立止。子母祕錄治小兒腹脹，半夏少許，洗擣末，酒和丸如粟米大，每服二丸，生薑湯呑下；不差加之，日再服；又若以火炮之爲末，貼臍亦佳。又方治五絶：一曰自縊，二曰牆壁壓，三曰溺水，四曰魘魅，五曰產乳。凡五絕皆以半夏一兩，搗篩爲末，丸如大豆，內鼻中，愈。心溫者，一日可治。

本草衍義曰：半夏，今人惟知去痰，不言益脾，蓋能分水故也。脾惡濕，濕則濡而困，困則不能制水。經云濕勝則瀉，一男子夜數如廁，或教以生薑一兩碎之，半夏湯洗，與大棗各三十枚，水一升，甆瓶中慢火燒爲熟水，時時呷數口，便已。

按半夏有竹葉、芍藥二種。江西、湖南皆有之。二種同生一處，開花如南星而小，高不過六七寸。撿方書無有半夏開花之說，而固始呼爲蠍子草，與錢相公篋中方治蠍螫相符，或前人未經察及耳。

蚤休

本草經：蚤休味苦，微寒。主驚癇，搖頭弄舌，熱氣在腹中，癲疾，癰瘡，陰蝕，下三蟲，去蛇毒。一名蚩休。

別錄：有毒。生山陽川谷及冤句。

唐本草注：今謂重樓金線者，是也。一名重臺，南人名草甘遂，苗似王孫、鬼臼等，有二三層。根如肥大菖蒲，細肌脆白，醋摩療癰腫，傅蛇毒，有效。

日華子云：重臺根冷，無毒。治胎風搐手足，能吐泄瘰癧。根如尺二蜈蚣，又如肥紫菖蒲，又名蚤休、螫休也。

圖經曰：蚤休卽紫河車也。俗呼重樓金線，生山陽川谷及冤句，今河中、河陽華、鳳、文州及江、淮間亦有之。苗葉似王孫、鬼臼等，作二三層。六月開黃紫花，蘂赤黃色，上有金絲垂下。秋結紅子，根似肥薑，皮赤肉白。四月、五月採根，日乾用。

本草衍義曰：蚤休無旁枝，止一莖挺出，高尺餘。顛有四五葉，葉有歧，似虎杖，心中又起莖，亦如是生葉，惟根入藥用。

本草綱目李時珍曰：重樓金線，處處有之。生於深山陰濕之地，一莖獨上，莖當葉心，葉綠色似芍藥，凡二三層，每一層七葉。莖頭夏月開花，一花七瓣，有金線蕊，長三四寸。王屋山產者，至五七層，根如鬼臼、蒼朮狀，外紫中白，有黏、糯二種。外丹家采制三黄砂汞；入藥，洗切片用。俗諺云：七葉一枝花，深山是我家；癰疽如遇着，一似手拈拏是也。

鬼臼 本草經：鬼臼味辛，溫。主殺蠱毒鬼疰精物，辟惡氣不祥，逐邪，解百毒。一名爵犀，一名馬目毒公，一名九臼。

別錄：微溫，有毒。療欬嗽喉結，風邪煩惑，失魄妄見，去目中膚翳，殺大毒，不入湯。一名天臼，一名解毒。生九眞山谷及寃句，二月、八月採根。

圖經曰：鬼臼生九眞山谷及寃句，今江寧府滁、舒、商、齊、杭、襄、峽州、荆門軍亦有之。多生深山巖石之陰，葉似蓖麻、重樓輩，初生一莖，莖端一葉，亦有兩歧者。年長一莖，莖枯爲一臼，二十年則二十臼也。花生莖間，赤色，三月開後結實，根肉皮鬚，並似射干。俗用皆是射干，當細別之。七月、八月採根，暴乾用。古方治五尸鬼疰、百毒惡氣方用之。一說鬼臼生深山陰地，葉六出或五出如雁掌。莖端一葉如繖蓋，旦時東向，及暮則西傾，蓋隨日出沒也。花紅紫如荔枝，正在葉下，常爲葉所蔽，未嘗見日。一年生一莖，既枯則爲一臼，及八九年則八九臼矣。然一年一臼腐，蓋陳新相易也，故俗又名曰害母草。如芋魁、烏頭輩，亦然。新苗生則舊苗死，前年之魁腐矣。而本草注謂全似射干，今射干體狀雖相似，然臼形淺薄大異鬼臼。鬼臼如八九天南星，側比相疊，而色理正如射干。用者當使人求苗採之，市中不復有也。

粵西偶記：獨脚蓮草，如黄蓮根而極大，專治癰疽腫毒。持入藥肆，肆中諸藥香氣盡消，以此爲眞。三腳、五脚者，次之。

益部方物記：冒寒而茂，莖修葉廣，附莖作花，葉蔽其上。以其自蔽若有羞狀，右羞寒花，蜀地處處有之，不爲人所愛。根莖綴花，蔽葉自隱，俗曰羞天花，予易爲羞寒花，按本草曰鬼臼。

本草綱目李珍時曰：鬼臼根如天南星相疊之狀，故市人通謂小者爲天南星，大者爲鬼臼，殊爲謬誤。按黃山谷集云：唐婆鏡葉底開花，俗名羞天花，卽鬼臼也。歲生一臼，滿十二歲，則可爲藥。今方家乃以鬼燈檠爲鬼臼，誤矣。又鄭樵通志云：鬼臼葉如小荷，形如鳥掌，年長一莖，莖枯則根爲一臼，亦名八角盤，以其葉似之也。據此二說，則似是今人所謂獨脚蓮者也。又名山荷葉、獨荷草、旱荷葉、八角鏡，南方處處深山陰密處有之，北方惟龍門山、王屋山有之。一莖獨上，莖生葉心而中空，一莖七葉，圓如初生小荷葉，而靑背紫，揉其葉作瓜李香。開花在葉下，亦有無花者。其根全似蒼朮、紫河車，丹爐家采根，制三黃砂汞。或云：其葉八角者，更靈。或云：其根與紫河車一樣，但以白色者爲河車，赤色者爲鬼臼，恐亦不然。而庚辛玉冊謂蚤休、陽草、旱荷、陰草，亦有分別。陶宏景以馬目毒公、與鬼臼爲二物，殊不知正是一物，而有二種也。又唐獨孤滔丹房鏡源云：朮律草有二種，根皆似南星，赤莖直上，莖端生葉。一種葉凡七瓣，一種葉作數層，葉似蓖麻，面靑背紫，而有細毛，葉下附莖，開一花，狀如鈴鐸倒垂，靑白色，黃蕊中空，結黃子，風吹不動，無風自搖，可制砂汞。按此，卽鬼臼之二種也，其說形狀甚明。

義寧州志：瓊田草，服食譜云生於分寧山中，八月十五日拔之。一名長生草，一名玉芝。山谷詩自注：子瞻詩所記胡道士玉芝，一名瓊田草者，俗號爲唐婆鏡，葉底開花，故號羞天花。以予考之，實本草之鬼臼也。歲生一臼，如黃精而堅瘦，滿十二歲可爲藥。就上生節，取一臼勿令大本知也。煮麪如餺飩皮裹一臼，呑之數日不飢，呑三臼可辟穀也。黃龍山老僧多采而斷食，令人體耀而神王。今方家所用鬼臼，乃鬼燈檠，而姚寬西溪叢語：瓊田草生分寧山谷間，有瓊田草經一卷。八月十五日採之。草有十名，曰：不死草、長生草，又曰：苦芙之類。

射干 本草經射音夜干味苦，平。主欬逆上氣，喉痹咽痛，不得消息，散結氣，腹中邪逆，食飲大熱。一名烏扇，一名烏蒲。

別錄：微溫，有毒。療老血在心脾間，欬唾言語氣臭，散胸中熱氣，久服令人虛。一名烏翣，一名烏吹，一名草薑。生南陽川谷、田野，三月三日採根，陰乾。

蜀本草注云：射干微寒，據圖經云：高二三尺，花黃實黑，根多鬚，皮黃黑，肉黃赤，今所在皆有，二月、八月採根，去皮，日乾用之。

本草拾遺：射干、鳶尾，按此二物相似，人多不分。射干總有三物，佛經云：夜干貂摵，此是惡獸，似青黃狗，食人。郭云：能緣木。又阮公詩云：夜干臨層城。此即是樹，今之射干殊高大者。本草射干即人間所種爲花卉，亦名鳳翼，葉如鳥翅。秋生紅花，赤點。鳶尾亦人間所種，苗低下於射干，狀如鳶尾，春夏生紫碧花者，是也。

圖經曰：射干生南陽川谷、田野，今在處有之。人家庭砌間，亦多種植。春生苗，高二三尺，葉似蠻薑而狹長，橫張疎如翅羽狀，故一名烏翣，謂其葉耳。葉中抽莖似萱草而強硬，六月開花，黃紅色，瓣上有細文。秋結實作房，子黑色。根多鬚，皮黃黑，肉黃赤。三月三日採根，陰乾。

陶隱居云：療毒腫方多作夜干，今射亦作夜音。又云：別有射干，相似而花白，莖長似射人之執竿者。故阮公詩云：射干臨層城，是也。此不入藥用。蘇恭：射干，此說是鳶尾，葉都似射干，而花紫碧色，不抽高莖，根似高良薑，而肉白，根卽鳶頭也。又按荀子云：西方有木焉，名曰射干。莖長四寸，生於高山之上，而臨百仞之淵。其莖非能長也，所立者然也。楊倞注云：當是草而云木，誤也。今觀射干之形，其莖梗踈長，正如長竿狀，得名由此耳。而陶以夜音爲疑，且古字音呼固多相通，若漢官僕射主射，而亦音夜，非有別義也。又射干多生山崖之間，其莖雖細小，亦類木梗。故荀子名木，而蘇謂陶說爲鳶尾，鳶尾花亦不白，其白者自是射干之類，非鳶尾也。鳶尾布地而生，葉扁闊於射干。蘇云花紫碧色，根如高良薑者，是也。本經云：生九嶷山谷，今在處有，大類蠻薑也。三月採。一云九月、十月採根，日乾。

本草綱目李時珍曰：射干卽今扁竹也。今人所種多是紫花者，呼爲紫蝴蝶。其花三四月開，六出，大如萱花，結房大如拇指，頗似泡桐子，一房四隔，一隔十餘子，子大如胡椒，而色紫，極硬，咬之不破，七月始枯。陶宏景謂射干、鳶尾是一種。蘇恭、陳藏器謂紫碧花者是鳶尾，紅花者是射干。韓保昇謂黃花者是射干。蘇頌謂花紅黃色是射干，白花者亦其類。朱震亨謂紫花者是射干，紅花者非。各執一說，何以憑依？謹按張揖廣雅云：鳶尾，射干也。易通卦驗云：冬至射干生。土宿眞君本草云：射干卽扁竹，葉扁生如側手掌形，莖亦如之，青綠色。一種紫花，一種黃花，一種碧花，多生江南湖、廣、川、浙平陸間。八月取汁，煮雄黃伏雌黃制丹砂，能拒火。據此，則鳶尾、射干本是一類，但花色不同，正如牡丹、芍藥、菊花之類，其色各異，皆是同屬也。大抵入藥，功不相遠。

按射干之名，諸家紛紛，而蘇頌爲最核。李時珍謂今人所種多是紫花，大約白花者，未之見耳。北地多紫者、黃者，其一種花小而夏開者，京師呼爲馬螂花。葉根俱相類，而白花者，江西、湖南皆有，土醫用之，名曰冷水丹。其葉光潤而柔，三月中卽開花，結子甚小。今以所見，俱圖之。而從圖經以紫碧者爲鳶尾，花鏡目爲紫羅蘭，云卽高良薑，亦以根甚肖耳。

抱朴子：千歲之射干，其根如坐人，長七尺，刺之有血。以其血塗足下，可步行水上不沒；以塗人鼻，入水爲之開；以塗足耳，則隱形；欲見則拭去之。

鳶尾

本草經：鳶尾味苦，平。主蠱毒邪氣，鬼疰諸毒，破癥瘕積聚，去水，下三蟲。

別錄：有毒。療頭眩，殺鬼魅。一名烏園，生九疑山谷，五月採。

唐本草注云：此草葉似射干而闊短，不抽長莖，花紫碧色，根似高良薑，皮黄肉白。有小毒，嚼之戟人咽喉，與射干全別。人家亦種，所在有之。射干花紅，抽莖長，根黄有臼。今陶云由跋，正說鳶尾根莖。

羊躑躅

本草經：羊躑躅味辛，溫。主賊風在皮膚中淫痛，溫瘧，惡毒諸痹。

別錄：有大毒。邪氣鬼疰，蠱毒。一名玉支，生太行山川谷及淮南山，三月採花，陰乾。陶隱居云：近道諸山皆有之。花苗似鹿葱，羊誤食其葉，躑躅而死，故以爲名，不可近眼。

藥性論云：羊躑躅惡諸石及麪，不入湯服也。

圖經曰：羊躑躅生太行山川谷及淮南山，今所在有之。春生苗似鹿葱，葉似紅花，莖高三四尺，夏開似凌霄、山石榴、旋葍輩，而正黄色。羊誤食其葉，則躑躅而死，故以爲名。三月、四月採花，陰乾。今嶺南蜀道山谷徧生，皆深紅色，如錦繡然。或云此種不入藥，古大方多用躑躅。如胡洽治時行赤散，及治五嗽四滿丸之類，及治風諸酒方，皆雜用之。又治百病風濕等。魯王酒中亦用躑躅花。今醫方捋脚湯中，多用之。南方治蠱毒，下血，有躑躅花散，甚勝。

本草綱目李時珍曰：韓保昇所說似桃葉者，最的。其花五出，蕊瓣皆黃，氣味皆惡。蘇頌所謂深紅色者，卽山石榴，名紅躑躅者，無毒，與此別類。張揖廣雅謂躑躅一名決光者，誤矣。決光，決明也。按唐李紳文集言：駱谷多山枇杷，毒能殺人，其花明豔，與杜鵑花相似，樵者識之。其說似羊躑躅，未知是否，要亦其類耳。

芫花

本草經：芫花味辛，溫。主欬逆上氣，喉鳴喘，咽腫，短氣，蠱毒，鬼瘧，疝瘕，癰腫，殺蟲魚。一名去水。

別錄：苦，微溫，有小毒。消胸中痰水，喜唾，水腫，五水在五藏皮膚，及腰痛，下寒毒肉毒，久服令人虛。一名毒魚，一名杜芫。其根名蜀桑根，療疥瘡可用，毒魚生淮源川谷，三月三日採花，陰乾。陶隱居云：近道處處有，用之微熬，不可近眼。

圖經：芫花生淮源川谷，今在處有之。宿根舊枝，莖紫，長一二尺。根入土，深三五寸，白色，似榆根。春生苗，葉小而尖，似楊柳枝葉。二月開紫花，頗似紫荆，而作穗又似藤花而細。三月三日採，陰乾。其花須未成蕊，蒂細小，未生葉時收之，葉生花落，卽不堪用。

吳普本草云：芫花一名敗華，一名兒草，一名黃大戟。二月生，葉青，加厚則黑，花有紫赤白者。三月實落盡，葉乃生，是也。而今絳州出者，花黃謂之黃芫花。漢太倉公淳于意治臨淄，女子薄吾蟯瘕，蟯瘕爲病腹大，上膚黃麤，循之戚戚然，意飲以芫花一撮，卽出蟯可數升，病遂愈。張仲景治太陽中風吐下嘔逆者，可攻十棗湯主之。芫花熬甘遂、大戟三物等分停，各篩末，取大棗十枚，水一升半，煮取八合，去滓，內諸藥，彊人一錢匕，羸人半錢匕，溫服之，不下，明旦更加半七，下後，糜粥自養。病懸飲者，亦主之。胡洽治水腫及支飲澼飲，加大黃、甘草並前五物各一兩，棗十枚，同煮如法。一方，又加芒硝一兩，湯成下之。又千金方凝雪湯，療天行毒病，七八日熱積聚心中，煩亂欲死。起人死搨方：取芫花一斤，以水三升煮取一升半，漬故布薄胸上，不過再三薄，熱則除，當溫四肢護厥逆也。吳普又云：芫花根一名赤花根，神農辛，雷公苦，有毒。生邯鄲，八月、九月採，陰乾。久服令人洩，古方亦入藥用。古今錄驗：療暴中冷傷寒，鼻塞喘嗽，喉中瘂塞失音聲者。取芫花一虎口，切暴乾，令病人以薦自縈就裹，春芫花根令飛揚，入其七孔中，當眼淚出，口鼻皆羅蔌畢畢耳，勿住，令芫根盡則止，病必於此差。

本草綱目李時珍曰：顧野王玉篇云：芫本出豫章，煎汁藏果及卵不壞。洪邁容齋隨筆云：今饒州處處有之。莖幹不純是木，小人爭鬭者，取葉挼擦皮膚，輒作赤腫如被傷以誣人。至和鹽擦卵，則又染其外若赭色也。

按李時珍以頭悶花、老鼠花爲即芫花，又以容齋隨筆杬木爲芫花。不知頭悶花開時無葉，宛如紫藤拖於岡阜，其花氣極臭。東還紀程言之極詳。今光、黃間春時尤多。其容齋所云莖幹不純是木者，余至九江饒州時，春山初暖，紫花滿隴，舊梗槎枒，新葉如沃，摘以爲玩，輿人輒云：嗅之頭痛，而土醫皆呼爲金腰帶，以其根甚長，可爲帶束腰去濕痹云。其實白如珠，味甜，食之以致頭痛，與老鼠花花同莖異，或地氣剛柔有異耳。若杬木，則爾雅杬一名魚毒，齊民要術藏卵法，皆極晰，與芫花魚毒功用相同，然不知所謂金腰帶者即杬木否。今以二種圖於一帙，而以杬木諸說別載於後，以俟博考。

杭應作杬。

說文解字注：芫，魚毒也。爾雅釋木：杬，魚毒。郭云：大木皮厚汁赤，堪藏卵果。顏師古注急就篇芫花，曰：景純所說，乃左思吳都賦所謂綿杬杬櫨者耳，非魚毒也。芫草一名魚毒，煮之以投水中，魚則死而浮出，故以爲名，其花可以爲藥。芫字或作杬。玉裁按爾雅杬字本或作芫，入於釋木，本艸及許君皆入艸部，从艸，元聲，愚袁切，十四部。

蕘花 本草經：蕘花味苦，寒。主傷寒，溫瘧，下十二水，破積聚，大堅癥瘕，蕩滌腸胃中留癖，飲食寒熱邪氣，利水道。

別錄：辛，微寒，有毒。療痰飲欬嗽。生咸陽川谷及河南中牟，六月採花，陰乾。陶隱居云：中牟者平時惟從河上來。形似芫花而極細，白色。比來隔絕，殆不可得。

唐本草注：此藥苗似胡荽，莖無刺，花細黃色。四月、五月收，與芫花全不相似也。

本草衍義：蕘花今京、洛間甚多。張仲景傷寒論以芫花治利者，以其行水也，水去則利止，其意如此。然今人用時，當加意斟酌，不可使過與不及也；仍須有是証者，方可用之。

莽草 本草經：莽草味辛，溫。主風毒癰腫，乳癰疝瘕，除結氣疥瘙，殺蟲魚。

爾雅：葞，春草。注：一名芒草，本草云。疏：藥草也。郭云「一名芒草，本草云」者，藥本草：莽草一名葞，一名春草。陶注云：今俗呼爲菵草也。郭云芒草者，所見本異也。

別錄：苦，有毒。療喉痹不通，乳難，頭風癢，可用沐，勿令入眼。一名葞，一名春草。生上谷山谷及宛句。五月採葉，陰乾。陶隱居云：今東間處處皆有。葉青，辛烈者良。又用擣以和米，內水中，魚吞即死浮出，人取食之無妨。莽草字亦作菵字，今俗呼爲菵草也。

圖經：莽草亦曰菵草，出上谷及宛句，今南中州郡及蜀川皆有之。木若石南而葉稀，無花實。五月、七月採葉，陰乾。一說，藤生繞木石間，古方治風毒痹厥諸酒，皆用茵草，今醫家取其葉煎湯，熱含，少頃間吐之，以治牙齒風蚛，甚效。此木也，然謂之草者，乃蔓生者是也。

本草衍義：莽草今人呼爲茵草，濃煎湯，淋渫皮膚痲痹。本經一名春草，諸家皆謂爲草，今居木部，圖經亦然。今世所用者，皆木葉也。如石南，枝梗乾則縐，揉之其嗅如椒。爾雅釋草云：葞，春草。釋曰：今莽草也。與本經合。今當具言之石南條中。陶隱居注云：似茵草，凌冬不凋，誠木無疑。

補筆談：世人用莽草，種類最多，有大葉如手掌者，有細葉者，有葉光厚堅脆可拉者，有柔軟而薄者，有蔓生者，多是謬誤。按本草若石南而葉稀，無花實。今考木若石南，信然。葉稀無花實，亦誤矣。今莽草蜀道、襄、漢、江、浙、湖間山中有，枝葉稠密，團欒可愛，葉光厚而香烈。花紅色，大小如杏花，六出，反卷向上，中心有新紅蘂倒垂下，滿樹垂動，搖搖然，極可翫。襄、漢間漁人採以搗飯飴魚，皆翻上，乃撈取之。南人謂之石桂，唐人謂之紅桂，以其花紅故也。李德裕詩序曰：龍門敬善寺有紅桂樹獨秀，伊川移植郊園，衆芳色沮。乃是蜀道莽草，徒得佳名爾。衞公此說，亦甚明白，古用此一類，仍毒魚有驗。本草木部所收，不知何緣謂之草，獨此未詳。

按莽草，江西、湖南多有之。其本木也。葉似茶樹，江西俗呼爲大茶葉，湖南呼爲黃藤，其根長而黃，故名。輕生者多服之，與斷腸同。訟牘中陳陳相因，良可慨也！其根浸水，一夕色如雄黃，種菜者苦蟲傷，用以沾洒，則蟲立盡。春夏間老圃多購以儲備，故販者船載至鄉曲以售。有誤服者，急取烏臼樹根，煎水灌之，則解。

又按莽草有花實，補筆談所云紅色如杏花者是，特開後即淡白耳。子三棱而扁，如山藥子。圖經云無花實，未之深考。

靳學顏莽草賦序：予道商顏谷中，見莽草，橘葉桂莖，丹蕚素蕾，意若自負，不儔凡卉者，厥形麗矣。然一葉入吻，百內潰裂，是何形情之詭與？予始撫而狎之，繼知其然，委諸絕壑，彌歎而去，旋復自咎：夫已既已知矣，而不以詔人，不仁；是草有負于造物甚厚，不厚誅之不義。迺追製此賦示之來喆，毋若予之始狎之也。

爾雅正義：望，䕷車。注：可以爲索，長丈餘。正義：望一名䕷車，䕷當作藆。玉篇云：藆，渠列切。類篇云：草名。陸本作䕷。今爾雅本仍有作䕷者。注：可以至尺餘。正義：今田野間有草，長而堅韌，野人刈以爲繩索，俗謂之芒草。芒、望聲近而轉也。

茵芋 本草經：茵芋味苦，溫。主五藏邪氣，心腹寒熱，羸瘦，如瘧狀發作有時，諸關節風濕痹痛。

別錄：微溫，有毒。療久風濕走四肢，脚弱。一名莞草，一名卑共。生泰山川谷，三月三日採葉，陰乾。陶隱居云：好者出彭城，今近道亦有。莖葉狀如莽草而細軟，取用皆連細莖，方用甚稀，惟以合療風酒。

圖經：茵芋出泰山川谷，今雍州、絳州、華州、杭州亦有之。春生苗，高三四尺，莖赤，葉似石榴而短厚，又似石南葉。四月開細白花，五月結實。三月、四月、七月採葉連細莖，陰乾用。或云日乾。胡洽治賊風、手足枯痺、四肢拘攣茵芋酒，主之。其方：茵芋、附子、天雄、烏頭、秦艽、女萎、防風、防己、躑躅、石南、細辛、桂心各一兩，凡十二味，切以絹袋盛，清酒一斗漬之；冬七日、夏三日、春秋五日藥成。初服一合，日三，漸增之，以微痹爲度。

石龍芮 本草經：味苦，平。主風寒濕痹，心腹邪氣，利關節，止煩滿，久服輕身，明目，不老。一名魯果能，一名地椹。

別錄：無毒。平腎胃氣，補陰氣不足，失精。莖冷，令人皮膚光澤，有子。一名石能，一名彭根，一名天豆。生泰山川澤石邊。五月五日採子，二月、八月採皮，陰乾。陶隱居云：今出近道，子形粗似蛇牀子而扁，非眞好者，人言是菑菜子爾。東山石上所生，其葉芮芮短小，其子狀如葶藶，黃色，而味小辛，此乃實是也。

圖經：石龍芮生泰山川澤石邊。陶隱居云：近道處處有之。今惟兗州出，一叢數莖，莖青紫色，每莖三葉，其葉芮芮短小，多刻缺。子如葶藶，而色黃。五月採子，二月、八月採皮，陰乾用。能逐諸風，除心熱燥。蘇恭云：俗名水堇，苗如附子，實如桑椹，生下濕地。此乃水堇，非石龍芮也。今兗州所生者，正與本經、陶說相合，爲得其眞矣。

本草衍義：石龍芮今有兩種：水中生者，葉光而子圓；陸生者，葉有毛而子銳。入藥須生水者，陸生者又謂之天灸，取少葉揉繫臂上，一夜作大炮，如火燒者是。惟水生者補陰不足，莖常冷，失精，餘如經言。

本草綱目李時珍曰：蘇恭言水堇卽石龍芮，蘇頌非之；非矣。按漢吳普本草：石龍芮一名水堇，其說甚明。唐本草菜部所出水堇，言其苗也。本經石龍芮，言其子也。寇宗奭所言陸生者，乃是毛茛，有大毒，不可食。水堇卽俗稱胡椒菜者，處處有之。多生近水下濕地，高者尺許，其根如薺，三月生苗，叢生，圓莖分枝，一枝三葉，葉青而光滑，有三尖，多細缺。江、淮人三四月采苗，瀹過曬蒸，黑色，爲蔬。四五月開細黃花，結小實，大如豆，狀如初生桑椹，青綠色。搓散則子甚細，如葶藶子，卽石龍芮也，宜半老時采之。范子計然云：石龍芮出三輔，色黃者善。

按此草俗名鬼見愁，以治瘧，搗子縛手虎口及脈上。如本草拾遺所說：水澤生者葉光，山岡生者有毛，蓋與毛茛一類二物也。

牛扁

本草經：牛扁味苦，微寒。主身皮瘡熱氣，可作浴湯，殺牛蝨、小蟲，又療牛病。

別錄：無毒，生桂陽川谷。陶隱居云今人不復識此，牛疫代代不無用之。既要牛醫家應用，而亦無知者。

唐本草注云：此藥似堇草、石龍芮等，根如秦艽而細。生平澤下濕地，田野人名爲牛扁。療牛蝨甚效。太常名扁特，或名扁毒。

圖經：牛扁出桂陽川谷，今潞州、寧州亦有之。葉似水堇、石龍芮芽，根如秦艽而細。多生平澤下濕地，二月、八月採根，陰乾。今亦稀用。按本經云：殺牛蝨小蟲。蘇恭注云：太常貯名扁特，今潞州只一種，名便特。六月開花，八月結實，採其根，擣末，油調，殺蟣蝨。根、苗主療，大都相似。疑此卽是牛扁，但扁便不同，豈聲近而字訛乎？今以附之。

鉤吻

本草經：鉤吻味辛，溫。主金瘡，乳痓，中惡風，欬逆上氣，水腫，殺鬼疰，蠱毒。一名野葛。

別錄：有大毒。破癥積，除脚膝痹痛，四肢拘攣，惡瘡疥蟲，殺鳥獸，折之青烟出者，名固活，甚熱，不入湯。生傅高山谷及會稽東野。陶隱居云：五符中亦云鉤吻是野葛，言其入口則鉤人喉吻，或言吻作挽字，牽挽人腸而絶之，覈事而言，乃是兩物。野葛根狀如牡丹，所生處亦有毒，飛鳥不得集之。今人用合膏服之，無嫌。鉤吻別是一草，葉似黄精而莖紫，當心抽花黄色，初生極類黄精，故以爲殺生之對也。或云鉤吻是毛茛，此本及後說參錯不同，未詳定云何。

唐本草注：野葛生桂州以南村墟閭巷間皆有，彼人通名鉤吻，亦謂苗名鉤吻，根名野葛。蔓生，人或誤食其葉者，皆致死，而羊食其苗大肥。物有相伏如此，若巴豆鼠食則肥也。陶云飛鳥不得集之，妄矣。其野葛以時新採者，皮白骨黃，宿根似地骨，嫩根如漢防已，皮節斷者良。正與白花籐根相類，不深别者，頗亦惑之。其新取者折之無塵氣，經年已後，則有塵起。根骨似枸杞，有細孔者人折之則塵氣從孔中出。經言折之青烟起者名固活爲良，此亦不達之言也。且黃精直生，如龍膽、澤漆，兩葉或四五葉相對，鈎吻蔓生，葉如柿葉。博物志云：鈎吻葉似鳧葵，並非黃精之類。毛茛是有毛石龍芮，何干鈎吻。

廣西通志：苦刎草葉似茶花黃而小，一葉入口，腸如刀刎。案本草綱目：卽鈎吻冶葛之苗也。金志。

嶺外代荅：廣西妖淫之地，多產惡草，人民亦稟惡德。有藤生者曰胡蔓，葉如茶，開小紅花，一花一葉，揉其葉漬之，水涓滴入口，百竅潰血而死矣。愚民私怨，茹以自斃。人近草側，其葉自搖，蓋其惡氣好攻人氣血如此。人將期死，採其葉心嚼而水呑之，面黑舌伸，家人覺之，急取抱卵不生雞兒，細研和以麻油，抉口灌之，乃盡吐出惡物而甦，小遲不可救矣。若欲驗之，齒及爪甲青，探銀釵咽中，銀變青黑者，是也。人死焚屍，次日灰骨中已生胡蔓數寸，此等惡種，火不能焚。天之生物，有如此者！朝廷每歲下廣西慰司除胡蔓，此亦人代天工之意，勿謂其不可去而一不問也。

南方草木狀：冶葛，毒草也。蔓生，葉如羅勒，光而厚。一名胡蔓草，寘毒者多雜以生蔬進之，悟者速以藥解，不爾半日輒死。山羊食其苗，卽肥而大，亦如鼠食巴豆，其大如㹠，蓋物類有相伏也。

補筆談：鈎吻，本草一名野葛，主療甚多。注釋者多端，或云可入藥用，或云有大毒，食之殺人。予嘗到閩中，土人以野葛毒人及自殺，或誤食者但半葉許入口卽死，以流水服之，毒尤速，往往投杯已卒矣。經官司勘鞫者極多，灼然如此。予嘗令人剜取一株觀之，其草蔓生如葛，其藤色赤，節粗似鶴膝，葉圓有尖如杏葉，而光厚似柿葉，三葉爲一枝，如菉豆之類，葉生節間，皆相對。花黃細，戢戢然一如茴香，花生於節葉之間。酉陽雜俎言花似梔子稍大，謬說也。根皮亦赤，閩人呼爲吻莽，亦謂之野葛。嶺南人謂之胡蔓。俗謂斷腸草。此草人間最毒之物，不入藥用。恐本草所出，别是一物，非此鈎吻也。予見千金外臺藥方中時有用野葛者，特宜仔細，不可取其名而誤用。正如鯸鮧魚與鮠魚同謂之河豘，不可不審也。

本草綱目李時珍曰：訪之南人云，鈎吻即胡蔓草，今人謂之斷腸草，是也。蔓生葉圓而光，春夏嫩苗毒甚，秋冬枯老稍緩。五六月開花似欅柳花，數十朵作穗。生嶺南者花黃，生滇南者花紅，呼爲火把花。

斷腸草

嶺南雜記：斷腸草，粤西處處有之。葉與蔞葉正相似，乃木本，高三四尺。結子如羊角，不知手誤觸之，入口亦有毒，輿夫每以相戒。粤山野人最輕生，每服此以圖賴，有欲擷之者，此草即搖動若招人之狀。閩中亦有之，余過汀州見郡守王簡庵廷掄出示，禁人服斷腸草，有收取送官，每擔給銀三錢。

廣西通志：斷腸草一名羊角紐，一名苦蔓藤，一名三跳藤。金志。

黔書論曰：按本草經斷腸草一名鈎吻，一名埜葛，一名胡蔓，一名黄藤；今證之皆非也。陶宏景云：鈎吻言鈎人喉吻，入腹爛腸，是矣。然所謂葉紫花黃，初生似黃精，隱居斯語，爲茅山黃獨反覆致辨，無使學長生者誤服它物已耳，非篤論也。若博物志所云：鈎吻蔓生，葉似鳧葵，則大謬矣。嵇含南方草木狀云：埜葛蔓生，葉如羅勒，一名胡蔓草。段成式酉陽雜俎云：胡蔓草生邕州、容州之間，花扁如卮子，色黃白，其葉黑，一葉入口，百竅潰血而死。後人之注本草者，習其說而不察，遂謂鈎吻、胡蔓草、埜葛一物也，而異其名，如毛詩中螽斯、莎雞、蟋蟀之類。俗謂之斷腸草，復從而傅會之，謂五六月開花似櫸柳，生嶺南者花黃，生滇南者花紅。夫鈎吻言其毒也，曰蔓、曰葛、曰藤，誤指此草爲蔓生之物，更失其眞。況此草之春花夏實，又與櫸柳迥殊乎？毋亦草之毒者不一種，猶夫人之無良者不一族，爲宏景諸君子所不及詳，不屑道歟？惜乎爾雅未載，郭璞、鄭樵未注；旁引曲喻，不見於三百篇，故陸璣、陸佃、羅願輩，亦未疏其義也。杜甫之咏，除蓺草疾惡若讎，嗟乎有世道之責者，往往遇此毒草，不知鋤而去之，而反按劍於芝蘭之當戶，何哉？

斷腸草叢生，根如商陸，葉類蓼而大，莖有節，當心抽花，蘂數十作穗，花淡紅色，久漸赤，離離似桑葚。黔地多有之，署園中百叢也。紅鬚內豔，賴牙外標；華燈之映翠幕，丹璫之側碧瑤，當不過是。初至未識其名，有僰兒自尋甸至，始呼之毒能斷腸，可駴也。辛未夏雨過，忽來小鳥，止於穗間，羅之。綠衣鳥距，似倒掛么鳳，軒輕材五銖，極可玩，籠之三日。僰兒曰：此斷腸鳥也。嗜啄斷腸花子，采而飼之，可久活，試之果然。

龍門縣志：毒草，一名阜昌，一名斷腸，葉青深綠，食之立斃。村落愚民，因小忿，往往噉之以螫人。

香山縣志：吾邑山林川澤之阻，虎狼虺蝮，雖或害人，然莫如胡蔓草之毒也。胡蔓草葉如蔞，花黃白不一。一葉入口，百竅潰血，人無復生。邇來品彙益盛，花葉益異，山中在在有之。凶民將取以毒人，則招搖若舞狀，眞妖物也。或有私怨者茹之，呷水一口，則腸立斷，或與人鬬，置毒於食以斃，其親誣以人命者有之。知縣鄧還巖加禁約後，得少悛云。戊子間，有署縣羅明夔者，雲南己卯解元，於崇禎十七年任鎮平令，戊子春署香山縣事，稔知胡蔓草之毒，往往爲奸人藉以挾詐愚民，痛禁之，下令曰：凡有以事告理者，人取胡蔓草數十本，左攜草右挾詞，然後得進，遂積而焚之。四郊遠近，搜羅殆盡。

王世懋閩部疏：斷腸草一枝，葉大如蔓，食之輒死。山谷中在在有之，民間鬬不能勝，服之令妻子扶而之怨家死，其妻子利之，亦不甚禁也。怨家富而畏事，厚償之去；不者，亦服以抵償。官惡其事，爲下令服草死者，不給埋錢，第令致斷腸草一斤於官而焚之。計久而銷，然不能盡除也。解此毒者，首以蜜灌之，已復灌羊血，吐出，可不死。

聞見後錄：李太白詩云，昔作芙蓉花，今爲斷腸草；以色事他人，能得幾時好！按陶隱居仙方注云：斷腸草不可食，其花美好，名芙蓉。

蓖麻 唐本草：蓖麻子味甘，辛，平，有小毒。主水癥，水研二十枚服之，吐惡沫，加至三十枚，三日一服，差則止。又主風虛寒熱，身體瘡癢浮腫，尸疰惡氣，笮取油塗之。葉主脚氣風腫不仁，擣蒸傅之。注：此人間所種者，葉似大麻葉而甚大，其子如牛蜱，又名萆麻。今胡中來者，莖赤，樹高丈餘。子大如皁莢核，用之益良。油塗葉，炙熱熨顖上，止衄尤驗也。

圖經曰：蓖麻子，舊不著所出州郡，今在處有之。夏生苗，葉似葎草而厚大。莖赤有節，如甘蔗，高丈許。秋生細花，隨便結實，殼上有刺，實類巴豆，青黃斑褐，形如牛蜱，故名。夏採莖葉，秋採實，冬採根，日乾。胡中來者，莖子更大。

崔元亮海上方：治難產及胞衣不下，取蓖麻子七枚，研如膏，塗脚心底子及衣纔下，便速洗去。不爾腸出；即用此膏塗頂，腸當自入。

雷公炮炙論：凡使勿用黑天赤利子，緣在地蔓上生，是顆兩頭尖，有毒，藥中不用。其草麻子形似巴豆，節節有黃黑斑點，凡使先須和皮用鹽湯煮半日，去皮取子，研過用。

千金方：治嶺南脚氣從足至膝脛腫滿連骨疼者，草麻子葉切蒸薄裹，二三易卽消。

肘後方：治一切毒腫，疼痛不可忍者，擣草麻子傅之，差。

又方：產難，取草麻子二枚，兩手各把一枚，須臾立下。

滇黔紀遊：草麻數十年不凋，其本可作樑棟，土人以之構堂屋。

格注草

唐本草：格注草味辛，苦，溫，有大毒。主蠱疰諸毒疼痛等，生齊、魯山澤。注云：葉似老蕨，根紫色，若紫草根，一株有二十許。二月、八月採根，五月、六月採苗，日乾。出齊州兗州山谷間。

毛茛

本草拾遺：陶注鈎吻云：或是毛茛。蘇恭云：毛茛是有毛石龍芮也，有毒，與鈎吻無干。葛洪百一方云：菜中有水茛，葉圓而光，生水旁，有毒，蟹多食之。人誤食之，狂亂如中風狀，或吐血，以甘草汁解之。又曰：毛建草生江東地田野澤畔，葉如芥而大，上有毛。花黃色，子如蒺藜。

本草綱目李時珍曰：毛建、毛茛卽今毛堇也，下濕處卽多。春生苗，高者尺餘，一枝三葉，葉有三尖及細缺，與石龍芮莖葉一樣，但有細毛爲別。四五月開小黃花，五出，甚光艷，結實狀如欲綻青桑椹，如有尖觜，與石龍芮子不同。人以爲鵝不食草者，大誤也。方士取汁煑砂伏硫。沈存中筆談所謂石龍芮有兩種：水生者葉光而末圓，陸生者葉毛而末銳；此卽葉毛者，宜辨之。

本草拾遺：毛建草及子味辛，溫，有毒。主治惡瘡癰腫疼痛。未潰，擣葉傅之，不得入瘡，令人肉爛。主瘧，令病者取一握，微碎縛臂上，男左女右，勿令近肉，便即成瘡。子和薑搗塗腹，破冷氣。田野間呼爲猴蒜。生江東澤畔，葉如芥而大，上有毛。花黃，子如蒺藜。又水建有毒，生水旁，葉似胡芹，未聞餘功，大相似。

博落迴 本草拾遺：博落迴有大毒。主惡瘡癭根，瘤贅瘜肉，白癜，風蠱毒，精魅，溪毒。已生瘡瘻者，和百丈青、雞桑灰等爲末，傅，瘻瘡，蠱毒，精魅，當有別法。生江南山谷，莖葉如萆麻，莖中空，吹作聲，如博落迴，折之有黃汁，藥人立死，不可入口也。 按酉陽雜俎：落迴一曰博落迴，有大毒，生江、淮山谷中。莖葉如麻，莖中空，吹作聲，如勃邏迴，因名之。今江西廣饒間極多，生河濱荒阜，非山草也。輕生者服之立斃。冬月取其根，和燒酒服之尤烈。案牘中時有之，亦呼爲勃勒回云。小兒取其乾葉，吹之爲戲。湖南長沙亦多，土名號筒草，知其有聲，不知其有毒，是以無服之者。四五月有花生梢間，長四五分，色白，不開放，微似南天燭。

蒟蒻 開寶本草：蒻頭味辛，寒，有毒。主癰腫風毒，摩傅腫上。擣碎以灰汁煮成餅，五味調和爲茹食。性冷，主消渴。生戟人喉出血。生吳、蜀，葉似由跋、半夏。根大如椀，生陰地，雨滴葉下生子，一名蒟蒻。又有班杖苗相似，至秋有花，直出生赤子。其根傅癰腫毒，甚好。根如蒻頭，毒猛不堪食。

酉陽雜俎：蒟蒻根大如椀，至秋葉滴露，隨滴生苗。

本草綱目李時珍曰：蒟蒻出蜀中，施州亦有之，呼爲鬼頭。閩中人亦種之，宜樹陰下，掘坑積糞，春時生苗，至五月移之，長一二尺，與南星苗相似，但多斑點。宿根亦自生苗，其滴露之說，蓋不然。經二年者，根大如椀及芋魁，其外理白，嘗之味亦麻人。秋後採根，須淨擦，或擣或片，以釅灰汁煮十餘沸，以水淘洗，換水更煮五六遍，卽成凍子，切片，以苦酒五味淹食，不以灰汁，則不成也。切作絲，沸湯汋過，五味調食。狀如水母絲。馬志言其苗似半夏。楊愼丹鉛錄言蒟醬卽此者，皆誤也。王禎農書云：救荒之法，山有粉葛蒟蒻橡栗之利。則此物亦有益於民者也。其斑杖卽天南星之類，有斑者。

按南嶽志：衡山羅漢芋以夜半采得其根，久煮乃可食，聞人聲則辛沸，又名鬼芋，今俗呼蒟蒻爲鬼芋，當卽此。又南星亦呼爲蛇芋，皆以根似芋故名。

續隨子

嘉祐本草：續隨子味辛，溫，有毒。主婦人血結月閉，癥瘕痃癖，瘀血，蠱毒鬼疰，心腹痛，冷氣腸滿，利大小腸，除痰飲積聚，下惡滯物。莖中白汁剝人面皮，去皯黷。生蜀郡，及處處有之。苗如大戟，一名拒冬，一名千金子。日華子云：宣一切宿滯，治肺氣水氣，傅一切惡瘡疥癬。單方日服十粒。瀉多，以酸漿水幷薄醋粥喫卽止。一名菩薩豆，千兩金，葉汁傅白癜面皯。

圖經：續隨子生蜀郡，及處處有之。今南中多有，北土差少。苗如大戟，初生一莖，莖端生葉，葉中復出數莖相續。花亦類大戟，自葉中抽幹而生。實靑有殼，人家園亭中多種以爲飾。秋種冬長，春秀夏實，故又名拒冬。實入藥，採無時，下水最速，然有毒損人，不可過多。崔元亮海上方治蛇咬腫毒悶欲死，用重臺六分、續隨子七顆，去皮，二物搗篩爲散，酒服方寸匕，兼唾和少許傅咬處，立差。莖中白汁，剝人面，去皯黷，甚效。

蕁麻

益部方物記：葉能螫人，有花無實，冒冬弗悴，可以祛疾。右蕁麻自劍以南，處處有之。或觸其葉如蜂蠆人，以溺濯之卽解。莖有刺，葉似麻葉，或靑或紫，善治風腫。按杜詩當作蓺。

圖經：蕁麻生江寧府山野中，彼民云療蛇毒，然有大毒，人誤服之，吐痢不止。

隴蜀餘聞：蠍子草卽杜詩所云「其毒甚蜂蠆」者。吳若注：爇草是也。一名山韭。觸之如蠆尾之螫人，今城郭彌望皆是。

蜀語：蠚草曰䕭麻，䕭音涎，苗似苧麻，芒刺螫人，痛不可忍，又名蠚麻。有紅白二種，紅者可治齁證，白者煎湯浸粳米爲粉，油煎甚鬆。用葉餧豬易壯。杜子美夔州除草詩自注云：去䕭也。故其詩曰：其毒甚蜂蠆。又曰：芒刺在我眼。注者以爲山韭，字書又以爲菜名，大謬。考䕭乃山韭，誤解䕭字遠矣。

黔書：䕭草卽燖麻，黔、蜀有之。生於籬落溪厓間，葉類麻，多毛刺，螫人手足，腫痛至不可忍。不知者往往爲其所中，比其毒於蜂蠆蝎蝮，殆不爲過。鉏而去之，置諸水中，勿使滋蔓，所以遠惡也。然土人采之，沃以沸湯，則可已瘋，亦可肥豕，世固無棄物哉！以章子厚而治軍，以韓侂冑而傳旨，非盡無濟，顧用之者何如耳。宋祁益部方物志於燖草亦云：葉能螫人，有花無實，冒冬弗悴，可以祛疾。古人謂是草堪醫，信哉！

醉魚草

本草綱目：醉魚草南方處處有之，多在塹岸邊，作小株生。高者三四尺，根狀如枸杞，莖似黃荊有微稜，外有薄黃皮，枝易繁衍。葉似水楊，對節而生，經冬不凋。七八月開花成穗，紅紫色，儼如芫花一樣，結細子。漁人采花及葉以毒魚，盡圉圉而死，呼爲醉魚兒草，池沼邊不可種之。此花色狀氣味，並如芫花，毒魚亦同。但花開不同時爲異爾。按中山經云：熊耳山有草焉，其狀如蘇而赤華，名曰葶薴，可以毒魚。其此草之類與？花葉氣味辛，苦，溫，有小毒。主治痰飲成齁，遇寒便發，取花研末和米粉作粿，炙熟食之，卽效。又治誤食石斑魚子中毒，吐不止，及諸魚骨鯁者，搗汁和冷水少許嚥之，吐卽止，骨卽化也。久瘧成癖者，以花塡鯽魚腹中，濕紙裹煨熟，空心服之，仍以花和海粉搗貼，便消。

按此草江西、湖南極多，俚醫呼爲痒見消，用以去毒。開花最久，贛南十一月間尚茂密也。

物類相感志：鹿目草生江南，足下高丈餘，葉似常山而長，紫花長穗，秋中熟。如擣投水中，魚悉浮出，殆即此。綱目一名槐木，蓋即鹿目也。

海芋

益部方物記：木幹芋葉，擁腫盤戾，農經弗載，可用治癘。右海芋生不過高四五尺，葉似芋而有幹，根皮不可食。方家號隔河仙，云可用變金，或云能止瘧。

本草綱目李時珍曰：海芋生蜀中，今亦處處有之。春生苗，高四五尺，大葉如芋葉而有幹。夏秋間抽莖開花，如一瓣蓮花，碧色，花中蕊長作穗，如觀音像在圓光之狀，故俗呼爲觀音蓮。方士號爲隔河仙，云可變金。其根似芋魁，大者如升盌，長六七寸，蓋野芋之類也。庚辛玉冊云：羞天草，陰草也。生江廣深谷澗邊，其葉極大，可以禦雨，葉背紫色，花如蓮花。根葉皆有大毒，可煆粉霜硃砂，小者名野芋。

瀟湘聽雨錄：益部方物略，海芋高不過四五尺，葉似芋而有根幹。向見岣嶁峯寺僧所種，詢之名磨芋，幹赤葉大如茄柯，高二三尺，至秋根下實如芋魁，磨之漉粉成膏，微作羶辛。蔬品中味猶乳酪，似是方物略所指。宋祁贊曰：木幹芋葉，是也。此是蒟頭，非海芋。

玉簪

本草綱目李時珍曰：玉簪處處人家栽爲花草，二月生苗，成叢，高尺許，柔莖如白菘，其葉大如掌，團而有尖，葉上紋如車前，葉青白色，頗嬌瑩。六七月抽莖，莖上有細葉，中出花朵數十枚，長二三寸，本小末大。未開時正如白玉搔頭簪形，大如羊肚蘑菇之狀。開時微綻，四出，中吐黃蕊，頗香，不結子。其根連生如鬼臼、射干、生薑輩，有鬚毛，舊莖死則根有一臼，新根生則舊根腐。亦有紫花者，葉微狹，皆鬼臼、射干之屬，搗敷蛇虺螫傷。

按玉簪白花者婦人用以薰粉脂，紫花者俗名雞骨丹，用根取牙。

鳳仙花

本草綱目李時珍曰：鳳仙人家多種之，極易生，二月下子，五月可再種。高二三尺，莖有紅白二色，其大如指，中空而脆。葉長而尖，似桃柳葉而有鋸齒，椏間開花，或黃、或白、或紅、或紫、或碧、或雜色，亦有變易，狀如飛禽。自夏初至秋盡，開謝相續，結實纍然，大如櫻桃，其形微長，色如毛桃，生青熟黃，犯之即自裂，皮卷如拳。苞中有子，如蘿蔔子而小，褐色。人采其肥莖，汋醃以充萵筍，嫩華酒浸一宿，亦可食。但此草不生蟲蠹，蜂蝶亦不近，恐亦不能無毒也。花葉搗敷杖傷，魚肉硬者，以子數粒投入，即易軟爛。

曼陀羅花

嶺外代荅：廣西曼陀羅花偏生原野，大葉白花，結實如茄子，而徧生小刺，乃藥人草也。盜賊採乾而末之，以置人飲食，使之醉悶，則挈篋而趍。南人或用爲小兒食藥，去積甚峻。

本草綱目李時珍曰：曼陀羅生北土，人家亦栽之。春生夏長，獨莖直上，高四五尺，生不旁引，綠莖碧葉，葉如茄葉。八月開白花，凡六瓣，狀如牽牛花而大，攢花中坼，駢葉外包，而朝開夜合。結實圓，有丁拐，中有小子。八月采花，九月結實。花子洗諸風寒濕脚氣，入麻藥。

廣西志：悶陀羅人食之則顛悶軟弱，急用水噴面乃解。土人呼爲顛茄。

洛陽花木記：草花有蔓陀羅花、千葉蔓陀羅花、重臺蔓陀羅花。

石蒜

圖經：水麻生鼎州，味辛，溫，有小毒。其根名石蒜，主傳貼腫毒，九月采之。或云：金燈花根，亦名石蒜，即此類也。

本草綱目李時珍曰：石蒜處處下濕地有之，古謂之烏蒜，俗謂之老鴉蒜、一枝箭，是也。春初生葉如蒜秧及山慈姑葉，背有劍脊，四散布地。七月苗枯，乃於平地抽出一莖如箭簳，長尺許，莖端開花四五朶，六出，紅色，如山丹花狀而瓣長，黃蕊長鬚。其根狀如蒜，皮色紫赤，肉白色，此有小毒。而救荒本草言其可煠熟，水浸過食，蓋爲救荒爾。一種葉如大韭，四五月抽莖開花，如小萱花，黃白色者謂之鐵色箭，功與此同。二物並抽莖開花後，乃生葉，葉花不相見，與金燈同。

杜鵑 甌江逸志：王順伯爲平陽尉，嘗於九月詣村野道間，見杜鵑花一本甚高，花開幾數千朶，色如渥丹，照人面皆赬，訝其非時。詢之士氓，皆云：此種只出此山谷，一歲四開，春秋獨盛。

南越筆記：杜鵑花以杜鵑啼時開，故名。西樵巖谷間有大粉紅黃者、千葉者，一望無際。羅浮多藍紫者，香山、鳳凰山有五色者，是花故多變，而殷紅爲正色。

舊雲南通志：有五色雙瓣者，永昌、蒙化多至二十餘種。

檀萃滇海虞衡志：杜鵑花滿滇山，嘗行環洲鄉穿林數十里，花高幾盈丈，紅雲夾輿，疑入紫霄，行彌日方出林。因思此種花若移植維揚，加以翦裁收拾，蟠屈於瓊砌瑤盆，萬瓣朱英，疊爲錦山，未始不與黃蕯爭勝。而棄在蠻夷，至爲樵子所薪，何其不幸也！

植物名實圖考長編卷十五

果類

棗 本草經：大棗味甘，平。主心腹邪氣，安中養脾，助十二經，平胃氣，通九竅，補少氣少津液，身中不足，大驚，四肢重，和百藥，久服輕身，長年。葉覆麻黃，能令出汗。

爾雅：棗，壺棗，注：今江東呼棗大而銳上者爲壺，壺猶瓠也。邊，要棗。注：子細腰，今謂之鹿盧棗。櫅，白棗。注：即今棗，子，白乃熟。樲，酸棗。注：樹小實酢。孟子曰：養其樲棘。楊徹，齊棗。注：未詳。遵，羊棗。注：實小而圓，紫黑色，今俗呼之羊矢棗。孟子曰：曾晳嗜羊棗。

洗，大棗。注：今河東猗氏縣出大棗，子如雞卵。煮，填棗。注：未詳。蹶洩，苦棗。注：子味苦。晳，無實棗。注：不著子者。還味，棯棗。注：還味，短味也。

別錄：大棗無毒，補中益氣，強力，除煩悶，療心下懸，腸澼，久服不飢，神仙。一名美棗，一名良棗。八月採，暴乾。三歲陳核中仁，燔之味苦，主腹痛邪氣。生棗味甘，辛，多食令人多寒熱。羸瘦者，不可食。陶隱居云：舊云河東猗氏縣棗特異。今青州出者，形大、核細、多膏，甚甜。鬱州、元市亦得之，而鬱州者亦好，小不及爾。江東臨沂金城棗形大而虛，少脂，好者亦可用。南棗大惡，殆不堪噉。道家方藥以棗爲佳餌，其皮利肉補虛，所以合湯皆擘之也。

圖經：大棗，乾棗也。生棗並生河東，今近北州郡皆有，而青、晉、絳州者特佳，江南出者堅燥少脂，種類非一，今園圃皆種蒔之，亦不能盡別其名。又其極美者，則有水菱棗、御棗之類，皆不堪入藥。蓋肌肉輕虛，暴服之則枯敗。惟青州之種特佳，雖晉、絳大實亦不及青州者之肉厚也。並八月採，暴乾。南郡人煮而後暴，及乾皮薄而皺，味更甘於它棗，謂之天蒸棗，然不堪入藥。又有仲思棗大而長，有一二寸者，正紫色，細文，小核，味甘重，北齊時有仙人仲思得之，因以爲名。隋大業中信都郡嘗獻數顆，近世稀復有之。又廣州有一種波斯棗，木無傍枝，直聳三四丈，至巔四向，共生十餘枝，葉如椶櫚，彼土亦呼爲海椶木，三五年一著子，都類北棗，但差小耳。舶商亦有攜本國生者至南海，與此地人食之，云味極甘，似此中三蒸棗之類。然其核全別，兩頭不尖，雙卷而圓，如小塊紫礦，種之不生，疑亦蒸熟者，近亦少有將來者。齊民要術：常選好味者留栽之，候棗葉始生而移之。棗性硬，故主晚栽，早者堅垎生遲也。三步一樹，行欲相當，地不耕也。欲令牛馬履踐令淨。棗性堅強不宜苗稼，是以不耕，荒穢則蟲生，所以須淨，地堅饒實，故宜踐也。正月一日日出時，反斧斑駮椎之，名嫁棗。不椎則花無實，斫則子萎而落也。候大蠶入簇，以杖擊其枝間，振落狂花。不打花，繁實不成。全赤即收，收法日日撼落之爲上。半赤而收者肉未充滿，乾則色黃而皮皺，將赤、味亦不佳，久不收則皮破，復有烏鳥啄之。曬棗：先治地令淨，布椽於箔下，置棗於箔上，以椽聚而復散之，一日中二十度乃佳，夜仍不聚。得霜露氣乾速成，陰雨之時，乃聚而苦之。五六日後，別擇取紅軟上高廚上曝之。廚上者已乾，雖厚一尺亦不壞。擇去胖爛者，其未乾者曝曬如法，其阜勞之地不任耕稼者，歷落種棗則任矣。棗性燥收。凡五果及桑，正月一日雞鳴時，把火遍照其下，則無蟲災。食經曰：作乾棗法，蔣將露於庭，以棗著上厚二寸，復以新蔣覆之。凡三日三夜撤覆露之，畢日曝，取乾入屋中，率一石以酒一升漱著器中密泥之，經數年不敗也。棗油法，鄭玄曰：棗油，擣棗實和以塗繒上，燥而形似油也，乃成之。棗脯法，切棗曝之，乾如脯也。雜五行書曰：舍南種棗九株，辟縣官宜蠶桑；服棗核中仁二七枚，辟病疾，能常服棗核中仁及其刺，百邪不復干矣。

本草綱目李時珍曰：棗木赤心有刺，四月生小葉，尖觥光澤。五月開小花，白色微青。南北皆有，惟青、晉所出者，肥大甘美，入藥爲良。其類甚繁，爾雅所載之外，郭義恭廣志有狗牙、雞心、牛頭、羊角、獮猴、細腰、赤心、三星、駢白之名。又有木棗、氐棗、桂棗、夕棗、灌棗、墟棗、蒸棗、白棗、丹棗、棠棗及安邑信都諸棗。穀城紫棗，長二寸。羊角棗長三寸。密雲所出小棗，脆潤核細，味亦甘美，皆可充果食，不堪入藥。入藥須用青州及晉地晒乾大棗爲良。

又曰：素問言棗爲脾之果，脾病宜食之。謂治病和藥，棗爲脾經血分藥也，若無故頻食，則生蟲損齒，貽害多矣。按王好古云：中滿者勿食甘，甘令人滿。故張仲景建中湯心下痞者，減餳棗，與甘草同例，此得用棗之方矣。又按許叔微本事方云：一婦病臟燥，悲泣不止，祈禱備至。予憶古方治此證用大棗湯，遂治與服，盡劑而愈。古人識病治方，妙絶如此。又陳自明婦人良方云：程虎卿内人妊娠四五箇月，遇晝則慘戚悲傷，淚下數欠，如有所憑，醫巫兼治，皆無益。管伯周說：先人曾語此治須大棗湯乃愈，虎卿借方治藥，一投而愈。又摘玄方治此證用紅棗燒存性，酒服三錢，亦大棗湯變法也。

又曰：按劉根別傳云：道士陳孜如痴人，江夏袁仲陽敬事之。孜曰：今春當有疾，可服棗核中仁二十七枚，後果大病，服之而愈。又云：常服棗仁，百邪不復干也。仲陽服之，有效。則棗果有治邪之說矣。又道書云：常含棗核治氣，令口行津液，嚥之佳。謝承後漢書亦云：孟節能含棗核，不食可至十年也。此皆藉棗以生津受氣而嚥之，又能達黄宫，以交離坎之義耳。

附柳貫打棗譜

事

埤雅云：棘，大者棗，小者棘，蓋若酸棗，所謂棘也，于文重朿爲棗。詩曰：八月剝棗，十月穫稻。剝，擊也。棗實未熟，雖擊不落也。

孟子曰：養其樲棘。樲，酸棗也。

世云：噉棗多令人齒黄。養生論曰：齒居晉而黄。晉食此故也。

爾雅注曰：今江東棗大而銳上者，呼爲壺棗，猶瓠也。細腰者，今鹿盧棗。

盧諶祭法：春祠用棗油。

蘇秦說燕文侯曰：北有棗栗之利，民雖不由田作，棗栗之實，足食於民矣。

潘岳賦曰：周有弱枝之棗。

唐本注云：棗噉服使人瘦，久即嘔吐，揩熱痱瘡。

良。

食療云：棗和桂心、白瓜仁、松樹皮爲丸，久服之，令人香身。

名

鹿盧棗　子細腰者。　雞冠棗　出睢陽，宜作脯。

樲酸棗　樹最小，實酢。　醍醐棗　出睢陽，宜生噉。

櫅白棗　核白也。　白棗　即鹽官棗也。

羊棗　實小而圓，紫黑色。

無實棗　不著子者。　邊腰棗

楊徹齊棗　爾雅未詳。　羨塡棗　爾雅未詳。

波斯棗　生波斯國，長三寸。

牛頭棗　上皇棗

赤心棗　崎廉棗

騈白棗　灌棗

細腰棗　西王母棗　三月熟。

桂棗　雞心棗

弱枝棗　狗牙棗

玉門棗　蹙婆棗

青華棗　穀城紫棗　長二寸。

棠棗　獼猴棗

棣棗　三心棗

紅棗　出山東，紅色。　紫紋棗

香棗　出哈密。　圓愛棗

火棗　見穆天子傳。　三寸棗

金槌棗　御棗　出青州。

鳳眼棗　凍棗

沙棗　出赤斤蒙古衛。　凡棗　出本草圖經。

嶗嵣棗　漢嶗嵣棗山獻，萬年一實。

糯棗　出北夢瑣言。　安平棗　出何晏九州論。

大棗　出河東猗氏。　天蒸棗　乾紅於樹上。

溟海棗　李少君食之，大如瓜。

玉文棗　西王母食之，大如瓶。

細核棗　拾遺記：出陰岐峯，其核細。
羊角棗　石季龍園所種，十子二尺。
仙人棗　長四寸，其核如針。
騩山棗　色甚美。　膠棗
南棗　大惡，不堪噉。　團棗
美棗　匾棗
良棗　臥棗
鹽官棗　出海鹽，紫色味佳。
菀棗　高尺許，實如棗，出丹陽。
七尺棗　見述異記。　牙棗　先熟，亦甘美。
青州棗　金城棗　形大而虛，少脂。
赤棗　子色赤，棗味酸。萬歲棗　出三佛齊國。
西王棗　出崑崙山。
密雲棗　出密雲縣，味最甘。
山棗　狀如棗而圓，色青黃而味甘酸，出廣州。

葡萄　本草經：葡萄味甘，平。主筋骨濕痹，益氣倍力，強志，令人肥健，耐飢，忍風寒，久食輕身，不老延年。可作酒。

別錄：無毒。逐水利小便。生隴西五原燉煌山谷。

陶隱居云：魏國使人多齎來，狀如五味子而甘美，可作酒，云用其藤汁殊美好。北國人多肥健耐寒，蓋食斯乎？不植淮南，亦如橘之變於河北矣。人說即此間蘡薁，恐如彼之枳類橘耶？

唐本草注：蘡薁與葡萄相似，然蘡薁是千歲虆。葡萄作酒法，總收取子汁煮之自成酒。蘡薁、山葡萄並堪爲酒。陶云用藤汁爲酒，謬矣。

蜀本草圖經：蔓生，苗葉似蘡薁而大，子有紫、白二色，又有似馬乳者，又有圓者，皆以其形爲名，又有無核者。七月、八月熟，子釀爲酒，及漿別有法。謹按蘡薁是山葡萄，亦堪爲酒。

圖經：葡萄生隴西五原燉煌山谷，今河東及近京州郡皆有之。苗作藤蔓而極長大，盛者一二本，綿被山谷間，花極細而黃白色。其實有紫、白二色，而形之圓銳亦二種，又有無核者，皆七月、八月熟，取其汁可以釀酒。謹按史記云：大宛以葡萄爲酒，富人藏酒萬餘石，久者十數歲不敗。張騫使西域，得其種而還，種之，中國始有，蓋北果之最珍者。魏文帝詔郡臣說葡萄云：醉酒宿酲，掩露而食，甘而不飴，酸而不酢，冷而不寒，味長汁多，除煩解渴，他方之果，寧有匹之者？今太原尚作此酒，或寄至都下，酒作葡萄香。根苗中空相通，圃人將貨之，欲得厚利。暮溉其根，而晨朝水浸子中矣，故俗呼其苗爲木通。逐水利小腸，尤佳。今醫家多暴收其實，以治時氣發，瘡疹不出者，研酒飲之，甚效。江東出一種，實細而味酸，謂之蘡薁子。

齊民要術：漢武帝使張騫至大宛，取葡萄實，如離宮別館旁盡種之。西域有葡萄，蔓延以生。廣志曰：葡萄有黃、白、黑三種者也。蔓延性緣，不能自舉，作架以承之，葉密陰厚，可以避熱。十月中去根一步許，掘作坑，收卷葡萄，悉埋之。近枝莖薄安黍穰彌佳。無穰直安土亦得，不宜濕，濕則冰凍。二月中還出舒而上架，性不耐寒，不埋即死。其歲久，根莖粗大者，宜遠根作坑，勿令莖折。其坑外處，亦掘土並穰培覆之。摘葡萄法，逐熟者一一零疊，一作摘。取從本至末，悉皆無遺，勝世人全房折殺者。作乾葡萄法，極熟者一一零壓摘取，刀子切去蔕，勿令汁出，蜜兩分和內葡萄中，煮四五沸，漉出陰乾便成矣。非直滋味倍勝，又得夏暑不敗壞也。藏葡萄法，極熟時，全房折取，於屋下作廕坑，坑內近地鑿壁爲孔，插枝於孔中，還築孔使堅屋子，置土覆之，經冬不異也。

癸辛雜識有傳種葡萄法，於正月末取葡萄嫩枝長四五尺者，捲爲小圍，令緊，先治地，土鬆而沃之以肥，種之，止留二節在外。異時春風發動，衆萌競吐，而土中之節不能條達，則盡萃華於出土之二節，不二年成大棚，其實大如棗，而且多液，此亦奇法也。王象晉羣芳譜：葡萄一名賜紫櫻桃。水晶葡萄暈色帶白，如著粉，形大而長，味甚甘。西番者更佳。馬乳葡萄色紫，形大而長，味甘。紫葡萄黑色，有大小二種，酸甜二味。綠葡萄出蜀中，熟時色綠，若西番之綠葡萄，名兔睛，味勝糖蜜，無核，則異品也，其價甚貴。瑣瑣葡萄出西番，實小如胡椒，今中國亦有種者，一架中間生一二穗。種植：取肥枝如拇指大者，從其孔盆底穿過，盤一尺於盆內，實以土，放原架下，時澆之。候秋間生根，從盆底外截斷，另成一架，澆用冷肉汁，或米泔水。收藏：北方天寒，初冬須以草裹埋地中尺餘，俟春分後取出，臥置地，數日後架起。子生時去其繁葉，使霑風露，則結子肥大。

魏文帝與吳監書：中國珍果甚多，且復爲說葡萄。當其夏末涉秋，尚有餘暑，醉酒宿酲，掩露而食，甘而不飴，脆而不酸，冷而不寒，味長汁多，除煩解倦。又釀以爲酒，甘於麴糵，善醉而易醒。道之固以流涎咽嗌，況親食之耶？南方有橘，酢正裂人牙，時有甜耳，卽遠方之果，寧有匹者乎？

元好問葡萄酒賦序：劉鄭州光甫爲予言，吾安邑多葡萄，而人不知有釀酒法。少日嘗與故人許仲祥摘其實，並米炊之，釀雖成而古人所謂甘而不飴，冷而不寒者，固已失之矣。貞祐中，鄰里一民家避寇自山中歸，見竹器所貯葡萄在空盎上者，枝蒂已乾而汁流盎中，薰然有酒氣，飲之良酒也。蓋久而腐敗，自然成酒耳。不傳之祕，一朝而發之。文士多有所述，今以屬子，子寧有意乎？予曰：世無此酒，久矣！予亦嘗見還自西域者云：大食人收葡萄漿，封而埋之，未幾成酒，愈久者愈佳，有藏至千斛者，其說正與此合。物無大小，顯晦自有時，決非偶然者。夫得之數百年之後，而證數萬里之遠，是可賦也；於是乎賦之。

漢書大宛國傳：大宛左右以葡萄爲酒，富人藏酒至萬餘石，久者至數十歲不敗，俗嗜酒。馬嗜苜蓿，宛別邑七十餘城，多善馬，馬汗血，言其先天馬子也。張騫始爲武帝言之，上遣使者持千金及金馬，以謂宛善馬。宛王以漢絕遠，大兵不能至，愛其寶馬，不肯與，漢使妄言，宛遂攻殺漢使，取其財物。於是天子遣貳師將軍李廣利將兵前後十餘萬人伐宛，連四年，宛人斬其王毋寡首，立毋寡弟蟬封爲王，與漢約，歲獻天馬二匹。漢使采葡萄、苜蓿種歸。天子以天馬多，又外國使來衆，益種葡萄、苜蓿離宮館旁，極望焉。

酉陽雜俎：庾信謂魏使尉瑾曰：我在鄴遂大得葡萄，奇有滋味。陳昭曰：作何形狀？徐君房曰：有類軟棗。信曰：君殊不體物，何不言似生荔枝？魏肇師曰：魏文有言，末夏涉秋，尚有餘暑，酒醉宿酲，掩露而食，甘而不飴，酸而不酢；道之固以流涎稱奇，況親食之者？瑾曰：此物實出於大宛，張騫所致，有黃、白、黑三種，成熟之時，子實逼側，星編珠聚。西域多釀以爲酒，每來歲貢。在漢西京似亦不少。杜陵田五十畝中，有葡萄百樹。今在京兆非直止禁林也。信曰：乃園種戶植，接蔭連架。昭曰：其味何如橘柚？信曰：津液奇勝，芬芳減之。瑾曰：金衣素裹，見苞作貢，向齒自消，良應不及。

安邑縣志：明朝洪武六年前，太原歲進葡萄酒，至六年間，太祖謂省臣曰：朕飲酒不多，太原歲進葡萄酒，自今令其勿進。國家以養民爲務，豈宜口腹累人哉。嘗聞宋太祖家法，子孫不得於遠方取珍味，甚得貽謀之道也。相傳本縣陶村前代設專官，督進葡萄酒，本省他縣葡萄蓋寡，未有可造酒者，所進即陶村產也。蒙泉雜言、酉陽雜俎與六帖皆載：葡萄由張騫自大宛移植漢宮。按本草已具神農九種，當塗熄火，去騫未遠，而魏文之詔，實稱中國名果，不言西來。是唐以前無此論，予嘗以爲大宛之種，必與中國者異；故博望取之。段白所載，必有所據，但失實耳。比戍酒泉，屢嘗取乾之，名曰瑣瑣，比中國者差小，形圓而色正赤，其味甘美，非中國者可敵，則予所見，庶或得之。今此種處處有之，獨蒲坂者勝，土人乾之以資貿易，江南重之，稱蕃葡萄。曰「蕃」云者，豈承襲瑣瑣之乾與？姑識之，以俟知者。

蘡薁 詩經：六月食鬱及薁。傳：鬱，棣屬；薁，蘡薁也。疏：鬱棣屬者，是唐棣之類屬也。劉眞毛詩義問云：其樹高五六尺，其實大如李，正赤，食之甜。本草云：鬱一名雀李，一名車下李，一名棣。生高山川谷，或平田中，五月時實。言一名棣，則與棣相類，故云棣屬。蘡薁者亦是鬱類，而小別耳。晉宮閣銘云：華林園中有車下李三百一十四株，薁李一株。車下李卽鬱，薁李卽薁，二者相類而同時熟，故言鬱薁也。本草注曰：葡萄卽蘡薁，生隴西五原山谷。

齊民要術：說文曰薁蘡也。廣雅曰燕薁，蘡薁也。詩義疏曰：蘡薁實大如龍眼，黑色！今車鞅藤實是。豳詩曰：六月食薁。

陸璣詩疏：鬱其樹高五六尺，其實大如李，色正赤，食之甘。廣要：毛詩云鬱，棣屬，薁，蘡薁也。孔疏云：鬱是唐棣之類。劉眞毛詩義問云：其樹高五六尺，其實大如李，正赤，食之甜，與棣相類，故云棣屬。蘡薁者，亦是鬱類而小別耳。晉宮閣銘云：華林園中有車下李三百一十四株，薁李一株。車下李卽鬱，薁李卽薁，二者相類而同時熟，故言鬱薁也。本草圖經云：郁李木高五六尺，枝條葉花皆若李，惟子小若櫻桃，赤色而味甘酸，核隨子熟。六月採根並實，取核中仁，用。名物疏云：薁一名郁李，一名薁李，一名蘡李，一名燕薁，一名棣，一名爵李，一名車下李，廣雅謂之嬰舌，與鬱俱棣屬也，故同得車下李之名。陸璣以唐棣爲薁李，非也；而以爲實大如李，則得之。本草圖經謂郁李子如櫻桃，則似說常棣，非郁李也。郁李雖棣屬，然非爾雅所謂：唐棣，常棣也。古之説者，惟不知唐棣爲扶移木，而以爲薁，又不知薁別是一種，而以爲常棣。故本草注及詩緝諸説俱誤。今由陸璣、崔豹、鄭樵及本草諸説參詳之，始知其別如此。魏王花木志云：燕薁實如龍眼黑色，説文謂之蘡薁，詩疏一名車鞅藤，豳詩六月食薁者，此也。廣志曰：燕薁似梨，早熟。據此，又非郁李，而二説亦相矛盾，殆不足取證。韓詩薁字又作藿，是爾雅所謂藿山韭者，非毛詩之薁。爾雅翼云：山韭形性與韭相類，但根白，葉如燈心苗。按陸疏題列二物，止釋一物者，如榛楛濟濟，止釋楛，六月食鬱及薁，止釋鬱之類是也。豈以薁即是唐棣，故存而不論耶？其實常棣與唐棣，與鬱與薁，原是四種。毛氏云：鬱棣屬，則非棣可知。孔氏云：薁鬱類，則非鬱可知。馮嗣宗辨之甚詳，但燕薁蘡舌是草，大概與下文葵相似，恐不應與木類相混。

救荒本草：野葡萄俗名烟黑，生荒野中，今處處有之。莖葉及實俱似家葡萄，但皆細小，實亦稀疎，味酸。採葡萄顆紫熟者食之，亦中釀酒飲。

説文解字注：薁，嬰薁也。嬰鍇本作蘡，俗加艸頭耳。豳風：六月食鬱及薁。傳曰：鬱，棣屬；薁，蘡薁也。正義曰：劉稹毛詩義問云，鬱樹高五六尺，其實大如李。本艸：鬱一名棣，則與棣相類，蘡薁亦是鬱類。晉宮閣銘：車下李三百一十四株，車下李即鬱也。薁李一株，薁李即薁也。二者相類而同時熟。玉裁按：説文李、棣皆在木部，薁在艸部。毛公但云鬱棣屬，未嘗云薁鬱屬。廣雅釋艸：燕薁，蘡舌也。釋木云：山李、雀李二字，今正未知是否鬱也。然則薁之非木實明矣。晉宮閣銘所謂車下李、薁李，皆非毛、許之蘡薁也。齊民要術引詩義疏曰：櫻薁實大如龍眼，黑色，今車鞅藤實是。按賈氏凡引詩艸木蟲魚疏，皆謂之詩義疏。陸璣本有釋薁云云，今本脱之耳。

魏王花木志引詩疏亦同。从艸，奧聲，於六切，三部。

橘

本草經：橘柚味辛，溫。主胸中瘕熱逆氣，利水穀，久服去臭，下氣，通神。一名橘皮。

別錄：無毒。下氣止嘔欬，除膀胱留熱停水，五淋，利小便，主脾不能消穀，氣衝胸中吐逆，霍亂，止洩，去寸白，輕身長年。生南山川谷及江南，十月採。陶隱居云：此是說其皮功爾。以東橘爲好，西江亦有，而不如，其皮小冷，療氣乃言勝橘，北人亦用之，並以陳者爲良。其肉味甘酸，食之多痰，恐非益也。今此雖用皮，既是果類，所以猶宜相從，柚子皮乃可服，而不復入藥，用此應亦下氣。唐本草注：柚皮厚味甘，不如橘皮味辛而苦，其肉亦如橘，有甘酸味者，名胡甘，今俗人或謂橙爲柚，非也。按呂氏春秋云：果之美者，有雲夢之柚。郭璞云：柚似橙而大於橘。孔安國云：小曰橘，大曰柚，皆爲甘也。

圖經：橘、柚生南山川谷及江南，今江、浙、荆、襄、湖、嶺皆有之。木高一二丈，葉與枳無辨，刺出於莖間。夏初生白花，六月、七月而成實。至冬而黃熟，乃可噉。舊說：小者爲橘，大者爲柚。又云：柚似橙而實酢，大於橘。孔安國注尙書厥包橘柚，郭璞注爾雅柚條，皆如此說。又閩中、嶺外江南，皆有柚，比橘黃白色而大；襄、唐間柚，色青黃而實小，皆味酢，皮厚，不堪入藥。今醫方乃用黃橘、青橘兩物，不言柚，豈青橘是柚之類乎？然黃橘味辛，青橘味苦，本經二物通云味辛，又云一名橘皮，又云十月採，都是今黃橘也。而今之青橘，似黃橘而小，與舊說大小苦辛不類，則別是一種耳。收之並去肉，暴乾。黃橘以陳久者入藥良。古今方書用之最多，亦有單服者。取陳皮擣末，蜜和丸，食前酒吞三十丸，梧子大，主下焦積冷。亦可拌杏子仁合丸，治腸間虛冷，腳氣衝心，心下結硬者，悉主之。而青橘主氣滯，下食破積結及膈氣方用之，與黃橘全別。凡橘核皆治腰及膀胱腎氣，炒去皮，酒服之良。肉不宜多食，令人痰滯。又乳柑橙子性皆冷，並其類也，多食亦不宜人。今人但取其核作塗面藥，餘亦稀用，故不悉載。又有一種枸櫞如小瓜狀，皮若橙而光澤可愛，肉甚厚，白如蘿蔔，雖味短，而香氣大勝柑橘之類，置衣笥中，則數日香不歇，古作五和糝所用。陶隱居云性溫宜人，今閩、廣、江西皆有，彼人但謂之香櫞子，或將至都下，亦貴之。

本草衍義：橘、柚自是兩種，故曰一名橘皮，是元無柚字也。豈有兩等之物，而治療無一字別者。即知柚一字爲誤。後人不深求其意，爲柚字所惑，妄生分別，亦以過矣。且青橘與黃橘，治療尚別，矧柚爲別種也。郭璞云：柚似橙而大於橘，此即是識橘、柚者也。今若不析言之，恐後世亦以柚皮爲橘皮，是貽無窮之患矣。去古既遠，後之賢者亦可以意逆之耳。橘惟用皮與核，皮天下甚所需也。仍湯浸去穰。餘如經與注，核皮二者須自收爲佳。有人患氣嗽將朞，或教以橘皮、生薑焙乾，神麯等分爲末，丸桐子大，食後夜臥，米飲服三五十丸，兼舊患膀胱，緣服此偕愈。然亦取其陳皮入藥，此六陳中一陳也。腎疰、腰痛、膀胱氣痛，微炒核去殼爲末，酒調服，愈。

述異記：越多橘柚園，越人歲出橘稅，謂之橙橘戶，亦曰橘籍。吳闞澤表曰：請除臣之橘籍。

避暑錄話：橘極難種，吾居山十年，凡三種而三槁死。其初移栽皆三四尺餘，一歲便結實，纍然可愛。未幾偶大寒多雪，即立槁，雖厚以苫覆草擁，不能救也。蓋性極畏寒，而吾居在山之半，又面北，多北風，與平地氣候絕不同，山前梅花及桃李等，率常先開半月，蓋五七之間如此。今吳中橘亦惟洞庭東、西兩山最盛，他處好事者園圃僅有之，不若洞庭人以爲業也。凡橘一畝比田一畝利數倍；而培治之功亦數倍於田。橘下之土，幾於用篩，未嘗少以瓦甓雜之。田自種至刈，不過一二耘耔，而橘終歲耘無時，不使見纖草，地必面南，爲屬級次第使受日，每歲大寒，則於上風焚糞壤以溫之。「吾不如老圃」，信有之矣。

鄰幾雜志：橘樹直竦，枝葉不相妨，蜀人謂之讓木。

曲洧舊聞：果中結實遲者，莫如橘。諺云：立不踰膝好種橘，言其不可待也。

書蕉：唐李伯珍與醫帖云：白金一挺，奉備橘黄之需。始不曉所謂，及觀續世說有：枇杷黄，醫者忙；橘子黄，醫者藏。乃知時使然耳。

附韓彥直橘錄

牛僧孺幽怪錄有生異橘者，摘剖之，有四老人焉，其一曰橘中之樂，不減商山，恨不能深根固蔕耳。由是有橘隱名。楚屈原作離騷，其橘頌一章有曰：后皇嘉樹橘徠服，受命不遷生南國。宋謝惠連橘賦亦曰：園有嘉樹，橘柚煌煌，是以知橘實佳物，昔人所愛慕若此。孔安國曰：小曰橘，大曰柚。郭璞亦云：柚似橙而大於橘，溫無柚而種橙者少，非土所宜也。本草載：橘柚味辛，溫，無毒。主去胸中瘕熱，利水穀，止嘔欬，久服通神，輕身長年。陶隱居云：此言橘皮之功效若此，其實之味甘酸，食之多痰，無益，其說爲是。隱居不敢輕注本草，蓋此類也。陳藏器補本草謂：橘之類有朱橘、乳橘、塌橘、山橘、黄淡子，今類見之。

黄橘狀比之柑差扁小，而香霧多於柑。歲雨暘以時，則肌充而味甘，其圍四寸，色方青黄時，風味尤勝。過是則香氣少減，惟遇黄柑則避舍，置之海紅生枝柑間，未知其孰後先，名之曰千奴。千奴，眞屈稱也。塌橘，狀大而扁，其南枝之向陽者，外綠而心甚紅，經春味極甘美，瓣大而多液，其種不常有，特橘之次也。包橘，取其纍纍然若包聚之義，是橘外薄內盈，隔皮脈瓣可數，有一枝而生五六顆者，懸之極可愛。然土膏而樹壯者多有之，不稱奇也。綿橘微小，極軟美可愛，故以名圃中間見一二樹，結子復稀，物以罕見爲奇，此橘是也。沙橘、取細而甘美之稱，或曰種之沙洲之上，地虛而宜於橘，故其味特珍。然邦人稱物之小而甘美者，必曰沙，如沙瓜、沙蜜、沙糖之類，方言耳。荔枝橘、多出於橫陽，膚理皺密，類荔子，故以取名。橫陽與閩接軫，荔子稱奇於閩，黃橘擅美於溫，故慕而名之。有言橘踰淮爲枳，植物豈能變哉？疑似之亂名，多此類。軟條穿橘，其幹弱而條遠，結實頗大，皮色光澤，滋味有餘。其心虛有瓣，如蓮子穿其中，蓋接橘之始，以枝之杪者爲之，其體性終弱，不可以犯霜，不可以耐久，又名爲女兒橘。油橘、皮似油飾之，中堅而外黑，蓋橘之若柤若柚者，譬之而不聞其香，食之而不可於口，是又橘之僕奴也。

綠橘、比他橘微小，色紺碧可愛。不待霜食之味已珍，留之枝間，色不盡變，隆冬採之，生意如新。橫陽人家時有之，不常見也。乳橘、狀似乳柑，且極甘芳，故名。又曰漳橘，其種自漳浦來，皮堅瓤多，味絕酸，不與常橘齒。鄉人以其頗魁梧，時置之客間，堪與飣座梨相值耳。他日有以乳橘爲眞柑者，特碔砆之似玉也。自然橘、謂以橘子下種，待其長歷十年，始作花結實，味甚美。由其本性自然，不雜之人爲，故其味全。蓋他柑與橘必以柑淡子著土，俟其婆娑作樹，以枝接之爲柑、爲橘、爲多種，俱非天也，故是橘以自然名之。然十年之計，種之以木，今之鬭圃者，多不年歲間，爬其膚以驗其枯榮，糞其木以計其久近，誰能遲十年之久，以收效耶？是橘名之曰自然，當矣。接木之詳，見於下篇。早黃橘、著花結子，比其類獨早，秋始半，其心已丹，千頭方酸，而早黃橘之微甘，已回齒頰矣。王右軍帖有曰：奉橘三百枚，霜未降未可多得，豈是類耶？

凍橘、其顆如常橘之半，歲八月人目爲小春，枝頭時作細白花，既而橘已黄，千林已盡，乃始傲然冰雪中，著子甚繁。春二三月始采之，亦可愛。前輩詩有曰：梅柳攙先桃李晚，春風元是一般春。此詩不獨詠桃李，物理皆然。

種治

柑橘宜斥鹵之地，四邑皆距江海不十里，凡圃之近塗泥者，實大而繁，味尤珍，耐久不損，名曰塗柑。販而遠適者，遇塗柑則爭售。方種時，高者畦壠溝以泄水，每株相去七八尺，歲四鉏之，薙盡草，冬月以河泥壅其根，夏時更溉以糞壤，其葉沃而實繁者，斯爲園丁之良。

始栽

始取朱欒核洗淨，下肥土中，一年而長，名曰柑淡。其根荄簇簇然，明年移而疎之。又一年木大如小兒之拳，遇春月，乃接取諸柑之佳與橘之美者，經年向陽之枝，以爲貼，去地尺餘，鎦鋸截之，剔其皮，兩枝對接，勿動搖其根，撥掬土實其中以防水，蒻護其外，麻束之，緩急高下俱得，所以候地氣之應。接樹之法，載之四時纂要中，是蓋老圃者能之。工之良者，揮斤之間，氣質隨異，無不活者。過時而不接，則花實復爲朱欒，人力之有參於造化，每如此。

培植

樹高及二三尺許，翦其最下命根，以瓦片抵之安於土，雜以肥泥實築之，始發生。命根不斷，則根迸於土中，枝葉乃不茂盛。

去病

木之病有二，蘚與蠹是也。樹稍久則枝榦之上苔蘚生焉，一不去則蔓衍日滋，木之膏液蔭蘚而不及木，故枝榦老而枯。善圃者用鐵器時刮去之，刪其繁枝之不能華實者，以通風日，以長新枝。木間時有蛀屑流出，則有蟲蠹之相，視其穴，以物鉤索之，則蟲無所容，仍以眞杉木作釘窒其處。不然則木心受病，日久枝葉自凋。異時作實，瓣間亦有蟲食。柑橘每先時而黃者，皆其受病於中，治之以早乃可。

澆灌

圃中貴雨晴以時，旱則堅苦而不長，雨則暴長而皮多坼，或瓣不實而味淡。園丁溝以泄水，俾無浸其根，方亢陽時抱甕以潤之，糞壤以培之，則無枯瘁之患。

採摘

歲當重陽，色未黃有採之者，名曰摘青。舟載之江、浙間，青柑固人所樂得，然採之不待其熟，巧於商者，間或然爾。及經霜之二三夕，纔盡翦。遇天氣晴霽，數十輩爲羣，以小翦就枝間，平蔕斷之，輕置筐筥中。護之必甚謹，懼其香霧之裂，則易壞，霧之所漸者亦然。尤不便酒香，凡採者竟日不敢飲。

收藏

採藏之日，先淨掃一室密糊之，勿使風入，布稻藁其間，堆柑橘於地上，屏遠酒氣。旬日一翻揀之，遇微損謂之點柑，卽揀出，否則浸損附近者。屢汰去之，存而待賈者，十之五六。人有掘地作坎，攀枝條之垂者，覆之以土，至明年盛夏時開取之，色味猶新；但傷動枝苗，次年不生耳。

製治

朱欒作花，比柑橘絕大而香，就樹采之，用箋香細作片，以錫爲小甑，每入花一重，則實香一重，使花多於香。竅花甑之旁，以溜汗液，用器盛之，炊畢徹甑去花，以液浸香，明日再蒸。凡三換花，始暴乾，入瓷器密盛之，他時焚之，如在柑林中。柑橘幷金柑皆可切瓣，勿離之，壓去核，漬之以蜜，金柑著蜜尤勝他品。鄉人有用糖熬橘者謂之藥橘，入蒻之灰於鼎間，色乃黑，可以將遠。又橘微損則去皮，以肉瓣安竈間，用火薰之，曰薰柑，置之糖蜜中，味亦佳。

入藥

橘皮最有益於藥，去盡脈則爲橘紅，青橘則爲青皮，皆藥之所需者。大抵橘皮性溫平，下氣，止蘊熱，攻痰瘧，服久輕身。至橘子尤理腰膝，近時難得枳實，人多植枸橘於籬落間，收其實剖乾之，以之和藥味，與商州之枳，幾逼眞矣。枸橘又未易多得，取朱欒之小者，半破之，日暴以爲枳。異方醫者不能辨，用以治疾，亦愈。藥貴於愈疾而已，孰辨其爲眞僞耶！

柚

爾雅柚，條。注：似橙，實酢。生江南。疏：柚一名條。郭云：似橙，實酢，生江南。禹貢云：揚州厥包橘柚。孔安國云：小曰橘，大曰柚。呂氏春秋云：果之美者，有雲夢之柚。本草唐本注云：柚皮厚味甘，不如橘皮味辛而苦，其肉亦如橘，有甘有酸，酸者名胡甘，今俗人或謂橙爲柚，非也。埤雅以詩有條有梅，爲卽柚條。

又櫠椵注：柚屬也，子大如盂，皮厚二三寸，中似枳，食之少味。

山海經：荆山多橘，櫾綸山其木多柤栗橘，櫾銅山其木多橘櫾，葛山其木多柤栗、橘櫾，賈超之山，其木多柤栗橘櫾，洞庭之山，其木多橘櫾。

列子：吳、楚之國，有大木焉，其名爲櫾，碧樹而冬生，實丹而味酸，食其皮汁已憤厥之疾。齊州珍之，渡淮而北，而化爲枳焉。

番禺縣志：柚有大小紅白數種，八月食。中秋夜，童子取紅者雕花，或作龍鳳形爲燈，攜以玩月。一種白而皮香者，形高於凡柚，名香柚，味佳，十月食。一種如斗大，曰斗柚，十二月食。

高要縣志：柚有紅有赤，皆從瓤得名。有玳瑁柚，以皮得名。有早禾柚，以早熟得名。有香柚，以香得名，最晚熟，香爲上。

南方草木狀：桂海虞衡志：廣南臭柚皮甚厚，染墨打碑，可代氈刷，且不損紙。

嶺南雜記：柚子花香，酷似梔子花，肉紅者甘，白者酸。然增城香柚小而白，肉香甘異常。潮州出斗柚，大如斗，味亦甘美，其皮可爲香灰。

廣雅疏證：柚，楱也。禹貢：揚州，厥包橘柚錫貢。傳云：小曰橘，大曰柚，字亦作櫾。中山經云：荆山多橘櫾。郭注云：櫾似橘而大也，皮厚味酸。御覽引風土記云：柚，大橘，赤黄而酢也。漢書司馬相如傳：黄甘橙楱。張氏注云：楱，小橘也，出武陵。是柚大而楱小，不得以柚爲楱也。疑柚楱下脱去橘字。大橘曰柚，小橘曰楱，故曰柚、楱，橘也。猶上文樝、梈二種，皆訓爲梨耳。柚，爾雅謂之條，條與柚古音相近也。說文云：柚似橙而酢。莊子天運篇云：柤梨橘柚，其味不同，而皆可於口。以梨橘味甘，柤柚味酸也。列子湯問篇云：吳、楚之國，有大木焉，其名爲櫾，碧樹而冬生，實丹而味酸，食其皮汁已憤厥之疾。齊州珍之，渡淮而北，而化爲枳焉。案考工記云：橘踰淮而北爲枳，與此同。蓋橘之與柚，散文則通矣。郭璞注上林賦云：楱亦橘之類也。呂氏春秋本味篇云：果之美者，雲夢之柚。張協七命云：漢皐之楱，則二物多生江、漢之間也。雷斆炮炙論云：凡使橘皮勿用柚皮、皺子皮，皺與楱同，楱各本譌作榛，今訂正。

橘紅

嶺南雜記：化州仙橘。相傳仙人羅辨種橘於石龍之腹，至今猶存，唯此一株，在蘇澤堂後爲最，清風樓次之，紅樹又次之。其實非橘，皮厚肉酸，不中食，其皮釐爲五片、七片，不可成雙，治痰證如神。彼人云：凡近州治，聞譙樓更鼓者，其皮亦佳，故化皮贋者多，眞者甚難得。

藕

本草經：藕實莖味甘，平。主補中養神，益氣力，除百疾，久服輕身，耐老不飢，延年。一名水芝丹。

別錄：寒，無毒。一名蓮，生汝南池澤，八月採。

陶隱居云：此卽今蓮子，八月、九月取堅黑者，乾擣破之。花及根並入神仙用。今云莖，恐即是根，不爾不應言甘也。宋帝時太官作血衉，庖人削藕皮誤落血中，遂皆散不凝。醫乃用藕療血，多効也。

爾雅：荷，芙蕖。注：別名芙蓉，江東呼荷。其莖茄，其葉蕸，其本蔤。注：莖下白蒻在泥中者。其華菡萏。注：見詩。其實蓮。注：蓮，謂房也。其根藕，其中的。注：蓮中子也。的中薏。注：中心苦。疏：李巡曰，皆分別蓮莖華葉實之美，芙蕖其總名也。別名芙蓉，江東呼荷。菡萏，蓮華也；的，蓮實也；薏，中心也。郭璞曰：密莖下白蒻在泥中者。今江東人呼荷華爲芙蓉，北方人便以藕爲荷，亦以蓮爲荷，蜀人以藕爲茄，或用其母爲華名，或用根子爲母葉號，此皆名相錯，習俗傳誤，失其正體者也。

陸璣詩疏：荷，芙蕖。江東呼荷，其莖茄，其葉蕸，莖下白蒻密，其花未發爲菡萏，已發爲芙蕖。其實蓮，蓮青皮裏白。子爲的，的中有青長三分，如鉤爲薏，味甚苦。故里語云：苦如薏，是也。的五月中生，生啖脆，至秋表皮黑，的成實，或可磨以爲飯如栗也。輕身益氣，令人強健，又可爲糜。幽州揚豫取備饑年。其根爲藕，幽州謂之光旁，爲光如牛角。

圖經：藕實莖生汝南池澤，今處處有之。生水中，其葉名荷，藕生食，其莖主霍亂後虛渴煩悶，不能食，及解酒食毒，花鎮心，益顏色，入香尤佳。荷葉止渴，殺蕈毒，今婦人藥多有用荷葉者。葉中蔕謂之荷鼻，主安胎，去惡血，留好血。實主益氣，其的至秋來皮黑而沉水者，謂之石蓮。醫人炒末以止痢，治腰痛又治噦逆，以實仁六枚，炒赤黃色，研末，冷熟水半盞和服，便止。惟苦薏不可食，能令霍亂，大抵功用主血多効。乃因宋太官作血衉，庖人削藕皮誤落血中，遂散不凝。自此醫家方用主血也。

說文解字注：蕫，鼎蕫也。釋艸曰：蘱，鼎蕫。郭云：似蒲而細。按說文無蘱字者，蓋許所據祗作類。从艸，童聲，多動切，九部。亦作董，古童、重通用，或用爲童蓈字，誤。杜林曰：藕根。漢志有倉頡訓纂一篇，杜林倉頡故一篇，此蓋二篇中語。藕當從後文作蕅，蕅根猶荷根也，郭璞曰：北方人以藕爲荷，用根，爲母號也，然則杜林謂蕅爲蕫。

雞頭實

本草經：雞頭實味甘，平。主濕痹，腰脊膝痛，補中，除暴疾，益精氣，強志，令耳目聰明，久服輕身不飢，耐老神仙。一名鴈喙實。

別錄：無毒。一名芡，生雷澤池澤，八月採。陶隱居云：此即今蔿子，形上花似雞冠，故名雞頭。仙方取此幷蓮實合餌，能令小兒不長，正爾食之，亦當益人。

圖經：雞頭實生雷澤，今處處有之，生水澤中。葉大如荷，皺而有刺，俗謂之雞頭盤。花下結實，其形類雞頭，故以名之。其莖菆之嫩者，名蔿菆，人採以爲菜茹，八月採實。服餌家取其實，幷中子擣爛，暴乾再擣，下篩，熬金櫻子煎和丸服之，云補下益人，謂之水陸丹。經傳謂其子爲芡。

本草衍義：雞頭實今天下皆有之，河北沿溏濼居人採得，春去皮，搗仁爲粉，蒸渫作餅，可以代糧。食多不益脾胃氣，兼難消化。方言：葰芡，雞頭也。北燕謂之葰，青、徐、淮、泗之間，謂之芡。南楚江、湘之間，謂之雞頭，或謂之鴈頭，或謂之烏頭。

齊民要術種芡法：一名雞頭，一名鴈啄，即今蔿子是也。由子形上花似雞冠，故名曰雞頭。八月中收取，擘破取子，散著池中，自然生也。

爾雅翼：芡，雞頭也。幽州人謂之鴈頭，葉如荷而大。葉上蹙皺如沸，有芒刺，兼有觜，若雞鴈之頭，又名鴈啄。實內有米，圓白如珠，久食宜人。說者曰：小兒食不能長大，故駐年。或曰芡實蓋溫平耳，然食之必枚食而細嚼，足以致上池之津，故能益人。猶如馬齧短草，則肥悅。今芡與菱皆水物而性異，芡華向日，菱華背日，其陰陽向背不同，故損益亦不同也。周禮亦以爲加籩之實。龔遂爲渤海太守，勸民冬益畜果實菱芡，

淮南子曰：雞頭已瘻。許叔重以雞頭爲水中芡，愈頭瘻之疾。按上下文，貍頭愈鼠，雞頭已瘻，䖟散積血，啄木愈齲，此類之可推者。詳書本意，皆謂此禽蟲平日所啄食，故能治此病，類可推尋，雞頭似不謂此。然或當亦能已瘻爾。此物水草，陂澤多有。陶隱居乃云此卽今蔿子，形上花似雞冠，乃陸草，長五六尺，榦葉皆紅，其花正紅，狀如雞冠，何預芡耶？莊子雞壅，疏云：雞頭草也。服之延年。韓文公詩云：鴻頭排刺芡。陳士良云：有輭根，名葰菜。

王禎農書：雞頭作粉，食之甚妙。河北泜溏濼居人採之，春去皮，搗爲粉，蒸渫作餅，可以代糧。龔遂守渤海，勸民秋冬益蓄菱芡，蓋謂其能充饑也。

羣芳譜：芡秋間熟時，取實之老者，以蒲包包之，浸水中。三月間撒淺水中，待葉浮水面移栽淺水。每科離二尺許，先以麻餅或豆餅拌勻河泥，種時以蘆記其根，十餘日後，每科用河泥三四盌壅之。

莊子：藥也，其實堇也，桔梗也，雞廱也，豕零也，是時爲帝者也，何可勝言。注：廱或作壅。司馬云：雞壅卽雞頭也。

東坡雜記：吳子野云，芡實蓋溫平爾，本不能大益人，然俗謂之水硫黃，何也？人之食芡也，必枚嚙而細嚼之，未有多嘬而亟嚥者也。舌頰脣齒，終日囁嚅。而芡無五味，腴而不膩，足以致上池之水，故食芡者，能使人華液流通，轉相挹注，積其力，雖過乳石可也。

廣雅疏證：葰，芡，雞頭也。葰或作蓌。方言云：葰、芡，雞頭也。北燕謂之葰，青、徐、淮、泗

之間，謂之芡。南楚、江、湘之間，謂之雞頭，或謂之鴈頭，或謂之烏頭。郭注云：今江東亦名䓈耳。神農本草云：雞頭一名鴈喙。陶注云：此卽今蔿子，形上花似雞冠，故名雞頭。陳士良云：有軟根，名䓈菜。蘇頌圖經云：盤花下結實，形類雞頭，故以名之。其莖菆之嫩者名蔿菆，人採以爲菜茹。案䓈，曹憲音悅藥反，䓈、蔿聲近而轉也。䓈從役聲，蔿從爲聲，䓈之轉爲蔿，猶爲之轉爲役。表記鄭注云：役之言爲也。周官籩人加籩之實，蔆芡㮚脯。鄭注云：芡，雞頭也。疏云：今人或謂之鴈頭。呂氏春秋恃君篇：夏月則食蔆芡。高注云：芡，雞頭也，一名鴈頭，生水中。淮南說山訓：雞頭已瘻。高注云：雞頭水中芡，幽州謂之鴈頭。羅願爾雅翼云：案上下文貍頭愈鼠，雞頭已瘻，䖟散積血，斲木愈齲，此類之可推者，詳書本意，皆謂此禽蟲平日所喙食，故能治此病，類可推尋，雞頭似不謂此也，雞頭一名雞廱，莊子徐无鬼篇云：藥也，其實菫也，桔梗也，雞廱也，豕零也，是時爲帝者也。司馬彪注云：雞廱卽雞頭也，一名芡，與藕子合爲散，服之延年。周官大司徒其植物宜膏物。鄭注云：膏當爲櫜，蓮芡之實。有櫜韜疏云：皆有外皮，櫜韜其實，今芡實有梂彙自裹，所謂櫜韜也。古今注云：芡葉似荷而大，葉上蹙皺如沸，實有芒刺，其中如米，可以度飢也。

說文解字注：芡，雞頭也。周禮：加籩之實有芡。注同此。方言：䓈、芡，雞頭也。北燕謂之䓈，青、徐、淮、泗之間謂之芡，南楚、江、湘之間謂之雞頭，或謂之鴈頭，或謂之烏頭。从艸，欠聲，巨儉切，古音在八部。

梅實

本草經：梅實味酸，平。主下氣，除熱煩滿，安心，止肢體痛，偏枯不仁，死肌，去青黑誌，蝕惡肉。

爾雅：時，英梅。注：雀梅。

詩經：摽有梅。陸璣疏：梅，杏類也。樹及葉皆如杏而黑耳。曝乾爲腊，置羹臛齏中，又可含以香口。

周禮：饋食之籩，其實棗㮚桃乾䕩。注乾䕩，乾梅也。有桃諸、梅諸，是其乾者。

別錄：無毒。止下痢，好唾，口乾。生漢中川谷，五月採，火乾。陶隱居云：此亦是今烏梅也，用當去核，微熬之。傷寒煩熱，水漬飲汁。生梅子及白梅亦應相似，今人多用白梅和藥，以點誌蝕惡肉也。服黃精人，云禁食梅實。

本草拾遺：梅實本功外，止渴，令人膈上熱。烏梅去痰，主瘧瘴，止渴，調中，除冷熱痢，止吐逆。梅葉擣碎，湯洗衣易脫也。嵩陽子云：清水揉梅葉，洗蕉葛衣，經夏不脆，余試之驗。

日華子云：梅子暖，止渴，多啖傷骨，蝕脾胃，令人發熱。根葉煎濃湯，治休息痢，幷霍亂。又云：白梅暖，無毒。治刀箭傷，止血，研傅之。又云：烏梅暖，無毒。除勞，治骨蒸，去煩悶濇腸，止痢，消酒毒，治偏枯皮膚麻痹，去黑點，令人得唾。又入建茶、乾薑爲丸，止休息痢，大驗也。

圖經：梅實生漢中川谷，今襄、漢、川、蜀、江、湖、淮、嶺皆有之。其生實酸而損齒，傷骨，發虛熱，不宜多食之。服黃精人，尤不相宜。其葉煮濃汁服之，已休息痢。根主風痹，出土者不可用。五月採其黃實，火熏乾，作烏梅。主傷寒煩熱，及霍亂燥渴、虛勞瘦羸、産婦氣痢等方中，多用之。南方療勞瘧劣弱者，用烏梅十四枚、豆豉二合、桃柳枝各一虎口握、甘草三寸長、生薑一塊，以童子小便二升煎七合，溫服。其餘藥使用之尤多。又以鹽殺爲白梅，亦入除痰藥中用。又下有楊梅條，亦生江南、嶺南，其木若荔枝而葉細，陰厚，其實生青熟紅，肉在核上，無皮殼，南人淹藏以爲果，寄至北方甚多。今醫方鮮用，故附於此。

齊民要術：作白梅法。梅子酸核初成時摘取，夜以鹽汁漬之，晝則日曝，凡作十宿十浸十曝便成，調鼎和齏，所在多入也。作烏梅法。亦以梅子核初成時摘取，籠盛於突上，熏之令乾，即成矣，烏梅入藥，不任調食也。食經曰：蜀中藏梅法。取梅極大者剝皮陰乾，勿令得風，經二宿，去鹽汁，內蜜中，月許更易蜜，經年如新也。作烏梅欲令不蠹法。濃燒穰以湯沃之，取汁以梅投之，使澤，乃出蒸之。

本草綱目李時珍曰：烏梅、白梅所主諸病，皆取其酸收之義。惟張仲景治蚘厥烏梅丸及蟲䘌方中用者，取蟲得酸即止之義，稍有不同耳。醫說載：曾魯公痢血百餘日，國醫不能療。陳應之用鹽水梅肉一枚，研爛合臘茶入醋，服之，一啜而安。大丞梁莊肅公亦痢血，應之用烏梅、胡黃連、竈下土等分爲末，茶調服亦效。蓋血得酸則斂、得寒則止、得苦則濇故也。其蝕惡瘡努肉，雖是收，卻有物理之妙。說出本經。其法載於劉涓子鬼遺方，用烏梅肉燒存性，研傅惡肉上，一夜立盡。聖惠用烏梅和蜜作餅貼者，其力緩。按楊起簡便方云：起臂生一疽，膿潰百日方愈，中有惡肉，突起如蠶豆大，月餘不消，醫治不效。因閱本草得此方，試之，一日夜去其大半，再上一日而平。乃知世有奇方如此，遂留心搜刻諸方，始基於此方也。

又曰：榔梅出均州太和山，相傳眞武折梅枝插於榔樹，誓曰：吾道若成，開花結果。後果如其言，今樹尚在五龍宮北。榔木梅實，杏形桃核，道士每歲采而蜜煎，以充貢獻焉。榔，乃榆樹也。

桃

本草經：桃核仁味苦，平。主瘀血血閉，癥瘕邪氣，殺小蟲。桃花殺疰惡鬼，令人好顏色。桃梟微溫，主殺百鬼精物。桃毛主下血瘕寒熱積聚。無子桃蠹，殺鬼邪惡不祥。

爾雅：旄，冬桃。注：子冬熟。椃桃，山桃。注：實如桃而小，不解核。

別錄：桃核仁甘，無毒。止欬逆上氣，消心下堅，除卒暴擊血破，通月水，止心腹痛。七月採，取仁陰乾。桃花味苦，平，無毒。主除水氣，破石淋，利大小便，下三蟲，悅澤人面。三月三日採，陰乾。桃梟味苦，療中惡腹痛，殺精魅五毒不祥。一名梟景，是實著樹不落、中實者，正月採之。桃毛主帶下諸疾，破血閉，刮取毛用之。莖白皮味苦，平，無毒。除邪鬼，中惡腹痛，去胃中熱。葉味苦，辛，平，無毒。主除尸蟲，出瘡中蟲；膠鍊之，主保中不飢，忍風寒。實味酸，多食令人有熱。生泰山川谷。陶隱居云：今處處有，京口者亦好，當取解核種之爲佳。又有山桃，其仁不堪用。桃仁作酪，乃言冷桃膠，入仙家用。三月三日採花，亦供丹方所需。肘後方言服三樹桃花盡，則面色如桃花，人亦無試之者。服朮人，大禁食桃也。

圖經：桃核仁幷花實等，生泰山，今處處皆有之。京東、陝西出者，尤大而美。大都佳果多是圃人以他木接根上栽之，遂至肥美，殊失本性。此等入藥，不可用之，當以本生者爲佳。七月採核，破之取仁，陰乾。今都下市賈多取以貨之，云食之亦益人，然亦多雜接實之仁，爲不堪也。千金方：桃仁煎，療婦人產後百病諸氣，取桃核一千二百枚，去雙仁尖皮，熬擣令極細，以清酒一斗半，研如麥粥法，以極細爲佳。內小項瓷瓶中，密以麪封之，內湯中煮一伏時，藥成，溫酒和服一匙，日再。其花三月三日採，陰乾。太清草木方云：酒漬桃花，飲之除百疾，益顏色。崔元亮海上方治頭上生瘡黃水出，幷眼瘡，一百五日收取桃花，不計多少，細末之，食後以水半盞調服方寸匕，日三，甚良。其實已乾，著木上，經冬不落者，名桃梟，正月採之，以中實者良。胡洽治中惡毒氣蠱疰，有桃奴湯，是此也。其實上毛，刮取之以治女子崩中。食桃木蟲名桃蠹，食之悅人顏色。莖白皮，中惡方用之。葉多用鼎湯導藥，標嫩者名桃心，尤勝。張文仲治天行，有支大醫桃葉湯熏身法，水一石煮桃葉，取七斗，安牀簀下，厚被蓋臥牀上，乘熱自熏，停少時當雨汗，汗遍去湯，速粉之，并灸大椎穴，則愈。陳廩邱蒸法經云：連發汗，汗不出者死，可蒸之如中風法，以問張苗，苗言曾有人疲極汗出，臥單簟受冷，但苦寒倦，四日凡八過發汗，汗不出。燒地，桃葉蒸之，則得大汗，被中傅粉，極燥便差。後用此發汗得出。蒸發者，燒地良久，掃除去火，可以水小洒，取蠶沙若桃葉、柏葉、糠及麥麩皆可，趣用易得者，牛馬糞亦可用，但臭耳。取桃葉欲落時，可益收乾之。以此等物著火處令厚二三寸，布席上坐，溫覆，用此出汗。若過熱當審細消息，大熱者重席，汗出周身，便止，溫粉粉之，勿令過。此法，舊云出阮河南也。桃皮亦主病，集驗治肺熱悶不止，胷中喘氣悸，客熱往來欲死，不堪服藥；泄胷中喘氣，用桃皮、芫花各一升，二物以水四升煮，取二升五合，去滓以故布手巾內汁中，薄胷溫四肢，不盈數刻卽歇。又必效方主蠱毒，用大戟、桃白皮東引者，以大火烘之；斑蝥去足翅熬。三物等分，擣篩爲散。以冷水服半方寸匕，其毒卽出，不出更一服，蠱並出。此李饒州法，云奇效。若以酒中得，則以酒服，以食中得，以飲服之。桃膠入服食藥，仙方著其法，取膠二十斤，絹袋盛，櫟木灰汁一石中煮三五沸，并袋出，掛高處，候乾再煮，如此三度止，暴乾篩末，蜜和，空腹酒下梧桐子大二十丸，久服當仙去。又主石淋，古今錄驗著其方云：取桃木膠如棗大，夏以冷水三合，冬以湯三合，和爲一服，日三，當下石，石盡卽止。其實亦未可多食，善令人熱發也。

南越筆記：香桃花與中州桃花不異，獨於八九月盛開，有微香。

曲洧舊聞：冬桃，密縣有一種冬桃，夏花秋實。

八九月間桃自開，其核墮地而復合，肉生滿其中，至冬而熟，味如淇上銀桃而加美，亦異也。

侯鯖錄：桃實經冬不落者，俗謂之桃奴。

齊民要術：桃柰、桃欲種法，熟時合肉全埋糞土中。直置凡地則不生，生亦不茂。桃性早實，三歲便結子，故不求栽也。至春既生，移栽實地。若仍糞中則實小而味苦矣。栽法，以鍬合土掘移之。桃性易種難栽，若離本土，率多死，故須然也。又法 桃熟時，牆南陽中暖處，深寬爲坑，選取好桃數十枚，擘取核，即內牛糞中，頭向上，取好爛糞和土厚覆之，令厚尺餘。至春桃始動時，徐徐撥去糞土，皆應生芽，合取核種之，萬不失一。其餘以熟糞糞之，則益桃味。桃性皮急，四年以上，宜以刀豎劚其皮。不劚者，皮急則死。七八年便老。老則子細。十年則死。是以宜歲歲常種之。桃酢法，桃爛自零者收去，內之於甕中，以物蓋口，七日之後，既爛，漉去皮核，密封閉之，三日酢成，香美可食。術曰：東方種桃九根，宜子孫，除凶禍。明桃、柰桃種亦同。

本草綱目李時珍曰：桃品甚多，易於栽種，且早結實。五年宜以刀劚其皮，出其脂液，則多延數年。其花有紅紫白千葉二色之殊，其實有紅桃、緋桃、碧桃、緗桃、白桃、烏桃、金桃、銀桃、胭脂桃，皆之色名者也。有綿桃、油桃、御桃、方桃、扁桃、偏核桃，皆以形名者也。有五月早桃、十月冬桃、秋桃、霜桃，皆以時名者也。並可供食。惟山中毛桃，即爾雅所謂褫桃者，小而多毛，核粘味惡，其仁充滿多脂，可入藥用；蓋外不足者內有餘也。冬桃一名西王母桃，一名仙人桃，即崑崙桃，形如苦蔞，表裏徹赤，得霜始熟。方桃形微方。扁桃出南番，形扁肉澀，核狀如盒，其仁甘美，番人珍之，名波淡樹，樹甚高大。偏核桃出波斯，形薄而尖，頭偏，狀如半月，其仁酷似新羅桃子，可食，性熱。又楊維禎、宋濂集中並載元朝御庫蟠桃，核大如盌，以爲神異。按王子年拾遺記載漢明帝時，常山獻巨核桃，霜下始花，隆暑方熟。元中記載積石之桃，大如斗斛器。酉陽雜俎載九疑有桃，核半扇，可容米一升。及蜀後主有桃核杯，半扇容水五升，良久如酒味，可飲：此皆桃之極大者，昔人謂桃爲仙果，殆此類歟？生桃切片，瀹過曝乾爲脯，可充果食。又桃酢法，取爛熟桃納甕中，蓋口七日，漉去皮核，密封二七日，酢成，香美可食。種樹書云：柿接桃則爲金桃，李接桃則爲李桃，梅接桃則脆桃。樹生蟲，煮豬頭汁澆之卽止，皆物性之微妙也。又曰：千葉桃花結子在樹不落者，名鬼髑髏。雷斆炮炙論有修治之法，而方書未見用者。斆曰：鬼髑髏十一月采得，以酒拌蒸之，從巳至未，焙乾，以銅刀切，焙取肉用。

又曰：按歐陽詢初學記，載北齊崔氏以桃花白雪與兒頮面，云令面妍華光悅，蓋得本草令人好顏色，悅澤人面之義。而陶、蘇二氏乃引服桃花法，則因本草之言而謬用者。桃花性走泄下降，利大腸甚快，用以治氣實人病水飲腫滿積滯，大小便閉塞者，則有功無害。若久服卽耗人陰血，損元氣，豈能悅澤顏色耶？按張從正儒門事親，載一婦滑泄數年，百治不效。或言此傷飲有積也，桃花落日，以棘鍼刺取數十萼，勿犯人手，以麪和作餅，煨熟食之，米飲送下，不一二時瀉下如傾，六七日行至數百行，昏困惟飲涼水而平。觀此，則桃花之峻利可徵矣。又蘇鶚杜陽編載范純佑女喪夫發狂，閉之室中，夜斷窗櫺，登桃樹上，食桃花幾盡。及旦，家人接下，自是遂愈也。珍按此亦驚怒傷肝，痰夾敗血，遂致發狂，偶得桃花利痰飲散滯血之功，與張仲景治積熱發狂，用承氣湯，畜血發狂，用桃仁承氣湯之意相同；而陳藏器乃言桃花食之患淋，何耶？

又曰：按許叔微本事方云：傷寒病，醫者須顧表裏，循次第。昔范雲爲梁武帝屬官，得時疫熱疾，召徐文伯診之。是時武帝有九錫之命，期在旦夕，雲恐不預，求速愈。文伯曰：此甚易，政恐二年後不能起爾。雲曰：朝聞道，夕死可矣，況二年乎？文伯乃以火煆地，布桃柏葉於上，令雲臥之，少頃汗出，粉之，翌日遂愈。後二年，雲果卒。取汗先期，尚能促壽，況不顧表裏時日，便欲速愈者乎？夫桃葉發汗，妙法也，猶有此戒，可不愼與？又曰：典術云，桃乃西方之木，五木之精，仙木也。味辛氣惡，故能厭伏邪氣百鬼，今人門上用桃符以此。玉燭寶典云：戶上着桃板辟邪，取山海經神荼、鬱壘居東海蟠桃樹下，主領衆鬼之義。許愼云：羿死於桃棓。棓，杖也。故鬼畏桃。而今人用桃梗代杙橛，以辟鬼也。禮記云：王弔則巫祝以桃茢前引，以辟不祥。茢者，桃枝作帚也。博物志云：桃根爲印，可以召鬼。甄異傳云：鬼但畏東南枝爾。據此諸說，則本草桃之枝、葉、根、核，桃梟、桃橛，皆辟鬼祟疰忤，蓋有由來矣。錢乙小兒方：疏取積熱及結胸，用巴豆、硇汞之藥，以桃符煎湯下，亦是厭之之義也。

說文解字注：桃，桃果也。从木，兆聲，徒刀切，二部。楙，冬桃。釋木曰：旄，冬桃。郭云：子冬熟。按作旄者，字之假借，二部三部合韻最近也。釋文曰：字林作楙，今本譌爲字林作楙，从木，敄聲，讀若髦莫候切，三部。按釋文及篇韻皆音毛，鼎臣蓋檢唐韻無此字，因以楙字當之，故音茂也。

杏

本草經：杏核仁味甘，溫，主欬逆上氣雷鳴，喉痹下氣，產乳金瘡，寒心賁豚。

別錄：杏核仁苦，冷利，有毒。主驚癎，心下煩熱，風氣往來，時行頭痛，解肌，消心下急滿痛，殺狗毒。五月採之。其兩仁者殺人，可以毒狗。花味苦，無毒。主補不足，女子傷中，寒熱痹厥逆。實味酸，不可多食，傷筋骨。生晉川山谷。

陶隱居云：處處有，藥中多用之，湯浸去尖皮，熬令黃。

本草衍義：杏核仁，犬傷人，量所傷大小爛嚼沃破處，以帛繫定，至差無苦。又湯去皮，研一升，以水一升半，翻復絞取稠汁，入生蜜四兩、甘草一莖約一錢，銀石器中慢火熬成稀膏，甆器盛。食後、夜卧，入少酥，沸湯點一匙匕服，治肺燥喘熱，大腸祕，潤澤五藏。如無上證，更入鹽點尤佳。杏實，本經別無治療。日華子言多食傷神，有數種皆熱，小兒尤不可食，多致瘡癰及上膈熱。㬭著爲乾果。其深赭色核大而褊者爲金杏，此等須接，其他皆不逮也。如山杏輩，只可收仁。又有白杏，至熟色青白，或微黃，其味甘淡而不酸。

齊民要術作杏李麨法。杏李熟時，多取爛者盆中研之，生布絞取濃汁塗盤中，日曝乾，以手摩刮取之，可和水爲漿，及和米麨，所在入多也。釋名曰：杏可以爲油。神仙傳曰：董奉居廬山，不交人，爲人治病不取錢。重病得愈，使種杏五株，輕病爲栽一株，數年之中，杏有十數萬株，鬱然成林。其杏子熟於林中，所在置倉，宣語買杏者，不須求報，但自取之。其一器穀便得一器杏，有人少穀往而取杏多者，即有五虎逐之。此人怖虎，檐傾覆，所餘在器中，如向所扶持穀多少，虎乃遂去。自是以後，買杏者皆於林中自平量，恐有多出。奉悉以前所得穀賑救貧乏。潯陽記曰：杏在北嶺上數百株，今猶稱董先生杏。杏子人可以爲粥。多收買者，可以供紙墨之直也。

本草綱目李時珍曰：諸杏葉皆圓而有尖，二月開紅花，亦有千葉者，不結實。甘而有沙者爲沙杏，黃而帶酢者爲梅杏，青而帶黃者爲柰杏。其金杏大如梨，黃如橘。西京雜記載蓬萊杏，花五色，蓋異種也。按王禎農書云：北方肉杏甚佳，赤大而扁，謂之金剛拳。凡杏熟時，榨濃汁塗盤中，晒乾，以手摩刮收之，可和水調麨食，亦五果爲助之義也。

又曰：杏仁能散能降，故解肌、散風、降氣、潤燥、消積、治傷損藥中用之，治瘡殺蟲，用其毒也。按醫餘云：凡索麪豆粉，近杏仁則爛。頃一兵官食粉成積，醫師以積氣丸、杏仁相半研爲丸，熟水下，數服愈。又野人閑話云：翰林學士辛士遜在青城山道院中，夢皇姑謂曰：可服杏仁，令汝聰明，老而健壯，心力不倦。求其方，則用杏仁一味，每盥漱畢以七枚納口中，良久脫去皮，細嚼和津液頓嚥。日日食之，一年必換血，令人輕健，此申天師方也。又楊士瀛直指方云：凡人以水浸杏仁五枚，五更端坐，逐粒細嚼至盡，和津呑下，久則能潤五臟，去塵滓，驅風明目，治肝腎風虛，瞳人帶青，眼翳，風痒之病。珍按杏仁性熱，降氣，亦非久服之藥，此特其咀嚼呑納津液，以消積穢則可耳。古有服杏丹法，云是左慈之方，唐慎微收入本草，云久服壽至千萬，其說妄誕可鄙。今刪其紕繆之辭，存之于下，使讀者毋信其誑也。

又曰：巴旦杏出回回舊地，今關西諸土亦有。樹如杏而葉差小，實亦尖小，而肉薄，其核如梅核，殼薄而仁甘美。點茶食之，味如榛子，西人以充方物。

說文解字注：杏，杏果也。內則：桃李梅杏。从木，向省聲，向各本作可，誤。今正。莕以杏爲聲，亦作荇，從行聲，則知杏莕字，古皆在十部也。今何梗切。六書故云：唐本曰从木，从口。柰，柰果也。假借爲柰何字，見尚書、左傳。俗作奈，非。从木，示聲，奴帶切，十五部。

栗

詩經：樹之榛栗。陸璣疏：栗，周秦吳揚特饒，吳越被城表裏皆栗。惟濮陽、范陽栗甜美，長味，他方者悉不及也。倭韓國諸島上，栗大如雞子，亦短味，不美。桂陽有亲栗，叢生，大如杼子中仁，皮子形色，與栗無異也，但差小耳。又有奧栗皆與栗同，子圓而細，或云卽亲也，今此惟江、湖有之。又有茅栗、佳栗，其實更小，而木與栗不殊，但春生夏花秋實冬枯爲異耳。

別錄：栗味鹹，溫，無毒。主益氣，厚腸胃，補腎氣，令人耐飢。生山陰，九月採。陶隱居云：今會稽最豐，諸暨栗形大皮厚不美，剡及始豐皮薄而甜。相傳有人患脚弱，往栗樹下食數升，便能起行，此是補腎之義。然應生噉之，若餌服，故宜蒸暴之。

圖經：栗舊不著所出州土，但云生山陰，今處處有之，而兗州、宣州者最勝。木極類櫟，花青黃色，似胡桃花。實有房，彙若拳，中子三五，小者若桃李，中子惟一二，將熟則罅坼子出。凡栗之種類亦多，栗房當心一子，謂之栗楔，治血尤效，今衡山合活血丹用之。果中栗最有益，治腰脚，宜生食之。仍略暴乾，去其木氣。惟患風水氣不宜食，以其味鹹故也。殼煮汁飲，止反胃及消渴，木皮主瘡毒，醫家多用之。

齊民要術：栗種而不栽。栽者雖生尋死矣。栗初熟時出殼，即於屋裏埋著濕土中。埋必須深，勿令凍徹，若路遠者，以韋囊盛之，見風日則不復生矣。至春二月悉芽生，出而種之，即生，數年不用掌近。凡新栽之樹皆不用掌近，栗性尤甚也。二年內每到十月常須草裹，至二月乃解。不裹則凍死。

大戴禮夏小正曰：八月栗零而後取之，不言剝之。

食經藏乾栗法：取穰灰淋取汁漬栗，日出曬，令栗肉焦燥，不畏虫，得至後年春夏。

本草綱目李時珍曰：栗但可種成，不可移栽，按事類合璧云：栗木高二三丈，苞生多刺如蝟毛，每枝不下四五箇苞，有青黃赤三色。中子或單、或雙、或三、或四，其殼生黃熟紫，殼內有膜裹仁，九月霜降乃熟，其苞自裂，而子墜者，乃可久藏，苞未裂者易腐也。其花作條，大如筯頭，長四五寸，可以點燈。栗之大者爲板栗，中心扁子爲栗楔，稍小者爲山栗，山栗之圓而末尖者爲錐栗，圓小如橡子者爲莘栗，小如指頂者爲茅栗，即爾雅所謂栭栗也，一名栵栗，可炒食之。又曰：栗於五果屬水，水潦之年則栗不熟，類相應也。有人內寒暴洩如注，令食煨栗二三十枚頓愈；腎主大便，栗能通腎，於此可驗。經驗方：治腎虛，腰脚無力，以袋盛生栗懸乾，每旦喫十餘顆，次喫豬腎粥助之，久必強健。蓋風乾之栗，勝於日曝，而火煨油炒，勝於煮蒸，仍須細嚼，連液吞嚥，則有益，若頓食至飽，反致傷脾矣。按蘇子由詩云：老去自添腰脚病，山翁服栗舊傳方；客來爲說晨興晚，三咽徐收白玉漿。此得食栗之訣也。王禎農書云：史記載：秦飢，應侯請發五苑棗栗。則本草栗厚腸胃，補腎氣，令人耐飢之說，殆非虛語矣。

陸疏廣要：大戴禮云八月栗零。零也者，降也。零而後取之，故不言剝也。周禮天官云：饋食之籩其實栗。禮記內則云：栗曰撰之。疏云：栗蟲好食，數數布陳，撰，省視之。本草注云：栗作粉，勝於菱芡。蜀本云：樹高二三丈，葉似櫟，花青黃色，似胡桃。圖經云：兗州、宣州者最勝。實有房，彙若拳，中子三五，小者若桃李，中子惟一二，將熟則罅坼子出。凡栗之類甚多，詩云：樹之莘栗。栗房當心一子，謂之栗楔，治血尤效。陳士良云：栗有數種，其性一類，三顆一毬，其中者栗楔也，理筋骨風痛。衍義曰：湖北路有一種栗，頂圓末尖，謂之旋栗。西京雜記：上林苑有侯栗、瑰栗、魁栗、榛栗。嶧陽都尉曹龍所獻，大如拳。埤雅云：栗味鹹，北方之果也。有莍蝟自裹。東觀書曰：栗駭蓬轉。蓋今栗房秋熟罅發，其實驚躍如爆，去根幹甚遠，所謂栗駭也。相法曰：白如截肪，黃如蒸栗。今黃玉謂之栗玉，義蓋取此。爾雅翼：栗，其實下垂，故從卤。卤者草木實垂卤卤然，蓋象形也。古文卤從西，從二卤。徐巡說；木至西方戰栗，言木則凡木皆然，而栗至罅發之時，將墜不墜，尤有戰栗之象。故天子五社，西社植栗，而宰我對栗社之義，亦以爲使民戰栗也。栗之生極謹密，三顆爲房，其房爲蝟毛，其中顆扁者號爲栗楔，尤益人。大率栗味鹹，性溫，而宜於腎，有患足弱者，坐栗木下多食之，至能起行。其質縝密，故稱玉質縝密以栗。秦風：阪有漆，隰有栗。燕秦千樹栗，是其出處也。秦饑，應侯請發五苑之果蔬、橡、棗、栗以活民，昭王不許。范子計然曰：栗出三輔。詩云：山有嘉卉，侯栗侯梅。侯，助辭也。西京雜記稱漢上林苑中有侯栗，又有侯梅，此吳均之語，不可取信。廣雅云：有石栗，其樹與栗同，俱生於山石罅中。花開三年，方結實，其殼厚而肉少。其味似胡桃，熟時或爲羣鸚鵡所啄，故彼人極珍貴之，出日南。又頻婆子者，其實紅色，大如肥皁，核如栗，煨熟食之，味與栗無異。

清異錄：晉王嘗窮追汴師，糧運不繼，蒸栗以食，軍中遂呼栗爲河東飯。

西溪叢語：杜甫詩云：嘗果栗皺開。或作雛字，殊不可解。集韻：皺側尤切，革紋蹙也。漢上題襟：周繇詩云，開栗弋之紫皺，貫休云：新蟬避栗皺。又云：栗不和皺落，即栗蓬也。

析津日記：遼於南京置栗園司，蕭韓家奴爲右通進典南京栗園是也。元昌平縣亦有栗園，徹里傳戰於昌平栗園是也。蘇秦謂燕民雖不耕作而足於棗栗，唐時范陽以爲土貢，今燕京市肆及秋則以餳拌雜石子爆之，栗比南中差小，而味頗甘，以御栗名，正不以大爲貴也。

茅栗

陸璣詩疏：栵，栭。葉如榆也，木理堅韌而赤，可爲車轅。廣要：爾雅：栵，栭。郭注：樹似槲樕而庳小，子如細栗（一作粟），可食。今江東亦呼爲栭栗（一作粟）。鄭注栵栭音例而，茅栗也。內則云：芝栭蔆椇。鄭氏：人君燕食所加庶羞也。通志：橡實之類極多，有似㮚而小者，大小有三四種，爾雅所謂栵栭是也。注云：子如細㮚，江東人亦呼爲栭㮚，今俗謂之爲茅㮚、猴㮚、柯㮚，皆其類也。內則：芝栭蔆椇，棗栗榛柿。疏：庾蔚云，無華葉而生者，曰芝栭。盧氏云：芝，木芝也。王肅云：無華而實者名栭，皆芝屬也。庾又云：自牛脩至薑桂，凡三十一物，則芝栭應是一物也。今春夏生於木，可用爲菹，其有白者，不堪食也。賀氏云：栭軟棗，亦云芝，木椹也，以芝栭爲二物。注：芝，如今木耳之類。栭，韻會云：江、淮呼小栗爲栭栗，皆人君燕食所加庶羞也。

櫻桃

別錄：櫻桃味甘，主調中，益脾氣，令人好顏色。陶隱居云：此卽今朱櫻，味甘酸可食，而所主又與前櫻桃相似。恐醫家濫載之，未必是今者爾。又胡頹子凌冬不彫，子亦應益人，或云寒熱病不可食。

圖經：櫻桃舊不著所出州土，今處處有之。而洛中、南都中最勝。其實熟時，深紅色者謂之朱櫻，正黃明者謂之蠟櫻，極大者有若彈丸，核細而肉厚，尤難得也。食之調中益氣，美顏色，雖多無損，但發虛熱耳。惟有闇風人不可噉，噉之立發。其葉可擣傅蛇毒，亦絞汁服，東行根亦殺寸白蚘蟲。其木多陰，最先百果而熟，故古多貴之。謹按書傳引吳普本草曰：櫻桃一名朱茱，一名麥甘酣，今本草無此名，乃知有脫漏多矣。又爾雅云：楔，荆桃。郭璞云：今之櫻桃，而孟詵以爲櫻非桃類，未知何據。

本草衍義：櫻，孟詵以爲櫻非桃類，然非桃類，蓋以其形肖桃，故曰櫻桃，又何疑焉。謂如沐猴梨、胡桃之類，亦取其形相似爾。古謂之含桃，可薦宗廟。禮云先薦寢廟者，是此。唐王維詩云：纔是寢園春薦後，非關御苑鳥銜殘。小兒食之，纔過多，無不作熱。此果在三月末、四月初間熟，得正陽之氣，先諸果熟，性故熱。今西洛一種紫櫻，至熟時正紫色，皮裏間有細碎黃點，此最珍也。今亦上供朝廷，藥中不甚需。

齊民要術：櫻桃，爾雅云：楔，荆桃。郭璞注曰：今櫻桃。廣雅曰：楔桃大者如彈丸，子有長八分者，有白色者，凡三種。鄭玄注曰：今謂之櫻桃。

博物志曰：櫻桃者一名牛桃，一名英桃，二月初山中移栽，陽中者還種陽地，陰中者還種陰地。若陰陽易地，則難生，生亦不實。此果性生陰地，即入園囿，便是陽中，故多難得生，宜堅實之地，不可用虛糞也。

廣志：櫻桃有大者，有長八分者，有白色多肌者，凡三種。

鄭望之云：櫻桃其種有三：大而殷者，曰吳櫻桃，黃而白者，曰蠟珠，小而赤者，曰水櫻桃，食之皆不如蠟珠。

鼠璞：東坡橄欖詩云：待得微甘回齒頰，已輸崖蜜十分甜。注：引杜詩，崖蜜松花落。本草：崖蜜蜂黑色，作房於巖崖高峻處。然坡詩與橄欖對說，非眞蜜也。鬼谷子曰：崖蜜櫻桃也。他無經見。予讀南海志：崖蜜子小而黃，殼薄味甘。增城、惠陽山間有之。惟不知與櫻桃爲一物與否，要其類也。注坡詩者，引小說橄欖與棗爭，棗曰：待爾回味我已甜，特坡公換崖蜜作對耳。山谷詠橄欖云：想共餘甘有瓜葛，苦中眞味晚方回。坡公取其味相反，山谷取其味相投。李義山詩：紅壁寂寥崖蜜盡。此但作蜜用，非是。

野客叢談：東坡橄欖詩曰：待得微甘回齒頰，已輸崖蜜十分甜。冷齋夜話謂事見鬼谷子：崖蜜，櫻桃也。漫叟、漁隱諸公引本草，石崖間蠭蜜爲証。余謂坡詩爲橄欖而作，疑以櫻桃對言。世謂棗與橄欖爭曰：待你回味，我已甜了，正用此意。蠭蜜，則非其類也。固自有言蠭蜜處，如張衡七辨云沙飴、石蜜，乃其等類。閩王遺高祖石蜜十斛，此亦是石蜜也。嘗考石蜜有數種，本草謂崖石間蠭蜜爲石蜜。更又有謂乳餳爲石蜜者。廣志謂蔗汁爲石蜜。其不一如此。崖石一義，又安知古人不以櫻桃爲石蜜乎？觀魏文帝詔曰：南方有龍眼、荔枝，不比西國葡萄、石蜜。以龍眼、荔枝相對而言，此正櫻桃耳，豈餳蜜之謂邪？坡詩所言，當以此爲証。

廣雅疏證：含桃，櫻桃也。月令：仲夏之月，天子乃以雛嘗黍羞，以含桃先薦寢廟。鄭注云：含桃，今之櫻桃也。正義云：月令無薦果之文，此獨羞含桃者，以此果先成，異於餘物，故特記之。其實諸果，於時薦也。史記叔孫通傳云：孝惠帝曾出遊離宮，叔孫生曰：古者有春嘗果，方今櫻桃熟可獻，願陛下出，因取櫻桃獻宗廟，上乃許之，諸果獻由此興。則此禮至漢猶行，但漢春獻櫻桃，正當始熟之時，而月令仲夏始薦者，本因嘗黍而薦含桃，非特獻，故不嫌遲也。月令釋文云：含本又作函，函與櫻皆小之貌。函，若爾雅云：羸小者蛹。櫻，若小兒之稱嬰兒也。櫻或作鸎，高誘注呂氏春秋仲夏紀云：含桃，鸎桃也。蓋櫻、鸎同聲，古字通用耳。而高誘乃謂鸎鳥所含，故言含桃，失之於鑿矣。諸説含桃者，皆卽是櫻桃。而西京雜記説上林苑桃十種，有含桃，又有櫻桃，則是分爲二物，所未審也。一名荆桃，爾雅：楔，荆桃。郭注云：今櫻桃也。又名朱櫻，蜀都賦云：朱櫻春熟，御覽引吳普本草云：櫻桃味甘，主調中，益脾氣，令人好顔色，美志氣。一名朱桃，一名麥英也。又引廣志云：櫻桃大者如彈丸，有長八分者，白色多肌者，凡三種。

山櫻桃

山櫻桃，別錄：上品，野生，子小不堪食。

芰實

別錄：芰實味甘，平，無毒。主安中，補五臟，不飢，輕身。一名蔆。陶隱居云：廬江間最多，皆取火燔以爲米充糧，今多蒸暴蜜和餌之，斷穀長生。水族中又有菰首，性冷，恐非上品。被霜後，食之，令陰不強。又不可雜白蜜食，令生蟲也。

圖經：芰，菱實也。舊不著所出州土，今處處有之。葉浮水上，花黃白色，花落而實生，漸向水中，乃熟。實有二種：一種四角，一種兩角。兩角中又有嫩皮而紫色者，謂之浮菱，食之尤美。江、淮及山東人曝其實，人以爲米，可以當粮。道家蒸作粉，蜜漬食之，以斷穀。水果中此物最治病，解丹石毒，然性冷，不可多食。

爾雅：蔆，蕨攈。注：蔆，今水中芰。疏：蔆一名蕨攈。郭云：蔆今水中芰者，字林云：楚人名蔆曰芰，可食。國語曰：屈到嗜芰。俗云蔆角是也。

齊民要術：種芰法：一名菱，秋上子黑熟時收取，散著池中，自生矣。本草云：菱芰中米，上品藥，食之安中補藏，養神强志，除百病，益精氣，耳目聰明，輕身耐老。蒸糧蜜和餌之，長生神仙。多種，儉歲有此，足度荒年。

爾雅翼：蔆生水中，實兩角或四角，一名芰，古者加籩之實，蔆芡㮚脯，蔆芡㮚脯。再言之者，兩設之盛，禮乃用焉。楚令尹屈到嗜芰，且死以爲屬，及祥將薦，而屈建去之。其說引祭典：君、大夫、士、庶人有牛、羊、豚、犬、魚炙之羞，籩豆脯醢，則上下共之，不羞珍異，不陳庶侈，於是乎有羊饋而無芰薦，君子曰違而道。蓋籩豆脯醢，雖上下所共，然以多少爲羞，則珍異庶侈者，非大夫所宜。昔者季武子聘晉，晉侯享之，有加籩，辭曰：寡君猶不敢，請徹加而後卒事，則非屈到所宜薦明矣。芰以爲加籩，則爲貴者所珍，用以接糧，則爲賤者所食。朱厲附事莒穆公，不見識焉。冬處於山林，食杼栗；夏處於洲澤，食蔆藕，以愧穆公。菱葉覆被水上，其花黃白色，其實餌之可以斷穀。古者洲澤之利，與民共之。吳、楚風俗當菱熟時，士女相與采之，故有采菱之歌以相和，爲繁華流蕩之極。招魂云：涉江采菱發陽阿。陽阿者，采菱之曲也。淮南曰：欲學謳者必先徵羽樂風，欲美和者必先始於陽阿采菱。許叔重曰：陽阿采菱，樂曲之和。一曰陽阿古之名俳善和者，蓋采菱者衆所共，故取節奏宜和爲曲，以與衆樂之。風俗通曰：殿堂象東井形，刻爲荷菱。荷菱皆水物，所以厭火也。又昔人取菱花六觚之象，以爲鏡。離騷曰：製芰荷以爲衣兮，集芙蓉以爲裳。蓋芰葉雜遝，荷葉博大，有爲衣之象，而芙蓉若可緝者也。古者士服，玄衣纁裳。屈原恐進而遇禍，故退修初服。初服，則士服耳。芰荷綠色有玄之象，芙蓉朱色似纁。故反離騷曰：衿芰荷之綠衣，被夫蓉之朱裳也。原之始而結茝貫薜也，已曰顧依彭咸之遺則，然此佩之小者，又皆陸草。衣者身之章也，用以自表，而皆取小物焉，則其從彭咸也，審矣。彭咸，商之介士，不得其志，投江而死者也。至王褒九懷云：紅采兮騂衣，翠縹兮爲裳。則與此取象不類。子虛賦：外發夫容陵華。說文：楚謂之芰，秦謂之薢茩。

謝翺楚辭芳草譜：蔆生水中，實二角或四角，一名芰。離騷曰：製芰荷以爲衣兮，集芙蓉以爲裳。蓋芰葉雜遝，荷葉博大，有爲衣之象，而芙蓉若可緝者也。

農政全書種菱法：重陽後收老菱角，用籃盛，浸河水內。待二三月發芽，隨水淺深，長約三四尺許。用竹一根，削竹火通口樣，箝住老菱，插入水底。若澆糞，用大竹打通節注之。

本草綱目李時珍曰：其葉支散，故字從支；其角稜峭，故謂之蔆，而俗呼爲蔆角也。昔人多不分別，惟王安貧武陵記以三角、四角者爲芰，兩角者爲蔆。左傳屈到嗜芰，即此物也。爾雅謂之蕨攈。又許愼說文云：蔆，楚謂之芰，秦謂之薢茩。楊氏丹鉛錄以芰爲雞頭，離騷緝芰荷以爲衣，言蔆葉不可緝衣，皆誤矣。按爾雅薢茩乃決明之名，非蕨攈也。又埤雅：芰荷乃藕上出水生花之莖，非雞頭也，與蔆同名異物。許、楊二氏，失於詳考，故正之。

漢書龔遂傳：遂爲渤海太守，秋冬課收斂，益畜果實菱芡。

太康地記：武昌南湖通江，夏有水，冬則涸，於時靡所產植。陶太尉立塘以遏水，常自不竭，因取瑯琊郡隔湖魚菱以著湖內，菱甚甘美，異於他所。

三國典略：齊師伐梁，梁以糧運不繼，調市人餽軍，建康孔奐以菱屑爲飯，用荷葉裹之，一宿之間，得數萬裹。

酉陽雜俎：今人但言菱芰，諸解草木書，亦不分別，惟王安貧武陵記言：四角、三角曰芰，兩角曰菱。今蘇州折腰菱，多兩角。成式曾於荆州，有僧遺一斗郢城菱，三角而無刺，可以節莎。

宋史禮志薦新：太宗景佑三年，禮官宗正請每歲夏季月薦果，以芡以菱。

郭進傳：進爲洺州團練使，於城四面植柳，壕中種荷、芰、蒲、藺，後益繁茂，郡民見之，有垂涕者曰：此郭公所種也。

學齋佔畢：前輩筆記小說，固有字誤，或刊本之誤，因而後生末學不稽考本出處，承襲謬誤甚多，今略舉其一端。如馬大年永卿著懶眞子錄，辯王逸注楚辭，以芰爲菱、秦人曰薢茩之誤，當矣。惜其字有差誤，義遂不著。永卿謂爾雅：薢茩，英光。注云：英明也。或云蔆也。關西謂之薢茩。又爾雅云：蔆，蕨攗。注：今水中芰。此皆馬所記也。今余考爾雅正本，則云薢茩芵光。注：芵明也。卽今決明也。或曰蔆也。字從卩，非從氵，及至蔆蕨攗，然後從淩，注：水中芰也。則是蔆與蔆其爲二物不同。王逸誤引陸生之蔆曰薢茩，而爲水中之蔆，其失明甚。而馬又並以從水，兩蔆字交證，且誤以芵光、芵明，爲英光、英明，此馬大年之誤，尤可哂也。

老學菴筆記：芰，菱也。今人謂卷荷爲伎荷。伎，立也。卷荷出水面亭亭植立，故謂之伎荷。或作芰，非是。白樂天池上早秋詩云：荷芰綠參差，新秋水滿池。乃是言荷及菱二物耳。

廣雅疏證：蓤芰，薢茩也。蓤或作蔆，或作菱。爾雅云：蔆，蕨攈。郭璞注云：今水中芰。又：薢茩，英光。郭注云：英明也，葉銳黃赤，華實如山茱萸。或曰蓤也。關西謂之薢茩。案說文云：蔆，芰也。楚謂之芰，秦謂之薢茩。楚辭離騷：製芰荷以爲衣兮，王逸注云：芰，蓤也。秦人曰薢茩。是蓤名薢茩，相承自古。爾雅釋草：如蘾、烏蘾、澤、烏蕵、唐蒙、女蘿、蒙、王女之類，多同實異名，而前後分見。薢茩、英光、蓤、蕨攈，或亦是也。蕨攈之攈，孫炎作攗，音居郡反，又居羣反。蕨攈、英光、薢茩，正一聲之轉矣。周官籩人：加籩之實，蔆芡㮚脯。鄭注云：蔆，芰也。楚語：屈到嗜芰。韋注云：芰，蔆也。徐鍇說文繫傳因周官加籩有蔆，而楚語屈建有羊饋而無芰薦，二者不合，遂謂屈到所嗜芰，非水中之蔆。又因爾雅薢茩英光，注兼存決明及蓤之說，遂謂屈到嗜芰爲決明之菜。案決明名芰，千古無徵。周官、楚語不必悉合，徐說疏矣。蘇頌本草圖經云：菱葉浮水上，花黃白色，花落而實生，漸向水中，乃熟。實有二種：一種四角，一種兩角。是則蓤之形狀雖殊，稱名則一。而酉陽雜俎引王安貧武陵記：四角三角曰芰，兩角曰蔆，強爲分別，其說非也。各本茩作苟，音狗。案苟字不須作音，諸書薢茩字亦無作苟者，蓋字本作茩。曹憲音苟，寫者因音內苟字而誤寫正文作苟，後人又見正文與音內字重複，遂改音內苟字爲狗耳。爾雅釋文引廣雅云：蓤芰，薢茩，今據以訂正。

說文解字注：蔆，芰也。周禮加籩之實，有蔆。注：蔆，芰也。子虛賦應劭注同。从艸，淩聲，力膺切，六部。楚謂之芰，楚語屈到嗜芰。韋曰：芰，蔆也。秦謂之薢茩。釋艸曰：薢茩，英光。郭云：英明也，或曰蓤也，關西謂之薢茩。按景純兩解，後解與說文、字林合。釋艸又曰：蔆，蕨攈。孫炎居郡反。郭云：今水中芰。按蕨攈、芵光，皆雙聲。爾雅薢茩芵光，或可以決明子釋之，不嫌異物同名也。而說文之芰薢茩，卽今蔆角，本無疑義，不知徐鍇何以淆惑。䔖，司馬相如說：蔆从遴，此當是凡將篇中字。藝文志曰：史游作急就篇，李長作元尙篇，皆倉頡中正字也。司馬相如凡將篇則頗有出入矣。據是，則倉頡篇正字作蔆，凡將別作䔖，營芎同此。夌聲，古音在六部，遴聲古音在十二部，而合之者，以雙聲合之也。今史、漢、文選子虛賦，祇作蔆華，芰蔆也，是謂轉注，从艸，支聲，奇寄切，十六部。茤，杜林說芰从多，此蓋倉頡訓纂倉頡故二篇中語。支聲在十六部。多聲在十七部，二部合音最近，古第十七部中字，多轉入第十六部。薢，薢茩也。不云蔆也者，已見上矣。王注離騷曰：芰，蔆也。秦人曰薢茩，按薢與芰同在十六部，徐言之則云薢茩，从艸，解聲，胡買切，十六部。茩、薢茩也，从艸，后聲。蔆以角得名，蔆之言棱也，茩之言角也，茩、角雙聲，同在第三部，唐韻胡口切，薢、茩雙聲。

柿

別錄：柿味甘，寒，無毒。主通鼻耳氣，腸胃不足。陶隱居云：柿有數種，云今烏柿火熏者，性熱，斷下，又療狗齧瘡。火熇者亦好。曰乾者性冷，鹿心柿尤不可多食，令人腹痛，生柿彌冷，又有椑色青，惟堪生噉，性冷甚於柿，散石熱，服石家噉之，亦無嫌。不入藥用。唐本草注別錄云，火柿主殺毒，療金瘡火瘡，生肉止痛，軟熟柿解酒熱毒，止口乾，壓胃間熱。

本草拾遺：柿本功外，日乾者，溫補，多食去面皯，除腹中宿血。剡縣火乾者，名烏柿，人服藥口苦及欲吐逆，食少許立止。蔕煮服之，止噦氣。黃柿和米粉作糗，蒸與小兒食之，止下痢。飲酒食紅柿，令人心痛，直至死，亦令易醉。陶云解酒毒，失矣。

圖經：柿舊不註所出州土，今南北皆有之。柿之種亦多：黄柿生近京州郡，紅柿南北通有，朱柿出華山，似紅柿，而皮薄更甘。珎椑柿出宣、歙、荆、襄、閩、廣諸州，但可生啗，不堪乾。諸柿食之皆美，而益人，椑柿更壓丹石毒耳。其乾柿火乾者，謂之烏柿，出宣州、越州，性甚溫，人服藥口苦欬逆，食少許當止，兼可斷下。日乾者爲白柿，入藥微冷。又黄柿可和米粉作糗，小兒食之，止痢，又以酥蜜煎乾柿食之，主脾虚薄食，柿蔕煮飲，亦止噦，木皮主下血不止。暴乾，更焙，篩末，米飲和二錢匕，服之不已，上衝下脱，兩服可止。又有一種小柿謂之軟棗，俚俗暴乾貨之，謂之牛奶柿，至冷，不可多食。凡食柿不可與蟹同，令人腹痛大瀉。其枯葉至滑澤，古人取以臨書。俗傳柿有七絶：一壽，二多陰，三無鳥巢，四無蟲蠹，五霜葉可翫，六嘉實，七落葉肥大。

齊民要術：柿有小者栽之，無者取枝於軟棗根上插之，如插梨法。食經藏柿法：柿熟時取之，以灰汁燥再三令汁絶，著器中可食。

本草綱目李時珍曰：柿高樹大，葉圓而光澤，四月開小花，黄白色，結實青緑色，八九月乃熟。生柿置器中自紅者，謂之烘柿。日乾者，謂之白柿。火乾者，謂之烏柿。水浸藏者，謂之醂柿，其核形扁，狀如木鼈子仁而硬堅，其根甚固，謂之柿盤。案事類合璧云：柿，朱果也。大者如楪，八棱稍扁；其次如拳，小或如雞子、鴨子、牛心、鹿心之狀。一種小而如折二錢者，謂之猴棗，皆以核少者爲佳。

又曰：白柿卽乾柿生霜者，其法用大柿去皮捻扁，日晒夜露，至乾，内瓮中。待生白霜，乃取出，今人謂之柿餅，亦曰柿花，其霜謂之柿霜。

又曰：柿乃脾肺血分之果也。其味甘而氣平，性澀而能收，故有健脾、澀腸、治嗽、止血之功。蓋大腸者，肺之合而胃之子也。眞正柿霜，乃其精液入肺病，上焦藥尤佳。按方勺泊宅編云：外兄劉掾云，病臟毒下血，凡半月，自分必死。得一方，只以乾柿燒灰，飲服二錢，遂愈。又王璆百一方云：曾通判子病下血十年，亦用此方，一服而愈。爲散爲丸皆可，與本草治腸胃、消宿血、解熱毒之義相合。則柿爲太陰血分之藥，益可徵矣。又經驗方云：有人三世死于反胃病，至孫得一方，用乾柿餅同乾飯，日日食之，絕不用水飲，如法食之，其病遂愈。此又一徵也。

閩小記：閩南郊外二十里曰齊坑，齊氏聚族其間，旁有潭，夾種桃花，相傳唐陳處士隱地，舊名道者巖。巖前有柿一株，根如斗，結實如佛手柑，指屈伸層疊，有長五六寸者，皮穰色味則皆柿也。余偶得其一，笑謂友人曰：大力如佛菩薩，到此地亦化爲繞指柔。

木瓜

爾雅：楙，木瓜。注：實如小瓜，酢可食。

別錄：木瓜實味酸，溫，無毒。主濕痹脚氣，霍亂大吐下，轉筋不止。其枝亦可煮用。陶隱居云：山陰蘭亭尤多。彼人以爲良果，最療轉筋。如轉筋時，但呼其名，及書土作木瓜字，皆愈，亦不可解。俗人拄木瓜杖，云利筋脛。又有榠樝大而黄，可進酒，去痰。又樝子小而澀。禮云：樝梨曰鑽之。鄭公不識樝，乃云是梨之不臧者。蓋古亦以樝爲果，今則不入例爾。

本草拾遺：木瓜本功外，下冷氣，强筋骨，消食止水，痢後渴不止，作飲服之。又脚氣衝心，取一顆去子，煎服之，嫩者更佳。又止嘔逆，心膈痰唾。又云：按榠樝一名蠻樝，本功外，食之去惡心。其氣辛香，致衣箱中殺蠹蟲，食之止心下酸水，水痢。樝子本功外，食之去惡心酸咽，止酒痰黄水。小於榅桲而相似，北土無之，中都有。鄭注禮云：樝，梨之不臧者，爲無功也。

圖經：木瓜舊不著所出州土。陶隱居云，山陰蘭亭尤多，今處處有之，而宣城者爲佳。其木狀若柰，花生於春末，而深紅色，其實大者如瓜，小者如拳。爾雅謂之楙。郭璞云：實如小瓜，酢可食。不可多，亦不益人。宣州人種蒔尤謹，遍滿山谷，始實成則鏃紙花薄其上，夜露日曝，漸而變紅，花文如生，本州以充土貢焉。又有一種榠樝，木、葉、花、實，酷類木瓜。陶云大而黄，可進酒去痰者，是也。欲辨之，看蒂間別有重蒂如乳者，爲木瓜，無此者爲榠樝也。木瓜大枝可作杖策之，云利筋脈。根葉煮湯，淋足脛可以已蹷。又截其木，乾之作桶，以濯足，尤益。道家以榠樝生壓汁，合和甘松、玄參末，作濕香，云甚爽神。

雷斅炮炙論：凡使勿誤用和圓子、蔓子、土伏子，其色樣水形，眞似木瓜，只氣味效并向裏子各不同。若木瓜皮薄，微赤黄，香而甘酸不澁，調榮衞，助穀氣。向裏子頭尖一面方，食之益人。若和圓子、色微黄，蒂麁，子小圓，味澁，微鹹，傷人氣。蔓子、顆小，亦似木瓜，味絕澁，不堪用。土伏子、似木瓜，味絕澁，子如大樣油麻，又苦澁不堪用，若餌之令人目澁多赤，筋痛。凡使木瓜勿令犯鐵器，用銅刀削去硬皮并子，薄切，於日中晒，次用黄牛乳汁拌蒸，從巳至未，其木瓜如膏煎，却於日中薄攤晒乾用也。

齊民要術：木瓜種子及栽皆得，壓枝亦生，栽種與李同。

食經藏木瓜法：先切去皮，煮令熟，著水中車輪切，百瓜用二升鹽、蜜一斗，漬之。晝曝，夜內汁中，取令乾，以餘汁蜜藏之，亦同濃杭汁也。

本草綱目李時珍曰：木瓜可種可接，可以枝壓。其葉光而厚，其實如小瓜而有鼻，津潤味不木者，爲木瓜。圓小如木瓜，味木而酢濇者，爲木桃。似木瓜而無鼻，大於木桃，味濇者，爲木李，亦曰木梨，卽榠樝及和圓子也。鼻乃花脫處，非臍蒂也。木瓜性脆，可蜜漬之爲果。去子蒸爛，搗泥入蜜，與薑作煎，冬月飲，尤佳。木桃、木李性堅，可蜜煎，及作糕食之。木瓜燒灰散池中，可以毒魚，說出淮南萬畢術。又廣志云：木瓜枝一尺，有百二十節，可爲數號。又曰：木瓜所主霍亂吐利，轉筋脚氣，皆脾胃病，非肝病也。肝雖主筋，而轉筋則由濕熱寒濕之邪，襲傷脾胃所致，故筋轉必起於足腓，腓及宗筋皆屬陽明，木瓜治轉筋，非益筋也，理脾而伐肝也。土病則金衰而木盛，故用酸溫以收脾肺之耗散，而藉其走筋，以平肝邪，乃土中瀉木，以助金也。木平則土得令，而金受蔭矣。素問云：酸走筋，筋病無多食酸。孟詵云：多食木瓜損齒及骨，皆伐肝之明驗。而木瓜入手足太陰，爲脾肺藥，非肝藥，益可徵矣。又鍼經云：多食酸令人癃，酸入於胃，其氣澀，以收兩焦之氣，不能出入，流入胃中，下去膀胱，胞薄以軟，得酸則縮，卷約而不通，故水道不利而癃澀也。羅天益寶鑑云：太保劉仲海日食蜜煎木瓜三五枚。同伴數人皆病淋疾，以問天益，天益曰：此食酸所致也。但奪食則已。陰之所生，本在五味，陰之所營，傷在五味，五味太過，皆能傷人，不獨酸也。又陸佃埤雅云：俗言梨百損一益，楙百益一損。故云「投我以木瓜」，取其益也。

齊民要術：爾雅曰楙，木瓜。郭璞注曰：實如小瓜，酢可食。廣志曰：木瓜子可藏，枝可爲數號，一尺百二十節。衞詩曰：投我以木瓜。毛公曰：楙也。詩義疏曰：楙葉似柰葉，實如小瓜，黃似著粉者，欲噉，截截著熱灰中，令萎蔫，淨洗，以苦酒、豉汁淹之，可案酒食，蜜封藏百日乃食之，甚美。木瓜種子及栽皆得，壓枝亦生，栽種與李同。食經藏木瓜法：先切去皮，煮令熟，著水中車輪切，百瓜用三升鹽、蜜一斗漬之，晝曝，夜內汁中，取令乾，以餘汁蜜藏之，亦同濃杬汁也。

羣芳譜：種法，秋社前後，分其條移栽，次年便結子，勝春栽者。製用，木瓜性脃，可蜜漬爲果，去子蒸，爛搗泥，入蜜與薑作煎，冬飲尤佳。木瓜漿：木瓜十兩去皮細切，以湯淋浸，加薑片一兩、甘草二兩、紫蘇四兩、鹽一兩，每用些少泡湯沈井中，俟極冷，飲之。

水經注：魚復縣地多木瓜，樹大者如甒。

三國典略：齊孝昭北伐庫莫奚，至天池，以木瓜灰毒魚，魚皆死而浮出。庫莫奚竊相謂曰：池有靈魚，犯之不祥。乃出長山北道。齊分兵追擊，獲牛羊七萬，遂振旅而返。

枇杷 別錄：枇杷葉味苦，平，無毒。主卒啘不止，下氣。陶隱居云：其葉不煮，但嚼食，亦差。人以作飲，則小冷。

圖經：枇杷葉舊不著所出州郡，今襄、漢、吳、蜀、閩、嶺皆有之。木高丈餘。葉作驢耳形，背有毛。其木陰密，婆娑可愛，四時不彫。盛冬開白花，至三四月而成實。故謝瞻枇杷賦云：禀金秋之清條，抱東陽之和氣，肇寒葩於結霜，成炎果乎纖露，是也。其實作梂如黃梅，皮肉甚薄，味甘，中核如小栗。四月採葉，暴乾。治肺氣，主渴疾。用時須火炙，布拭皮上黃毛，去之難盡，當用粟稈作刷刷之，乃盡。今以作飲，則小冷。其木白皮，止吐逆不下食。

廣志：枇杷易種，葉微似栗，冬花春實。子簇結有毛，四月熟，大者如雞子，小者如龍眼，白者爲上，黃者次之，無核者名蕉子，出廣州。

冷齋夜話：東坡詩曰：客來茶罷空無有，盧橘微黃尚帶酸。張嘉甫曰：盧橘何種果類？答曰：枇杷是矣。又問何以驗之？答曰：事見相如賦。嘉甫曰：盧橘夏熟，黃甘橙榛，枇杷橪柿，楟柰厚朴。盧橘果枇杷，則賦不應四句重用。應劭注曰：

伊尹書曰，箕山之東，青鳥之所，有盧橘常夏熟。不據依之，何也？東坡笑曰：意不欲耳。

龍眼 本草經：龍眼味甘，平。主五藏邪氣，安志厭食，久服強魂，聰明，輕身不老，通神明。一名益智。

別錄：無毒。除蠱去毒。其大者似檳榔，生南海山谷。陶隱居云：廣州別有龍眼，似荔枝而小，非益智，恐彼人別名今者爲益智爾。食之並利人。

唐本草注：益智似連翹，子頭未開者，味甘辛，殊不似檳榔。其苗、葉、花、根與豆無別，惟子小爾。龍眼一名益智，而益智非龍眼，樹似荔枝，葉若林檎，花白色，子如檳榔，有鱗甲，大如雀卵，味甘酸也。

圖經：龍眼生南海山谷，今閩、廣、蜀道出荔枝處，皆有之。木高二丈許，似荔枝，而葉微小，凌冬不凋。春末夏初生細白花，七月而實成，殼青黃色，文作鱗甲，形圓如彈丸，核若無患而不堅，肉白有漿，甚甘美。其實極繁，每枝常三二十枚。荔枝纔過，龍眼卽熟，故南人目爲荔枝奴，一名益智，以其味甘歸脾，而能益智耳。下品自有益智子，非此物也。東觀漢記云：南海舊獻龍眼、荔枝，十里一置，五里一候，奔馳險阻，道路爲患。孝和時汝南唐羌爲臨武長，縣接南海，上書言狀，帝下詔太官，勿復受獻，由是而止，其爲世所貴重久矣。今人亦甚珍之，暴乾寄遠，北中以爲佳果，亞於荔枝。

本草衍義：龍眼，經曰：一名益智。今專爲果，未見入藥。補注不言，神農本草編入木部中品，果部中復未曾收入。今除爲果之外，別無龍眼。若謂爲益智子，則專調諸氣，今爲果者，復不能也。矧自有益智條遠不相當，故知木部龍眼卽便是今爲果者。按今注云：甘味歸脾，而能益智，此說甚當。

南方草木狀：龍眼樹如荔枝，但枝葉稍小，殼青黄色，形圓如彈丸，核如木梡子而不堅，肉白而帶漿，其甘如蜜。一朵五六十顆，作穗如葡萄然。荔枝過卽龍眼熟，故謂之荔枝奴，言常隨其後也。

東觀漢記曰：單于來朝，賜橙橘、龍眼、荔枝。

魏文帝詔羣臣曰：南方果之珍異者，有龍眼、荔枝，令歲貢焉，出九眞、交趾。

桂海虞衡志：龍眼南州悉有之，極大者出邕州，圍如當二錢，但肉薄不能遠過常品，爲可恨。

後漢書和帝紀：舊南海獻龍眼、荔枝，十里一置，五里一候，奔騰險阻，死者繼路。時臨武長汝南唐羌，縣接南海，乃上書陳狀，帝下詔曰：遠國珍羞，本以薦奉宗廟，苟有傷害，豈愛民之本。其勑太官，勿復受獻。由是遂省焉。注：謝承書曰：唐羌字伯游，辟公府，補臨武長，縣接交州，舊獻龍眼、荔枝及生鱗，獻之驛馬，晝夜傳送之。至有遭虎狼毒害，頓仆死亡不絕，道經臨武，羌乃上書諫曰：臣聞上不以滋味爲德，下不以供膳爲功，故天子食太牢爲尊，不以果實爲尊。伏見交阯七郡獻生龍眼等，鳥驚風發，南州土地，惡蟲猛獸，不絕於路，至於觸犯死亡之害，死者不可復生，來者猶可救也。此二物升殿，未必延年益壽。帝從之，章報，羌卽棄官還家，不應徵召，著唐子三十餘篇。

涪翁雜說：左太沖蜀都賦云：旁挺龍目，側生荔枝。龍眼惟閩中及南粵有之，太沖自言十年作賦，三都所有皆責土物之貢，至於言龍目，亦不自知其失也。

梧潯雜佩：龍眼自尉陀獻漢高帝，始有名，見西京雜記。左太沖賦：旁挺龍目，卽此，梧潯署中皆有之。結實甚繁，剖之色瑩白，政如水晶丸，核映於外，味亦甘美，但微覺草氣，風韻遠遜荔枝，故謂之荔枝奴。蘇長公曰：閩、粵人高荔枝而下龍眼，吾爲平之。荔枝如食螃蟹大蟹，斫雪流膏，一啖可飽。龍眼如食彭越石蟹，嚼嚙久之，了無所得。然酒闌口爽，饜飽之餘，則咂啄之味，石蟹有時勝蝤蛑也。長公此語，足爲荔枝解嘲。

閩小記：去閩會二十里東南隅，多龍眼樹，樹三接者爲頂圓，核之初種，經十五年始實，實甚小，俗呼爲胡椒眼。覓善接者鋸木之半，取大實之幼枝接之，至四五年，又鋸其半，接如前。若此者三數次，其實滿溢，倍于常種。若一二接卽止者，形小味薄，不足尚也。三採者曰針樹，未接曰野箞。

檳榔

別錄：檳榔味辛，溫，無毒。主消穀，逐水，除痰癖，殺三蟲，伏尸，療寸白。生南海。陶隱居云：此有三四種：出交州形小而味甘；廣州以南者，形大而味澁，核亦有大者，名豬檳榔，作藥皆用之。又小者，南人名蒳子，俗人呼爲檳榔孫，亦可食。

圖經：檳榔生南海，今嶺外州郡皆有之。大如桃榔，而高五七丈，正直無枝，皮似青桐，節如桂竹，葉生木巔，大如楯頭，又似芭蕉葉。其實作房，從葉中出，傍有刺若棘針，重疊其下。一房數百實，如雞子狀，皆有皮殼，肉滿殼中，正白，味苦澁，得扶留藤與瓦屋子灰，同咀嚼之，則柔滑而甘美。嶺南人噉之，以當果實。其俗云：南方地溫，不食此無以祛瘴癘。其實春生，至夏乃熟，然其肉極易爛，欲收之，皆先以灰汁煮熟，仍火焙熏乾，始堪停久。此有三四種，有小而味甘者名山檳榔，有大而味澁、核亦大者名豬檳榔，最小者名蒳子。其功用不說其別。又云：尖長而有紫文者名檳，圓而矮者名榔，檳力小榔力大，今醫家不復細分。但取作雞心狀、存坐正穩、心不虛、破之作錦文者，爲佳。其大腹所出，與檳榔相似，但莖、葉、根、幹小異，并皮收之，謂之大腹檳榔。或云：檳榔難得眞者，今賈人貨者，多大腹也。

海藥：謹按廣志云：生東海諸國，樹莖、葉、根、幹與大腹小異耳。又云：如椶櫚也，葉茜似芭蕉狀。陶宏景云：向陽曰檳榔，向陰曰大腹，味澁，溫，無毒。主賁豘諸氣，五膈氣，風冷氣，宿食不消。脚氣論云：以沙牛尿一盞，磨一枚，空心煖服，治脚氣壅毒，水腫，浮氣。秦醫云：檳榔二枚，一生一熟，擣末酒煎服之，善治膀胱諸氣也。

開寶本草：大腹微溫，無毒。主冷熱氣攻心腹，大腸壅毒，痰膈，醋心。並以薑鹽同煎，入疏氣藥，良。所出與檳榔相似，莖、葉、根、幹小異，生南海諸國。

南方草木狀：檳榔樹高十餘丈，皮似青桐，節如桂竹，下本不大，上枝不小，條直亭亭，千萬若一，森秀無柯。端頂有葉，葉似甘蕉，條脈開破，仰望眇眇，如插叢蕉於竹杪。風至搖動，似舉羽扇之掃天。葉下繫數房，房綴數十實，實大如桃李，天生棘重累其下，所以禦衛其實也。味苦澀，剖其皮，鬻其膚，熟而貫之，堅如乾棗。以扶留藤、古賁灰幷食，則滑美，下氣，消穀。出林邑，彼人以爲貴，婚族客必先進，若邂逅不設，用相嫌恨，一名賓門藥餞。

齊民要術：南方草物狀曰：檳榔三月華色仍連著實，實大如卵，十二月熟。其色黃，剝其子肥強不可食，唯重作子，去其皮幷殼，取實曝乾之，以扶留藤、古賁灰合食之，味甚滑美，亦可生食，最快好。交趾、武平、興古、九眞有之也。異物志曰：檳榔若筍竹生竿，種之精硬，引莖直上，不生枝葉，其狀若桂，其顚近上末五六尺間，洪洪腫起，若瘣木焉，因坼裂出，若黍穗，無花而爲實。大如桃李，又棘針重累其下，所以衛其實也。剖其上皮，煮其膚，熟而貫之，硬如乾棗，以扶留藤古賁灰幷食，下氣及宿食白蟲，消穀，飲啖設爲口實。林邑圖記曰：檳榔樹高丈餘，皮似青桐，節如桂竹，下森秀無柯，頂端有葉，葉下繫數房，房綴數十子，家有數百掛。南州八郡志曰：檳榔大如棗，色青似蓮子，彼人以爲貴異，婚族好客輒先進此物，若邂逅不設，用相嫌恨。　廣州記曰：嶺外檳榔小于交趾者，而大于蒳子，士人亦呼爲檳榔。

晉俞益期與韓康伯牋：惟檳榔樹最南，遊之可觀，子既非常，木亦特異。余在交州時，度之大者三圍，高者九丈餘，葉聚樹端，房棲葉下，花秀房中，子結房外，其擢穗似黍，其綴實似縠，其皮似桐而厚，其節似竹而概，其中空，其外勁，其屈如覆虹，其伸如縋繩，本不大，末不小，上不傾，下不斜，稠直亭亭，千百若一。步其林則寥朗，庇其蔭則蕭條，信可以長吟，可以遠想矣。但性不耐霜，不得北植，必當遐樹海南，遼然萬里，弗遇長者之目，自令人深恨！

吳錄地理志：交阯朱鳶縣有檳榔樹，直無枝條，高六七丈，葉大如蓮，實房得古賁灰、扶留藤食之，則柔而美。郡內及九眞、日南並有之。

嶺表錄異：安南自幼及老，採檳榔實啖之。自云：交州地濕，不食此無以祛其瘴癘。廣州亦啖檳榔，然不甚於安南也。

海槎餘錄：檳榔產於海南，惟萬崖、瓊山、會同、樂會諸州縣爲多，他處則少。每親朋會合，互相擎送以爲禮，至於議姻不用年帖，只送檳榔而已。久之，多以家事消長之故改易，告爭官司，難於斷理，以無憑執耳。愚民不足論，士人家亦多有溺是俗者。

西溪叢語：上林賦云仁頻，仙藥錄云，檳榔一名仁頻。林邑記云：葉如甘蕉，頻音賓。吳普本草云：一名賓門。閩、廣人食檳榔，每切作片，醮蠣灰以荖葉裹嚼之。荖音老，又音蒲口切。初食微覺似醉，面赤。故東坡詩云：紅潮登頰醉檳榔。

說文解字注：櫇，櫇木也。未詳，疑卽仁頻也。上林賦有仁頻。孟康曰：仁頻，椶也。李善曰：

仙藥錄云檳榔一名椶，然則仁頻卽檳榔也。從木，頻聲，符眞切，十二部。

馬檳榔

本草綱目李時珍曰：馬檳榔生滇南金齒、沅江諸夷地。蔓生，結實大如葡萄，紫色，味甘。內有核，頗似大楓子，而殼稍薄，團長斜扁不等，核內有仁，亦甜。

羣芳譜：馬檳榔俗譌爲馬金囊，一名馬金南，一名紫檳榔。結實紫色，內有核而殼薄。去殼，其仁色白盤轉，與北方文官果無異；第文官果乾久，食之刺喉，馬檳榔雖乾，嚼之輭美，嚼完以新汲水送下，其淸甜香美，凡果無與爲比。

按馬檳榔殼似雲南檳榔，殼扁圓如小柿，老則開裂，粘殼有核十餘枚，似松子而扁，皮亦薄，核中仁扁如瓜子仁而厚，有彎尖，蓋其芽也。嚼之，味初如核桃、松子仁，漸甜美而雋永。凡果無與爲比，其言誠然。滇中多有知之者。希明吳寬詩：有樹吾不識，人云馬檳榔。檳榔產南海，結實因瘴鄉。平生冒其名，豈亦如丁香？白花細而密，實甘翻可嘗。其葉與麻同，沃若澤且光；麻馬音或譌，欲問郭駝亡。是爲此果寫照，且足訂俗。又本草會編：馬檳榔，產難臨時細嚼數枚，井華水送下，須臾立產。再以四枚去殼，兩手各握二枚，惡水自下也。欲斷產者，常嚼二枚，水下，久則子宮冷，自不孕矣。本草綱目：傷寒熱病，食數枚，冷水下。又治惡瘡腫毒，內食一枚，冷水下外，嚼塗之，卽無所傷。滇南本草俱未載。

甘蔗

別錄：甘蔗味甘，平，無毒。主下氣，和中，助脾氣，利大腸。陶隱居云：今出江東爲勝，廬陵亦有好者。廣州一種，數年生，皆如大竹，長丈餘，取汁以爲沙糖，甚益人。又有荻蔗，節疏而細，亦可噉也。

圖經：甘蔗舊不著所出州土，今江、浙、閩、廣、蜀川所生，大者亦高丈許。葉有二種：一種似荻，節疎而細短，謂之荻蔗；一種似竹麄長，笮其汁以爲沙糖，名竹蔗。泉、福、吉、廣州多笮之鍊沙糖，和牛乳爲石蜜，卽乳糖也。惟蜀川作之荻，但堪啖，或云亦可煎稀糖。商人販貨至都下者，荻蔗多而竹蔗少也。

食療本草：沙糖多食令人心痛，不與鯽魚同食，成疳蟲。又不與葵同食，生流澼。又不與笋同食，使笋不消成癥，身重不能行履耳。

本草衍義：沙糖又次石蜜，蔗汁淸故費煎鍊，致紫黑色。治心肺大腸熱，兼啖駝馬。今醫家治暴熱，多以此物爲先導。小兒多食，則損齒，土制水也；及生蟯蟲、倮蟲屬，土故因甘遂生。

唐本草：沙糖味甘，寒，無毒。功體與石蜜同，而冷利過之。笮甘蔗汁煎作，蜀地、西戎、江東並有之。

神異經：南方有𤯷𧆓之林，其高百丈，圍三尺八寸，促節多汁，甜如蜜，咋嚙其汁，令人潤澤，可以節蚘蟲。人腹中蚘蟲，其狀如蚓，此消穀蟲也，多則傷人，少則穀不消。是甘蔗能減多益少，凡蔗亦然。

南方草木狀：諸蔗一曰甘蔗，交趾所生者，圍數寸，長丈餘，頗似竹，斷而食之，甚甘，笮取其汁，曝數日成飴，入口消釋，彼人謂之石蜜。南人云甘蔗可消酒，又名干蔗。漢書郊祀樂歌曰：太尊蔗漿析朝酲，是其義也。秦康六年，扶南國貢諸蔗，一丈三節。

齊民要術：說文曰，藷蔗也。按書傳曰，或爲芋蔗，或干蔗，或邯𤯔，或甘蔗，或都蔗，所在不同。

洪邁糖霜譜論糖霜之名，唐以前無所見。自古食蔗者，始爲蔗漿，宋玉招魂所謂胹鼈炮羔，有柘漿些，是也。其後爲蔗餳，孫亮使黃門就中藏吏取交州獻甘蔗餳，是也。後又爲石蜜，南中八郡志云：笮甘蔗汁曝成飴，謂之石蜜。本草亦云：

煉糖如乳爲石蜜，是也。後又爲蔗酒，唐赤土國用甘蔗作酒，雜以紫瓜根，是也。唐太宗遣使至摩揭陀國取熬糖法，即詔揚州上諸蔗，榨瀋如其劑，色味愈於西域遠甚，然只是今之沙糖，蔗之技盡於此，不言作霜，非古也。歷世詩人模奇寫異，亦無一章一句言之。唯東坡公過金山寺作詩，送遂寧僧圓寶云：涪江與中泠，共此一味水；冰盤薦琥珀，何似糖霜美。黄魯直在戎州作頌，答梓州雍熙長老寄糖霜云：遠寄蔗霜知有味，勝於崔子水晶鹽；正宗掃地從誰說，我舌猶能及鼻尖。則遂寧糖霜見於文字者，實始於二公。甘蔗所在皆植，獨福唐、四明、番禺、廣漢、遂寧有糖冰，而遂寧爲冠。四郡所產甚微，而顆碎色淺味薄，纔比遂之最下者，亦皆起於近世。唐大歷中有鄒和尚者，始來小溪之繖山，教民黄氏以造霜之法。繖山在縣北二十里，山前後爲蔗田者十之四，糖霜戶十之三。蔗有四色：曰杜蔗；曰西蔗；曰芳蔗，本草所謂荻蔗也；曰紅蔗，本草崑崙蔗也。紅蔗止堪生噉。芳蔗可作沙糖。西蔗可作霜，色淺，土人不甚貴。杜蔗紫嫩，味極厚，專用作霜。凡蔗最困地力，今年爲蔗田者，明年改種五穀以息之。霜戶器用：曰蔗削，曰蔗鎌，曰蔗凳，曰蔗碾，曰榨斗，曰榨牀，曰漆甕，各有制度。凡霜一甕中，品色亦自不同，堪疊如假山者爲上，團枝次之，甕鑑次之，小顆塊次之，沙脚爲下。紫爲上，深琥珀次之，淺黄又次之，淺白爲下。宣和初王黼創應奉司，遂寧常貢外，歲別進數千斤。是時所產益奇，牆壁或方寸，應奉司罷，乃不再見，當時因之大擾，敗本業者居半，久而未復。遂寧王灼作糖霜譜七篇，具載其說，予采取之，以廣聞見。

番禺縣志物產：甘蔗，邑人種時，取蔗尾斷截二三寸許，二月於吉貝中種之，拔吉貝時，蔗已長數尺。又至十月，取以榨汁，煮爲糖，此種名竹蔗。一種名白蔗，宜食，不能爲糖。一種紅者，傷跌折骨，搗用醋敷患處，仍斷蔗破作片夾之，折骨復續，人家種以備用。

山家清供：雪夜，張一齋飲客，酒酣，簿書何君時奉出沆瀣漿一瓢，與客分飲，不覺酒容爲之灑然。問其法，謂得之禁苑。止用甘蔗、蘆菔各切作方塊，以水爛煮卽已。蓋蔗能化酒，蘆菔能化食也。酒後得其益，可知矣。楚辭有蔗漿，恐卽此也。

鎮江府志：南唐盧絳微時往還潤璧，病痁且死。夜夢白衣婦人，頗有姿色，歌菩薩蠻勸絳樽酒。其辭云：玉京人去秋蕭索，畫簷鵲起梧桐落。欹枕悄無言，月和殘夢圓。背燈惟暗泣，甚處砧聲急。眉黛小山攢，芭蕉生暮寒。歌已，謂絳曰：子病食蔗卽愈。詰朝求蔗食之，果瘥。

南越筆記：蔗之珍者曰雪蔗，大徑二寸，長丈，質甚脆，必扶以木，否則摧折。世說云：扶南蔗一丈三節，見日卽消，風吹卽折，是也。其節疎而多，汁味特醇好，食之潤澤人，不可多得。今常用者，曰白蔗，食至十梃，膈熱盡除。其紫者曰崑崙蔗，以夾折肱骨，可復接，一名藥蔗。其小而燥者曰竹蔗，曰荻蔗，連岡接阜，一望叢若蘆葦然。皮堅節促，不可食，惟以榨糖。糖之利甚溥，粵人開糖房者，多以致富。蓋番禺、東莞、增城糖居十之四，陽春糖居十之六。而蔗田幾與禾田等矣。凡蔗，歲二月必斜其根種之，根斜而後蔗多。蔗出根，舊者以土培壅，新者以水久浸之。俟出萌芽乃種，種至一月，糞以麻油之麸，已成干則日夕揩拭其蟻，剝其蔓莢，而蔗乃暢茂。蔗之名不一，一作盰⿰目庶，蔗之甘在干在庶也，其首甜而堅實難食，尾淡不可食，故貴在干也。蔗正本少，庶本多，故蔗又曰諸蔗。諸，衆也，庶出之謂也。庶出者尤甘，故貴其庶也。曰都蔗者，正出者也。曹子建有都蔗詩，張協有都蔗賦，知其都之美，而不知其諸之美也。增城白蔗尤美，冬至而榨，榨至清明而畢。其蔗無宿根，悉是當年，故美。榨時，上農一人一寮，中農五之，下農八之、十之。以荔支木爲兩轆，轆轆相比，若磨然，長大各三四尺，轆中餘一空隙，投蔗其中，駕以三牛之牯，轆旋轉，則蔗汁洋溢，轆在盤上，汁流槽中，然後煮煉成飴。其濁而黑者，曰黑片糖；清而黃者，曰黃片糖；一清者，曰赤沙糖；雙清者，曰白沙糖；次清而近黑者，曰糞尾；最白者以日曝之，細若粉雪，售於東西二洋，曰洋糖；次白者售於天下，其凝結成大塊者，堅而瑩，黃白相間，曰冰糖，亦曰糖霜。余嘗舟至羅定州之界牌塘，見岸上竈煙冲突，停舟上岸訪之，始見作糖之法，一一不爽如此。

說文解字注：藷，藷蔗也。三字句。或作諸蔗，或都蔗，藷蔗二字疊韵也。或作竿蔗，或干蔗，象其形也。或作甘蔗，謂其味也，或作邯賭。服虔通俗文曰：荊州竿蔗。从艸，諸聲，章魚切，五部。蔗，藷蔗也。从艸，庶聲，之夜切，古音在三部。

石蜜　唐本草：石蜜味甘，寒，無毒。主心腹熱脹，口乾渴，性冷利。出益州及西戎，煎煉沙糖爲之，可作餅塊，黃白色。注：用水、牛乳、米粉和煎，乃得成塊。西戎來者佳。江左亦有，殆勝於蜀，云用牛乳汁和沙糖煎之，並作餅，堅重。

食療本草：石蜜治目中熱膜，明目。蜀中、波斯者良。東吳亦有，並不如兩處者。此皆煎甘蔗汁及牛乳汁，則易細白耳。和棗肉及巨勝末丸，每食後含一兩丸，潤肺氣，助五臟生津。

本草衍義：石蜜，川、浙，最佳，其味厚，其他次之。煎鍊成以鉶象物，達京都，至夏及久陰雨，多自消化。土人先以竹葉及紙裹，外用石灰埋之，仍不得見風，遂免，今人謂乳糖。其作餅黃白色者，今人又謂之捻糖，易消化，入藥至少。

烏芋

別錄：烏芋味苦，甘，微寒，無毒。主消渴，痹熱，温中，益氣。一名藉姑，一名水萍。二月生，葉如芋。三月三日採根，暴乾。陶隱居云：今藉姑生水田中，葉有椏，狀如澤瀉，不正似芋，其根黃似芋子而小，煮之亦可噉。疑其有烏者，根極相似，細而美，葉異狀如莧草，呼爲鳧茨，恐此也。

唐本草注：此草一名槎牙，一名茨菰。主百毒，產後血悶，攻心欲死，產難，衣不出，擣汁服一升。生水中，葉似錍箭鏃，澤瀉之類也。千金方云：下石淋。

食療本草：茨菰不可多食，誤人，常食之令人患脚，又發脚氣癱緩風，損齒，令人失顏色。皮如乾燥，卒食之令人嘔水。鳧茨冷，下丹石，消風毒，除胷中實熱氣，可作粉食，明耳目，止渴，消黃疸。若先有冷氣，不可食，令人腹脹氣滿。小兒秋食，臍下當痛。

救荒本草：水慈菰俗名爲剪刀草，又名箭搭草，生水中。其莖面窳背方，背有線楞。其葉三角，似剪刀形，葉中攛生莖。叉梢間開三瓣白花，結青蓇葖，如青楮桃狀，頗小。根類葱根而麤大，其味甜。

游宦紀聞：三山方言，茨菰曰蘇，傍水多植之。雖常在水中，遇晚稻損，蘇亦損。

廣雅疏證：葃菇、水芋，烏芋也。葃菇亦作藉姑。名醫別錄云：烏芋一名藉姑，一名水萍。二月生，葉如芋。陶注云：今藉姑生水田中，葉有椏，狀如澤瀉，不正似芋。其根黃似芋子而小，煮之亦可噉，疑其有烏者，根極相似，細而美。葉華異狀如莧草，呼爲鳧茨，恐此也。唐本注云：此草一名槎牙，一名茨菰，生水中，似錍箭鏃，澤瀉之類也。蘇頌圖經云：今鳧茨也。苗似龍鬚而細，正青色，根黑如指大。爾雅謂之芍。寇宗奭衍義云：今人謂之葧臍。案鳧茨俗所謂蒲薺也，或謂之必薺。生下田中，無葉，以莖爲葉，全不似芋。別錄云烏芋二月生，葉如芋，則非鳧茨也。茨菰生水中，葉本有椏，根黃如芋子而小，與陶注前說同狀，蓋烏芋卽此也。葃菇、茨菰，正一聲之轉矣。且草類名烏者多非黑色，若垣衣色青而名烏韭，射干色黃而名烏蒲，是也。又不得以鳧茨根黑，而輒當烏芋爾。御覽及齊民要術引廣雅並作：藉姑，水芋也。亦曰烏芋。案廣雅之文無言「亦曰」者，蓋誤引。

梨

別錄：梨味甘，微酸，寒。多食令人寒中萎困，金瘡、乳婦血虛者，尤不可食。陶隱居云：梨種殊多，並皆冷利，俗人以爲快果，不入藥用，食之多損人也。

圖經：梨舊不著所出州土，今處處有之，而種類殊別。醫家相承，用乳梨、鵝梨。乳梨出宣城，皮厚而肉實，其味極長。鵝梨出近京州郡及北都，皮薄而漿多，味差短於乳梨，其香則過之。欬嗽熱風痰實藥，多用之。其餘水梨、消梨、紫煤梨、赤梨、甘棠禦兒梨之類甚多，俱不聞入藥也。梨葉亦主霍亂吐下，煮汁服，亦可作煎，治風。徐玉經驗方主小兒腹痛，大汗出，名曰寒疝。濃煮梨葉七合，以意消息，可作三四服飲之，大良。崔元亮海上方療嗽單驗方，取好梨去核，擣汁一茶椀，著椒四十粒，煎一沸去滓，卽內黑餳一大兩，消訖細細含嚥，立定。又治卒患赤目弩肉，坐臥痛者，取好梨一顆，擣絞取汁，黃連三枚碎之，以綿裹漬，令色變，仰臥注目中。又有紫花梨，療心熱。唐武宗有此疾，百醫不效。青城山邢道人以此梨絞汁而進，帝病遂愈。後復求之，苦無此梨。常山忽有一株，因緘實以進，帝多食之，解煩燥殊效。歲久木枯，不復有種者，今人不得而用之。又江寧府信州出一種小梨，名鹿梨，葉如茶，根如小拇指，彼處人取其皮治瘡，煎洗疥癩，云甚效。八月採，近處亦有，但採其實作乾，不聞入藥。

北夢瑣言：有一朝士，見梁奉御診之曰：風疾已深，請速歸去。朝士復見鄜州馬醫趙鄂者，復診之，言疾危，與梁所說同矣。曰：只有一法，請官人試喫消梨，不限多少，咀齕不及絞汁而飲。到家旬日，惟喫消梨，頓爽矣。

齊民要術：種者，梨熟時全埋之，經年至春地釋，分栽之，多著熟糞及水，至冬葉落附地，刈殺之，以炭火燒頭，二年卽結子。若穭生及種而不栽者，著子遲。每梨有十許，唯二子生梨，餘皆生杜。插者彌疾，插法用棠杜。棠梨大而細理，杜次之，桑梨大惡。棗石榴上插得者爲上，梨雖治十，收得一二也。杜如臂已上，皆任插。當先種杜，經年後插之，至冬俱下亦得，然俱下者，杜死則不生也。杜樹大者插五枝，小者或三或二，梨葉微動爲上時，將欲開莩爲下時。先作麻紉汝珍反。纏十許匝，以鋸截杜，令去地五六寸。不纏恐插時皮披。留杜高者，梨枝繁茂，遇大風則披其高，留杜者，梨樹早成，然宜作蒿蕈盛杜，以土築之令沒，風時以籠盛梨，免披耳。斜攕竹爲籤，刺皮木之際，令深一寸許，折取其美梨枝陽中者，陰中枝則實少。長五六寸，亦斜攕之，令過心，大小長短與籤等，以刀微劙梨枝，斜攕之際，剝去黑皮。勿令傷青皮，青皮傷卽死。拔去竹籤，卽插梨，令至劙處木邊，向木皮還近皮插訖，以綿幕杜頭，封熟泥於上，以土培覆，令梨枝僅得出頭，以土壅四畔。當梨上沃水，水盡以土覆之，勿令堅固，百不失一。梨枝甚脆，培土時宜慎之，勿使掌撥，掌撥則折。其十字破杜者，十不收一。所以然者，梨皮開，虛燥故也。梨既生，杜旁有葉出，輒去之。不去勢分，梨長必遲。凡插梨園中者，用旁枝，庭前者中心。旁枝樹下易收，中心上聳不妨。用根蒂小枝，樹形可喜，五年方結子，鳩脚老枝，三年卽結子，而樹醜。吳氏本草曰：金創、乳婦不可食梨，多食則損人，非補益之物。產婦蓐中及疾病未愈，食梨多者無不致病，欬逆氣上者，尤宜慎之。凡遠道取梨枝者，下根卽燒三四寸，亦可行數百里猶生。藏梨法，初霜後卽收。霜多，卽不得經夏也。於屋下掘作深窨，坑底無令潤濕，收梨置中，不須覆蓋，便得經夏。摘時必令好接，勿令損傷。凡醋梨，易水熟煮，則甘美而不損人也。

本草綱目李時珍曰：梨樹高二三丈，尖葉光膩，有細齒。二月開白花如雪，六出。上巳無風，則結實必佳。故古語云：上巳有風梨有蠹，中秋無月蚌無胎。賈思勰言：梨核每顆有十餘子，種之惟一二子生梨，餘皆生杜，此亦一異也。杜卽棠梨也。梨品甚多，必須棠梨桑樹接過者，則結子早而佳。梨有青、黃、紅、紫四色。乳梨卽雪梨，鵝梨卽綿梨，消梨卽香水梨也。俱爲上品，可以治病。御兒梨卽玉乳梨之訛，或云御兒一作語兒，地名也，在蘇州嘉興縣，見漢書注。其他青皮、早穀、半斤、沙糜諸梨，皆粗澀不堪，止可蒸煮及切烘爲脯爾。一種醋梨，易水煮熟，則甜美不損人也。昔人言梨皆以常山、眞定、山陽、鉅野、梁國、睢陽、齊國、臨淄、鉅鹿、宏農、京兆、鄴都、洛陽爲稱。蓋好梨多產於北土，南方惟宣城者爲勝。故司馬遷史記云：淮北、滎南、河、濟之間，千株梨，其人與千戶侯等也。又魏文帝詔云：眞定御梨大如拳，甘如蜜，脆如菱，可以解渴釋悁。辛氏三秦記云：含消梨，大如五升器，墜地則破，須以囊承取之。漢武帝嘗種於上苑，此又梨之奇品也。物類相感志言：梨與蘿蔔相間收藏，或削梨蒂種於蘿蔔上藏之，皆可經年不爛。今北人每於樹上包裹，過冬乃摘，亦妙。

又曰：别錄著梨，止言其害，不著其功。陶隱居言梨不入藥。蓋古人論病，多主風寒，用藥皆是附桂，故不知梨有治風熱，潤肺，涼心，消痰，降火，解毒之功也。今人痰病、火病居六七，梨之有益，蓋不爲少，但不宜過食爾。按類編云：一士人狀若有疾，厭厭無聊，往謁楊吉老診之。楊曰：君熱證已極，氣血消鑠，此去三年，當以疽死。士人不樂而去。聞茅山有道士，醫術通神，而不欲自鳴。乃衣僕衣，詣山拜之，願執薪水之役，道士留置弟子中。久之，以實白道士。道士診之，笑曰：汝便下山，但日日喫好梨一顆，如生梨已盡，則取乾者泡湯，食滓飲汁，疾自當平。士人如其戒，經一歲復見吉老，見其顔貌腴澤，脈息和平，驚曰：君必遇異人，不然豈有痊理！士人備告吉老，吉老具衣冠，望茅山設拜，自咎其學之未至，此與瑣言之說彷彿。觀夫二條，則梨之功，豈小補哉！然惟乳梨、鵝梨、消梨可食，餘梨則亦不能去病也。

廣雅疏證：樝，楟梨也。樝之言酢也。說文云：樝果似梨而酢，亦作楂。內則：楂梨薑桂。鄭注云：楂，梨之不臧者。正義云：楂梨屬，其味不善，故云不臧也，亦作柤。莊子天運篇云：柤梨橘柚，其味相反，而皆可於口。齊民要術引風土記云：柤梨屬，肉堅而香。陳藏器本草拾遺云：樝子小於榅桲而相似。王氏農書云：樝似小梨，西山、唐、鄧間多種之，味劣於梨與木瓜，而入蜜煮湯，則香美過之。

漢書司馬相如傳云：亭柰厚朴。張氏注云：亭，山梨也。史記亭作楟。索隱引司馬彪注云：上黨謂之楟。初學記引序志云：上黨楟梨小而甘，是也。左思蜀都賦云：橙柹梬楟，則亦生蜀中。楟一名檖。秦風晨風篇：隰有樹檖。傳釋以爾雅云：檖，赤羅也。陸璣疏云：一名山梨，實如梨，但小耳。一名鹿梨，一名鼠梨，極有脆美者，亦如梨之美者。

說文解字注：樝，樝果。似梨而酢。內則：柤，梨。注曰：柤，梨之不臧者。爾雅郭注、山海經郭傳皆云：樝似梨而酢澀。按即今梨之肉粗味酸者也。張揖注子虛賦云：樝似梨而甘，乃以同類而互易其名耳。陶隱居譏鄭公不識樝，恐誤。从木，虘聲，側加切，古音在五部。梨，梨果也。

各本作果名，二字淺人改也。釋木：梨，山樆。謂梨之山生者曰樆也。樆本亦作離。子虛賦：檗離朱楊。裴駰引漢書音義云：離，山棃也。師古注急就篇云：棃一名山樆，非是。从木，𥝢聲，力脂切，十五部。

鹿梨

卽酸梨。

陸璣詩疏：隰有樹檖。檖一名赤羅，一作蘿，一名山梨。今人謂之楊檖，其實如梨，但實甘小異耳。一名鹿梨，一名鼠梨。齊郡廣饒縣、堯山、魯國、河內其北山中有。今人亦種之，極有脆美者，亦如梨之美者。

爾雅：檖，蘿。郭注云：今楊檖也。實似梨而小酢，可食。鄭注云：山梨也。

說文解字注：椽，椽羅也。釋木：檖，蘿。秦風毛傳曰：檖，赤羅也。陸璣，郭璞皆云：今之楊檖也。實似梨而小酢，可食。按蘿者羅之誤。從木，㒸聲，徐醉切，十五部。詩曰：隰有樹椽。今詩、爾雅作檖。

淡水梨

淡水梨產廣東淡水鄉，色青黑，與奉天所產香水梨相類。南方梨絕少佳品，土人云此梨可匹北產，姑繪以備考。

李

爾雅：休，無實李。注：一名趙李。痤，接慮李。注：今之麥李。駁，赤李。注：子赤。

別錄：李核仁味苦，平，無毒。主僵仆躋折，瘀血骨痛。根皮大寒，主消渴，止心煩，逆奔豚氣。實味苦，除痼熱，調中。陶隱居云：李類又多。京口有麥李，麥秀時熟，小而甜脆，核不入藥。今此用姑孰所出南居李，解核如杏子者，爲佳。凡實熟食之皆好，不可合雀肉食，又不可臨水上噉之。李皮水煎含之，療齒痛佳。

圖經：李核仁舊不著所出州土，今處處有之。李之類甚多：見爾雅者有休無實李，李之無實者，一名趙李。痤接慮李，卽今之麥李，細實有溝道，與麥同熟，故名之。駁、赤李，其子赤者，是也。又有青李、綠李、赤李、房陵李、朱仲李、馬肝李、黃李，散見書傳，美其味之可食。陶隱居云：皆不入藥用，用姑孰所出南居李，解核如杏子者，爲佳，今不復識此。醫家但用核若杏子形者，根皮亦入藥用。崔元亮海上方：治面鼾黑子，取李核中仁，去皮細研，以鷄子白和如稀餳塗，至晚每以淡漿洗之後，塗胡粉，不過五六日，有效，避風。

本草衍義：李核仁，其窠大者高及丈，今醫家少用，實合漿水食，令人霍亂，澁氣而然。今畿内小窰鎮一種，最佳，堪入貢。又有御李，子如櫻桃許大，紅黃色，先諸李熟，此李品甚多，然天下皆有之，所以比賢士大夫盛德及天下者，如桃李無處不芬芳也。別本注云：有野李，味苦，名郁李，子核仁入藥。此自是郁李仁，別是一種，在木部中，第十四卷，非野李。

齊民要術：李性耐久，樹得三十年老，雖枝枯子亦不細。嫁李法，正月一日或十五日以磚石著李樹歧中，令實繁。又法，臘月中以杖微打歧間，正月晦日復打之，以足子也。又法，以煮醴酪火揩著樹枝間亦良，樹寒實多者，故多束之，以取火焉。李樹桃樹下並欲鋤去草穢，而不用耕墾。耕則肥而無實，樹下犂撥即死。桃李大率方兩步一根。大概連陰則子細而味亦不佳。管子曰：五沃之土，其木宜梅李。韓詩外傳云：簡王曰，春樹桃李，夏得陰其下，秋得食其實。春種蒺藜，夏不得採其實，秋得刺焉。家政法曰：二月種梅李也。作白李法，用夏李，色黃便摘取，於鹽中挼之，鹽入汁出，然後合鹽晒令萎，手捻之令褊，復晒，更捻，極褊乃止。曝乾，飲酒時以湯洗之，漉著蜜中，可下酒矣。

本草綱目李時珍曰：李，綠葉白花，樹能耐久。其種近百，其子大者如杯、如卵，小者如彈、如櫻，其味有甘、酸、苦、澀數種，其色有青、綠、紫、朱、黃、赤、縹綺、胭脂、青皮、紫灰之殊，其形有牛心、馬肝、柰李、杏李、水李、離核、合核、無核、匾縫之異，其產有武陵、房陵諸李。早則麥李、御李，四月熟。遲則晚李、冬李，十月、十一月熟。又有季春李，冬花春實也。按王禎農書云：北方一種御黃李，形大而肉厚核小，甘香而美。江南建寧一種均亭李，紫而肥大，味甘如蜜。有擘李，熟則自裂。有餻李，肥粘如餻。皆李之嘉美者也。今人用鹽曝，糖藏，蜜煎爲果，惟曝乾白李有益。其法，夏李色黃時摘之，以鹽挼去汁，合鹽晒萎，去核復晒乾，薦酒作飣，皆佳。

說林：立夏日俗尚啖李，時人語曰：立夏得含李，能令顏色美。故是日婦人作李會，取李汁和酒飲之，謂之駐色酒。一曰：是日啖李，令不疰夏。

西溪叢語：潘岳閒居賦：房陵朱仲之李。李善云：朱仲李未詳。按述異記云：房陵定山有朱仲李，三十六所。許昌節度使小廳，是故魏景福殿，董卓亂，魏太祖挾令還帝，自洛都許。許州有小李，子色黃，大如櫻桃，謂之御李子，即獻帝所植，至今有焉。王逸荔枝賦云：房陵縹李。

說文解字注：李，李果也。从木，子聲，良止切，一部。古李、理同音通用，故行李與行理並見，大李與大理不分。杍，古文尚書音義曰：杍材音子，本亦作梓。馬云：古作梓字，治木器曰梓。正義曰：此古杍字，今文作梓。按正義本經作杍，音義本經作梓。據二家說，蓋壁中古文作杍，而馬季長易爲梓匠之梓也。如馬說，是壁中文假借杍爲梓匠字也。

南華李

南華李產廣東南華寺。古有綠李，今北地所產多紫黃色，此李色青綠，繪以備一種。

柰

別錄：柰味苦，寒。多食令人臚脹，病人尤甚。

陶隱居云：江南乃有，而北國最豐，皆作脯，不宜人，有林檎相似而小，亦忌，非益人也。今注，有小毒，主耐饑，益心氣。

齊民要術廣志曰：楂掩蘆柰也。又曰柰有白、青、赤三種。張掖有白柰，酒泉有赤柰，西方例多柰，家以爲脯，數十百斛蓄積，如收藏棗栗。魏明帝時諸王朝，夜賜東城柰一區，陳思王謝曰：柰以夏熟，今則冬生，物非時爲珍，恩絕口爲厚。詔曰：此柰從涼州來。晉宮閣簿曰：秋有白柰。西京雜記曰：紫柰，別有素柰、朱柰。廣志曰：理琴以赤柰。柰、林檎不種，但栽之。種之雖生，而味不佳。取栽如壓桑法。又法，栽如桃李法。作柰麨法，拾爛柰內瓮盆，合勿令風入，六七日許，當大爛，以酒醃，痛拌之，令如粥狀。下水更拌，以羅漉去皮子，良久澄清，瀉去汁，更下水，復拌如初，看無臭氣乃止，瀉去汁，置布於上，以灰飲汁，如作米粉法。汁盡刀劃，大如梳掌，於日中曝乾，研作末，便甜酸芬香。作柰脯，柰熟時，中破曝乾，即成矣。

本草綱目李時珍曰：柰與林檎，一類二種也。樹實皆似林檎而大，西土最多，可栽可壓，有白、赤、青三色，白者爲素柰，赤者爲丹柰，亦曰朱柰，青者爲綠柰，皆夏熟。涼州有冬柰，冬熟，子帶碧色，孔氏六帖言：涼州白柰大如兔頭。西京雜記言：上林苑紫柰大如升，核紫花青，其汁如漆，著衣不可浣，名脂衣柰，此皆異種也。郭義恭廣志云：西方例多柰，家家收切，曝乾爲脯，數十百斛以爲蓄積，謂之頻婆糧。亦取柰汁爲豉用，其法取熟柰納瓮中，勿令蠅入，六七日待爛，以酒醃，痛拌令如粥狀，下水更拌，濾去皮子，良久去清汁，傾布上，以灰在下引汁盡，劃開，日乾爲末，調物，甘酸得所也。劉熙釋名載：柰油，以柰擣汁塗繒上，曝燥取下，色如油也。今關西人以赤柰、楸子取汁，塗器中，暴乾，名果單，是矣。味甘酸，可以饋遠。杜恕篤論云：日給之花似柰，柰實而日給零落，虛僞與眞實相似也，則日給乃柰之不實者。而王羲之帖云：來禽、日給皆囊盛爲佳果，則又似指柰爲日給矣。木槿花亦名日及，或同名耳。

劉熙釋名：柰油，擣柰實，和以塗繒上，燥而發之，形似油也。

安石榴

別錄：安石榴味甘，酸，無毒。主咽喉燥渴，損人肺，不可多食。酸實殼，療下痢，止漏精。東行根療蚘蟲寸白。陶隱居云：石榴以花赤可愛，故人多植之，尤爲外國所重。入藥惟根殼而已，其味有甜、酸，藥家用酸者。子爲服食者所忌。

圖經：安石榴舊不著所出州土，或云本生西域。陸機與弟雲書云：張騫爲漢使外國十八年，得塗林安石榴，是也。今處處有之，一名丹若。廣雅謂之若榴，木不甚高大，枝柯附幹，自地便生作叢，種極易息，折其條盤土中便生。花有黃赤二色，實亦有甘酢二種，甘者可食，酢者入藥。多食其實，則損人肺，東行根並殼，入殺蟲及染鬚髮口齒等藥。其花百葉者，主心熱吐血及衄血等，乾之作末，吹鼻中立差。崔元亮海上方療金瘡、刀斧傷破血流，以石灰一升、石榴花半斤，擣末取少許傅上，捺少時，血斷，便差。又治寸白蟲，取醋石榴根，切一升，東南引者良。水二升三合，煮取八合，去滓，著少米作稀粥，空腹食之。卽蟲下。又一種山石榴，形頗相類而絕小，不作房，生青、齊間甚多，不入藥。但蜜漬以當果，或寄京下，甚美。

本草衍義：安石榴有醋、淡兩種，旋開單葉花，旋結實，實中子紅，孫枝甚多。秋後經雨，則自坼裂，道家謂之三尸酒，云三尸得此果則醉，河陰縣最多。又有一種，子白瑩澈如水晶者，味亦甘，謂之水晶石榴。惟酸石榴皮合斷下藥，仍須老木所結，及收之陳久者佳。微炙爲末，以燒粟米飯爲丸，梧桐子大，食前熱米飲下，三十至五十丸，以知爲度。如寒滑，加附子、赤石脂各一倍。

齊民要術：栽石榴法，三月初取枝大如手大指者，斬令長一尺半，八九枝共爲一窠，燒下頭二寸，不燒則漏汁矣。掘圓坑，深一尺七寸，口徑尺，豎枝於坑畔，環口布枝，令勻調矣。置枯骨、礓石於枝間，骨石，此是樹性所宜。下土築之，一重土，一重骨石，平坎止。其土令沒枝頭一寸許也。水澆常令潤澤，既生又以骨石布其根下，則科圓滋茂可愛。若孤根獨立者，雖生，亦不佳。十月中以蒲藁裹而纏之。不裹則凍死也。二月初解放，若不能得多枝者，取一長條，燒頭，圓屈如牛拘，而橫埋之亦得，然不及上法根彊早成。其拘中亦安骨石，其斸根栽者亦圓布之，安骨石於其中也。

本草綱目李時珍曰：榴五月開花，有紅、黃、白三色，單葉者結實，千葉者不結實，或結亦無子也。實有甜、酸、苦三種。抱朴子言：苦者出積石山，或云卽山石榴也。酉陽雜俎言：南詔石榴皮薄如紙。瑣碎錄言：河陰石榴名三十八者，其中只有三十八子也。又南中有四季榴，四時開花，秋月結實，實方綻，隨復開花；有火石榴，赤色如火；海石榴，高一二尺卽結實，皆異種也。案事類合璧云：榴大如盃，赤色有黑斑點，皮中如蜂窠，有黃膜隔之，子形如人齒，淡紅色，亦有潔白如雪者。潘岳賦云：榴者天下之奇樹，九州之名果；千房同膜，千子如一，禦飢療渴，解酲止醉。

酉陽雜俎：石榴一名丹若。梁大同中，東州後堂石榴，皆生雙子，南詔石榴，子大皮薄，如藤紙，味絕於洛中石榴，甜者謂之天漿，能已乳石毒。大食勿斯離國石榴，重五六斤。

便民圖纂曰：石榴，三月間將嫩枝條插肥土中，用水頻澆，則自生根。根邊以石壓之，則多生果，又須時常剪去繁枝，則力不分。

農桑通訣曰：藏榴之法，取其實有稜角者，用熟湯微泡，置之新瓷瓶中，久而不損。若圓者則不可留，留亦壞爛。北人以榴子作汁，加蜜爲飲漿，以代杯茗，甘酸之味，亦可取焉。

羣芳譜：石榴一名丹若，葉綠狹而長，梗紅，五月開花，有大紅、粉紅、黃、白四色。有海榴，來自海外，樹高二尺。黃榴，色微黃，帶白花，比常榴差大。四季榴，四時開花，秋結實，實方綻，旋復開花。番花榴，出山東，花大於餅子，移之別省，終不若在彼大而華麗，蓋地氣異也。扦插，葉生時，折插肥土，用水頻澆，自然生根。又葉未生時，從鶴膝處用脫果法，候生根截下栽之，開花結實，與大樹無異。　種子，石榴熟時，於樹上留數枚，記定上下南北，霜降後摘下。用稀布逐箇袋之，照樹上朝向，懸通風陰處。先於六七月間，取土之鬆而美者，敲細篩去瓦石，攤淨土上，澆潑濃糞，曬乾再潑再曬，如此五六次，仍敲極細篩過，收藏缸內，勿經雨。次年二月初，取家用火盆，以所製土鋪盆內，厚三寸許，數寸按一淺潭，取榴子去肉，每潭種三四粒，用土蓋半寸許，灑水令微濕，置有風露向陽處。每日灑水，勿令乾，候長寸許，每潭止留一大株，日澆肥水，候長，分種極小盆內，不宜深，放有風露向陽處。每日用肥水澆三四遍，日午最要澆，每一盆做一木蓋，破兩片，中剜一竅，如樹大，中高四面低，遇有雨，蓋盆面，免致淋去肥味。至七八月滿樹皆花，甚大，又明年換略大盆。或云：盆根多則無花；三四月間便上盆，則根不長。只須浸灑得法，冬間霜下收向南簷，土乾略將水潤，至春深氣暖，可放石上，剪去嫩苗，令勿高大。盛夏日中曬屋上，免近地氣，致令根長及爲蚓蟻所穴。每朝用米泔洗沒花幹，浸約半時取出，日曬，如覺土乾，又復浸，殆良法也。　澆灌，性喜肥濃糞，澆之無忌，當午澆花更茂盛，蠶沙壅之佳。又鴨鷄毛浸水中，加皮屑，去毛，以水澆之，毛不肥故也。　嫁榴，石榴不結子者，以石塊或枯骨安樹叉間或根下，則結子不落。　藏榴，選大者連枝摘下，安新瓦缸內，以紙十餘重密封，蓋之。

洛陽伽藍記：白馬寺浮圖前柰林、蒲萄，異於餘處。枝葉繁衍，子實甚大。柰林實重七斤，蒲萄實偉於棗，味並殊美，冠於中京。帝至熟時，常詣取之，或復賜宮人，宮人得之，轉餉親戚，以爲奇味。得者不敢輒食，乃歷數家。京師語曰：白馬甜榴，一實直牛。

北齊書魏收傳：收除太子少傅。安德王延宗納趙郡李祖收女爲妃，後帝幸李宅宴，而妃母宋氏薦二石榴於帝前。問諸人，莫知其意，帝投之。收曰：石榴房中多子，王新婚，妃母欲子孫衆多。帝大喜，詔收卿還將來，仍賜收美錦二疋。

方輿勝覽：崖州婦人以安石榴花著釜中，經旬即成酒，其味香美。

志雅堂雜抄：凡碾工描玉，用石榴皮汁，則見水不脫。

廣雅疏證：楉榴石榴，柰也。楉與若同，若、石聲相近，故若榴又謂之石榴，各本脫石榴二字。藝文類聚、太平御覽及李善南都賦注並引廣雅云：若榴，石榴也。今據補。玉篇云：楉榴，柰屬也。初學記引埤倉云：石榴，柰屬也。則楉榴、石榴之爲柰，以同類而通稱也。南都賦云：梬棗若榴。蔡邕翠鳥詩云：庭陬有若榴，綠葉含丹榮。藝文類聚引陸機與弟雲書云：張騫爲漢使外國十八年，得塗林安石榴也。御覽引廣志云：安石榴有甜、酢二種。酉陽雜俎云：石榴一名丹若，甜者謂之天漿。

榧實

別錄：榧實味甘，無毒。主五痔，去三蟲，蠱毒鬼疰。生永昌、東陽諸郡。食其子，療寸白蟲。

唐本草注：此物是蟲部中彼子也。爾雅云：柀，杉也。其樹大連抱，高數仞，葉似杉，其木如柏，作松理，肌細軟，堪爲器用也。

本草衍義：榧實大如橄欖殼，色紫褐而脆，其中子有一重麄黑衣，其仁黄白色，嚼久漸甘美。五痔人常如果食之，愈。過多則滑腸。

爾雅：柀，煔。注：煔似松，生江南，可以爲船及棺材，作柱，埋之不腐。疏：柀一名煔，俗作杉。郭云：煔似松，生江南，可以爲船及棺材，作柱，埋之不腐。

爾雅翼：柀似煔而異，杉以材稱柀，又有美實而材尤文彩。釋木云柀煔，蓋以類相附也。其木自有牝牡，牡者華而牝者自實，理有相感，不可致詰。其實有皮殼，大小如棗而短，去皮殼可生食，亦僬而收之，可以經久，以小而心實者，爲佳。

東陽縣志土產：榧出玉山鄉，採則以灰拌之，名灰榧，良於他處者。

本草拾遺：棑華，即榧子之華也。棑與榧同。榧樹似杉，子如長檳榔，食之肥美。本經蟲部，有彼子。陶氏復于木部出榧實、棑華，皆一物也。

按蘇詩彼美玉山果，注以爲信州玉山，宋人已辨其誤。余至玉山，遣人求之，果不可得，乃於浙境覓獲之。李時珍亦以爲出玉山縣，踵訛也。

響笴 音可，一名响篙，一名响槁。

五尺之竹，下多裂之無傷，上二尺執而振之，互相擊而鳴也，以驚鳥。

機竿

鳥至，先棲高木，左右顧，始下食。蠶守者相厥常置機竿，當厥棲竿長四尺，橫縛一耑，於樹末繫繩，繩前尺五寸結一楔子，音屑 長三寸，又前結活套，末繫於樹上。竿尺長，竿尺別伐一搭鈎，長竿三之一，上竿尺二寸，如縛竿，下迤則鈎末與縛處平也。上橫一木竿爲機，長如搭鈎，不繫一耑，倚樹一耑，屈竿令楔子倚之，鈎末上活套環機。鳥以機爲枝也，踏之機墮，楔子發竿疾回，引套鳥足，結無脫者。

排套

用馬尾每三四莖爲活套，餘者雜以麻續辮之 音辮 爲綱，綱寸套一套，交如連環，長其首，末繫當杈枒間。杈枒音叉牙 尾細而光滑，鳥集枝不見也。

覗其首入套中，遽驚之，首或進退皆結也。

沙撮

竹四五尺，析其末五六寸，篾絲編之，略如箕而小，斂本侈口。子蠶時，上樹十四五日內。撮沙土，撒以驚鳥。以沙與土細墮不傷蠶。

礊霹 音料，斜擿上也。蠶至二眠後始可用礊霹，以前用沙撮。

竹長平人頭，摩節令滑，上五分之三，貫三寸管，糾樱繩如指大，一頭環之，屈中以細繩經緯爲篼，一頭繫管下，一頭貫竿末，至管篼與竿下齊盛石，向空擲之，石去繩亦從竿末出也。去遠者可半里許，聲鳴空中，如驟雹以驚鳥，值之則斃。有不以竹者，以繩繫管，套於右中指，屈之，以右大指食指搦其末，礊之。礊時必弛其搦，石始脫去，去之遠，稍遜於竹礊十之三。

茅刷 牽經用以刷

刷以茅之老根爲之，取其勁滑且芒剃不刺。腰束之下，徑四寸，中菑竹柄。

三十六爲踏板，長尺五寸廣三寸，末圓之當中一柱，深鑿六十分寸之二十四，以銜柱之出者。以一輻去牙三寸穿之，徑多踏板三之一，以受踏板之末，於方橋上，設筳，中方而漸鋭至耑，紡絲時先貫一木於筳中使鋬，銜後去末二寸，貫竹竿，使收絲，然後置一頭於銜，令竿在外，置一頭入環，出柱間，輪之中環一繩，上繞出筳，乃坐而以左手執絲竿，右抽之，以二足踏板，使板運輪，輪運繩，繩運筳以急，絲板可出可入也。人之坐高軸五寸。二日得，可當尺竿之三日，惟其絲差緩，此絲善且急者，所織爲雞皮繭，其鬆惡者織毛紬，麤而多纇，音類 然苦衣且易有勞者服之。

湯繭

忽內本而外末，繰餘衣，一繭之絲爲忽，五忽爲系，十忽爲絲繭之忽頭在內繰者，探其頭引之，繹繹而外。凡繭上者無餘，壳中下皆有，有分厚薄耳，此之謂繰餘衣。若不善繰者，雖上繭亦有餘衣。及敗繭 謂油血破口之類，其絲皆斷不中繰。不引緒，並不可手絡也，名湯繭。業被絮者，賤售之，和而築之，先罨之，翻去其蛹，湯洗淨，乾之，然後和築。網以爲絮，欲踏裂，近亦三十年。

蠶筐 口徑二三尺底高尺蓋高七八寸

筐編以荊條或蠟條，荊條爲上。蠟條次之，罕有用之者，知其不佳。密而實疎，使透風，可煖卵之育，其條澀 音澁，不滑也。附卵斯固，筐必用新者，編筐必用生條，使卵受生炁，乃易生。若以舊筐布卵，則一子不出。

蠶刷 以掃出筐之子蠶

剪茅穗，捋其花，數十莖爲束。四五十莖。束其稈，捋去花之穗尖，不束。長六七寸，已大則傷蠶，已長則礙用。

蠶匟

篾爲匟，廣三尺，闊二尺，下殺，衰去聲 高四尺。貫擔者中，其疎可出半繭，堅而實柔，滿中則合其口。若肩蛾卽緣附其外，其翼相接，不識者以爲乾槲葉也。

蠶剪

剪似縫剪，短而厚，以裁枝遷蠶。

目獨多。其雙經單緯者曰雙絲。單經雙緯者，曰大雙絲。單經單緯者，曰大單絲。小單絲者，但疏而狹，亦曰神紬。

紬病

售紬權輕重爲價，銖兩同價相若，此謂府紬，水紬價以匹不以銖兩。織戶以此，故膠以米粉以綠豆。紬下機則畢築粉，以膠膠之，以碾碾之，碾音研上聲以炕輥炕之，令粉與絲化。府紬增重多者，至十分匹之三，今府紬已有行禁不爲此，，惟水紬仍舊。若水紬則築於染，其青色、紫色、大紅、天青、佛青、岡青者，築蜀穄。祭其黃綠、淡綠、魚肚白、喜白、水紅、桃紅、洋藍、棕色、秋湘、玫瑰諸色者，築綠豆。各有法，惟膠者同至增重十分四之五。紬以此病，利之所在，終不能止也。然貨善速售，利與僞相埒，惜不爲。

脏紬　夷

府紬剃，先入脏戶柔之，後入染戶，柔以豬脏。

毛繭

蛾出者曰毛繭，被齧不可繅。蛾之出，但齧繭頭一小孔，雖不至盡斷，已屬不可繅矣。但煮之去其蛹，用一尺之竿，壘冒繭於上，別一竹簽，長竿之半，底鎮鉛環，左執冒，右績之，掌摩簽令旋而墜。冒績績如抽綿筒，其旋益下，絲因急，若疾提收之，去絲節，惟恃唇齒之往來在手，不廢遊談而功自就，又有用脚車者。脚車方二尺之架爲趺，左植方柱高二尺五寸，上八寸穿之，貫長六寸徑一寸之軸，不出於外。兩輪各六輻，徑一尺六寸，輻方二寸，中穿徑一寸六十分寸之十二，上穿二寸，植一橫聯之徑六十分寸之三十六，以竹爲牙，互以索徑一尺六寸鑻之，上軸，一尺一寸，貫以方橋，長六寸廣二寸厚一寸，不出於外。末植鐵銜，銜高二寸，上兩歧，高一寸六十分寸之十八，相去六十分寸之二十四，下以長三寸廣半寸之鐵爲鈇，橫鍥之。傍柱植一釘，上爲環，令其銜平，當環外穿柱，深一寸，當輪中橫鍥一木於方橋，徑六十分寸之十二，各出三寸，右趺植柱三高五寸，上加方梁，梁如鈇之長，令中一柱出梁六十分寸之

繅別

車急則絲急，緩則絲緩，急絲爲水絲，織水紬。緩絲爲府絲，織府紬。繅水絲合三忽，府絲倍之，緯則再倍之。緒之繭曰餵頭，音畏 繅者隨盡隨續，毋絕餵則絲均，繭舞躍湯面，終能繅無增減。

淨絲

繅已，以綹張綳車，綹音柳。綳音棚。車方趺，扶 植一柱，中置輪，輪徑於繅車，列左右，列淨車前，左者尺車，製與紡綿車等長，其筳延 貫籰矍 左，牽綳車之緒，謹去其纇節，纇音類 右轉淨車，收淨絲於籰車，一左旋一右旋，其行亦異遲速也。籰中積徑三寸爲一筒，脫之。

道經

盛淨筒以綹車收之，車如綳車，軸有柄，出於背，收訖列左右，列縒車。縒音翠 籰長淨之半貫於筳，轉車收左之緒，謹去纇之不盡者，籰中積徑寸許，爲一縒，脫之易籰，若水絲收綹車訖，脫之以米泔，漚之宿之。泔音甘，漚謳去聲。

道緯

小趺方四寸厚半寸，中植筳，揉竹片爲提中，孔之長尺，徑二分之木爲道執中，鉗牛角尖 鉗音箝 長二寸，筳貫徑筒，緒出提孔左引之，右搦道執中，搦音溺 顚倒收其絲，節則勻以唇齒，角半沒則出而脫之，抽緒頭束之，絲之莞也。活當角者，穴以貫梭，緒先裏而外如繅絲然也。水絲經緯同縒，緯小經者半。

牽經

橫經架二，上排經柱，行架如之，貫籰有柄，以次牽綰，經柱足簆數止簆音扣。訖摠之，又貫簆牽之，數以茅刷梳之，蘸米泔光之，蘸音贊。而隨以火晞之，自是上機與他織同。

諸紬

曰府紬，其上也；其粗勁而皺者曰雞皮繭，次也；毛紬又其次也。水紬雖先於府紬，品最下，而名畢，而歸之家。

繭病

繭病三：大而厚特不封口，值口有黑迹而濕，是曰油頭；口封而汁，汁濕是曰血繭；二日蛹皆餒爲敗水所漬，謂善繭爲其所漬，音自，浸也。則善亦敗，其薄而不堅曰二皮，繭之未完者也。油頭、血繭，蠶之斑病未發者。所爲二皮，蠶食不足，及作繭爲人偶搦者之所爲。

炕繭

置架牀，布篋薄，累繭其上，下烈火炕之。炕之固宜大火，但亦不可過烈，恐絲胞。炕時以篋席覆繭上，中留一孔，以乾稻草掩之，其繭色始佳，爲取汁。蛹索索若驟雨，候經時無聲，死繭降，升生繭，撤下已炕之死繭，另尙生繭炕之。畢炕畢。盛於兜，盛音成，兜音兜。售則肩諸市，非強有力者不勝三萬也。蠶遠者，山炕之，售絲復山繅之。就山炕與繅。

繅絲 以下諸條，其有非師授不能爲，非親見不能知者，雖釋之，人亦難解，卽不加釋。

甃獨竈，甃音縐。置繅鬲，音戈 中盛荍灰水，荍音喬 候沸極入繭。煮一二沸，卽繅。去竈右尺置繅車，車六輻，徑四尺，必活二輻以脫絲軸，脩五分，徑之一牀脩，三軸之脩去其半，爲高。容車半以閣軸耑，耑活之，一耑菑曲柄，末繫四尺之繩，活之，斜而左下，結於絲竿鬲之上。閣木架一橫之，耑出鬲二寸，於橫之一正中，菑方柱一；高四尺，上二尺釘筦絲弓，釘筦音頂管 弓末懸環鐵爲之。柱之顚橫一木，長三寸，兩頭各植一，長二寸，令勢斜橫，近耑圓鑿，以銜天輥。音衮 輥六觚，中鍥一縫，鍥音揳，刻也，縫去聲。以迎送絲上下，司繅者執繳竿，繳音矯 繳其繭，和其絲，引其緒，去其襁。强上聲 司火者節火力，足踏絲竿，竿運繩，繩運柄，柄運車，車運天輥，絲出鬲上，貫弓環，又上從輥外入輥縫，繞出輥外，下縈於車。去車底五寸置盆火，火以炭毋猛，使絲旋乾畢，脫之糾之。糾音九 繅常二人，不能踏車，則三人。

蕣林 音蒿

蕣林，除荊棘雜草木也。去荊棘以便循行，去雜木使無溷蠶羞。食也 唯草不務盡，欲蠶墜不至地也。土人云：雜木之中，楓亦不去，嘗見事物紺珠載有楓蠶楓葉始生，有蟲食葉如蠶，赤黑色，四月吐絲，光明如琴絃，海上人取作釣緡，知楓葉可以飼蠶也。蕣不盡地，今日移蠶，昨日蕣林矣。其材卽供薪蒸，若衣子地，則蕣也必務盡淨。草亦務盡，衣子地皆未頭眠之子蠶，力不健，風震葉易墜，草不務盡，不易拾。

剪移

蠶食葉盡皆附空枝，盡捉而移，則不勝煩，且易傷蠶，故剪枝載移。

剪無時，枝空爲度。載以筐，已少則勞人，已多則勞蠶。載太少則多往復，太多則罨蠶，當酌中。與其勞蠶，寧勞人。愼毋罨 音遏。出而午之，午散布也。使忘移家，寧令暫飢，毋令去不能食。枝大者若𠜱之，𠜱手折枝也，音覓。傷樹且損蠶，捉之毋驚毋絕。蠶附大枝或幹者，不可剪，捉置筐以移之。出不意驟捉之，卽立下，若驚之或捉稍緩，則抱枝固，中絕爲二，不下也，捉者宜留心。其攫也如虎，謂捉之。舍筐如鼠，謂置之筐。移必依林之次，能量蠶傅葉，無使有餘不足，是上火也。凡移蠶但以所剪枝架樹杈，如上樹時蠶自能緣樹食葉，不一一捉上也。墜地者，拾而上之。

下繭

繭成，有未繭者，未爬甕而尙食葉者，如已爬甕則聽之，方爬甕若驚之則四走，妄吐絲不作繭。移之他樹，不移，恐摘繭時礙食。次第候其韌摘之。韌音刃，堅也。繭成後，蠶自瀉白漿，漿其繭，必三日漿始乾，繭韌始可摘，若濕摘之，則其繭必壞。已高梯之橙之，橙音鄧。毋搦使餒，中敗曰餒。毋按使凹，音垤，外不圓滿也。筐載而歸之廠，晞其葉。葉爬甕時，白裹之葉。

剝繭

晞已剝其葉，必順其系，逆則傷繭。繭系爲上，剝必自上而下。必汰其病，汰音太，擇去也。病見下條。存則疰繭，疰音註，蟲蝕也。留之生蟲，兼疰善繭也。近山者售蛾於烘戶，蠶少者不自烘種，皆售於烘戶，烘戶者專烘種待售，凡村落皆有之，便人亦自便也。售卵於市，卵者已布卵之筐也。春秋皆售蛾。春蛾亦在筐，但於未卵時即售之。春兼售筐蛾，價秋出者一當春之二，秋出者秋繭出也。春種也一歲之蠶，春爲正收，秋季斑縊尤甚，有收者堪種亦少。且多勞數十日之烘，故蛾視春繭出者爲貴。售蛾待卵於烘室，此下專謂春種。售卵者以歸候蠶一二出，則肩之山，售蛾者於烘室候蠶出，售卵者，如其已出，則肩之山，未出則以歸候之。急若置郵也。於是時也，夜不閉關。

辨筐 專指售卵之筐

春卵善者必堅附筐，堅固也。不附者敗。不可蠶治種者，刷以薄麵糊或豬血黏筐上。俗名搭子，原蛾布卵時即有血汁膠粘筐上，故用淡豬血粘敗卵效之，以惑人，麵糊但取其粘而已。詐售之，其卵不生，生亦必病，若辨之有汁痕。凡蛾自布之卵，多積爲堆，粘搭者皆散着筐上，亦其辨也。此等作僞者，先置空筐略以數蛾布卵其上，候善筐卵出畢，刷其餘不出者，鏃去其半殼，以麵糊豬血搭於空筐中，俟眞卵一二出售之，人之受愚在此，不可不察。

上樹

布席襯筐搘蓋，襯音親，去聲，墊也。搘音支，撐也。蓋筐之蓋，蠶將出卵時事，以席墊筐，欲子蠶不散於地，且便掃。撐其蓋欲便置槲枝，且蠶性向明，使其見明而出。以待卵生，蠶出卵針大而黑，即以槲嫩枝置筐弦，邊也。聽自上。筐中亦置一二小枝，亦不無上者，午以後，子蠶有散走筐席間者，掃以蠶刷，撮以笋箄，仍置之槲枝，與自上者同架之樹。移之火芽地，架樹枒聽散食，俗名開衣子，故謂其地爲衣子地。次第盡卵出而止。

秋蠶

秋蠶出自春繭，春繭成時，暑蛹化也。速急擇之如春種，串其後，懸而涼之，約二十日，蛾畢出。其覯蛾？視春蠶既覯，秋蛾已覯即盡斷其雄之翅，恐其飛入林間覯雌，致不能產而脹死。則析檖心或麻縷，縛雌一翅，繫之衣子地火芽間，其卵即布著樹。

必病。

烘種 烘種爲蠶事利害關頭，蠶之熟否，皆係乎此。必諳練者，數十日夜更守，無稍懈。

烘春種必四十五日而蛾成，立春始事，春分蛾出。先設一密室，毋入風，倚四壁懸平竿，高五六尺，疏列繭串，去地尺餘，中置盆火。火以栩，他木必病蠶。令其氣暖之，以變蛾，蛾以次齧繭系出，始終烘，毋失火。火力以漸而增，四十餘日夜無絕火，又必視天之寒燠節薪之多少，毋已烈，烈則蛾速出卵，先栩葉生，無以食，且必受病。蛾之出率自未至亥，凡十日而畢，皆如之。有出者卽捉置筐，入夜尤宜速，恐其撲燈自斃也。

蛾覯 俗名配對

脩眉腹垂垂者雌，淫淫者雄。雄者眉粗而短，雌者眉細而長，雌腹腴，雄腹瘠。縱之昏於筐，昏配也。聽自合，司昏者擇其合寢之他筐，其覯也期對時，覯交媾也，對時者，如今日子時始，明日子時畢，否則人爲折。毋使過不及。過則雌脹死，不及則氣不化，卵多瘕。覯已絕夫而閉其妻，夫去以鰥死，妻畢產亦自枯。若歲生之雄少，則一夫可兩妻也。分兩日配之，今日配此雌，對時又折以配他雌，然後配之，雌之卵終多瘕，其不瘕者，蠶亦瘠，父氣不足故也。昏時有貪嬲，而拍拍有聲者，嬲音擾。此爲狂夫，不去必亂羣合，合亦爲所解。不去此等蛾，他蛾之合者皆爲之解，有則立除之。昏之前必去雄之溺，去聲 否則難爲雌。不去則凝精路，雖覯如勿覯，然亦有無溺之雄，尾瘦不濕不煩去也。覯之後必去雌之溺，否則難爲產。去溺以兩指輕擠雌雄之後，捋之。

蛾卵 卵仍無失火，若天氣溫，可暫輟火。

筐置蛾二百五十，皆已配之雌蛾。越三日布卵，已出之，盡出其蛾。復置亦如之。一筐之蛾，極於五百，一蛾之卵，極於一百。卵約十五日而蠶出筐，約十日而出盡。除不生及生而損壞受戕者，後獲繭三萬者上，二萬者中，一萬者下。若烘不盡法，烘繭烘卵而言。則一繭不收。

售種

時謂之退𦢊，𦢊退盡始吐絲，綳三四葉自裹如甕，謂之爬甕，然後於中周回往，復任絲作繭。每眠約一日，陰雨二日，眠時慎無剪移。移則傷其絆。凡蠶出卵時，旋必食其殼之半，每眠起時，旋必食其蛻之半，不令食則蠶弱繭薄，此事頗與馬子之食胞同，似蠶馬二物，嘗相關也。方悟搜神記載太古時馬皮捲女化蠶，事未盡誣，且周禮原蠶之禁，亦掌之馬官也。

蠶食

蠶曉不食，爲露也；晞而食。日出露乾曰晞 午不食，爲熱也；昃而食。日西下曰昃。食必十日，增半葉，其極 食之極多時也。朝移之，午樹冬矣，冬盡也。時日五葉。夜復二葉。

居守

主廠者，蠶匠也。其傭曰蠶火，所居曰蠶廠，分駐曰蠶篷，器備：曰蠶刷，曰蠶筅，曰蠶剪，曰蠶銃，充去聲，卽鳥鎗也。空發以驚鳥，不置子。曰𦬼刀，卽鐮刀。曰排套，曰機竿，曰響笴，曰沙撮，曰鞶𩐤。音料辟。餘如成家飲食器用。或妻兒具也。

春蠶

春蠶秋繭出也，十月擇種，收秋繭時，粗擇之，十月又再擇之。取大且厚，大兼尖與圓非總謂大也，揀種者當各擇均而取之，蛹雌者繭多大，雄者繭多小，若專取大者，來年蛾出無雄，皆棄蛾也。色黃而赤，指衡之重，搖之活，而耳之不悉索者，悉索繭中蛹聲，擇種常取無聲者，良，有聲爲响繭，但可以繅絲。以爲種。雄者稍尖，雌者稍圓，略可別也。皆針其後串之，毋針其系。繭兩端，有系者頭，無系者脚，蛾之出，必齧系間作孔，若串其系，來年烘種，蛾無由出，皆死繭中矣。串繭爲可挂便出蛾也，亦有收種後不卽串，散布之竹簾上，寒天盛以筦，置密室，將烘始串之者；有初烘時未串，散布竹簾上烘之，至蛾將出前半月始串之者；皆可。然先串便收拾且環室與簾挂之，亦便烘。室中先置平架席竹簾，編簾用一寸之篾，以篾絲緯之，使疏而透風，始不壞蛹。若置之平實不透風處，蛹必鬱壞。布繭其上，風之，或疏挂之，均毋使受草木之烟。若冬臘兩月值大寒，又當置之複室，或室中置微火，恐蛹凍死。若受，來年育蠶而吐，又謂桐子油氣味甘，微辛，寒，有大毒，故毒蠶尤甚。山有桐除之家，有桐謹之，又食白楊者死，亦食他雜木致病。食他木之味辛澁者，皆致病，其餘雖不病，亦瘠繭，惟嫩楓葉，蠶食之無害，薅林時亦不去之。

蠶害

害蠶，鳥一也。將曙及薄晚，力防之。時其來蠶之以鳥銃，鳥之中惟鴉最繁，又最無畏，銃所不能禁。獨畏神枝箭射之，一去可半日。蟾蜍能吸其卑枝者。蟾蜍俗謂癩蝦蟆，有則捉去之，其害猶小。唯蛇升木，野猪拔樹，茲二害特酷，善守者亦無預防術也。二者唯見則力驅之。若山蚱蜢、音乍猛形如蚱蜢而大，色微赤黑，俗名績麻婆。馬蜂、山蜂之大者，二物食槲樹秋蛾。枇杷蟲、似蜣螂而微長，張翼則能飛，三者食蛾與蠶，皆咂破其皮而吸其肉汁，蠶卽死。之屬，唯秋蠶受其害。雞狗亦食蠶，皆宜防。

蠶病

蠶之病二：縊與斑。縊者自吐少絲，挂樹上死。斑者發黑點，自墜地死。蠶縊原於寒，俗名黄爪皮，初眠後始有，各自受病，而不傳染。斑病原於火，俗名斑狗，莊臕後始有，其傳染一林俱爲之臭。病之原三：未蛾，蛹受雜木烟氣，一也；此種多病斑。一卵出時烘之，火已烈已微；已太也，烈則卵受熱後，必斑，微則受寒後必縊。一剪移時卒滿筐，省一二往復，蠶爲所罨，致吐其沙，此種多縊病。卽不病，繭成亦敗。繭亦薄，不中繅。蠶當上樹後，或天氣寒熱不一，蠶值之至三眠後滿腹絲化爲滿身毛，毛皆蹶躍自動，謂之飛絲。一二日卽死，此感天時不正之氣，欲避之無由也。然必主廠者運厄始遇之。

蠶眠

蠶四眠上樹，約七日則眠，蛻厥黑而起。是爲初眠，子蠶黑色，蛻黑而褐。又約七日二眠、脱厥褐而起。脱褐則色青黄。又約七日三眠，又約十日大眠。一名四眠，凡蠶眠時必自吐絲絆其後脚於葉，爲脱時用力地也。若偶傷其絲，則不能脱而死。其起也食益力，唯勤移爲功。大眠後蠶食愈增，至一日夜盡七葉，蠶肥甚澤，澤有光謂之莊臕。凡十日臕旣滿，不復食，倚葉似眠，大遺尿，漸小，如二眠，後蠶宜向陽，陰處但可作繭，此言春蠶。唯秋蠶宜山之陰者，爲可避秋陽之烈。凡當西曬之山，秋蠶最忌。蠶最畏霧，著之，甚者死，不甚亦病斑，不能作繭，山有空穴，雨欲晴，晴欲雨時，霧最甚。相蠶山者，謹避之，故有烟瘴之處，斷不可蠶。

蠶地

相地之法，泥爲上，挾沙次之，紅沙火石地爲下。沙石者所樹葉細且瘦，繭成如之。且葉盡時蠶或四下，值日烈，地熱，更善死也。秋蠶尤忌。蠶初上山更宜向陽，略平泥地。

蠶樹

槲種二三年，及伐而蘖者，蘖發後之芽也。曰火芽，亦曰頭芽，育子蠶宜。子蠶謂初出卵者，壯蠶不宜食，食則病瀉，不能退臕而死。經蠶者曰二芽，再蠶者曰三芽，凡伐後次年之蘖曰火芽、二年曰二芽、三年曰三芽。壯蠶食之，老而喬者，用作繭。凡相樹高毋過一丈，已高則苦，剪移與下繭，已太也 葉以厚大而青者良，否則力薄，良者春生時臺葉皆小白，色帶赤者味辛，蠶不喜食，食亦不肥大。

蠶祥

子蠶之林，蠶上樹五六日內之林。名衣子地，或謂衣子林。中有香如蘭者，謂之蠶花香，此上祥也。後必大熟，眠後有一二紅黑頭者，亦兆美收。蠶率青黃色，間有色深碧頭峙雙角，小於常蠶者。林中見一二，亦上祥也。凡蠶在此樹葉未盡，不必往食他樹。惟此蠶朝東見之，暮或西見之，但同林雖隔一二里，亦能往來，而不見其來往之迹，土人謂之神蠶，稍驚之，似有希希聲。

蠶忌

蠶酷忌油桐，酷最也。李時珍曰：罌子桐又名虎子桐，又名油桐，亦或謂之紫花桐。案油桐葉微似桐而小，幹率曲屈，無直上者。至三四尺，枝即四出，長頗遲，開花微紅，子大小如石榴，而觜尖如桃觜，拾之去外軟皮，中爲瓣如蒜，或二或四瓣，各另有硬皮，乾之去其硬皮，肉白色以榨油、然燈，亦可和漆。貴州是處有之。經其樹上其葉者死，烘室中然桐油者，及誤以其木烘者，後生之蠶死。李時珍謂其子味甘檿絲，今之山紬。樗繭又別一種，乃今之椿紬。樗不材，木，土人嫌其名，故借名椿。爾雅所云：蟓桑繭卽今山桑檿絲，譬由樗繭，今樗絲借名椿繭者也。如仲威說，今遵之。樕繭種卽齊之椿繭，其爲爾雅樗繭，明矣。樗栩疊韻，樗柔雙聲，特平上之分，樕櫟類亦可名栩柔，名樗一也。詩：采荼薪樗。唯樗卽是樕，乃中薪材，堅耐火，若必指爲臭椿，則腐臭特甚今亦從未有以爲薪者，何詩必取之也。且莊子言樗必兼櫟，少有單言者，其爲一類，明甚。合鄭君所引諸說，樗繭之名，確不可易。或曰以樕爲樗，古無是說，究不若食樕稱樕，名實相副。曰草木之名以時地變其形狀，要不可誣也。爾雅栲山樗。郭璞注：栲似樗，色小白，亦類漆樹。毛詩草木疏云：山樗與下田樗略無異，葉似差狹。方俗無名，此爲栲者。今所云栲者，葉如櫟木，皮厚數寸，可爲車輻，或謂之栲櫟。如陸氏言，是後世所謂山樗者，非栲。所謂栲者，不名山樗，而古名山樗也。其稱栲之形狀，正卽是今之樕。郭氏但據當時所謂山樗以當栲，不知名是而實非也。又孫炎爾雅注：櫟似樗之木，今櫟與山椿，無一相似，知所云似樗，蓋主樕言。然則樗自是山椿，生山中，與生下田，本非兩種。於古止名樗，後世增稱山樗，始與栲名相亂。栲山樗自是樕，省稱樗，卽與山椿同名。譬由樗繭，蓋食山樗葉者，非食山椿也。椿繭卽樕繭，亦可呼柞繭。御覽引廣志曰：有野蠶，有柞蠶，食柞葉，可以作綿，卽是此種蠶也。

蠶期

春蠶二月始，五月畢。清明後十日上樹，夏至畢，遲者繭不封口。秋蠶五月始，八月畢。夏至前後上樹，白露畢，遲者繭不封口。春蠶自上樹至畢繭，約七十五日。秋蠶自上樹至畢繭，約七十日。

蠶山

山必謹其陰陽，蠶陰物，蠶之出卵，自子至午，未以後則否，盡十日而出畢，皆如之。惡濕喜燥，山陽耐日，其蠶美大，繭成亦如之。陰則否，可移作繭。食不以食蠶也。若槲林中有一種，樹族生，難長，甚類槲，惟葉粗大而色較青，俗名扶櫟，卽郭璞爾雅注云：詩所謂枹櫟者也。李時珍曰：槲有二種：一種叢生，小者名枹，卽謂此，一種卽前所說槲，名狀不煩引。於毛詩爲苞櫟，郭注所引出三家詩，枹音夫，扶聲有輕重耳，其葉不中食，蠶食之肥者亦瘠。扶櫟俗又呼槲櫟，扶槲二字，遵義人讀之聲略同也。又呼爲虎皮青岡，山東人謂遵義之青棡爲槲櫟，而遵義又以謂葉青大。一種，貴州一省及湖南辰、沅之間，皆謂遵義青棡爲櫟木，而遵義謂之青棡者，方言之小異耳。又有一種，樹狀亦如槲，種之成林，亦如槲，惟葉較槲青而稍短狹，子亦如槲而細長，皮稍白，亦直皺，而癖瘰略少，如槲幼無皺裂，老而皺裂，唯大幹然，小枝否。槲則小枝亦皺裂，唯嫩臺否，爲異耳。稍難長，如槲，土人亦謂之扶櫟。青棡或謂之槲櫟，青棡與槲雜種，亦有專種一山者，以食蠶。絲最韌，幾敵桑絲，爲山繭中第一。不似難長之槲，而葉粗大之瘠蠶也，不可不辨。

定繭

山海經載：歐卽嘔絲之野，一女子據跪樹歐絲。又蟄音至民之國，不績不經，而服知天地旣生斯人，憫其寒，不知自爲計，有受自然之衣被者，自伏羲化蠶爲繭，西陵氏身教之，絮帛之暖遍海內，於是蠶功盛焉。降及少昊，以鳥名官，而九扈爲九農，正其一桑扈竊脂爲蠶，驅雀可見。唐虞以前，大抵皆山蠶耳。爾雅云：蟓山桑繭，讎由樗繭，棘繭，欒繭，蚢蕭繭，此五繭唯食桑者成於蠶室，餘四種並山蠶食棘者，或今椒繭之類。椒繭，蠶食椒葉所成，今山東有之，其種同槲繭。案李時珍說：柘葉食蠶取絲，作琴瑟弦，清響勝常。爾雅所謂棘繭，卽此蠶也。又說：柘奴似柘而小，有刺，葉亦如柞而小，可食蠶，棘繭當謂此二種。今有一種野蠶，成繭於蒿艾間，蕭繭或卽此類。唯欒繭不可知。今之槲繭，正古之樗繭，或曰樗山椿也，槲與之不類，不得強以樗繭合之曰昔有言之者。藥溪談記按爾雅讎由樗繭，卽今萊陽之山繭，紬。暑窗臆說則云：山繭卽禹貢之且芋栗並言芋，斷是栗類，亦猶樗櫟並言樗，亦斷是櫟類。一名柞實。李時珍曰：一名柞子一名杼。樣字俗别作橡，故又名橡。昔人皆以橡爲樣之俗，愚獨謂以其實名象斗，俗人不解象字義，妄加木旁，後又省斗字，單名之橡耳。槲之房亦作斗，亦可以染皁，知其名槲猶名斗之意，古但名斛，後人加木作槲，故槲橡二字，古皆無之。其房名梂。謂其苞求求然。據鄭氏詩箋云：柞之葉新將生，故乃落於地。李時珍言：櫟葉如櫧葉，櫟別也，花亦爲穗，其實如槲而小，山經有之。而文理皆斜句，音鉤則俗名水青棡者，櫟也。今食蠶作繭者，卽毛詩樸樕聲轉爲槲樕後，又損一字爲槲。槲樕卽觳觫，其子欲落時，觳觫然，因以名之。又疑名槲者，以觳觫之義，裁一字而別制槲字。古一名栲，一名山樗，名栲櫟皆本詩陸疏。一名心。爾雅云：樕樸心。樊光注：樕樸，槲樕也。有心能濕。能卽耐字。江、河間以作柱是也。唐書后妃傳載：后封嵩山禪少室，封壇南，有大槲蔽日，置金鷄其杪，賜號金鷄樹，故名。俗以葉倍櫟，故名大葉櫟，又名櫟橿，實名櫟橿子。本草其葉蘇頌圖經名槲，若皮，俗名赤龍皮，俱入藥。郡人呼青棡者，或橿棡，聲近，遂轉橿爲棡，曾見唐史載開寶四年，資州獻梅青棡二木，合成連理，則知青棡爲蜀地舊稱，其來已久也。槲與櫟大致相類，嘗細驗之，櫟幹老猶似栗，槲生二三年，卽甲皵音鵲櫟皮橫皺而不裂，槲皮直皺而痱癗，匪壘，裂貌櫟葉短厚光滑，半以上，始出芒，短而句，槲葉長者五六寸，捫之滯手。盡葉一紋，一芒長而直，櫟之實長而細，槲實大而圓。櫟葉冬夏常青，新生而故落。槲冬零，故盡而新生。櫟四五月開花，槲三四月開花，皆爲穗如栗，七八月內結實。此其別也。自槲與櫟相類，至此言蠶樹形狀最悉，辨樹者審之。其人歲儉，皆可採食。人者實中肉也。但僵澁，甚食必浸至十日以外，槲人倍之，二木之葉，以食蠶，繭成一也。但櫟少，種之四倍，遲於槲，始可蠶，以故無種者。間有之，其理緻密，器尤取材，亦導牽織之事。公餘親往視之，有不解，口講指畫，雖風雨不倦。今遺址尚存，邑之人過其地，莫不思念其德，流連不能去。公遂遍諭村里，教以放養繅織之法，令轉相教告，授以種，給以工作之資，經緯之具，民爭趨，若取異寶。皆乾隆七年事。八年秋，會報民間所獲繭至八百萬。是年織師、蠶師之徒，能蠶織者各數十人，皆能自教其鄉里，而陳公即以冬間致政歸，挽送者出貴州境不絕，莫不泣下也。唯織師、蠶師仍留。自是吾郡善養蠶，迄今幾百年矣。紡織之聲相聞，槲林之陰迷道路，鄰叟村媪相遇，惟絮話春絲幾何，秋絲幾何，子弟養織之善否。而土著裨販走都會，十十五五，駢坒而立，貽遵綢之名，竟與吳綾蜀錦，爭價於中州。遠徼界絕不鄰之區，秦、晉之商，閩、粵之賈，又時以繭成來摕鬻，捆載而去，與桑絲相攙，雜以爲縐。越紈縳之屬，使遵義視全黔爲獨饒，皆先太守之大造於吾郡也。故譜之作誌，遺愛於首。

定樹

蠶之樹郡人名青棡，其繭即曰青棡繭，前輩以爲樹，是櫟，櫟之子名橡，因字曰橡繭，然其樹實槲也。攷櫟一名栩，一名柔，詩：集于苞栩。陸疏曰：栩，今柞櫟也。徐州人謂櫟爲杼，或謂之爲栩。其子爲阜，或言阜斗，其殼爲汁，可以染阜，今京洛及河內，多言杼斗，或云橡斗，謂櫟爲杼，五方通語也。說文曰：柔栩也。陸疏之杼，即說文之柔，二字同。一名柞，一名棫，詩：芃芃棫樸。陸疏曰：柞棫，三蒼說：棫即柞也。李時珍曰：櫟有一種，不結實者，其名曰棫，其木心赤。結實者，其名曰栩，其實名橡。一名櫟。其實名草，即阜字。陸疏作阜，說文作草。一名樣，說文：樣栩實也。一名草斗，一名象斗，其房可以染阜。故名阜。房半實似斗，故名阜斗，名象斗，象者似也。一名芧，音余，又音序。見莊子。案昔人謂莊子食芧栗，即是栩實，杼芧同字，非也。爾雅栵栭注云：子如細栗，江東人亦呼栭栗，今俗謂之芧栗、猴栗、柯栗，皆此類。莊子之芧，正此物，即今桂筑縣之毛栗，亦呼猴栗者。族生，最難長，而其花葉，其梂裹實，一梂三三實，又皆似栗與櫟之及槲之一梂一實，且不周裹，絕異。

樹吐絲以爲巢，必樹美者絲美，桑葉沃若，繭之上也。柘汁黃，豫之商城，荆之荆門、辰谿，其士絹皆黃柘繭也。贛之信豐、安遠以烏桕飼蠶則絲黯，以蠟樹飼蠶則絲鮮。嘉應之程鄉，畦樹而蠶食某葉者爲某繭。瓊之文昌，蠶食山栗，服之不敝。新興繭亦然。楝之絲，湖人以織裹巾；楓之絲，粵人以爲緣，且弦琴瑟；樟之絲，湘人以爲釣緡。徐元扈曰：樹皆可蠶，其信然歟？然槐蠶大於蟻，榆之蛾如蚱蜢，繭皆如蛛網，弗任織。樗之螻以少絲，糾數木葉爲穴而跧焉。摘而擲之，曳其穴以行，是蠢蠢者烏能爲此梟梟也！橡之樹堅，其色褐，葉勁而澤。其無實者曰青岡，葉愈厚且大，柘之亥也，蠶食焉而肖，故絲勁而色亦褐。陸元恪曰：山樗與下田樗無異，不以爲栲。其釋栲也，曰似櫟，不以爲樗。若宗陸說，則宜曰栲而後可。

樗繭譜

誌惠

乾隆七年春，太守省菴陳公，始以山東槲繭，蠶於遵義。公山東歷城人，名玉璧，字韞璞，由廕生補光祿寺署正，出同知江西贛州，乾隆三年，來守遵義，日夕思所以利民，事無大小，具舉，民歌樂之。郡故多槲樹，以不中屋材，薪炭而外，無所於取。公循行往來見之曰：此青、萊間樹也，吾得以富吾民矣。四年冬，遣人歸歷城售山蠶種，兼以蠶師來至沅湘間，蛹出不克就。公志益力，六年冬復遣歸售種，且以織師來，期歲前到，蛹得不出，明年布子，於郡治側西小邱上，春繭大獲。嘗聞鄉老言陳公之遣人歸售山蠶種者凡三，往返其再也。旣於治側西小邱獲春繭，分之附郭之民，爲秋種，秋陽烈民不知避，成繭十無一二。次年烘種，鄉人又不諳薪蒸之宜，火候之微烈，蠶未繭皆病發，竟斷種。復遣之歷城，候繭成多致之，事事親酌之，白其利病。蠶乃大熟，乃遣蠶師四人分教四鄉，收繭旣多，又於城東三里許白田壩，誅茅築廬，命織師二人教民繅煮絡說文解字注：𣝰，梓屬。大者可爲棺椁，小者可爲弓材。按𣝰、檍古今字，心部𢡃，今作憶。艸部𦺳，今作薏。水部𣶢，今作澺。人部𠌷，今作億。然則經典億字，即說文之𣝰，何疑。考工記：取榦之道，七柘爲上，檍次之，此即所謂小者可爲弓材也。唐風：隰有杻。釋木毛傳皆曰：杻，檍也。許無杻字，豈其字正作紐，俗作杻與？大鄭云：檍讀如億萬之億。陸璣云：今官園種之，正名曰萬歲，取名於億萬共汲。山下人或謂之牛筋，或謂之檍，材可爲弓弩榦也。今各本椋、欂二篆之間，有檍篆云：杶也，從木，意聲，蓋淺人謂不當闕檍字而增之。本云：檍，杻也；後又譌杻爲杶，不可通。考韻會云：說文作𣝰，今文作檍，則黃氏所據鍇本，未誤也。今刪檍篆，從木，𢡃聲，於力切，一部。

鐵力木

廣西通志：鐵力木一名石鹽，一名鐵棱，文理堅緻，藤容出。案嶠南瑣記謂：木力僅可百餘年，亦未足信。

青岡樹

救荒本草：青岡樹舊不載所出州土，今處處有之。其木大而結橡斗者爲橡櫟，小而不結橡斗者爲青岡。其青岡樹枝、葉、條、幹皆類橡櫟，但葉色頗青而少花叉。味苦，性平，無毒。採嫩葉煠熟，以水浸漬，作成黃色，換水淘洗淨，油鹽調食。

遵義府志：棡木有數種曰青岡，平越呼麻子，葉薄而青，秋黃赤色，紅皮白理，皮間如蟲蝕狀。子能肥豕，伐其大者令發芽，長二三尺曰火芽，以飼蠶。羅鬼青棡，葉如猴栗子，長如牛奶。水青棡，青葉不凋。紅紬青棡，理紅。性俱剛韌，爲薪炭，無棟梁之用。

橡繭識語

雩婁農曰：黔山瘠民草服不給，陳府君被以綈綺而有嬴焉，俎豆報之宜也。原標橡繭，鄭君譜之，易曰樗，一字之師，辨矣；然非以通俗。夫蟲食色，結莢枝間，其子纍纍如綴珠，若大紅豆而扁，皮紅肉白，以似得名。蜀人用爲果飣。遵義府志：紅豆，天祿識餘：紅豆一名相思子。古詩：紅豆生南國，春來發幾枝。按俗呼娑羅樹，皮葉青黑色，近本無枝，上團團如蓋，四時不凋。葉似冬青葉，所在皆有，惟遵義清溪有一株，四五年一結子，形如胡豆絕圓。若經十年始結，則子愈大，並鮮紅異常。又沙溪里老木土石上有一株，每歲春暮，忽一日凋葉，卽日復生如故，今年凋左，明年凋右爲異云。

石瓜

本草綱目李時珍曰：樹高二三丈，葉似梨葉而圓。益部方物略記：脩幹澤葉，結實如綴，膚解核零，可用治痹。右石瓜，生峨眉山中，樹端挺，葉肥滑，如冬青甚似桑，花色淺黃，實長不圓，殼解而子見，以其形似瓜，故里名之。煮爲液，黃能治痹。

羣芳譜：烏撒軍民府土產石瓜，樹生堅如石，善治心痛。

本草綱目李時珍曰：石瓜出四川峨眉山中，及芒部地方，其樹脩幹，樹端挺，葉肥滑，如冬青，狀似桑，其花淺黃色，結實如綴，長而不圓，殼裂則子見，其形似瓜，其堅如石，煮液黃色，氣味苦平，微毒，主治心痛，煎汁洗風痹。

杻

陸璣詩疏：杻，檍也。葉似杏而尖，白色，皮正赤，爲木多曲少直，枝葉茂好。二月中，葉疏華如楝，而細蘂正白蓋樹。今官園種之，正名曰萬歲，既取名於億萬，其葉又好故種之。共汲山下，人或謂之牛筋，或謂之檍，材可爲弓弩幹也。

爾雅杻檍注：似棣，細葉，葉新生可飼牛，材中車輞。關西呼杻子，一名土橿。

丹鉛總錄：謝朓詩云：風動萬年枝。唐詩：青松忽似萬年枝。三體詩注以爲冬青，非也。草木疏云：檍木枝葉可愛，二月花白，子似杏，今官園種之，取億萬之義，改名曰萬歲樹，卽此也。

蘂天中樹，金閨昔共窺。其自注云：此樹吳人不識，因予賞玩，乃得此名。內署沈大夫所居門前有此樹，每花落，空中回旋久之，方集庭際。大夫草詔之日，皆要予同玩。賈氏談錄云：贊皇平泉莊周四十里，天下奇花、異草、珍松、怪石，靡不畢至，今悉已絕。惟鴈翅檜株子，連房玉蘂，僅有存者。連房玉蘂每跗萼上，花分五朵，而實同一房也。集賢院玉蘂詳見劉禹錫題集覽閣詩，幷白樂天懷集賢王校書詩中。其花在當時，自唐昌觀之外，惟內署、翰苑及集賢院有之，則珍貴可知矣。今程文簡、洪文敏乃云：江南凡有山處，即有之，甚至彌亘山野，與榛莽相似。蓋二公俱祖曾端伯之說，而失於致審。且長安，唐都城也。四方之人，輻輳於是，曾無一人識其爲山礬，此固可疑。今花木稍異者，必窮幽及遠，百計以致之，豈有長安貴重，幸爲僅有，而他處彌亘山野，乃與榛莽爲比，恐無是理。康駢云：其花發若瓊林瑤樹。李德裕云：每花落，空中回旋久之，方集。今山礬花，蘂細碎，枝葉麁疎，非可以瓊林瑤樹爲比，花落亦無回旋之態。只詳此數端，則玉蘂別是一花，非此山礬，明矣。山礬所以名不一者，緣諸公不考究字書，其說遂致紛紛，殊不知字書中自有此一字。集韻：椣丈忍切，又作梣，木名，灰可以染久朕，至今俗謂之烏朕木，有如程文簡所云。其音義分明如此，惜諸公之未見也。字書中又有椣音陣，亦作榇，云木汁可作酒。聲雖相近，別爲一種，聲既相近，他日必有以椣榇爲疑者，故詳及之。原注：椣今有兩種，一種曰烏朕，木理堅密而瑩白，花極芳烈；一種曰白椣，枝葉與烏椣少異，而香亦少劣，染家亦用。

海紅豆

海藥：按徐表南州記云：生南海，人家園圃中大樹而生，葉圓有莢，近時蜀中種之亦成。治人黑皮䵟䵳，花癬，頭，面遊風，宜入面藥及澡豆。

益部方物略記：葉圓以澤，素蘤，春敷子生，莢間纍纍綴珠若紅豆，葉如冬青而圓澤。春開花白玉名，取其白耳。魯直又更其名爲山礬，謂可以染也。廬陵段謙叔有楊汝士與白二十二一帖云：唐昌玉蘂以少故見貴耳。自來江南山山有之，土人取以供染事，不甚惜也。則知瑒花之爲玉蘂，斷無疑矣。又程文簡公雍錄云：唐昌玉蘂花，長安惟有一株，或詩之曰：一樹瓏鬆玉刻成。則其葩蘂形似，略可想矣。春花盛時，傾城來賞，至謂有仙女降焉。元、白皆賦詩以實其事，則爲時貴重可知矣。山谷曰：江南野中有等小白花，木高數尺，春開極香，野人謂之鄭花。王荆公陋其名，改曰山礬。此花之葉，自可染黄，不借礬而成色，故以名。又高齋詩話云：玉蘂即今瑒花也。予按瑒玉珪名也，瑒鄭音近，而呼訛耳。吾鄉又呼烏朕花，朕、鄭、瑒音亦相近，知一物也。江南凡有山處，即有此花，其葉類木犀，而花白心黄，三月著花，芬香滿野。人家籬園，皆斫其枝，帶葉束之，稍稍受日，葉遂變黄，取以供染，不藉礬石，自成黄色，則魯直之言，信矣。至謂僅高二三尺者，蓋土人不以爲材，稍可燃燎，亟樵之，不容其長。惟長安以爲貴異，故其幹大於他處，非别種也。又洪文敏公容齋隨筆云：物以希見爲珍，長安唐昌觀玉蘂，乃今瑒花，又名米囊，黄魯直以爲山礬。在江東彌山亘野，殆與榛莽相似。而唐昌所産，至於神女下遊折花而去，以踐玉峯之期，是不特士俗罕見，雖神仙亦不識也。以上諸説，則是唐之玉蘂，斷然爲今之山礬也。予詳玉蘂在唐，亦不特見於唐昌觀而已。如内署既有之，翰林學士院及集賢院又有之，潤州招隱山又有之。李德裕平泉又有所謂連房玉蘂者，其載述則有李肇翰林志、賈氏談錄、李德裕、劉禹錫、白樂天文集，及沈傳師、楊巨源、張籍、王建諸公詩，亦不特見於劇談錄與夫嚴給事諸一時所賦而已。原注唐李肇翰林志云：院内古槐玉蘂署，學士至者，雜植其間，殆至繁隘。李德裕招隱山觀玉蘂樹，寄沈大夫云：玉瓊。宋敏求春明退朝錄云：揚州后土廟有瓊花一株，卽李衞公所謂玉蘂也。舊不可移徙，今京師亦有之。蔡寬夫詩話云：李衞公玉蘂花，卽今揚州后土祠瓊花者是。詳以上所說，則玉蘂卽瓊花。曾南豐白山茶詩云：瓊花散漫情終蕩，玉蘂蕭條迹更塵。姚令威西溪叢語云：唐昌玉蘂花，今之散水仙。揚州瓊花，今之聚水仙，但樹老耳。如此，又有是二物。今瓊花后土祠及番陽洪文敏公花圃俱有之。而玉蘂，丹徒山間及霅川人家多有之，與瓊花實爲二物也。予始以曾端伯謂山礬爲玉蘂爲非，後讀葛立方韻語陽秋，復得周文忠公玉蘂辨證，遂決玉蘂瓊花斷然爲二物，知楊汝士之帖爲僞，曉然。韻語陽秋云：曾端伯高齋詩話云：瑒花卽唐昌玉蘂花，以予觀之，恐未必然。玉蘂，佳名也。此花，唐流傳至今，不應捨玉蘂而名山礬，豈端伯别有所據？文忠辨證云：唐人甚重玉蘂，唐昌觀有之，集賢院有之，翰林院亦有之，皆非凡境也？予往因親舊自鎭江招隱來，遠致一本，條蔓如荼䕷。種之軒檻，冬凋春茂，柘葉紫莖，再歲始著花，久當成樹花。苞初甚微，經月漸大，暮春方放，出須如冰絲，上綴金粟，花心復有碧筩，狀類膽瓶。其中别出一英，出衆須上，散爲十餘蘂，猶刻玉然，花名玉蘂，乃在於此，羣芳所未有也。劉夢得雪蘂瓊絲之句，最爲中的。㮝音陣，南史劉杳傳所謂㮝酒者，予嘗得醞法，芳烈異常。山谷似不以杳傳爲據，徇俗訛㮝作鄭，而江南鄉音又呼鄭爲瑒，復疑未安，於是創山礬之名。然二詩幷序，初未嘗及玉蘂，祇因好事者僞作唐人之帖，故曾端伯、洪景盧皆信之。其實諸公偶未見此花，所謂信耳；而不信目也。又云：以玉蘂爲瑒，起於曾端伯，予與段謙叔之子元愷同里巷，往還至熟，其父初無楊汝士帖，小說難信，類此。曾端伯高齋詩話云：瑒花卽玉蘂也，介甫以比瑒，謂當用此瑒字。蓋瑒酒浸少時，飲酒，初以枸橘煎湯洗患處。樹皮主治中風，強直不得屈申。細切一升，酒二升，浸一宿，每日溫服半升，酒盡再作。

按枸橘嫩芽作蔬，極香，曰橘苗菜，宜煨肉食之。

蠟梅 救荒本草：蠟梅花多生南方，今北土亦有之。其樹枝條頗類李，其葉似杌葉而寬大，紋微麄。開淡黃花，味甘，微苦。採花煠熟，水浸淘淨，油鹽調食。

本草綱目李時珍曰：蠟梅小樹，叢枝，尖葉。種凡三種，以子種出不經接者，臘月開小花而香淡，名狗蠅梅。經接而花疎，開時含口者，名罄口梅。花密而香濃，色深黃如紫檀者，名檀香梅，最佳。結實如垂鈴，尖長寸餘，子在其中。其樹皮浸水磨墨，有光采。

山礬 本草綱目李時珍曰：山礬生江、淮、湖、蜀野中，樹之大者，株高丈許。其葉似卮子葉，生不對節，光澤堅強，略有齒，淩冬不凋。三月開花，繁白如雪，六出，黃蕊，甚芬香。結子大如椒，青黑色，熟則黃色，可食。其葉味澀，人取以染黃，及收豆腐，或雜入茗中。按沈括筆談云：古人藏書辟蠹，用芸香，謂之芸草，即今之七里香也。葉類豌豆，作小叢生，啜嗅之極芬香。秋間葉上微白如粉汚，辟蠹殊驗。又按倉頡解詁云：芸香似邪蒿可食，辟紙蠹。許愼說文云：芸似苜蓿，成公綏芸香賦云：莖類秋竹，枝象青松。郭義恭廣志有芸香膠，杜陽編云：芸香草出于闐國，其香潔白如玉，入土不朽。元載造芸暉堂以此爲屑，塗壁也。據此數語，則芸香非一種，沈氏指爲七里香者，不知何據。所云葉類豌豆，啜嗅芬香，秋間有粉者，亦與今之七里香不相類，狀頗似烏藥葉，恐沈氏亦自臆度爾。

雲谷雜記：玉蘂花，宋景文摘碎云：維揚后土廟有花，色正白，曰玉蘂。王禹偁愛賞之，便稱曰温州。寶珠茶，千葉攢簇，色深少態。楊妃茶，單葉花開，早桃紅色。焦萼白寶珠，似寶珠而蕊白，九月開花，清香可愛。正宫粉、賽宫粉，皆粉紅色。石榴茶中有碎花。海榴茶青蔕，而小於石榴茶。躑躅茶類山躑躅。眞珠茶、串珠茶、粉紅色。又有雲茶、磬口茶、茉莉茶、一捻紅、照殿紅。郝經詩注云：山茶大者曰月丹，又大者曰照殿紅、千葉紅、千葉白之類，葉各不同。或云亦有黄者，不可勝數。就中寶珠爲佳，蜀茶更勝於若瀛云。寶珠山茶，千葉含苞，歷幾月而放，殷紅若丹，最可愛。聞滇南有二三丈者，開至千朶，大於牡丹，皆下垂，稱絶豔矣。馮時可滇中茶花記：茶花最甲海内，種類七十有二，冬末春初，盛開大於牡丹，一望若火齊雲錦，爍日蒸霞。南城鄧直指有茶花百韻詩言茶有十絶：一豔而不妖；一壽經三四百年，尚如新植；一枝幹高聳四五尺，大可合抱；一膚紋蒼潤，黯若古雲氣罇罍；一枝條黝糾，狀如麈尾龍形；一蟠根輪囷離奇，可憑而几，可藉而枕；一豐葉森沈如幄；一性耐霜雪，四時常青；一次第開放，歷二三月；一水養瓶中，十餘日顔色不變。直指公有百韻甚工。

枸橘

本草綱目李時珍曰：枸橘處處有之，樹葉並與橘同，但幹多刺。二月開白花，青蕊，不香。結實大如彈丸，形如枳實，而殼薄不香。人家多收種爲藩籬，亦或收小實，僞充枳實及青橘皮售之，不可不辨。葉氣味辛，温，無毒。主治下痢，膿血，後重。同萆薢等分，炒存性，研，每茶調二錢服。又治喉瘻，消腫導毒，咽喉生瘡，層層如疊不痛，日久有竅出臭氣，廢飲食，用臭橘葉煎湯，連服必愈。刺主風蟲牙痛，每以一合煎汁含之。核主治腸風，下血不止。同樗根白皮等分，炒研，每服一錢，皁莢子煎湯調服。白疹，瘙痒遍身者，小枸橘細切，麥麩炒黄爲末，每服二錢，或二、或三四，甚似栗，而殼甚薄。殼中仁皮色如榧，瓤肉亦如栗，味苦而多膏油。江右、閩、廣人，多用此油燃燈，甚明，勝於諸油，亦可食。楂在南中，爲利甚廣。乃字書既無此字，而偏方、雜記亦未之見。或直書爲茶，尤非也。獨本草有櫧子云小於橡子，味苦，澀，樹皮如栗。或者櫧、楂聲近，土俗音訛耶？其不言子爲油，或昔人未食其利，如烏臼女貞之類耶？不敢傅會，姑志之，以俟再考。

又種楂法，秋間收子時，簡取大者，掘地作一小窖，勿令及泉。用沙土和子置窖中，至次年春分，取出畦種。秋分後分栽，三年結實。

又作油法，每歲於寒露前三日，收取楂子則多油，遲則油乾。收子宜晾之高處，令透風，樓上尤佳。過半月則罅發，取去斗，欲急開，則攤曬一兩日，盡開矣。開後取子，曬極乾，入碓磑中，碾細蒸熟，榨油如常法。

又楂油能療一切瘡疥，塗數次即愈。其性寒，能退濕熱，用造印色，生者亦不沁。或云：以澤首，尤勝諸膏油，不染衣，不膩髮。其渣可爨，用法每餅作四破，先於冷竈中罨架起，下用乾柴發火，發火後用餅屑漸次撒入，則起燄，燒熟者可以宿火，勝用炭墼。

按楂即今油茶，花葉皆同，茶花惟結實如油桐，子無斗無刺，非橡屬。農政全書誤以爲櫧，足不至湘、楚、章、贛，目未見滿山如雪，叢樹成畦，而以書茶爲非，固有姚老圃矣！

羣芳譜：山茶一名曼陀羅樹，高者丈餘，低者二三尺，枝幹交加。葉似木樨，硬有稜，稍厚，中闊寸餘，兩頭尖，長三寸許，面深綠光滑，背淺綠，經冬不脫，以葉類茶，又可作飲，故得茶名。花有數種，十月開，至二月有鶴頂茶，大如蓮，紅如血，中心塞滿，如鶴頂，來自雲南，曰滇茶。瑪瑙茶，紅、黃、白、粉爲心，大紅爲盤，產自

山茶

救荒本草：山茶科，生中牟土山田野中。科條高四五尺，枝梗灰白色。葉似皁莢葉而團，又似槐葉亦團，四五葉攢生一處，葉甚稠密，味苦。採嫩葉煠熟，水淘洗淨，油鹽調食。亦可蒸曬乾，做茶煮飲。按葉狀不甚類，恐名同物異。

本草綱目李時珍曰：山茶產南方，樹生，高者丈許，枝幹交加。葉頗似茶葉而厚硬，有稜，中闊，頭尖，面綠，背淡。深冬開花，紅瓣，黃蕊。格古論云：花有數種，寶珠者花簇如珠，最勝。海榴茶花，蒂青。石榴茶中有碎花躑躅。茶花如杜鵑花。宮粉茶、串珠茶，皆粉紅色。又有一捻紅、千葉紅、千葉白等名，不可勝數。葉各小異，或云：亦有黃色者。虞衡志云：廣中有南山茶花，大倍中州者，色微淡，葉薄有毛。結實如梨，大如拳，中有數核，如肥皁子大。花治吐血，衄血，腸風，下血。並用紅者爲末，入薑汁、童便及酒調服，可代鬱金湯。火灼湯研末，麻油調塗。

按山茶子作油，江西、湖南，利用甚溥，而諸書尙未詳及。惟嶺外代答：南山茶葩，蕚大倍中州，結實如拳，中有數核，如肥皁子大。今山民栽種成林，樹枝葉皆類山茶，秋末開單瓣白花，冬結實，次年霜降後，收子，謂之木子。曝裂壓油，名曰清油。贛南地暖，花實相繼，子榨油畢，其渣曰楛，用以爲炊，煙盡餤息，撲而弃之。冬月圍爐，不息不烈，溫暖適宜。又洗衣去垢，以代肥皁，研爲末灑於菜畦、花盎，能殺蟲、四民食用，無時可乏，瘠土之民，蒔以易穀。或云：山茶最磬地力，樹枯後卽難再種，未知確否？但崇岡高嶺，無不墾伐，一望矮林，幾無雜木。油日多而柴日少，亦互有消長耳。

農政全書：楂木生閩廣江右山谷間，橡栗之屬也。其樹易成，材亦堅韌，若修治令勁挺者，中爲杠。實如橡斗，斗無刺，爲異耳。斗中函子，或一、

扶桑

南方草木狀：朱槿花莖葉皆如桑，葉光而厚，樹高止四五尺，而枝葉婆娑。自二月開花，至中冬卽歇，其花深紅色，五出，大如蜀葵，有蘂一條，長於花葉，上綴金屑，日光所爍，疑若焰生。一叢之上，日開數百朶，朝開暮落，插枝卽活。出高涼郡，一名赤槿，一名日及。

嶺表錄異：朱槿花，莖葉皆如桑樹，葉光而厚，南人謂之佛桑。樹身高者，止於四五尺，而枝葉婆娑。自二月開花，至於仲冬方歇。其花深紅色，五出，大如蜀葵，有蘂一條，長於花葉，上綴金屑，日光所爍，疑有焰生。一叢之上，日開數百朶，雖繁而有豔，但近而無香。暮落朝開，插枝卽活，故名之槿。俚女亦採而鬻，一錢售數十朶，若微此花，紅妝無以資其色。

本草綱目李時珍曰：扶桑產南方，乃木槿別種，枝柯柔弱，葉深綠，微澀如桑。其花有紅、黃、白三色，紅者尤貴，呼爲朱槿。葉及花，甘，平，無毒。治癰疽，腮腫，取葉或花，同白芙蓉葉、牛蒡葉、白蜜，研膏傅之，卽散。

嶺南雜記：扶桑花，粵中處處有之。葉似桑而略小，有大紅、淺紅、黃三色。大者開泛如芍藥，朝開暮落，落已復開，自三月至十月不絕。佛桑與扶桑正相似，而中心起樓，多一層花瓣，今人以扶桑佛桑混爲一，非也。紗緞黑退變黃，搗扶桑花汁塗之，復黑如新。

南越筆記：佛桑一名福桑，又名扶桑，枝葉類桑花。丹色者名朱槿，白者曰白槿，有黃者、粉紅者、淡紅者，皆千葉婀娜如芍藥而小。一曰花上花，花上復花者，重臺也。其朱者可食，白者尤清甜滑，婦女常爲蔬，謂可潤喀補血。

酉陽雜俎：重臺朱槿似桑，南中呼爲桑槿。

本草綱目李時珍曰：葉及花氣味甘，平，無毒。主治癰疽，腮腫，取葉或花，同白芙蓉葉、牛蒡葉、白蜜研膏傅之，卽散。

本草綱目李時珍曰：木芙蓉處處有之，插條卽生，小木也。其幹叢生如荆，高者丈許，其葉大如桐，有五尖及七尖者。冬凋夏茂，秋半始著花，花類牡丹、芍藥，有紅者、白者、黄者、千葉者，最耐寒而不落，不結實。山人取其皮爲索。川、廣有添色拒霜花，初開白色，次日稍紅，又明日則深紅，先後相間如數色。霜時采花，霜後采葉，陰乾入藥。葉、花微辛，平，無毒。清肺，涼血，散熱，解毒。治一切大小癰疽，腫毒，惡瘡，消腫，排膿，止痛。

又曰：芙蓉花幷葉，氣平而不寒，不熱；味微辛，而性滑涎粘。其治癰腫之功，殊有神效。近時瘍醫祕其名爲清涼膏、清露散、鐵箍散，皆此物也。其方治一切癰疽發背，乳癰，惡瘡，不拘已成未成，已穿未穿。並用芙蓉葉或根、皮，或花；或生研，或乾研末，以蜜調，塗於腫處四圍，中間留頭，乾則頻换。初起者卽覺清涼，痛止腫消，已成者卽膿聚毒出，已穿者卽膿出易斂，妙不可言。或加生赤小豆末，尤妙。

羣芳譜：木芙蓉有數種，惟大紅千瓣、白千瓣、半白半桃紅千瓣醉芙蓉，朝白午桃紅晚大紅者，佳甚。黄色者種貴難得，又有四面花、轉觀花，紅白相間。八九月間次第開謝，深淺敷榮，最耐寒而不落，不結子。總之，此花清姿雅質，獨殿衆芳，秋江寂寞，不怨東風，可稱俟命之君子矣。欲染别色，以水調靛紙蘸花蘂上，仍裹其尖，開花碧色，五色皆可染。種池塘邊，映水益妍，俗傳葉能爛獺毛。　種植，十月花謝後，截老條長尺許，臥置窖内無風處，覆以乾壤及土。候來春有萌芽時，先以硬棒打洞，入糞及河泥、漿水灌滿，然後插入，上露寸餘，遮以爛草，卽活，當年卽花。若不先打洞，傷其皮，卽死。　製用，皮柔韌，連條風戾之。至春漚於池，以糾綆索，甚能勝水。多種之，歲可髡用。

冬青也。

枸骨 本草綱目李時珍曰：枸骨樹如女貞，肌理甚白，葉長二三寸，青翠而厚硬，有五刺，角四時不凋。五月開細白花，結實如女貞及菝葜子。九月熟時緋紅色，皮薄味甘，核有四瓣，人采其木皮煎膏，以粘鳥雀，謂之粘黐。

豬腰子 本草綱目李時珍曰：豬腰子生柳州，蔓生，莢內子大若豬腰狀，長三四寸，色紫而肉堅。子氣味甘，微辛，無毒。主治一切瘡毒及毒箭傷，研細酒服一二錢，并塗之。

廣西志：豬腰子出馬平羅城。

黃楊 本草綱目李時珍曰：黃楊生諸山野中，人家多栽種之。枝葉攢簇上聳，葉似初生槐芽而青厚，不花不實，四時不凋。其性難長，俗說：歲長一寸，遇閏則退。今試之，但閏年不長耳。其木堅膩，作梳、剜印，最良。葉味苦，平，無毒。治婦人難產，入達生散中用。又暑月生癤，搗爛敷之。

酉陽雜俎云：世重黃楊，以其無火也。用水試之，沉則無火，凡取此木，必以陰晦，夜無一星，伐之則不裂。

歐陽修黃楊樹子賦序：夷陵山谷間多黃楊樹子，江行過絕險處，時時從舟中望見之。鬱鬱山際，有可愛之色。獨念此樹生窮僻，不得依君子封殖備愛賞，而樵夫野老，又不知甚惜，作小賦以歌之。

王十朋甕庵銘：予目黃楊爲甕庵，自銘之。

芙蓉 益部方物記：自濃而淺，花之常態，今顧反之，亦反之怪，右添色拒霜花生彭、漢蜀川，花常多葉。始開白色，明日稍紅，又明日則若桃花然。

嶺外代答：添色芙蓉花，晨開正白，巳午微紅，夜深紅。歐陽文忠公牡丹譜有添色紅，與此同意。此花枝條，經冬不枯，有高出屋者。

按萬年枝是杻木，然自宋以來，承訛爲冬青久矣。

常氏日鈔：冬青花關係水旱，其花不落濕地。諺云：黃梅雨未過，冬青花未破；冬青花已開，黃梅便不來。

癸辛雜識：江、浙之地，舊無白蠟。十餘年間，有道人自淮間帶白蠟蟲子來求售，狀如小芡實，價以升計。其法以盆桎樹，桎字未詳。樹葉類茱萸，葉生水傍，可插而活，三年成大樹。每以芒種前，以黃草布作小囊，貯蟲子十餘枚，遍挂之樹間。至五月則每一子中出蟲數百，細若蠛蠓，遺白糞於枝梗間，此卽白蠟，則不復見矣。至八月中始剝而取之，用沸湯煎之，卽成蠟矣。其法如煎黃蠟同。又遺子於樹枝間，初甚細，至來春則漸大。收其子如前法，散育之。或聞細葉冬青樹亦可用，其利甚溥，與育蠶之利相上下。白蠟之價，比黃蠟常高數倍也。

蜀語：白蠟蟲，蟲生冬青樹枝上，殼大如圓眼半核，穀雨節摘下，殼內細蟲如蟣。至立夏節生足能行，用桐葉包繫冬青枝上，其殼底蟲能作白蠟，走上葉背上住，其殼口蟲仍爲蟲種，走向葉面上住，如入定狀。七月後葉背上者，蛻皮走聚住枝上，身生白衣，漸厚卽白蠟也。至處暑節，采下煎爲蠟，葉面上者蛻皮走，散住枝上，漸漸長大，初如蟣、如蝨，漸如粟、如黍。至冬如豌豆、如大豆，至明年穀雨，所謂大如圓眼半核者，殼上有蜜一點，至穀雨蜜乾可摘，此卽蟲種也。冬青樹俗名白蠟樹。

按南方放蠟，女貞極多，而冬青微少。湘潭縣志謂葉可染緋，其說本於陳藏器。新化縣志謂俗名滑葉樹，狀如女貞而大，葉滑，製紙者用之。又李邕云：冬青出五臺山，似椿子，赤如郁李。微酸，性熱，與此不同。南北冬時樹不凋零者，多曰冬青，蓋非一種，而女貞亦通呼廣志：驃國有白桐木，其葉有白毳，取其毳，淹漬緝織以爲布。

華陽國志：益州有梧桐木，其華采如絲，人績以爲布，名曰華布。龍門山記：徐童觀多桐木花，其花清香襲人。其子碧，可染青碧色。若移植他處，則不活。

滇南雜記：永昌有梧桐子，比中州者形頗長，大者幾可當蓮實，過永昌亦不可得。

淮南子：梧桐斷角馬氂截玉。又桐木成雲注：取十石瓮，滿以水，置桐其中，蓋之，三四日氣如雲形。又智者有所不及，故桐不可以爲弩。又以巨斧擊桐薪，不待利日良時而後破之。加斧桐薪之上，而無人力之奉，雖順拒搖刑德，而不能破，無其勢也。

蘇東坡集：凡木本實而末虛，惟桐反之。試取小枝，削皆堅實如蠟，而其本皆中虛空。故世所以貴孫枝者，貴其實也，實故絲中有木聲。

冬青

冬青 本草綱目李時珍曰：凍青亦女貞別種也，山中時有之。但以葉微圓而子赤者爲凍青，葉長而子黑者爲女貞。按救荒本草云：凍青樹高丈許，樹似枸骨子樹，而極茂盛。又葉似櫨子樹葉而小，亦似椿葉微窄，而頭頗圓不尖。正月開細白花，結子如豆，大紅色。其嫩芽煠熟，水浸去邪味，淘洗，五味調之可食。

按救荒本草：凍青子青黑色，此作紅色；紅色即冬青，或所見本異。

山居四要：種冬青，臘月下種，次春發芽，又次年三月移栽。長七尺許，可放蠟蟲。

羣芳譜：江南冬青，葉對生，枝葉皆如桂。但桂葉硬，冬青葉軟，稍異；豈另一種耶？按此即俗間以接桂樹者。

三體唐詩注：宋徽宗試畫院諸生，以萬年枝上大平雀爲題，無中程者，或密扣中貴曰：萬年枝，冬青樹也。

梧桐

爾雅翼：梧者，植物之多陰最可玩者，青皮而白骨，似青桐而多子；蓋桐有青赤白，而青桐又有有實無實之辨。今人以梧之青亦曰青桐，云其生莢如箕，子相對綴箕上，多者至五六，成材之後，樹可得實一石，食之味如芡。古今方書稱丸藥如梧桐子者，蓋倣此也。莊子曰：空閱來風，桐乳致巢。蓋子生纍然似乳，鳥悦於得食，因巢其上，亦猶枳椇之來巢，以味致之也。此木易生，鳥銜墮者，輒隨生殖。其畦種者，足歲可高一丈，古稱鳳凰集于朝陽梧桐之上，豈亦食其實耶？或曰：梧桐可知日月，正閏生十二葉，一邊有六葉，從下數一葉爲一月，至上十二葉；有閏十三，小餘者，視之則知閏何月也。遁甲：梧桐不生，則九州異。梧亦良木，孟子所謂場師舍梧檟而養樲棘，則爲賤場師。明梧者場中所貴也。此木雖不中樂器，然堪車板、盤合、木牒等用。釋木稱櫬梧，櫬者棺之別名，豈古下卿之罰，所謂桐棺三寸者，亦有取此耶？其皮今人亦剝用之，然葉春晚乃生，望秋輒槁。惠子所以據之而瞑也。或曰：槁梧卽琴，古者梧桐之名，亦通。齊地記曰：城北十五里有桐臺，卽梧宮。賈誼新書懸弧之禮：東方之弧以梧桐者，東方之草，春木也；南方之弧以柳，柳者南方之草，夏木也；中央之弧以桑，桑者中央之木也；西方之弧以棘，棘者西方之草，秋木也；北方之弧以棗，棗者北方之草，冬木也。

本草綱目李時珍曰：梧桐處處有之，樹似桐而皮青不皵，其木無節，直生，理細而性緊。葉似桐而稍小，光滑有尖。其花細蕊，墜下如醭。其莢長三寸許，五片合成，老則裂開如箕，謂之橐鄂。其子綴於橐鄂上，多者五六，少或二三，子大如胡椒。其皮皺，氣味甘，平，無毒。主治擣汁塗拔去白髮根下，必生黑者。又治小兒口瘡，和雞子燒存性，研摻。

後漢書西南夷傳：哀牢夷土地沃美，有梧桐木華，績以爲布，幅廣五尺，潔白不受垢汙。

醋林子，或鹽麸子，尚俟考。

大風子

本草補遺：粗工治大風病，佐以大風油，殊不知此物性熱，有燥痰之功，而傷血，至有病將愈而先失明者。

本草綱目李時珍曰：能治大風痰，故名大風子。今海南諸番國皆有之。按周達觀眞臘記云：大風乃大樹之子，狀如椰子而圓，其中有核數十枚，大如雷丸子。中有仁，白色，久則黃，而油不堪入藥。取大風子油法，用子三斤，去殼，及黃油者，研極爛，瓷器盛之，封口，入滾湯中，蓋鍋密封，勿令透氣，文武火煎至黑色如膏，名大風油。可以入藥，氣味辛熱，有毒。主治風癬疥癩，楊梅諸瘡，攻毒，殺蟲。大風油治瘡，有殺蟲刼毒之功，蓋不可多服。用之外塗，其功不可沒也。

烏木

諸番志：烏樠子似棕櫚，青幹聳直，高十餘丈，蔭綠茂盛。其木堅實如鐵，可爲器用，光澤如漆，世以爲珍木。

博物要覽：烏木出海南、南番、雲南，葉似棕櫚，性堅，老者純黑色，且脆，間道者嫩。今僞者多是槃音記。木染成，作筯。

本草綱目：氣味甘，鹹，平，無毒。主治解毒，又主霍亂，吐利。取屑研末，溫酒服。

古今注：毉木出交州，色黑有文，亦謂之烏文木。

南越筆記：烏木，瓊州諸島所產，土人折爲箸，行用甚廣。志稱出海南，一名角烏，色純黑，甚脆。有曰茶烏者，自番舶來，質堅實，置水則沉。其他類烏木者甚多，皆可作几、杖，置水不沉，則非也。

檀萃滇海虞衡志：烏木與櫨木爲一類，吳都分櫨木與文木而二之。謂文木材密緻無理，色黑，如水牛角。日南有之，卽王會所謂夷用闒木也。一統志所載滇之北勝、元江俱出烏木，恐或是櫨。眞烏木當出於海南，今俗鑲烟管用烏木，或訾之曰：此櫨木管。櫨與烏皆黑色木名，以堅脆分耳。

圖經：没藥生波斯國，今海南諸國及廣州或有之。木之根、之株，皆如橄欖，葉青而密，歲久者則有膏液流滴在地下，凝結成塊，或大或小，亦類安息香，無時採。今方多用，治婦人內傷痛楚，又治血暈，及臍腹疞刺者。没藥一物，研細溫酒調一錢，便止。又治歷節諸風，骨節疼痛，晝夜不可忍者。没藥半兩、虎脛骨三兩，塗酥炙黄色，先擣羅爲散，與没藥同研令細，溫酒調二錢，日二服，大佳。

海藥本草：謹按徐表南州記：生波斯國，是彼處松脂也。狀如神香，赤黑色，味苦，辛，溫，無毒。主折傷，馬墜，推陳致新，能生好血。凡服皆研爛，以熱酒調服，近效。墮胎，心腹俱痛，及野雞漏痔，產後血氣痛，並宜丸散中服爾。

諸番志：没藥出大食麻囉抹國，其樹高大，如中國之松，皮厚一二寸。採時先掘樹下爲坎，用斧伐其皮，脂溢於坎中，旬餘方取之。

醋林子

圖經：醋林子出卭州山野林箐中，其木高丈餘，枝條繁茂，三月開花，色白，四出。九月、十月結子纍纍，數十枚成朵，生青熟赤，略類櫻桃而蔕短。味酸，性溫，無毒。善療蚘咬，心痛，及痔漏，下血，並久痢不差。尤治小兒疳，蚘咬，心腹脹滿，黄瘦，下寸白蟲。單擣爲末，酒調一錢匕，服之甚效。彼土人多以鹽醋收藏，以充果子，食之生津液，醒酒，止渴，不可多食，令人口舌麄拆。及熟採之，陰乾，和核同用。其葉味酸，夷獠人採得入鹽，和魚膾食之，勝用醋也。

廣西通志：醋林子九十月子熟，數十枚成朵，生青熟赤，略類櫻桃而細。生山間，樹高二三尺，小兒喜食之。

南越筆記：鹽醋子，陽江山林多有之。高四五尺，葉如苦楝，秋生白花，結子最繁，冬卽枯死。子味酸如醋，酷日暴之，能出白鹽，故名。按此或卽者。劉禹錫著其方云：余少年曾患癬，初在頸項間，後延上左耳，遂成濕瘡。用斑猫、狗膽、桃根等諸藥，徒令蜇蠚，其瘡轉盛。偶於楚州賣藥人敎用盧會一兩，研炙甘草半兩末，相合令勻，先以溫漿水洗癬，乃用舊乾帛子拭乾，便以二味合和傅之，立乾便差，神奇。又治䘌齒。崔元亮海上方云：取盧會四分杵末，先以鹽揩齒，令洗淨，然後傅少末於上，妙也。

敬齋古今黈政和本草盧會條下本經云：俗呼爲象膽，以其味苦如膽故也。雷公云：凡使勿用雜膽，其象膽乾了，上有青竹艾斑，此物是胡人殺得白象，取膽，乾入漢中是也。而藥譜云：盧會，樹脂也。本草不細委之，謂之象膽，殊非也。藥譜破本草不細委，謂盧會爲象膽爲非，此說不明。本草正言俗以盧會味苦如膽，故呼象膽，則本草非指此物是象膽，特名象膽耳。其言盧會本胡人殺象取膽爲之，凡使勿用雜膽者，乃雷公之謬也。而藥譜不專指雷公之謬，而但言本草之非；無別白，甚矣。

諸番志：盧會出大食奴發國，草屬也。其狀如鶯尾，土人採而以玉器擣研之，熬而成膏，置諸皮袋中，名曰蘆薈。

艾納香

嘉祐本草：艾納香味甘，溫，無毒。去惡氣，殺蟲，主腹冷，洩痢。注：廣志曰，出西國，似細艾。又有松樹皮綠衣亦名艾納，可以和合諸香燒之，能聚其煙，青白不散，而與此不同也。

海藥本草：謹按廣志云，生剽國，溫平，主傷寒五洩，心腹注氣，下寸白，止腸鳴，燒之辟瘟疫，合螢窠，浴脚氣，甚良。

沒藥

嘉祐本草：沒藥味苦，平，無毒。主破血，止痛，療金瘡，杖瘡，諸惡瘡，痔漏，卒下血，目中瞖暈痛，膚赤。生波斯國，似安息香，其塊大小不定，黑色。

及蔓荆子微大，亦名毗陵茄子。

圖經：畢澄茄生佛誓國，今廣州亦有之。春夏生葉，青滑可愛，結實似梧桐子及蔓荆子微大。八月、九月採之。今醫方脾胃藥中多用，又治傷寒欬𤸷，日夜不定者。其方以蓽澄茄三分、高良薑三分，二物擣羅爲散。每服二錢，水六分，煎十餘沸，入少許醋，攪匀和滓如茶，熱呷。

海藥本草：謹按廣志云：生諸海國，嫩胡椒也。青時就樹採摘造之，有柄麤而帶圓是也。其味辛，苦，微溫，無毒。主心腹卒痛，霍亂，吐瀉，痰癖，冷氣。古方偏用染髮，不用治病也。

諸番志：蓽澄茄樹藤蔓衍，春花夏實，類牽牛子，花白而實黑。曬乾入包，出闍婆之蘇吉丹。

野胡椒

野胡椒，湖南長沙山阜間有之。樹高丈餘，褐幹密葉。幹上發小短莖，大小葉排生如簇，葉微似橘葉，面綠背青灰色，皆有細毛，捫之滑軟附莖。春開白花，結長柄小圓實如椒，攢簇葉間，青時氣已香馥。土人研以治氣痛，酒冲服。又一種枝幹全同，葉微小無實，俗呼見風消。

按唐本草：山胡椒所在有之，似胡椒，色黑，顆粒大如黑豆，味辛，大熱，無毒。主心腹冷痛，破滯氣，俗用有效。廣西通志：山胡椒，夏月全州人以代茗飲，大能清暑益氣，或以爲卽蓽澄茄。有一種野生，不堪食，皆未述其形狀，未審是否一物？長沙別有一種山胡椒，大葉，秋深結實，與此異種。

盧會

嘉祐本草：盧會味苦，寒，無毒。主熱風，煩悶，胸膈間熱氣，明目，鎮心，小兒癲癇，驚風。療五疳，殺三蟲，及痔病，瘡瘻，解巴豆毒。一名訥會，一名奴會，俗呼爲象膽，以其味如膽故也。生波斯國，似黑錫。

圖經：盧會出波斯國，今惟廣州有來者。其木生山野中，滴脂淚而成，採之不拘時月。俗呼爲象膽，以其味苦而云耳。盧會治濕痒，搔之有黃汁亦生，橫之亦生；生之易者，莫過斯木也。仲夏應陰而榮，月令取之以爲候。其花朝開暮落，或呼爲日及。陸璣賦云：如日及之在條，常雖及而不悟。潘尼云：朝菌者，詩人以爲舜華，莊生以爲朝菌。詩曰：有女同車，顏如舜華。又曰：顏如舜英。舜蓋華之茂者，又枝葉相當，有同車之象，亦如舜朝開日暮落，少過時則後之矣。太子忽當有功於齊之時，可以取齊女，於是時而不取，則若日及之不可待矣。木槿作飲，令人得瞑，與檢同功。其花用作湯代茗，可以治風。然茗令人不睡，木槿令人睡，爲異爾。本草衍義云：木槿如小葵花，淡紅色，五葉成一花，朝開暮斂，花與枝兩用。湖南北人家，多植爲籬障。傅咸賦云：應青春而敷蘂，逮朱夏而誕英；布夭夭之纖枝，發灼灼之殊榮；紅葩紫蔕，翠葉素莖；含暉吐曜，爛若列星。

羣芳譜：木槿木如李，高五六尺，多歧枝，色微白，可種可插。葉繁密如桑葉，光而厚，末尖而有椏齒。花小而豔，有深紅、粉紅、白色，單葉、千葉之殊。小兒忌弄，令病瘧。俗名瘧子花。扦插，二三月間新芽初發時，截作段，長一二尺，如插木芙蓉法，即活。若欲插籬，須一連插去，若少佳手，便不相接。

說文解字注：蕣木堇句，朝華暮落者。鄭風：顏如舜華。毛曰：舜，木槿也。月令：季夏木堇榮。釋艸云：椴木堇，櫬木堇。鄭君曰：木堇，王蒸也。莊子：朝菌不知晦朔。潘尼云：朝菌，木槿也。从艸。陸璣疏入木類，而爾雅、說文皆入艸類者。樊光曰：其樹如李，其華朝生暮落，與艸同氣，故入艸中。舜聲，舒閏切，十三部。詩曰：顏如蕣華。今詩作舜，爲假借。

華澄茄 嘉祐本草：華澄茄味辛，溫，無毒。主下氣，消食，皮膚風，心腹間氣脹，令人能食，療鬼氣，能染髮，及香身。生佛誓國，似梧桐子，之，遂枯。

嶺外代答：裹梅花即木槿。有紅白二種，葉似蜀葵，采者連蒂包裹黄梅，鹽漬暴乾，以薦酒，故名。

陸璣詩疏：顔如舜華，舜一名木槿，一名櫬，一名曰椴。齊、魯之間，謂之王蒸，今朝生暮落者是也。五月始花，故月令：仲夏木槿榮。

救荒本草：木槿樹採嫩葉，煠熟，冷水淘淨，油鹽調食。

按白木槿花，江西、湖南摘以爲羹，極滑美，賣花者與蔬同。

本草綱目李時珍曰：槿，小木也。可種可插，其木如李。其葉末尖而無椏齒。其花小而豔，或白或粉紅，有單葉千葉者，五月始開。逸書月令云：仲夏之月，木槿榮，是也。結實輕虚，大如指頭，秋深自裂。其子如榆莢、泡桐、馬兜鈴之仁，種之易生。嫩葉可茹，作飲代茶。今瘍醫用皮治癬，多取川中來者，厚而色紅。

毛晉陸疏廣要爾雅釋草云：椴木槿，櫬木槿。郭注云：似李樹，花朝生夕隕，可食，或呼日及，一曰王蒸。鄭注云：即朝生暮落花也。今亦謂之木槿，一名椴，一名櫬，一名王蒸，一名舜華。埤雅云：華如葵，朝生夕隕，一名舜，蓋瞬之義取諸此。詩曰：顔如舜華。又曰：顔如舜英。言不可與久也。蓋榮而不實者，謂之英。人物志曰：草之精秀者爲英，獸之將羣者爲雄；張良是英，韓信是雄。篤論曰：日給之華似柰，柰實而日給虚，虚僞之與眞實，相似也。通志云：爾雅入草列者。樊公云：其花朝生暮落，與草同氣，故在草中。今人謂之朝生暮落，多植庭院間。唐人詩云：世事方看木槿榮。言可愛易凋也。亦可作籬，故謂之槿籬。傅元云：蕣花，麗木也。或謂之愛老。成公綏云：日及華甚鮮茂，榮於孟夏，訖於孟秋。廣雅云：一名朱槿，一名赤槿。爾雅翼云：抱朴子曰，夫木槿、楊、柳，斷植之更生，倒之樹子成簇，生青，九月熟則紫色，內有細子，其味甘酸，小兒食之。按古今詩話云：即楊桐也。葉似冬青而小，臨水生者尤茂，寒食采其葉，漬水染飯，色青而光，能資陽氣。

山家清供：青精飯者，以比重穀也。按本草：南燭木今黑飯草，即青精也。采枝葉擣汁，浸米蒸飯，曝乾，堅而碧也。久服益顏延算。仙方又有青石飯，世未知石爲何也。按本草用青石脂三斤、青粱米一斗，水浸越三日，擣爲丸，如李大，日服三丸，可不飢，是知石脂也。二法皆有據，以山居供客，則當用前法；如欲則效此方辟穀，當用後法。每讀杜詩曰：豈無青精飯，令我顏色好。又曰：李侯金閨彥，脫身事幽討；亦有梁宋游，相期拾瑤草。當時才名如李、杜，可謂切於愛君、憂國矣。天乃不使之壯年以行其志，而使但有青精瑤草之思，惜哉！

伏牛花

嘉祐本草：伏牛花味苦，甘，平，無毒。療久風濕痹，四肢拘攣，骨肉疼痛，作湯主風眩，頭痛，五痔下血，一名隔虎刺花。花黃色，生蜀地，所在皆有，三月採。

圖經：伏牛花生蜀地，所在皆有，今惟益蜀近郡有之。多生川澤中，葉青細，似黃蘗葉而不光。莖赤有刺。花淡黃色，作穗似杏花而小。三月採，陰乾。又睦州所生虎刺，云淩冬不凋，彼人无時采，根葉，治風腫疾。

木槿

嘉祐本草：木槿平，無毒。止腸風瀉血，又主痢後熱渴，作飲服之，令人得睡。入藥炒用，取汁度絲，使得易絡。花涼，無毒。治腸風，瀉血，並赤白痢，炒用作湯，代茶喫，治風。

本草衍義：木槿如小葵花，淡黃色，五葉成一花，朝開暮斂，花與枝兩用。湖南北人家多種植，爲籬障，餘如經。

隴蜀餘聞：木槿，府署有木槿一株，治癬最效。所謂川槿，惟此爲最。梅守厭索之者衆，以湯澆故號南燭草木。一名猴藥，一名男續，一名後草，一名惟那木，一名草木之王。生嵩高、少室、抱犢、雞頭山，江左吳、越至多。土人名之曰猴菽，或曰染菽，粗與眞名相彷彿也。此木至難長，初生三四年，狀若菘菜之屬，亦頗似梔子。二三十年，乃成大株，故曰木而似草也。凡有八名，各從其邦域所稱，而正號是南燭也。其子如茱萸，九月熟，酸美可食，葉不相對，似茗而圓厚，味小酢，冬夏常青，枝莖微紫，大者亦高四五丈而甚肥脆，易摧折也。作飯法，以生白粳米一斛五㪷，更舂治，淅取一斛二㪷，木葉五斤，燥者用三斤亦可，雜莖皮益嘉，煮取汁，極令清冷以溲米，米釋炊之；溲即溲字也。今課其時月，從四月生新葉，至八月末色皆深，九月至三月用宿葉，色皆淺。可隨時進退，其斤兩寧少，多合採軟枝莖皮，於石臼中擣碎。假令四五月中作，可用十許斤熟舂，以斛二斗湯漬染，得一斛。以九斗淹斛二斗米，比來正爾，用水漬一二宿，不必隨湯煮。漬米令上可走蝦，周時乃漉而炊之，初漬正作綠色，既得蒸，便如紺，若蒸過汁漬，不得好色，亦可淘去，更以新汁漬之。灑濩皆用此汁，當令飯作正青色，乃止，向所餘汁一斗，以共三過灑飯。高格暴令乾，當三過蒸暴，每一燥，輒以清汁溲令浥浥，每日可服二升，勿復血食。亦以塡胃補髓，消滅三蟲。上元寶經曰：子服草木之王，氣與神通；子食靑燭之津，命不復殞；此之謂也。今茅山道士亦作此飯，或以寄遠，重蒸過，食之甚香甘也。孫思邈千金月令：南燭煎益髭髮及容顏，兼補暖。方三月三日採葉，并蘂、子，入大淨瓶中，乾盛。以童子小便浸滿瓶，固濟其口，置閑處，經一周年，取開。每日一兩，次，溫酒服之，每酒一盞，調煎一匙，極有效驗。

本草綱目李時珍曰：南燭吳、楚山中甚多，葉似山礬，光滑而味酸澀。七月開小白花，結實如朴又似橘葉，花微紫色。二月、三月採花，暴乾用。此木類，而在草部，不知何至於此。

本草衍義：密蒙花，利州路甚多，葉冬亦不凋，然不似冬青，蓋柔而不光潔，不深綠。花細碎，數十房成一朵，冬生春開。此木也，今居草部，恐未盡善。

瑾戶錄：密蒙花，其皮可爲紙。

紫荆 嘉祐本草：紫荆木味苦，平，無毒。主破宿血，下五淋，濃煮服之。今人多於庭院間種者，花豔可愛。

圖經：紫荆舊不載所生州郡，今處處有之，人多於庭院間種植。木似黃荆，葉小無椏，花深紫可愛。或云：田氏之荆也。至秋子熟如小珠，名紫珠，江東林澤間尤多。

本草衍義：紫荆木春開紫花，甚細碎，共作朵，生出無常處。或生於木身之上，或附根上、枝下，直出花。花罷葉出，光潔微圓，園圃間多植之。

補筆談：紫荆，陳藏器云：樹似黃荆，葉小無椏。夏秋子熟，正圓如小珠，大誤也。黃荆葉叢生小木，葉如麻葉，三椏而小。紫荆稍大，圓葉。實如樗莢，著樹連冬不脫，人家園庭多種之。

南燭 嘉祐本草：南燭枝葉味苦，平，無毒。止泄，除睡，強筋，益氣力。久服輕身，長年，令人不飢，變白去老。取莖葉擣碎，漬汁浸粳米，九浸、九蒸、九暴，米粒緊小，正黑如瑿珠，袋盛之，可適遠方。日進一合，不飢，益顏色，堅筋骨，能行。取汁炊飯，名烏飯，亦名烏草，亦名牛筋，言食之健如牛筋也。色赤，名文燭。生高山，經冬不凋。

圖經：南燭本經不載所出州土，云生高山，今惟江東州郡有之。謹按陶隱居登真隱訣載：太極真人青精乾石䭀飯法，䭀䭀之爲言飡也，謂以酒蜜藥草輩，飡搜而暴之也。亦作䬴，凡內外諸書，並無此字，惟施於今飯之名耳。其種是木而似草，又曰：鹽麩子氣寒，味酸而鹹，陰中之陰也。鹹能耎而潤，故降火，化痰，消毒。酸能收而澀，故生津，潤肺，止痢。腎主五液，入肺爲痰，入脾爲涎，入心爲汗，入肝爲淚，自入爲唾；其本皆水也。鹽麩、五倍先走腎，肝，有救水之功。所以痰涎、盜汗、風濕、下淚、涕唾之證，皆宜用之。又曰：按本草集議云：鹽麩子根能軟雞骨。岑公云：有人被雞骨哽，項腫可畏，用此根煎醋，啜至三碗，便吐出也。又彭醫官治骨哽，以此根擣爛，入鹽少許，綿裹以線繫定，吞之。牽引上下，亦釣出骨也。

寧鄉縣志：枯鹽萁，枝葉類椿而粗，味鹹，可飼豬。木理鬆，不堪器用。惟取石，恐長不成條，先於石上鑿孔數處，削木作小榫，釘之。隔宿，以椎擊榫，石自隨榫開裂，二三丈石，中斷也。老葉底生柯子，以火製之，名五焙子。

通義府志：五倍子，蜀語文蛤卽五倍子，生於拂烟樹中，有小細蟲無數，飛而螫人甚痒，名蟆子。

田居蠶室錄：其樹土人名夫煙樹，葉大似牡丹者，爲泡夫煙。細似椿葉而短者，爲鐵夫煙。鐵夫煙葉大者爲雄，小者爲雌；雄者不結子。泡夫煙子結葉蔕上，鐵夫煙子結葉背。結蔕者，形似佛手柑，結葉者似桃色，間紫綠。三月發葉，子卽生。六月摘取，用沸水微煮，其中蟲盡死，以供染用。其未摘盡者，明年自破，蟲飛出。一蟲一子，一枝蓋數百蟲也。種蟲者，摘其最老之子，懸風處，俟葉發時挂之。樹一株，歲可多得至二斤。

密蒙花

嘉祐本草：密蒙花味甘，平，微寒，無毒。主青盲膚瞖，赤澀多眵淚，消目中赤脈，小兒麩豆，及疳氣攻眼。生益州川谷，樹高丈餘，葉似冬青葉而厚，背色白，有細毛。二月、三月採花。

圖經：密蒙花生益州川谷，今蜀中州郡皆有之。木高丈餘，葉似冬青葉而厚，背白色，有細毛。

及取皮上有紫黑花勻者，裹鞍弓鐙。

本草綱目李時珍曰：樺木生遼東及臨洮河川西北諸地，其木色黃，有小斑點，紅色，能收肥膩。其皮厚而輕虛軟柔，皮匠家用襯靴裏，及爲刀靶之類，謂之暖皮。胡人尤重之，以皮卷蠟，可作燭點。

說文解字注：樗，樗木也。釋木：檴落。郭云：可以爲杯器素。按小雅薪是穫薪。箋云：穫落，木名也。陸云：依鄭則字宜木旁，樗、檴古今字也。司馬上林賦字作華。師古曰：華卽今之樺皮貼弓者。莊子：華冠亦謂樺皮爲冠也。樺者，俗字也。以其皮裹松脂，所謂樺燭。從木，雩聲，乎化切，古音在五部。讀若華，檴或從蒦。

鹽麩子

嘉祐本草：鹽麩子味酸，微寒，無毒。除痰飲，瘴瘧，喉中熱結，喉痹，止渴，解酒毒，黃疸，飛尸，蠱毒，天行寒熱，痰嗽，變白，生毛髮。取子，乾搗爲末，食之。嶺南人將以防瘴。樹白皮，主破血，止血，蠱毒，血痢，殺蚘蟲，并煎服之。根白皮，主酒疸，擣碎，米泔浸一宿，平旦空腹溫服一二升。葉如椿，生吳、蜀山谷，子秋熟爲穗，粒如小豆，上有鹽似雪，食之酸鹹，止渴。一名叛奴鹽。

本草拾遺：蜀人謂之酸桶。博物志云：酸桶七月出穗，蜀人謂之五倍。穗上有鹽著，可爲羹，亦謂之酢桶矣。吳人謂之烏鹽也。

本草綱目李時珍曰：膚木卽構木，東南山原甚多。木狀如椿，其葉兩兩對生，長而有齒，面青背白，有細毛，味酸。正葉之下，節節兩邊有直葉，貼莖如箭羽狀。五六月開花，青黃色，成穗，一枝纍纍。七月結子，大如細豆而扁，生青熟微紫色。其核淡綠，狀如腎形，核外薄皮上有薄鹽，小兒食之。滇、蜀人采爲木鹽。葉上有蟲，結成五倍子，八月取之。後魏書云：勿吉國水氣鹹凝，鹽生樹上，卽此物也。

名鷴哥花，酷似之。彭詩本四句，命吏寫刻，遺其一句；復誦之，自覺意足，乃不更改。

檉 爾雅檉河柳注：今河傍赤莖小楊。疏：陸璣云，生水傍，皮正赤如絳。一名雨師，枝葉似松。

嘉祐本草：赤檉木無毒，主剝驢馬，血入肉毒，取以火炙用，熨之，亦可煮汁浸之，其木中脂一名檉乳，入合質汗用之，生河西沙地，皮赤色，葉細。

本草衍義：赤檉木，又謂之三春柳，以其一年三秀也。花肉紅色，成紅穗。河西者，戎人取滑枝爲鞭，京師亦甚多。

陸璣詩疏：檉河柳，生水旁，皮正赤如絳，一名雨師。枝葉似松，毛晉廣要云：檉，爾雅云：檉河柳。郭注：今河旁赤莖小楊。鄭注：般檉也。生水畔，其葉經冬變紅。爾雅翼：檉葉細如絲，婀娜可愛。天之將雨，檉先起氣以應之，故一名雨師。漢書：鄯善國多檉柳。段成式云：赤白檉出涼州，大者爲炭，復入灰汁，可以煮銅。南都賦注：檉似柏而香。今檉中有脂，號檉乳。通志云：檉曰河柳，曰雨師，曰春柳，本草謂之赤檉木，以其材赤故也。大概松杉之類，而意態似柳，故謂之檉柳。其材可卷爲盤合，又曰樓落。郭云：可以爲栝器素，此赤檉也。又有一種名赤楊，又名水楊，與此相似，而植之水邊，其葉經秋盡紅，人多植於門巷。杜詩：頳檉曉夜希，卽此也。

說文解字注：檉，河柳也。釋木、毛傳同陸璣云：生水邊，皮正赤如絳，一名雨師。羅願云：葉細如絲，天將雨檉先起氣迎之，故曰雨師。按檉之言頳也，赤莖，故曰檉。廣韻釋楊爲赤，莖柳，非也。從木，聖聲，敕貞切，十一部。

樺木 嘉祐本草：樺木皮味苦，平，無毒。主諸黃疸，濃煮汁飲之，良。堪爲燭者，木似山桃，取脂燒，辟鬼。

本草衍義：樺木皮燒爲黑灰，合他藥治肺風毒，步履便輕，故錄之耳。海桐皮二兩，牛膝、芎藭、羌活、地骨皮、五加皮、各一兩，甘草半兩，薏苡仁一兩，生地黃十兩，八物洗淨焙乾細剉。生地黃以蘆刀子切，用綿一兩都包裹，入無灰酒二㪷浸，冬二七日，夏一七日。候熟，空心食後，日午晚臥時，時一盞，長令醺醺合時，不用添減，禁毒食。

海藥本草謹按廣志云：生南海山谷中，似桐，皮黃白色，故以名之。味苦，溫，無毒。主腰腳不遂，頑痹，腿膝之痛，霍亂，赤白瀉痢，血痢，疥癬。

南方草木狀：刺桐，其木爲材，三月三時布葉繁密後，有花赤色，間生葉間，旁照他物，皆朱殷。然三五房凋，則三五復發，如是者竟歲，九眞有之。

南越筆記：刺桐花形如木筆，開時爛若紅霞，風吹色愈鮮好，絕無一葉間之。或謂刺桐卽蒼梧，瓊州田家以刺桐葉糞田，門巷多種之，耕時視其花爲候。

本草綱目李時珍曰：海桐皮有巨刺，如黿甲之刺。或云：卽刺桐皮也。按嵇含南方草木狀云：九眞有刺桐，布葉繁密。三月開花，赤色，照映，三五房凋，則三五復發。陳翥桐譜云：刺桐生山谷中，文理細緊，而性喜折裂，體有巨刺如欓樹，其實如楓。

溫陵郡志：溫陵城留從効重加板築，植刺桐環繞之。其樹高大而枝葉蔚茂，初夏開花，極鮮紅。如葉先萌，而花後發，主明年五穀豐熟。

泉南雜志：宋進士呂造詩云：閩海雲霞遶刺桐，往年城郭爲誰封；鷓鴣啼困悲前事，荳蔻香銷減舊容。刺桐城，今泉州築城時，環城皆植刺桐，故號桐城。

天中記：彭綱詠刺桐花詩云：樹頭樹底花楚楚，風吹綠葉翠翩翩，露出幾隻紅鸚鵡。刺桐花雲南人相傳以爲器，用厭鬼，故曰無患也。纂文云：無患名噤婁，實好去垢，核黑如堅鑪，今僧家貫之爲念珠，紅紫色，小者佳也。酉陽雜俎同本草衍義：無患子今釋子取以爲念珠，出佛經，惟取紫紅色，小者佳。今入藥絕少，西洛亦有之。

博物要覽：槵子木生山中，樹甚高大，枝葉皆如椿，其葉對生。五六月開白花。結實如彈丸，生青熟黃，老則文皺。黃時，肥如油煠之形。味辛，氣膻且硬，其蔕下有二小子，相粘承之。實中一核，堅黑如珠，其子可作素珠，碾碎可洗眞珠。

本草綱目李時珍曰：生高山中，樹甚高大，枝葉皆如椿。特其葉對生，五六月開白花，結實大如彈丸，狀如銀杏及苦楝子。生青熟黃，老，則文皺。黃時，肥如油煠之形。味辛，氣膻且硬，其蔕下有二小子，相粘承之。實中一核，堅黑似肥皁莢之核，而正圓如珠。殼中有仁如榛子仁，亦辛膻，可炒食。十月採實，煮熟去核，搗和麥麪或豆麪，作澡藥，去垢同於肥皁用，洗眞珠甚妙。

山海經云：秩周之山，其木多桓。郭璞注云：葉似柳，皮黃不錯，子似楝，著酒中飲之，辟惡氣，澣之去垢。核堅正黑，卽此也。今武當山中所出鬼見愁，亦是樹莢之子，其形正如刀豆子而色褐。彼人亦以穿數珠，别又是一物，非無患也。

海桐皮

嘉祐本草：海桐皮味苦，平，無毒。主霍亂，中惡，赤白久痢。除甘䘌疥癬，牙齒蟲痛，並煮服及含之。水浸洗目，除膚赤，堪作繩索，入水不爛。出南海，以南山谷，似梓，白皮。

圖經：海桐皮出南海以南山谷，今雷州及近海州郡亦有之。葉如手大，作三花尖，皮若梓，白皮而堅韌，可作繩，入水不爛，不拘時月採之。古方多用浸酒，治風蹷。南唐筠州刺史王紹顔撰續傳信方，著其法云：頃年予在姑熟之日，得腰膝痛，不可忍。醫以腎藏風毒攻刺，諸藥莫療。因覽傳信方，備有此驗，立修製一劑，便減五分，豫人買之。苗女喜曰：利市。謂得嘉客交易也。本省人買之，則倍其價。江南人或物色之，則舉筐以贈，曰：愛莫離。愛莫離者，華言與你有宿緣也。或有調戲之，則大怒曰：落匆渾。落匆渾者，華言沒廉恥也。通志：幹如蒺藜，花如荼蘼，實如小石榴有刺，味酸，取其汁入蜜熬之。黔屬俱有，越境卽無。戊己編：紅子、刺梨二物，山原之間，婦饁未來，午茶不繼，則耕牧之糧也。途左道旁，販夫腸吼，行子口乾，則中路之糧也。黔中當乾隆己丑、庚寅大歉，饑民滿山塞野，以此全活者多。田居蠶室錄：考之本草綱目，金櫻子一名刺梨子，一名山石榴，一名山雞頭子。蘇頌云：叢生郊野中，大類薔薇有刺，四月開小白花，夏秋結實，亦有刺黃赤色，形似小石榴。按此則金櫻，正是今刺梨，金櫻當作金罌，與石榴、雞頭，皆以形象立名。白居易有山石榴詩，是詠蜀產。滇黔紀遊及貴州通志並云：黔屬始有，他境不生。余常在湖北麗陽驛南五里許，一山寺側，見有數株，與黔產無稍異。南遊滇中，亦到處有此，可見舊說不盡然也。古方有金櫻酒，今黔人採刺梨蒸之，曝乾囊盛，浸之酒盎，名刺梨酒，味甚佳，是古製也。今藥肆金櫻，非本草所名，反以刺梨爲別一物，謬矣。

無患子

嘉祐本草：無患子皮有小毒。主滌垢，去面䵟，喉痹，研內喉中，立開。又主飛尸，子中仁燒令香，辟惡氣，其子如漆珠。生山谷大樹，一名噤婁，一名桓。

本草拾遺：有小毒。主滌垢，去面皯，喉閉，飛尸，研內喉中，立開。子中仁燒令香，辟邪惡氣。子黑如漆珠子。深山大樹，一名噤婁，一名桓。桓、患字聲訛也。博物志云：桓葉似柳，子核堅，正黑，可作香纓，用辟惡氣，滌垢。古今注云：程雅問木曰：無患何也？答曰：昔有神巫曰，寶眊能符劾百鬼，得鬼則以此木爲棒，棒殺之。世叢生郊野中，大類薔薇，有刺。四月開白花，夏秋結實，亦有刺，黄赤色，形似小石榴，十一月、十二月採。江南、蜀中人熬作煎酒服，云補治有殊效。宜州所供，云本草謂之營實，其注稱白花者善，即此也。今校諸郡所述，與營實味别。洪州、昌州皆能煮其子作煎，寄至郡下。服食家用和雞頭實，作水陸丹，益氣補眞，甚佳。

夢溪筆談：金罌子止遺洩，取其温且澀也。世之用金罌者，待其紅熟時，取汁熬膏用之，大誤也。紅則味甘，熬膏則全斷澀味，都失本性。今當取半黄時，採乾搗末用之。

按黔書：刺梨野生，夏葩秋實，榦如蒺藜多芒刺，葩如荼蘼，實如安石榴而較小，味甘而微酸。食之可以已悶，亦可消滯，漬其汁煎之以蜜，可作膏，正不減於梨楂也。然亦有貴賤：瓣之單者，士人以之插籬而代槿，胎之重者，名爲送春歸，春深吐豔，大如菊，密蕚緐英，紅紫相間而成色，實尤美。黔之四封悉産，移之他境，則不生，豈亦晝疆之雉，過淮之橘耶？又普定烏撒梨，不下建陽，宣城亦有梨膏，佳者不下河間。又滇黔紀遊所載大同，核其形味，即金櫻子。嘉祐本草所謂：是今之刺梨子也。特生黔者，子稍大而味甘，堪充果實，亦以山深地僻，飣盤絶稀，故見採録。又按圖經棠毬子生滁州，三月開白花，隨便結實，其味酸而澀，採無時。彼土人用治痢疾及腰痛皆效，他處亦有，而不入藥用。細考形狀、功用，亦即金櫻。今饒州志亦載有棠毬，字或作餹，詢之土人，乃金櫻子之俗呼耳。以其刺如毬，而味微甘，故名。又曰：餹罐，亦肖其實之形也。

遵義縣志：刺梨，滇黔紀遊：刺梨野生，夏華秋實，幹與果多芒刺，味甘酸，食之消悶，煎汁爲膏，色同楂梨。四封皆産，移之他境，則不生。每冬月，苗女子採，入市貨人，得江、浙、楚、本草綱目李時珍曰：處處山有之，喜叢生，幹疎而直，葉豐而厚，團而有尖。其葉飼蠶，取絲作琴瑟，清響勝常。爾雅所謂棘繭，卽此蠶也。考工記云：弓人取材，以柘爲上。其實狀如桑子而圓，粒如椒，名佳子〔佳音錐〕。其木染黃，赤色，謂之柘黃，天子所服。相感志云：柘木，以酒醋調礦灰塗之，一宿則作間道烏木文，物性相伏也。

柞木 嘉祐本草：柞木皮味苦，平，無毒。治黃疸病，皮燒末，服方寸匕。生南方，葉細，今之作梳者是。

本草綱目李時珍曰：此木處處山中有之，高者丈餘，葉小而有細齒，光滑而韌。其木及葉子皆有針刺，經冬不凋。五月開碎白花，不結子，其木心理皆白色。

說文解字注：柞，柞木也。詩有單言柞者，如：維柞之枝，析其柞薪，是也。有柞、棫連言者，如：皇矣、旱麓、緜是也。陸璣引三蒼：棫卽柞也，與許不合。假令許謂棫卽柞，則二篆當聯屬之；且詩不當或單言棫，或單言柞，或柞棫並言也。鄭詩箋云：柞，櫟也。孫炎爾雅注：櫟實，橡也。齊民要術援爾雅注，合柞、栩、櫟爲一，亦皆非。許意從木，乍聲，在各切，五部。按柞可薪，故引伸爲凡伐木之偁。周禮有柞氏。周頌傳曰：除艸曰芟，除木曰柞。古無二音也。

柞樹 柞樹，南贛、撫建皆有之，叢生，高七八尺。莖如石刺木，橫刺長寸許。葉如女貞葉。結紫黑實，一莖兩三粒，與鑿子木同名異類，土人以樊圃。

金櫻子 嘉祐本草：金櫻子味酸澀，平，溫，無毒。療脾洩，下痢，止小便利，澀精氣。久服令人耐寒，輕身。方術多用，云是今之刺梨子，形似榅桲而小，色黃有刺，花白。在處有之。

圖經：金櫻子舊不載所出州土，云在處有之。今南中州郡多有，而以江西、劍南、嶺外者爲勝。

杼木可染。十姥曰：杼，木名；可染繒。按周禮注曰：染草，茅蒐、橐盧、豕首，紫茢之屬。橐盧豈即黃杼與？抑字音相近，而草木異類也。玉篇乃佚杼字，從木，乎聲，他乎切，五部。

又櫨，欂櫨也。依全書通例，正從木，盧聲，落胡切，五部。伊尹曰：果之美者。箕山之東，青鳧之所，有甘櫨焉，夏孰也。語見呂覽本味篇。鳧作島，不言夏孰。高誘曰：箕山在潁川、陽城之西，青島，崑崙山之東，二處皆有甘櫨之果。上林賦：盧橘夏孰。應劭曰：伊尹書云，果之美者，箕山之東，青鳥之所，有盧橘，夏孰。史漢注作青馬。依文選作青鳥爲長。蓋即山海經之三青鳥，故島、鳧皆鳥之誤也。漢志道家者流，有伊尹五十一篇，小說家者流，有伊尹說二十七篇，許葷下、秏下、鮞下及此，皆取諸伊尹書。相如用盧橘夏孰，太沖猶譏其不實，後人以給客橙、枇杷等當之，繆甚。一曰宅櫨，木出宏農山也。

鄭注周禮說：染艸之屬，有橐蘆。未知是不？

柘木

嘉祐本草：柘木味甘，溫，無毒。主補虛損，取白皮及東行根，白皮煮汁釀酒，主風虛耳聾，補勞損虛羸，腰腎冷，夢與人交接洩精者，取汁服之。無刺者良。木主婦人崩中血結，及主瘧疾，兼堪染黃。

本草衍義：柘木裏有紋，亦可旋爲器。葉飼蠶，曰柘蠶；然葉硬不及桑葉。東行根及皮，煮汁釀酒，治風虛耳聾有驗，餘如經。

救荒本草：柘樹，本草有柘木，今北土處處有之。其木堅勁，皮紋細密，上多白點，枝條多有刺。葉比桑葉甚小而薄，色頗黃淡，葉梢皆三叉，亦堪飼蠶。綿柘刺少，葉似柿葉微小，枝葉間結實，狀如楮桃而小，熟則亦有紅。蘂味甘酸，葉味甘，微苦。採嫩葉煠熟，以水浸，作成黃色，換水浸去邪味，以水淘淨，油鹽調食。其實紅熟，甘酸可食。

上有白稜。二月、八月採根，暴乾。

烏藥　嘉祐本草：烏藥味辛，溫，無毒。主中惡，心腹痛，蠱毒，疰忤，鬼氣，宿食不消，天行疫瘴，膀胱腎間冷氣攻衝背膂，婦人血氣，小兒腹中諸蟲。其葉及根嫩時，採作茶片，炙碾煎服，能補中益氣，偏止小便頻數。生嶺南邕、容州及江南。樹生似茶，高丈餘，一葉三椏，葉青陰白。根色黑褐，作車轂形，狀似山芍藥根，又似烏樟根，自餘直根者不堪。一名旁其，八月採根。

圖經：烏藥生嶺南邕、容州及江南，今台州、雷州、衡州亦有之，以天台者爲勝。木似茶檟，高五七尺，葉微圓而尖，作三椏，面青背白。五月開細花，黃白色，六月結實，如山芍藥，而有極麤大者，又似釣樟根。然根有二種：嶺南者黑褐色，而堅硬；天台者，白而虛軟。並八月採根，以作車轂形如連珠狀者佳。或云：天台出者香白可愛，而不及海南者力大。

黃櫨　嘉祐本草：黃櫨味苦，寒，無毒。除煩熱，解酒疸，目黃，煎服之。亦洗湯火漆瘡，及赤眼。堪染黃。生商洛山谷，葉圓，木黃，川界甚有之。

楊氏產乳治漆瘡，煎黃櫨木汁，洗之最良。

救荒本草：黃櫨生商洛山谷，今鈞州、鄭州山野中亦有之。葉圓木黃，枝莖色紫赤，葉似杏葉而圓大。味苦，性寒，無毒。木可染黃，採嫩芽煠熟，水淘去苦味，油鹽調食。

癸辛雜識：長城之旁，居人以積雨後，或有得堅木於城土中，識者謂名黃蘆木，乃當時用以爲城幹者。惟極堅勁，不畏水溼而耐久，至今一二千年，猶有如楹大者，以之爲鎗幹最佳。蓋築城無以爲幹不可，所謂不謹而寘薪焉者，又何邪？

說文解字注：杍杍木出橐山中。山經曰：傳山西五十里曰橐山，其木多樗，多㯻木。按樗者杍之誤，許所引山海經樵字，今作柘；洛字，今作涔；劦字，今作颮，其不同如此。古韻十一模曰：黃

植物名實圖考長編卷二十二

木類

突厥白

突厥白味苦，主金瘡，生肉，止血，補腰續筋。出突厥國，色白如灰，乃云石灰，共諸藥合成之。夷人以合金瘡，中國用之，今醫家見用經效者，潞州出焉。其根黃白色，狀如茯苓而虛軟，苗高三四尺，春夏葉如薄荷，花似牽牛而紫，石荊欒荊注：蘇云：用當欒荊非也。按石荊似荊而小，生水傍，作灰汁，沐頭生髮。廣濟方云：一名水荊，主長髮，是也。

綟木味甘，溫，無毒。主風血羸瘦，補腰脚，益陽道。宜浸酒。生林漢山谷，木文側，故曰綟木。

松楊木皮味苦，平，無毒。主水痢，不問冷熱，取皮濃煎令黑，服一升。生江南林落間，大樹，葉如梨。江西人呼爲涼木，松楊縣以此樹爲名也。

人以瘡疥用之。

沒離梨味辛，平，無毒。主上氣下食，生西南諸國，似仳梨勒，上有毛少許也。

千金藤有數種，南北名模，不同。大略主療相似，或是皆近於藤，主一切毒氣。其中霍亂，中惡，天行虛勞，瘴瘧，痰嗽不利，癰腫大毒，藥石發癲雜症，悉主之。生北地者，根大如指，色似漆；生南土者，黃赤如細辛。舒、廬間有一種藤，似木蓼。又有烏虎藤，繞樹冬青，亦名千金藤。又江西山林間有草生，葉頭有瘿子似鶴膝，葉如柳，亦名千金藤。又似荷葉，只錢許大，亦呼爲千金藤，一名古藤，主痢及小兒大腹。千金者，以貴爲名，豈但一物，亦狀異而功名同。南北所用，若取的稱，未知孰是。其中有草，今並入木部，草部亦重載也。

海藥：謹按廣州記云：生嶺南山野。陳氏云：呼爲石黃香，味苦平，無毒。主天行時氣，能治蠱，解諸毒，癰腫發背。並宜煎服浸酒，治風輕身也。

嘉祐本草：千金藤主一切血毒諸氣，霍亂，中惡，天行虛勞，瘧瘴，痰嗽不利，癰腫，蛇犬毒，藥石發癲癇，悉主之。生北地者，根大如指，色黑似漆；生南土者，黃赤如細辛。

感藤味甘，平，無毒。調中益氣，主五藏，通血氣，解諸熱，止渴，除煩悶，治腎鈞，氣如木防已。生江南山谷，如雞卵大，斫藤斷，吹氣出一頭，其汁甘美如蜜。葉生研傅蛇蟲咬瘡。一名甘藤，甘感聲近，又名甜藤也。

甘露藤味甘，溫，無毒。主風血氣諸病。久服調中，溫補，令人肥健，好顏色，止消渴，潤五藏，除腹內諸冷。生嶺南，藤蔓如筋，一名肥藤，人服之得肥也。

婆羅得味辛，溫，無毒。主冷氣塊，溫中補腰腎，破痃癖，可染髭髮令黑。樹如柳，子如草麻，生西國。

者，取片子許大，內孔中當自爛落。生歙南山谷，高丈許，直上無枝，莖上有刺。山人折取頭，茹食之，亦治冷氣，一名吻頭。

橉木灰味甘，溫，小毒。主卒心腹，癥瘕堅滿，痃癖，燒爲白灰，淋取汁，以釀酒。酒熟，漸漸從半合溫服增至一二盞，卽愈。此灰入染家用。生江南深山大樹，樹有數種，取葉厚大白花者入藥，自餘用染灰，一名橝灰。本經汗於病者，床下布之，勿令病人知也。

楖桐皮味甘，溫，無毒。主爛絲，葉擣封蛇、蟲、蜘蛛咬，皮爲末服之，亦主蠶咬、毒入肉者。雞犬食欲死，煑汁灌之，絲爛卽差。樹似青桐，葉有椏，生山谷，人取皮以福絲也。

馬瘍木根皮有小毒，主惡瘡疥癬，有蟲者爲末，和油塗之。出江南山谷，樹如櫪也。

木細辛味苦，溫，有毒。主腹內結積聚瘕，大便不利，推陳去惡，破冷氣。未可輕服，令人利下至困。生終南山，冬月不凋，苗如大戟，根似細辛。

欂木皮葉煮洗蛇咬，亦可作屑傅之。欂大木也，出江南地。

芙樹有大毒，主風痹，偏枯，筋骨攣縮癱瘓，皮膚不仁，疼冷等。取枝葉擣碎，大甑中蒸令熱，鋪著床上，展臥其中。冷更易，骨節間風盡出，當得大汗。補藥及羹粥食之，愼風冷勞復。生江南深山，葉長厚，冬月不凋，山人捴識也。

丹桎木皮主癧瘍風，取一握，去上黑，打碎，煎如糖，塗風上。桎木似杉木，生江南深山。

結殺味香，主頭風，去白屑，生髮，入膏藥用之。生西國，樹花胡人將香油傅頭也。杓打人身上結筋，二下筋散矣。

木黎蘆、漏蘆注，陶云：漏蘆一名鹿驪，生喬山，南人用苗，北人用根，功在本經。木黎蘆有毒，非漏蘆，樹生如茱萸，樹高二尺，有毒殺蟲。山角落木皮味苦，溫，無毒。主赤白痢，皮煮汁服之。生江西山谷，似茱萸獨莖也。

鳩鳥漿味甘，溫，無毒。主風血，羸老。山人浸酒，用解諸毒，故曰鳩鳥漿。生江南林木下，高一二尺，葉陰紫色，冬不凋，有赤子如珠。

牛領藤味甘，溫，無毒。主腹內冷，腰膝疼弱，小便白數，陽道乏，煮汁浸酒服之。生嶺南高山，形褊如牛領，取之陰乾也。

枕材味辛，小溫，無毒。主欬嗽，痰飲，積聚脹滿，鬼氣，疰忤，煮汁服之。亦可作浴湯，浸脚氣，及小兒瘡疥。生南海山谷，作舸船次於樟木，無藥處用之也。

鬼膊藤味苦，溫，無毒。主癰腫，搗莖葉傅之。藤堪浸酒，去風血。生江南林澗中，葉如梨葉，子如柤子，山人亦名鬼薄者也。

溫藤味甘，溫，無毒。主風血，積冷，浸酒服之。生江南山谷不凋，著樹生也。

慈母無毒，取枝葉炙黃香作飯，下氣止渴，令人不睡，主小兒痰痞。生山林間，葉如櫻桃而小，樹高丈餘，山人並識之。

地龍藤味苦，無毒。主風血羸老，腹內及腰脚諸冷，食不作肌膚，浸酒服之。生天目山，蟠屈如龍，故號地龍藤。遶樹木生，似龍所生，與此頗同，小有異耳。吳中亦有也。

柯樹皮味辛，平，有小毒。主大腹，水病，取白皮作煎，令可丸如梧桐子大。平旦三丸，須臾又一丸。一名木奴，南人用作大舡者也。

海藥：謹按廣志云：生廣南山谷。臨海志云：是木奴樹，主乳氣，採皮以水煑，去滓復煉，候凝結，丸得爲度。每朝空心飲下三丸，浮氣水腫，並從小便出。故波斯家用爲舡舫也。

櫁根一作櫁，味辛，平，小毒。主水癊，取根白皮，煮汁服之，一盞當下水。如病已困，取根擣碎，坐取其氣，水自下。又能爛人牙齒，齒有蟲不老，浸酒良。生天台山石上，如松，高一二尺也。

牛嬭藤味甘，溫，無毒。主荒年食之，令人不飢。取藤中粉，食之如葛根，令人髮落。牛好食之。生深山，大如樹。

木麻味甘，無毒。主老血，婦人月閉，風氣，羸瘦，癥瘕。久服令人有子。生江南山谷林澤，葉似胡麻相對。山人取以供釀酒也。

那耆悉味苦，寒，無毒。主結熱，熱黃，大小便澀赤，瘠毒，諸熱，明目。取汁洗目。主赤爛熱障。生西南諸國，一名龍花也。

黃屑味苦，寒，無毒。主心腹痛，霍亂，破血，酒煎服之。主酒疸，目黃，及野雞病，熱痢，下血，水煮服之。從西南來者，並作屑，染黃用之，樹如檀。

研藥味苦，溫，無毒。主霍亂，下痢，中惡，腹內不調者，服之。出南海諸州，根如烏藥，圓，小樹生也。

海藥：葉如椒，主赤白痢，蠱毒，中惡，並剉煎服之。

元慈勒味甘，無毒。主心病，流血，合金瘡，去腹內惡血，血痢，下血，婦人帶下，明目，去障瞖，風淚，努肉。生波斯國，似龍腦香。

海藥：慈勒樹中脂也，味甘，平，消堅，破血，止痢，腹中惡血。今少有。

省藤味苦，平，無毒。主蚘蟲，煮汁服之。又主齒痛打碎，口中含之。又取和米煑粥，飼狗去瘑。生南地深山，皮赤如指，堪縛物，片片自解也。

梫木味苦，平，無毒。破產後血，煮服之。葉搗碎封蛇咬，亦洗瘡。

癬樹如石榴，葉細，高丈餘。四月開花，白如雪，生江東林筤間。

息王藤味苦，溫，無毒。主產後腹痛，血露不盡，濃煑汁服之。生嶺南山谷，冬月不凋。

海藥按異域記云：主熱病及下痰，殺蟲，通經絡。子療小兒疳氣。凡用，先炙令黄用。

鼠藤味甘，温，無毒。主丈夫五勞七傷，脚腰痛冷，陰痿，小便數白，益陽道，除風氣，補衰老，好顔色。取根及莖，細剉濃煮服之訖，取微汗。亦浸酒如藥酒法，性極温，服訖，稍令人悶，無苦。生南海海畔山谷，作藤遶樹，莖葉滑淨，似枸杞。花白有節，心虚，苗頭有毛，南人皆識，其藤有鼠咬痕者，良。但須嚼嚥其汁，驗也。海藥謹按廣州記云：生南海山谷，藤蔓而生，鼠愛食此，故曰鼠藤。咬處卽人用入藥，彼人食之，如喫甘蔗，味甘美。主腰脚風冷，大補水藏，好顔色，長筋骨。並剉濃煎服之，亦取汁浸酒，更妙。

浮爛囉勒味酸，平，無毒。主一切風氣，開胃，補心，除冷痹，和調藏腑。生康國，似厚朴也。

斑珠藤味甘，温，無毒。主風血羸瘦，婦人諸疾，

浸酒服之。生山谷中，不凋，子如珠而斑，冬取之。

不凋木味苦，温，無毒。主調中補衰，治腰脚，去風氣，却老，變白。生太白山巖谷。樹高二三尺，葉似槐莖，赤有毛如棠梨。

曼遊藤味甘，温，無毒。久服長生，延年，去欬嗽。出犍爲牙門山谷，如寄生著大樹，春華色紫，葉如柳。張司空云：蜀人謂之沉藟藤，亦治癬。

龍手藤味甘，温，無毒。主偏風，口喎，手足癱緩，補虚益陽，去冷氣，風痹。斟酌多少，以醇酒浸，近火令温。空心服之，取汗。出安荔浦山石上，向陽者葉如龍手，因以爲名，採之無時也。

放杖木味甘，温，無毒。主一切風血，理腰脚，輕身，變白，不老，浸酒服之。生温括睦婺山中，樹如木天蓼。老人服之，一月放杖，故以爲名也。

石松味苦，辛，温，無毒。主人久患風痹，脚膝疼冷，皮膚不仁，氣力衰弱。久服好顔色，變白，

之粉，故曰南椰粉。性溫熱，補中。本草以爲麪木麵也。

藤黄 海藥：藤黄，謹按廣志云，出鄂岳等州諸山崖。其樹名海藤，花有蘂，散落石上，彼人收之，謂沙黄。就樹採者，輕妙謂之臈草，酸澀有毒。主蚛牙，蛀齒，點之便落。據今所呼銅黄，謬矣。蓋以銅、藤語訛也。按此與石淚，採無異也。畫家及丹竈家，並時用之。

本草拾遺諸木 乾陀木皮味平，無毒。主破宿血，婦人血閉，腹內血塊，酒煎服之。生安南，皮厚堪染者，葉如櫻桃。

海藥按西域記云：生西國，彼人用染僧褐，故名乾陀，褐色也。樹大皮厚，味平，溫。主癥瘕，氣塊，溫腹暖胃，止嘔逆，並良也。

含水藤中水，味甘，平，無毒。主止渴，潤五藏。山行無水處，斷之，得水可飲，清美去濕痹，煩熱。生嶺南葉似狗蹄，煮汁服之，主天行時氣，擣葉傅中水爛瘡，皮皺。劉欣期交州記亦載之也。

海藥謹按交州記云：生嶺南及諸海山谷，狀若葛，葉似枸杞，多在路旁行人乏水處，便喫此藤，故以爲名。主煩渴，心躁，天行疫氣，瘴癘；丹石發動，亦宜服之。

蜜香味辛，溫，無毒。主臭，除鬼氣。生交州，大樹節如沉香。異物志云：蜜香蟲名。又云：樹生千歲，斫仆之四五歲，乃往看已腐敗，惟中節堅貞，是也。樹如椿。按法華經注云：木蜜，香蜜也。樹形似槐而香，伐之五六年，乃取其香。

海藥謹按內典云：狀若槐樹。異物志云：其葉如椿。交州記云：樹似沉香無異，主辟惡，去邪，鬼尸，注心氣。生南海諸山中，種之五六年，便有香也。

阿勒勃味苦，大寒，無毒。主心膈間熱風，心黄，骨蒸，寒熱，殺三蟲。生佛林國，似皁莢，圓長。味甜，好喫，一名婆羅門皁莢也。

海藥謹按廣志云：生安南及南海山谷，胡人用爲床坐，性堅好，主產後惡露衝心，癥瘕結氣，赤白漏下，並剉煎服之。

格古要論：木與降眞香相似，亦有香，其花有鬼面者，可愛。花麤而色淡者，低。

本草綱目李時珍曰：木性堅，紫紅色，亦有花紋者，謂之花櫚木，可作器皿、扇骨諸物。俗作花梨，誤矣。

南越筆記：紫檀、花梨、鐵力諸木，廣中用以製几、匣、床、架。古今注：紫栴木，出扶南，色紫，亦謂之紫檀。廣州志：花櫚色紫紅，微香，其紋有若鬼面，亦類貍斑，又名花貍。老者文拳曲，嫩者文直，其節花圓暈如錢，大小相錯者，佳。瓊州志云：花梨木產崖州、昌化、陵水。鐵力木理甚堅緻，質初黃，用之則黑黎。山中人以爲薪，至吳、楚間則重價購之。通志云：一名石鹽，一名鐵棱。

莎木

海藥本草：莎木，謹按蜀記云，生南中八郡，樹高數十餘丈，闊四五圍。葉似飛鳥翼，皮中亦有麪，彼人作餅食之。廣志云：作飯餌之，輕滑美好。白勝桄榔麪，味平，溫，無毒。主補虛冷，消食。彼人呼爲莎麪也。

本草綱目李時珍曰：莎字韻書不載，惟孫愐唐韻莎字注云：樹似桄榔，則莎字當作莎衣之莎，其葉離披如莎衣之狀，故謂之莎也。張勃吳錄地理志言：交趾欀木皮中有白粉如米屑，乾之搗末，以水淋過，似麪，可作餅食者，即此木也。後人訛欀爲莎，音相近爾。楊愼巵言乃謂：欀木即桄榔，誤矣。按左思吳都賦云：麪有桄榔。又曰：文欀楨橿，既是一物，不應兩用矣。按劉欣期交州記云：都勾樹似椶櫚，木中出屑如桄榔麪，可作餅餌，恐此即欀木也。

南越筆記：瓊州以南，椰粉爲飯，曰椰霜飯。南椰與椰子樹不同，其精液、形色、氣味皆類藕蕨有八棱，輭而不堅，核內白綿如絲，中有小仁，但生青熟紅，立夏前采食酸澀。核亦如山茱萸，但白花，結實小長，儼如山茱萸，上亦有細星斑點，春前生花，朵如丁香，蔕極細，倒垂。正月乃敷背白，俱有細點如星，老則星起如數，經冬不凋。其枝柔輭如蔓，其葉微似棠梨，長狹而尖，面青乃蠻語也。胡頹子卽盧都子也，其樹高六七尺，雪錄言：安南有小果，紅色，名盧都子，則盧都早熟也。襄漢人呼爲黃婆嬭，象乳頭也。劉績霏蒲頹子，南人呼爲盧都子，吳人呼爲半含春，言斆炮炙論所謂雀兒酥也。雀兒喜食之，越人呼爲山茱萸下，詳著之，別無識者。今考訪之，卽雷言似胡頹子，淩冬不凋，亦應益人。陳藏器又於本草綱目李時珍曰：陶隱居注山茱萸及櫻桃，皆湯洗惡瘡疥，幷犬馬瘑瘡。人呼爲木半夏，無別功。根平，無毒。根、皮煎狗，主瘑。又有一種大相似，冬凋，春實，夏熟，

其木半夏樹，葉、花、實及星斑，氣味與盧都同。但梗強硬，葉微團而有尖，其實圓如櫻桃而不長，爲異耳。立夏後始熟，故吳、楚人呼爲四月子，亦曰野櫻桃。其核亦八棱，大抵是一類二種也。子酸，平，無毒。根主治吐血不止，煎水飲之。喉痹痛塞，煎酒灌之，皆效。葉主治肺虛，短氣，喘欬，劇者取葉焙研，米飲服二錢。蒲頹葉治喘欬方，出中藏經，云甚者亦效如神云。有人患喘三十年，服之頓愈。甚者，服藥後，胸上生小癮瘮作痒，則瘥也。虛甚，加人參等分，名清肺散，大抵皆取其酸澀，收斂肺氣耗散之功耳。

宋書五行志：廢帝昇明元年，吳興餘杭舍亭禾蕈樹生李實。禾蕈樹，民間所謂胡頹樹。

櫚木

本草拾遺：櫚木味辛，溫，無毒。主破血，血塊，冷嗽，並煮汁及熱服。出安南及南海，人作床几，似紫檀而色赤；爲枕，令人頭痛，爲熱故也。

說文解字注：椐樻也。大雅：其檉其椐。釋木、毛傳皆云：椐樻也。陸機云：節中腫似扶老，卽今靈壽是也。今人以爲馬鞭及杖。郭云：腫節可以爲杖。按杖以木者曰靈壽，亦曰扶老。漢書孔光傳：賜靈壽杖。孟康曰：扶老，杖也。服虔曰：靈壽，木名。郭注山海經亦云：靈壽，木名，似竹有枝節。常璩云：朐忍縣有靈壽木。劉逵云：靈壽木出涪陵，揚雄作靈節銘，皆是也。以竹者名扶老杖。中山經：其上多扶竹。郭云：邛，竹也。高節實中，中杖，名之扶老竹。漢書之邛竹杖。王逸少以邛竹杖分贈老友，皆是也。靈壽木與邛竹，皆以節勝，陸氏云：椐卽靈壽，然椐與靈壽，俱見山海經。郭不云：一物。若陶潛云：策扶老以流憩，則又未識其爲椐與靈壽也。從木，居聲，九魚切，五部。按郭音祛，字林：樻紀庶反，樻椐也，從木，貴聲，求位切，十五部。詩音義曰：去塊反，何音匱。

相思子

本草拾遺：相思子平，有小毒。通九竅，治心腹氣，令人吐，止熱悶，頭痛，風痰，殺腹藏、及皮膚內一切蟲。又主蠱毒，取二七枚，末服當吐出。生嶺南，樹高丈餘，子赤黑間者佳。

北戶錄：相思子有蔓生者，與龍腦相宜，能令香不耗。干寶搜神記云：大夫韓馮妻美，宋康王奪之，馮自殺，妻投臺下死。王怒，令冢相望。宿昔有文梓木，生二冢之端，根交於下，枝錯其上，宋王哀之，因號其木曰相思樹。

本草綱目李時珍曰：相思子生嶺南，樹高丈餘，白色。其葉似槐，其花似皂莢，其莢似扁豆。其子大如小豆，半截紅色，半截黑色，彼人以嵌首飾。段公路北戶錄言：有蔓生者，用子收龍腦香相宜，令香不耗也。

胡頹子

本草拾遺：胡頹子熟赤酢澀，小兒食之，當果子，止水痢。生平林間，樹高丈餘，葉陰白，冬不凋。冬花，春熟最早，諸果莖及葉，煮汁飼水仍將活火煎，茶經妙處莫虛傳；陸顥所在開題品，未試羅浮第一泉。黎美周云：泉以茶爲友，以火爲師，火活斯泉眞味不失，蓋謂此云。曹溪茶氣味清甜，歲凡四采，采於清明寒露者佳。新安杯渡山絶壁有類蒙山茶者，烹之作幽蘭、茉莉氣。水瀣十餘次，甘芳愈勝。或經一宿再瀣，氣味不減，飲者無不驚異。山勢高，雲露滋潤，得太清之精英多故也。樂昌有毛茶，茶葉微有白毛，其味清涼。潮陽有鳳山茶，可以清膈消暑，亦名黄茶。薆以產新安、河源者爲良。其味最苦，而粤人烹河南茶者，必以點薆少許爲可口。南越志稱：龍川縣出臯蘆葉，葉大而澀，南海謂之過羅，今稱爲苦艼，艼一作薆。長樂有石茗。瓊州有靈茶，即江南黄連茶也。有烏藥茶，以烏藥嫩葉爲之，能補中益氣，一名山葉。或以金鵝蓝搗去苦汁，合兒茶、毛茶爲之。東莞以芝麻藷油雜茶葉爲汁煮之，名研茶，謂能去風濕，解除食積，可以療饑云。

靈壽木

本草拾遺：靈壽木根皮味苦，平。止水，作杖，令人延年益壽。生劍南山谷，圓長皮紫。漢書：孔光年老，賜靈壽杖。顔注曰：木似竹有節，長不過八九尺，圍可三四寸，自然有合杖之制，不須削理也。

陸璣詩疏：椐樻節中腫，可作杖以扶老，今靈壽是也。今人以爲馬鞭及杖。宏農，其北山甚有之。毛晉廣要爾雅云：椐樻。郭注：腫節可以爲杖。鄭注按此木似藤，節目相對，今人以爲杖，甚奇。爾雅翼云：椐樻也。草木疏云：節腫似扶老，即今靈壽是也。今人以爲馬鞭。漢書孔光傳：賜靈壽杖。孟康曰：扶老杖。師古曰：木似竹，有枝節，長不過八九尺，圍三四寸。自然有合杖制，不須削治也。山海經云：廣都之野，靈壽實華。王粲頌云：寄榦堅正，不待矯揉。陳藏器云：生劍南山谷，圓長皮紫，作杖令人延年益壽。

書謝安傳：蒲葵扇五萬，卽是此矣。

皋蘆

本草拾遺：皋蘆葉味苦，平。作飲止渴，除痰，不睡，利水，明目。出南海諸山，葉似茗而大，南人取作當茗，極重之。廣州記曰：新平縣出皋蘆，皋蘆茗之別名也。葉大而澀。又南越志曰：龍川縣出皋蘆，葉似茗，味苦澀，土人爲飲。南海謂之過羅或曰物羅，皆夷語也。

海藥謹按廣州記云：出新平縣，狀若茶樹，闊大無毒，主煩渴，熱悶，下痰，通小腸淋，止頭痛。彼人用代茶，故人重之，如蜀地茶也。

南越筆記：粵中諸茶，其在珠江之南，有三十三村，謂之河南。粵志所謂河南之洲，狀若方壺，是也。其土沃而人勤，多業藝茶。春深時，大婦提籯，少婦持筐，於陽崖陰林之間，凌露細摘，綠芽紫笋，薰以珠蘭，其芬馨絕勝松蘿之莢。每晨茶估涉珠江以鬻於城，是曰河南茶。好事者或就買茶生自製，葉初摘者曰茶生，猶岕山之草子也。而西樵號稱茶山，自唐曹松移植顧渚茶其上，今山中人率種茶，間以苦薆，薆樹森森，望之若刺桐、叢柱。每茶一畝，苦薆二株，歲可給二人之食。其采摘亦多婦女，諺云：春山三二月，紅粉半茶人。茶人甚守禮法，有問路者，茶人往往不答。昔湛文簡方文襄二公，講學山中，其流風遺化有存者。文簡嘗治雲谷精舍，中有稻田，茶止十餘畝，旁有人居。七八村皆衣食於茶。其茶宜以白露之朝采之，日出則味稍減，或謂此茶甲天下，早春摘者尤勝。三日一摘，餘則每月一摘。早春一月之茶，可當餘月一年云。端州白雲山其上有湖，僧於巖際種茶，歲收石許，烹之作素馨花氣味甘淡而滑，稱頂湖茶，然不能恆得。而羅浮幽居洞北，有茶菴，每歲春分前一日，采茶者多寓此菴。其茶以受日陰陽，分味之高下。試以景泰泉水，芳香勃發，是曰羅浮茶。景泰泉者，羅浮諸泉之冠。淳祐中，有逍遥子爲茶菴詩：活圖經：椶櫚亦曰栟櫚，出嶺南及西川，江南亦有之。木高一二丈，傍無枝條，葉大而圓，歧生枝端，有皮相重，被於四傍。每皮一匝爲一節，二旬一採，轉復生上。六七月生黄白花，八九月結實，作房如魚子，黑色。九月、十月採其皮用。山海經曰：石脃一作翠之山，其木多椶，是也。

本草衍義：椶櫚木今人旋爲器，皮燒爲黑灰，治婦人血露及吐血，仍佐之他藥。每歲剶取椶皮，不爾束死。花如魚子，煠熟醃爲果。

蘇軾詩序：椶筍狀如魚，剖之得魚子，味如苦筍，而加甘芳。蜀人以饌佛，僧甚貴之，而南方不知也。筍生膚毳中，蓋花之方孕者。正二月間，可剖取，過此苦澀，不可食矣。取之無害於木，而宜於飲食。法當蒸熟，所施略與筍同。蜜煮酢浸，可致千里外，今以餉殊長老。

廣雅疏證：栟櫚椶也，栟櫚與幷閭同。西山經云：石脃之山，其木多椶。郭注云：椶樹高三丈許，無枝條，葉大而員。枝生梢頭，實皮相裹，上行一皮者爲一節，可以爲繩。一名栟櫚。藝文類聚引廣志云：椶一名幷閭，葉似車輪，乃在顛下，有皮纏之，附地起。二旬一採，轉復上生。蘇頌本草圖經云：六七月生黄白花，八九月結實，作房如魚子，黑色，皆其狀也。枚乘七發云：梧桐幷閭，極望成林。漢書司馬傳云：仁頻幷閭。南都賦李善注引張氏注云：幷閭椶也，皮可以爲索。說文云：椶栟櫚也，可作萆，萆雨衣也。今人園林中，多剝取椶皮以覆屋，雨水漸漬，不爲損壞，故可以作萆矣。椶之言總也，皮如絲縷，總總然聚生也。說文云：總聚束也，又云布之八十縷爲稯。召南羔羊篇：素絲五總。史記孝景紀云：令徒隸衣七稯布。西京雜記云：五絲爲䌰，倍䌰爲升，倍升爲緎，倍緎爲紀，倍紀爲稯。聲義並相近也。栟櫚之聲，合之則爲蒲。玉篇、廣韻並云：椶櫚一名蒲葵，是也。今人多取栟櫚葉作扇。晉婦血瘕，男子痃癖，悶痞。取刺和三棱草馬鞭草，作煎如稠糖。病在心，食後、在臍，空心服，當下惡物。生江南山野，似柘節有刺，經冬不凋。

栟櫚　本草拾遺：栟櫚木皮味苦，濇，平，無毒。燒作灰，主破血，止血。初生子黄白色，作房如魚子，有小毒，破血，但戟人喉，未可輕服。皮作繩，入土千歲不爛。昔有人開塚得之，索已生根。此木類嶺南有虎散桄榔、冬葉蒲葵、椰子、檳榔、多羅等，皆相似，各有所用。栟櫚一名椶櫚，卽今川中椶櫚。

海藥：謹按徐表南州記云：生嶺南山谷，平，溫。主金瘡，疥癬，生肌止血，幷宜燒灰使用。其實黄白色，有大毒，不堪服食也。

說文解字注：栟栟櫚逗椶也，各本奪椶字，今依韻會本補。廣雅、劉逵引異物志皆曰：栟櫚椶也。上林、甘泉賦字作幷閭。南都、吳都賦字作栟櫚。許書有栟無櫚，櫚因栟之木旁而同之耳。從木，幷聲，府盈切，十一部。椶，栟櫚也。互訓也。蜀都賦：椶枒楔樅，四木名也。從木，嵏聲，子紅切，九部。按椶與召南之緫音義略同。毛曰：緫數也，數讀數罟之數，可作革。艸部曰革雨衣，一名衰衣。按可作革之文，不系於栟下，而系椶下者。此樹有葉無枝，其皮曰椶可爲衰，故不系栟下也。椶木皮名，因以爲樹名。故栟閭與椶，得互訓也。張揖注上林賦曰：幷閭椶也，皮可以爲索，今之椶繩也。玉篇云：椶櫚一名蒲葵。今按南方艸木狀云：蒲葵如栟櫚而柔薄，可爲簦笠，出龍川，是蒲葵與椶樹各物也。謝安之蒲葵扇，今江蘇所謂芭蕉扇也。椶葉縷析，不似蒲葵，葉成片，可爲笠與扇。

椶櫚　嘉祐本草：椶櫚子平，無毒。濇腸，止瀉痢，腸風，崩中，帶下，及養血。皮平，無毒。止鼻洪，吐血，破癥，治崩中帶下，腸風，赤白痢。入藥燒灰用，不可絕過。

遵義府志：桐油樹，郡無樹不有，二三月盛花，花蕾時必有凍風冷雨，俗謂之凍花天；所謂二十四天，桐子花也。十月子熟，去殼取米，曝乾，碾末蒸熟，用篾箍椶皮，包之如鼓樣，榨取油，燈燭皆資之。榨油之法各異，以包置榨間，上下夾木板，以木撞撞擊取油，曰撞榨。置大木於榨頂，用巨繩滚紐，曰絞榨。榨前懸大木飛撞，聲如霹靂，山鳴谷應，曰千斤榨。又有用二木，空中置二木板，中夾油包，左右用檠木撞，撞取，雖婦女皆力能之，其油最清，曰小榨油。田居蠶室錄：若農家歲收桐子五石，可獲錢十二千。士家僅收二石，亦足供讀書燈也。

論曰：桐與山茶之利，大矣。墳虎豹虺蜴之宅，烈簕箐荊榛之藪，而豐吾民之衣食，先王物土之宜，必有取爾。而議者謂有十害：敗形勢也，崩沙石也，塞水源也，阻川溪也，改灌道也，乏柴薪也，無良材也，侵邱壟也，爭界址也，招山甿也；是誠然矣。然天下之利害相倚伏，利在己而害在人，利在目前而害在日後，聚愚民而詔之，唯塞耳而走耳。然則將聽其自然而已乎？曰是不可口舌爭也，有術焉，術安在？曰保富。凡業山者，皆閩、廣無蓋藏之民，其利不在富室也。今與富者約曰：爾有山多植松、栗，人將以桐茶易爾薪。爾有山，多植杉、楠，人將以桐茶易爾材。爾有田近山，山不墾則田肥，人將以桐茶賃爾田。爾有地在山，山不斸則形全，人將以桐茶求爾壟。爾求利毋太急，急則小。凡人之能求富者，必稍有識焉。因其識而導之，三年得薪之利，十年得材之利，而田與地則隨時而得利矣。人見富者不為桐茶，而擅桐茶之入，轉相慕效，則其害可去而利可興。李悝之開阡陌，是桐茶之利在目前也。樊重之植林漆，是材木之利在日後也。陶朱之術曰：人棄我取，此唯富者能之。

奴柘

本草拾遺：奴柘味苦，小溫，無毒。主療老

本草綱目李時珍曰：罔桐卽白桐之紫花者，油桐枝、幹、花、葉並類罔桐而小。樹長亦遲，花亦微紅。但其實大而圓，每實中有二子，或四子，大如大風子。其肉白色，味甘，而吐人，亦或謂之紫花桐。人多種蒔，收子貨之爲油，入漆家及艌船，爲時所需，人多僞之。惟以篾圈蘸起如鼓面者，爲眞。

農政全書：江東、江南之地，惟桐樹、黄栗之利易得。乃將旁近山場，盡行鋤，轉種芝蔴，收畢，仍以火焚之，使地熟而沃。首種三年桐，其種桐之法，要在二人並耦，可順而不可逆。一人持油一瓶，持種一籮；一人持小鋤一把，將地劉起，卽以油少許滴土中，隨以種置之。次年苗出，仍要耘耔一遍。此桐三年乃生，首一年猶未盛，第二年則盛矣，生五六年亦衰。卽以栗櫼剝之，一二年其栗生，且最大，但其味略滯耳。首種三年，桐爲利近速，圖久遠之利，仍要樹十年桐，法亦如前。種黄栗之法，候季秋落子多收，擇高厚之處，掘地爲坑，下用礱糠鋪底，將種放下，上用稻草蓋定，以土覆之。俟來年春氣盛時，治地成畦，約一尺二寸成行，分種空地之中，仍要種豆，使之二物爭長。又可使直而不曲，待長一二尺，卽將山場依前法燒鋤過。約闊尺成行，移苗栽之，次年耘耔。

按罌子桐、荏桐、虎子桐，一也。今俗呼但曰油桐，山瘠之地，唯茶桐兩種，功省利倍，租税之出，半取給焉。每至秋實，率族摘拾，老弱婦稚，踰嶺披榛，檢獲無遺。有誤越疆界者，卽相毆撲，短刀長鋤，輒至斃命。養人害人，則讓畔之風不行也。贛州志：土性宜茶桐，楚、蜀亦出桐油，而不及贛之膠粘清亮，可入漆也。每歲商販，不可勝計云。又種桐者必種山茶，桐子乏則茶子盛，循環相代，較種栗，利近而久。

繫迷相似，又似駁馬。駁馬、梓、楰，其樹皮青白。駁犖遙視似馬，故謂之駁馬。故里語曰：斫檀不諦得繫迷，繫迷尚可得駁馬。繫迷一名挈橀。故齊人諺曰：上山斫檀，挈橀先殫。下章云：山有枹棣，隰有樹檖。該山隰之木相配，不宜謂獸毛。晉廣要傳曰：檀彊韌之木。論衡曰：楓桐之樹，生而速長，故其皮肌不能堅剛。樹檀以五月生葉後，彼春榮之木，其材強勁，車以爲軸。淮南子：十月檀，檀陰木也。爾雅云：魄榽橀。郭注：魄大木細葉似檀，今河東多有之。齊人諺曰：上山斫檀，榽橀先殫。鄭注：按此俗呼朴樹，其木如檀，子大如梧桐子而黃。

本草拾遺檀秦皮注：蘇云，檀似秦皮，按檀樹取其皮，和榆皮食之，可斷穀。爾雅云：檀苦茶，其葉堪爲飲，樹體細，堪作斧柯。至夏有不生者，忽然葉開，當有大水。農人候之，以占水旱，號爲水檀。又有一種，葉如檀，高五六尺，生高原。花四月開，色正紫，亦名檀。根如葛，極主瘡疥，殺蟲，有小毒也。爾雅：無檀苦茶，唯言檟苦。茶，郭注：樹小似梔子，冬生葉，可煑作羹，今呼早採者爲茶，晚採者爲茗，一名荈，蜀人呼名之苦茶，前面已有茗、苦茶。又引爾雅，疑此誤矣。

救荒本草：檀樹芽生密縣山野中，樹高一二丈。葉似槐葉而長大，開淡粉紫花。葉味苦，採嫩芽葉，煠熟，換水浸去苦味，淘洗淨，油鹽調食。又清檀樹生中牟，南沙崗間。其樹枝條紋細薄，葉形類棗，微尖艄，背白而澀。又似白辛樹，葉微小，開白花，結青子，如梧桐子大。葉味酸澀，實味甘酸，採葉煠熟，水浸淘去酸味，油鹽調食，其實成熟，亦可摘食。

罌子桐

本草拾遺：罌子桐有大毒，壓爲油，毒鼠立死。摩疥癬，蟲瘡，毒腫。一名虎子桐，似梧桐，生山中。

一醫用立秋日太陽未升時，採楸樹葉，熬之爲膏，傅其外，內以雲母膏作小丸，服盡四兩，不累日而愈也。東晉范汪名醫也，亦稱楸葉治瘡腫之功，則楸有拔毒排膿之力，可知。

爾雅：槄山榎注：今之山楸。疏：李巡曰，山榎一名槄。郭云，今之山楸。秦風云：終南何有，有條有梅。陸璣疏云：槄今山楸也，亦如下田楸耳。皮葉白，色亦白，材理好，宜爲車板。能溼，又可爲棺木。宜陽北山多有之。楰鼠梓注：楸屬也。今江東有虎梓。疏：李巡曰，鼠梓一名楰。郭云：楸屬也。今江東有虎梓。詩小雅云：北山有楰。陸璣疏云：其樹葉木理如楸，山楸之異者，今人謂之苦楸是也。槐小葉曰榎注：槐當爲楸，楸細葉者爲榎。大而皵楸注：老乃皮粗皵者，爲楸。小而皵榎注：小而皮粗皵者，爲榎。左傳曰：使擇美榎。疏：別楸榎之名也。楸之小葉者名榎。樊光云：大者，老也。皵，猎皮也。謂樹老而皮粗皵者，爲楸。小，少也。樹小而皮粗皵者，爲榎。注云：左傳曰，使擇美榎者。案襄二年夏，齊姜薨，初穆姜使擇美榎，以自爲櫬與頌琴。季文子取以葬，是其事也。如木楸曰喬注：楸樹性上竦。

莊子：宋有荆氏者宜楸、柏、桑，其拱把而上者，求狙猿之杙者，斬之；三圍四圍，求高名之麗者，斬之；七圍八圍，貴人富商之家，求樿傍者，斬之。故未終其天年，而中道之夭于斧斤，此材之患也。

晉書涼武昭王傳：河右不生楸、槐、柏、漆，張駿之世，取于秦、隴而植之，終于皆死。

菊坡叢語：汝州楸樹極多富，鄭公知州時，手植數百本於後圃中。

漢書貨殖傳：山居千章之萩，淮北、滎南、河濟之間，千樹萩，此其人皆與千戶侯等。注：師古曰：萩卽楸字也。

檀

陸璣詩疏：爰有樹檀。檀木皮正青，滑澤，與聖惠方：治頭極痒不痛，出瘡，用楸葉不限多少，搗絞汁，塗之。外臺祕要：瘰癧腫煩困，生楸葉十重貼之，布帛裹，緩急得所，日三易，止痛消腫，食膿血，良無比，勝於衆藥。冬以先收乾者，臨時鹽湯沃潤用之。又生癧疽潰後，及凍瘡有刺不出，甚良。薄削楸白皮，敷之亦得，又瘰口吻瘡，楸枝皮白，濕貼上，數易。

千金翼：治小兒頭髮不生，取楸葉中心搗絞塗之。

肘後方：治瘻，煎楸枝作煎，淨洗瘡子孔中，大效。

救荒本草：楸樹所在有之，今密縣梁家衝山谷中多有。樹甚高大，其木可作琴瑟。葉類梧桐葉而薄小，葉梢作三角尖叉。開白花，味甘，採花煠熟，油鹽調食，及將花晒乾，或煠或炒，皆可食。

齊民要術：楸梓 詩義疏曰：梓楸之疏理色白而生子者，爲梓。說文曰：檟楸也。然則楸梓二木相類者也。白色有角者，名爲梓，似楸有角者，名爲角楸，或名子楸，黄色無子者爲柳楸，世人見其木黄呼爲荆黄楸也。 亦宜割地一方種之，梓楸各別，無令和雜。 種梓法，秋耕地令熟，秋末冬初，梓角熟時，摘取曝乾，打取子。耕地作壟，漫散即再勞之。明年春生，有草拔令去，勿使荒沒。後年正月間，斸移之，方步兩步一樹。此樹須大，不得概栽。 楸既無子，可於大樹四面掘坑，取栽移之。一方兩步一根，兩畝一行，一行百二十株，五行合六百株。一年後一樹千錢，柴在外，車板、盤合、樂器，所在任用，以爲棺材，勝於松柏。術曰：西方種楸九根，延年，百病除。雜五行書曰：舍西種梓楸，子孫孝順，口舌消滅也。

本草綱目李時珍曰：楸有行列，莖、幹直聳可愛，至秋垂條如線，謂之楸線。其木濕時脆，燥則堅，故謂之良材。宜作棋枰，即梓之赤者也。

又曰：楸乃外科要藥，而近人少知，葛常之韻語陽秋云：有人患發背潰壞，腸胃可窺，百方不瘥。

非蘗。小蘗如石榴，皮黃，子赤，如枸杞子，兩頭尖小。剉枝以染黃。若云子黑而圓，恐是別物，非小蘗也。

大空 唐本草：大空味苦，平，有小毒。主三蟲，殺蟣蝨。生山谷中，取根皮作末，油和，塗蟣蝨，皆死。注：根皮赤，葉似楮，小圓厚。作小樹，抽條高六七尺。出襄州山谷，所在亦有，秦、隴人名爲獨空。

毗梨勒 唐本草：毗梨勒味苦，寒，無毒。功用與菴摩勒同。出西域及嶺南交、愛等州。戎人謂之三果。注云：樹似胡桃子，形亦似胡桃，核似訶梨勒，而圓短無稜，用亦同法。

藥性論：毗梨勒使能溫暖腸腹，兼去一切冷氣。蕃中人以此作漿，甚熱，能染鬚髮，變黑色。

海藥謹按唐志云：生南海諸國，樹亦與訶梨子相似，即圓而毗也。味苦，帶澀，微溫，無毒。主烏髭髮，燒灰乾血，立效。

下列兩種見唐本草

折傷木 味甘，鹹，平，無毒。主傷折筋骨疼痛，散血補血，產後血悶，止痛。酒水煮濃汁飲之。生資州山谷。注云：藤生，繞樹上，葉似莽草葉而光厚。八九月采莖，日乾。

每始王木 味苦，平，無毒。主傷折，跌筋骨，生肌破血，止痛，酒水煮濃汁飲之。生資州山谷。注云：藤生，繞樹木上，生葉似蘿摩葉。三月、八月採。

楸 本草拾遺：楸木皮苦味，小寒，無毒。主吐逆，殺三蟲及皮膚蟲。煎膏粘傅惡瘡，疽瘻，癰腫，疳，野雞病，除膿血，生肌膚，長筋骨。葉擣傅瘡腫，亦煮湯洗膿血。冬取乾葉，湯揉用之。范汪方：諸癰腫潰，及內有刺不出者，取楸葉十重貼之。生山谷間，亦植園林，以爲材用，與梓樹本同末異，若柏葉之有松身。蘇敬以二木爲一，誤也。其分析在解紛條中矣。

葉差大耳，採取亦如之。有瑩如鏡面者，乃樹老，脂自流溢，不犯斧鑿，此爲上品。其夾插柴屑者，乃降眞香之脂，俗號假血竭。

無食子 唐本草：無食子味苦，溫，無毒。主赤白痢，腸滑，生肌肉，出西戎。注：生沙磧間，樹似檉。

酉陽雜俎云：無食子出波斯國，波斯呼爲摩澤樹。高六七丈，圍八九尺。葉似桃而長，三月開花，白色，心微紅。子圓如彈丸，初青，熟乃黄白，蟲蝕成孔者，入藥用。其樹一年生無食子，一年生跋屢子，大如指，長三四寸，上有殼，中仁如栗，黄可啖之。

海藥本草謹按徐表南州記：出波斯國，大小如藥子，味溫，平，無毒。主腸虚冷痢，益血生精，烏髭髮，和氣安神。治陰毒痿，燒灰用。張仲景使治陰汗，取燒灰先以微溫浴了，即以帛微裹後，傅灰囊之，甚良。波斯每食以代果，番胡呼爲沒食子。今人呼墨食子，轉謬矣。

諸番志：沒食子出大食勿厮離，其樹如樟，歲一開花，結實如中國之茅栗，名曰沙沒律，亦名蒲盧，可採食之。次年再生，名曰麻茶，麻茶沒石子也。明年又生沙沒律，間歲方生沒石子，所以貴售，一根而異產，亦可怪也。

楊櫨木 唐本草：楊櫨木味苦，寒，有毒。主疽瘻，惡瘡，水煮葉汁洗瘡，立差。生籬垣間，一名空疏，所在皆有。

小蘗 唐本草：小蘗味苦，大寒，無毒。主口瘡疳䘌，殺諸蟲，去心腹中熱氣。一名山石榴。注：其樹枝葉與石榴無別，但花異，子細黑圓如牛李子爾。生山石間，所在皆有，襄陽峴山東者，爲良。陶於蘗木附見二種，其一是此。陶云：皮黄，其樹乃皮白，今太常所貯，乃葉多刺者，名曰刺蘗，非小蘗也。

本草拾遺：凡是蘗木皆皮黄，今既不黄，而自然者。

別本注云：紫鉚騏驎竭二物同條，功效全別。紫鉚色赤而黑，其葉大如盤，鉚從葉上出。騏驎竭，色黄而赤，味鹹，平，無毒。主心腹卒痛，止金瘡血，生肌肉，除邪。葉如櫻桃，三角。成竭，從木中出如松脂。

圖經：騏驎竭舊不載所生州土，今出南蕃諸國及廣州。木高數丈，婆娑可愛。葉似櫻桃而有三角，其脂液從木中流出，滴下如膠飴狀，久而堅凝，乃成竭，赤作血色，故亦謂之血竭，採無時。今按段成式酉陽雜俎云：紫鉚出眞臘國，國人呼爲勒佉，亦出波斯國。木高丈許，枝葉鬱鬱，葉似橘柚，冬不凋落。三月花開，不結子。每有霧露微雨，霑濡其枝條，則爲紫鉚。波斯國使人，呼及沙利。兩人說如此，而眞臘國使人言：是蟻運土，上於木端作窠，蟻壤爲霧露沾霑即成爲紫鉚。又交州地志亦云：本州歲貢紫鉚，出於蟻壤，乃知與血竭雖俱出於木，而非一物，明矣。今醫方亦罕用，惟染家所需耳。

海藥紫鉚，謹按廣州記云：生南海山谷，其樹紫赤色，是木中津液成也。治濕痒瘡疥，宜入膏用。又可造胡燕脂，餘滓則玉作家使也。又騏驎竭，謹按南越志云：是紫鉚樹之脂也，其味甘，溫，無毒。主打傷折損，一切疼痛，補虛及血氣，攪刺內傷，血聚，並宜酒服。欲驗眞僞，但嚼之不爛如蠟者，上也。

滇本草：騏驎竭味苦，澀，微香，性溫。出元江界，木高數丈，葉類櫻桃，脂液流樹中，凝紅如血，爲木血竭。主諸傷損，失血，瘡口不合，能保精養血，生肌長肉，定痛理傷，功效浩大。

舊雲南通志：騏驎竭，木高數丈，葉類櫻桃，脂流樹中，凝紅如血，爲木血竭；又有白竭，今俱無。

諸番志：血竭亦出大食國，其樹略與沒藥同，但苗、葉、根極似白芷，擣根汁，日煎作餅者爲上；截根穿暴乾者，爲次。今廣州出者，云是木膏液滴釀結成。二說不同。謹按段成式酉陽雜俎云：阿魏本生波斯國，呼爲阿虞，木長八九尺，皮色青黄。三月生葉，似鼠耳，無花實。斷其枝，汁出如飴，久乃堅凝，名阿魏。或云：取其汁和米豆屑，合釀而成，乃與今廣州所上相近耳。

海藥本草謹按廣志：生石崑崙國，是木津，液如桃膠狀，其色黑者，不堪；其狀黄散者，爲上。其味辛、溫者善。主治風邪，鬼疰，并心腹中冷，服餌。又雲南長河中亦有阿魏，與舶上來者滋味相似，一般只無黄色。

諸番志：阿魏出大食木俱蘭國，其樹不甚高大，脂多流溢。土人以繩束其稍，去其尾，納以竹筒，脂滿其中，冬月破筒取之，以皮袋收之。或曰其脂最毒，人不敢近。每採阿魏時，繫羊於樹下，自遠射之，脂之毒著於羊，羊斃卽以羊之腐爲阿魏。未知孰是，姑兩存之。

鈕琇觚賸諸臯載：波斯國阿虞長八九丈，皮色青黄。三月生葉，似鼠耳。斷其枝，汁出如飴，久而堅凝，名阿魏。本草亦從之。近有客自滇中來者，乃言彼處蜂形甚巨，結窩多在絕壁，垂如雨蓋。滇人於其下掘一深坎，置肥羊於內，令善射者，飛騎發矢，落其窩，急以物覆坎，則蜂與羊共相刺撲，二者合併而化，久之取出杵用，是名阿魏。所聞特異，因竝誌於此。

檀萃滇海虞衡志：據此則滇中亦有阿魏，曰長河，想從暹羅至緬甸，而上金沙與？

騏驎竭

唐本草：紫鉚騏驎竭味甘，鹹，平，有小毒。主五臟邪氣，帶下，止痛，破積血，金瘡、生肉。與騏驎竭二物大同小異。注云：紫色如膠，作赤麖皮及寶鈿，用爲假色，亦以膠寶物，云蟻於海畔樹藤皮中爲之。紫鉚樹名渴廩，騏驎竭樹名渴留，正如蜂造蜜，斫取用之。吳錄謂之赤膠兒風涎閉壅，及暴得驚熱，甚濟用，然非常服之藥。獨行則勢弱，佐使則有功。於茶亦相宜，多則掩茶氣味，萬物中皆無出其右者。西方抹羅短吒國在南印度境，有羯布羅香，榦如松株。葉異，濕時無香，採乾之後，折之，中有香，狀類雲母，色如冰雪，此龍腦香也，蓋西方亦有。

諸番志：腦子出渤泥國，一作佛泥。又出賓窣國，世謂三佛齊亦有之，非也。但其國據諸番來往之要津，遂截斷諸國之物，聚於其國，以俟番舶貿易耳。腦之樹如杉，生於深山窮谷中，經千百年，支幹不曾損。動則腦有之，否則腦隨氣泄。土人入山採腦，須數十爲羣，以木皮爲衣，賫沙糊爲糧，分路而去。遇腦樹則以斧斫，記至十餘株，然後截段均分。各以所得，解作板段，隨其板傍橫裂而成縫，腦出於縫中，劈而取之。其成片者，謂之梅花腦，以狀似梅花也。次謂之金脚腦。其碎者，謂之米腦。碎與木屑相雜者，謂之蒼腦。取腦已淨，其杉片謂之腦札。今人碎之，與鋸屑相和，置瓷器中，以器覆之，封固其縫，煨以熱灰，氣蒸結而成塊，謂之聚腦，可作婦人花用。又有一種如油者，謂之腦油，其氣勁而烈，祇可浸香合油。

阿魏

唐本草：阿魏味辛，平，無毒。主殺諸小蟲，去臭氣，破癥積，下惡氣，除邪鬼，蠱毒。生西番及崑崙。注：苗、葉、根、莖，酷似白芷，擣根汁，日煎作餅者，爲上；截根穿暴乾者，爲次。體性極臭，而能止臭，亦爲奇物也。

酉陽雜俎云：阿魏出伽闍那國，即北天竺也。伽都那呼爲形虞，亦出波斯國，波斯呼爲阿虞截。樹長八九尺，皮色青黃。三月生葉，葉形似鼠耳。無花實。斷其枝，汁出如飴，久乃堅凝，名阿魏。拂林國僧彎所說同。摩伽陀僧提婆言：取其汁，和米豆屑，合成阿魏。

圖經：阿魏出西番及崑崙，今惟廣州有之。舊說，棚，闕開花，四月結實，花如鳳尾，其色青紫，五月收採，曬乾藏之倉廪。次歲方發出，以牛車運載博易，其實不禁日而耐雨，旱則所入者寡，潦則所入倍常。或曰：南毗無離拔國至多，番商之販於闍婆來自無離拔也。

龍腦香

唐本草：龍腦香及膏香味辛，苦，微寒。一云溫，平，無毒。主心腹邪氣，風濕積聚，耳聾，明目，去目赤，膚翳。出婆律國，形似白松，脂作杉木氣，明淨者善。久經風日，或如雀屎者，不佳。云合糯米、炭、相思子貯之，則不耗。膏主耳聾。

圖經：龍腦香出婆律國，今惟南海番舶賈客貨之。相傳云：其木高七八丈，大可六七圍，如積年杉木狀。傍生枝葉，正圓而背白，結實如豆蔻，皮有甲錯。香卽木中脂，似白松脂，作杉木氣。膏乃根下精液耳，亦謂之婆律膏。段成式酉陽雜俎說：此木有肥瘦：瘦者出龍腦香，其香在木心，波斯斷其木，剪取之；肥者出婆律膏，其膏於木端流出，斫木作坎而承之。兩說大同而小異。亦云：南海山中亦有此木，唐天寶中交趾貢龍腦，皆如蟬蠶之形。彼人云：老根節方有之，然極難得，時禁中呼爲瑞龍腦，帶之衣衿，香聞十餘步外，是後不聞有此。今海南龍腦多用火煏成片，其中亦容雜僞入藥，惟貴生者，狀若梅花瓣，甚佳也。

海藥本草：謹按陶宏景云：生西海波律國，是波律樹中脂也。如白膠香狀，味苦，辛，微溫，無毒。主內外障眼，三蟲，治五痔，明目，鎮心，秘精。又有蒼龍腦，主風瘡，䵟䵳，入膏煎，良。用點眼則有傷。名醫別錄云：婦人難產，取龍腦研末少許，以新汲水調服，立瘥。又唐太宗時，西海波律國貢龍腦香，是知彼處出。

本草衍義：龍腦條中與圖經所說有未盡，此物大通，利關膈熱塞。其清香爲百藥之先，大人、小調食用之，味甚辛辣。

海藥本草：謹按徐表南州記，生南海諸國，去胃口氣虚冷，宿食不消，霍亂氣逆，心腹卒痛，冷氣上衝，和氣。不宜多服損肺。一云向陰者澄茄，向陽者胡椒也。

酉陽雜俎云：胡椒出摩伽陁國，呼爲昧履支。其苗蔓生，莖極柔弱，長寸半，有細條，與葉齊。條上結子，兩兩相對，其葉晨開暮合，合則裹其子於葉中，形似漢椒，至辛辣。六月採，今作胡盤肉食，皆用之也。

本草綱目李時珍曰：胡椒今南方諸國及交趾、滇南、海南諸地，皆有之。蔓生，附樹及作棚引之，葉如扁豆、山藥輩。正月開黄白花，結椒纍纍，纏藤而生，狀如梧桐子，亦無核。生青熟紅，青者更辣。四月熟，五月采收，暴乾乃皺。今遍中國食品，爲日用之物也。又曰：胡椒大辛，熱，純陽之物，腸胃寒濕者，宜之。熱病人食之，動火傷氣，陰受其害。時珍自少嗜之，歲歲病目，而不疑及也。後漸知其弊，遂痛絶之，目病亦止，纔食一二粒，卽便昏澀，此乃昔人所未試者。蓋辛走氣熱助火，此物氣味俱厚故也。病咽喉口齒者，亦宜忌之。近醫每以綠豆同用，治病有效。蓋豆寒椒熱，陰陽配合得宜，且以豆制椒毒也。按張從正儒門事親云：噎膈之病，或因酒得，或因氣得，或因胃火。醫氏不察，火裏燒薑，湯中煮桂；丁香未已，荳蔻繼之；蓽茇未已，胡椒繼之。雖曰和胃，胃本不寒；雖曰補胃，胃本不虚。況三陽既結，食必上潮，止宜湯丸，小小潤之可也。時珍竊謂此說雖是，然亦有食入反出無火之證，又有痰氣鬱結，得辛熱暫開之證，不可執一也。

諸番志：胡椒出闍婆之蘇吉丹打板白花園麻東戎牙路，以新拖者爲上，打板者次之。胡椒生於郊野村落間，以有界闕中國之蒿荀，土人以竹木爲桐㙤。

木天蓼

唐本草：木天蓼味辛，溫，有小毒。主癥結，積聚，風勞虛冷。生山谷中。注作藤蔓，葉似柘，花白，子如棗許，無定形。中瓤似茄子，味辛，噉之以當薑。蓼，其苗藤切以酒浸服，或以釀酒，去風冷，癥瘕，大效。所在皆有，今出安州、中州。

本草拾遺：木天蓼，今時所用，出鳳州。樹高如冬青，不凋。出深山，人云多服損壽，以其逐風損氣故也。不當以藤天蓼爲注，既云木蓼，豈更藤生，自有藤蓼爾。

圖經：木天蓼味辛，溫，有小毒。主癥結積聚，風勞虛冷，生山谷中。木高二三丈，三月、四月開花，似柘花。五月採子，子作毬形，似檾䔒，其毬子可藏作果，噉之亦治諸冷氣。蘇恭云：作藤蔓生者，自是藤天蓼也。又有一種小天蓼，生天目山、四明山，木如梔子，冬不凋。然則天蓼有三種，雖其狀不同，而主療甚相似也。

本草綱目李時珍曰：天蓼雖有三種，而功用彷彿，蓋類也。其子可爲燭，其芽可食，故陸璣云：木蓼爲燭，明如胡麻。薛田詠蜀詩有：地丁葉嫩和嵐采，天蓼芽新入粉煎，之句。

接骨木

唐本草：接骨木味甘，苦，平，無毒。主折傷，續筋骨，除風痹，齲齒，可作浴湯。注：葉如陸英，花亦相似。但作樹高一二丈許，木輕虛，無心。斫枝插便生，人家亦種之。一名木蒴藋，所在皆有之。

圖經：接骨木舊不著所出州土，今近京皆有之。木高一二丈許，花葉都類陸英、水芹輩，故一名木蒴藋。其木輕虛無心，斫枝插土便生，人家亦種之。葉主瘡，研絞其汁，飲之得吐，乃差。大人七葉，小兒三葉，不可過多也。

胡椒

唐本草：胡椒味辛，大溫，無毒。主下氣溫中，去痰，除臟腑中風冷。生西戎，形如鼠李子，初生作科條狀，類荆條，對生枝叉，葉似柹葉而薄小，兩葉相當對生。開白花，結子細圓，如牛李子，大如豌豆，生青熟黑。鹹，性平，無毒。葉味苦，採葉煠熟，水浸淘去苦味，洗淨，油鹽調食。

說文解字注：椋，卽來也。釋木曰：椋卽棶。釋文曰：棶，埤蒼。字林作來，本說文也。衆呼曰：卽來，單呼曰來。唐本艸謂之椋子木。从木，京聲，呂張切，十部。

胡桐淚

唐本草：胡桐淚味鹹，苦，大寒，無毒。主大毒熱，心腹煩滿，水和服之，取吐。又主牛馬急黃，黑汗水研三二兩灌之，立差。又爲金銀銲藥。出肅州以西平澤及山谷中，形似黃礬而堅實，有夾爛木者，云是胡桐樹脂，淪入土中，石鹼鹵地作之。其樹高大，皮葉似白楊、青桐、桑輩，故名胡桐。木堪器用，又名胡桐律，律、淚聲訛也。西域傳云：胡桐似桑而曲。

圖經：胡桐淚出肅州以西平澤及山谷中，今西蕃亦有。商人貨之者，相傳其木甚高大，皮似白楊、青桐輩。其葉初生似柳，漸大則似桑、桐輩。其津液淪入地中，與大石相著，冬月採得之，狀如黃礬、薑石，味極鹹苦，得水便消，如消石也。古方稀用，今治口齒家，爲最要之物。一名胡桐律，律、淚聲近也。然有一種木律，極相類，不堪用也。

通典：西戎樓國多出檉柳、胡桐、白草。白草，牛馬所嗜也。胡桐亦似桐，蟲食其樹，而津下，流出者俗名爲胡桐淚。可以銲金銀，俗訛呼淚爲律。

西域聞見錄：胡桐譯言柴也。其樹徧滿沙灘，或數十里成林，而橫斜曲側，不任器用。間有端直者，亦不堅實，回人呼之胡桐，言僅可取作燒柴而已。夏日炎蒸，其津液自樹杪流出，凝如琥珀者，爲胡桐淚，自樹身流出，色白如粉者，名胡州、瀘川者，與金州同也。眉州漢州又下。眉州丹棱縣生鐵山者，與漢州、綿竹縣生竹山者，潤州同。浙東以越州上，餘姚縣生瀑布、泉嶺曰仙茗。大者殊異，小者與襄州同。明州、婺州次，明州、鄮縣生榆莢村，婺州東陽縣東目山，與荊州同。台州下。台州、豐縣生赤城者，與歙州同。黔中生恩州、播州、費州、夷州。江南生鄂州、袁州、吉州。嶺南生福州、建州、韶州、象州。福州生閩方山，山陰縣也。其恩、播、費、夷、鄂、袁、吉、福建、泉、韶、象十一州未詳，往往得之，其味極佳。

九之略

其造具若方春禁火之時，於野寺山園，叢手而掇，乃蒸乃舂，乃復以火乾之。則又棨、樸、焙、貫、棚、穿、育等七事皆廢。其煑器，若松間石上，可坐則具列廢，用槁薪鼎櫪之屬，則風爐、灰承、炭檛、火筴、交床等廢。若瞰泉臨澗，則水方、滌方、漉水囊廢。若五人已下，茶可味而精者，則羅廢。若援藟、躋嵓，引絙、入洞，於山口炙而末之，或紙包合貯，則碾、拂末等廢。既瓢、盌、筴、札、熟盂、鹺簋，悉以一筥盛之，則都籃廢。但城邑之中，王公之門，二十四器，闕一則茶廢矣。

十之圖

以絹素或四幅，或六幅，分布寫之。陳諸座隅，則茶之源、之具、之造、之器、之煑、之飲、之事、之出、之略，目擊而存，於是茶經之始終備焉。

椋子木

唐本草：椋子木味甘，鹹，平，無毒。主折傷，破惡血，養好血，安胎止痛，生肉。注：葉似柿，兩葉相當。子細圓，如牛李子，生青熟黑。其木堅重，煑汁赤色。爾雅云：椋卽來，是也。郭注：材中車輞。八月、九月採木，日乾。

救荒本草：椋子樹，本草有椋子木，今密縣山野中亦有之。其樹有大者，木則堅重，材堪為車輞。

氣消食。注云：春採之。

本草菜部：苦菜一名荼，一名選，一名游冬。生益州川谷山陵道傍，凌冬不死。三月三日採乾。注云：疑此卽是今茶，一名荼，令人不眠。本草注：按詩云誰謂荼苦。又云：堇荼如飴。皆苦菜也。陶謂之苦茶，木類，非菜流。茗，春採謂之苦搽。途遐反。

枕中方：療積年瘻，苦茶、蜈蚣並炙，令香熟，等分擣篩，煮甘草湯，洗，以末傅之。

孺子方：療小兒無故驚蹷，以苦茶、葱鬚，煮服之。

八之出

山南以峽州上，峽州生遠安、宜都、夷陵三縣山谷。襄州、荊州次，襄州生南鄣縣山谷，荊州生江陵縣山谷。衡州下，生衡山、茶陵二縣山谷。金州、梁州又下。金州生西城、安康二縣山谷。梁州生襄城、金牛二縣山谷。淮南以光州上，生光山縣黃頭港者，與峽州同。義陽郡、舒州次，生義陽縣鍾山者，與襄州同。舒州生太湖縣潛山者，與荊州同。壽州下，盛唐縣生霍山者與衡山同。蘄州黃州又下。蘄州生黃梅縣山谷，黃州生麻城縣山谷，並與荊州、梁州同也。浙江以湖州上，湖州生長城縣顧渚山谷，與峽州、光州同。生山桑、儒師二寺，白茅山、懸腳嶺與襄州、荊南義陽郡同。生鳳亭山伏翼閣、飛雲、曲水二寺，啄木嶺與壽州、常州同，生安吉、武康二縣山谷，與金州、梁州同。常州次，常州義興縣生君山懸腳嶺北峯下，與荊州義陽郡同，生圏嶺、善權寺石亭山與舒州同。宣州、杭州、睦州、歙州下，宣州生宣城縣雅山與蘄州同。太平縣生上睦、臨睦，與黃州同。杭州臨安於潛二縣，生天目山與舒州同，錢唐生天竺靈隱二寺，睦州生桐廬縣山谷，歙州生婺源山谷，與衡州同。潤州、蘇州又下。潤州江寧縣生傲山，蘇州長洲縣生洞庭，與金州、蘄州、梁州同。劍南以彭州上，生九隴縣馬鞍山至德寺、棚口，與襄州同。綿州蜀州次，綿州龍安縣生松嶺關，與荊州同。其西昌明神泉縣西山者，並佳。有過松嶺者，不堪采。蜀州青城縣生丈人山與綿州同。青城縣有散茶、木茶。印州次，雅州瀘州下，雅州百丈山名山瀘南齊世祖武皇帝遺詔，我靈座上，愼勿以牲爲祭，但設餅果、茶飲、乾飯、酒、脯而已。

梁劉孝綽謝晉安王餉米等啓：傳詔李孟孫宣教旨垂賜米、酒、瓜、筍、菹、脯、酢、茗八種。氣苾新城，味芳雲松。江潭抽節，邁昌荇之珍；壃埸擢翹，越葺精之美。羞非純束野麏，裛似雪之驢；鮓異陶瓶河鯉，操如瓊之粲。茗同食粲，酢顏望柑。免千里宿舂，省三月種聚。小人懷惠，大懿難忘。

陶宏景雜錄：苦茶輕身換骨，昔丹邱子、黄山君服之。

後魏錄：瑯琊王肅仕南朝，好茗飲、蓴羹。及還北地，又好羊肉、酪漿。人或問之，茗何如酪？肅曰：茗不堪與酪爲奴。

桐君錄：西陽、武昌、廬江、昔陵好茗，皆東人作清茗。茗有餑，飲之宜人。凡可飲之物，皆多取其葉。天門冬拔揳取根，皆益人。又巴東別有眞茗茶，煎飲令人不眠。俗中多煑檀葉，并大皁李作茶，竝冷。又南方有瓜蘆木，亦似茗，至苦澀，取爲屑，茶飲亦可，通夜不眠。煑鹽人但資此飲，而交、廣最重，客來先設，乃加以香芼輩。

坤元錄：辰州溆浦縣西北三百五十里，無射山，云蠻俗當吉慶之時，親族集會，歌舞於山上，山多茶樹。

括地圖臨遂縣東一百四十里，有茶溪。

山謙之吳興記：烏程縣西二十里，有溫山，出御荈。

夷陵圖經：黄牛、荆門、女觀、望州等山，茶茗出焉。

永嘉圖經：永嘉縣東三百里，有白茶山。

淮陰圖經：山陽縣南二十里，有茶坡。

茶陵圖經云：茶陵者所謂陵谷生茶茗焉。本草木部：茗苦，茶味甘，苦，微寒，無毒。主瘻瘡，利小便，去痰渴熱，令人少睡。秋採之苦，主下既下飲，問人云：此爲茶爲茗？覺人有怪色，乃自分明云：向問飲爲熱，爲冷耳？

續搜神記：晉武帝時，宣城人秦精常入武昌山採茗，遇一毛人，長丈餘，引精至山下，示以叢茗而去。俄而復還，乃探懷中橘以遺精，精怖，負茗而歸。

晉四王起事，惠帝蒙塵，還洛陽。黄門以瓦盂盛茶，上至尊。

異苑：剡縣陳務妻，少與二子寡居，好飲茶茗。以宅中有古塚，每飲輒先祀之。二子患之曰：古塚何知，徒以勞意，欲掘去之，母苦禁而止。其夜夢一人云：吾止此塚三百餘年，卿二子恆欲見毁，賴相保護，又享吾佳茗，雖泉壤朽骨，豈忘翳桑之報！及曉，於庭中獲錢十萬，似久埋者，但貫新耳。母告二子，慙之，從是禱饋愈甚。

廣陵耆老傳：晉元帝時，有老姥，每旦獨提一器茗，往市鬻之，市人競買。自旦至夕，其器不減，所得錢散路傍孤貧乞人，人或異之。州法曹縶之獄中，至夜，老姥執所鬻茗器，從獄牖中飛出。

藝術傳：燉煌人單道開不畏寒暑，常服小石子。所服藥有松、桂、蜜之氣，所餘茶蘇而已。

釋道該説續名僧傳：宋釋法瑤姓楊氏，河東人。永嘉中過江，遇沈臺眞請眞君武康，小山寺，年垂懸車，飯所飲茶，永明中勑吴興，禮致上京，年七十九。

宋江氏家傳：江統字應元，遷愍懷太子洗馬，常上疏諫云：今西園賣醯麪藍子菜茶之屬，虧敗國體。

宋錄：新安王子鸞、豫章王子尚詣曇濟道人於八公山。道人設茶茗，子尚味之曰：此甘露也，何言茶茗。

王微雜詩：寂寂掩高閣，寥寥空廣廈；待君竟不歸，收領今就檟。

鮑昭妹令暉著香茗賦。

斤、桂一斤、黄芩一斤，皆所需也。吾體中憒悶，常仰眞茶，汝可信致之。

傅咸司隸教曰：聞南方有蜀嫗，作茶粥賣，爲廉事，打破其器具後，又賣餅於市，而禁茶粥，以困蜀姥，何哉？

神異記：餘姚人虞洪入山採茗，遇一道士，牽三青牛，引洪至瀑布山，曰：予丹邱子也，聞子善具飲，常思見惠，山中有大茗，可以相給。祈子他日有甌犧之餘，乞相遺也。因立奠祀，後常令家人入山，獲大茗焉。

左思嬌女詩：吾家有嬌女，皎皎頗白皙；小字爲紈素，口齒自清歷；有姊字蕙芳，眉目粲如畫；馳鶩翔園林，果下皆生摘；貪華風雨中，倏忽數百適；心爲茶荈劇，吹嘘對鼎鑩。

張孟陽登成都樓詩云：借問揚子舍，想見長卿廬；程卓累千金，驕侈擬五都；門有連騎客，翠帶腰吳鉤；鼎食隨時進，百和妙且殊；披林採秋橘，臨江釣春魚；黑子過龍醢，果饌踰蟹蝑；芳茶冠六情，溢味播九區；人生苟安樂，茲土聊可娛。

傅巽七誨：蒲桃宛柰，齊柿燕栗，峘陽黄梨，巫山朱橘，南中茶子，西極石蜜。

宏君舉食檄：寒溫既畢，應下霜華之茗，三爵而終，應下諸蔗、木瓜、元李、楊梅五味，橄欖、懸豹、葵羹各一杯。

孫楚歌：茱萸出芳樹顛，鯉魚出洛水泉；白鹽出河東，美豉出魯淵；薑桂茶荈出巴蜀，椒橘木蘭出高山；蓼蘇出溝渠，精稗出中田。

華佗食論：苦茶久食，益意思。

壺居士食忌：苦茶久食羽化，與韭同食，令人體重。

郭璞爾雅注云：樹小似梔子，冬生葉，可煮羹飲。今呼早取爲茶，晚取爲茗，或一曰荈，蜀人名之苦茶。

世說：任瞻字育長，少時有令名，自過江失志，江洗馬統、孫參軍楚、左記室太沖、陸吳興納、納兄子會稽內史俶、謝冠軍安石、郭宏農璞、桓揚州溫、杜舍人毓、武康小山寺釋法瑤、沛國夏侯愷、餘姚虞洪、北地傅巽、丹陽宏君舉、高安任育長、宣城秦精、燉煌單道開、剡縣陳務妻、廣陵老姥、河內山謙之、後魏瑯琊王肅、宋新安王子鸞、鸞弟豫章王子尚、鮑昭妹令暉、八公山沙門譚濟、齊世祖、武帝、梁劉廷尉、陶先生宏景、皇朝徐英公勣。　神農食經：茶茗久服，令人有力，悅志。周公爾雅：檟，苦茶。廣雅云：荆、巴間採葉作餅，葉老者餅成，以米膏出之，欲煮茗飲，先炙令赤色，搗末，置瓷器中，以湯澆覆之，用葱、薑、橘子芼之。其飲醒酒，令人不眠。

晏子春秋：嬰相齊景公時，食脫粟之飯，炙三戈五卯，茗菜而已。　司馬相如凡將篇：烏喙、桔梗、芫華、款冬、貝母、木蘗、蔞芩、草芍藥、桂、漏蘆、蜚廉、雚菌、荈詫、白斂、白芷、菖蒲、芒消、莞椒、茱萸。

方言：蜀西南人，謂茶曰蔎。

吳志：韋曜傳：孫皓每饗宴坐席，無不率以七升爲限。雖不盡入口，皆澆灌取盡。曜飲酒不過二升，皓初禮異密，賜茶荈以代酒。

晉中興書：陸納爲吳興太守時，衛將軍謝安常欲詣納，晉書云：納爲吏部尚書。納兄子俶怪納無所備，不敢問之。乃私蓄十數人饌。安既至，所設唯茶果而已，俶遂陳盛饌，珍羞必具。及安去，納杖俶四十云：汝既不能光益叔父，奈何穢吾素業。

晉書：桓溫爲揚州牧，性儉，每讌飲唯下七奠柈茶果而已。

搜神記：夏侯愷因疾死，宗人字苟奴，察見鬼神。見愷來收馬，并病其妻，著平上幘，單衣入坐生時西壁大床，就人覓茶飲。

劉琨與兄子南兗州刺史演書云：前得安州乾薑一

飲啜不消，亦然矣。茶性儉，不宜廣，則其味黯澹。且如一滿盌，啜半而味寡，況其廣乎。其色縮也，其馨𣤩也，香至美曰𣤩，𣤩音備。其味甘，檟也；不甘而苦，荈也；啜苦咽甘，茶也。一本云其味苦而不甘，檟也，甘而不苦，荈也。

六之飲

翼而飛，毛而走，呿而言，此三者俱生於天地間，飲啄以活。飲之時義，遠矣哉！至若救渴，飲之以漿；蠲憂忿，飲之以酒；蕩昏寐，飲之以茶。茶之爲飲，發乎神農氏，聞於魯周公。齊有晏嬰，漢有揚雄、司馬相如，吳有韋曜，晉有劉琨、張載、遠祖納、謝安、左思之徒，皆飲焉。滂時浸俗，盛於國朝。兩都并荆、渝間，以爲比屋之飲。飲有觕茶、散茶、末茶、餅茶者，乃斫、乃熬、乃煬、乃舂，貯於瓶缶之中，以湯沃焉，謂之痷茶。或用葱、薑、棗、橘皮、茱萸、薄荷之等，煮之百沸，或揚令滑，或煮去沫，斯溝渠間棄水耳；而習俗不已。於戲！天育萬物，皆有至妙，人之所工，但獵淺易。所庇者屋，屋精極；所著者衣，衣精極；所飽者飲食，食與酒皆精極之。茶有九難：一曰造，二曰別，三曰器，四曰火，五曰水，六曰炙，七曰末，八曰煮，九曰飲。陰採夜焙，非造也；嚼味嗅香，非別也；羶鼎腥甌，非器也；膏薪庖炭，非火也；飛湍壅潦，非水也；外熟內生，非炙也；碧粉縹塵，非末也；操艱攪遽，非煮也；夏興冬廢，非飲也。夫珍鮮馥烈者，其盌數三，次之者盌數五。若坐客數至五，行三盌；至七，行五盌；若六人已下，不約盌數，但闕一人而已，其雋永補所闕人。

七之事

三皇、炎帝、神農氏、周魯周公旦、齊相晏嬰、漢仙人丹邱子、黃山君、司馬文園令相如、揚執戟雄、吳歸命侯、韋太傅宏嗣、晉惠帝、劉司空琨、琨兄子兗州刺史演、張黃門孟陽、傅司隸咸、之不能駐其指，及就則似無穰骨也。炙之則其節若倪倪如嬰兒之臂耳。既而承熱，用紙囊貯之，精華之氣，無所散越，候寒末之。末之上者其屑如細米，末之下者其屑如菱角。其火用炭，次用勁薪。謂桑、槐、桐、櫪之類也。其炭曾經燔炙爲膻膩所及，及膏木敗器，不用之。膏木爲柏、桂、檜也。敗器爲朽廢器也。古人有勞薪之味，信哉。其水用山水上，江水中，井水下。荈賦所謂：水則岷方之注，挹彼清流。其山水揀乳泉石池慢流者上，其瀑湧湍漱勿食之。久食，令人有頸疾。又多別流於山谷者，澄浸不洩，自火天至霜郊以前，或潛龍畜毒於其間，飲者可決之以流其惡。使新泉涓涓然酌之，其江水取去人遠者，井取汲多者，其沸如魚目，微有聲，爲一沸。緣邊如湧泉連珠，爲二沸。騰波鼓浪，爲三沸。已上水老，不可食也。初沸則水合量，調之以鹽味，謂棄其啜餘，啜嘗也，市稅反，又市悅反。無迺衉艦而鍾其一味乎。衉古暫反，艦吐濫反，無味也。

第二沸出水一瓢，以竹筴環激湯心，則量末當中心而下，有頃勢若奔濤濺沫，以所出水止之，而育其華也。凡酌置諸盌，令沫餑均，字書本草并餑茗沫也。餑蒲笏反。沫餑湯之華也，華之薄者曰沫，厚者曰餑，細輕者曰花，如棗花漂漂然於環池之上，又如迴潭曲渚青萍之始生，又如晴天爽朗有浮雲鱗然其沫者，若綠錢浮於水湄，又如菊英墮於尊俎之中。餑者以滓煮之，及沸則重華累沫，皤皤然若積雪耳。荈賦所謂：煥如積雪，燁若春藪，有之第一煮水沸，而棄其沫之上有水膜如黑雲母，飲之則其味不正，其第一者爲雋永，徐縣全縣二反。至美者曰雋永。雋味也，永長也，史長曰雋永。漢書蒯通著雋永二十篇也。或留熟以貯之，以備育華救沸之用，諸第一與第二、第三盌次之，第四、第五盌外，非渴甚莫之飲。凡煮水一升，酌分五盌，盌數少至三多至五，若人多至十加兩爐。乘熱連飲之，以重濁凝其下，精英浮其上。如冷則精英隨氣而竭，口脣不卷，底卷而淺，受半升已下。越州瓷、岳瓷皆青，青則益茶，茶作白紅之色。邢州瓷白，茶色紅。壽州瓷黃，茶色紫。洪州瓷褐，茶色黑。悉不宜茶。

畚

畚，以白蒲捲而編之，可貯盌十枚。或用筥，其紙帊以剡紙，夾縫令方，亦十之也。

札

札，緝栟櫚皮，以茱萸木夾而縛之，或截竹束而管之，若巨筆形。

滌方

滌方，以貯滌洗之餘，用楸木合之，制如水方，受八升。

滓方

滓方，以集諸滓，製如滌方，處五升。

巾

巾，以絁布爲之，長二尺。作二枚互用之，以潔諸器。

具列

具列，或作床，或作架，或純木純竹而製之。或木或竹，黃黑可扃而漆者，長三尺，闊二尺，高六寸。具列者，悉斂諸器物，悉以陳列也。

都籃

都籃，以悉設諸器而名之。以竹篾內作三角，方眼外以雙篾闊者經之，以單篾纖者縛之，遞壓雙經，作方眼，使玲瓏，高一尺五寸，底闊一尺，高二寸，長二尺四寸，闊二尺。

五之煮

凡炙茶愼勿於風燼間炙，熛焰如鑽，使炎涼不均，持以逼火，屢其飜正候炮普教反。出培塿，狀蝦蟇背，然後去火五寸，卷而舒，則本其始，又炙之。若火乾者，以氣熟止。日乾者，以柔止。其始若茶之至嫩者，蒸罷熱搗，葉爛而牙笋存焉。假以力者，持千鈞杵，亦不之爛，如漆科珠，壯士接者量也，准也，度也。凡煮水一升，用末方寸匕，若好薄者減之，嗜濃者增之，故云則也。

水方

水方，以椆木槐楸梓等合之，其裏并外縫漆之，受一斗。

漉水囊

漉水囊，若常用者，其格以生銅鑄之，以備水濕，無有苔穢腥澀；意，以熟銅苔穢，鐵腥澀也。林栖谷隱者或用之竹木，木與竹非持久涉遠之具，故用之生銅。其囊織青竹以捲之，裁碧縑以縫之，細翠鈿以綴之，又作綠油囊以貯之。圓徑五寸，柄一寸五分。

瓢

瓢，一曰犧杓，剖瓠爲之，或刊木爲之。晉舍人杜毓荈賦云：酌之以匏。匏，瓢也。口闊脛薄，柄短。永嘉中餘姚人虞洪入瀑布山採茗，遇一道士云：吾丹邱子，祈子他日甌犧之餘，乞相遺也。犧，木杓也。今常用，以梨木爲之。

竹筴

竹筴，或以桃柳、蒲葵木爲之，或以柹心木爲之。長一尺，銀裹兩頭。

鹺簋　揭

鹺簋，以瓷爲之，圓徑四寸，若合形。或瓶或罍，貯鹽花也。其揭竹制，長四寸一分，闊九分，揭策也。

熟盂

熟盂，以貯熟水，或瓷或沙，受二升。

盌

盌，越州上，鼎州次，婺州次，岳州次，壽州、洪州次。或者以邢州處越州上，殊爲不然。若邢瓷類銀，越瓷類玉，邢不如越一也；若邢瓷類雪，則越瓷類冰，邢不如越二也；邢瓷白而茶色丹，越瓷青而茶色綠，邢不如越三也。晉杜毓荈賦所謂：器擇陶揀，出自東甌。甌，越也。甌越州上，火筴，一名筯，若常用者，圓直一尺三寸。頂平截無葱臺句鏁之屬，以鐵或熟銅製之。

鍑音輔，或作釜或作鬴。

鍑，以生鐵爲之。今人有業冶者，所謂急鐵，其鐵以耕刀子趄鍊而鑄之，內摸土而外摸沙土，滑於內，易其摩滌沙，澀於外，吸其炎焰，方其耳，以正令也。廣其緣，以務遠也。長其臍，以守中也。臍長則沸中，沸中則末易揚，末易揚則其味淳也。洪州以瓷爲之，萊州以石爲之。瓷與石皆雅器也，性非堅實，難可持久。用銀爲之，至潔，但涉於侈麗。雅則雅矣，潔亦潔矣，若用之恆，而卒歸於鍑也。

交床

交床，以十字交之，剜中令虛，以支鍑也。

夾

夾，以小青竹爲之，長一尺二寸令一寸，有節，節已上剖之以炙茶也。彼竹之篠津潤于火，假其香潔以益茶味，恐非林谷間莫之致。或用精鐵熟銅之類，取其久也。

紙囊

紙囊，以剡藤紙白厚者夾縫之，以貯所炙茶，使不泄其香也。

碾拂末。

碾，以橘木爲之，次以梨桑桐柘爲之。內圓而外方，內圓備於運行也，外方制其傾危也。內容墮而外無餘，木墮形如車輪，不輻而軸焉。長九寸，闊一寸七分，墮徑三寸八分，中厚一寸，邊厚半寸。軸中方而執圓，其拂末以鳥羽製之。

羅合

羅末以合蓋貯之，以則置合中，用巨竹剖而屈之，以紗絹衣之。其合以竹節爲之，或屈杉以漆之，高三寸，蓋一寸，底二寸，口徑四寸。

則

則，以海貝蠣蛤之屬，或以銅鐵竹匕策之類。則上也。何者？出膏者光，含膏者皺，宿製者則黑，日成者則黄，蒸壓則平正，縱之則坳垤，以茶與草木葉一也。茶之否臧，存於口訣。

四之器

風爐灰承　筥　炭撾　火筴　鍑
交床　夾　紙囊　碾拂末
羅合　則　水方　漉水囊
瓢　竹筴　鹺簋　熟盂
盌　畚　札　滌方　滓方
巾　具列　都籃

風爐灰承

風爐，以銅鐵鑄之，如古鼎形，厚三分，緣闊九分令六分。虚中，致其杇墁。凡三足，古文書二十一字。一足云坎上巽下离于中，一足云體均五行去百疾，一足云聖唐滅胡明年鑄。其三足之間，設三窗，底一窗以爲通飈漏燼之所，上竝古文書六字。一窗之上，書伊公二字；一窗之上，書羹陸二字；一窗之上，書氏茶二字，所謂伊公羹、陸氏茶也。置墆埭於其内，設三格：其一格有翟焉，翟者火禽也，畫一卦曰离；其一格有彪焉，彪者風獸也，畫一卦曰巽；其一格有魚焉，魚者水蟲也，畫一卦曰坎。巽主風，离主火，坎主水；風能興火，火能熟水，故備其三卦焉。其飾以連葩垂蔓曲水方文之類，其爐或鍛鐵爲之，或運泥爲之，其灰承作三足，鐵柈擡之。

筥

筥，以竹織之，高一尺二寸，徑闊七寸，或用藤作木楦如筥形。織之六出圓眼，其底蓋若莉篋口鑠之。

炭撾

炭撾，以鐵六棱制之，長一尺，銳上豐中，執細頭系一小鐶以飾撾也。若今之河隴軍人木吾也，或作鎚，或作斧，隨其便也。

火筴

棨，一曰錐刀。柄以堅木爲之，用穿茶也。

樸，一曰鞭。以竹爲之，穿茶以解茶也。

焙，鑿地深二尺，闊二尺五寸，長一丈。上作短牆，高二尺，泥之。

貫，削竹爲之。長二尺五寸，以貫茶焙之。

棚，一曰棧。以木構於焙上，編木兩層，高一尺，以焙茶也。茶之半乾昇下棚，全乾昇上棚。

穿，音釧。江東淮南，剖竹爲之。巴川峽山，紉穀皮爲之。江東以一斤爲上穿，半斤爲中穿，四兩五兩爲小穿。峽中以一百二十斤爲上穿，八十斤爲中穿，五十斤爲小穿。字舊作釵釧之釧字，或作貫串。今則不然，如磨扇彈鑽縫五字，文以平聲書之，義以去聲呼之，其字以穿名。

育，以木制之，以竹編之，以紙糊之。中有隔，上有覆，下有床，傍有門。掩一扇，中置一器，貯煻煨火，令煴煴然。江南梅雨時，焚之以火。育者，以其藏養爲名。

三之造

凡採茶在二月、三月、四月之間。茶之筍者，生爛石沃土，長四五寸，若薇蕨始抽，淩露採焉。茶之芽者，發於藂薄之上，有三枝、四枝、五枝者，選其中枝穎拔者，採焉。其日有雨不採，晴有雲不採。晴採之，蒸之，擣之，拍之，焙之，穿之，封之，茶之乾矣。茶有千萬狀，鹵莽而言如：胡人鞾者，蹙縮然；京錐文也。犎牛臆者，廉襜然；浮雲出山者，輪囷然；輕飆拂水者，涵澹然。有如陶家之子，羅膏土以水澄泚之；謂澄泥也。又如新治地者，遇暴雨流潦之所經，此皆茶之精腴。有如竹籜者，枝幹堅實，艱於蒸擣，故其形籭簁然；上下离師。有如霜荷者，莖葉凋沮，易其狀貌，故厥狀委悴然，此皆茶之瘠老者也。自採至於封七經目，自胡靴至於霜荷八等。或以光黑平正言佳者，斯鑒之下也；以皺黃坳垤言佳者，鑒之次也；若皆言佳，及皆言不佳者，鑒之周公云：檟，苦荼。楊執戟云：蜀西南人謂茶曰蔎。郭宏農云：早取爲茶，晚取爲茗，或一曰荈耳。其地上者，生爛石中者，生礫壤下者，生黃土，凡藝而不實，植而罕茂，法如種瓜，三歲可採。野者上，園者次；陽崖陰林紫者上，綠者次；筍者上，牙者次；葉卷上，葉舒次；陰山坡谷者，不堪採掇，性凝滯，結瘕疾。茶之爲用，味至寒，爲飲最宜。精行儉德之人，若熱渴凝悶，腦疼目澀，四支煩，百節不舒，聊四五啜，與醍醐甘露抗衡也。採不時，造不精，雜以卉莽，飲之成疾。茶爲累也，亦猶人參。上者生上黨，中者生百濟、新羅，下者生高麗；有生澤州、易州、幽州、檀州者，爲藥無效，況非此者。設服薺苨，使六疾不瘳，知人參爲累，則茶累盡矣。

二之具

籯加追反。一曰籃，一曰籠，一曰筥。以竹織之，受五升，或一㪷、二㪷、三㪷者，茶人負以採茶也。籯漢書音盈，所謂黃金滿籯，不如一經。顏師古云：籯竹器也，容四升耳。

竈，無用突者，釜用脣口者。

甑，或木或瓦，匪腰而泥。籃以箅之，篾以系之，始其蒸也，入乎箅，既其熟也，出乎箅，釜涸注於甑中。甑不帶而泥之。又以穀木枝三椏者制之，散所蒸牙筍并葉，畏流其膏。

杵臼，一曰碓，惟恆用者佳。

規，一曰模，一曰棬。以鐵制之，或圓或方或花。

承，一曰臺，一曰砧。以石爲之，不然以槐桑木半埋地中，遣無所搖動。

檐，一曰衣。以油絹或雨衫單服敗者爲之，以檐置承上，又以規置檐上，以造茶也。茶成，舉而易之。

芘莉，音杷離。一曰嬴子，一曰筹筤。以二小竹長三尺，軀二尺五寸，柄五寸，以篾織方眼如圃人土羅，闊二尺，以列茶也。

種內傷；此茶之害也。民生日用，蹈其弊者，往往皆是，而婦嫗受害更多，習俗移人，自不覺爾。況眞茶既少，雜茶更多，其爲患也，又可勝言哉！人有嗜茶成癖者，時時咀啜不止，久而傷營，傷精血，不華色，黄瘁痿弱，抱病不悔，尤可嘆惋！晉干寶搜神記載：武官因時病後，啜茗一斛二升乃止，纔減升合，便爲不足。有客令更進五升，忽吐一物，狀如牛脾，而有口，澆之以茗，盡一斛二升，再澆五升，卽溢出矣，人遂謂之斛茗瘕。嗜茶者觀此，可以戒矣！陶隱居雜錄言：丹丘子黄山君服茶，輕身換骨；壺公食忌言：苦茶久食羽化者，皆方士謬言誤世者也。唐補闕綦母旻茶序云：釋滯消壅，一日之利暫佳；瘠氣侵精，終身之累斯大；獲益則功歸茶力，貽患則不謂茶災；豈非福近易知，禍遠難見乎？又宋學士蘇軾茶說云：除煩去膩，世故不可無茶，然暗中損人不少。空心飲茶入鹽，直入腎經，且冷脾胃，乃引賊入室也。惟飲食後，濃茶漱口，既去煩膩，而脾胃不知，且苦能堅齒消蠹，深得飲茶之妙。古人呼茗爲酪奴，亦賤之也！時珍早年氣盛，每飲新茗，必至數椀，輕汗發而肌骨清，頗覺痛快。中年胃氣稍損，飲之卽覺爲害。不痞悶嘔惡，卽腹冷洞泄。故備述諸說，以警同好焉。又濃茶能令人吐，乃酸苦涌泄爲陰之義，非其性能升也。

茶經　唐陸羽撰

一之源

茶者，南方之嘉木也。一尺二尺，迺至數十尺。其巴山峽川有兩人合抱者，伐而掇之，其樹如瓜蘆，葉如梔子，花如白薔薇，實如栟櫚，蒂如丁香，根如胡桃。瓜蘆木出廣州似茗至苦澀。栟櫚蒲葵之屬，其子似茶。胡桃與茶根皆下孕兆，至瓦礫苗本上抽。其字或從草或從木，或草木幷。從草當作茶，其字出開元文字音義。从木當作㮔，其字出本草。草木幷作荼，其字出爾雅。其名一曰茶，二曰檟，三曰蔎，四曰茗，五曰荈。

荆、江、湖、淮南山中皆有之。今通謂之茶，茶、茶聲近，故呼之。春中始生嫩葉，蒸焙去苦水，末之乃可飲，與古所食，殊不同也。茶經曰：茶者南方佳木，自一尺二尺，至數十尺，其巴川峽山有兩人合抱者，伐而掇之，木如瓜蘆，葉如梔子，花如白薔薇，實如栟櫚，蒂如丁香，根如胡桃。其名一曰茶，二曰檟，三曰蔎，四曰茗，五曰荈。又曰：茶之別者，有如楠芽、枸杞芽、枇杷芽，皆治風疾。又有皂莢芽、槐芽、柳芽，乃上春摘其芽，和茶作之。故今南人輸官茶，往往雜以衆葉，惟茅、蘆、竹箬之類不可入，自餘山中草木芽葉皆可和合，椿柿尤奇。眞茶性極冷，惟雅州蒙山出者，溫而主疾。茶譜云：蒙山有五頂，頂有茶園，其中頂曰上淸峯。昔有僧人病冷且久，遇一老父，謂曰：蒙之中頂茶，當以春分之先後，多聚人力，俟雷之發聲，併手採摘，三日而止。若獲一兩，以本處水煎服，卽能祛宿疾，二兩當眼前無疾，三兩固肌換骨，四兩卽爲地仙矣。其僧如說，獲一兩餘，服未盡而疾差。其四頂茶園，採摘不廢，惟中峯草木繁密，雲霧蔽虧，鷙獸時出，故人迹不到矣。近歲稍貴此品，製作亦精於他處。其性似不甚冷，大都飲茶少則醒神思，過多則致疾病。故唐母景茶飲序云：釋滯消壅，一日之利暫佳，瘠氣侵精，終身之累斯大，是也。

本草綱目李時珍曰：茶苦而寒，陰中之陰，沉也降也，最能降火，火爲百病，火降則上淸也。然火有五，火有虛實，若少壯胃健之人，心肺脾胃之火多盛，故與茶相宜。溫飲則火因寒氣而下降，熱飲則茶借火氣而升散。又兼解酒食之毒，使人神思闓爽，不昏不睡，此茶之功也。若虛寒及血弱之人，飲之既久，則脾胃惡寒，元氣暗損，土不制水，精血潛虛，成痰飲，成痞脹，成痿痹，成黃瘦，成嘔逆，成洞瀉，成腹痛，成疝瘕，種秋用蓼，脂用葱，膏用薤，三牲用藙，和用醯，獸用梅，蓋皆薰辛之物，所用各有宜爾。漢律會稽獻藙一斗，賀氏云：今蜀郡作之，九月九日取茱萸，折其枝，連其實，廣長四五寸，一升實可和十升膏，然鄭氏及說文，皆以煎茱萸爲藙，蓋藙必煎乃用爾。今蜀人猶呼其實爲艾子，蓋藙之訛也。風土記曰：俗尚九月九日謂爲上九，茱萸至此日氣烈熟，色赤，可折其房以插頭，云辟惡氣，禦冬。西京雜記云：漢武帝宮人，九月九日佩茱萸，食蓬餌，飲菊花酒，云令人長壽。至宗懍記荊楚歲時云：漢費長房教桓景，令家人各作絳囊，九月九日盛茱萸，繫臂上，登山飲菊酒，消厄，蓋至今用是日以榝雜菊花寘酒中飲，古之遺俗也。尤妙於辟毒破氣，故云。嶺南多毒足，解毒之物，卽金蛇白藥之屬，是也。江湖多氣足，破氣之物，薑、橘、吳茱萸之類，是也。乃天生萬物以與人，亦人窮急以致物。楚辭稱：椒專佞以慢慆兮，榝又欲充夫佩幃。椒以比上官之屬，榝其黨也。曹植樂府歌曰：茱萸自用芳，不如桂與蘭。而郭璞射覆云：子如赤鈴含元珠，乃是椒耳。

又曰：風土記曰三香椒欓薑。欓出閩中、江東，其木似椿，莖間有刺，子辛辣如椒，南人醃藏以爲果品，或以寄遠。吳越春秋曰：越以甘密丸欓，報吳增封之禮，則欓之相贈尚矣。宋義熙八年，大社欓木生於壇側，欓尚黑也。宋水德忽生此一木。

茗

爾雅：檟苦荼注：樹小如梔子，冬生葉，可煮作羹飲。今呼早采者爲荼，晚者爲茗，一名荈，蜀人名之苦荼。

唐本草：茗苦𣘻，茗味甘，苦，微寒，無毒。主瘻瘡，利小便，去痰，熱渴，令人少睡。春採之。苦𣘻主下氣，消宿食，作飲加茱萸、葱、薑等良。

圖經：茗苦𣘻舊不著所出州郡，今閩、浙、蜀、益壽，除患害也。又術曰：懸茱萸子屋，而鬼畏不入也。

益部方物記：緑實若萸，味辛，香。苾投粒羹臛椒桂之匹，右艾子、艾木，大抵茱萸類也。實正緑，味辛，蜀人每進羹臛，以二三粒投之，少選香滿盂醆。或曰作爲膏，尤良。按揚雄蜀都賦當作藙，藙、艾同字云。

嘉祐本草：欓子味辛，辣如椒。主遊蠱飛尸，著喉口者刺破，以子揩之，令血出，當下涎沫，煮汁服。子去暴冷腹痛，食不消，殺腥物。木高大，莖有刺。

本草綱目李時珍曰：食茱萸即欓子也。蜀人呼爲艾子，楚人呼爲辣子。古人謂之藙及𣚍子，因其辛辣蜇口慘腹，使人有殺毅黨然之狀，故有諸名。蘇恭謂茱萸之開口者爲食茱萸，孟詵謂茱萸之閉口者爲欓子，馬志謂粒大色黄黑者爲食茱萸，粒緊小色青緑者爲吳茱萸，陳藏器謂吳食二茱萸是一物，入藥以吳地者爲良。不當重出此條，只可言漢與吳，不可言食與不食。時珍竊謂數説皆因茱萸二字相混，致誤耳。不知吳茱、食茱，乃一類二種。茱萸取吳地者入藥，故名吳茱萸。欓子則形味似茱萸，惟可食用，故名食茱萸也。陳藏器不知食茱萸即欓子，重出欓子一條，正自誤矣。按曹憲博雅云：欓子，越椒茱萸也。鄭樵通志云：欓子一名食茱萸，以别吳茱萸。禮記三牲用藙。是食茱萸也。二説足正諸人之謬。食茱萸，高木，長葉，黄花，緑子，叢簇枝上。味辛而苦，土人八月采，搗濾取汁，入石灰攪成，名曰艾油，亦曰辣米油。始辛辣蜇口，入食物中用。周處風土記以椒、欓、薑爲三香，則自古尚之矣，而今貴人罕用之。

爾雅翼：𣚍一名藙，今之茱萸也。其味苦，辛。置之食中，能去臭。南都賦所謂蘇蔱紫薑，拂徹羶腥者也。古者膾春用葱，秋用芥，豚春用韭，點者，眞也。今諸郡所出者，枝莖白，葉小圓而青色，頗似榆葉而長，冬夏不枯。六月開花，花有紫、白二種。子似大麻。四月採苗、葉，八月採子，與柏油同熬，塗駝畜瘡疥。或淋煠藥中用之，亦名頑荆。

補筆談：欒有一種，樹生，其實可作數珠者，謂之木欒，卽本草欒花是也。叢生可爲杖捶者，謂之木欒，又名黄荆，卽本草牡荆是也。此兩種之外，唐人補本草又有欒荆一條，遂與二欒相亂。欒花出神農正經，牡荆見於前漢郊祀志，從來甚久。欒荆特出唐人新附，自是一物，非古人所謂欒荆也。

本草綱目李時珍曰：按許愼説文云：欒似木蘭。木蘭葉似桂，與蘇恭所謂葉似石南者，相近。蘇頌所圖者，卽今牡荆，與唐本草不合。欒荆是蘇恭收入本草，不應自誤。蓋後人不識，遂以牡荆充之。

食茱萸

唐本草：食茱萸味辛，苦，大熱，無毒。功用與吳茱萸同，少爲劣爾。療水氣用之，乃佳。

圖經：食茱萸舊不載所出州土，云功用與吳茱萸同，或云卽茱萸中顆粒大，經久色黄黑，堪噉者是。今南北皆有之，其木亦甚高大，有長及百尺者。枝莖青黄，上有小白點，葉正類油麻，花黄。蜀人呼其子爲艾子，蓋禮記所謂藙者，藙艾聲訛，故云耳。宜入食羹中，能發辛香，然不可多食，多食衝眼，兼又脫髮。採無時。

齊民要術曰：食茱萸也，山茱萸則不任食。二月、三月栽之，宜故城隄高燥之處。凡於城上種蒔者，先宜隨長短掘壍，停之經年，然後於壍中種蒔，保澤沃壤與平地無差。不爾者，土堅澤流，長物不達，經年倍樹木尚小。候實開，便收之。挂屋裏壁上，令陰乾，勿使烟熏。烟熏則苦，而不辛也。用時去中黑子。肉醬魚鮓偏可取用。術曰：井上宜種茱萸，茱萸葉落井中，飲此水者無瘟病。雜五行書曰：舍種白楊、茱萸三根，增年好者兩枚，炮取皮，一枚生取皮，同末之，以沸漿水一兩合服之，淡水亦得。若空水痢，加一錢匕甘草末，若微有膿血，加二匕，若血多加三匕，皆效。又取其核入白蜜，研注目中，治風赤澀痛，神良。其子未熟時，風飄墮者謂之隨風子，暴乾收之，彼人尤珍貴，益小者益佳。治痰嗽咽喉不利，含三四枚，殊勝。

海藥本草：按徐表南州記云：生南海諸國，味酸澀，溫，無毒。主五鬲氣結，心腹虚痛，赤白諸痢及嘔吐、咳嗽，並宜使。其皮主嗽，肉炙治眼澀痛。方家使陸路訶梨勒，即六棱是也。按波斯將訶梨勒大腹等舶上，用防不虞，或遇大魚放涎滑水中，數里不通舡也。遂乃煮此洗其涎滑，尋化爲水，可量治氣功力者乎。大腹訶子性燋，煮時近鐺下，故中國種不生，故梵云訶梨怛雞，謂唐言天堂，未並指此也。

廣異記云：高仙芝在大食，得訶梨勒長五寸，初置抹肚中，便覺腹中痛，因大利十餘行，疑訶梨勒爲祟，持欲弃之。後問大食長老，云：此物人帶一切病，消痢者，出惡物耳。

南方草木狀：訶梨勒樹似木梡，花白，子形如橄欖。六路皮肉相著，可作飲，變白髭髮令黑，出九眞。

欒荆

唐本草：欒荆味辛，苦，溫，有小毒。主大風，頭、面、手、足諸風，癲癇狂痓，濕痹寒冷，疼痛，俗方大用之。而本草不載，亦無別名。但有欒花，功用又別，非此花也。注：按其莖葉都似石南，乾亦反卷，經冬不死，葉上有細黑點者，眞也。今雍州所用者是，而洛州乃用石荆當之，非也。

圖經：欒荆舊不著所出州郡，今生東海及淄州、汾州。性溫，味苦，有小毒。苗葉主大風，頭、面、手、足諸風，癲狂痓痹，冷病。蘇恭云：莖葉都似石南，乾亦自反，經冬不凋，葉上有細黑後惡露不安，怯起衝心，腹中攪痛，及經絡不通，男女中風，口噤不語，宜此法。細研乳頭香細末，方寸匕酒煮蘇方木，去滓調服，立吐惡物，差。

南方草木狀：蘇枋樹類槐，黄花黑子，出九眞。南人以染絳，漬以大庾之水，則色愈深。

諸蕃志：蘇木出眞臘國，樹如松柏，葉如冬青，山谷郊野，在在有之。聽民採取，去皮曬乾，其色紅赤，可染緋紫，俗號曰窊木。

事物紺珠：蘇木出海南。樹似菴羅，葉似楡，抽條長丈餘，花黄，子初青，熟黑，木赤，可染絳。

博物要覽：蘇木樹類槐，出九眞，煎汁忌鐵器，則色黯。其木蠹之糞，名曰紫納，亦可染絳。

廣西通志：蘇木出永康者佳，樹似槐而葉微圓，枝葉兩兩相對，正赤色。開花結實如皂莢，能行血，及染布帛等類。

訶梨勒

唐本草：訶梨勒味苦，溫，無毒。主冷氣，心腹脹滿，下食。生交、愛州。

圖經：訶梨勒生交、愛州，今嶺南皆有，而廣州最盛。樹似木梡，花白，子似梔子，青黄色，皮肉相著。七月、八月實熟時採，六路者佳。

嶺南異物志云：廣州法性寺佛殿前，有四五十株，子極小而味不澀，皆是六路。每歲州貢，只以此寺者，寺有古井，木根蘸水，水味不鹹。每子熟時，有佳客至，則院僧煎湯以延之。其法用新摘訶子五枚、甘草一寸，皆破之，汲木下井水同煎，色若新茶。今其寺謂之乾明，舊木猶有六七株，古井亦在。南海風俗，尚貴此湯，然煎之不必盡如昔時之法也。訶梨勒主痢，本經不載。張仲景治氣痢，以訶梨勒十枚，麪裹煻灰，火中煨之，令麪黄熟，去核細研爲末，和粥飲，頓服之。又長服方：訶梨勒、陳橘皮、厚朴各三兩，擣篩蜜丸，大如梧子，每服二十丸至三十丸。唐劉禹錫傳信方云：予曾苦赤白下，諸藥服遍，久不差，轉爲白膿。令狐將軍傳此法，用訶梨勒三枚，上民也。又曰：烏臼，楂之屬。但取膏油，似不入救荒品中，但膏油不可闕，而民間所用，多取諸麻、菽、荏、菜，麻、菽非穀耶？荏、菜非穀耶？藝荏菜者，非穀田耶？烏臼之屬，比諸麻、菽、荏、菜，有十倍之收，且收諸荒山隙地，以供膏油，而省麻、菽以充糧，省荏菜之田，以種穀，其益于積貯，不爲少矣。

清異錄：江南烈祖素儉，寢殿燭不用脂蠟，灌以烏臼子油，但呼烏舅。案上捧燭鐵人，高尺五，云是楊氏時馬廄中物。一日黃昏急須燭，喚小黃門掇過我金奴來，左右竊相謂曰：烏舅、金奴，正好作對。

篷窗續錄：陸子淵豫章錄言饒、信間，柏樹冬初葉落，結子放蠟，每顆作十字裂，一叢有數顆，望之若梅花初綻。枝柯詰曲，多在野水亂石間，遠近成林，眞可作畫，此與柿樹俱稱美蔭，園圃植之最宜。

賣子木

唐本草：賣子木味甘，微鹹，平，無毒。主折傷，血內溜，續絕，補骨髓，止痛，安胎。生山谷中。注：其葉似柿，出劍南、邛州。

圖經：賣子木，本經不載所出州土。注云：出劍南、邛州，今惟渠州有之。每歲上貢，謂之賣子木。株高五七尺，木徑寸許，春生嫩枝條。葉尖長一二寸，俱青綠色，枝梢淡紫色。四五月開碎花，百十枝，圍簇作大朵，焦紅色。隨花便生子如椒，目在花瓣中，黑而光潔。每株花裁三五大朵耳。五月採其枝葉用。

蘇方木

唐本草：蘇方木味甘，鹹，平，無毒。主破血，產後血脹悶欲死者，水煮苦酒煮五兩，取濃汁服之，效。注：此人用染色者，自南海、崑崙來，交州、愛州亦有。樹似菴羅，葉若榆葉而無澀，抽條長丈許，花黃，子生青熟黑。

海藥本草：謹按徐表南州記：生海畔，葉似絳木，若女貞，味平，無毒。主虛勞血癖，氣壅滯，產其膚，既生子，與接博者同。余試之，良然。若地遠無從取佳貼者，宜用此法。此法農書未載，農家未聞，恐他樹木亦然，宜逐一試之。又曰：采臼子在中冬，但以熟爲候。采須連枝條剝之，但留取指大以上枝，其小者縱無子，亦宜剝去，則明年枝實俱繁盛。其剝刀長三四寸，廣半寸，形如郤月鉤，刃在鉤內，以竹木竿爲柄，刀著柄端，令刃向上，剝時向上鑱之，不傷枝幹。剝下枝，仍充燎爨，揀取浮子，曬乾，入臼舂落外白穰，篩出之，蒸熟作餅。下榨取油，如常法，卽成白油如蠟，以製燭。若穰少不滿一榨者，卽作餅，入他油餅雜榨之，榨下盛油餅中，置一草帚，候油出冷定，臼油卽凝附草帚，不雜他油矣。其篩出黑子，用石磨礱礱碎，簸去殼，存下核中仁，復磨或碾細，蒸熟榨油，如常法，卽成清油。凡製燭每臼油十斤，加白蠟三錢，則不淋蠟，多更佳。常時肆中賣者，白油十斤，雜清油十斤，白蠟不過一二錢，其燭卽淋。又曰養魚池邊勿種臼，落葉入水變黑色，令魚病。又曰種烏臼，取白油、清油。種女貞樹，取白蠟。其利濟人，百倍他樹，古來遂無人曉此。北魏賈思勰撰齊民要術既不著女貞，獨有烏臼一則，乃雜入殊方異物中。陳藏器，唐人也。日華子，五代人也。各言烏臼油可染髮，亦止是清油，不及白油。藏器說女貞亦言木寅在葉中，卷葉如子，羽化爲寅，亦不知寅之爲蠟。至元人開局撰農桑輯要，王禎著農書，二書是千年以來農家之裒然者，亦絕不及二物，又何望近代俗書也！白蠟之利，今世最盛於蜀，其次浙。烏臼最盛於江浙，豈元人修書，詳於北產，聞見所限，未及遠徵吳、蜀耶，抑邇年始食其利，前此未著耶？若吳、蜀舊有，爲元人所遺，可見他方嘉種，亟宜遷貿。若宋、元未有，近代始食其利，可見生財無盡，亟宜講求。恆農士著，安知頃畝之外，必求利物活人者，其責不在冥冥之齊民要術：元中記荆陽有烏臼，其實如雞頭，迮之如胡麻子，其汁味如豬脂。

農政全書：烏臼樹，收子取油，甚爲民利，他果實縱佳，論濟人實用，無勝此者。江、浙人種者極多，極大，或收子二三石。子外白穰，壓取臼油，造蠟燭。子中仁壓取清油，然燈極明，塗髮變黑，又可入漆，可造紙用。每收子一石，可得白油十斤，清油二十斤。彼中一畝之宫，但有樹數株者，生平足用，不復市膏油也。臨安郡中每田十數畝，田畔必種臼數株，其田主歲收臼子，便可完糧。如是者租額亦輕，佃戶樂於承種，謂之熟田。若無此樹，要當於田收完糧，租額必重，謂之生田。兩省之人，既食其利，凡高山、大道、溪邊、宅畔，無不種之，亦有全用熟田種者。用油之外，其渣仍可壅田，可燎爨，可宿火。其葉可染皂，其木可刻書及雕造器物，且樹久不壞，至合抱以上，收子愈多，故一種卽爲子孫數世之利。吾三吳人家，凡有隙地，卽種楊柳，余逢人卽勸，令之拔楊種臼，則有難色。凡所利於楊者，歲取枝條作薪耳。取臼子者，須連枝條剝之，亦何嘗不得薪也。凡他方美利，不能相通者，其故有二：種植力，本人罕出，途路江湖客遊人，無意種植。若夫殊方異種，偶爾流傳，遂成土利，未有不從客遊人携來者。余生財賦之地，感慨人窮，且少小游學，經行萬里，隨事諮詢，頗有本末。若力作，人能相憑信，無論豐凶，必或補於生計耳。又曰：臼不須種，野生者甚多。若收子卽佳種，種出者亦不中用，必須接博乃可。未接者，江、浙人呼爲草臼。種草臼，幹如酒杯口大，便可接，大至一兩圍亦可接。但樹小低接，樹大高接耳。接須春分後數日，接法與雜果同。其種之佳者有二：曰葡萄臼，穗聚子大而穰厚。曰鷹爪臼，穗散而殼薄。又聞山中老圃云：臼樹不須接博，但於春間將樹枝一一捩轉，碎其心，無傷本草拾遺：莢蒾主六畜瘡中蛆，煮汁作粥灌之，蛆立出。皮堪爲索。生北土山林間。

救荒本草：孩兒拳頭，本草名莢蒾。今輝縣、太行山山野中有之。其木作小樹，葉似木槿而薄，又似杏葉頗大亦澀。枝葉間開黄花，結子似溲疏，兩兩切並，四四相對，數對共爲一攢。生則青，熟則赤，色味甘，苦，性平，無毒。蓋檀榆之類也。其皮堪爲索。採子紅熟者食之。又煮枝汁，少加米作粥，甚美。

爾雅正義：魄榽橀注：魄大木細葉似檀，今河東多有之。齊人諺曰：上山斫檀，榽橀先殫。正義：魄一名榽橀，似檀之木也。一名繫迷，又作繫彌。太平御覽引廣志云：繫彌子赤如栭栗，可食。蘇恭本草注以爲莢迷子兩兩相對，色赤，味甘。注：魄大至先殫。正義詩疏引陸璣疏云：檀木皮正青，滑澤，與繫迷相似，又似駮馬。駮馬梓榆，故里語曰：斫檀不諦得繫迷，繫迷尙可得駮馬，繫迷一名挈橀。故齊人諺曰：上山斫檀，挈橀先殫。案陸疏以榽橀爲挈橀，橀挈聲之轉也。榽橀皮可爲索，故伐木者取之。

梓榆　補筆談：梓榆，南人謂之樸。齊、魯間人謂之駮馬。駮馬即梓榆也，南人謂之樸樸，亦言駮也，但聲之訛耳。詩：隰有六駮，是也。陸璣毛詩疏：檀木皮似繫迷，又似駮馬，蓋三木相似也。今梓榆皮甚似檀，以其班駮似馬之駮者。今解詩用爾雅之說，以爲獸鋸牙食虎豹，恐非也。獸動物，豈常止於隰者？又與苞櫟，苞棣樹檖非類，直是當時梓榆耳。

烏臼　唐本草烏臼木根皮味苦，微溫，有毒。主暴水癥結積聚。生山南平澤。注云：樹高數仞，葉似梨杏，花黄白，子黑色。

本草拾遺：烏臼葉好染皁，子多取壓爲油，塗頭令白變黑，燃燈極明。服一合，令人下痢，去陰，下水氣。

水楊本草綱目李時珍曰：水楊根治癰腫，故近人用枝葉治痘瘡。魏直博愛心鑑云：痘瘡數日陷頂，漿滯不行，或風寒所阻者，宜用水楊枝葉。無葉用枝五斤，流水一大釜，煎湯溫浴之。如冷添湯，良久照見纍起有暈絲者，漿行也。如不滿再浴之，力弱者只洗頭、面、手、足，如屢浴不起者，氣血敗矣，不可再浴。始出及痒塌者，皆不可浴。痘不行漿，乃氣澀血滯，腠理固密，或風寒外阻而然。浴令暖氣透達，和暢鬱蒸，氣血通徹，每隨暖氣而發，行漿貫滿，功非淺也。若內服助氣血藥，藉此升之，其效更速，風寒亦不得而阻之矣。直見一嫗在村中，用此有驗。叩得其方，行之百發百中，慎勿易之，誠有變理之妙也。蓋黃鐘一動，而蟄蟲啓戶；東風一吹，而堅冰解腹，同一春也。羣書皆無此法，故詳著之。

說文解字注：楊，蒲柳也。各本作木也二字，今依藝文類聚、初學記、本艸圖經、太平御覽所引正。釋木云：楊，蒲柳。許所本也。按蒲蓋本作浦，浦水瀕也。王風：不流束蒲。毛云：蒲艸也。箋云：蒲，蒲柳。孫毓云：蒲艸之聲，不與戍許相協，箋義爲長，是則晉人讀蒲柳爲浦柳之明證。古今注曰：蒲柳生水邊，又曰水楊，蒲楊也。枝勁細，任矢用。任矢用者，左傳云：董澤之蒲是也。枀呼曰蒲柳，單呼曰蒲，音同浦，至唐而失其讀矣。從木，昜聲，與章切，十部。古假楊爲揚，故詩楊之水。毛曰：楊，激揚也。廣雅曰：楊，揚也。佩觿曰：楊，柳也。亦州名，古書州名皆作楊矣。

莢蒾唐本草：莢蒾味甘，苦，平，無毒。主三蟲，下氣，消穀。注：葉似木槿，又似榆，作小樹，其子如溲疏，兩兩相並，四四相對，而色赤，味甘。煮樹汁和作粥，甚美。殺蚘蟲，不入方用。

陸璣草木疏：名擊迷，一名羿先，蓋檀榆之類也。所在山谷有之。

高可二三百尺，圍可丈餘，修直端美。用爲寺觀材，久則疏裂，不如松柏材勁實也。

羣芳譜：楊有二種：一種白楊，葉芽時有白毛裹之，及盡展似梨葉而稍厚大，淡青色，背有白茸毛。蔕長，兩兩相對，遇風則簌簌有聲。人多植之墳墓間，樹聳直圓整，微白色，高者十餘丈，大者徑三四尺，堪棟梁之任。一種青楊，樹比白楊較小。亦有二種：一種梧桐青楊，身亦聳直，高數丈，大者徑一二尺，材可取用。葉似杏葉而稍大，色青綠。其一種身矮多歧枝，不堪大用，北方材木，全用楊槐榆柳四木，是以人多種之。種植白楊，伐去大木根在地中者，遍發小條，候長至栗子、核桃麤，春月移栽，勤澆之。栽青楊於春月，將欲栽樹地，挑溝深一尺五六寸，寬一尺，長短任意，先以水飲透。次日將青楊枝如棗栗麤者，利刀砍下，仍截作二尺長段，密排溝內，露出溝外二三寸，加土與平，築實。數日後方可澆水，候芽長常澆爲妙。長至五六尺，擇其密者刪之，既可作柴，又使易長。種十畝，歲不慮乏柴，及長至徑四五寸，便可取作屋材用。留端正者，長爲大用，每年春月，仍可修其冗枝作柴，而樹日益高大。

扶移木

嘉祐本草：扶移木皮味苦，平，有小毒。去風血，脚氣疼痹，踠損瘀血，痛不可忍，取白皮，火炙酒浸服之。和五木皮煮作湯，捋湯脚氣疼腫，殺瘃蟲，風瘙。燒作灰，置酒中令味正，經時不敗。生江南山谷，樹大十數圍，無風葉動，華反而後合。詩云：棠棣之華，偏其反而。鄭注云：棠棣，移也。亦名移楊。崔豹云：移楊圓葉弱蔕，微風大搖。

青楊樹

救荒本草：青陽樹在處有之，今密縣山野間亦多有。其樹高大，葉似白楊樹葉而狹小，色青，皮亦頗青，故名青楊。其葉味微苦，採葉煠熟，水浸作成黄色，換水淘洗，油鹽調食。

根，一畝四千三百二十株。三年中爲蠶樀，都格反，蠶椽。五年任爲屋椽，十年堪爲棟梁。以蠶樀爲率，一根五錢，一畝歲收二萬一千六百文。柴又作梁揊任在外。歲種三十畝。三年九十畝，一年賣三十畝，得錢六十四萬八千文。周而復始，永世無窮，比之農夫，勞逸萬倍。去山遠者，實宜多種，千根以上，所求必備。

補筆談：扶移卽白楊也。本草有白楊，又有扶移。扶移一條，本出陳藏器本草，蓋藏器不知扶移便是白楊，乃重出之。扶移亦謂之蒲移，詩疏曰：白楊蒲移，是也。至今越中人謂白楊只謂之蒲移。藏器又引詩云：唐棣之華，偏其反而。又引鄭注云：唐棣，移也，亦名移楊，此又誤也。論語乃引逸詩云：唐棣之華，偏其反而。唐移自是白移，小木比郁李，稍大此非蒲移也。蒲移乃喬木耳，木只有常棣，有唐棣，無棠棣。爾雅云：常棣，棣也。唐棣，移也。常棣卽小雅所謂常棣之華，鄂不韡韡者。唐棣卽論語所謂唐棣之華，偏其反而者。常棣今人謂之郁李，豳詩云：六月食鬱及薁。注云：鬱；棣屬，卽白移也。以其似棣，故曰棣屬。又謂之車下李，又謂之唐棣。薁，卽郁李也。郁薁同音，注謂之蘡薁，蓋其實似蘡薁，卽含桃也。晉宮閣銘曰：華林園中有車下李，三百一十四株，薁李一株。車下李卽鬱也，唐棣也，白移也。薁李，卽郁李也，薁也，常棣也。與蒲移本無交涉。本草續添郁李一名車下李，此亦誤也。晉宮閣銘引華林所種車下李與郁李，自是二物。常棣字或作棠棣，亦誤耳。今小木中却有棣棠，葉似棣，黃花綠莖，而無實，人家亭檻中多種之。

懸笥瑣探：予初不識白楊，及來河南巡行郡邑，常經平疇入山谷，見多大樹，問從者，曰：白楊也。其種易成，葉尖圓如杏，枝頗勁，微風來，葉則皆動，其聲蕭瑟，殊悲慘。陝虢南山谷尤多，氣腫，四肢緩弱不隨，毒氣遊易在皮膚中，痰癖等，酒漬服之。

本草拾遺：白楊去風痹，宿血，折傷；血瀝在骨肉間，痛不可忍，及皮膚風瘙腫，雜五木爲湯，將浸損處。北土極多，人種墟墓間，樹大皮白，或云葉無風自動，此是移楊，非白楊也。

圖經：白楊舊不載所出州土，今處處有之，北土尤多。人種於墟墓間，株大葉圓如梨，皮白，木似楊，故名白楊，採其皮無時。此下又有水楊條，經云：葉圓闊而赤，枝條短硬，多生水岸傍，其形如楊柳相似，以生水岸，故名水楊。爾雅所謂旄澤柳。其云生水傍，形如楊柳，即今蒲柳，是也。楊柳之類亦多。崔豹古今注曰：白楊葉圓，青楊葉長，柳葉亦長細，移楊圓葉，弱蒂，微風則大搖。一名高飛，一名獨搖，蒲柳生水邊，葉似青楊，亦曰蒲楊，亦曰移柳，亦曰蒲移焉。水楊即蒲楊也，枝莖勁韌，任矢用。又有赤楊，霜降葉赤，材理亦赤也。然今人鮮能分別之；餘並見柳華條。必效方：療腹滿，癖堅如石，積年不損者，取白楊木東南枝，去蒼皮，護風細剉五升，熬令黃，以酒五升，淋訖，即以絹袋盛，淬還內酒中，密封再宿，每服一合，日三服。

救荒本草：白楊樹採嫩葉，煠熟，作成黃色，換水淘去苦味，洗淨，油鹽調食。

齊民要術：白楊一名高飛，一名獨搖。性甚勁直，堪爲屋材，折則折矣，終不曲橈。奴孝切，榆性軟，久無不曲，比之白楊，不如遠矣。且天性多曲，修直者少。長又遲緩，積年方得。凡屋材松柏爲上，白楊次之，榆爲下也。種白楊法，秋耕令熟，至正月、二月中以犂作壟。一壟之中，以犂順逆各一到，場中寬狹，正似作葱壟。作訖，又以鍬掘底一坑，作小塹，斫取白楊枝，大如指，長三尺者，屈著壟中，以土壓上，令兩頭出土，向上直豎，二尺一株。明年正月中剝去惡枝，一畝三壟，一壟七百二十株。一株兩爾雅正義樓落注：可以爲栝器素。正義：樓一名落。小雅大東云：無浸樓薪。鄭箋：樓落，木名也。案說文以樓爲樗字之或體，云樗木也，以其皮裹松脂。詩疏引陸璣疏云：今椰榆也。其葉如榆，其皮堅韌，剝之長數尺，可爲絙索，又可爲甑帶，其材可爲栝器，是樓之爲用，多取其皮。陸疏與說文同。樗爲散木，雜於薪蘇。故詩連言樓薪。注：可以至器素。正義、詩疏引某氏云：可作栝圈，皮韌繞物不解，案栝素栝棬也。

說文解字注：樗，樗木也。各本樗與櫖二篆互譌，今正。毛詩音義、爾雅音義、五經文字可證也。假令許書與今互異，則陸氏張氏當辨明之，如穜、種之例矣。豳風、小雅、毛傳皆曰：樗，惡木也。惟其惡木，故豳人祇以爲薪，小雅以儷惡菜，今之臭椿樹是也。所在有之，有一種葉香者可食。從木，雩聲，各本作虖聲，今正。丑居切，五部。又梹山樗也，樗舊作櫖，今改。釋木、唐風傳皆曰：栲山樗。梹栲古今字，許所據作梹也。陸璣云：山樗與下田樗無異，葉似差狹耳。方俗無名，此爲栲者。今所云栲者，葉如櫟木，皮厚數寸，可爲車軸，或謂之栲。郭云：栲似樗，色小白，生山中，因名。云亦類漆樹。俗語曰：櫄、樗、栲、漆，相似如一。按二說似許爲長。從木尻聲，讀若糗。讀若糗三字，依陸璣補。陸云：許慎正以栲讀爲糗，今人言考，失其聲耳。古音在三部，今苦浩切。杶，杶木也。禹貢：杶榦栝柏。釋文：杶，本又作櫄。山海經：成侯之山，其上多櫄木。郭云：似樗樹，材中車輮。吳人呼櫄音輴，車從木屯聲，敕倫切，十三部。夏書曰：杶榦栝柏。櫄，或從熏杶古文杶，按依汗簡所載近是，卽屯字側書之耳。集韻：徑作杻，非也。椿，杶也，此杶木別名，非卽杶字也。左傳孟莊子斬雍門之椿以爲公琴。從木，筍聲，相倫切，十二部。

白楊

唐本草：白楊樹皮味苦，無毒。主毒風，脚

迂矮者爲樗，樗用根、葉、莢。故曰未見椿上有莢
者，惟樗木上有。又有樗雞，故知古人命名曰，
不言椿雞，而言樗雞者，以顯有雞者爲樗，無雞
者爲椿，其義甚明。用椿木葉、樗木根葉、莢者，
宜依此推窮。洛陽一女子年四十六七，躭飲無度，
多食魚蟹，攝理之方蔑如也。後以飲啖過常，
蓄毒在臟，日夜二三十瀉，大便與膿血雜下，大
腸連肛門，痛不堪任。醫以止血痢藥。不效。又
以腸風藥，則益甚。蓋腸風則有血而無膿。凡如
此已半年餘，氣血漸弱，食漸減，肌肉漸瘦，稍
服熱藥，則腹愈痛，血愈下。稍服涼藥，即泄注
氣羸，粥食愈減。服溫平藥，則病不知。如此將
朞歲，醫告術窮，垂命待盡。或有人教服人參散，
病家亦不敢主，當謾與服之，纔一服知，二服減，
三服膿血皆定。自此不時服，其疾遂愈。後問其
方，云：治大腸風虛，飲酒過度，挾熱下痢膿血，
疼痛，多日不差。樗根白皮一兩、人參一兩爲末，
每用二錢匕，空心以溫酒調服。如不飲酒，以溫
米飲代。忌油膩、濕麪、青菜、果子、甜物、雞、
豬、魚、蒜等。

本草綱目李時珍曰：椿、樗、栲，乃一木三種也。
椿木皮細，肌實而赤嫩，葉香甘可茹。樗木皮粗
肌虛而白，其葉臭惡，歉年人或采食。栲木即樗
之生山中者，木亦虛大，梓人亦或用之。然爪之
如腐朽，故古人以爲不材之木。不似椿木堅實，
可入棟梁也。

又曰椿皮色赤而香，樗皮色白而臭，多服微利人，
蓋椿皮入血分，而性濇，樗皮入氣分而性利，不
可不辨。其主治之功雖同，而濇利之效則異。正
如茯苓、芍藥，赤白頗殊也。凡血分受病不足者，
宜用椿皮；氣分受病有鬱者，宜用樗皮，此心得
之微也。乾坤生意：治瘡腫下藥用樗皮，以無根
水研汁，服二三椀，取利數行，是其驗矣。故陳
藏器言樗皮有小毒，蓋有所試也。

楓柳皮

唐本草：楓柳皮味辛，大熱，有毒。主風齲，齒痛，出原州。注：葉似槐，莖赤，根黄，子六月熟，綠色而細。剝取莖皮用之。

本草拾遺：性澀，止水痢。蘇云：下水腫，腫非澀藥所治。蘇爲誤矣。又云：有毒，轉明其謬，水煎止痢爲最。

斗門方：治白虎風，所患不已，積年久治無效，痛不可忍者，入腦麝，不限多少，細剉焙乾，浸酒常服，以醉爲度，卽差。今之寄生楓樹上者，方堪用，其葉亦可制砒霜粉，尤妙矣。

椿　樗

詩經：采荼薪樗。陸璣疏：樗樹及皮，皆似漆，青色耳。其葉臭。又蔽芾其樗。疏：山樗與下田樗略無異，似差狹耳。吳人以其葉爲茗。

唐本草：椿木葉味苦，有毒。主洗瘡疥，風疽，水煮葉汁用之。皮主甘䘌，樗木根葉尤良。

圖經：椿木、樗木，舊並不載所出州土，今南北皆有之。二木形幹大抵相類，但椿木實而葉香，可啖。樗木疎而氣臭，膳夫亦能熬去其氣。北人呼樗爲山椿，江東人呼爲虎目。葉脱處有痕，如樗蒱子，又如眼目，故得此名，其木最爲無用。莊子所謂吾有大木，人謂之樗，其本擁腫，不中繩墨；小枝曲拳，不中規矩。立於途，匠者不顧，是也。並採無時。爾雅云：栲，山樗。郭璞注云：栲似樗，色小白，生山中，因名，亦類漆樹。俗語云：櫄、樗、栲、漆，相似如一，樗根煮汁，主下血及小兒疳痢，亦取白皮，和倉秔米、葱白、甘草、豉，同煎飲服，血痢便斷。唐劉禹錫著樗根餺飥法云：每至立秋前後，卽患痢，或是水穀痢，兼腰疼等，取樗根一大兩，擣篩以好麪捻作餺飥子，如皂莢子大，淸水煮，每日空腹服十枚，並無禁忌，神良。

本草衍義：椿木葉，椿樗皆臭，但一種有花結子，一種無花不實，世以無花不實，木身大，其幹端直者爲椿。椿木用葉，其有花而莢，木身小幹多

楓香

唐本草：楓香脂味辛、苦、平，無毒。主癮瘮風痒，浮腫，齒痛。一名白膠香。其樹皮味辛平，有小毒。主水腫，下水氣，煮汁用之。所在大山皆有。注：樹高大，葉三角，商、洛之間多有。五月斫樹爲坎，十一月採脂。

南方草木狀：楓香樹子大如鴨卵，二月花發，乃連著實。八九月熟，暴乾可燒，惟九眞郡有之。

圖經：楓香脂舊不載所出州郡，云所在大山皆有，今南方及關、陝多有之。似白楊，甚高大，葉圓而作歧，有三角而香。二月有花，白色，乃連著實，大如鴨卵。八月、九月熟，暴乾可燒。南方草木狀曰：楓實惟九眞有之，用之有神，乃難得之物。其脂爲白膠香，五月斫爲坎，十一月採之。其皮性澀，止水痢，水煎飲之。爾雅謂楓爲欇，欇言天風則鳴欇欇也。說文解字云：楓木厚葉弱枝，善搖，漢宮殿中多植之。至霜後，葉丹可愛，故騷人多稱之。任昉述異記曰：南中有楓子鬼，楓木之老者爲人形，亦呼爲靈楓，蓋瘤癭也。至今越巫有得之者，以雕刻鬼神，可致靈異。下沉香條有楓香云：療風癮瘮痒毒，與此相類，卽一物也。

植物名實圖考長編卷二十一

木類

有之。葉似木槿而薄細，花黄似槐而稍長大，子殼似酸漿，其中有實，如熟豌豆，圓黑堅硬，堪爲數珠者，五月採。其花亦可染黄，南人取以合黄連作煎，療目赤爛，甚效。

本草衍義：欒華今長安山中亦有，其子卽謂之木欒子。攜至京都爲數珠，未見其入藥。

救荒本草：木欒樹生密縣山谷中，樹高丈餘，葉似楝葉而寬大稍薄，開淡黄花。結薄殼中有子，大如豌豆，烏黑色，人多摘取，串作數珠。葉味淡甜，採嫩芽葉，煠熟換水浸淘淨，油鹽調食。

說文解字注：欒欒木似欄，欄者今之楝字。本草經有欒華，未知是不借爲圞曲之偁。如鐘角曰欒屋，曲枅曰欒是。從木，䜌聲，洛官切，十四部。禮：天子樹松，諸侯柏，大夫欒，士楊，士楊二字，當作士槐，庶人楊，五字轉寫奪去也。禮謂禮緯含文嘉也。周禮冢人以爵等爲邱封之度，與其樹數。賈疏引春秋緯：天子墳高三仞，樹以松，諸侯半之樹以柏，大夫八尺樹以藥草，士四尺樹以槐，庶人無墳，樹以楊柳。藥草二字，欒之誤也。白虎通引春秋含文嘉，語全同，正作大夫以欒。又廣韻引五經通義：士之冢樹槐，然則此士下有奪可知矣。含文嘉是禮緯。白虎通云：春秋含文嘉，蓋引春秋禮二緯，而春秋下有奪字。唐封氏聞見記引禮經及說文皆譌舛。

藥實

本草經：藥實根味，溫。主邪氣諸痹疼酸，續絶傷，補骨髓。一名連木。

別錄：辛，無毒。生蜀郡山谷，採無時。

唐本草注：此藥子也，當今盛用，胡名那疏，出通州、渝州。本經用根，恐誤載根字。子味辛，平，無毒。主破血，止痢，消腫，除蠱疰，蛇毒。樹生葉似杏花，紅白色，子肉味酸，止用其核仁。

百文，歲種三十畝，三年九十畝，歲賣三十畝，歲終無窮。憑柳可以循車輞雜材及椀，術曰：正月旦取楊柳枝，著戶上，百鬼不入家。

種箕柳法，山澗河旁及下田，不得五穀之處，水盡乾時，熟耕數遍，至春凍釋，於山陂河坎之旁，刈取箕柳三寸栽之。漫散即勞，勞訖引水停之。至秋任爲簸箕，五條一錢，一畝歲收萬錢。山柳赤而脆，河柳白而肕。陶朱公術曰：種柳千樹則足柴，十年以後髡，一樹得一載，歲髡二百樹，五年一週。

本草綱目李時珍曰：本經主治風水，黄疸者，柳花也，非柳絮也。别録：主治惡瘡，金瘡，潰癰，逐膿血。藥性論：止血療痹者，柳絮及實也，花乃嫩蘂，可擣汁服。子以絮連，難以分别，惟可貼瘡，止血裹痹之用。所謂子汁療渴者，則連絮浸漬，研汁服之爾。又崔寔四民月令言：三月三日及上除日，采絮愈疾，則入藥多用絮也。

説文解字注：桺，少楊也。各本作小楊，今依孟子正義蓋古本也，古多以少爲小，如少兒即小兒之類。楊之細莖小葉者曰桺。周禮故書衣接櫝之材。鄭司農讀爲翣桺，後鄭云：桺之言聚也，引書分命和仲度西桺穀。按度西曰桺穀者，今文尚書也。宅西曰昧谷者，後鄭所讀之古文尚書也。詳見尚書撰異。從木，丣聲，丣古文酉，力久切，三部。古多假桺爲酉，如鄭印癸字子桺，柳即桺，名癸，字酉也。仲尼弟子列傳：顔幸字子桺，柳亦即桺，幸者辛之譌也。已上海寧錢馥字廣伯説。

蜀都碎事：楊柳多寄生，狀類冬青，經冬不凋。春夏之交，作紫花，散花滿地，冬月望之，榮枯各異。

欒華

本草經：欒華味苦、寒，主目痛淚出，傷眥，消目腫。

别録：無毒。生漢中川谷，五月採。

圖經：欒華生漢中川谷，今南方及都下園圃中或孟子云：告子曰，以人性爲仁義，猶以杞柳爲桮棬，是也。令人取其細條，火逼令柔韌，屈作箱篋，河朔尤多。又下有赤檉木，生河西沙地，皮赤葉細，卽是今所謂檉柳者。又名春柳，其木中脂一名檉乳，醫方稀用，故附於此。

本草衍義：柳華，經曰味苦，卽是初生有黄蘂者也。及其華乾，絮方出，又謂之柳絮。收之，貼灸瘡，及爲茵褥。絮之下連小黑子，因風而起，得水濕處便生。如地丁之類，多不因種植，於人家庭院中，自然生出，蓋亦如柳絮，乘子而飛。陳藏器之説是。然古人以絮爲花，陶隱居亦曰：花隨風，狀如飛雪，誤矣。經中有實及子汁，諸家不解，今人亦不見用。注釋氏謂柳爲尼俱律陀木，其子極細，如人妄因極小，妄果至大，是知小黑子得因風而起。

齊民要術：種柳，正月、二月中，取弱柳枝，大如臂，長一尺半，燒下頭二三寸，埋之令沒，常足水以澆之，必數條俱生，留一根茂者，餘皆掐去。別豎一柱以爲依主，每一尺以長繩柱欄之，若不欄必爲風所摧，不能自立。一年中卽高一丈，餘其旁生枝葉，卽掐去令直，聳上高下，任人取足，便掐去正心，卽四散下垂，婀娜可愛。若不掐心則枝不四散，或斜或曲，生亦不佳也。六七月中，取春生少枝，種則長倍疾。少枝葉青氣壯，故長疾也。楊柳，下田停水之處，不得五穀者，可以種柳。八月、九月水盡，燥濕得所時，急耕則鍋榛之。至明年四月又耕熟，勿令有塊，卽作場壟，一畝三壟，一壟之中，順逆各一，到場中寬狹，正似葱壟。從五月初盡、七月末，每天雨時，卽觸雨折取春生少枝，長疾，三歲成椽。比於餘木，雖微脆亦堪事。一畝二千六百六十根，三十畝六萬四千八百根，根直八錢，合收錢五十一萬八千四百文，百樹得柴一載，合柴六百四十八載，直錢一百文，柴合收錢六萬四千八百文，都合收錢五十八萬三千二頌潛鱣鯉並言。說文訓柘爲桑，而月令並言桑柘，是也。

柳

本草經：柳華味苦，寒。主風水，黄疸，面熱黑。一名柳絮。葉主馬疥痂瘡，實主潰癰逐膿血，子汁療渴。

別錄：華無毒。主痂疥惡瘡，金瘡。葉取煎煮，以洗馬疥，立愈。又療心腹内血，止痛。生瑯琊川澤。陶隱居云：柳卽今水楊柳也。花熟隨風，狀如飛雪。陳元方以爲譬當用，其未舒時，子亦隨花飛，正應水漬汁爾。柳花亦宜貼灸瘡，皮葉療漆瘡。

唐本草注：柳與水楊，全不相似。水楊葉圓闊而赤，枝條短硬，柳葉狹長，青綠，枝條長軟。此論用柳，不載水楊。水楊亦有療能，本草不錄。樹枝及木中蟲屑，枝皮，味苦，寒，無毒。主痰，熱淋，可爲吐湯，煮洗風腫癢。酒煮含，主齒痛。木中蟲屑，可爲浴湯，主風瘙癢癮疹，大效。此人間柳樹，是也。陶云水楊，非也。

本草拾遺：柳絮，本經以絮爲花，花卽初發時黄蘂，子爲飛絮，以絮爲花，其誤甚矣。江東人通名楊柳，北人都不言楊，楊樹葉短，柳樹葉長。

圖經：柳華、葉、實生瑯琊川澤，今處處有之，俗所謂楊柳者也。本經以絮爲花。陳藏器云：華卽初發黄蘂也。子乃飛絮也，採無時。其枝、皮及根亦入藥。葛洪治癰疽，腫毒，妬乳等多用之。韋宙獨行方：主丁瘡及反花瘡，並煎柳枝葉作膏，塗之。今人作浴湯，膏藥，齒牙藥，亦用其枝爲最要之藥。按楊柳異類，今人謂柳爲楊柳，非也。說文：楊，蒲柳也；柳，小楊也；其類非一。蒲柳其枝勁韌，可爲箭笴。左傳所謂董澤之蒲。又謂之萑苻，卽上條水楊，是也。今河北沙地多生此，又生水傍，葉麄而白，木理微赤，曰杞柳。鄭詩云：無伐我樹杞。陸璣云：杞柳也。其木人以爲車轂，共山淇水傍，魯國汶水傍，純生杞。又蠟一分、酥一粟子許，同消如面脂。又取杏仁七粒、生薑少許，同研令細。米粉二錢，同入膏中，攪令勻。先塗瘡上，經二日來，乃拭卻，即以篦子勻塗楸煎滿瘡上，仍用軟綿裹卻，二日一度拭卻，更上新藥，不過五六上，已作頭便生肌，平復未穴者，即內消，差後須將理半年已來。采葉及煎合時，禁孝子、婦女、僧人、雞、犬見之。

爾雅翼：梓莢細如箸，其長僅尺，冬後葉落，而莢猶在樹搖搖然。其實一名豫章。崔豹古今注：楸實曰棗，梓實曰豫章，柘實曰佳。任昉云：中山有楸戶，掌楸木者，楸可爲什器。貨殖列傳：山居千章之萩，即楸字。淮北、常山、巴南濟河之間，千樹楸，其人與千戶侯等。

說文解字注：椅，梓也。釋木曰：椅、梓渾言之也。衞風傳曰：椅，梓屬；析言之也。椅與梓有別，故詩言椅桐梓漆。其分別甚微也，故爾雅、說文渾言之。從木，奇聲，於离切，古音在十七部。按賈逵說，又作檹櫏，楸也。釋木：槐小葉曰榎。郭云：槐當爲楸，楸細葉者爲榎，又大而皵楸，小而皵榎。郭云：老乃皮粗，皵爲楸，小而皮細，皵者爲榎，又槄山榎。郭云：今之山楸。按榎者檟之或字。左傳、孟子作檟。爾雅別言之，許渾言之。從木，賈聲，古雅切，古音在五部。春秋傳曰：樹六檟於蒲圃，見左傳襄四年。梓，楸也。从木，宰省聲，即里切，一部。按許知宰省聲，而非辛聲者，於或字知之也。或字蓋古文之遺與？梓或不省楸梓也。左傳、史、漢以萩爲楸。如秦、周伐雍門之萩。淮北常山巴南濟河之間，千樹萩，是也。左傳：萩一作秋。从木，秋聲，七由切，三部。

焦循毛詩補疏：椅桐梓漆。傳：椅，梓屬。循按爾雅、說文皆以梓訓椅，而此傳言梓屬，以經文椅、梓並舉也。蓋椅爲梓之一種，梓爲大名，可以包椅。故爾雅云：椅梓如釋魚訓鱧爲鯉，而周以趨勢兮，雖棫樸而見稱，倘容援之云依兮，雖楸梓而勿名，且斤遠於匠石兮，終見委於林衡，自樂天以知命兮，故無慮而自營。歌卒，瞬目周翫，沈吟自斷，復以餘音，系而爲亂。曰：貴遠賤近，時之宜兮，衆咸去朴，爭華僞兮，花葉不能資耳目兮，子實無堪充口腹兮，人誰采用到林麓兮，雖材還同不材木兮，吾願終身老林泉兮，器與不器居其閒兮，梓桐放懷事都捐兮，優游共得終天年兮！

梓

本草經：梓白皮，味苦，寒。主熱去三蟲，葉擣傅豬瘡，飼豬肥大三倍。爾雅椅梓注：即楸。又椋鼠梓注：楸屬也。今江東有虎梓。

詩經：北山有椋。陸璣疏：楸屬。其樹葉木理如楸，山楸之異者，今人謂之苦楸。濕時脆，燥時堅。今永昌又謂鼠梓，漢人謂之椋。

別錄：梓白皮，無毒。療目中疾。生河內山谷。

陶隱居云：此即梓樹之皮，梓亦有三種，當用樸素不腐者。葉療手腳火爛瘡，桐葉及此以肥豬之法未見，應在商邱子養豬經中。

圖經：梓白皮，生河內山谷，今近道皆有之。木似桐而葉小，花紫。鼠李一名鼠梓，或云即此也。然鼠李花實都不相類，恐別一物而名同也。梓之入藥，當用有子者爲使，楸梓，官寺及人家園亭多植之。崔元亮集驗方：療毒腫，不問硬軟，取楸葉十重傅腫上，即以舊綿裹之，日三易，當重重有毒氣爲水，流在葉中。如冬月取乾葉，鹽水浸，良久用之。或取根皮，剉爛擣傅之，皆效。又療上氣欬嗽，腹滿羸頓者，楸葉三斗，以水三斗煮三十沸，去滓煎，可丸如棗大，以竹筒內下部中，立愈。篋中方：楸葉一味爲煎，療瘰癧瘻瘡。神方，秋分前後，平旦令人持囊袋，枝上旋摘葉，內袋中，秤取十五斤，水一石，淨釜中煎，取三斗。又別換鍋煎，取七八升，又換鍋煎，取二升即成，煎內不津器中。凡患者先取麻油半合、以之安栖，蓋人迹罕履，故物類來萃，材雖具不見用於匠氏，根以固故不可以移徙。其或春氣和，木向榮，飛子結孕，基柢抽萌，條毳毳以嫩聳，葉茸茸而綠成，水再離而自茂，氣猶缺而未英。當斯時也，吾孤且否，人無我諳，既支離而不煖，始有地於西山之南。遂忘刻銳任情意，命钁以薙艸，向陽以避地，列行行之坑坎，有鱗鱗之位次。庸以梧桐植而異羣類也，由是召山叟，訪場師，披榛棘之叢薄，陟峯巒之險危，望椅梓以相近，來拱把而見移，全根本之延蔓，擇材榦之珍奇，迺等地以森植，亦分株而對之，侔底道之矢直，鄙座右之器欹，邁夾道之細柳，類通衢之高椅，累歲時而茂盛，發花葉之繁滋，土膏泉液以澤乎根，春風夏雨以長其枝，晨霞暮雲以蔭其榦，清露薄霧以潤其肌，陽烏舒暖以條布，陰兔飛光而影垂，佳庭雪之難積，嚎巖霜之易晞，是以其上則鴨鷗鷺鵝之所不敢栖也，其下則騰猿飛貗之所不獲息也，結藤垂蔓莫得而依也，奔泉依瀨亡由而及矣。故遠而望之，如列戟與排矛，即而憩之，若綠幄與翠裯，將以集鸑鷟，鳴鵷鶵，翫之以興詠，聽之以消憂。於是招直諒之賓，命端善之友，坐萋萃之陰蔭，論詩書之盛否，逍遙乎志氣，宴樂以文酒，賞茲桐之森森，玩桑柘之黝黝。彼槐歎婆婆，樗傷擁腫，一則爲盡其生意，一則嗟無其器用，未若葉中藥餌，材堪梁棟，雲和曾入于周制，嶧陽乃隨於禹貢，有名實以相副，豈虛僞以動衆。吾將采東南之孤枝，創疏白之雅琴，紘以檿桑之絲，徽以雙南之金，同夔牙以揮鼓，並鍾期而側聆，追淳風於先德，寫太古之遺音，使桀、紂之樂慚靡，鄭、衛之聲愧淫，非鏗鏘也不足以傾鄙夫之耳，有幽靜也自可以悅君子之心。桐竹君乃神魂清，心志和，以道自任，孰知其它，據高梧以釋俗，申素臆以長歌。歌曰：蒿艾茂郁兮，芝蘭不馨，柞櫟芬芳兮，梗枏不亨，苟毀方不能容燕雀，只許栖鸞鳳，寧入吳人爨，堪隨伯禹貢，雨露時加潤，霜雪胡爲凍，况有奇特材，足任雅琴用，中含太古音，可奏清風頌。桐風曰：分材植梧桐，桐茂成翠林，日日來輕風，時時自登臨，拂榦動微毳，吹葉破圓陰，虛涼可解慍，鼓拂如調琴。莫傳獨鵠號，願送栖鳳吟，豈羞楚襄王，蘭臺堪披襟，亦陋陶隱居，高閣聽松音，無爲搖落意，慰我休閒心。桐陰曰：枝輭自相交，葉榮更分茂，所得成清陰，仍宜當白晝，陰疑翠帟展，翳若繁雲覆，日午密影疊，風搖碎花漏。冷不蔽空井，高堪在庭甃，吾本閑野人，受樂忘煢疚。亭亭如張蓋，翼翼如層構，月夕獨徘徊，猶思一重復。桐徑曰：時人羨桃李，下自成蹊徑，而我愛梧桐，亦以成乎性。中平端隧道，還往非遼夐，直入無攲斜，横延亦徑挺。月夕照影碎，春暮花光映，清朝濛露濕，落日隨烟暝，不使艸蔓滋，任從根裂迸，堪詒蔣詡徒，惟任蓬蒿盛。

桐賦并序：始吾植桐與竹於西山南，見誚於天倫間，以謂拙難於生計，不如桑柘果實之木有所利；吾決而遂其志，乃自號桐竹君，以固而拒之。又作西山桐詩十二首，復掇其詩之餘次而爲賦，所以申植之之心也。其辭曰：伊梧桐之柔木，生崇絕之高岡，盜天地之淳氣，吐春冬之奇芳，借濡潤於夕陂，藉和暖於朝陽，綿歲月之久持，森鬱茂而延昌。爾其溪臨千仞，巖空百丈，增巘岌以周列，重峰嶫其相向，勢崔嵬而峭且峻，形嶇嶮而不可上，崖嶮巇以無土，嶨嶒巉而勿倣，枝上拔而雖榮，根下朶而不長，迅雷疾風之所飄擊，湧濡飛溜之所滌蕩，蒙苦霧而含暝，鑠愁雲於寫望，霏霜封條而欲坼，積雪擁根而致強，枝蠧則中間，節傷則液滿，同枌棘以溷殽，雜樞楡而蒼莽。於是哀狖晨吟，飢梟夜啼，熊狐傍宿，麏麚下蹊，悲號叫嘯，回惶慘悽，勇夫聞之而心碎，山鬼尋之而晝迷，寒鵰啄鷹以之游集，妖鳥怪鵩而坐其下；可以外塵紛，邀淸風，命詩書之交，爲文酒之樂；亦人間之逸老，壺中之天地也，乃自號桐竹君。又爲之詠云：高桐臨紫霞，修篁拂碧雲；吾常居其間，自號桐竹君。不解傚俗利，所希脫世紛；會友但文學，啓談皆典墳；噓嗟機巧徒，反道是胡云。西山桐十詠幷序：吾始植桐於西山之陽，議者誚其治生之拙。及數年桐茂，森然可愛而翫，復私羨之，始知桐之易成耳。因作西山桐十詠，識所好也。桐栽曰：吾有西山桐，植之未盈握，所得從野人，移來出喬岳，節凝葉尙祕，根凍土自剝，匪爲待鵷鶵，庸將栖鸑鷟。異日成茂林，論材誰見擢，巨則爲棟梁，微亦任楹桷，仍堪雅琴器，奏之反淳朴，大匠如顧憐，委軀願雕斲。桐根曰：我有西山桐，蚤鄰桃與李，得地自行根，受芘踰高壘，上濯春雲膏，下滋醴泉髓，盤結侔循環，歧分類肢體。乘虛肌體大，憒漲土脈起，扶疎向山壤，蔓衍出林址，願偕久深固，無爲伴生死，死議大廈材，合抱由滋此。桐花曰：我有西山桐，桐成茂其花，香心自蝶戀，縹縹帶無遮。華白含秀色，粲如凝瑤華，紫者吐芳英，爛若舒朝霞，素柰未足擬，紅杏寧相加。世但貴丹藥，大豔恣驕奢，歌管繞庭檻，翫賞成今誇，倘或求美材，爲爾長吁嗟。桐葉曰：吾有西山桐，下臨百尺溪，布葉雖遲遲，庇本亦萋萋。密類張翠幄，靑堪翦封圭，滑澤經日久，氄氄隨榦躋，迎風帶影動，墜雨向身低，寧隱凡鳥巢，自蔽儀鳳栖。松柏徒爾頑，蒲柳空思齊，但有知心時，應候常勿迷。桐乳曰：吾有西山桐，厥實狀如乳，含房隱綠葉，致巢來翠羽。外滑自爲穗，中犀不可數，輕漸薄秋陽，重卽濡綿雨，霜後感氣裂，隨風倒烟塢。雖非松柏子，受命亦于土，誰能好琴瑟，種之向春圃，始知非凡材，諸核豈余伍？桐材曰：高梧已繁盛，蕭蕭西山隴，氄葉竟開展，孫枝自森聳，擅美惟東南，滋榮藉萋奉。

所未能也。翌日將植，撫而祝之曰：爾其材森森直而理，敷榮朝陽，立而不倚；吾將激清風，揚其聲，聽之以爲古琴之操焉。爾其葉萋萋綠而繁，應時開落，不爲物頑；吾將招君子，游其下，樂之以待靈鳳之棲焉。又曰：吾今四十以徯我數十年，當蕲爾爲周身之具，斯吾植之心也。因書爲植桐記。西山桐竹志云：慶歷八年冬，十有一月，咸聲子陳翥治地數畝于山之南，其下舊有水竹之苗，陳子以厥土惟黄壤，非桑之宜，堪桐與竹耳。始其謀，而童氏謂曰：吾謂植數畝桐竹，不如植桑，且以桑一年一葉，貨之以買桐竹，可數倍矣，桐竹豈爲生之急務乎？陳子默然不對，卒皆植桐與竹而已。自謂曰：農圃之事，余豈不能爲哉？苟有白圭、陶朱之術以致富，而亡白圭、陶朱之心，誠一聚禍之林藪窟宅耳。昔齊豫章王於郡起山，列種桐竹，號桐山。武帝幸之，置酒爲樂，吾雖布衣，孤而且否，亦心有所好焉。夫竹，氣寒不凋，所以堅志性之操也。桐，識時之變，所以順天地之道也。俟桐茂竹盛，則當列坐石，命交友，談詩書，論古今，以招凉乎其下，豈有期我山中之刺哉！俾後之好事者觀之，知陳子雖無桑子起家之能，亦有虚心待鳳之意，其豫章子猷之儔乎！乃自號桐竹君。既爲植桐記，又作桐竹誌以盡之云。

詩賦第十

植桐詩并序：書曰嶧陽孤桐，詩云椅桐梓漆，謂其可以爲清廟之雅器，含太古之正音也。然自非蔡伯喈之奇識，張茂先之博物，亦竈下之勞薪，林中之長木耳。慶歷八年冬，予手植兩行八十株於西山之南，因爲植桐詩，云桐竹君詠并序：吾年至不惑，命乖强仕，塤篪不合，遂成支離，始有數畝之地，於西山之南，乃植桐與竹。伯仲皆竊笑之，以爲不能爲農圃之事，而不知吾無錐刀之心，不迫於世利。但將以游焉而至其中，休焉武帝幸之，置酒爲樂。瑞應圖曰：王者任用賢良，則梧桐生於東廂。禮斗威儀曰：君乘火而王，其政平，梧桐長生。述異記曰：梧桐園在吳夫差舊國，一名琴川，梧園在句容縣，傳曰：吳王別館有楸梧成林焉。古樂府云：梧宮秋，吳王愁，是也。秦記曰：初長安謠曰，鳳凰鳳凰止阿房。苻堅遂於阿房城植桐數萬株以待之。其後慕容沖入阿房城而止焉。沖，小字鳳也。晉書武帝時，臨平岸崩，出一石鼓，打之無聲。張華曰：可以蜀中桐木刻魚形，叩之得鳴。如其言，果聲聞數十里。後漢書：蔡邕在吳，吳人有燒桐以爨者，邕聞火裂之聲，知其良木也。因請裁爲琴，果有美音，故時人名之曰焦尾琴。齊書曰：王晏爲員外郎，父普曜齋前松樹忽成梧桐，論曰以爲梧桐雖有棲鳳之美，而失後凋之節。晏後果不終。高僧傳曰：僧瑜幼入釋門，擔薪欲焚身。以宋孝建中集薪爲龕，請僧設齋，禮別而入火中。經三日而瑜房內忽生雙桐樹，根枝豐茂，鬱翠非常，道輩異之，號爲雙桐沙門。

記誌第九

西山植桐記云：咸聱子陳翥子翔少漸義方，訓涉孤哀，淪于季孟，惸疾否滯，十有餘年。蝸蠹木處，根枝不耐，志願相畔，退而治生。至慶歷八年戊子冬，十有一月，於家後西山之南，始有地數畝，東至陳詡，西止柴氏，凡東西延二十丈有奇；南止弟翊，北止兄翦，凡南北袤十丈有奇。自十二月至于皇祐三年辛卯冬，澆而植之，凡數百株。南栽棘榆以累翊，北樹槿籬以分翦；餘桐皆布於內，靡有列也，未植前斫。其地有圃者至而問曰：將胡爲乎？余答曰：植桐於其中圃者。答曰：得利之速，植桐不如植桑之博矣。余應曰：吾非不知衣食之源，爲世所急，但足而已；夫仲尼豈不能明老圃之業乎，下惠豈不能爲盜跖之事乎？苟亦利而後動，誠聖賢之所不取，亦吾心之

雜說第八

魏明帝猛虎行曰：雙桐生枯井，枝葉自相加；通泉溉其根，元雨潤其柯。王逸少曰：木有扶桑、梧桐、松、柏，皆受氣異于羣類者也。莊子云：空門來風，桐乳致巢。注：門戶空風，喜投之桐子似乳者，葉而生鳥喜巢之。易緯曰：桐枝濡毳而又空中，難成易傷，須成氣而華。新論曰：神農、黃帝，削桐爲琴。風俗通曰：梧桐生於嶧陽山巖石之上，采東南孫枝爲琴，聲清雅。莊子曰：外子之神，勞子之精，則依樹而吟，據梧而瞑。注云：勞困故耳。呂氏春秋曰：成王與唐叔虞燕居，翦桐葉以爲圭，曰：此以封汝。淮南子曰：智者有所不足，故桐不可以爲弩。遁甲曰：梧桐不生，則九州異居。梧桐以知日月，正閏生十二葉，一邊有六葉，從下數一月，有閏則十三葉，視葉小者，則知閏何月也。不生則九州異居。崔綺七蠲曰：爰有梧桐，生于元溪；傅根朽壤，託險生危。淮南子曰：桐木成雲。注云：取十石瓮滿以水，置桐其中，蓋之，三四日氣如雲作。莊子曰：鵷鶵發南海而飛於北海，非梧桐不止，非竹實不食。名山志曰：吹臺有高桐，皆百圍，嶧陽孤生，方此爲劣。淮南子又曰：以巨斧擊桐薪，不待利日良時而後破之，加斧桐薪之上，而無人力之奉，雖順招搖刑德，而不能破，無其勢也。論衡曰：李子長爲政，欲知囚情，刻桐，象囚形，鑿地爲坎，臥木囚其中。囚若正，木囚不動；若有冤，木囚動出，蓋人之精誠著木人也。古詩云：井梧棲雲鳳。又曰：椅桐傾高鳳。孟子曰：拱把之桐梓，人苟欲生之，皆知所以養之者，至於身而不知所以養之者，豈愛身不若桐梓哉？弗思甚也。今有場師，舍其梧檟，養其貳棘，則爲賤場師矣。廣志曰：驃國有白桐木，其葉有白毳，取其毳，淹漬緝織以爲布。齊地記曰：齊城有梧臺，即梧宮也。齊書曰：豫章王於郡起山，列種桐梧。

必多蛀蟲，惟桐木無時焉。

器用第七

古今匠氏爲小大之器，度而用之，其可貴者，則必云烏椑、白楊、梓、漆、圭、樠、山桃、白石、檮、栗、梗、枬、松、柏、椅、棐之類，善則善矣。然而采伐不時，則有蛀蟲之害焉。漬濕所加，則有腐敗之患焉。風吹日曝，則有拆裂之釁焉。雨濺泥淤，則有枯蘚之體焉。夫桐之材則異於是，采伐不時而不蛀蟲，漬濕所加而不腐敗，風吹日曝而不坼裂，雨濺泥淤而不枯蘚，乾濡相兼而其質不變，楩枬雖類而其永不敵與？夫上所貴者卓矣，故施之大廈，可以爲棟梁桁柱，莫比其固。但雄豪侈靡，貴難得而尚華藻，故不見用者耳。今山家有以爲桁柱地伏者，諸木屢朽，其屋兩易，而桐木獨堅然而不動，斯久效之驗矣。又世之爲棺椁，其最上者，則以紫沙搽爲貴，以堅而難朽，不爲乾濕所壞。而不知桐木爲之，尤愈於沙木，沙木鬻釘，久而可脫。桐木則黏而不銹，久而益固，更加之以漆，措諸重壤之下，周之以石灰，與夫沙搽，可數倍矣。但識者則然，亦勿爲豪右所尚也。凡用琴瑟之材，雖皆用桐，必須擇其可堪者。周禮取雲和、龍門、空桑之桐爲琴瑟。陶隱居云：惟岡桐與白桐，堪作琴瑟。書曰：嶧陽孤桐。風俗通云：生巖石之上，采東南孫枝以爲琴。是擇其泉石向陽之材，自然其聲清雅而可聽。蔡伯喈聞爨下桐聲，取以爲琴，號曰焦尾，則知桐之材，有賢不肖，皆混而無別，惟賞音者識之耳。凡白花桐之材以爲器，燥濕破而用之則不裂，今多以爲甑杓之類，其性理慢之故也。紫花桐之材，文理如梓而性緊，而不可爲甑，以其易坼故也。使尤良焉，餘桐之材，但有名耳，不入棟梁棺椁器具之用矣。今之僧舍，有刻以爲魚者，亦白花之材也。匠氏之用，尤喜紫花者。白花澀而難光淨，紫花緊而易光滑故也。

之桐也。雲和山，周禮大司樂云：雲和之琴瑟，以禮天神。注云：雲和，山名也。空桑山，又大司樂云：空桑之琴瑟。注云：空桑，山名也。此言雲和、空桑山之桐耳。可爲琴瑟，以禮天神地祇也。寒山，張協七命云：寒山之桐，出自太冥，含黄鐘以吐榦，據蒼岑而孤生。又云：晞三春之溢露，遡九秋之鳴飆，零雪寫其根，霏霜封其條，木既繁而後綠，草未素而先凋，翦蘩賓之陽柯，剖大呂之陰莖。注云：太冥，北方也。其有驃國、吹臺所生之類，備於雜説篇中，此不具也。

采斫第六

夫別地之肥瘠，辨木之善否，明長育之法，識栽接之宜者，惟山家流能之。然至其長養剝斫之術，多不能盡之。蓋只知其長養之道，而不詳乎器用所妨者，今山家凡剝樹之枝，悉皆去枝二寸或尺餘，云免爲雨所灌損，而不知槁椿長，則皮不能包矣。迨至材巨槁椿方沒，郤反引水自灌，及取用之時，以斧鋸刃之，卽槁椿腐而所置器者，必爲空穴矣，良由去之不早耳。凡長桐木二三春，其歧枝可以竹夾去之，竹夾不能及，則緣身而上，用快刀去之。其去之務令與身相平，勿留餘枿，不二三春，自然皮合矣。至大而用之，則無腐穴之病於其中也。歧枝則候長五寸，便可折矣。亦無留嫩椿，則不萌矣。夫豈惟桐乎？斫諸木者，亦可平身而去，但人自昧耳。桐材成可爲器，其伐之也，勿高留焉，齊上而取之，若在山巖險絶之地，邃塢坑崖之處，其倒之則必抝驚坼裂，撲傷體理，以其勢不可以及故也。如法之伐宜當，所伐之下，斧破之上，用巨繩纏縛一尺有餘，則免折裂之虞矣。復用繩牽之，俾向上出而聳，仍先去其臨險之枝，則無撲損之害矣。不然，則周鋤其下，以斧悉斷其根，則其倒也，無二者之患。然臨事籌計，知出於匠氏，但貴其勿傷爲善者也。凡諸材之用，其伐必當，八九月伐之爲良。不爾，桐，陽木也。多生於崇岡峻岳巉巖磐石之間，茂拔顯敞高煖之地，即嵇叔夜所謂榮期綺季之疇，乃相與登飛梁越幽壑，披璚枝，陟峻崿，以游乎其下，是也。今桐之所生，未必皆茂於崇岡峻岳，但平原高顯之處，向陽之地，悉宜之。其性喜虚肥之土，植者其下當常鋤之令熟，無使草之滋蔓，爲諸藤之所纏縛，致形材曲而不滑，及其有竹木根侵之，盡鋤去，更用諸糞擁之，則其長愈出野者數倍，十餘年間，可幾也矣。其地宜黄土之地，則自然榮矣，若沙石之所，雖與時皆昌，其長拔有遲焉。樂肥與熟者，惟桐耳，縱桑柘亦無所敵。夫肥熟則葉圓，而大條虚而嫩，葉圓而大，則鼓風矣。條虚而嫩，則易折矣。凡欲避鼓折之患，則以竹竿破其葉，令作三片，又摘之令疎，則雖遇疾風，不能損也，以其葉破故耳。至三四春乃自堅成，不必然也。桐之性皆惡陰寒，喜明煖；陰寒則難長，明煖則易大。故詩雅云：梧桐生矣，于彼朝陽，是也。或陰濕之地，植之終不榮矣。夫陰濕則枝榦曲而斜，漬濕則根葉黄而槁。凡植於高平黄壤，經三兩春後，鋤其下令見蔓根，以糞擁之，尤良，蓋厥性耐肥故也。

所出第五

夫桐之所出，豈獨蜀之爲美，植之亦可以爲器。詩不云乎？樹之榛栗，椅桐梓漆，爰伐琴瑟，斯可知矣。江南之地尤多，今略志其書傳所出，堪美材者。嶧山，書曰：嶧陽孤桐。注云：嶧山之陽，特生桐，中琴瑟。龍門山，周禮春官大司樂云：龍門之琴瑟。注云：龍門，山名也。枚乘七發云：龍門之桐，高百尺，而無枝，中鬱結之輪菌，根扶疎以分離，上有千仞之峯，下臨百尺之谿，湍流遡波，又澹淡之，其根半死半生。冬則冽風漂霰飛雪之所激也，夏則雷霆霹靂之所感也，朝則黄鸝鳱鴠鳴焉，暮則羈雌迷鳥宿焉。獨鵠晨號乎其上，鵾雞哀鳴，翔乎其下。是言龍門所生

地熟則出　在林麓間，則不生矣。夫種子所長猶遲，不如倒條壓之，覆以肥土，自然節節生。條之上又多散根，莖大斷而植之，勝於種者。又種子之地，宜高原之處，低濕則不能萌矣。或要其栽之速者，當於桐處耕鋤其下，使蔓根寸斷，則其根斷自萌而茂，與夫子種者又相萬矣。凡植之法，於十月、十一月、十二月、正月，葉隕汁歸其根，皮榦未通之時，必先坎其地而復糞之。擇植一二春者，全其根，勿令凍損。經久爲霜雪所薄，掘後卽時以內坎中，厥坎惟寬而深，先糞之，以栽著其上，又復以糞覆其上，以黃土蓋焉。一無爪爬，二無振搖，至春則榮茂，而木之易於傑榦，其新莖可抽五六尺者，迨又至春則根行而蔓，其發乃尤愈於初春時也。如用春植，則皮汁通，葉將萌，根一傷故枝葉瘁矣，至來春則齊土斫去矣。忌其空心者，免爲雨所灌，令別抽心者，不然至別下栽時，更斫去，植則尤妙于春斫也。蓋春斫則破損其椿，又搖其根故也。桐之性不耐低濕，惟喜高平之地，如植於沙濕低下泉潤之處，則必枯矣，縱抽茂不如高平之所。凡植後至於抽條時，必生歧枝，日頻視之，如歧之萌五六寸，則去之，高者手不能及，則以竹夾折之。至二三年，則勿去其枝，恐其長而頭下垂故也。伺其大則緣身而上，以鐵刀貼身去，甚勿留椿，只經一兩春，自然皮合也。桐之皮甚輭脃而易傷，切忌耕鋤之時及牛馬等損之，如有所損，當以楮皮纏縛之，不爾則汁出也。及才一二丈則多斜曲，亦可以物對夾縛之，令直，以木牽之亦可；蓋桐抽條不戴首，而出又虛輭故耳。仍不喜巨材所蔭，如此葺之，其長可至十丈者。故枚乘七發云：龍門之桐，高百尺而無枝，信哉。凡桐之茂大尤速於餘木，故鄙語云：相訟好栽桐，桐樹好作甑，訟方興。言其易大也。

所宜第四

肉上細白而黑點者，即其子也，謂之白花桐。一種文理細而體性緊，葉三角而圓大如白花葉，其色青，多毳而不光滑，葉硬文微赤，擎葉柄毳而亦然，多生於向陽之地。其茂拔，但不如白花者之易長也。其花亦先葉而開，皆紫色，而作毬有類紫藤花也。其實亦毬，如乳而微尖，狀如訶子而黏。莊子所謂桐乳致巢，正爲此。紫花桐實，而中亦兩房，房中與白花實相似，但差小，謂之紫花桐。其花亦有微紅而黃色者，蓋亦白花之小異者耳。凡二桐皮色皆一類，但花葉小異，而體性緊慢不同耳。至八月俱復有花，花至葉脫盡後始開，作微黃色。今山谷平原間，惟多有白花者，而紫花者尤少焉。一種枝幹花葉與白桐花相類，其聳拔遲小而不侔，其實大而圓，一實中或二子，或四子，可取油爲用。今山家多種成林，蓋取子以貨之也。一種文理細緊，而性喜裂，身體有巨刺，其形如欓樹，其葉如楓，多生於山谷中，謂之刺桐。晉安海物異名志云：刺桐花其葉丹，其枝有刺，云凡二桐者，雖多榮茂，而其材不可入器用，乃不爲工匠之所瞻顧也。一種枝不入用，身葉俱滑，如柰之初生，今雞豕之家，成行植於階庭之下，門牆之外，亦名梧桐。有子可啗，與詩所謂梧桐者，非矣。一種身青葉圓大而長，高三四尺，便有花如眞紅色，甚可愛，花成朶而繁，葉尤疎，宜植於階壇庭榭，以爲夏秋之榮觀，厥名眞桐，亦曰頳桐焉。凡二種雖得桐之名，而無工度之用，且不近貴色也。

種植第三

凡種其子，當先糞其地，然後勻散之，一春可高三四尺，瘠地只一二尺爾。土膏腴則莖葉青嫩而烏黑，土瘦薄則成蒼黃之色。至冬便可易而植之，易之則獨根者不深，而尤易蔓，苟從小而易，至大則多爲疾風之所倒折，以其一根不能自持故也。凡桐之子輕而喜颺，如柳絮飛，可一二里，其子過而異於羣木也。其葉味苦，寒，無毒。主惡蝕瘡蔭，皮主五痔，殺三蟲，療賁豚氣病，其花飼豬，肥大三倍，然其皮葉，亦有效於人也。或者謂鳳凰非梧桐而不棲，且衆木森森，胡有不可棲者，豈獨梧桐乎？答曰：夫鳳凰仁瑞之禽也，不止强惡之木，梧桐柔輭之木也，皮理細膩而脆，枝榦扶疎而輭，故鳳凰非梧桐而不棲也。又生於朝陽者多茂盛，是以鳳喜集之。卽詩所謂梧桐生矣，于彼朝陽；鳳凰鳴矣，于彼高岡，者也。詩稱椅桐梓漆，後之人不別椅桐之異，以爲是一木。古詩云：椅桐傾高鳳。嵇叔夜琴賦云：惟椅桐之所生。注云：椅、梧桐也。又陶隱居云：梧桐一名椅桐也。是不知椅與桐別耳。故毛傳云：椅，梓屬也。孔氏引釋木云：椅梓合而曰一名椅。郭云：卽楸也。湛露曰：其桐其椅。卽爲類而梓一名椅，故云椅桐爲梓屬，言梓屬則椅梓別。而釋木椅梓爲一者。陸云：梓者楸之疏理白色而生子者，梓實桐皮曰椅，則大類同小別也。定本椅梓屬，無桐字，於理是也。是知椅與桐非一木也。夫桐之爲木，其異于羣類，卓矣。生則肌骨脃而嫩，死則材體堅而韌。燥之所加而不圻裂，濕之所漬而不腐敗，雖松柏有淩霄冒雪之姿，苟就以燥濕，則與朽木無異耳。王氏謂受氣淳矣，眞不誣也。於桐可獨見之矣。其體濕則愈重，乾則愈輕，生時以斧斫之甚易，乾乃輭而拒斧。故鄙諺云：輕是桐，重是桐，難斫亦是桐，此之謂也。

類屬第二

桐之類非一也，今略志其所識者。一種文理麤而體性慢，葉圓大而尖長，光滑而毳稚者，三角因子而出者，一年可拔三四尺。由根而出者，可五七尺。已伐而出於巨椿者，或幾尺圍。始小成條之時，葉皆茸毳而嫩，皮體清白，喜生於朝陽之地。其花先葉而開，白色，心赤，肉凝紅，其實毯先長，而大可圍，三四寸內爲兩房，房中有肉，後葉。花色紫，其實亦同白桐，而微尖，狀如訶子而黏，房中肉黄色。二桐皮色若一，但花葉小異，體性堅慢不同爾。亦有冬月復花者。

附陳翥桐譜

古者氾勝之書今絕傳者，獨齊民要術行於世，雖古今之法小異，然其言亦甚詳矣。雖茶有經，竹有譜，吾皆略而不具。植桐乎西山之南，乃述其桐之事十篇，作桐譜一卷。其植桐則有紀誌存焉，聊以示於子孫。庶知吾既不能干祿以代耕，亦有補農之說云耳。皇祐元年，十月七日夜。

一之敍源　二之類屬
三之種植　四之所宜
五之所出　六之采斫
七之器用　八之雜説
九之記誌　十之詩賦

敍源第一

桐，柔木也。月令曰：清明桐始華。又呂氏季春月紀云：桐始華。高誘曰：梧桐也。是月生葉，故云始華。爾雅釋木曰櫬桐，又曰榮桐木。郭璞云：卽今梧桐也。疏引詩大雅云：梧桐生矣，于彼朝陽，是也。書云：嶧陽孤桐。釋木所謂櫬榮者，乃桐之一木耳。古詩云：椅桐傾高鳳。又曰：井桐栖雲鳳。古詩、書或稱桐，或稱梧，或曰梧桐，其實一也。初生葉肥而易長，一年可聳七八尺，更糞之，圍五六寸，萌子采伐之。亘椿者，或可尺圍，毳其萌，至二月、三月方長，向陽者尤早，背陰差遲。其枝榦濡肥而嫩，又空其中，皮膚葉薄，易爲風物所傷，必須成氣而後花。是故榦稚嫩者先榮，葉茂盛者先榮，其花開有先後，先者未有葉而開，自春徂夏，迺結實，其實如乳尖長而成毬。莊子所謂桐乳致巢，是也。後者至冬葉脫盡後始開，秀而不實，其蕊萼亦小於先時者。是知桐獨受陰陽之淳氣，故開春冬之兩花，櫬梧。注云：今梧桐、桐華花而不實者曰白桐，實而皮青者曰梧桐。案今人以其皮青號曰青桐也。青桐九月收子，二三月中作一步圓畦種之，方大則難裹，所以須圓小。治畦下水，一如葵法。五寸下一子，少與熟糞和土覆之，生後數澆，令潤澤。此木宜濕故也。當歲即高一丈，至冬豎草於樹間令滿，外復以草圍之，以葛十道束置。不然則凍死也。明年三月中，移植於廳齋之前，華淨妍雅，極爲可愛。後年冬不須復裹，成樹之後，剝下子一石，子於包上生，多者五六，少者二三也。炒食甚美。味似菱芡，多噉亦無妨也。白桐無子，冬結似子者，乃是明年之花房。亦遶大樹，掘坑取栽移之，成樹之後，任爲樂器。青桐則不中用。於山石之間生者，作樂器則鳴，青白二桐，並堪車板、盤、合屧等用。

本草綱目李時珍曰：陶注桐有四種，以無子者爲青桐、岡桐，有子者爲梧桐、白桐。寇注言白桐、岡桐，皆無子。蘇注以岡桐爲油桐。而賈思勰齊民要術言：實而皮青者爲梧桐，花而不實者爲白桐。白桐冬結似子者，乃是明年之華房，非子也。岡桐即油桐也，子大有油。其説與陶氏相反。以今咨訪，互有是否。蓋白桐即泡桐也，葉大徑尺，最易生長，皮色粗白，其本輕虛不蟲蛀，作器物屋柱甚良。二月開花，如牽牛花而白，結實大如巨棗，長寸餘，殼內有子片，輕虛如榆莢、葵實之狀，老則殼裂，隨風飄揚。其花紫色者，名岡桐。荏桐即油桐也。青桐即梧桐之無實者。按陳翥桐譜分別白桐、岡桐甚明，云白花桐文理粗，而體性慢，喜生朝陽之地，因子而出者，一年可起三四尺。由根而出者，可五七尺。其葉圓大而尖長有角，光滑而毳。先花後葉，花白色，花心微紅，其實大二三寸，內有兩房，房內有肉，肉上有薄片，即其子也。紫花桐文理細，而體性堅，亦生朝陽之地，不如白桐易長。其葉三角而圓大如白桐，色青多毛而不光，且硬，微赤，亦先花子，梧桐、色白，葉似青桐，而有子，子肥亦可食。白桐、與岡桐無異，惟有花子爾。花二月舒，黄紫色。禮云：桐始華者也。岡桐無子，是作琴瑟者，今此云花，便應是白桐，堪作琴瑟，一名椅桐，人家多植之。

圖經：桐生桐柏山谷，今處處有之，其類有四種。舊注云：青桐、枝葉俱青而無子，梧桐、皮白葉青而有子，子肥美可食。白桐、有華與子，其華二月舒，黄紫色，一名椅桐，又名黄桐，則藥中所用華葉者，是也。岡桐、似白桐，惟無子，即是作琴瑟者。陸璣草木疏云：白桐宜爲琴瑟，是作琴瑟宜岡桐白桐二種也。又曰：梓實桐皮曰椅，今人云：梧桐也。是白桐梧桐二種俱有椅名也。或曰：梧桐以知日月，正閏生十二葉，一邊有六葉，從下數一葉爲一月，至上十二葉，有閏十三葉，小餘者，視之則知閏何月也。故曰梧桐不生，則九州異。或云：今南人作油者，乃岡桐也。此桐亦有子，頗大於梧子耳。江南有䞓桐，秋開紅花，無實，有紫桐花，如百合，實堪糖煮以噉。嶺南有刺桐葉如梧桐花，側敷如掌，枝幹有刺，花色深紅，主金瘡止血，殊效。又梧桐白皮，亦主痔，删繁方療腸中生痔，肛門邊有核者，豬懸蹄、青龍，五生膏中用之，其膏傅瘡，并酒服之。

本草衍義：桐葉經注不指定是何桐，致難執用。今具四種桐，各有治療條，其狀列於後：一種白桐，可斵琴者，葉三杈。開白花，亦不結子。藥性論云：皮能治五淋，沐髮，去頭風，生髮。一種荏桐，早春先開淡紅花，狀如鼓子花，成筒子。子或作桐油，冷，微毒。一種梧桐，四月開淡黄小花，一如棗花，枝頭出絲，墮地成油，沾漬衣履。五六月結桐子，今人收炒作果，動風氣。此是月令：清明之日，桐始華者。一種岡桐，無花，不中作琴，體重。

齊民要術：梧桐爾雅曰：榮桐木注云：即梧桐也。又曰：

淮南子記十二月之木：正月其木楊，許叔重以爲楊于春爲先；二月其木杏，杏有竅在中，象陰布散在上；三月李；四月桃，李桃有核，與杏同，顧先後熟爾；五月榆；六月梓，其說未聞；七月其木楝，楝時秋熟故也；八月其木柘，亦未聞；九月槐，槐懷也，可以懷來遠人；十月檀，檀陰木也；十一月棗，取其赤心也；十二月櫟，可以爲車轂，木，不出火，惟櫟爲然，亦應陰氣也。然則古以楝實應七月之氣。管子：五位之土種楝。又鳳凰非梧桐不棲，非楝實不食，荆楚之俗，五月五日民並斷新竹筍爲筒糉，楝葉插頭纏五絲縷，投江水中，以辟水厄，士女或楝葉插頭，五絲纏臂，謂爲長命縷。俗言屈原以此日投水，百姓競以食祭之。漢建武中，長沙人有見人自稱三閭大夫者，謂之曰：所祭甚善，常苦爲蛟龍所竊，蛟龍畏楝葉五色絲，自今見祭，宜以五色絲合楝葉縛之，所以俗並事之。宗懔引風俗通以爲獬豸食楝，原將以信其志也。然則鳳凰、獬豸皆食楝，而蛟龍特畏之，是亦異矣。

無錫縣志：許舍山中多虎，童男女晝不出戶。尤行制叔保居之，使人拾楝樹子數十斛，作大繩，以楝子置繩股中，埋於山之四圍。不四五年，楝大成城，土人遂呼爲楝城，乃作四門，時其啓閉，虎不敢入。

桐

本草經：桐葉味苦，寒。主惡蝕瘡著陰。皮主五痔，殺三蟲。花主傅豬瘡，飼豬肥，大三倍。

爾雅：櫬梧注：今梧桐。又榮桐木注：卽梧桐。

詩經：椅、桐、梓、漆。陸璣疏：梓者，楸之疏，理白色而生子者爲梓，梓實桐皮曰椅，今人云梧桐也。則大類同，而小別也。桐有青桐、白桐、赤桐、白桐，宜爲琴瑟。今雲南牂牁人績以爲布，似毛布。

別錄：桐無毒。皮療賁豘氣病，生桐柏山谷。陶隱居云：桐樹有四種。青桐、葉皮青似梧，而無所宜矣。

楝

本草經：楝實味苦、寒。主溫疾，傷寒，大熱，煩狂，殺三蟲，疥瘍，利小便水道。

別錄：有小毒。根微寒，療蚘蟲，利大腸。生荆山山谷。陶隱居云：處處有之，俗人五月五日皆取葉佩之，云辟惡。其根以苦酒磨塗疥，甚良。煮汁作糜，食之去蚘蟲。

唐本草注：此有兩種，有雄有雌。雄者根赤，無子，有毒，服之多使人吐不能止，時有至死者。雌者根白，有子，微毒，用當取雌者。

圖經：楝實卽金鈴子也，生荆山山谷，今處處有之，以蜀川者爲佳。木高丈餘，葉密如槐而長。三四月開花，紅紫色，芬香滿庭間。實如彈丸，生青熟黃，十二月採實，其根採無時。此種有雌雄：雄者根赤，無子，有大毒；雌者根白，有子，微毒，當用雌者。俗間謂之苦楝子。韋宙獨行方：主蟯蟲攻心如刺，口吐清水，取根剉，水煮令濃赤黃色，以汁合米煮作糜。隔宿勿食，來旦後一匕爲始，少時復食一匕半糜，便下蟯驗。

夷堅志：臨川人苦消渴，累歲更十名醫不效。嘗坐茶坊見道人行乞，漫呼與茶，又且飯，問其有何術？曰：無所能，只收得幾道藥方耳。主人喜，復問有治消渴方乎？曰：正有之。用苦楝根新白皮一握，切焙入麝香少許，以兩盞水煎一半，空心飲之。雖困頓一二日，然疾可愈。乃延留之。按方服藥，下蟲三四條，狀如蛔而眞紅色，以語道人。道人曰：尙有食蟲三條，不必再服，恐取盡則困不可支。自此渴頓止，臥而將理，再宿脫然。

齊民要術：以楝子於平地耕熟作壟種之，其長甚疾，五年後可作大椽。北方人家，欲搆堂閣，先於三五年前種之。其堂閣欲成，則楝木可椽。

爾雅翼：楝木高丈餘，葉密如槐而尖。三四月開花，紅紫色，芬香滿庭。其實如小鈴，至熟則黃。俗謂之苦楝子，亦曰金鈴子。可以練，故名楝。

節，勞氣，欬嗽，背膊悶倦，散留結，胸脇痰滯，逐水，消脹滿，大腸風，止痛之類，皆附益之，另爲枳殼條。舊枳實條內稱：除胸脇痰癖，逐停水，破結實，消脹滿，心下急痞痛，逆氣，皆是枳實之功，宜存於本條。別有主療，亦附益之可也。如此二條始分，各見所主，不至甚相亂。

枳殼 嘉祐本草：枳殼味苦，酸，微寒，無毒。主風痒，痲痹，通利關節，勞氣，咳嗽，背膊悶倦，散留結，胸膈痰滯，逐水，消脹滿，大腸風，安胃，止風痛。生商州川谷，九月、十月採，陰乾。

本草拾遺：根皮主野雞病，末服方寸匕。本經採實用，九月、十月，不如七月、八月，既厚且辛。舊云：江南爲橘，江北爲枳；今江南俱有枳橘，江北有枳無橘，此自別種，非干變易。

本草綱目李時珍曰：枳實、枳殼，氣味功用俱同，上世亦無分別。魏、晉以來，始分實殼之用。潔古張氏、東垣李氏，又分治高治下之說，大抵其功皆能利氣，氣下則痰喘止，氣行則痞脹消，氣通則痛刺止，氣利則後重除。故以枳實利胸膈，枳殼利腸胃。然張仲景治胸痹痞滿，以枳實爲要藥。諸方治下血痔痢，大腸祕塞，裏急後重，又以枳殼爲通用。則枳實不獨治下，而殼不獨治高也。蓋自飛門至魄門，皆肺主之，三焦相通，一氣而已。則二物分之可也，不分亦無傷。杜壬方載湖陽公主苦難產，有方士進瘦胎飲，方用枳殼四兩、甘草二兩爲末，每服一錢，白湯點服，自五月後一日一服，至臨月不惟易產，仍無胎中惡病也。張潔古活法機要改以枳朮丸，日服，令胎瘦易生，謂之束胎丸。而寇宗奭衍義言：胎壯則子有力，易生，令服枳殼藥，反致無力，兼子亦氣弱難養，所謂縮胎易產者，大不然也。以理思之，寇氏之說，似覺爲優。或胎前氣盛壅滯者，宜用之。所謂八九月胎，必用枳殼、蘇梗以順氣，胎前無滯，則產後無虛也。若氣稟弱者，即大非去核及中瓤。乃注今或用枳殼乃爾，若稱枳實，須合核瓤用者，殊不然也。

圖經：枳實生河內川澤，枳殼生商州川谷，今京西江、湖州郡皆有之，以商州者爲佳。如橘而小，高五七尺，葉如棖，多刺。春生白花，至秋成實。九月、十月採，陰乾。舊說，七月、八月採者爲實，九月、十月採者爲殼。今醫家多以皮厚而小者爲枳實，完大者爲殼，皆以翻肚如盆口脣狀，須陳久者，爲勝。近道所出者，俗呼臭橘，不堪用。張仲景治心下堅大如盤，水飲所作枳實朮湯主之。枳實七枚、朮三兩，以水一斗，煎取三升，分三服，腹中軟卽稍減之。又胸痺，心下痞，堅留氣結，胸脅下逆氣，搶心，枳實薤白湯主之。陳枳實四枚、厚朴四兩、薤白半斤，切栝樓一枚、桂一兩，以水五升，先煎枳實、厚朴，取二升，去滓內餘藥於湯內，煎三兩沸，分溫，三服當愈。又有橘皮枳實湯、桂生薑枳實湯，皆主胸痺心痛。葛洪治卒胸痺痛，單用枳實一物，擣末服方寸匕，日三夜一，其根皮治大便下血，末服之，亦可煮汁常飲。又治卒中急風，身直不得屈伸反覆者，刮取枳木皮屑，謂之枳茹，一升，酒三升，漬一宿。服五合，至盡再作，良。

補筆談：六朝以前，醫方唯有枳實，無枳殼，故本草亦只有枳實，後人用枳之小嫩者爲枳實，大者枳殼。主療各有所宜，遂別出枳殼一條，以附枳實之後，然兩條主療亦相出入。古人言枳實者，便是枳殼。本草中枳實主療，便是枳殼主療，後人既別出枳殼條，便合於枳實條內，摘出枳殼主療，別爲一條。舊條內只合留枳實主療，後人以神農本經不敢摘破，不免兩條相犯，互有出入。予按神農本經：枳實條內稱主大風在皮膚中如麻豆，苦痒，除寒熱結，止痢，長肌肉，利五臟，益氣輕身，安胃氣，止溏泄，明目。盡是枳殼之功，皆當摘入枳殼條，後來別見主療，如通利關春榮秋瘁。入夏開花，大如酒盃，白瓣黃蘂，隨卽結實，薄皮，細子有鬚，霜後收之。蜀中有紅巵子花，爛紅色，其實染物，則赭紅色。

諸番志：梔子花出大食啞巴閉囉施美二國，狀如中國之紅花。其色淺紫，其香清越而有醞藉。土人採花，曬乾藏之琉璃缾中。花亦希有，卽佛書所謂薝蔔是也。

廣雅疏證：梔子，𣓌桃也。說文云：桅，黃木可染者也。桅與梔同，字一作巵。漢書貨殖傳云：千畝巵茜。孟康注云：茜草巵子，可用染也。述異記云：洛陽有巵茜園。漢官儀云：染園出巵茜，供染御服，是其處也。又名鮮支。史記司馬相如傳云：鮮支黃礫。索隱引司馬彪云：鮮支卽今支子也。支與梔亦同。又名林蘭。謝靈運山居賦：林蘭近雪而揚猗。自注云：林蘭，支子也。神農本草云：梔子一名木丹，生南陽川谷。名醫別錄云：一名越桃，九月採實。陶注云：處處有，亦兩三種小異，以七棱者爲良。經霜乃取之，今皆入染，用於藥甚稀。御覽引吳普本草云：支子葉兩頭尖，如樗蒲，剝其子如璽而黃赤。酉陽雜俎云：諸花少六出者，惟梔子花六出。陶眞白言：梔子翦花六出，刻房七道，其花香甚。相傳卽西域膽蔔花也。

枳實

本草經：枳實味苦、寒。主大風在皮膚中如麻豆，苦痒，除寒熱結，止痢，長肌肉，利五臟，益氣輕身。

別錄：酸，微寒，無毒。除胸脅痰癖，逐停水，破結實，消脹滿，心下急痞痛，逆氣，脅風痛，和胃氣，止溏洩，明目。生河內川澤，九月、十月採，陰乾。陶隱居云：今處處有，採破令乾用之，除中核，微炙令香，亦如橘皮，以陳者爲良。枳樹莖及皮，療水脹，暴風，骨節痛急。枳實，俗方多用，道家不需。

唐本草注：枳實，日乾乃得，陰便濕爛也。用當方療惡疰在心，痛不可忍，有鬼箭羽湯。集驗方療卒暴心痛，或中惡氣毒痛，大黄湯亦用鬼箭，皆大方也。

本草綱目李時珍曰：鬼箭生山石間，小株成叢，春長嫩條，條上四面有羽如箭羽，視之若三羽爾。青葉狀似野茶，對生，味酸澁。三四月開碎花，黄綠色，結實大如冬青子。山人不識，惟樵採之。

梔子

本草經：梔子味苦、寒。主五内邪氣，胃中熱氣，面赤酒皰，皶鼻，白癩，赤癩瘡瘍。一名木丹。

別録：大寒，無毒。療目熱赤痛，胸心大小腸大熱，心中煩悶，胃中熱氣。一名越桃，生南陽川谷，九月採實，暴乾。陶隱居云：解玉支毒，處處有，亦兩三種小異，以七棱者爲良，經霜乃取之。今皆入染，用於藥甚稀。玉支即羊躑躅也。

圖經：梔子生南陽川谷，今南方及西蜀州郡皆有之。木高七八尺，葉似李而厚硬，又似樗蒲子。二三月生白花，花皆六出，甚芬香，俗説即西域薝蔔也。夏秋結實，如訶子狀，生青熟黄，中仁深紅。九月採實，暴乾。南方人競種以售利。貨殖傳云：梔茜千石，亦比千乘之家，言獲利之博也。此亦有二三種，入藥者山梔子，方書所謂越桃也。皮薄而圓小，刻房七棱至九棱者爲佳。其大而長者用作染色，又謂之伏尸梔子，不堪入藥用。張仲景傷寒論及古今諸名醫治發黄，皆用梔子、茵蔯、香豉、甘草等四物作湯飲。又治大病起勞，復皆用梔子、鼠矢等湯，並小利而愈。其方極多，不可悉載。梔子亦療血痢挾毒熱下者。葛洪方以十四枚去皮，擣蜜丸如梧子，三丸日三服，大效。又治霍亂轉筋，燒梔子三枚，末服立愈。時行重病後勞發，水煮十枚，飲汁溫臥，微汗乃愈。挾食加大黄，別煮汁，臨熟内之，合飲微利，遂差。

本草綱目李時珍曰：卮子葉如兎耳，厚而深綠，九歌云：奠桂酒兮椒漿，播芳椒兮成堂。漢世皇后稱椒房，取其實蔓延盈升，以椒塗屋，亦取其溫煖，故長樂宮有椒房殿。其後董賢女弟爲昭儀居舍，與后相擬，號曰椒風。及晉世石崇、王愷之徒，相矜以富，於是崇以椒爲泥，泥其屋；而愷以赤石脂泥其壁云。荆楚之俗，正月一日長幼悉正衣冠，以次拜賀，進椒酒。崔寔月令云：過臘一日，謂之小歲，拜賀君親，進椒酒，從小起。成公綏椒花銘云：肇惟歲首，月正元日。是知小歲則用之，漢朝元正則行之。後世率以正月一日以盤進椒飲酒，則撮寘酒中，號椒盤焉。然椒亦殺人，故漢李咸欲爭竇后配威帝，擣椒自隨。而齊建武中，欲併誅高武子孫，令大醫煑椒二斛，椒熟則一時賜死，此其事。春秋運斗樞曰：玉衡星散爲椒。山海經曰：琴鼓之山，其木多椒。孝經援神契曰：椒薑禦濕，菖蒲益聰。蜀都賦丹椒，爾雅以檓爲大椒，謂叢生實大者。又曰：椒樧醜莍，莍萸子聚生，成房貌。今江東亦呼莍，云樹有針刺，葉堅而滑澤，每葉中亦有刺。蜀人作茶，吴人作茗，皆煮其葉以爲香。范子計然曰：蜀椒出武都，赤色者善。秦椒出天水，隴西細者善。

崖椒

本草綱目李時珍曰：圖經有崖椒，此卽俗名野椒也。不甚香，而子灰色，不黑，無光，野人用炒雞鴨食。

衞矛

本草經：衞矛味苦，寒。主女子崩中下血，腹滿，汗出，除邪殺鬼毒，蠱疰。一名鬼箭。

別錄：無毒。中惡，腹痛，去白蟲，消皮膚風毒腫，令陰中解。生霍山山谷，八月採，陰乾。陶隱居云：山野處處有，其莖有三羽狀，如箭羽，俗皆呼爲鬼箭。而爲用甚稀，用之削去皮羽。

圖經：衞矛，鬼箭也。出霍山山谷，今江淮州郡或有之。三月以後生莖，苗長四五尺許，其幹有三羽狀如箭翎。葉亦似山茶，青色，八月、十一月、十二月採條莖，陰乾。其木亦名狗骨。崔氏主遊蠱飛尸及腹冷，南人醃藏以作果品，或以寄遠。吴越春秋云：越以甘蜜丸欓，報吴增封之禮，然則欓之相贈尚矣。

本草綱目李時珍曰：椒，純陽之物；乃手足太陰右腎命門氣分之藥。其味辛而麻，其氣溫以熱，稟南方之陽，受西方之陰，故能入肺散寒，治欬嗽；入脾除濕，治風寒，濕痹，水腫，瀉痢；入右腎補火，治陽衰，溲數，足弱，久痢諸證。一婦年七十餘，病瀉五年，百藥不效。予以感應丸五十丸投之，大便二日不行，再以平胃散加椒紅、茴香、棗肉爲丸，與服遂瘳。每因怒食舉發，服之即止。此除濕，消食，溫脾，補腎之驗也。按歲時記言：歲旦飲椒柏酒以辟疫癘，椒乃玉衡星精，服之令人體健耐老。柏乃百木之精，爲仙藥能伏邪鬼故也。吴猛眞人服椒訣云：椒稟五行之氣而生，葉青，皮紅，花黃，膜白，子黑，其氣馨香，其性下行；能使火熱下達，不致上熏。芳草之中，功皆不及，其方見下。時珍竊謂椒紅丸雖云補腎，不分水火，未免誤人。大抵此方惟脾胃及命門虛寒有濕鬱者，相宜；若肺胃素熱者，大宜遠之。故丹溪朱氏云：椒屬火，有下達之能，服之既久，則火自水中生，故世人服椒者，無不被其毒也。又上清訣云：凡人喫飯傷飽，覺氣上衝心胸痞悶者，以水吞生椒一二十顆，即散；取其能通三焦，引正氣，下惡氣，消宿食也。又戴原禮云：凡人嘔吐，服藥不納者，必有蚘在膈間，蚘聞藥則動，動則藥出，而蚘不出，但於嘔吐藥中加炒川椒十粒良，蓋蚘見椒則頭伏也。觀此，則張仲景治蚘厥烏梅丸中用蜀椒，亦此義也。許叔微云：大凡腎氣上逆，須以川椒引之，歸經則安。

爾雅翼：椒實多而香，故唐詩以椒聊喻曲沃之蕃衍盛大。聊，語助也。陳詩貽我握椒。周頌：有椒其馨。離騷云：雜申椒與菌桂，懷椒糈而要之。

蜀椒 本草經：蜀椒味辛、溫。主邪氣咳逆，溫中，逐骨節皮膚死肌，寒濕痹痛，下氣。久服之，頭不白，輕身增年。

別錄：大熱，有毒。除六腑寒冷，傷寒，溫瘧，大風，汗不出，心腹留飲，宿食，腸澼，下痢，洩精，女子字乳餘疾，散風邪，瘕結，水腫，黄疸，鬼疰，蠱毒，殺蟲，魚毒，開腠理，通血脈，堅齒髮，調關節，耐寒暑，可作膏藥。多食令人乏氣口閉者，殺人。一名巴椒，一名蓎藙。生武都山谷及巴郡，八月採實，陰乾。陶隱居云：出蜀郡，北郡人家種之，皮肉厚，腹裏白，氣味濃。江陽、晉康及建平間亦有而細赤，辛而不香，力勢不如巴郡巴椒，有毒不可服，而此爲一名，恐不爾。又有秦椒，黑色，在中品中。凡用椒，皆火微熬之，令汗出，謂爲汗椒，令有勢力，椒目冷。別入藥用，不得相雜。

圖經：蜀椒生武都山谷及巴郡，今歸陜及蜀川。

陜、洛間人家多作園圃種之，高四五尺，似茱萸而小，有針刺。葉堅而實，可煮飲食，甚辛香。四月結子無花，但生於葉間，如小豆顆而圓，皮紫赤色。八月採實，焙乾。此椒江、淮及北土皆有之，莖實都相類，但不及蜀中者皮肉厚，腹裏白，氣味濃烈耳。服食單服椒紅，補下宜用蜀椒也。韋宙獨行方：治諸瘡中風者，生蜀椒一升，取少麪合溲裹椒，勿令漏氣，分作兩裹，於煻灰火中燒熟，及熱出之。刺頭作孔，當瘡上罯著，使椒氣射入瘡中，冷則易之。須臾瘡中出水，及遍體出汗，卽差。施州又有一種崖椒，彼土人四季採皮入藥。云味辛、性熱，無毒。主肺氣上喘兼欬嗽，并野薑葅末，酒服錢匕甚效，忌鹽下。又有蔓椒條云：生雲中山谷及邱冢間，採莖根，煮釀酒。陶隱居云：俗呼爲樛，似椒藙小，不香耳。今亦無復分別，或云卽金椒是也。藙子出閩中、江東，其木似樗，莖間有刺，子辛辣如椒。

鳳及明、越、金、商州皆有之。初秋生花，秋末結實，九月、十月採。

齊民要術：種椒熟時收，取黑子，俗名椒目，不用人手數近捉之，則不生也。四月初，畦種之。治畦下水，如種葵法。方三寸一子，篩土覆之，令厚寸許，復篩熟糞以蓋土上，旱輒澆之，常令潤澤。生高數寸，夏連雨時可移之。移法先作小坑，圓深三寸，以刀子圓劚椒栽，合土移之於坑中，萬不失一。若拔而移者，率多死。若移大栽者，二月、三月中移之。先作熟穰，泥掘出即封根，合泥埋之。行百餘里者，亦得生。此物性不耐寒，陽中之樹，冬須草裹。不裹即死。其生小陰中者，少稟寒氣，則不用裹。所謂習與性成，一木之性，寒暑易容，若朱藍之染，能不易質，故觀鄰識士，見友知人也。候實口開，便速收之，天時晴摘下，薄布曝之，令一日即乾，色赤椒好。若陰時收者，色黑失味。其葉及青摘取，可以爲菹，乾而末之，亦足充食。養生要論曰：臘夜令持椒臥房牀傍，無與人言，內井中除瘟病。

救荒本草：採嫩葉煠熟，換水浸淘淨，油鹽調食。顆調和百味香美。

本草綱目李時珍曰：秦椒，花椒也。始産于秦，今處處可種，最易繁衍。其葉對生，尖而有刺。四月生細花，五月結實，生青熟紅，大如蜀椒，其目亦不及蜀椒目光黑也。范子計然云：蜀椒出武都，赤色者善。秦椒出隴西、天水，粒細者善。蘇頌謂其秋初生花，蓋不然也。

焦循毛詩補疏：椒聊之實，蕃衍盈升。傳：椒聊，椒也。箋云：椒之性芳香而少實，今一梂之實，蕃衍滿升，非其常也。循按一梂二字，訓聊字也。經言椒聊，是言椒之梂，故依其文解爲一梂之實。正義未得此旨，蓋以聊爲語助故也。爾雅釋木：朻者聊朻，即謂梂。本草經云：蔓椒一名家椒，與蜀椒別。陶隱居云：俗呼爲樛，樛即朻字，傳言：椒聊，椒也；固不以聊爲語助。

紅，大如枸杞子。吳茱萸如川椒，初結子時，其
大小亦不過椒，色正青，得名則一，治療又不同，
未審當日何緣如此命名？然山茱萸補養腎藏，無
一不宜，經與注所說備矣。
救荒本草：實棗兒樹，本草名山茱萸，今鈞州、
密縣山谷中亦有之。木高丈餘，葉似楡葉而寬，
稍團，紋脈微麤。開淡黃白花，結實似酸棗大，
微長，兩頭尖鮹，色赤，既乾則皮薄味酸。摘取
實棗紅熟者，食之。
澠水燕談錄：山茱萸能補骨髓者，取其核溫澀能
祕精氣，精氣不泄，乃所以補骨髓。今人剝取肉
用而棄其核，大非古人之意。如此皆近穿鑿，若
用本草中主療，只當依本說，或別有主療，改用
根莖者，自從別方。

秦椒 本草經：秦椒味辛、溫。主風邪氣，溫中除
寒痹，堅齒髮，明目。久服輕身，好顔色，耐老
增年，通神。
爾雅：檓大椒。注：今椒樹叢生，實大者，名爲
檓。
詩經：椒聊之實。陸璣疏云：椒聊聊語助也，椒
樹似茱萸，有針刺，葉堅而滑澤。蜀人作茶，吳
人作茗，皆合煮其葉以爲香。今成皋諸山間有椒，
謂之竹葉椒，其樹亦如蜀椒，少毒熱，不中合藥
也。可著飲食中，又用蒸雞豚最佳香。東海諸島
上亦有椒樹，枝葉皆相似，子長而不圓，甚香，
其味似橘皮。島上麞鹿食此椒葉。其肉自然作椒
橘香也。
別錄：生溫熟寒，有毒。療喉痹，吐逆，疝瘕，
去老血，產後餘疾，腹痛，出汗，利五臟。生泰
山山谷及秦嶺上或瑯琊。八月、九月採實。陶隱
居云：今從西來，形似椒而大，色黃黑，味亦頗
有椒氣，或呼爲大椒。又云：卽今樛樹，而樛子
是豬椒，恐誤。
圖經：秦椒生泰山山谷及秦嶺上或瑯琊，今秦、

切，古音在四部。萸，茱萸也；从艸，臾聲，羊朱切，古音在四部。茮、茮莍也。此三字句，茮莍蓋古語猶詩之椒聊也。單呼曰茮，絫呼曰茮莍。茮聊，唐風：椒聊之實。毛曰：椒聊，椒也。釋木曰：椒樧醜莍樧大椒。神農本艸經有蜀椒，又有秦椒，从艸。爾雅：本艸陸疏皆入木類，今驗實木也。而說文正从艸，此沿自古籀者。凡析言有艸木之分，統言則艸亦木也；故造字有不拘爾。尗聲，子寮切，古音在三部，莍樧茮實裹如裘也。依爾雅音義正誤裘莍同音也。郭云：莍萸子聚生，成房皃。詩箋作捄。釋木：櫟其實梂。皆卽莍字也。从艸，求聲，巨鳩切，三部。求卽裘之古文，亦會意也。

山茱萸

本草經：山茱萸味酸、平。主心下邪氣寒熱，溫中，逐寒濕痺，去三蟲，久服輕身。一名蜀棗。

別錄：微溫、無毒。主腸胃風邪寒熱，疝瘕，頭風，風氣去來，鼻塞，目黃，耳聾，面皰，溫中下氣，出汗，強陰益精，安五臟，通九竅，止小便利。久服明目，強力長年。一名雞足，一名鬾實。生漢中山谷及瑯琊、宛句、東海，承縣，九月、十月採實，陰乾。陶隱居云：近道諸山中，大樹子初熟未乾，赤色，如胡頹子，亦可噉。既乾，皮甚薄，當以合核爲用爾。

圖經：山茱萸生漢中山谷及瑯琊、宛句、東海、承縣，今海州亦有之。木高丈餘，葉似楡，花白，子初熟未乾，赤色似胡頹子，有核，亦可噉。既乾皮甚薄。九月、十月採實，陰乾。吳普云：一名鼠矢，葉如梅，有刺毛。二月花如杏，四月實如酸棗赤，五月採實，與此小異也。舊說當合核爲用，而雷斆炮炙論云：每一斤去核，取肉皮用，只秤成四兩半，其核八稜者，名雀兒蘇，別是一物，不可用也。

本草衍義：山茱萸與吳茱萸甚不相類，山茱萸色九月九日取茱萸，折其枝，連其實，廣長四五寸，一升實可和十升膏，名之藙也。案鄭云爾雅謂之榝，則未煎時已名爲藙。神農本草云：吳茱萸一名藙，是也。榝又作𣙼，南都賦云：蘇𣙼紫薑，拂徹羶腥。字形與藙相近。而陶氏本草注乃謂俗中呼藙子者爲不識藙字，宜唐本注以爲誤也。玉篇云：欓，茱萸類也。御覽引風土記云：三香，椒欓薑也。又引宋春秋云：義熙八年，太社欓樹生於壇側。陳藏器本草拾遺云：欓子味辛辣如椒。木高大，莖有刺。蘇頌圖經云：藙子出閩中，江東，其本似樗，莖有刺，子辛辣如椒，南人淹藏以作果品，或以寄遠，蓋其氣馨香中食，故人多重之也。越椒之名，未見所出。春秋時楚有鬬越椒字伯棼又字子越，棼與芬通，越者言其香之散越也。荀子禮論云：椒蘭芬苾。高唐賦云：越香掩掩。上林賦云：衆香發越。茱萸之名越椒，或即此義與？椒亦芬香之名也。陳風東門之枌篇傳云：椒芬香也。周頌載芟篇云：有椒其馨。

說文解字注：榝似茱萸，出淮南。釋木：茮榝醜莍。郭云：莍萸子聚生，成房皃。榝似茱萸而小，赤色。內則注曰：藙，煎茱萸也。漢律：會稽獻焉。爾雅謂之榝。按鄭云：藙即榝。許於艸部有茱萸，有藙，此云似與鄭說小異。本艸經木部云：吳茱萸一名藙，是則一物異名，亦不待煎成始爲藙也。從木，茱萸藙字，在艸部，榝字在木部，故許不云一物。然茱萸在本艸經木部，茮從艸，而爾雅在釋木；則從艸從木一也。殺聲，所八切，十五部。

又茱茱萸、逗茮屬。內則：三牲用藙。注：藙，煎茱萸也。漢律：會稽獻焉。爾雅謂之榝。本艸經：吳茱萸味辛、溫。一名藙，从艸。本艸經廣雅入木類。鄭君曰：茱萸即榝也。而爾雅椒榝在釋木，許君則茱萸與榝爲二物；木部曰：揚州有茱萸樹，正以見茱萸之本爲草類也。朱聲，市朱昌司祿，于太守蔡達道席上，得吳仙丹方，服之遂不再作。每遇飲食過多腹滿，服五七十丸，便已。少頃小便作茱萸氣，酒飲皆隨小水而去。前後痰藥甚衆，無及此者。用吳茱萸湯泡七次，茯苓等分爲末，煉蜜丸梧子大，每熟水下五十丸。梅楊卿方只用茱萸酒浸三宿，以茯苓末拌之，日乾，每吞百粒，溫酒下。又咽喉口舌生瘡者，以茱萸末醋調，貼兩足心，移夜便愈。其性雖熱，而能引熱下行，蓋亦從治之義。而謂茱萸之性上行不下者，似不然也。有人治小兒痘瘡口噤者，齧茱萸一二粒，抹之即開，亦取其辛散耳。

廣雅疏證：梂、榝、欓、越椒、茱萸也。陸羽茶經引凡將篇云：菖蒲、芒消、莞椒、茱萸，則茱萸可以入藥也。急就篇云：芸蒜薺芥茱萸香，則又可以供食也。藝文類聚引洞林云：子如小鈴含元珠。案文言之，是茱萸，則其形狀也。諸書無以梂爲茱萸者，梂當讀爲樛，樛蔓椒也。神農本草云：蔓椒一名家椒，生雲中山谷。名醫別錄云：一名豬椒，一名彘椒，一名狗椒。陶注云：一名豨椒，山野處處有，俗呼爲樛，似椒藙小不香爾。藙與欓同，云似椒欓，則即茱萸之屬也。樛，證類本草音居蚪切。梂，廣韻音居六切。古音正同耳。榝亦茱萸之屬也。楚辭離騷云：椒專佞以慢慆兮，榝又欲充夫佩幃。王注云：榝，茱萸也；似椒而非也。榝子皆房生。爾雅云：椒榝醜莍。唐風椒聊篇正義引李巡注云：榝，茱萸也。椒、茱萸皆有房，故曰梂。梂，實也。郭璞注云：莍萸子聚生，成房貌。今江東亦呼莍榝似茱萸而小，赤色。說文云：榝似茱萸，出淮南。又云：莍椒榝實裹如裘者然，則榝與茱萸一種，小異，稱名之例，可以互通耳。榝一名藙，說文作藙，云煎茱萸也。漢律：會稽獻藙一斗。內則云：三牲用藙。鄭注亦云：藙，煎茱萸也。漢律會稽獻焉。爾雅謂之榝。賀氏疏云：煎茱萸，今蜀郡作之，爲上九，茱萸到此日氣烈熟，色赤，可折其房以插頭。云辟惡氣，禦冬。又續齊諧記曰：汝南桓景隨費長房學，長房謂曰：九月九日汝家有災戹，宜令急去家，各作絳囊盛茱萸以繫臂上，登高飲菊花酒，此禍可消。景如言，舉家登高山。夕還，見雞、犬、牛、羊一時暴死。長房聞之曰：此代之矣。故世人每至此日，登高，飲酒，戴茱萸囊，由此耳。世傳茱萸氣好上，言其衝膈，不可爲服食之藥也。張仲景治嘔而胸滿者，茱萸湯，主之。吳茱萸一升、棗二十枚、生薑一大兩、人參一兩，以水五升，煎取三升。

其南行枝主大小便卒關格不通，取之斷度如手第二指中節，含之立下，出姚僧坦方。根亦入藥用。删繁方療脾勞熱，有白蟲在脾中爲病，令人好嘔者，取東行茱萸根，大者一尺、大麻子八升、橘皮二兩，凡三物㕮咀，以酒一斗浸一宿，微火上薄煖之，三下絞去滓。平旦空腹服一升，取盡蟲便下出，或死或半爛，或下黃汁。凡作藥法，禁聲勿語，道作藥蟲便不驗。

游宦紀聞：沙隨先生在泰興時有乳嫗，因食冷肉，心脾發痛，不可堪忍。知縣錢仁老名壽之，以藥與之，一服痛止，再服卽無他。其藥以陳茱萸五六粒，水一大盞，煎取汁，去滓，入官局平胃散三錢，再煎熱服。錢云：高宗嘗以賜近臣，時有歸正官校尉添差縣尉後歸昌國，亦多愈人疾，眞奇方也。

本草綱目李時珍曰：茱萸枝柔而肥，葉長而皺，其實結於梢頭，纍纍成簇而無核，與椒不同。一種粒大，一種粒小；小者入藥爲勝。

又曰：茱萸辛，熱。能散能溫，苦熱，能燥能堅，故其所治之症，皆取其散寒溫中，燥濕解鬱之功而已。按朱氏集驗方云：中丞常子正苦痰飲，每食飽或陰晴節變，率同十日一發頭疼，背寒嘔吐酸汁，卽數日伏枕不食，服藥罔效。宣和初爲順

植物名實圖考長編卷二十

木類

吳茱萸 本草經：吳茱萸味辛、溫。主溫中下氣，止痛欬逆，寒熱，除濕血痹，逐風邪，開腠理，根殺三蟲。一名藙。

爾雅：椒榝醜萊。注：萊萸子聚生，成房貌，今江東亦呼萊榝，似茱萸而小，赤色。

別錄：大熱，有小毒。主去痰冷，腹內絞痛，諸冷食不消，中惡，心腹痛，逆氣，利五臟。根白皮，殺蟯蟲，治喉痹欬逆，止洩，注食不消，女子經產餘血，療白癬。生上谷川谷及冤句，九月九日採，陰乾。隱居云：禮記名藙，而俗中呼爲藾子，當是不識藙字似藾字，仍以相傳。其根南行、東行者爲勝。道家去三尸方，亦用之。

唐本草注爾雅釋木云：椒榝醜梂。陸氏草木疏云：椒榝屬，亦有榝名，陶誤也。

圖經：吳茱萸生上谷川谷及冤句，今處處有之，江、浙、蜀、漢尤多。木高丈餘，皮青綠色，葉似椿而闊厚，紫色。三月開花，紅紫色。七月、八月結實，似椒子，嫩時微黃，至成熟則深紫。九月九日採，陰乾。風土記曰：俗尚九月九日謂漸自落，即收之。一房有三瓣，一瓣有實一粒，一房共實三粒也。戎州出者，殼上有縱文，隱起如線，一道至兩三道，彼土人呼爲金線巴豆。最爲上等，他處亦稀有。

一物，古人當日惟取桑上者，實假其氣耳。又云：今醫家鮮用此，極誤矣。今醫家非不用也，第以難得眞桑上者，倘得眞桑寄生下嚥，必驗如神。向承乏吳山，有求藥於諸邑者，乃遍令人搜摘，卒不可得，遂以實告，甚不樂。余不敢以僞藥罔人，鄰邑有人僞以佗木寄生送上，服之逾月而死，哀哉！

說文解字注：蔦、寄生艸也。艸字各本脫，依毛詩音義及韻會補小雅傳曰：蔦，寄生也。陸璣曰：蔦一名寄生，葉似當盧，子如覆盆子。本艸經：桑上寄生，一名寓木，一名宛童。按寓木、宛童見釋木，从艸。毛、陸皆曰寄生耳。許獨云：寄生艸者，爲其字之從艸也。鳥，聲詩音義、說文音弔，唐韻：都了切，二部。詩曰：蔦與女蘿。小雅：頍弁文槝。蔦或从木，艸屬，故從艸；寓木，故從木。廣雅釋木作槝字。

巴豆

本經：巴豆味辛、溫。主傷寒，溫瘧，寒熱，破癥瘕，結聚堅積，留飲，痰澼，大腹，水脹，蕩練，五臟六腑，開通閉塞，利水穀道，去惡肉，除鬼毒，蠱疰，邪物，殺蟲。一名巴椒。

別錄：生溫熟寒，有大毒。療女子月閉，爛胎，金瘡，膿血不利，丈夫陰，殺班蝥毒，可練餌之，益血脈，令人色好變化，與鬼神通。生巴郡川谷，八月採，陰乾用之，去心皮。陶隱居云：出巴郡，似大豆，最能瀉人，新者佳。用之皆去心皮，乃秤，又熬令黃黑，別擣如膏，乃和丸散爾。道方亦有練餌法，服之乃可神仙。人呑一枚，便欲死，而鼠食之，三年重三十斤，物性乃有相耐如此爾。

圖經：巴豆出巴郡川谷，今嘉、眉、戎州皆有之。木高一二丈，葉如櫻桃而厚大。初生青，後漸黃赤。至十二月葉漸凋，二月復漸生，至四月舊葉落盡，新葉齊生，卽花發成穗，微黃色。五六月結實作房，生青，至八月熟而黃，類白豆蔻，漸

乾。陶隱居云：桑上者名桑上寄生爾。詩人云施
於松上，方家亦有用楊上、楓上者，則各隨其樹
名之形類，猶是一般，但根津所因處爲異。注：
生樹枝間，寄根在皮節之內，葉圓青赤，厚澤易
折，傍自生枝節。冬夏生，四月花白，五月實，
赤大如小豆。今處處皆有，以出彭城爲勝。俗呼
爲續斷，用之。按本經續斷別在上品藥，主療不同，
豈只是一物，市人混雜無識者。服食方是桑檽，
與此又不同。

唐本草注：此多生槲、櫸、柳、水楊、楓等樹上，
子黃大如小棗子，惟虢州有桑上者。子汁甚黏，
核大似小豆，葉無陰陽，如細柳葉而厚軟。莖麄
短，江南人相承用爲續斷，殊不相關。且寄生實
九月始熟而黃，今稱五月實，赤大如小豆，蓋陶
未見也。

圖經：桑寄生出宏農山谷桑上，今處處有之。云
是烏鳥食物子，落枝節間，感氣而生。葉似橘
而厚軟，莖似槐枝而肥脆。三四月生花，黃白色，
六月、七月結實，黃色如小豆大。三月三日採莖、
葉，陰乾。凡槲、櫸、柳、水楊、楓等上，皆有
寄生，惟桑上者堪用，然殊難辨別，醫家非自採
不敢用。或云斷其莖而視之，其色深黃，并實中
有汁稠黏者爲眞。謹按爾雅寓木宛童。郭璞云：
寄生一名蔦，詩頍弁云：蔦與女蘿。陸璣疏云：
葉似當盧，子如覆盆，赤黑甜美，而上品有松蘿
條，即女蘿也。所謂蔦與女蘿，施於松上，是也。
舊云生熊耳山谷松上，五月採，陰乾。古方入吐
膈藥，今醫家鮮用，亦不復採之，但附於此。

本草衍義：桑寄生，新舊書云今處處有之。從官
南北，實處處難得，豈歲歲窠斫摘踐之苦，而
不能生邪？抑方宜不同也？若以爲鳥食物子落枝
節間，感氣而生，則麥當生麥，穀當生穀，不當
但生此一物也。又有於柔滑細枝上生者，如何得
子落枝節間。由是言之，自是感造化之氣，別是

縛樞於竹中，管之轉以車，下直錢眼，謂之鎖星。

添梯

車之左端置環繩，其前尺有五寸，當車牀左足之上，建柄，長寸有半。匼柄爲鼓，鼓生其寅，以受環繩，繩應車運，如環無端，鼓因以旋。鼓上爲魚，魚半出鼓，其出之中建柄半寸，上承添梯。添梯者，二尺五寸片竹也。其上揉竹爲鉤，以防系竅，左端以應柄，對鼓爲耳，方其穿以閑添梯。故車運以牽環繩，繩旋鼓，鼓以舞魚，魚振添梯，故系不過偏。

車

制車如轆轤，必活其兩輻，以利脫系。

禱神

臥種之日，升香以禱天駟，先蠶也。割雞設醴，以禱婦人，寓氏公主，蓋蠶神也。毋治堰，毋誅草，毋沃灰，毋室入外人：四者，神實惡之。

戒治

唐史載于闐初無桑，丐鄰國不肯出，其王卽求罝婚，許之，將迎乃告曰：國無帛可持，蠶自爲衣，女聞置蠶帽絮中，關守不敢驗，自是始有蠶。女刻石約無殺蠶蛾，飛盡蠶蛾，乃得治繭。言蠶爲衣，則治繭可爲絲矣。世傳繭之未蛾而竅者，不可爲絲，頃見鄰家誤以竅繭雜全繭治之，皆成系焉，疑蛾蛻之繭也。欲以爲絲，而其中空，不復可治。嗚呼！世有知于闐治絲法者，肯以教人，則貸蠶之死，可勝計哉？予作蠶書，哀蠶有功而不免。故錄唐史所載，以俟博物者。

桑上寄生 本草經：桑上寄生，味苦、平。主腰痛，小兒背強，癰腫，安胎，充肌膚，堅髮齒，長鬚眉。其實明目，輕身通神。一名寄屑，一名寓木。

別錄：味甘，無毒。主金瘡，去痹，女子崩中，內傷不足，産後餘疾，下乳汁。一名宛童，一名蔦。生宏農川谷桑樹上，三月三日採莖、葉，陰豫事時作，一婦不蠶，比屋詈之，故知兗人可爲蠶師。今予所書，有與吳中蠶家不同者，皆得兗人。

種變

臘之日聚蠶種，沃以牛溲，浴于川，毋傷其藉，迺縣之始審。卧之五日色青，六日白，七日蠶已蠶，尚卧而不傷。

時食

蠶生明日，桑或柘葉，風戾以食之，寸二十分，晝夜五食，九日不食，一日一夜謂之初眠。又七日，再眠如初，既食葉寸十分，晝夜六食。又七日，三眠如再，又七日若五日不食，二日謂之大眠。食半葉，晝夜八食，又三日健食，乃食全葉，晝夜十食，不三日遂繭。凡眠已初食，布葉勿擲；擲則蠶驚，毋食二葉。

制居

種變方尺，及乎將繭，乃方四丈，織萑葦範以蒼筤竹，長七尺廣五尺，以爲筐。建四木宮梁之以爲槌，縣筐中間九寸，凡槌十縣以居食蠶。時分其居，糞其葉，餘以時去之。萑葉爲籬勿密，屈藁之長二尺者，自後茨之爲簇，以居繭蠶。凡繭七日而採之，居蠶欲溫，居繭欲涼，故以萑鋪繭，寒之以風，以緩蛾變。

化治

常令煮繭之鼎湯如蟹眼，必以筯其緒，附于先引，謂之餵頭。毋過三系，則系麄，不及則胞，其審舉之！凡系自鼎道錢眼，升於鏁星，星應車動，以過添梯，乃至於車。

錢眼

爲版長過鼎面，廣三寸，厚七黍，中其厚插大錢一，出其端橫之鼎耳，後鎮以石，緒總錢眼而上之，謂之錢眼。

鎖星

爲三蘆管，管長四寸，樞以圓木，建兩竹夾鼎耳，培植，四時斸掘澆灌壅肥。其法須詳，須詳記其法，不可遺忘。育蠶作繭，以葉育蠶，作繭抽絲。利用非常。養蠶有利，售葉亦有利。吾民勠力，必富且康！

蓄桑秧接桑樹訣

柔桑傍枝，擇大種取傍枝嫩條。攀枝著地；將嫩條攀倒著地。用土横壓，用濕土壓條一二次。梢頭露氣；桑條梢頭須露出。待其有根，久之，其條自然有根。大有生意。所壓桑條，生活而大。經過一年，歷一年，即爲桑秧。連根掘起；始連其根用鋤掘起。或自種添，有隙地，照前法種。生長頗易，則易於生長。若以售人，亦可獲利。苟用過接，若將桑秧接他桑樹。翦寸許長，將桑秧翦一寸下來。至正二月，至正月盡，二月初。揀彼短桑，擇矮桑樹近總節，用刀破皮。破皮五分，約破五分，不可太長。中自出漿。破皮則漿出。將所翦枝，所翦桑秧削尖而薄。插入紮草，插入矮桑破皮處，即以稻草紮固，自然黏合。及其長大，及接桑秧長大有葉。舊本鋸倒，桑舊本總節處鋸去。從此暢茂，新桑茂盛，不比矮桑。葉大厚好，凡大種桑，則葉大而厚。問接桑時，晴明天早。待晴明天氣，以早爲妙。

種桑椹訣

種桑椹法，先將地耕，再用缺齒扒鬆使平，澆之以糞，土肥易生。待桑椹熟，待桑椹紫黑時。時值天晴，揀黑桑椹，用水淘清。取子曬乾，撒地已畢，濕灰覆之，自發芽茁，及其生枝，長二三尺，密處删起，別處栽插。用前法種之。栽宜稀疎，可以種豆茄併菜。可容力作，或耕或鋤，不致傷根。如慮難長，種椹難長大。翦枝過節，計五六年，成林鬱鬱，莫惜辛勤，富厚可必。

附秦觀蠶書

予閑居，婦善蠶，從婦論蠶，作蠶書。

考之禹貢，揚、梁、幽、雍，不貢繭物，兗篚織文，徐篚玄纖縞，荆篚玄纁璣組，豫篚纖纊，荆篚檿絲：皆繭物也。而桑土既蠶，獨言於兗，然則九州蠶事，兗爲最乎？予游濟河之間，見蠶者與米價常相半也。以此歲計衣食之給，極有準的也。以一月之勞，賢於終歲勤動，且無旱乾水溢之苦，豈不優裕也哉？前所謂每歲兩次糞鉏，乃桑圃之遠於家者。如此若桑圃近家，卽可作牆籬，仍更疎植桑，令畦壟差闊，其下徧栽苧，因糞苧卽桑亦獲肥益矣，是兩得之也。桑根植深，苧根植淺，並不相妨，而利倍差。且苧有數種，唯延苧最勝，其皮薄白細軟，宜緝績，非麄澀赤硬比也。糞苧宜麄爛穀殼糠藁，常能勤糞治，卽一歲三收，中小之家，只此一件，卽可了納賦稅，充足布帛也。聚糠藁法，於廚棧下深闊鑿一池，結甃使不滲洩，每舂米卽聚礱簸穀殼及腐藁敗葉，漚漬其中，以收滌器肥水與滲漉泔淀，漚久自然腐爛浮泛。一歲三四次，出以糞苧，因以肥桑，愈久而愈茂，甯有荒廢枯摧者。作一事而兩得，誠用力少而見功多也。僕每如此爲之，比隣莫不嘆異而胥效也。

附種桑秧歌　高安縣志

粵稽王政，首及耕桑。種桑之日，二月初陽，萌芽將發，栽彼桑秧。墾掘平地，掘鬆平地，恰如桑根，每作一孔。疎闊成行，每種一桑，須隔丈餘，兼可種菜葱，並各樣豆。細根删翦，桑秧細根，量情翦去。本根莫傷。傷根恐不能活。理直入土，根曲不伸，不能生長。肥壅兩傍，桑傍壅豬羊鵝鴨等屎。培養多方。培養須因地因時。扒泥塡實，種後將掘開泥塡實。桑梢翦去，桑秧之梢須翦短。恐遇風狂，梢長則風搖動，恐不活。秧茂栽之，桑長茂，須翦去總節。糞水澆將，糞濃恐醃死，須水調和。鋤删蔓草，草生則奪桑之力。勿使地荒，草多，則地荒無力。四時深掘，地實則根窒須勤墾。土鬆幹長。土鬆則根行。枯枝條淨，留枯枝亦損桑。蟲子除光，桑間蚍蟲必鋸去之，其野蠶蝎子必捻殺之。若採頭葉，隔年所長條爲頭葉。盡伐遠揚，須盡翦長條，不得留枝。摘葉喂蠶，將條上桑葉摘喂蠶。落枝收藏，藏其桑條，以作柴薪。二葉删摘，本年嫩條存條勿翦。餘留飼羊。傍葉喂蠶，餘多飼羊。年年即揭起瓦片子，以瓶酌小便，從竹筒中下直至根底矣。澆畢仍以瓦片子蓋筒口，但不必如前種苗家樣作棚也。須時時摘去幹四傍枝葉，謂之妒芽，恐分其力以害幹，此第二段也。於次年正月上旬，乃徙植削去大半條幹，先行列作穴，每相距二丈計，穴廣各七尺，穴中塡以碎瓦石，約六七分滿，乃下肥大糞三兩擔，於穴中所塡碎瓦石上，然後於穴中央植一株，下土平塡，緊築，免風搖動。更四畔以椀口大木子四五條，長三尺餘，斫槧周迴牢釘，以輔助其幹，仍以棘刺絆縛遶護，免牛羊挨拶損動也。根下得瓦石，既虛疏不作泥，糞落其中，又引其根易以行，待數月根行矣，乃於四傍以大木斫槧周迴釘穴，搖動爲十數穴，穴可深三四尺。又四圍略高作塘塍，貴得澆灌時不流走了糞，且蔭注四傍，直從穴中下至根底，即易發旺，而歲久難摧也。又時時看蟲，恐蝕損，仍剔摘去細枝葉，謂之妒條。若桑圃在曠野處，即每歲於六七月間，必鉏去其下草，免其蟲援上蝕損。至十月又併其下腐草敗葉，鉏轉蘊積根下，謂之罨糞，最浮泛肥美也。至來年正月間，斫剔去枯摧細枝，雖大條之長者，亦斫去其半，即氣浹而葉濃厚矣。大率斫桑要得漿液未行，不放霜雪，寒雨斫之乃佳。若漿液已行而斫之，即滲溜損，最不宜也。纔鉏了便鉏開根下糞之，謂之開根糞，則是每月兩次鉏糞耳，此第三段也。又有一種海桑，本自低亞，若欲壓條，即於春初相視，其低近根本處條，以竹木鈎，鈎釘地中，上以肥潤土培之，不三兩月，生根矣。次年鑿斷徙植，尤易於種椹也。若欲接博，即別取好桑，直上生條，不用橫垂生者。三四寸長截，如接果子樣接之，其葉倍好，然亦易衰，不可不知也。湖中安吉人皆能，彼中人唯藉蠶辦生事，十口之家，養蠶十箔，每箔繭一十二斤，取絲一兩三分，每五兩絲織小絹一疋，每一疋絹，易米一碩四斗，絹

桑花

嘉祐本草：桑花煖，無毒。建脾，澀腸，止鼻洪，吐血，腸風，崩中，帶下。此不是桑椹花，卽是桑樹上白癬，如地錢花樣，刀削取入藥，微炒使。

附農書種桑法

種桑自本及末，分爲三段，若欲種椹子，則擇美桑種椹，每一枚翦去兩頭，兩頭者不用，爲其子差細，以種卽成雞桑、花桑，故去之。唯取中間一截，以其子堅栗特大，以種卽其幹強實，其葉肥厚，故存之。所存者先以柴灰淹揉一宿，次日以水淘去輕秕不實者，擇取堅實者，略曬乾水脈，勿令其燥，種乃易生。預擇肥穰土，鉏而又糞，糞畢復鉏，如此三四轉，踏令小緊平整了，乃於地面勻薄布細沙，原本脫去二十五字。摻蓋其上，卽疏爽，而子易生芽櫱，不爲泥瓮腐而根漸蝕，下所踏實者，肥壤中則易以長茂矣。每畦闊三尺，其長稱焉。一畦只可種四行，卽便於澆灌，又易採除草。畦上作棚，高三尺，棚上略薄著草蓋却，如種薑棚樣，以防黃梅時連雨後，忽暴日曬損也。待苗長三五寸卽勤剔，摘去根幹四傍樸蔌小枝葉，只存直上者。幹標葉五七日一次以水解小便澆沃，卽易長，此第一段也。至當年八月上旬，擇陽顯滋潤肥沃之地，深鉏以肥窖燒過土糞之，則雖久雨亦疏爽，不作泥淤沮洳，久乾亦不致堅硬磽埆也。雖甚霜雪，亦不凝凜凍沍，治溝壟町畦，須疏密得宜，然後取起所種之苗，就根頭盡削去幹，只留根。又削去對幹一條直下者，命根只留四傍根，每三根合作株，若品字樣，繫縛著一竹筒底下，筒各長三尺，大如脚母指，盡斸去中心節，令透徹底，一一繫縛了。然後行列，幷竹筒植之，可相距二尺許一株，俾三根日久竹筒朽腐，自然三幹合爲一幹，以三根共蔭一幹植，未逾數月，幹力專厚，易長大矣。每一竹筒口，尋常以瓦子一片蓋却，免雨水得入漬爛之也。覺久須澆灌，邪所以補正也。若肺虚而小便利者，不宜用之。又曰：煎藥用桑者，取其能利關節，除風寒濕痹諸痛也。觀靈樞經治寒痹内熱，用桂酒法，以桑炭炙布巾，熨痹處。治口僻用馬膏法，以桑鉤鉤其口，及坐桑灰上，皆取此意也。又癰疽發背不起發，或瘀肉不腐潰，及陰瘡瘰癧流注，臁瘡、頑瘡、惡瘡久不愈者，用桑木灸法。未潰，則拔毒止痛，已潰則補接陽氣，亦取桑通關節，去風寒火性，暢達出鬱毒之意。其法以乾桑木劈成細片，紮作小把，然火吹息灸患處，每吹灸片時，以瘀肉腐動爲度，内服補託藥，誠良方也。又按趙溍養疴漫筆云：越州一學録少年，苦嗽，百藥不效。或令用南向柔桑條一束，每條寸折，納鍋中，以水五盌，煎至一盌，盛瓦器中。渴卽飲之，服一月而愈，此亦桑枝煎變法爾。

説文解字注：叒，日初出東方湯谷，所登榑桑，叒木也。按當云：叒木，榑桑也，日初出東方湯谷所登也。榑桑已見木部，此處立文，當如是。宋本、葉本、宋刻五音韻譜、集韻、類篇皆作湯，別刻作暘，毛扆改湯爲暘，非也。尚書暘谷自説青州嵎夷之地，非日出之地也。日出之地，豈羲仲所能到？天問曰：出自湯谷，次于蒙汜。淮南天文訓曰：日出于湯谷，浴于咸池，拂于扶桑，是謂晨明。墬形訓注曰：扶木，扶桑也，在湯谷之南海外。東經曰：湯谷上有扶桑，十日所浴。大荒東經曰：湯谷上有扶木，一日方至，一日方出，皆載於烏。按今天文訓作暘谷，以王逸楚辭注、史記索隱、文選注所引正之，則暘亦淺人改耳。離騷：總余轡乎扶桑，折若木以拂日，二語相聯，蓋若木卽謂扶桑，若字卽榑叒字也，象形枝葉蔽翳。而灼切，五部，凡叒之屬皆从叒，𣜩籀文，桑蠶所食葉木，从叒木榑桑者，桑之長也，故字从叒。桑不入木部，而傅於叒者，所貴者也。息郎切，十部。

去其穴。注曰：取狐兩目，狸腦大如狐目三枚，擣之三千杵，塗鼠穴，則鼠去矣。

救荒本草：採桑椹熟者食之，或熬成膏攤於桑葉上，曬乾，擣作餅收藏。或直取椹子曬乾，可藏經年。及取椹子清汁，置瓶中，封三二日，卽成酒，其色味似葡萄酒，甚佳。亦可熬燒酒，可藏經年，味力愈佳。其葉嫩老，皆可煠食。皮炒乾磨麪，可食。

本草綱目李時珍曰：桑有數種，有白桑，葉大如掌而厚，雞桑葉花而薄。子桑先椹而後葉，山桑葉尖而長，以子種者，不若壓條分者。桑生黃衣，謂之金桑，其木必將槁矣。種樹書云：桑以構接則桑大，桑根下埋龜甲，則茂盛不蛀。

農桑通訣曰：嘗攷之史傳，三國魏武祖軍乏食，乃得乾葚以濟饑。魏志：武祖軍無糧，新鄭長楊沛進乾葚，後遷沛爲鄴令。後漢王莽時天下大荒，有蔡順採葚，赤黑別盛之。赤眉賊見而問之，順曰：黑者奉母，赤者自食。蓋桑葚乾濕皆可食，可以救儉，昔聞之故老云：前金之末，饑歉民多餓莩，至夏初青黃未接，其桑葚已熟，民皆食葚，獲活者不可勝計。凡植桑多者，葚黑時悉宜振落箔上，曬乾，平時可當果食，歉歲可禦飢餓。雖世之珍異果實，未可比之。適用之要，故錄之。

農政全書：桑生葚者葉小而薄，故蠶桑之家不得有葚。

本草綱目李時珍曰：桑白皮長於利小水，乃實則瀉其子也。故肺中有水氣，及肺火有餘者，宜之。十劑云：燥可去濕，桑白皮赤小豆之屬是矣。宋醫錢乙治肺氣熱盛欬嗽而後喘，面腫身熱，瀉白散，用桑白皮炒一兩，地骨皮一兩，甘草半兩，每服一二錢，入粳米百粒，水煎，食後溫服。桑白皮、地骨皮，皆能瀉火，從小便去。甘草瀉火而緩中，粳米淸肺而養血，此乃瀉肺諸方之準繩也。元醫羅天益言其瀉肺中伏火，而補正氣，瀉有三臥一生蠶、四臥再生蠶、白頭蠶、頡石蠶、楚蠶、黑蠶，有一生再生之異。灰兒蠶、秋母蠶、秋中蠶、老秋兒蠶、秋末老蠶兒蠶、同繭蠶，或二蠶三蠶共爲一繭。凡三臥四臥皆有絲綿之別，凡蠶從小與大者，乃至大入簇，得飼荆魯二桑，小食則桑中與魯桑荆有裂腹之患也。楊泉物理論曰：使人之養民，如蠶母之養蠶，其用豈徒絲而已哉？五行書曰：欲知蠶善惡，常以三月三日天陰，如無日，不見雨，蠶大善。又法埋馬牙齒於槌下令宜蠶。龍魚河圖曰：埋蠶沙於宅亥地，大富，得蠶絲吉利，以一斛二斗，甲子日鎮宅大吉，致財千萬。養蠶法，收種繭必取居簇中者，近上則絲薄，近下則子不生也。泥屋用福德利上土，屋欲四面開窗，紙糊厚爲籬，內四角著火。火若在一處，則冷熱不均。初生以毛掃，用荻掃則傷蠶，調火令冷熱得所，熱則焦燥，冷則長遲。比至再眠，常須三箔，中箔上安蠶，上下空置，下箔障土氣，上箔防塵埃。小時採福德上桑，著懷中令煖，然後切之。蠶小不用見露氣，得人體則衆惡除。每飼蠶，卷窗幃，飼訖還下。蠶見明則食，食多則生長。老時值雨者，則壞繭，宜於屋縣簇之薄布，薪於箔上，散蠶訖，又薄以薪覆之，槌得安十箔。又法，以大蓬蒿爲薪散蠶，令遍懸之於棟、梁、椽、柱，或垂繩鈎弋，鶚爪龍牙上下數重，所在皆得，懸訖薪下微生炭以煖之，得煖則作速，傷寒則作遲。數入候者熱則去火，蓬蒿疏冷無鬱浥之憂，死蠶旋墜，無污繭之患，沙策不住，無瘢痕之疵，鬱浥則難練繭，污則絲散，瘢痕則無用。蓬蒿簇亦良，其外簇者晚遇天寒則全不作繭用。易練而絲朋，日曝死者，雖白而濇肥，練練長衣，著幾將倍矣。甚者虛實失歲功，堅肥懸絕，資要財理，安可不知之哉。崔寔曰：三月清明節，令蠶妾治蠶室，塗隙穴，具槌持箔籠。龍魚河圖曰：冬以臘月鼠斷尾，正月旦日未出時，家長斬鼠著屋中，祝云：付勑屋吏，制斷鼠蟲，三時言功，鼠不敢行。雜五行書曰：取亭部地中土塗竈，水火盜賊不經，塗屋四角，鼠不食蠶，塗倉簞，鼠不食稻，以塞埳百日，鼠種絕。淮南萬畢術曰：狐目狸腦，鼠爲龍精，月値大火，則浴其蠶種，是蠶與馬同氣，物莫能兩大，故禁再蠶者，爲傷馬與？孟子曰：五畝之宅，樹以之桑，五十者可以衣帛矣。尙書大傳曰：天子諸侯必有公桑蠶室，就川而爲之，大昕之朝，夫人浴種于川。春秋考異郵曰：陽物大惡水，故蠶食而不飲。陽立於三春，故蠶三變而後消，死於三七二十一日，故二十一日而繭。淮南子曰：原蠶一歲再登，非不利也。然王者法禁之，爲其殘葉也。氾勝之書曰：種桑法五月取椹著水中，卽以手漬之，以水灌洗，取子陰乾。治肥田十畝，荒田久不耕者，尤善好耕治之，每畝以黍椹子各三升合種之，黍桑當俱生。鋤之桑令稀疏調適，黍熟穫之，桑生正與黍高平，因以利鎌，摩地刈之。暴令燥後，有調風放火燒之，常逆風起火。桑至春生一畝，食三箔蠶，俞益期牋曰：日南蠶八熟，繭軟而薄，椹採少多。永嘉記曰：永嘉有八輩蠶、蚖珍蠶、三月績。柘蠶、四月初績。蚖蠶、四月績。愛珍、五月績。愛蠶、六月末績。寒珍、七月末績。四出蠶、九月初績。寒蠶、十月績。凡蠶再熟者，前輩皆謂之珍，養珍者少養之，愛蠶者故玩蠶種也，蚖珍三月既績，出蛾取卵，七八月便剖卵，蠶生。多養之是爲蚖蠶，欲作愛者，取蚖珍之卵，藏內甖中，隨器大小亦可拾紙蓋覆器口，安硎若耕反。泉冷水中，使冷氣折其出勢，得三七日，然後剖生養之謂爲愛珍亦呼愛子。績成繭出蛾卵，卵七日又剖成蠶。多養之，此則愛蠶也。藏卵時勿令見人，應用二七赤豆安器底。臘月桑枝二七枝以麻卵紙，當令水高下與種相齊，若外水高則卵死，不復出，若外水下卵，則冷氣少，不能折其出勢。不能折其出勢，則不得三七日。不得三七日，雖出不成也。不成者謂徒績，成繭出蛾生卵，七日不復剖生，至明年方生耳。欲得陰樹下亦有泥器，三七日亦有成者。雜五行書曰：二月上壬，取土泥屋四角，宜蠶吉。案今世耬犁，令樹肥茂也。劚桑十二月爲上時，正月次之，二月爲下。白汗出則損葉。大率桑多者，宜苦斫，桑少者宜省劚。秋斫欲苦，而避日中。觸熱樹焦枯，苦斫春條茂。冬春省劚，竟日得作，春採者必須長梯高杌，數人一樹，還條復枝，務令淨盡，要欲旦暮，而避熱時。梯不長，高枝折人不多，上下勞條不還，枝仍曲，採不淨鳩脚，多日暮採，令潤澤，不避熱條葉乾。秋採欲省截去妨者，秋多採則損條。椹熟時多收，曝乾之，凶年粟少，可以當食。魏略曰：楊沛爲新鄭長，興平末，人多饑窮，沛課民益畜乾椹，收䝁豆，閱其有餘以補不足。積聚千餘斛，會太祖西迎天子，所將千人皆無糧，沛謁見，乃進乾椹。太祖甚喜，及太祖輔政，超爲鄴令，賜生口十人絹百疋，既欲勵之，且以報乾椹也。令自以北大家收石，少者尚數十斛，故杜葛亂後，饑饉薦臻，惟仰以全軀命。數州之內，民死而生者，乾椹之力也。種柘法，耕地令熟，耬耩作壟，柘子熟時多收，汰令淨，曝乾，散訖勞之。草生拔卻，勿令荒，三年間斸去，堪爲渾心，扶老杖，十年中四破爲杖，任爲馬鞭胡牀，馬鞭一枝直十文，胡牀一具直百文，自去浮根不妨耧犁起，至任爲馬鞭胡牀止，舊本殘缺，今據聚珍板農桑輯要所引補，然椹熟時，條上下疑尚有脫文也。十五年任爲弓材，一張三百 亦堪作履，一兩六十 裁截碎木中作錐刀靶，一箇直三文 二十年好作犢車材。一乘直萬錢。欲作鞍橋者，生枝長三尺許，以繩繫旁枝，木橛釘著地中，令曲如橋，十年之後，便是渾成柘橋。一具直絹一疋。欲作快弓材者，宜於山石之間比陰中種之。其高原山田，土厚水深之處，多掊掘深坑，於坑之種桑柘者，隨坑深淺，或一丈、丈五，直上出坑，乃扶疎四散，此樹條直，異於常材。十年之後，無所不任。一樹直絹十疋。柘葉飼蠶，絲可作琴瑟等絃，淸鳴響徹，勝於凡絲遠矣。

禮記月令曰：季春無伐桑柘。鄭玄注曰：愛養蠶食也，具曲植籧筐，注曰：名養蠶之器，躬桑，以勸蠶事焉。

周禮曰：馬質禁原蠶者。注曰：質平也，主買馬平其大小之價直。原再也。天文辰爲馬，蠶書蠶大升煎，取二大升，一日服盡，無問食前後，此服只依前方也。桑葉可常服，神仙服食方，以四月桑茂盛時採葉，又十月霜後三分，二分已落時，一分在者，名神仙葉，卽採取，與前葉同陰乾擣末，丸散任服。或煎以代茶飲，又採椹暴乾，和蜜食之，並令人聰明，安魂鎮神。又炙葉令微乾，和衣煎服，治痢，亦主金瘡及諸損傷。止血方書稱桑之功最神，在人資用尤多。爾雅云：桑辨有葚梔。郭璞云：辨，半也。一半有葚，半無葚，名曰梔。又云：女桑桋桑。俗間呼桑木之小而條長者爲女桑。又山桑木堪弓弩，檿桑絲中琴瑟，皆材之美者也，他木鮮及焉。

本草衍義桑根白皮條中，言桑之用稍備，然獨遺烏椹，桑之精英，盡在於此。採摘微研，以布濾去滓，石器中熬成稀膏，量多少入蜜，再熬成稠膏，貯甆器中，每挑一二錢，食後夜臥以沸湯點服。治服金石發熱，口渴，生精神，及小腸熱，性微涼。

齊民要術：桑柘熟時收黑魯椹，黃魯桑不耐久。諺曰：魯桑百，豐錦帛，言其桑好切，省用力。卽日以水淘取子，曬燥，仍畦種。治畦下水，一如葵法。常薅令淨，明年正月移而栽之。仲春季春亦得。率五尺一根。不用耕，故凡栽桑不得者，無他故，正悉犁撥耳。是以須穊，不用稀，稀通耕犁者，心雖愼，率多死矣。日穊則長疾，大都種樵長遲，不如壓枝之速，無栽者，乃種樵也。其下常斸掘種綠荳小荳，二荳良美，潤澤益桑。栽後二年，愼勿採沐。小採者長倍遲。大如臂許，正月中移之。亦不須髡。率十步一樹，陰相接者，則妨禾荳。行欲小掎角，不用正相當。相當者則妨犁。須取栽者，正月、二月中以鉤弋壓下枝，令著土，條葉生高數寸，仍以燥土壅之。土濕則爛。明年正月中，截取而種之。住宅上及園畔固宜卽定，其田中種者，亦如種葚法，概種一二年，然後更移之。凡耕桑田不用近樹。傷桑破犁，所謂兩失。其犁不著處，斸斸令去浮根，以蠶矢糞之。去浮根不妨有毒。療月水不調，其黄熟陳白者，止久洩，益氣不飢，其金色者，治癖飲積聚，腹痛，金瘡。一名桑菌，一名木麥，生犍爲山谷，六月多雨時採，即暴乾。陶隱居云：東行桑根乃易得，而江邊多出土，不可輕信。桑耳斷穀方云：木檽又呼爲桑上寄生，此云五木耳，而不顯四者是何木。按老桑樹生燥耳，有黄者，赤白者，又多雨時亦生軟濕者，人採以作葅，皆無復藥用。

圖經：桑根白皮，本經不著所出州土，今處處有之。採無時，不可用出土上者，用東行根，益佳。或云：木白皮亦可用，初採得以銅刀刮去上麄皮，取其裏白，切焙乾，其皮中青涎，勿使刮去，藥力都在其上，惡鐵及鉛不可近之。桑葉以夏秋再生者爲上，霜後採之，煮湯淋渫手足，去風痹，殊勝桑耳。一名桑黄，有黄熟陳白者，又有金色者，皆可用。碎切酒煎，主帶下，其實椹有白黑二種，暴乾皆主變白髮。皮上白蘚花亦名桑花，

狀似地錢，刀削取炒乾，以止衄吐血等。其柴燒灰淋汁，醫家亦多用之。桑上蠹蟲，主暴心痛，金瘡，肉生不足。皮中白汁，小兒口瘡傅之便愈。又以塗金刃所傷，燥痛，須臾血止。更剝白皮裏之，令汁得入瘡中，良。冬月用根皮，皆驗。白皮作線，以縫金瘡腸出者，更以熱雞血塗之。唐安金藏剖腹，用此法便愈。桑條作煎，見近效方云：桑煎療水氣、脚氣、肺氣，癰腫，兼風氣。桑條二兩，用大秤七兩，一物細切如豆，以水一大升，煎取三大合，如欲得多造，準此增加，先熬令香然後煎。每服肚空時喫，或茶湯，或羹粥，每服半大升，亦無禁忌也。本方云：桑枝平，不冷，不熱，可以常服，療偏體風痒，乾燥脚氣、風氣，四肢拘攣，上氣，眼暈，肺氣欬嗽，消食，利小便。久服輕身，聰明耳目，令人光澤，兼療口乾。仙經云：一切仙藥，不得桑煎不服，出抱朴子本方。桑枝一小升，細切熬令香，以水三

元祐五年，自春至秋，蘄、黄二郡人，患急喉痹，十死八九，速者半日、一日而死。黄州推官潘昌言得黑龍膏方，救活數千人也。其方治九種喉痹，急喉痹，纏喉風，結喉，爛喉，遁蟲，蟲蝶，重舌，木舌，飛絲入口，用大皂莢四十挺，切，水三斗浸一夜。煎至一斗半，入人參末半兩、甘草末一兩，煎至五升，去滓入無灰酒一升，釜煤二匕煎如餳，入瓶封埋地中一夜。每溫酒化下一匙，或掃入喉內，取惡涎，盡爲度，後含甘草片。又孫用和家傳秘寶方云：凡人卒中風，昏昏如醉，形體不收，或倒或不倒，或口角流涎出，斯須不治，便成大病。此證風涎潮於上，胸痹氣不通，宜用急救稀涎散吐之。用大皂莢肥實不蛀者四挺，去黑皮，白礬光明者一兩爲末，每用半錢重者三字，溫水調灌，不大嘔吐，只是微微稀冷，涎或出一升二升。當待惺惺，乃用藥調治，不可便大吐之，恐過劑傷人，累效不能書述。

肥皂莢

本草綱目李時珍曰：肥皂莢生高山中，其樹高大，葉如檀及皂莢葉。五六月開白花，結莢長三四寸，狀如雲實之莢而肥厚多肉。內有黑子數顆，大如指頭，不正圓，其色如漆而甚堅。中有白仁如栗，煨熟可食，亦可種之。十月采莢，煮熟擣爛，和白麪及諸香作丸，澡身面去垢而膩潤，勝於皂莢也。相感志言：肥皂莢水死金魚，辟馬蝗，麩見之則不就，亦物性然耳。莢氣味辛，溫，微毒。主治去風濕，下痢，便血，瘡癬腫毒。

桑

本草經：桑根白，皮味甘，寒。主傷中，五勞，六極，羸瘦，崩中，脈絕，補虛益氣。葉主除寒熱，出汗。桑耳黑者，主女子漏下赤白汁，血病，癥瘕積聚，陰痛，陰陽寒熱，無子。五木耳名檽，益氣不飢，輕身強志。

別錄：無毒。去肺中水氣，唾血，熱渴，水腫，腹滿，臚脹，利水道，去寸白，可以縫金瘡。採無時，出土上者殺人，汁解蜈蚣毒。桑耳味甘，不壞，以搥皁莢，則一夕破碎。

游宦記聞：淮南人藏鹽酒蟹，凡一器十隻，以皁莢半挺置其中，則經歲不壞。世南向侍親至四明，鹽白而廉，僕輩貪利，以篭盛貯。邸翁曰：塗中走滷，將若之何？授汝一法，可煨皁莢一挺置其中，則無慮矣。試之果然。

玉壺清話、西華嶽蓮花峯神傳齒藥方序曰：元亨在天聖中結道友，登嶽頂，齋宿祈祠，方已徧游三峯，酌太上泉，至明星館。於故基下得斷碑數片，髣髴有古文，洗滌而後可辨，讀之乃治口齒烏髭藥歌一首。慮歲月寖久，剝裂不完，遽錄以歸，而後朝之名卿鉅公，訪山中故事語及者，皆傳之，修製以用，其效響應。歌曰：豬牙皁角及生薑，西國升麻蜀地黃；木律旱蓮槐角子，細辛荷葉（蕅荷葉心子也。）要相當。青鹽等分同燒煆，研殺將來使最良。揩齒牢牙髭鬢黑，誰知世上有仙方。

救荒本草：皁莢樹，採嫩芽煠熟換水，浸洗淘淨，油鹽調食。又以子不拘多少，炒舂去赤皮，浸軟者熟，以糖漬之，可食。

本草綱目李時珍曰：皁莢樹高大，葉如槐葉，瘦長而尖。枝間多刺，夏開細黃花。結實有三種：一種小如豬牙；一種長而肥厚，多脂而粘；一種長而瘦薄，枯燥不粘，以多脂者爲佳。其樹多刺難上，采時以篾箍其樹，一夜自落，亦一異也。有不結實者，樹鑿一孔，入生鐵三五斤，泥封之，卽結莢。人以鐵砧槌皁莢，卽自損；鐵碾碾之，久則成孔；鐵鍋爨之，多爆片落。豈皁莢與鐵有感召之情耶？

又曰：皁莢屬金，入手太陰、陽明之經。金勝木，燥勝風，故兼入足厥陰，治風木之病。其味辛而性燥，氣浮而散，吹之導之，則通上下諸竅，服之，則治風濕、痰喘、腫滿、殺蟲。塗之，則散腫、消毒、搜風、治瘡。按龐安時傷寒總病論云：

唐本草注：此物有三種，豬牙皁莢最下，其形曲戾薄惡，全無滋潤，洗垢不去。其尺二寸者，麁大長虚而無潤，若長六七寸，圓厚節促直者，皮薄多肉，味濃，大好。

圖經：皁莢出雍州川谷及魯鄒縣，今所在有之，以懷、孟州者爲勝。木極有高大者，此有三種。本經云：形如豬牙者良。陶注云：長尺二者良。唐注云長六寸，圓厚節促直者，皮薄多肉，味濃，大好。今醫家作疎風氣丸，煎多用長皁莢，治齒及取積藥，多用豬牙皁莢。所用雖殊，大抵性味不相遠。九月、十月採莢，陰乾用。張仲景治雜病方，欬逆上氣，唾濁但坐不得卧，皁角丸主之。皁莢杵末，一物以蜜丸，大如梧子，以棗膏和湯服一丸，日三夜一服。崔元亮海上方：療胸腹脹滿，欲瘦病者，豬牙皁角，相續量長一尺，微火煨，去皮子擣篩，蜜丸大如梧子。欲服藥先喫煮羊肉兩臠，呷汁三兩口後，以肉汁下藥十丸，以快利爲度。覺得力，更服，以利淸水卽止，差後一月已來，不得食肉，及諸油膩。又治熱勞，以皁莢長一尺續成者亦可，須無孔成實者，以土酥一大兩，微微塗於火上，緩炙之，不得令酥下，待酥盡卽擣篩，蜜丸如梧子大。每日空腹飲下十五丸，漸增至二十丸，重者不過兩劑，差。其初生嫩葉芽，以爲蔬茹，更益人。核中白肉亦入治肺藥，又炮核，取中黃心，嚼餌之，治膈痰吞酸。又米醋熬嫩刺針，作濃煎以傅瘡癬，有奇效。感應神仙傳：崔言者，職隸左親騎軍，一旦得疾，雙眼昏，咫尺不辨人物，眉髮自落，鼻梁崩倒，肌膚有瘡如癬，皆爲惡疾，勢不可救。因爲洋州駱谷子歸寨，便遇一道流，自谷中出，不言姓名，授其方曰：皁角刺一二斤爲灰，蒸一時，久曬，研爲末。食後濃煎大黃湯，調一錢匕服，一旬鬢髮再生，肌膚悅潤。愈，眼目倍常明，得此方後，却入山，不知所之。又鐵礁以煆金銀，雖百十年下半肉紅，散垂如絲，爲花之翼，其綠葉至夜則合，又謂之夜合花。陳藏器日華子皆曰：皮殺蟲。又曰：續筋骨。經中不言。

滇黔記遊：夜合樹高，廣數十畝，枝幹扶疎曲折，開花如小山覆錦被，絕非江、浙馬纓之比。

救荒本草：夜合樹採嫩葉煠熟，水浸淘淨，油鹽調食，曬乾煠熟尤好。

羣芳譜：合驩處處有之，枝甚柔弱。葉纖密，圓而綠，似槐而小，相對生，至暮而合，枝葉互相交結，風來輒解，不相牽綴。五月開花，色如蘸暈線，下半白，上半肉紅，散垂如絲。至秋而實，作莢，子極薄細，花中異品也。根側分條藝之，子亦可種，於若嬴曰夜合，生宛朐及荆山，花俯垂有姿，鬚端紫點，手拈之卽脫，纔破薌香氣襲人。金陵盆植者，無根而花，花後不堪留，卽留亦不再花。

本草綱目李時珍曰：按王璆百一選方云：夜合俗名萌葛，越人謂之烏賴樹，又金光明經謂之尸利灑樹。

續博物志：王孫一名黃孫，一名黃昏。孫思邈有黃昏散，注云：黃昏木或曰合歡、合昏、夜合花。陳無已云：探囊一試黃昏湯。草部、木部黃昏爲二物。郭璞曰：守宮槐晝日聶合，而夜舒布也。江東有木，與此相反，俗因名合昏。

皁莢 本草經：皁莢味辛，鹹，溫。主風痹，死肌，邪氣，風頭淚出，利九竅，殺精物。

別錄：有小毒。療腹脹滿，消穀，除欬嗽，囊結，婦人胞不落，明目，益精，可爲沐藥，不入湯。生雍州川谷及魯鄒縣，如豬牙者良。九月、十月採莢，陰乾。陶隱居云：今處處有，長尺二者良。俗人見其皆有蟲孔，而未嘗見蟲形，皆言不可近，令人惡病，殊不爾。其蟲狀如草葉上青蟲，莢微欲黑，便出，所以難見爾。但取青莢生者看，自知之。

在錢塘西溪，嘗有一田家忽病癩，通身潰爛，號呼欲絕。西溪寺僧識之曰：此天蛇毒耳，非癩也。取木皮煮飲一斗許，令其恣飲，初日疾減半，兩三日頓愈。驗其木，乃今之秦皮也。

淮南子：夫梣木色青，瘉翳而蠃蝸瘉睆，此皆治目之藥也。人無故求此物者，必有蔽其明者。

說文解字注：梣，青皮木。淮南書曰：夫梣木色青，瘉翳而蠃蝸瘉睆，此皆治目之藥也。高曰梣木，苦歷木名也，生於山，剝其皮以水浸之，正青，用洗眼瘉人目中膚翳。正文各本譌誤，今考定如是。按本艸經謂之秦皮，以一名岑皮，而聲誤作秦耳。其木一名石檀。陶隱居云：是樊槻木，可解膠益墨，樊雞即樊槻也。从木，岑聲，子林切，七部。玉篇作今切。集韻云：江南樊雞木。其皮入水，綠色，槻音規。

合歡

本草經：合歡味甘，平。主安五臟，和心志，令人歡樂無憂。久服輕身，明目，得所欲。

別錄：無毒。生益州山谷。陶隱居云：按嵇康養生論云：合歡蠲忿，萱草忘憂也。詩人又有諼草，皆即今鹿葱，而不入藥用。至今合歡俗間少識之者，當以其非療病之功，稍見輕略，遂致永謝。猶如長生之法，人罕敦尙，亦爲遺棄。

圖經：合歡，夜合也。生益州山谷，今近京雍、洛間皆有之。人家多植於庭除間，木似梧桐，枝甚柔弱，葉似皁莢槐等，極細而繁密，互相交結，每一風來，輒自相解了，不相牽綴。其葉至暮而合，故一名合昏。五月花發紅白色，瓣上若絲茸然。至秋而實，作莢，子極薄細。採皮及葉用，不拘時月。崔豹古今注曰：欲忘人之憂，則贈以丹棘。丹棘一名忘憂。欲蠲人之忿，則贈以青裳，青裳，合歡也。故嵇康種之舍前，是也。韋宙獨行方：胸心甲錯，是爲肺癰，黃昏湯治，取夜合皮掌大一枚，水三升煮，取半分再服。

本草衍義：合歡花其色如今之蘸暈線，上半白、事也。

秦皮 本草經：秦皮味苦，微寒。主風寒濕痹，洗洗寒氣，除熱目中青翳白膜。久服，頭不白，輕身。

別錄：大寒，無毒。療男子少精，婦人帶下，小兒癇，身熱，可作洗目湯，皮膚光澤，肥大，有子。一名梣皮，一名石檀。生廬江川谷及冤句，二月、八月採皮，陰乾。陶隱居云：俗云是樊槻皮，而水漬以和墨，書色不脫。微青，且亦殊薄，恐不必爾。俗方惟以療目，道家亦有用處。

唐本草注：此樹似檀，葉細，皮有白點而不麁錯。取皮水漬便碧色，書紙看皆青色者是。俗見味苦名爲苦樹，亦用皮，療眼有效。以葉似檀，故名石檀也。

圖經：秦皮生廬江川谷及冤句，今陝西州郡及河陽亦有之。其木大都似檀，枝幹皆青綠色，葉如匙頭，虚大而不光。並無花實，根似槐根，二月、八月採皮，陰乾。其皮有白點而不麁錯，俗呼爲白樳木，其皮漬水便碧色，書紙看之青色，此爲眞也。

本草綱目李時珍曰：梣皮色青，氣寒，味苦，性濇。乃是厥陰、肝少陽，膽經藥也。故治目病，驚癇，取其平木也。治下痢，崩帶，取其收濇也。又能治男子少精，益精，有子，皆取其濇而補也。故老子云：天道貴濇。此藥乃服食及驚癇、崩痢所宜。而人止知其治目一節，幾於廢棄，良爲可惋！淮南子云：梣皮色青，治目之要藥也。又萬畢術云：梣皮止水，謂其能收淚也。高誘解作致水，言能使水沸者，謬也。

夢溪筆談：太子中允關杞曾提舉廣南西路常平倉行部邕管一吏人爲蟲所毒，舉身潰爛，有一醫言能治，呼使視之曰：此爲天蛇所螫，疾已深，不可爲也。乃以藥傅其瘡，有腫起處，以鉗拔之，有物如蛇。凡取十餘條，而疾即愈。又予家祖塋別錄：大溫，無毒。主溫中益氣，消痰下氣，霍亂及腹痛，脹滿，胃中冷逆，胸中嘔不止，洩痢，淋露，除驚，去留熱，心煩滿，厚腸胃。一名厚皮，一名赤朴，其樹名榛，其子名逐折，療鼠瘻，明目，益氣。生交阯、寃句，三、九、十月採皮，陰乾。陶隱居云：今出建平，宜都，極厚，肉紫色爲好，殼薄而白者不如。用之削去土中麄皮，俗方多用，道家不需也。

圖經：厚朴出交阯、寃句，今京西陝西江、淮、湖南蜀川山谷中，往往有之，而以梓州龍州者爲上。木高三四丈，徑一二尺。春生葉如柳葉，四季不凋。紅花而青實，皮極鱗皺而厚，紫色多潤者佳，薄而白者不堪。三月、九月、十月採皮，陰乾。廣雅謂之重皮，方書或作厚皮。張仲景治雜病厚朴三物湯，主腹脹，脈數，厚朴半斤、枳實五枚，以水一斗二升煎二物，取五升，內大黃四兩，再煎取三升，溫服一升，腹中轉動，更服不動，勿服。又厚朴七物湯，主腹痛脹滿，厚朴半斤，甘草、大黃各三兩，棗十枚，大枳實五枚，桂二兩，生薑五兩，以水一斗煎取四升，去滓溫服八合。日三，嘔者加半夏五合，下利者去大黃，寒多者加生薑至半斤。陶隱居霍亂厚朴湯，厚朴四兩、炙桂心二兩、枳實五枚、生薑三兩，四物切，以水六升，煎取二升，分三服。唐石泉公王方慶廣南方云：此方不惟霍亂可醫，至於諸病皆療，並須預排比也。此方與治中湯等並行，其方見人參條中。

司馬相如上林賦：亭柰厚朴。注：厚朴，藥名也。師古曰：朴，木皮也。此藥以皮爲用而皮厚，故名厚朴。

溫公詩話：文德殿，百官常朝之所也。宰相奏事畢，乃來押班，常至日旰，守堂卒好以厚朴湯飲朝士，朝士有久無差遣，厭苦常朝者，戲爲詩曰：立殘堦下梧桐影，喫盡街頭厚朴湯。亦朝中之實以綿濾，待冷點眼，萬萬不失。前後試驗數十人皆應，今醫家亦多用得效，故附之。

救荒本草：蕤核樹俗名蕤李子，生函谷川谷及巴西、河東皆有，今古峪關西茶店山谷間亦有之。其木高四五尺，枝條有刺，葉細似枸杞葉而尖長，又似桃葉而狹小亦薄。花開白色，結子紅紫色，附枝莖而生，狀類五味子。其核仁味甘，性溫，微寒，無毒。其果味甘酸，摘取其果紅紫色熟者，食之。

本草綱目李時珍曰：郭璞云白桵小木也。叢生有刺，實如耳璫，紫赤可食，卽此也。

詩經：柞棫拔矣。箋：棫，白桵也。疏：棫，白桵。釋木文郭璞曰：桵，小木也。叢生有刺，實如耳璫，紫赤可食。陸璣疏云：三蒼說棫卽柞也。其材理全白，無赤心者，爲白桵。直理易破，可爲櫝車，又可爲矛戟矜，今人謂之白梂，或曰白柘。此二說不同，未知孰是。

說文解字注：桵，白桵；逗棫也。也字今補。大雅：芃芃棫樸。釋木、毛傳皆云：棫，白桵也。陸璣曰：其材理全白，無赤心者爲白桵。直理易破，可爲犢車軸，又可爲矛戟矜。從木，妥聲。鉉曰：當從綏省聲。按鉉因說文無妥字，故云尒。綏下則又云：當作從爪、從安省，抑思妥字見於詩禮，不得因許書偶無妥字，而支離其說也。儒佳切，古音在十七部。棫，白桵也。從木，或聲，于逼切，一部。

焦循毛詩補疏：芃芃棫樸。傳：棫，白桵也。樸，枹木也。循按薛綜西京賦注云：棫，白蕤也。蕤與桵聲同。唐龐懋賢文昌雜錄云：關中有白蕤，芃芃叢生，民家多采作薪，與他木異；其烟直上如線，高五七丈不絕，此紀其所目驗，正詩之棫矣。

厚朴

本草經：厚朴味苦，溫。主中風，傷寒，頭疼，寒熱驚悸，氣血痹，死肌，去三蟲。

棘刺花

別錄：棘刺花味苦，平，無毒。主金瘡，內漏。冬至後百二十日採之。實主明目，心腹痿痹，除熱，利小便。生道傍，四月採。一名菥蓂，一名馬朐，一名刺原。又有棗針，療腰痛，喉痹不通。陶隱居云：此一條又相違越，恐李言多是，然復道其花一名菥蓂，此恐別是一物，不關棗針也。今俗人皆用天門冬苗，吾亦不許。門冬苗乃是好作飲，益人，正自不可當棘刺爾。

唐本草注：棘有赤白二種，亦猶諸棘，色類非一。後條用花，斯不足怪。以江南無棘，李云用棘針、天門冬苗，一名顛棘，南人以代棘針，陶不許。今用棘刺，當用白者爲佳。花卽刺花，定無別物。然刺有兩種，有鈎者，有直者。補益宜用直者，療腫宜用鈎者。又云：棘在棗部，南人昧於棗棘之別，所以同列棘條中也。

蕤核

本草經：蕤核味甘，溫。主心腹邪結氣，明目，目赤，痛傷，淚出。久服輕身，益氣不饑。

別錄：微寒，無毒。主目腫眥爛，齆鼻，破心下結痰痞氣。生函谷川谷及巴西。陶隱居云：今從北方來，云出彭城間，形如烏豆大，圓而扁，有文理，狀似胡桃。桃核今人皆合殼用爲分兩，此乃應破取仁，秤之。醫方惟以療眼，仙經以合守中丸也。

圖經：蕤核生函谷川谷及巴西，今河東亦有之。其木高五七尺，莖間有刺。葉細似枸杞而尖長。花白，子紅紫色，附枝莖而生，類五味子。六月成熟，五月、六月採實，去核殼，陰乾。古今方惟用治眼。劉禹錫傳信方所著法最奇，云眼風淚痒，或生翳，或赤眥，一皆主之。宣州黄連擣篩末，蕤核仁去皮，碾爲膏，緣此性稍濕末不得故耳。與黄連等分和合，取無蚛病乾棗三枚，割頭少許留之，去却核，以二物滿填於中，却取所割下棗頭，依前合定，以少綿裹之，惟薄綿爲佳。以大茶碗量水半碗於銀器中，文武煎取一雞子大，也。南楚凡物盡生者曰樸生。郭云：今種物皆生曰樸地生也。又曰：樸，聚也。楚謂之樸。郭云：樸屬藂相箸皃。按詩、爾雅之樸，皆當同。方言作樸，樸從僕，附也。考工記：樸屬，猶附箸。文選廛閈樸地，字皆當作樸。釋木、毛傳皆訓樸爲枹。許以爲棗名則褊矣。從木，僕聲，博木切，三部。樲酸小棗，此云酸小棗，則上文樲酸棗者，與棗大小同矣。上林賦：枇杷樲柹。按廁樲於枇杷柹之間，然則皆果也，與許說合。淮南子伐樲棗以爲矜，亦云樲棗。郭云：樲，樲支木，音煙。與許異。從木，然聲，人善切，十五部。一曰染也。染，小徐作柔，皆未詳。

白棘　本草經：白棘味辛，寒。主心腹痛，癰腫，潰膿，止痛。一名棘鍼。

別錄：無毒。主決刺結，療丈夫虛損，陰痿，精自出，補腎氣，益精髓。一名棘刺，生雍州川谷。

陶隱居云：李云此是酸棗樹針，今人用天門冬苗代之，非是眞也。

唐本草注曰：白棘莖白如粉，子葉與赤棘同，棘中時復有之，亦爲難得也。

圖經：白棘，棘鍼也。生雍州，棘刺花生道傍，今近京皆有之。棘，小棗也。叢高三四尺，花、葉、莖、實都似棗，而有赤、白二種。蘇恭云：白棘莖白如粉，子葉與赤棘同，赤棘中時復有之，亦爲難得耳。然有鉤直二種：直者，宜入補藥；鉤者，入癰腫藥。鍼採無時，花冬至後百二十日採，實四月採。又棗針療喉痹不通藥中，亦用。陳子昂觀玉篇云：在張掖郡時，有人以仙人杖爲白棘，同旅皆信之。二物都不相類，不知何故，疑惑若此，其說見枸杞條。

本草衍義本文：白棘，一名棘鍼，棘刺，如此分明，諸家強生疑惑，今不取之，白棘乃肥盛紫色，枝自有皺，薄白膜先剝起者，故白棘取白之義，不過如此。

大則爲酸棗，平地則易長，居崖塹則難生。故棘多生崖塹上，久不樵則成幹，人方呼爲酸棗，更不言棘。徒以世人之意如此，在物則曷若是也。其實一本，以其不甚爲世所須，及礙塞行路，故成大木者少，多爲人樵去。然此物纔及三尺，便開花結子，但窠小者氣味薄，木大者氣味厚，又有此別。今陝西臨潼山野所出者亦好，亦土地所宜也。並可取仁，後有白棘條，乃是酸棗未長大時枝上刺也。及至長成，其刺亦少，實亦大，故棗取大木，棘取小窩也，亦不必強分別爾。

救荒本草：酸棗樹，爾雅謂之樲棗，出河東川澤，今城壘坡野間多有之。其木似棗而皮細，莖多棘刺，葉似棗葉微小，花似棗花，結實紅紫色，似棗而圓小，核中仁微扁，名酸棗仁。採取其棗爲果食之，亦可酸酒，熬作燒酒飲，未紅熟時，採取煮食亦可。

本草綱目李時珍曰：酸棗實味酸，性收，故主肝病，寒熱結氣，酸痹，久泄，臍下滿痛之症。其仁甘而潤，故熟用療膽虛不得眠，煩渴虛汗之證。生用療膽熱好眠，皆足厥陰少陽藥也。今人專以爲心家藥，殊昧此理。

說文解字注：樲，酸棗也。釋木曰：樲，酸棗。孟子曰：舍其梧檟，養其樲棗。趙曰：樲棗小棗，所謂酸棗也。按孟子本作樲棗，宋刻爾雅單行疏，及玉篇、唐本草又本艸圖經皆可證今本改作樲棘非是。樲之言副貳也，爲棗之副貳，故曰樲棗。本艸經曰：酸棗味酸，平。主心腹寒熱，邪結氣聚，四肢酸疼，溼痹，煩心不得眠。諸家皆云似棗而味酸。從木，貳聲，而至切，十五部。樸，樸棗也。釋木言棗之名十有一。繼之言檵梧，繼之言樸枹者是。今爾雅樸不謂棗也。疑許所據有不同，故云尒。寇宗奭曰：御棗甘美輕肥，今人所謂撲落酥者是樸棗，豈卽御棗歟？樸、樸古今字。大雅毛傳曰：樸，枹木也。方言曰：樸，盡氣聚，四肢酸痛濕痹。久服安五臟，輕身延年。爾雅樲酸棗注：樹小實酢。孟子曰：養其樲棘。別錄：無毒。主煩心不得眠，臍上下痛，血轉久泄，虚汗，煩渴，補中，益肝氣，堅筋骨，助陰氣，令人肥健。生河東川澤，八月採實，陰乾，四十日成。陶隱居云：今出東山間，云即是山棗樹，子似武昌棗而味極酸。東人噉之以醒睡，與此療不得眠，正反矣。

蜀本草圖經：今河東及滑州以其木爲車軸及匙筯等，木甚細理而硬。所在有之，八月採實，日乾。

圖經：酸棗生河東川澤，今近京及西北州郡皆有之。野生多在坡坂及城壘間，似棗木而皮細，其木心赤色，莖葉俱青，花似棗花。八月結實，紫紅色，似棗而圓小，味酸，當月採實，取核中仁，陰乾，四十日成。爾雅辨棗之種類曰：實小而酸曰樲棗。孟子曰：養其樲棗。趙岐注所謂酸棗，是也。一說惟酸棗縣出者爲眞，其木高數丈，徑圍一二尺，木理極細堅而且重，邑人用爲車軸及匙筯，其皮亦細，文似蛇鱗，其核仁稍長，而色赤如丹，亦不易得。今市之貨者，皆棘實耳，用之尤宜詳辨也。本經主煩心不得眠，而今醫家兩用之：睡多，生使不得睡；炒熟，生熟便爾頓異。而胡洽治振悸不得眠，有酸棗仁湯。酸棗仁二升，茯苓、白朮、人參、甘草各二兩，生薑六兩，六物切，以水八升煮，取三升，分四服。深師主虚不得眠，煩不可寧，有酸棗仁湯。酸棗仁二升，蝭母、乾薑、茯苓、芎藭各二兩，甘草一兩，炙並切，以水一斗，先煮棗仁，減三升後內五物，煮取三升，分服。一方更加桂一兩二湯，酸棗並生用，療不得眠，豈便以煮湯爲熟乎？

本草衍義：酸棗微熱，經不言用仁，仍療不得眠，天下皆有之，但以土產宜與不宜。嵩陽子曰：酸棗縣即滑之屬邑，其木高數丈，味酸，醫之所重。人市賣者，皆棘子，此說未盡。殊不知小則爲棘，進葱豉酒，及豆酒，並得以差爲度。又取此荆莖條截於火上燒之，兩頭以器承取瀝汁，飲之。主心悶，煩熱，頭風、旋，目眩，心中瀁瀁欲吐。卒失音，小兒心熱，驚癇，止消渴，除痰，令人不睡。

南方草木狀：荆，寧浦有三種：金荆，可作枕；紫荆，堪作牀；白荆，堪作履。與他處牡荆、蔓荆全異。又彼境有牡荆，指病自愈，節不相當者，月暈時刻之，與病人身齊等，置牀下，雖危困亦愈。按江西有一種荆，近根三葉，上四葉，又上五葉，又上六葉，又上七葉。土人云：若全七葉者，能治鬼魅，殆即本此，別爲一圖附後。

救荒本草：荆子，本草有牡荆，實，一名小荆實，俗名黄荆，今處處有之，即作箠杖者。作科條生，枝莖堅勁，對生枝叉，葉似麻葉而疎短，又有葉似榛葉而短小。却多花叉者，開花作穗，花色粉紅，微帶紫。結實大如黍粒而黄黑色，味苦，採子換水，浸淘去苦味，曬乾，搗磨爲麪，食之。

李衎竹譜：牡荆生不過三兩莖，多不能圓，或扁或異，或多似竹節。

本草綱目李時珍曰：牡荆，處處山野有之。樵採爲薪，年久不樵者，其樹大如盌也。其木心方，其枝對生，一枝五葉或七葉，葉如榆葉，長而尖，有鋸齒。五月杪間開花，成穗，紅紫色。其子大如胡荽子，而有白膜皮裹之。蘇頌云：葉似蓖麻者，誤矣。有青、赤二種：青者爲荆，赤者爲楛。嫩條皆可爲莒筥，古者貧婦以荆爲釵，即此二木也。按裴淵廣州記云：荆有三種：金荆，可作枕；紫荆，可作牀；白荆，可作履。與他處牡荆、蔓荆全異。杜寶拾遺録云：南方林邑諸地，在海中山中多金荆，大者十圍，盤屈瘤蹙，文如美錦，色如眞金，工人用之，貴如沉檀，此皆荆之別類也。春秋運斗樞云：玉衡星散而爲荆。

酸棗

本草經：酸棗味酸，平。主心腹寒熱，邪結

實，須更博訪，乃詳之爾。

唐本草注：此卽作棰杖荆，是也。實細黄色，莖勁作樹不爲蔓生，故稱之爲牡，非無實之謂也。按漢書郊祀志以牡荆莖爲幡竿，此則明知不堪爲竿。今所在皆有此荆，旣非本經所載，按今生處乃是蔓荆，將以附此條後，陶爲誤矣。别録云：荆葉味苦，平，無毒。主久痢，霍亂，轉筋，血淋，下部瘡濕，蠶薄脚，主脚氣，腫滿。其根味甘，苦，平，無毒。水煮服，主心風，頭風，肢體諸風，解肌發汗。有青赤二種，以青者爲佳，出類聚方，今人相承，多以牡荆爲蔓荆，此極誤也。

圖經：牡荆生河間、南陽、寃句山谷，或平壽、都鄉高岸上及田野中。今眉州蜀州及近京亦有之，此卽作箠杖者，俗名黄荆是也。枝莖堅勁，作科不爲蔓生，故稱牡。葉如蓖麻，更疎瘦，花紅作穗，實細而黄，如麻子大，或云卽小荆也。八月、九月採實，陰乾。此有青、赤二種，以青者爲佳。謹按陶隱居登眞隱訣云：荆木之華葉，通神見鬼精。注云：尋荆有三種，直云荆木，卽是今可作箠杖者。葉香，亦有花子，子不入藥。方術則用牡荆，牡荆子入藥，北方人略無識其本者。六甲陰符説：一名羊櫨，一名空疏，理白而中虚，斵復卽生。今羊櫨斫植亦生，而花實微細，藥家所用者。天監三年，上將合神仙飲，奉勅論牡荆曰：荆花白，多子，子麤大，歷歷疎生，不過三兩莖，多不能圓。或扁或異，或多似竹節，葉與餘荆不殊。蜂多採牡荆，牡荆汁冷而甜，餘荆被燒則烟火氣。若牡荆體慢質實，煙火不入其中。主治心風第一，於時卽遠近尋覓，遂不値，猶用荆葉，今之所有者。云崔元亮集驗方治腰脚，蒸法，取荆葉不限多少，蒸令熟，熱置於瓮中，其下著火温之。以病人置於葉中，剩著葉，蓋須臾當汗出，藥中旋旋，喫飯稍倦卽止。便以綿被蓋避風，仍黑如梧子許大而輕虛。八月、九月採。一說，作蔓生，故名蔓荊，而今所有並非蔓也。

本草衍義：蔓荊實諸家所解蔓荊、牡荊，紛紏不一，經既言蔓荊，明知是蔓生，卽非高木也。既言牡荊，則自是木上生者。況漢書郊祀志所言以牡荊爲幡竿，故知蔓荊卽子大者，是又何疑焉。後條有欒荊，此卽便是牡荊也。子青色如茱萸，不合更立欒荊條，故文中云本草不載，亦無别名。但有欒花，功用又別，斷無疑焉。注中妄稱石荊當之，其說轉見穿鑿。

說文解字注：楛，楛木也。大雅：榛楛濟濟。陸璣曰：楛其形似荊而赤，葉似蓍。上黨人篾以爲筥箱，又屈以爲釵。按禹貢惟箘簵楛楛，不與上文杶幹栝柏爲伍，而與箘簵爲伍，楛之用蓋與箘簵同也。從木，苦聲，侯古切，五部。詩曰：榛楛濟濟。

又荊楚木也，林部曰楚叢木，一名荊，是謂轉注。从艸，刑聲，舉卿切，十一部。

牡荊

別錄：牡荊實味苦，溫，無毒。主除骨間寒熱，通利胃氣，止欬逆，下氣。生河間、南陽、宛句山谷，或平壽、都鄉高岸上及田野中。八月、九月採實，陰乾。

陶隱居云：河間、宛句、平壽並在北，南陽在西，論蔓荊，卽應是今作杖棰之荊。而復非見其子殊細，正如小麻子，色青，黃荊子實小大如此也。牡荊子乃出北方，如烏豆大，正圓黑，仙術多用牡荊，今人都無識之者。李當之藥錄乃注溲疏下云：溲疏一名楊櫨，一名牡荊，一名空疏。皮白，中空，時有節。子似枸杞，子赤色，味甘、苦，冬月熟，俗仍無識者。當此實是眞，非人籬垣楊櫨也。按如此說，溲疏主療與牡荊都不同，其形類乖異，恐乖實理。而仙方用牡荊云能通神見鬼，非惟其實，乃枝葉並好。又云：有荊樹必枝葉相對，此是牡荊，有不對者，卽非牡荊，既爲牡則不應有子。如此，並莫詳虛芑，枸檵也。郭注爾雅云：今枸杞也。是則枸檵爲古名，枸杞雖見本艸經而爲今名，許檵篆下，當云：枸檵杞也。杞篆下當云：杞枸檵也。乃合今本，後人亂之耳。從木，已聲，墟里切，一部。

溲疏 本草經：溲疏味辛，寒，主身皮膚中熱，除邪氣，止遺溺，可作浴湯。

別錄：苦，微寒，無毒。通利水道，除胃中熱，下氣，一名巨骨。生熊耳川谷及田野、故邱、墟地。四月採。陶隱居云：李云，溲疏一名楊櫨，一名牡荆，一名空疏。皮白中空，時時有節。子冬月熟，色赤，味甘苦，末代乃無識者，此實真也，非人籬垣之楊櫨也。李當之此說，於論牡荆乃不爲大乖，而濫引溲疏，恐斯誤矣。又云：溲疏與空疏亦不同掘耳。疑應作熊耳，山名都無掘耳之號。

開寶本草：枸杞雖則相似，然溲疏有刺，枸杞無刺，以此爲別耳。

蔓荆 本草經：蔓荆實味苦，微寒。主筋骨間寒熱，濕痹，拘攣，明目，堅齒，利九竅，去白蟲。久服輕身，耐老。小荆實亦等。

別錄：辛，平，溫，無毒。去長蟲，主風頭痛，腦鳴，目淚出，益氣，令人光澤，脂緻。陶隱居云：小荆即應是牡荆，牡荆子大於蔓荆子，而反呼爲小荆，恐或以樹形爲言。復不知蔓荆樹若高大爾。

唐本草注：小荆實今人呼爲牡荆子者，是也。其蔓荆子大，故呼牡荆子爲小荆；實亦等者，言其功用與蔓荆同也。蔓荆苗蔓生，故名蔓荆。生水濱，葉似杏葉而細，莖長丈餘，花紅白色。今人誤以小荆爲蔓荆，遂將蔓荆子爲牡荆子也。

圖經：蔓荆實舊不載所出州土，今近京及秦、隴、明、越州多有之。苗莖高四尺，對節生枝，初春因舊枝而生，葉類小楝。至夏盛茂，有花作穗，淺紅色，蘂黄白色。花下有青萼，至秋結實，斑水煎，延年益壽，塡精補體，久服髮白變黑，返老還童。枸杞子不以多少，采紅熟者，用無灰酒浸之，冬六日，夏三日，於砂盆內研令極細。然後以布袋絞取汁，與前浸酒一同慢火熬成膏，於淨磁器內封貯，重湯煮之。每服一匙入酥油少許，溫酒調下。枸杞煎方，采枸杞不拘多少，去蒂，清水淨洗，淘出控乾。用夾布袋一枚，入枸杞子在內，於淨砧上壓取自然汁，澄一宿去渣，石器內慢火熬成煎，取出，瓷器內收。每服半匙頭，溫酒調下。明目駐顏，壯元氣，潤肌膚，久服大有益。如合時天色稍暖，其壓下汁更不用經宿，其煎熬下兩三年，並不損壞，如久遠服，多煎下亦無妨也。保鎮丹田二精丸方，用黃精去皮，枸杞子各二斤，各八九月間采取。先用淸水洗黃精一味，令淨控乾，細剉，與枸杞子相和杵碎，拌令勻，陰乾。再搗羅爲細末，煉蜜爲丸，如梧桐子大。每服三五十丸，空心食前溫酒下，常服助氣，固精，補鎮丹田，活血駐顏，長生不老。

續神仙傳：朱孺子永嘉人，幼事道士王元眞，居大箬巖，常登山嶺，采黃精服餌。一日就溪濯蔬，忽見岸側有二小花犬相趁，孺子異之。乃尋逐入枸杞叢下，歸語元眞，訝之，遂與孺子俱往伺之，復見二犬戲躍，逼之又入枸杞下。元眞與孺子共尋掘，乃得二枸杞，根，形狀如花犬，堅若石，洗挈歸，煑食之，俄頃而孺子忽飛昇在前峰上。元眞驚異久之，孺子謝別元眞，昇雲而去。今俗呼其峯爲童子峯。

說文解字注：檵，枸杞也。四牡四月傳皆曰：杞，枸檵也。他杞字無傳，讀詩者有三杞之說焉。從木，繼省聲。按繼下云：一曰反㡭爲繼，然則此云繼聲足矣，疑或竄改之也。古詣切，十五部。一曰堅木也，堅各本作監，誤；今正此。別一義，謂堅木偁檵，堅檵雙聲，如薊與筋也。杞，枸杞也。按釋木毛傳皆云：杞枸檵。禮記鄭注亦云：

者。千金翼云：甘州者爲眞，葉厚大者，是大抵出河西諸郡，其次江、淮間埂上者，實圓如櫻桃，全少核，暴乾如餅，極膏潤有味。

種樹書曰：收子及掘根，種于肥壤中，待苗生，翦爲蔬，食甚佳。

博聞錄曰：種枸杞法，秋冬間收子，淨洗日乾。春耕熟地作町，闊五寸，紐草稕如臂大，置畦中，以泥塗草稕上。然後種子，以細土及牛糞蓋令徧。苗出頻水澆之，又可插種。

務本新書曰：枸杞宜故區畦種，葉作菜食，子根入藥。秋實收好子，至春畦種，如種菜法。又三月中苗出時，移栽如常法。伏內壓條，特爲滋茂。一法截條長四五指許，掩於濕土地中亦生。

農桑通訣曰：春夏採葉，秋採莖實，冬採根。朱孺子幼事道士王元眞，居大若巖。汲于溪，見二花犬，因逐之，入于枸杞叢下，掘之根形如二犬，食之忽覺身輕。諺云：去家千里勿食蘿摩枸杞，言其補精氣也。

嚴氏詩緝：集於苞杞。本草云：名仙人杖、西王母杖，根名地骨，莖、幹三五尺作叢。詩中有三枸：將仲子樹杞，柳屬也；南山有杞、湛露杞棘，山木也；此詩苞杞，四月杞桋，北山言采其杞，枸杞也。

高濂遵生八牋：三妙湯，地黃枸杞實，各取汁一升，蜜半升，銀器中同煎如稀餳，每服一大匙，湯酒調皆可。實氣養血，久服益人。枸杞粥用甘州枸杞一合，入米三合，煮粥食之。杞葉粥用枸杞子新嫩葉，如上煮粥亦妙。枸杞子粥用生者，研如泥，乾者爲末，每粥一甌加子末半盞，白蜜一二匙，和勻食之，大益。枸杞茶於深秋摘紅熟枸杞子，同乾麪拌和成劑，捍作餅樣，曬乾研爲細末。每江茶一兩、枸杞子末二兩，同和勻，入煉化酥油三兩，或香油亦可。旋添湯攪成膏子，用鹽少許，入鍋煎熟飲之，甚有益。又明目，金枝無刺者，眞枸杞也；圓而有刺者，枸棘也。枸棘不堪入藥，而下品。溲疏條注李當之云：子似枸杞，冬月熟，色赤，味甘苦。蘇恭云：形似空疏木，高丈許，白皮，其子八月九月熟，似枸杞子，味甘，而兩兩相並。今注云：雖相似，然溲疏有刺，枸杞無刺，以此爲別，是二物相似，而二物又有別。溲疏亦有巨骨之名，如枸杞，謂之地骨，當亦相類，用之宜細辨耳。或云：溲疏以高大爲別，是不然也。今枸杞極有高大者，其入藥乃神良。世傳蓬萊縣南邱村多枸杞，高者一二丈，其根蟠結甚固，故其鄉人多壽考，亦飲食其水土之氣使然耳。潤州僧寺大井傍，生枸杞，亦歲久，故土人目爲枸杞井，云飲其水甚益人。溲疏生熊耳川谷、田野、邱墟地，四月採。古今方書鮮見用者，當亦難別耳。又按枸杞一名仙人杖，而陳藏器拾遺別有兩種仙人杖：一種是枯死竹竿之色黑者；一種是菜類。并此爲三物，而同一名也。陳子昂觀玉篇云：余從補闕喬公北征，夏四月次於張掖、河州，草木無他異，惟有仙人杖，往往叢生，予昔嘗餌之。此役也，息意滋味，戍人有薦嘉蔬者，此物存焉，因爲喬公倡言其功。時東萊王仲烈亦同旅，聞之喜，而甘心食之。旬有五日，行人有自謂知藥者，謂喬公曰：此白棘也。仲烈遂疑曰：吾亦怪其味甘。喬公信是言乃譏予，予因作觀玉篇。按此仙人杖作菜茹者，葉似苦苣，白棘木類，何因相似而致疑如此？或曰喬公所謂白棘，當是枸棘。枸棘是枸杞之有針者，而本經無白棘之別名。又其味苦，仙人杖味甘。設疑爲枸棘，枸棘亦非甘物。乃知草木之類，多而難識，使人惑疑似之言，以眞爲僞，失青黃甘苦之別，而至於是。宜乎子昂論著之詳也。

廣西通志：枸杞苗，一名雞骨菜。

夢溪筆談：枸杞陝西極邊生者，高丈餘，大可作柱，葉長數寸無刺，根皮如厚朴，甘美異於他處精，堅筋骨，強志意。葉可作蔬菜食，五七月採根，陰乾造酒。有服五加皮散而獲延年者，不勝計，或即爲散以代湯茶，餌之驗亦同。

又曰：正二月取枝插，亦易活。

枸杞

本草經：枸杞味苦，寒。主五內邪氣，熱中，消渴，周痹。久服堅筋骨，輕身不老。一名杞根，一名地骨，一名枸忌，一名地輔。

爾雅枸檵注：今枸杞也。

詩經：集於苞杞。陸璣疏：杞，其樹如樗，一名苦杞，一名地骨，春生作羹，茹微苦。其莖似莓子，秋熟正赤，莖葉及子，服之輕身益氣。

別錄：根大寒，子微寒，無毒。主風濕，下胸脅氣，客熱，頭痛，補內傷，大勞噓吸，堅筋骨，強陰，利大小腸，耐寒暑。一名羊乳，一名卻老，一名仙人杖，一名西王母杖。生常山平澤及諸邱陵阪岸，冬採根，春夏採葉，秋採莖實，陰乾。

陶隱居云：今出堂邑，而石頭烽火樓下最多，其葉可作羹，味小苦。俗諺云：去家千里，勿食蘿摩枸杞，此言其補益精氣，強盛陰道也。蘿摩一名苦丸，葉厚大作藤，生摘之有白乳汁，人家多種之，可生噉，亦蒸煮食也。枸杞根實爲服食家用，其說甚美，仙人之杖，遠有旨乎！

圖經：枸杞生常山平澤及邱陵阪岸，今處處有之。春生苗，葉如石榴葉而軟薄，堪食，俗呼爲甜菜。其莖幹高三五尺作叢，六月、七月生小紅紫花。隨便結紅實，形微長如棗核，其根名地骨。春夏採葉，秋採莖實，冬採根。淮南枕中記著西河女子服枸杞法，正月上寅採根，二月上卯治服之；三月上辰採莖，四月上巳治服之；五月上午採葉，六月上未治服之；七月上申採花，八月上酉治服之；九月上戌採子，十月上亥治服之；十一月上子採根，十二月上丑治服之。又有拌花、實、根、莖、葉作煎，及單笮子汁，煎膏服之，其功並等。今人相傳，謂枸杞與枸棘二種相類：其實形長而蔓，高三五尺，上有黑刺。葉生五杈作簇者，良。四葉、三葉者，最多，爲次。每一葉下生一刺。三四月開白花，結細青子，至六月漸黑色。根若荆根，皮黄黑，肉白，骨堅硬。五月、七月採莖，十月採根，陰乾用。蘄州人呼爲木骨。一說，今所用乃有數種，京師北地者，大片類秦皮、黄蘗輩，平直如板，而色白，絕無氣味，療風痛頗效，餘不入用。吳中乃剝野椿根爲五加皮，柔韌而無味，殊爲乖失。今江、淮間所生，乃爲眞者，類地骨，輕脆芬香，是也。其苗莖有刺類薔薇，長者至丈餘，葉五出如桃花，香氣如橄欖。春時結實，如豆粒而扁，青色得霜乃紫黑，吳中亦多，俗名爲追風使，亦曰刺通。剝取酒漬以療風，乃不知其爲五加皮也。江、淮吳中往往以爲藩籬，似薔薇、金櫻輩，一如上所說，但北間多不知用此種耳。亦可以釀酒，飲之治風痹，四肢攣急。

曲洧舊聞：藥有五加皮，其樹身幹皆有刺，葉如楸，俗呼之爲刺楸。春採芽可食，味甜而微苦，或謂之苦中甜，云食味益人。

談薈本草云：五加皮蓋天有五車之星精也：青精入莖，則有東方之液；白氣入節，則有西方之津；赤氣入華，則有南方之光；玄精入根，則有北方之粘；黄煙入皮，則有戊己之靈。餌之者眞仙，服之者反嬰也。一名犲漆，一名犲節，一名牙石，一名豚椽，俗名追風使草，蜀中名白刺顛。陶隱居云：釀酒主益人，道家用此作灰，亦以煮石，又名金鹽。王屋山人、王常曰：何以得長久，何不食石蓄金？鹽母又曰：安得一把五加，不用金玉滿車；安得一把地榆，不用明月寶珠。譙周巴蜀異物志文章草贊曰：文章作酒，能成其味；以金買草，不言其貴。文章草，即五加皮也。

農政全書：五加皮取根深掘肥地二尺，埋一根令沒，舊根甚易活。苗生從一頭剪取，每剪訖鋤土壅之。久服輕身，耐老，明目，下氣，補中，益販蠟，謂此。若依前法，先作苞置器中，蟲出不離箬苞中，尚可遲二三日寄也。

又曰金華之於湖州也，嘉定之於潼川也，歲鬻子以去，而不傳子，明年又鬻之。叩之，則云金華、嘉定但生花不生子故然。金華尚有土子，其價以半，嘉定絕無之。鬻子之價，十倍潼川，此理殊不可曉。嘗臆度之，大都樹少多生花，樹老多生子；樹卑多生花，樹高多生子。一樹之中，寄子多則生花，寄子少則生子。又北種販至南多生花，南種販至北多生子。如湖州子販至金華盡生花，金華子販至閩中又生花，故金華子多入閩中，而轉販於吳興，若金華種販至湖州又生子矣。吳興在北，金華在南，閩又在金華南也。又如潼川販至嘉定盡生花，名嘉定種，販至潼川，又生子矣。潼川在北，嘉定在南也。蓋花性喜煖，子性能寒；其以老少異，以高下異，以南北異，理則一耳。

又曰：或云樹生花卽無子，生子卽無花，此間有之，不盡然也。大概多花子並生者，但欲留種，不宜早收，花絕不可見。至春中方著枝如螺靨，入夏頓長，則花與子不相見耳。子盛長時，有膏如錫蜜，去之卽子枯。

五加皮

本草經：五加皮味辛，溫。主心腹疝氣，腹痛，益氣，療躄，小兒不能行，疽瘡，陰蝕。一名豺漆。

別錄：苦，微寒，無毒。主男子陰痿，囊下濕，小便餘瀝，女人陰痒及腰脊痛，兩脚痛痹，風弱，五緩，虛羸，補中益精，堅筋骨，強志意。久服輕身耐老。一名豺節，五葉者良，生漢中及冤句。五月、七月採莖，十月採根，陰乾。陶隱居云：今近道處處有，東間彌多。四葉者亦好，煮根莖釀酒，主益人。道家用此作灰，亦可煮石與地榆，並有秘法。

圖經：五加皮生漢中及冤句，今江、淮、湖南州郡皆有之。春生苗，莖葉俱青作叢，赤莖又似藤潔淨甕中，若陰雨，頓甕中可數日，天熱其子多迸出，宜速寄之。寄法取箬包，翦去角，作孔如小豆大，仍用草係之樹枝間。其子多少，視枝小大斟酌之，枝大如指者可寄，枝太細幹太粗者勿寄也。寄後數日間，鳥來啄箬苞，攫取子，勤驅之。天漸暖蟲漸出苞，先緣樹上下行，若樹根有草，卽附草不復上矣，故樹下須芟刈極淨也。次行至葉底棲止，更數日復下至枝條，嚙皮入，咂食其脂液，因作花，約略蟲出盡卽取下苞。視有餘子，幷作苞別寄他樹，秋分後檢看花老嫩，若太嫩不成蠟，太老不成蠟，太老不可剝矣。剝時或就樹或翦枝，俱先灑水潤之，則易落，乘雨後或侵晨，帶露采之尤便。次取蠟花投沸湯中鎔化，候稍冷取起水面蠟，再煎再取，滓沉鍋底，勺去之。若蠟未淨，再依前法煎澄之。既淨，乘熱投入繩套子，候冷牽繩起之，成蠟堵也。又浸瀔水漬蠟子，剝下包之，此是婺州法。吳興人但於立夏後翦子，到小滿前三日，連舊枝作苞寄之，亦生蠟。檇李及吾邑有自生之子，不煩寄放，亦生蠟。可見傳生之物，氣足爲上。若吾鄉傳有土子，不論節氣，但俟其氣足，欲迸時速翦下，寄之可也。

又曰：立夏前二日翦子，此是常法。但浙東氣暖，從他方鬻子還恐蟲迸出，故以此爲期。若吳興在北，吾邑又在吳興北，則吾鄉往吳興及浙東買子者，宜立夏後翦，小滿前後寄也。若浙東從吾鄉鬻子，仍須立夏前翦去耳。吾鄉以北愈寒，寄宜愈遲，依此消息之。

又曰：蠟子若本地所無，傳貿他方者，可行千里。如浙中獨金華業此最盛，而鬻子於紹興、台州、湖州。川中獨南郡、西充、嘉定最盛，而鬻子於潼川。其間相去各數百里，蓋蠟子在立夏前，氣已足可翦，小滿前雖未出，可寄耳。亦須疾行，遲則蟲先期出，不及寄，折損多矣。諺云：走馬小蟲所作，其蟲食冬青樹汁，久而化爲白脂，粘敷樹枝，人謂蟲矢著樹而然，非也。至秋刮取，以水煮溶，濾置冷水中，則凝聚成塊矣。碎之，文理如白膏而瑩澈，人以和油澆燭，大勝蜜蠟也。

宋氏雜部曰：冬青子可種，堪入酒，至長盛時，五月養以蠟子，七月收蠟，不宜盡採，留待來年四月，又得生子取養。蠟曬乾以越布蒙於甑口，置蠟布上，置器甑中，釜內水沸，蠟遂鎔下入器，凝則堅白而爲燭材。其滓盛之以絹囊，復投於熱油中，則蠟盡油遂可爲燭。凡養蠟子，經三年，停亦三年。

又曰：巴蜀擷其子漬淅米水中，十餘日搗去，便種之。蠟生則近跗，伐去發肄，再養蠟。養一年，停一年，採蠟必伐木，無老幹。

農政全書曰：女貞收蠟有二種：有自生者，有寄子者。自生者，初時不知蟲何來，忽遍樹生白花。枝上生脂如霜雪，人謂之花。取用煉蠟，明年復生蟲子。向後，恆自傳生，若不曉寄放，樹枯則已。若解放者，傳寄無窮。寄子者，取他樹之子，寄此樹之上也。其法或連年，或停年，或就樹，或伐條，若樹盛者，連年就樹寄之，俟有衰頓，卽斟酌停年，以休其力，培壅滋茂，仍復寄放。卽宋氏雜部所謂：養一年停一年者也。伐條者，取樹栽徑寸以上者種之，俟盛長，寄子生蠟，卽離根三四尺，截去枝幹，收蠟，隨手下壅。冬月再壅，明年旁長新枝芽櫱，以後恆擇去繁冗，令直達。明年亦復修理，恆加培壅。第三年可放蠟子，四年再放，五年復放，迨收蠟仍斲去枝。如是更代無窮，此所謂經三年停三年者也。凡寄子皆於立夏前三日內，從樹上連枝斲下，去餘枝，獨留寸許，令子抱木，或三四顆乃至十餘顆作一簇，或單顆，亦連枝斲之。斲訖，用稻穀浸水半日許，漉取水，剝下蟲顆，浸水中一刻許，取起用竹箬虛包之。大者三四顆，小者六七顆作一苞。韌草束之，置南山有枸。陸璣云：山木，其狀如櫨，一名枸骨，理白可爲函板者，是此也。皮亦堪浸酒，補腰膝，燒其枝葉爲灰，淋汁塗白癜風，亦可作膏傅之。

救荒本草：凍青樹生密縣山谷間，樹高丈許，枝葉似枸骨子樹，而極茂盛，淩冬不凋。又似櫨子樹葉而小，亦似橨芽葉微窄，頭頗團而不尖。開白花，結子如豆粒大，青黑色。葉味苦，採芽葉煠熟，水浸去苦味，淘洗淨，油鹽調食。按形色是女貞子。

本草綱目李時珍曰：女貞、冬青、枸骨，三樹也。女貞卽今俗呼蠟樹者，冬青卽今俗呼凍青者，枸骨卽今俗呼貓兒刺者。東人因女貞茂盛，亦呼爲冬青，與冬青同名異物，蓋一類二種爾。二種皆因子自生，最易長。其葉厚而柔長，綠色，面青背淡。女貞葉長者四五寸，子黑色。凍青葉微團，子紅色爲異。其花皆繁，子並纍纍滿樹，冬月鸜鵒喜食之。木肌皆白膩，今人不知女貞，但呼爲蠟樹。立夏前後，取蠟蟲之種子，裹置枝上，半月其蟲化出，延緣枝上，造成白蠟，民間大獲其利。

又曰：女貞實乃上品，無毒。妙藥而古方罕知用者，何哉？典術云：女貞木乃少陰之精，故冬不落葉，觀此則其益腎之功，尤可推矣。世傳女貞丹方云：女貞實卽冬青樹，子去梗葉，酒浸一日夜，布袋擦去皮，曬乾爲末，待旱蓮草出，多取數石，搗汁熬濃，和丸梧子大。每夜酒送百丸，不旬日間，膂力加倍，老者卽不夜起，又能變白髮爲黑色，強腰膝，起陰氣。

司馬相如上林賦：豫章女貞。注：女貞樹冬夏常青，未嘗凋落，若有節操，故以名焉。

臨安縣圖經有木名將軍樹，今在淨土寺西，小橋之側，乃女貞木也，至今茂盛。

附放蠟法

汪機本草彙編曰：蟲白蠟與蜜蠟之白者不同，乃不限何色也。鄉射禮記曰：楅髤。注云：赤黑泰也。巾車注云：髤謂赤多黑少之色韋也。漢書：中庭彤朱殿上髤泰。西都賦謂彤庭元墀。然則或赤或黑，或赤黑雜或赤多黑少，皆得云髤。从泰，髟聲，許尤切，三部。髟必由切，䰍泰垸已句復泰之垸者，以泰和灰垸而髤也，既垸之復泰之，以光其外也。从泰，包聲，舉形聲包會意也。匹皃切，古音在三部。韻篇：步交切。

女貞

本草經：女貞實味苦，平。主補中，安五臟，養精神，除百疾，久服肥健，輕身不老。

別錄：甘，無毒。生武陵川谷，立冬採。陶隱居云：葉茂盛，淩冬不凋。皮青肉白，與秦皮爲表裏。其樹以冬生而可愛，諸處時有。仙經亦服食之，俗方不復用，市人亦無識者。

唐本草注云：女貞葉似枸骨及冬青樹等，其實九月熟，黑似牛李子。陶云：與秦皮爲表裏，誤矣。然秦皮葉細冬枯，女貞葉大冬茂，殊非類也。

本草拾遺：冬青葉堪染緋，子浸酒，去風虛，補益。木肌白，有文作象齒笏，冬月青翠，故名冬青。江東人呼爲凍青。李邕又云：出五臺山，葉似椿子，赤如郁李，微酸，性熱，與此亦小有異同，當是兩種冬青。

圖經：女貞實生武陵川谷，今處處有之。山海經云：泰山多貞木，是此木也。其葉似枸骨、冬青，木極茂盛，淩冬不凋。花細，青白色，九月而實成，似牛李子，立冬採實，暴乾。其皮可以浸酒，或云卽今冬青木也。而冬青木肌理白，文如象齒，道家取以爲簡。其實亦浸酒，去風，補血。其葉燒灰而膏塗之，治皸瘃殊效，雜滅瘢疵。又李邕云：五臺山冬青，葉似椿，子如郁李，微酸，性熱，與此小有同異，當是別有一種耳。又嶺南有一種女貞，花極繁茂而深紅色，與此殊異，不聞中藥品也。枸骨木多生江、浙間，木體白似骨，故以名。南人取以旋作合器，甚佳。詩小雅云：

扇光如鏡，懸絲急似鈎；撼成琥珀色，打著有浮漚。今廣、浙中出一種漆樹，似小榎而大，六月取汁漆物，黄澤如金，卽唐書所謂黄漆者也。入藥仍當用黑漆，廣南漆作飴糖氣，沾沾無力。

晉書：涼武昭王傳：河右不生楸槐柏漆，張駿之世，取于秦、隴而植之，終于皆死。

南越志：綏寧白水山多漆樹，高十餘丈。刻漆嘗上樹端，雞鳴日出之始便刻之，則有所得。過此時，陰氣淪陽氣升，則無所獲也。凡刻漆別有氏族以爲業，膺前緣木處，胼胝如人脚也。

游宦紀聞：凡衣帛爲漆所污，卽以麻油先漬，洗透令漆去盡，卽以水膠溶開，少著水令濃，以洗麻油，頃刻可盡。蓋膠性與油相著，卽如米泔，桐油亦然。若白衣爲油浣，石膏火煆研細糝污處，以重物壓過夜，則如初。如卒無此，只以新石灰亦佳，此皆已試之效驗。漆之美惡，有檃括爲韻語者云：好漆淸如鏡，懸絲如鈞鈎，撼動虎斑色，打著有浮漚。

說文解字注：桼木汁可以䰍物，木汁名桼，因名其木曰桼，今字作漆，而桼廢矣。漆，水名也；非木汁也。詩書梓桼桼絲皆作漆，俗以今字易之也。周禮載：師桼林之征二十而五。大鄭曰：故書桼林爲漆林。杜子春云：當爲桼林。是則漢人分別二字之嚴，今注疏譌舛，爲正之如此。周禮巾車注：髤桼字皆作桼，不作漆，漢人多假桼爲七字。史記：六律五聲八音來始。來始，正桼始之誤。尚書大傳、漢律歷志皆作七始，史、漢同用，今文尚書也从木，各本無，今補。韻會作象木形，亦誤。象形謂左右各三，皆象汁自木出之形也。親吉切，十二部。桼如水滴而下也，也字補說象形之意也，左右各三，象水滴下。凡桼之屬，皆从桼。䰍桼也。韋昭曰：㲱桼，曰䰍。師古曰：以桼桼物謂之髤。今關東俗謂之捎桼，捎卽髤聲之轉耳。髤或作䰍，按以桼桼物皆謂之䰍，本草衍義：乾漆苦濕，漆藥中未見用，凡用者皆乾漆耳。其濕者在燥熱及霜冷時則難乾，得陰濕，雖寒月亦易乾，亦物之性也。若霑漬人，以油治之，凡驗漆，惟稀者以物蘸起，細而不斷，斷而急收，更又塗於乾竹上蔭之，速乾者，並佳，餘如經。

齊民要術：凡漆器不問眞僞，遂客之後，皆須以水淨洗，置牀薄上，於日中半日許曝之，使乾。下晡乃收，則堅牢耐久，若不日洗者，鹽醋浸潤，氣徹則皺，器便壞矣。其朱裏者，仰而曝之，朱本和油，性潤耐日，故盛夏連雨，土氣蒸熱，什器之屬，雖不經夏用，六七月中，各須一曝，使乾。世人見漆器暫在日中，恐其炙壞，合著陰潤之地，雖欲愛愼，朽敗更速矣。凡木畫服翫箱椀之屬，入五月盡七月九月終，每經雨以布纒指揩令熱，徹膠不動，作光淨，耐久，若不揩拭者，地氣蒸熱上生衣，厚潤徹膠，使皺處起發，颯然破矣。

爾雅翼：漆木汁可以髤物，象形桼，如水滴而下。木高二三丈，葉如椿樗，皮白而心黃，六七月間以斧斫其皮開，以竹管承之，汁滴則爲漆，古者以爲貢，職方氏豫州其利林漆。傳稱舜造漆器，諫者數百人以爲奢侈，從此興然。三代盛王，相繼以爲器皿，以示制度，蓋備物致用，聖人之事也。後世用之既博，故周家漆林之征，至二十而五。衞文公徙居楚邱，則樹榛栗椅桐梓漆，伐琴瑟焉。蓋其遠慮如此。而後漢壽張侯樊重欲作器物，先種梓漆，時人嗤之，然積以歲月，皆得其用，向之笑者，咸求假焉。貨殖傳：陳夏千畝，漆，與千戶侯等。莊子曰：桂可食，故伐之；漆可用，故割之。

本草綱目李時珍曰：漆樹人多種之，春分前移栽易成，有利。其身如柿，其葉如椿，以金州者爲佳，故世稱金漆，人多以物亂之。試訣有云：微止痛。又婦人子宫風虚，孩子疳瀉，得訶子豆蔻，良。

本草衍義：蕪荑有大小兩種：小蕪荑卽榆莢也，揉取仁醖爲醬，味尤辛；入藥當用大蕪荑，别有種。然小蕪荑醖造多假以外物相和，不可不擇去也。治大腸寒滑及多冷氣，不可闕也。

漆

本草經：乾漆味辛，溫，無毒。主絕傷，補中，續筋骨，塡髓腦，安五臟，五緩六急，風寒濕痹。生漆去長蟲。久服，輕身耐老。

别錄：有毒。療欬嗽，消瘀血，痞結，腰痛，女子疝瘕，利小腸，去蚘蟲。生漢中山谷，夏至後採，乾之。陶隱居云：今梁州漆最勝，益州亦有，廣州漆性急易燥。其諸處漆，桶上蓋裹，自然有乾者，狀如蜂房孔，孔隔者爲佳。生漆毒烈，人以雞子和服之，去蟲。猶有齧腸胃者，畏漆人乃致死，外氣亦能使身肉瘡腫，自别有療法。仙方用蟹消之爲水，鍊服長生。

圖經：乾漆、生漆，出漢中川谷，今蜀、漢、金、陝、襄、歙州皆有之。木高三二丈，皮白葉似椿，花似槐，子若牛李，木心黄。六月、七月以竹筒釘入木中取之。崔豹古今注曰：以剛斧斫其皮開，以竹管承之，汁滴則成漆，是也。乾漆，舊云用漆桶中自然乾者，狀如蜂房孔，孔隔者，今多用筩子内乾者，以黑如瑿，堅若鐵石爲佳。漆葉中藥見華佗傳，彭城樊阿少師事佗，求服食法，佗授以漆葉青黏散方。云服之去三蟲，利五臟，輕身益氣，使人頭不白。阿從其言，年五百餘歲。漆葉所在有之，青黏生豐沛、彭城及朝歌，一名地節，一名黄芝。主理五臟，益精氣。本出於迷人入山者，見仙人服之，以告佗，佗以爲佳，語阿，阿祕之。近者，人見阿之壽，而氣力強盛，怪之！以問所服食。阿因醉亂誤説，人服多驗，其後無復有人識青黏。或云：卽黄精之正葉者。神仙方乃有單服淳漆法，傳於世云。

莢各本作葉。急就篇注引不誤。剝取皮，合漬之，其味辛香，所謂蕪荑。按齊民要術分姑榆、刺榆、山榆爲三，云刺榆木甚堅肕，山榆可以爲蕪荑，依許說則刺榆、山榆一物也。賈氏言種植皆得諸目驗，豈許有未諦與？姑榆卽周禮之梓，杜子春作枯榆。鄭注周易大過曰：枯音姑，謂無姑。山榆，廣雅：山榆，毋估也。是則山枌榆卽爾雅無姑之證。從木，叜聲，古杏切，古音在十部。按梗引伸，爲凡柯莖骾刺之偁。

蕪荑 本草經：蕪荑味辛。主五內邪氣，散皮膚骨節中淫淫溫行毒，去三蟲，化食。一名無姑。

別錄：平，無毒。逐寸白，散腸中嗢嗢喘息。一名蕨蘠，生晉山川谷，三月採實，陰乾。陶隱居云：今惟出高麗，狀如榆莢，氣臭如犼，彼人皆作醬食之。性殺蟲，置物中亦辟蛀，但患其臭。

唐本草注：爾雅云，蕪荑一名蕨蘠，今名蕨塘，字之誤也。今延州、同州者，最好。

圖經：蕪荑生晉山川谷，今近道亦有之。大抵榆類而差小，其實亦早成，比榆乃大，氣臭如犼。爾雅釋木云：無姑其實夷。郭璞云：無姑，姑榆也。生山中，葉圓而厚，剝取皮合漬之，其味辛香，所謂蕪荑也。又釋草云：莁荑蔱蘠。注云：一名白蕢，而與本經一名蕨蘠相近。蘇恭云：蔱蘠蕨蘠，字之誤也。然莁荑草類，蕪荑乃木也。明是二物，或氣類之相近歟？三月採實，陰乾，殺蟲方中多用之。今人又多取作屑，以芼五味。其用陳者良，人收藏之，多以鹽漬，則失氣味，此等不堪入藥，但可作食品耳，秋後尤宜食之。

續傳信方：治久患脾胃氣，泄不止，蕪荑五兩，擣末以飯丸，每日空心午飯前各用陳米飲下三十丸，增至四十丸。久服，去三尸，益神駐顏，云得之章鐐，曾得力。

海藥本草：謹按廣州記云：生大秦國，是波斯蕪荑也。味辛，溫，無毒。治冷痢，心氣，殺蟲，木名。按神農本草云：蕪荑一名無姑，主去三蟲。陶注云：狀如榆莢，氣臭如犼，以作醬食之。性殺蟲，置物中亦辟蛀。陳藏器云：此山榆仁也，作醬食之，氣羶者良。蘇頌圖經云：大抵榆類而差小，然則無姑自有二種：一種莢氣辛香，郭注爾雅所言者是也；一種莢臭，本草所言者是也。而莢臭者，獨有殺蟲之用。壺涿氏除水蟲以枯榆，或是其臭者與？

又柘榆，櫙榆也。爾雅云：櫙荎。郭注云：詩曰山有蓲。今之刺榆。疏引陸璣詩疏云：其針刺如柘，其葉如榆，瀹爲茹，美滑。針刺如柘，故有柘榆之稱矣。荎之爲言挃也。前釋詁云：挃，刺也；梗，亦刺之義也。方言云：凡草本刺人者，自關而東，或謂之梗。郭注云：梗，今之梗榆也。說文云：梗山枌榆有束，莢可爲蕪荑也。案陳藏器本草拾遺云：刺榆秋實。卽說文所云莢可爲蕪荑者也。急就篇云：蕪荑鹽豉醯酢醬。顏師古依郭璞爾雅注：以爲蕪荑無姑之實也。但刺榆亦可以爲蕪荑。急就篇所云，不必專指山榆也。刺榆又中車材。齊民要術云：刺榆，木甚牢肕，可以爲犢車材，凡種刺榆、梜榆兩種者，利爲多。

說文解字注：榆，榆白枌，見釋木。陳風：東門之枌。傳云：枌，白榆也。然則釋木榆白爲逗，枌爲句，顯然許意亦如此讀，別榆一種，以起下也。榆莢可食，亦可爲醬，酉部，所謂䤉醶也。從木，俞聲，羊朱切，古音，在四部。枌，枌榆也。三字句。各本少枌，淺人以爲複字，而誤删之。枌榆者，榆之一種，漢初有枌榆社，是也。從木，分聲，扶分切，十三部。梗山枌榆有束，山枌榆又枌榆之一種也，有束故名梗榆，卽齊民要術所謂刺榆者也。方言：凡草木刺人，自關而東，或謂之梗。郭注：今云梗榆是也。莢可爲蕪荑也，荑當作夷。爾雅急就篇皆不從艸。釋木：無姑其實夷。郭云：無姑，姑榆也。生山中，莢圓而厚，市。賣柴、莢葉省功也。梜榆、刺榆、凡榆三種色別種之，勿令和雜。梜榆莢葉味苦，凡榆莢味甘，甘者春時將煮賣，是以須別也。種地收莢，一如前法。先耕地作壠，然後散榆莢。壟者看好料理，又量五寸一莢，稀概得中。散訖勞之，榆生共草俱長，未須料理。明年正月，附地芟殺，放火燒之。亦任生長，勿使長。正兩反。近又至明年正月，斸去惡者，其一株止有七八根，生者悉皆斫去，唯留一根麤直好者。三年春可將莢葉賣之，五年之後，便堪作椽，不梜者卽可砍賣。一根十文。梜者鏇作盞，一箇三文。十年之後，魁椀瓶榼器皿，無所不任。一椀七文，一魁二十，瓶榼器皿一百文也。十五年後中爲車轂及蒲桃𦉪。𦉪一口值二百，車轂一具，值絹三疋。其歲歲科簡剝治之功，指柴雇人，十束雇一人，無業之人，爭來就作，賣柴之利，已自無貲。歲出萬束，一束三文，則三十貫莢葉在外也。況諸器物，其利十倍。於柴十倍，歲收三十萬。砍後復生，不勞耕種，所謂一勞永逸。能種一頃，歲收千疋，唯須一人守護，指揮處分，既無牛耕、種子、人功之費，不慮水、旱、風蟲之災，比之穀田，勞逸萬倍。男女初生，各與小樹二十株，比至嫁娶，悉任車轂，一樹三具，一具值絹三疋，成絹一百八十疋，聘財資遣，粗得充事。術曰：北方種榆九根，宜蠶桑田穀好。崔寔曰：二月榆莢成，及青收乾，以爲旨蓄。旨美也，蓄積也。司部收青小蒸曝之，至冬以釀酒，滑香宜養老。詩云：我有旨蓄。亦以御冬也。色變白將落，可作䤅𨢽。隨節早晏，勿失其適。䤅音牟，𨢽音頭，榆醬。

廣雅疏證：山榆，毋估也。毋估與無姑同。爾雅云：無姑，其實夷。郭注云：無姑，姑榆也。生山中，葉圓而厚，剝取皮合漬之，其味辛香。所謂蕪荑，毋又作无。頤九二：枯楊生荑。鄭讀枯爲姑，云无姑，山榆荑；謂山榆之實也。估又作橭。秋官：壺涿氏掌除水蟲，欲殺其神，則以牡橭午貫象齒而沉之。杜子春云：橭讀爲枯；枯榆，莖，詩唐風云有樞，是也。二月採皮，取白暴乾。四月採實，並勿令中濕，榆皮荒歲農人食之，以當糧，不損人。

別錄：謹按榆白皮焙乾爲末，婦人妊娠臨月，日三服方寸匕，令產極易，產下兒身，尙皆塗之，信其驗也。又濕擣治如糊，用粘瓦石極有力。京東西北人，以石爲碓嘴，每用此以膠之。

本草衍義：榆皮，今初春先生莢者是，去上皺澀乾枯者，將中間嫩處剉乾，磑爲粉，當歉歲農將以代食。葉青嫩時收貯，亦用以爲羹茹。嘉祐年豐沛人缺食，鄉民多食此。

救荒本草：榆錢樹，採肥嫩榆葉，煠熟水浸淘，油鹽調食。其榆錢煮糜羹食，佳。但令人多睡，或焯過曬乾備用，或爲醬，皆可食。榆皮刮去其上乾燥皴澀者，取中間軟嫩皮，剉碎曬乾，炒焙極乾，搗磨爲麪，拌糠麧草末蒸食，取其滑澤易食。又云：榆皮與檀皮爲末服之，令人不飢，根皮亦可搗磨爲麪食。

齊民要術：榆性扇地，其陰下五穀不植。隨其高下廣狹，東西北三方所扇各與樹等。種者宜於園地北畔，秋耕令熟，至春榆莢落時收，漫散犁細畤，勞之。明年正月初，附地芟殺，以草覆上，放火燒之。一根上必十數條俱發，止留一根強者，餘悉掐去之。一歲之中，長八九尺矣。不燒則長遲也。後年正月、二月移栽之。初生卽移者喜曲，故須叢林長之，三年乃移種。初生三年不用採葉，尤忌捋心，捋心則科茹不長，更須依法澆之，則依前茂矣。不用剝沐。剝者長而細，又多瘢痕，不剝則短麤而無病。諺曰：不剝不沐，十年成轂。言易麤也，必欲剝者，宜留二寸。於塹坑中種者，以陳屋草布塹中，散榆莢於草上，以土覆之，澆亦如法。陳草速朽，肥良勝糞，無陳草者，用糞糞之，亦佳。不糞，雖生而瘦，既栽移者，亦如法也。又種榆法，其於地畔種者，致雀損穀，既非叢林，率多曲戾，不如割地一方種之。其白土薄地，不宜五穀者，唯宜榆及白榆，須近君。日日服餌，降令太過，脾胃受傷，眞陽暗損，精氣不暖，致生他病。蓋不知此物苦寒而滑滲，且苦味，久服有反從火化之害。故葉氏醫學統旨有四物加知母黄蘗，久服傷胃，不能生陰之戒。說文解字注：蘗，黄木也；本艸經之蘗木也。一名檀桓，從木，辟聲，博戹切，十六部。俗加艸作蘗，多誤爲蘗字。

榆

本草經：榆皮味甘，平。主大小便不通，利水道，除邪氣，久服輕身，不飢，其實尤良。一名零榆。

爾雅：榆，白枌。注：榆先生葉，卻著莢，皮色白。

詩經：山有樞。陸璣疏：樞其針刺如柘，其葉如榆，瀹爲茹，美滑於白榆。榆之類有十（一作數）種，葉相似，但皮及木理異爾。

別錄：無毒。主腸胃邪熱氣，消腫，性滑利，療小兒頭瘡痂疕。花主小兒癇，小便不利，傷熱。生潁川山谷，二月採皮，取白暴乾。八月採實，並勿令中濕，濕則傷人。陶隱居云：此卽今榆樹，剝取皮，刮除上赤皮，亦可臨時用之。性至滑利，初生莢仁，以作糜羹，令人多睡。嵇公所謂：榆，令人瞑也。

斷穀乃屑其皮，并檀皮服之，令人不飢。

本草拾遺：榆莢主婦人帶下，和牛肉作羹，食之。四月收實作醬，似蕪荑，殺蟲，以陳者良。嫩葉作羹，食之壓丹石，消水腫。江東有刺榆，無大榆，皮入用不滑。刺榆秋實，故陶錯誤也。

圖經：榆皮生潁川山谷，今處處有之。三月生莢仁，古人採以爲糜羹，今無復食者，惟用陳老實作醬耳。然榆之類有十數種，葉皆相似，但皮及木理有異爾。白榆先生葉，却著莢，皮白色，剝之刮去上麄皵，中極滑白，卽爾雅所謂：榆，白枌也。此皮入藥，今孕婦滑胎方，多用之。小兒白禿，髮不生，擣末苦酒調塗之。刺榆有針刺如柘，則古人所茹者，云美於白榆。爾雅所謂樞唐本草注：子蘗一名山石榴，子似女貞，皮白不黃，亦名小蘗，所在有。今云皮黃，恐謬矣。按今俗用子蘗，皆多刺小樹，名刺蘗，非小蘗也。

蜀本草圖經：黃蘗樹高數丈，葉似吳茱萸；亦如紫椿，皮黃，其根如松下茯苓。今所在有，本出房、商、合等州山谷。皮緊厚二三分，鮮黃者上。二月、五月採皮，日乾。

圖經：蘗木黃蘗也，生漢中山谷及永昌，今處處有之，以蜀中者爲佳。木高數丈，葉類茱萸及椿，枝葉經冬不凋，皮外白裏深黃色，根如松下茯苓，作結塊。五月、六月採皮，去皺麁，暴乾用。其根名檀桓，淮南萬畢術曰：蘗令面悅，取蘗三寸、土瓜三枚、大棗七枚和膏湯洗面，乃塗藥，四五日光澤矣。唐韋宙獨行方治卒消渴，小便多，黃蘗一斤，水一升煮三五沸，渴卽飲之，恣意飲，數日便止。別有一種多刺而小細葉者，名刺蘗，不入藥用。又下品有小蘗條，木如石榴，皮黃子赤，如枸杞，兩頭尖，人剉以染黃，今醫家亦稀用。

龍城錄：賈宣伯有神藥，能治三蟲，止熬黃蘗以熱酒沃之，別無他味。一日過松江得巨魚，置於水罟中，因投小刀圭藥，魚引吸，中卽死，取視則見八足若爪利焉。後吳江有怪，土人謂蛟爲害，宣伯以數刀圭投潭中，明旦老蛟死浮於水，蟲莫知數，皆爲藥死。山人云此藥本受之於閣皁山王天師，乃仙方也，而涉海者，亦或需焉。

本草綱目李時珍曰：古書言知母佐黃蘗，滋陰降火，有金水相生之義。黃蘗無知母，猶水母之無蝦也。蓋黃蘗能制膀胱命門陰中之火，知母能清肺金滋腎水之化源。故潔古、東垣、丹溪皆以爲滋陰降火要藥，上古所未言也。蓋氣爲陽，血爲陰，邪火煎熬，則陰血漸涸，故陰虛火動之病需之；然必少壯氣盛能食者，用之相宜，若中氣不足，而邪火熾甚者，久服則有寒中之變。近時虛損及縱欲求嗣之人，用補陰藥，往往以此二味爲煮一沸，出之。釜中有所澄，下稠黃滓滲漉爲餅，染色更鮮明。治腸風熱，瀉血，甚佳，不可過劑。

曲洧舊聞：槐，大隈山卽莊子所謂具茨山也，山有具茨寺，其中產一種木，身幹枝葉皆如槐。三二月開花，紅而細，俗呼爲槐三香，亦有種園圃中者。

救荒本草：槐樹芽，採嫩芽煠熟，換水浸淘，洗去苦味，油鹽調食。或採槐花，炒熟食之。徐元扈曰：晉人多食槐葉，卽槐葉枯落者，亦拾取和米煮飯食之。嘗見曹都諫眞予述其鄉先生某云：世間眞味，獨有二種，謂槐葉煮飯，蔓菁煮飯也。又食槐芽法，煠熟置新磚瓦上，陰乾，更煠，如是三過，絕不苦。凡食樹芽葉，並宜用此法，去其苦味。

齊民要術：槐子熟時多收，擘取數曝，勿令蟲生。五月夏至前十餘日，以水浸之，如浸麻子法也。六七日當芽生，好雨和麻子撒之，當年之中，卽與麻齊。麻熟刈去，獨留槐，槐既細長，不能自立根，別豎木以繩欄之。冬天多風雨，繩欄宜以茅裹，不則傷皮，成痕瘢也。明年斸地令熟，還於槐下種麻。脅槐令長。三年正月移而植之，亭亭條直，千百若一。所謂蓬生麻中，不扶自直。若隨宜取栽，匪直長遲，樹亦曲惡。宜於園中割地種之，若園好未移之間，妨廢耕墾也。

黃蘗

本草經：蘗木味苦，寒。主五臟腸胃中結熱，黃疸，腸痔，止洩痢，女子漏下，赤白，陰陽蝕瘡。一名檀桓。

別錄：無毒。療驚氣在皮間，肌膚熱，赤起目熱赤痛，口瘡，久服通神。根主心腹百病，安魂魄，不饑渴，久服輕身，延年通神。生漢中山谷及永昌。陶隱居云：今出邵陵者輕薄色深爲勝，出東山者，厚而色淺。其根於道家入木芝品，今人不知取服之。又有一種小樹，狀如石榴，其皮黃而苦，俗呼爲子蘗，亦主口瘡。又一種小樹，多刺，皮亦黃，主口瘡。

無毒。主五痔，心痛，婦人陰中瘡痛。槐樹菌也，當取堅如桑耳者，枝炮熨止蝎毒。

圖經：槐實生河南平澤，今處處有，其木極高大者。謹按爾雅：槐有數種，葉大而黑者名櫰槐，晝合夜開者名守宮槐，葉細而青綠者但謂之槐，其功用不言有別。四月、五月開花，六月、七月結實，七月七日採嫩實，擣取汁作煎，十月採老實入藥。皮根採無時。今醫家用槐者最多，春採嫩枝，煅爲黑灰，以揩齒去蚛。燒青枝取瀝，以塗癬。取花之陳久者，篩末飲服，以治下血。折取嫩房角作湯，以當茗，主頭風明目，補腦。煮白皮汁以治口齒，及下血。水吞黑子，以變白髮。木上耳，取末服方寸匕，治大便血及五痔脫肛等，皆常用有殊效者。葛洪注扁鵲明目使髮不落方，十月上巳日取槐子，去皮內新甖中，封口三七日，初服一枚，再二枚，至十日十枚；還從一枚始，大良。劉禹錫傳信方著硤州王及郎中槐湯灸痔法，以槐枝濃煎湯，先洗痔，便以艾灸其上，七壯，以知爲度。及早充西川安撫使判官，乘騾入駱谷，及宿有痔疾，因此大作。其狀如胡瓜，貫於腸頭，熱如煻灰火，至驛僵仆。主郵吏云：此病某曾患來，須灸即差。及命所使作槐湯，洗熱瓜上，令用艾灸至三五壯，忽覺一道熱氣入腸中，因大轉瀉。先血後穢，一時至痛楚，瀉後遂失胡瓜所在，登騾而馳。

嘉祐本草：槐膠主一切風化，涎治肝藏風，筋脈抽掣，急風口噤，或四肢不收，頑痹，或毒風，周身如蟲行，或破傷風，口眼偏斜，腰脊強硬。任作湯散丸，煎雜諸藥用之，亦可水煮，和諸藥爲丸，及作湯下藥。槐花味苦，平，無毒。治五痔，心痛，眼赤，殺腹藏蟲及熱，治皮膚風，并腸風，瀉血，赤白痢。並炒服。葉，平，無毒。煎湯治小兒驚癇壯熱，疥癬，及丁腫，皮莖同用。

本草衍義：槐花今染家亦用，收時折其未開花，之，再煮三五沸，如作羹法，空腹頓服，用鹽酢和之亦得。此亦見崔元亮海上方，但崔方不用五味子耳。

游宦紀聞：饒之城中有宗子善平，病腎虛腰痛，沙隨先生以其尊人所傳宋誼叔方，用杜仲酒浸透，炙乾擣羅爲末，無灰酒調下，趙如方製之，三服而愈。

本草綱目李時珍曰：杜仲，古方只知滋腎，惟王好古言是肝經氣分，藥潤肝，燥補肝虛，發昔人所未發也。蓋肝主筋，腎主骨，腎充則骨強，肝充則筋健，屈伸利用，皆屬于筋。杜仲色紫而潤，味甘微辛，其氣溫平，甘溫能補，微辛能潤，故能入肝而補腎，子能令母實也。按龐元英談藪一少年新娶後，得脚軟病，且痛甚。醫作脚氣治，不效。路鈐孫琳診之，用杜仲一味，寸斷片拆，每以一兩用半酒半水一大盞，煎服，三日能行，又三日全愈。琳曰：此乃腎虛，非脚氣也。杜仲能治腰膝痛，以酒行之，則爲效容易矣。

槐

本草經：槐實味苦，寒。主五內邪氣熱，止涎唾，補絕傷，五痔，火瘡，婦人乳瘕，子臟急痛。

爾雅：櫰槐大葉而黑。注：槐樹葉大色黑者，名爲櫰。又守宮槐葉，晝聶宵炕。注：槐葉晝日聶合而夜炕布者，名爲守宮槐。

別錄：槐實酸，鹹，無毒。治五痔，瘡漏。以七月七日取之，擣取汁，銅器盛之，日煎令可作丸，大如鼠屎，內竅中，日三易，乃愈。又墮胎，久服明目，益氣，頭不白，延年。枝主洗瘡，及陰囊下濕痒，皮主爛瘡，根主喉痹寒熱。生河南平澤，可作神燭。陶隱居云：槐子以相連多者爲好，十月巳日採之，新盆盛，合泥百日，皮爛爲水，核如大豆。服之令腦滿，髮不白而長生。今處處有此，云七月取其子未堅，故擣絞取汁。唐本草注：別錄云，八月斷槐大枝，使生嫩蘗，煮汁釀酒，療大風，痿痹，甚效。槐耳味苦，辛，平，迎春高樹，立春已開，然則辛夷乃此花耳。其言如此，洸然有悟，今之玉蘭，卽宋之迎春也。既呼元馭曰：兄知玉蘭古何名？乃迎春也。元馭疾應曰：果然。昨嶺南一門生來，見玉蘭曰：此吾地迎春花，何此名爲玉蘭，其奇合如此。乃知迎春是本名，此地好事者美其花，改呼玉蘭，而嶺南人尙仍其舊耳。據叢話言：玉蘭是迎春，迎春卽辛夷，卽木筆也。然今北方有木筆，而絕無玉蘭。則王摩詰辛夷塢果是何花，豈古有之而今絕種耶？第花以辛名，今玉蘭嚼之辛，而木筆不然，又似苕溪之說爲是。夫玉蘭之爲辛夷，未可定，而其本名爲迎春，則自今日始知也。嘗恨山川草木鳥獸之名，古今不合，多如此類，是故惡夫改者！近閱宋小說，又有名爲白辛夷者，則木筆當爲辛夷，而迎春、白辛夷、玉蘭本名審矣。

杜仲　本草經：杜仲味辛，平。主腰膝痛，補中益精氣，堅筋骨，強志，除陰下痒濕，小便餘瀝，久服輕身耐老。一名思仙。

別錄：甘，溫，無毒。主脚中酸疼，不欲踐地。一名思仲，一名木綿，生上虞山谷及上黨、漢中。二月、五月、六月、九月採皮。陶隱居云：上虞在豫州，虞、虢之虞，非會稽上虞縣也。今用出建平、宜都者，狀如厚朴，折之多白絲爲佳。用之薄削去上皮，橫理，切令絲斷也。

圖經：杜仲生上虞山谷及上黨、漢中，今出商州、成州、峽州，近處大山中亦有之。木高數丈，葉如辛夷，亦類柘，其皮類厚朴，折之內有白絲相連。二月、五月、六月、九月採皮用，江南人謂之櫋。初生葉嫩時採食，主風毒，脚氣，及久積，風冷，腸痔下血，亦宜乾末作湯，謂之櫋芽花。實苦澀，亦堪入藥。木作屐，亦主益脚。篋中方：主腰痛補腎湯，杜仲一大斤、五味子半大斤，二物細切，分十四劑，每夜取一劑，以水一大升浸至五更煎三分減一，濾取汁，以羊腎三四枚切下一名辛雉，一名侯桃，一名房木。

別錄：無毒。溫中，解肌，利九竅，通鼻塞，涕出，治面腫，引齒痛眩冒，身兀兀如在車船之上者，生鬚髮，去白蟲，可作膏藥用之。去心及外毛，毛射人肺，令人欬。生漢中川谷，九月採實，暴乾。陶隱居云：今出丹陽近道，形如桃子。小時氣辛香，卽離騷所呼辛夷者。

圖經：辛夷生漢中川谷，今處處有之，人家園庭亦多種植。木高數丈，葉似柹而長。正月、二月生花，似著毛小桃。子色白帶紫，花落無子，至夏復開花，初出如筆，故北人呼爲木筆花。又有一種，枝葉並相類，但歲一開花。四月花落時，有子如相思子，或云都是一種。經一二十年老者，方結實耳。其花開早晚，亦隨南北節氣寒溫。九月採實，暴乾用。或云：用花蘂縮者良，已開者劣，謝者不佳。

本草衍義：辛夷先花後葉，卽木筆花也。最先春以其花未開時，其花苞有毛尖長如筆，故取象曰木筆。有紅紫二本，一本如桃花色者，一本紫者。今入藥當用紫色者，仍須未開時收取，入藥當去毛苞。

司馬相如上林賦：雜以留夷。注張揖曰，留夷新夷也。師古曰，留夷香草也，非辛夷；新夷乃樹耳。

揚雄甘泉賦：列新雉於林薄。注：師古曰，新雉卽辛夷耳，爲樹甚大，非香草也。其木枝葉皆芳，一名新矧。

王世懋讀史訂疑：余兄嘗言玉蘭花，古不經見，豈木筆之新變耶？余求其說而不得，近與元馭學士對坐，偶閱苕溪漁隱日感春詩：辛夷花高最先開。洪慶善注云：辛夷樹高，江南地暖，正月開，北地寒，二月開；初發如筆，北人呼爲木筆。其花最早，南人呼爲迎春。余觀木筆、迎春自是兩種。木筆色紫，迎春色白，木筆叢生，二月方開。

不結實，此說乃眞木蘭也。其花有紅、黃、白數色，其木肌細而心黃，梓人所重。蘇頌所言韶州者，是牡桂，非木蘭也。或云：木蘭樹雖去皮亦不死，羅願言其冬花實如小柿甘美者，恐不然也。

黃山志：木蓮花在華嚴堂前，其本踰拱，高二丈。花如蓮，九瓣，白色，紫縷，香如玉蘭。葉經霜不凋。朱實含苞內，苞開實出，若珊瑚新琢，止慈光寺一本。

點蒼山記：山有木蓮躑躅花，樹並高數丈，春日紅白錯雜，被于谿谷。

廣雅疏證：木欄，桂欄也。欄與蘭同。離騷云：朝搴阰之木蘭兮，夕攬州之宿莽。王逸注云：木蘭去皮不死，宿莽遇冬不枯；以喻讒人雖欲困己，己受天性，終不可變易也。按下文云：朝飲木蘭之墜露兮，夕餐秋菊之落英。文義正與此同，皆言其志潔而行芳耳。木蘭，芳木也。漢書司馬相如傳云：桂椒木蘭。顏師古注云：木蘭皮似桂而香，可作面膏藥。史記集解引郭璞注云：木蘭樹皮辛香可食。劉逵注蜀都賦云：木蘭，大樹也。葉似長生，冬夏榮，常以冬華，其實如小柿，甘美。南人以爲梅，其皮可食。成公綏木蘭賦云：諒抗節而矯時，獨滋茂而不雕。蓋木蘭非獨皮形似桂，其性之冬榮，亦復不殊，是以有桂蘭之名也。木蘭可以調食，史記滑稽傳云：齎以薑棗，薦以木蘭。桓麟七說云：河黿之羹，齊以蘭梅。張衡七辯云：芳以薑椒，拂以桂蘭，皆是也。神農本草云：木蘭一名林蘭，林蘭猶言木蘭也。名醫別錄云：一名杜蘭，似桂而香，杜當爲桂字之誤也。陶注云：零陵諸處皆有，狀如楠樹，皮甚薄而味辛香。今益州有，皮厚狀如厚朴，而氣味爲勝。蜀本圖經云：樹高數仞，葉似菌桂，葉有三道縱文，皮如板桂，有縱橫文，皆其狀矣。

辛夷

本草經：辛夷味溫。主五臟，身體寒，頭風，腦痛，面䵟，久服下氣，輕身，明目，增年耐老。

任昉述異記云：木蘭洲在潯陽江中，多木蘭。又七里洲中有魯班刻木蘭舟。今詩家云木蘭舟，出於此。離騷曰：朝搴阰之木蘭。王逸謂：木蘭去皮不死，以喻讒人雖欲困己，己受天性，終不可變易。又云：朝飲木蘭之墜露。子虛賦云：桂椒木蘭。洛陽宮殿簿：顯陽殿前有之。

唐李華木蘭賦序：華容石門山有木蘭樹，鄉人不識，伐以爲薪。餘一本方操柯未下，縣令李韶行春見之，息馬其陰，喟然嘆曰：功列桐君之書，名載騷人之詞；生於遐深，委於薪燎；天地之產珍物，將焉用之！爰戒虞衡，禁其翦伐。按本草：木蘭似桂而香，去風熱，明耳目，在木部上篇。乃采斫而歸，理疾多驗，由是遠近從而采之。榦剖枝分，殆枯槁矣。士之生世，出處語默難乎哉！韶余之從子也，嘗爲余言，感而賦云。

白居易木蓮詩序：木蓮樹生巴峽山谷間，巴民亦呼爲黃心樹。大者高五丈，涉冬不凋，身如青楊。有白紋，葉如桂，厚大無脊。花如蓮，香色豔膩皆同，獨房蕊有異；四月初始開，自開迨謝僅二十日。忠州西北十里，有鳴玉谿生者，穠茂尤異；惜其遐僻，因題三絕句云。

按香山又有詩云：花房膩似紅蓮朵，豔色鮮如紫牡丹。則木蓮亦有紅者。滇南優曇花疑是木蘭，說詳於滇志，亦未的。

益都方物略記：䓘秀木顛，狀若芙蕖，不實而榮，馥馥其敷。右木蓮花生峨眉山中諸谷，狀若芙蓉，香亦類之。木榦，花夏開，枝條茂蔚，不爲園圃所蒔。

本草綱目李時珍曰：木蘭枝葉俱疎，其花內白外紫，亦有四季開者。深山生者尤大，可以爲舟。

按白樂天集云：木蓮生巴峽，山谷間民呼爲黃心樹，大者高五六丈，涉冬不凋。身如青楊，有白紋。葉如桂，而厚大無脊。花如蓮花，香色豔膩皆同，獨房蕊有異。四月初始開，二十日卽謝，此，則月中眞若有樹矣！竊謂月乃陰魄，其中婆娑者山河之影爾，月既無桂，則空中所墜者何物耶？泛觀羣史，有雨塵沙土石，雨金鉛錢汞，雨絮帛穀粟，雨草木花藥，雨毛血魚肉之類甚衆；則桂之雨，亦妖怪所致，非月中有桂也。桂生南方，故惟南方有之。宋史云：元豐三年六月，饒州雨木子數畝，狀類山芋子，味辛而香，即此類也。道經：月桂謂之不時花，不可供獻。

木蘭

本草經：木蘭味苦，寒。主身大熱在皮膚中，去面熱赤皰，酒皻，惡風，癲疾，陰下痒濕，明耳目。一名林蘭。

別錄：無毒。療中風，傷寒，及癰疽，水腫，去臭氣。一名杜蘭，皮似桂而香，生零陵山谷及泰山，十二月採皮，陰乾。陶隱居云：零陵諸處皆有，狀如楠樹，皮甚薄而味辛香。今益州有，皮厚，狀如厚朴，而氣味爲勝。今東人皆以山桂皮當之，亦相類，道家用合香，亦好。唐本草注云：木蘭似菌桂葉，其葉氣味辛，香不及桂也。

圖經：木蘭生零陵山谷及泰山，今湖、嶺、蜀川諸州皆有之。木高數丈，葉亦有三道縱文，皮如板桂，有縱橫文，香味劣於桂。此與桂同是一種，取外皮爲木蘭，中肉爲桂心，蓋是桂中之一種耳。十一月、十二月採，陰乾用。任昉述異記云：木蘭洲在潯陽江中，多木蘭。又七里洲中有魯班刻木蘭舟，至今在洲中。今詩家云木蘭舟，出於此。

酉陽雜俎：木蓮花葉似辛夷，花類蓮花，色相仿。出忠州鳴玉溪，邛州亦有。

又曰：東都敦化坊百姓家，太和中有木蘭一樹，色深紅。後桂州觀察使李勃看宅人以五千買之，宅在水北，經年花紫色。

按此，木蘭、木蓮又非一物。

爾雅翼：木蘭葉似長生，冬夏榮，常以冬華，其實如小柿，甘美。一名林蘭，一名杜蘭，皮似桂而香，生零陵山谷及泰山。狀如楠樹，高數仞。

羣芳譜：巖桂似箘桂而稍異，葉有有鋸齒，如枇杷葉而麤澀者，有無鋸齒如梔子葉而光潔者，叢生巖嶺間，謂之巖桂，俗呼爲木樨。其花有白者名銀桂，黃者名金桂，紅者名丹桂。有秋花者、春花者、四季花者、逐月花者。花四出或重臺，徑二三分，瓣小而圓，皮薄而不辣，不堪入藥。花可入茶，酒浸鹽蜜作香茶，及面藥澤髮之類。天竺桂，即今閩、粤、浙、中山桂，台州天竺最多，生子如蓮實，或二或三，離離下垂，天竺僧稱爲月桂。其花時常不絕，枝頭葉底，依稀數點，亦異種也。

本草拾遺：今江東諸處，每至四五月晦後，多于衢路間得月桂，子大如貍豆，破之辛香，古者相傳是月中下也。餘杭靈隱寺僧種得一株，近代詩人多所論述。洞冥記云：有遠飛雞，朝往夕還，常銜桂實歸于南土。南土，月路也；故北方無之。山桂猶堪爲藥，況月桂乎。

海藥：天竺桂生南海山谷，功用似桂，其皮薄不甚辛烈。破產後惡血，治血痢腸風，補暖腰脚，功與桂心同，方家少用。

本草綱目李時珍曰：天竺桂生南海山谷，功用似桂，其皮薄不甚辛烈，此即今閩、粤、浙、中山桂也。而台州、天竺最多，故名。大樹繁花，結實如蓮子狀，天竺僧人稱爲月桂是矣。

又曰：吳剛伐月桂之說，起於隋、唐小說。月桂落子之說，起於武后之時，相傳有梵僧自天竺鷲嶺飛來，故八月常有桂子落于天竺。唐書亦云：垂拱四年，三月有月桂子降于台州，十餘日乃止。宋仁宗天聖丁卯八月十五夜，月明天淨，杭州靈隱寺月桂子降，其繁如雨，其大如豆，其圓如珠；其色有白者、黃者、黑者，殼如芡實，味辛。拾以進呈寺僧，種之得二十五株，慈雲式公有序記之。張君房宿錢塘月輪寺亦見桂子紛如煙露，回旋成穗，墜如牽牛子，黃白相間，咀之無味。據海藥：謹按廣州記云生南海山谷，補暖腰脚，破産後惡血，治血痢，腸風，功力與桂心同，方家少用。

本草衍義：天竺桂與牡、箘桂同，但薄而已。

按天竺桂，生西胡國，李時珍以爲卽今木樨之結子者。余在南康曾見木樨結實，長如蓮子。俗云：可治心痛，不聞取皮入藥，故兩存之。

木樨

種樹書：木樨，灌溉花木，各自不同，木樨當用豬糞。木樨葉有齒如鋸，其紋亦麤，澀者乃香。有一等葉光澤者，殊無香也。又有一等花極白者，亦無香，蘭亦如之。木樨接石榴，開花必紅。

墨莊漫錄：木樨花，江、浙多有之。清芬漚鬱，餘花所不及也。一種色黃深，而花大者，香烈。一種色白淺而花小者，香短。清曉溯風，香來鼻觀，眞天芬仙馥也。湖南呼九里香，江東曰巖桂，浙人曰木樨，以木紋理如犀也。然古人殊無題詠，不知舊何名。故張芸叟詩云：竚馬欲尋無路入，問僧曾折不知名。蓋謂是也。王以寧周士道中聞九里香花詩云：不見江梅三百日，聲斷紫簫愁夢長；何許綠裾紅帔客，御風來獻返魂香。近人採花蘂以薰蒸諸香，殊有典型。山僧以花半開香正濃時，就枝頭採擷取之，以女貞樹子俗呼冬青者搗裂取汁，微用拌其花，入有油磁瓶中，以厚紙冪之。至無花時，於密室中取置盤中，其香裛裛中人。如秋開時後入器藏，可留久也。樹之榦大者，可以旋爲盂合、茶託種種器用，以淡金漆飾之，殊可佳也。

王世懋花疏：木樨吾地爲盛，天香無比，然須種早。黃毬子二種，不惟早黃，七月中開毬子花密爲勝，卽香亦馥郁異常，丹桂香減矣，以色稍存之，餘皆無植。又有一種四季開花而結實者，此眞桂也。閩中最多，常以春中盛開，吾地亦間有之，宜植以備一種。

檀萃滇海虞衡志：今世重交桂，雲南與交阯接壤，蒙自、開化本屬古交州，其地舊以產桂流傳，其人又往往爭入交州斫桂。云行入桂山，桂自爲林，高四五丈，更無雜樹。呂覽所謂桂下無雜木。爾雅云：梫、木桂。言能侵害他木，不容植，若每樹可以爲桂，則卻車而載，價值當賤如糞土，顧入林千萬樹，不知何樹已降成桂。猶採檀香者，千萬檀樹不知何檀已降成香。嘗有往來歇宿於樹下數十年，不知其樹已成桂。一旦得之，集工力而作之，又恐上司之驅逐，幸得不散，採取盈堆。贏絀又由於出汗，出之佳者固大贏，出之劣者轉大絀。求之者如牛毛，得之者如麟角，所以入山老死，不得一當。俗言交阯山已採盡，所以桂價高。今乃知不然，林木之盛周數百里，入林之求垂千百人，經年累歲不能獲，誠奇木哉！

說文解字注：梫，桂也。釋木：梫，木桂。郭曰：今南人呼桂厚皮者爲木桂，葉似枇杷而大。按南方草木狀云：桂有三種，葉似枇杷者爲牡桂，牡木音同，許言梫桂也者，梫爲桂之一，而桂不止於梫也。蜀都賦：其樹則有木蘭梫桂。劉逵曰：梫，桂；木桂也。从木，侵省聲，七荏切，七部。桂，江南木。本艸曰：桂生桂陽，牡桂生南海山谷，箘桂生交阯、桂林山谷，百藥之長。本草經木部上品，首列牡桂、箘桂。箘桂味辛，溫。主百病，養精神，和顏色，爲諸藥先聘通使，故許云百藥之長。檀弓、內則皆薑桂並言。劉逵引本艸經正文曰：箘桂圓如竹，出交阯，然則其樹正圓如竹，故名箘桂。今本艸云：無骨，正圓如竹，不系之正文；無骨，蓋謂空心也。左思賦：邛竹緣嶺，箘桂臨崖。正以竹之實中者，與桂之虛中者反對也。从木，圭聲，古惠切，十六部。

天竺桂

開寶本草：天竺桂味辛，溫，無毒。主腹內諸冷，血氣脹痛，功用似桂皮薄不過烈，生西胡國。

裴緅花果，作筵具，其葉甚香，可用作飲香尤佳。二月、八月採皮，九月採花，並陰乾，不可近火。中品又有天竺桂，云生西胡國，功用似桂不過烈，今亦稀有，故但附於此。

南方草木狀：桂出合浦，生必以高山之巔，冬夏常青，其類自爲林，間無雜樹。交趾置桂園，桂有三種：葉如柏葉，皮赤者爲丹桂；葉似柹葉者，爲菌桂；葉似枇杷葉者，爲牡桂。三輔黃圖曰：甘泉宮南有昆明池，池中有靈波殿，以桂爲柱，風來自香。

桂海虞衡志：桂，南方奇木，上藥也。桂林以地名，地實不產，而生於賓、宜州。凡木葉心皆一縱理，獨桂有兩紋，形如圭，製字者，意或出此。葉味辛，甘，與皮無別，而加芳美，人喜咀嚼之。

爾雅翼：桂，江南木，百藥之長。屈原遠遊曰：嘉南州之炎德兮，麗桂樹之冬榮。周書：王會自深桂。山海經：桂林八樹在賁禺東，招搖、皐塗之山多桂。本草：桂有三種：菌桂生交阯、桂林，正圓如竹，有二三重者，葉似柹，花白蘂黃，四月開花，五月結實。離騷：雜申椒與菌桂，矯菌桂以紉蕙，是也。今有筒桂，筒、菌字或傳寫之誤，或云卽肉桂也。牡桂生南海，葉似枇杷，皮薄色黃，少脂肉，氣如木蘭，削去皮，名桂心，所謂官桂也。桂生桂陽，是半卷多脂者，所謂板桂也。陳藏器云：同是一物。爾雅但言梫、木桂，郭璞云：南人呼桂，厚皮者爲木桂，蘇恭謂：牡桂卽木桂及單名桂者，是也。廣志曰：桂出合浦，而生必於高山之巔，冬夏常青。尸子乃云：春華秋英曰桂。吳都賦：丹桂灌叢。古者薑桂爲燕食庶羞和之美者，招搖之桂，切桂置酒中，謂之桂酒。列仙有桂父，服桂葉以龜腦和之。呂氏春秋云：桂枝之下無雜木，辛螫故也。南越有桂蠹，此蟲食桂味辛，漬以蜜食之，漢常以獻陵廟，載以赤轂小車。春秋運斗樞曰：椒桂連名士起。

蜀本草注：按此有三種，箘桂葉似柹葉，牡桂葉似枇杷葉，此乃云葉如柏葉，蘇以桂葉無似柏葉者，乃云陶爲深誤，剩出此條。今據陶注云：箘桂正圓如竹，三重者良。牡桂皮薄色黄，少脂肉，氣如木蘭，味亦辛，此桂則是半卷多脂者。此云仙經有三桂，以葱涕合和雲母，蒸化爲水服之，此則有三種明矣。陶又云：齊武帝時，湘州得樹以植芳林苑中。陶隱居雖是梁武帝時人，實生自宋孝武建元三年，歷齊爲諸王侍讀，故得見此樹而言也。蘇恭但只知有二種，亦不能細尋事跡，而云陶爲深誤，何臆斷之甚也！

圖經：箘桂生交阯山谷，牡桂生南海山谷，桂生桂陽，舊經載此三種之異，性味功用亦別。而爾雅但言：梫木桂一種，郭璞云：南人呼桂厚皮者爲木桂，蘇恭以謂牡桂卽木桂，及單名桂者，是也。今嶺表所出，則有箘桂、肉桂、桂心、官桂、板桂之名；而醫家用之，罕有分別者。舊說，箘桂正圓如竹，有二三重者，則今所謂筒桂也。筒箘字近，或傳寫之誤耳，或云卽肉桂也。牡桂皮薄色黄，少脂肉，氣如木蘭，味亦相類，削去皮名桂心，今所謂官桂，疑是此也。今觀賓、宜、韶、欽諸州所圖上者，種類亦各不同，然皆題曰桂，無復別名。參考舊注，謂箘桂葉似柹葉，中有三道文，肌理堅薄如竹，大小枝皮俱是筒。與今賓州所出者相類。牡桂葉狹於箘桂，而長數倍，其嫩枝皮半卷，多紫，與今宜州、韶州者相類。彼土人謂其皮爲木蘭，皮肉爲桂心，此又有黄、紫兩色，益可驗也。桂葉如柏葉而澤黑，皮黄心赤，今欽州所出者，葉密而細，亦恐是其類，但不作柏葉形爲異耳。皮厚者名木桂，卽板桂是也。蘇恭以牡桂與單名桂爲一物，亦未可據。其木俱高三四丈，多生深山蠻洞中，人家園圃亦有種者，移植於嶺北，則氣味殊少辛辣，固不堪入藥也。三月、四月生花，全類茱萸，九月結實。今人多以腰痛，出汗，止煩，止唾，欬嗽，鼻齆，能墮胎，堅骨節，通血脈，理疎不足，宣導百藥無所畏。久服，神仙不老。生桂陽，二月、八月、十月採皮，陰乾。陶隱居云：按本經惟有箘牡二桂，用體大同小異。今俗用便有三種。心半卷多脂者單名桂，入藥最多，所用悉與前說相應。仙經乃並有三桂，常服食以葱涕合和雲母，蒸化爲水者，正是此種爾。今出廣州者好，湘州、始興、桂陽縣卽是小桂，亦可，而不如廣州者。交州、桂州者，形段小，多脂肉，亦好。經云。桂葉如柏葉澤黑，皮黃心赤。齊武帝時，湘州送樹以植芳林苑中，今東山有桂，皮氣粗相類，而葉華異，亦能凌冬，恐或是牡桂，時人多呼丹桂，正謂皮赤爾。北方今重此，每食輒須之。蓋禮所云：薑桂以爲芬芳。

唐本草注：箘桂葉似柿葉，中有縱文三道，表裏無毛而光澤。牡桂葉長尺許，陶云小桂，或言其小者。陶引經云：似柏葉，驗之殊不相類，不知此言從何所出。今按桂有二種，惟皮稍不同，若箘桂老皮堅板無肉，全不堪用。其小枝薄卷及二三重者，或名箘桂，或名筒桂。其牡桂嫩枝皮，名爲肉桂，亦云桂枝。其老者名木桂，亦名大桂，得人參等良，本是箘桂，剩出單桂條，陶爲深誤也。

本草拾遺：箘桂、牡桂、桂心，已上三色並同是一物。按桂林、桂嶺，因桂爲名，今之所生，不離此郡。從嶺以南際海，盡有桂樹，惟柳、象州最多。味既辛烈，皮又厚堅，土人所採，厚者必嫩，薄者必老，以老薄者爲一色，以厚嫩者爲一色。嫩既辛香，兼又筒卷，老必味淡，自然板薄。板薄者卽牡桂也，以老大爲名焉。筒卷者，卽箘桂也。以嫩而易卷，古方有筒桂，字似箘字，後人誤而書之，習而成俗，至於書傳，亦復因循。桂心卽是削去皮上甲錯，取其近裏，辛而有味。

唐本草注：古方亦用木桂。或云：牡桂卽今木桂，及單名桂者，是也。此桂花子與箘桂同，惟葉倍長，大小枝皮俱名牡桂。然大枝皮肉理麤虛如木，肉少味薄，不及小枝皮肉多，半卷中必皺起，味辛美。一名肉桂，一名桂枝，一名桂心，出融州、桂州、交州甚良。

蜀本草圖經：葉狹，長於箘桂葉一二倍。其嫩枝皮半卷，多紫，肉中皺起，肌理虛軟，謂之桂枝，又名肉桂。削去上皮，名曰桂心，藥中以此爲善。其厚皮者名曰木桂。二月、八月採皮，日乾之。

爾雅：梫，木桂。郭云：今南人呼桂厚皮者爲木桂。桂樹葉似枇杷而大，白華，華而不著子。叢生巖嶺，枝葉冬夏常青，間無雜木，本草謂之牡桂，是也。

箘桂 本草經：箘桂味辛，溫。主百病，養精神，和顏色，爲諸藥先聘通使。久服輕身不老，面生光華，媚好常如童子。

別錄：無毒，生交趾、桂林山谷巖崖間。無骨，正圓如竹，立秋採。陶隱居云：交阯屬交州，桂林屬廣州，而蜀都賦云：箘桂臨巖。俗中不見正圓如竹者，惟嫩枝破卷成圓，猶依桂用，非眞箘桂也。仙經乃有用箘桂，云：三重者良，則明非今桂矣，必當別是一物，應更研訪。

唐本草注：箘者，竹名；古方用箘桂者是，故云三重者良。其箘桂亦有二三重卷者，葉似柿葉，中三道文，肌理緊薄如竹，大枝小枝皮俱是箘。然大枝皮不能重卷，味極淡薄，不入藥用，今惟出韶州。

蜀本草圖經：葉似柿葉而尖狹光淨，花白蘂黃，四月開，五月結實。樹皮青黃，薄卷若筒，亦名筒桂。厚硬味薄者，名板桂，又不入藥用。三月、七月採皮，日乾。

桂 別錄：桂味甘，辛，大熱，有小毒。主溫中，利肝肺氣，心腹寒熱冷疾，霍亂，轉筋，頭痛，處，見無此物。今西州南三百里磧中得者，大則方尺黑潤而輕，燒之腥臭，高昌人名爲木瑿，謂玄玉爲石瑿，共州土石間得者，燒作松氣，破血生肌，與琥珀同。見風拆破，不堪爲器，量此二種及琥珀，或非松脂所爲也。有此差舛，今略論也。

太平廣記梁四公傳曰：交河之間平磧中，掘深一丈下，有瑿珀，黑逾純漆，或大如車輪，末服之，攻婦人小腸癥瘕諸疾。

張揖廣雅釋器：琥珀，珠也。其上及傍不生草，淺者五尺，深者八九尺，大如斛，削去皮，成琥珀。初時如桃膠，堅凝乃成，其方人以爲枕，出博南縣。

張華博物志：神仙傳云，松柏脂入地，千年爲茯苓，茯苓化爲琥珀。琥珀一名江珠，今泰山出茯苓，而無琥珀。益州、永昌出琥珀，而無茯苓。或云燒蜂窠所作，未詳此二說。

杜預春秋釋例：黑僰濮出武珀。

樊綽蠻書：琥珀，永昌城界西去十八日程，琥珀山掘之。去松林甚遠，片塊大，重二十餘觔。貞元十年，南詔異牟尋進獻一塊，大者重二十六觔，當日以爲罕有也。

一統志：琥珀産緬、孌諸西夷地，松脂入地千年所化。又云：松木精液凝成，其中亦有蚊蟻等形者，以火珀及紅杏爲上，血珀、金珀次之，蠟珀最下。又其下者，供藥餌而已。

牡桂

本草經：牡桂味辛，溫。主上氣欬逆，結氣，喉痹，吐吸，利關節，補中益氣，久服通神，輕身不老。

別錄：無毒。心痛，脅風，脅痛，溫筋通脈，止煩，出汗。生南海山谷。陶隱居云：南海郡即是廣州，今俗用牡桂，狀似桂而扁廣殊薄，皮色黃，脂肉甚少。氣如木蘭，味亦類桂，不知當是別樹，爲復猶是桂生有老宿者爾，亦所未究。

有木心存者，爲茯神。松林之大，或連數山，或包大壑，長數十里，周百餘里，斲之必於其林，不能於林外斲也。往時林密茯苓多，常得大茯苓，近來林稀茯苓少，間或得大者，不過重三四斤至七八斤，未有重至二三十斤者。自安慶茯苓行，而雲苓愈少，貴不可言。李時珍注訒菴之書，尙不言雲苓。雲苓之重，當在康熙時。

琥珀

別錄：琥珀味甘，平，無毒。主安五臟，定魂魄，殺精魅邪鬼，消瘀血，通五淋，生永昌。

陶隱居云：舊說云是松脂淪入地，千年所化，今燒之亦作松氣。俗有琥珀中有一蜂，形色如生。博物志又云：燒蜂窠所作，恐非實，此或當蜂爲松脂所粘，因墜地淪沒爾，亦有煮毈雞子及青魚魫作者，並非眞，惟以拾芥爲驗，俗中多帶之。辟惡。刮屑服，療瘀血，至驗。仙經無正用，惟曲晨丹所須，以赤者爲勝。今並從外國來，而出茯苓處永無。不知出琥珀處，復有茯苓否也？

別說：謹按諸家所說，茯苓、琥珀雖小有異同，皆云松脂入地所化；但今産茯苓處，未嘗有琥珀。採茯苓時，當尋大松摧折，或因斫伐而根瘢不朽，斫之浸潤如生者，則附近掘取之。蓋松木折不再抽牙，其根不死，津液下流，故生茯苓、茯神。因用治心腎，通津液也。若琥珀卽是松樹枝節榮盛時爲炎日所灼，流脂出樹身外，日漸厚大，因墜土中，其津潤歲久，乃爲土所滲泄，而光瑩之體獨存。今可拾芥，尙有粘性，故其中有蚊蟲之類，此未入土時所粘着者。二物皆自松出，而所稟各異。茯苓生成於陰者也，琥珀生於陽而成於陰，故皆治營而安心利水也。觀下條松脂所圖之形，則可悉其理矣。

唐本草：瑿烏兮切。味甘，平，無毒。古來相傳云：松脂千年爲茯苓，又千年爲琥珀，又千年爲瑿。然二物燒之皆松氣，爲用與琥珀同，補心安神，破血尤善。狀似玄玉而輕，出西戎來。而有茯苓酥法云：取白茯苓三十斤，山之陽者甘美，山之陰者味苦，去皮薄切，暴乾蒸之以湯，淋去苦味，淋之不止，其汁當甜，乃暴乾篩末。用酒三石、蜜三升，相合內末其中，幷置大瓮，攪之百匝，封之勿洩氣，冬五十日，夏二十五日，酥自浮出酒上。掠取之，其味極甘美，以作餅，大如手掌，空室中陰乾，色赤如棗，饑時食一枚，酒送之，終日不須食自飽，此名神仙度世之法。又服食法：以合白菊花，或合桂心，或合朮，丸散自任，皆可常服，補益殊勝。或云：茯苓中有赤筋，最能損目，若久服者，當先杵末，水中飛澄，熟挼去盡赤滓，方可服，若合他藥則不須爾。舊說，琥珀是千年茯苓所化，一名江珠。張茂先云：今益州、永昌出琥珀而無茯苓。又云：燒蜂窠所作。三說張皆不能辨。按南蠻地志云：林邑多琥珀，云是松脂所化。又云：楓脂爲之，彼人亦不復知。地中有琥珀，則傍無草木，入土淺者五尺，深者或八九尺，大者如斛，削去皮，初如桃膠，久乃堅凝，其方人以爲枕。然古今相傳是松類，故附於茯苓耳。

本草衍義：茯苓乃樵斫訖多年松根之氣所生，此蓋根之氣味，噎鬱未絕，故爲是物。然亦由土地所宜與不宜，其津氣盛者，方發泄於外，結爲茯苓，故不抱根而成，物既離其本體，則有茯之義。茯神者，其根但有津氣而不甚盛，故止能伏結於本，根既不離其本，故曰茯神。此物行水之功多，益心脾不可闕也。或曰：松既樵矣，而根尚能生物乎？答曰：如馬勃菌、五芝、木耳、石耳之類，皆生於枯木、石、糞土之上，精英未淪，安得不爲物也。其上有菟絲，下有茯苓之說，甚爲輕信。

檀萃滇海虞衡志：茯苓，天下無不推雲南曰雲苓。先入林，不知何處有茯苓也。用鐵條斸之，斸之而得，乃掘而出。往往有一枚重二三十斤者，亦不之異，惟以輕重爲準。已變盡者爲茯苓，變而驚悸，多恚怒，善忘，開心益智，安魂魄，養精神。生泰山山谷，大松下，二月、八月採，陰乾。陶隱居云：今出鬱州，彼土人乃假研松作之，形多小，虛赤不佳。自然成者，大如三四升器，外皮黑細，皺內堅白，形如鳥獸龜鼈者，良。作丸散者，皆先煮之，兩三沸乃切，暴乾。白色者補，赤色者利，俗用甚多。仙經服食，亦爲至要。云其通神而致靈，和魂而鍊魄，利竅而益肌，厚腸而開心，調營而理衞，上品仙藥也。善能斷穀不飢，爲藥無朽蛀，嘗掘地得昔人所埋一塊，計應三十許年，而色理無異，明其眞全不朽矣。其有衝松根對度者爲茯神，是其次茯苓，後結一塊也。仙方惟云茯苓而無茯神，爲療既同，用之亦應無嫌。

淮南子：下有茯苓，上有菟絲。注云：茯苓千歲松脂也，菟絲生其上而無根，一名女蘿也。典術云：茯苓者松脂入地，千歲爲茯苓，望松樹赤者，下有之。

圖經：茯苓生泰山山谷，今泰、華、嵩山皆有之。出大松下，附根而生，無苗葉，花實作塊如拳，在土底。大者至數斤，似人形、龜形者佳。皮黑，肉有赤、白二種。或云：是多年松脂，流入土中變成。或云：假松氣於本根上，生，今東人採之。法：山中古松，久爲人斬伐者，其枯折槎枿，枝葉不復上生者，謂之茯苓。撥見之，卽於四面丈餘地內，以鐵頭錐刺地，如有茯苓，則錐固不可拔。於是掘土取之，其撥大者茯苓亦大，皆自作塊，不附著根上。其抱根而輕虛者爲茯神，然則假氣而生者，其說勝矣。二月、八月採者良，皆陰乾。史記龜策傳云：茯靈在菟絲之下，狀如飛鳥之形，新雨已，天清靜無風，以夜稍或作燒。菟絲去之，卽篝燭此地，蓋然火而籠罩其上也。火滅卽記其處，以新布四丈環置之，明乃掘取，入地四尺至七尺，得矣。此類今固不聞有之。茯苓水，常令滿，候松脂盡入釜中，乃出之，投於冷水，既凝又蒸，如此三過，其白如玉，然後入藥，亦可單服。其實及根白皮，古亦有服食法，但今松實多作果品，餘不聞堪入藥。其花上黄粉名松黄，山人及時拂取，作湯點之，甚佳。但不堪停久，故鮮用寄遠方。書言松爲五粒，字當讀爲鬣，音之誤也，言每五鬣爲一葉，或有兩鬣七鬣者。松歲久則實繁，中原雖有，然不及塞上者佳好也。中品有罌條，不載所出州郡，然亦出於松，故附見於此。

抱朴子：趙瞿病癩歷年，醫不差，家乃齎糧弃送於山穴中，瞿自怨不幸，悲歎涕泣。經月，有仙人經穴，見而哀之，具問其詳。瞿知其異人也，叩頭自陳乞命。於是仙人取囊中藥賜之，教其服，百餘日瘡愈，顏色悦，肌膚潤。仙人再過視之，瞿謝活命之恩，乞遺其方。仙人曰：此是松脂，山中極多，汝可鍊服之。長服身轉輕，力百倍，登危步險，終日不困，年百歲齒不墮，髮不白，夜臥常見有光明如鏡。

松蘿

本經：松蘿味苦，平。主嗔怒邪氣，止虛汗，頭風，女子陰寒腫痛。一名女羅。

別錄：甘，無毒。療痰熱溫瘧，可爲吐湯，利水道。生熊耳山川谷松樹上，五月採，陰乾。陶隱居云：山東甚多，生雜樹上，而以松上者爲眞。毛詩云：蔦與女蘿，施于松上。蔦是寄生，以桑上者爲眞，不用松上者，此互有異同爾。

茯苓

本草經：茯苓味甘，平。主胸脅逆氣，憂恚，驚邪，恐悸，心下結痛，寒熱煩滿，欬逆，口焦舌乾，利小便。久服安魂養神，不飢延年。一名茯菟。

別錄：無毒。止消渴，好睡，大腹淋瀝，膈中痰水，水腫淋結，開胸腑，調臟氣，伐腎邪，長陰，益氣力，保神守中。其有抱根者名茯神，茯神平，主辟不祥，療風眩，風虛，五勞，口乾，止可制，舟與人皆沒。長興大雄寺陳霸先宅庭亦有大檜，中空裂爲四枝，蔭半庭，質如金石，相傳以爲霸先所植。又欲取以獻，會聞悟空檜沉海，乃已，賢者因物幸託以不朽。然此三檜，一槁死於道，一沉於海，一僅以免。蓋欲爲道旁櫪株，不可得也。

松

本草經：松脂味苦，溫。主癰疽，惡瘡，頭瘍，白禿，疥瘙，風氣，安五臟，除熱。久服輕身，不老延年。一名松膏，一名松肪。

別錄：松脂甘，無毒。胃中伏熱，咽乾，消渴，及風痹，死肌。錬之令白。其赤者主惡痹。生泰山山谷，六月採，松實味苦，溫，無毒。主風痹，寒氣，虛羸，少氣，補不足。九月採，陰乾。松葉味苦，溫。主風濕瘡，生毛髮，安五臟，守中不饑，延年。松節溫。主百節久風，風虛，脚痹疼痛。松根白皮主辟穀，不饑。陶隱居云：採錬松脂法，並在服食方中，以桑灰汁或酒煮軟，挼內寒水中，數十過，白滑則可用。其有自流出者，乃勝於鑿樹及煮用膏也。其實不可多得，惟葉正是斷穀所宜，細切如粟，以水及麪飲服之。亦有陰乾擣爲屑，丸服者。人患惡病，服此無不差。比來苦脚弱人，釀松節酒，亦皆愈。松柏皆有脂潤，又淩冬不凋，理爲佳物，但人多輕忽近易之爾。

唐本草注：松花名松黃，拂取似蒲，黃酒服，身輕療病，云勝皮葉及脂。其子味甚甘，經直云味苦，非也。松取枝燒其上下，承取汁名湍，主馬牛瘡疥，佳。樹皮綠衣名艾蒳，合和諸香燒之，其烟團聚，青白可愛也。

圖經：松脂生泰山山谷，今處處有之。其用以通明如薰陸香顆者爲勝，道人服餌，或合茯苓、松柏實、菊花作丸，皆先錬治。其法：用大釜加水置甑，用白茅藉甑底，又加黃砂於茅上，厚寸許可矣。然後布松脂於上，炊以桑薪，湯減卽添熱

檜

詩經：淇水滺滺，檜楫松舟。疏：釋木云：檜，柏葉松身，書作栝字。禹貢曰：杶榦栝柏。注云：柏葉松身曰栝，與此一也。

爾雅翼：檜一名栝。禹貢：荆州貢杶榦栝柏。榦，柘也；栝，檜也，故檜兼有栝音。柏葉而松身，性能耐寒，其材大可爲舟及棺槨。左傳稱：棺有翰檜，而淇水：檜楫松舟也。衛詩之託興，以爲物各有偶，檜之與松，其生固已相類，其刳剡而爲濟川之用，則又相須。使女之適異國者，每如此則何有不見答者哉！唯其不能，然以有思歸之作，是詩與泉水，皆衛女所以寓其思。泉水，則思出同歸異之肥泉，竹竿則思出同歸同之松檜也。檜，今人亦謂之圓柏，以別於側柏。又有一種別名檜柏，不甚長，其枝葉乍檜乍柏，一枝之間屢變，人家庭宇植之以爲玩。

老學菴筆記：海檜有二種，海檜夭矯堅瘦，皆天成。又有刻削盤屈而成者，名士檜。海檜絕難致，凡人家所有，大抵士檜也。

農桑通訣曰：檜，種如松法插枝者，二三月檜芽蘖動時，先熟斸黄土地成畦，下水飲畦一遍，滲定再下水，候成泥漿，斫下細如小指檜枝長一尺五寸許，下削成馬耳狀，先以杖刺泥成孔，插檜枝於孔中，深五六寸以上，栽宜稠密。常澆令潤澤，上搭矮棚蔽日，至冬換作煖蔭。次年二三月去後，候樹高移栽如松柏法。洞庭陸氏曰：移松、杉、柏檜，冬至及年盡，雖不帶土根亦活。正月九分活，二月七分活，清明後半活。

避暑錄話：蘇州，白樂天手植檜在宅後池口，光亭前，余政和初嘗見之，已槁瘁，高不滿二丈。意非四百年物，眞僞未知也。後爲朱冲取獻，聞槁死於道中，乃以他檜易之，禁中多不知。又有言華亭悟空禪師塔前，檜亦唐物，詔冲取之，檜大不可越橋梁，乃以大舟卽華亭，泛海出楚州以入汴。既行一日，張帆風猛，檜枝與帆俱低昂不四時各依方面採，陰乾。根白，皮主火灼爛瘡，長毛髮。陶隱居云：柏葉、實亦爲服餌所重，服餌別有法，柏處處有，當以泰山爲佳，並忌取塚墓上者。雖四時俱有，秋夏爲好，其脂亦入用。唐本草注：柏枝節煮以釀酒，主風痹，歷節風。燒取湁，療病疥及癩瘡，良。今子仁惟出陝州、宜州爲勝，泰山無復採者。圖經：柏實生泰山山谷，今處處有之，而乾州者最佳。三月開花，九月結子，候成熟收採，蒸暴乾，舂礧取熟仁子用。其葉名側柏，密州出者尤佳。雖與他柏相類，而其葉皆側向而生，功效殊別，採無時。張仲景方：療吐血不止者，柏葉湯主之。青柏葉一把、乾薑三片、阿膠一挺、炙三味，以水二升，煮一升，去滓，別絞馬通汁一升，相和合，煎取一升，綿濾，一服盡之。東山醫工亦多用側柏，然云性寒，止痛。其方採葉入舂中，濕擣，令極爛如泥，冷水調作膏，以治大人及小兒傷湯火燒熱，傅於傷處，用帛子繫定，三兩日瘡當斂，仍滅瘢。又取葉焙乾爲末，與川黃連二味同煎爲汁，服之以療男子、婦人、小兒大腹下黑血茶脚色，或膿血如淀色，所謂蠱痢者，治之有殊效。又能殺五臟蟲。道家多作柏葉湯，常點，益人。古柏葉尤奇。今益州諸葛孔明廟中有大柏木，相傳是蜀世所植。故人多採收以作藥，其味甘，香於常柏也。

別說：謹按陶隱居說：柏忌取塚墓上者，今云出乾州者最佳，則乾州柏葉茂大者，皆是乾陵所出，他處皆無大者，但取其州土所宜，子實氣味豐美可也。乾陵之柏異於他處，其木本有文，多爲菩薩雲氣人物鳥獸，狀極分明可觀。有盜得一株徑尺者，可値萬錢。關、陝人家多以爲貴，宜其子實最佳也。又以其枝節燒油膏，傅惡瘡久不差有蟲者。牛馬畜産有瘡疥名爲重病，以傅之，三五次無不愈也。

植物名實圖考長編卷十九

木類

柏

本草經：柏實味甘，平。主驚悸，安五臟，益氣，除風濕痹。久服令人潤澤美色，耳目聰明，不饑不老，輕身延年。

別錄：柏實無毒。療恍惚虚損，吸吸歷節，腰中重痛，益血止汗。生泰山山谷。柏葉尤良，柏葉味苦，微溫，無毒。主吐血，衂血，痢血，崩中，赤白，輕身，益氣，令人耐寒暑，去濕痹，生肌。

之，僅於樹根一竅，爲雨水所浸漬者，得香二十餘斤，味如沉水，其餘枝條皆不香。又新安黄松岡有香樹三株，葉細如豆，類九里香，然不降不結，以不經斬伐，故精液不凝，而皆散爲枝葉也。

滇海虞衡志：白檀香出八百大甸，即旃檀。

所棲，以丁香未熟者爲餌，子既收則啄丁香。

欅樹

別錄：欅樹皮大寒。主時行頭痛，熱結在腸胃。陶隱居云：山中處處有，皮似檀、槐，葉如櫟、槲，人亦多識用之。削取裏皮，去外甲，煎服之，夏日作飲去熱。

唐本草注：此樹所在皆有，生溪澗水側。葉似樗而狹長，樹大者連抱，高數仞，皮極麤厚，殊不似檀。俗人取煮汁以療水及斷痢，取嫩葉，挼貼火燒瘡，有效。

本草衍義：欅木皮，今人呼爲欅柳。然葉謂柳非柳，謂槐非槐。木最大者高五六十尺，合二三人抱。湖南、北甚多，然亦下材也，不堪爲器用。嫩皮取以緣栲栳與箕脣。

本草綱目李時珍曰：其樹高舉，其木如柳，故名。山人呼爲鬼柳。郭注爾雅作柜柳，云其皮可煮飲也。欅材紅紫，作箱案之類甚佳。鄭樵通志：欅乃榆類，其實亦如榆錢之狀，鄉人采其葉爲甜茶。

說文解字注：柜，柜木也。趙注孟子曰：杞柳，柜柳也。鄭注爾雅曰：柜柳似柳，皮可煮作飲。廣韻柜下云：柜柳。按柜今俗作欅，又音譌爲鬼柳樹，未知許所說是此不。從木，巨聲，其呂切。廣韻居許切。五部。按周禮梐枑注：故書枑作拒，從手，俗本從木，作柜，非。

檀香

別錄：檀香，陶隱居云：白檀消風熱腫。日華子：檀香熱，無毒。治心痛，霍亂，腎氣，腹痛，濃煎服。水磨傅外腎，并腰腎痛處。

南越筆記：嶺南亦產檀香，皮堅而黃者黃檀，白者白檀，皮腐而色紫者紫檀。皆有香，而白檀爲勝，與紫檀皆來自海舶。然羅浮亦有白檀，竺法眞謂：元嘉末有人於羅山見一樹，大三丈餘圍，辛芳酷烈，其間枯條數尺，援而刃之，乃白旃檀也。比年三水縣西北百餘里，有香樹二株，大七八丈圍，其幹至四丈，乃發枝垂陰二畝，通體純白，土人稱白銀香，蓋白檀也。某帥使數百人伐成否，今終南之所生，有條有梅，而材實成焉。山之所以美化，乃在乎此，以譬則人君以道化也。然條爲橘柚，是必梅爲酸梅。今傳訓梅爲枏，則毛義自以梠釋條，不作橘柚解也。詩言梅者四，召南、小雅皆無傳，此與陳風皆訓枏，召南其實七其實三，小雅與栗並稱嘉卉，則豆實乾藤之梅。說文：某酸果也，是也。說文梅枏二字互訓。史記司馬相如傳注云：枏葉似桑。顏師古注漢書云：枏，今所謂楠木是也。陸璣疏於摽有梅，言杏類，暴乾爲腊，置羹臛齏中。於有條有梅，言皮葉似豫章，荆州人曰梅，分別甚明。郭璞注梅枏云：似杏實酢，此直以薦豆和羹之實，爲枏木實矣。南山經：虖勺之山，其上多梓枏。郭璞注云：枏大木，葉似桑，今作楠。爾雅以爲梅，此是也，注爾雅誤耳。說文以似橙而酢屬諸柚條，與郭璞以似杏實酢屬諸梅枏，其誤同矣。

雞舌香

別錄：雞舌香微溫。療風水毒腫，去惡熱，療霍亂心痛。陶隱居云：此用不正入藥，惟療惡核毒腫，道方頗有用處。

唐本草注：雞舌樹葉及皮並似栗，花如梅花，子似棗核，此雌樹也，不入香用。其雄樹雖花不實，採花釀之以成香。出崑崙及交、愛以南。

丁香

嘉祐本草：丁香味辛，溫，無毒。主溫脾胃，止霍亂，壅脹風毒諸腫，齒疳䘌。能發諸香。其根療風熱毒腫。生交、廣、南番，二月、八月採。

圖經：丁香出交、廣、南番，今惟廣州有之。木類桂，高丈餘。葉似櫟，淩冬不凋。花圓細，黄色。其子出枝蘂上，如釘子，長三四分，紫色。其中有麤大如山茱萸者，謂之母丁香。二八月採子及根。又云盛冬生花，子至次年春採之。

南越筆記：丁香生廣州，木高丈餘。葉似櫟，花圓細而黃。子色紫，有雌有雄，雄顆小，稱公丁香；雌顆大，其力亦大，稱母丁香。從洋船來者珍，番奴口嘗含嚼以代檳榔。其樹多五色，鸚鵡此以見召南等之梅，與秦、陳之梅，判然二物。召南之梅，今之酸果也。秦、陳之梅，今之楠樹也。楠樹見於爾雅者也。酸果之梅，不見於爾雅者也。樊光釋爾雅曰：荆州曰梅，揚州曰柟，益州曰赤楩。孫炎釋爾雅曰：荆州曰梅，揚州曰柟。陸璣疏草木曰：梅樹皮葉似豫樟，皆謂楠樹也。柟亦名梅，後世取梅爲酸果之名，而梅之本義廢矣。郭釋爾雅乃云：似杏實酢。篇韻襲之，轉謂酸果有柟名，此誤之甚者也。然則許以柟、梅二篆，廁諸果之間，又云可食，豈非始誤與？曰此淺人所改竄也。如許謂梅酸果，其立文當先梅篆云酸果也，次柟篆云梅也，梨杏李桃等不云可食，何必獨云可食哉。許意某爲酸果正字，故某篆解云酸果也。從木，從甘，其字當本廁柹下杏上，而柟梅二篆，當本廁諸木名之間，淺人易其處，而增竄其文耳。以許書律羣經，則凡酸果之字作梅，皆假借也。凡某人之字作某，亦皆假借也。假借行而本義廢，固不可勝數矣。楳或從某，某聲。召南釋文曰：韓詩作楳。

焦循毛詩補疏有條有梅。傳：條，槄，梅，柟也。循按爾雅釋木曰柚條。說文亦云：柚，條也。似橙而酢。夏書曰：厥包橘柚。毛傳作槄。以詩考之，詩爲秦風，宜詠其土地所出。柚貢於揚州，渡淮而北，即化爲枳，見列子湯問篇。作槄爲是。又以說文考之，古由舀二字相通。鄭風：左旋右抽。說文手部引之，作左旋右搯。然則从舀从由，本可相通。廣雅：迪，蹈也。蹈足从舀，迪辵从由，二字爲訓，亦一證矣。說文無槄而有柚，柚即槄也。別有櫾字。列子湯問篇言柚之狀，而字正作櫾，然則橘柚之柚宜作櫾，而條柚之柚即槄字，條槄猶條柚也。說文以昆侖河隅之長木訓櫾，以似橙味酢繫柚字下，又引禹貢橘柚爲不可通於槄。或曰槄柚既相通，則曷不以毛傳之槄爲橘柚之柚，如埤雅人君道化之說？埤雅云：柚渡淮而爲枳，梅變而摽有梅，既具釋，此章不復云，似合二梅爲一矣。按條是槄，梅是柟。爾雅與陸疏甚合，此篇乃秦人誇美其君之詞，借巨材以起興。若陸農師指條爲柚，指梅爲杏，取渡淮變化之義，益無謂矣。今併錄之，以見其誤。

爾雅正義：梅一名柟。秦風終南云：有條有梅。毛傳云：梅，柟也。衆經音義引樊光云：荆州曰梅，揚州曰柟，益州曰赤梗，似豫章，無子也。是樊光不以梅之名柟者，爲似杏之梅矣。詩疏引陸璣疏云：梅樹皮葉似豫章，豫章葉大如牛耳，一頭尖，赤心，華赤黄，子青不可食。柟葉大可三四葉一藂，木理細緻於豫樟，子赤者材堅，子白者材脆。江南及新城、上庸、蜀皆多樟柟，終南山與上庸新城通，故亦有柟也。陸璣說與樊光略同。詩釋文引沈重云：孫炎稱，荆州曰梅，揚州曰柟，重實揚州人，不聞名柟。沈氏之意，以揚州人無稱摽梅爲柟者，故駁正孫注，覈以樊光之說，則梅柟卽赤梗矣。今江南人皆稱柟木。鹽鐵論云：江南之柟梓竹箭是也。注：似杏實酢。正義郭注山海經云：柟大，木葉似桑，今作楠。爾雅以爲柟，不言其似杏實酢也。玉篇云：葉似桑，子似杏而酸，則合郭氏兩注而連言之。按說文云：梅，柟也；可食。或以爲似杏實酢之証。然說文又有某字釋云酸果也，是則大木之柟，似杏實酢之梅，說文固分爲二矣。文選注又引郭璞云：柟木似水楊，蓋郭氏前後分注，疑未能定也。今從陸璣疏柟似豫章，一名梅，下文英梅爲似杏之梅。

說文解字注：柟，梅也。從木，冄聲，汝閻切，七部。梅，柟也；可食。從木，每聲，莫桮切，古音在一部。按釋木曰：梅，柟也。毛詩秦風陳風傳皆曰：梅，柟也。與爾雅同。但爾雅毛傳皆謂楩柟之柟。毛公於召南摽有梅，曹風其子在梅，小雅四月侯栗侯梅，無傳。而秦、陳乃訓爲柟，草，五月五日採，乾作屑，亦主療金瘡，言劉懂昔採用之爾。

唐本草注：釣樟生郴州山谷，樹高丈餘，葉似柟葉而尖長，背有赤毛，若枇杷葉。八月、九月採根皮，日乾也。

楠材

別錄：楠材微溫。主霍亂吐下不止。陶隱居云：削作柹，煮服之。窮無他藥，用此。

本草衍義：楠材今江南等路造船場，皆此木也。緣木性堅而善居水，久則多中空，爲白蟻所穴。

柟木

本草拾遺：柟木枝葉味苦，溫，無毒。主霍亂，煎汁服之。木高大，葉如桑，出南方山中。

郭注爾雅云：柟大，木葉如桑也。

陸璣詩疏：有條有梅。條稻也，今山楸也，亦如下田楸耳。皮葉白，色亦白，材理好，宜爲車板，能溼，又可爲棺木，宜陽，其北山多有之。梅樹皮葉似豫章，豫章葉大如牛耳，一頭尖，赤心，花赤黃，子青不可食。柟葉大可三四葉一藂，木理細緻于豫章，子赤者材堅，子白者材脆。荆州人曰梅，終南及新城、上庸皆多樟、柟，終南與上庸、新城通，故亦有柟也。廣要：梅。爾雅云：梅柟。郭云：似杏實酢。孫炎云：荆州曰梅，揚州曰柟。詩秦風云：有條有梅，是也。爾雅翼云：柟，大木也。可以爲舟，又可以爲棺，故古稱楩楠豫樟以爲良木之類。任昉云：黄金山有柟木，一年東邊榮西邊枯，一年西邊榮東邊枯。張華云：交讓木。宋子京云：讓木，即柟也。其木直上，柯葉不相妨。蜀人號讓木。名物疏云：按陸璣所釋，梅自是柟，木似豫樟者。豫章大樹，所謂生七年而可知，可以爲棺、舟者也。陳文帝嘗出柟材造戰艦，即此柟也。若今之所謂梅，乃古和羹之梅，籩實之乾藤。郭璞云：似杏實酢者也。若爾雅之梅柟。乃陸云：似豫章者，景純不當以似杏實酢解之。草木同名異種者甚多，如山榎名條，柚亦名條，豈可以上文之條爲柚耶？朱傳于放板是也。數百年來，金江阻塞，舟楫不通，人負一板至省，又自省抵各路，水次脚價之費何如，宜其貴也。

說文解字注：柀，粘也。粘各本作檆，徐鉉因增一檆篆，非也。今删檆篆，依爾雅正檆爲粘。釋木曰：柀，粘。上音彼，下音所咸反，即今之杉木也。粘與杉爲正俗字。郭云：粘生江南，可以爲船及棺。羅氏願爾雅翼曰：柀似杉而異，杉以材偁，柀又有美實，而材尤文采。其樹大連抱，高數仞，葉似杉，木如柏，作松理。肌理細輭，堪爲器用，古所謂文木也。其實有皮殼，大小如棗而短，去皮殼可生食。本艸有彼子，即柀子也。引蘇恭說。本艸誤入蟲部，陶隱居木部出之。按依羅氏說，則柀與杉有別，今人恆用者皆杉，非柀也。爾雅、說文渾言之耳。南方艸木狀曰：杉一名柀粘。從木，皮聲，甫委切，古音在十七部。按爾雅音義音彼，又匹彼反，集韻類篇本之，皆補靡、普靡二切。今爾雅音義彼譌作披，非也。蘇恭本艸彼子注云：彼當作柀，柀仍音彼，成化刻本，彼亦譌披。一曰析也。析各本譌折，今正。葉石君寫本及類篇正作析。按柀析字見經傳極多，而版本皆譌爲手旁之披，披行而柀廢矣。左傳曰：披其地以塞夷庚。韓非子曰：數披其木，毋使木枝扶疏。戰國策范睢引詩曰：本實繇者披其枝，披其枝者，傷其心。史記魏其武安傳曰：此所謂枝大於本，脛大於股，不折必披。方言曰：披，散也。東齊聲散曰廝，器破曰披。此等非柀之字誤，即柀之叚借。手部披訓從旁持，木部柀乃訓分析也。陸德明、包愷、司馬貞、張守節、吳師道皆音上聲，普彼反，是可證字本從木也矣。

釣樟

別錄：釣樟根皮主金瘡，止血。陶隱居云：出睢陽、邵陵諸處，亦呼作烏樟，方家少用，而俗人多識此。刮根皮屑以療金瘡斷血，湯合甚驗。又有一草似狼牙，氣辛臭，名地菘，人呼爲劉儘南方草木狀，杉一名被粘。合浦東二百里有杉一樹，漢安帝永初五年春，葉落，隨風飄入洛陽城，其葉大常杉數十倍。術士廉盛曰：合浦東杉葉也，此休徵，當出王者。帝遣使驗之，信然。乃以千人伐樹，役夫多死者。其後，三百人坐斷株上食，過足相容，至今猶存。

爾雅翼：煔木類松而勁直，葉附枝生若刺針，俗作杉，非是。名山志曰：華子岡上紫杉千仞，被在崖側。

西安縣志物產杉：杉於衢地取利最饒，而開化尤甚，有一山而鬻木至數千金者。西邑雖不逮，而自數百金，至數十金，向亦往往有之。第木價雖贏，而種植非易，凡已經鬻木之山，必另須簽種開掘，培養蓄錄，以爲後來之地。計其遞年經費工食之用，爲數甚煩。且遠者四五十年，近者二三十年，方可問價於人。今山主多貧，得木價輒費盡，或廢不復種，或種不復掘。荆棘蒙翳，木亦不長。如此者，十室而九，誠恐將來杉之爲利亦微矣。

羣芳譜：杉類松，而榦端直，大者數圍，高十餘丈，文理條直。南方人造屋及船多用之。葉粗厚微扁，附枝生，有刺，至冬不凋。種植江南宣、池、歙、饒等處，山廣土肥，堪插杉苗。先將地耕過，種芝蔴一年，來歲芒種時，截嫩苗頭一尺二三寸長，先用尖橛一把舂穴，勿翻轉原土，將苗插下，一半築實，離四五寸，成行排密，則易長。每年耘鋤，勿雜他木，或種穀麥，以當耘鋤，高三四尺，則不必鋤。

檀萃滇海虞衡志：杉蓋松之類，故二賦言松不言杉，良以杉統於松也。故滇人云杉松其材中樿傍。南方諸省皆有杉，惟滇產爲上品。滇人鋸爲板而貨之，名洞板。以四大方二小方爲一具，板至江、浙，值每具數百金，金沙司收其稅，古時由金沙江水行，直下瀘州、敍府，前明遺牒所謂安監生勁瘦不甚香。周達觀眞臘記云：降香出叢林中，番人頗費砍斫之功，乃樹心也。其外白皮厚八九寸或五六寸，焚之氣勁而遠。

檀萃滇海虞衡志：滇人祀神用降香，故降香充市。一名紫籐香、雞骨香，焚之其煙直上，感引鶴降，醮星辰，燒此香爲第一度籙。李時珍謂雲南及兩廣、安南、峒谿諸處有此香，則降眞香固滇產也。

雲南志：降眞香，元江州出。按香木色灰白，氣亦淡，價極賤。

中甸採訪：土產，雞骨香。

杉材

別錄：杉材微溫，無毒。主療漆瘡。陶隱居云：削作柹，煮以洗漆瘡，無不即差。又有鼠查，生去地高尺餘許，煮以洗瘡，多差。又有漆姑，葉細，多生石邊，亦療漆瘡。其雞子及蟹，並是舊方。

唐本草注：杉材木水煮汁，浸捋脚氣腫滿，服之療心腹脹痛，去惡風。其鼠查、漆姑有別功，列出下品。

圖經：杉材舊不載所出州土，今南中深山中多有之。木類松而勁直，葉附枝生若刺。爾雅云：被、煔。郭璞注云：煔似松，生江南，可以爲船及棺材，作柱，埋之不腐也。又人家常用作桶板，甚耐水。醫師取其節煮汁，浸捋脚氣，殊效。唐柳柳州纂救三死方云：元和十二年二月得脚氣，夜半痞絶，脅有塊，大如石，且死，因大寒不知人三日，家人號哭。滎陽鄭洵美傳杉木湯，服半食頃，大下，三下氣通，塊散。杉木節一大升，橘葉切一大升，北地無葉可以皮代之，大腹檳榔七枚，合子碎之，童子小便三大升，共煮取一大升半，分兩服。若一服得快利，即停後服。已前三死，眞死矣，會有教者乃得不死，恐他人不幸，有類余病，故傳焉。又杉菌出宜州，生積年杉木上，若菌狀，云味苦，性微溫。主心脾氣疼，及暴心痛，採無時。

去穰，取中子入藥。一云皮斑者是楮，皮白者是穀，採葉幷楮桃帶花，煠爛水浸過握，乾作餅，焙熟食之。或取樹熟楮桃，紅色，食之甘美。不可久食，令人骨軟。

本草綱目李時珍曰：按許愼說文言楮、穀乃一種也，不必分別，惟辨雌雄耳。雄者皮斑而葉無椏叉，三月開花成長，穗如柳花狀，不結實，歉年人採花食之。雌者皮白而葉有椏叉，亦開碎花，結實如楊梅，半熟時水澡去子，蜜煎作果食。二種樹並易生，葉多澀毛，其木腐後生菌耳，味甚佳好。

又曰：別錄載楮實功用大補益，而修眞秘旨書言久服令人成骨軟之痿。濟生秘覽治骨哽，用楮實煎湯服之，豈非軟骨之徵乎。按南唐書云：烈祖食飴，喉中噎，國醫莫能愈。吳廷紹獨請進楮實湯一服，疾失去。羣醫他日取用，皆不驗。叩廷紹，答曰：噎因甘起，故以此治之。愚謂此乃治骨哽軟堅之義爾，羣醫用治他噎，故不驗也。

爾雅翼：楮，江南人績其皮以爲布，又擣以爲紙，長數丈，潔白光澤甚好。其葉初生可茹，又取斑穀之皮以爲冠。裴淵廣州記曰：蠻夷取穀皮熟搥爲揭裹布，鋪以擬氈。然則雖惡木，用亦博矣。

管子：五位之土，其槐其楝，其柞其穀。

降眞香

別錄：降眞香出黔南。伴和諸雜香燒，煙直上天，召鶴得盤旋於上。

海藥：徐表南州記云：生南海山，又云生大秦國。味溫，平，無毒。主天行時氣，宅舍怪異，幷燒悉驗。又按仙傳云：燒之或引鶴降；醮星辰，燒此香甚爲第一度籙。燒之，功力極驗。小兒帶之，能辟邪惡之氣也。

本草綱目：降眞香，今廣東、廣西、雲南、安南、漢中、施州、永順、保靖及占城、暹羅、渤泥、琉球諸番皆有之。朱輔溪蠻叢笑云：雞骨香卽降香，本出海南，今溪峒僻處所出者，似是而非，瓣而有子者爲佳。其實初夏生，如彈丸，青綠色，至六七月漸深紅色，乃成熟。八月、九月採，水浸去皮穰，取中子日乾。仙方單服。其實正赤時，收取中子，陰乾篩末，水服二錢匕，益久乃佳。俗謂之穀。葉主四肢風痺，赤白下痢，其葉主鼻洪。小品云：鼻衄數升不斷者，取楮葉擣取汁，飲二升，不止再三飲之，良久衄亦差。紙亦入藥，見劉禹錫傳信方，治女子月經不絶來無時者，取案紙三十張燒灰，以清酒半升和調，服之頓定。如冬月，即煖酒服，蓐中血暈，服之立驗。已斃者，去板齒灌之，經一日亦活。今楮紙用之最博，或用其灰止金瘡出血，甚效。楮帛不見有之。醫方但貴楮實，餘亦稀用。俚俗或取其木枝中白汁塗癬，甚效。楊炎南行方：治瘴痢，無問老少，日夜百餘度者，取乾楮葉三兩，熬擣爲末，煎烏梅湯，服方寸匕，日再服。取羊肉裹末，內穀道，痢出即止。

齊民要術：楮宜澗谷間種之，地欲極良。秋上楮子熟時，多收淨淘，曝令燥。耕地令熟，二月耬耩之，和麻子漫散之，即勞。秋冬仍留麻勿刈，爲楮作煖。若不和麻子種，率多凍死。明年正月初，附地芟殺，放火燒之，一歲即沒人，不燒者，瘦而長亦遲。三年便中斫。未滿三年者，皮薄不任用。斫法十二月爲上，四月次之。非此兩月而斫者，則多枯死也。每歲正月常放火燒，自有乾葉在地，足得火燃，不燒則不滋茂也。二月中間，斸去惡根。斸者地熟，楮科亦以留潤澤也。移栽者二月蒔之，亦三年一斫。三年不斫者，徒失錢無益。指地賣者省功而利少，煮剝賣皮者，雖勞而利大。其柴足以供燃。自能造紙，其利又多，種三十畝者，歲斫十畝，三年一徧，歲收絹百疋。

救荒本草：楮桃樹，樹有二種：一種皮有斑花紋，謂之斑穀；一種皮無花紋，枝葉大相類。其葉似葡萄，作瓣，叉上多毛，澀而有子者爲佳。其桃如彈大，青綠色，後漸變深紅色，乃成熟。浸洗郤腹中諸疾。每冒寒，夙興則飲一杯。因各出數榼，賜近臣，自此臣庶之家皆效爲之，蘇合香丸盛行於時。此方本出廣濟方，謂之白朮丸，後人亦編入千金、外臺，治疾有殊效。予於良方，敍之甚詳，然昔人未知用之。錢文僖公集篋中方蘇合香丸注云：此藥本出禁中，祥符中嘗賜近臣，卽謂此。

詹糖香

別錄：詹糖香微溫。療風水毒腫，去惡氣伏尸。陶隱居云：此香皆合香家要用，不正入藥，惟療惡核毒腫。詹糖出晉安、岑州，上眞淳者難得。多以其皮及蠹虫屎雜之，惟軟者爲佳。餘香無眞僞，而有精麤爾。

唐本草注：詹糖樹似橘，煎枝葉爲香，似沙糖而黑。出交、廣以南，云詹糖香治惡瘡，去惡氣。生晉安。

楮

詩經：其下維穀。陸璣疏云：幽州謂之穀桑，或曰楮桑，荆、揚、交、廣謂之穀，中州人謂之楮。殷中宗時桑穀共生是也。今江南人績其皮以爲布，又擣以爲紙，謂之穀紙，長數丈，潔白光輝，其裏甚好。其葉初生，可以爲茹。

別錄：楮實味甘，寒，無毒。主陰痿水腫，益氣，充肌膚，明目，久服不飢不老輕身。生少室山，一名穀實，所在有之。八月、九月採實，日乾，四十日成。葉味甘，無毒。主小兒身熱，食不生肌，可作浴湯。又主惡瘡，生肉。樹皮主逐水，利小便。莖主癮疹痒，單煮洗浴。皮間白汁療癬。

陶隱居云：此卽今之穀樹也。仙方採擣，取汁和丹用。乾服，使人通神見鬼。南人呼穀紙，亦爲楮紙。武陵人作穀皮衣，又甚堅好爾。

酉陽雜俎云：構，穀田久廢，必生構。葉有瓣曰楮，無曰構。

圖經：楮實生少室山，今所在有之。此有二種：一種皮有斑花紋，謂之斑穀，今人用爲冠者；一種皮無花，枝葉大相類，但取其葉似葡萄葉，作省力而易細，且不飛走虧耗分兩。

諸番志：乳香一名薰陸香，出大食、之麻囉拔、施曷奴發三國深山窮谷中。其樹大槩類榕，以斧斫株，脂溢於外，結而成香，聚而成塊，以象輦之，至于大食，大食以舟載易他貨于三佛齊，故香常聚于三佛齊。番商貿易至，舶司視香之多少爲殿最，而香之爲品，十有三。其最上者爲揀香，圓大如指頭，俗所謂滴乳是也。次曰缾乳，其色亞於揀者。又次曰缾香，言收時貴重之，置於缾中。缾香之中，又有上中下三等之別。又次曰袋香，言收時止置袋中。其品亦有三，如缾香焉。又次曰乳塌，蓋香之雜於砂石者也。又次曰黑塌，蓋香色之黑者也。又次曰水濕黑塌，蓋香在舟中爲水所浸漬，而氣變色敗者也。品雜而碎者曰斫削，簸揚爲塵者曰纏末，皆乳之別也。

滇海虞衡志：乳香出老撾土司，今隸南掌，又水乳香出鎮康州。

蘇合香

別錄：蘇合香味甘、溫，無毒。主辟惡，殺鬼精物，溫瘧，蠱毒，癇痓，去三蟲，除邪，令人無夢魘，久服通神明，輕身，長年。生中臺川谷。陶隱居：俗傳云是師子屎，外國說不爾，今皆從西域來，眞者雖別，亦不復入藥，惟供合好香爾。

唐本草注：此香從西域及崑崙來，紫赤色，與紫眞檀相似，堅實極芬香，惟重如石，燒之灰白者好。云是師子屎，此是胡人誑言，陶不悟之，猶以爲疑也。

諸番志：蘇合香油出大食國，氣味大抵類篤耨，以濃而無滓爲上。番人多用以塗身，閩人患大風者，亦倣之。可合軟香，及入醬用。

墨客揮犀：王文正太尉氣羸多病，眞宗面賜藥酒一缾，令空腹飲之，可以和氣血，辟外邪。文正飲之，大覺安健，因對稱謝。上曰：此蘇合香酒也。每一斗酒以蘇合香丸一兩同煮，極能補五臟，二色，每用一枚，將尾就燈火上焚灼，置爐內，口中吐出香煙，自尾隨變色樣。金猊從尾黄起，焚盡形若金妝，蹲踞爐內，經月不敗，觸之則灰滅矣。玉兔形儼銀色，甚可觀也。雖非大雅，亦堪幽玩。其中香料美惡，隨人取用，或以前列印香方取料，和以榆麪爲劑，捻作小指粗段，長八九分，以獸腹大小消息，但令香不露出炭外爲佳。更有金蟾吐焰、紫雲捧聖、仙立雲中種種雜法，內多不驗，即金蟾一方，不堪清賞，故不錄。

香都總匣

嗜香者不可一日去香，書室中宜製提匣，作三撞式，用鎖鑰啓閉，內藏諸品香物。更設瓷合、瓷罐、銅合、漆匣、木匣，隨宜製香，分布於都總管領，以便取用。須造子口緊密，勿令香泄爲佳。俾總管司香，出入謹密，隨遇爇爐，堪愜心賞。

薰陸香

別錄：薰陸香微溫。療風水毒腫，去惡氣伏尸。陶隱居云：此合香家要用。不正入藥，惟療惡瘡毒腫，道方頗有用處。

唐本草注：形似白膠，出天竺單于國。

南方草木狀：薰陸香出大秦，在海邊有大樹，枝葉正如古松，生於沙中。盛夏樹膠流出沙上，方採。

乳香

別錄：乳香微溫。療風水惡核，毒腫，去惡氣，療風癮瘮痒毒。

海藥本草：乳頭香，謹按廣志云生南海，是波斯松樹脂也。然赤如櫻桃者，爲上。仙方多用辟穀。兼療耳聾，中風，口噤不語，善治婦人血氣，能發粉酒，南海透明者爲上。

夢溪筆談：薰陸即乳香也，本名薰陸，以其滴下如乳頭者，謂之乳頭香。鎔塌在地上者，謂之塌香。如蠟之有滴乳、白乳之品，豈可各是一物。

游宦紀聞：乳香沒藥最難研，若作元子藥，則以乳鉢研略細，更入酒或水研，頃刻如泥，更無滓腳。若酒糊元，則入酒研，若以麪則入水研，甚

芙蓉香方

沈香一兩五錢、檀香一兩二錢、片速三錢、冰腦三錢、合油五錢、生結香一錢、排草五錢、芸香一錢、唵叭五分、甘麻然五分、丁香二分、郎胎二分、藿香二分、零陵香二分、乳香一分、三柰一分、欖油一分、撒䕨蘭一分、榆麪八錢、硝一錢，和印或散燒。

龍樓香方

沈香一兩二錢、檀香一兩三錢、片速五錢、排草二兩、唵叭二分、金銀香二分、片腦二錢五分、丁香一錢、官桂三分、三柰二錢四分、郎胎三分、芸香三分、欖油五分、甘松五分、藿香五分、甘麻然五分、樟腦一錢、降香二分、大黄一錢、撒䕨蘭五分、零陵香一錢、白豆蔻二分、硝一錢、榆麪一兩二錢，印餅散用蜜和，去榆麪。

黑香餅方

用料四十兩，加炭末一斤、蜜四斤、麝香一兩、白及半斤、蘇合油六兩、欖油四斤、唵叭四兩，先煉蜜熟，下欖油化開，又入唵叭，又入料一半，將白及打成糊入炭末，又入料一半；然後入蘇合、麝香，揉匀印餅。

炒香

近以蘇合油拌沈速，入火微炙，收起，乘熱以冰片撒上，入瓶收用，謂之法製。其香氣比常少濃，反失沈速天然雅味，恐知香者不取。

金猊玉兔香方

用杉木燒炭六兩，配以栗炭四兩，擣末加炒硝一錢，用米糊和成揉劑。先用木刻狻猊、兔子二塑，圓混肖形，如墨印法，大小任意。當獸口處開一斜入小孔，獸形頭昂尾低，是訣將炭劑一半入塑中，作一凹，入香劑一段，再加炭劑築完，將鐵線針條作鑽，從獸口孔中搠入，至近尾止，取起曬乾，用宮粉塗身週遍，上蓋墨兔子，以絶細雲母粉膠調塗之，亦蓋以墨。二獸俱墨，内分黄白

聚仙香

黃檀香一斤、排草十二兩、沈香六兩、速香六兩、乳香四兩另研、丁香四兩、郎胎三兩、黃煙六兩另研、合油八兩、麝香二兩、欖油一斤、白及麪十二兩、蜜一斤，已上作末爲骨，先和上竹心子作第一層，趁濕又滾檀香二斤、排草八兩、沈香半斤爲末，作滾第二層，成香。紗篩晾乾，都中自製，每香萬枝，工銀二錢，竹棍萬枝，銀一錢二分，香袋紫龍力紙，每百足數五錢。

沈速香方

沈速五斤、檀香一斤、黃煙四兩、唵叭香三兩、乳香二兩、麝香五錢、合油六兩、白及麪一斤八兩、蜜一斤八兩，和成滾棍。

黃香餅方

沈速六兩、檀香三兩、丁香一兩、木香一兩、黃煙二兩、乳香一兩、郎胎一兩、唵叭三兩、麝香三錢、冰片一錢、蘇合油二兩、白及麪八兩、蜜四兩，和劑用印作餅。

印香方

黃熟五斤、速香一斤，香附子、黑香、藿香、零陵香、檀香、白芷各一兩，柏油二斤，芸香一兩，甘松八兩，乳香一兩，沈香二兩，丁香一兩，馥香四兩，生香四兩，焰硝五分；共爲末入香印，印成焚之。

萬春香方

沈香四兩、檀香六兩，結香、藿香、零陵香、甘松各四兩，茅香四兩，丁香一兩，甲香五錢，麝香、冰片各一錢；用煉蜜爲濕膏，入磁瓶封固焚之。

撒酴蘭香方

沈香三兩五錢、冰片二錢四分、檀香一錢、龍涎五分、排草鬚二錢、唵叭五分、麝香五分、撒酴蘭一錢、合油一錢、榆麪六錢、甘麻然二分、薔薇露四兩，印作餅燒，佳甚。

忽有三道者投庵借宿，夜談三公山石窰之勝，內一人云：吾有奇香，能救世人苦難，焚之道得自然玄妙，可昇天界。眞人得香，復入山中，坐燒此香，毒蛇、猛獸、悉皆遯默。忽一日道者散髮背琴，虛空而來，將此香方鑿於石壁，乘風而去，題名三神香。能開天門地戶，通靈達聖。入山可驅猛獸，可免刀兵，可免瘟疫，久旱可降甘雨，渡江可免風波。有火焚燒，無火口嚼，從空噴於起處，龍神護助，靜心修合，無不靈驗。沈香二錢、乳香二錢、丁香二錢、白檀二錢、香附二錢、藿香二錢、甘松二錢、遠志一錢、藁本三錢、白芷三錢、元參三錢、零陵香二錢五分、大黃二錢五分、降眞香二錢五分、木香二錢五分、茅香二錢五分、白及二錢五分、柏香二錢五分、川芎二錢五分、三賴二錢五分，用甲子日攢和，丙子擣末，戊子和合，庚子印餅，壬子入合，收起煉蜜爲丸，或刻印作餅，寒水石爲衣，出入帶入葫蘆爲妙。

臞仙異香

沈香一兩、檀香一兩、冰片一錢、麝香一錢，棋楠香、羅香、欖子、滴乳各五錢；右味爲末，煉蔗漿合和爲餅，焚之以助清氣。

香方

高子曰：余錄香方，惟取適用，近日都中所尙，鑒家稱爲奇品者，錄之。製合之法，貴得料精，則香馥而味有餘韻。識臭味者。知所擇焉可也。

玉華香方

沈香四兩、檀香四兩、乳香二兩、木香一兩、丁香一兩、郎胎六錢、速香罌色者四兩、唵叭香三兩、廣排草三兩、出交趾者妙，麝香三錢，蘇合油大黃五錢，官桂五錢，黃煙卽金顏香二兩，廣陵香用葉一兩；右以香料爲末，和入合油揉勻，加煉好蜜，再和如濕泥，入磁瓶，錫蓋蠟封口固，燒用二分一次。

周轉方妙。爐中不可斷火，卽不焚香，使其長溫，方有意趣。且灰燥易燃，謂之靈灰。其香燼餘塊，用瓷盒或古銅盒收起，可投入火盆中，薰焙衣被。

匙筯

雲間胡文明製者佳。南都白銅者亦適用。金玉者似不堪用。

筯瓶

吳中近製短頸細孔者，插筯下重不仆。古銅者亦佳。官、哥、定窰者，不宜日用。

香盤

紫檀烏木爲盤，以玉爲心，用以插香。

袖爐

書齋中薰衣炙手，對客常談之具。如倭人所製漏空罩蓋漆鼓，可稱淸賞。今所製有罩蓋方圓爐，亦佳。

高濂遵生八牋

印香供佛方

齋室中燒香不可一日無者，其法另具，若印香供佛，其爲印模，有焚一日者，有焚六時者。其香料隨造，但料重則香。予所製方如左，亦內府舊方，少損益耳。

夢覺菴妙高香方

共二十四味，按二十四氣，用以供佛。沈速四兩、黃檀四兩、降香四兩、木香四兩、丁香六兩、乳香四兩，檢芸香六兩、官桂八兩、甘松八兩、三賴八兩、姜黃六兩、元參六兩、丹皮六兩、丁皮六兩、辛夷花六兩、大黃八兩、藁本八兩、獨活八兩、藿香八兩、茅香八兩、白芷六兩、荔枝殼八兩、馬蹄香八兩、鐵面馬牙香一斤，淮產末香一斤、炒硝一錢，有此二物引火，且焚無斷絕之患，大小香印四具。圖附如左。

焚供天地三神香方

昔有眞人燕濟居三公山石窰中，苦毒蛇、猛獸、邪魔干犯，遂下山，改居華陰縣庵，棲息三年。

亦可。

甜香

惟宣德年製，清遠味幽，可愛。燕市中貨者，罎黑如漆，白底上有燒造年月，每罎二三斤，有錫罩蓋罐子。一斤一罎者方眞。

黃香餅

王鎮住東院所製，黑沈色無花紋者佳甚。僞者色黃，惡極。

黑香餅

劉鶴二錢一兩者佳。前門外李家印各色花巧者，亦妙。

京線香

前門外李家第二分，每束價一分，佳甚。

龍樓香

內府者佳。

玉華香

武林高深甫所製。

緌閣香

有黃、黑二種，劉鶴製佳。

黑芸香

河南短束城上王府者佳。

香爐

官哥定窰龍泉宣銅潘銅彝爐乳爐，大如茶杯而式雅者爲上。

香盒

有宋剔梅花蔗段盒，金銀爲素，用五色漆胎，刻法深淺，隨妝露色，如紅花綠葉，黃心黑石之類，奪目可觀。有定窰、饒窰者，有倭盒三子、五子者。有倭撞可攜遊，必須子口緊密，不泄香氣方妙。

隔火

銀錢、雲母片、玉片、砂片，俱可以火浣布如錢大者，銀鑲周圍，作隔火，尤難得。凡蓋隔火，則炭易滅，須於爐四圍用筯直搠數十眼以通火氣，

角沉香

質重，劈開如墨色者佳，不在沉水，好速亦能沉也。有以碎沉香輳煉成大塊，以市於人，當細辨之。

片速香

俗名鯽魚片，雉雞斑者佳。有僞爲者，亦以重實爲美。

唵叭香

一名黑香，以輭淨色明者爲佳。手指可撚爲丸者，妙甚，惟都中有之。

香角

俗名牙香，以面有黑爛色者爲佳。鐵面純白不烘焙者，爲生香，其生香之味妙甚，在廣中價亦不輕。

降眞香

紫實爲佳，茶煑出油焚之。

白膠香

有如明條者佳。

黃檀香

黃實者佳，茶浸炒黃去腥。

芙蓉香

京師劉鶴製妙。

蒼朮

句容茅山產，細梗如貓糞者佳。

萬春香

內府者佳。

蘭香

以魚子蘭蒸低速香、牙香塊者佳。近以木香滾以棍蒸者，惡甚。

安息香

都中有數種，總名安息。其最佳者，劉鶴所製月麟香、聚仙香、沉速香三種，百花香即下矣。

龍桂香

有黃黑二種，黑者價高，惟內府者佳。劉鶴所製

蓬萊香

即沈水香結未成者，成片，如小芝及大菌之狀。

鷓鴣斑香、思勞香

出日南，如乳香。

橄欖香

狀如黑膠，燒毫粒，經旬不散。

屠隆考槃餘事

香

香之爲用，其利最溥。物外高隱，坐語道德，焚之可以清心悅神。四更殘月，興味蕭騷，焚之可以暢懷舒嘯。晴窗搨帖，揮塵閒吟，篝燈夜讀，焚以遠辟睡魔，謂古伴月可也。紅袖在側，密語談私，執手擁爐，焚以薰心熱意，謂古助情可也。坐雨閉窗，午睡初足，就案學書，啜茗味淡，一爐初熱，香靄馥馥撩人，更宜醉筵醒客，皓月清宵，冰絃戛指，長嘯空樓，蒼山極目，未殘爐熱，香霧隱隱繞簾，又可祛邪辟穢，隨其所適，無施不可。品其最優者，伽倆止矣。第購之甚難，非山家所能卒辦。其次莫若沈香，沈香有三等：上者氣太厚而反嫌於辣，下者質太枯而又涉於烟，惟中者約六七分、一兩，最滋潤而幽甜，可稱妙品。煮茗之餘，即乘茶爐火便取入香鼎，徐而爇之。當斯會心景界，儼居太清宮，與上眞游，不復知有人世矣。噫，快哉！近世焚香者，不博眞味，徒事好名，兼以諸香合成，鬬奇爭巧，不知沈香出於天然，其幽雅沖澹，自有一種不可形容之妙。若修合之香，既出人爲，就覺濃艷。即如通天、燻冠、慶眞、龍涎、雀頭等項，縱製造極工，本價極費，決不得與沈香較優劣，亦豈夫高士所宜耶？

棋楠香

有糖結棋楠，鋸開上有油如飴糖，黑白相間，黑如墨，白如燥米，焚之初有羊羶微氣。有金絲棋楠，色黄，上有綹若金絲，惟糖結爲佳。

迷迭香

出西域。焚之去邪。

必栗香

焚之去一切惡氣。

揭車香

本草：焚之去蛀，辟臭。

刀圭第一香

唐昭宗賜崔引一粒，終日旖旎。

曲水香

香盤印之，似曲水像。

鷹嘴香

番人出，焚之辟疫。

乳頭香

曹務光理趙州，用盆焚，云財易得，佛難求。

助情香

安祿山進，玄宗含之，筋力不倦。

夜酣香

煬帝迷樓所夢也。

雀頭香

魏文帝遣使于吳，求雀頭香。

伴月香

徐鉉月夜露坐焚之，故名。

雞舌香

漢侍中刁存事，又尚書郎含雞舌香奏事。

安息香

出三佛齊國。

亞濕香

出占城國。

金顏香

出大食、眞臘國。

神精香一名荃蘼一名春蕪

出波弋，卽前荃蕪香也。其皮如絲，可以爲布。

沈光香、明庭香、金磾香、塗魂香

元封中外國所獻。

衡蕪香
漢武帝夢李夫人授此香。
百蘊香
飛燕浴身用此。
月麟香
文帝宮中愛之，號袖裏春。
辟寒香
焚之可以辟寒。
龍文香
漢武帝時，外國進。
千步香
南郡所貢。焚之，千步內猶有香氣。
九和香
三洞珠囊曰：玉女擎玉爐焚之。
九眞香、青木香、沈水香
皆合德上飛燕縫中物。
罽賓國香
楊牧席間焚之，上有樓臺之狀。
拘勿頭華香
拘勿頭國進，香聞數里。
精祇香
出塗魂國，焚之辟鬼。
飛氣香
珠囊曰：眞人所燒。
五枝香
燒之十日，上徹九重。
羯布羅香
西域記云：樹如松，色如冰雪。
大象藏香
因龍鬬而生，若燒一丸，興大光明珠如甘露。
兜婁婆香、牛頭旃檀香
出釋典。
明庭香、明天發日香
出胥陀寒國。

西域獻，漢靈帝用之煮湯辟癘。

石葉香

魏文帝時腹題國貢，狀如雲母，可以辟疫。

百濯香

孫亮爲四姬合四炁香衣香，百濯不落，因名。

鳳髓香

唐穆宗藏，眞島出，焚之崇禮。

紫述香

述異記云：又名麝香草。

都夷香

洞冥記云：香如棗核，食之不飢。

荃蕪香

燕昭王時，出波弋國。

辟邪香、瑞麟香、金鳳香

唐同昌公主帶玉香囊中，芬馥滿路。

月支香

月支國進，如卵，燒之辟疫百里，九月不散。

振靈香

十洲記云：聚窟洲有樹如楓，葉香聞數百里。

返魂香、震檀香、驚精香、返生香、卻死香

月支國一香五名，尸埋地下者，聞之卽活。

千畝香

述異記云：以林名香。

龢齊香

出波斯國，入藥治百病。

龜甲香

述異記云：卽桂香之善者。

兜末香

本草：漢武帝，西王母降，焚是香也。

沈光香

洞冥記：塗魂國，燒之有光。

沈榆香

拾遺記：黃帝封禪焚之。

安息香

諸番志：安息香出三佛齊國，其香乃樹之脂也，其形類核桃瓤，而不宜於燒，然能發衆香，故人取之以和香焉。

通典敍：西戎有安息國，後周天和、隋大業中曾朝貢，恐以此得名，而轉貨於三佛齊。

滇海虞衡志：安息香出八百大甸土司，古八百媳婦地。

篤耨香

諸番志：篤耨香出眞臘國，其香，樹脂也。其樹狀如杉、檜之類，而香藏於皮中。老而自然流溢者，色白而瑩，故其香雖盛暑不融，名曰篤耨。至夏月以火環其株而炙之，令其脂液再溢，冬月因其凝而取之，故其香夏融而冬凝，名黑篤耨。土人盛之以瓢，舟人易之以瓷器，香之味淸而長。黑者易融。滲漉於瓢，碎瓢而爇之，亦得其髣髴，今所謂篤耨瓢是也。

麝香木

諸番志：麝香木出占城、眞臘，樹老仆湮沒於土而腐，以熟脫者爲上，其氣依稀似麝，故謂之麝香。若伐生木取之，則氣勁而惡，是爲下品，泉人多以爲器用，如花梨木之類。

南越筆記：南方花皆可合香，如素馨、茉莉、闍提、佛桑、渠那、大小含笑之類。又有麝香花夏開，與麝香木皆類眞麝香，或傳美家香，用此諸花合之。

子年拾遺，杜陽雜編：「侈列異馥，不必眞品。其餘小說，一物別名，但矜新穎，都非奇芬。臚舉則非皆典要，刪削則轉費考詢。」葉氏香譜，惟錄所出，字既不繁，亦復眉朗，因附存焉。

葉廷珪名香譜

蟬蠶香

交趾所貢，唐宮中呼爲瑞龍腦。

茵犀香

速暫香

生速出於眞臘、占城，而熟速所出非一，眞臘爲上，占城次之，閣婆爲下。伐樹去木而取者，謂之生速。樹仆於地，木腐而香存者，謂之熟速。而生速氣味長，熟速氣味易焦，故生者爲上，熟者次之。熟速之次者，謂之暫香，其所產者，高下與熟速同，但脫者謂之熟速，而木之半存者，謂之暫香，半生熟，商人以刀刳其木而出其香，擇其上者雜於熟香而貨之，市者亦莫之辨。

黃熟香

黃熟香諸番皆出，而眞臘爲上，其香黃而熟，故名。若皮堅而中腐者，其形如桶，謂之黃熟桶。其夾箋而通黑者，其氣尤勝，謂之夾箋黃熟。夾箋者，迺其香之上品。

生香

生香出占城、眞臘、海南諸處皆有之，其白木乃是斫倒香株之未老者，若香已生在木內，則謂之生香，結皮三分爲暫香，五分爲速香，七八分爲箋香，十分卽爲沉香也。

金顏香

諸番志：金顏香正出眞蠟，大食次之，所謂三佛齊有此香者，特自大食販運至三佛齊，而商人又自三佛齊轉販入中國耳。其香乃木之脂，有淡黃色者，有黑色者，拗開雪白爲佳，有砂石爲下。其氣勁，工於聚衆香，今之爲龍涎、軟香佩帶者，多用之，番人亦以和香而塗其身。

墨莊漫錄：宣和間宮中重異香，廣南篤耨、龍涎、亞悉、金顏、雪香、褐香、軟香之類，篤耨有黑白二種，黑者每貢數十觔，白者止三觔，以瓠壺盛之，香性熏積，破之可燒，號瓠香。白者每兩價值八十千，黑者三十千，外廷得之以爲珍異也。又貢異物圓如龍眼實，色若綠葡萄，號貓兒眼睛，能息火，燃炭方熾，投之卽滅。又云能解蠱毒之藥，前世所紀異物多矣，未聞此種也。

小。降香一曰降眞香，雜諸香焚之，其煙直上，輒有白鶴下降。有馬眼香，其藤大如臂，歲久心朽皮堅，甚香，周遭有小眼，如雕刻香筒狀，粤人多以供神，謂之比降。降之眞者，從海舶而來，曰番降。根極堅實，色紫潤似蘇方木，燒之初不甚香，得諸香和之，特美，其屑可治刀傷。有水藤香。有楓香，即楓膠也，一曰白膠香。有左紐香、石檀香。有海漆香，產文昌海港，色甚黑，焚之油出如漆。有龍骨香，其樹叢生有刺，汁甚毒，枝老而根結者美。有芸香，山中樹液所結，雜諸香焚之，能除濕氣。有思勞香，狀乳香，瀝青黃褐色，氣似楓膠。有橄欖香，橄欖之脂也。如黑飴狀，以黃連木及楓膠和之，有清烈出塵之意。有薰陸香，一名馬尾香，山記：羅浮有越王擣薰陸香處。其曰白木香，則東莞香木之枝幹也。經斫傷，則成黃熟，否則歲久亦止白木，故曰白木香，廣中香族甚多，其未知名者，味皆酷烈。

廣人生長香國，不貴沉檀，顧以山野之香爲重也。

番沉香

諸蕃志：沉香所出非一，眞臘爲上，占城次之，三佛齊、闍婆等爲下。俗分諸國爲上下岸，以眞臘、占城爲上岸，大食、三佛齊、闍婆爲下岸。香之大槩，生結者爲上，熟脫者次之；堅黑者爲上，黃者次之。然諸沉之形多異，而名亦不一。有如犀角者謂之犀角沉，如燕口者謂燕口沉，如附子者謂附子沉，如梭者謂之梭沉，文堅而理緻者謂之橫隔沉。大抵以所產氣味爲高下，不以形體爲優劣。世謂渤泥亦產，非也。一說，其香生結成，以刀修出者，爲生結沉；自然脫落者，爲熟沉，產於下藥沉。海南亦產沉香，其氣清而長，謂之蓬萊沉。

箋香

箋香乃沉香之次者，氣味與沉香相類。然帶木而不甚堅實，故其品次於沉香，而優於熟速。

留其支，使㿻旁抽，又二三歲，乃於正幹之餘出土尺許，名曰香頭者，鑿之。初鑿一二片，曰開香門，亦曰開香口。貧者八九歲則開香門，富者十餘歲乃開香口。然大率歲中兩鑿，春以三月，秋以九月，鑿一片如馬牙形，卽以黃土兼砂壅之，明歲復鑿，亦如之。自少而多，今歲一片，明歲卽得二三片矣。然貧者鑿於三月，復鑿於九月耳。富者必俟十閱月乃再鑿，蓋以十月香胎氣足，香乃大良也。既鑿矣，其爲雨露所漬，而精液下結者，則其根美。其雨露不能漬，水不能腐者，其精液滲成一縷，外黃內黑，是名黃紋黑滲，以此爲上。蓋香以歲久愈佳，木氣盡香氣乃純，純則堅老如石，擲地有聲。皆黑中，可以手擇其或鬆紋交紐，穿胸而透底者；或不必透底，而面滲一黑線者；或黑圈斑駁，如鷓鴣斑者；或作馬尾滲者；或純黃者，鐵殼者；皆爲生香。生曰生結，亦曰血格，曰黑格。熟曰黃熟，亦曰水熟。黃熟者，香木過盛，而精液散漫，未及凝成黑線者。又土壅不深而爲雨水所淋者，是爲黃熟。生結者，香頭之下間有隙穴，爲日月之光所射，霜露之華所漬，日久結成胎塊，其實不朽，而與土生氣相接者，是爲生結。以多脂膏潤澤洽於表裏，又名血格。曝之日中，其香滿室，不必焚爇而已氤氳有餘矣。

鶴頂香

鶴頂香在古榕之腹，常有鳥啣香子，墮落其中，歲久香木長成，其枝葉微出榕杪，白鶴之所盤旋，朝夕不散。久之，香木作結，堅潤如脂。人取而爇之，香煙翔舞，悉成白鶴之形，白鶴大小則視香煙之穠薄，是名鶴頂香。東莞或時有之。或曰：是遯香也。身在榕中，而氣與鶴相感，蓋以榕爲體，以鶴爲用者也。

諸香

諸香有曰雞蹢香，枝條似雞距，故名。一曰雞香，一曰雞藤香，一曰雞骨香。有冷生香，似降香而月，日中稍暴之，而後香魂乃復也。占城者靜而常存，瓊者動而易散；靜者香以神行，動者香以氣使也。藏者以錫爲匣，中爲一隔而多竅，蠶其下，伽㑲其上，使薰炙以爲滋潤；又以伽㑲末養之，他香末則弗香，以其本者返其魂，雖微塵許，而其元可復，其精多而氣厚故也。尋常時勿使見水，勿使見燥風黴濕，出則藏之，否則香氣耗散。

東莞香

東莞香以金釵腦所產爲良。地甚狹，僅十餘畝。其香種至十年已絕佳。雖白木，與生結同。他所產者，在昔以馬𩣡岡，今則以金桔嶺爲第一。次則近南仙村雞胡嶺白石嶺梅林百花洞牛眠石鄉諸處。至劣者，烏泥坑。然金桔嶺歲出精香僅數斤，某家有精香多寡，人皆知之。馬𩣡岡久已無香，其香皆新種，無堅老者。凡香先辨其所出之地，香在地而不在種，非其地則香種變。其土如雞子黃者，其香鬆而多水熟；沙黑而多土者，其香堅而多生結，能耐霜雪。又以泥紅名朱砂管者，或紅如麴粉者，磽确而多陽者爲良土。莞人多種香，祖父之所遺，世享其利，地一畝可種三百餘株，爲香田之農，甚勝於藝黍稷也。然可種之地僅百餘里，他處弗茂且弗香。凡種香先擇山，土開至數尺，其土黃，砂石相雜，堅實而瘠，乃可種。其壤純黃純黑無砂，至雨水不滲，潮汐潤及；其香紋或如飴糖，甜而不清，或多黑絲縷，味辣而濁，皆惡土也，不宜種。香木如樹蘭而叢密，行人每折枝代傘，謂之香陰。其葉似黃楊，淩寒不落，種五六年即結子，子如連翹而黑，落地即生，經人手摘則否。夏月子熟種之，苗長尺許乃拔而蒔。蒔宜疎，使根見日；疎則香頭大，見日則陽氣多。歲一犁土，使上鬆，草蔓不生。至四五歲，乃斬其正幹斸之，是爲白木香。香在根而不在幹，幹純木而色白，故曰白木香。非香，故曰白木；而不離香，故曰白木香。此其別也。正幹已斬，香。其六、油速，一名土伽傰。其七、磨料沉速。其八、燒料沉速。其九、紅蒙花剷，蒙者背香而腹泥，紅者泥色紅也，花者木與香相雜不純，剷木而存香也。其十、黄蒙花剷。其十一、血蒙花剷。其十二、新山花剷。其十三、曰鐵皮速，外油黑而内白木，其樹甚大，香結在皮不在肉，故曰鐵皮，此則速香之族。又有野豬箭，亦曰香箭。有香角香、片香。影香，影者鋸開如影木然。有鴛鴦背，半沉半速，錦包麻，麻包錦。其曰將軍兜、菱殼、雨淋頭、鯽魚片、夾木含泥等，是皆香之病也。其十四、老山牙香。其十五、新山牙香，香大塊，剖開如馬牙，斯爲最下。然海南香雖最下，皆氣味清甜，别有醞藉，若渤泥、暹羅、眞臘、占城、日本所產，試水俱沉，而色黄味酸，香尾焦烈。至若雞骨香乃雜樹之堅節，形色似香，純是木氣，本草綱目以爲沉香之中品，誤矣。

伽傰

伽傰雜出於海上諸山，凡香木之枝柯竅露者，木立死而本存者，氣性皆溫，故爲大蝗所穴。大蝗所食石蠹，遺漬香中；歲久漸浸，木受石蠹氣多，凝而堅潤，則伽傰成。其香本未死、蠹氣未老者，謂之生結，上也；木死本存，蠹氣膏於枯根，潤若錫片者，謂之糖結，次也；歲月既淺，木蠹之氣未融，木性多而香味少，謂之虎斑金絲結，又次也；其色如鸚頭綠者，名綠結，掐之痕生，釋之痕合，挼之可圓，放之仍方，鋸則細屑成團，又名油結，上之上也。伽傰木與沉香同類，而分陰陽。或謂沉牝也，味苦而性利，其香含藏，燒乃芳烈，陰體陽用也；伽傰牡也，味辛而氣甜，其香勃發，而性能閉二便，陽體陰用也。然以洋伽傰爲上，產占城者，剖之香甚輕微，然久而不減。產瓊者名土伽傰，狀如油速，剖之香特酷烈，然手汗沾濡，數月即減，必須濯以清泉，膏以蘇合油，或以甘蔗心藏之，以白蕁葉苴之，瘞土數

南越筆記志香

沉香

嶠南火地，太陽之精液所發，其草木多香，有力者皆降皆結，而香木得太陽烈氣之全，枝、幹、根、株皆能自爲一香。故語曰：海南多陽，一木五香。海南以萬安黎母東峒香爲勝。其地居瓊島正東，得朝陽之氣又早，香尤淸淑。多如蓮蕚、梅英、鵝梨、蠠脾之類，焚之少許，氛翳彌室，雖煤燼而氣不焦，多醞藉而有餘芬。洋船之番沉、藥沉，往往腥烈；卽佳者，意味亦短，木性多，尾烟必焦。其出海北者，生於交趾，聚於欽，謂之欽香，質重實而多大塊，氣亦酷烈，無復海南風味，粵人賤之。海南香故有三品：曰沉，曰𥱧，曰黃熟。沉、𥱧有二品：曰生結，曰死結。黃熟有三品：曰角沉，曰黃沉，若敗沉者，木質旣盡，心節獨存，精華凝固，久而有力，生則色如墨，熟則重如金，純爲陽剛，故於水則沉，於土亦沉，此黃熟之最也。其或削之則卷，嚼之則柔，是謂蠟沉，皆子瞻所謂「旣金堅而玉潤，亦鶴骨以龍筋；惟膏液之內足，故把握而兼斤；無一往之發烈，有無窮之氤氳」者也。凡采香必於深山叢翳之中，羣數十人以往，或一二日卽得，或半月徒手而歸，蓋有神焉。當夫高秋晴爽，視山木大小皆凋瘁，中必有香，乘月探尋，有香氣透林而起，以艸記之，其地亦卽有蟻封高二三尺，隨挖之，必得油速、伽倆之類，而沉香爲多。其木節久蟄土中，滋液下流旣結，則香面悉在下，其背帶木性者，乃出土，故往往得之。沉香有十五種：其一、曰黃沉，亦曰鐵骨沉、烏角沉，從土中取出，帶泥而黑，心實而沉水，其價三換，最上。其二、生結沉，其樹尙有青葉未死，香在樹腹如松脂液，有白木間之，是曰生香，亦沉水。其三、四六沉香，四分沉水，六分不沉水，其不沉水者，亦乃沉香非速。其四、中四六沉香。其五、下四六沉刺端，芳氣與他處箋香夐别。出海北者，聚於欽州，品極凡，與廣東舶上生熟速結等香相埒。海南箋香之下，又有重漏、生結等香，皆下色。

光香

光香與箋香同品，第出海北及交趾，亦聚於欽州。多大塊，如山石枯槎，氣粗烈如焚松檜，曾不能與海南箋香比。南人常以供日用，及常程祭享。

沉香

沉香出交趾，以諸香草合和蜜調如薰衣香，其氣温馨，自有一種意味，然微昏鈍。

香珠

香珠出交趾，以泥香捏成小巴豆狀，琉璃珠間之，綵絲貫之，作道人數珠。入省地賣，南中婦人好帶之。

思勞香

思勞香出日南，如乳香、瀝青，黄褐色，氣如楓香。交趾人用以合和諸香。

排草

排草出日南，狀如白茅香，芬烈如麝香，亦用以合香。諸草香無及之者。

檳榔苔

檳榔苔出西南海島，生檳榔木上，如松身之艾蒳。單爇極臭，交趾人用以合泥香，則能成温馨之氣，功用如甲香。

橄欖香

橄欖香，橄欖木脂也。狀如黑膠飴，江東人取黄連木及楓木脂，以爲欖香。蓋其類出於橄欖，故獨有清烈出塵之意，品格在黄連、楓香之上。桂林、東江有此，居人采香賣之，不能多得，以純脂不雜木皮者爲佳。

零陵香

零陵香宜、融等州多有之，土人編以爲蓆薦坐褥，性煖宜人。零陵今永州，實無此香。

世皆云二廣出香，然廣東香乃自舶上來，廣右香產海北者亦凡品，惟海南最勝。人士未嘗落南者，未必盡知，故著其說。

沉水香

沉水香，上品出海南黎峒，一名土沉香，少大塊。其次如繭栗角、如附子、如芝菌、如茅竹葉者佳。至輕薄如紙者，入水亦沉。香之節因久蟄土中，滋液下流，結而爲香，採時香面悉在下，其背帶木性者，乃出土上。環島四郡界皆有之，悉冠諸蕃所出，又以出萬安者爲最勝。說者謂萬安山在島正東，鍾朝陽之氣，香尤醞藉豐美。大抵海南香氣皆清淑，如蓮花、梅英、鵝梨、蜜脾之類，焚一博骰許，氣翳彌室，翻之四面悉香，至煤燼氣不焦，此海南香之辨也。北人多不甚識，蓋海上亦自難得，省民以牛博之，予黎一牛，博香一擔，歸自差擇，得沉水十不一二。中州人士，但用廣州舶上占城眞臘等香，近年又貴丁流眉來者，余試之不及海南中下品。舶香往往腥烈，不甚腥者意味又短，帶木性，尾煙必焦。其出海北者生交趾，及交人得之海外番舶，而聚於欽州，謂之欽香。質重實，多大塊，氣尤酷烈，不復風味，唯可入藥，南人賤之。

蓬萊香

蓬萊香者，亦出海南，卽沉水香結未成者。多成片，如小笠及大菌之狀，有徑一二尺者，極堅實，色狀皆似沉香，惟入水則浮。刳去其背帶木處，亦多沉水。

鷓鴣斑香

鷓鴣斑香，亦得之於海南沉水蓬萊及極好箋香中。槎牙輕鬆，色褐黑而有白斑點，如鷓鴣臆上毛，氣尤清婉似蓮花。

箋香

箋香出海南，香如蝟皮、栗蓬及漁蓑狀。蓋修治時雕鏤費工，去木留香，刺棘森然。香之精鍾於

窨酒龍腦丸法

龍、麝二味，另研。丁香、木香、官桂、胡椒、紅豆、縮砂、白芷各一分，馬哱少許；除龍、麝另研外，同擣羅爲細末，蜜爲丸，和如櫻桃大。一斗酒置一丸於其中，却封繫令密，三五日開飲之，其味特香美。

毬子香法

艾蒳一兩，松樹上青衣是也；丁香半兩；酸棗一升，入水少許，研取汁一盌，日煎成膏；用檀香半兩、茅香半兩、香附子半兩、白芷半兩、草豆蔻一枚去皮；龍腦少許另研。除龍腦另研外，都擣羅以棗膏與熟蜜合和得中，入臼杵令不黏杵即止，丸如梧桐子大。每燒一丸欲盡，其煙直上，如一毬子，移時不散。

窨香法

凡和合香須入窨，貴其燥濕得宜也。每合香和訖，約多少用不津器貯之，封之以蠟紙，於靜室屋中，入地三五寸瘞之。月餘日取出，逐旋開取然之，則其香尤醞䣺也。

薰香法

凡薰衣以沸湯一大甌，置薰籠下，以所薰衣覆之，令潤氣通徹，貴香入衣難散也。然後於火爐中燒香餅子一枚，以灰蓋，或用薄銀楪子尤妙，置香在上薰之，常令煙得所。薰訖疊衣，隔宿衣之，數日不散。

造香餅子法

輭炭三斤、蜀葵葉或花一斤半貴其黏，同擣令勻細如末可丸，更入薄糊少許，每如彈子大，捍作餅子，曬乾貯瓷瓶內，逐旋燒用。如無葵，則以炭中半入紅花滓內，擣用薄糊和之，亦可。

范成大桂海香志

序

南方火行，其氣炎上，藥物所賦，皆味辛而臭。香如沉𣾰之屬，世專謂之香者，又美之所鍾也。

檀香、元參各三兩，甘松二兩，乳香、龍、麝各半兩，另研。先將檀香、元參剉細，盛于銀器內，以水浸，慢火煮，水盡取出焙乾，與甘松同搗羅爲末。次入乳香末等一處，用生蜜和匀，久窨然後用之。

又牙香法

白檀香八兩，細劈作片子，以臘茶清浸一宿，取出焙令乾，用蜜酒中拌令得所，再浸一宿，慢火焙乾；沉香三兩，生結香四兩，龍腦、麝各半兩，甲香一兩，先用灰煮，次用生土煮，次用酒蜜煮，漉出用；另將龍、麝別研外，諸香同搗羅，入生蜜拌匀。以瓷罐貯窨地中，月餘出。

印香法

夾棧香、白檀香各半兩，白茅香二兩，藿香一分，甘松、甘草、乳香各半兩，棧香二兩，麝香四錢，甲香一分，龍腦一錢，沉香半兩；除龍、麝、乳香別研外，都搗羅爲末，拌和令匀用之。

又印香法

黃熟香六斤，香附子、丁香皮五兩，藿香、零陵香、檀香、白芷各四兩，棗半斤，焙茅香二斤，茴香二兩，甘松半斤，乳香一兩，細研生結香四兩；搗羅爲末，如常法用之。

傅身香粉法

英粉另研，青木香、麻黃根、附子、甘松、藿香、零陵香各等分，除英粉外，同搗羅爲細末，用夾絹袋盛，浴了傅之。

梅花香法

甘松、零陵香各一兩，檀香、茴香各半兩，丁香一百枚，龍腦少許，爲細末，煉蜜令合和之，乾濕得中用。

衣香法

零陵香一斤，甘松、檀香各十兩，丁香皮半兩，辛夷半兩，茴香一分；搗羅爲末，入龍、麝少許，用之。

勻，丸如雞豆大，每藥末一兩，使熟蜜一兩，未丸前再入杵臼百餘下，油單密封貯瓷器中，旋取燒之。

供佛濕香法

檀香二兩，零陵香、藿香、䉡香、白芷、丁香皮、甜參各一兩，甘松、乳香各半兩，硝石一分，依常法事治碎剉焙乾，擣爲細末；別用白茅香八兩，碎擘去泥，焙乾用火燒，候火焰欲絶，急以盆蓋，手巾圍盆口，勿令通氣，放冷。取茅香灰擣爲末，與前香一處，逐旋入經煉好蜜相和，重入藥臼，擣令輭硬得所，貯不津器中，旋取燒之。

牙香法

沉香、白檀香、乳香、青桂香、降眞香、龍腦、甲香，灰汁煮少時，取出放冷，用甘水浸一宿，取出令焙乾，麝香、已上八味各半兩，擣羅爲末，煉蜜拌令勻，別將龍腦、麝香於淨器研細，入令勻，用之。

又牙香法

黄熟香、䉡香、沉香各五兩，檀香、零陵香、藿香、甘松、丁香皮各三兩，麝香、甲香三兩，黄泥漿煮一日後，用酒煮一日。硝石、龍腦各三兩，乳香半兩，除硝石、龍腦、乳、麝同研細外，將諸香擣羅爲散。先用蘇合油一茶匙許，更入煉過蜜二斤，攪和令勻，以瓷合貯之，埋地中，一月取出用之。

又牙香法

沉香四兩，檀香五兩，結香、藿香、零陵香、甘松各四兩，丁香皮、甲香各二分，麝香、龍腦各三分，茅香四兩，燒灰爲細末，煉蜜和勻，用之。

又牙香法

生結香、䉡香、零陵香、甘松各三兩，藿香、丁香皮、甲香各一兩，麝香一錢，爲粗末，煉蜜放冷和勻，依常法窨過爇之。

又牙香法

重之，故飾其名耳。又有檀香，木如檀，生南海，消風熱腫毒，主心腹痛，霍亂，中惡鬼氣，殺蟲。有數種黃、白、紫之異，今人盛用之。眞紫檀，舊在下品，亦主風毒。蘇恭云：出崑崙盤盤國，雖不生中華，人間偏有之。檀木生江、淮及河朔山中，其木作斧柯者亦檀木，但不香耳。至夏有不生者，忽然葉開，當有大水，農人候之以測水旱，號爲水檀。

檀又有一種，葉亦相類，高五六尺，生高原地，四月開花，正紫，亦名檀。根如葛，極主瘡疥，殺蟲，有小毒也。

滇南虞衡志：沉香出車里土司，屬普洱。

洪芻香譜

蜀王薰御衣法

丁香、馢香、沉香、檀香、麝香各一兩，甲香三兩，製如常法，搗爲末，用白沙蜜輕煉過，不得熟用，合和令勻，入用之。

江南李主帳中香法

用沉香一兩，細剉，加以鵝梨十枚，研取汁於銀器內盛，却蒸三次，梨汁乾，即用之。

唐化度寺牙香法

沉香一兩五錢、白檀香五兩、蘇合香一兩、甲香一兩，煮龍腦半兩、麝香半兩，細剉搗爲末。用馬尾篩羅，煉蜜溲和得所，用之。

雍文徹郎中牙香法

沉香、檀香、甲香、馢香各一兩，黃熟香一兩，龍麝各半兩，搗羅爲末，煉蜜拌和勻，入新瓷器中貯之，密封埋地中，一月取出用。

延安郡公蘂香法

元參半斤，淨洗去塵土，於銀器中以水煮令熟，控乾切入銚中，慢火炒令微煙出；甘松四兩，擇去雜草塵土，方秤定細剉之；白檀香剉；麝香顆者，俟別藥成末，方入研的，乳香細研同麝香，入上三味各二錢，並新好者，杵羅爲末，煉蜜和出崑崙及交、愛以南，枝葉及皮並似栗，花如梅花，子似棗核，此雌者也。雄者著花不實，採花釀之以成香。按諸書傳或云是沉香木花，或云草花，蔓生，實熟貫之，其說無定。今醫家又一說云：按三省故事，尚書郎口含雞舌香。用雞舌香療口臭者，亦緣此義耳。今人皆於乳香中，時時得木實似棗核者，以爲雞舌香，堅頑枯燥，絕無氣味，燒亦無香，不知緣何得香名，無復有芬芳也。又葛稚川百一方有治暴氣刺心切痛者，研雞舌香酒服，當差。今治氣藥，借雞舌香名方者至多，亦以雞舌香善療氣也。或取以療氣及口臭，則甚乖疏，又何謂也。其言有採花釀成香者，今不復見，果有此香，海商亦當見之，不應都絕京下。老醫或有謂雞舌香與丁香同種，花實叢生，其中心最大者爲雞舌香，擊破有解理如雞舌，此即是母丁香，療口臭最良，治氣亦效。蓋出陳氏拾遺，亦未知的否？千金療瘡癰連翹五香湯方，用丁香，一方用雞舌香，以此似近之。抱朴子云：以雞舌、黃連、乳汁煎注之，諸有百疹之在目，愈而更加精明倍常。又有詹糖香，出交、廣以南，木似橘，煎枝葉以爲香，往往以其皮及蠹屑和之，難得淳好者。唐方多用，今亦稀見。又下蘇合香條云：生中臺川谷。蘇恭云：此香從西域及崑崙來，紫色，與眞紫檀相似而堅實，極芬香，其香如石燒之灰白者好，今不復見此等，廣南雖有此而類蘇木，無香氣，藥中但用如膏油者，極芬烈耳。陶隱居以爲是師子屎，亦是指此膏油者言之耳。然師子屎今內帑亦有之，其臭極甚，燒之可以辟邪惡，固知非此也。梁書云天竺出蘇合香，是諸香汁煎之，非自然一物也。又云：大秦國採得蘇合香，先煎其汁以爲香膏，乃賣其滓與諸人，是以展轉來達中國者，不大香也。然則廣南貨者，其經煎鍊之餘乎？今用膏油，乃其合治成者耳。或云：師子屎亦是西國草木皮汁所爲，胡人欲貴而平者爲雞骨，最麄者爲棧香。

圖經：沉香、青桂香、雞骨香、馬蹄香、棧香，同是一本。舊不著所出州土，今惟海南諸國及交、廣、崖州有之。其木類欅柳，多節，葉似橘花白，子似檳榔，大如桑椹，紫色而味辛，交州人謂之蜜香。欲取之，先斷其積年老木根，經年，其外皮幹俱朽爛，木心與枝節不壞者，即香也。細枝緊實未爛者，爲青桂；堅黑而沉水爲沉香；半浮半沉與水面平者爲雞骨；最麄者爲棧香。又云：棧香中形如雞骨者，爲雞骨香；形如馬蹄者，爲馬蹄香。然今人有得沉香奇好者，往往亦作雞骨形，不必獨是棧香也。其又麄不堪藥用者，爲生結黄熟香。其實一種，有精麄之異耳。並採無時。

嶺表録異云：廣、管、羅州多棧香，如柜柳，其花白而繁，皮堪作紙，名爲香皮紙。灰白色有文，如魚子𥵽，其理慢而弱，沾水即爛，不及楮紙，亦無香氣。又云：沉香、雞骨、黄熟雖同是一木，而根幹枝節各有分別者，是也。然此香之奇異最多品，故相丁謂在海南作天香傳，言之盡矣。云：四香凡四十二狀，皆出於一本。木體如白楊，葉如冬青而小。又敍所出之地云：竇化、高雷，中國出香之地也，比海南者優劣不侔甚矣。既所稟不同，復售者多而取者速，是以黄熟不待其稍成，棧、沉不待其香足，蓋趨利戕賊之深也。非同瓊、管黎人，非時不妄翦伐，故木無夭札之患，得必異香，皆其事也。又薰陸香形似白膠，出天竺、單于二國。南方草木狀：如薰陸，出大秦國，其木生於海邊沙上，盛夏木膠出沙上，夷人取得賣與賈客，乳香亦其類也。廣志云：南波斯國松木脂有紫赤如櫻桃者，名乳香，蓋薰陸之類也。今人無復別薰陸者，通謂乳香爲薰陸耳。治腎氣、補腰膝、霍亂吐下、衝惡中邪氣、五疰、治血止痛等藥，及膏煎多用之。然至黏難研，用時以繒袋掛於窗隙間，良久取研之，乃不黏。又雞舌香梢尖葉色光華，又似白棠子葉，而色微黄綠。結子如豌豆大，生則青，熟則黑茶褐色。其葉味淡，微苦，採嫩葉煠熟，水浸淘淨，油鹽調食。亦可蒸曝作茶煮飲。

本草綱目李時珍曰：生道路邊，其實附枝如穗，人採嫩者，取汁刷染綠色。

陸璣詩疏：北山有楰。楰，楸屬；其樹葉木理如楸，山楸之異者。今人謂之苦楸，濕時脆，燥時堅。今永昌又謂鼠梓，漢人謂之楰。廣要：爾雅云楰，鼠梓。郭云：楸屬也。今江東有虎梓。鄭云苦楸也。圖經云：鼠梓一名楰，亦楸之屬也。詩小雅云：北山有楰，是也。鼠李一名鼠梓，或云卽此也。然鼠梓花實都不相類，恐別一物，而名同也。曹氏曰：宫室之良材。通志略云：鼠李曰牛李，曰鼠梓，曰椑，曰山李，曰楰，曰苦楸，卽烏巢子也。

蔓椒

本草經：蔓椒味苦，溫。主風寒濕痹歷節疼，除四肢厥氣，膝痛。一名豕椒。

別錄：無毒。一名豬椒，一名彘椒，一名狗椒。生雲中川谷及邱冢間。採莖、根煮釀酒。陶隱居云：山野處處有，俗呼爲樛子，似椒欓小，不香爾。一名豨椒，可以蒸病出汗也。

本草綱目李時珍曰：蔓椒野生林箐間，枝軟如蔓，子葉皆似椒，山人亦食之。爾雅云椒椴醜梂，謂其子叢生也。陶氏所謂樛子，當作梂子，諸椒之通稱，非獨蔓椒也。

沉香

別錄：沉香微溫，療風水毒腫，去惡氣。陶隱居云：此香合香家要，不正入藥，惟療惡核毒腫，道方頗有用處。

唐本草注：沉香青桂雞骨馬蹄煎香等同是一樹，葉似橘葉，花白，子似檳榔，大如桑椹，紫色而味辛。樹皮青色，木似櫸柳。

南越志：交州有蜜香樹，欲取先斷其根，經年後，外皮朽爛，木心與節堅黑。沉水者爲沉香，浮水應如是。

又爾雅正義引顔師古急就篇注云：常棣，其子熟時正赤，可啗。俗呼爲山櫻桃，隴西人謂之棣子，與今北方土語正合。又唐棣雖據郭注爲白楊，而並存陸疏奥李之説，亦兼存兩説之義。

鼠李

本草經：鼠李主寒熱瘰癧瘡。

別録：其皮味苦，微寒，無毒。主除身皮熱毒。一名牛李，一名鼠梓，一名椑。生田野，採無時。

唐本草注：此藥一名趙李，一名皁李，一名烏槎樹。皮主諸瘡寒熱風痹。子主牛馬六畜瘡中蟲，或生搗敷之，或和脂塗，皆效。子味苦，採取日乾，九蒸，酒漬，服三合，日再，能下血及碎肉，除疝瘕積冷氣，大良。皮、子俱有小毒。

圖經：鼠李即烏巢子也。本經不載所出州土，但云生田野，今蜀川多有之。枝葉如李，子實若五味子，色蘂黑，其汁紫色，味甘，苦。實熟時採，日乾，九蒸酒漬服，能下血。其皮採無時。一名牛李。劉禹錫傳信方：主大人口中疳瘡并發背，萬不失一。用山李子根，亦名牛李子。薔薇根，野外者佳。各細切五升，以水五大斗，煎至半日已來，汁濃即於銀銅器中盛之。重湯煮至一二升，看稍稠，即於甆瓶中盛，少少温含咽之，必差。忌醬醋、油膩、熱麪。大約不宜食肉。如患發背，重湯煎令極稠，和如膏，以帛塗之瘡上，神效。襄州軍事柳岸妻竇氏患口疳十五年，齒盡落，斷亦斷壞不可近，用此方遂差。

本草衍義：鼠李即牛李子也。木高七八尺，葉如李，但狹而不澤。子於條上四邊生，熟則紫黑色，生則青，葉至秋落，子尚在枝。是處皆有，故經不言所出處。今關陝及湖南、江南北甚多。木皮與子兩用。

救荒本草：女兒茶一名牛李子，一名牛筋子，生田野中。科條高五六尺，葉似郁李子葉而長大，以薁爲郁李，常棣但引爾雅棣，而不指爲何物。其曰先反後合，或以爲棣花，或以爲楊華，望文生義，務爲新語，殆無取焉。考陸疏：唐棣即薁李，常棣似郁李，二種分晰甚明。今北地四五月間，野人採赤白棣，僞爲櫻桃貨之，實如櫻而圓，如李又尖小，而有微毛，頗酢。其葉稍狹，土音尚呼爲棠李子，此即常棣也。北方櫻桃熟時微遲故薦含桃時，多以此李代之。陸云今官園種之，今時端午相饋餉，皆是物也。唐棣，陸云：薁李。圖經以爲郁李，此淮南北所呼爲秧李也。插秧畢而熟，秧郁亦一聲之轉。又多生田塍上，高五六尺，葉亦似楡而圓，實正似櫻桃，而更赤，味酢。野生者花單而實繁，家蒔者花緐而實少。花極似梅，故曰爵梅，心中有長鬚突出，又曰穿心梅。結實時，鬚連於核，果腐而核尚懸於枝。程子所謂花萼相承甚力，而圖經所云花密條長，亦曰郁李，是也。此皆古語相沿，鄉音未改，常棣熟早，郁李熟遲，故一云五月始熟，一云六月成實，皆就北方地氣而言，江南無赤白棣，即櫻桃亦少佳者，故考訂家以常棣即爲郁李，而唐棣必以郭注移楊爲訓，方見明曉。名物疏以薁爲別一種，而常棣更無所指名矣。毛傳：鬱，棣屬。古人所謂棣，尚不僅常棣、唐棣二物。今李中種類甚多，大小甘酢不一。陸所云鬱實大如李，色赤者，自是李之一種，舊說俱未深詳。名物疏不以常棣爲郁李，乃云薁一名郁李，一名棣，一名車下李。車下李即陸所謂唐棣。而棣者，乃爾雅常棣也。矛盾雜糅，何以反謂陸謬耶！毛傳：薁，蘡薁。陸疏不及之，應以薁爲郁李也。薁、郁聲近，蘡者以形如櫻花。木志：燕薁實如龍眼，黑色，此是山葡萄，非此類也。郭注爾雅，多存舊說，薜苨爲蔆，兩注并存，後世疏經，就聲音點畫推求微渺，而不多求方物，宜其窒礙。近時段氏說文雖專精小學，而博訪物象。學詩多識，固說，則直認常棣爲唐棣矣。何云漁仲分析甚當！又毛詩云：鬱，棣屬；薁，蘡薁也。孔疏云：鬱是唐棣之類。劉楨毛詩義問云：其樹高五六尺，其實大如李，正赤，食之甜，與棣相類。故云棣屬蘡薁者，亦是鬱類而小別耳。晉宮閣銘云：華林園中有車下李三百一十四株，薁李一株，車下李卽鬱，薁李卽薁。二者相類，而同時熟，故言鬱薁也。本草圖經云：郁李木高五六尺，枝條葉花皆若李，惟子小若櫻桃，赤色而味甘酸，核隨子熟。六月採根幷實，取核中仁用。名物疏云：薁一名郁李，一名薁李，一名蘡李，一名燕薁，一名棣，一名爵李，一名車下李。廣雅謂之蘡舌，與鬱俱棣屬也，故同得車下李之名。陸璣以唐棣爲薁李，非也；而以爲實大如李，則得之。本草圖經謂郁李子如櫻桃，則似說常棣，非郁李也。郁李雖棣屬，然非爾雅所謂唐棣、常棣也。古之說者，惟不知唐棣爲扶移木，而以爲薁，又不知薁別是一種，而以爲常棣，故本草注及詩緝諸說俱誤。今由陸璣、崔豹、鄭樵及本草諸說參詳之，始知其別如此。魏王花木志：燕薁實如龍眼，黑色。說文謂之蘡薁。詩疏一名車鞅藤。豳詩：六月食薁者，此也。廣志曰：燕薁似梨，早熟。據此，又非郁李，而二說亦相矛盾，殆不足取證。韓詩薁字又作藿，是爾雅所謂藿山韭者，非毛詩之薁。爾雅翼云：山韭形性與韭相類，但根白，葉如燈心苗。雩婁農曰：陸疏常棣，許愼曰白棣樹也。如李而小，如櫻桃，正白。今官園種之。又有赤棣樹，亦似白棣，葉如刺榆葉，而微圓，子正赤，如郁李而小，五月始熟，自關西、天水、隴西多有之。又唐棣，薁李也，一名雀梅，亦曰車下李，所在山中皆有。其花或白或赤，六月中成實，大如李子，可食。又食鬱及薁。鬱，其樹高五六尺，其實大如李，色赤，食之甘。毛晉廣要，博采各說，大要以唐棣爲楊，常棣爲郁李。而名物疏則似白楊。埤雅：唐棣一名栘，其華反而後合。詩曰：唐棣之華，偏其反而，豈不爾思，室是遠而。子曰：未之思也，夫何遠之有。詩三百所以無此篇歟？凡木之花，皆先合而後開，惟此花先開而後合。詩曰：山有苞棣，隰有樹檖。苞棣，以況可與權之臣；樹檖，以況可與立之臣。可與權者在上，可與立者在下，穆公之業也。又曰：何彼穠矣，唐棣之華；何彼穠矣，華如桃李。蓋棣華偏而後合，桃李則皆有華之盛者，故詩以況王姬下嫁，其衣之穠如此。爾雅翼云：栘生江南山谷，其大十數圍，無風葉動，華反而後合，所謂偏其反而者也。又何彼穠矣之詩，亦言唐棣之華，此詩以王姬車服不繫其夫，築館于外，亦有反而後合之道，至於執婦道以成肅雝，則若桃李之相輝蔽，不終反而已也。崔豹古今注曰：栘楊圓葉弱蔕，微風大搖，一名高飛，一名獨搖，又曰栘楊，一曰栘柳，亦曰蒲栘。而齊民要術以高飛、獨搖爲白楊之別名。又本草白楊注云取葉圓大蔕小，無風自動者，故說者云葉無風自動，此是栘楊，非白楊也。蓋白楊多悲風，又與此相類，故相雜耳。栘皮焚爲灰置酒中，令味正，經時不敗。本草云：扶栘木皮味苦。名物疏云：唐棣、常棣是二種。爾雅云：唐棣，栘。本草謂之扶栘木，一名高飛，一名獨搖。爾雅又云：常棣，棣。小雅所謂常棣之華也。又本草郁李仁一名棣，一名雀李，一名車下李，七月之所謂薁也。陸璣知唐棣、常棣各一種，却不當以名薁李、車下李，五月成實者爲唐棣，故孔仲達七月疏俱不明了。本草注于郁李仁下，既引陸氏釋常棣之文，圖經又引釋唐棣之文，而常、唐二字俱作棠，混之甚矣。唐棣自是楊類，雖得棣名，而實非棣也。惟鄭漁仲分析甚當。朱子論語注云：唐棣，郁李也。亦陸璣誤之與？案鄭漁仲云：郁李曰壽李，曰車下李，曰棣，常棣。詩云：常棣之花，鄂不韡韡。據此薁也，一物也。奥李所在山皆有，則又山李之所以名也。爵某之爵，曹憲音雀，各本脱去爵字。音内雀字誤入正文，雀字又譌作崔，爵下某字又譌作其，今並改正。也上李薁二字，各本皆脱，今據詩義疏引廣雅補。爾雅云：時，英梅。郭注云：雀梅也。名醫別錄云：雀梅味酸，寒，有毒。主蝕惡瘡。一名千雀，生海水石谷間。陶注云：葉與實俱如麥李。案陶氏所説，蓋即奥李。但名醫云有毒，主蝕惡瘡，恐別一物，非人所食之雀梅也。薁者，棣之類。豳風七月傳云：薁，棣屬也。故古人多以二物並言。史記司馬相如傳云：隱夫薁棣。漢書作薁棣。御覽引曹毗魏都賦云：若榴郁棣，皆是也。薁、郁古同聲，薁、郁聲之轉也，薁李、車下李為一物。而豳風正義引晉宮閣銘云：華林園中有車下李三百一十四株，薁李一株，則是一種之中，又復有異，但稱名可以互通耳。

説文解字注：栘，棠棣也。釋木曰：唐棣，栘。常棣，棣。唐與常音同，蓋謂其花赤者為唐棣，花白者為棣，一類而錯舉。故許云：栘，唐棣也。棣，白棣也。改唐為棠，改常為白，以棠對白，則棠為赤可知，皆即今郁李之類，有子可食者。小雅常棣，論語逸詩唐棣，實一物也。郭注唐棣云：似白楊。江東呼夫栘，白楊大樹也。古今注云：栘楊亦曰栘柳，亦曰蒲栘，圓葉弱蒂，微風善搖，此正今之白楊樹，安得有鄂韡偏反之詠耶。因一栘字掍合之，從木多聲，弋支切，古音在十七部。棣，白棣也。小雅傳云：常棣，棣也。秦風傳曰：棣，唐棣也。常與唐同字，可證矣。渾言之則白棣，亦呼唐棣也。豳風傳云：薁，棣屬。從木，隶聲，特計切，十五部。

附常棣唐棣考

毛晉陸疏廣要：爾雅唐棣，栘。郭注：似白楊，江東呼夫栘。栘音移。鄭注：栘，楊也，亦名扶栘，別錄：無毒。去白蟲。一名車下李，一名棣。生高山川谷及邱陵上。五月、六月採根。陶隱居云：山野處處有，子熟赤色，亦可噉之。

圖經：郁李仁，本經不載所出州土，但云生高山川谷及邱陵上，今處處有之。木高五六尺，枝條葉花皆若李，惟子小若櫻桃，赤色而味甘酸，核隨子熟。六月採根幷實，取核中仁用。陸璣草木疏云：唐棣卽奥李也，一名雀梅，亦曰車下李，所在山中皆有。其華或白或赤，六月中成實如李子，可食。今近京人家園圃植一種，枝莖作長條，花極繁密而多葉，亦謂之郁李，不堪入藥用。韋宙獨行方：療脚氣浮腫心腹滿、大小便不通、氣急喘息者，以郁李仁十二分擣碎，水研取汁，薏苡仁擣碎如粟米，取三合，以汁煮米作粥，空腹食之，佳。必效方：療癖取車下李仁，微湯退去皮及並仁者，與乾麪相拌，擣之爲餅。如猶乾，和淡水，如常溲麪作餅，大小一如病人掌，爲二餅，微炙使黄，勿令至熟，空腹食一枚，當快利。如不利，更食一枚，或飲熱粥汁，以痢爲度。若至午後痢不止，卽以醋飯止之。利後當虛，病未盡者，量力一二日更進一服，以病盡爲限。小兒亦以意量之，不得食酪及牛馬肉等，無不效。但病重者，李仁與麪相半，輕者以意減之。病減之後，服者亦任量力，屢試神驗。

廣雅疏證：山李𣞤某𣞤李鬱也。爵某與雀梅同。論語子罕篇正義引召南何彼襛矣篇義疏云：唐棣，奥李也。一名雀梅，亦曰車下李。所在山皆有。其華或白或赤，六月中熟，大如李子，可食。齊民要術引豳風七月篇義疏云：鬱樹高五六尺，實大如李，正赤色，食之甜。廣雅曰：一名雀李，又名車下李，又名郁李，亦名棣，亦名奥李。神農本草云：郁李一名爵李。御覽引吳普本草云：郁李一名車下李，一名棣。然則棣也，唐棣也，奥李也，郁李也，車下李也，雀李也，雀梅也，實。關、隴間出者，葉似莽草，青黄色，背有紫點，雨多則併生，長及二三寸。根横細，紫色，無花實，葉至茂密。南北人多移以植亭宇間，陰翳可愛，不透日氣。入藥以關中葉細者良，二月、四月採葉，八月採實，陰乾。魏王花木記曰：南方石南木，取皮中核作魚羹和之尤美，今不聞用之。下有楠材條，其木頗似石南，而更高大，葉差小。其材中梁柱，今醫方亦稀用之。

本草衍義：石南葉狀如枇杷葉之小者，但背無毛，光而不皺。正二月間開花，冬有二葉爲花苞，苞既開，中有十五餘花，大小如椿花，甚細碎。每一苞約彈許大，成一毬，一花六葉，一朶有七八毬，淡白緑色。葉末微淡赤色，花既開，蘂滿花，但見蘂，不見花。花纔罷，去年緑葉盡脱落，漸生新葉。治腎衰脚弱，最相宜。但京、洛、河北、河東、山東頗少，人以此故少用，湖南北、江東西、二浙甚多，故多用。南實，今醫家絶少用。

齊民要術：南方記曰：石南樹野生，二月開花，仍連著實，實如鷰卵，七八月熟。人採之，取核，乾其皮中作魚羹，尤美。出九眞。太眞外傳：上幸巴蜀，貴妃從至馬嵬，賜死。上發馬嵬，行至扶風道，道傍有花，寺畔見石南樹，團圓愛玩之，因呼爲端正樹，蓋有所思也。

酉陽雜俎：衡山石南花有紫、碧、白三色。花大如牡丹，亦有無花者。

郁李

本草經：郁李仁味酸，辛，主大腹水腫，面目四肢浮腫，利小便水道。根主齒斷腫，齲齒，堅齒。一名爵李。

爾雅：常棣，棣。注：今關西有棣樹，子如櫻桃，可食，疏：舍人曰常棣一名棣。

詩經：常棣之華。陸璣疏：許愼曰白棣樹也。如李而小，如櫻桃，正白，今宫園種之。又有赤棣樹，亦似白棣，葉似刺楡而微圓，子正赤，如郁李而小，五月始熟。自關西天水隴西多有之。

植物名實圖考長編卷十八

石南

本草經：石南味辛，苦。主養腎氣內傷陰衰，利筋骨皮毛，實殺蠱毒，破積聚，逐風痹。一名鬼目。

別錄：平，毒。療脚弱，五藏邪氣，除熱。女子不可久服，令思男。生華陰山谷，三月、四月採葉，八月採實，陰乾。陶隱居云：今廬江及東間皆有之，葉狀如枇杷葉，方用亦稀。

唐本草注：葉似茵草，淩冬不凋，以葉細者爲良。關中者好，爲療風邪丸散之要。其江山已南者，長大如枇杷葉，無氣味，殊不任用，今醫家不復用實。

圖經：石南生華陰山谷，今南北皆有之。生於石上，株極有高大者。江、湖間出者，葉如枇杷葉，有小刺，淩冬不凋。春生白花，成簇，秋結細紅十八娘荔支，色深紅而細，時方之少女。俚傳閩王王氏有女第十八，好噉此品，因而得名。噫！使娘子而似荔枝，則謂荔枝之花可也；使荔枝而托十八娘以傳，則眞可無負荔枝也。

將軍荔枝，五代間有爲此官者種之，後人以其官號其樹，亦如大夫松然。然而松爲秦所封，斯玷松矣。如荔枝者，善點綴將軍乃武乃文也。

釵頭，顆紅而小，故特貴。

粉紅者，則謂其如傅朱粉之飾，故名。

中元紅，荔枝將絶方熟，以晚重於時。吾泉中荔欲過時趣，有山荔，山荔者荔之閏位也。

火山，本出廣東，四月熟，味甘酸，肉薄。漳、泉俱有之。

凡種植多以子、以核，獨荔則用奪接之法。法於春夏時取荔南枝之嫩者，刈其皮徑二寸，以土破鉢兩封而縄之。將及期，其處偏生根，度可奪種，乃加斧焉，其枝遂活。隔二年亦生，子雖不多，然亦甘美可食，直未能大耳。其於人也，居常宅許，則周公之孫子；蒼梧翠竹，爲北平之家兒。氣類蒸感，自可奪舍投胎。夫具體而微，卽荔亦有之也。

附益反損其趣者，蜜煎是也。古以此修貢，道里既遥，人畜俱損，曬煎之間，又或因而責賂，豈如清朝不貴無益之物，不貽前丁後蔡之嘲，而九譯通道，遐方貢琛之爲長算也哉！

其七

陳紫

江綠

方家紅

游家紫，出名十年，種自陳紫，而實大過之，可謂黄於地青於藍者也。

小陳紫

宋公荔枝

藍家紅

周家紅，出興化軍。

何家紅，出於漳。

法石白，在泉法石院。

綠核，色丹而小。荔皆紫核，此以綠異。出福州。

圓丁香，體味皆勝，有穊核。

已上十二品，依蔡君謨等次，自虎皮下，則無第次，凡二十品。

虎皮，以色名。

牛心，以狀名。

玳瑁紅

硫黄

朱柿，均以點色得名。

蒲桃荔枝

蚶殼

龍牙，頗怪。

水荔支，漿多而淡。

蜜荔支，純甘如蜜，是曰過甘，失味之中。

丁香荔支，核如小丁香。

大丁香，味澀。

雙髻，小荔支。

眞珠，肉圓白如珠。荔之小者止於此。

夢坡周生，四千里由杭而至澄，以余之失耦也，來相視。至乎渡口，見荔而駭，不知其何物也，但見顏色鮮紅，出三十文遣僕買焉。賣荔者命之開襟以承，既滿懷，仍有多許。夢坡曰：嘻！是大佳物，抑又何價之廉也。每日噉之者再，至於不計酸澀，且謀之余曰：家母氏平生未嘗得食此，至甘，願移一本而植之家園焉。余蓋聞之而有深感也！子母分身而同息，故嚙指之精，誠感萬里；臥冰之應，下躍鮮魚。吾聞荔木堅理難老，恆可百年，荔之實則以蠲渴補髓，見美於穉川，若使堂北永有萱，中國忽生荔，垂白老人，進一顆而開顏，其於綏山桃、安期棗，夫何以異！

其五

初種畏寒，方五七年，深冬覆之，以護霜霰。花春生，簌簌然白色，其實多少，在風雨時與不時也。間歲生者謂之歇枝，有仍歲生者，半生半歇。春花之際，旁生新葉，其色紅白。六七月時，色已變綠，此明年開花者也。今年實者，明年歇枝也。忌麝香，遇之花實盡落。其熟未經採，蟲鳥皆不敢近，或已取之，蝙蝠蜂蟻爭來蠹食，園家有在樹旁植四柱小樓，夜守之防盜。又破竹五尺七尺，搖之答答然，以逐蝙蝠之屬。吾嘗與李、傅二友過名園噉荔，噉二百未竟量，而李爲炎氣所薫，遂坐假寐。傅曰：市其賸可再買也，拔而售之，更得三百荔。斯須李醒，顧盤曰：荔尙有耶！悅甚，乃再噉，噉竟自循其髮曰：女曾戲我。遂大笑而竟噉量焉。

其六

荔而紅鹽也，如韓愈投荒，蘇軾寓黃也；雖有些風致，已落惡境。荔而白曬也，如曲端承酒，周興入甕也；枯槁烈日中，其味盡索。荔而蜜煎也，以甘受甘，異甘而強之使受，譬如陶貞白質本淸華，儘快松風之夢，又故使爲宰相；少此一番宰相，不更受用太過耶？人性各有宜適，福澤甘馨，蘡、梓間早熟，肌肉薄而味甘酸。予官於澄，四月杪輒遇荔枝，然酸不可食，大異吾閩。閩中四郡有之，福州最多，而興化之狀元紅，核小如豆，最稱奇特。泉、漳時亦知名，種近百，品目多美。若進貢子、綠羅袍、早紅、桂林，皆擅甘滋之勝。略可相敵者，在廣僅黑葉耳。若論龍眼，則潮州之深田種，厚而大。閩自長樂外，不及也。有宋蔡君謨曾命工寫生，且恨其隔於遠方，不得班於盧橘、江橙之右。噫，荔枝亦何恨之有！

其二

興化園池勝處，惟種荔枝，尤重者陳紫，即狀元紅。其樹晚熟，其實廣上而圓下，大可徑寸有五分。香氣清遠，色澤鮮紫，殼薄而平，瓤厚而瑩，膜如桃花紅，核如丁香母，剝之凝如水精，食之消如絳雪，蔡君謨所謂天下第一也。凡荔枝皮膜形色有類乎是，已爲中品，然士大夫怕熱者，多不敢食。予見前輩黃文簡先生，嗜好淡然，自狀元紅出，未嘗食第二顆。而亦有枕藉流連，至以爲一月之飯者。予食荔不能過五十顆，蓋其性熱甚，食訖以啖他物，輒不相宜云。又有一種，厚皮，尖刺，肌理黃色，附核而赤，食之有渣，此下等也。評英華明豔之文者，亦宜作如是觀。

其三

福州荔被野，洪塘、水西尤盛。城中越山當州署之北，鬱爲林麓。暑雨初霽，晚日照紅，數里焜如星火，非名畫之可描也。初著花時，商人計林斷之以立券，其後主者欲購，亦必先與錢，泉、漳亦然。其紅鹽者，水浮陸轉，以入京師，外省四裔之屬，莫不愛好，故商人販彌多而種植彌繁。然荔之性，豈嗜鹽者哉？持鹽入甘，大可莞爾，此無奈何之計云爾。品目至多，惟江家綠爲州第一，莫敢低昂。余每應鄉試，輒以六月後行，未嘗啖一福荔也，快心於其藕節與龍眼而已矣。

其四

宦遊二士者，皆未悉其眞味。著本草圖經者，謂此木以荔爲名，而蔕牢甚，不可摘取，乃以利斧斫劚其枝，故名爲利枝。此說不經，不特不知物性，又且不知物情。余向客粤，食之甚甘，可比漳泉上品。大抵五嶺過暖，時多失候，物亦宜然；福州寒暖適中，物自純美。嶺南縱不得與延壽、勝畫爭雄，乃列蜀川之後，實爲厚誣！嘗從先子宦游滇南，見沐國餉丹荔數枚，盛以金縷雕盤，其酸不可入口，大抵摘之太早，正味未全。即福州佳種，亦以早摘作酸，豈皆生質之過耶！

第六

古人有以盧橘比荔子，又有以荔子比楊梅，又有以香櫞爭勝，又有以櫻桃並妍，又有尊之太過，以龍眼爲之奴，古今人皆未眞識荔枝趣也。凡物各具一種之妙，安得倫比，惟時當盧橘則盧橘美，時當楊梅則楊梅美，各以其候，爭妍取憐，四時成功，何能殿最。而欲升之於上，夷之於下，其亦果中罪人！

第七

劉崇龜姻舊或干以財，則不答，惟圖荔枝則受。古文載此一段，余不知崇龜何故獨重斯圖至此，豈未之見乎？但荔枝實難寫也。余嘗見名手圖之，無一生氣，此實天然正色，不易名狀。畫家原有難易，桃花荔枝，俱難描寫。崇龜所好，固以不易見珍耳。每念中表陳仲儒寫生之妙，未嘗屈過圖寫，於今已矣，言之黯然！

附吳載鼇記荔枝

其一

古今植果，其明豔可口，無過荔枝者。肉可食，所謂鳥得之高飛，人嘗之肉肥也。殼與其核，皆可以香。其於五方，惟閩、粤、巴蜀及交阯七郡有之。漢初尉陀以備方物；唐天寶中楊貴妃篤嗜，歲命涪州驛致。然荔之美，當在晨露初晞，引手仲摘卽啜，一入郵，未見生荔枝也。廣南州郡與未見作醋。

第三

荔子原無用核種者，皆用好枝刮去外皮，以土包裹，待生白根如毛，再用土覆一過，以臘月鋸下，至春遂生新葉。他木栽時皆去枝葉，獨荔枝樹要留宿葉承露。若葉去露槁，則無生機。余嘗六七月鋸荔枝蘆，新葉方生，無不存活。最怕日曬，必求稍陰涼處，時時灌之，方易生葉。嘗在水西嶺東黄氏，見池塘植山枝一林，云係核種。土人言山枝皆用核種，無有鋸蘆者。蘆之義，果木非核種者稱蘆，蓋福州方言也。余嘗以龍目作蘆，今已生植，又以梅樹裹蘆，次年花實。凡樹之堅者，皆可作蘆；凡果核堅者，方可爲種。惟李無仁，則否。古人以王戎賣李鑽核，千古負冤。李一名夫人者，皮多帶粉，故云。今曰核中無仁，何用鑽核也。徐譜以荔枝種不佳者，以好本接之。龍目有接法，荔枝恐無接法，余前接數株，皆不活。

第四

蜀都賦云：旁挺龍目，側生荔枝。側生者，對旁挺而言，何嘗以荔枝卽名側生也。果爾，則龍目當稱旁挺矣。王敬美先生，文章博識，一代冠裳，其爲陳玉叔作序，稱側生吐氣，蔣中葆太史少年作賦，名滿燕都，且産自溫、陵，亦稱側生聲價，則側生之名，乃文人賜予，在閩未嘗有此說也。荔子本正出，爲果中之王，牡丹爲花中之王，若一立賤字，榮辱所關，奈何以側生名之！久懷扼腕，未敢遽爲聲說。秣陵僑寓，詳閱舊譜，考究蜀賦，而斷側生卽旁挺之類，殊非荔子之别名。後之作者，毋蹈襲其繆誤。

第五

五嶺、七閩，鄰封比境，風土既近，氣韻攸同。荔子高下，未能甲乙。大抵此種爲美，不特閩美，而粤亦美，此種爲下，不特粤下，而閩亦下。從來

附鄧道協荔枝譜

序

荔枝一物，種類實繁，君謨擿辭簡古，列品明備。興公採集羣書，爭奇扼勝，合此二譜，誠難贅言。不揣末學，輒爲蛇足者，亦有說焉：一以君謨墨本與印本之頗異也，二以各郡聲稱之不一也，三以興公蒐採之未盡也，四以詩家錫名之未安也，五以嶺南品第之當定也，六以古人比擬之實遠也，七以畫手寫生之失眞也。輒抒所聞，聊爲博笑，其佐議未敢鍼徐砭蔡，若集錄或可步王踵張云爾。時崇禎改元夏日。

第一

忠惠以莆陽近產作郡，福、泉各距其家未盡百里，督課稍嚴，民賨向化，風流儒雅，迥異羣倫。元夕則出敎張燈，端陽則與民競渡，成俗寓偕樂之意。予嘗再役泉州，每渡萬安，拜公遺像，考公舊蹟，思慕公之爲人。而公之書法已妙唐室，宋朝諸公，自當斂手。渡口石碑，韻高鋒正，千秋不磨，百世可師。荔譜七章，竟分虞手，歐褚而下，難與鴈行。惟寂與家、主與生、家與冡，謬誤滋甚。使後世而下，尊金石乎，信梨棗乎？余嘗數爲訂正，參考異同，疑信相半。公之舊跡，獨見此二刻。記得友人林異卿見公手書劉氏墓碑，久臥榛莽，大爲賞識，乃手自印搨，傳之海內。獨荔譜傳摹漸失其眞，今安得初本而品題印證之，庶幾不負忠惠作譜至意。

第二

荔枝雖各土宜，尤在培壒，余嘗新正三日往鳳岡，見土人俱肩沃土堆積樹根，地本以種植爲事，故荔子獨甲諸處。陳紫、游紫，本爲同生；方紅、周紅，未甚區別；將軍卽爲天柱，野鍾實是椰鍾，七夕何異中元，黃玉原乎皺玉。鼈卵、鵲卵，一物異名；火山、海山，仍是早熟，因其速化，第見微酸，若稍待時，不嫌早慧，余嘗食得熟者，成二物矣。

四之曬

占風日晴霽時摘下，於烈日中晾曬至乾，以核實爲準，風味殊勝於焙。用竹籠箬葉密封，可致久遠。若風雨暴至，則肌肉潰爛，反不如焙矣。蔡譜有紅鹽之法，今貢獻不行，其法尠傳。

五之焙

擇空室一所，中燔柴數百斤，兩邊用竹箕各十，每箕盛荔三百斤，密圍四壁，不令通氣，焙至二日一夜，荔遂乾。實過焙傷火，則肉焦，苦不堪食。乾者，狀元香最佳。鄉人多焙桂枝、金鍾，以其實大美觀，尤易於粥。臞仙收乾荔法，藏於新瓷甕，每鋪一層，即取鹽梅三五箇，箬葉裹如粽子狀，置其內，密封甕口，則不蛀壞。誠意伯劉伯溫先生謂：乾荔枝變者，先於殼上刺十許孔，用蜜水浸之，以銀盂盛，於湯罐頭上蒸透，即肉滿可食。

六之煎

荔初熟時，乘露連蔕摘下，以黄蠟熬匀封點蔕上，勿令脫落，盛之罐中，將冬蜜煮熟得宜，俟蜜冷浸之，蜜過於荔，始不洩氣，藏至來春，開視如鮮。若浸過熟，則漿滿肉腐，不能久藏。取蜜當以荔枝花釀者爲第一。臞仙謂臨熟時摘入甕中，澆蜜浸之，以油紙封固甕口，勿令滲水投井中，雖久不損。

七之漿

取荔初熟者，味帶微酸時，榨出白漿，將蜜匀煮，蜜熟爲度，置之瓷瓶，箬葉封口完固，經月漿蜜結成香膏，食之美如醴酪。荔肉仍以白蜜，緩火熬熟，淨瓷器收之，最忌近鐵。又法，取生荔曬至一日，頻翻令匀，去殼，每肉取一斤，白蜜一斤半，於砂銚內，慢火熬百千沸。又以文武火養一日，瓷鉢攤於日中，曬至蜜濃爲度，盛於瓷瓶。見臞仙神隱。

荔枝入土種者，氣薄不蕃，雖蕃不結實；間有成樹者，經十餘歲，稍稍結顆，肉薄澀，無味。鄉人於清明前後十日內，將枝梢刮去外皮，一節上加膩土，用椶裹之，至秋露枝上生根，以細齒鋸從根處截下，植之他所，勿令動搖，三歲結子纍然矣。　接枝之法，取種不佳者，截去原樹枝莖，以利刀微啓小隙，將別枝削針插固隙中，皮肉相向，用樹皮封緊，寬緊得所，以牛糞和泥斟酌裹之。凡接枝必待時暄，蓋欲藉陽和之氣，一經接轉，二氣交通，則轉惡爲美也。若近海魚鹽之處，斥滷土鹹，其味微酸，不佳，縱奪接之，終不能以彼易此也。

二之培

荔枝宜熱，最畏高寒。古樹歷數百年者，枝柯詰屈，根榦盤旋，其陰可蔽數畝，此歲久根深，縱霜雪侵壓，不過葉瘁，無損於樹，當春仍發新葉，開花結實。至於新種不歷十數年者，樹穉根淺，一遇霜霰，隨卽枯萎，明年不復花實。鄉人有愛其樹者，當極寒時，樹下以稻草煨火蘊之。寒氣不侵，葉無凋損。秋冬之際，以淤泥和糞，壅壓其根，仍伐去枯條，不令礙樹，逢春尤易發生。更有歇枝之樹，隔一年而實者，詳見蔡譜。

三之啖

蔡譜引列仙傳、本草經謂食荔有益於人，可以得仙。當盛夏時，乘曉入林中，帶露摘下，浸以冷泉，則殼脆肉寒，色香味俱不變，嚼之消如絳雪，甘若醍醐，沁心入脾，蠲渴補髓，啖可至數百顆。或畏其飽，點鹽少許，啜之卽消。其鄉民鬻於市者，積擔盈筐，離其本枝，暑氣薰觸，香色稍減，較之就食林中者，味亦不逮。非必如白傳所云：一日、二日、三日而後變也。鄉人常選鮮紅者，於林中擇巨竹鑿開一竅，置荔節中，仍以竹籜裹泥封固其隙，藉竹生氣滋潤，可藏至冬、春，色香不變。若紅鹽、火焙、曬煎者，俱失眞味，竟丁香，核小得名。

綠衣郎，皮綠如瓜皮，實如鴨卵，味甘澀，出晉江。

黑葉，皮紅，比狀元紅稍大，味甘。

麻餅，實如黑葉，味甘酸。

火山，肉薄，味酸，四月熟。

椰鍾，顆極大，實類興化秤錘。

進貢子，其熟最先，實如黑葉，味甘，不似火山。

泉中荔枝，蔡譜惟推藍家紅、法石白二品。紹興初，郡守葉廷珪植二株於郡圃，王十朋第之，以大將軍爲第一。今大將軍尚有存者，而藍家紅、法石白，在宋時已不可識矣。他邑如南安、同安、惠安諸種，以桂枝、綠衣郎、黑葉爲上。安溪雖產，不及南、同、惠三邑之名，若永春、德化種，遂寥寥矣。

漳州品

火山

中半

虎皮班

南海

綠羅袍，出平和琯溪張氏者佳。

陳紅

冰團

大綠

小綠

余家綠

中冠

金鍾

黑葉

漳中荔枝，蔡譜惟載何家紅一品耳。茲且歲久，其品遂絕。今龍溪諸邑，多植中冠，間有金鍾，得種佳者，瓤厚核小，味甘。其次唯火山爲盛，肉薄，味酸，頓減聲價。大抵漳郡不及泉中遠甚，漳平、龍巖二邑不產。

一之種

黄石紅，出穀城山，樹高三十餘丈，大可十一二圍，其陰可蔭十畝。傳云卽君謨譜中宋公樹，王氏老嫗抱泣者，至今猶存。

星垂，皮紅，實如鴨卵，荔枝之最大者，俗呼秤錘。出莆田吳塘村，大七八圍，腹空可容五六人，盤根如山，蓋數千年之物。

火山，肉薄，味酸，四月熟。

莆中荔枝，蔡譜謂名家不過十餘品，今譜中所載，亦不多見。如玉堂紅一種，在南廂、下林，乃宋名臣陳大卞手植居第之果也。狀元紅出於楓亭者，珍於時，舊名延壽紅，宋元豐間狀元徐鐸所植。鐸與楓亭薛弈以文武雙魁，遂結姻媾，故授其種於弈，而楓亭之地宜荔枝，擅其名。今鐸舍中庭六株，樹皆參天。其外數十里，紅翠掩映，一望如錦，皆此種也。至於初夏先熟，厥名火山者，莆中惟黄卷有之，蔡譜謂其品殿，嚴有翼嘗詆東坡四月食荔枝，謂莆中狀元香，不如長樂之勝畫，而勝畫乾之，不如狀元香風味。此評殊當。

泉州品

大將軍

七夕紅

桂林

中冠，俗以光皮者爲上。

金鍾

早紅

白蜜

狀元紅

張官人

馬家綠

百步香

松蕾

火煙

鼈卵，皮紅，大如鼈卵，核如米粒。

當時之種而異其名耶？今所最重於時者，中冠、勝畫、狀元紅，次則桂林、金鍾，大抵閩中之產，可弟視南粤，僕視瀘、戎。君謨譜爲果中第一，信非虚也。

興化品

皺玉

郎官紅

游丁香

紫璚

百步蘭壽香

西紫

黄香

大小江綠

瑞堂紅

公紅

麝囊紅

百步香

黄玉

玉堂紅

延壽紅，出延壽里，實比狀元紅差大，肉厚，核小。宋徐鐸所植之樹猶存。

狀元紅即延壽紅種，皮薄，肉厚，核小，味香。莆產此爲第一。

綠紗一名綠羅袍，味甘。

白蜜，色白，味甘。

青甜

霞墩荔枝，實類狀元紅。出霞墩，故名。

蔡宅紅，出蔡君謨故居，因以爲名。

陳紫，詳見蔡譜第二篇，今下林尚有二株，即當時物。

松蕾

水溜

宋家香，核小，味甘。傳自宋公樹者，因名。今宋氏宗祠後有一樹。

天柱，樹極高大，出鳳岡。

山中冠，實大而圓，餘荔將盡，此荔始熟，味微酸澀。

馬先白，實類海山，其熟最早，味不甚甘。

山金鍾，實大微長，荔之中等者。

中秋綠，色綠，亦山枝種。味微酸，熟最後，故名中秋。

松柏蕾，皮厚而粗，味澀。大如松子，故名。

勝江萍，以味甘得名。皮光，山枝中之最佳者。或呼爲勝江陳，淨江瓶，俱此種。

勝江陳

淨江瓶

滿林香，實絕類桂林，皮微黃，味甘，其香倍於衆品。

鵝卵，皮光，無刺，色紅，出歸義里。

蜜丸，味甘，肉厚，俗呼肉丸。

鵲卵，皮薄，實圓，斑如鵲卵，味微酸，山枝中之佳者。七月熟。

白蜜，皮粉紅，甘如蜜。

醋甕，色微黃，味酸，品之最下。

將軍帽，實如松蕾，皮厚，肉澀。

雞肝，實扁，味甘，色紅，俱無核。出清廉里。

牛膽，顆極大，一握僅三四枚，山枝品之異者。出水西銅坑。

火山，亦呼海山，廣南種。肉薄，味酸。四月熟，品最下。

郡西自閩清、古田皆不可種，蓋此二邑厥土高寒也。北自連江、羅源近海之處，間亦有之。實小，味酸，色不深紅，其熟差晚半月。郡之附郭，獨鳳岡一村，其種類甚夥，不下數百萬株。大者十圍，高二十丈，名曰天柱，皆五代時居民所植者，至今蕃盛不絕。更長樂一邑，尤爲奇妙。蔡譜自江家綠以下十九種，與今時所產，品目各異。按譜索之，十不得三四，豈卽蚶殼，以狀言之，已見蔡譜，今亦出歸義里。

駞蹄，長大甘柔。

金櫻，上銳下方，色深黄。

栗玉，似金櫻而圓，味差勝。

洞中紅，出宿猿洞，因名。

星毬紅，枝條生葉，葉比他種差厚。色紅而不絳，扁者如橘，圓者如雞子，核皆如丁香，亦有無核者。食之甘脆有韻，蓋神品也。奪其枝而植者，竟莫能逮焉。出靈岫里，今永慶里亦有之。

饅頭，皮粗厚，味甘，大如饅頭，故名。

磨盤，皮粗厚，味甘，大如雞子，近蔕處甚平。七月熟。

金線，實圓，刺尖，有金線界其中。出永慶里。

鳳池超，實圓，味甘。出尚幹鄉御史林公鉽家，故名。

中冠，亦呼中觀。體圓，核小，皮光，味清，大不如桂林。成熟時，香聞數里。惟鳳岡環水內者，肉裹其核過半，他處肉薄、核露，風味頓減。

桂林，皮粗厚，大如雞子，味甘。

金鍾，形如鍾，皮略粗厚，色如硃砂，味甘，大類桂林。

勝畫，皮厚，刺尖，味甘，肉豐，大似桂林。七月熟。出長樂縣六都者最佳，他種不及。

鑛玉，皮粗厚，味甘濃，實似金鍾。鳳岡產爲最。

綠珠，一名結綠，俗呼綠荔枝。實如山榛，無核，味最清。至熟時，實與葉無辨。惟鳳岡有之，此異品也。

紅繡鞋，實小而尖，形如角黍，核如丁香，味極甘美。傳即十八娘種，今惟歸義里、枕峯山有之。

龍牙，色紅，長二寸許，上下俱方。出永慶里。蔡譜獨載興化軍一種，與此稍異。

雞引子，一朵數十枚，大小錯出，其大者核小，小者無核，七月熟。宋侍郎鄭文肅公湜墓前一株，今四百餘年，其樹猶存，墓在城門山。

殼色綠，味微酸。最晚熟，因其時遂名中秋。

大將軍　後四種，泉州品也。

丁香核

綠衣郎

椰鍾

虎皮班　後四種，漳州品也。

中冠

金鍾

黑葉

余足不入泉、漳，口亦不及啖泉、漳品。然大都荔枝所產，泉已不如福、興，漳又遠不如泉，側生一派，幾墜箕裘。姑詢二郡之負名高者，爲狗尾續，俟他日驗焉。

附徐𤊹荔枝譜

總序

荔枝自宋蔡忠惠公譜錄，而其名益著，世代既遐，種類日夥，騷人韻士，題品漸廣。然散逸不收，則子墨之失職，而山林之曠典也。惟時朱夏，側生斯出；名題於西川，貢珍於南海；吾閩所產，實冠彼都。可謂盧橘慚香，楊梅避色者矣。爰倣蔡書，別搆茲譜，狀四郡品目之殊，陳生植制用之法。旁羅事蹟，雜采詠題；品則專取吾閩，事乃兼收廣、蜀。物匪舊存，品惟今疏。深媿聞見未殫，筆札荒謬，博雅君子，將塵挂漏之譏，予小子其何敢辭焉！

福州品

一品紅，福州產之極品者，故名。

狀元紅，顆極大，味清甘，福州產爲第一，種與莆中異。江家綠，皮綠，刺紅，大如雞子，味極清美。蔡譜所記之樹，已絕其種，永慶里猶有傳者。

虎皮，蔡譜謂出大乘寺，今寺廢樹絕。惟靈岫里山前有之。

牛心，詳出蔡譜，今歸義里三圖方南鋪有此種。

綠珠

一名綠羅袍，味最清，熟時實與葉色無辨，惟鳳岡有之，異品也。鳳岡村附郭，種類最繁，不下數百萬株。大者十圍，高二十丈，名曰天柱，五代時民間所植也，至今猶存。

紅繡鞋

實小而尖，形如角黍，核如丁香，味絕甘美，傳卽十八娘遺種。蔡譜謂閩王王氏有女第十八，好啗此品，因而得名。其塚今在福州城東報國寺旁。

白蜜

皮粉紅，甘如蜜。

狀元香

舊名延壽紅，皮薄，肉厚，核小，味香，莆陽產爲第一。宋元豐間狀元徐鐸所植。楓亭薛弈，文武兩魁也，與鐸結秦晉，因得傳其種。而楓亭地稍汙邪，宜荔，遂擅名，彌山被野，所產最盛，楓亭驛荔枝，遂甲天下。

霞墩

以地名，卽陳紫種也。狀巨，味甘。林謙伯園在霞墩中，有荔數百株，主人邀酌樹下，飽啗而歸。

星垂

殼紅，實如鴨卵，荔枝之最大者，俗呼秤錘。

雙髻

狀絕小，每穗必並頭雙蒂，故名。

火山

五月初先熟，肉薄，味酸，品最下。驟食之，能損絳囊生聲價。

勝江萍

殼光，味甘。以後四種，迺山枝之品也。

滿林香

色微黄，味甘。甫及樹下，芬芳迎鼻。

牛膽

顆絕大，出水西銅坑。

中秋綠

愛其香。幸白長慶之敍事傳神，張曲江之賦語如畫，此果已蒙九錫，產類實非八閩。唯端明蔡學士，興化軍人也，生長於扶荔之鄉，聞見既眞，殿最不爽，一經品題，遂爾增價。但今據譜牒中所載三十二品，而索之陳紫、江綠尠矣。卽彼稱中駟，十亦不得二三，豈其名號之鼎新，抑或今昔之異態。余如未及大嚼，而漫曰某佳，某佳，幾於耳食，恐寓內爭嘲，吳人洒爲閩人左袒，致楊家果便覺無色，余滋赬矣！遂僅舉曾嘗試其風味者，二十餘種，列於左，自稱荔枝小乘云。萬曆壬子秋譔。

狀元紅

顆極大，味淸甘，福州產爲上乘。方伯邕園亭中有一株，摘數百顆相贈，且曰不敢獨享此名也。余謂檢蔡譜當稱方家紅。

星毬紅

扁者如橘，圓者如雞卵，核如丁香，間亦有無核者。食之甘脆有韻，神品也。出靈岫里。

磨盤

皮粗厚，味甘，大如雞卵，近蔕處甚平，七月熟。

玳瑁紅

殼上有黑點，疎密如玳瑁，故名。蔡譜。

桂林

皮粗厚，大如雞卵，味甘。

中冠

體圓，核小，皮光，味淸，成熟時，香聞樹下。惟鳳岡環水內者，肉裹其核過半，他處肉薄，核露，便當少讓。

金鍾

形如鍾，皮稍粗厚，色如辰砂，味甘。大類桂林。

勝畫

皮厚，刺尖，味甘，肉豐，七月熟。出長樂縣六都者佳。余留省，士紳陸續見貽，可五千顆。日啖不能盡，曝日乾之，風味大勝於火焙。

十五枚，色澤膚理，與生無別，但不能香味耳。因憶壬寅夏日客建州僧舍，亦不得歸噉荔枝，偶見新安程孟陽墨寫荔枝，間以素馨數朵，一面書殷司馬坐上飲荔枝酒歌，畫雖不類，而歌奇古有韻，堪爲荔酒傳神，且能以素馨相掩映，此其人豈尋常也哉！予憐其意，口占一歌，附方求仲往，今七年矣，不知此扇已達孟陽及孟陽見歌以爲何如也。今既寫圖，幷錄雜詩於左，庶幾歸見親朋妻孥，藉以解嘲。或張之東埔樹下，與六郎快讀一過，不至移文相誚爾。萬曆戊申六月十九日大末舟中記。

附曹蕃荔枝譜

序

閩中果實推荔枝爲第一，卽巴蜀所產，能挾一騎紅塵博妃子笑者，亦未得與之鴈行。自蔡君謨學士著譜，聲價頓起。時運遞遷，種植蕃衍，品格變幻，月盛日新。閩人士爭哆口而豔談之，卽永嘉之柑，洞庭之楊梅，宣州之栗，燕地之蘋婆果，似俱爲荔枝壓倒，噲等曾不敢與爲伍。余驟聞其說，竊致疑「其然，豈其然乎？」遂於今歲暮春之初，馳入閩中，謂閩人士，不佞素惡負虛聲者，此來將爲荔枝定品。迺閩人士之言曰：閩八郡，延、建、汀、邵，地屬高寒，時降霜霰，不堪樹蓺，漳不及泉，泉不及福、興，君請自試之。余遂棲遲於二郡間，泛蒲觴，渡鵲橋，踰兩月矣。饔飱稍歇，無非咀嚼此果，津津乎其有味，不敢妄肆譏彈，而品遂定。一日閩人士造余邸而問曰：聞君日啖三百顆，曾與荔枝評月旦乎？余曰：今迺知閩人之譽言，非誇也。綠葉蓬蓬，團圓如蓋，扶疎插天，赫曦若避，吾愛其樹。纍纍丹實，槎頭掛星，晴光掩映，照耀林藪，吾愛其色。絳囊乍剖，蠙珠初薦，瓊漿玉液，絕勝醍醐，吾愛其味。濕帶露華，寒凝絳雪，薰風暗度，疑對檀郎，吾丙寅秋日，歸故園，噉龍眼，有極佳者，因隨意作一詩紀之，以示姪孫廷翼諸人。今記其一：平昔輕旁挺，不堪荔作奴。今知奴有等，賢蠢亦多途。方回及陶侃，自比常奴殊。外裹黃金飾，中懷白玉膚。擘破皆走盤，顆顆夜光珠。更憐核似漆，湛湛小兒矑。龍目與虎目，比喻何其愚！但恨荔熟時，主在奴不俱。安得共盤敦，牀頭捉刀夫。際此淸秋候，晶晶空滿盂。尼父思伯玉，使乎復使乎！

雜紀第八

余刻荔枝食譜成，即治越裝，三月十五日也。親朋相送北郭，指荔枝丹爲歸期；與妻孥別，亦曰：牆東一樹，留以待我；若東埔陳紫二樹，余每歲得飽噉者，則陳六郎書至，謂「子未歸，吾東西樹不摘」也。無端留滯柘浦，至六月既望，舟始泊姑篾城下，先一日爲寶陀大士現辰，莆俗家有荔樹者，屆辰盡摘供養，即在村落，亦必滿擔入城。雖霞墩、楓亭、東埔諸名品未盡熟，然供養之餘，因而飽噉者蓋多。至廿日外，諸名種次第堪摘，過此則松蕾出，千樹如晨星矣。是一年得噉荔子者，自五月晦前後，迨七月初旬，僅可四十日耳。無端客姑篾復十餘日，翹首故園，數樹如白榆之在天上，每與同行翁君譚及，輒夜分不能寐。翁曰：休矣，如此說食，還能飽否。明日傳其語於孫不伐，不伐新都人，問荔枝之狀若何，余曰：難言也！子不讀君謨譜乎，亦曰：殼薄而平，瓤厚而瑩，剖之凝如水精，食之消如絳雪。又曰：暑雨初霽，晚日照耀，綠葉絳囊，鮮明掩映，數里之間，焜如星火，非名畫之可得，而精思之可述。然居易嘗爲之圖，君謨亦令崔𪧘寫生。無已，吾亦貌陳紫、宋香以示君。於是舟中無事，東坡所謂指如懸槌者，每畫一枚，孫生拍掌大咤以爲奇，翁亦從旁歎賛，云咄咄逼眞！余笑謂翁：如此飢看，亦復飽人耶？於是且笑且畫，共得四十隻，中一隻飛去，七日不歸。及歸，口銜鮮荔枝一穗，共七枚，迴翔而下，視之皆如新摘。孫召賓客子孫玩賞累日，以示識者。皆云：此東粵荔枝，非閩種也，然事亦奇異矣。稚明天啓三年爲太湖總練，親與予言，時稚明已八九歲，亦啖一枚云。

余既刻蔡公別紀，偶於殘帙中，檢得二則：一墨客揮犀曰：嶺南無雪，閩中無雪，建、劍、汀、邵四州有之。故北人嘲曰：南人不識雪，向道似楊花。然南方楊柳實無花，是南人非止不識雪，兼不識楊花也。元庚寅季冬二十二日，余時在長樂，雨雪數寸，遍山皆白，土人莫不相顧驚嘆。是日召友人吳逃正同賞，時南軒梅一株盛開，逃正笑曰：如此景致，亦恐北人所未識。是歲荔枝樹皆凍死，遍山連野，彌望盡成枯林。至後年春，始於舊根漸抽芽蘖，又數年始復茂盛。譜云：荔枝木堅理難老，至今有三百歲者，生結不息。今去君謨歿五十年矣，是三百五十年，閩未有此寒，亦異事也！

荔奴第七

側生見重於世，詩賦歌詠，連篇累牘，獨旁挺纍纍，何也？豈以色香頓殊，味亦遠遜，遂爾見輕耶？然圓若驪珠，赤若金丸，肉似玻瓈，核如黑漆，補精益髓，蠲渴扶飢，美顏色，潤肌膚，種種功效，不可枚舉。至於寄遠廣販，坐賈行商，利反倍於荔枝，則龍目何可貶也。至若耳食之夫，以荔熱傷人，龍目大補，反欲昂此輕彼，則婢學夫人，不覺膝自屈矣。

荔枝淨盡，龍目叢生，時則玉露流晨，金風扇晚，綏剝飽餐，亦非人世所嚳。梅花已殘，忽有桃杏；牡丹初謝，重見芍藥；幽蘭乍萎，仍生蕙草；皆不可無一不能有二者也。謂之曰奴，其義如媵，其功如殿，然亦惟寶圓、虎目、蜜毬等品，方堪作奴耳。

程隱士孟陽，曾于殷司馬坐中嘗之，因作荔枝酒歌曰：君不見杜陵諸侯老賓客，左執輕紅右拈碧，至今浣花詩句中，春酒荔枝色相射。誰將巧意相和溲，便釀荔枝作春酒，重碧輕紅兩有無，萬里瑩然落吾手。風流司馬霜鬢鬚，玉盤珍羞十萬舖，天輪尤物慰好事，遙從庾嶺飛百壺。飲中余考最下戶，一勺分潤詩腸枯，銀罌乍發香氣粗，玉杯映色清若無，北客浪傳酒如乳，吳儂已墮涎成珠。主人貪奇樂更殊，金屏笑出如花姝，自將丰骨比妍麗，羅襦玉膚不用摹，韶顏若併化爲酒，玉山共倒誰當扶。君不見坡仙流離南海噉百顆，一官爲口誇良圖，何如三絕眼前是，果爲醽醁入醍醐。但恨古人不見爾，我君不樂何爲乎？荔枝之妙如此，而當時蔡公不及，余因取而補之。

余與吳、楚友人嘗荔枝酒，戲作一詩紀之：我有一樽酒，已是隔年藏，泥頭雖未開，繞屋生幽香，日夕遲所歡，緘固不忍嘗。夫君自遠來，下馬坐我牀。遠行應渴飢，得無思瓊漿？感此開泥頭，盥手稱一觴。君問此何酒？是名十八娘。暑月辨色起，裛露提筠筐，梢頭掇繁星，樹底數罄囊。初卸紫羅襦，後脫絳紗裳，薌澤異蘭茝，膚理等雪霜，浴之以醽醁，肌骨日清涼。一酌袪世慮，再酌澆仙腸，三酌風滿腋，吹君將翺翔。願君且勿翔，爲君歌短章：妾本水晶毬，今成琥珀光，無由覲上國，老死守炎方，茗艼不成曲，惆悵情內傷！

又荔酒初熟紀事：傳釀璚漿法，叮嚀授老妻。色純精種火，味辣愼封泥。缸面收新漉，甕頭驗舊題。世間何物比，應與岕茶齊。

又與周六郎嘗荔枝酒詩一首：釀得荔枝酒，泥頭爲汝開。香風繞屋散，翠色撲罌來。擬茗春初岕，方花雪後梅。一斟三贊歎，坐看玉山頹。

紀異第六

秣陵武進士孫稚明，其父在日，家巨富，養鶴數林環書。

錢氏閩遊志曰：宋香、陳紫所從出，核有斧痕，余驗之實。然樹在宋氏宗祠後，至正戊戌六月，宋介夫遺百顆與盧希韓，幷搨蔡公詩墨一紙，又和蔡韻有「多情故舊偏憐我，一種甘香更可人；宋祖芳名傳不滅，蔡公妙跡玩猶新」之句，亦刻於石。永樂以後，樹漸枯死。今其世孫宋比玉烏山屋傍尚有一樹，大數十圍，樹腹已空，可坐四五人，相傳是其孫枝云。

朱季和詩曰：蔡公譜張老圖，宋香品第世絕殊；亭亭嘉植榮且敷，巢兵欲斧炊行廚；王媪抱樹死與俱，尤物幸耳留根株。宋氏老人八十餘，得之即此營世居：五百餘祺枝葉舒，清陰如幄垂庭除；薰風時來蘭麝如，赤日照耀珊瑚珠；桃紅籠出白雪膚，斧痕著核留眞模；異香奇味天下無！有孫文用美且都，撫之愛護如瓊琚；故家喬木多摧枯，雲仍世守應無虞。

林希哲詩曰：吾莆名果鮮荔枝，君謨有譜世所知；陳紫方紅固爲貴，宋香品彙尤珍奇。六月炎歊日正長，纍纍綠葉垂絳囊；薰風微度疎林晚，比鄰猶覺聞清香。核上儼若斤斧痕，兹事奇怪難評論；云是當年巢寇亂，欲伐其枝投爨焚，皤皤老嫗以身庇，天然幻出斯靈異。至今又歷數百年，後人培植當留意。

荔酒第五

嶺南好事作荔枝醞，剖取荔枝肉榨之，入酥酪辛辣，以合醬。又作簽肉，以荔枝肉作，椰子花與酥酪同炒，士人大嗜之。此荔枝一戹也。即蔡譜中紅鹽、蜜煎、白曬，亦失荔枝之性。惟釀荔枝花酒，以鮮荔枝投酒浹旬而出，濃豔幽沈，如西施醉倚玉牀，太眞溫泉出浴，用泥頭封固，其酒至隔歲開之，滿屋作新荔枝香矣。南海人以黑葉入釀，與粵西寄生酒幷重於江南。蔡譜各製俱備，而不知釀法，何也？豈公嗜茶而不喜飲耶？新安存。今宋君對此樹而植斯堂，堂成求扁於余，因題居其最，靈根一株，生香不斷，數百年之風味猶林慮齋云：宋香乃宋故家喬木也。蔡譜品題，此

牒宋第四

子、曰火山、曰野山、曰五色荔枝。曰松子、曰蛇皮、曰青荔枝、曰銀荔枝、曰不意曰蒺藜、曰大將軍、曰小將軍、曰大蠟、曰小蠟、紅羅、曰透骨、曰胖硐、曰僧耆頭、曰水母子、曰之末：曰玉英子、曰焦核、曰沈香、曰丁香、曰有鄭熊者，亦記廣中荔枝凡二十二種，以附蔡譜浪齋便錄曰：蔡君謨守泉日，書荔枝譜於安靜堂。

候有佳品，當時獻耳。五月二十四日，襄啓。？園中荔枝新熟，分奉四百枚，今歲楓亭熟皆晚，又一帖與七哥制幹云：熱甚，不審尊體起居何如勒李歘送上，因出過門爲幸！不宣。修頓首。文好者，前已倒篋。今又於東退篚中得此數十本，噡企荔枝圖，已令崔慤傳寫，自是一段佳事，碑

之曰：品中第一。景定壬戌之秋，竹溪林希逸書。

輒醉老人云：至正癸卯，燕會於宋氏之庭，庭有古荔樹擅名宋香者，世傳舊屬王氏。黄巢亂兵欲斧薪之，王媼擁樹號泣，願與俱死，賊憫之，斫樹一斧而止。荔子迄今核有斧痕。蔡端明亦譜其略，時之相去五百餘年，樹益向榮，根本蟠踞，層陰蔽虧。參政公移席其下，慷慨懷古，酹以巵酒，俾予摹寫詠歌之，以紀良集。八十翁張師夔書於輒醉齋。

林崇璧云：莆中名產，稱荔枝爲殊品，而荔枝之尤者，惟陳紫、宋香爲特勝。蔡公譜乘謂陳紫種出宋氏，則宋香較之陳紫，又其尤也。樹距作譜時已三百禩。迄今又不知幾代。洪武間相繼奪於戍衛之官，宋子孫不克復者，凡二十餘載。迨永樂初年，始返業於宋。宋君文用者，驟復而喜，已又戚然懼其復失也！一日持蔡端明墨跡及張氏師夔所作畫圖，來徵記於余。永樂乙酉，嘉平月，

日以三千顆爲率，多者益善。

直社者先期報帖，社無定所，古剎名園，各適其勝，方舟連騎，隨湊其宜。多在郊坰，尤爲幽寂。社以晨而集，造西而散，午具蔬粥一餐，晚佐清漿數斝。勿爲豐侈腥膻，以點雅集。

散時各拈一題一韻，次社彙呈，如不成者，罰出荔枝三千顆。集時專以飲啖爲事，不復以吟咏關心。隨意攜茶鐺、弈具、枕簟、香爐，談笑而已。敗意者逃避應嚴，好事者闌入勿拒。

述蔡第三

梁蕭惠開云：南方之珍，惟荔枝矣。其味絕美，楊梅盧橘，自可投諸藩溷。故東坡詩云：南村諸楊北村盧，直與荔枝爲先驅。君謨謂一木之實，生於海瀕巖險之遠，性畏高寒，不堪移植，曾不得班於盧橘江橙，小發光彩，此譜所由作也。浪齋便錄曰：唐世進荔枝，貢自南方。楊妃外傳以貢自海南。杜詩亦云：南海及炎方。惟張君房以爲忠州，東坡以爲涪州，未得其眞。近閱涪州圖經及詢土人云：涪州有妃子園荔枝，蓋妃嗜生荔枝，以驛騎傳遞，故君謨譜曰：天寶中妃子尤愛嗜，涪州歲命驛致；又曰：洛陽取於嶺南，長安來於巴蜀。此實錄也，後人不須置喙矣。晚香堂抄云：楊貴妃生日，帝命許雲封等小部，張樂長生殿，因奏新曲，未有名，會南方進荔枝，因名曰荔枝香。故杜子美病橘詩云：憶昔南海使，奔騰獻荔枝；百馬死山谷，到今耆舊悲！又解悶詩云：先帝貴妃今寂寞，荔枝還復入長安。則明皇時進荔枝，非嶺表明矣。蔡君謨云：生荔枝，中國未之見也。九齡、居易雖見新實，亦未遇夫眞荔枝。然則東坡所云：永元荔枝來交州，天寶歲貢取之涪，皆非生荔枝也。張君房脞說亦以爲忠州，何耶？未讀君謨譜乎？

歐陽修啓上君謨端明侍郎：遂爾大喧，不審氣體何似？承已對謝，應已漸治裝，無由詣前。日劇

士人忽逆

食荔黑業 三十四事

暴雨　妒風　偷兒先嘗　鳥嘴啄
蜂蟻　蛀蔕　烈日中摘　斷林
剝漬糖蜜　無清泉　點茶　數核
不喜食者在　啖不得飽　溪水浸　腥鹹解
魚肉側　殼上有景迹　醉飽後　市販爭價
說貴賤　惡詠　攫　博
懷藏　主人慳鄙　忌熱勸莫餐　色香稍變
白曬　焙乾　不識品核　無釀法
松蕾出　樹杪如晨星

荔社第二

生閩海者，未必皆見此果；得見此果，熟時得啖，啖又得飽，又得遍嘗名品以飽，此直探鮫人之宮，入齊奴之室，恣取其徑寸晶珠、盈丈珊瑚以歸，不容易也。此吳、越好事，一聞生荔枝者，以耳爲目，復以耳爲口，涎垂至踵，思褰裳濡足而無從也。然世不乏好奇客，竟未有越千里百里爲荔枝而至者，乃土人耳目所慣，恬不知寶晶珠珊瑚，視與甘桃甜李無異，余故有清福、黑業之喻矣。里中同好既稀，食量亦罕，每欲招數友結爲一社，如蓮社、梅社之類，亦復參差不果。暮春方次道見過，余語及之。次道喜曰：吾去夏客雲間，苦憶此物，今當不輕放過。遂於六月六日先集林謙伯、受伯之崔園，約日一舉，至荔謝而止，約言凡五則，余爲盟主焉。夫以希奇靈異之物，而能珍惜之，留護之，結以同趣，集以嘉晨，幕以濃陰，浴以冷泉，披以快風，照以涼月，和以重碧，解以寒漿，徵以往牒，紀以新詞；雖跡溷塵壤，而景界仙都，身坐火城，而神遊冰谷，寧獨吳、越好事遙想不得，即白傅擘紫綃於南賓，蘇翁薦虬珠於嶺表，亦第無佛稱尊不能與我輩作敵，明矣。

社以火山盡日修，以松蕾出日止。每日一人直之，荔枝之於果，仙也、佛也，實無一物得擬者。江瑤柱、河豚魚，既非其倫；塞蒲萄、楊家果，不堪作奴矣。歐陽永叔比之牡丹，亦觀場之見耳。譬於月，以爲鉤、爲鏡、爲珪，皆第二月，非月體也。蔡君謨亦云，剝之凝如水精，食之消如絳雪，其味之至不可得而狀也。夫不可得而狀，迺深於荔枝者矣。荔枝之在天下，以閩四郡爲最，四郡以興化爲最，興又以楓亭爲最，此人所知者。然不盡然，黑葉之入釀，未可以粤產輕之，莆城外，若東埔若霞墩，實有可鄙視楓亭者，人不辨耳。余生於莆，既幸與此果遇，且天賦噉量，每噉日能一二千顆。值熟時，自初盛至中晚，腹中無慮藏十餘萬。而喜別品，喜檢譜，始以泉浸，繼以漿解，瓷盆筠籠，一物不具，則寧不噉。知交中噉量差與予敵者，獨有郭聖胎、方次道二人。次道不能拈碧，聖胎客秣陵五六歲，歲不一歸，歸又不必與熟時值也，豈能消受清福也乎！彼不知者，又無論矣。蘇子瞻曰：日啖荔枝三百顆，不妨長作嶺南人。又曰：我生涉世本爲口，南來萬里眞良圖。語雖激，亦有味乎言也。況余每歲婆娑樹下，有十餘萬在腹中，又何嫌僂屈海陬也哉。既私喜於荔癖獨擅，果然之餘，不能自祕，自蔡譜及徐氏譜外，別著食譜三百餘條，未遑詮次，適道協以其新刻見示，因以清福黑業共六十七事，俾之以廣同好。亦玉照堂梅品遺意也。

食荔清福　三十三事

開花雨時	結實風時	次第熟	雨初過
裹露摘	護持無偷摘	同好至	晚涼
新月	浴罷	簪茉莉	拈重碧
微醉	科頭箕踞	佳人剝	乳泉浸
蜜漿解	臨流	對鶴	樓頭
聯騎出觀	名品嘗遍	檢譜	辨核
貯白瓷盆	懸青筠籠	著白苧	掛帳中
殼堆苔上	膜浮水面	色香味全	隔竹聞香

朱柿，色如柿紅，而扁大，亦云樸柿。出福州。蒲桃荔枝，穗生一朶至一二百，將熟多破裂。凡荔枝每顆一梗，長三五寸，附於枝。此等附枝而生，樂天所謂朶如蒲桃者，正謂是也，其品殊下。

蚶殼者，殼爲深渠，如瓦屋焉。

龍牙者，荔枝之變怪者。其殼紅可長三四寸，彎曲如爪牙，而無瓤核。全樹忽變，非常有也。

水荔枝，漿多而淡，食之蠲渴。荔枝宜依山，或平陸有近水田者，清泉流溉，其味遂爾，出興化軍。

蜜荔枝，純甘如蜜，是謂過甘，失味之中。

丁香荔枝，核如小丁香，樹病或有之，亦謂之穗，皆小實也。

大丁香，出福州天慶觀，厚殼紫色，瓤多而味微澀。

雙髻小荔枝，每朶數十，皆並蔕雙頭，因以目之。

眞珠，剖之純顆圓白如珠，荔枝之小者，止於此。

十八娘荔枝，色深紅而細長，時人以少女比之。俚傳閩王王氏有女，第十八，好噉此品，因而得名。其塚今在城東報國院，塚旁猶有此樹云。

將軍荔枝，五代間有爲此官者，種之，後人以其官號其樹，而失其姓名之傳，出福州。

釵頭顆，紅而小，可間婦人女子簪翹之側，故特貴之。

粉紅者，荔枝多深紅，而色淺者爲異。謂如傳朱粉之飾，故曰粉紅。

中元紅，荔枝將絶纔熟，以晚重於時。予嘗七月二十四日得之。

火山，本出廣南，四月熟，味甘酸而肉薄，穗生，梗如枇杷。閩中近亦有之。

右三十二品，言姓氏尤其著者也。言州郡，記所出也。不言姓氏州郡，四郡或皆有也。

附宋玨荔枝譜

福業第一

莫敢擬。歲生一二百顆，人罕得之，方氏子名蓁，大理寺丞。

游家紫，出名十年，種自陳紫，實大過之。

小陳紫，其樹去陳紫數十步，初一家幷種之，及其成也，差小，又時有穉核者，因而得名。其家別居二紫，亦分屬東西陳焉。

宋公荔枝，樹極高大，實如陳紫而小，甘美無異。或云陳紫種出宋氏，世傳其樹已三百歲，舊屬王氏，黃巢兵過欲斧薪之，王氏媼抱樹號泣，求與樹偕死，賊憐之不伐。宋公名誠，公者，老人之稱。年八十餘，子孫皆仕宦。

藍家紅，泉州爲第一，藍氏兄弟：圭爲太常博士，丞爲尚書都官員外郎。

周家紅，獨立興化軍，三十年後生益奇，聲名乃損，然亦不失爲上等。

何家紅，出漳州何氏，世爲牙校。嘗有郡將全樹買之，樹在舍後。將熟，其子日領卒數十人，穿其堂房，乃至樹所。其來無時，舉家伏藏，欲卽伐去而不忍，今猶存焉。

法石白，出泉州法石院，色青白，其大次於藍家紅。

綠核，頗類江綠，色丹而小，荔枝皆紫核。此以綠見異，出福州。

圓丁香、丁香荔枝，皆旁蔕大而下銳，此種體圓與味皆勝。

虎皮者，紅色絕大，繞腹有青紋，正類虎斑。嘗於福州東山大乘寺見之，不知其出處。

牛心者，以狀言之，長二寸餘，皮厚肉澀。福州唯有一株，每歲貢乾荔枝，皆調於民。主吏常以牛心爲準，倍直購之以輸，予嘗黜而不用。

玳瑁紅荔枝，上有黑點，疏密如玳瑁斑。福州城東有之。

硫黃，顏色正黃，而刺微紅，亦小荔枝，以色名之也。

息，此亦其驗也。

第五

初種畏寒，方五六年，深冬覆之以護霜霰。福州之西三舍曰水口，地少加寒，已不可殖。大略其花春生蕤蕤然，白色，其花多少，在風雨時與不時也。有間歲生者，謂之歇枝，有仍歲生者，半生半歇也。春雨之際，旁生新葉，其色紅白。六七月時，色已變綠，此明年開花者也。今年實者，明年歇枝也。最忌麝香，或遇之，花實盡落，其熟未經採摘，蟲鳥皆不敢近；或已取之，蝙蝠、蜂、蟻爭來蠹食。園家有在樹旁植四柱小樓，夜棲其上，以警盜者。又破竹五七尺，搖之答答然，以逼蝙蝠之屬。

第六

紅鹽之法，民間以鹽梅滷浸佛桑花爲紅漿，投荔枝漬之，曝乾色紅而甘酸，可三四年不蟲，修貢與商人皆便之，然絕無正味，白曬者正爾。烈日乾之，以核堅爲止，畜之甕中，密封百日，謂之出汗，去汗耐久，不然踰歲壞矣。福州舊貢紅鹽、蜜煎二種。慶曆初太官問歲取之狀，知州事沈邈以道遠不可致，減紅鹽之數，而增白曬者。兼令漳、泉二郡，亦均貢焉。蜜煎，剝生荔枝，笮去其漿，然後蜜煎之。予前知福州，用曬及半乾者爲煎，色黃白而味美可愛，其費荔枝減常歲十之六七。然修貢者取之於民，後之主吏利其多，取之責賂，曬煎之法不行矣。

第七 陳紫已下十二品，有等次；虎皮已下二十品，無等次。

陳紫，因治居第，平窳坎而樹之，或云厥土肥沃之故，今傳其種子者，皆擇善壤，終莫能及，是亦賦生之異也。

江綠，大較類陳紫而差大，獨香薄而味少淡，以故次之。其樹已賣葉氏，而民間猶以爲江家綠云。

方家紅可徑二寸，色味俱美。言荔枝之大者，皆雖有他果，不復見省，尤重陳紫。富室大家，歲或不嘗，雖別品千計，不爲滿意。陳氏欲采摘，必先閉戶，隔牆入錢，度錢與之，得者自以爲幸，不敢較其直之多少也。列陳紫之所長，以例衆品：其樹晚熟，其實廣上而圓下，大可徑寸有五分，香氣清遠，色澤鮮紫，殼薄而平，瓤厚而瑩，膜如桃花紅，核如丁香母，剝之凝如水精，食之消如絳雪，其味之至，不可得而狀也。荔枝以甘爲味，雖百千樹莫有同者，過甘與淡，失味之中，唯陳紫之於色、香、味，自拔其類，此所爲天下第一也。凡荔枝皮、膜、形、色，一有類陳紫，則已爲中品，若夫厚皮尖刺，肌理黄色，附核而赤，食之有渣，食已而澀，雖無酢味，自亦下等矣。

第三

福州種殖最多，延貤原野，洪塘水西，尤其盛處。一家之有，至於萬株，城中越山當州署之北，鬱爲林麓。暑雨初霽，晚日照曜，絳囊翠葉，鮮明蔽映，數里之間，焜如星火，非名畫之可得，而精思之可述，觀攬之勝無比。初著花時，商人計林斷之以立券，若後豐寡，商人知之，不計美惡，悉爲紅鹽者，水浮陸轉，以入京師。外至北戎、西夏，東南舟行新羅、日本、琉球、大食之屬，莫不愛好，重利以酬之。故商人販益廣，而鄉人種益多，一歲之出，不知幾千萬億。而鄉人得飫食者，蓋鮮，以其斷林鬻之也。品目至衆，唯江家綠爲州之第一。

第四

荔枝，食之有益於人。列仙傳稱有食其華實，爲荔枝仙人。本草亦列其功。葛洪云：蠲渴補髓。所以唐羌疏曰：未必延年益壽，蓋云雖有其傳，豈果能哉，亦諫止之詞也。或以其性熱，人有甘啖千顆，未嘗爲疾，即少覺熱，以蜜漿解之。其木堅理難老，今有三百歲者，枝葉繁茂，生結不而春榮，實如丹而夏熟，朶如蒲桃，核如枇杷，殼如紅繒，膜如紫綃，瓤肉潔白如冰雪，漿液甘酸如醴酪。蔡襄荔枝譜：蜀所出早熟而肉薄，味甘酸。

附蔡襄荔枝譜　全

第一

荔枝之於天下，唯閩、粤、南粤、巴蜀有之。漢初南粤王尉佗以之備方物，於是始通中國。司馬相如賦上林云：苔遝離支，蓋夸言之，無有是也。東京、交趾七郡貢生荔枝，十里一置，五里一堠，晝夜奔騰，有毒蟲猛獸之害。臨武長唐羌上書言狀，和帝詔太官省之。魏文帝有西域蒲桃之比，世譏其謬論，豈當時南北斷隔，所擬出於傳聞耶？唐天寶中，妃子尤愛嗜，涪州歲命驛致之，時詞人多所稱詠。張九齡賦之以託意，白居易刺忠州既形於詩，又圖而序之，雖髣髴顏色，而甘滋之勝，莫能著也。洛陽取於嶺南，長安來於巴蜀，雖曰鮮獻，而傳置之速，腐爛之餘，色香味之存者，亡幾矣。是生荔枝，中國未始見之也。九齡、居易雖見新實驗，今之廣南州郡與夔、梓之間所出，大率早熟，肌肉薄而味甘酸，其精好者，僅比東閩之下等。是二人者，亦未始遇夫眞荔枝者也。閩中唯四郡有之，福州最多，而興化軍最爲奇特，泉、漳時亦知名，列品雖高，而寂寥無紀，將尤異之物，昔所未有乎？蓋亦有之，而未始遇乎人也。予家莆陽，再臨泉、福二郡，十年往還，道由鄉國，每得其尤者，命工寫生，稡集既多，因而題目以爲倡始。夫以一木之實，生於海濱巖險之遠，而能名徹上京，重於當世，是亦有足貴者。其於果品，卓然第一，然性畏高寒，不堪移殖，而又道理遼絶，曾不得班於盧橘、江橙之右，少發光彩，此所以爲之嘆惜而不可不述也！

第二

興化軍風俗，園池勝處，唯種荔枝，當其熟時，枝，味更甜美。或云是木生，背陽結實，不完就者白暴之，尤佳。又有綠色、蠟色，皆其品之奇者，本土亦自難得。其蜀嶺荔枝，初生亦小酢，肉薄不堪暴，花根亦入藥。崔元亮海上方治喉痹腫痛，以荔枝花并根共十二分，以水三升煮，去滓汁，細細含嚥，取瘥止。

南方草木狀：荔枝樹高五六丈餘，如桂樹，綠葉蓬蓬，冬夏榮茂。青華朱實，實大如雞子，核黃黑，似熟蓮子。實白如肪，甘而多汁，似安石榴，有甜酢者，至日將中，翕然俱赤，則可食也。一樹下子百斛。

齊民要術廣志曰：荔枝樹高五六丈，如桂樹，綠葉蓬蓬，冬夏鬱茂。青華朱實，實大如雞子，核黃黑似熟蓮子。實白如肪，甘而多汁，似安石榴，有甜酢者，夏至日將巳時，翕然俱赤，則可食也。一樹下子百斛。犍爲、僰道、南廣荔枝熟時百鳥肥，其名上曰焦核，小次曰春花，次曰胡偈，此三種爲美。似鼈卵大而酸，以爲醢和，率生稻田間。異物志曰：荔枝爲果多汁，味甘絶口，又小酸，所以成其味。可飽食，不可使厭，生時大如雞子，其膚光澤，皮中實乾則焦小，其肌核不如生時奇。四月始熟也。

華陽國志：江州有荔枝園。寰宇記：樂溫縣產荔枝，其味猶勝諸嶺。涪州城西五十里，唐時有妃子園，中有荔枝百餘株，顆肥，爲楊妃所喜，當時以馬馳載，七日夜至京，人馬多斃。然荔枝敘、瀘之品爲上，涪州次之，合州又次之。今止嘉定州有數株，餘州少有植者。

又荔枝敘州府出，土人善爲荔枝煎，可以致遠。蜀都賦注：南裔志云，荔枝出南康縣、僰道縣。唐志：戎州貢荔枝煎。元和志：僰道出荔枝，一樹可收五十斗。寰宇記：僰道有荔枝園，僰僮多以此爲業，園植萬株。唐白居易荔枝圖序：荔枝生巴峽間，樹形團團如帷蓋，葉如冬青，花如橘其葉中細如蜂腰，其實稍早。橙之黃時，橘方尙綠。其形圓，大於橘而香，皮厚而皺，乃正黃色，不若甘橘之帶赤也。本草云其皮苦辛，作酢醬香美。蓋獨宜爲和，故張景陽七命云：燀以秋橙，酤以春梅。

福州府志物產：橙有佛頭橙、蜜橙、青橙、雛橙、欒橙、香綿橙。

荔枝

嘉祐本草：荔枝子味甘，平，無毒。止渴，益人顏色。生嶺南及巴中，其樹高一二丈，葉青茂，凌冬不凋。實如松子大，殼皺若紅羅紋，肉青白若水精，甘美如蜜，四五月熟，百鳥食之皆肥矣。

圖經：荔枝子生嶺南及巴中，今泉、福、漳、嘉、蜀、渝、涪州，興化軍及二廣州郡皆有之。其品閩中第一，蜀川次之，嶺南爲下。扶南記云：此木以荔枝爲名者，以其結實時，枝弱而蔕牢，不可摘取，以刀斧劙取其枝，故以爲名耳。其木高二三丈，自徑尺至於合抱，頗類桂木、冬青之屬。葉蓬蓬然，四時榮茂不凋，其木性至堅勁，土人取其根作阮咸槽，及彈棊局。木之大者，子至百斛，其花青白，狀若冠之蕤緌，實如松毬之初生者，殼若羅文，初青漸紅，肉淡白如肪玉，味甘而多汁，五六月盛熟時，彼方皆燕會其下以賞之。賓主極量取噉，雖多亦不傷人。少過度則飲蜜漿一盃便解。荔枝始傳於漢世，初惟出嶺南，後出蜀中。蜀都賦所云旁挺龍目，側生荔枝是也。蜀中之品，在唐尤盛，白居易圖序論之詳矣。今閩中四郡所出特奇，而種類盛，至三十餘品。皮肉甚厚，甘香瑩白，非廣蜀之比也。福唐歲貢白曝荔枝，並蜜煎荔枝肉，俱爲上方之珍菓。白曝須佳實乃堪，其市貨者，多用雜色荔枝入鹽梅暴之成，而皮深紅，味亦少酸，殊失本眞。凡經暴則可經歲，好者寄至都下及關陝、河外諸處，味猶不歇。百果貨市之盛，皆不及此。又有焦核荔藏之至來歲之春，其色如丹，鄉人謂其種自洞庭山來，故以得名。東坡洞庭春色賦有曰：命黃頭之千奴，卷震澤而與還；翠勺銀罌，紫絡青綸。物固唯所用，醞釀得宜，眞足以佐騷人之淸興耳！朱柑類洞庭而大過之，色絕嫣紅，味多酸，以刀破之，漬以鹽，始可食。園丁云：他柑必接，惟朱柑不用接而成，然鄉人不甚珍寵之，賓祭斥不用。金柑在他柑特小，其大者如錢，小者如龍目，色似金，肌理細瑩，圓丹可翫。噉者不削去金衣，若用以漬蜜尤佳。歐陽文忠公歸田錄載其香淸味美，置之樽俎間，光彩灼爍，如金彈丸，誠珍果也。都人初不甚貴，其後因溫成皇后好食之，由是價重京師。木柑類洞庭，少不慧耳，膚理堅頑，瓣大而乏膏液，外強中乾，故得名以木。甜柑類洞庭，高大過之，每顆必八瓣，不待霜而黃，比之他柑加甜。柑林未熟之日，是柑最先，摘置之席間，靑黃照人，長者先嘗之，子弟懷以歸，爲親庭壽焉。然是種不多見，治圃者植一株二株焉，故以少爲貴。

橙

嘉祐本草：橙子皮味苦，辛，溫。作醬醋香美，散腸胃惡氣，消食，去胃中浮風氣。其瓤味酸，去惡心。不可多食，傷肝氣。又以瓤洗去酸汁，細切和鹽蜜煎成，貯食之，去胃中浮風。其樹亦似橘樹而葉大，其形圓大於橘而香，皮厚而皺，八月熟。

本草衍義：橙子皮今人止以爲果，或取皮合湯待賓，未見入藥。宿酒未解，食之速醒。

韓彥直橘錄：橙子木有刺，似朱欒而小。永嘉植之，不若古栝之盛，比年始競有之。經霜早黃，膚澤可愛。狀微有似眞柑，但圓正細實，非眞柑比。人喜把翫之，香氣馥馥，可以熏袖，可以芼鮮，可以漬蜜，眞嘉實也。若眞柑則無是二三者，人自珍之，得非瞭然在人耳目者，蓋眞柑之細耶。

爾雅翼：橙之芳用在皮，柑之甘在瓤，其木似橘，青柑，唐時本地有沙橘，嘗入貢。近時天下之柑，以浙之衢州、閩之漳州爲最。漳人食柑，盡一托盤，如泉人食荔支矣。

附韓彥直橘錄

按開寶中陳藏器補神農本草書：柑類則有朱柑、乳柑、黄柑、石柑、沙柑，今永嘉所産，實具數品，且增多其目，但名少異耳。凡圃之所植，柑比之橘，纔十之一二。大抵柑之植立甚難，灌溉鋤治少失時，或歲寒霜雪頻作，柑之枝頭殆無生意，橘則猶故也。得非瓊杯玉斝，自昔易闕耶！永嘉宰勾君濤有詩聲，其詩曰：只須霜一顆，壓盡橘千奴。則黄柑位在綠橘上，不待問而知。

眞柑在品類中最貴可珍，其柯木與花、實，皆異凡木。本多婆娑，葉則纖長茂密，濃陰滿地。花時韻特清遠，逮結實，顆皆圓正，膚理如澤蠟。始霜之旦，園丁採以獻風味，照座擘之，則香霧噀人。北人未之識者，一見而知其爲眞柑矣。一名乳柑，謂其味之似乳酪。溫四邑之柑，推泥山爲最，泥山地不彌一里，所産柑其大六七寸圍，皮薄而味珍，脈不黏瓣，食不留滓，一顆之核纔一二，間有全無者。南塘之柑，比年尤盛，太守燕賞，爲秋日盛事。前太守參政李公賞柑之詩曰：忘機白鳥衝船過，堆案黄柑噀手香。侍郎曾公之詞曰：滿樹葉，繁枝重綴，青黄千百。皆佳句也。

生枝柑似眞柑，色青而膚麤，形不圓，味似石榴微酸。崔豹古今注曰：甘實形如石榴者爲壺柑，疑此類是。鄉人以其耐久，留之枝間，俟其味變甘，帶葉而折，堆之盤俎，新美可愛，故命名生枝。海紅柑顆極大，有及尺以上圍者，皮厚而色紅，藏之久而味愈甘。木高二三尺，有生數十顆者，枝重委地，亦可愛。是柑可以致遠，今都下堆積道旁者多此種，初因近海，故以海紅得名。洞庭柑皮細而味美，比之他柑韻稍不及，熟最早，纔熟便鬆軟，入藥亦稀用。

乳柑子

嘉祐本草：乳柑子味甘，大寒。主利腸胃，中熱毒，解丹石，止暴渴，利小便。多食令人脾冷，發痼癖，大腸洩。又有沙柑、青柑、山柑，體性相類。惟山柑皮療咽喉痛效，餘者皮不堪用。其樹若橘樹，其形似橘而圓大，皮色生青熟黃赤，未經霜時尤酸，霜後甚甜，故名柑子，生嶺南及江南。

南方草木狀：柑乃橘之屬，滋味甘美特異者也。有黃者，有赬者，赬者謂之壺柑。交阯人以席囊貯蟻鬻於市者，其窠如薄絮囊，皆連枝葉，蟻在其中，并窠而賣，蟻赤黃色，大於常蟻，南方柑樹若無此蟻，則其實皆爲羣蠹所傷，無復一完者矣。今華林園有柑二株，遇結實，上命羣臣宴飲於旁，摘而分賜焉。

北戶錄：新州出變柑，有苞大於升者，其皮薄如洞庭之橘，餘柑之所弗及。傳云：移植不百里，形味俱變，因以爲名。亦如踰淮爲枳，乃水土異也。

桂海虞衡志：饅頭柑近蒂起饅頭尖者，味香勝，可埒永嘉乳柑。

閩書物產：柑，圖經：木高一二丈，葉與枳無辨，刺出莖間。夏初生白花，六月、七月而成實，至冬黃熟可噉。舊說小者爲橘、爲橙，大者爲柚。孔安國注尚書厥包橘柚：小曰橘，大曰柚，皆爲柑也。謝朓酬王晉安詩：南中榮橘柚，寧知鴻雁飛。柑，通志有酥柑；有佛酥柑，一名佛頭酥；有脂柑，出連江，名連江柑；有里尾柑，出福清縣，以地名。橘，通志有鏡橘，一名鏡柑；有連江橘，以地名；有酒橘；有四時橘；有蓊橘；有猴橘，一名花橘；有洞庭橘；有匾橘，一名塌橘；有里尾橘，出福清縣，亦以地名。泉志：金橘有二種：形圓者曰金棗，皮香肉酸。又有金豆，俗呼羊矢橘，生山林中，蜜煎良佳。莆中有紅柑、子作胡桃味，遼、代、上黨甚多，久留亦易油壞者也。

黃花鎮記：黃花鎮有禮鼠，色如鼬而毛淺，冬時聚榛實爲糧於穴中，作歧穴貯之若倉囷然，多至三斗。其榛實皆美好，價倍於人所收者，山氓多掘取之。

豐潤縣志：念經峪山在縣東北，多產榛，歲可收百石。遠近居民，咸取利焉。

廣雅疏證：亲，榛也。說文云：亲實如小栗，從木，辛聲。榛之言辛，物小之稱也。若方言蕪菁小者謂之辛芥矣。字通作榛，左思招隱詩注引高誘淮南注云：小榛小棘曰榛。御覽引陸璣詩義疏云：榛，栗屬，有兩種：其一種大小皮葉皆如栗，其子小，形如杼子，味亦如栗，所謂樹之榛栗者也；其一種枝莖如木蓼，生高丈餘，作胡桃味，遼、代、上黨皆饒。古者以榛爲女摯，莊二十四年左傳云：女摯不過榛栗棗修，以告虔也。又以爲籩實，周官籩人：饋食之籩，其實榛。實又以爲庶羞，內則：椇棗栗榛，鄭注云：皆人君燕食所加庶羞也。字又作樼，揚雄蜀都賦云：杜樼栗榛。

說文解字注：亲，亲實如小栗。韵會作「木名，實如小栗」六字。周禮籩人、記曲禮內則、左傳、毛詩字皆作榛，假借字也，榛行而亲廢矣。鄭云如栗而小，與許合。齊民要術引詩義疏云：榛栗有二種。从木，辛聲，側詵切，十二部。蜀都賦作樼。春秋傳曰：女摯不過亲栗。左傳莊二十四年文。

菴羅果

開寶本草：菴羅果味甘，溫。食之止渴，動風氣。天行病後及飽食後，俱不可食之。又不可同大蒜辛物食，令人患黃病。樹生，狀若林檎而極大。

本草衍義：菴羅果西洛甚多，亦梨之類也。其狀亦梨，先諸梨熟，七夕前後已堪啗，色黃如鵝梨。

味，遼東、上黨皆饒。山有榛之榛，枝葉似栗樹，子似橡子，味似栗，枝莖可以爲燭。廣要：周禮籩人云：饋食之籩，其實榛。說文云：亲果，實如小栗，榛木也。曲禮云：婦人之摯，椇榛脯脩棗栗。埤雅：榛似梓，實如小栗，栗屬也。先王以爲女摯。賦云：榛栗罅發。江南有小栗，謂之芧栗。讀芧爲茅，誤也。莊子曰：狙公賦芧，朝三而暮四，衆狙皆怒。芧，小栗也。爾雅翼：榛枝莖如木蓼，葉如牛李色，高丈餘，子如小栗，其核中悉如李。生則胡桃味，膏燭又美，亦可食噉。漁陽、遼、代、上黨皆饒。鄭注禮曰：榛似栗而小，關中鄜坊甚多。然則其字從秦，蓋此意也。左傳曰：女贄不過榛栗棗修，以告虔也。稱告虔者，榛有臻至之義，栗有戰栗之義，棗有早作之義，修有修飭之義，皆以其名告己之虔恭也。又一種，大小枝葉皆如栗，其子形如杼子，味亦如栗，所謂樹之榛栗者。其下云：爰伐琴瑟，是大木非榛楛之榛，至女贄則宜兩者皆可用。通志：榛有三四種，樼類也，似樼而小，正圓。按許慎以亲爲榛。張揖又云：辛，樼也。圖經、陸疏又以莘爲栗之一種。可見草木形狀相似者，其名亦易相亂，但亲字從辛，從木，責辛切，音榛。而廣雅作辛，失木字。本草及元恪諸家作莘，從草字。至於陸佃云：似梓，直認爲梓字，點畫間毫釐千里，誤人不少。何六書之學，累代莫問耶！本草綱目李時珍曰：榛樹低小如荆，叢生。冬末開花如櫟花，成條下垂，長二三寸。二月生葉，如初生櫻桃葉，多皺文而有細齒及尖。其實作苞，三五相粘，一苞一實，如櫟實，下壯上銳，生青熟褐，其殼厚而堅，其仁白而圓，大如杏仁，亦有皮尖，然多空者，故諺云：十榛九空。按陸璣詩疏云：榛有兩種：一種大小枝葉皮樹皆如栗，而子小，形如橡子，味亦如栗，枝莖可以爲燭，詩所謂樹之榛栗者也。一種高丈餘，枝葉如木蓼，之者尙尠。胡桃仁頗類其狀，而外皮水汁皆青黑，故能入北方，通命門，利三焦，益氣養血，與破故紙同爲補下焦腎命之藥。夫命門氣與腎通，藏精血而惡燥，若腎命不燥，精氣內充，則飲食自健，肌膚光澤，腸腑潤而血脈通。此胡桃佐補藥，有令人肥健、能食、潤肌、黑髮、固精、治燥、調血之功也。命門旣通，則三焦利，故上通於肺，而虛寒喘嗽者宜之。下通於腎，而腰脚虛痛者宜之。內而心腹諸痛可止，外而瘡腫之毒可散矣。洪氏夷堅志止言胡桃治痰嗽，能斂肺，蓋不知其爲命門三焦之藥也。油胡桃有毒，傷人咽肺，而瘡科取之，用其毒也。胡桃制銅，此又物理之不可曉者。洪邁云：邁有痰疾，因晚對，上遣使諭令，以胡桃肉三顆、生薑三片，臥時嚼服，卽飲湯兩三呷，又再嚼桃薑如前數，卽靜臥，必愈。邁還玉堂，如旨服之，及旦而痰消嗽止。又溧陽洪輯幼子病痰喘，凡五晝夜，不乳食，醫以危告。其妻夜夢觀音授方，令服人參胡桃湯。輯急取新羅人參寸許，胡桃肉一枚，煎湯一蜆殼許灌之，喘卽定。明日以湯剝去胡桃皮，用之，喘復作。仍連皮用，信宿而瘳。此方不載書册，蓋人參定喘，胡桃連皮能斂肺故也。羣芳譜：核桃種植，選平日實佳者，留樹上弗摘，俟其自落，青皮自裂。又棟殼光紋淺體重者，作種，掘地二三寸，入糞一盌，鋪片瓦，種一枚，覆土踏實，水澆之。冬月凍裂殼，來春自生。下用瓦者，使無入地直根，異日好移栽也。

榛

開寶本草：榛子味甘，平，無毒。主益氣力，寬腸胃，令人不飢，健行。生遼東山谷。樹高丈許，子如小栗，軍行食之當糧。中土亦有，鄭注禮云：榛似栗而小，關中鄜坊甚多。

陸璣詩疏：榛，栗屬；有兩種：其一種枝皮皆如栗，其子小，形似橡子，味亦如栗，所謂樹之榛栗者也；其一種枝葉如木蓼，生高丈餘，作胡桃人不識榲桲。世南侍親官蜀，至梁、益間方識之。大者如梨，味甜而香，用刀切則味損而黑。凡食時先以巾拭去毛，以巾包於柱上擊碎，其味甚佳。蜀人以榲桲切去頂，剜去心，納檀香、沉香末幷麝少許，覆所切之頂，線縛蒸爛，取出，俟冷，研如泥，入腦子少許，和勻作小餅，燒之，香味不減龍涎。

述異記：江、淮南人至北，見榲桲以爲樝子。

胡桃

開寶本草：胡桃味甘，平，無毒。食之令人肥健，潤肌，黑髮。取瓤燒令黑，未斷煙，和松脂，研傅瘰癧瘡。又和胡粉爲泥，拔白鬚髮以內孔中，其毛皆黑。多食利小便，能脫人眉，動風故也。去五痔，外青皮染髭及帛，皆黑。其樹皮止水痢，可染褐。仙方取青皮壓油，和詹糖香，塗毛髮，色如漆。生北土。云張騫從西域將來。其木春研，皮中出水，承取沐頭至黑。

廣志：陳倉胡桃薄皮多肌。陰平胡桃大而皮脆，急捉則碎。

酉陽雜俎：胡桃仁曰蝦蟆，樹高丈許，春初生葉，長三寸，兩兩相對。三月開花，如栗花，穗蒼黃色。結實如青桃，九月熟時，漚爛皮肉，取核內仁爲果。北方多種之，以殼薄仁肥者爲佳。

本草綱目李時珍曰：三焦者，元氣之別使；命門者，三焦之本原。蓋一原一委也。命門指所居之府而名，爲藏精係胞之物；三焦指分治之部而名，爲出納腐熟之司。蓋一以體名，一以用名。其體非脂非肉，白膜裹之，在七節之旁，兩腎之間，二系著脊，下通二腎，上通心肺，貫屬於腦，爲生命之原，相火之主，精氣之府，人物皆有之。生人生物，皆由此出。靈樞本臟論已著其厚薄緩急之狀，而扁鵲難經不知原委體用之分，以右腎爲命門，謂三焦有名無狀，而高陽生僞譔脈訣，承其謬說，以誤後人。至朱肱南陽活人書、陳言三因方論、戴起宗脈訣刊誤，始著說闢之，而知美，謂之林檎麨。僧贊寧物類相感志云：林檎樹生毛蟲，埋蠶蛾于下，或以洗魚水澆之卽止，皆物性之妙也。

洽聞記：唐永徽中，魏郡臨黃王國村人王方言，嘗於河中灘上，拾得一小樹，栽埋之。及長，乃林檎也。實大如小黃瓠，色白如玉，間以珠點，亦不多，三數而已，有如纈，實爲奇果，光明瑩目，又非常美。紀王慎爲曹州刺史，有得之，獻王。王貢於高宗，以爲朱柰，又名五色林檎，或謂之聯珠果。種於苑中。西域老僧見之云：是奇果，亦名林檎。上大重之，賜王方言文林郎，亦號此果爲文林郎果，俗云頻婆果。河東亦多林檎，秦中亦不少，河西諸郡，亦有林檎，皆小於文林果。

文林郎

本草拾遺：文林郎味甘，無毒。主水痢，去煩熱，子如李，或如林檎，生渤海間，人食之。云其樹從河中浮來，拾得人身是文林郎，因此以爲名也。

海藥本草：又南山亦出，彼人呼榅桲，是味酸香，微溫，無毒。主水瀉，腸虛，煩熱，並宜生食，散酒氣也。

榅桲

開寶本草：榅桲味酸，甘，微溫，無毒。主溫中下氣，消食，除心間酸水，去臭，辟衣魚。生北土，似樝子而小。

圖經：榅桲舊不著所出州土，今關、陝有之，沙苑出者更佳。其實大抵類樝，但膚慢而多毛，味尤甘。治胸膈中積食，去醋水，下氣，止渴。欲卧，啗一兩枚而寢，生熟皆宜。樝子處處有之，孟州特多，亦主霍亂，轉筋，並煮汁飲之，可敵木瓜。常食之亦去心間酸痰，皮擣末傅瘡上，黃水。實初熟時，其氣氛馥，人將致衣笥中，亦香。

游宦紀聞：唐、鄧間多大柿，初生澀堅實如石，凡百十柿，以一榠樝置其中，則紅爛如泥而可食，榅桲亦可代榠樝用。此歐公歸田錄所載，但江南云：梬，棗也，从木甹聲，似柿而小。乃梬篆下語也。司馬氏光曰：君遷子卽今牛奶柿。按吳都劉注：桾櫏子如瓠形，玉篇云：桾櫏子如雞子，不當以羊棗當之。從木，甹聲，以整切，十一部，梗而兗切。

韶子 本草拾遺：韶子味甘，溫，無毒。主暴痢，心腹冷。生嶺南，子如栗，皮肉核如荔枝。廣志云：韶葉似栗，有刺，斫皮內白脂如豬，味甘酸，亦云核如荔枝也。

探子 本草拾遺：探子味甘，澀，平，無毒。生食，主水痢。熟者和蜜食之，去嗽。子似梨，生江南。吳都賦云「探榴禦霜」是也。

林檎 開寶本草：林檎味酸，甘，溫，無毒。多食發熱澀氣，令人好睡，發冷痰，生瘡癤，百脈不行。其樹似柰子，亦圓如柰，六月、七月熟，今在處有之。

圖經：林檎舊不著所出州土，今在處有之，或謂之來禽，木似柰，實比柰差圓，六七月熟，亦有甘酢二種。甘者早熟而味肥美，酢者差晚，須爛熟乃堪噉。病消渴者宜食之，亦不可多，反令人心中生冷痰。今市間醫人亦乾之，入治傷寒藥，謂之林檎散。

齊民要術：柰林檎不種，但栽之。（種之雖生，而味不佳。）取栽如壓桑法。（此果根不浮薉，栽故難求，是以須壓也。）又法，栽如桃李法。林檎樹以正月二月中，反斧斑駮椎之，則饒子。作林檎麨法：（林檎赤熟時，擘破去子心蔕，日曬令乾，或磨或擣，下細絹篩，麤者更磨擣，以細盡爲限，以方寸匕投於椀中，卽成美漿。不去蔕則大苦，合子則不度夏，留心則大酸，若乾噉者，以林檎麨一升和米麵二升，味正適調。）

本草綱目李時珍曰：林檎卽柰之小而圓者，其味酢者卽楸子也。其類有金林檎、紅林檎、水林檎、蜜林檎、黑林檎，皆以色味立名。黑者色似紫柰，有冬月再實者。林檎熟時，晒乾研末，點湯服甚也。顔師古云：今之輭棗也。御覽引古今注云：㮕棗葉如柿，實亦如柿而小，味甘美。又引廣志云：㮕棗味如柿。晉陽㮕肌細而厚，以供御，是也。㮕又作輭。賀氏內則疏云：㮕，輭棗也。蘇頌本草圖經云：小柿謂之輭棗。俗呼牛奶柿，一名檡棘。士喪禮云：決用正王棘若檡棘。鄭注云：王棘與檡棘，善理堅韌者，皆可以爲決。世俗謂王棘矺鼠。釋文云：矺，劉音託。周官繕人注引士喪禮檡棘。釋文云：檡一音徒洛反，然則矺、檡聲近，矺鼠或卽檡棘之別名耳。

說文解字注：梬梬棗也。三字一句。梬棗果名，非今俗所食棗也。南都賦曰：梬棗若留。張揖注子虛曰：梬梬棗也。李善引說文亦云：梬棗似柿。於此可以訂刪複字者之非矣。似柿而小，一曰㮕，各本無「而小一曰㮕」五字，今合齊民要術、衆經音義、廣韵、子虛南都二賦、李善注引訂補。按梬卽檡木之遵羊棗也。郭云：實小而圓，紫黑色，今俗呼之爲羊矢棗。引孟子曾晳嗜羊棗。何氏焯曰：羊棗非棗也，乃柿之小者，初生色黃，熟則黑，似羊矢，其樹再接卽成柿矣。余客臨沂始覩之，亦呼牛妳柿，亦呼㮕棗，此尤可證以柿得棗名。孟子正義不得其解。玉裁謂凡物必得諸目驗，而折衷古籍，乃爲可信，昔在西苑萬善殿庭中，曾見其樹，葉似柿而不似棗，其實似柹而小如指頭。內監告余，用此樹接之，便成柿。古今注曰：㮕棗實似柿而小，味亦甘美。師古曰：梬棗卽今之㮕棗也。㮕與遵音相近，㮕卽遵字也。「一曰㮕」者，一名㮕也。本作一曰，李善改爲「名曰」，以便於文也。許無㮕篆，蓋俗字不列也。內則芝栭。賀氏云：芝木椹栭輭棗。釋文曰：栭本又作檽。檽者，㮕之誤。賀氏作㮕，許不妨作耎也。梬棗者柿屬，故受之以柿篆。又按衆經音義：㮕，棗。如兗切。說文曰：似柿而小，或作濡，非體也。似玄應所據本，有㮕篆，其解當楊，花如蜀葵，正赤。子如小棗，蜜漬爲粉，甘美益人，隋朝植於西苑也。

大業拾遺錄：南海郡送都念子樹一百株，敕付西苑十六院內，種此樹。高一丈許，葉如白楊，枝柯長細，花心金色，葉正赤，似蜀葵而大。其子小於柿子，甘酸至美，蜜漬爲粽，益佳。

東坡雜記：吾謫居南海，以五月出陸至滕州，自滕至儋，野花夾道，如芍藥而小，紅鮮可愛，樸樕叢生。土人云：倒拈子花也。至儋，則已結子，爛紫可食，殊甘美。中有細核，嚼之瑟瑟有聲，亦頗苦澀。兒童食之，使大便難。野人夏秋痢下，食葉輒已。海南無柿，剝浸揉搨之以代柿油，蓋愈於柿也，因名之曰海漆。

檀萃滇海虞衡志：都念子者，倒捻子也。樹高丈或二三丈，葉如白楊，枝柯長細，子如小棗，椰似軟柿，頭上有四葉如柿蒂，捻其蒂而食，謂倒捻子，訛爲都念。外紫內赤，無核，士人呼爲軟棗，棄之不食。省城果鋪收而以蜜漬之，遂列宴盤，是知美在所漬也。

君遷子 本草拾遺：君遷子味甘，平，無毒。主止渴，去煩熱，令人潤澤。生湖南，樹高丈餘，子中有汁如乳汁。吳都賦云：平仲君遷。

海藥本草：謹按劉欣期交州記云：其實中有乳汁，甜美香好，微寒，無毒。主消渴煩熱，鎮心，久服輕身，亦得悅人顏色也。

魏王花木志：君遷樹細似甘蕉子，如馬乳。

書蕉：文選吳都賦平仲、君遷，皆木名。注缺。

按司馬溫公名苑云：君遷子如馬嬭。俗云牛嬭柹，是也。今之造扇用此柿油。

軟棗 西京雜記：上林苑有梬棗。

廣雅疏證：梬、棗，檡也，各本梬譌作榜，又脫也字。玉篇云：檡、梬，棗也，今據以訂正。說文云：梬，棗也，似柿。漢書司馬相如傳云：梬棗楊梅。又云：樝梨梬桌。張氏注云：梬，梬棗

櫧 本草拾遺：又有櫧子小如橡子，味苦澀。止洩痢，破血，食之不飢，令健行。木皮葉煮取汁，與產婦飲之，止血。樹皮如栗，冬月不凋。生江南，子能除惡血，止渴也。

麪櫧 麪櫧與苦櫧同，葉長而狹，實尖。

無漏子 即海棗。南方草木狀：海棗樹身無閒枝，直聳三四十丈，樹頂四面，共生十餘枝，葉如栟櫚，五年一實，實甚大如栝蔞，核兩頭不尖，雙卷而圓，其味極甘美，安邑御棗，無以加也。太康五年，林邑獻百枚。昔李少君謂漢武帝曰：臣嘗遊海上，見安期生食臣棗，大如瓜，非誕說也。

本草拾遺：無漏子味甘，溫，無毒。主溫中益氣，除痰嗽，補虛損，好顏色，令人肥健。生波斯國，如棗。一云波斯棗。

海藥：樹若栗木，其實如橡子，有三角。消食，止欬嗽虛羸，悅人，久服無損也。

南越筆記：海棗俗名紫京，堅重過鐵力木，鐵力木不甚宜水，此則入水及風雨不朽，以作屋，嫌小皺裂，故不貴。

都角子 本草拾遺：都角子味酸，澀，平，無毒。久食益氣，止洩。生南方，樹高丈餘，子如卵。

徐表南州記云：都角樹二月花，花連著實也。

海藥：謹按徐表南州記云：生廣南山谷，二月開花，至夏末結實如卵。主益氣，安神，遺洩，痔，溫腸，久服無所損也。

齊民要術：南方草木狀曰，都桷樹野生，二月開花，仍連著，實八九月熟，一如雞卵，里民取食。

本草綱目李時珍曰：桷音角。太平御覽作桶子，音同。上聲，蓋傳寫之訛也。亦與楮構之構，名同實異。陳祈暢異物志贊云：構子之樹，枝葉四布，名同種異，實味甜酢，果而無核，裏面如素。析酒止醒，更爲遺賂。

石都念子 本草拾遺：石都念子味酸，小溫，無毒。主痰嗽，噦氣。生嶺南，樹高丈餘。葉如白六或七，解硫黄毒，卽本草所謂菴摩勒者。贊曰：黄葩翠葉，圓實而澤；咀久還甘，或號菴勒。南方草木狀：菴摩勒樹葉細，似合昏，花黄，實似李，青黄色。核圓，作六七稜，食之先苦後甘。術士以變白鬚髮有驗，出九眞。

異物志曰：餘甘大小如彈丸，視之理如定陶瓜，初入口苦澀，咽之口中乃更甜美足味，鹽蒸尤美，可多食。

臨海異物志：餘甘子如棱形，出晉安、侯官界中。餘甘、橄欖，同一果耳。

雲南記：瀘水南岸有餘甘子樹，子如彈丸許，色微黄，味酸苦，核有五稜。其樹枝如柘枝，葉如小夜合葉。按雲南呼有棱者爲土橄欖，無棱者爲松橄欖。

桯史：戎州有蔡次律者，家於近郊，山谷嘗過之，延以飲。有小軒極華潔，楹外植餘甘子數株，因乞名焉。題之曰：味諫。後王子予以橄欖遺山谷，有詩曰：方懷味諫軒中果，忽見金盤橄欖來；想共餘甘有瓜葛，苦中眞味晚方回。時蓋徽宗始登極，國論稍還，是以有此句云。

阿月渾

酉陽雜俎：胡榛子阿月生西國。番人言與胡榛子同樹，一年榛子，二年阿月。

本草拾遺：阿月渾子味辛，溫，澀，無毒。主諸痢，去冷氣，令人肥健。生西國。諸蕃云：與胡榛子同樹，一歲榛子，二歲渾子也。

海藥本草：無名木皮，謹按徐表南州記云：生廣南山谷，大溫，無毒。主陰腎痿弱，囊下濕癢，並宜煎取其汁，小浴極妙也。其實號無名子，波斯家呼爲阿月渾，狀若榛子，味辛，無毒。主腰冷，陰腎虚弱，房中術使用者衆，得木香、山茱萸良也。

鉤栗

本草拾遺：鉤栗味甘，平。主不飢，厚腸胃，令人肥健。子似栗而圓小，生江南山谷，樹大數圍，冬月不凋。一名巢鉤子。又有雀子，小圓黑，味甘，久食不飢，生嵩山。

也。徐州人謂櫟爲杼，或謂之爲栩。按毛傳、說文皆栩柔樣爲一木，櫟下但云木也，不云卽栩也。然則陸璣專據徐州語言合之耳。從木，羽聲，況羽切，五部。其皁一曰樣。按各宋本及集韵、類篇皆同。毛氏依小徐作其實皁，非也。艸部曰皁斗，櫟實也。一曰樣斗。許蓋謂栩爲柞櫟，與陸璣同。柔，栩也。莊子：狙公賦芧。司馬云：芧，橡子也。芧卽柔字，橡卽樣字，柔本樹名，因用爲實名也。從木，予聲，此與機杼字以下形上聲、左形右聲分別，讀若杼。按玉篇時渚切，廣韵神與切，是也。大徐直呂切，則與機杼字同音，五部。樣，栩實也。樣、橡正俗字。爾雅舊注曰：柔實爲橡子，以橡殼爲柔斗者，以剜剜似斗故也。橡子儉歲可食，以爲飯，豐年牧豬飤之，可以致肥也。見齊民要術。從木，羕聲，徐兩切，十部。按樣俗作橡，今人用樣爲式樣字，像之假借也。唐人式樣字，從手作㨾。

菴摩勒

唐本草：菴摩勒味苦，甘，寒，無毒。主風虛熱氣。一名餘甘，生嶺南交、廣、愛等州。注云：樹葉細似合歡，花黃，子似李柰，青黃色，核圓作六七稜，其中仁亦入藥用。

圖經：菴摩勒，餘甘子也。生嶺南交、廣、愛等州。今二廣諸郡及西川蠻界山谷中皆有之。木高一二丈，枝條甚軟，葉青細密。朝開暮斂，如夜合，而葉微小。春生冬凋，三月有花著條而生，如粟粒微黃，隨卽結實作莛。每條三兩子，至冬而熟，如李子狀，青白色，連核作五六瓣，乾卽幷核皆裂。其俗亦作果子噉之，初覺味苦，良久更甘，故以名也。

本草衍義：菴摩勒，餘甘子也。解金石毒，爲末作湯，點服。佛經中所謂菴摩勒果者，是此。蓋西印度亦有之。

益部方物略記：樹大葉細似槐，實若李而小，咀之前澀，後歆歆有味，故號爲餘甘。核有稜，或采椽不斲。徐廣注云：采一名櫟。漢書司馬相如傳：沙棠櫟櫧。應劭注云：櫟，采木也。

說文解字注：櫟，櫟木也。秦風：隰有苞櫟。傳云：櫟木也。陸璣曰：苞櫟，秦人謂柞櫟爲櫟，河內人謂木蓼爲櫟，椒椴之屬，其子房生爲梂。木蓼子亦房生，故說者或曰柞櫟，或曰木蓼。璣以爲此秦詩也，宜從其方土之言，柞櫟是也。按陸意謂秦詩當是柞櫟，今觀許櫟、梂二篆連屬，正與陸所云木蓼子房生爲梂者合，然則許意謂木蓼也。艸部云：草斗，櫟實也。一曰橡斗。木部栩下云：柔也，其草亦曰樣。此則謂草斗爲櫟實，正陸所謂秦人謂柞櫟爲櫟。又云栩，今柞櫟也。草下櫟實字非木部之櫟，許意栩柔樣草爲一物，是名柞櫟，亦名櫟，而非柞也，亦非子梂生之櫟也。柞與棫爲類，櫟似椒椴。鄭箋大雅云：柞，櫟也。則以柞與柞櫟合爲一耳。從木，樂聲，郎擊切，古音在二部。梂，櫟實。此櫟實與草下櫟實各物，草下當云：草斗，柞櫟實，損柞字耳。釋木曰：櫟其實梂。陸璣云：椒椴之屬，其子房生爲梂。木蓼子亦房生。然則許何爲以梂字專系諸木蓼也？曰艸部，以茮系諸茮椴矣，則以梂系諸櫟也。茮與梂皆謂聚生成房，橡斗不尔也。梂與茮古通用。椒聊箋云：一梂之實，蕃衍滿升，非其常也。此假梂爲茮也。今俗語謂緜多叢聚曰一梂，椒子每梂數十百顆，詩人言其盛，則曰每梂將盈升，不識正義何以不解也。木蓼，唐本草謂之木天蓼。蘇頌云：木高二三丈，三四月開花似柘花，五月採子，子作毬，一曰鑿首。豳風毛傳云：鑿屬曰錡，木屬曰銶。釋文曰：錡，韓詩云：木屬。銶，韓詩云：鑿屬也。按許用韓詩說也。鑿所以穿木也，鑿首謂鑿柄，鑿柄必以木爲之，今木工尙然矣。故字從木，金部無銶。許所據詩然也。從木，求聲，巨鳩切，三部。

又栩，柔也。見唐風毛傳。陸璣曰：栩，今柞櫟山谷中皆有。

圖經：橡實，櫟木子也。本經不載所出州土，云所在山谷皆有，今亦然。木高二三丈，三四月開黄花。八九月結實，其實爲皁斗，槲櫟皆有斗，而以櫟爲勝，不拘時採，其皮幷實用。

枕中記：橡子非果非穀，而最益人，服食未能斷穀，啖之，尤佳。無氣而受氣，無味而受味，消食止痢，令人強健不飢。

本草衍義：橡實，櫟木子也。葉如栗葉，在處有。但堅而不堪充材，亦木之性也。山中以橡仁爲粮，然澀腸。木善爲炭，他木皆不及。其殼堪染皁，若曾經雨水者，其色淡，不若不經雨水者。槲亦有殼，但小而不及櫟木所實者。

廣雅疏證：橡，柔也。橡柔聲之轉也。柔與杼同，各本譌作柔，惟影宋本、皇甫本不譌。爾雅云：栩，杼。鄭注云：柞樹也。唐風鴇羽篇：集于苞栩。陸璣疏云：今柞櫟也。徐州人謂櫟爲杼，或謂之爲栩，其子爲皁斗，其殼爲汁，可以染皁。今京、洛及河内多言杼汁，謂櫟爲杼，五方通語也。杼一作芧。莊子齊物論狙公賦芧。司馬彪注云：芧，橡子也。橡一作樣，一作象。説文云：樣，栩實也。又云：草斗，櫟實也。一曰象斗。鄭注周官掌染草，云：藍蒨，象斗之屬。橡子可染，又可食。大戴禮曾子制言篇云：聚橡栗藜藿而食之。呂氏春秋恃君篇：冬日則食橡栗。高誘注云：橡，皁斗也。其狀似栗。案今江、淮之間，通言橡栗，其實如小栗而微長，近蔕處有梂彙自裹。爾雅所謂「櫟，其實梂」也。田野人多磨粉食之，凶年可以救饑。韓非子外儲説篇云：秦大饑，應侯請曰：五苑之草箸疏菜橡果棗栗，足以活民，請發之，是也。其材中車轂。淮南時則訓：十二月其樹櫟。高注云：櫟可以爲車轂，木不出火，惟櫟爲然，亦應陰氣也。杼之聲轉而爲采。高誘注淮南本經訓云：杼，采實也。史記李斯傳：

無赤心者爲白桵，直理易破，可爲犢車軸。一作犢車輻。又可爲矛戟鍛。一作矜。爾雅云：棫，白桵。郭注：小木叢生，有刺，實如耳璫，紫赤可啖。鄭注卽山柘也。爾雅翼：柞生南方，葉細而密，今人爲梳用之。詩雅道柞爲尤多。方周之興，大姒夢商之庭產棘，小子發取周庭之梓，植之于闕間，梓化爲松柏柞棫。覺驚，以告文王。文王曰：勿言。冬日之陽，夏日之陰，不召而物自來，以爲宗周興王之兆。故詩曰：帝省其山，柞棫斯拔，松柏斯兌，帝作邦作對，自太伯王季，未必不謂此也。又述文王之事曰：柞棫拔矣，山木多矣，而獨言柞棫，蓋柞，民之所燎，且至于聳拔，則其餘可知也。齊民要術稱柞斫去尋生，料理還復。蓋良木之易成者，然亦非人力料理有不可復，此以見太王之勤也。又言柞宜種于山阜之曲，十年中椽，二十年中屋槫，柴在外，然則爲利亦博矣。通志柞木曰棫、曰栩、曰杍。爾雅云：栩，杍。詩：析其柞薪。又曰：柞棫斯拔。陸璣云：三倉云：棫卽柞也。其葉繁茂，其木堅韌有刺，今人以爲梳，亦可以爲車軸。嚴粲云：柞，櫟也。卽唐風鴇羽所謂栩也。據陸氏釋柞棫與唐風集于苞栩之栩，秦風山有苞櫟之櫟，一物也。秦人謂柞爲櫟，徐州人謂櫟爲栩，不過方言或異耳。嚴華谷亦云然。但鄭漁仲謂栩杍爲柞，謂櫟爲槲，別是一種。本草又以槲、櫟稍有差別。朱子解柞云：枝長葉盛，叢生有刺。却與櫟葉如栗葉者不同。況柞十年中椽，二十年中屋槫，而朱子解棫云：小木叢生有刺，何相去之遠耶。可見棫是小木，所謂「無赤心，實如耳璫」者是也。柞栩櫟是大木，所謂「栗屬，樹大蔽牛」者是也。但鄭氏認棫是山柘，恐未必然。

唐本草：橡實味苦，微溫，無毒。主下痢，厚腸胃，肥健人。其殼爲散及煮汁服，亦主痢，幷堪染用。一名杍斗，槲櫟皆有斗，以櫟爲勝，所在五粟之土，其柘其櫟，條直以長。淮南時則訓十二月之木：正月其木楊。楊，蒲柳也，楊木春先。二月其木杏。有竅在中，象陰布散在上。三月其木李。李亦有核，李後杏熟，故主三月。四月其木桃。說與杏同，桃後李熟，故主四月。五月其木榆。六月其木梓。說未聞。七月其木楝。楝實鳳凰所食，今雒城旁有樹，楝實秋熟。八月其木柘。未聞。九月其木槐。槐，懷也，可以懷來遠人。十月其木檀。檀，陰木也。十一月其木棗。取其赤心也。十二月其木櫟。櫟可以爲車轂，木不出火，唯櫟爲然，亦應陰氣也。莊子：匠石見櫟社樹，其大蔽牛，絜之百圍。上林賦注應劭曰：櫟，采木也。顏師古以爲木蓼葉辛，初生可食。通志：櫟曰橡，亦曰栩，其實作梂，曰皁斗，曰橡斗。然有二種，南土多栩，北土多櫟。爾雅釋木云：櫟，其實梂。詩秦風云：山有苞櫟，竝此也。其釋木云栩杼，與唐風云：集于苞栩，竝是柞木，而陸璣誤謂是此耳。橡實之類極多，大體皆栗屬也。可食，有似栗而圓者，大小有三四種。周禮籩人所謂榛實是也。二三實作一梂，正似栗而小者，大小有三四種，爾雅所謂栵栭是也。注云：子如細栗，江東人亦呼爲栭栗，今俗謂之爲茅栗、猴栗、柯栗，皆其類也。或曰栩之實似櫟而小，不可食。

又：栩，今柞櫟也。徐州人謂櫟爲杼，或謂之爲栩。其子爲皁，或言皁斗。其殼爲汁，可以染皁。今京洛及河內多言杼斗，或云橡斗。謂櫟爲杼，五方通語也。廣要：爾雅云栩，杼。郭注：柞樹。鄭注：栩，柞木。今人以爲梳。風土記云：吳、越之間，名柞爲櫪。古今注云：杼實曰橡。東海及徐州謂之木蓮。其葉始生，食之味辛。其梂子八月中成，搏以爲燭，明如胡麻燭，研以爲羹，肥如胡麻羹。

又：柞，棫。三倉說：棫，即柞也。其材理全白，圖經：槲若本經不載所出州土，今處處山林多有之。木高丈餘，若即葉也，與櫟相類，亦有斗，但小不中用耳。不拘時採，其皮葉幷用。葛洪洗諸敗爛瘡、乳瘡，並用此皮，切三升，水一斗，煮五升。春夏冷用，秋冬溫用，洗瘡。洗畢乃傅諸膏，謂之赤龍皮湯。又治毒攻下部生瘡者，槲皮合欅煮粥如飴糖以導之。千金方云：療蠱毒以槲木北陰白皮一大握，長五寸，以水三升，煮取一升，空腹分服，即吐蠱出也。

爾雅：樕樸，心。注：槲樕別名。疏：樸樕一名心。某氏曰：樸樕，槲樕也，有心，能溼，江、河間以作柱。是樸樕爲木名也，故郭云：槲樕別名。詩召南野有死麕云：林有樸樕。此作樕樸，文雖別，其實一也，或者傳寫誤。

唐會要：貞觀十三年，野蠶食槲葉成繭，大如柰。

說文解字注：樕，樸樕；小木也。樸當作樸，樸、樸正俗字也。各本無小字，今依五音韵譜、韵會、集韻、類篇補。召南林有樸樕，毛曰：樸樕，小木也。釋木云：樕樸，心。樕樸，即詩之樸樕。俗書立心多同小，又艸書心似小，毛傳、說文當本作心木，譌爲小木耳。詩正義云：某氏曰樸樕，斛樕也，有心，能溼，江、河間以作柱。孫炎曰：樸樕一名心。據此及許立文之次第，知樸樕乃木名，非凡小木之偁也。斛俗作槲。槲，樕櫟之類。樸，爾雅音義作樸。廣韵曰：杺，木名；其心黃。杺即爾雅心字，从木，欶聲，桑屋切，三部。

橡栗

陸璣詩疏：苞櫟，秦人謂柞爲櫟，河內人謂木蓼爲櫟，椒樧之屬也。其子房生爲梂，木蓼子亦房生。廣要：爾雅云櫟，其實梂。郭云：有梂彙自裹。疏云：櫟，似樗之木也；梂，盛實之房也。孫炎曰：櫟實橡也。璣疏云：秦人謂柞爲櫟，故說者或曰柞櫟，或曰木蓼，璣以爲此秦詩也。宜從其方土之言，柞櫟是也。鄭注亦謂之橡，一名皁斗，其實作梂，似栗實而小。爾雅翼：管子枳首蛇枳，本或作稜，此則借稜、枳爲歧字，亦同部假借也。故郭釋以歧頭蛇，从禾从支，支者枝格之意，只聲，職雉切，按古音在十六部。亦音支，一曰木也，一説稜是木名也。稂稜稂也，上篆下釋稜稂之義，此祗云稜稂也，全書之例如此。从禾从又，句聲，俱羽切，古音在四部，讀如苟，亦如勾。又者从丑省，説从又之意。丑紐也，紐者不伸之意。一曰木名。

赤爪實 即山查。 唐本草：赤爪木味苦，寒，無毒。主水痢，頭風，身癢。生平陸，所在有之。實味酸，冷，無毒。汁服主水痢，沐頭及洗身上瘡痒。一名羊梂，一名鼠查。注：小樹高五六尺，葉似香葇，子似虎掌爪，木如小林檎，赤色，出山南、申、安、隨等州。

本草拾遺陶注於松條中，鼠查一名羊梂，即赤爪也。煮汁，洗漆瘡効。爾雅云：櫟，其實梂。有梂彙，自裹其子，房生爲梂。又赤瓜木一名羊梂，一名鼠查梂，此乃名同耳。梂似小查而赤，人食之。生高原。

本草綱目：赤爪、棠梂、山樝，一物也。古方罕用，故唐本雖有赤爪，後人不知即此也。自丹溪朱氏始著山樝之功，而後遂爲要藥，其類有二種，皆生山中。一種小者，山人呼爲棠杭子、茅樝、猴樝，可入藥用。樹高數尺，葉有五尖，椏間有刺。三月開五出小白花，實有赤黄二色，肥者如小林檎，小者如指頭，九月乃熟，小兒採而賣之。閩人取熟者去皮核，搗和糖蜜，作爲樝糕以充果物。其核狀如牽牛子，黑色甚堅。一種大者，山人呼爲羊杭子，樹高丈餘，花葉皆同，但實稍大而色黄綠，皮澀肉虚爲異爾。初甚酸澀，經霜乃可食，功應相同，而采藥者不收。

槲若 唐本草：槲若味甘，苦，平，無毒。主痔，止血，療血痢，止渴，取葉炙用之。皮味苦，水煎濃汁，除蠱及瘻，俗用甚效。

其味如蜜。十月熟，樹乾者美。出南方，邛郲枳柜大如指。

本草綱目李時珍曰：枳椇，本草止言木能敗酒。而丹溪朱氏治酒病，往往用其實，其功當亦同也。

按蘇東坡集云：眉山揭穎臣病消渴，日飲水數斗，飯亦倍常，小便頻數，服消渴藥，逾年疾日甚，自度必死。予令延蜀醫張肱診之，笑曰：君幾誤死，乃取麝香當門子，以酒濡濕，作十許丸，用棘枸子煎湯，吞之遂愈。問其故，肱曰：消渴、消中，皆脾弱腎敗，土不制水而成疾，今穎臣脾脈極熱，而腎氣不衰，當由果實酒物過度，積熱在脾，所以食多而飲水，水飲既多，溺不得不多，非消非渴也。麝香能制酒果花木，棘枸亦勝酒，屋外有此木，屋內釀酒多不佳，故以此二物爲藥，以去其酒果之毒也。棘枸實如雞距，故俗謂之雞距，亦曰癩漢指頭，食之如牛乳。本草名枳椇，小兒喜食之。吁！古人重格物，若肱蓋得此理矣，醫云乎哉！

說文解字注：稽枳，逗二字各本無，今補。多小意而止也。小意者，意有未暢也，謂有所妨礙，含意未伸。廣韵稽、枳皆訓曲枝果，按稽枳字或作枳椇，或作枳枸，或作枳句，或作枝拘；皆上字在十六部，下字在四部，皆詰詘不得伸之意。明堂位：俎殷以椇。注：椇之言枳椇也，謂曲橈之也。莊子山木篇：騰蝯得柘棘枳枸之間，處勢不便，未足以逞其能。宋玉風賦：枳句來巢，空穴來風。枳句、空穴，皆連綿字。空穴即孔穴。枳句來巢，陸璣詩疏作句曲來巢，謂樹枝屈曲之處，鳥用爲巢。逸莊子作桐乳致巢，乃譌字耳。淮南書龍夭矯，燕枝拘，亦屈曲盤旋之意，其入聲則爲迟曲，稽與枳、枝、迟，枳與椇、句、枸、拘、曲，皆疊韵也，稽枳與迟曲，皆雙聲字也。急就篇：沽酒釀醪稽極程。王伯厚云：稽極當作稽枳，蓋詘曲爲酒經程，寓止酒之義，又按釋地枳椇木高大似白楊，子依房生，著枝端，大如指，長數寸，噉之甘味如飴，今俗謂之枅栱。古今注：一名樹蜜，一名木餳，實形卷曲，核在實外。一名白石、白實、木石、木實。爾雅翼：古者人君燕食所加庶羞，凡三十一物，椇其一也。又婦人之贄，椇榛棗栗，荆楚之俗，亦鹽藏荷裹，以爲冬儲。今不以爲重，賤者食之而已。明堂位：四代之俎商以椇。蓋俎足横木，爲曲橈之形，如枳椇之枝也。今人謂之枅栱，又謂之蜜曲録，荀子：枸木必待檃括烝矯然後直。廣志云：葉似蒲柳，子十一月熟，樹乾者益美。或云果名，一名白石李，通志：枳椇蜀人謂之枸。詩緝云：疏引宋玉賦枳椇來巢以證毛説，然風賦字作枳句，李善注云：橘踰淮爲枳。句，曲也，句音溝，非毛義也。唐本草：枳椇味甘，平，無毒。主頭風，小腹拘急。一名木蜜，其木皮温，無毒。主痔，和五臟。以木爲屋，屋中酒則味薄，此亦奇物。注：其樹徑尺，木名白石，葉如桑柘，其子作房似珊瑚，核在其端，人皆食之。

荆楚歲時記：禮有椇羞。廣雅：枳椇實如珊瑚，十一月採，是白石木子，山中多有之。鹽藏荷裹，冬儲備以辟蟲毒。

小雅：南山有枸。傳：枸，枳枸。大全：本草曰：木蜜生南方。枝葉皆可噉，亦可煎食如飴。其子一名枳枸，味如蜜，以木作屋，則屋中酒味薄。朱子曰：枳枸子建陽謂之背洪子，俗謂之癩漢指頭。吾鄉呼爲秉穹，味甘而解酒毒，人家左右前後有此木，則醞酒不成。曲禮：婦人之摯，椇榛脯修棗栗。注：椇，枳也，有實。今邳郯之東食之。疏：即今之白石李也，形如珊瑚，味甜美。

古今注：枳椇子，一名樹蜜，一名木餳。實形拳曲，核在實外，味甜美如餳蜜。一名白石，一名木枳椇。

齊民要術：廣志曰，枳柜葉似蒲柳，子似珊瑚，

植物名實圖考長編卷十七

枳椇

陸璣詩疏：南山有枸。枸樹山木，其狀如櫨，一名枸骨，高大如白楊，所在山中皆有。理白可爲函板，枝柯不直，子著枝端，大如指，長數寸，噉之甘美如飴。八九月熟，江南特美。今官園種之，謂之木蜜。古語云枳椇來巢，言其味甘，故飛鳥慕而巢之。本從南方來，能令酒味薄，若以爲屋柱，則一屋之酒皆薄。廣要：宋玉賦曰：枳枸來巢。謂枸木多枝而曲，所以來巢也。本草：枳椇一名木蜜。以木爲屋，屋中酒則味薄。注云：昔有南人修舍，用此木，悞有一片落在酒甕中，其酒化爲水味。唐本注云：其樹徑尺，木名白石，葉如桑柘，其子作房似珊瑚，核在其端。埤雅云：

小冷，無毒。多食發冷痰。

本草綱目李時珍曰：鬼目有草木三種，此乃木生者，其草鬼目，別見草部白英下。又羊蹄菜亦名鬼目，並物異名同也。按劉欣期交州記云：鬼目出交趾、九眞、武平、興古諸處，樹高大，似棠梨，葉似楮而皮白。二月生花，仍連著子，大者如木瓜，小者如梅李而小斜，不周正。七八月熟，色黃，味酸，以蜜浸食之佳。

沙棠 山海經：崑崙之邱有木焉，其狀如棠，華黃赤實，其味如李而無核，名曰沙棠，可以禦水，食之使人不溺。注沙棠爲木，不可得沈。

本草綱目李時珍曰：按呂氏春秋云，果之美者，沙棠之實。今嶺外寧鄉、瀧水、羅浮山中皆有之，木狀如棠，黃花赤實，其狀如李而無核。實，氣味甘，平，無毒。實食之却水病。

古度 交州記：古度樹不花而實，實從皮中出，大如安石榴，色赤可食。其實中有如蒲梨者，取之爲粽，數日不煮，皆化成蟲，如蟻有翼，穿皮飛出，著屋正黑。

齊民要術：交州記曰，古度樹不花而實，實從皮中出，大如安石榴，色赤可食。其實中如有蒲梨者，取之數日不煮，皆化成蟲，如蟻有翼，穿皮飛出。

子謂之冬瓜，可收至次年二月，餘皆旋摘旋食，不能久留云。余𠑊直　禁，近歲蒙　賞果，出莅滇南，仍邀驛　賜。蓋瓜之貢者，瓤皆紅黃色，取其致遠，不責以美尙。邊圉賞賚，則有瓜乾，卽明王世懋所謂乾以爲條，味極甘，而誤以爲甜瓜者也。陝、甘人云：種之中土，皆紅瓤小犀，一年卽變，非我　國家恩威西被，此瓜亦烏能與天馬、蒲萄同來　闕下，便蕃錫賚，所以示文德武功加於無外。洪忠宣萬里羈留，卒能攜種南還，臣子幸際大一統之盛，得嘗前賢所未嘗，若以黃甌少師，適從何來，何以讀忠宣書。

胡頹子　宋書五行志：廢帝昇明元年，吳興，餘杭、舍亭禾葦樹生李實。禾葦樹，民間所謂胡頹樹。

都咸子　齊民要術：南方草木狀曰，都咸樹野生，如手指大，長三寸，其色正黑。三月生花，花仍連著實，七八月熟。里民取子及柯皮，乾作飲，芳香。出日南。

本草綱目云：都咸子皮葉味甘，平，無毒。主火乾作飲，止渴潤肺，去煩除痰，去傷寒清涕，欬逆上氣，宜煎服之。

麂目　齊民要術：廣志曰，鬼目似梅，南人以飲酒。南方草物狀曰：鬼目樹大者如李，小者如鴨脚子。二月花色仍連著實，七八月熟，其色黃，味酸，以蜜煮之，滋味柔嘉。交趾、武平、興古、九眞有之也。　裴淵廣州記曰：鬼目益知，直爾不可噉，可爲漿也。　吳志曰：孫皓時有鬼目菜，生士人黃耇家，依緣棗樹，長丈餘，葉廣四寸，厚三分。　顧微廣州記曰：鬼目樹似棠梨，葉如楮，皮白，樹高大如木瓜而小邪傾，不周正，味酢，九月熟。又有草味子亦如之，亦可爲糝用，其草似鬼目。

本草拾遺：此出嶺南，狀如麂目，故名。陶氏注荳蔻引麂目小冷，卽此也。後人訛爲鬼目。酸甘，麻姑山亦有番荔枝，據寺僧所述，亦甚相類，惟未見其結實，而僧言實不可食，故附繪備考。

番瓜 番瓜產粵東、海南，家園種植，樹直高二三丈，枝直上，葉柄旁出，花黃，果生如木瓜大，生青熟黃，中空有子，黑如椒粒，經冬不凋，無毒，香甜可食。按益部方物記：脩幹澤葉，結實如綴膚，解核零可用治痹，其形狀亦頗類，但謂葉甚似桑，而不云子可食，姑附識備考。又羅江縣志：石瓜一名冬瓜樹，可治心痛云。

佛桃 佛桃湖南圃中間有之，木葉俱如佛手柑。實如橙而長，色尤鮮潤。瓤如橙，極酢不可入口，而香氣勝於佛手柑。

岡拈子 岡拈子生廣東山野間，形如葡萄，內多核，味酸，微甜，收豎採食，不登於肆。

黎朦子 桂海虞衡志：黎朦子如大梅，復似小橘，味極酸。嶺南雜記：宜母果似橘而酸，醃食甚下氣和胃。婦人懷妊不安，食之良，故有宜母之名。又名宜濛子，製以爲漿，甘酸辟暑，名解渴水。元吳萊有宜濛熟水歌。

南越筆記：黎檬子一名宜母子，似橙而小，二三月熟黃，色味極酸，孕婦肝虛嗜之，故曰宜母。元時於廣州荔支灣作御果園，栽種果木，樹大小八百株，以作渴水，里木，即宜母子也。吳萊詩：廣州園官進渴水，天風夏熟宜檬子；百花醞作甘露漿，南國烹成赤龍髓。蓋以里木子榨水煎糖也。

山橙 山橙生廣東山野間，實堅如鐵，不可食。土醫治膈證，煎其皮作飲，服之良效。販藥者多蓄之。

瓦瓜 瓦瓜產廣東，類南瓜，葉小，採置盤中，經歲不壞，日久肉乾，外殼如瓦缶。

哈蜜瓜 哈蜜瓜，西域聞見錄有十數種，綠皮綠瓤，而清脆如梨，甘芳似醴者，爲最上。圓扁如阿渾帽形，白瓤者，次之。綠者爲上。皮淡白多綠斑點，瓤紅黃色者爲下。然可致遠、久藏，回之下者，謂此乃全荷之本，今俗所謂藕者，是也。蔤之言滅，沒於泥中也。以「其根藕」系於「其華菡萏，其實蓮」之下者，謂此乃花實之根。凡花實之莖，必偕葉，一莖同出，似有耦然，故下近蔤，上近花。莖之根曰藕，本言其全，根言其偏，本在下，根上於本，下文的、薏，仍冡花、實言之，此作爾雅之精意也。叔重列字次弟，未得其解矣。从艸水，會意 禺聲，五厚切，四部。今訂之，乃從艸，從耦，會意兼形聲。

（校勘）本條第三行『説文解字注』以下所述，是指蓮子言，與樋子説不符，確係錯誤。但其原本如此，姑仍之。

雞矢果

雞矢果產廣東，葉似女貞葉而有鋸齒，果如小石榴，一名番石榴。味香甜，極賤，故以雞矢名之。按：南越筆記番石榴又名秋果，嶺外代答：黃肚子如小石榴，皮乾硬如沒石子，枯莖如棘，其上點綴布生，不甚噉食，當卽此樹。小花黃白，果如梨大，生青熟黃，連皮食，香甜，六月熟。

落花生

檀萃滇海虞衡志：落花生爲南果中第一，其資於民用者最廣。宋、元間與棉花、番瓜、紅薯之類，粵估從海上諸國得其種，歸種之，呼棉花曰吉貝，紅薯曰地瓜，落花生曰地豆，滇曰落花松。

南越筆記：落花生草本，蔓生，種者以沙壓橫枝，則蔓上開花，花吐成絲而不能成莢，其莢乃別生根莖間，掘沙取之，殼長寸許，皺紋，中有實三四，似蠶豆，味甘，以淸微有參氣，亦名落花參。凡草木之實，皆成於花，此獨花自花而莢自莢，花不生莢，莢不蔕花，亦異甚。

糖刺果

糖刺果生江西，籬落間蔓葉如薔薇，白花，有深缺黃蕊，土人以其果熬糖，故名。

番荔枝

番荔枝產粵東，樹高丈餘，葉碧，莖如梨式，色綠，外膚磊砢如佛髻。一莖內有數十包，每包有一小子，如黑豆大，味甘美，花微白。按高誘曰：其華曰夫容，其秀曰菡萏，與許意合。華與秀散文則同，對文則別。夫容今本作芙蓉，俗字也。从艸，閻聲，徒感切，八部。蓮，扶渠之實也。陳風有蒲與蕳。箋云：蕳，當作蓮。蓮，夫渠實也。鄭意欲合三章爲一物耳。本艸經謂之藕實，一名水芝丹，从艸，連聲，洛賢切，古音在十四部。茄，扶渠莖。謂華與葉之莖皆名茄也；茄之言柯也，古與荷通用。陳風有蒲與荷。鄭箋夫渠之莖曰荷。樊光注爾雅引詩：有蒲與茄。屈原曰：製芰荷以爲衣，纍芙蓉以爲裳。揚雄則曰：衿芰茄之綠衣，被芙蓉之朱裳。漢樂府：鷺何食？食茄下。亦謂葉下。从艸，加聲，古牙切，十七部。荷，扶渠葉。今爾雅曰：其葉蕸。音義云：衆家無此句，惟郭有。就郭本中或復無此句，亦並闕讀。玉裁按無者是也。高注淮南云：荷，夫渠也。其莖曰茄，其本曰蔤，其根曰藕，其華曰夫容，其秀曰菡萏，其實蓮，蓮之藏者菂，菂之中心曰薏。大致與爾雅同，亦無其葉蕸三字。蓋大葉駭人，故謂之荷，大葉扶搖而起，渠央寬大，故曰夫渠。爾雅假葉名其通體，故分別莖、華、實、根各名，而冠以荷夫渠三字，則不必更言其葉也。荷夫渠之華爲菡萏，菡萏之葉爲荷夫渠，省文互見之法也。或疑闕葉而補之，亦必當曰：其葉荷，不嫌重複，無庸肊造蕸字。又按屈原、宋玉、揚雄皆以芙蓉與芰荷對文，然則芰者蔆之葉，蔆者芰之實，蔆之言棱角也，芰之言支起也。从艸，何聲，胡哥切，十七部。蔤，扶渠。本釋艸其本蔤。郭云：莖下白蒻在泥中者。按蔤之言入水深密也。蒲本亦偁蔤。周書莫席，今作蔑席，織蒻席也。檀弓：子蒲卒，哭者呼滅。注曰：滅蓋子蒲名，哭呼名，故子皋非之。蔑、滅皆蔤之叚借也；名蔤，故字蒲。从艸，密聲，美必切，十二部。蕅，扶渠根。釋艸：其根耦。按釋艸以「其本蔤」，系於「荷，扶渠，其莖茄」

自然汁飲，毒卽吐出。脯之或白蜜漬之，持至北方，不能水土與瘧者皆可治。蘇長公詩：忞傾白蜜收五棱，謂此。

天師栗

益部方物記：天師栗生青城山中，他處無有也。似栗味美，惟獨房爲異。久食已風攣。贊曰：栗類尤衆，此特殊味；專蓬若橡，託神以貴。

露兜子

思茅廳採訪：打鑼槌葉似珠蘭而厚勁，寬寸許，長尺餘，邊有刺如鋸，實自苗中出，皮紋鱗起，熟時色黃，大於盌，而少長若槌然，故名。味甚美，刈而插於瓶，香可月餘，頂有叢芽，分種之無不生者。

按抹猛果、打鑼鎚、波羅蜜，滇志多載之，然非一物。據此所述，則露兜子也。迤西羅觀察天池云：打鑼鎚形如茱藍，葉硬有刺，截其櫻種之，自櫻茁一莖，生葉色紫，九秋變黃。味如哈蜜瓜，滿室皆香，鎮康、瀾甸各產，夷人頗寶之，卽波羅蜜也，閩、粵所在多有。蓋抹猛夷言，打鑼槌狀其形，波羅蜜肖其味，本無的名也。粵人言波羅麻，卽此果之莖所績。鎮沅志以羊桃爲抹猛果。

榩子

榩子，產廣州，亦柑桔之類。陳皮本以柑皮製者爲最，市間亦有以榩皮爲之者，質稍薄而味亦遜。

說文解字注：菡，菡蔄也。从艸，函聲，胡感切，八部。蔄，菡蔄，逗扶渠華。句絕。扶渠各本作芙蓉，誤，今從釋玄應所引。許意，扶渠爲華、葉、莖、實、本根之總名。爾雅說此艸以夫渠建首。毛公亦曰：荷，扶渠也。其華菡萏。扶渠一作夫渠。今爾雅作芙蕖，俗字也。未發爲菡蔄，已發爲夫容。此就華析言之也。陳風有蒲、菡萏。爾雅毛傳皆曰：其華菡萏。此統言之，不論其未發、已發也。屈原、宋玉言芙蓉，不言菡萏，亦猶是也。許意菡之言含也，夫之言敷也，故分別之。

莎木麪

海藥本草：莎木，謹按蜀記云：生南中八郡。樹高數十餘丈，闊四五圍，葉似飛鳥翼。皮中亦有麪。彼人作餅食之。廣志云：作飯餌之，輕滑美好，白勝桄榔麪。味平，溫，無毒。主補虛冷，消食，彼人呼爲莎麪也。

本草綱目：莎字，韻書不載，惟孫愐唐韻莎字注云：樹似桄榔，則莎字當作莎衣之莎，其葉離披如莎衣之狀，故謂之莎也。張勃吳錄地理志言：交趾欀木皮中有白粉如米屑，乾之搗末，以水淋過似麪，可作餅食者，卽此木也。後人訛欀爲莎，音相近爾。楊慎卮言乃謂欀木卽桄榔，誤矣。按左思吳都賦云麪有桄榔，又曰文欀楨橿，旣是一物，不應兩用矣。

五斂子 卽羊桃。

南方草木狀：五斂子大如木瓜，黃色，皮肉脆輭，味極酸。上有五棱如刻者，南人呼棱爲斂，故以爲名。以蜜漬之，甘酸而美，出南海。

桂海虞衡志：五斂子形甚詭異，瓣五出，如田家碌碡狀。味酸，久嚼微甘，閩中謂之羊桃。

嶺南雜記：羊桃一名三斂子，一名五斂子，以其觚棱而分也。色青黃，味甘酸，內有小核，能解肉食之毒。有人食豬肉，咽喉腫病欲死，僕飲肉汁亦然，人教其取羊桃食之，須臾皆起。又能解蠱毒，嵐瘴。土人蜜漬鹽醃，以致遠。

海槎餘錄：土果曰陽桃，大如拳，綠色明潤，五棱並起劍脊，中核如花紅子。味帶酸，宜於酒後咀嚼之。俗多用曬乾，作添案果用。

本草綱目云：五斂子實味酸，甘，濇，平，無毒。主風熱，生津止渴。

南越筆記：洋桃，其種自大洋來，一曰羊桃。樹高五六丈，大者數圍，花紅色，一蒂數子，七八月間熟，色如蠟。一名三斂子，亦曰山斂。斂，棱也。有五棱者，名五斂。以糯米水澆則甜，名糯羊桃。廣人以爲蔬，能辟嵐瘴之毒。中蠱者，搗雞肋編：信州、弋陽縣海棠滿山，村人至拚花伐以爲薪。廣南以根啖豬。

滇中記：垂絲海棠高數丈，每當春時，鮮媚殊常，眞人間尤物。自大理至永昌，沿山歷澗，往往而是。

復齋漫錄：仁宗朝張冕學士賦蜀中海棠詩，沈立取以載海棠記中云：山木瓜開千顆顆，水林檎發一攢攢。注：云：大約木瓜、林檎初開，皆與海棠相類。若冕言江西人，正謂棠梨花耳。惟紫綿色者，謂之海棠，似木瓜、林檎，六出者，非眞海棠也。晏元獻云：已定復搖春水色，似紅如白海棠花。亦張冕同意。

波羅蜜

本草綱目：波羅蜜瓤味甘香，微酸，平，無毒。主止渴解煩，醒酒，益氣，令人悅懌。核中仁味同。主補中益氣，令人不飢，輕健。波羅蜜，梵語也。因此果味甘，故借名之。安南人名曩伽結，波斯人名婆那娑，拂林人名阿薩䙚，皆一物也。波羅蜜生交趾、南番諸國，今嶺南、滇南亦有之。樹高五六丈，樹類冬青，而黑潤倍之。葉極光淨，冬夏不凋。樹至斗大，方結實，不花而實，出於枝間，多者十數枚，少者五六枚。大如冬瓜，外有厚皮裹之，若栗，毬上有軟刺礧砢。五六月熟時，顆重五六斤，剝去外皮，殼內肉層疊如橘囊，食之味至甜美如蜜，香氣滿室。一實凡數百核，核大如棗，其中仁如栗黃，煮炒食之甚佳。果中之大者，惟此與椰子而已。

南越筆記：虞衡志：波羅蜜大如冬瓜，外膚礧砢如佛髻，削其皮食之，味極甘，子瓤悉如冬瓜。生大木上，秋熟。廣州府志又載：波羅樹無花結果，果成或生一花，花甚難得，卽優鉢曇花也。

思茅廳採訪：波羅蜜，樹大數圍，枝葉蔓延，不花而實。實不結於枝而綴於幹，大如瓜而長，形質類楊梅，熟則內如瓜瓤，以匕箸食之，味香甘。中有子數十粒，如棧豆，可煮食。

若金銀花狀，開時清香襲人。

羣芳譜：海棠有四種，皆木本。貼梗海棠，叢生，單葉，枝作花磬口，深紅無香，不結子，新正卽開，亦有四季花者。花五出，初極紅如臙脂點點，然及開則漸成纈暈，至落則若宿妝殘粉矣。垂絲海棠，樹生，柔枝長蔕，花色淺紅，蓋由櫻桃接之而成，故花梗細長似櫻桃，其瓣叢密而色嬌娟，重英向下，有若小蓮。西府海棠，枝梗略堅，花色稍紅。木瓜海棠，生子如木瓜，可食。海棠盛於蜀，而秦中次之。其株翛然出塵，俯視衆芳，有超羣絕類之勢。而其花甚豐，其葉甚茂，其枝甚柔，望之綽約如處女，非若他花冶容不正者比。蓋色之美者惟海棠，視之如淺絳外英英數點，如深臙脂，此詩家所以難爲狀也。以其有色無香，故唐相賈耽著花譜以爲花中神仙。花木錄曰：南海海棠枝多屈曲有刺如杜梨，花繁盛，開稍早，四季花，灌生。花紅如臙脂，無大木，卽貼梗。又視家桃花同西府，跗微堅。瑣碎錄曰：一種黃者，木性，類海棠，青葉微圓，而色深光滑，不相類。花半開，鵝黃色，盛開漸淺紅矣。葉間或三或五，蕊如金粟，鬚如紫絲，實如梨，大如櫻桃，至秋熟可食，其味甘而微酸。栽接貼梗海棠，臘月於根旁開小溝，攀枝著地，以肥土壅之，自能生根。來年十月截斷，二月移栽。櫻桃接貼梗，則成垂絲，梨樹接貼梗，則成西府。又春月取根側小本種之，亦易活，或云以西河柳接亦可。海棠色紅，接以木瓜，則色白。亦可以枝插，不花，取已花之木，納於根跗間卽花。澆灌瑣碎錄云：海棠花欲鮮而盛，於冬至日早以糟水澆根下，或肥水澆，或盦過麻屑糞土壅培根下，使之厚密，纔到春暖，則枝葉自然大發，著花亦繁密矣。一云：此花無香而畏臭，故不宜灌糞。一云：惟貼梗忌糞，西府、垂絲亦不甚忌，止惡純濃者耳。插瓶，薄荷包根，或以薄荷水養之，則花開耐久。

俗呼木瓜。

益部方物略記：修柯柔蔓，濃淺繁總，盛則重蘤不常，厥種有海棠，大抵數種。又時小異，惟其盛者則重葩疊萼可喜，非有定種也。始濃稍淺，爛若錦章。北方所植，率枝強花瘠，殊不可玩。故蜀之海棠，誠爲天下所奇豔云。

沈立海棠記：棠之稱甚衆，若詩有蔽芾甘棠。又曰：有杕之杜。又爾雅釋木曰：杜，甘棠也。杜，赤棠，白者棠。又呂氏春秋：果之美者棠實。又俗說有：棣棠、棠梨、沙棠、味如李，無核。較是數說，俱非謂海棠也。凡今草木以海爲名者，酉陽雜俎云：唐贊皇李德裕嘗言花名中之帶海者，悉從海外來，故知海棧、海柳、海石榴、海木瓜之類，俱無聞於記述，豈以多而爲稱耶？又非多也，誠恐近代得之於海外耳。又杜子美海棧行云：欲栽北苑不可得，惟有西域胡僧識。若然，則贊皇之言不誣矣。海棠雖盛稱於蜀而蜀人不甚重。今京師、江、淮尤競植之，每一本價不下數十金，勝地名園，目爲佳致。而出江南者，復稱之曰南海棠，大抵相類，而花差小，色尤深耳。棠性多類梨，核生者長遲，逮十數年方有花。都下接花工，多以嫩枝附梨而贅之，則易茂矣，種宜墟壤膏沃之地。其根色黄而盤勁，其木堅而多節，其外白而中赤，其枝柔密而修暢。其葉類杜，大者縹綠色，而小者淺紫色。其紅花五出，初極紅，如臙脂點點，然及開則漸成纈暈，至落則若宿妝淡粉矣。其蔕長寸餘，淡紫，於葉間或三萼至五萼爲叢而生。其蕊如金粟，蕊中有鬚三，如紫絲。其香清酷，不蘭不麝。其實狀如梨，大如櫻桃，至秋熟可食。其味甘而微酸。茲棠之大概也。海棠有色而無香，惟嘉州色香並勝，大足治中舊有香霏閣，號曰海棠香國，謂杜子美諱母乳名，詩中不之及，恐亦宋人傅會。成都有名銀絲海棠，樹可尺圍，枝幹扶疏，葉與海棠無異，花白色，痘毒。遇各種破爛者，麻油調擦，神效無比，外科之神藥也。

按滇南本草題楊林驛蘭茂著通志稿，以爲序作於崇禎甲戌，茂係正統以前人，定爲僞託。余詳加訪求，書非一種，刻鈔互異，有一本題正統元年識，疑是原本也。較通志稿所錄，多寡既殊，即同一物而主治全別。蓋後人增益者，並載之以備考。又無花果即古度，滇略亦云然，或有所本也。

貴州通志：無花果出永寧州，不花而實，生於枝葉之間，其大如李。按無花果之樹，大者可作柱，葉如枇杷葉，四面自根層累環結，每一果覆一葉。初結色青，熟時微紅，形類地瓜，而甘美過之。大者如飯碗，小者如茶鍾，不但如李。熟者取之，蒂上出白漿，次日漿復結成一果。六七八月熟，餘月雖結不熟。州境惟董旁及盤江等處生。

海紅　本草綱目：海紅子味酸，甘，平，無毒。主洩痢。飲膳正要：果類有海紅，不知出處，此即海棠梨之實也。狀如木瓜而小，二月開紅花，實至八月乃熟。鄭樵通志云：海棠子名海紅，即爾雅赤棠也。沈立海棠譜云：棠有甘棠、沙棠、棠梨，皆非海棠也。海棠盛於蜀中，其出江南者名南海棠，大抵相類，而花差小。棠性多類梨，其核生者長慢，十年乃花，以枝接梨及木瓜者，易茂。其根色黄而盤勁，且木堅而多節，外白中赤。其枝葉密而條暢，其葉類杜，大者縹綠色，小者淺紫色。二月開花，五出，初如臙脂點點，然開則漸成纈暈，落則有若宿粧淡粉。其蔕長寸餘，淡紫色，或三蕚五蕚成叢，其蕊如金粟，中有紫鬚，實狀如梨，大如櫻桃，至秋可食，味甘酸。大抵海棠花以紫綿色者爲正，餘皆棠梨耳。海棠花不香，惟蜀之嘉州者有香，而木大。有黄海棠，花黄；貼幹海棠，花小而鮮；垂絲海棠，花粉紅向下。皆無子，非眞海棠也。按滇省鐵幹海棠亦結實，羣芳譜：無花果最易生，插條卽活，在處有之。三月發葉，樹如胡桃，葉如楮，子生葉間。五月內不花而實，狀如木饅頭，生青熟紫，味如柹而無核。人家宅園，隨地種數百本，收實可備荒。其利有七：實甘可食，多食不傷人，且有益，尤宜老人、小兒，一也。乾之，與乾柹無異，可供籩實，二也。六月盡取次成熟，至霜降有三月，常供佳實，不比他果一時采擷都盡，三也。種樹十年取效，桑桃最速亦四五年，此果截取大枝扦插，本年結實，次年成樹，四也。葉爲醫痔勝藥，五也。霜降後未成熟者，采之可作糖蜜煎果，六也。得土卽活，隨地可種；廣植之，或鮮或乾，皆可濟饑，以備歉歲，七也。扦插，春分前取條長二三尺者插土中，上下相半，常用糞水澆。葉生後純用水，忌糞，恐枝葉大盛，易摧折。結實後不宜缺水，當置瓶其側，出以細霤，日夜不絕，果大如甌。製用，采青果用鹽漬，壓扁日乾，可充果實。小者用糖煎、蜜煎，可以久留。

倦遊錄：木饅頭京師亦有之，謂之無花果。狀類小梨，中空，既熟色微紅，味頗甘酸，食之大發瘴。嶺南尤多，州郡待客，多取爲茶牀高飣。故云：公筵多飣木饅頭，牀底刻字云：大中祥符年一牒造三十隻，談者之誤也。

按木饅頭卽木蓮，嶺外代答亦紀此事，非無花果也。

滇南本草：無花果一名明目果，味甘，平，性涼，有小毒。出交、廣，大者名古度子。出雲南者，果如小青枳，味微辛，甘。五月無花結果，故名。葉味甘，微辛，有小毒。果皮同治五痔腫痛，煎湯頻薰洗取效。實瓤主清利咽喉，開胸膈，消痰化滯，得酸則入肝，通利血脈，清肝膽積熱，而令目明也。

又曰：無花果硬枝鐵幹，處處皆有。子綠無花，治一切無名腫毒，癰疽發背，便毒魚口，乳結，爾雅以杜釋之，若爾雅杜甘爲句，則詩之甘棠，宜何讀與？

蜜筩柑

黔書：蜜筩柑，或曰卽南海之紫羅橘，視佛指而少擘，指形悉具，屈而不伸，剖食如蜜，類楚澤之萍實也。黄裳元吉，其臭如蘭，咀嚼之馨，流齒頰矣，其子離離可秇。盤州以上咸有之。蓄之樹以浹歲，薦之柈則彌月，色不衰而香亦不變，可謂果實中之幽人志士矣。按所述甚肖蜜羅。

興義府志：紫羅橘出安南，俗名蜜筩，香色似蜜羅而小，皮薄有穰。

天茄子

天茄子，救荒本草謂之丁香茄。茄作蜜煎，葉可作蔬，其狀絶類牽牛子，或卽以爲牽牛花，殊誤。

無花果

本草綱目：無花果實味甘，平，無毒。主開胃，止泄痢，治五痔，咽喉痛。葉味甘，微辛，平，有小毒。主五痔腫痛，煎湯頻熏洗之，取效。出揚州及雲南，今吴、楚、閩、越人家，亦或折枝插成，枝柯如枇杷樹。三月發葉如花構葉，五月內不花而實，實出枝間，狀如木饅頭，其內虚軟。采以鹽漬，壓實令扁，日乾，充果食。熟則紫色，軟爛，甘味如柹，而無核也。按方輿志云：廣西優曇鉢不花而實，狀如枇杷。又段成式酉陽雜俎云：阿駔，出波斯，拂林人呼爲底珍樹，長丈餘，枝葉繁茂，有丫如蓖麻，無花而實，色赤，類椑柹，一月而熟，味亦如柹。二書所說，皆卽此果也。又有文光果、天仙果、古度子，皆無花之果。

救荒本草：無花果生山野中，今人家園圃中亦栽。葉形如葡萄葉，頗長硬，面厚，梢作三叉。枝葉間生果，初則青小，狀如李子，既熟色似紫茄色，味甜，采果食之。今人傳說，治心痛用葉煎湯服，甚效。

高濂遵生八牋：無花果木本，不花生果，狀如林檎，色青，可久收。果陰乾燒灰，治痢甚良。

食，或乾曬磨麪作燒餅食亦可，及採嫩葉煠熟，水浸淘淨，油鹽調食，或蒸曬作茶亦可。其棠梨經霜熟時，摘食甚美。

說文解字注：棠牡曰棠，牝曰杜。艸木有牡者，謂不實者也。小雅云：有杕之杜，有睆其實。此牝者曰杜之證也。陸璣詩疏曰：赤棠與白棠同耳，但子有赤白美惡。子白色爲白棠，甘棠少酢，滑美。赤棠子澀而酢，無味。俗語云：澀如杜，是也。依陸說是棠杜皆有子，然種類甚多。今之海棠皆華而不實，蓋所謂牡者曰棠也。从木，尚聲，徒郎切，十部。杜，甘棠也。召南：蔽芾甘棠。毛曰：甘棠，杜也。釋木曰：杜，甘棠；本無不合。棠不實，杜實而可食，則謂之甘棠。凡實者皆得謂之杜，則皆得謂之甘棠也。牡棠、牝杜，析言之也。杜得偁甘棠，互言之也。釋木又曰：杜，赤棠。白者棠。魏風傳用之，此以其木色之異，異其名，與杜甘棠說異，即與分牡牝說異，爲許所不取。戴先生曰：爾雅謂杜甘曰棠，毛公失其句讀。蓋依陸璣疏白棠即甘棠，子美，赤棠即杜，子澀，爲此說耳。非許意，亦非爾雅意也。先生又曰：「梨山樆」謂梨山生曰樆。「榆白枌」謂榆之白者曰枌。今按毛傳云：枌，白榆也。誠當於白爲讀。漢書音義云：離，山梨也。是爾雅當同，音義乙其字矣。从木，土聲，徒古切，五部。借以爲杜塞之杜。

焦循毛詩補疏：蔽芾甘棠。傳：甘棠，杜也。循按休寧戴庶常云：傳注莫先於毛詩，其爲書又出爾雅後。爾雅杜甘棠、梨山樆、榆白枌，立文少變，杜澀棠甘，而名類可互見。「杜，赤棠，白者棠」，以棠見杜；「杜，甘棠」，以杜見棠。毛詩「甘棠，杜也」，誤。「枌，白榆也」，不誤。杜甘曰棠。梨，山生曰樆；榆白曰枌。（見其答江愼修先生論小學書）然以杜爲不甘，本陸璣疏耳，以是駁毛，恐未爲當。召南之詩，在爾雅前矣。詩曰甘棠，按海紅是海棠，實非棠梨，通志誤甚。

本草綱目：爾雅云，杜，甘棠也。赤者杜，白者棠。或云：牝曰杜，牡曰棠。或云：澀者杜，甘者棠；杜者澀也，棠者餹也。三説俱通，末説近是。即棠梨、野梨也，處處山林有之。樹似梨而小，葉似蒼朮葉，亦有團者，三叉者，葉邊皆有鋸齒，色頗黲白。二月開白花，結實如小楝子，大霜後可食。其根接梨甚嘉，有甘酢、赤白二種。按陸璣詩疏云：白棠甘棠也，子多酸美而滑；赤棠子澀而酢，木理亦赤，可作弓材。救荒本草云：其葉味微苦，嫩時煠熟，水浸淘淨，油鹽調食，或蒸曬代茶。其花亦可煠食，或曬乾磨麪作燒餅食，以濟饑。又楊慎丹鉛錄言：尹伯奇采楟花以濟飢。注者言楟即山梨，乃今棠梨也，未知是否。實氣味甘濇，寒無毒。主治燒食，止滑痢。枝葉氣味同實，主治霍亂吐瀉不止，轉筋，腹痛。取一握同木瓜二兩，煎汁細呷之。

齊民要術：爾雅曰：杜，甘棠。郭璞注曰：今之杜梨。詩曰：蔽芾甘棠。毛云：甘棠，杜也。詩義疏云：今甘棠梨一名杜梨，如梨而小，味酢可食也。唐詩曰：有杕之杜。毛云：杜即棠也，與白棠同，但有赤白美惡。子赤白色者爲白棠，甘棠也，酢滑而美。赤棠子澀而酢，無味。俗語云：澀如杜。赤棠木理韌，可作弓幹。案今棠葉有中染絳者，有中染土紫者，杜則全不用。其實三種，則爾雅、毛、郭以爲同，未詳也。棠熟時收種之，否則春月移栽，八月初天晴時摘葉，薄布曬令乾，可以染絳。必候天晴時少摘葉乾之，復晴則摘，慎勿頓收，若遇陰雨，則浥浥不堪染絳也。成樹之後，歲收絹一疋，亦可多種，利乃勝桑也。

救荒本草：棠梨樹今處處有之，生荒野中。葉似蒼朮，葉亦有團葉者，有三叉葉者，葉邊皆有鋸齒，又似女兒茶葉，其葉色頗白。開白花，結棠梨如小楝子，味甘酸。花、葉味微苦，採花煠熟如無花果，肉味如栗，五月成熟。

木桃兒樹 救荒本草：木桃兒樹生中牟土山間，樹高五尺餘，枝條上氣脈積聚爲疙瘩，狀類小桃兒，極堅實，故名木桃。其葉似楮葉而狹小，無花叉，却有細鋸齒，又似青檀葉，梢間另又開淡紫花。結子似梧桐子而大，熟則淡銀褐色，味甜可食，採取其子熟者食之。

水茶臼 救荒本草：水茶臼生密縣山谷中，科條高四五尺，莖上有小刺，葉似大葉胡枝子葉而有尖，又似黑豆葉而光厚亦尖。開黄白花，結果如杏大，狀似甜瓜瓣，而色紅。味甜酸，果熟紅時，摘取食之。

野木瓜 救荒本草：野木瓜，一名八月櫨，又名杵瓜，出新鄭縣山野中，蔓延而生，妥附草木上。葉似黑豆葉，微小光澤，四五葉攢生一處。結瓜如肥皂大，味甜，採嫩瓜換水煮食，樹熟者亦可摘食。

棠梨 陸璣詩疏：甘棠梨，一名杜梨，赤棠也，與白棠同耳，但子有赤白美惡。子白色爲白棠，甘棠也，少酢滑美。赤棠子澀而酢，無味，俗語云：澀如杜，是也。赤棠木理韌，亦可以作弓幹。廣要：爾雅云：杜，赤棠。白者棠。郭云：棠色異，異其名。樊光云：赤者爲杜，白者爲棠。爾雅又云：杜，甘棠。邢疏曰：郭云今之杜梨，舍人曰：杜赤色，名赤棠，白者亦名棠。然則其白者名棠，其赤者爲杜，棠爲甘棠，杜爲赤棠。詩召南云：蔽芾甘棠。唐風云：有杕之杜。傳云：杜，赤棠，是也。鄭注云：北人謂之杜棠，南人謂之棠梨。爾雅翼云：每梨有十餘子，唯一子生梨，餘者生杜。孫楚云：梨有用爲貴，杜無用爲賤。括地志：召伯廟在洛州壽安縣西北五里。召伯聽訟甘棠之下，周人思之，不伐其樹，後人懷其德，因立廟。有棠在九曲城東阜上。通志云：梨之類多杜，甘棠謂之棠梨，其花謂之海棠花，其實謂之海紅子。

開胃下食。服金石藥人食之，良。

圖經：烏芋，今鳧茨也。舊不著所出州土。苗似龍鬚而細，正青色，根黑如指大，皮厚有毛。又有一種皮薄無毛者，亦同。田中人並食之，亦以作粉，食之厚人腸胃，不飢。服丹石人尤宜，蓋其能解毒耳。爾雅謂之芍。

按鳧茨非烏芋。陶隱居誤爲一種。圖經所述形狀，正是葧臍。食療本草、日華子分別甚晰。李時珍又以烏芋即鳧茨，語多穿鑿，未可從。

爾雅：芍，鳧茈。注：生下田，苗似龍鬚而細，根如指頭，黑色，可食。疏：芍一名鳧茈。郭云：生下田中，苗似龍鬚而細，根如指頭，黑色可食。今俗淪而謂之者，是也。

爾雅翼：鳧茨生下田中，苗似龍鬚而細，根似指頭，黑色，可食。名爲鳧茨，當是鳧好食之爾。又有一種根苗似鳧茈而白，亦生下田中，葉有兩歧如燕尾，又如剪刀。開白花，三出，名爲茈菰。本草云：藉姑，今人亦謂之剪刀草，其生陂池中者高大，比於荷蒲，然其味稍苦，不及鳧茈之美。茈菰種水中，一莖收十二實，歲有閏則十三實。今黄楊歲長一寸，遇閏年則否。牡丹若遇閏歲，花輒小。以此知先王之正時，歸餘於終，非無意也。鳧茨在爾雅一名芍。漢長安有蓮芍陂，未必不以此地生蓮與芍而名之也。東觀漢記曰：王莽末，南方枯旱，民多饑，羣入野澤，掘鳧茨而食之。

說文解字注：芍，鳧茈也。見釋艸。今人謂之葧臍，卽鳧茈之轉語。郭璞云：苗似龍須，根可食，黑色，是也。廣雅云：葃姑、水芋，烏芋也。名醫別錄云：烏芋一名藉姑，一名水萍，藉與葃同音，萍必芋之誤。此專謂茨菰，不必因烏字牽合鳧茈也。茈徂咨切，从艸，勺聲，胡了切，二部。古勺聲與弱聲同，芍之可食者，其蒻也。

文光果

本草綱目李時珍曰：文光果出景州，形

中惟此二果以仁重，故諺語云爾。

頻婆 嶺南雜記：頻婆果如大皁莢，莢內鮮紅，子亦如皁莢子。皮紫，肉如栗，其皮有數層，層層剝之，始見肉。彼人詈顏厚者，曰頻婆臉。

黄皮子 桂海虞衡志：黄皮子如小棗。

嶺南雜記：黄皮果大如龍眼，又名黄彈，皮黄白，有微毛，瓤白如豬肪。有靑核數枚，酸澀不成味，久之少甘。樹似橄欖，綠條開小花，夏末結實，小兒嗜之。

羊矢子 桂海虞衡志：羊矢子色狀全似羊矢，味亦不佳。

秋風子 桂海虞衡志：秋風子色狀俱似楝子。

㭷果 㭷果生廣東，與蜜羅同，而皮有黑斑，不光潤。此果花多實少，方言謂誑爲㭷，言少實也。猶北地謂瓜花之不結實者，曰謊花耳。核最大，五月熟，色黄，味亦甜。

櫨子樹 救荒本草：櫨子樹舊不著所出州土，今鞏縣趙峯山野中多有之。樹高丈許，葉似冬青樹葉，稍闊厚，背色微黄，葉形又類棠梨葉，但厚。結果似木瓜，稍團，味酸甜，微澀，性平。果熟時採摘食之，多食損齒及筋。

梟茨 即葧臍。本草綱目：梟茨根味甘，微寒，滑，無毒。主消渴痹熱，溫中益氣，下丹石，消風毒，除胸中實熱氣。可作粉食，明耳目，消黄疸，開胃下食，厚人腸胃，不飢，能解毒。服金石人宜之。療五種膈氣，消宿食，飯後宜食之。治誤吞銅物，主血痢，下血，血崩，辟蠱毒。

食療本草：茨菰不可多食，誤人，常食之，令人患脚，又發脚氣癱緩風，損齒，令人失顏色，皮肉乾燥。卒食之令人嘔水。梟茨冷，下丹石，消風毒，除胸中實熱氣。可作粉食，明耳目，止渴，消黄疸。若先有冷氣，不可食，令人腹脹氣滿。小兒秋食，臍下當痛。

日華子：梟茨無毒。消風毒，除胸胃熱，治黄疸，本草綱目李時珍曰：按胡嶠陷虜記言嶠征回紇，得此種歸，名曰西瓜。則西瓜自五代時始入中國。今則南北皆有，而南方者味稍不及，亦甜瓜之類也。二月下種，蔓生，花葉皆如甜瓜，七八月實熟，有圍及徑尺者，長至二尺者。其稜或有或無，其色或青或綠，其瓤或白或紅，紅者味尤勝。其子或黃或紅，或黑或白，白者味更劣。其味有甘有淡有酸，酸者爲下。陶隱居注瓜蔕，言永嘉有寒瓜，甚大，可藏至春者，卽此也。蓋五代之先，瓜種已入浙東，但無西瓜之名，未遍中國耳。其瓜子曝裂取仁，生食、炒熟俱佳。皮不堪啖，亦可蜜煎醬藏。

王世懋瓜蔬疏：西瓜古無稱，云金主征西域得之，洪皓自燕中攜歸。然瓜中第一美味，而稱徧天下，不應晚出，異方之物乃爾。吾地以蔣福、柵橋二處爲絕品，然家園中所種，色青白而作枕樣者便佳，不必蔣柵也。

人面子

南方草木狀：人面子樹似含桃，結子如桃實，無味，其核正如人面，故以爲名。以蜜漬之，稍可食，以其核可玩于席間，飣餖禦客。出南海。

桂海虞衡志人面子如大梅李，核如人面，兩目鼻口皆具，肉甘酸宜蜜煎。

南越筆記：人面子以增城水東所產爲佳。子如大梅李，其核類人面，兩目鼻口皆具，肉甘酸，宜爲蜜煎。仁絕美，以點茶，如梅花片，光澤可愛，茶之色香亦不變。水東在城南雁塔下，其樹僅數十株。子皮薄，落之使潰爛，乃乾其核囊之，其仁皮寬，稍搖卽脫去。此樹最宜沙土，沙土鬆則根易發，數歲卽婆娑偃地，山居家其祖父欲遺子孫，必多植人面、烏欖，人面賣實，烏欖賣核及仁，百餘年世享其利。番禺大石頭村婦女多以鍘烏欖核爲務，其核以炊，仁以油，及爲禮果。有詠烏欖者云：祇應人面子，與爾共成仁。蓋粵指黄瓜、甜瓜也。

賢奕編：中國初無西瓜，見洪忠宣皓松漠記聞：蓋使金國，貶遞陰山，於陳王悟室得食之。云種以牛糞，結實大如斗，絕甘冷，可蠲暑疾。丹鉛餘錄引五代郃陽令胡嶠陷北記，云於回紇得瓜，名曰西瓜。其言與忠宣同，以爲至五代始入中國。按忠宣使金乃稱創見，則嶠嘗之於陷北之日，而不能種之於中國也。其在中土，則自靖康而後，其在江南，或忠宣移種歸耳。

蜀都雜抄：金王予可南咏西瓜云：一片冷裁潭底月，六灣斜捲隴頭雲。又在元世祖前矣。

曹縣志物產：西瓜有青、綠、黄、白四色，子亦有紅、黑、玳瑁之不同。其最大者名冀州崑，耐久藏，可至過歲。

翼城縣志物產：瓜有甜瓜，青、黄二種。有王瓜。有菜瓜，青、黑、白數種。有冬瓜。有南瓜，青、黄二種。有西瓜，青、黑二種。其黄白長尺許者，近多有之。

嘉定縣志物產：橄欖瓜，西瓜，别種出外岡，其形圓而長，瓤色鮮紅，味甘如蜜，俗又名枕頭瓜，以形似也。向以西番蓮爲第一，今則徧栽此種。

莆田縣志物產：西瓜實大如斗，外青內紅，味甘。有一種皮薄，中尤紅者，曰臺灣瓜。又有一種實差小，中白多子，只收其子爲瓜子。

瀛压勝覽：蘇門答刺國東瓜，久留不敗。有西瓜，綠皮紅子，長二三尺。古里國西瓜四時皆有。祙羯國西瓜、甜瓜一枚用二人舉之。

農桑通訣：種西瓜法，區行差稀，多種者，垡頭上漫擲勞平，苗出之後，根下擁作土盆。欲瓜大者，步留一科，科止留一瓜，餘蔓花皆掐去，則實大如三斗栲栳矣。

日用本草：契丹破回紇始得此種，以牛糞覆而種之。結實如斗大，而圓如匏，色如青玉，子如金色，或黑麻色，北地多有之。

二棱。合二者種之，或在池邊，能結子而茂，蓋臨池照影亦生也。

墨客揮犀：銀杏葉如鴨脚，獨窠者不實，偶生及叢生者乃實。

農政全書：銀杏一名白果，一名鴨脚子。銀杏以白得名，鴨脚取其葉之似。其木多歷歲年，其大或至連抱，可作棟梁。便民圖纂曰：春初種於肥地，候長成小樹，來春和土移栽，以生子樹枝接之，則實茂。

農桑通訣曰：春分前後移栽。先掘深坑，水攪成稀泥，然後下栽子。掘取時連土封，用草要或麻繩纏束，則不致碎破土封。其子至秋而熟，初收時，小兒不宜食，食則昏霍，惟炮煮作粿食，爲美。以澣油甚良。顆如綠李，積而腐之，惟取其核，卽銀杏也。

詩話總龜：京師舊無鴨脚。駙馬都尉李文和自南方來，移植於私第，因而著子。自後稍稍蕃多，不復以南方爲貴。

西瓜 五代史契丹附錄：胡嶠入契丹，亡歸中國，道其所見。云入平川始食西瓜，云契丹破回紇得此種，以牛糞覆棚而種，大如中國冬瓜而味甘。

松漠紀聞：西瓜形如扁蒲而圓，色極青翠，經歲則變黃，其瓞類甜瓜。味甘脆，中有汁尤冷。洪皓出使，攜以歸，今禁圃鄉圃皆有，亦可留數月，但不能經歲仍不變黃色。鄱陽有久苦目病者，曝乾服之而愈，蓋其性冷故也。

事物紀原：中國初無西瓜，洪忠宣使金，貶遞陰山，得食之。其大如斗，絕甘冷，可蠲暑疾。

石湖詩注：西瓜味淡而多液，本燕北種，今河南皆種之。

丹鉛餘錄：余嘗疑本草瓜類中獨不載西瓜，後讀五代郃陽令胡嶠陷北記云：嶠於回紇得瓜種，以牛糞種之，結實大如斗，味甘，名曰西瓜。是西瓜至五代始入中國也。文選：浮甘瓜於清泉，蓋游宦紀聞：金橘產於江南諸郡，有所謂金柑，差大而味甜。年來商販小株，才高二三尺許，一舟可載千百株。其實纍纍如垂彈，殊可愛，價亦廉。實多根茂者，才直二三鐶。往時因溫成皇后好食，價重京師，然患不能久留，惟藏綠豆中，則經時不變，蓋橘性熱豆性涼也。冷齋夜話東坡詩曰：客來茶罷空無有，盧橘微黃尚帶酸。張嘉甫曰：盧橘何種果類？答曰：枇杷是矣。又問何以驗之？答曰：事見相如賦。嘉甫曰：盧橘夏熟，黃甘橙榛，枇杷燃柿，亭柰厚樸。盧橘果枇杷，則賦不應四句重用。應劭注曰：箕山之東，青鳥之所，有盧橘，常夏熟，不據依之，何也？東坡笑曰：意不欲耳。

涪翁雜說司馬相如上林賦曰：黃甘橙榛。玉藻曰：君入門士介拂橙榛。音太簇之簇。武陵有一種小橘，名榛，疑卽今之金橘。

輟耕錄：世人多用盧橘以稱枇杷。按司馬相如游獵賦云：盧橘夏熟，黃柑橙榛，枇杷燃柿。夫盧橘與枇杷並列，則盧橘非枇杷，明矣。郭璞注：蜀中有給客橙，冬夏花實相繼，通歲食之，謂卽盧橘也。意者橙橘惟熟於冬，而盧橘夏亦熟，故舉以爲重歟。唐三禮詩裴庾注云：廣州記，盧橘皮厚，大如柑酢，多至夏熟，土人呼爲壺橘，又曰盧橘。

公孫桔

公孫桔產廣東，樹高丈餘，枝葉繁茂，花果層次駢綴，自下熟上，由紅至青，尖頂尚花，下已紅熟，香甜適口，味帶微酸，皮可化痰，經冬不凋。辰州諸屬橘類，有公引孫，卽此，附金橘後，以備一種。

銀杏

本草綱目：銀杏核仁味苦，平，澀，無毒。主溫肺益氣，定喘嗽，利小便，止白濁。生食降痰，消毒殺蟲。漿塗鼻面手足，去皻皰䵟黯皴皺，及疥癬疳䘌陰虱，解酒。

酉陽雜俎：銀杏樹有雌雄。雄者有三稜，雌者有名。盧，黑色也。或謂盧，酒器之名，其形肖之故也。注文選者，以枇杷爲盧橘，誤矣。按司馬相如上林賦云：盧橘夏熟，枇杷橪柹，以二物並列，則非一物明矣。此橘夏冬相繼，故云夏熟，而裴淵廣州志謂之夏橘，給客橙者，其芳香如橙，可供給客也。

又曰：金橘生吳、粵、江、浙、川、廣間，或言出營道者爲冠，而江、浙者皮甘肉酸，次之。其樹似橘，不甚高大，五月開白花結實。秋冬黃熟，大者徑寸，小者如指頭，形長而皮堅，肌理細瑩，生則深綠色，熟乃黃如金，其味酸，甘，而芳香可愛。糖造蜜煎，皆佳。按魏王花木志云：蜀之成都、臨卭江源諸處，有給客橙，一名盧橘，似橘而非，若柚而香，夏冬花實常相繼，或如彈丸，或如櫻桃，通歲食之。又劉恂嶺表錄云：山橘子大如土瓜，次如彈丸，小樹綠葉，夏結冬熟，金色薄皮，而味酸，偏能破氣。容、廣人連枝藏之，入膾腊尤加香美。韓彥直橘譜云：金柑出江西，北人不識，景祐中，始至汴都，因溫成皇后嗜之，價遂貴重，藏綠豆中，可經時不變，蓋橘性熱，豆性涼也。又有山金柑，一名山金橘，俗名金豆，木高尺許，實如櫻桃，內止一核，俱可蜜漬，香味清美。已上諸說，皆指今之金橘，但有一類數種之異耳。

閩書：金橘有二種，形圓者曰金棗，皮香肉酸。又有金豆，俗呼羊矢橘，生山林中，蜜煎良佳。

歸田錄：金橘產於江西，以遠難致，都人初不識，明道、景祐初，始與竹子俱至京師，竹子味酸，人不甚喜，後遂不至。而金橘香清味美，置之罇俎間，光彩灼爍如金彈丸，誠珍果也。都人初亦不甚貴，其後因溫成皇后尤好食之，由是價重京師。余世家江西，見吉州人甚惜此果，其欲久留者，則於綠豆中藏之，可經時不變。云橘性熱而豆性涼，故能久也。

酸惡，不可食。其大有至尺三四寸圍者，摘之置几案間，久則其臭如蘭。是品雖不足珍，然作花絶香。鄉人拾其英蒸香，取其核爲種，折其皮入藥，最有補於時，其詳具見下篇。

又香圓大於朱欒，形圓色紅，芳馨可翫。

又香圓木似朱欒，葉尖長，枝間有刺，植之近水乃生。其長如瓜，有及一尺四五寸者，清香襲人。横陽多有之，士人置之明窗淨几間，頗可賞玩。酒闌，并刀破之，蓋不減新橙也。葉可以藥病。

按此鉤櫞之無指爪者，非似柚之香圓。

王世懋花疏：香櫞花尤酷烈，甚於山礬，結實大而香，山亭前及廳事兩墀，皆可植。又果疏：香櫞花香實大，雖酸澀齒，以爲湯則大佳。置實盤中，盈室俱香，實佳品也。閩中乃無之，而以佛手柑名，近聞洞庭人亦有種而生者，吾圃中尤不易植也。

按此卽吳、越中朱欒，瓢如橘柚，極酢，非香櫞也。

金橘

桂海虞衡志：金橘出營道者，爲天下冠。出江、浙者，皮甘肉酸，不逮矣。

韓彦直橘錄：金橘生山逕間，比金柑更小，形色頗類，木高不及尺許，結實繁多，取者多至數升。肉瓣不可分，止一核，味不可食，惟宜植之欄檻中。園丁種之以鬻於市，亦名山金柑。周美成詞有：露葉烟梢寒色重，攢星低映小珠簾。爲是橘作。

莆田縣志物產：橘色紅如金曰金橘，又有一種先後相續而生，名公孫橘。

漳浦縣志：土產：橘，有朱橘、有鳳橘、有金橘、有羊矢橘。生山中，俗呼山柑。又有一種四時橘，四時結實，花亦鮮美。

本草綱目：金橘味酸，甘，溫，無毒。主下氣快膈，止渴解酲，辟臭。皮尤佳。李時珍曰：此橘生時，青盧色黃，熟則如金，故有金橘、盧橘之石崇。

齊民要術：裴淵廣州記曰：枸橼樹似橘，實如柚大而倍長，味奇酢，皮以蜜煮爲糝。

韓彥直橘錄：香圓木似朱欒，葉尖長，枝間有刺，植之近水乃生。其長如瓜，有及一尺四五寸者，清香襲人。橫陽多有之，土人置之明窗淨几間，頗可賞翫。酒闌，幷刀破之，蓋不減新橙也。葉可以藥病。

閩書：香橼氣芬郁，襲人衣，又有形似人手者，名佛手香橼。

物類相感志：香橼去蔕，以大蒜搗爛，罨蔕上則滿室香。更以濕紙圍蓋上，香橼蔕上安芋片，則不瘤。

本草綱目李時珍曰：枸橼產閩、廣間，木似朱欒，而葉尖長，枝間有刺，植之近水乃生。其實狀如人手有指，俗呼爲佛手柑，有長一尺四五寸者，皮如橙柚而厚，皺而光澤，其色如瓜，生綠熟黃。其核細，其味不甚佳，而清香襲人。南人雕鏤花鳥，作蜜煎果食，置之几案，可供玩賞，若安芋片於蔕，而以濕紙圍護，經久不瘤。或搗蒜罨其蔕，則香更充溢。異物志云：浸汁浣葛紵，勝似酸漿也。

檀萃滇海虞衡志：香橼，佛手柑之大者，直如斗，重三四斤，皆可生片以擺盤。二物經霜不落，在枝頭歷四五年，秋冬色黃，開春回青。吳學使應枚詩：碩果何曾怕雪霜，樹頭幾載歷青黃，是也。

安順府志：蜜羅柑，藤本，實大如瓜，皮黃厚如佛手，白肉無穰，甜與蜜同。作清供，香色經日不散，出永、鎮等州山間。

思南府志：香橼即蜜羅柑，氣芬肉厚，點茶釀酒俱宜。

永寧州志：蜜羅柑係木本，非藤本，樹如香橼，葉較大。

朱欒

韓彥直橘錄：朱欒顆圓，實皮粗，瓣堅，味

本草綱目李時珍曰：甜瓜北土中州種蒔甚多，二三月下種，延蔓而生，葉大數寸，五六月花開黄色，六七月瓜熟。其類最繁，有團有長，有尖有扁，大或徑尺，小或一捻，其棱或有或無，其色或青或緑，或黄斑糝斑，或白路黄路。其瓤或白或紅，其子或黄或赤，或白或黑。按王禎農書云：瓜品甚多，不可枚舉。以狀得名，則有龍肝、虎掌、兔頭、狸首、羊髓、蜜筩之稱。以色得名，則有烏瓜、白團、黄䪌、白䪌、小青、大斑之别。然其味不出乎甘香而已。廣志惟以遼東、燉煌、廬江之瓜爲勝，然瓜州之大瓜，陽城之御瓜，西蜀之温瓜，永嘉之寒瓜，未可以優劣論也。甘肅甜瓜，皮瓤皆甘勝糖蜜，其皮暴乾猶美。浙中一種陰瓜，種於陰處，熟則色黄如金，膚皮稍厚，藏之至春，食之如新。此皆種藝之功，不必拘以土地也。甜瓜子曝裂取仁，可充果食。凡瓜最畏麝氣觸之，甚至一蔕不收。

棹柹　嘉祐本草：棹柹味甘，寒，無毒。主壓丹石藥，發熱，利水，解酒毒，久食令人寒中，去胃中熱。生江、淮南，似柹而青黑。閑居賦云：梁侯烏棹之柹，是也。

日華子：棹柹止渴，潤心肺，除腹藏冷熱。作漆甚妙。不宜與蟹同食，令人腹疼，幷大瀉矣。

獼猴桃　開寶本草：獼猴桃味酸，甘，寒，無毒。主消渴，解煩熱，冷脾胃動，洩澼，壓丹石，下石淋熱壅，反胃者取瓤和生薑汁服之。一名藤梨，一名木子，一名獼猴梨。生山谷，藤生著樹，葉圓有毛，其形似雞卵大，其皮褐色，經霜始甘美可食，枝葉殺蟲，煮汁飼狗，療瘑疥。

鉤緣子　即佛手柑。香櫞蜜羅附。　南方草木狀：鉤緣子形如瓜，皮似橙而金色，胡人重之。極芬香，肉甚厚白，如蘆菔。女工競雕鏤花鳥，漬以蜂蜜，點以燕檀，巧麗妙絶，無與爲比。泰康五年，大秦貢十缶，帝以三缶賜王愷，助其珍味，夸示於斷也。瓜祭則上環食中棄所操。古之用瓜者，其嚴如此。周時瓜無所出之地，至秦漢間東陵侯種瓜長安城東而美，故謂之東陵瓜，又謂之青門瓜。其後以遼東、廬江、燉煌之種爲美，而瓜州大瓜如舺，御瓜也。故名其州曰瓜。其他瓜名尚多。說文曰：窳，嬾也。草木皆是豎立，唯瓜瓠之屬，臥而不起，似若嬾人常臥室，故字从宀。荆楚之俗，七月七日牽牛織女會，乃設瓜果於庭中，有喜子網於瓜上，則以爲得巧，以織女主瓜云。

本草經：瓜蔕味苦，寒，主大水，身面四肢浮腫，下水，殺蠱毒，欬逆上氣，及食諸果病在胸腹中，皆吐下之。

別錄：有毒。去鼻中息肉，療黄疸。花主心痛欬逆。生嵩高平澤，七月七日採，陰乾。陶隱居云：瓜蔕多用早青蔕，此云七月採，便是甜瓜蔕也。人亦有用熟瓜蔕者，取吐乃無異，此止於論其蔕所主爾。今瓜例皆冷利，早青者尤甚。熟瓜乃有數種，除瓤而食之，不害人，若覺多即入水自漬，便即消。永嘉有寒瓜甚大，今每取藏，經年食之。亦有再熟瓜，又有越瓜，人作菹食之亦冷，並非藥用爾。

圖經：瓜蔕即甜瓜蔕也。生嵩高平澤，今處處有之，亦園圃所蒔。舊說，瓜有青白二種，入藥當用青瓜蔕，七月採，陰乾。方書所用，多入吹鼻及吐膈散中。莖亦主鼻中息肉，齆鼻等。葉主無髮，搗汁塗之即生。花主心痛欬逆。肉主煩渴，除熱。多食則動痼疾。又有越瓜，色正白，生越中。胡瓜黄色，亦謂之黄瓜。别無功用，食之亦不益人，故可略之。

王世懋瓜蔬疏：甜瓜以香而小者爲第一，作黄綠二色，豈即邵平所種五色子母瓜也？今涼州塞外作乾條遺遠人，味極甘，當是此種。若南瓜雖有奇狀殊色，僅堪煮食，酷無意味，而更與羊食忌，是可廢。

土一斗薄散糞上，復以足微躡之。冬月大雪時，速併力推雪於坑上爲大堆。至春草生，瓜亦生，莖葉肥茂，異於常者。且常有潤澤，旱亦無害，五月瓜便熟。其掐豆鋤瓜之法，與常同，若瓜子盡生，則大概掐出之。一區四根，卽足矣。又法，冬天以瓜子數枚內熱牛糞中，凍卽拾聚，置之陰地，量地多少，以足爲限。正月地釋卽耕，逐場布之，率方一步下一斗糞，耕土覆之，肥茂早熟雖不及區種，亦勝凡瓜遠矣。凡生糞糞地無勢，多於熟糞，令地小荒矣。有蟻者以牛羊骨帶髓者，置瓜科左右，待蟻附將棄之，棄二三則無蟻矣。氾勝之曰：區種瓜一畝爲二十四科，區方圓三尺，深五寸，一科用一石糞，糞與土和，令相半，以三斗瓦甕埋著科中央，令甕口上與地平，盛水甕中令滿，種瓜甕四面各一子，以瓦蓋甕口，水或減輒增，常令水滿。種常以冬至後九十日、百日，得戊辰日種之。又種薤十根，令周迴甕，居瓜子外，至五月瓜熟，薤可拔賣之，與瓜相避。又可種小豆於瓜中，畝四五本，其藿可賣。此法宜平地，瓜收畝萬錢。崔寔曰：種瓜宜用戊辰日，二月三日可種瓜，十二月臘時祀炙𥻳，樹瓜田四角去𧏯。瓜蟲謂之𧏯。龍魚河圖曰：瓜有兩鼻者，殺人。

爾雅翼：瓜，古人以紀時，故遣戍者稱瓜時而往，及瓜而代。大戴禮夏小正：五月乃瓜，乃瓜者治瓜之辭也。瓜也者，始食瓜。八月剝瓜，蓄瓜時也。周詩則以七月爲食瓜之候，蓋夏之五月也。詩云：中田有廬，疆場有瓜。是剝是菹，獻之皇祖。曾孫壽考，受天之祜。蓋薦瓜之重如此。故天子樹瓜華不斂藏之種，而爲天子削瓜者，副之，巾以絺，副析也，既削又四析之，乃橫斷之而巾覆焉。爲國君者華之，巾以綌，華中裂之，不四析也。爲大夫累之，累倮也，謂不以巾覆。士疐之，不中裂，但橫斷去疐而已。庶人齕之，不橫起土。生瓜不去豆，則豆反扇瓜，不得滋茂。但豆斷汁出更成良潤，勿拔之，拔之則土虛燥也。多鋤則饒子，不鋤則無實，五穀蔬菜果蓏之屬，皆如此也。五六月種晚瓜。治瓜籠法，旦起露未解，以杖舉瓜蔓，散灰於根下，後一兩日復以土培其根，則迴無蟲矣。又種瓜法，依法種瓜，十畝勝一頃。於良美地中，先種晚禾，晚禾令地膩。熟劁刈取穗，欲令茇長，秋耕之。耕法，弭縛犂耳，起規逆耕，耳弭則禾拔頭出而不沒矣。至春則復順耕，亦弭縛犂耳，翻之。還令草頭出，耕訖勞之，令甚平，種植穀時種之。種法，使行陣直，兩行微相近，兩行外相遠，中間通步道，道外還兩行相近。如是作次第，經四小道通一車道，凡一頃地中，須開十字大巷，通兩乘車，來去運輦，其瓜都聚在十字巷中。瓜生比至初花，必須三四遍熟鋤，勿令有草生，草生脅瓜無子。鋤法，皆起禾茇令直豎，其瓜蔓本底，皆令上下四廂高，微雨時得停水，瓜引蔓皆沿茇上，茇多則瓜多，茇少則瓜少，茇多則蔓廣，蔓廣則歧多，歧多則饒子。其瓜會是歧頭而生，無歧而花者皆是浪花，終無瓜矣。故令蔓生在茇上，瓜懸在下。摘瓜法，在步道上引手而取，勿聽浪入踏瓜蔓，及翻覆之。踏則莖破，翻則成細，皆令瓜不茂而蔓早死。若無茇而種瓜者，地雖美好，止得長苗，直引無多槃歧，故瓜少子。若無茇處，豎乾柴亦得，凡乾柴草不妨滋茂。凡瓜所以早爛者，由脚躡及摘時不慎翻動其蔓故也。若以理慎護，及至霜下葉乾，子乃盡矣。但依此法，則不必別種早晚及中三輩之瓜。區種瓜法，六月雨後種菉豆，八月中犂稀殺之，十月又一轉，即十月終種瓜。率兩步爲一區，坑大如盆口，深五寸，以土壅其畔，如菜畦形，坑底必令平正，以足踏之，令其保澤。以瓜子大豆各十枚，遍布坑中，瓜子大豆兩物爲雙，藉其起土故也。以糞五升覆之，亦令均平，又以瓜無餘，緐瓜，瓜屬也。張孟陽瓜賦曰：羊骹累錯，瓞子市江。廣志曰：瓜之所出，以遼東、廬江、燉煌之種爲美。有烏瓜、緐瓜、狸頭瓜、蜜筩瓜、女臂瓜、羊髓瓜。瓜州大瓜，大如斛，出涼州，狀類舊陽城御瓜。有青登瓜，大如三斗魁。有桂枝瓜，長二尺餘。蜀地溫良，瓜至早熟。有春白瓜，細小，小瓣宜藏，正月種，二月成者。秋泉瓜秋種，十月熟，形如羊角，色黃黑。史記曰：邵平者，故秦東陵侯。秦破爲布衣，家貧，種瓜於長安城東，瓜美，故世謂之東陵瓜，從邵平始。漢書地理志曰：燉煌古瓜州地，有美瓜。王逸有瓜盛日落疏之文。永嘉記曰：永嘉襄瓜，八月熟，至十一月內青赤，香甜清快，衆瓜之勝。廣州記曰：瓜冬熟，號爲金釵瓜。說文曰：瓞，小瓜瓞也。陸機瓜賦曰：栝樓定桃，黃瓤白摶；金釵蜜筩，小青大斑；元骭素腕，狸首虎蹯；東陵出於秦谷，桂髓起於巫山也。　收瓜子法，常歲歲先取本母子瓜，截去兩頭，止取中央子。本母子者，瓜生數葉，便結子，子復早熟。用中輩瓜子，蔓長二三尺，然後結子。用後輩子者，蔓長足然後結子，子亦晚熟。種早子熟速而瓜小，種晚子熟遲而瓜大。去兩頭者，近蒂子瓜曲而細，近頭子瓜短而喎。凡瓜落疏青黑者爲美，黃白及斑，雖大而惡。若種苦瓜，子雖爛熟氣香，其味猶苦也。又收瓜子法，食瓜時，美者收，即以細糠拌之，日曝向燥，挼而簸之，淨而且速也。良田小豆底佳，黍底次之。刈訖即耕，頻頻轉之，二月上旬種者爲上時，三月上旬爲中時，四月上旬爲下時。五月、六月上旬可種藏瓜。凡種法先以水淨淘瓜子，以鹽和之，鹽和則不能死。先臥鋤耬却燥土，不耬者坑雖深大，常雜燥土。故瓜不生，然後掊坑，大如斗口，納瓜子四枚、大豆三個於堆旁向陽中。諺曰：種瓜黃臺頭。瓜生數葉掐去豆。瓜輭弱，苗不能獨生，故須大豆爲之枝必賚青珠數條，每條不下百餘顆，計一樹可得青珠百餘條，團團懸掛若傘蓋，煞可愛也。其木最重，番舶用爲鋸以代鐵。其鋒鋩倬于鐵也。色類花梨，而多綜紋。

榕城隨筆：桄榔幹似椶櫚，層層向上，特節稀於椶耳。其葉類竹而大，其榦中空，兩分之可爲閣溜。

南中志：梁水、興古、西平三郡少穀，有桄榔木可以作麪。以牛酥酪食之，人民資以爲糧，欲取其木，先當祠祀。

水經注：盤水又東經漢興縣山溪之中，多生邛竹、桄榔樹，樹出麪，而土人資以自給。故蜀都賦曰：麪有桄榔。

他郎廳志：董椶中有白粉可食，削其材可爲箸。即桄榔，見楊慎卮言。

瓜

甜瓜蒂。爾雅：瓞，瓝。其紹瓞。注：俗呼瓝瓜爲瓞，紹者瓜蔓緒，亦著子，但小如瓝。疏：瓞一名瓝，小瓜也。紹，繼也。瓜之蔓，紹緒先歲之瓜必小，亦名瓞。故云紹瓞。詩大雅云：綿綿瓜瓞。舍人曰：瓞名瓝，小瓜也。紹繼，謂瓞子，漢中小瓜曰瓞。孫炎曰：瓞小瓜，子如瓝，其本子小，紹先歲之瓜曰瓞，然則瓜之族類本有二種：大者曰瓜，小者曰瓞，此則其種別也。而瓜蔓近本之瓜，必小於先歲之大瓜，以其小如瓝，故謂之瓞，瓞是瓝之別名。故郭云：俗呼瓝爲瓞，紹者瓜蔓緒，亦著子，但小如瓝。

廣志：瓜之所出，以遼東、廬江、燉煌之種爲美。有烏瓜、魚瓜、狸頭瓜、蜜箭瓜、女臂瓜、龍蹄瓜、羊髓瓜、縑瓜。瓜州大瓜如斛，御瓜也。有青登瓜，大如三斗魁。有桂枝瓜，長二尺餘。蜀地溫良，瓜冬熟。有春白瓜，細小，小瓣宜藏，正月種，三月熟。有秋泉瓜，秋種十月熟，形如羊角，色蒼黑。

齊民要術：廣雅曰土芝瓜也，其子謂之𤓰。然瓜有龍肝、虎掌、羊骹、兔頭、𤬏瓠、狸頭、白𤬏、利，惟中蕉根致敗耳。

本草拾遺華陽國志云：郡少穀，取桄榔麪以牛酪食之。臨海志曰：桄榔木作鈔鋤，利如鐵，中石更利，惟中蕉根破之，物之相伏如此。其中有似米粉，中作餅餌，食之得飽。有欀木皮中亦有白粉如白米，乾擣之，水淋屑者可作麪餅。吳都賦云：文欀楨橿，是也。又有莎木麪，溫補，久服不饑，長生。嶺南山谷大者四五圍，麪數斛，土人取夾爲餅。蜀志曰：莎木高大，生山膺嶺。南中八郡志曰：莎木皮出麪，大者百斛，色黃，鳩人部落食之。廣志曰：樹多枝，葉如鳥翼，其麪色黃，樹收麪不過一斛，擣篩作餅，或磨屑爲飯食之。

南方草木狀：桄榔樹似栟櫚，中實，其皮可作綆，得水則柔韌，胡人以此聯木爲舟。皮中有屑如麪，多者至數斛，食之與常麪無異。木性如竹，紫黑色，有文理，工人解之以製奕枰，出九眞、交趾。

廣志：桄榔木大者四五圍，高五六丈，拱直無傍枝。巔頂生葉數十，似椶葉，其木肌堅，斫入數寸得粉，赤黃色，可食。

博物志：蜀中有樹名桄榔，皮裏出屑如麪，用作麪食，謂之桄榔麪。

臨海異物志：桄榔生牂牁山谷，外皮有毛，似栟櫚而散生，作綆漬之不腐。其木剛，作鋘鋤，利如鐵，中石更利，惟中蕉根乃致敗耳。皮中有似擣稻米粉，又似麥麪，中作麪裹餅餌，甚美。

魏王花木志：桄榔出興古國者，樹高七八丈，其大者一樹出麪百斛。交趾又有樹，其皮有光屑，取之乾搗以水，淋之如麪，可作餅餌。

北戶錄：桄榔莖葉與波斯棗古散椰子檳榔小異，其木如莎樹皮、欀木皮出麪可食。洛陽伽藍記云：昭儀寺有酒樹麪木，得非桄榔乎？其心爲炙，滋腴極美。

海槎餘錄：桄榔木類紵梨樹，樹杪挺出數枝，每林不待儀。言椰子中有自然之酒，不待儀狄而作也。瓊人每以檳榔代茶，椰代酒，以款賓客。謂椰酒久服，可以烏鬚。云瓊州多椰子葉，昔趙飛燕立爲皇后，其女弟合德獻諸珍物中有椰葉席焉。椰葉之見重也，自漢時始。瓊州人無分男女，首皆戴笠，以竹絲爲之。其用椰葉爲笠者，貴之也；以爲席，則賤之矣。

樹頭酒

寰宇記云：緬甸在滇南，有樹類椶，高五六丈，結實如椰子。土人以罐盛麯，懸于實下，劃其實汁流於罐中以成酒，名樹頭酒。或不用麯，惟取汁熬爲白糖。其樹卽貝樹也。緬人取其葉寫書。

按樹頭酒實如椰子，則與椰爲二物。或云：緬使齎來者，實形一頭隆起三棱，而仍光圓，近蒂如瓜，殼硬，淡赭色，其殼亦可作瓢。土司尋常信函則書其葉。滇志但錄寰宇記於永昌府，唯忠茅廳採訪云：形類草果而甚大，外有皮包裹，中有核如瓠，色黑，或有圓有方，以及三棱四棱者不等。剖之而酒出焉，土人謂之天酒，遇佳客至，以之相待，味甚甘美。其核堅硬異常，可鏤作飲器，蓋近緬土司地亦有之。若椰實，則但有圓形，無方形及三棱四棱也。

桄榔子

嘉祐本草：桄榔子味苦，平，無毒。主宿血，其木似栟櫚堅硬，斫其內有麪，大者至數斛，食之不飢，其皮堪作綆。生嶺南山谷。

圖經：桄榔生嶺南山谷，今二廣州郡皆有之，人家亦植於庭除間。其木似栟櫚而堅硬，斫其間有麪，大者至數石，食之不饑。其皮至柔，堅韌可以作綆。其子作穗，生木端，不拘時月採之。嶺表錄異云：桄榔木枝葉並茂，與棗檳榔等小異。然葉下有鬚如麄馬尾，廣人採之以織巾子。其鬚尤宜鹹水浸漬，卽麄脹而韌，故人以此縛船不用釘線，木性如竹，紫黑色，有文理，工人解之以制博奕局。又其木剛，作鈔鋤，利如鐵，中石更故怨，遣俠客刺得其首，懸之於樹，俄化爲椰子。林邑王憤之，命剖以爲飲器，南人至今效之。當刺時，越王大醉，故其漿猶如酒云。

桂海虞衡志：椰子木葉身悉類檳榔、桄榔之屬。子生葉間，一穗數枚，枚大如五升器。果之大者，謂惟此與波羅蜜等耳。皮中子殼可爲器，子中瓤白如玉，味美如牛乳，瓤中酒新者，極清芳，久則渾濁不堪飲。

嶺南雜記：椰子形如芋頭，如人首，外包椶皮，內有堅殼，解之得漿，味如荸薺之汁。附殼白肉如截肪，甘脆可啖，彼人截爲絲，蜜餞以至遠。中有心可食，亦有無心者。其殼爲椀，最小者爲酒杯，尤貴。相傳入蠱鄉用椰器，遇毒卽裂，今皆鑲漆用之，失其性矣。

嶺表錄異：椰子樹亦類海椶，實名椰子，大如甌盂。外有麄皮，如大腹子，次有硬殼，圓而且堅，厚二三分。有圓好者，卽截開頭，砂石磨之，去其麬皮，具斑斕錦文，以白金裝之，以爲水罐子，珍奇可愛。殼中有液數合如乳，亦可飲之而動氣。

海槎餘錄：椰子樹初栽時，用鹽一二斗，先置根下，則易發。其俗，家之周遭必置之，木幹最長，至斗大方結實。當摘食時，在五六月之交。去外皮則殼實圓而黑潤，肉至白、水至清且甜，飲之可祛暑氣。今行商懸帶椰瓢，是其殼也。又有一種小者，端圓堪作酒盞，出於文昌、瓊山之境，他處則無也。

南越筆記：椰生瓊州，栽時以鹽置根下，則易發。樹高六、七丈，直竦無枝，至木末乃有葉，如束蒲，長二、三尺。花如千葉芙蓉，白色，終歲不絕。葉間生實，如瓠繫房，房連累，一累二十七八實，或三十實。大者如斗，有皮厚苞之，曰椰衣，皮中有核甚堅，與膚肉皆緊著，皮厚可半寸，白如雪，味脆而甘。膚中空虛，又有清漿升許，味美於蠠，微有酒氣，曰椰酒。蘇軾詩：美酒生

木威子　本草拾遺：木威子味酸，平，無毒。主心中惡水，水氣。生嶺南山谷，樹葉似楝子，如橄欖而堅，實亦似棗也。

嶺南雜記：烏欖一名木威子，乃橄欖之大者，蒂有臭味，大遜橄欖。土人取其肉，醃爲葅，名曰欖豉，色如玫瑰，味頗雋。又可榨油，調食，點燈。其仁則爲佳果以致遠，然不善收藏。輒油不可食，其皮染物鮮紅如茜，其核可爲薪。

廣州記：木威高丈餘，子如橄欖而堅，削去皮以爲粽。

金樓子：有樹名獨根，分爲二枝，其東向一枝是木威樹，南向一枝是橄欖樹。

椰子　嘉祐本草：椰子皮味苦，平，無毒。止血，療鼻衄，吐逆，霍亂，煮汁服之。殼中肉益氣，去風。漿服之，主消渴，塗頭益髮令黑。生安南，樹如椶櫚子，殼可爲器。交州記曰：椰子中有漿，飲之得醉。

圖經：椰子出安南，今嶺南州郡皆有之。木似桄榔，無枝條，高數丈。葉在木末，如束蒲。實大如瓠，垂於枝間，如挂物。實外有麁皮，如椶包，次有殼，圓而且堅，裏有膚，至白如豬肪，厚半寸許，味亦似胡桃。膚裏有漿四五合，如乳，飲之，冷而氛醺，人多取殼爲器，甚佳。不拘時月，採其根皮用。南人取其肉，糖飴漬之，寄至北中作果，味甚佳也。

海藥：謹按交州記云生南海，狀若海椶，實名椰子，實大如椀許，外有麁皮，如大腹子、豆蔻之類。內有漿似酒，飲之不醉。主消渴，吐血，水腫，去風熱。雲南者亦好，武侯討雲南時，並令將士薙除椰樹，不令小邦有此異物，多食動氣也。

南方草木狀：椰樹葉如栟櫚，高六七丈，無枝條，其實大如寒瓜。外有麁皮，次有殼圓，而且堅。剖之有白膚，厚半寸，味似胡桃而極肥美。有漿，飲之得醉，俗謂之越王頭。云昔林邑王與越王有方熟，味雖苦澀，咀之芬馥，勝含雞舌香。吴時歲貢，以賜近侍，本朝自泰康後亦如之。

齊民要術：廣志曰：橄欖大如雞子，交州以飲酒。

南方草木狀曰：橄欖大如棗，或大如雞子，二月華色仍連著實，八月、九月熟，生食味酢，蜜藏味甜。　臨海異物志曰：餘甘子如梭形，入口苦澀，後飲水更甘，大如梅，實核兩頭鋭，東岳呼餘甘橄欖，同一果耳。　南越志曰：博羅縣有合成樹十圍，去地二丈，分爲三衢，東向一衢，木葉似楝子，如橄欖而硬，削去皮，南人以爲糝。南向一衢，橄欖。西向一衢，三枚。三枚樹名，嶺北之物也。

北戶錄：橄欖子八九月熟，其大如棗。廣志云：有大如雞子者，有野生者，高不可梯，但刻其根方數寸許，入鹽于中，子皆落矣。今高凉有銀坑橄欖，子細長，味美於諸郡產者，其價亦貴。陳藏器云：其木主鯢魚毒，此木作檝，撥著水，魚皆浮出。

鄰幾雜志：橄欖木其花如樗，將採其實，剝其皮，以薑汁塗之，則盡落。

海槎餘錄：青橄欖無仁，烏橄欖有仁，外肉取來杵碎乾放，則自有霜，堆起如白鹽，名曰欖醬。二種俱野生，當四五月盛時，市人儘力取回，用支一年，不似吾江南之甚珍貴也。

學齋佔畢：東坡橄欖詩云：紛紛青子落紅鹽。蓋凡果之生也必青，其熟也必變色，如梅杏半傅黄朱，果爛枝繁，是也。惟有橄欖雖熟亦青，故謂之青子，不可他用也。

高濂遵生八牋：橄欖湯止渴生津，百藥煎一兩、白芷一錢、檀香五錢、甘草炙五錢，右件搗爲細末，沸湯點服。

又橄欖丸：百藥煎五錢、烏梅八錢、木瓜乾葛各一錢、檀香五分、甘草末五錢，甘草膏爲丸，曬乾用。

本出苕溪，移植光福山中，尤勝。又次爲青蔕、白蔕及大小松子。此外味皆不及。樹若荔枝，葉細，青如龍眼及紫瑞香。種植性宜山地，核投糞池中浸六月，取出收潤土中，二月鋤地種之。待長尺許，次年移栽，三四年後，以生子枝接之。次年仍移栽山地，多留宿土，臘月內離根四五尺，於高處開溝，灰糞壅之，不宜著根，每遇雨，肥水滲下，則結子大而肥。製用糖楊梅，以梅三斤爲率，用鹽一兩，醃半日，沸湯浸一夜，控乾入糖二斤、薄荷葉一大把，輕手拌勻，日暴，汁乾收。

劍南詩注：太白梁園吟云：玉盤楊梅爲君設，吳鹽如花皎白雪。不知楊梅酸者乃薦以鹽，佳品未嘗用也。

墨客揮犀：楊梅有雌雄，雄者不實，鑿木榦作方寸穴，取雌木填之乃實。

橄欖

開寶本草：橄欖味酸，甘，溫，無毒。主消酒，療鯸鮐毒，人誤食此魚肝迷悶者，可煮汁服之必解。其木作檝，撥著魚皆浮出，故知物有相畏如此也。核中仁，研傅脣吻燥痛。其樹似木槵子樹而高，端直。其形似生訶子，無棱瓣。生嶺南，八月、九月採，又有一種名波斯橄欖，色類亦相似。其核形作三瓣，可以蜜漬食之，生邕州。

圖經：橄欖生嶺南，今閩、廣諸州皆有之。木似木槵而高，且端直可愛。秋晚實成，南人尤重之，咀嚼之，滿口香味不歇，生噉及煮飲，並解諸毒。人誤食鯸鮐肝，至迷悶者，飲其汁立差。山野中生者，子繁而木峻，不可梯緣。但刻其根下方寸許，內鹽於中，一夕子皆落，木亦無損。其枝節間有脂膏如桃膠，南人採得，并其皮葉煎之如黑餳，謂之橄欖糖，用膠船，著水益乾牢於膠漆。邕州又有一種波斯橄欖，與此無異，但其核作三瓣，子蜜漬食之。

南方草木狀：橄欖樹身聳枝皆高數丈，其子深秋

沙棠　古度

海松子

開寶本草：海松子味甘，小溫，無毒。主骨節風，頭眩，去死肌，髮白，散水氣，潤五臟，不飢。生新羅。如小栗三角，其中仁香美。東夷食之當果，與中土松子不同。

海藥：去皮食之甚香美，與雲南松子不同，雲南松子似巴豆，其味不厚，多食發熱毒。松子味甘美，大溫，無毒。主諸風，溫腸胃，久服輕身，延年不老。味與卑古國偏桃仁相似，其偏桃仁用與北桃仁無異，是也。

水松

南方草木狀：水松葉如檜而細長，出南海。土產衆香而此木不大香，故彼人無佩服者。嶺北人極愛之，然其香殊勝在南方時。植物，無情者也，不香於彼而香於此，豈屈於不知己而伸於知己者歟？物理之難窮如此。

楊梅

開寶本草：楊梅味酸，甘，溫，無毒。主去痰，止嘔噦，消食下酒，乾作屑，臨飲酒時服方寸匕，止吐酒，多食令人發熱。其樹若荔枝樹而葉細陰青，其形似水楊子，而生青熟紅，肉在核上，無皮殼。生江南嶺南山谷，四月五月採。

南方草木狀：楊梅，其子如彈丸，正赤，五月中熟時似梅，其味甜酸。陸賈南越行紀曰：羅浮山頂有胡楊梅、山桃繞其際，海人時登採拾，止得於上飽噉，不得持下。東方朔林邑記曰：林邑山楊梅，其大如盃椀，青時極酸，既紅味如崖蜜，以醞酒，號梅香酎，非貴人重客不得飲之。

齊民要術：臨海異物志曰：其子大如彈子，正赤，五月熟，似梅，味甜酸。食經藏楊梅法，擇佳完者一石，以鹽一斗淹之，入鹽肉中，仍出曝令乾熇，取杬皮二斤，煮取汁漬之，不加蜜漬。梅色如初，美好可堪數歲。

北戶錄：楊梅葉如龍眼樹、冬青，一名杌，播州有白色者，甜而絕大。

羣芳譜：楊梅，會稽產者爲天下冠。吳中楊梅種類甚多。名大葉者最早熟，味甚佳。次則卞山，

植物名實圖考長編卷十六

果類

植物名實圖攷長編

下册

〔清〕吴其濬 著

中華書局